JN138867

高速スペクトル原子炉

Fast Spectrum Reactors

編著 Alan E. Waltar
Donald R. Todd
Pavel V. Tsvetkov

監訳 高木 直行

Translation from the English language edition:

FAST SPECTRUM REACTOR

by Alan E.Waltar, Donald R. Todd and Pavel V. Tsvetkov

Copyright © 2012 Springer US

Springer US is a part of Springer Science+Business Media

All Right Reserved

Japanese translation published by arrangement with

Springer-Verlag GmbH & Co KG through The English Agency (Japan) Ltd.

はじめに

高速増殖炉について書かれた有名な教科書“FAST BREEDER REACTORS”の改訂にAlan Waltar氏、Donald Todd氏そしてPavel Tsvetkov氏が取りかかったのは正に時宜を得ていた。原書はAlan Waltar氏とAlbert Reynolds氏によって1981年に書かれたものだ。昨今、世界で増大するエネルギー需要に対する炭素フリーの解決策の一つとして、新たな原子力発電所の建設に、人々の強い関心が向けられている。しかし一方でこの潮流は、長期のエネルギー供給をいかに可能とするかの疑問を提示するものであり、結果として、高速増殖炉の開発への関心が高まっている。

豊富かつ廉価なエネルギーの供給は、人類の発展、また人々の欠くことのできない生存手段の基本をなすものであると広く認識されている。文明の進歩の足跡をたどれば、そこには常に、仕事を効率的にし、豊かな生活を支える新しいエネルギー源の発見と導入があった。エネルギー需要量は、世界の人口が増加するにつれていまだ増大しており、電力供給インフラが整備されておらず電力を消費しないで生活する人の割合（現在25%）も日々減少しつつある。

私たちが今日使用しているエネルギーの殆どは化石燃料の燃焼から得られており、残念ながら、その資源は有限でありかつ地球上に偏在分布している。更に、化石燃料を燃やし続けると大気は汚染され、特に温室効果ガスを増大させることで地球全体の気候に甚大な影響を及ぼし得ることが懸念されている。

世界の総エネルギー消費の中で電力が占める比率は増大しており、その電力の70%近くが化石燃料の燃焼によって生産されている。したがって今日、さまざまな国々が、化石燃料を用いず炭素を排出しない再生可能な発電技術を開発・導入することに注力している。これを支援する政府機関からの助成金を受け、数多くの風力発電や太陽光発電施設の建設が進められている。我々は化石燃料への依存度を低減するあらゆる発電方法に真剣に向き合う必要があり、このような取り組みは、人類の進歩として広く受け入れられている。

しかし、再生可能エネルギーの活用は、それ自身の特性、すなわち極めて希薄なエネルギー源に基づくという原理的特性のために制限されるものである。太陽光に関しては、社会基盤として意味ある量の電力を生産するためには膨大な敷地面積を必要とし、また地球の日周運動や天候に依存するためエネルギー供給は断続的となる。これを補完するためには、大量かつ高価な電力貯蔵装置、もしくは代替発電設備を併設しなければならない。すなわち、上記の地球規模の課題に対応しつつも電力消費者のニーズを満たすには、24時間連続的に電力を生産できる信頼性の高い非化石の発電方式の導入こそが重要であり、この意味で原子力が重要な役割を担っているといえよう。

原子力発電は今日、世界の総発電量の16%に寄与している。日に日に増大する世界の需要にかなう、信頼性が高く豊富で炭素を排出しない電力供給源を、我々が切に求めるのであれば、この比率はこの先もっと大きくなるであろう。このことは殆どの先進国や発展途上国で認識されている事実である。IAEA（国際原子力機関）は、新たに原子力の導入を望む60以上の国々や、現時点で電力の一部を原子力でまかなっている30以上もの国々から、原子炉の導入に関する調査やコンサルタント要請を受けている。

こうした国々の新たな原子力発電所建設に対する関心度は高く、そして年々増大しているが、その一方で長期エネルギー供給への懸念が生じている。今日、世界各国で稼働している原子力発電所は、燃料製造のために処理した天然のウランの僅か1%を燃料として燃焼しているに過ぎない。この優れぬ燃料利用効率が、原子力の持続性に対し疑問を生じさせることは道理にかなったことである。つまりウラン資源は地球に豊富に存在するものの、現実には合理的なコストの範囲内で回収できる量が限られており、これを有効に活用する方策がもしも存在しないならば、原子力によるエネルギー供給の長期持続性は疑わしい。

ところが幸いなことに、採掘されたウラン資源中の99%を占める、核分裂性でないウラン同位体は、高速スペクトル原子炉（高速炉）内で核分裂性物質に変換されることが科学界ではよく知られている。このタイプの原子炉の内部では、今日主流の原子炉と異なり、核分裂反応で生じた中性子はその速度を減じることなく（高速のまま）次の連鎖反応を生じさせる。このような原子炉は、発電しながら、消費するよりも多くの核分裂性物質を生成するような設計が可能であることから、増殖炉（breeder）と呼ばれている。人類がこの炉型の開発に成功すれば、原子力は超長期間にわたって全地球のエネルギー需要に応える能力を持つことになる。

そのような高速スペクトル炉および関連する燃料サイクル施設を建設するのに必要な技術は、今日主流の原子力発電所で用いられている軽水原子炉技術に比べてより複雑であり、また経験も積まれていない。高速炉が原子力発電導入の初期段階で選択されなかった理由はここにある。それにもかかわらず、高速炉は過去数十年間で複数基建設され、良好に稼働している。したがって、高速炉システムの現実性は基本的に証明されているといえる。このエネルギー源を効率的に利用するには、経済性、安全性および現実性に関する高いレベルでの要求条件を満足するための技術開発が、依然として必要である。

しかしながら、真に効率的な高速スペクトル炉の実現のために必要な研究開発は、1980年代の終わり以来ずっと縮小を続けている。その理由には、原子力発電所建設の低迷や、増殖炉の利点を引き出す上で必要不可欠な工程である「閉じた燃料サイクル」の構築に伴う、潜在的リスクに対する懸念が挙げられる。しかし、新しい時代の幕開けとともに長期的な燃料供給問題への関心が高まれば、世界の目は再び高速スペクトル炉に向けられることになろう。加えて、多くの国の人々は、放射性廃棄物の対処方法に強い懸念を抱いている。「原子力発電の使用済み核燃料には極めて長い半減期を持つ放射性核種が含まれており、それが危険なため、原子力を大規模に導入していくことは容認できない」と考える人々は多い。ところが今日、長い半減期を持つ元素の大半は、高速スペクトル炉を用いることで効率的に核分裂させ、より半減期の短い核分裂生成物に変換できることが広く認識されるようになってきている。

さらに、高速炉の導入により、ウラン濃縮の必要性を次第に低減し、最終的にはゼロにできる可能性がある。ウラン濃縮は軽水炉の燃料製造で必要不可欠な工程であるが、核拡散の観点からは、核燃料サイクルの中で最も多く機微情報を含む留意すべきポイントと認識されている。

天然資源を有効に活用できること、長期寿命放射性廃棄物を低減できること、そして核拡散のリスクをある程度軽減できることが、高速増殖炉に関する関心を再起させた主な要因である。これらの高速炉の特性は、私が議長を務めた第四世代原子炉国際フォーラム（Generation IV International Forum: GIF）の中で数年間議論を重ねられ、複数国が関わる合同研究の目標にも掲げられている。

原著“FAST BREEDER REACTORS”を改訂するこの作業には、世界各国から慎重に選び抜かれた高速炉の専門家たちが貢献した。本書は、正に今、この重要な技術分野に足を踏み入れようとしている若い専門家と、しばし保留状態にあった本技術に回帰した経験豊富な技術者の双方にとって、有益な情報を提供するものである。また本書はナトリウム冷却材を用いる高速炉技術を中心に書かれているが、ガスや重金属を冷却材とする高速炉について論じた新たな章を追加している。加えて、長寿命放射性核種の核変換技術、新型の燃料や構造材料、安全性確保への新たなアプローチ、各国が協力して開発することが要求される複合分野についての新たな解説も取り込んでいる。但し基礎原理には変更がないため、本書本来の良くまとめられた基本構成には変わりがない。また過去30年の主要な技術的発展に基づいて、文書全体に見直しが行われた。その結果、本書は、エキサイティングでやりがいのある高速炉分野に携わるすべての専門家にとって、最新で必需の書となるであろう。

元フランス原子力庁　原子力部門長官
Jacques Bouchard（2015年1月ご逝去）

はしがき

1970年代、電力生産のための原子力技術獲得に多くの国々が奔走していた。1970年時点で約20GWeであった全世界の原子力発電所設備容量は、その後十年間で約150GWeにまで増加した。さらに20世紀の終わりまでには、約1,000GWeまで増えるかもしれないという期待が広まっていた。しかし、増大する電力需要に確実に応えるための十分なウラン供給が確保できるかどうかは明確でなかった。よって、多くの国々は高速増殖炉の開発に巨費を投じていた。

1981年、Albert Reynols教授と私は、高速炉技術に関して蓄積された知識や経験を総括する目的で“FAST BREEDER REACTORS”と題する教科書を出版した。この書はロシア語への翻訳もなされ、高速炉技術の分野に足を踏み入れた新しい技術者に活用される主要な参考書となった。

ところが、1979年3月28日にアメリカペンシルベニア州ハリスバーグの近くにあるスリーマイル島原子力発電所2号基で事故が起こり、多くの国で原子力発電所新設計画が見送られることとなった。アメリカ国内では新規の原子力発電所建設はゼロとなり、また既に計画されていた発電所建設は延期もしくは取り消された。こうして原子炉の導入が減速したことにより、ウラン採鉱能力が既存炉のウラン需要に追いつくこととなった。同時に、今後数十年間は商用熱中性子炉へのウラン鉱調達を十分に確保できることが明らかとなった。それから7年後の1986年4月26日、旧ソ連のウクライナ、チェルノブイリで起きた事故によって原子力発電所の新設はさらに減速した。加えて、冷戦の終了により軍事のウラン需要が減少し、濃縮ウランの在庫量が著しく増大したため、これを商業炉で利用できる途がひらかれた。

しかしながら、新たな世紀に差し掛かる1990年代、原子力政策にも影響を与えうる二つの新たな問題がエネルギーを取り巻く情勢を変え始めた。一つは、地球の気候変動への懸念が広く主張され、世界中の市民が電気エネルギーの生産用途に化石燃料を燃やす度合を減らすこと、すなわち化石燃料依存度を下げるための方策を求め始めた。これによって原子力は再び脚光を浴びることとなった。原子力に対する世界の視線は新しいものに変化したが、一方でそれは別の要因によって多少相殺された。それが二つ目の問題である、放射性廃棄物対策である。特に、原子炉の使用済み燃料から生じる長半減期の高レベル放射性廃棄物に対する人々の懸念が高まった。

大気汚染の少ないエネルギー源である原子力への高まる期待と、使用済核燃料の対処への懸念という、一見相反するこれら二つの要因が、高速スペクトル原子炉（高速炉）に対する関心を再喚起することになった。それは高速炉システムが、二つの特有の性質を持つことによる。一つは、大気を汚染せず超長期にわたって原子炉からのエネルギー供給を可能にする燃料増殖能力を有すること、そしてもう一つは、高レベル廃棄物という常に物議を醸す物質を核分裂もしくは核変換し、より半減期の短い物質に変化させる能力を有することである。この核変換技術により、原子炉で生成された放射性廃棄物の放射能が自然界にあったウラン鉱石の放射能レベル相当にまで減衰する期間は、数10万年から千年程度に大幅短縮される。これらの長所についての認識が進み、高速炉システムの開発や建設に対する関心が近年世界規模で高まりつつある。

高速炉に対する関心の回帰により、私は周囲の若い原子力専門家から、1981年に出版された“FAST BREEDER REACTORS”の改訂を望まれるようになった。原書の改訂にあたっては、近年の高速炉技術における全世界での進展の他に、特に燃料、材料および核変換技術についての最新情報を反映させる必要があった。もっとも技術開発の進んだ炉型であるナトリウム高速炉への関心が依然として強いが、ガス冷却炉や、鉛もしくは鉛ビスマスを用いた重金属冷却炉も次第に関心を集めている。残念ながら、Reynolds教授ご自身はこの本の改訂を行うにあたっては引退後のブランクが長すぎるとのお考えであったが、幸いなことに、テキサスA&M大学のPavel Tsvetkov准教授と、元AREVAで現在NuScale Power社のDonald R. Todd博士のお二方にこの労力を要する仕事への協力を取り付けることができた。その後、専門的な解説を行う各章の改訂を実施するにあたり、高速炉技術開発に携わるさらに多くの専門家の力を借りることができた。以下にそのリストを示す。

- 経済性：Dr. Chaim Braun（Stanford University、アメリカ）
- 核変換：Dr. Massimo Salvatores（CEA、フランス）
- 材料：Dr. Baldev Raj（Indira Gandhi Center Atomic Research、インド）
- 安全全般：Dr. John Sackett（Argonne National Laboratory、アメリカ）
- ガス冷却炉：Dr. Kevan Weaver（Terra Power、アメリカ）
- 鉛冷却炉：Dr. James Seinicki（Argonne National Laboratory、アメリカ）

なおかつ幸運なことに、プール型ナトリウム冷却PRISM炉に関してDr. Russell Stachowski（GE-Hitachi Nuclear Energy）からの協力を、そしてループ型ナトリウム冷却炉JSFRについて竹田敏一教授（福井大学）と近澤佳隆博士（日本原子力研究開発機構）からの協力を得ることができた。

この改訂版が、過去30年にわたる高速炉技術の進歩を適切に反映したものとして仕上がり、また魅力的で極めて重要な高速炉技術の分野に新たに足を踏み入れる若い世代の専門家たちにとって有益なものになるなら、私たち著者にとって幸いである。

Alan E. Waltar、ワシントン州リッチランドにて
Donald R. Todd、ワシントン州リッチランドにて
Pavel V. Tsvetkov、テキサス州カレッジステーションにて

謝辞

1981年にPergamon Pressから出版された“FAST BREEDER REACTORS”（著者：Alan Waltar、Albert Reynold）の改訂作業に関し、まずは、原書から多くの引用を許可してくださったReynold教授に感謝の意を表したい。本書の多くの部分は、30年の時を経てもその内容が色あせない普遍的な基礎物理に関する箇所が少なからずあり、その部分は改訂する必要がなかった。Reynolds教授は、ご自身がこの本の改訂作業に携わるには引退後のブランクが長すぎるとのお考えであったが、原書作成の際に自ら執筆された部分のほとんどを改訂版に引用することについて快諾していただき、同時に改訂作業を進める私たちを強く励まして下さった。

約30年間、やや沈静化していたこの重要なエネルギー技術に対する関心が、いま世界的に高まっている。この時期に、世界トップレベルの専門家たちの協力を得て改訂版を完成できたことを幸運に感じている。この重要な仕事に協力をいただいた専門家は以下のとおりである。

- Dr. Chaim Braun：スタンフォード大学国際安全保障協力センター（CISAC）顧問教授。原子炉システムの経済分析分野の世界的権威。
- Dr. Massimo Salvatores：フランス原子力庁長官のアドバイザー。核変換システムの解析・研究の第一人者。
- Dr. Baldev Raj：インド、インディラ・ガンディ原子力研究所（IGCAR）所長。先進原子炉材料の第一人者。
- Dr. John Sackett：元アルゴンヌ国立研究所（ANL）所長。画期的な受動的安全実験を行った実験炉EBR-IIの元所長でもある。
- Dr. Kevan Weaver：Terra Power社研究開発部長，元アイダホ国立研究所（INL）新型ガス冷却炉開発部リーダー。
- Dr. James Sienicki：アルゴンヌ国立研究所（ANL）革新的システム開発部長、兼、重金属冷却高速炉研究リーダー。
- Dr. Russell Stachowski：GE日立ニュークリア・エナジー原子炉物理顧問技師長、PRISM高速炉設計者。
- 竹田敏一教授：福井大学工学部原子力工学科長、2003年日本原子力学会学術業績賞を受賞。そして、近澤佳隆博士（日本原子力研究開発機構）。
- Dr. Won Sik Yang：アルゴンヌ国立研究所（ANL）手法開発部長。高速炉物理解析の第一人者。

上に述べた各章の主執筆者らに加えて、他の専門家にも本書の査読、推敲にご協力いただいた。第11章（材料）では、パシフィック・ノースウェスト国立研究所（PNNL）から最近引退されたDr. Frank Gamer、安全に関する章については、アイダホ国立研究所（INL）のDr. Roald WigelandとDr. Jim Cahalanに、最新のシミュレーションに関する箇所については、同じくアイダホ国立研究所（INL）のDr. Bob HillとDr. Temitope Taiwoの協力を得た。また、付録Aの準備にあたってテキサスA&M大学のJoshua E Hansel氏に大量のデータの調査をしていただいた。

出版社Springerとともにこの書の企画を進める最初の段階では、Lauren Danaly氏とElaine Tham氏のお二方から激励をいただいた。Springer社の編集補佐Andrew Leigh氏は、やや過干渉気味な三人の著者を相手にしつつも、人並み外れた忍耐力をもって原稿提出完了まで支援を得ることができた。Allison Michael氏には、著者らが最終稿を完成させる追い込み段階で的確な指揮をとっていただき、そしてLydia Shinojs氏と彼女のスタッフには最終校正段階でご支援いただいた。ご協力いただいた方々に心から謝意を表したい。

Alan E. Waltar
Donald R. Todd
Pavel V. Tsvetkov

日本語版への推薦の言葉

世界的に名高いFAST BREEDER REACTORSの改訂版発刊に当たり、関係者の皆様の努力に敬意を表すると共に、特に我が国においてこの改訂版が発刊されることに大変勇気付けられる思いです。

世界では、原子力エネルギー利用についてアジアやアフリカ等の新興国を中心に検討が進められており、例えば現在アメリカが進めている、国際原子力エネルギー協力フレームワークIFNECの会合には原子力利用国、新興国等60か国を超える国々が登録・参加しており、まだ原子力エネルギーを利用していない開発途上国も近い将来の利用を積極的に計画しています。

高速炉に関しては、原子力開発の当初からウランの有効利用の観点から注目され、軽水炉と並行して開発が行われていましたが、その後の軽水炉技術の発展や天然ウランの需給見通しの緩和等により、1990年代には世界的にその開発が大きくスローダウンしました。しかしながら、2000年1月、当時の米国DOE・マグウッド原子力局長の提唱により開始された第4世代原子力システム国際フォーラム（GIF）の場に、12か国＋1機関（現在は13か国＋1機関）が結集し、国際協力によりその開発を継続的に進めてきました。GIFはその後、フランスCEA・ブシャール原子力局長から日本国文科省・参与（本序文筆者）へ議長を引継ぎ、再びアメリカDOE・ケリー次官補代理を経て現在はフランスCEA・ゴーシェ原子力局長へと引き継がれています。この間約15年以上に渡り、その開発が精力的に進められてきています。

しかしながら、2011年3月に起きた未曾有の福島第一原子力発電所事故の影響で、一時的に原子力エネルギー利用見直しの機運が、世界的な規模で沸き起こりました。但し、その機運も約1年で収束し、今は、原子力を将来的に使わないとの方針を打ち出した一部（2～3）の欧州諸国を除いて、ほとんどの国が安定、安価な大容量電源である原子力エネルギーの必要性を再確認し、その開発利用が進められています。勿論その際には、十分な安全性の確保が大前提であることが日本のみならず世界的なコンセンサスとなっています。

一方、原子力エネルギーと同様にCO_2を出さないあるいは限定的な量に収まる再生可能エネルギーの利用拡大を求める声が、世界的に大きくなっていることも事実です。特に中国、インド等の国々では、大気汚染の問題がより深刻なものになりつつあり、再生可能エネルギーや原子力エネルギーの利用が必須のものになってきています。しかしながら、再生可能エネルギーは、稀薄なエネルギーを一か所に集中させる必要があることから、高コストであり、今後の開発によりどの程度のコストダウンが望めるか見通せない状況です。日本でも、経済産業省を中心にコストダウンのための検討がなされていますが、その見通しを得るまでには、今後10年以上の期間が必要と考えられます。

一方、原子力エネルギーは、福島第一原子力発電所事故で思い知らされたように、安全性をいかに守るかがポイントです。原子力の安全性は十分な事実分析や、これに基づく安全確保方策の技術的検討をより深く進めることにより、高い安全性を技術の力で確保することができます。すなわち、原子力エネルギーは技術によりその可能性を見通せるエネルギー、コントロールできるエネルギーと言えます。

この様な原子力エネルギーを長期的に利用していく場合、天然ウランが持つ潜在的エネルギーを約1%しか利用できない軽水炉でなく、これを100%近くまで利用できる高速炉が不可欠となります。そのため近年では、中国やインドのような膨大な人口を抱える国々を中心に、安価かつ大容量の安定電源確保の観点から、2030年頃の実用化を睨んで、高速炉開発が再び加速されているところです。具体的には、フランス、ロシア、中国、インド等の国々が、高速炉技術の実用化を目指して現在精力的にその開発を進めています。

この際、注目しておくべき点は、初期の高速炉技術開発は、燃料を消費する以上に増やしながら運転できる高速増殖炉技術開発にその主眼があったのに対し、近年の高速炉技術開発は、原子力のゴミ、即ち放射性廃棄物の毒性や廃棄物量の低減にも着目した開発が行われていることに特徴があります。原子力を長期的に利用する限り、燃料となるウランの有効利用の側面のみならず放射性廃棄物の低減が極めて重要であり、近年は特にこの点もきちんと開発目標に位置付けてその開発が行われています。と言うのも、高速炉技術は、元来両方の機能を併せ持っており、状況に応じてフレキシブルにこの機能を活用できる技術だからです。このような高速炉の優れた核特性を応用した例として、放射性廃棄物をある程度内包していても燃料のウランを持続的に燃焼できる高燃焼度燃料の研究例等もあります。

ここで、改めて日本の状況を考えてみます。日本は、高速炉技術開発をこれまで着実に進めて、実証炉を建設できるまでにその技術レベルを高めてきました。そのため日本は、現状では世界のトップレベルの技術を保有する国の一つと言えます。しかしながら、2011年3月に発生した福島第一原子力発電所事故を踏まえて、既に建設されている軽水炉の利用や今後の高速炉の開発利用等の原子力政策の見直しが行われ、現在は、核燃料サイクル推進の方針を維持しつつも軽水炉の発電規模の削減や「高速増殖炉／高速炉の安全性強化を目指した研究開発」と「放射性廃棄物の減容および有害度の低減を目指した研究開発」に重点を置いた研究開発が進められています。資源を有しない日本が世界の多くの国に倣って、再び大規模な原子力利用の道を選択しようとする時には、これまで以上に高い安全性を確保した高速炉技術は長期的な原子力利用のために必須の技術であることを改めて認識してその技術開発を進めることが必要であり、このような理解の下に本書を活用していただくことが重要と考えます。

特に、これからの日本の将来を担う若い研究者、技術者並びに学生の皆さんが、高速炉の持つ特質を十分に理解し、その機能を最大限活用するために必要な技術開発／研究開発の強力なサポート役に本書がなることを願って止みません。

日本原子力研究開発機構
理事長シニアアシスタント 佐賀山 豊

目　次

Part I　序論

第1章　原子力の持続的な発展と高速炉の役割 ……3
第2章　高速炉設計の基礎 ……23
第3章　高速炉の経済性 ……39

Part II　中性子工学

第4章　核設計 ……49
第5章　核データと断面積の処理 ……77
第6章　動特性、反応度効果、制御要件 ……111
第7章　燃料管理 ……135

Part III　システム

第8章　燃料ピンと燃料集合体の設計 ……189
第9章　燃料ピンの熱的性能 ……239
第10章　炉心の熱流動設計 ……269
第11章　炉心材料 ……307
第12章　原子炉プラントシステム ……375

Part IV　安全性

第13章　安全性の考え方 ……417
第14章　原子炉停止を伴う過渡事象 ……433
第15章　炉停止失敗過渡事象 ……455
第16章　シビアアクシデントと格納容器の検討 ……469

Part V　その他の高速炉システム

第17章　ガス冷却高速炉 ……495
第18章　鉛冷却高速炉 ……519

付録A　高速炉データ ……………………………………………………………………539
付録B　プール型プリズム高速炉（GE） ……………………………………………………563
付録C　ループ型ナトリウム冷却高速炉（日本） …………………………………………577
付録D　経済性解析の手法 ……………………………………………………………………595
付録E　高速炉のシミュレーション …………………………………………………………631
付録F　4群と8群の断面積 ……………………………………………………………………647
付録G　スペクトルの終端 －SFRの仮想的炉心崩壊事故（HCDA）－ ……………………657
付録H　インターネット情報源 ………………………………………………………………691

編著者紹介

Alan E. Waltar教授は、ワシントン州リッチランドにあるパシフィック・ノースウェスト国立研究所（PNNL）の元顧問および元原子力部門長であり、1998年から2002年にはテキサスA&M大学で原子力工学科教授および学科長を務めた。現在は、IAEA、米国エネルギー省や原子力関連企業に助言・指導を行っている。2007年には中国、2009年にはインドへの原子力人材交流派遣プログラムの大使を務めた。

Waltar教授は1994年から1995年に米国原子力学会の会長となり、今は同学会のフェローである。1961年にワシントン大学の電気工学科を卒業し、1962年にマサチューセッツ工科大学原子核工学専攻で修士号、1966年にカリフォルニア大学バークレー校で工学博士号を取得している。

ウェスティングハウス・ハンフォード社に長く籍を置き、高速炉に関係するさまざまな部署を指揮してきた。バージニア大学にも勤務し、そこでAlbert Reynolds教授とともに教科書“FAST BREEDER REACTORS”を執筆した。また、1995年に「衰退するアメリカ　原子力のジレンマに直面して」（日刊工業新聞社)、2004年には「放射線と現代生活　マリーキュリーの夢を求めて」(ERC出版）を著した。

またWaltar教授は、世界原子力大学（WNU）の夏季研修の創設にも貢献し、初回の2005年以来、毎回の夏季研修で学生の指導教員を務めている。

Donald R. Todd博士はペンシルベニア州立大学の原子力工学科を1997年に卒業後、1999年に同大学の大学院で修士号を、2002年にテキサスA&M大学の原子核工学専攻で博士号を取得している。学生時代は、学生の代表団を構成してワシントンDCへ引き連れ、政治家への原子力工学やその基礎科学の理解促進活動に熱心に取り組んだ。2001年にテキサスA&M大学で開催された米国原子力学会の学生会議では議長を務め、専門的な学術会議で学生セッションの企画・運営を数多く行った。最近では、2006年から2009年に米国原子力学会熱流動部会役員を務めている。

現在ではNuScale Power社で、原子炉許認可に用いる安全解析コードの開発や評価を行うチームのリーダーである。以前にはAREVA NP社で主に軽水炉安全解析のためのコードおよび手法の開発に携わり、それを主導した。AREVAは2010年、「エンジニア・オブ・ザ・イヤー」賞をTodd博士に贈り、熱流動解析手法開発に関する彼の際立った貢献を称えた。

また彼は、原子力発電所の熱流動解析に関する多数の論文を執筆するとともに特許を取得している。

Pavel V. Tsvetkov博士は、現在、テキサスA&M大学原子力工学科の准教授である。1995年にモスクワ工学物理大学から修士号を与えられ、2002年にはテキサスA&M大学の原子核工学専攻で博士号を取得している。

Tsvetkov准教授は、学生らとともに、複雑な工学システム予測シミュレーションのための高精度統合解析システムの開発を行っている。2005年以来、40人を超える博士、修士、学士課程の学生がTsvetkov准教授の下で指導を受けている。国立研究所や企業と協力して、学部の段階でも学生が最先端の研究にかかわることができるよう、早期研究着手制度を展開している。

かつて注力した高精度統合解析システムを活用した国際教育プログラムと同様に、科学的価値があり国家に有益な数多くの共同研究プロジェクトを主導、もしくはそれに関与している。また彼は11本の学術誌論文を含む、全80本もの査読付き論文を発行し、17冊の本もしくは本の一部の執筆物、52本の査読付き国際会議論文もしくは要約、76本の技術報告書や査読なし論文を作成した実績を有する。

Tsvetkov准教授は米国原子力学会内の多くの委員会で活躍しており、学術論文の査読や連邦資金を扱う機関の審査員も務めている。テキサスA&M大学内での役割は、大学図書館評議委員長から原子核工学科博士課程教務委員長と幅広い。

原書編著者近影

Dr. Alan E. Waltar

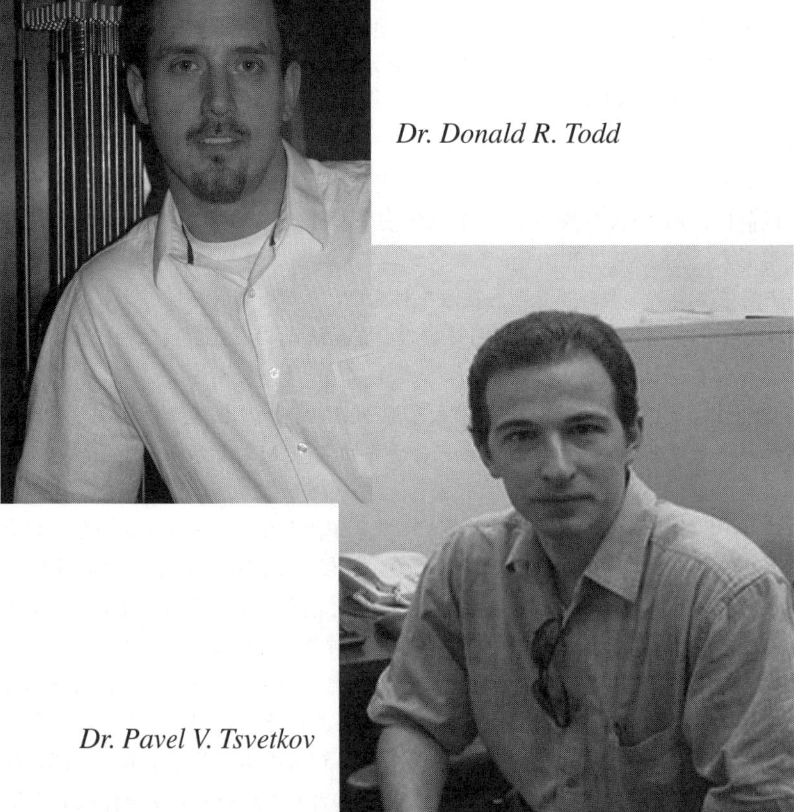

Dr. Donald R. Todd

Dr. Pavel V. Tsvetkov

著者・訳者

監訳　東京都市大学 教授　高木 直行

Part I　序論
Overview

第1章　原子力の持続的な発展と高速炉の役割
Sustainable Development of Nuclear Energy and the Role of Fast Spectrum Reactors

Pavel Tsvetkov, Alan Waltar, Donald Todd 著
日本原子力研究開発機構　長沖 吉弘 訳

第2章　高速炉設計の基礎
Introductory Design Considerations

Pavel Tsvetkov, Alan Waltar, Donald Todd 著
日本原子力研究開発機構　永沼 正行 訳

第3章　高速炉の経済性
Economic Analysis of Fast Spectrum Reactors

Chaim Braun 著
日本原子力研究開発機構　塩谷 洋樹 訳

Part II　中性子工学
Neutronics

第4章　核設計
Nuclear Design

Pavel Tsvetkov, Alan Waltar, Donald Todd 著
電力中央研究所　太田 宏一 訳

第5章　核データと断面積の処理
Nuclear Data and Cross Section Processing

Pavel Tsvetkov, Alan Waltar 著
日本原子力研究開発機構　杉野 和輝 訳

第6章　動特性、反応度効果、制御要件
Kinetics, Reactivity Effects, and Control Requirements

Pavel Tsvetkov, Alan Waltar, Donald Todd 著
日本原子力研究開発機構　宇都 成昭 訳

第7章　燃料管理
Fuel Management

Pavel Tsvetkov, Alan Waltar, Massimo Salvatores 著
原子力損害賠償・廃炉等支援機構　植松 眞理マリアンヌ 訳

Part III　システム
Systems

第8章　燃料ピンと燃料集合体の設計
Fuel Pin and Assembly Design

Alan Waltar and Donald Todd 著
日本原子力研究開発機構　舘　義昭 訳

第9章　燃料ピンの熱的性能
Fuel Pin Thermal Performance

Alan Waltar and Donald Todd 著
東京電力ホールディングス株式会社　後藤 正治 訳

第10章　炉心の熱流動設計
Core Thermal Hydraulics Design

Alan Waltar and Donald Todd 著
日本原子力研究開発機構　岡野 靖 訳

第11章　炉心材料
Core Materials

Baldev Raj 著
東京工業大学　佐藤 勇 訳

第12章　原子炉プラントシステム
Reactor Plant Systems

Pavel Tsvetkov, Alan Waltar, Donald Todd 著
株式会社東芝　坂下 嘉章 訳

Part IV　安全性
Safety

第13章　安全性の考え方
General Safety Considerations

John Sackett 著
日本原子力発電株式会社　久保 重信 訳

第14章　原子炉停止を伴う過渡事象
Protected Transients

John Sackett 著
日本原子力発電株式会社　久保 重信 訳

第15章　炉停止失敗過渡事象
Unprotected Transients

John Sackett 著
日本原子力研究開発機構　山野 秀将 訳

第16章　シビアアクシデントと格納容器の検討
Severe Accidents and Containment Considerations

John Sackett 著
日本原子力研究開発機構　山野 秀将 訳

Part V　その他の高速炉システム
Alternate Fast Reactor Systems

第17章　ガス冷却高速炉
Gas Cooled Fast Reactors

Kevan Weaver 著
日本原子力研究開発機構　永沼 正行 訳

第18章　鉛冷却高速炉
Lead-Cooled Fast Reactors

James Sienicki 著
東京工業大学　近藤 正聡 訳

付録A　高速炉データ
Fast Reactor Data

Pavel Tsvetkov, Alan Waltar 著
日本原子力研究開発機構　長沖 吉弘 訳

付録B　プール型プリズム高速炉（GE）
GE Pool-Type Prism Fast Reactor

Russell Stachowski 著
日本原子力研究開発機構　近澤 佳隆 訳

付録C　ループ型ナトリウム冷却高速炉（日本）
Japan Loop-Type Sodium-Cooled Fast Reactor

竹田 敏一, 近澤 佳隆 著
日本原子力研究開発機構　近澤 佳隆 訳

付録D　経済性解析の手法
Economics Calculational Approach

Pat Owen, Ronald Omberg 著
日本原子力研究開発機構　塩谷 洋樹 訳

付録E　高速炉のシミュレーション
Fast Reactor Simulations

Pavel Tsvetkov, Won Sik Yang 著
日本原子力研究開発機構　宇都 成昭 訳

付録F　4群と8群の断面積
4 Group and 8 Group Cross Sections

Alan Waltar, Pavel Tsvetkov 著
日本原子力研究開発機構　杉野 和輝 訳

付録G　スペクトルの終端 －SFRの仮想的炉心崩壊事故(HCDA)－
End of Spectrum HCDA Perspectives for SFRs

Alan Waltar 著
三菱重工業株式会社　千歳 敬子 訳

付録H　インターネット情報源

Part I
序論

本書のPart Iでは、高速炉技術分野の全体像について解説しており、以降の章でより専門的な内容に触れる。本パートでは、燃料を増殖する高速増殖炉の基本的な原理や設計の考え方に重きを置いている。なぜなら、燃料を増やしその利用可能期間を大幅に延長することこそが、高速スペクトル炉の主たる役割として期待されているからである。しかしながら、そこで述べている基本的な原理や設計の知見は、燃料増殖を主目的としない、その他全ての高速炉にも同様に適用可能である。例えば、近年関心を集めている超ウラン元素の核変換という特別な応用例については、本書の前半部分でその基礎的な考え方を述べている。

第1章では、燃料増殖の概念と、工業先進国のエネルギー構造の中で、高速炉が一定比率を占めるようになった時代におけるその役割について触れる。さらに、放射性廃棄物の分離核変換に対する高速炉の役割を概観する。高速炉を特徴づける基本的な設計仕様については、第2章で簡潔な説明を行う。第3章では、将来の商業化を評価する上で不可欠な観点である、経済性の基本概念について解説する。

第 1 章
原子力の持続的な発展と高速炉の役割

1.1　はじめに

豊富に生産され幅広く使用されるエネルギーは、文明の進歩にとって常に必要とされてきたものである。数世紀前までは、主要な動力として人間と動物の力が唯一であったため、生産活動は大幅に制約されていた。19世紀初頭までに、風力や水力とともに薪の燃焼が、人間の活動能力を大幅に拡大させた。その後、石炭、そして石油と天然ガスが、世界の一次エネルギー源として、徐々に薪、水力、風力から代わっていった。

1930年代後半における核分裂の発見は、原子力が化石燃料の急速な枯渇への緊張を緩和し、豊富でクリーンな、そして比較的安価な新しいエネルギー源になることを期待させた。しかしながら、原子力の資源、すなわちウランとトリウムは、豊富に存在したものの、これらの原材料資源のまま直接核分裂させることはできなかった。初期の実験は、ウランもしくはプルトニウム元素中の特定の同位体のみが、この新しいエネルギー源を利用する鍵となることを明らかにした。

1940年代初頭までには、^{233}U、^{235}Uおよび^{239}Puが、低エネルギーや中～高エネルギー、すなわち熱中性子（<1eV）と1MeV近傍の中性子との衝突によって核分裂することが知られるようになった。これらの同位体は**核分裂性核種**（fissile）と呼ばれる。また、豊富にある同位体の^{238}Uと^{232}Thは、1MeVオーダーあるいはそれより高いエネルギーの中性子の衝突によってのみ核分裂することも発見された。核分裂性核種は、核分裂連鎖反応を維持するために必要である。しかし、天然に存在するウランのごく僅かな量（0.7%）だけが核分裂性核種であり、残りの殆どは基本的に^{238}Uである。核分裂から最大限の利益を得るためには、残り99%のウランが持つポテンシャルを引きだす方法を見出さなければならないことが直ぐに認識された。

^{238}Uと^{232}Thが1MeV以下の範囲のエネルギーの中性子を**捕獲**（capture）し、それによって^{238}Uが^{239}Puに、^{232}Thが^{233}Uに転換することが知られていた。このため、^{238}Uと^{232}Thは**親核種**（fertile）と呼ばれた。もし、核分裂連鎖反応によって消費されるよりも、より多くの核分裂性核種を親核種から生産できれば、核分裂性燃料を増やすために豊富な親核種を利用することが可能となる。この方法が可能であることはすぐさま示され、**増殖**（breeding）と名付けられた。

高速中性子スペクトル下にある核分裂性核種^{239}Puのη値（吸収された中性子1個当たりに放出される核分裂中性子数）は、熱中性子スペクトル下にある場合に比べて大きいことが間もなく明らかになった。この「放出中性子数が大きい」ということは、より多くの中性子を^{238}Uの^{239}Puへの転換に用いることが可能であることを意味する。したがって、高速中性子を用いて運転される増殖炉の方が、熱中性子炉よりも^{238}Uを効率的に利用できるというアイデアが生まれた。^{232}Th-^{233}Uサイクルにおいては高速中性子だけでなく熱中性子でも増殖可能であることも分かったが、高速中性子による^{238}U-^{239}Puサイクルの方がさらに効率的に増殖できる。しがたって、このサイクルが最適な増殖炉の方式として広く採用されることとなった。また、高速増殖炉向けに^{238}U-^{239}Puサイクルを優先するもう一つの理由は、現在商用化されている軽水炉と同じ燃料サイクルを採用できたことである。

一般的に**高速炉**（fast reactor）と呼ばれている高速スペクトル炉は、エネルギーを生産する一方で、使用済燃料として取出されるウランを再びリサイクルして燃料として利用できるため、ウラン資源を最も効率的に利用できるシステムである。また高速炉は、濃縮プラントから排出されるテイルウランとともに、プルトニウムを燃焼する戦略をとることも可能である。これらのユニークな特徴によって、高速炉を用いてウランから取り出せるエネルギー量は、軽水炉（light water reactors, LWRs）に比べ約60倍と大幅に高めることができる。さらに、長寿命の**マイナーアクチニド**（minor actinides, MA）[2]を含む放射性廃棄物を実質的に無効化できる。処分する必要がある長寿命放射性同位核種の最終的な総蓄積量は、すべての核分裂生成物の0.1%未満であると推定される。したがって、高速炉は、ウラン採鉱の労力を最小化するとともに、最終処分場の処分面積を節約し、廃棄物の放射性毒性が元々地下にあったウランと同レベルにまでに減衰するまでの期間を約1/1,000に短縮できる可能性がある。

このように、高速スペクトル炉は、核分裂性の燃料を生産することを目的とした増殖炉、または、長寿命のマイナーアクチニドや他の放射性同位元素の短寿命化を目的とした**核変換炉**（transmuter）のどちらにも適用できる柔軟性を備えている[3]。適切に設計された高速炉は、これらの運転モードを切り替える柔軟性を持つ。要求されるアクチニドマネジメント戦略は、廃棄物管理と資源量予測のバランスをどの様に考えるかに依存する。核分裂生成物とマイナーアクチニドの最適な管理に適した先進技術を開発し導入することにより、高速スペクトル炉は、環境保全の責務を果たすとともに、エネルギーの持続的利用を達成する現実的な手段を提供する。

最初の高速炉は、1946年にロスアラモスに建設されたClementineである。続いて、アルゴンヌ国立研究所によって設計された高速増殖実験炉EBR-Iが運転を開始した。この炉は、Enrico FermiとWalter Zinnの比類ない熱意と努力によって建設され、あらゆる型式の原子炉に先んじて1951年12月20日に世界初の発電を行った。高速増殖炉（FBR）の概念が実証され、新しいエネルギー源として核燃料の長期的な利用見通しに弾みを与えた。

EBR-Iの約30年後、電気出力25万～60万kWの4基の**液体金属**（ナトリウム）冷却高速増殖炉（LMFBR）が、ヨーロッパの3つの国で発電（および海水の淡水化）を開始した。そして、電気出力120万kWのLMFBRの建設がほぼ完了していた。当時、120万～160万kW級のLMFBRが5カ国で間もなく建設されることが予定されていた。自国に僅かしかエネルギー資源を持たない国々において、20世紀中ごろに現れた経済的かつ無尽蔵で事実上独立したエネルギー源への夢が、21世紀早々にも実現するとの期待が高まった。

しかしながら、21世紀を目前とした1980年代頃から、新たな原子力発電所建設に減速の兆候がみられ始めた。これは、先進国で発電設備容量が過剰になったこと、原子力発電の建設や運転管理により高い専門性が求められる様になったこと、そして1986年4月26日に生じたチェルノブイリ原子力発電所事故等が原因であった。中でもチェルノブイリ原発事故は、ヨーロッパとアメリカの広範なエリアに反原子力の機運を高め、それらの地域の原子力開発を停止に追いやった。中国、インド、日本および韓国では重要な研究開発は継続されたが、原子力を慎重視する動きは一部のアジア地域でも現れた。こうした減速の結果、高速増殖炉に対する関心はやや停滞することになった。

しかし、新世紀となったいま、地球規模の気候変動に対する懸念や石油の価格上昇が、代替エネルギー供給源に対する関心に新たな拍車をかけた。既存の原子力発電が、建設当初から現在までほぼ変

---

1 本書で頻出する「使用済燃料」とは、原子炉から取出された照射済みの燃料のことである。使用済燃料にはまだ大量の核燃料（および多様な目的に利用可能な希少な放射性核種）が含まれており、英語ではspent fuelもしくはused fuelと表現される。

2 “マイナー”アクチニドとは、ウランやプルトニウム以外の全てのアクチニド同位元素を指す。

3 “核変換”という用語は幅広い意味合を持つが、本書では、主として、使用済燃料中のマイナーアクチニドをより取扱い易く、処分し易い安定核種に転換するプロセスを意味する用語として用いている。

わらぬ健全な状態で運転され信頼を積み上げた結果、世界的に原子力発電が再び注目を集めることとなった。ここで一つの複雑な問題は、安全性の確保よりも、放射性廃棄物の処分[4]に関するものである。特に、使用済燃料中には極めて半減期の長いアクチニドや地中で移行しやすい核分裂生成物が含まれているため、ほとんどの公衆の懸念は、放射性廃棄物の寿命の長さに集中しているようである。地層処分施設の設計や建設は、百万年を超える期間にわたり高レベル放射性廃棄物の安全性を確保するよう行われねばならないことが、世界の多くの地域で社会不安を引き起こした。

原子力の研究者や技術者は、核分裂が発見された当初から、使用済燃料中の種々の長寿命放射性同位元素は高速スペクトル炉内で非常に効果的に良性の（短寿命もしくは安定な）核種に変換できることを知っていた。したがって、数十年来の高速スペクトル炉への関心の多くは、長期的には燃料増殖という特性に継続的に向けられつつも、より短期的には長半減期廃棄物の核変換という特性に集中してきた。高速炉システムが持つ、これら2つの能力への関心の度合いは、国によって幾分か異なっているが、短期的にも長期的にもエネルギー供給の役割を担えるというユニークな特性のため、現在、高速炉システム開発への関心が世界的に広がっている。

1.2　高速炉に対する世界の関心

前述のとおり、高速炉開発初期の最大の関心は燃料増殖機能の実現にあった。図1.1に、運転中、建設中もしくは詳細設計段階にある主要な高速炉開発プロジェクトの概要を示す。

プロジェクトは国別および時系列（初臨界日）で整理されている。将来計画されているプロジェクトの初臨界日は、公表されている予定に基づいている。またこの図では、以下に示す各プロジェクトの基本目的を記号で分類して示している。

実験炉および試験炉（experimental and test reactors）：　概して熱出力10万kWまでの出力レベルで、技術実証のために建設されるもの（燃料および材料の試験、実験を目的）。蒸気発生器とタービン発電機を備え、小規模の発電所として運転されることもある。

実証炉またはプロトタイプ炉（demonstration or prototype reactors）：　一般的には電気出力25万～35万kWを有し、商用発電所として実用化するために必要な技術の確立を目的。実規模およびスケールアップを行う機器類を装備。

商用規模炉（commercial-sized reactors）：　電気事業者の営業運転で求められるシステム性能を実証する初号機として開発されるもの。

次に示す3つの表は、図1.1に示す原子炉システムの主要仕様をまとめたものである。表1.1は実験炉と試験炉の情報を、発電しているものはその設備容量を含めて示している。表1.2は実証炉とプロトタイプ炉について、そして表1.3は商業規模のプラントについてまとめている。Super Phénix-2、SNR-2およびCDFRは、計画中止までにかなり詳細な設計が進められたため表1.3に含めた。これらの設計で培われた技術は、その後、欧州高速炉（European Fast Reactor, EFR）の設計に反映された。

これらの表から、強調すべき2つの興味深い事実が見出せる。一つは、全ての高速炉が、U-Puサイクルに基づいて計画、建設されていることである。これは、Th-U燃料よりもU-Pu燃料の開発の方が進んでいることを示している。二つ目は、ガス冷却高速増殖炉は現在も検討されてはいるものの（第

---

[4] 使用済燃料をリサイクルする計画が存在しない場合、取出された集合体は“廃棄物”となる。リサイクル計画が実行される場合は、ウランとプルトニウムは抽出して再利用され、残りが廃棄物となる。

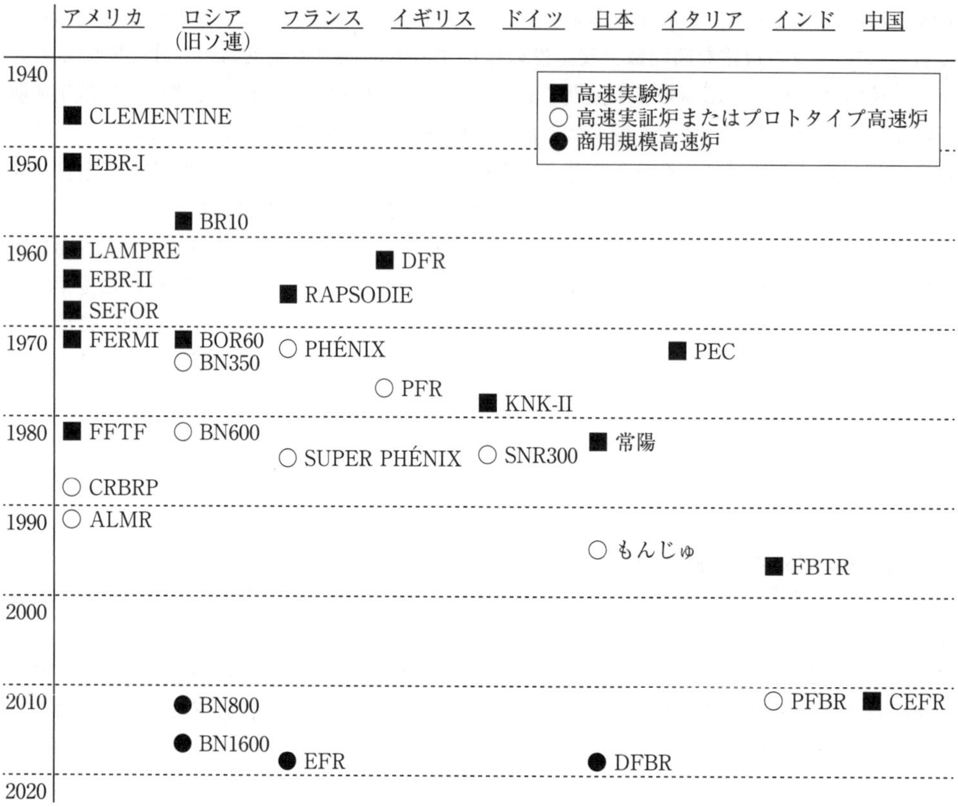

アメリカ　ロシア（旧ソ連）　フランス　イギリス　ドイツ　日本　イタリア　インド　中国

■ 高速実験炉
○ 高速実証炉またはプロトタイプ高速炉
● 商用規模高速炉

1940
■ CLEMENTINE
1950
■ EBR-I
■ BR10
1960
■ LAMPRE
■ DFR
■ EBR-II
■ RAPSODIE
■ SEFOR
1970
■ FERMI　■ BOR60　○ BN350　○ PHÉNIX　■ PEC
○ PFR
■ KNK-II
1980
■ FFTF　○ BN600　■ 常陽
○ SUPER PHÉNIX　○ SNR300
○ CRBRP
1990
○ ALMR
○ もんじゅ
■ FBTR
2000
2010
● BN800　○ PFBR　■ CEFR
● BN1600
● EFR　● DFBR
2020

図 1.1　世界の高速炉開発状況

表 1.1　高速実験炉

原子炉名	国	初臨界	出力		定格出力到達	冷却系統	燃料形態	冷却材、中間熱交換器入口温度	現状
			MWth	MWe					
Clementine	アメリカ	1946	0.025	–	–	–	Pu	水銀	停止
EBR-I	アメリカ	1951	1.2	0.2	1951	ループ	U	Na, 230℃	停止
BR-10	ロシア	1958	8	0	1959	ループ	UN PuO_2, UC	Na, 470℃	停止 2002
DFR	イギリス	1959	60	15	1963	ループ	U-7%Mo	NaK, 350℃	停止 1977
LAMPRE	アメリカ	1961	1	0	1961	ループ	溶融Pu合金	Na, 450℃	停止
EBR-II	アメリカ	1961	62.5	20	1965	タンク	U-Zr	Na, 473℃	停止 1994
Fermi-1	アメリカ	1963	200	61	1970	ループ	U-10%Mo	Na, 427℃	停止 1972
Rapsodie	フランス	1967	40	0	1967	ループ	UO_2-PuO_2	Na, 510℃	停止 1983
BOR-60	ロシア	1968	55	12	1970	ループ	UO_2-PuO_2	Na, 545℃	運転中（2015までに停止）
SEFOR	アメリカ	1969	20	0	1971	ループ	UO_2-PuO_2	Na, 370℃	停止
KNK-II	ドイツ	1972	58	20	1978	ループ	UO_2-PuO_2	Na, 525℃	停止 1991
FFTF	アメリカ	1980	400	0	1980	ループ	UO_2-PuO_2	Na, 565℃	停止 1992
JOYO（常陽）	日本	1977	140	0	1977	ループ	UO_2-PuO_2	Na, 500℃	運転中
FBTR	インド	1985	40	13	–	ループ	PuC-UC	Na, 544℃	運転中
PEC	イタリア	–	120	0	–	ループ	UO_2-PuO_2	Na, 550℃	建設中止（1974開始）
CEFR	中国	2010	65	23.4	–	タンク	UO_2-PuO_2	Na, 516℃	運転中

表 1.2　高速実証炉またはプロトタイプ高速炉

原子炉名	国	初臨界	出力		定格出力到達	冷却系統	燃料形態	冷却材、中間熱交換器入口温度	現状
			MWth	MWe					
BN-350	カザフスタン	1972	750	130	1973	ループ	UO_2	Na, 430℃	停止 1999
Phénix	フランス	1973	563	255	1974	タンク	UO_2-PuO_2	Na, 560℃	停止 2009
PFR	イギリス	1974	650	250	1977	タンク	UO_2-PuO_2	Na, 550℃	停止 1994
SNR-300	ドイツ	–	762	327	–	ループ	UO_2-PuO_2	Na, 546℃	計画中止
BN-600	ロシア	1980	1,470	600	1981	タンク	UO_2 UO_2-PuO_2	Na, 550℃	運転中
PFBR	インド		1,250	500	2009	タンク	UO_2-PuO_2	Na, 544℃	建設中
Super-Phénix 1[a]	フランス	1985	2,990	1,242	1986	タンク	UO_2-PuO_2	Na, 542℃	停止
MONJU（もんじゅ）	日本	1994	714	280	1996	ループ	UO_2-PuO_2	Na, 529℃	運転再開 2010
CRBRP	アメリカ	–	975	380	–	ループ	UO_2-PuO_2	Na, 535℃	計画中止
ALMR[a]	アメリカ	–	840	303	–	タンク	U-Pu-Zr UO_2-PuO_2	Na, 498℃	計画中止

a　IAEAの調査では、Super Phénix 1とALMRは表A.3中で“商業規模炉”に分類されている。

表 1.3　商用規模高速炉

原子炉名	国	初臨界	出力		定格出力到達	冷却系統	燃料形態	冷却材、中間熱交換器入口温度	現状
			MWth	MWe					
Super-Phénix 2	フランス	–	3,600	1,440	–	タンク	UO_2-PuO_2	Na, 544℃	EFRプロジェクトに統合
SNR 2	ドイツ	–	3,420	1,497	–	タンク	UO_2-PuO_2	Na, 540℃	EFRプロジェクトに統合
DFBR	日本	–	1,600	660	–	ループ	UO_2-PuO_2	Na, 550℃	未定
CDFR	イギリス	–	3,800	1,500	–	タンク	UO_2-PuO_2	Na, 540℃	EFRプロジェクトに統合
BN-1600	ロシア	–	4,200	1,600	–	タンク	UO_2-PuO_2	Na, 550℃	未定
BN-800	ロシア	2014	2,100	870	–	タンク	UO_2-PuO_2	Na, 544℃	2015年12月、商用発電開始
EFR	欧州連合	–	3,600	1,580	–	タンク	UO_2-PuO_2	Na, 545℃	未定

a　表A.3では、上記およびその他の代表的な設計のためのデータが示されている。

17章参照）、全ての高速炉がガスではなく液体金属を冷却材として計画もしくは建設されていることである。鉛冷却を採用した先進的な高速炉への新たな動きについては、第18章で論じる。

表1.1から表1.3では主要な高速炉開発プロジェクトの基礎データを記載しているが、関心の深い読者は、特に後の章で設計に関する議論が深まるにつれ、より詳しい情報を知りたくなるであろう。付録Aには、これらの原子炉についてのより詳細な情報をまとめている。付録BとCでは、高速炉技術の開発を継続している2つの組織において進行中のプロジェクトをそれぞれ説明している。

第４世代原子力システム国際フォーラム

第4世代原子力システム国際フォーラム（The Generation IV International Forum, GIF）は、次世代の原子力システムの実現可能性や要求性能を確立する上で必要な研究開発を具体化し実施するために現在推進されている、国際的な協力の取組みである[1]。このプログラムの下での国際協力として、ナトリウム冷却高速炉（sodium-cooled fast reactor, SFR）、ガス冷却高速炉（gas-cooled fast reactor, GFR）および鉛冷却高速炉（lead-cooled fast reactor, LFR）の3つの高速炉システムの開発が行われている[2]。前節の冒頭で示したように、これらの3つの炉型の中で、SFRが最も研究開発が進んでおり、本書で最も詳しく解説している。GFRとLFRの一般的な特性は、第17章と第18章で各々示されている。

初期の高速炉開発プログラムは、各々の国で進められていたのに対し、GIFのメンバーは、国際協力を保証するGIF内の「システム協定」（systems arrangements）の下に、新世代の高速炉に関する技術の開発を進めている。GIFメンバーは、その国の状況下における要求目標（すなわち、運輸分野での利用のための水素製造、地層処分に係る放射性毒性と放射性廃棄物量の両方もしくは一方の低減など）を達成する機能を有する特定の高速炉システムを選択する。これらのシステム協定の目的は、そのシステムの開発に寄与する研究開発を統合することにある。

GIFのメンバーシップ、システム協定の参加国および技術情報は、参考文献[1]で確認することができる。

1.3 高速炉の基礎物理

1.3.1 転換チェーン

21世紀初頭の高速スペクトル炉への関心は、世界の多くの国々で、主としてマイナーアクチニドの核変換（transmutation）に向けられているのは確かであるが、高速スペクトル炉の究極の目標は、数千年にわたり我が地球にエネルギーを給するための燃料増殖にある。したがって本書では、燃料増殖についての基礎物理から始めることとする。

燃料を増殖するには、親核種（^{238}U、^{240}Pu、^{232}Th、^{234}U）が、中性子捕獲、すなわち（n, γ）反応によって核分裂性核種（^{239}Pu、^{241}Pu、^{233}U、^{235}U）に転換（conversion）される必要がある。2つの重要な転換チェーンを図1.2に示す。これらのチェーンについてのより詳しい説明は第7章で展開する。図1.2に示される親核種と核分裂性核種の全ての同位体は、例外である^{241}Puを除いて、長寿命（半減期≧1万年）のα崩壊核種であるため、それらは物質収支に関して安定しているとみなすことができる。プルトニウム241は、核燃料サイクル評価において無視することができない程度に短い半減期をもつβ崩壊核種である。なお図1.2では、短寿命のβ崩壊核種による中性子捕獲や、全核種の核分裂反応（n, f）を省略している。

1.3.2 転換比、増殖要件と高速炉設計の目的

原子炉で生じる燃料転換の度合いは下式のように定義され、一般に**転換比**（conversion ratio, CR）と呼ばれる。

$$CR(\vec{r}, t) = \frac{\text{核分裂性物質の生成量(Fissile material produced)}}{\text{核分裂性物質の損失量(Fissile material destroyed)}} = \frac{\text{FP}}{\text{FD}} = \frac{RR_c^{(FP)}(\vec{r}, t)}{RR_a^{(FD)}(\vec{r}, t)}, \quad (1.1)$$

ここで、$RR_c{}^{(FP)}(\vec{r}, t)$と$RR_a{}^{(FD)}(\vec{r}, t)$は、捕獲反応率および吸収反応率である。$CR(\vec{r}, t)$は、位置と時間によって変化する。

一般的に、1サイクル、すなわち燃料を交換するまでの期間における、核分裂性物質の生成量FP = $RR_c{}^{(FP)}(\vec{r}, t)$と核分裂性物質の損失量FD = $RR_a{}^{(FD)}(\vec{r}, t)$が計算に用いられる。

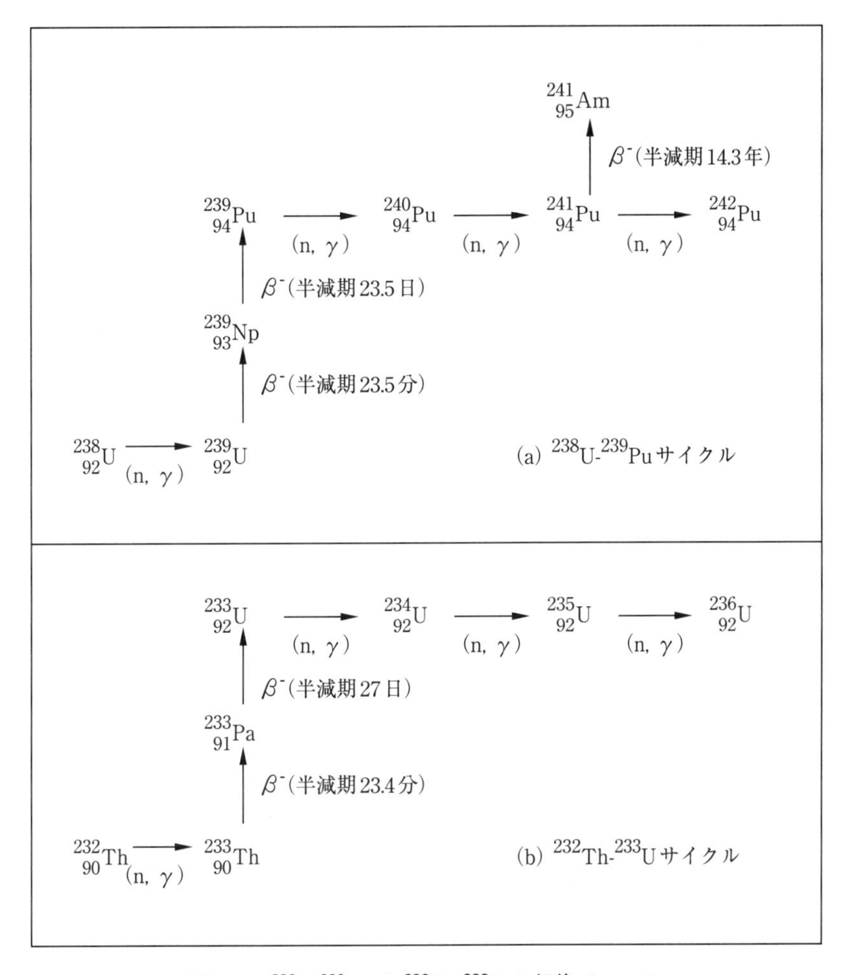

図 1.2　^{238}U-^{239}Pu と ^{232}Th-^{233}U の転換チェーン

$$\overline{CR} = \frac{\int_0^{T_f} dt \int_{V_c} RR_c^{(FP)}(\vec{r}, t)\, dv}{\int_0^{T_f} dt \int_{V_c} RR_a^{(FD)}(\vec{r}, t)\, dv}.$$

このケースでは、$\overline{CR}$は全炉心の平均値である。

転換比が1を超える原子炉は**増殖炉**（breeder）と呼ばれる。その場合、転換比は**増殖比**（breeding ratio, BR）と呼び名が変わる。すなわち、

$$増殖炉：\overline{BR} = \overline{CR} > 1.0. \tag{1.2}$$

転換比が1より小さい原子炉は**転換炉**（converter）と呼ばれる。

$$転換炉：\overline{BR} = \overline{CR} < 1.0. \tag{1.3}$$

軽水炉など既存の商用熱中性子炉は転換炉である。

増殖炉では、炉心部分の転換比は1より小さいながらも[5]、炉心全体、すなわち炉心と**ブランケット**[6]の和では1より大きくすることができる。

また、増殖性能を表す便利なもう一つの指標として、次式で定義される**増殖利得**（breeding gain, $\overline{G}$）がある。

$$\overline{G} = \overline{BR} - 1. \tag{1.4}$$

運転サイクル初期（すなわち燃料交換直後）の原子炉内の核分裂性物質インベントリFBOC[7]と運転サイクル末期（すなわち燃料交換のための炉停止時）のFEOC[8]という記述を用いると、増殖利得は以下のとおり表すことができる。

$$\overline{G} = \frac{\text{FEOC} - \text{FBOC}}{\text{FD}} = \frac{\text{FG}}{\text{FD}}, \tag{1.5}$$

ここで、FG（fissile gain）は核分裂性物質が運転サイクルあたりに増加する量である。当然ながら、増殖を目的とする原子炉において増殖利得はゼロより大きくなければならない。

原子炉では、広範な中性子エネルギー領域で燃料を増殖することが可能である、しかし、与えられた中性子スペクトルに対して適切な核分裂性核種が選択された場合にのみ、十分な増殖比を得ることができる。この理由は、基礎原子炉物理として整理されている基礎特性から説明できる。幾通りかの設計例がある熱中性子型増殖炉で、小さな増殖利得しか得られないことは必ずしも決定的な欠点ではないものの（詳細は後述）、高速中性子スペクトルのみが高い増殖利得を得ることができるということも、基礎的な炉物理から理解できる。

核分裂過程を考えてみる[9]。

$\overline{\nu}_f$ = 核分裂あたりに放出される中性子数
$\overline{\eta}$ = 中性子吸収あたりの発生中性子
$\overline{\alpha}$ = 捕獲／核分裂断面積比（$\overline{\sigma}_c$／$\overline{\sigma}_f$）

ここで $\overline{\eta}$ は、燃料に吸収された中性子1個あたりに発生する新たな中性子数（中性子スペクトルで平均した個数）とすると、これらのパラメータは以下のように関係づけられる。

$$\overline{\eta} = \frac{\overline{\nu}_f \overline{\sigma}_f}{\overline{\sigma}_a} = \frac{\overline{\nu}_f}{1 + \overline{\sigma}_c / \overline{\sigma}_f} = \frac{\overline{\nu}_f}{1 + \overline{\alpha}}, \tag{1.6}$$

ここで、$\overline{\alpha}$ は $\overline{\sigma}_c$／$\overline{\sigma}_f$ である。$\overline{BR}$ の最大値は以下となる。

[5] 増殖炉の炉心部分の転換比（内部転換比）は一般に1.0よりも小さいが、この事実に反し「内部増殖比（internal breeding ratio）」と呼ばれることもある。

[6] ブランケット領域（blanket region）とは、親物質が装荷された炉周辺領域を意味する。

[7] FBOC: fissile inventory at the beginning of a cycle.

[8] FEOC: fissile inventory at the end of a cycle.

[9] 記号の上のバーは、中性子スペクトルで適切に平均した断面積（核データ）であることを示す。

$$\overline{BR}_{\max} = \overline{\eta} - 1. \tag{1.7}$$

パラメータ $\overline{\nu}_f$ と $\overline{\alpha}$ は測定できる物理量であり、$\overline{\eta}$ が導かれる。$\overline{BR}_{\max}$ はその燃料の**増殖ポテンシャル**（breeding potential）と呼ばれる。

主要な核分裂性核種について、$\overline{\nu}_f$ の値は、約1MeVまでの中性子エネルギーにおいて殆ど一定であり（^{239}Puでは2.9、^{233}Uと^{235}Uでは2.5）、そして、高エネルギー領域で緩やかに増大する。一方、$\overline{\alpha}$ の値は、エネルギーに依存して大きく変化し、また同位体ごとでかなり異なる。例えば^{239}Puと^{235}Uに関しては、中間エネルギー領域である1eVから10keVの範囲で $\overline{\alpha}$ は急激に増大し、高エネルギーで再び低下するが、^{233}Uでは $\overline{\alpha}$ はほとんど増大しない。この ν と α のふるまいにより、$\overline{\eta}$ はエネルギーに依存して図1.3に示すような曲線を描く。

図1.3の重要性を理解する上では、増殖に必要な条件（下限条件）を確認しておく必要がある。中性子が1個の核分裂性核種に吸収される場合（これは1個の核分裂性核種が失われることに等しい）の、単純化された中性子バランスを考えてみよう。増殖のためには、次の世代の中性子は、失われた核分裂性核種を補うために最低でも1個が新たな核分裂性核種の生成のために消費（吸収）されなければならない。

この中性子吸収によって生まれる中性子の数が η である。この η 個の中性子の運命をたどってみる。

- 連鎖反応を継続するため、1個の中性子は1個の核分裂性核種に吸収されなければならない。
- L個の中性子は、寄生吸収や炉からの漏えいにより失われる。ここで、核分裂性物質や親物質以外の物質への中性子吸収は、全て寄生吸収とみなされる。

したがって、中性子バランスより、$[\eta-(1+L)]$は、親物質に捕獲される中性子の数となる。

この値は新たに生成された核分裂性核種の数を表しており、またこの中性子バランスの式は1個の核分裂性核種の損失に基づいていることから、核分裂性核種を増殖するための条件は、

$$\eta - (1 + L) \geq 1 \tag{1.8a}$$

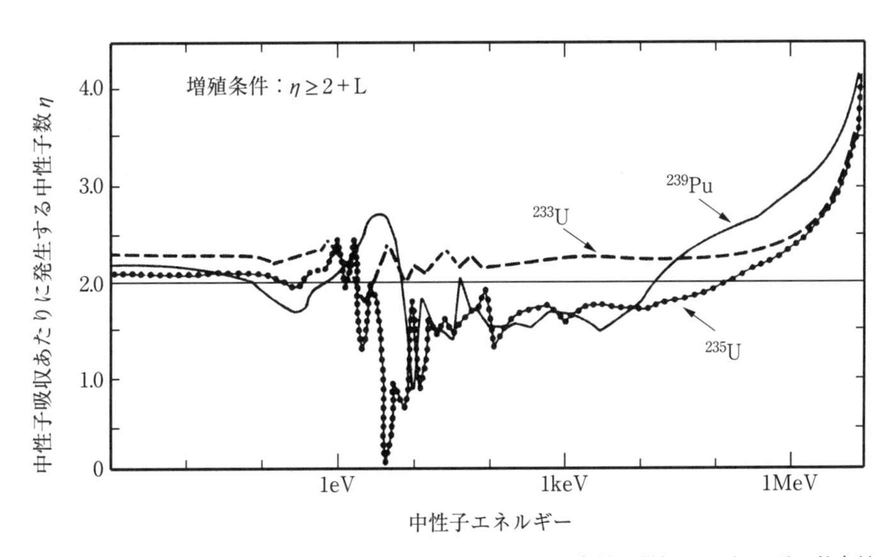

図1.3　核分裂性核種の η（中性子吸収あたりに発生する中性子数）のエネルギー依存性

となる[10]。この関係式を書き換えると、増殖に必要なηの最小値が下式のように表現される。

$$\eta \geq 2 + L. \tag{1.8b}$$

損失項Lは常に正であることから、

$$\eta > 2 \tag{1.9}$$

は、更に簡略化された増殖のための最低条件を示している。

式（1.8a）の$[\eta-(1+L)]$の値は、この簡略化されたモデルにおいて、生成された核分裂性核種と失われた核分裂性核種の比を示している。ゆえに、式（1.1）と式（1.2）から、それが増殖比に等しいことがわかる。

$$\overline{BR} = \overline{\eta} - (1 + L)\,. \tag{1.10}$$

すなわち、ηの値が大きいほど増殖比は大きくなる。増殖比のこのような表現方法は、増殖概念を説明する際によく用いられる。

それでは、燃料増殖のためにはηが2.0よりも大きくなければならないという基準を踏まえた上で、図1.3を再度検討してみる。熱中性子炉における核分裂性核種の吸収の大半は0.01から1eVの範囲で生じる。一方、混合酸化物（UO_2-PuO_2）燃料を用いた高速スペクトル炉では、核分裂性核種の吸収の約90%は、10keVより上で生じる。図1.3より、高速炉で燃料を増殖するには、^{239}Puが最良の選択であることがわかる。同時に^{233}Uではその可能性があり、^{235}Uでは困難であることも読み取ることができる。さらに、熱中性子炉で増殖を行うには、^{233}Uが唯一の現実的候補であることも示唆されている。

これらの事柄は、典型的な軽水炉と高速炉のスペクトルで平均化した3種類の核分裂性核種のηを比較した表1.4によっても再確認できる。もしも式（1.10）のLで表現される中性子の相対的損失が高速炉と熱中性子増殖炉でほぼ同じであるとすると、図1.3および表1.4は、高速炉で高い増殖比を達成できることを示している。さらに、金属（U-Pu）、炭化物（UC-PuC）、または窒化物（UN-PuN）の燃料を用いた高速炉では、平均中性子エネルギーが高く、核分裂性物質と親物質の密度が大きいことから、より高い増殖比を達成し得る。

表 1.4　高速炉および熱中性子炉における$\overline{\eta}$値[3]

平均化に用いた中性子スペクトル	^{239}Pu	^{235}U	^{233}U
軽水炉スペクトル(0.025eV)	2.04	2.06	2.26
代表的な酸化物燃料高速炉スペクトル	2.45	2.10	2.31

1.3.3　倍増時間

高い増殖比を達成することの目的の1つに、経済的価値を有する余剰核分裂性物質の生産を最大化することが挙げられるのは明らかだが、おそらくもっと重要な目的は、**倍増時間**（doubling time）と呼ばれるパラメータを導入することによって説明することができる。倍増時間を定義する幾つかの方

10　基本的な概念の理解のため、意図的に簡素化されていることに注意。実際には、^{238}Uの高速核分裂の効果により増殖条件はやや緩和され、$[\eta-(1+L)]$は1.0より僅かに小さくて良い。

法があるが（詳細については第7章を参照）、最も簡単な概念は、**原子炉倍増時間**（reactor doubling time, RDT）である。これは、特定の増殖炉が、自らの核分裂性物質インベントリの余剰分として、別の同型の増殖炉へ燃料を供給するのに十分な量の核分裂性物質を生産するのに必要とする時間である。すなわち、核分裂性燃料の初装荷量を倍増するために必要な時間である。

国またはある地域の電力供給において、高速炉はどの程度の比率を占めるべきか、そしていつ商業化を開始すべきかという議論は、常に行われてきた議論である。増殖炉の全発電容量に占める比率やその導入ペースを考えるにあたっては、まず増殖炉の経済性が電源開発計画や老朽化火力や軽水炉のリプレース計画に見合うレベルになることが前提となる。商用FBRの導入時期は、多くの要因に依存するものであり、またそれは国ごとに異なる。例えば、自国内のエネルギー資源量、エネルギー消費の伸び率、低コスト天然ウランの供給見通し、さらにその国がエネルギー自立政策をとるかなど、多様な要因が挙げられる。まさにこれはシステム工学の古典的な問題でもある。1970年代には、10～15年の倍増時間は増殖炉の妥当な目標であり、そのような要件を満たすことは可能であると一般的に考えられていた。最近の電力成長予測に基づくならば、15～20年（またはそれ以上）の増倍時間でもおそらく十分に短いであろうと考えられている。

原子炉倍増時間は、炉内の初期核分裂性物質インベントリM_0（kg）と、核分裂性物質の年間生成量$\dot{M}_g$（kg/y）を用いて非常に簡単に表すことができる。ここで、$\dot{M}_g$はその年初の核分裂性物質インベントリと年末の核分裂性物質インベントリの平均的な差である。

$$RDT = \frac{M_0}{\dot{M}_g}. \tag{1.11}$$

例えば、$\dot{M}_g$が$0.1\,M_0$であるとする。毎年この$0.1\,M_0$が蓄えられていくならば、その炉に求められる核分裂性物質量はM_0だけなので、10年後には原子炉内のM_0と蓄積されたM_0の$2\,M_0$が存在することになる。式（1.11）は単純であるが、$\dot{M}_g$の正確な計算は簡単ではない。こうした計算に用いる解析方法については第7章で述べる。しかしながら、どのパラメータが核分裂性物質の年間生成量$\dot{M}_g$に影響し、結果として倍増時間に影響するかを正しく理解する上で、$\dot{M}_g$の近似法について考察することは有益である。$\dot{M}_g$の量は、増殖利得$\overline{G}$、メガワット単位の定格電力P、定格出力での稼働率fおよび捕獲／核分裂断面積比$\overline{\alpha}$を用いて以下のとおり表すことができる。

$$\dot{M}_g = \overline{G}\cdot(\text{核分裂性物質の年間損失量}) \cong \overline{G}\cdot(1+\overline{\alpha})\cdot(\text{核分裂性物質の年間核分裂量})$$

$$\dot{M}_g \cong \overline{G}\,(1+\overline{\alpha}) \left[\frac{\left(P\times 10^6\right)\left(2.93\times 10^{10}\ \text{fissions/W}\cdot\text{s}\right) \times \left(3.15\times 10^7\ \text{s/y}\right)(f)\,(239\ \text{kg/kg-mol})}{\left(6.02\times 10^{26}\ \text{atoms/kg-mol}\right)} \right] \cong \frac{\overline{G}Pf\,(1+\overline{\alpha})}{2.7}. \tag{1.12}$$

すなわち、

$$RDT \cong \frac{2.7M_0}{\overline{G}Pf\,(1+\overline{\alpha})}. \tag{1.13}$$

式（1.13）の倍増時間の単位は年である。これは、**核分裂性物質比インベントリ**（fissile specific

inventory）M_0/P[11] に比例し、増殖利得$\bar{G}$に反比例する。式（1.13）をより正確にするためには、ここでは無視されている、燃料サイクル内で燃料が炉外で費やした時間、燃料サイクルロス、親物質による核分裂寄与、そして燃焼サイクル中の種々の変動などを追加する必要があるが、倍増時間の増殖利得や核分裂性物質比インベントリに対する感度は本簡略式で容易に理解することができる。例えば、増殖比が1.2から1.4に増加すると、倍増時間は2分の1となる。酸化物燃料を用いた高速スペクトル炉の核分裂性物質比インベントリは1～2kg/MWthの範囲にある。

式（1.13）は熱中性子増殖炉の倍増時間を推定するためにも用いることができる。アメリカではかつて、2通りの熱中性子増殖炉が精力的に設計された。**シード・ブランケット型軽水増殖炉**（light water seed-and-blanket breeder）と**溶融塩増殖炉**（molten salt breeder）である。両炉とも^{232}Th-^{233}Uサイクルを利用する。軽水増殖炉（シッピングポート、ペンシルベニア州）は、理論値としてかろうじて1.0を超える増殖比を示した。従ってその倍増時間は非常に長い。溶融塩増殖炉は、軽水炉よりも大きな増殖比を持つものの、高速増殖炉と比べると小さい。しかしながら一般的に、熱中性子炉の核分裂性物質比インベントリは高速増殖炉に比べて大幅に少ないため、M_0/Pと$\bar{G}$の比（すなわち、$M_0/P\bar{G}$）は小さく、溶融塩増殖炉の倍増時間は、高速増殖炉に匹敵する可能性がある。

上記に示した増殖と転換比の概念より、高速炉の設計目標は次のように定めることができる。

増殖炉：

1. 高増殖率、$\overline{BR} = \overline{CR} > 1.0$
2. 少ない核分裂性物質インベントリ
3. 高燃焼度燃料

転換炉（核変換炉）：

1. 低転換率、$\overline{CR} < 1.0$
2. 多い核分裂性物質インベントリ
3. 高燃焼度燃料

1.4 増殖炉導入とウラン資源

1.4.1 無尽蔵エネルギー源としての増殖炉

燃料サイクルの研究では、一定量のウランから取り出せるエネルギー量は、軽水炉に比べて高速増殖炉では約60～80倍以上となることが示されている。天然ウラン中の^{235}Uに対する^{238}Uの比率は140であるが、軽水炉では一部の^{238}Uがプルトニウムに転換して燃料として消費されるため、FBRと軽水炉のウラン利用率の比は140より小さい値となる。また、詳細な燃料サイクル解析では、燃料サイクル全体での重金属の損失を考慮しなければならない。その結果、FBRの燃料利用効率は軽水炉に比べて約60から80倍以上となる。改良された軽水炉と燃料サイクルの設計においては、この比率を60に近くまで減らすことが検討されている。

軽水炉ではウランのごく一部が利用されているだけであるため、発電コストは天然ウランのコストに敏感である。天然ウランのコストは、通常、酸化ウラン化合物U_3O_8のキログラム当たり、またはポンド当たりのコストとして見積もられる。したがって、低品位鉱石（低濃度ウラン鉱石）は、軽水炉での利用において経済的に魅力がない。対照的に、FBRは燃料利用率において約60倍優位である

[11] この項の逆数、P/M_0もまたよく用いられる量で、「核分裂性物質比出力（fissile specific power）」と呼ばれる。

ため、FBRの発電コストはU_3O_8コストには鈍感となる。したがって、軽水炉での使用に受け入れられない低品位鉱石や海水中のウランでさえもFBRであれば利用できる可能性がある。

ウランコストに左右されることなく、ウラン資源利用率を大幅に改善できるということは、FBRによるウラン利用が、枯渇の心配がないといっても差し支えないほど長い期間、少なくとも何千年もの長期にわたって、エネルギー供給方法となり得ることを意味している。同様にトリウムは、1.3節での説明のとおり、ウランほど効率的な増殖は出来ないものの、FBRで利用することにより、もう一つの無尽蔵な資源となる。要約すると、増殖炉を活用した核分裂エネルギーとは、太陽エネルギー（太陽からのエネルギーをベースとする再生可能エネルギー源を含む）、核融合エネルギー、そして地熱エネルギーと並んで、世界の長期的なエネルギー需要を満たすために開発対象とされている4種類の無尽蔵エネルギー源の一つである。

上述した様に低品位ウラン鉱石はFBRにとって経済的であるが、実際には、LWRが必要とする以上のウランを採掘する必要は無い。例えば、ガス拡散濃縮施設からのテイルウラン[12]として、数百年間分の全米の電力需要に応えるのに十分なウラン238が現在既に備蓄されている。更に、この備蓄は軽水炉が^{235}Uを必要とする限り増大していくものである。

1.4.2 ウラン資源と高速炉

こうした長期的な展望はかなり明確である一方、商業FBRの導入のタイミングや、FBRへの移行もしくはFBR-LWR並存へ移行するための戦略に関する短期的な問題は、より複雑である。その幾つかの課題は、倍増時間についての1.3節の議論の中で簡単に触れた。

今日稼働している原子炉の運転にはウラン燃料が用いられており、そのほとんどは3～5%の^{235}Uを含む低濃縮ウラン燃料である。さらに現在建設中の原子炉の大半も低濃縮ウラン燃料を用いるタイプである。国際原子力機関（IAEA）のデータによると[4]、約$130/kg以下の価格で調達可能な現在の確認ウラン資源量は4.7百万トンとされている。ウランの究極資源量としては、さらに1,000万トンの追加量があると期待されている。

表1.5は、現行軽水炉の燃焼度と現在の資源量を前提として、ウラン資源がどれだけの期間のエネルギーを供給可能かの評価値を示している。最初の行の値は、新規に建設される原子炉も現行炉と同型を想定した場合のものである。この技術では、天然ウランのエネルギー価値の僅か2%以下しか活用できない。2行目の値は、ウランの価格が上昇するにつれ、リサイクル技術が大規模に導入されることを想定している。この技術の展開は、ウラン資源からより多くのエネルギーを抽出することにつながる。なおこれらの数字は、世界的に原子力発電容量が拡大していくにつれ、反比例して減少するものである。

やがて、経済的に採掘できるウラン資源は枯渇し、現在主流の軽水炉は、リサイクルや増殖によりエネルギー供給を持続できるFBRに置き換えられていくであろう。

高速炉を用いる他の炉概念として、再処理施設を必要とせず、軽水炉よりも遥かに高い燃料効率を

表1.5 原子力発電でのウラン資源利用可能期間

燃料サイクルシナリオ	ウラン利用可能年数(年)	
	在来型資源	総資源
軽水炉ワンススルーサイクル	80	270
高速炉サイクル	4,800～5,600	16,000～19,000

[12] テイルウランとは濃縮プロセスの完了後に廃品として残る劣化ウランであり、一般にU-235の濃度が0.25%程度と少なくなったウランを意味する。

持つものもある。この方法は、オープン（ワンススルー）燃料サイクルによる増殖・燃焼型高速炉（breed and burn fast reactor）と呼ばれる。それは、燃料リサイクルに関連する費用をかけること無しに、クローズド燃料サイクルの利点のほとんどを実現できる概念である[5]。

オープン燃料サイクルを利用する高速炉設計の最初の提案は、1958年にFeinbergによってなされた。彼は、増殖・燃焼型高速炉は燃料として天然ウランもしくは劣化ウランのみを用いて運転可能であることを示唆した[6]。他の類似の概念が、Driscoll[7]、Feoktistov[8]、Tellerら[9]、van Dam[10]によって提案されている。最近では、Fominら[11]が燃焼波の臨界性に係る空間依存性の数値解析を完了している。また、関本と高木[12]は、この炉型の特徴を強化する炉心概念や基礎工学的な検証を大きく進歩させた。2006年には、TerraPower社が、進行波炉（travelling wave reactor, TWR）[13]と呼ばれる概念を提唱し、増殖・燃焼型高速炉の最初の実用的な工学設計を進める取組みに着手した。TWRの設計は、低～中規模出力（電気出力～30万kW）と大規模出力（電気出力～100万kW）の両方に適用すべく開発が行われている。

1.5 高速炉による核変換の意義[13]

1.5.1 高レベル放射性廃棄物のジレンマ

この章の冒頭で述べたように、放射性廃棄物問題に対する公衆の懸念は、世紀の変わり目頃を境に、世界の多くの地域において増大し、原子力発電の安全性に並ぶ大きな懸案事項となった。高レベル放射性廃棄物の長期保管のための地層処分施設の立地と開発は、ほぼすべての国で政治的課題となっている。

原子力発電所の他、医療機関、研究機関、その他あらゆる産業から発生する低レベル放射性廃棄物の最終処分については、多くの国で既に認可され、操業されている。しかし、科学界や工学界が、高レベル放射性廃棄物（high level wastes, HLW）は安定した地層に安全に処分できるということについて広く合意しているにもかかわらず、民生用原子力発電から生じたHLWを最終処分するための商業的処分施設はまだ無い。唯一、核兵器の生産に伴い発生した長寿命の**超ウラン元素**（transuranic, TRU）[14]廃棄物を処分する施設として、アメリカ、ニューメキシコ州に廃棄物隔離パイロットプラント（waste isolation pilot plant, WIPP）と呼ばれる地層処分施設がある。しかし、この処分場は商業用原子力発所に端を発するHLWについては許可されていない。

現在、原子力発電所の運転で生じた使用済燃料は、リサイクル[15]または貯蔵のいずれかが行われている。前者のリサイクル方式の場合、使用済燃料から利用可能なウランとプルトニウムを抽出し、原子力発電所で再利用する。現在、HLWの最終処分は保留され、依然として貯蔵されている。いくつかの国々（特にフランスとイギリス）では、使用済燃料のほとんどを化学処理しリサイクルする民間プログラムを積極的に継続しており、他の国々で発生した使用済燃料処理も商業ベースで引き受けている。また日本など、いくつかの国では、積極的に自国内での民間リサイクル計画を推進している。利用可能なウランやプルトニウムを回収せずに燃料のリサイクルを行う、第三のアプローチが提案されているが、カナダ、フィンランド、スウェーデン、アメリカなどの国々では、使用済燃料をHLWとして直接処分する戦略を選択している。プルトニウムに関しては、永久処分を必要とする廃棄物の量と毒性を低減するため、速やかに“燃焼”されるであろう。まだ燃料サイクル戦略を決めていない国々は、現在のところ使用済燃料を貯蔵するのと並行して、様々な選択肢に関する検討を継続している。

---

[13] 分離核変換についてはM. Salvatores教授により第7章で概括される。

[14] 超ウラン元素とは、原子番号92(ウラン)より大きい原子番号(すなわちZ≧93)を持つ元素の総称。

[15] 本書では「リサイクル」と「再処理」は同義語として使われている。

使用済燃料貯蔵は、これまで半世紀以上にわたる実績がある。さらに、貯蔵容量を増強することは比較的簡単であり、かつ軽水炉の使用済燃料は長期間貯蔵に大変適している[16]。したがって、深地層処分施設の建設・操業計画を早めなければならない強い技術的理由は無いと言えよう。おそらく政治的には処分計画を加速しなければならない理由があろうが、燃料貯蔵を行うことは比較的容易であるため、政治家や国民が徹底的に議論し、調査を行い、各々の国で優先すべき解を決定するための猶予期間を持つことができる。多国籍処分のアプローチは、政治的に受け入れ可能な場合、特に小規模な原子力発電を持つ小さな国や、処分可能な場所が限られている国土の小さな国において、費用対効果の高いオプションとなる可能性がある。

1.5.2　分離核変換

核燃料は、炉心で照射されている間に、バリウム、ストロンチウム、セシウム、ヨウ素、クリプトン、キセノンなどの多様な核分裂生成物を生成する。燃料内で核分裂生成物として生成される同位体の多くは、高い放射能を持つ。つまり半減期が短い。核分裂で生成されるこれらの小さく軽い原子に加えて、様々なTRU同位体が中性子捕獲によって生成される。そのTRUには、^{239}Pu、^{240}Pu、^{241}Puおよび^{241}Amなどに加えて、あまり一般的ではない重核種も含まれる。TRUはすべて放射性物質であり、非常に長い半減期を持つものが多い。HLWの寿命の末期部分のほとんどは、超ウラン元素の同位体と他のアクチニド（ウラン以下の重元素同位体）によって構成される。

分離核変換（partitioning and transmutation、P&T）技術は、HLW管理に要する時間を大幅に短縮することを目的に、放射性廃棄物管理戦略の一環として研究開発が行われてきた。P&T技術の適用によって、処分施設の熱負荷が軽減されるだけでなく、放射性毒性が問題となる期間が、たとえば数十万あるいは百万年から千年未満に短縮され、人間侵入（human intrusion）などの偶発的なシナリオが生じた場合のリスクが大幅に低減される。このような効果が期待されるP&T技術は、追求する目的に応じて3通りの方式に分類される。(1)軽水炉燃料からTRUを分離し、高速炉燃料とともに高速炉で多重リサイクルすることで、原子力の持続的利用と廃棄物の最小化を図る方式、(2)分離されたPuを軽水炉で再利用するとともに、（何らかの炉で）**マイナーアクチニド**（minor actinide, MA）[17]のインベントリを減らす方式、そして (3)軽水炉の使用済燃料から一括分離されたTRUインベントリを（何らかの炉で）低減する方式である。

P&T戦略は、廃棄物の放射性毒性のレベルを大幅に減らすための、非常に強力かつユニークな取り組みであり、適切な放射線防護を行い得るレベルに減衰するまでの年数を（おおよそ数十万年から数百年に）短縮できる。さらに、P&T技術は、地層処分施設の設計や操業において考慮する必要のある残留熱を低減できる。これにより、処分場規模が有意に縮小され、また処分安全性能の向上も期待される。

第7章では、P&T技術の詳細を説明している。具体的には、(1)高速炉が放射性廃棄物の最小化に最も適したシステムであることの物理的考察、(2)特定の核変換目的に対して適切な高速炉型を組み入れた核変換オプション、(3)P&T技術の導入戦略、(4)核データの不確かさと、それが種々の核変換システムの公称性能に与える影響、そして (5)様々なP&T目的と導入シナリオに対応した、多様な高速炉型の役割の詳細、の5項目について述べられる。

多くの研究は、P&Tを適用した先進燃料サイクルが使用済燃料の深地層処分問題を緩和する可能性

16　現実には、残念ながらこの事柄は多くの市民に誤解されている。

17　マイナーアクチニド（MA）とは、“メジャーアクチニド”であるウランおよびプルトニウムを除いたTRU同位体の総称である。

があることを示している。具体的には、いわゆる侵入シナリオに関係する、深地層処分施設内の放射性毒性源の低減や、同一面積の処分場により多くの廃棄物処分を可能とする熱負荷の低減である。ただし、処分面積合理化は処分体の性状にも依存するものである。

最初のポイント、すなわち放射性毒性の低減について、P&T技術はHLWの適切な地層処分に取って代るものではないが、核変換戦略が長期の放射性毒性を大幅に、すなわち数百分の1に低減できることを多数の研究が確認している[15]。放射性毒性の低減度合は、前述したいずれの燃料サイクルシナリオでも同程度（1/100以下）だが、その値は再処理時の損失（再処理ロス）[18]に依存する。図1.4に示すように、再処理でのTRUの損失がもし0.2%以上ならば、約300年後までに廃棄物毒性を天然ウラン鉱石のレベルに低減するという目標は達成できないこととなる。

2番目のポイント（すなわち、熱負荷の低減）について、P&T技術を組み入れた先進燃料サイクルシナリオから生じたHLWは、軽水炉の使用済燃料に比べかなり崩壊熱が低くなる。これは最大許容処分密度が熱制限によって決定される硬岩、粘土、凝灰岩からなる地層での処分の場合に重要である。

いくつかの研究が、処分場の設計における熱負荷の影響とそれを低減することの有効性を強調している。PuおよびMAの完全リサイクルを行うシナリオにおいては、再処理から処分場への持ち込みまでの期間を100〜200年以上遅らせることにより、処分時の熱負荷と処分時の廃棄体配置密度を大きく低減できる可能性がある。同様のHLWの発熱低減は、HLWからSrとCsを分離することによっても達成できる[16]。

もしも社会の要請が、放射性毒性減衰に要する時間の大幅短縮にあるなら、まずは使用済燃料に残存するウランとプルトニウムを除去することが有効である。これにより、放射性廃棄物の放射性毒性が元々の天然ウランレベル以下になる時間は、約1万年に短縮される。この時間スケールはまだ非常に長いが、地球に誕生した人類の生活の歴史的な記録が存在する期間と同等である。

さらに、マイナーアクチニド（主としてネプツニウム、アメリシウム、キュリウムおよびカリホルニウム）も回収する場合、処分された物質の放射性毒性が天然ウラン以下のレベルになるまでの期間

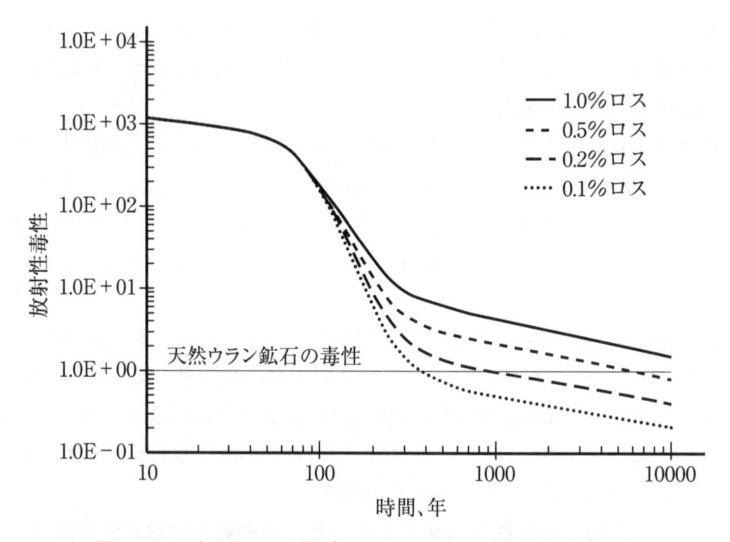

図 1.4　再処理ロスに依存する廃棄物の放射性毒性[15]

[18] 再処理ロス（もしくは回収ロス）とは、再処理工程の非効率性を示す指標の一つである。化学的に100%分離することは不可能であり、僅かな程度の再処理ロスは避けられない。現実的には再処理ロスを0.1〜0.2%の範囲に抑制することは可能である。

は1,000年を下回る。廃棄物中の放射性物質の主成分は核分裂生成物となるため、約300年後にはそのほとんどが崩壊してしまう。もし、上記の放射性物質をほぼ全て取り除くために使用済核燃料をリサイクルして、熱中性子炉へ“きれいな”燃料として装荷するなら、超ウラン元素はその核的性質上、熱中性子を積極的に吸収して**高次アクチニド**[19]（higher actinides）に変換されるため、マイナーアクチニドが再び増加しはじめる。しかし、この“きれいな”燃料を高速炉に再装荷するなら、アクチニドは優先的に核分裂反応を生じ、厄介な長寿命核種は無くなる。このことは、使用済核燃料をリサイクル（再処理）することや、回収された物質を高速スペクトル炉へ再装荷することへの主要な動機となる。

日本の研究では[17, 18]、炉型や、再処理前の冷却時間や再処理スキーム（PUREX[20]、MAリサイクル、FP分離、そしてMAとFPの全リサイクル）など燃料サイクルの条件をさまざまに変動させた廃棄物管理シナリオにおいて、MAとFPを分離核変換することの利点が確認されている。高速炉でのMA核変換とFP分離によって処分場サイズを4～5分の1に、MA核変換、FP分離に加えSrとCsの長期貯蔵により、処分場サイズを100分の1以下にできることが示されている。

第7章で詳説されるように、高速スペクトル体系では、アクチニドが最終的に核分裂する前に中性子が捕獲反応で消費されてしまう確率が少ないため、アクチニド燃焼はより“効率的”に行われる。さらに、より高次のアクチニドが生成される確率は、各々の核変換プロセスで大幅に低減される。例えば、運転中の高速炉での^{241}Pu含有量は、典型的な軽水炉に比べて7分の1と小さい。一方、軽水炉の場合にはアメリシウムやキュリウムなどの高次アクチニドはリサイクルに伴って増加することとなる。熱中性子炉のクローズド燃料サイクルにおいては、これらの高次アクチニドはより放射能が高くなる傾向があり、燃料のハンドリングや燃料製造において問題となる場合がある。一方で、分離されたPuやMAを高速炉での“加速燃焼”のための燃料材として用いるには、特殊な炉心設計、高度な燃料技術（酸化物、金属、窒化物）の他、おそらく、新たな、或いは高度に改良されたリサイクル技術（例えば、乾式再処理）が要求される。

高速中性子は、高次アクチニドと相互作用する場合、中性子捕獲によってより長寿命の物質を生成するよりも核分裂を生じやすいといった特徴を持つことから、高速スペクトル炉は、科学界においてその役割を再評価されている。この機能についての物理的考察は、第7章で議論されている。

1.5.3 高速燃焼炉シナリオ

高速スペクトル炉の転換性能は広い幅で調整可能である。これにより高速炉は以下の2つの基本戦略に柔軟に対応することができる。

高速増殖炉の炉心構成（$\overline{BR}=\overline{CR}>1.0$）：　優れた中性子経済により、FBRは^{238}Uから核分裂性物質を生成し、正味の増殖が可能である。従来から考えられている燃料サイクル方式では、核分裂性物質を増殖させるため炉心外部に親物質（ブランケット）を配置する。このFBRの炉心構成は、急速に原子力発電が拡大し、核分裂性物質が希少かつ高価となる経済状況に対応するものである。

高速燃焼炉（fast burner reactor）の炉心構成（$\overline{CR}<1.0$）：　高速炉は、TRU量を正味で減少させるTRU燃焼炉心としても容易に構成できる。

19　“高次アクチニド”とは、連続的な中性子捕獲により生成される原子番号の高いアクチニドを指す。

20　PUREXは、Plutonium-URanium Extractionの略語である。これは使用済燃料からウランとプルトニウムを回収するための標準的な湿式再処理法である。

兵器用核物質の余剰備蓄や、民生用分離プルトニウムおよびTRUを含有する使用済燃料を抱える現在の核燃料サイクルの状況を踏まえ、全世界のTRU蓄積量を減少させるための高速燃焼炉の炉心構成が近年の研究目標になっている。

多段階層型（multiple strata）核燃料サイクル体系の研究で示されているように、高速燃焼炉システムは、少ない設備容量で総TRU貯蔵量を安定化させることに適用できる。この概念は、ワンススルーサイクルから生じる廃棄物を増加させることなく、現状の濃縮ウラン体系（すなわち現行の軽水炉体系）で用いる資源の市場拡大に有利である。プルトニウム貯蔵量の低減や廃棄物の核変換の何れの目的においても、高速炉の高いTRU燃焼率は利点となる。目標を達成するためのシステムの必要数は、燃焼率により直接的に定まる。

様々な目的に応じた高速燃焼炉の設計が検討されている。例えば、兵器級プルトニウムの処理を目的とした燃焼炉心構成が開発されている。特に、従来の燃料形態を用い転換比を0.5程度とした中程度燃焼炉（moderate burner）の設計と、ウラン燃料の形態を用いず転換比を0.0程度を目指した専焼炉（pure burner）の設計が検討されている。仏のCAPRA研究では、中程度燃焼炉は45%もの高プルトニウム富化度（Pu/HM）が想定されていた[15]。これらの研究の成果を要約すると：

- 従来の燃料を用いる場合、燃料組成制限によって転換比$\overline{CR}$の下限は0.5程度に制限される。
- ウランを含まない新たな燃料形態を用いた炉心は、従来炉と大きく異なる反応度係数を示す。

最近の高速燃焼炉の研究では、燃料中のTRU割合が従来の0～30%TRU/HMの範囲だけでなく、100%まで広げた全範囲について検討が行われている。TRUの含有量の制限を取り払うことは、高速専焼炉システムの設計に柔軟性を与える。さらに、ウランを含まないウランフリー燃料という（安全性に課題のある）極端な概念に走ることなく、低転換比システム（$\overline{CR}<0.5$）の開発を可能にする。転換比を大きく下げた高速炉では、フィードバック反応度が悪化する可能性に注意が必要である。

GIFにおけるSFR開発で掲げられている主要な目標は、1.2節で説明したように、高レベル放射性廃棄物の管理、特にアクチニド管理と呼ばれるプルトニウムや他のアクチニドの管理である。高転換率（$\overline{CR}>1.0$）と低転換率（$\overline{CR}<0.5$）のどちらのSFRも幅広く開発されている。しかしながら、GIFのシステムでは、（ウラン資源に関する）持続可能性の目標と一貫性のある、高い転換率を目標としている。アクチニドの核変換については、アメリカの先進燃料サイクルプログラム（advanced fuel cycle program）の中で、低転換率システムの一次的な解析が行われている。

究極的なSFR燃料サイクルとは、TRUとウランの完全リサイクルを行うサイクルである。補給燃料として必要なのは劣化ウランのみのため、燃料資源が大幅に節約される。さらに、TRUは各工程において0.1%程度のリサイクルロスを伴うものの、廃棄物からほぼ完全に取り除かれる。ワンススルー燃料サイクルと比較して、アクチニドを含まない廃棄物は、TRU物量、長期の熱負荷、放射性毒性を大幅に低減でき、最終処分施設の面積も小さくて済む。したがって、これらの性能は、資源有効利用と廃棄物管理に関するGIFの持続可能性クライテリアに対し、優れて適合するものである。

米国エネルギー省によって最近検討されたSFR燃焼炉は、三元合金燃料（U-Pu-10Zr）を用いる840MWth出力のモジュラー型SFRシステムとして設計が継続されている。低転換比の炉心設計を成立させるため、二つのオプションが考えられた。

- 中性子の漏れを増大させるための炉心形状の変更（炉心の有効半径を大きくすることと、炉心高さを減らすことの一方または両方）。

• TRU元素の生成を減らすための燃料中の親物質含有量の低減。

幅広い研究により、炉心形状の変更によって転換比を低減する方法では、実効的な炉心半径が許容できないほど大きくなることが明らかになっているが、このアプローチによって達成できる転換比の最小値は約0.5である。しかしながら、集合体のサイズを維持しながら燃料ピン径をわずかに減少させること、すなわち燃料体積比を減らすことによって、非常に低い変換率を達成することができる。軽水炉使用済燃料から回収された超ウラン元素を用い、0.0から0.5の転換比を持つ炉心設計が具体的に検討されている。

【参考文献】

1. “Generation IV International Forum,” http://www.gen-4.org.
2. Generation IV International Forum, *GIF R&D Outlook for Generation IV Nuclear Energy Systems*(August 21, 2009).
3. G. R. Keepin, *Physics of Nuclear Kinetics*, p. 4, Addison-Wesley Publishing Co., Inc., Reading, MA(1965).
4. “Nuclear Power and Sustainable Development”, Ed. M. ElBaradei, April 2006, IAEA, https://www.iaea.org/OurWork/ST/NE/Pess/assets/06-13891_NP&SDbrochure.pdf.
5. T. Ellis, R. Petroski, P. Hejzlar, et al., “Traveling-Wave Reactors: A Truly Sustainable and Full-Scale Resource for Global Energy Needs”, *Proceedings of the ICAPP10*, June 13-17, 2010, Paper 10189, San Diego, CA(2010).
6. S. M. Feinberg, “Discussion Comment,” *Rec. of Proc. Session B-10*, ICPUAE, United Nations, Geneva, Switzerland(1958).
7. M. J. Driscoll, B. Atefi, and D. D. Lanning, “An Evaluation of the Breed/Burn Fast Reactor Concept”, MITNE-229(December 1979).
8. L. P. Feoktistov, “An Analysis of a Concept of a Physically Safe Reactor,” Preprint IAE-4605/4, in Russian(1988).
9. E. Teller, M. Ishikawa, and L. Wood, “Completely Automated Nuclear Power Reactors for Long-Term Operation,” *Proceedings of the Frontiers in Physics Symposium*, American Physical Society and the American Association of Physics Teachers Texas Meeting, Lubbock, TX(1995).
10. H. van Dam, “The Self-stabilizing Criticality Wave Reactor,” *Proceedings of the Tenth International Conference on Emerging Nuclear Energy Systems*(ICENES 2000), p. 188, NRG, Petten, Netherlands(2000).
11. S. P. Fomin, A. S. Fomin, Y. P. Mel’nik, V. V. Pilipenko, and N. F. Shul’ga, “Safe Fast Reactor Based on the Self-Sustained Regime of Nuclear Burning Wave,” *Proceedings of Global 2009*, Paper 9456, Paris, France(September 2009).
12. N. Takaki and H. Sekimoto, “Potential of CANDLE Reactor on Sustainable Development and Strengthened Proliferation Resistance,” *Progress in Nuclear Energy, 50*(2008)114.
13. J. Gilleland, C. Ahlfeld, D. Dadiomov, R. Hyde, Y. Ishikawa, D. McAlees, J. McWhirter, N. Myhrvold, J. Nuckolls, A. Odedra, K. Weaver, C. Whitmer, L. Wood, and G. Zimmerman, “Novel Reactor Designs to Burn Non-Fissile Fuel,” *Proceedings of the 2008 International Congress on Advances in Nuclear Power Plants*(ICAPP 2008), ANS, Anaheim, CA, Paper 8319(2008).
14. M. Salvatores and J. Knebel, “Overview of Advanced Fuel Cycles for the 21st Century,” Jahrestagung Kerntechnik 2008, Hamburg(May 27-29, 2008).
15. *Accelerator-Driven Systems(ADS)and Fast Reactors(FR)in Advanced Nuclear Fuel Cycles*, A Comparative

Study, OECD-NEA(2002).

16. R. A. Wigeland, et al., "Separations and Transmutation Criteria to Improve Utilization of a Geological Repository", *Nuclear Technology, 154*(2006)95.
17. H. Oigawa, et al., "Partitioning and Transmutation Technology in Japan and Its Benefit on High-Level Waste Management", *Proceedings of the International Conference on GLOBAL '07*, Boise(September 2007).
18. K. Nishihara, et al., "Impact of Partitioning and Transmutation on LWR High-Level Waste Disposal", *Journal of Nuclear Science and Technology, 45*(1)(2008)84-97.

第2章
高速炉設計の基礎

2.1　はじめに

高速スペクトル炉（高速炉）の設計を行う際に必要とされる中性子工学、システム、安全などの個々の項目の議論を始める前に、Wirtzの例[1]にならって、高速炉設計の基礎に触れることが適当である。本書の読者にとって、よりなじみがあると思われる熱中性子炉システムとの比較を行い、基本的な相違を説明していく。

本章は、まず、設計の主目的についての簡単な説明から始め、高速炉の機械・熱システム設計に関する概略の説明へと続ける。また本章では、高速増殖炉に重点を置く。それは、高速炉システムを増殖以外の目的に利用（例えば、廃棄物の核変換）する場合でも、炉については内部転換比や増殖比を高くする最適化が行われることが多いためである。

国際的な高速炉コミュニティの中では、ナトリウム冷却高速炉（sodium-cooled fast reactor, SFR）が主流概念であるので、設計の実例としては、SFRシステムを対象とする。一方、第17章では、SFRとは大きく異なる設計のガス冷却高速炉（gas-cooled fast reactor, GFR）に注目する。また、第18章では、もう一つの液体金属冷却システムである鉛冷却高速炉（lead-cooled fast reactor, LFR）を紹介する。この炉では、冷却材として鉛もしくは鉛-ビスマスが用いられる。続いて、燃料や主要な炉心パラメーターの選択、冷却材、構造材などを選定する考え方を説明する。

2.2　設計の主な目的

表2.1に、高速炉設計の主目標と、その目標達成に必要な個々の設計目的をまとめた。ここで、増殖比は長期的には重要な目標であるが、一方で短期的には、高速炉システムを用いてアクチニドの核変換を行い、最終的な廃棄物形態の設計や処理において長寿命放射性核種を扱う必要性をなくすことに強い関心がある。ただし、この後の数章では、主に増殖炉についての考察を行う。なぜなら、高い増殖性能は、高速炉をいかなる目的に応用する場合にも基本となる性能だからである。

原子炉を安全に運用することは、何れの原子炉システムに対しても必須の条件である。表2.1の設計の目的に関して、安全な原子炉運用とは、信頼できる機器、受動的安全特性、そして想定される事

表2.1　増殖炉における目標と設計の目的

目標	設計の目的
安全運転	- 信頼できる機器 - 受動的安全特性 - 閉じ込め性に十分な余裕があること
高増殖比	- 中性子エネルギーが高いこと
短倍増時間	- 高い増殖利得 - 核分裂性物質の装荷量が少ないこと
低コスト	- 高燃焼度 - LWRサイクルとの整合性 - 建設コストを最小限にすること

故に対し十分な安全裕度を炉システムに与えることを通じて、設計の各段階において常に安全を意識すること、と置き換えることができる。この本のPart IV（安全性）では、その考え方について詳細に取り上げる。

高い増殖比（breeding ratio, BR）は、燃料の倍増時間を短縮するのに必要であり、ウラン資源が枯渇してU_3O_8の価格が高騰した後、非常に早いペースで増殖炉を導入していく上で重要となる性能である。図1.3と表1.4に示したように、核分裂燃料として^{233}Uが使われると、熱中性子炉でもある程度の増殖比は達成できるが、最も高い増殖比が得られるのは、やはり高速中性子スペクトル炉である。

増殖炉が、今世紀中に世界の電力生産量の多くを供給するようになるには、この倍増時間を短くすることが求められる。このとき単純に、電力需要が2倍になる速度に合わせて、増殖炉の基数を2倍にすればよいという訳ではない。増殖炉によって供給する電力量を連続的に増加させていくには、炉の倍増時間は、電力需要の倍増時間よりも短くしなくてはならない。この短い倍増時間を達成するためには、前の章で説明したように、増殖の利得を高めることと、核分裂性物質の装荷量を低減することが重要となる。

一方、高速炉システムは、核変換の目的にも利用可能である。高速炉システムは、超ウラン（transuranic, TRU）物質を生成して維持させるTRU持続炉（TRU sustainer）としてだけでなく、TRU物質を燃焼させるTRU燃焼炉（TRU burner）として構成することもできる。前者が持つ役割は、燃料物質を有効利用することに主眼を置いた核燃料サイクルにおいて重要である。この場合、燃料は連続的にリサイクルされ、ウラン濃縮はほとんど必要なく、燃料サイクルへの供給物質としては劣化ウランか天然ウランの何れかが使用される。一方、TRU燃焼炉は、核廃棄物を燃焼することを意図した燃料サイクルにおいて求められる炉である。すなわち、TRU物質を生成するワンススルーシステムを補完するか、もしくは、過去に蓄積された核廃棄物を燃焼し低減する目的に利用される。高速炉概念（SFR、GFR、LFR）において基本となる燃料サイクルは、リサイクルしたTRU物質と劣化ウランを用いる閉じた燃料サイクル（closed fuel cycle）である。完全なリサイクルでは、再処理時の回収ロスのみが最終処分時の熱負荷を決定するため、廃棄物管理に大きなメリットをもたらす。また、第1章で説明した第IV世代の炉概念では、^{238}Uを利用できる様にすることで、実効的なウラン資源量を大幅に（100倍まで）改善する[2, 3]。

いかなるエネルギー生産システムにおいても非常に重要な目的は、発電コストが低廉なことである。運転コストの観点では、燃料サイクル全体を通して考えることが極めて重要である。よって、高燃焼度化が重要な目的となる。高燃焼度化は、高速炉で用いる高富化度燃料（核分裂性物質濃度の高い燃料）の最適な利用法であり、また、燃料交換による原子炉の休止期間を短縮する（すなわち、稼働率を上げる）上で重要となる。更なるコスト低減を図る方策としては、増殖炉サイクルと現存する軽水炉（Light Water Reactor, LWR）サイクルに連続性を持たせ調和させることが挙げられる。これは、^{232}Th-^{233}U燃料系はさておき、^{238}U-^{239}Pu燃料系に大きな有利性をもたらす。すなわち、資本コストは直接的にハードウェアの要求と関係しているので、高価な資本設備の投入を最小にしつつ信頼性のクライテリアを満たすシステムを構築できるという点で、増殖炉と軽水炉のサイクル技術の歯車をかみ合わせることは経済性上有利である。

2.3 機械・熱システム設計の概要

この節では、後の章でより詳細な説明を行う前段として、典型的な高速炉システムのキーポイントとなる幾つかの特徴についてその概要を説明する。内容としては、炉心やブランケットの配置、燃料の形態、炉容器内の構造物、熱輸送システムについての概説である。研究開発中のいくつかの設計例についても必要に応じて触れることとする。

2.3.1　炉心とブランケットの配置

高速炉が熱転換炉と根本的に異なる点は、燃料を増殖する能力であるので、増殖性を最適化するためには、高速炉心内で親物質と核分裂性物質の燃料をどのように配置すべきかを考えることが重要である。

増殖をどの領域で生じさせるかについて、基本的に2つの選択肢がある。一つは、**外部増殖**（external breeding）の概念であり、全ての親物質は炉心を取り囲むブランケット位置に装荷されるため、増殖は全て炉心の外側で生じる。もう一つは、**内部増殖**（internal breeding）、すなわち**炉心内増殖**（in-core breeding）の概念であり、ある量の親物質が炉心燃料集合体内部で核分裂性物質と混合される。これらの2種類の増殖炉心配置を図2.1に比較して示した。

初期の小型の高速増殖炉では、外部増殖配置の設計検討が行われていた。その配置では、スペクトルは非常に硬くなり、少ない核分裂性物質の装荷で優れた増殖性能が得られる。一方、炉心内での増殖が少ないため、燃焼に伴う反応度の低下は速くなり（そのため、燃料交換の頻度が多くなる）、燃焼度も低く、ドップラー効果も小さく、親物質の高速核分裂もほとんど生じない。その上、高い核分裂性物質富化度や厚いブランケット層の装荷が要求される。結果として、現在の増殖炉の設計は全て内部増殖概念となっている。

現在の炉は全て内部増殖を行っているが、炉心内の増殖比は通常1.0より小さい。炉心周囲のブランケット領域でも相当程度の増殖が生じており、この追加的な増殖により、全体としては1.0を十分に超える増殖比が得られている。

図2.1（b）に示した炉心配置は、**均質型炉心**（homogeneous core）として知られている。この炉心では、炉内全体にわたって比較的一様に、すなわち均質に、親物質と核分裂性物質が混合して装荷されている。一方、純粋な親物質は、径方向および軸方向のブランケット領域のみに配置されている。この内部増殖型の炉心配置を変化させた興味深い炉心として、**非均質型炉心**（heterogeneous core）がある。この炉心では、純粋な親物質のみを装荷したブランケット集合体が、炉心領域内に分散して配置されている。この非均質炉心では、より高い増殖比が得られ、ナトリウムボイド反応度も低減する。しかしその一方で、必要とされる核分裂性物質の装荷量は多くなる。付録Aでは、この非均質型炉心も含め、高速炉の設計例を整理している。

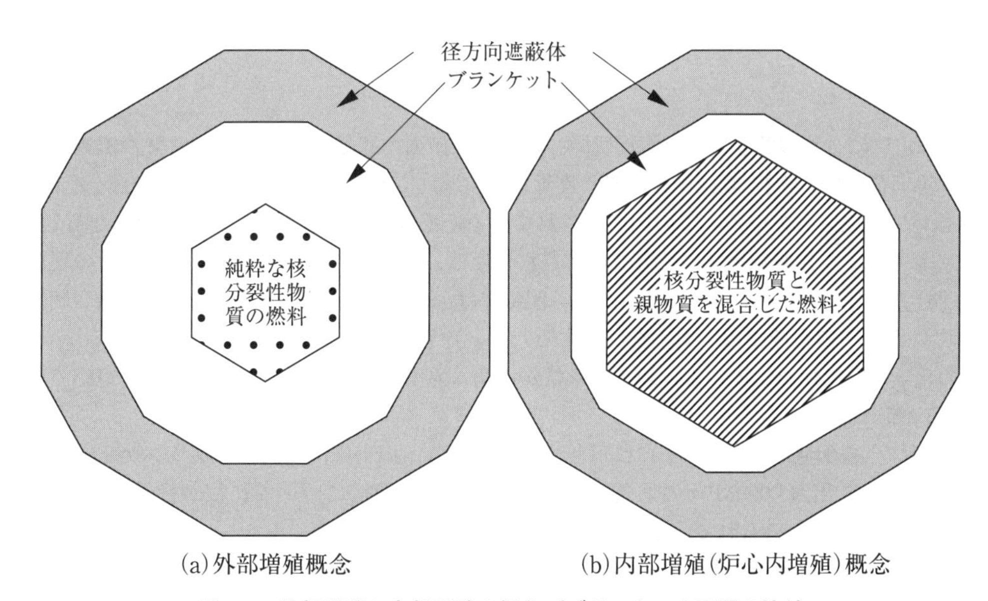

図 2.1　外部増殖と内部増殖の炉心／ブランケット配置の比較

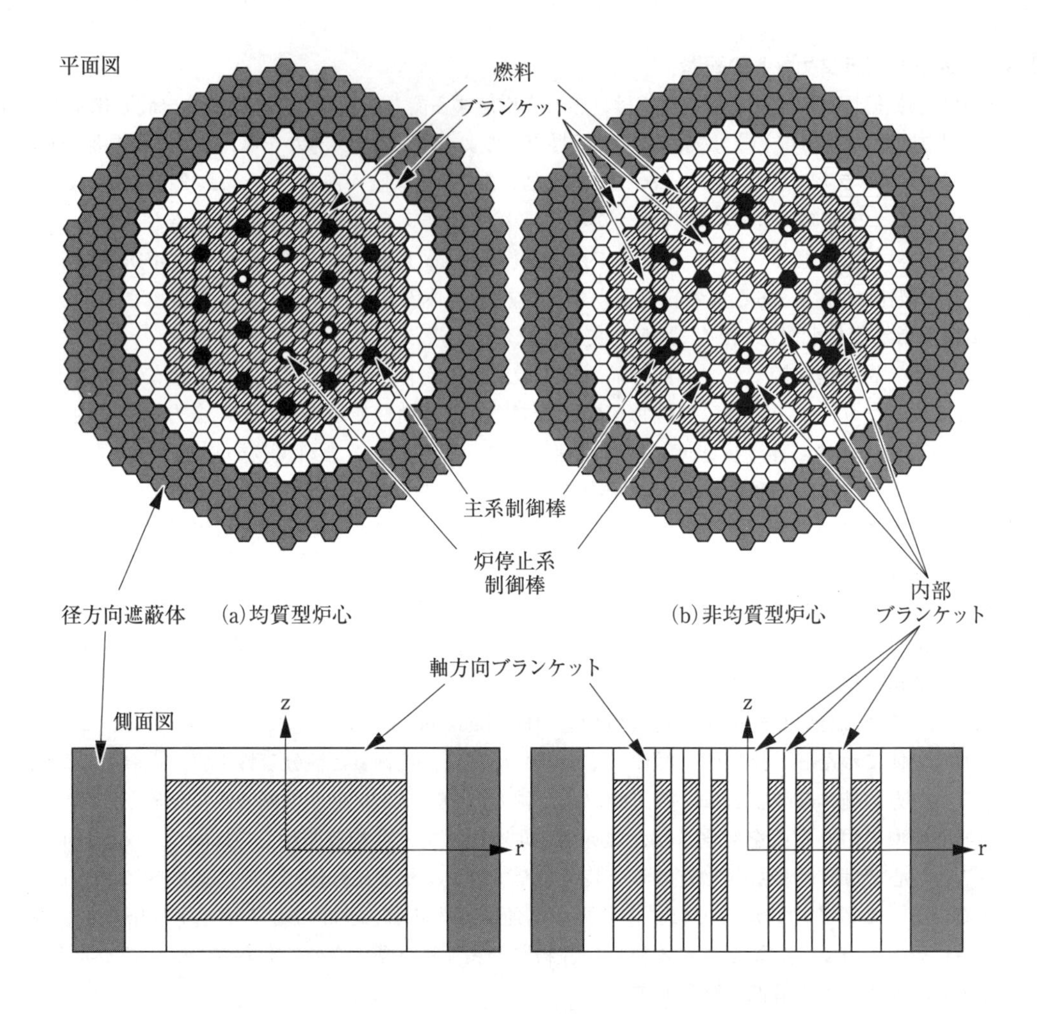

図2.2　典型的な均質SFRおよび非均質SFRの炉心／ブランケット配置
（両者とも炉心内増殖概念を採用）

図2.2（a）には、典型的なSFRの均質型炉心の平面、側面の概略図を示した。中央の領域は、炉心（すなわち、核分裂性物質/親物質を初期に装荷した領域）であり、外側の領域は、径方向ブランケットと遮蔽体で構成されている。この図で示されている炉心は、核分裂性物質富化度の異なる2領域から構成されている。外側領域での核分裂性物質富化度は、内側領域よりも高めてある。この理由は、出力の半径方向分布を平坦化するためである。図中には、炉心制御のために設けられた領域（制御棒）も示している。この領域では、炉心を制御するため、中性子吸収材としてよく用いられるボロン-10がB_4Cの化学形態で使われている。炉心の形状が三角、もしくは六角配置である理由については、この後の2.3.2節で説明する。

非均質型炉心の配置は、図2.2（b）に示されている通り、中央に同心円状にブランケット集合体が配置されている。出力1,000MWeの均質型と非均質型炉心の設計について比較が行われており[4]、表2.2にその結果がまとめられている。

高速炉の炉心は、同出力の熱中性子炉の炉心と比較してサイズが小さい。熱中性子炉では、燃料対減速材比率が特定の値で最適化されており、この最適値からずれると経済性の悪い炉心構成となる。

表2.2　均質炉心と非均質炉心の比較（1,000MWe炉心設計）[4]

	均質炉心	非均質炉心
燃料集合体数[a]	276	252
炉心内のブランケット集合体数[b]	−	97
炉心外のブランケット集合体数[b]	168	144
制御棒集合体数	19	18
富化度領域数	3	1
核分裂性物質重量(kg)	3,682	4,524
各領域のPu富化度(%)	13.5/14.9/20.3	20.2

[a] 燃料集合体当たりのピン本数 271本、炉心高さ 1.22 m、ピン径 7.9 mm、軸方向ブランケット長 0.36 m
[b] ブランケット集合体当たりのピン本数 127本、ピン径 13 mm

高速炉では、中性子工学とコストの観点から、炉心サイズを最小化することが望まれる。高速炉に減速材は不要である。硬いスペクトルを達成するため、通常の設計では中性子を減速する材料は排除される。また、燃料体積割合を高めるために冷却材と構造材を可能な限り削減することによって、中性子経済は改善し、必要な核分裂性物質の富化度は低減される。別の観点から見ると、核分裂性物質量を固定した条件で高速炉のサイズを小さくすることは、反応度を増加させることになる。中性子工学の観点からみた最適化のためには、炉心の高さと直径は等しく、すなわち、$H_c/D_c \approx 1$とすべきである。しかし、ナトリウムボイド化による反応度効果を抑えるには、このH_c/D_c比を低減する必要がある。実際の高速炉の設計では、炉心高さはおおよそ1.0 − 1.2m程度であり、それに対して、直径は2.4m程度かそれ以上である。炉心高さに関する議論は、ナトリウムボイド反応度の観点だけでなく、冷却材の炉心出入口温度差や利用可能なポンプ動力に依存した炉心部圧力損失等にも関係する。

典型的なTRU消滅炉心の設計では、TRUの正味の消費は、ウランの装荷量を抑えることによって達成される。具体的には、ブランケット集合体の削除や炉心高さの低減（炉心の形状はパンケーキ型になる）により、親物質の装荷量を低減すること、また、中性子漏れを増加させ中性子捕獲の確率を低減することによって達成される[2]。

2.3.2　燃料格子

増殖炉では、核分裂性物質の装荷量を最小にするため、燃料体積割合を最大化する“稠密な”燃料格子配置が望まれる。三角格子（triangular lattice）の配置は、幾何形状的に正方格子（square lattice）配置より高い燃料体積割合を達成できる。高い燃料体積割合を持つ炉心では、主に炉心からの中性子漏れが低減される効果により、核分裂性物質の装荷量を最小化できる。そのため、SFRの設計では、三角格子、すなわち六面体構造の配置が通常選択されている。但し、ミシガン州デトロイト近くにある初期のフェルミ炉は例外である。また第18章で示すように、液体鉛を冷却材として選択している鉛冷却高速炉（LFR）のいくつかの設計では、隙間の大きい正方格子を選択している。

LWRでは、水と燃料の比を最適に保つ上で燃料ロッド間に比較的大きな隙間が必要とされるため、通常、正方格子が採用されている。正方格子では、この様に十分な隙間が与えられるとともに、集合体の構造が単純になるという利点がある。

2.3.3　燃料集合体

典型的なSFRの燃料集合体の概略図を図2.3に示す。この一般的な三角配列ピッチの燃料格子では、燃料ピンは巻きつけられたスペーサーワイヤーによって互いの距離が保たれ、217本ピンの束として集合体のダクトの中に取り付けられている。ピンを束ねる他の方法としては、燃料ピン間の距離を保

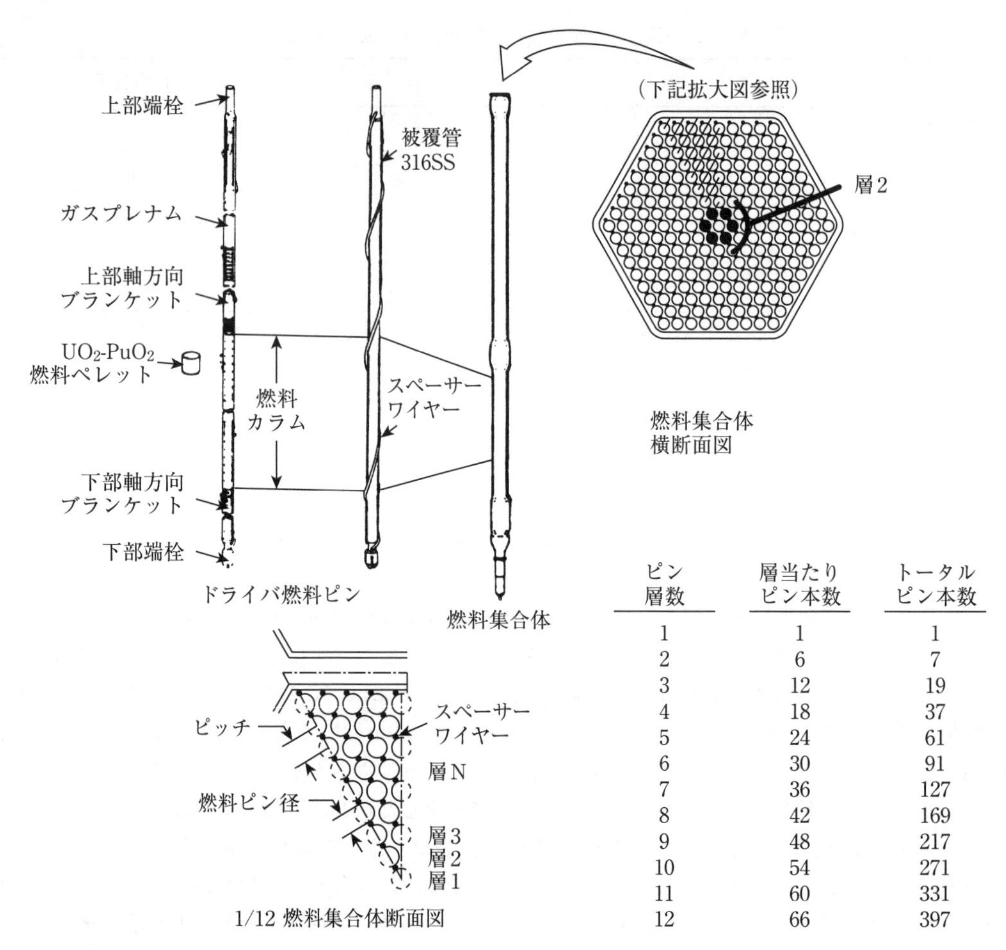

ピン層数	層当たりピン本数	トータルピン本数
1	1	1
2	6	7
3	12	19
4	18	37
5	24	61
6	30	91
7	36	127
8	42	169
9	48	217
10	54	271
11	60	331
12	66	397

図2.3　典型的なSFRの燃料集合体構造

つグリッドタイプのスペーサーが用いられる。燃料ペレットは、高出力の炉心領域（active core）を構成しており、ブランケットペレットは、軸方向の境界領域を構成している。図2.3に示した設計では、核分裂ガスを蓄えるガスプレナムは上部軸方向ブランケットの上側の領域に置かれている。ただし、ガスプレナム位置に関しては、下部ガスプレナム（下部軸方向ブランケットの下側の領域に配置）を支持する考え方もあり、8.2.1項で説明される。

核計算では、図2.3に示したように、集合体を1/12の部分に分けた単位セルを定義しておくことが便利であり、しばしば用いられる。この図は、燃料、構造物、冷却材の幾何学的な配置を示している。図中の表には、参考として、同心円配置（六角配置）の集合体におけるピンの層数と本数の関係を記載した。この表は、ある集合体層数をもつ炉心内の全集合体数を求めることにも利用できる。

2.3.4　原子炉容器内構造物

SFRの炉心は、炉心支持構造物の上に置かれており、この炉心支持構造物は、図2.4に示すように、通常、原子炉容器から吊り下げられている。

SFRでは、冷却材を液体状態に維持するための加圧を必要としないので、出口圧力は大気圧程度であり、原子炉容器は、標準的な荷重に対する構造や安全要求を満たすのに十分な厚さだけを必要とす

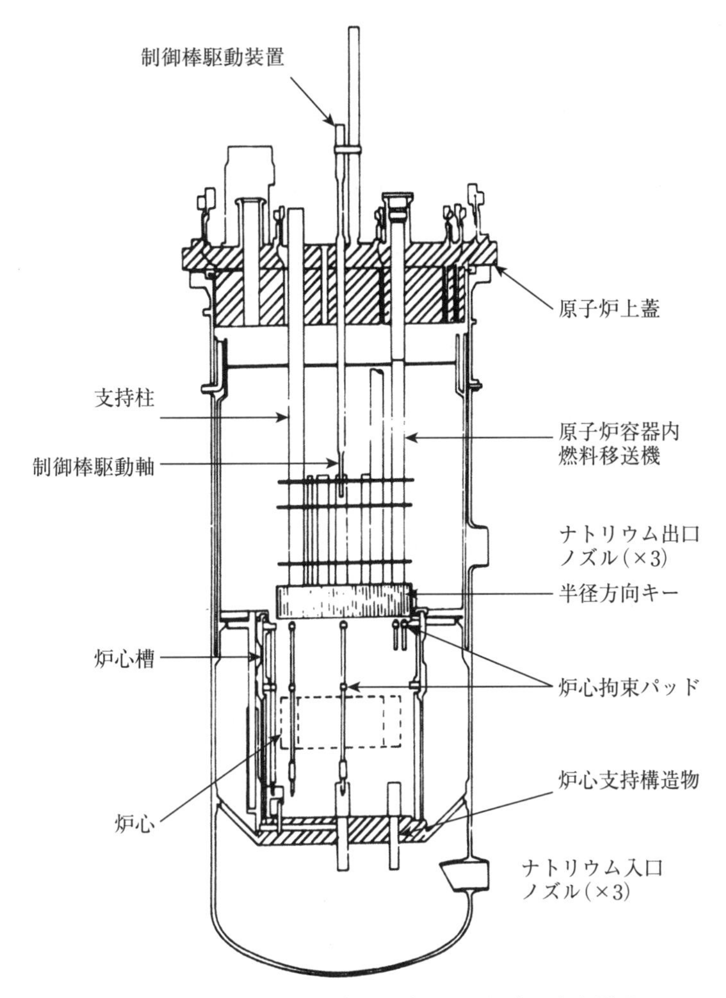

図2.4　典型的なループタイプSFRの炉容器内部構造

る。そのため、SFRの一般的な原子炉容器の厚さは、LWRシステムでは300mmであるのに対して、30mm程度のオーダーである。

集合体は、炉心支持構造物上にある位置決め用の穴に差し込まれており、径方向の炉心の拘束は、通常、軸方向2箇所の位置（パッド部）で行われている（一般的には、炉心発熱部の直上と集合体の上端近傍の位置で支持される）。制御棒は、原子炉容器上蓋の上に設置された駆動機構により炉心の上部から挿入される。原子炉容器は、通常、支持棚（support ledge）から吊り下げられており、上蓋はこの構造物にボルトで固定されている。ただし、原子炉容器を支持する構造に関しては、様々なバリエーションがある。

冷却材ナトリウムは、下部の入口プレナムに入り、炉心とブランケット領域を通って上方向へ流れて行き、炉心上部の大きな貯留領域に集められ、その後、中間熱交換器（intermediate heat exchanger, IHX）に向けて出て行く。不活性のカバーガスには、通常、アルゴンが用いられ、このカバーガスでナトリウム貯留領域と遮蔽プラグが隔てられている。

2.3.5 熱輸送システム

SFRの**1次熱輸送系（1次系）**を流れているナトリウム冷却材（2.4.2節で説明）は、中性子の照射により放射化しているため、通常のSFRでは、**2次熱輸送系（2次系）**、すなわち、1次系の熱を蒸気発生器へと輸送するための中間の熱輸送系を採用する必要がある。そのため、1次系ループのナトリウムは、ポンプにより炉心を通りIHXを通って循環し、2次系ループのナトリウムは、IHXから蒸気発生器に熱を輸送する。炉を出る時のナトリウムの温度（550℃程度）は、LWRの冷却材温度（~300℃）よりかなり高く、そのため、SFRの蒸気温度はより高くなる。

1次系ループ中の放射化したナトリウムは、2次系ループのナトリウムと異なり、プラント作業員に対する遮蔽対策が必要となる。この遮蔽のため、1次系ループについては2種類の配置方法がある。一つは、IHXと1次系ポンプを炉容器の内側に設置するタイプであり、もう一つは、これらの2つの機器を隣接するホットセルに置き、配管で炉容器と接続するタイプである。前者のタイプは、**プール型（pool system）**と呼ばれ、後者のタイプは、**ループ型（loop system）**と呼ばれている。

プール型とループ型のシステムの概略図を図2.5に示した。プール型システムでは、温められた高温ナトリウムは、直接IHXに入り、その後炉容器内構造物を取り囲む大きなプールに流れて行く。1次系ポンプは、IHXにより温度を下げられたナトリウムを炉心の入口プレナムに再循環させる。一方、

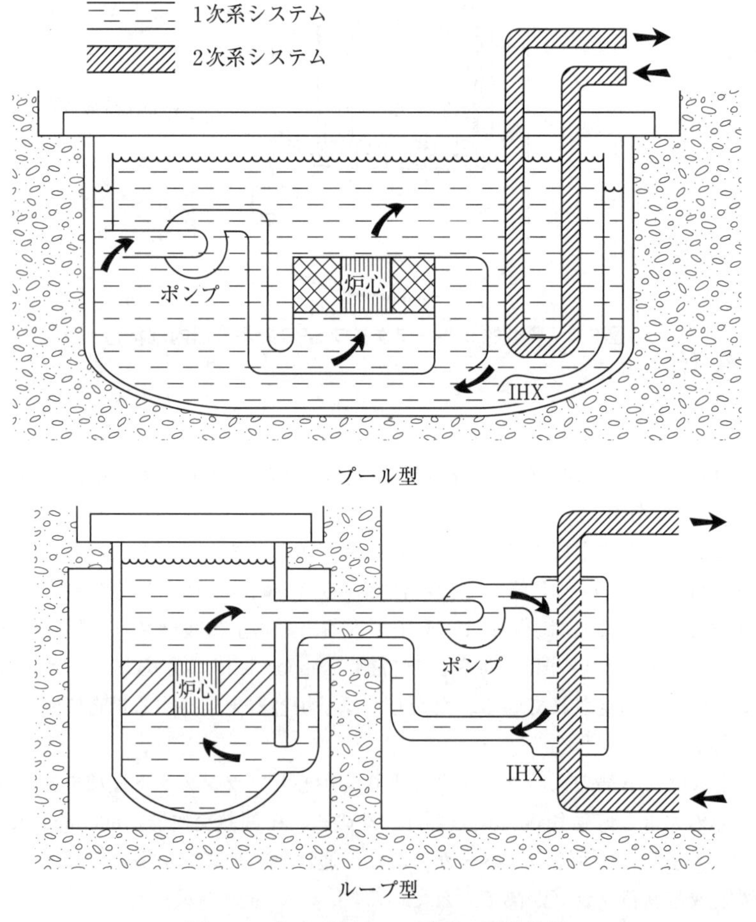

図2.5 プール型とループ型の系統比較

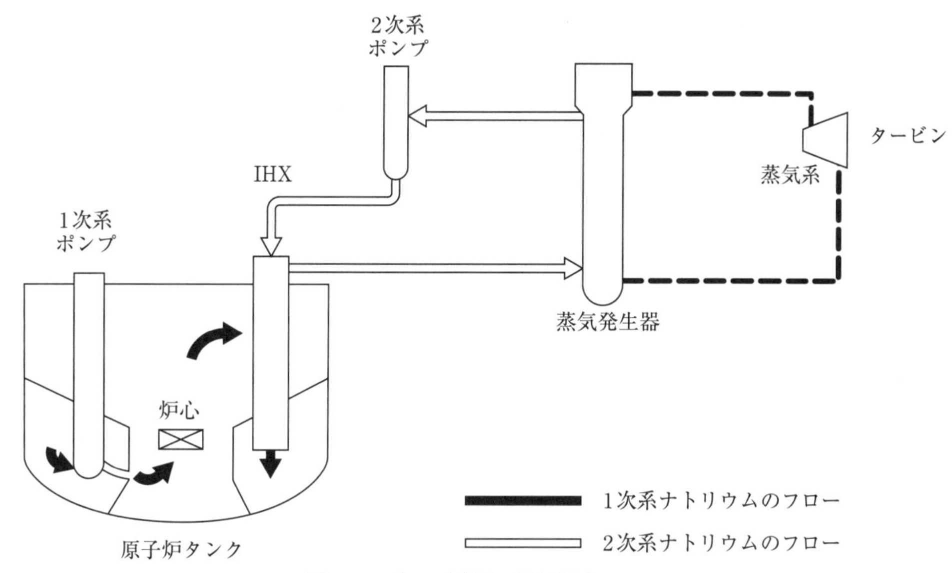

図2.6　プール型炉の熱輸送システム

ループ型システムでは、設計上重要な問題が2つある。一つは、1次系ポンプの位置（ホットレグ側に置くか、それとも、コールドレグ側に置くか）であり、もう一つは、冷却材流入の配管が炉容器を貫通する位置である。プール型とループ型の長所と短所、また、ループ型の1次系ポンプ位置の問題については、第12章で取り上げ説明する。

図2.6は、プール型の熱輸送システムを簡略に示した図である。蒸気発生器がナトリウム／水系である点を除けば、SFRの蒸気サイクルは、熱中性子炉や化石燃料発電炉と全く同様である。ただし、SFRで使用されている蒸気の温度はLWRより高温であるため、LWRプラントより高い熱効率を達成できる点に留意すべきである。

2.4　炉内物質（燃料、冷却材、材料）の選択と仕様の設定

SFRの機械・熱システム設計の概要について説明したので、次に、どの様な燃料が高速炉に適しているか、なぜナトリウムは冷却材として広く用いられているか、他の代替冷却材は有望か、被覆管や構造材にはどの様な材料が使われているか、などの基本的な問題を取り上げる。本節では、これらの問題の回答についての基本的な考え方を簡略に説明する。第11章では、材料の特性やその選択に関して、より詳細に説明する。

加えて、本節では、燃料に関係する基本的な炉心仕様、具体的には、燃料の核分裂性物質割合（核分裂性物質富化度）、燃料ピンのサイズ、燃料の燃焼度についても取り上げる。

2.4.1　燃料

2.4.1.1　燃料の候補とその特性

SFR燃料の主な候補は、ウラン-プルトニウムの酸化物燃料、炭化物燃料、金属燃料であり、窒化物燃料も可能性がある。トリウム-ウラン233燃料もSFR燃料に利用可能であるが、高い増殖性や優れた経済性を達成できるのは、ウラン-プルトニウム燃料である。

一般的に燃料に望まれる特性は、高い中性子照射量に耐え、単位質量当たりに生成されるエネルギーを大きくできる、すなわち、高燃焼度を達成できること、そして高い線出力（すなわち、燃料ピ

ン単位長さ当たりの出力が大きいこと）を達成できることである。この項の後半で説明するが、高線出力を達成できるということは、燃料の熱伝導度が高いか、融点が高いことを意味するものである。

酸化物燃料（すなわち、UO_2とPuO_2の混合物）は、1960年代初期に高燃焼度（100MWd/kgを超える程度）の実現性が実証されたため、有望な標準燃料（reference fuel）となった。LWR開発の中で、酸化物燃料の開発実績が多くあったことも、高速炉燃料として酸化物燃料が選択されることの後押しとなった。酸化物燃料は、高い融点（～2,750℃）を持つものの、熱伝導度は低い。言い換えれば、酸化物燃料の低い熱伝導度は高い融点により相殺され、燃料に求められる性能が発揮される。酸化物燃料炉心の中性子スペクトルは、酸素による中性子の減速のため、金属燃料炉心のスペクトルより軟らかくなり、この軟らかいスペクトルの影響により、大きな負のドップラー係数がもたらされる。酸化物燃料では、金属燃料と比較して出力密度は低くなるため、冷却系に求められる性能はあまり厳しくない（実際、除熱性能の高くない、ガス冷却にも適用できる可能性がある）。熱伝導度が低いことを別とすると、酸化物燃料の主な欠点は、増殖比が若干低くなることである（これは、中性子スペクトルが軟らかいこと、重金属密度が低いことによる）。

金属燃料（U-Pu）、炭化物燃料（UC-PuC）、窒化物燃料（UN-PuN）は、主に熱伝導度が高いという理由により、酸化物燃料に代わる選択肢である。これらの燃料は、線出力を高めることができ、その結果として、核分裂性物質の装荷量を低減することが可能である。炭化物、窒化物燃料については、重金属原子当たりの減速に寄与する原子の数が、酸化物の二個に対して一個と少ないだけでなく、よりコンパクトな原子格子構造であるため重金属密度も増加する。そのため、中性子スペクトルはより硬くなり、その結果、より高い増殖比をもたらすことになる。増殖の利得が高くなること、核分裂性物質の装荷量が低減できることは、いずれも倍増時間の短縮をもたらすものである。一方で、これらの先進的な燃料は開発の途上にあり、データベースを充実する必要がある（特に、窒化物燃料について）。詳細については、第11章で取り上げる。

アメリカ、イギリスの初期の実験炉では、金属燃料が用いられていた。金属燃料は、酸化物燃料に比べ明らかに有利な点があり、炭化物や窒化物に比べても、増殖比の点でやや有利である。金属燃料の中性子スペクトルは、酸素、炭素、窒素といった減速材がないため硬くなり、高い増殖比をもたらす。また、核分裂性物質の密度も高いため、倍増時間も短くなる。更に、金属燃料は熱伝導度が高いため、線出力を高めることもできる。

金属燃料の融点は低いが、熱伝導度が非常に高いため、十分に高い線出力を達成することが可能である。金属燃料の欠点としては、高燃焼度化が困難なことである。金属燃料は、低燃焼度でもスウェリング（膨れ）を生じ、このスウェリングに対する唯一の対策は、燃料中に十分な空隙を設けることである。この欠点は、金属燃料の長所を打ち消すものではあるが、一方、近年の照射試験実績では好ましい結果も示されており、SFR燃料の重要な候補として検討が継続されている。金属燃料のもう一つの欠点は、中性子スペクトルが硬すぎて、（安全性の理由で重要である）ドップラー反応度の効果が小さいことである。ただし、大きな負のドップラー係数が期待できないということは、金属燃料にとって決定的な欠点とはならない。なぜなら、一般的に、金属燃料はセラミック燃料に比べて、より信頼性の高い、軸方向熱膨張による負の反応度効果を示すと考えられるからである。また、大きな負のドップラー係数は、冷却材損失事故にとっては、むしろ不利に働くということにも留意すべきである。

2.4.1.2 燃料中の核分裂性物質割合（富化度）

高速炉で臨界を達成するのに必要とされる核分裂性物質（fissile）の割合、すなわち、富化度（enrichment）は、熱中性子炉で必要とされる値よりかなり高くなる。これは、中性子エネルギーの高い領域では、核分裂断面積が小さくなることによる。実用規模のSFRの一般的なプルトニウム富化度は、炉のサイズや形態にも依存するが、プルトニウム中の核分裂性プルトニウム（すなわち、^{239}Puや^{241}Pu）の割合が約75%の場合、12-30%の範囲となる。従って、燃料中の核分裂性物質の割合は、9-23%の範囲になる。

図2.7は、主な核分裂性物質の核分裂断面積σ_fを中性子エネルギーの関数として示したものである。熱中性子炉のσ_fは500barnのオーダーであるのに対し、高速炉のσ_fは約2barnであることに留意すべきである。この中性子エネルギーが高い領域で断面積が低下する効果は、親物質（fertile）の高速核分裂によって、ある程度緩和される（図2.8参照）。また、エネルギーが高くなると、全ての核種の寄生吸収断面積も低下することを認識しておかねばならない。それでも、高速炉の核分裂断面積は低いので、高速炉で必要となる核分裂性物質割合は熱中性子炉の4~5倍となる。

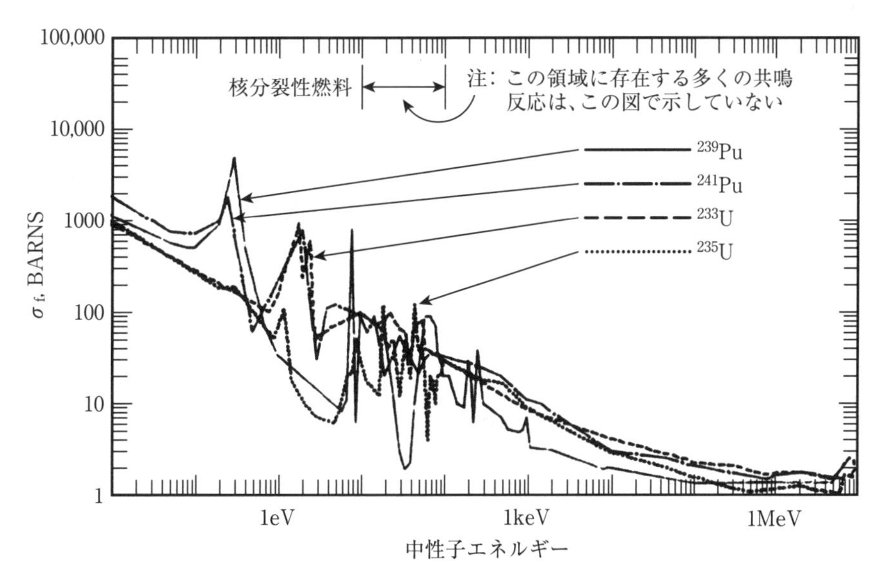

図2.7　一般的な核分裂性核種の核分裂断面積(参考文献[5]より抜粋)

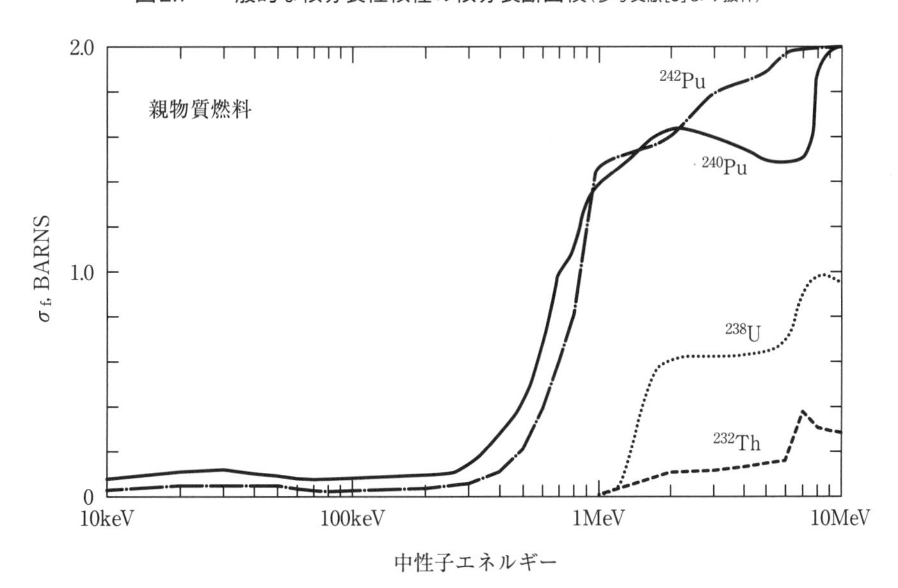

図2.8　一般的な親物質の核分裂断面積(参考文献[5]より抜粋)

2.4.1.3 燃料ピンの直径

LWRでは、燃料ピンの直径は、伝熱に関する考察で決まる。一方SFRの場合は異なり、両者の相違を理解することは燃料の設計を理解する上で意味がある。伝熱に関する二つの項目、最大許容熱流速および燃料中心温度が燃料ピンの設計を決めるが、燃料ピン直径には前者のみが影響を与える。

燃料ピンの表面熱流速は、以下のように表される。

$$q = \frac{\chi}{\pi D}, \tag{2.1}$$

ここで、

q = 熱流速（W/m^2）
χ = 線出力（W/m）
D = ピン直径（m）

水冷却の熱中性子炉にとって、この関係式は、（被覆管のバーンアウトを避けるための）実質的なピン直径の最小値を定めるものである。しかし、ナトリウムは優れた冷却能力を有しているため、バーンアウトによる制限はSFRに対しては適用されない。そのため、SFR燃料ピンの直径は、水冷却炉よりかなり小さくすることが可能である。

燃料中心温度については、**線出力**(linear power)によって決まり、線出力は以下の式で求められる[1]。

$$\chi = 4\pi \int_{T_s}^{T_0} k(T)\, dT, \tag{2.2}$$

ここで、

$k(T)$ = 燃料の熱伝導度（W/m℃）
T_s = 燃料表面温度（℃）
T_0 = 燃料中心温度（℃）

燃料中心温度T_0は融点を越えてはならないので、この式によりSFRの線出力は制限される。しかし、この式はピン径とは独立であり、燃料ピンから取り出される熱は、燃料中心と表面の温度、そして、熱伝導度のみの関数であることに留意すべきである。

SFRでは伝熱に関する項目から燃料ピン直径が決まらないのは、こうした理由によるものである。炉出力が与えられ、燃料形態と許容される最高のT_0が決まると、式（2.2）より炉心内の燃料ピンの総全長も決まることが分かる。

その一方、燃料ピン直径は、経済性に対して大きな影響を与える。例えば、燃料ピン直径は核分裂性物質の装荷量に大きく影響する。増殖炉の設計の重要な目的は、この核分裂性物質装荷量をできる限り小さくすることにある。燃料ピン直径を小さくすると、ピン当たりの燃料装荷量は減少するため、必要とされる核分裂性物質の割合（富化度）は増加することになる。同時に、燃料ピン直径が小さくなると、結局は、ピン当たりの核分裂性物質量（すなわち、燃料装荷量と核分裂性物質割合の

[1] この式については、第9章で導出される。

積）も減少するようになる。従って、核分裂性物質装荷量の最小化の観点からは、燃料ピン直径は小さくすることが望ましい。ただし、増殖比に関しては、燃料ピン直径の減少とともに低下する傾向にある（例えば、表7.6参照）。

燃料ピン直径の下限の設定には、製造コスト、ピッチ/直径比（pitch-to-diameter ratio, P/D）、中性子の漏洩、燃料体積比などといった伝熱以外の項目が関係している。これらの考察から、SFRの一般的な酸化物燃料ピンの直径は6から9mmとなり、これは水冷却炉の燃料ピンの2/3程度である（燃料ピン直径に関する詳細な検討は8.2.2項を参照）。

2.4.1.4　燃料の燃焼度

経済的に成立する増殖炉に要求される燃焼度は、軽水炉に対する値よりもかなり高い。これは主に、燃料中の核分裂性物質の富化度の相違によるものである。要求される燃焼度は、一般的な軽水炉燃料に対しては45-55MWd/kgであり、また天然ウランを燃料とする原子炉ではわずか7MWd/kgと低いが、SFRを商業炉として運転するには、核分裂性物質割合が高いことが直接影響し、100MWd/kgかそれ以上の燃焼度が要求されることになる。

経済的に成立し得る増殖炉にはこの様な高い燃焼度が要求されることが主な原因となって、1960年代初期、世界的に高速炉は金属燃料炉から酸化物燃料炉に移行することになった。そして、同じ酸化物燃料を使用する軽水炉との競合性という意味においても、SFRに装荷した重金属1kgから、再処理、燃料再製造のため戻ってくるまでにより多くのエネルギーを得たいという、高燃焼度化へのニーズは高まっていった。

2.4.2　冷却材

高速スペクトル炉の冷却材に対する主な要求事項は、(1)中性子の減速を最小限に抑える、(2)高出力密度の体系から熱を適切に除去する（FBRの出力密度はLWRより4倍程度高い）、(3)中性子の寄生吸収を最小限に抑えること、である。一番目の要求より、自動的に水と有機物の冷却材は除外されるが、ガスや原子番号が中程度の液体金属については、検討の対象となる。高速炉の主な冷却材の候補について、その主な長所、短所の概略も含めて以下で説明する。冷却材に関する詳細な検討は、第9章および第11章で示される。

2.4.2.1　主な冷却材候補

液体金属は、高速炉の冷却材に求められる要求を容易に満たせるため、高速炉の冷却材として検討された最初の候補であった。しかし、主に燃料形態が金属からセラミックに変わったことにより出力密度が低減され、ガス冷却材でも基本的な伝熱要求を満たせるようになったことから、ヘリウムや蒸気についても多くの検討が行われた。

2.4.2.2　冷却材の特性

液体金属としては、ナトリウム、ナトリウム・カリウム共晶合金（NaK）、水銀、ビスマス、鉛が候補として検討されてきた。そのうち、後者の3候補については、密度が大きく（その結果、質量流量も大きくなり）、過度のポンプ動力が要求されるため、以前はほとんどの場合除外されていた。しかしその内、鉛そして鉛ビスマス共晶合金については、空隙の広い燃料格子の設計とすることで、必要なポンプ動力を大幅に軽減できることが分かったため、候補として復帰している（第18章参照）。ナトリウム・カリウム共晶合金については、融点が低いため、高速炉開発の初期の設計で検討されていた。ナトリウムの融点は98℃であるため冷却系の至る所にヒーターが必要になるのに対し、NaKは室温でも液体であり、その必要がない。しかし一方で、カリウムはかなり強い中性子吸収体である。これらの点を考慮し、高速炉プラントの液体金属冷却材としては、ナトリウムについて最も広く検討が行われている。

ナトリウムは、優れた熱特性を有し、沸点も高く（1気圧で880℃）、高速炉で採用されている一般的な材料とも良好な共存性を有している。LWRの運転では加圧されたシステム系統が必要であるのに対し、沸点が高いナトリウムを使用する高速炉は、低圧での運転が可能である。ナトリウムの主な短所としては、中性子照射で放射化すること（^{23}Naは中性子を吸収して^{24}Naを生成し、^{24}Naは半減期15時間で崩壊する。また^{22}Naは半減期2.6年で崩壊する）、透明でないこと（これは燃料交換のような作業の手順をやや複雑にする）、そして、水や空気と化学的に適合しないことが挙げられる。^{24}Naの崩壊過程で生成される1.4MeVと2.8MeVのガンマ線の透過力は非常に大きいので、蒸気発生器での放射能汚染の可能性を排除するため、通常、中間冷却ループ（2次系ナトリウムループ）が必要とされる。この中間ループは、汚染防止に加えて、水蒸気系でリークが発生し、ナトリウム・水反応が生じた場合に、圧力急昇や水素減速による反応度への影響から炉心を保護する役割もある。

セラミック燃料を用いた増殖炉には、冷却材としてヘリウムガスを用いることが可能であり、ヘリウムによる中性子スペクトルの劣化は、ナトリウムよりむしろ少ない。ヘリウムの原子量はナトリウムより小さく、その原子密度は、ガスの状態であるので更に小さい。ヘリウムは不活性であるため、被覆管とヘリウムの共存性は良好であり、また、ヘリウムは中性子による放射化の問題もない。従って、ナトリウム冷却システムで通常採用されている中間ループは必要とされない。その一方、ヘリウム冷却システムでは、十分な冷却性能を発揮するには高い圧力（～8MPa、すなわち、1,200psi）まで加圧しなくてはならず、ナトリウム冷却システムより、大幅に大きなポンプ動力が要求されることになる。

蒸気は、FBR開発初期の設計ではかなり注目を集めていたが、被覆管の腐食が顕著であること、高圧での運転に起因する問題により除外された。燃料ピンは内部を加圧することが要求される。また、蒸気では、中性子スペクトルにかなりの劣化（軟化）が生じるため、増殖比は低下し、燃料サイクルコスト的にも不利になる[2]。

現在、高速炉開発を積極的に進めている国は全て、基本的にはリファレンス冷却材としてナトリウムを選択している。蒸気は既に除外されているが、ヘリウムについては今でも主にアメリカやイギリスで積極的に検討されている（これらの国では、ガス冷却技術にかなりの経験がある）。ロシアでは、冷却材ガスとして、N_2O_4を利用する高速増殖炉も検討している。

2.4.3 構造

高速炉の炉心で使用される構造材に対する主な要求性能として、(1)高温条件で健全性を維持すること、(2)高照射量に耐える特性を有すること[3]、(3)燃料、冷却材との共存性を有すること、(4)中性子の寄生吸収が少ないこと、が挙げられる。冷却材候補の場合と同様に、概要を以下で述べ、詳細については第11章で論じる。

---

2 FBR開発初期には上述の懸念があったにも係らず、日本で検討されている超臨界圧水冷却高速炉については、大きな進歩が得られている。Yoshiaki Oka, Seiichi Koshizuka, Yuki Ishiwatari, Akifumi Yamajiによる、下記図書参照。"Super Light Water Reactors and Super Fast Reactors", Springer Books, 2010.

3 照射量（フルエンス）とは中性子束ϕの時間積分値（ϕtまたはnvt）であり、構造材が健全性を維持できる中性子照射量の尺度として用いられる。

2.4.3.1　主な構造材候補

ステンレス鋼は、高速炉の被覆材や集合体ダクト材として用いられる材料の一つである。高速炉材料に対する要求に適合するための材料特性・機能を持たせるために、ステンレス鋼の組成調整や熱処理過程に関して多くの研究開発が行われている。LWRで用いられている一般的な被覆材のジルカロイは、高速炉の高温条件では強度がもたないため適さない。

2.4.3.2　構造材の特性

ステンレス鋼は、高温・高照射量の環境において、優れた強度特性と耐腐食性を有している。また、中性子の寄生吸収もほとんど生じない。一方、ステンレス鋼の多くは、SFRの運転にともなう高中性子照射量下において、スウェリングにより著しく膨張することが知られている。そのため、このスウェリングの問題の解決に向けて、様々な開発プログラムが行われてきている。20%冷間加工を行ったSUS316鋼は、高温特性や耐スウェリング性に優れるため、被覆材や集合体ダクト材として最も一般的に使用されている材料である。その一方、HT9のようなフェライト鋼については、第11章で説明される他の先進材料と並んで、近年広く使われるようになってきている。

2.5　炉心外機器用構造材の選択

高速炉の炉心外機器に用いられる構造材を選択する際に考慮される主な因子は、(a)運転条件とプラント寿命、(b)構造健全性、(c)製造の容易性、(d)供給性とコスト、(e)国際的な実績、である。例えば、引張強度、クリープ挙動、低／高サイクル疲労強度、クリープ疲労相互作用、弾性安定性などの機械的特性は、構造材を選択する上で重要な項目である。

2.5.1　主な構造材候補

オーステナイト鋼は、主容器、内側容器、安全容器、炉心支持構造物、グリッド板、他の炉内構造物で使用される主要な構造材である。上部遮蔽／ルーフスラブの構造材としては、不純物を調整して固有の特性を持った炭素鋼が一般に使用されている。

2.5.2　構造材の特性

オーステナイト鋼は、高温での機械特性、液体ナトリウム冷却材との共存性、そして照射耐性に優れているため、主な構造材として使用されている。SS316LNや304LNは、構造材として最も一般的に利用されているオーステナイト鋼である。上部遮蔽／ルーフスラブに利用される炭素鋼は、運転温度条件の範囲で優れた機械強度を有するとともに、優れた溶接性を有し、また、垂直方向・水平肉厚方向の両方向に高い延性を有している。

2.6　廃棄物管理シナリオのための第4世代ナトリウム冷却高速炉

第4世代原子炉であるナトリウム冷却高速炉のいくつかは、核廃棄物管理に適用することを目標としている[4]。最終的な目標は、高レベル廃棄物、つまり、プルトニウムとマイナーアクチニド（ネプツニウム、アメリシウム、キュリウム）を効果的に処理することである。これらの原子炉は、革新的な設計の採用により資本コストを抑え、経済的競争力のある発電炉としても利用される。

第4世代のナトリウム冷却高速炉については、いくつかの設計仕様が考えられている。その中に

4　第4世代原子力システム国際フォーラム GIF（Generation IV International Forum）と第4世代高速炉システムについては、1.2節で紹介している。

は、出力200～300MWeのモジュラーシステムから、1,500MWeを超える大規模出力の設備まである。ナトリウムの炉心出口温度は、550℃程度の高温が期待されている。表2.3に、SFR概念のシステムの設計・仕様の参考値を示した[3]。

表2.3　第4世代ナトリウム冷却高速炉（SFR）の設計仕様参考値

設計・仕様項目	参考値
入口温度(℃)	366－395
出口温度(℃)	510－550
圧力(気圧)	～1
出力(MWe)	150－1,500
燃料	酸化物燃料、または、金属燃料 MOX(TRU含有) U-TRU-10%Zr合金
被覆材	フェライト鋼(HT9)、または、ODS鋼
平均燃焼度(MWd/kgHM)	～70－200
転換比	0.5－1.3
平均出力密度(MWth/m^3)	～350
プラント熱効率(%)	38－42
燃料交換バッチ(バッチ数)	3－4
サイクル長さ(月)	18

【参考文献】

1. K. Wirtz, *Lectures on Fast Reactors*, Kernforschungszentrum, Karlsruhe (1973).
2. *Use of Fast Reactors for Actinide Transmutation*, IAEA-TECDOC-693, IAEA, Vienna (1993).
3. T. A. Taiwo and R. N. Hill, *Summary of Generation-IV Transmutation Impacts*, ANL-AFCI-150, Argonne National Laboratory, 9700 South Cass Avenue, Argonne, IL, USA (2005).
4. E. Paxon, Editor, *Radial Parfait Core Design Study*, WARD-353, Westinghouse Advanced Reactors Division, Waltz Mill, PA (June 1977).
5. D. I. Garber and R. R. Kinsey, *Neutron Cross Sections, Volume II, Curves*, BNL 325, Third Edition, Brookhaven National Laboratory, New York (January 1976).

第3章
高速炉の経済性

3.1　はじめに

どのようなプロジェクトでも、その意思決定プロセスにおいては、経済性が常に重要な役割を果たしている。したがってこの章では、原子力発電プラントの建設費、とりわけ高速スペクトル炉（以下、高速炉）の建設費に影響する主な要因について概説する。

近年このタイプの炉はごくわずかしか建設されておらず、いずれもが完全に商業段階にあるとは言えないため、現時点で高速炉のコストを高い精度で評価することは非常に困難である。そこで本章では、高速炉と現在主流の軽水炉との相違点について述べることにより、コストの比較評価に議論の焦点を当てることとする。付録Dには、実際の費用を定めるための具体的な数学的手法が記載されている。コスト算出に必要な主要な入力値を決定するための具体的な手法である、貨幣の時間価値、均等化コスト等が詳しく説明されている。

高速炉の経済性にまず期待されることは、高速炉の全寿命均等化総発電コスト（lifetime-levelized total generation cost）が競合する軽水炉のそれと比肩することである。発電所の総発電コストは、(1) プラントの初期投資に対する年平均固定費、(2) 年間の運転保守（operating and maintenance, O&M）費、(3) 均等化燃料費、を合計したものである。この章で行う比較評価では、現在のワンススルーサイクルではなく、閉じた燃料サイクルで運転される軽水炉を対象とする。もし軽水炉の使用済燃料が再処理されず、その中に含まれるプルトニウムが抽出されない場合、新しい高速炉を導入するために十分なプルトニウム燃料量を得られず、高速炉の燃料サイクルを築くことはできない。ロシアで行われていたように、濃縮ウラン燃料を用いて高速炉の運用を開始することは可能だが、高速炉の閉じた燃料サイクルの整合性を維持するためには、やはり高速炉の使用済燃料を再処理、リサイクルする必要がある。高速炉を濃縮ウランのワンススルーサイクルで長期運転しても、持続性は確保できないことが知られている。

理論的には、軽水炉（燃料リサイクルあり）と高速炉双方の総発電コストが対等となることが示されれば、電気事業者が次のベースロードの発電プラントを選択する際に、軽水炉と高速炉が同じ土俵に乗るということになる。このような条件が成り立つと、天然ウラン供給への依存度低減やウラン価格の上昇・急騰に対する懸念緩和といった高速炉導入の長期的メリットが、電気事業者の意思決定を（高速炉に有利な側に）後押しする可能性がある。さらに、高速炉導入は濃縮サービスの可用性や濃縮費用上昇への懸念緩和につながることも同様な動機づけとなり得る。高速炉システムによって達成できる超ウラン元素の核変換と高レベル廃棄物発生量の低減に関する社会経済的な価値は、高速炉の導入にさらなるインセンティブを加えるものと言えよう。

高速炉のこうした原理的な特徴は、その経済性評価を行うための理論的アプローチの基礎となるものであるが、現時点では、軽水炉（燃料リサイクルあり）や高速炉のコスト計算を可能とするほど信頼性のある具体的数値を示すことは困難である。まず軽水炉に関して、その初期投資費用は過去10年ほどの間、特に欧米諸国で大幅に上昇している。これにはいくつかの理由がある。例えば、物価上昇、十分な経験をもつ中核技術者の欠如や原子炉配管溶接等の専門技能労働者の欠如、プラント設計や機器サプライチェーンの未成熟さ、さらには、プラント許認可プロセスの不確実性などが挙げられる。ここで最後に挙げた「許認可プロセスの不確実性」は、原子力発電所の建設を、その資本費にリスクプレミアム（経済的リスクに因る割増費）を必要とするほどの「高リスクベンチャービジネス」に変容させている。重機器製造のインフラが不十分であるため、そうした機器を製造できる少数施設での製造費が世界的に上昇している。こうした要因によって、今世紀最初の十年の間に、軽水炉プラントの建設費は倍増した。下請け、孫請け層のサプライヤーによって支えられる工業インフラの衰弱は簡単に解消されるものではなく、原子力発電が復活する過程でそれが再構築されるまでは、最初のいくつかのプラントの建設費が高騰すると予想される主な理由となっている。これらの事柄は、高速炉を基軸とする将来の原子力エネルギーシステムへの移行期間においても、同様な問題を引き起こすであろう。

こうした影響を緩和する可能性を持つ原子炉概念として、近年、小型モジュラー炉（small modular reactor, SMR）への関心が高まっている。現時点において、統合化加圧水型原子炉（integrated PWR, iPWR）、高温ガス炉（HTGR）および液体金属冷却炉（LMR）といった原子力蒸気供給システム（nuclear steam supply system, NSSS）（すなわち原子炉）の機器を供給する産業基盤が存在する。これらの小型原子炉は資本費が低く抑えられ、原子炉新規導入に対するコスト面での行き詰まり状況を打破するものと期待される。しかし、これらの原子炉の電力生産費用の計算プロセスは複雑で、付録Dに示される式を用いる必要がある。その複雑さの理由は、建設時の初期投資もしくは資本費、そして建設中利子は低く抑えられるものの、SMRプラントによって生産される熱出力や電気出力がかなり少ないことにある。小型炉の開発は極めて慎重に進めない限り、その建設費用は、時の試練を経て実績を積んできた大型化によるコスト低減則に従い、逆に高くなる可能性も排除できない。いわゆるスケールメリット（economy of scale law）とは、2倍の大きさのプラントでも2倍の費用を要しないというものであり、そのため、できるだけ大きな原子炉プラントを設計、建設しようとするインセンティブが存在する。しかしながら、投資費用が主要な懸念事項であり、かつ電力価格が高い市場においては、SMRに魅力的な役割があるかもしれない。その際、SMRの費用は、本章で概説する原則を用いて慎重に評価する必要がある。もしアメリカにおいて、天然ガス価格が4.0$/MMBTU[1]程度と、比較的低い現在の傾向が続くようであれば、アメリカ国内でSMRもしくはより大きく資本集約的な軽水炉の市場が訪れるか否かは不明である。ガス価格の高い地域であれば、より見込みがあると言えよう。

小さな原子炉では、鋼材やコンクリートといった建設物資が少なくて済むため、SMRに対する投資額（資本費）は低くなることに留意すべきである。建設期間が短くなるため、建設中に支払われる利子総額も少なくなる。加えて、主要な機器については工場での製作・組み立てとすることで、屋外での建設作業量を低減することも可能である。ここで屋外作業とは、構造物の建設というよりも主要機器の組立工程が大きな割合を占めるため、高価な屋外建設労働力への依存度を軽減できる。

一般に高速炉は、SMRのプラントサイズの範囲よりも、より大きな規模のプラントに適している。燃料再処理・リサイクル施設から構成される閉じた燃料サイクルが必要な場合には、燃料リサイクルの費用をより大きな発電量（MWh）で分割することで燃料サイクル単価を低減できるため、大型の高速炉が好ましくなる。この傾向はインドでは明らかで、まず500MWeの高速炉を開発した後に、商業用の1000MWe規模の標準化高速炉へと続ける計画となっている。800MWeの出力を持つロシア製のBN800炉の実用化に関心を示す中国でも、同様に大型化を目指す傾向がある。

閉じた燃料サイクルのサイクル費用に関して、信頼性の高い商業ベースの数値を入手することは、

[1] MMBTUとは百万英国熱量単位（million British thermal units）であり、$/MMBTUという単位は、エネルギー産業で広く用いられている。ニューヨーク商品取引所での天然ガス先物取引の取引単位でもある。

世界全体を見渡しても困難である。これは、商業目的の再処理工場やプルトニウム製造工場は例が少なく、稼働中のものは必ずしも完全には商業目的でなくむしろ政府と民間の共同企業として操業されているためである。したがって、経済的競争力があり完全に実用化された商業燃料リサイクル産業はまだ存在していない。このことは、軽水炉燃料リサイクル施設についても同様である。高速炉の開発・導入には不確実性があること、加えてその燃料リサイクル技術はまだ開発中であることから、高速炉に特化した商用規模の燃料リサイクルプラントの詳細設計・建設はまだ行われていない。

現時点での再処理費用やプルトニウム混合酸化物の製造費用は、競争のある成熟した市場の状況下というよりも、現時点の特異な独占状態を反映したものである。したがって、閉じたサイクルの燃料サイクル費を予測することは容易ではない。資本費の評価に用いる信頼性の高いデータを提供できる様な、商業用高速炉の新規建設プロジェクトは存在しておらず、高速炉の総発電コストを正確に予測するには時期尚早な段階にあると言わざるを得ない。

こうした状況は、高速炉の燃料サイクル費に関してもほぼ同様である。高速炉燃料の再処理工場は、PUREX[2]プロセス等の湿式化学プロセスに基づく技術をベースとするものになる可能性が高いものの、完全に商業化される段階では、より単純と考えられる乾式プロセスが経済的に大きな魅力を持つことも考えられる。但しそれには、乾式再処理工場のプラント付帯設備（balance of plant）への設計要件が、再処理プラントの総費用を大きく増加させないことが前提となる。

高速炉の年間運転維持費については、商業運転実績が不足していることから信頼性の低い運用データしか存在しない。高速炉プラントでは（軽水炉と比較して）機器数が多く、機器のメンテナンスや交換により多くの費用を必要とするかもしれない。またその一方で、軽水炉よりはるかに低圧で運転されるため、高耐圧機器を用いる必要がなくプラント操作も容易である。さらに高速炉は、軽水炉よりも高温と高熱効率で運転されるため、特殊で効率の低い原子力タービンを必要とせず、より一般的な商業タービンを使用可能である。こうしたプラスとマイナス両方の要因による複合的な影響が、軽水炉と高速炉の運転維持費を最終的には同程度にすることも考えられるが、この点については将来検証する必要がある。熱効率が向上するにつれ、単位kWh当たりのコストは低下し、同じ熱出力からより多くの電力が得られるため、高速炉の高い熱効率は総発電コストを低下させる好ましい効果をもたらす。

結果的に、軽水炉と高速炉の発電コストについて、信頼性の高い比較評価を行うことは今のところ困難であると言わざるを得ない。この状況は、各国でさらに多くの軽水炉が建設され、高速炉が複数基実用化する今後10～20年の間に変化するであろう。当面の間、経済性に関する議論は定性的な範囲に留めねばならない。このことを念頭に、高速炉の経済性の基本原則について、以下で議論を深めていく。

3.2　高速炉経済性の基本的な前提

高速炉と軽水炉の経済性を比較すると、後述の要因により、高速炉の資本費は軽水炉よりもいくらか高くなるとの見方が一般的である。世界で高速炉が導入され始めた初期段階においては、これは確かに正しい評価となるであろう。しかしながらその後、さらに多数の高速炉が建設され建設経験が蓄積されていくと、軽水炉との資本費の差は小さくなり、おそらく最終的には同等になると考えられる。その状態に到達するまで、高速炉の高い資本費を低減する努力が継続されねばならない。高速炉の燃料サイクル費は、軽水炉ワンススルーや軽水炉リサイクルの燃料サイクル費よりも将来的には安

---

[2] PUREX（ピューレックス）とは、Plutonium-Uranium Extractionの略語である。PUREX法は、使用済核燃料からウランやプルトニウムを回収するための代表的な湿式再処理法である。

くなり、高い資本費を補う効果を持つと期待されている。高速炉は、価格が不確実で高騰傾向にあるウラン資源や、ウラン濃縮サービスに依存しないことがその理由である。このように、高速炉の低廉な燃料サイクル費が（軽水炉に比べて）高い資本費を相殺することから、高速炉の発電コストは軽水炉と同等となり、最終的には優位となるであろう。

高速炉の経済的優位性は定量評価可能である。すなわち、軽水炉に対する高速炉の資本費増分（単位：$/KWe）がウラン燃料価格（単位：$/kgU_3O_8$、もしくは$/lbU_3O_8$）[3]の上昇分を補う損益分岐点を評価することができる。高速炉の資本費が高く燃料サイクル費が安いと期待できる理由およびその妥当性は、軽水炉と比較しながら次節で説明する。

3.3 高速炉の資本費

高速炉プラントの資本費は、これまで常に、軽水炉の資本費よりも若干高いとされてきた。商業化段階にある軽水炉に対し、高速炉の費用増分は、一般的に10～25%の範囲であると考えられてきたが、いくつかの評価ケースは、商業化されかつ最適化された高速炉段階への移行とともに、軽水炉と高速炉の資本費差は最終的になくなることを示している。では我々はなぜ、「高速炉の資本費は高い」との想定から始めるのだろうか？

その基本的な理由は、高速炉は炉心出力密度が非常に高く、ナトリウム[4]のような熱伝導度の優れた流体によって冷却しなければならないことにある。ナトリウム冷却高速炉（SFR）では、炉心から送り出される強く放射化されたナトリウムと、軽水の蒸気サイクルとを分離するために、別章で説明される通り、3つの伝熱サイクルを有する。最初のサイクルは、ナトリウムを炉心から中間熱交換器（IHX）へ運び、再び炉心に戻す。IHXから出てきた放射化されていないナトリウムは、中間熱交換ループを通って、3次ループ（蒸気サイクル）の水と熱交換する蒸気発生器に輸送される[5]。したがって、沸騰水型軽水炉の様な1つの熱輸送ループ、または加圧水型軽水炉の様な、炉心と蒸気発生器を行き来する1次系冷却水と蒸気発生器からタービンまでを行き来する2次系冷却水の2つの熱輸送ループで運転する軽水炉とは異なって、SFRは3つの熱輸送ループを必要とする。追加される熱輸送ループは、中間熱交換器および付随する配管から成り、それらを納める炉容器の直径や建物容積の増加をもたらすため、SFRの資本費を増大させることになる。

SFRの原子炉容器システムは、軽水炉圧力容器よりも複雑である。例えば加圧水型原子炉（PWR）の設計では、1次系冷却水の高い圧力に耐え、水の沸騰を防止するために、炉容器厚さは非常に厚いものの、圧力容器は一重である。ここで、受動的安全機能を強化した軽水炉においては、大きな冷却材配管が破断した場合の炉心冷却用として最初に供給する大量の水を格納容器内に保持しておく必要があることに言及しておく。このためには、圧力容器の底部に位置した炉心を大量の水で覆うための、非常に長い圧力容器が必要である。一方、SFRでは冷却系圧力は大気圧（またはほぼ大気圧）で運転されるものの、緊急時冷却、安全バリア、1次系バリアを構成するための、二重もしくは三重の同心円状原子炉容器が必要となる。

この三重の炉容器の厚を合計しても、軽水炉の一重圧力容器よりも厚くはないものの、プラント費用を増大させ、建設をより複雑なものとする。さらに、3つ全ての同心円状の炉容器を覆う天井部を

---

3 この章で用いられる通貨は、通常米ドルとセントである。

4 17章で言及するように、ヘリウムのような気体で高速炉を冷却することは可能である。しかし、出力密度を低くしなければならず、結果として著しく大きな炉心になる。

5 13章で言及されているように、中間ループの代わりにブレイトンサイクルで超臨界炭酸ガスを用いて直接タービンを駆動し電気を生産することを提案する設計者もいる。そのような提案は、費用と設計の複雑さを軽減することになるだろうが、証明はまだされていない。

形成するトッププレートは、IHX（プール型炉の場合）、電磁ポンプ（SFRに特有な機器）、燃料装荷と取出し用の回転プラグ、そして制御棒貫通のための複数の開口部を持つ、非常に複雑な構造物である。このような特殊な設計である重機器は、オンサイトで加工・製造される可能性が高く、その特殊性による高い製造費用に加えて追加的費用が必要となる。

ここでの基本的な結論は、SFRは、ナトリウムと水の二種類の伝熱流体を用い、3系統の独立した熱輸送ループを持つため、軽水炉より多くの機器・配管を要するということである。また、ナトリウム冷却材を扱う上では、その移送、保管、洗浄、加熱、可視化するための特殊なシステムも準備しなければならない。SFR特有の設計仕様ゆえに、大規模な機器は建設サイト内に設置された工場で製造、もしくは組立が行われる。これはSFRプラントの総費用を増大させる要因となる。一方、軽水炉は非常に高い圧力で運転されるので、世界的にも少数の特殊な施設でしか製造することのできない、厚く高価な圧力容器と1次系配管が必要とされる。SFRは軽水炉よりも高い温度で運転されるため、化石燃料火力プラントで標準的な蒸気タービンを利用することができ、高圧および低圧タービン段の間、または湿分分離器や再熱器へ供給される蒸気を再加熱する必要はない。高い熱効率が資本費（$/kWe）計算にもたらす望ましい効果は、既に上で述べた通りである。SFRより低い温度で運転される軽水炉は、原子炉用として特別に設計された（大きなサイズ）の蒸気タービンを必要とする。SFRは元来、原子炉技術分野の中でも独特な機器が必要であり、結果として軽水炉に比べて機器費用が高価となるものの、1次系の圧力が低いこと、蒸気サイクル温度が高いこと、蒸気サイクル設計が簡易なことによる相対的な利点を有する。

将来、多くのSFRが建設され、SFR特有の様々な機器がより標準化されかつ大量生産されるにつれて、機器が特殊で種類も多いという資本費面での欠点は解消していき、やがては低圧システム・高温蒸気というSFRの利点によって補われるであろう。そのような状況が訪れるまでは、SFRの高価な機器の影響が大きく、SFRの資本費は軽水炉よりも高いままと考えておく必要がある。

3.4 SFRの燃料サイクル費

前に述べたように、閉じた燃料サイクルで運転する軽水炉、高速炉のいずれについても、確かな燃料サイクル費を示すことはできない。したがって、ここでの議論も再び定性的な評価に限定される。

軽水炉燃料サイクルの内、ウラン供給、転換、濃縮、加工等といった燃料サイクルのフロントエンドについては、その費用要素について定量的な知見が十分程度得られている。しかし、燃料再処理とリサイクルの費用要素については、信頼性あるデータ蓄積はまだなされていない。そもそも、大型商用再処理工場は、現在、世界で二か所しか運転されていない。その二つの大型商用再処理工場とは、共に北西部フランスのラ・アーグサイトに位置しており、一つはUP2プラント（フランスの原子炉用）、そしてもう一つはUP3プラント（他国の原子炉用）である。ここで平均燃焼度50,000 MW_{th}d /MTUの使用済み燃料の再処理費が500～1,000ドル/kgの範囲にあると想定すると、これは1.2～2.5Mills/kWh（0.12-0.25¢/kWh）[6]の燃料サイクル費用に相当することになる。他の燃焼度をもつ燃料の再処理量の大小に応じて、燃料サイクル費における再処理分の寄与が増減することになる。アメリカにおいて、使用済燃料の管理費用は、電力消費に対して1.0Mills/kWhの比率で政府が徴収した積立金と、貯蔵期間20年～50年とされる使用済燃料中間貯蔵費（1.0～2.0Mills/kWh（0.1-0.2¢/kWh））によってまかなわれている。1,000MWeクラスの軽水炉で用いるための濃縮UO_2燃料（濃縮度4%、テイルウラン濃縮度0.25%を想定）1kg当たりの費用内訳例を表3.1に示す。

表3.1の燃料費合計値に基づいて考えると、平均取出燃料燃焼度を45,000MW_{th}d/MTU、熱効率を

[6] Mill（ミル）は1/1000$、すなわち0.1¢。お金の計算の際に端数を表すために用いられる単位。

表 3.1 軽水炉用濃縮 UO_2 燃料の費用内訳

事業項目	処理量	単価	燃料費($/kg)
原料ウラン	9 kg U_3O_8	110 $/kg(50$/lb)	990
転換	7.6 kg U	13 $/kg	100
濃縮	7 SWU	150 $/SWU	1,050
燃料製造	1 kg	300 $/kg	300
合計			2,440

33.3%とすると、燃料費（fuel cost, FC）は約0.68¢/kW$_e$h（あるいは6.8$/MW$_e$h）となる。ここで閉じた燃料サイクルを仮定すると、ウランやプルトニウムのリサイクルのクレジット（価値）を考慮しないとして、バックエンド費用として2.2-3.5Mills/kWh（0.22-0.35¢/kWh）を燃料サイクル費に追加せねばならない。リサイクルによって天然ウラン供給や濃縮需要が減少することに連動する燃料価値は、閉じた軽水炉燃料サイクルにおけるウラン原料や濃縮にかかる費用を、軽水炉ワンススルーサイクルと比べて約1/3ほど減少させる。このように燃料リサイクルを行う場合は、ワンススルーサイクルに比べて、燃料サイクル費のフロントエンド側は安くなるが、バックエンド側が高くなる。燃料サイクルの価格は以下のように導出される。

$$FC = \frac{FCC \times 1,000\ \text{kg/MT}}{BU \times \varepsilon \times 24\ \text{hr/d}}, \tag{3.1}$$

ここで：

FC（Fuel cycle cost）＝ 燃料サイクル費（$/MW$_e$・h）
FCC（Fuel cost component）＝ 燃料費（$/kg）
BU（fuel burnup）＝ 燃焼度（MW$_{th}$・d/MTU）
ε ＝ 熱効率（MW$_e$/MW$_{th}$）

この計算は、簡単のために費用や発電量の時間変化を考慮しておらず、単位発電量当たりの燃料費を簡易に算出するためにのみ用いられるものである。貨幣の時間価値や割引率を考慮した、より厳密な燃料サイクル費の計算手法については、付録Dで解説を行う。

一例として、ウラン価格の変動が燃料費へ与える影響を図3.1に示した。ここでウラン価格以外の費用は一定とし、また濃縮工場でのテイルウランの濃縮度も変化しないと想定している。

ウラン価格を55$/kg U_3O_8から110$/kg U_3O_8へと倍増させる（25→50$/lb$U_3O_8$）と、燃料費は0.54¢/kWhから0.68¢/kWhへと26%増加し、効率に優れた新鋭原子力発電の発電コストを1.3¢/kWhから1.44¢/kWhへ（10%程）増大させる。言い換えれば、天然ウランの価格の約55ドル/kg U_3O_8（25$/lb$U_3O_8$）の上昇は、燃料サイクル費を0.15¢/kWh程増加させる。実質的かつ継続的にウラン価格が220$/kg U_3O_8（100$/lb U_3O_8）を上回るようになると、軽水炉に比べて高い高速炉の資本費やバックエンド側の燃料サイクル費が相殺されるであろう。ここで、燃料リサイクルによってもたらされる、ウラン原料と濃縮費用の節約によるクレジットを考慮すると、高速炉の燃料サイクル費用はさらに廉価となり、より安いウラン価格でも高速炉が経済的競争力を持つことになる。

先に述べた通り、高速炉燃料の再処理とリサイクルについては、成熟した商業的産業が確立していないため、その費用評価には不確実性が多い。明確に言えるのは、高速炉は新たなウラン供給が（た

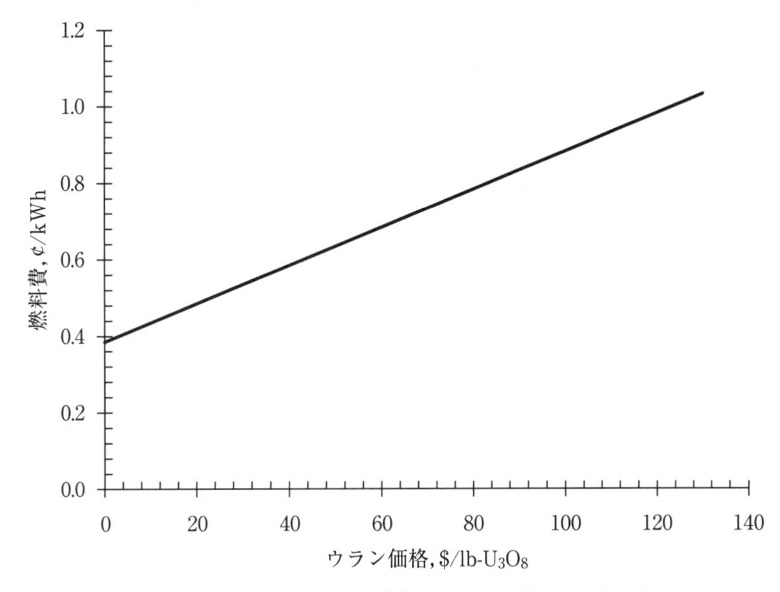

図3.1　フロントエンド燃料費のウラン価格に対する感度

とえブランケット用でさえも）不要であり、またウラン濃縮サービスも必要としないことである。これら2つの費用は、軽水炉燃料サイクル費の75%以上を占めるものであるが、表3.1に見られるように、高速炉燃料サイクルでこれらは完全に欠落している。このことは、軽水炉リサイクルと比較して高速炉燃料サイクルにおける燃料の再処理と再製造の費用は高いと予想されているにも拘らず、高速炉サイクル費が軽水炉サイクル費より安くなり得るとする主張を裏付ける。

PUREX法やUREX[7]等の発展型である湿式化学プロセスに基づく高速炉燃料再処理法を想定すると、その費用は定性的には軽水炉燃料の再処理に比べてやや高くなることが予想される。これは、高速炉燃料は高濃度のプルトニウムを含有しているため、臨界事故が生じる可能性を低減するために様々な工程で小さな容器を用いて処理する必要があることに加え、より詳細、厳格でコストのかかる核物質防護と計量管理（materials protection control and accounting, MPC&A）が必要なためである。この点については、サイクル技術を電解法（electro-refining）および乾式再処理法（pyro processing process）へと移行させることにより、その技術の開発者らが主張するように、再処理費用および廃棄物管理費用を削減できる可能性がある。しかしながら、この有望な技術について、正確に燃料サイクル費用を見積もるための商業規模プラントの詳細なフローシートは存在せず、実際に積み重ねられた運転経験も十分ではない状況である。

高速炉燃料の再製造工程には、独特な技術的課題が複数存在する。（天然ウランと比較して）より高い放射能を持つリサイクルプルトニウムを扱うため、作業員が燃料に直接触れて製造作業を行なうことはできず、特殊な大型グローブボックスやホットセルを用いる必要がある。高速炉燃料特有のこれらの遠隔燃料製造工程は、燃料サイクル費用を幾分高めることとなる。

---

[7] ウラニウム抽出（uranium extraction, UREX）法は、PUREX法の改良技術であり、増殖炉や燃焼炉の燃料として用いることが可能な超ウラン元素と混合されたプルトニウムを残し、精製ウランを抽出する再処理技術である。

こうした理由により、結果的に、核分裂性プルトニウムの供給費用をサイクル費に上乗せしなければならない。プルトニウムの市場は現在かなり限定されており、燃焼・変換する目的であれば無償で提供される状況すらある。高速炉の特徴の一つとして、核分裂性物質の正味の生産・供給を行う増殖炉として、またプルトニウムを消費する燃焼炉として、いずれの目的にも設計できることが挙げられる。増殖炉経済が発展し、U-238から転換されたプルトニウムを供給する元の軽水炉と、初期インベントリ用プルトニウム備蓄を必要とする新たな高速炉の間でプルトニウム燃料市場が発展すれば、プルトニウムの市場価格が定まるだろう。補足すると、異なる同位体組成をもつプルトニウムは金銭的価値も異なることに留意すべきであるが、本書での議論の範囲を超えるため、これに留める。一般的にウランをリサイクルする閉じた燃料サイクルで運転される軽水炉は、必要となるウラン原料とウラン濃縮役務をいくらか節約し、プルトニウム販売から利益を得られる。故にプルトニウムの売値が高くなるほど軽水炉の燃料サイクル費が安くなる。一方、初装荷用の燃料および最初の数年間の交換用新燃料用として外部からのプルトニウム供給を必要とする高速炉において、（炉心寿命期間平均での）その燃料価格は、プルトニウム燃料の価値変化に応じて上下する。50年以上前にEugene Escbach氏によって提案されたように、プルトニウム売却を考慮した軽水炉の燃料サイクル費と、プルトニウム購入を考慮した高速炉の燃料サイクル費が等しいと置くことによって、プルトニウムの等価価格（equivalent price）もしくは需給均衡価格（market-clearing price）が確定する。それ以来、プルトニウムの価格は10$/gから25$/gの範囲内と考えられてきた。今日、この値を推定することは容易でないが、将来的には等価価値として確立されるプルトニウム価格が商用高速炉の燃料費を左右するであろう。

議論をまとめると、少なくとも高速炉が市場に浸透し始めた初期においては、軽水炉の低い資本費と高いフロントエンド燃料サイクル費（ウランリサイクルのクレジットにより幾分差し引かれる）の組み合わせにより、高いリサイクル費用と資本費を要する高速炉に比べて、軽水炉は費用面で優位となりそうである。上述したように、高速炉のリサイクル費用は軽水炉燃料サイクルのバックエンド費よりも高くなる可能性がある。しかしながら、高速炉の総燃料費は、ウラン供給と濃縮役務の費用要素が不要となるため、軽水炉の総燃料費より低くなる可能性がある。関連技術が未だ開発されていないか、もしくは産業規模で実用化されていないため、現時点では費用評価に必要なパラメータを正確に推定できない。「高速炉と軽水炉の総発電コストが等価になる」という高速炉の経済性についての基本的見解は、2つの異なる原子炉システムの費用要素（資本費、O&M費、燃料費）が異なる値を取ることで正当化される。様々な費用要素の時間的な変化、例えば、高速炉の資本費の低下、軽水炉の燃料費の増加等が、動的に変化する総費用の等価性を保ち続けるであろう。

最近では、海水ウランの回収可能性に再び関心が持たれていることに留意しておく必要がある。もしもこの技術が実現可能であることが証明され、（大いに未知な部分が多いが）商業化されるならば、ウランの最大費用を確定できる。なぜなら、海水からウランを回収する技術は、最も高価なウラン供給プロセスになる可能性が高い一方で、そのウラン供給量は本質的に無限であるためである。現在、小規模の技術実証により示された回収費用は1,000$/kg（450$/ポンド）のオーダーにあり、商業的には無意味な値となっている。

以上に示されたように、経済性評価の原理は知られているものの、その厳密かつ定量的活用は、将来の課題となっている。その一方で、正確で信頼できる経済性評価は、新しい原子力発電所の供給者と購入者の双方にとって不可欠である。原子力発電が復活し、種々の単価がより明らかになるにつれて、付録Dで解説している数学的手法により、売り手と買い手の双方が同意可能な、正確で信頼できる原子炉プラントの経済性評価が可能となるであろう。

Part Ⅱ
中性子工学

高速炉の中性子物理学は、特別な関心を集めるに値するものである。なぜならそれは、殆どの原子炉で用いられている熱中性子スペクトルでは達し得ない効率的な増殖や核変換を可能とする、硬い中性子スペクトルを対象とする物理学だからである。第4章では核設計技術、特に多群拡散理論について重点的に述べる。そして多群断面積を求める手法については第5章で、高速炉に固有な動特性の特徴については第6章で述べる。増殖比、倍増時間、そして核変換性能を評価するために必要となる燃料管理の概念については第7章で取り扱う。

第4章から第7章で扱う各分野について、それぞれ個別の解析を行う数多くの計算ツールが存在している。そのような状況において、これらの章での第一目標は、読者が高速炉の中性子物理学について確かな基礎知識を習得するための情報を提供することである。一方で、設計者にとっての課題は、これら個々の解析を、整合性を保ちつつ統合的に取り扱うことである。そのためには、複数の複雑なツールを、極めて高度かつ洗練された知識を持って理解し活用する必要があり、それらは一般の学生の興味の範囲を超えるものである。加えて、そのようなツールは常に改良・改訂が行われながら使用される実態を踏まえ、今日の高速炉シミュレーションに用いられている核解析ツールの概要については巻末の付録Eにまとめた。この付録の目的は、さらに深い知識を求める読者が、統合的な核解析を実施するにあたって、現在利用可能な統合的計算ツールに直接アクセスできるようにすることである。

第4章
核設計

4.1 はじめに

原子炉プラントの核設計とは、主に炉心内の核的な環境（仕様・性能）を定めることである。この段階の設計作業は、熱水力解析や機械解析に大きく影響するため、これらと整合させながら進める必要がある。また、安全性と制御性の要求も核設計に綿密に関連しており、燃料サイクルのあらゆる段階で考慮されなければならない。たとえば、熱水力解析のために出力ピーキング係数（＝最大出力／平均出力）を決定するには、出力分布が必要とされる。また、核分裂性物質の必要富化度とインベントリ、燃料サイクルデータ、遮蔽データ、過渡応答といった情報を知るには、それぞれに応じた核計算が必要となる。

この章では、通常の高速炉設計で扱われる多群拡散理論や拡散方程式の入力に必要な幾何形状、空間的な出力分布および中性子束スペクトルなどについて検討する。また、通常のナトリウム冷却高速炉（SFR）の実効断面積の代表例として、2セットの多群断面積を付録Fに掲載しておく。

4.2 多群拡散理論

高速炉の設計者が利用できる主要な核設計手法は、拡散理論、輸送理論、モンテカルロ法であるが、大部分の高速炉の設計計算に対し、拡散理論が適当であることが知られている。この比較的簡易な方法が妥当とされる主な理由は、一般に高速炉では中性子の平均自由行程が燃料ピンや冷却材流路の寸法に比べて長いことにある。そのため、ほぼ全エネルギー範囲において、中性子束の空間的な歪みやピーキングがほとんど生じない。一方、炉心サイズは中性子の平均自由行程に比べて大きい[1]。臨界施設の解析における、平板配置形状のような特殊な問題の場合には、輸送補正されることもあるが、その場合も一般的な拡散理論が利用されている。そこで、本章では主に拡散理論について述べることとする。

高速炉では、捕獲反応や核分裂反応がおこる中性子エネルギーの範囲が熱中性子炉に比べて広いため、その核解析では、中性子のエネルギースペクトルの詳細な取り扱いが重要となる。したがって、共鳴領域や高エネルギー領域に数多くのグループ（群）を持った多群解析から始めなければならない。多数群データの出発点は、高速炉を構成する物質の完全な断面積データファイル、つまりほぼ連続的なエネルギーに対する断面積が格納されたライブラリーである。その一例はアメリカで通常用いられている評価済核データファイル（Evaluated Nuclear Data File）、ENDF/B-VII [1]である。

多群断面積は、離散群断面積データから共鳴吸収と散乱に関する常套的な理論に基づいて作成される。多群断面積の作成手法は、問題となるエネルギースペクトルの違いにより異なる場合もあるが、解析の対象が高速炉か熱炉かによらず基礎となる理論は同じである。しかし、現在は高速炉設計に特有の手順が広く用いられており、それらについては第5章で紹介する。

中性子束と出力密度の空間分布は、軽水炉解析の場合と同様に高速炉解析においても重要である。幸いなことに、中性子の平均自由行程が長いため、高速炉の空間解析の方が熱炉の場合よりも容易で

1　輸送理論は炉心寸法が中性子の平均自由工程に比べて大きくない小型の高速臨界集合体等の解析に必要とされる。

ある。さらに平均自由行程が長いことによって、高速炉は大型の熱炉に比べて中性子的により強く結合している。すなわち、中性子束の基本モード（つまり1次の固有値）がより支配的となり、中性子の炉外漏洩が大きく、拡散方程式の空間収束が容易に得られることとなる。高速炉では、一般に詳細エネルギー群での解析が必要とされるにもかかわらず、2次元や3次元解析を必要とする多くの空間依存問題が、比較的少数のエネルギー群（場合によっては4群ほど）によって適切に解くことができる。

4.2.1 多群方程式

上述のように、多群拡散理論は高速スペクトル炉の核解析に用いられる数理計算手法の中で中心的な役割を果たしている。このような適用性の広さから、多群方程式に現れる各項の物理的基礎を正しく理解することが重要となる。

中性子拡散方程式とは、簡単にいえば、中性子の生成と損失が等しいというバランス式である。ここでは定常状態の方程式を扱い、過渡の項については、第6章の原子炉動特性を解説する際に説明を加えることとする。生成と損失の不均衡は、問題の固有値である実効増倍係数 k_{eff} によって考慮される。

多群方程式は中性子のバランス式であるため、そこから得られる中性子束は絶対値ではなく相対値であり、任意の数として与えられる。中性子束の絶対値は、原子炉の出力レベルから計算される（4.7.2節参照）。

エネルギースペクトルがG群に分けられるとし、そのg番目のエネルギー群について検討しよう。1秒当たりの単位体積中の中性子に対し、g群の中性子損失項は、漏洩（$-D_g\nabla^2\phi_g$）、吸収（$\Sigma_{ag}\phi_g$、ここで$\Sigma_{ag}=\Sigma_{cg}+\Sigma_{fg}$であり、捕獲と核分裂を含む）、弾性散乱による除去（$\Sigma_{erg}\phi_g$）、そして非弾性散乱による除去（$\Sigma_{irg}\phi_g$）からなる。この本で扱われる多群方程式には、群内の弾性散乱または非弾性散乱は現れない。つまり、全非弾性散乱断面積は、ここで用いられるΣ_{irg}とは異なる。（弾性散乱断面積と弾性マトリックスの整合がとられてさえいれば、多群理論で群内散乱を扱うこともある。）

生成項は、核分裂による生成中性子とg群より上方のエネルギーで生じる弾性および非弾性散乱によってg群に減速される中性子による。核分裂による中性子生成率（1/cm^{3}秒）は、$\sum_{g'=1}^{G}(\nu\sum_f)_{g'}\phi_{g'}$と表せる。核分裂は全エネルギーで起こり得るため、全エネルギー群Gで総和がとられている。ここで、添え字g'はg群以外について和をとることを示している。核分裂でg群に現れる（またはg群に生まれる）中性子の割合をχ_gとすると、g群の核分裂中性子生成率は$\chi_g\sum_{g'=1}^{G}(\nu\sum_f)_{g'}\phi_{g'}$と表される。定常状態における多群中性子収支式では、この核分裂中性子生成率に$1/k_{eff}$を乗じることで生成と損失がバランスするので、核分裂からのg群の実効的な中性子生成率は、$(1/k_{eff})\chi_g\sum_{g'=1}^{G}(\nu\sum_f)_{g'}\phi_{g'}$と書くことができる。すなわち、原子炉が臨界超過（$k_{eff}>1$）の状態にある場合、核分裂中性子源項は中性子損失項の総和より大きいため、$1/k_{eff}$を乗じて生成項を小さくすることで中性子の収支バランスがとられる。

弾性および非弾性散乱源は、$\sum_{g'=1}^{g-1}\sum_{eg'\to g}\phi_{g'}$および$\sum_{g'=1}^{g-1}\sum_{ig'\to g}\phi_{g'}$と書ける。ここで、$\Sigma_{g'\to g}$は、$g'$群から$g$群への散乱を表している。（この本では、1群が最も高いエネルギー群を、g群が最も低いエネルギーを表す。すなわち散乱項はg'群からg群への下方散乱のみが生じることを示している。上方散乱は、熱炉解析において熱エネルギー領域で考慮されるが、高速炉では、減速過程で熱エネルギーまで減速される中性子は存在しない。）

以上により、多群方程式は以下のバランスによって表される：

$$\underset{\text{漏洩}}{\left[-D_g \nabla^2 \phi_g\right]} + \underset{\text{除去}}{\left[\left(\Sigma_{ag} + \Sigma_{erg} + \Sigma_{irg}\right)\phi_g\right]} =$$

$$\underset{\text{核分裂生成}}{\frac{1}{k_{eff}} \chi_g \sum_{g'=1}^{G} \left(\nu \Sigma_f\right)_{g'} \phi_{g'}} + \underset{\text{散乱移入}}{\sum_{g'=1}^{g-1} \Sigma_{eg' \to g} \phi_g + \sum_{g'=1}^{g-1} \Sigma_{ig' \to g} \phi'_g}. \tag{4.1}$$

4.3　多群方程式の空間解

高速炉設計では、対象とされる問題に対する適当なエネルギー群数や次元数と計算コストを常に踏まえつつ、多群拡散方程式を1次元、2次元、3次元で解くいずれの解法もよく利用される。例えば、断面積計算や燃料サイクル計算のような特別な目的の場合には、従来から0次元（または基本モード）解法さえ使われることがある。

この本での目的は、高速炉におけるエネルギースペクトルや空間分布の重要な特徴について理解を深めることであり、多次元解法に過度に注力することではない。したがって、拡散方程式の1次元計算式で十分目的を果たすことができる。0次元解法は、学生にも短時間でプログラミング可能であり、高速炉のエネルギースペクトルの効果を理解する手法として大変有効である。また、2次元解法の例題として、2次元三角メッシュについて簡単に議論する。このメッシュ法は軽水炉解析には適用されないが、高速炉の六角燃料配置の解析に広く用いられている。

まず、方程式の解の方向に対して垂直な方向への漏えいに適用される近似法について検討する。これが0次元解法の導出の基礎となる。続いて1次元解法について示した後、2次元三角メッシュについて述べることとする。

4.3.1　横方向漏えいの近似

1次元拡散理論では、（基準軸に対する）横方向の空間効果を厳密に取り扱わないため、その方向への中性子漏えいを考慮するための手法が必要となる。0次元の場合には、この手法をすべての方向に適用しなければならない。なお、熱炉の場合も同様の手法が用いられる。

この手法を説明するため、臨界炉心の単一エネルギー拡散方程式を考えよう。

$$-D\nabla^2 \phi + \left(\Sigma_a - \nu \Sigma_f\right)\phi = 0. \tag{4.2}$$

幾何バックリングB^2を用いると次のように書くことができる。

$$\nabla^2 \phi + B^2 \phi = 0. \tag{4.3}$$

高速炉は熱炉と同様、通常は真円柱として計算されるため、円柱座標で検討する。すると式（4.3）は以下のように書ける。

$$\frac{\partial^2 \phi}{\partial r^2} + \frac{1}{r}\frac{\partial \phi}{\partial r} + \frac{\partial^2 \phi}{\partial z^2} + B^2 \phi = 0. \tag{4.4}$$

変数分離して、

$$\phi = R(r)\, Z(z), \tag{4.5}$$

ここでRはrのみの関数で、Zはzのみの関数である。式（4.5）を式（4.4）に代入すると、

$$\frac{1}{R}\left(\frac{d^2R}{dr^2}+\frac{1}{r}\frac{dR}{dr}\right)+\frac{1}{Z}\frac{d^2Z}{dz^2}=-B^2, \tag{4.6}$$

となる。左辺の2項の和が一定であり、rのみの関数である第1項とzのみの関数である第2項はそれぞれ独立であるため、左辺の各項はそれぞれ定数である。したがって、

$$\frac{1}{R}\left(\frac{d^2R}{dr^2}+\frac{1}{r}\frac{dR}{dr}\right)=-B_r^2 \tag{4.7}$$

$$\frac{1}{Z}\frac{d^2Z}{dz^2}=-B_z^2, \tag{4.8}$$

ここで、

$$B_r^2+B_z^2=B^2, \tag{4.9}$$

であるので以下のように書くことができる。

$$\frac{\partial^2\phi}{\partial r^2}+\frac{1}{r}\frac{\partial\phi}{\partial r}=-B_r^2\phi, \tag{4.10}$$

$$\frac{\partial^2\phi}{\partial z^2}=-B_z^2\phi. \tag{4.11}$$

最も簡単な境界条件は、（1）対称性と（2）境界から外挿距離δでの中性子束の消失、すなわち、

$$\text{（1）}\ r=0\ \text{で}\ \frac{dR}{dr}=0,\ \text{かつ}\ z=0\ \text{で}\ \frac{dZ}{dz}=0, \tag{4.12}$$

$$\text{（2）}\ r=R_0+\delta_r\ \text{で}\ R=0,\ \text{かつ}\ z=\frac{H}{2}+\delta_z.\ \text{で}\ Z=0, \tag{4.13}$$

である。

これらの境界条件における式（4.7）と式（4.9）の解は、それぞれベッセル関数と余弦関数である。したがって、式（4.2）は定数Aを用いて、

$$\phi=AJ_0\left(B_r r\right)\cos\left(B_z z\right), \tag{4.14}$$

と表される。ここで

$$B_r = \frac{2.405}{R_0 + \delta_r} \quad \text{かつ} \quad B_z = \frac{\pi}{H + 2\delta_z}, \tag{4.15}$$

である。

これで、横方向への漏えいに関する近似を導出することができる。まず式（4.2）は以下のように書くことができる。

$$-D\left(\frac{\partial^2\phi}{\partial r^2} + \frac{1}{r}\frac{\partial\phi}{\partial r} + \frac{\partial^2\phi}{\partial z^2}\right) + \left(\Sigma_a - \nu\Sigma_f\right) = 0. \tag{4.16}$$

この式で、rによる微分項は径方向の漏えいを、$-D\,\partial^2\phi/\partial z^2$項は軸方向の漏えいを表している。

r方向の1次元の場合、式（4.16）の軸方向漏えい項を式（4.11）で置き換え、

$$-D\left(\frac{d^2\phi}{dr^2} + \frac{1}{r}\frac{d\phi}{dr}\right) + DB_z^2\phi + \left(\Sigma_a - \nu\Sigma_f\right)\phi = 0, \tag{4.17}$$

と書き直すことができる。

また、同様にz方向の1次元の場合には、径方向漏えいを式（4.10）で置き換え、

$$-D\frac{d^2\phi}{dz^2} + DB_r^2\phi + \left(\Sigma_a - \nu\Sigma_f\right)\phi = 0, \tag{4.18}$$

と書ける。

さらに0次元の場合には、r微分とz微分の両方が式（4.10）と式（4.11）で置き換えられ、

$$DB_r^2\phi + DB_z^2\phi + \left(\Sigma_a - \nu\Sigma_f\right)\phi = 0, \tag{4.19}$$

と表すことができる。

漏えいに関するこれらの近似を適用するには、境界条件(2)の式（4.13）に現れるδ_rとδ_zを評価する必要がある。これらは、大型反射体に対して近似的に$D_c M_r / D_r$で与えられる反射体節約とよく似たパラメータである。ここで、Dは拡散係数、Mは移動距離であり、下付きのcとrはそれぞれ炉心（core）と反射体（reflector）を示している。高速スペクトル炉では、炉心内部と同程度の拡散係数をもつブランケットによって炉心が取り囲まれているため、$D_c \fallingdotseq D_r$でありδはMとほぼ等しくなる。移動面積M^2はおよそD/Σ_aである。高速炉において平均的な中性子エネルギーに相当する100keVの中性子に対し、ブランケット内の拡散係数はおよそ1.3cmであり、吸収断面積は0.003cm^{-1}程度であることから、Mやδは20cm程度の値になる。

実効的なδの値はエネルギーやブランケット内の核分裂物質量によって変化するので、適当なδの値は、実際の多群による空間漏えい計算とここで議論した$DB^2\phi$で与えられる近似との比較によって経験的に定めなければならない。実際には、数10keVから1MeVの比較的広いエネルギー範囲で、δの値は15-20cmとなる。δの値はこの章の4.7.4節で示す中性子束の形状から評価できる。

4.3.2 0次元問題

0次元または基本モード問題は、漏えいの取扱いが単純なため、1次元問題に比べて簡単である。この単純化近似によって、実効増倍率 k_{eff} を得る上で1次元問題では避けられない反復計算問題を不要とすることができる。

前節で述べたように式（4.1）の漏えい項$-D\nabla^2\phi_{g'}$を$D_g B_g{}^2\phi_g$で置換えると、多群方程式は次のように書き表すことができる。

$$D_g B_g^2 \phi_g + \Sigma_{rg}\phi_g = \frac{1}{k_{eff}}\chi_g \sum_{g'=1}^{G} \left(\nu\Sigma_f\right)_{g'} \phi_{g'} + \sum_{g'=1}^{g-1} \Sigma_{eg'\to g}\phi_{g'} + \sum_{g'=1}^{g-1} \Sigma_{ig'\to g}\phi_{g'}, \quad (4.20)$$

ここで、

$$B_g^2 = B_{rg}^2 + B_{zg}^2, \quad (4.21)$$

および、

$$\Sigma_{rg} = \Sigma_{ag} + \Sigma_{erg} + \Sigma_{irg}, \quad (4.22)$$

である。中性子束を解くため、まず、

$$\frac{1}{k_{eff}} \sum_{g'=1}^{G} \left(\nu\Sigma_f\right)_{g'} \phi_{g'} = 1, \quad (4.23)$$

を設定する。[前の議論で、ϕ_gは相対値であることを述べた。式（4.23）からもそれが明らかである。]

式（4.23）から、第1群の式は、

$$D_1 B_1^2 \phi_1 + \Sigma_{r1}\phi_1 = \frac{1}{k_{eff}}\chi_1 \sum_{g'=1}^{G} \left(\nu\Sigma_f\right)_{g'} \phi_{g'} = \chi_1, \quad (4.24)$$

となる。

この式の唯一の未知数はϕ_1であり、ただちに求めることができる。

第2群の式は、

$$D_2 B_2^2 \phi_2 + \Sigma_{r2}\phi_2 = \chi_2 + \Sigma_{e1\to 2}\phi_1 + \Sigma_{i1\to 2}\phi_1, \quad (4.25)$$

となる。

ϕ_1は求められているので、ϕ_2を解くことができる。同様の手順ですべてのϕ_gを求めることができる。

すべての群の中性子束が求められれば、式（4.23）によって k_{eff} を以下のように求めることができる。

$$k_{eff} = \sum_{g'=1}^{G} (\nu\Sigma_f)_{g'}\phi_{g'}. \tag{4.26}$$

この k_{eff} の値は式（4.23）で定義した最初の核分裂源に整合しているため、繰り返し計算を必要としない。

4.3.3　1次元問題

4.3.3.1　円柱体系（径方向）

ここでは単純な1次元の多群拡散方程式に注目し、いくつかの特徴について説明する。この問題を解く初期のコンピューターコードの例として1DXがあげられる[2]。また、全炉心計算用のコードに対しては、複雑な3次元解法機能が整備されてきた。有名な例としては、DIF3Dがあげられる[3]。DIF3Dでは、六角形状の集合体ごとに一メッシュセル（ノード）で表すノード法を用いて中性子拡散方程式を解いている。また、直交座標形状のノードサイズは各ユーザーが指定できる。ノード方程式は六角または直交ノード内の中性子束の空間依存性を高次の多項式近似で表すことで得られる。応答行列の形で与えられる最終的な方程式には、ノード内中性子束の空間モーメントに加え、ノード面を横切る表面平均の部分中性子流が含まれている。これらの方程式は、粗メッシュ再平衡加速法を用いた核分裂源反復法によって解かれる。また六角形状ノードモデルでは、等価理論パラメータを適用することができる。DIF3Dに関する補足情報は付録Eに示しておく。

簡単な1次元問題の例として、図4.1のようにN個のメッシュに分割された原子炉を考える。メッシュ点が境界上と中央点のどちらにあっても有効な方法であるが、ここでは、メッシュ点が境界上にないとする。方程式は、$\nabla^2\phi_{(z)}$に関する基本モード（つまり$-B_z^2\phi$）で軸方向の漏えいを近似し、かつ各メッシュ体積で積分することで数値的に解かれる。ここで、炉心中央と外側における境界条件が必要となる。

以下の解析では、上付き文字kはメッシュ番号を表し、gは引き続きエネルギー群番号を表している。

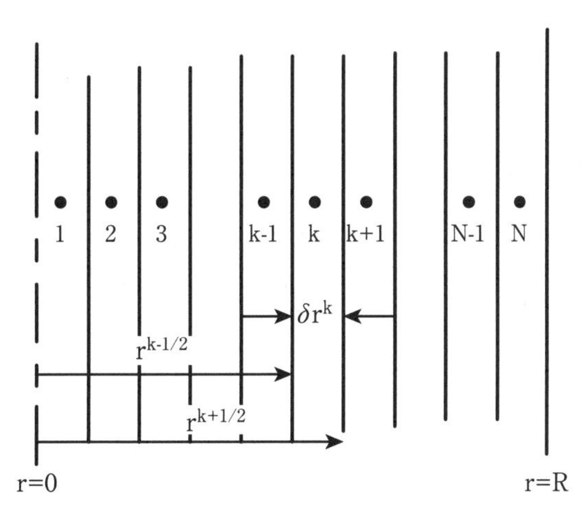

図4.1　1次元径方向メッシュ

k点付近のメッシュ体積で積分し、

$$-\int_k D_g^k \nabla^2 \phi_g^k dV + \int_k D_g^k B_{zg}^2 \phi_g^k dV + \int_k \Sigma_{rg}^k \phi_g^k dV$$
$$= \frac{1}{k_{eff}} \int_k \chi_g \sum_{g'=1}^{G} (\nu\Sigma_f)_{g'}^k \phi_{g'}^k dV + \int_k \sum_{g'=1}^{g-1} \Sigma_{g'\to g}^k \phi_{g'}^k dV, \quad (4.27)$$

ここで、Σ_{rg}^kは式（4.1）の左辺の全除去項を表し、$\Sigma^k{}_{g'\to g}$はg'群からg群への弾性散乱および非弾性散乱の和を表している。

ここで発散定理である

$$\int D\nabla^2\phi dV = \int D\nabla\phi \cdot \overrightarrow{dA},$$

を使うと、メッシュ点の中間における式は、

$$-\int_k D_g^k \nabla\phi_g^k \cdot \overrightarrow{dA} = D_g^{k-1,k} A^{k-1,k} \frac{\phi_g^k - \phi_g^{k-1}}{r^k - r^{k-1}} - D_g^{k,k+1} A^{k,k+1} \frac{\phi_g^{k+1} - \phi_g^k}{r^{k+1} - r^k}, \quad (4.28)$$

と書ける。

$\nabla\phi \cdot \overrightarrow{dA}$が負（第二項の$\nabla\phi \cdot \overrightarrow{dA}$は正）であるため、右辺の最初の項の前のマイナス記号は消去される。

また、第一項の$\phi_g^k - \phi_g^{k-1}$は通常負であり、この場合、第一項はkメッシュ間隔への中性子源または漏えいを表し、第二項は正でありメッシュ間隔外への中性子損失または漏えいを表している。

係数$D_g^{k-1,k}$は、メッシュ点$k-1$とkの間の実効的な拡散係数であり、メッシュ間の体積平均巨視的輸送断面積Σ_{trg}から求められる。Σ_{trg}の体積平均値は、

$$\Sigma_{trg}^{k-1,k} = \Sigma_{trg}^{k-1} \frac{\delta r^{k-1}}{\delta r^{k-1} + \delta r^k} + \Sigma_{trg}^k \frac{\delta r^k}{\delta r^{k-1} + \delta r^k},$$

であり、$D = 1/3\Sigma_{trg}$であるから、

$$\frac{1}{D_g^{k-1,k}} = \frac{1}{D_g^{k-1}} \frac{\delta r^{k-1}}{\delta r^{k-1} + \delta r^k} + \frac{1}{D_g^k} \frac{\delta r^k}{\delta r^{k-1} + \delta r^k},$$

または、

$$D_g^{k-1,k} = \frac{D_g^{k-1} D_g^k \left(\delta r^{k-1} + \delta r^k\right)}{D_g^{k-1} \delta r^k + D_g^k \delta r^{k-1}}. \quad (4.29)$$

面積およびメッシュ体積は、

$$A^{k-1,k} = 2\pi r^{k-1/2} H, \quad (4.30)$$

$$V^k = \pi\left[\left(r^{k+1/2}\right)^2 - \left(r^{k-1/2}\right)^2\right]H = \pi v^k H, \tag{4.31}$$

であり、Hは軸方向高さ、式 (4.31) で定義されるv^kは単位高さあたりの体積をπで除した値である。

さらに、中性子源項S_g^kを次のように定義する。

$$S_g^k = \frac{1}{k_{eff}}\chi_g \sum_{g'=1}^{G}\left(\nu\Sigma_f\right)_{g'}^k \phi_{g'}^k + \sum_{g'=1}^{g-1}\Sigma_{g'\to g}^k \phi_{g'}^k. \tag{4.32}$$

すべての断面積とχがメッシュ体積内で一定とすると、式 (4.28) から式 (4.32) までを式 (4.27) に代入して、

$$D_g^{k-1,k} 2r^{k-1/2}\frac{\phi_g^k - \phi_g^{k-1}}{r^k - r^{k-1}} - D_g^{k,k+1} 2r^{k+1/2}\frac{\phi_g^{k+1} - \phi_g^k}{r^{k+1} - r^k}$$
$$+ D_g^k B_{zg}^2 \phi_g^k v_k + \Sigma_{rg}^k \phi_g^k v^k = S_g^k v^k,$$

となり、

$$-D_g^{k-1,k}\frac{2r^{k-1/2}}{r^k - r^{k-1}}\phi_g^{k-1} + \left(D_g^{k-1,k}\frac{2r^{k-1/2}}{r^k - r^{k-1}} + D_g^{k,k+1}\frac{2r^{k+1/2}}{r^{k+1} - r^k}\right.$$
$$\left. + D_g^k B_{zg}^2 v_k + \Sigma_{rg}^k v^k\right)\phi_g^k - D_g^{k,k+1}\frac{2r^{k+1/2}}{r^{k+1} - r^k}\phi_g^{k+1} = S_g^k v^k, \tag{4.33}$$

と変形できる。

次に、αとβを以下のように定義すると、

$$\alpha_g^k = D_g^{k-1,k}\frac{2r^{k-1/2}}{r^k - r^{k-1}}, \tag{4.34}$$

$$\beta_g^k = \alpha_g^k + \alpha_g^{k+1} + D_g^k B_{zg}^2 v_k + \Sigma_{rg}^k v^k, \tag{4.35}$$

式 (4.33) は、次のように書ける。

$$-\alpha_g^k \phi_g^{k-1} + \beta_g^k \phi_g^k - \alpha_g^{k+1}\phi_g^{k+1} = S_g^k v^k. \tag{4.36}$$

続いて、最も一般的な2通りの境界条件を考える。

(1) $r = 0$ で $\frac{d\phi}{dr} = 0$

(2) $r = R + 0.71\lambda_{tr}$ で $\phi = 0$

Rは原子炉の最外周境界であり、λ_{tr}は輸送平均自由行程である。

境界条件(1)に対し、炉心中央の左側にメッシュ間隔1と等しい幅のメッシュ間隔（$k=0$）を想定する。$\phi^0=\phi^1$とすれば、境界条件を満足する。式（4.33）は第一項と第二項の最初の部分がキャンセルされ、

$$\left(D_g^{1,2}\frac{2r^{3/2}}{r^2-r^1}+D_g^1B_{zg}^2v^1+\Sigma_{rg}^1v^1\right)\phi_g^1-D_g^{1,2}\frac{2r^{3/2}}{r^2-r^1}\phi_g^2=S_g^1v^1,$$

また、$\alpha_g^1=0$であり

$$\beta_g^1\phi_g^1-\alpha_g^2\phi_g^2=S_g^1v^1. \tag{4.37}$$

境界条件(2)に対し、炉心の最外周境界Rの右側の距離$0.71\lambda_{tr}$の位置にメッシュ点$N+1$を想定する。この位置で$\phi^{N+1}=0$となる[2]。メッシュ点Nと$N+1$の距離は$1/2\delta_r^N+0.71\lambda_{tr}$である。

（β^Nで用いられる）α_g^{N+1}の値は、

$$\alpha_g^{N+1}=D_g^N\frac{2R}{\frac{1}{2}\delta r^N+0.71\lambda_{trg}},$$

であり、ここで$R=r^N+1/2\delta_r^N$である。$\phi^{N+1}=0$なので、式（4.33）は

$$-\alpha_g^N\phi_g^{N-1}+\beta_g^N\phi_g^N=S_g^Nv_g^N, \tag{4.38}$$

となる。

この系の多群方程式は、行列の形で以下のように書ける。

$$A\phi=C, \tag{4.39}$$

AはN行×G列の行列

$$A=\begin{bmatrix}
\beta_1^1 & -\alpha_1^2 & & & & & & & & & & & \\
-\alpha_1^2 & \beta_1^2 & -\alpha_1^3 & & & & & & & & & & \\
 & & \ddots & & & & & & & & & & \\
 & & -\alpha_1^k & \beta_1^k & -\alpha_1^{k+1} & & & & & & & & \\
 & & & & \ddots & & & & & & & 0 & \\
 & & & & -\alpha_1^N & \beta_1^N & & & & & & & \\
 & & & & & & \beta_2^1 & -\alpha_2^2 & & & & & \\
 & & & & & & -\alpha_2^2 & \beta_2^2 & -\alpha_2^3 & & & & \\
 & & & & & & & & \ddots & & & & \\
 & & 0 & & & & & & -\alpha_g^k & \beta_g^k & -\alpha_g^{k+1} & & \\
 & & & & & & & & & & \ddots & & \\
 & & & & & & & & & & -\alpha_G^{N-1} & \beta_G^{N-1} & -\alpha_G^N \\
 & & & & & & & & & & & \alpha_G^N & \beta_G^N
\end{bmatrix}$$

[2] 補外距離$0.71\lambda_{tr}$は、この節の最初に述べた中性子束が0に外挿される基本モード距離δとは異なる。

であり、ϕとCは各々$N \cdot G$個の要素を持った以下のベクトルである。

$$\phi = \left\{\phi_1^1, \phi_1^2 \cdots \phi_1^N, \phi_2^1, \phi_2^2 \cdots \phi_g^k \cdots \phi_G^{N-1}, \phi_G^N\right\},$$

$$C = \left\{S_1^1 \nu^1, S_1^2 \nu^2 \cdots S_1^N \nu^N, S_2^1 \nu^1, S_2^2 \nu^2 \cdots S_g^k \nu^k \cdots S_G^{N-1} \nu^{N-1}, S_G^N \nu^N\right\}.$$

この式は、逆行列をかけることで解くことができる。

$$\phi = A^{-1} C. \tag{4.40}$$

解の導出は反復法による。その方法を示すため、まずFで表される核分裂項を定義する。

$$F = \sum_{k=1}^{N} \sum_{g'=1}^{G} F_{g'}^k = \sum_{k=1}^{N} \sum_{g'=1}^{G} \left(\nu \Sigma_f\right)_{g'}^k \phi_{g'}^k \nu^k. \tag{4.41}$$

臨界因子k_{eff}を収束させるため、S_g^kやFの表記に用いられる中性子束分布（ϕ_g^k）をまず推定し、それからある判定値以下に達するまで繰り返し計算を行う必要がある。初期設定される定型的な中性子束分布は、場所に寄らず一様な核分裂スペクトルである。

新たな中性子束が式（4.40）から求められ、その結果新たな核分裂源Fが計算される。このように新たな中性子束と核分裂源を求める計算が繰り返されることになる。

どの程度の収束が得られているかを確認するため、v番目の繰り返し計算で求められた中性子束による核分裂源の値をF^{v+1}とする。次の繰り返し計算の増倍係数λ^{v+1}を（v+1）回目の計算の核分裂源と1つ前の計算の核分裂源の比で表す。つまり、

$$\lambda^{v+1} = \frac{F^{v+1}}{F^v}. \tag{4.42}$$

次の繰り返し計算の実効的な増倍係数$k_{eff}{}^{v+1}$は、前回の計算値に新たなλを乗じることで

$$k_{eff}^{v+1} = k_{eff}^{v} \lambda^{v+1}. \tag{4.43}$$

と表される。

このk_{eff}の値は、新たな中性子束の値とともに、新たな中性子源項（S_g^k）$^{v+1}$を求めるために利用され、順次、次の繰り返し計算に使われる。

解が収束するにつれ、中性子束と核分裂源Fがそれぞれ一定の値に収束していく。その結果、λは1に近づいていく。収束の判定値εを設定し、

$$|1 - \lambda| < \varepsilon, \tag{4.44}$$

となった時、解が収束したという。

1DXのようなコンピューターコードで用いられている実際の収束法は、収束を加速させるための核分裂源加速緩和法（over relaxation method）が適用されており、上述した方法よりも洗練されている。その手順は次の通りである。新たな核分裂源が計算された後（これを$F_1^{\nu+1}$とよぶ)、次の“新たな”値$F_2^{\nu+1}$を、新たな核分裂源と古い核分裂源の差に加速緩和係数であるβを乗じて、次のように計算する。

$$F_2^{\nu+1} = F^\nu + \beta\left(F_1^{\nu+1} - F^\nu\right). \tag{4.45}$$

その後$F_2^{\nu+1}$は、全中性子源が$F_1^{\nu+1}$と等しくなるように規格化される。1DXでは、βの初期値は1.4が与えられていた。

4.3.3.2 平板体系

平板形状には、軸方向の1次元計算が適用される。平板体系と円柱体系の式の上での違いは、$A^{k-1,k}$とV^kの式、すなわち式（4.30）と式（4.31)、そしてB_{zg}^2をB_{rg}^2で置き換えることのみである。

円柱体系に対する軸方向の解を求める場合、$A^{k-1,k}$とV^kは以下のようになる。

$$A^{k-1,k}=\pi R^2, \tag{4.30a}$$

$$V^k=\pi R^2\delta z^k. \tag{4.31a}$$

$D^{k-1,k}$の定義においてδr^kをδz^kによって置き換えると、式（4.33）は、

$$\begin{aligned}&-\frac{D_g^{k-1,k}}{z^k - z^{k-1}}\phi_g^{k-1} + \left(\frac{D_g^{k-1,k}}{z^k - z^{k-1}} + \frac{D_g^{k,k+1}}{z^{k+1} - z^k} + D_g B_{rg}^2 \delta z^k + \Sigma_{rg}^k \delta z^k\right)\phi_g^k \\ &-\frac{D_g^{k,k+1}}{z^{k+1} - z^k}\phi_g^{k+1} = S_g^k \delta z^k,\end{aligned} \tag{4.33a}$$

となる。

また、平板体系では、それぞれ

$$\alpha_g^k = \frac{D_g^{k-1,k}}{z^k - z^{k-1}}, \tag{4.34a}$$

$$\beta_g^k = \alpha_g^k + \alpha_g^{k+1} + D_g^k B_{rg}^2 \delta z^k + \Sigma_{rg}^k \delta z_k, \tag{4.35a}$$

$$-\alpha_g^k\phi_g^{k-1} + \beta_g^k\phi_g^k - \alpha_g^{k+1}\phi_g^{k+1} = S_g^k\delta z^k, \tag{4.36a}$$

$$\beta_g^1\phi_g^1 - \alpha_g^2\phi_g^2 = S_g^1\delta z^1, \tag{4.37a}$$

$$\alpha_g^{N+1} = \frac{D_g^N}{\frac{1}{2}\delta z^M + 0.71\lambda_{trg}},$$

$$-\alpha_g^N\phi_g^{N-1}+\beta_g^N\phi_g^N=S_g^N\delta z^N. \tag{4.38a}$$

と表される。

4.3.4　2次元三角メッシュ

軽水炉解析では用いられないものの高速炉の2次元解析ではしばしば用いられるのが三角メッシュである。このメッシュ配列は、高速炉の六角集合体[3]を表すのに有効であり、通常の$x-y$メッシュや$r-\theta$メッシュに代わって用いられる。

六角形状では、高速炉の対称性を利用して、炉心とブランケットを六分の一体系で表すことができる。そして径方向の出力分布は、この形式、つまり炉心およびブランケットの1/6周分の六角集合体に対して示されることが多い。この表記の例を4.7節に示す。

2つの六角形を表す3×4の三角メッシュの例を図4.2に示す。座標（i, j）のメッシュ点は、各三角形の中心に置かれている。メッシュ境界x_iとy_jは、六角形の対面距離Wによって決められる。メッシュ間隔ΔxとΔyは全メッシュを通じて一定である。

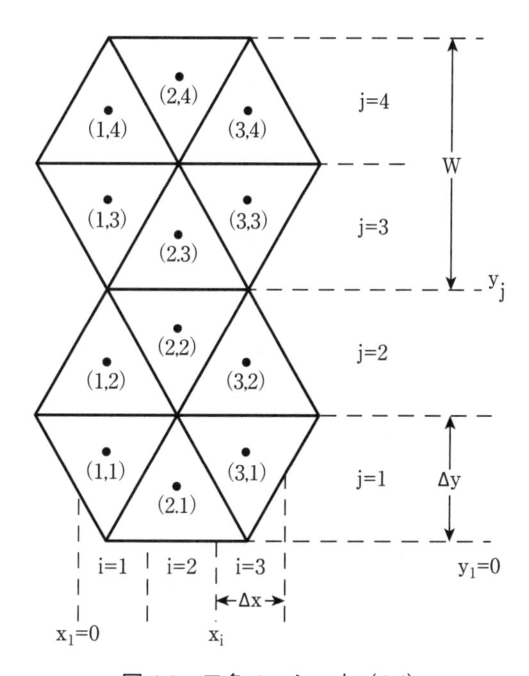

図4.2　三角メッシュ点（i, j）

図4.2から、メッシュ高さΔyは$W/2$であることが分かる。メッシュ幅Δxは、三角メッシュの面積を保存するように決められる必要があり、

$$(\Delta x)(\Delta y)=\frac{1}{2}\cdot\frac{W}{2}\cdot\frac{W}{\sqrt{3}}, \tag{4.46}$$

---

[3] このメッシュは高温ガス炉（HTGR）の六角集合体の解析にも用いられる。

であるから、

$$\Delta x = \frac{W}{2\sqrt{3}}, \tag{4.47}$$

となる。

x_1とy_1を0とおくと、メッシュ境界は以下のようになる。

$$x_i = (i-1)\frac{W}{2\sqrt{3}}, \tag{4.48}$$

$$y_j = (j-1)\frac{W}{2\sqrt{3}}. \tag{4.49}$$

4.4 局所的な吸収材の取扱い

通常、中性子吸収棒は、濃縮ホウ素を含む一本のロッド、もしくはそれらの束である。吸収棒内部のみならず、その周囲の燃料集合体の中性子分布や出力を検討するためにも、吸収棒内の空間的自己遮蔽を評価することが重要となる。この問題を取り扱うには、衝突確率法を用いるのが適当である。

4.5 体積比と原子数密度

核設計の出発点は、体積比Fと原子数密度Nを計算することであり、炉心とブランケットの両領域について求めなければならない。制御棒集合体は、炉心の至る所に配置されているが、初期の段階の計算では燃料集合体と均質化できる。

高速スペクトル炉では、燃料ピンが六角形の燃料集合体内に三角配列で束ねられている。このような配列にする基本的な理由は、優れた核的性能を得るためである。三角配列で得られる“密”な格子は、四角格子とは対照的に、燃料体積比を大きくし炉心寸法を小さくする。第2章で指摘したように、ある一定の親物質燃料および核分裂性燃料の総量に対し、炉心サイズを小さくすると、臨界維持に必要な核分裂性燃料の富化度とその装荷量が低減される。また、一定の炉心サイズであれば、燃料体積比を増大すると核分裂性燃料の必要量が減少し、増殖比が増大する。したがって、一般には燃料体積比を増大することが望まれる。SFR（ナトリウム冷却高速炉）の各物質の体積比は概ね以下の範囲である。

燃料	30 − 45%
ナトリウム	35 − 45%
スチール	15 − 20%
B_4C	1 − 2%

体積比を計算するための基本的な単位セルは集合体であり、燃料集合体や径方向のブランケット集合体、制御棒集合体の各々に対して体積比を求める。軸方向ブランケット燃料は炉心燃料と同じピン内に装荷されているため、軸方向ブランケットと炉心の燃料体積比は同じである。また、炉心平均の体積比は、燃料と制御棒集合体の体積比に各集合体の装荷体数比を重み付けることで概算できる。より詳細な計算では、制御棒集合体と同じ半径位置（層）にある燃料集合体と制御棒集合体からなる円環状領域を均質化することによって、制御棒集合体の径方向空間分布が考慮される。計算コストが

嵩むものの、すべての三次元形状を考慮した、より正確な計算が、原子炉の各集合体をモデリングするために用いられることもある。このようなモデルでは、近接する集合体を均質化する必要がない。

すべての物質の軸方向配置が等しいため、体積比は断面寸法から計算される。第2章の図2.3に燃料集合体の断面を示している。対称格子は図4.3に図示されるように全体の1/12の部分である。この図に示されるように、対称格子の外部境界は、近接する集合体間の中間のナトリウム位置となる。燃料は被覆管内部の全空間に詰まっているものとする。また構造材は被覆管、六角ダクト壁、燃料ピンの間のワイヤまたはグリッドスペーサーであり、構造材物質はすべて同じタイプのステンレス鋼であることが多い。六角ダクト内部の空隙部分や隣接集合体ダクトの間には、ナトリウムが存在している。SFR燃料集合体の冷却材流路面積に関する有用な幾何学的関係式は第9章の式（9.31）で与えられる。

寸法を体積比に変換する際、集合体の寸法が製造時（つまり室温状態）であるか全出力時であるかが問題となる。ここで、核設計者や機械設計者および熱流力解析者の間で入念な意思疎通が重要となる。核設計者にとっては、全出力状態での核的なパラメータ（つまり原子数密度）の算出が望まれる。例として316ステンレス鋼の燃料ピン径について検討すると、20℃から500℃（全出力状態での典型的な被覆管温度）での熱膨張係数［$\alpha = (1/L)(dL/dT)$］は、約2×10^{-5}/Kである。したがって、製造時と全出力時の被覆管の内・外径の変化率はおよそ1%となる。構造材の断面積（すなわち構造材体積比）や（燃料体積比の決め手となる）被覆管内部面積は、20℃から500℃の温度上昇にともない間に$2\alpha\Delta T$、すなわち約2%増加する[4]。

燃料の原子数密度を計算する際には、スミア密度というパラメータが用いられる。スミア密度とは、燃料が被覆管の内側全体に一様に広がっているとした場合の燃料密度である。燃料ピンを製造する際には、ある密度のペレットが室温で被覆管に装荷され、燃料と被覆管の間にはギャップが設けられる。原子数密度の計算では、ペレット設計の詳細、すなわち正確な直径やペレットにへこみがあるか（ペレット間の境界面にキャビティが設けられているか）、原子炉が出力状態に至る際にどのくらい割れが生じ、膨張するのか、を知る必要はない。燃料の取りうる空間とその空間にある燃料の質量のみが分かればよく、したがって、全出力での被覆管の直径と燃料のスミア密度が必要な情報となる。

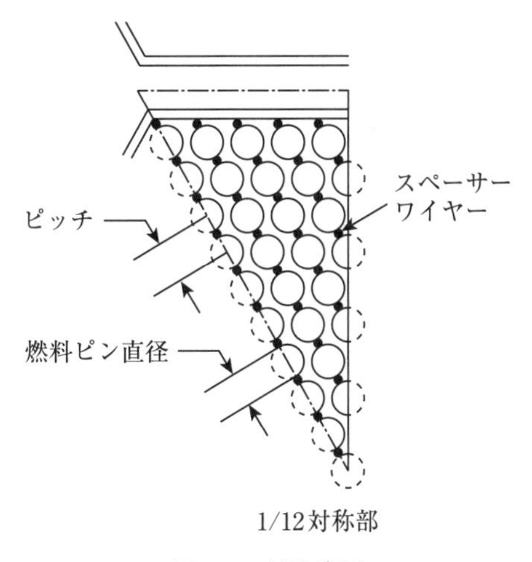

図4.3　対称格子

4　高速炉解析のあらゆる状況において、製造時の冷温寸法と運転時の高温寸法を考慮することは重要である。実際の炉心サイズや集合体内を通る流路面積は変化し、解析コードの入力を整備する際に、製造値やその他の冷温寸法データに基づいて適切に考慮されなければ、核解析や熱流力解析に影響が生じてしまう。

燃料設計では、理論密度という、もう一つの密度が重要である。UO_2に20-25%のPuO_2を混ぜたSFR用の混合酸化物燃料では、理論（結晶）密度が約11g/cm^{3}であり、Pu/U比や化学量論性（各分子中の平均酸素原子数を意味し、重金属原子核あたり2つの酸素に対し、1-2%変化する）に依存するバラつきがある。酸化物燃料ペレットは、この理論密度に対して指定されたある割合となるように設計され、大抵は95%よりも少し高く設定される。また、スミア密度は理論密度の85-90%程度である。

物質mの原子数密度は以下の関係式から計算される。

$$N_m = \frac{F_m \rho_m N_A}{M_m}, \tag{4.50}$$

N_m = 原子数密度（個/cm^3）[5]
F_m = 体積比
ρ_m = 密度（g/cm^3）
M_m = 分子量（g/ mol）
N_A = アボガドロ数（6.023×10^{23}個/ mol）

ステンレス鋼中の鉄、ニッケル、クロムのような構造材に用いられている合金中の各物質に対するρ_mは、合金密度とその物質の重量パーセントの積で与えられる。原子量にはM_mが用いられる。

燃料の原子数密度の計算法には注意が必要である。というのは、様々な機関や研究グループが各々の方法を開発しているからである。ここで示す方法は、第7章で述べる燃料サイクル解析で用いられるものと同様であり、ρ_fにはスミアされた密度、そして燃料の平均分子量を用いる。ここで、燃料の平均分子量は、U-Puサイクルでは燃料が^{235}Uから^{242}Pu、およびより高次のアクチニドの同位体から構成されていることを考慮した値であり、U-Pu混合酸化物燃料サイクルの平均分子量は270である。つまり、^{238}Uの238とO_2の32の和である。実際には、平均のMはそれより幾分高くなるが、それ以上の精度は一般に要求されない。

炉内では、照射中に燃料原子の一部が核分裂し、一部が中性子捕獲によって高次アクチニドに変換される。核分裂が一回起こると一組の核分裂生成物が生じ、核分裂生成物の組の数は正確に核分裂の数に等しい。したがって、核分裂生成物の組を（二つではなく）一つの物質とすれば、重金属原子の数密度（$\Sigma_i N_i$）と核分裂生成物の組（N_{fp}）の和は、燃料が炉に存在する時間を通じて一定を保っている。事実、燃料混合物の平均分子量が変化することはない。したがって、照射期間を通して、

$$N_f = \frac{F_f \rho_f N_A}{270} = \sum_{\substack{heavy \\ metals,\, i}} N_i + N_{fp} = \text{constant}, \tag{4.51}$$

となる。
特定の重金属同位体の原子数密度N_iは、

$$N_i = I_i N_f, \tag{4.52}$$

5 核設計では、原子数密度や断面積、中性子束にcgs単位が用いられるのが一般的であり、この本でもそれに従うこととする。

で求められる。ここで、I_iは同位体iの燃料原子数割合である。

次に、多群方程式で用いられる原子数密度の単位を考えよう。巨視的断面積Σの単位はcm^{-1}であり、原子数密度（cm^{-3}）と微視的断面積（cm^2）の積である。微視的断面積の単位はバーン（barn）で与えられ、1バーンは$10^{-24}cm^2$である。バーンはcm^2への変換が不要であり、便利な単位である。ここで、原子数/cm^3の単位で与えられる原子数密度は、一般に$1cm^3$当たり10^{23}から10^{24}個程度である。論理的には、σがバーンの単位であれば$N\sigma$の積がcm^{-1}となるため、原子数密度の単位は"原子数/バーン/cm"となる。こうすると、N_Aの値は0.6023×10^{24}ではなく0.6023となり、10^{24}や10^{-24}といった数値を扱う必要は全くなくなる。いや、喜歌劇「軍艦ピナフォア」の艦長のセリフではないが、「めったになくなる（hardly ever）」。燃料サイクル計算の場合に10^{-24}を再度導入しなければならないが、それは数章後のことである。

4.6　中性子バランス

核解析においてしばしば生じる疑問は、炉心とブランケットの中性子バランスを検討することで答えることができる。大型（1,200MWe）の等体積2領域均質SFRの中性子バランスを表4.1に示す[6]。基準は100個の中性子生成であり、平衡サイクルの燃焼中期での値である。ホウ素の中性子捕獲は、制御棒における捕獲を表している。また、1,000MWe非均質炉心の平衡サイクル末期における中性子バ

表4.1　1,200MWe均質SFRの中性子バランス（平衡サイクル，燃焼中期）

事象	物質	ゾーン1	ゾーン2	軸方向ブランケット	径方向ブランケット	遮蔽体	総和
捕獲	^{238}U	19.15	11.79	7.65	7.13	0	45.72
	^{235}U	0.09	0.06	0.05	0.05	0	0.25
	^{239}Pu	3.46	2.64	0.25	0.23	0	6.58
	^{240}Pu	1.41	1.19	0.01	0.01	0	2.62
	^{241}Pu	0.43	0.40	0	0	0	0.83
	^{242}Pu	0.13	0.11	0	0	0	0.24
	F.P.	1.25	0.67	0.09	0.07	0	2.08
	O	0.10	0.07	0.02	0.02	0	0.21
	Na	0.14	0.10	0.07	0.06	0.07	0.44
	Fe	0.69	0.48	0.30	0.29	0.66	2.42
	Ni	0.29	0.20	0.09	0.09	0.24	0.91
	Cr	0.29	0.21	0.12	0.11	0.28	1.01
	^{10}B	0.34	0.21	1.10	0	0	1.65
	総和	**27.77**	**18.13**	**9.75**	**8.06**	**1.25**	**64.95**
核分裂	^{238}U	2.71	2.06	0.48	0.45	0	5.70
	^{235}U	0.29	0.20	0.14	0.14	0	0.77
	^{239}Pu	11.44	9.48	0.55	0.48	0	21.95
	^{240}Pu	0.91	0.90	0	0	0	1.81
	^{241}Pu	2.20	2.14	0	0	0	4.34
	^{242}Pu	0.09	0.09	0	0	0	0.18
	総和	**17.64**	**14.87**	**1.17**	**1.07**	**0.0**	**34.75**
径方向漏えい							**0.03**
軸方向漏えい							**0.27**
総和							**100.00**

[6] 表4.1と表4.2は、1979年および1981年にカリフォルニア州サニーベイルのGE社、C. L. Cowan氏により作成されたものである。

ランスを表4.2に示す。

これらの炉設計において、炉心燃料集合体に存在する各同位体の核分裂割合は、以下の通りである（内部ブランケットは含まない）。

燃料同位体	核分裂割合, %	
	均質炉心	非均質炉心
^{235}U	1.5	0.6
^{238}U	14.7	10.6
^{238}Pu	−	0.6
^{239}Pu	64.3	70.2
^{240}Pu	5.6	5.4
^{241}Pu	13.3	12.1
^{242}Pu	0.6	0.5

表 4.2　1,000MWe 非均質SFRの中性子バランス（平衡サイクル燃焼末期）ー軸方向ブランケット延長ケース

事象	物質	炉心燃料	内部ブランケット	ドライバー燃料	内部ブランケット	径方向ブランケット	遮蔽体	総和
捕獲	O	0.24	0	0.01	0.01	0.02	0	0.28
	Na	0.12	0.04	0.03	0.01	0.03	0.05	0.28
	Cr	0.42	0.14	0.09	0.03	0.09	0.17	0.94
	Mn	0.18	0.08	0.08	0.03	0.08	0.34	0.79
	Fe	1.07	0.35	0.23	0.07	0.24	0.50	2.46
	Ni	0.77	0.23	0.12	0.04	0.13	0.23	1.52
	Mo	0.32	0.12	0.09	0.03	0.10	0.27	0.93
	^{235}U	0.05	0.06	0.01	0.02	0.02	0	0.16
	^{238}U	16.57	12.32	5.31	2.61	8.42	0	45.23
	^{238}Pu	0.10	0	0	0	0	0	0.10
	^{239}Pu	5.34	0.81	0.15	0.07	0.34	0	6.71
	^{240}Pu	1.95	0.04	0	0	0.01	0	2.00
	^{241}Pu	0.61	0	0	0	0	0	0.61
	^{242}Pu	0.20	0	0	0	0	0	0.20
	F.P.	1.70	0.19	0.01	0.01	0.05	0	1.96
	^{10}B	0	0	0.65	0	0	0	0.65
	総和	**29.64**	**14.38**	**6.78**	**2.93**	**9.53**	**1.56**	**64.83**
核分裂	^{235}U	0.17	0.12	0.07	0.03	0.10	0	0.49
	^{238}U	2.93	1.38	0.31	0.14	0.59	0	5.35
	^{238}Pu	0.16	0	0	0	0	0	0.16
	^{239}Pu	19.42	2.42	0.31	0.15	0.84	0	23.14
	^{240}Pu	1.50	0.02	0	0	0.00	0	1.52
	^{241}Pu	3.33	0.01	0	0	0	0	3.34
	^{242}Pu	0.14	0	0	0	0	0	0.14
	総和	**27.65**	**3.95**	**0.69**	**0.32**	**1.53**	**0**	**34.14**
径方向漏えい								**0.16**
軸方向漏えい								**0.87**
総和								**100.00**

均質炉心で^{238}Uの核分裂割合が幾分高いことを除けば、これらの値は、UO_2-PuO_2燃料SFR炉心のほぼ典型値と言える。この特殊な1,200MWe設計の炉心は、通常より大型であり、そのため核分裂割

合が典型例よりも低い。この傾向は正しいが、核分裂性物質の富化度の低い均質設計では、非均質設計よりも^{238}Uの核分裂割合が高くなる。

この均質炉心設計では、炉心で生じる核分裂の割合が93.6%であり、ブランケットではわずか6.4%である。ブランケットと遮蔽体の境界からの中性子漏えいはとても低い（0.3%）。しかしながら、外側炉心から径方向ブランケットへの中性子の径方向漏えいは、およそ10%であり、軸方向ブランケットへの漏えいは11%である。したがって、炉心から周囲のブランケットへの中性子漏えいは21%となる。

4.7　出力密度

4.3節で議論した多群方程式の解法において、中性子束の値は絶対値ではなく相対値であった。中性子束の絶対値を求めるには、中性子束を出力密度に関連付ける必要がある。ここでは、そのための係数を中性子束と出力密度の代表的な値とともに示す。

4.7.1　核分裂あたりのエネルギー

UO_2-PuO_2燃料高速炉において、最終的に熱として冷却材に伝わる核分裂あたりの放出エネルギーは、213MeVである。このエネルギーの内訳を表4.3に示す。ニュートリノのエネルギー（～9MeV）は、原子炉に吸収されないため、この表には含まれていない。

表4.3の値は、どの重元素同位体が核分裂するかによって少しずつ異なる。例えば、^{241}Puの核分裂片エネルギーは^{239}Puと同等（～175MeV）であるが、^{238}Uは169MeVと低い値となる。一方、^{238}Uの核分裂生成物から放出されるベータおよびガンマ崩壊エネルギーは、^{239}Puのそれよりも高い。炉内での^{239}Pu、^{241}Puおよび^{238}Uの核分裂割合を考慮すると、表4.3は炉心平均として妥当な結果と言える。様々な核種による核分裂エネルギーの検討が参考文献[5]から[8]で行われている。

（n, γ）反応によるガンマ線エネルギーは、標的核の結合エネルギーと等しく、表4.1から明らかなように、中性子捕獲の主要な標的核は^{238}Uである。高速炉では、一回の核分裂あたり（n, γ）反応が1.9回起こる。

主に^{235}Uと^{239}Puの核分裂片の運動エネルギーの相違によって、高速炉における核分裂放出エネルギー（213MeV）は、熱中性子炉で一般に用いられている値よりも高くなる。^{235}Uの核分裂放出エネルギーは169MeVに留まる。さらに、軽水炉では、水素による中性子捕獲の数が多い分、（n, γ）反応によるガンマ線エネルギーは低くなる。

核分裂生成物の運動エネルギーとベータ崩壊エネルギーは、燃料に吸収され、中性子の運動エネルギーは、非弾性散乱によってガンマエネルギーに変換されたり、弾性散乱によって標的核の運動エネルギーに変換される。ガンマ線は原子炉全体で吸収され、発生源から離れた場所で吸収されることも

表4.3　高速炉の核分裂あたりのエネルギー概数値

	内訳	エネルギー(MeV)
即発成分	核分裂片の運動エネルギー	174
	中性子の運動エネルギー	6
	核分裂ガンマ線	7
	(n, γ)反応によるガンマ線	13
遅発成分	核分裂生成物のベータ崩壊	6
	核分裂生成物のガンマ崩壊	6
	^{239}Uおよび^{239}Npのベータ崩壊[a]	1
	総和	**213**

[a]この反応によるエネルギー放出は通常表記されない。

よくある。炉心内の各物質によるガンマ線吸収割合は、概ねそれぞれの物質の質量に比例する。

4.7.2 出力密度と中性子束の関係

1.602×10^{-13} J/MeVであるから、出力密度と中性子束の絶対値の関係は、以下の式で与えられる。

$$p\left(\mathrm{W/cm^3}\right) = \left(213\frac{\mathrm{MeV}}{\mathrm{fission}}\right)\left(1.602 \times 10^{-13}\frac{\mathrm{J}}{\mathrm{MeV}}\right)\left(\sum_g \Sigma_{fg}\phi_g \frac{\mathrm{fissions}}{\mathrm{cm^3 \cdot s}}\right)$$
$$= \sum_g \Sigma_{fg}\phi_g \frac{\mathrm{fissions}}{\mathrm{cm^3 \cdot s}} \Big/ 2.93 \times 10^{10}\frac{\mathrm{fissions}}{\mathrm{W \cdot s}}, \tag{4.53}$$

ここで、ϕの単位は$\mathrm{n/cm^2 \cdot s}$であり、Σ_fの単位は$\mathrm{cm^{-1}}$である。

この関係式において、出力密度pは核分裂反応率分布に比例している。これまでの検討から、冷却材へ移行するエネルギーの分布は、中性子やガンマ線の拡散および輸送の効果によって、核分裂の反応率分布と少し異なることが分かる。

4.7.3 出力分布

出力分布は、複数の方法で示すことができる。初期のCRBRP均質炉心において、各領域の冷却材に移行する全熱出力の割合を平衡サイクル初期と末期について表4.4に示す[9]。サイクル期間中のブランケット領域への出力移行は、そこでのプルトニウムの蓄積を反映したものである。また、ブランケット外に生じる出力は、中性子の漏えいやガンマ線の輸送によるものである。

表 4.4　初期 CRBRP 均質炉心の各領域の出力分布[9]

領域	各領域の出力分担	
	平衡サイクル初期	平衡サイクル末期
内側炉心	0.50	0.46
外側炉心	0.38	0.38
全炉心	**0.88**	**0.84**
径方向ブランケット	0.08	0.10
軸方向ブランケット	0.03	0.05
ブランケット外	0.01	0.01

均質1,200MWe出力SFR設計[7]について、平衡サイクル中期における炉心高さ中央での径方向出力分布の計算値を図4.4に示す。このように、出力分布がのこぎりの刃のような形状になるのは、2領域均質炉心設計の典型例である。内側炉心と外側炉心との間の不連続な分布は、外側炉心で核分裂性物質富化度が高い結果である。この1,200MWe出力SFRの軸方向出力を図4.5に示す。

非均質1,000MWe出力SFR設計の平衡サイクル中期の径方向出力分布を図4.6に示す[10]。集合体列の境界で不連続な箇所があるのは、各集合体の炉内滞在時間が異なるためである。この炉心の各領域

[7] 図4.4、4.5、4.8、4.9に示す1,200MWe均質SFR設計のデータは、1978年にワシントン州、リッチランドのハンフォード工学開発研究所D. R. Haffner氏とR. P. Omberg氏から提出されたものである。

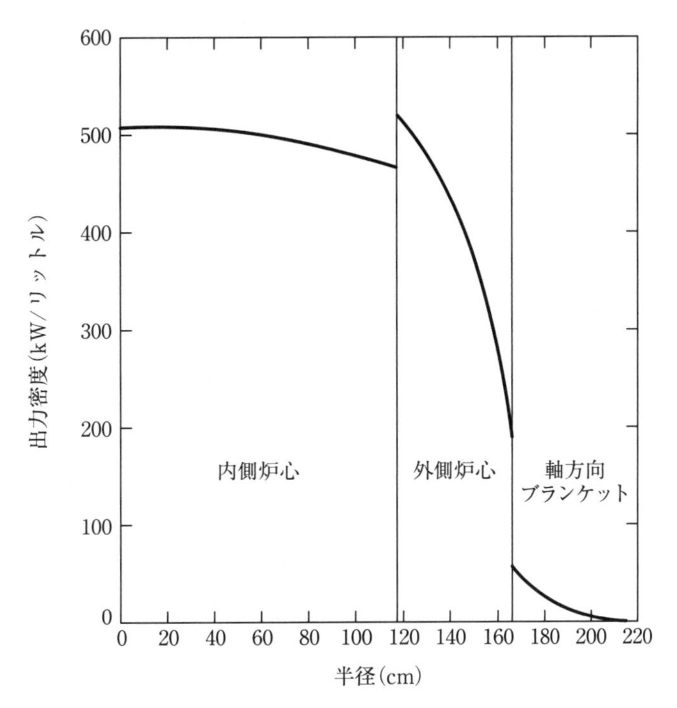

図 4.4　炉心高さ中央における径方向出力分布（1,200MWe 均質炉心）

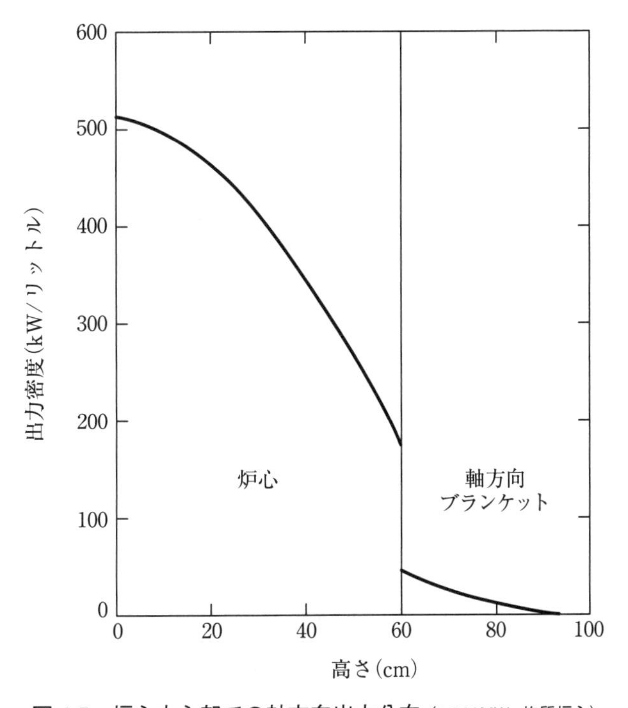

図 4.5　炉心中心部での軸方向出力分布（1,200MWe 均質炉心）

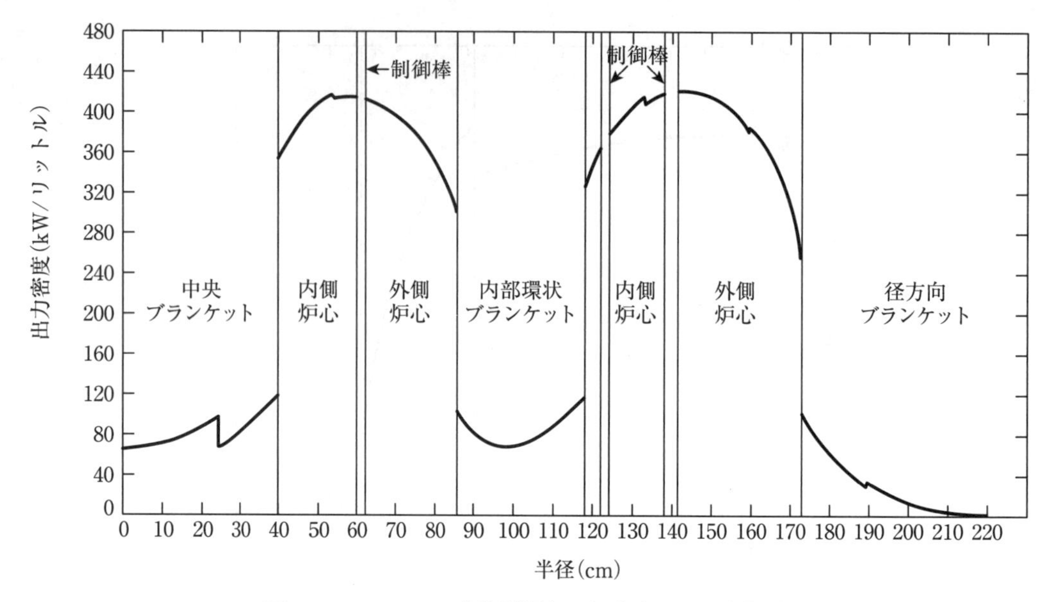

図 4.6 1,000MWe 非均質炉心の径方向出力分布[10]

の出力分布は、それぞれ以下の通りである。

中央ブランケット	0.016
内側ドライバー燃料	0.230
内部環状ブランケット	0.062
外部ドライバー燃料	0.617
径方向ブランケット	0.056
軸方向ブランケット	0.019

径方向出力分布を示す有用な表示法を図4.7に示す[11]。ここでは非均質炉心について、CRBRPの径方向ピーキング係数を各六角集合体内に示している。なおピーキング係数とは、炉心またはブランケット集合体の平均出力密度に対する局所出力密度の比である。各集合体の平均出力ピンの値とピーク出力ピンの値を両方示している。図4.7に示した値は、ピーキング係数が高い、3サイクルの初期の結果である。

4.7.4 中性子束分布

図4.8および図4.9にSFRの4群計算による径方向および軸方向の中性子束分布を示す。この炉心は、図4.4と図4.5に出力密度の分布を示した1,200MWe均質炉心と同一であり、径方向分布は炉心高さの中央位置、軸方向分布は炉心中心での値である。炉心中央での全中性子束は$7.0 \times 10^{15} n/cm^2 \cdot s$である。これらの計算に用いられたエネルギー群構造は図中に示す通りである。

軸方向の中性子束分布はコサインカーブに比較的良く従い、また径方向の拡散計算において軸方向漏えい近似に用いるエネルギー群依存の外挿距離がよく表されている。しかしながら、径方向に2つの富化度領域を設けることで、内側ゾーンの中性子束分布がかなり平坦化し、その結果、均一な円柱ベッセル関数の形状からのずれが大きくなる。最高温度燃料ピンの線出力制限を満足しながら全出力を最大化するために、このような径方向二領域化の設計手法がよく用いられる。

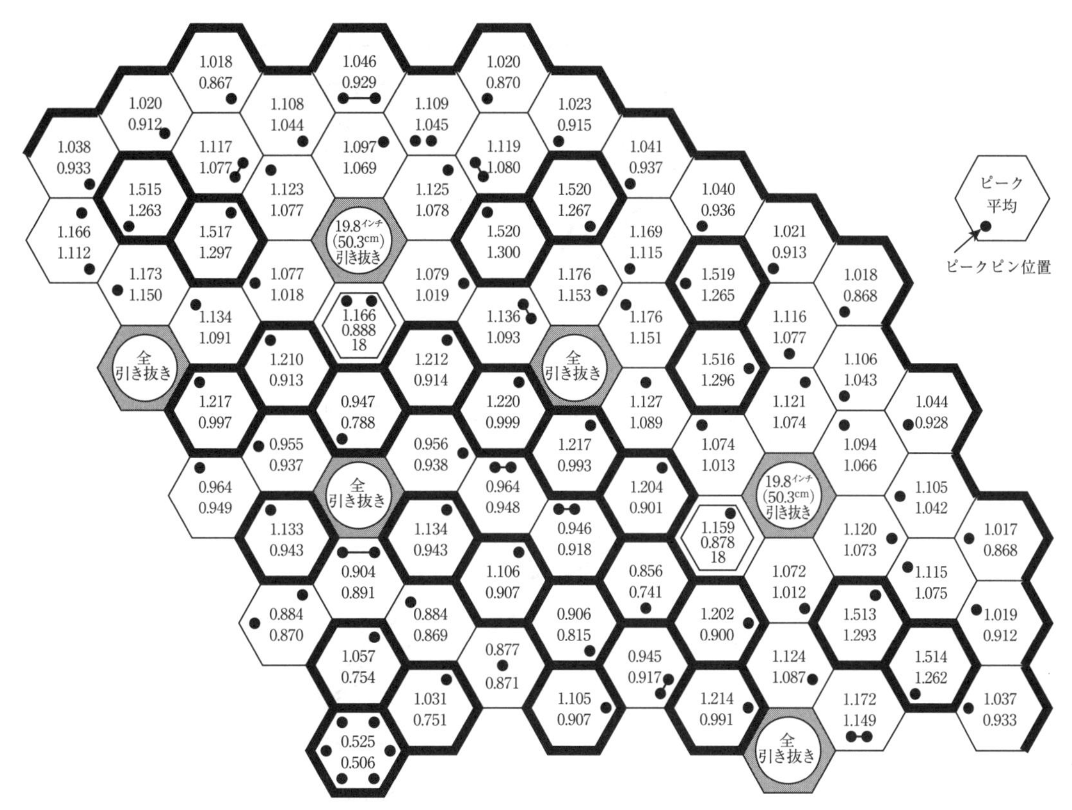

図 4.7　3サイクル初期における集合体径方向出力係数およびピークピン出力係数
[CRBRP 非均質設計[11]]、太線の集合体はブランケットを示す。

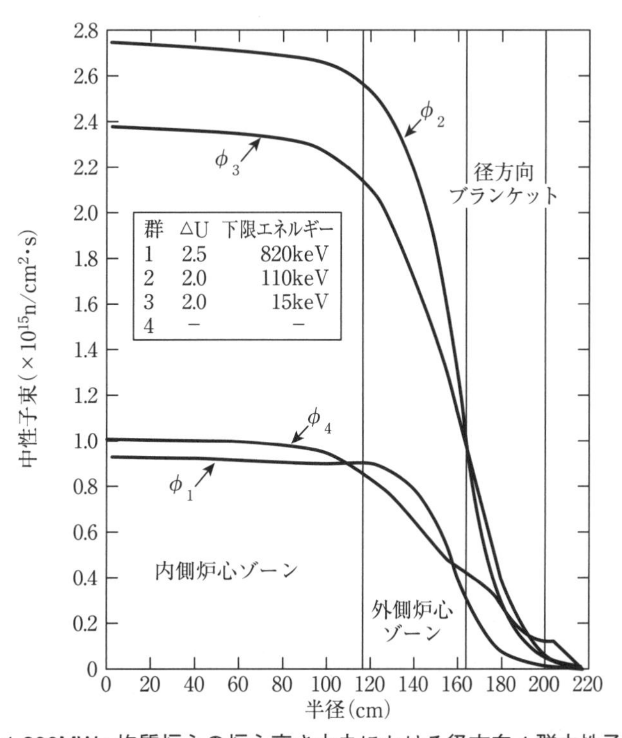

図 4.8　1,200MWe 均質炉心の炉心高さ中央における径方向4群中性子束分布

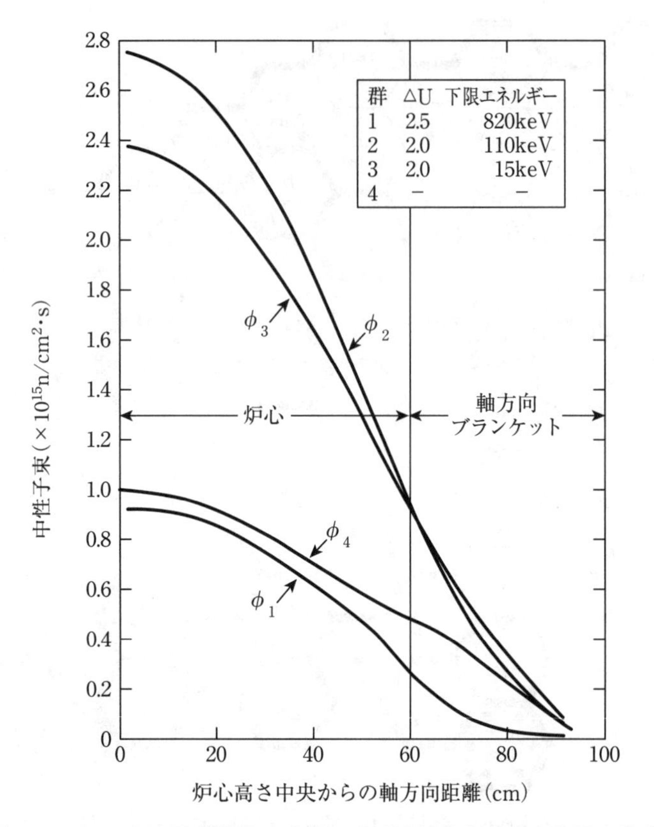

図 4.9　1,200MWe 均質炉心の中心における軸方向 4 群中性子束分布

4.8　中性子スペクトル

多くの高速炉において、中性子束は200keV付近のエネルギーにピークを持つ。しかし、中性子スペクトルは冷却材や燃料形態に依存して、特に低エネルギー領域で様々に変化する。数種類の高速炉設計例における中性子スペクトルを、単位レサジーあたりの相対値として図4.10に比較して示す[12]。金属燃料SFRに比べ、燃料内に酸素や炭素が存在する高速炉では、スペクトルが軟化（低エネルギー化）している様子が分かる。金属Mの酸化物がMO_2であるのに対し、炭化物はMCであり、燃料中の酸素密度が炭素密度に比べ高いため、酸化物燃料のほうが炭化物燃料よりもスペクトルが軟らかくなる。

3keV付近に見られる中性子束の凹みは、このエネルギーでのナトリウムの大きな共鳴散乱によるものである。

ガス冷却高速炉のスペクトル（図4.10には示されていない）は、ナトリウムによる減速効果がないため、ナトリウム冷却炉よりも幾分硬い。

1,200MWe均質炉心の炉心中心位置、軸方向高さ中央位置の炉心外周端、そして径方向ブランケット中央の3点での12群スペクトルを図4.11に示す。この図から均質炉心内ではスペクトルにほとんど変化がなく、ブランケットで大きく軟化していることが分かる。非均質炉心では、内部ブランケットによって、中性子スペクトルのより顕著な空間変化がもたらされる。

図4.10および図4.11では、$1/E$減速スペクトルが横軸に平行な直線のように示される。図4.11の酸化物燃料SFRでは、10keVから1MeVで吸収率が大きいにもかかわらず、スペクトルが$1/E$分布にかなり

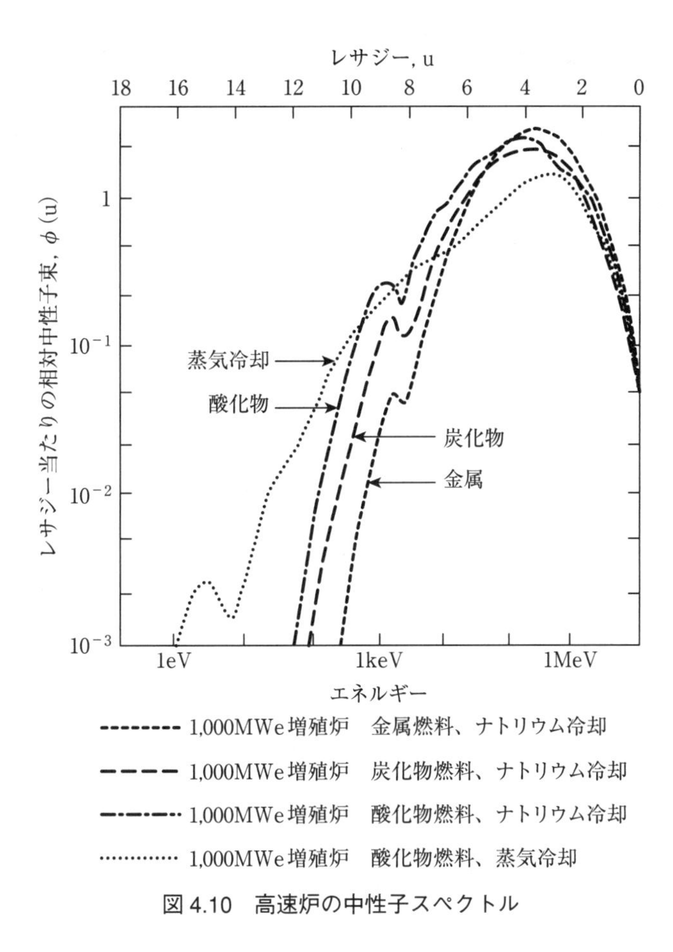

図 4.10　高速炉の中性子スペクトル

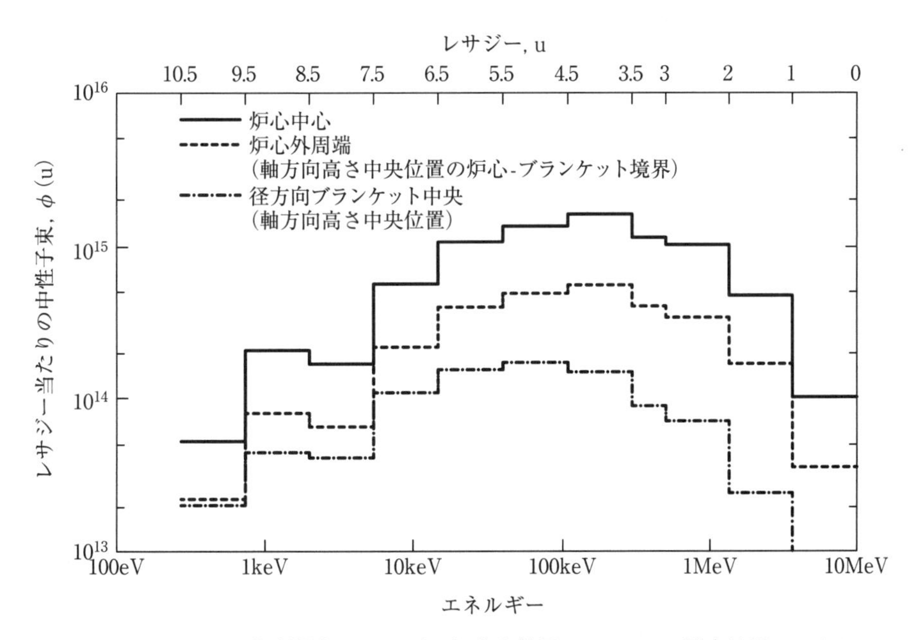

図 4.11　1,200MWe 均質炉心の 3 か所の径方向位置における 12 群中性子スペクトル
(UO_2-PuO_2 燃料)

近くなっている。一方、10keVを下回ると中性子束は急激に減少する。この様子は、軽水炉とは劇的に異なるものであり、事実、高速炉では熱エネルギーまで減速される中性子は存在しない。また、図4.10から炭化物や金属燃料炉心のようにスペクトルの硬い高速炉においては、$1/E$領域が狭いことが分かる。

被覆管のような構造材の照射損傷は、高速炉のあらゆるエネルギーの中性子によってもたらされるが、構造材の寿命を評価する際には0.1MeV以上の中性子束が広く用いられている。図4.11に示す様に1,200MWe炉心の中心位置では、0.1MeV以上の中性子束は3.7×10^{15} $n/\mathrm{cm}^2\cdot\mathrm{s}$である。これに対し、この位置での全中性子束は$7.0\times10^{15}$ $n/\mathrm{cm}^2\cdot\mathrm{s}$である。

中性子スペクトルに関して他に重要な観点は、高速炉内で核分裂が生じるエネルギーである。典型的な大型酸化物燃料SFRの各エネルギーでの核分裂割合を表4.5に示している。この表では、核分裂エネルギー中央値（核分裂が多く生じるエネルギー帯）は約150keVであるが、金属燃料SFRの場合はもっと高く、数百keVになる。さらに、表4.5の酸化物燃料炉心で見られる比較的大きな割合を占める10keV以下での核分裂は、金属燃料炉心では見られず、第6章で検討するように、この低エネルギーでの核分裂が、酸化物燃料高速炉に金属燃料高速炉よりもずっと大きなドップラー係数をもたらす要因となっている。

表4.5　中性子エネルギー毎の核分裂割合（1,200MWe出力酸化物燃料SFR）

エネルギー群	Δu	エネルギー群(E_i)の最低エネルギー	エネルギー群の核分裂割合	エネルギー群(E_i)以上の核分裂割合
1	1.0	3.7MeV	0.05	0.05
2	1.0	1.35	0.18	0.23
3	1.0	500keV	0.12	0.35
4	0.5	300	0.05	0.40
5	1.0	110	0.14	0.54
6	1.0	41	0.13	0.67
7	1.0	15	0.11	0.78
8	1.0	5.5	0.08	0.86
9	1.0	2.0	0.03	0.89
10	1.0	740eV	0.07	0.96
11	1.0	280	0.03	0.99
12	–	–	0.01	1.00

4.9　核特性パラメータ

SFRの炉心設計ごとに異なる核特性の特徴についてまとめておくことは興味深い。均質炉心と非均質炉心を対象に、燃料ピンのサイズによって核特性パラメータがどのように変化するかが参考文献[13]に示されている。

表4.6に示された結果は、1,200MWeのSFR設計例に対するものであり、熱出力はおよそ3,300MWthである。掲載されている設計例の共通点は、新燃料の最大線出力（44.3kW/m）と燃料の燃焼期間（2年）である。2年後の平均燃焼度は太径のピン設計の場合に低く、燃焼期間を延ばせるかもしれない。しかしながら、文献[13]による3年燃焼させた場合の結果は、燃焼度を除いて、2年燃焼の場合とほとんど違いが見られなかった。

この表では、燃料ピンのサイズに依存して、設計パラメータが大きく変化することが示されている。また、非均質炉心では核分裂性燃料の装荷量が増大することも明らかとなっている。ただし、非均質炉心では核分裂性燃料の装荷量が多いものの、ナトリウム喪失反応度を比較すると、非均質炉心は魅力的な特性を有する。また、非均質設計による高増殖比と核分裂性燃料の必要量が相殺するため、倍増時間はほとんど変わらないとの結果が示されている。

表 4.6　均質炉心および非均質炉心の燃料ピンのサイズによる核特性パラメータの変化
(参考文献[13]から作成)

共通パラメータ	電気出力	1,200MWe	
	熱出力	～3,300MWth	
	線出力(新燃料)	44.3kW/m	
	炉心滞在期間	2年	
	燃料スミア密度	88% TD	
ピン径		均質炉心	非均質炉心
6.35mm (0.25インチ)	燃料ピンピッチ/直径比	1.28	1.28
	炉心核分裂性物質装荷量[a](kg)	3,171	4,041
	炉心平均核分裂性物質割合(%)	15.9	22.8
	核分裂性物質比装荷量(kg/MWt)	1.16	1.51
	体積比		
	燃料	0.3164	0.3863 [b]
	ナトリウム	0.4593	
	構造材	0.2243	
7.62mm (0.30インチ)	燃料ピンピッチ/直径比	1.21	1.21
	炉心核分裂性物質装荷量[a](kg)	3,949	5,992
	平均核分裂性物質割合(%)	12.8	18.8
	核分裂性物質比装荷量(kg/MWt)	1.38	1.94
	体積比		
	燃料	0.3845	0.4436 [b]
	ナトリウム	0.3848	
	構造材	0.2157	
8.38mm (0.33インチ)	燃料ピンピッチ/直径比	1.16	1.16
	炉心核分裂性物質装荷量[a](kg)	4,528	6,704
	平均核分裂性物質割合(%)	11.3	16.4
	核分裂性物質比装荷量(kg/MWt)	1.51	2.09
	体積比		
	燃料	0.4375	0.4891 [b]
	ナトリウム	0.3566	
	構造材	0.2059	

[a] 平衡サイクル平均
[b] 内部ブランケットも均質化した燃料体積比。非均質炉心の燃料集合体は、均質炉心の集合体と同一の仕様であるが、ブランケット集合体の燃料体積比は燃料集合体よりも大きい。

【参考文献】

1. M. B. Chadwick, et al., "ENDF/B-VII. 0: Next Generation Evaluated Nuclear Data Library for Nuclear Science and Technology", *Nuclear Data Sheets, 107*(12)(Special Issue)(2006)2931-3060.
2. R. W. Hardie and W. W. Little, Jr., *1DX, A One Dimensional Diffusion Code for Generating Effective Nuclear Cross Sections*, BNWL-954, Battelle Northwest Laboratory, Washington, DC(March 1969).
3. K. L. Derstine, *DIF3D: A Code to Solve One-, Two-, and Three-Dimensional Finite-Difference Diffusion Theory Problems*, ANL-82-64, Argonne National Laboratory, Argonne, IL(1984).
4. P. J. Finck and K. L. Derstine, "The Application of Nodal Equivalence Theory to Hexagonal Geometry Lattices", *Proceedings of the International Topical Meeting on Advances in Mathematics, Computations and Reactor Physics*, Pittsburgh, PA, Vol. 4(1991)16.1 4-1.
5. M. F. James, "Energy Released in Fission," Journal of Nuclear Energy, 23(1969)516-536.
6. J. P. Unik and J. E. Grindler, *A Critical Review of the Energy Release in Nuclear Fission*, ANL-774R, Argonne National Laboratory, Argonne, IL(March 1971).
7. F. A. Schmittroth, *Decay Heat for the Fast Test Reactor(FTR)*. HEDL-TME 77-13, ENDF-771, UC-79d, IAEA, Vienna, Austria(June 1977).
8. R. Sher and C. Beck, *Fission Energy Release for 16 Fissioning Nuclides*. EPRI NP-1771, Research Project 1074-1, Final Report, EPRI, Palo Alto, California, USA, Accessible through DOE Information Bridge at http://www.osti.gov(March 1981).
9. *Preliminary Safety Analysis Report*, Clinch River Breeder Reactor Plant, Project Management Corporation(1974).
10. *Liquid Metal Fast Breeder Reactor Conceptual Plant Design*. 1000 MWe, TID-27701-2, Vol. 11, Rockwell International and Burns and Roe. Accessible through DOE Information Bridge at http://www.osti.gov(May 1977).
11. *Preliminary Safety Analysis Report*, Clinch River Breeder Reactor Plant, Amendment # 51(September 1979)4.3-15.4.
12. W. Häfele, D. Faude, E. A. Fischer, and H. J. Laue, "Fast Breeder Reactors," *Annual Review of Nuclear Science*, Annual Reviews, Inc., Palo Alto, CA(1970).
13. W. P. Barthold and J. C. Beitel. "Performance Characteristics of Homogeneous Versus Heterogeneous Liquid-Metal Fast Breeder Reactors," *Nuclear Technology, 44*(1979)45.

第5章
核データと断面積の処理

5.1 はじめに

中性子と原子核との間で生じる相互作用のエネルギー依存性を取り扱うために、エネルギーを離散化して多数の群（グループ）に分ける方法が一般に用いられている。核分裂が生じると、約2MeVの中性子が放出される。10～15MeV以上のエネルギーの中性子は無視できるほどに少ないので、大抵の核分裂炉では15MeVを最大エネルギーとすれば十分である。その後、中性子は炉心を構成する物質との衝突により非常に低いエネルギーにまで減速される。原子炉内の中性子エネルギースペクトルは、吸収、弾性散乱と非弾性散乱による減速、体系からの漏洩といったそれぞれの事象が生じる確率に支配される。従って、原子炉内のあらゆる種類の中性子核反応率を決定することが重要である。

$$
{}^{1}_{0}n + {}^{A}_{Z}X \rightarrow \begin{cases} \left({}^{A+1}_{Z}X\right)^{*} \rightarrow \begin{cases} \text{核分裂 } (n,F) : {}^{A_1}_{Z_1}X_1 + {}^{A_2}_{Z_2}X_2 + \nu_{fp} \cdot {}^{1}_{0}n + \sim 200\,MeV, \\ \text{捕獲} : \begin{cases} \text{放射捕獲 } (n,\gamma) : {}^{A+1}_{Z}X + \gamma, \\ \text{捕獲 } (n,\alpha) : {}^{A-3}_{Z-2}Y + \alpha, \end{cases} \\ \text{非弾性散乱 } \left(n,n'\right) : {}^{1}_{0}n' + {}^{A}_{Z}X + \gamma, \end{cases} \\ \text{弾性散乱 } (n,n) : {}^{1}_{0}n + {}^{A}_{Z}X, \end{cases}
$$

中性子のエネルギーは広範囲に及び、一部の中性子―原子核間の断面積は非常に強いエネルギー依存性を有するので、スペクトルの詳細を把握する上ではエネルギー群数を十分に多く取るべきである。断面積のエネルギー依存性が無視できないこれらの群では、群平均の断面積を作成する必要がある。多群計算で実際に用いられるエネルギー群数は、計算の複雑さや要求精度によって変わりうる。

高速スペクトル炉（以下、高速炉と記す）を構成する物質の多群ミクロ（微視的）断面積は、各領域の組成によって異なるので、単一のセットでは炉心全体の設計に不十分である。詳細な設計を行うために、特定の原子炉組成や設計に対応した**実効断面積**の多群群定数（炉定数）セットが開発されている。しかしながら、研究目的に絞ると、着目する組成が群定数作成時に与えられた組成と大差がなければ、あまり注意を払う必要はなく、単一セットはある程度の設計には適用可能である。

設計の目的で高速炉用断面積を得るためにアメリカで用いられている主要な手法は、**ボンダレンコ（Bondarenko）の自己遮蔽因子**法[1, 2]であり、ロシアにおいて初めてその手法を開発した筆頭科学者の名前に由来している。着目する物質の自己遮蔽因子は**エネルギーの自己遮蔽**を表している。すなわち、着目する物質の断面積に対し、他の物質が存在することの効果を表している。この章では、アメリカの原子炉メーカーで用いられている自己遮蔽因子法について記述する。代替手法としては、アルゴンヌ（Argonne）国立研究所で開発されたMC^2コード[3]が代表的であるが、この手法は通常の設計用には計算が詳細過ぎるものの、自己遮蔽因子法により得られた結果の検証には有用である。

双方の手法ともに、評価済核データファイル（ENDF; Evaluated Nuclear Data Files）[4]と呼ばれるアメリカで開発され用いられている断面積と核データの標準セットが高速炉の断面積計算の出発点となる。これらのファイルは、ENDF/B-III、ENDF/B-IV、ENDF/B-VI、そして、ENDF/B-VII[5]と様々なバージョンを経て改定されてきた。これらのファイルの書式は、新しい特性を取り扱うためにバージョンを重ねる度に更新されてきた。例えば、元々15〜20MeVであったエネルギーの上限の拡張、光子生成に関する情報の追加、新しい共鳴公式の導入、そして、荷電粒子データの追加などである。この章で記述する手法が対象とするデータはENDF/Bセットに含まれているものである。

この章で取り上げる手法の一部を詳しく解説している、中性子断面積に関する2つの代表的な参考文献を紹介する。高速炉の断面積に関する初期の議論が、HummelとOkrentによる「**Reactivity Coefficients in Large Fast Power Reactors**」[6]の冒頭の3つの章にわたって記述されている。また、Drensnerによる「**Resonance Absorption in Nuclear Reactors**」[7]は共鳴吸収の取り扱いの背景を知る上での古典的な良書である。

5.2 評価済核データ

原子炉の核計算は全て、種々の中性子核反応断面積に関する知見が基本となる。中性子核反応断面積は中性子のエネルギーや入射角度に対して複雑に変化し、かつ、原子炉の核計算では膨大な数の原子核を取り扱う必要があることから、数々の核データを整理・格納した巨大なデータベースが必要となる。実験的測定と理論計算の双方から得られる数々の核データがここ数十年にわたって蓄積されてきた。

核反応断面積の専門家達はかつて、断面積に関する全ての情報を評価済核データファイル（ENDF）として統合し標準化することを取決めた。ENDFは中性子と光子、双方の断面積データを含んでいる。これらのデータは、インターネットでアクセスが可能な、4つの核反応データベースとして保存されている。

- EXFORは、CSISRS（Cross Section Information Storage and Retrieval System; 断面積情報格納・検索システム）とも呼ばれ、実験に基づくデータベースである。評価が行われていない生の実験的測定データも含まれている。現在のEXFORには中性子による反応、荷電粒子による反応、光子による反応の各実験データが含まれている。18,600以上に及ぶ世界中のほぼ全ての中性子による反応の実験データが含まれている。
- ENDFデータベース

  ENDF/Aデータセットは、可能な限り早く利用可能とするために、完備されたデータセットと不完備なデータセットが混在している。複数のデータセットが用意されている核種・反応もあれば、必要であるにもかかわらず全く用意されていないものもある。

  ENDF/Bは最も主要な評価済核反応データベース（もしくは推奨データベース）である。これにはENDF/B-VIIライブラリの他、JEFF、JENDL、ENDF/B-VI、BROND、ROSFOND、CENDLも含まれる。ENDF-6と呼ばれる書式により整備されており、実質的に原子炉物理に関連する全核種に相当する合計393個の核種の中性子核データが格納されている。そのエネルギー上限は20MeVであるが、一部の核種については150MeVまでのエネルギー範囲のデータを備え、原子炉核設計、国家安全保障、加速器、臨界安全、遮蔽、放射線防護、検出器シミュレーションなどの中性子工学計算に必要な最も基本的な入力データを提供している。ENDF/Bデータセットには、完備されかつ評価済であり、アクセスや処理が効率的に行えるように書式化されたデータのみが格納されている。
- RIPL（Reference Input Parameter Library）データベースには、核反応の理論計算用の入力パラメータが納められている。
- SIGMA（ENDFの検索およびグラフ化）データベースには、ENDF/B-VII.0、JEFF-3.1、JENDL-4.0、JENDL-3.3、CENDL-3.1、ROSFOND 2008、ENDF/B-VI.8を基にした、各評価済（推奨用）の核反応と崩壊に関するデータが格納されている。

以上の核データ検索システムに加えて、更に2つのインターネットでアクセス可能な文献目録データベースがある。

- CINDA（Computer Index of Nuclear reaction Data; 核反応文献データ）と呼ばれるデータベースには、実験、理論、評価の成果を含む中性子核反応の情報に関する文献データが含まれている。世界中の55,000個の成果を基にした275,000個の反応に関する文献情報が含まれている。
- NSR（Nuclear Science References; 核物理文献情報）データベースには、内容に応じて分類された20万件を超える核科学論文を含む核物理に関する情報の文献データが含まれている。ここ100年間の研究や、世界中から毎年更新される80種の科学雑誌に掲載されている約3,800の新しい論文情報が利用可能である。

付録Hにはこれらのデータベースについて、WWW接続リンクを含む利用可能なインターネット情報源を示している。

ENDF/B-VIが編集されている頃、ヨーロッパのJEFFライブラリ、日本のJENDLライブラリ、ロシアのBRONDライブラリも含めて、ENDF書式を世界で幅広く普及させようとの動きがあった。そして、国際的により使いやすくするためにENDF書式をENDF/Bライブラリから切り離すこととした。それ以降、ENDF書式は「ENDF-6書式」として「ENDF/B-VIライブラリ」から区別されるようになった。現在のENDF-6書式は、エネルギーの上限が数百MeVであり、中性子、光子そして荷電粒子の断面積の他に、2次粒子の収率や角度・エネルギー分布、反応生成物の放射崩壊特性、様々な核パラメータの誤差評価や共分散にまで対応している。

今日では、ENDFデータ表記書式とENDF/Bデータセットはそれぞれ、データ表記の標準書式そして基準データセットとして認識され、世界中で原子炉データの表記や原子炉解析に使用されている。ENDF書式の管理はアメリカのCSEWG（Cross Section Evaluation Working Group; 断面積評価ワーキンググループ）により行われている。当書式の仕様はブルックヘブン（Brookhaven）国立研究所の国立核データセンターを通じて文献が公開されている。

ENDFデータセットは何年にもわたって進化・発展してきた。最初の数バージョンは熱中性子炉への適用に主眼が置かれていた。ENDF/B-IVとENDF/B-Vでは高速炉や核融合炉への適用に重点が移されていった。ENDF/B-VIでは更に、荷電粒子や加速器への適用のための拡張が行われた。

ここ数年、ENDFシステムは低エネルギー核物理に関する基礎データの公開や記録のための標準的な方法としての役割を果たすこととなった。評価済中性子核反応データを格納した5つの代表的なデータライブラリが世界中で利用可能であり、その他にENDF/B-VI.8 300K（2005）、JENDL-3.3 300K（2002）、JEFF-3.1 300K（2005）、ENDF/HE-VI High Energyといった特殊目的データライブラリも整備されている。また、これらを補完する核融合分野用の2つのライブラリ（FENDL/EとEFF）も存在し、これらは核融合以外にも適用可能である。

- アメリカのENDF/Bライブラリには、共鳴パラメータを含む基本データと、共鳴パラメータをエネルギーポイント（点）毎の断面積データに変換したデータが含まれている。このライブラリはアメリカにおける原子炉解析用の標準的な核データである。最新バージョンはENDF/B-VIIである。
- ロシアのROSFONDは当国のENDF書式の評価済中性子データライブラリである。公開以降継続的に更新されている。最新バージョンはROSFOND-2010である。
- ヨーロッパのJEFFは、OECD（経済協力開発機構）のNEA（Nuclear Energy Agency; 原子力機関）あるいは欧州連合の評価済核データライブラリであり、ENDF書式で公開されている。公開以降継続的に更新されている。最新バージョンはJEFF-3.1である。
- 日本のJENDLは当国の評価済核データライブラリであり、ENDF書式で公開されている。公開以降継続的に更新されている。最新バージョンはJENDL-4.0である。

- 中国のCENDLは当国の評価済中性子データライブラリであり、ENDF書式で公開されている。公開以降継続的に更新されている。最新バージョンはCENDL-3.1である。

ENDF書式の評価済核データを解析用に便利な形式に変換するツールとして、核データ処理システムNJOYが一般に使用される[8]。これは元々アメリカのENDF/Bライブラリ用に作成されたが、現在ENDF書式は世界で幅広く使用されているので、今やNJOYは世界中の核データに適合し幅広い機能を果たすデータ処理システムとなっている。

様々な積分特性に対する感度解析によると、現存する核断面積データの不確かさは核反応関連の計算において重大な影響を与えることが知られてきている[9]。核データの変化により影響を受ける原子炉物理上の特性として、実効増倍率、ドップラー反応度、冷却材ボイド反応度、燃焼度、核変換率、局所最大出力、使用済燃料の崩壊熱、放射線源レベル、放射性毒性などが挙げられる。断面積の評価とその不確かさ（すなわち、共分散）の改善が必要な物質として、^{232}Th, ^{233}U, ^{234}U, ^{235}U, ^{236}U, ^{238}U, ^{237}Np, ^{238}Pu, ^{239}Pu, ^{240}Pu, ^{241}Pu, ^{242}Pu, ^{241}Am, ^{242m}Am, ^{243}Am, ^{242}Cm, ^{243}Cm, ^{244}Cm, ^{245}Cm, Pb, Bi, ^{56}Fe, ^{57}Fe, ^{58}Ni, ^{52}Cr, Zr, Mo, ^{15}N, Si, C, O, Na, ^{10}B, Ti, Rbなどが挙げられている。これらの物質のデータの改善にはエネルギー全般にわたる情報が必要とされる。核データ上の個別のニーズは次の通りである[10, 11]。

- 断面積共分散データ
- アクチニドの核分裂および捕獲断面積、核分裂当りの即発および遅発中性子数、光子生成データ
- 主要アクチニドとマイナーアクチニド双方について、精度2～4%以内での核分裂、捕獲、遅発中性子生成割合、崩壊等の測定値
- 構造材と冷却材の非弾性散乱断面積データ。主なニーズはFe、Na、Pb、Siの断面積。
- モンテカルロ法と決定論的手法双方の感度解析ツールの開発
- 物質検知・分析（計量管理の目的）、臨界安全のための様々なデータ

断面積測定から得られる精度の度合はその測定方法に依存する。表5.1に種々の断面積測定に関する典型的な実験誤差を示す[9-11]。

表 5.1 断面積の一般的な実験誤差

断面積の種類	測定誤差
全断面積	<1%
核分裂断面積	2−5%
ガンマ線生成断面積	5−10%
(n, 2n)など(ガンマ線生成から)	5−20%
(n, xp), (n, xα)	10−15%
中性子発生数(核分裂中性子を含む)	15%あるいはそれ以下
(n,γ)	1−10%

5.3　自己遮蔽因子法

ボンダレンコの自己遮蔽因子法は2つの過程から構成される。最初の過程では、対象とする物質に対する**背景断面積**σ_0（定義は後述）の関数、そして、存在する燃料核種に対する温度Tの関数としての**汎用**群定数（炉定数）を得る。これらの群定数は一般に、個々の物質について広い範囲のσ_0値に対して、そして、燃料核種について3つの温度点に対して与えられる。汎用群定数は必ずしも特定の原子炉の組成に対応している必要はない。これらの群定数の作成法については5.4～5.6節で記述する。

自己遮蔽因子法の2番目の過程では、汎用群定数から**特定**の組成の指定された温度での断面積を得る。実際のσ_0値は各々の物質について計算され、対象とする組成の断面積は汎用群定数の内挿により得られる。詳細な設計計算では、炉心とブランケットのように異なる領域に対しては異なる断面積を求める。自己遮蔽因子法の2番目の過程については5.7節で記述する。

これら2つの過程からなる計算を最初に導入した先駆的なコードとして、MINX[12]とSPHINX[13]が知られており、前者はロスアラモス国立研究所（LANL）で、後者はウェスチングハウス社（Westinghouse）の次世代炉部門でそれぞれ開発された。このMINX-SPHINXの技法は、より早期に開発された自己遮蔽因子法の2つのコードセットの拡張である。1つは1960年後半にハンフォード技術開発研究所で開発されたETOX[14]と1DX[15]のコードセットであり、もう1つはゼネラル・エレクトリック社（General Electric）によって開発されたENDRUN[16]とTDOWN[17]のコードセットである。

5.3.1　自己遮蔽因子 f

自己遮蔽とは、炉内局所の中性子束や反応率に影響を与えるほどに大きな断面積値を示す共鳴エネルギー領域において、極めて重要な効果を持つ現象である。当効果については減速中性子束$\phi(E)$の導出を交えて5.4節で説明する。核分裂で発生した中性子が、その減速途中で自己遮蔽による影響を受けるエネルギー領域は、100keV～1MeVのあたりから始まる。実効断面積は高いエネルギー領域と共鳴領域の双方に対して求めるべきであるが、自己遮蔽因子法は共鳴領域において特別な取り扱いが必要であることに因んで命名されたものである。

自己遮蔽因子法は、共鳴の存在がエネルギー自己遮蔽に重要な影響を及ぼす断面積に対して適用される。その基本的な考え方は、物質mについて、共鳴エネルギー領域における実効断面積を**自己遮蔽因子**fを介して評価することにある。自己遮蔽因子は反応の種類をxとすると、無限希釈断面積$\sigma_{xmg}(\infty)$に対する実効断面積$\sigma_{xmg}(\sigma_0)$の比によって定義される。従って、実効断面積あるいは自己遮蔽因子fは背景断面積σ_0に依存することになる。具体的には、

$$f_{xmg}(\sigma_o) = \frac{\sigma_{xmg}(\sigma_o)}{\sigma_{xmg}(\infty)}. \tag{5.1}$$

背景断面積と$\sigma_{xmg}(\infty)$および$\sigma_{xmg}(\sigma_0)$の計算法については次節で記述する。

5.4　汎用群定数

ボンダレンコ自己遮蔽因子法の最初の過程（すなわち、MINXとETOXとENDRUNのような先駆的なコードとNJOYのような汎用コードで取り扱う手法）で求められる汎用群定数から話を進める。この過程では各々の物質と各々のエネルギー群に対して、σ_t, σ_f, σ_c, σ_e, σ_iの無限希釈断面積を計算する。実効断面積あるいは自己遮蔽因子はσ_t, σ_f, σ_c, σ_eに関してはσ_0と物質の温度の関数として計算される。物質とエネルギー群毎に計算される他のパラメータとしては、ν, $\bar{\mu}$, ξ, χおよび非弾性散乱行列が挙げられる。

5.4.1 群定数と群中性子束

5.4.1.1 群中性子束

群中性子束ϕ_g(n/cm^2·s)を次式により定義する。

$$\phi_g = \int_{E_g}^{E_{g-1}} \phi(E)\,dE = \int_g \phi(E)\,dE, \tag{5.2}$$

ここで、$\phi(E)$は単位エネルギーE_g当たりの中性子束、E_gは群の下限エネルギー、そして$\int_g$はエネルギー群にわたる積分をそれぞれ表す。

5.4.1.2 捕獲、核分裂、散乱断面積

捕獲、核分裂、弾性散乱、非弾性散乱反応に関して、エネルギー群における平均断面積は群中性子束と掛け合わせた際に反応率を保存するように求められる。物質mのエネルギー群gにおける反応率（xは捕獲(c)、核分裂(f)、弾性散乱(e)、非弾性散乱(i)をそれぞれ表す。）は次式で与えられる。

$$\int_g \sigma_{xm}(E)\,\phi(E)\,dE.$$

$\sigma_{xmg}\,\phi_g$がこの反応率と等しい場合に反応率が**保存**されると言える。よって、物質mのエネルギー群gにおける断面積は次式で与えられる。

$$\sigma_{xmg} = \frac{\int_g \sigma_{xm}(E)\,\phi(E)\,dE}{\int_g \phi(E)\,dE}. \tag{5.3}$$

5.4.1.3 輸送および全断面積

ミクロ全断面積σ_tは輸送断面積σ_{tr}を計算する際に用いられ、輸送断面積は拡散係数Dを計算する際に用いられる。漏洩という核反応とは異なる現象を取り扱うにあたっては、σ_tは他の断面積とは異なる方法で平均化する必要がある。Dとσ_{tr}とσ_tの間には次の関係がある。

$$D = \frac{\lambda_{tr}}{3} = \frac{1}{3\Sigma_{tr}} = \frac{1}{3\sum_m N_m \sigma_{trm}}, \tag{5.4}$$

$$\begin{aligned} \sigma_t &= \sigma_a + \sigma_i + \sigma_e, \\ \sigma_{tr} &= \sigma_a + \sigma_i + \sigma_e(1-\overline{\mu}), \end{aligned} \tag{5.5}$$

$$= \sigma_t - \sigma_e \overline{\mu}, \tag{5.6}$$

ここで、$\overline{\mu}$は実験室系における弾性散乱の平均散乱角余弦（$\overline{\mu} = 2/3A$）であり、Aは散乱核種の原子量である。高速炉内の物質については$\overline{\mu} \ll 1$なので、輸送断面積と全断面積は同等である。従って、輸送断面積と全断面積は同じ方法で平均化することとなる。

漏洩を適切に取り扱うためには、エネルギー依存の平均自由行程$\lambda_{tr}(E)$に対して中性子束を重みに

することにより、当該エネルギー群の平均化した平均自由行程を得る必要がある。すなわち、

$$\lambda_{trg} = \frac{\int_g \lambda_{tr}(E)\,\phi(E)\,dE}{\int_g \phi(E)\,dE}. \tag{5.7}$$

この結果を得るためには、各々の物質のミクロ輸送断面積に対してカレント密度（中性子流密度）$D\nabla\phi$を重みにすることにより、平均ミクロ輸送断面積を得る必要がある。すなわち、

$$\sigma_{trmg} = \frac{\int_g \sigma_{trm}(E)\,D(E)\,\nabla\phi(E)\,dE}{\int_g D(E)\,\nabla\phi(E)\,dE}. \tag{5.8}$$

空間分布とエネルギー分布が分離可能と仮定すれば、$\nabla\phi(E)$のエネルギー依存性は$\phi(E)$のものと同じとなる。従って、式（5.8）はDを$\lambda_{tr}/3$で置換して以下のように表すことができる。

$$\sigma_{\mathrm{tr}mg} = \frac{\int_g \sigma_{\mathrm{tr}m}(E)\,\lambda_{tr}(E)\,\phi(E)\,dE}{\int_g \lambda_{\mathrm{tr}}(E)\,\phi(E)\,dE}. \tag{5.9}$$

σ_tはσ_{tr}にほぼ等しいので、σ_tについても式（5.9）を用いて計算できる。式（5.9）の分母と分子の双方のλ_{tr}を$1/\Sigma_{tr}$で置換し、Σ_{tr}はΣ_tとほぼ等しいので更に$1/\Sigma_t$で置換することにより、次式が得られる。

$$\sigma_{tmg} = \frac{\int_g \sigma_{tm}(E)\,\frac{\phi(E)}{\Sigma_t(E)}dE}{\int_g \frac{\phi(E)}{\Sigma_t(E)}dE}. \tag{5.10}$$

実効断面積を計算する上で極めて重要な点は、エネルギー自己遮蔽効果を考慮して中性子束$\phi(E)$を適切に評価することである。

5.4.2　中性子束$\phi(E)$のエネルギー依存性

5.4.2.1　核分裂スペクトル中性子束

断面積を計算する上では2種類の中性子束のエネルギースペクトルが用いられる。高エネルギーでは中性子束は核分裂スペクトルに準じたものとなる。より低いエネルギーでは中性子スペクトルは減速によって支配され、よく知られた$1/E$スペクトルに近づく。カットオフエネルギーは核分裂スペクトルと減速スペクトルとの間の境界として定義される。典型的なカットオフエネルギーは2.5MeVである。

核分裂性核種mの核分裂スペクトルは次式で表すことができる。

$$\phi(E) = C\sqrt{\frac{E}{(kT_m)^3}}e^{-E/kT_m}, \tag{5.11}$$

ここで、T_mは核分裂性核種mの原子核の固有温度である。^{239}PuではkT_mは1.4MeV近傍である。定数Cはカットオフエネルギーにおいて$1/E$スペクトルと連続になるように決められる。しかしながら、断面積の表記式においては、$\phi(E)$は分母と分子の双方に存在するので、この定数Cは結局約分されてなくなる。

5.4.2.2 減速中性子束

核分裂スペクトルよりも低いエネルギーにおける$\phi(E)$の関係式は減速理論により得られる。自己遮蔽因子法を理解する上では、この$\phi(E)$の関係式を導出することが必要である。その導出過程では、共鳴エネルギーにおける現象を取り扱うために、中性子と原子核の間で生じる反応について考慮する必要がある。

中性子と原子核との間の全ての反応は、2つの主要なカテゴリー、すなわち、**共鳴**反応と**ポテンシャル（形状）**散乱に分類できる。共鳴反応では、入射中性子と標的核とが中性子吸収反応によって相互作用し、複合核を形成する。この複合核は励起状態にあり、励起エネルギーは原子核と中性子の結合エネルギーと中性子の運動エネルギーの和である。重核種では励起可能な状態、すなわち励起レベルの密度が高い。結合エネルギーと衝突エネルギーの和が、断面積の鋭いピークが存在するエネルギー近傍（共鳴）に相当する複合核の量子状態に等しい場合、複合核は容易に形成される。形成された複合核はいくつかの方式（チャンネル）により崩壊する。具体的には中性子放出（中性子散乱反応）、ガンマ線放出（中性子捕獲反応）、そして核分裂反応などであり、それぞれの生じる確率は異なる。λ_iを複合核のi番目の崩壊チャンネルの崩壊定数とすると、このチャンネルへの崩壊の確率は次式で与えられる。

$$\frac{\lambda_i}{\sum_i \lambda_i} = \frac{\Gamma_i}{\Gamma},$$

ここで、

$\Gamma_i = \hbar\lambda_i$ は部分幅、
$\Gamma = \sum_i \Gamma_i$は全幅であり、$\Gamma = \Gamma_n + \Gamma_\gamma + \Gamma_f$である。

これらの部分幅は各々の複合核状態のエネルギーの不確かさに相当し、それぞれ以下を表す。

中性子幅Γ_n : $\frac{\Gamma_n}{\Gamma}$は中性子放出の確率
放射幅Γ_γ : $\frac{\Gamma_\gamma}{\Gamma}$はガンマ線放出によって複合核が崩壊する確率
核分裂幅Γ_f : $\frac{\Gamma_f}{\Gamma}$は核分裂によって複合核が崩壊する確率

ポテンシャル散乱反応では、入射中性子と標的核は中性子を吸収したり、複合核を形成することなしに相互作用する。中性子は原子核のポテンシャル場により飛行方向を変えられる。もし、中性子の波長が原子核の直径よりも十分に長い場合には、ポテンシャル散乱断面積のエネルギー依存性はほとんどなくなる。本質的には量子力学的な挙動（s波）であるが、共鳴エネルギーから離れていれば、この過程は古典力学的な剛体球散乱事象として捉え取り扱っても良いであろう。共鳴エネルギー近傍では、ポテンシャル（形状）散乱と共鳴散乱の間で量子力学的な干渉作用が生じる。共鳴散乱としては、中性子放出後に原子核が通常の励起されていない状態に戻る弾性散乱と、中性子放出後に中性子のエネルギーの一部が原子核の励起エネルギーとして保持される非弾性散乱の2種類のケースが考えられる。原子核の励起状態は、軽核種に関しては励起エネルギーレベルが非常に高いので原子炉内では考慮する必要はないが、一方で重核種については励起状態になるためのエネルギーレベルははるかに低く、重要となる。図5.1は共鳴を持つ核種の断面積を模式的に表したものである。

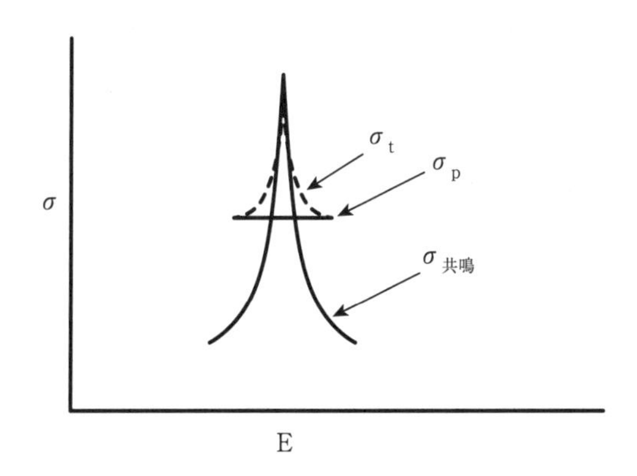

図 5.1　共鳴近傍の断面積の模式図

既に述べたように、共鳴は捕獲、核分裂、あるいは散乱に影響するが、**ポテンシャル散乱断面積** σ_pはエネルギーに対して緩やかに変化し、共鳴の近傍では一定と見なすことができる。もし原子炉の中に共鳴を持つ核種が有意な量存在していれば、共鳴エネルギー近傍では中性子束は劇的な変化が生じると、読者は予想するであろう。これから見ていくが、これは正に真実である。

高速炉の中性子エネルギーは**NR（Narrow Resonance; 狭幅共鳴）近似**の適用が成り立つ範囲にあることが確認されており、$\phi(E)$の導出はNR近似に基づくことになる。**広い幅の共鳴（広幅共鳴）**は高速炉で対象とする範囲よりも低いエネルギーに存在する。NR近似では、共鳴のエネルギー幅は十分に狭いので、その共鳴エネルギーに散乱されて来た中性子は、それ自身の共鳴による影響を受けないエネルギー領域から来たものと考えることができる。

ここで述べる減速中性子束の導出では、自己遮蔽を生じさせる十分に大きな共鳴が存在する低いエネルギー領域では、非弾性散乱は少なくなるので、弾性散乱による影響のみを考慮する。

中性子のエネルギーをEとして、図5.2のエネルギー関係図を考える。共鳴が生じた場合、それはエネルギーEの近傍で生じたものと仮定する。

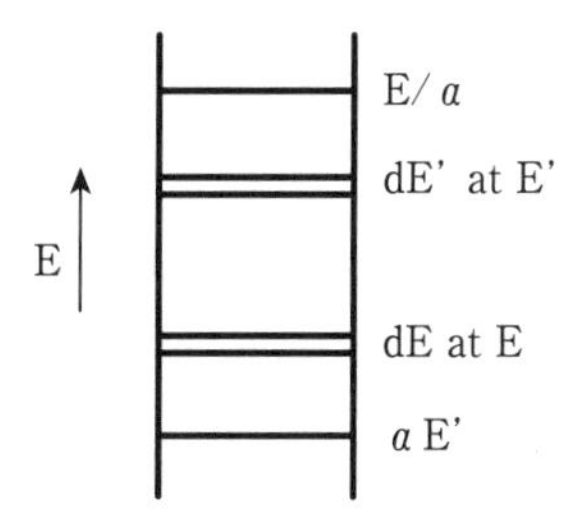

図 5.2　散乱解析におけるエネルギー関係図

図中のαは、弾性散乱衝突によるエネルギー損失の最大割合が（$1-\alpha$）となるように定義する。エネルギーEの中性子が弾性衝突をした場合、衝突後の中性子の最小エネルギーはαEとなる。このような値αは次式で与えられる。

$$\alpha = \left(\frac{A-1}{A+1}\right)^2, \tag{5.12}$$

ここで、Aは標的同位体の原子量である。

単位体積当たりの反応数であるエネルギーEにおける**衝突密度** $F(E)$を次式の通り定義する。

$$F(E) = \Sigma_t(E)\,\phi(E). \tag{5.13}$$

共鳴の影響を受けないほどの高いエネルギー領域では、マクロ（巨視的）全断面積Σ_tとマクロ散乱断面積Σ_sは等しいので、共鳴の外側では次式が成り立つ。

$$F(E') = \Sigma_t(E')\,\phi(E').$$

図5.2のエネルギーE'近傍dE'の微小エネルギー幅dE'内で起こる散乱反応数は次式のように与えられる。

$$dE'\text{から散乱される中性子数} = \Sigma_s(E')\,\phi(E')\,dE' = F(E')\,dE'.$$

$\phi(E)$の関係式を導出するために、ここで散乱は弾性でかつ等方であると仮定する。この仮定からの若干の修正は後ほど行うこととする。この仮定は、式（5.3）と式（5.10）を積分するために必要な、共鳴近傍の局所的な中性子束を得るためにおくものである。

散乱は等方かつ弾性であるとの仮定から、エネルギーE'において散乱された中性子のエネルギーはE'と衝突後のエネルギー$\alpha E'$の間の微小幅dEに存在することとなり、次式のように表せる。

$$dE\text{に散乱される割合} = \frac{dE}{E'-\alpha E'}.$$

（αは散乱を引き起こす標的核についての値であり、高速炉の散乱では複数の核種を取り扱うことになる。$\phi(E)$の基本式を導出する目的では、αの実効的な平均値を求めるための詳細を考慮する必要はない。）

弾性的にエネルギーdEに散乱される中性子は、衝突前にはEからE/αの範囲内のエネルギーを持っていたことになる。すなわち、

$$\begin{aligned} dE\text{に散乱される中性子数} &= \int_E^{E/\alpha} \Sigma_s(E')\,\phi(E')\,dE'\,\frac{dE}{E'-\alpha E'} \\ &= \int_E^{E/\alpha} \Sigma_s(E')\,\phi(E')\,\frac{dE'}{E'(1-\alpha)}dE. \end{aligned}$$

定常状態でのdEにおける中性子の収支より、dEにおける衝突密度は散乱によりdEに入ってくる中性子数と等しくなければならない。

$$\Sigma_t(E)\phi(E)\,dE = \int_E^{E/\alpha} \Sigma_s(E')\phi(E')\frac{dE'}{E'(1-\alpha)}dE. \tag{5.14}$$

両辺のdEは打ち消し合い、その結果次式が得られる。

$$F(E) = \Sigma_t(E)\phi(E) = \int_E^{E/\alpha} \Sigma_s(E')\phi(E')\frac{dE'}{E'(1-\alpha)}. \tag{5.15}$$

エネルギーE、あるいはEとE/αの間のエネルギー範囲においては共鳴が存在しないことから$\Sigma_t(E)=\Sigma_s(E)$が成り立つ。また、高速炉を構成する物質としては中性子をできるだけ減速しないようなものが選ばれるため、EからE/αへのエネルギー幅は十分に小さく、同時にΣ_sはエネルギーに対して緩やかに変化することから、このエネルギー範囲において$\Sigma_s(E)$が一定であると仮定することができる。これらの条件下での上記の積分方程式の解は、次に示す**いわゆる単位エネルギー当たりの漸近中性子束**, $\phi_o(E)$となる。

$$\phi_o(E) = \frac{C_1}{E}. \tag{5.16}$$

この解は式（5.15）の$\phi(E')$にC_1/E'を代入し、積分することにより妥当性を確かめることができる。

Eに共鳴がある場合には、$F(E)$の解は次式の通りとなる。

$$F(E) = \frac{C_2}{E},$$

この式は、積分において$\Sigma_s(E')\phi(E')=F(E')$の関係があることと、共鳴の存在するエネルギー$E$において$F(E)=\Sigma_t(E)\phi(E)$の関係があることを思い出せば、当式を直接代入することにより再度妥当性を確認することができる。Eにおける共鳴の裾が実際にはEとE/αの間のエネルギー範囲に存在するにも係わらず、$\Sigma_s(E')$を式（5.15）の積分の全てのエネルギー範囲にわたって適用したが、これが正にNR近似の結果である。

Eに共鳴が存在しない場合のEにおける衝突密度は次式で与えられる。

$$F(E) = \Sigma_s(E)\phi_o(E). \tag{5.17}$$

もし、Eにおいて共鳴が存在する場合には、$F(E)$は$\Sigma_t(E)\phi(E)$によって与えることとなる。この場合の$F(E)$の値は式（5.17）のものと同じになるが、それはEにおいて共鳴が存在するかしないかに**係わらず**（NR近似の結果として）、$F(E)$が式（5.15）の右辺を積分したものと等しくなるからである。よって、実際の中性子束と漸近中性子束とは次式で結び付けられる。

$$\Sigma_t(E)\,\phi(E) = \Sigma_s(E)\,\phi_o(E),$$

または、

$$\phi(E) = \frac{\Sigma_s(E)}{\Sigma_t(E)}\phi_o(E)\,. \tag{5.18}$$

従って、共鳴が存在しない場合と比較して、共鳴のあるエネルギーでの実際の中性子束は鋭いくぼみを形成する。模式的には図5.3に示すような中性子束のエネルギー分布が生じる。

共鳴による効果は共鳴の近傍における中性子束を$\frac{\Sigma_s(E)}{\Sigma_t(E)}$の割合だけくぼませる。この中性子束のくぼみの効果が**エネルギー自己遮蔽**と呼ばれるものである。

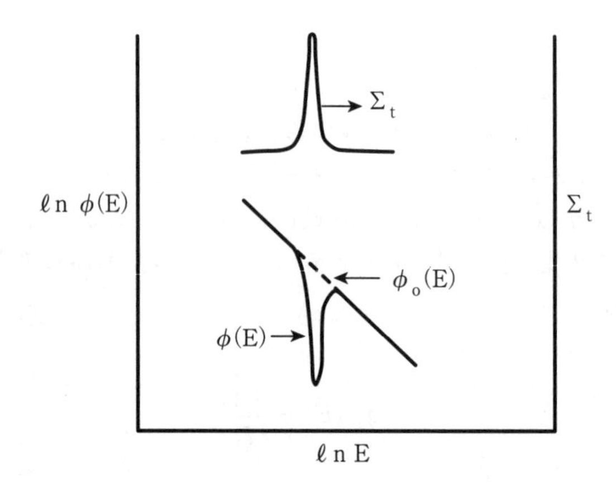

図 5.3 共鳴による中性子束のくぼみ

5.4.3 自己遮蔽断面積と背景断面積

続いて自己遮蔽効果の計算に移る。式（5.18）で表される中性子束を式（5.3）に代入することにより、次に示す実効ミクロ断面積が得られる。

$$\sigma_{xmg} = \frac{\int_g \sigma_{xm}(E)\,\frac{\Sigma_s}{\Sigma_t(E)}\phi_o(E)\,dE}{\int_g \frac{\Sigma_s}{\Sigma_t(E)}\phi_o(E)\,dE} = \frac{\int_g \frac{\sigma_{xm}(E)}{\Sigma_t(E)}\frac{dE}{E}}{\int_g \frac{1}{\Sigma_t(E)}\frac{dE}{E}}, \tag{5.19}$$

ここで、Σ_sはエネルギー依存性がないものと仮定した。

マクロ全断面積Σ_tは、物質mの共鳴と、実効断面積を得る際に考慮するその他全ての組成物質の散乱断面積から構成される。すなわち、

$$\Sigma_t(E) = N_m\sigma_{tm}(E) + \sum_{\substack{\text{other}\\\text{materials}}} N_{\text{other}}\,\sigma_{t,\,\text{other}}(E), \tag{5.20}$$

であり、N_mで割ることにより次式が得られる。

$$\frac{\Sigma_t(E)}{N_m} = \sigma_{tm}(E) + \sigma_{om}(E), \tag{5.21}$$

ここで、

$$\sigma_{om}(E) = \frac{1}{N_m}\sum_{\substack{\text{other}\\\text{materials}}} N_{\text{other}}\,\sigma_{t,\,\text{other}}(E). \tag{5.22}$$

従って、$\sigma_{om}(E)$は単位体積（cm^3）あたりの物質mの1原子あたり、すなわち、N_mあたりの他の物質のマクロ散乱断面積と言うことになる。このパラメータ$\sigma_{om}(E)$が**背景断面積**と呼ばれる。

式（5.19）は、分母と分子の$\Sigma_t(E)$をN_mで割ることにより、次のように変形できる。

$$\sigma_{xmg}(\sigma_{om}) = \frac{\int_g \dfrac{\sigma_{xm}(E)}{\sigma_{tm}(E)+\sigma_{om}(E)}\dfrac{dE}{E}}{\int_g \dfrac{1}{\sigma_{tm}(E)+\sigma_{om}(E)}\dfrac{dE}{E}}, \tag{5.23}$$

ここで、$\sigma_{xmg}(\sigma_{om})$の表記は実効断面積が背景断面積に依存することを強調している。

同様にして、$\phi(E)$として式（5.18）を用いることにより、式（5.10）は次のように表すことができる。

$$\sigma_{tmg}(\sigma_{om}) = \frac{\int_g \dfrac{\sigma_{tm}(E)}{[\sigma_{tm}(E)+\sigma_{om}(E)]^2}\dfrac{dE}{E}}{\int_g \dfrac{1}{[\sigma_{tm}(E)+\sigma_{om}(E)]^2}\dfrac{dE}{E}}. \tag{5.24}$$

（5.23）と（5.24）の両式が実効ミクロ断面積を計算するために3つのコードMINX、ETOX、ENDRUNで用いられた関係式である。

5.4.4　無限希釈断面積

無限希釈断面積とは、当該物質の共鳴が、それ自身の実効断面積や周囲に存在する他の物質の実効断面積に影響を与えない程度に微量に存在する場合の、その物質の断面積である。この断面積は$\sigma_{xmg}(\infty)$と記述される。存在する物質の量が無限希釈量であること、そしてNR近似の結果として、物質mの共鳴における中性子束は、式（5.16）で与えられる共鳴なしの場合の中性子束$\phi_0(E)$と等しくなる。このようにして得られる中性子束を式（5.3）に代入することにより、$\sigma_{xmg}(\infty)$は次のように与えられる。

$$\sigma_{xmg}(\infty) = \frac{\int_g \sigma_{xm}(E)\dfrac{dE}{E}}{\int_g \dfrac{dE}{E}}. \tag{5.25}$$

この無限希釈断面積は、捕獲、核分裂、弾性散乱、非弾性散乱の各断面積と同様に全断面積に対しても与えられる。

以上で、式（5.1）により定義されている自己遮蔽因子fを得るための必要な情報が揃えられたことになる。

5.4.5 非弾性散乱

非弾性散乱衝突では、エネルギーE'の入射中性子によって原子核はより高いエネルギー状態へ励起され、エネルギーEの中性子とガンマ線を放出して元の基底状態へ戻る。非弾性散乱は一般に共鳴が小さく自己遮蔽効果がほとんど見られないような高いエネルギー範囲で起こる。ゆえに非弾性散乱断面積は、核分裂スペクトルもしくは漸近中性子束を用いて式（5.3）により計算される。非弾性散乱断面積$\sigma_i(E)$は式（5.5）に示されているように全断面積$\sigma_t(E)$の一部である。

エネルギー群g'からエネルギー群gへの非弾性散乱行列は次の関係式から導かれる。

$$\sigma_{img' \to g} = \frac{\int_g \int_{g'} \sigma_{im}(E')\, W(E' \to E)\, \phi(E')\, dE'dE}{\int_g \int_{g'} W(E' \to E)\, \phi(E')\, dE'dE}, \tag{5.26}$$

ここで、dE'による積分はエネルギー群g'に対して、dEによる積分はエネルギー群gに対して積分される。ENDF/Bライブラリを用いる$W(E' \to E)$の評価は複雑でありここでは扱わないが、詳細は文献[12, 14, 16]に示されている。一般的に非弾性散乱行列に含められる他の反応としては（n,2n）反応が挙げられる。

5.4.6 χ，ν，$\bar{\mu}$，ξの計算

核分裂スペクトルχ、核分裂当たり中性子発生数ν、平均弾性散乱角余弦$\bar{\mu}$、そして平均対数エネルギー減少（平均レサジー増加）ξの値は、ENDF/Bライブラリを基に汎用群定数として計算される。

χ_{mg}の正確な表記は次式の通りである。

$$\chi_{mg} = \frac{\int_g \int_{g'} \nu_m(E')\, \sigma_{fm}(E')\, \chi_m(E' \to E)\, \phi(E')\, dE'dE}{\int_g \int_{g'} \nu_m(E')\, \sigma_{fm}(E')\, \phi(E')\, dE'dE}, \tag{5.27}$$

ここで、$\chi_m(E' \to E)$はENDF/Bライブラリより得られ、$\phi(E')$としては核分裂スペクトルまたは漸近中性子束を用いる。スペクトル$\chi_m(E' \to E)$は重要なエネルギー範囲ではE'に対して緩やかに変化する関数となる。従って、MINXSコードではχ_{mg}に対して次式のような簡素化のための近似の適用を許容している。

$$\chi_{mg} = \int_g \chi_m \left(E^* \to E\right) dE, \tag{5.28}$$

ここで、$E^* = 1$MeVである。

νと$\bar{\mu}$とξに対する積分はそれぞれ次の通りである。

$$\nu_{mg} = \frac{\int_g \nu_m(E)\,\sigma_{fm}(E)\,\phi(E)\,dE}{\int_g \sigma_{fm}(E)\,\phi(E)\,dE}, \tag{5.29}$$

$$\bar{\mu}_{mg} = \frac{\int_g \bar{\mu}_m(E)\,\sigma_{em}(E)\,\phi(E)\,dE}{\int_g \sigma_{em}(E)\,\phi(E)\,dE}, \tag{5.30}$$

$$\xi_{mg} = \frac{\int_g \xi_m(E)\,\sigma_{em}(E)\,\phi(E)\,dE}{\int_g \sigma_{em}(E)\,\phi(E)\,dE}, \tag{5.31}$$

ここで、$\phi(E)$は核分裂スペクトルまたは漸近中性子束である。

5.5　共鳴断面積

前節で議論してきたように、軽同位体を除いて、弾性散乱、捕獲、核分裂、そして場合によっては非弾性散乱といった反応の断面積には、共鳴現象による鋭いピークとくぼみが見られる。軽同位体については、全ての断面積データを一点一点直接的に表現するポイントワイズデータが用いられる。ENDF/Bライブラリでは、炭素、^{16}Oや^{27}Alなどの断面積データがその表記法で格納されている。

重同位体については、この方法では何万点ものエネルギー点が必要となり、膨大なデータ量となる。更に、共鳴においては、断面積はエネルギーに対して急激に変化するので、式（5.23）や式（5.24）の積分を行うための十分なエネルギー点のデータをENDF/Bのようなライブラリに収録することは不合理である。その代わりとして、共鳴断面積の積分の取扱いでは解析的表記が用いられる。

物質の共鳴断面積はその物質の温度に依存する。この依存性の要因は、標的核と中性子との相対的な運動、すなわち、**ドップラー効果**と呼ばれる現象にある。物質の温度が上昇すれば、物質の原子核の熱運動が増すことにより、中性子との相対的な速度が変わり、実効断面積が変化する。

ドップラー効果はセラミック燃料を用いた高速炉では非常に重要な役割を果たすが、その点については第6章で述べる。ドップラー効果に関係する最も注目すべき断面積は、U-Pu燃料サイクルでは^{238}Uのような親物質同位体の捕獲断面積である。次に注目すべきなのが^{239}Puの捕獲および核分裂断面積と^{240}Puの捕獲断面積である。燃料核種には、大きな共鳴が存在することに加え、燃料の温度はゼロ出力から定格出力に応じて、更には事故時の出力過渡に応じて変化するので、原子炉の特性を考える上で重要である。

温度変化は、共鳴散乱断面積や燃料以外の物質の捕獲断面積に対してはわずかな影響しか与えない。しかしながら、MINXのような高速炉断面積用コードや汎用コードNJOYにより、それらの断面積の温度依存性を取り扱うことは可能である。

吸収および散乱の共鳴断面積を計算するための出発点は、ブライト・ウィグナー（Breit-Wigner）の一準位公式である[1]。この公式で用いる共鳴パラメータがENDF/Bライブラリに与えられている。この公式について本節で概要を述べる。（波数、統計的因子、角運動量波数などのパラメータを理解するにあたっては、原子炉理論あるいは核物理の教科書を参照のこと。）燃料同位体のドップラー効果を取り扱うためのブライト・ウィグナー公式の修正法については、5.6節で述べる。

共鳴は2つのグループ、すなわち、**分離領域**と**非分離領域**に分割される。分離共鳴領域では、共鳴パラメータは実験的に決定（または「分解」）される。非分離共鳴はより高いエネルギーで生じるが、その領域でのピーク共鳴断面積はより低く、またその共鳴パラメータはあまり解明されていない。^{238}Uについては、捕獲共鳴は10keV近傍まで分離されており、^{239}Puについては捕獲および核分裂の共鳴が数百eVまでしか分離されていない。分離および非分離の両領域の実効断面積を計算するための方法をこの節で述べる。

ENDF書式での核データの評価では、特定されたある「共鳴範囲」における弾性散乱、捕獲、核分裂の各断面積を計算するための共鳴断面積の公式が用いられる。ENDFライブラリでは、これらの公式へ代入する分離および非分離共鳴領域の共鳴パラメータのみが与えられている。

以下に示すいくつかの解析モデルが用意されている。

- 一準位ブライト・ウィグナー（Single-Level Breit-Wigner）
- 多準位ブライト・ウィグナー（Multi-Level Breit-Wigner）
- ライヒ・ムーア（Reich-Moore）
- アドラー・アドラー（Adler-Adler）
- ハイブリッドR-関数（Hybrid R-Function）
- 一般化R-行列（Generalized R-Matrix）

各核種の共鳴データは、エネルギーが低い側から高い側へ向かう順に、いくつかの入射中性子エネルギー範囲毎に分割されていることがある。一つの核種についてそれらのエネルギー範囲が重なり合うことはなく、各エネルギー範囲で独立した断面積を表現する。

5.5.1 分離共鳴

ここでは、共鳴断面積を表す式について説明する。まず最初にs波干渉効果のみの場合、すなわち、方位量子数（軌道角運動量量子数）lがゼロの場合、そして次に、より高い方位数となる一般の場合について説明する。100keV以下では$l>0$の寄与はほとんどない。

もし、共鳴同士が十分に離れていれば、反応xの断面積はブライト・ウィグナーの一準位公式（$l=0$）を用いて以下のように与えられる。

$$\sigma_x(E) = \pi \lambda\!\!\!^{-2} g \frac{\Gamma_n \Gamma_x}{(E-E_0)^2 + \frac{1}{4}\Gamma^2}, \tag{5.32}$$

1　共鳴断面積の計算には多準位理論も適用できる。伝統的なMINXコードや汎用のNJOYコードでは一準位公式に加え多準位理論も利用可能である。しかしながら、大抵は一準位理論で十分である。

ここで、

$g = \frac{2J+1}{2(2I+1)}$は統計因子、
Jは複合核（標的+中性子）のスピン、
Iは標的核のスピン、
E_0は共鳴エネルギー、
$\lambda\!\!\!^{-}$は中性子のド・ブロイ（de Broglie）換算波長、
Eは入射中性子エネルギー、または標的核が静止していない場合は中性子と標的核との相対エネルギー、
$\Gamma = \Gamma_n + \Gamma_\gamma + \Gamma_f$は全幅、
$\frac{\Gamma_n}{\Gamma}$は中性子放出により複合核が基底状態に崩壊する確率、
$\frac{\Gamma_x}{\Gamma}$はチャンネルxにより複合核が基底状態に崩壊する確率、をそれぞれ表す。

例えば、吸収（捕獲と核分裂の和）に関しては、共鳴断面積に対するブライト・ウィグナーの一準位公式は次のように書ける。

$$\sigma_a(E) = \pi \lambda\!\!\!^{-2} g \frac{\Gamma_n\left(\Gamma_\gamma + \Gamma_f\right)}{(E-E_0)^2 + \frac{1}{4}\Gamma^2},$$

ここで、$\Gamma_a = \Gamma_\gamma + \Gamma_f$とした。
$\frac{\Gamma_n}{\Gamma}$を用いて表すと、式（5.32）は次のように改められる。

$$\sigma_x(E) = \left(4\pi \lambda\!\!\!^{-2} g\right)\left[\frac{\Gamma_n}{\Gamma}\right]\frac{\Gamma_x}{\Gamma}\frac{1}{\left(\frac{2(E-E_0)}{\Gamma}\right)^2 + 1}. \tag{5.33}$$

結局、中性子吸収断面積に対するブライト・ウィグナーの一準位公式は次のように表される。

$$\sigma_a(E) = \left(4\pi \lambda\!\!\!^{-2} g\right)\left[\frac{\Gamma_n}{\Gamma}\right]\frac{\Gamma_\gamma + \Gamma_f}{\Gamma}\frac{1}{\left(\frac{2(E-E_0)}{\Gamma}\right)^2 + 1},$$

ここで、

$\sigma_0 = \left(4\pi \lambda\!\!\!^{-2} g\right)\left[\frac{\Gamma_n}{\Gamma}\right]$は$E{=}E_0$における全断面積の最大値、
$\frac{\Gamma_\gamma+\Gamma_f}{\Gamma}$は複合核がガンマ線放出または核分裂により崩壊する確率、である。

σ_0を用い、$x = \frac{2(E-E_0)}{\Gamma}$とすると、

$$\sigma_x(E) = \sigma_0 \frac{\Gamma_x}{\Gamma}\frac{1}{x^2+1}, \tag{5.34}$$

となり、中性子吸収断面積は次のように表される。

$$\sigma_a(E) = \sigma_0 \frac{\Gamma_\gamma + \Gamma_f}{\Gamma} \frac{1}{x^2 + 1}.$$

式（5.33）より、$\sigma_x(E)$ は $E=E_0$ において最大となり、$E-E_0=\Gamma/2$ の条件で最大値の半分となることが分かる。すなわち Γ は共鳴の半分の高さに相当する幅（半値幅）である。式（5.34）から共鳴エネルギー $E=E_0$ の付近では断面積は対称となることが分かる。この対称関数 $1/(x^2+1)$ は自然曲線（natural line shape）と呼ばれる。

パラメータ Γ_n は共鳴付近の狭い区間においてのみエネルギー依存性がないと見なすことができるので、ブライト・ウィグナーの公式は $E\to0$ へ外挿することはできない。非常に低いエネルギーでは次のように与えられる。

$$\Gamma_n = \Gamma_{n0}\sqrt{E}.$$

この式をブライト・ウィグナーの公式に代入することにより、大抵の核種が示す低エネルギーにおける1/v特性が導かれる。この1/vの部分は、大抵の場合、既知の共鳴パラメータから計算することができるが、一部の核種（例えば、^{232}Th）においては、実験により得られる1/v断面積を再現するために負のエネルギー共鳴（束縛準位）を取り扱う必要がある。

高次の方位量子数（すなわち、$l>0$）への寄与を考慮するために、断面積を次のように表す。

$$\sigma_x(E) = \sum_l \sigma_x^l(E), \tag{5.35}$$

ここで、

$$\sigma_x^l(E) = \pi \lambda\!\!\!^{-2} \sum_J g_J \sum_{r=1}^{NR_J} \frac{\Gamma_{nr}\Gamma_{xr}}{\left(E - E_r'\right)^2 + \frac{1}{4}\Gamma_r^2}. \tag{5.36}$$

J に関する和は、ある l の状態において取ることが可能な全ての J の状態を対象とする[18]。ここで統計因子 g_J は以下で表される。

$$g_J = \frac{2J+1}{2(2I+1)(2l+1)}.$$

r に関する和の上限 NR_J は、与えられた $\{l, J\}$ のペアに対する共鳴の数である。Γ_{nr} と Γ_r の評価の詳細および E_0 と E_r の違いは文献[12, 14, 16, 19]に示されている。

散乱断面積は、ほぼ一定の値を示すポテンシャル散乱$(\sigma_{s,pot.})$と、強くエネルギーに依存する共鳴散乱$(\sigma_{s,res.})$から構成される。すなわち、

$$\sigma_{s,pot.} + \sigma_{s,res.}. \tag{5.37}$$

共鳴の近傍では、これらの2つの項は相互作用し合い、散乱断面積はポテンシャル成分単体よりも小さくなり得る。一般には次のように取り扱う。

$$\sigma_s = \sigma_{s,pot.} + \sigma_{s,res.} + \sigma_{s,\mathrm{int.}}, \tag{5.38}$$

ここで、$\sigma_{s,\,\mathrm{int.}}$は散乱断面積の相互作用成分（interference part）である。

衝突し合う2つの粒子（原子核と中性子）の重心を中心とする座標系を基準の系と考え、この系における散乱角θ_{CM}の余弦を$\cos\theta_{CM}$と定義すると、散乱断面積はルジャンドル（Legendre）の多項式を用いて次のように展開できる。

$$\sigma_s(E, \cos\theta_{CM}) = \sum_{l=0}^{+\infty} \sigma_s^l(E)\, P_l(\cos\theta_{CM}). \tag{5.39}$$

$l=0$は等方成分（s波散乱）を表し、$l=1$の成分はp波散乱と呼ばれる。散乱断面積のl番目の部分波は次式で与えられる。

$$\sigma_s^l(E) = \overbrace{\frac{\pi \lambda\!\!\!^{-2} g}{(E-E_0)^2 + \frac{1}{4}\Gamma^2}\left[\Gamma_n^2 \right.}^{\text{共鳴}} \overbrace{\left. - 2\Gamma_n\Gamma_x \sin^2\delta_l + 2\Gamma(E-E_0)\sin 2\delta_l\right]}^{\text{干渉}}$$
$$+ \overbrace{4\pi\lambda\!\!\!^{-2} g(2l+1)\sin^2\delta_l}^{\text{ポテンシャル}},$$

ここで、δ_lはポテンシャル散乱に関する位相のずれを表す。

$l=0$の場合は、弾性散乱断面積は次のように与えられる。

$$\sigma_s(E) = \sigma_0 \frac{\Gamma_n}{\Gamma}\frac{1}{1+x^2} + \left(\sigma_0 \sigma_{s,pot.} g \frac{\Gamma_n}{\Gamma}\right)^{1/2} \frac{2x}{1+x^2} + \sigma_{s,pot.},$$

ここで、$\sigma_{s,\,pot.}$は（エネルギー依存性のない）ポテンシャル散乱断面積である。

高速炉において特に関心がもたれる範囲の共鳴断面積の例を図5.4から5.6に示す。^{238}Uの捕獲と全共鳴断面積を図5.4に示す。大抵の場合、散乱断面積の方が捕獲断面積よりも全断面積に強く寄与するので、干渉による大きな負の寄与が見られる。図5.5は鉄の断面積を、図5.6はナトリウムの共鳴を表している。

5.5.2　非分離共鳴

低いエネルギー領域では共鳴は十分に分離されている。しかしながら、エネルギーが高くなるに従って共鳴はより拡がり、より近接し合うようになるため、やがて近接し合った各々の共鳴パラメータを実験的に決めることが不可能になる。低エネルギー領域のパラメータをこれらの高いエネルギー領域に対して外挿し、統計的な分布を用いることにより、非分離共鳴における幅の評価とエネルギーの分離が行われる。

分離共鳴領域の情報から、あるエネルギー領域範囲における共鳴の数、もしくは、共鳴間の平均間隔（average spacing）Dを知ることができる。ここでDの単位はエネルギー（eV）である。同じく分離共鳴から、共鳴パラメータの推測値が得られる。PorterとThomasは分離共鳴パラメータの統計的分布に関する研究から、パラメータがエネルギーに関する可変の自由度を有するχ^2分布に従うことを発見した[21]。

ENDF書式の核データ評価では、各々の共鳴に対してエネルギーと幅を与える代わりに、共鳴の間隔と様々な特性幅の平均値と共に、物理量を記述するのに必要な確率分布を与えている[5]。

^{239}Puの核分裂と捕獲反応について、非分離共鳴領域で最も関心がもたれるエネルギー範囲の断面積を図5.7に示す。0.3keV近傍未満では共鳴は分離されている。ここに示すエネルギー範囲におけるσ_cとσ_fの比であるαの測定が困難であったことから、酸化物燃料を装荷した高速炉に対して長期間にわたって増殖比に非常に大きな不確かさが存在していた。しかしながら、この不確かさは広範囲にわたる実験的研究調査によりかなり低減されている。

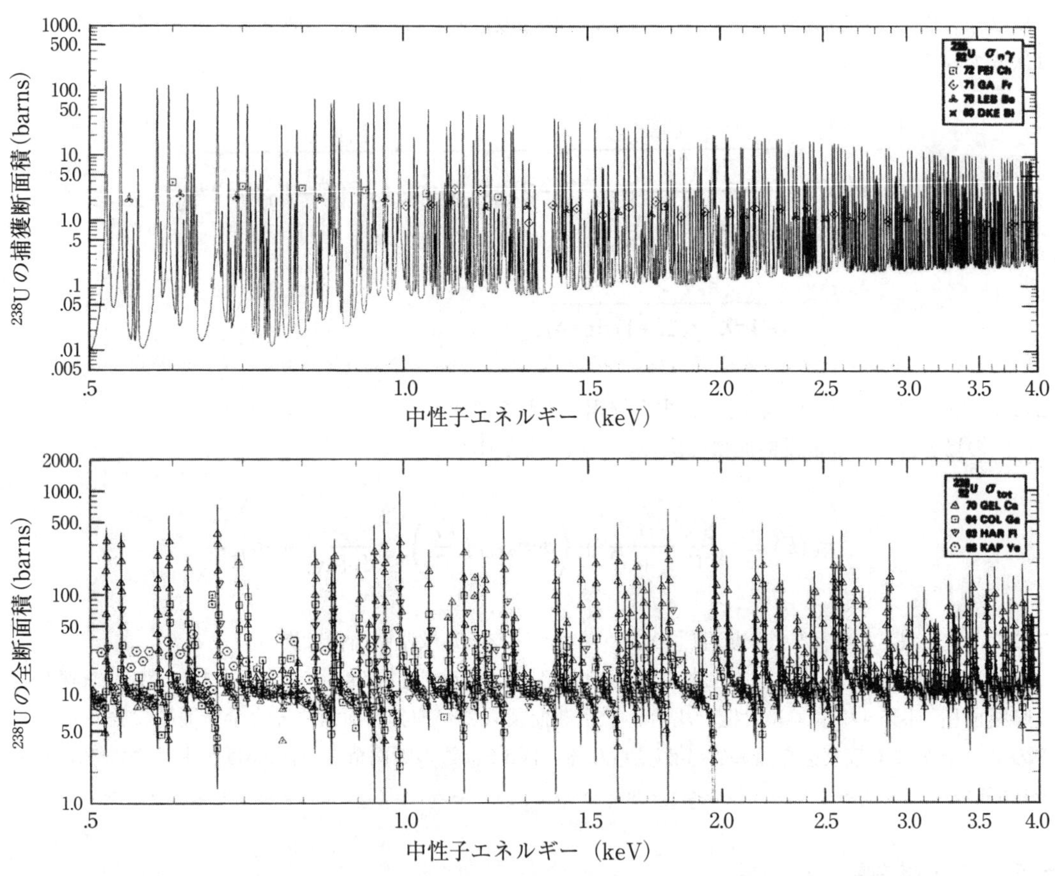

図 5.4　低 keV 領域における ^{238}U の捕獲および全共鳴断面積[20]

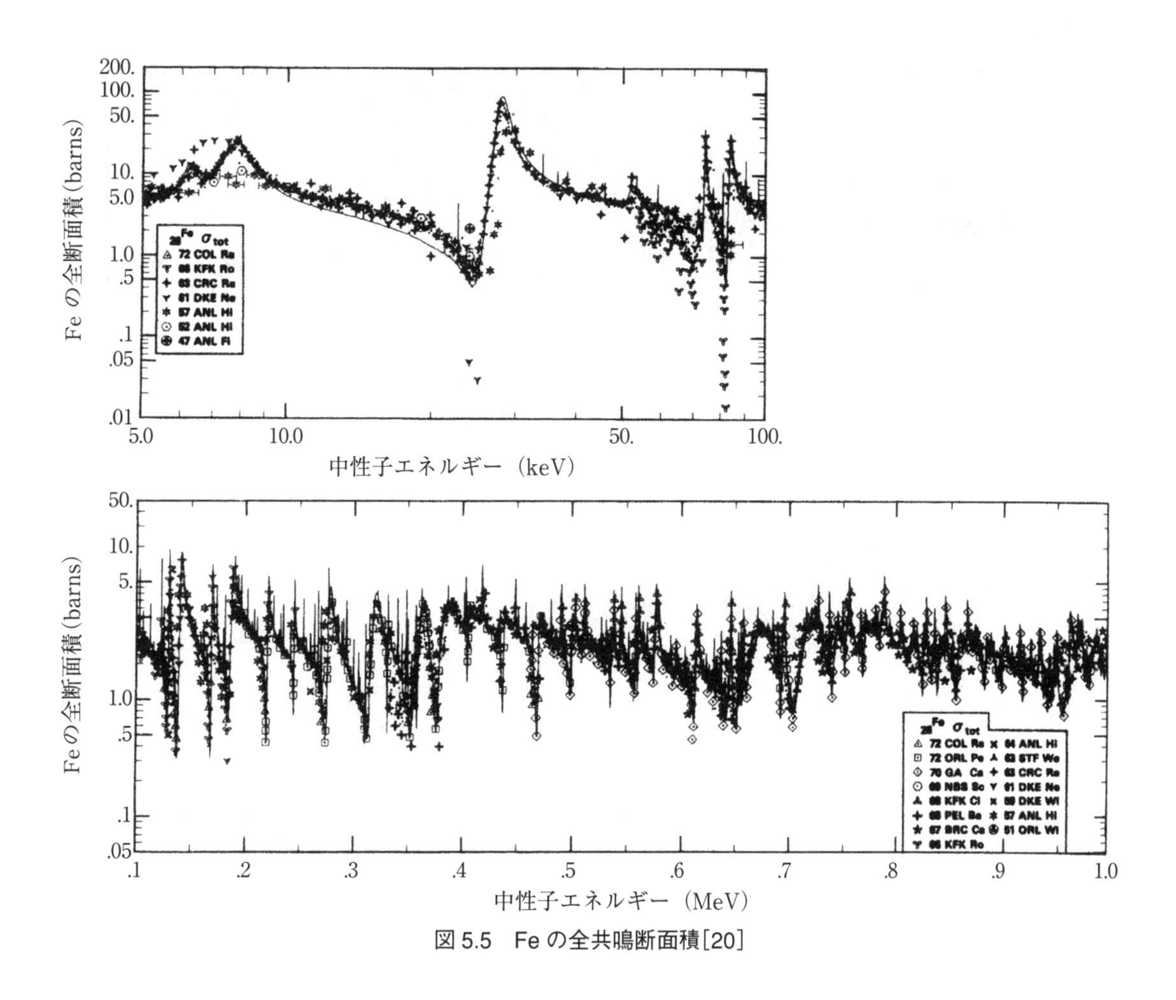

図 5.5　Fe の全共鳴断面積[20]

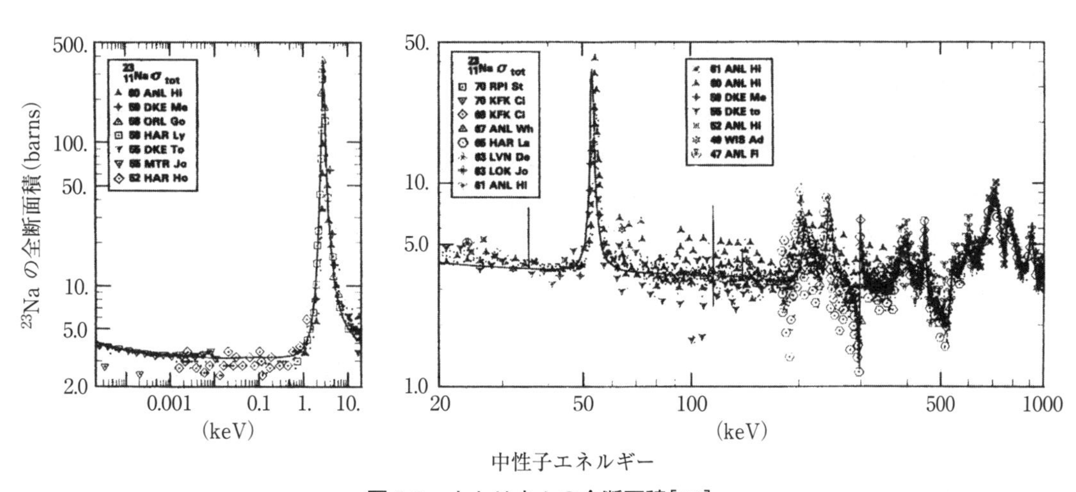

図 5.6　ナトリウムの全断面積[20]

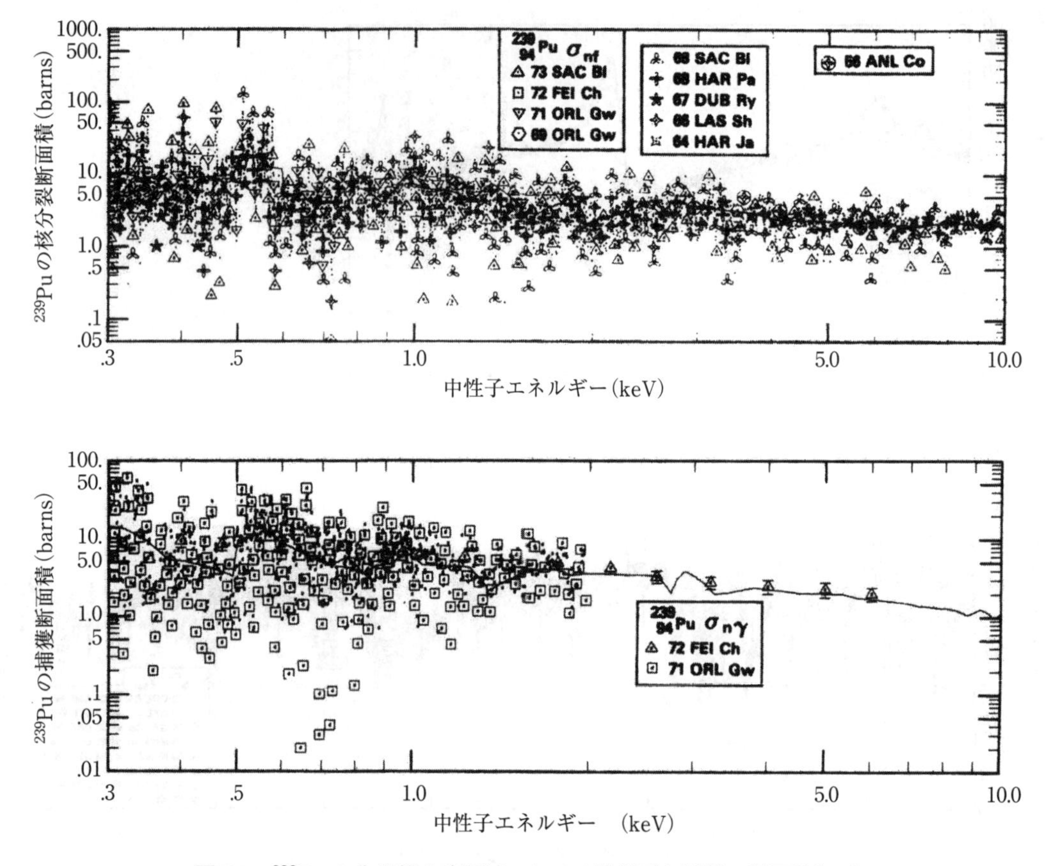

図 5.7 ^{239}Pu の非分離共鳴領域における核分裂と捕獲の断面積[20]

5.6 ドップラー拡がり断面積

5.6.1 一般理論

ブライト・ウィグナーの公式で扱われているエネルギーEは、標的核と中性子との間の相対エネルギーに相当する。これは、共鳴を持つ原子核の熱運動が物質の実効断面積におよぼす影響を考慮するためである。すなわち、原子炉内で生じている核反応の計算には、原子炉を構成する物質の原子核の熱運動を考慮し、相対エネルギーを用いる必要がある。

前節では、静止した標的物質に対する中性子の反応率（物質の単位体積当たりの1原子当たり）を$\sigma_x(E)\phi$として定義した。ここで、xは捕獲、核分裂、吸収、弾性散乱のいずれかの反応を表し、$\phi = n\mathrm{v}$である。また、nは中性子密度、vは実験室系における中性子の速度である。さてここでは、**ドップラー拡がり**断面積と呼ばれる断面積を改めて定義する必要がある。その断面積は、中性子束と掛け合わされた際に、原子核の熱運動を考慮した正しい反応率を与える断面積であり、$\sigma_{x,Dop}$と表すこととする。

標的核はある速度分布をもった熱運動をしている。実験室系において速度ベクトル$\vec{\mathrm{V}}$の標的核と速度ベクトル$\vec{\mathrm{v}}$の中性子との相対速度は図5.8の通り$\overrightarrow{\mathrm{v}-\mathrm{V}}$となる。

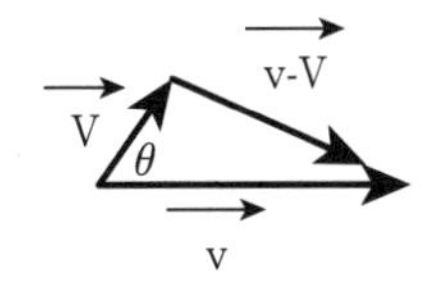

図5.8　中性子と標的核との相対運動

$\vec{V}$の内、中性子の速度$\vec{v}$と平行な成分のみがドップラー拡がり断面積に寄与する。$\vec{v}$の方向は任意に仮定できるので、その方向をz方向とする。すると、標的核の速度のz成分V_zの分布のみが結果に影響することとなる。

そこで、ドップラー拡がり断面積は、

$$\sigma_{x,Dop}\phi = \sigma_{x,Dop} n \mathrm{v} = n \int_0^{\infty} \left| \overrightarrow{\mathrm{v} - \mathrm{V}} \right| \sigma_x (\mathrm{v} - \mathrm{V}_z) P(\mathrm{V}_z)\, d\mathrm{V}_z, \tag{5.40}$$

のように表される。このように定義できるのは、σ_xが標的核の速度のz成分に対して変化するからである。ここで、$|\overrightarrow{\mathrm{v}-\mathrm{V}}|$は相対速度の大きさ（スカラー）である。$P(\mathrm{V}_z)$は標的核の速度の$z$成分に関するマクスウェル分布[2]を表す。すると、速度$d\mathrm{V}_z$内の標的核の割合は次のように表せる。

$$P(\mathrm{V}_z)\, d\mathrm{V}_z = \sqrt{\frac{M}{2\pi kT}}\, e^{-\frac{M\mathrm{V}_z^2}{2kT}}\, d\mathrm{V}_z, \tag{5.41}$$

ここで、Mは標的核の質量、Tは温度、そしてkはボルツマン（Boltzmann）定数である。

通常V≪vなので、$|\overrightarrow{\mathrm{v}-\mathrm{V}}|$は十分にvに近く、式（5.40）の両辺のvと$|\overrightarrow{\mathrm{v}-\mathrm{V}}|$は打ち消し合い、次式のように書き表すことができる。

$$\sigma_{x,Dop} = \int_0^{\infty} \sigma_x (\mathrm{v} - \mathrm{V}_z) P(\mathrm{V}_z)\, d\mathrm{V}_z; \tag{5.42}$$

そして、式（5.41）に示されているTへの依存性を考慮すると、次のように書き換える必要がある。

$$\sigma_{x,Dop}(\mathrm{v}_{rel.}, T) = \int_0^{\infty} \sigma_x (\mathrm{v}_{rel.}) P(\mathrm{V}_z, T)\, d\mathrm{V}_z, \tag{5.43}$$

---

[2] マクスウェル分布は厳密には気体に対してのみ成り立つが、一方でここで対象とする共鳴吸収体は固体である。固体のデバイ模型で定義されるデバイ（Debye）温度以上の温度範囲においては、固体に対してもこの分布は成り立つ。大抵の固体のデバイ温度は300Kのオーダーであるので、高速炉の全温度範囲に対してこの分布は成り立つと考えて良い。

ここで、

$v_{rel.}=v-V_z$は中性子と原子核の相対速度、vは中性子の速度、V_zは原子核の速度、
$P(V_z,T)$は標的核の速度のz成分V_zの存在確率、
Tは温度、をそれぞれ表す。

実践的には、中性子の存在するエネルギー範囲のみの実効断面積を用いれば良い。必要なのは（5.23）と（5.24）の両式に用いるための$\sigma_{x,Dop}(E)$であり、両式のEは実験室系における中性子エネルギーであるために、ここでエネルギー変数を変換する。ここで、EとE_{CM}（重心系における中性子エネルギー）[3]と速度成分V_zとの関係を考慮する必要がある。エネルギーE_{CM}は次のように与えられる。

$$E_{CM}=\frac{1}{2}\frac{Am_n}{A+1}\left|\overrightarrow{v-V}\right|^2, \tag{5.44}$$

そして、

$$\begin{aligned}\left|\overrightarrow{v-V}\right|^2 &= v^2-2\left(\vec{v}\cdot\vec{V}\right)+V^2\\ &\cong v^2-2vV\cos\theta,\ \text{ここで、}\theta\text{ は図 5.8 に示されている通り}\\ &\cong v^2-2vV_z,\ \text{なぜなら、}\vec{v}\text{ は }z\text{ 方向に向いているため。}\end{aligned} \tag{5.45}$$

エネルギーEは、

$$E=\frac{1}{2}\frac{Am_n}{A+1}v^2. \tag{5.46}$$

式（5.45）と式（5.46）を式（5.44）に代入することにより

$$E_{CM}=E-V_z\sqrt{2E\frac{Am_n}{A+1}}, \tag{5.47}$$

および

$$dV_z=\frac{dE_{CM}}{\sqrt{2E\frac{Am_n}{A+1}}}, \tag{5.48}$$

を得る。式（5.41）と式（5.47）と式（5.48）を式（5.42）に代入することにより次式を得る。

[3] E_{CM}の“CM”は“center-of-mass”の意。

$$\sigma_{x,Dop}(E)=\int_0^{\infty}\sigma_x(E_{CM})\sqrt{\frac{M}{4\frac{Am_n}{A+1}\pi kTE}}e^{-\frac{M}{4\left(\frac{Am_n}{A+1}\right)kTE}(E-E_{CM})^2}dE_{CM}; \tag{5.49}$$

そして、Tへの依存性を考慮する。

$$\sigma_{x,Dop}(E,T)=\int_0^{\infty}\frac{A\sigma_x(E_{CM})}{\sqrt{TE}}e^{-\frac{\pi A^2}{T}\frac{(E-E_{CM})^2}{E}}dE_{CM}, \tag{5.50}$$

ここで、$A=\sqrt{\frac{M}{4\frac{Am_n}{A+1}\pi k}}$=一定である。式（5.50）より、もし$\sigma_x(E_{CM})$が1/v法則に従うなら、$\sigma_{x,Dop}(E,T)$も温度$T$に関係なく1/v法則に従うこととなる。もちろん、$T\rightarrow 0\mathrm{K}$なら$\sigma_{x,Dop}\rightarrow\sigma_x$である。

共鳴断面積に関して、温度の上昇は共鳴の最大値を低下させると同時に共鳴の幅を拡げる（ドップラー拡がり）効果がある。ブライト・ウィグナーに代わって、共鳴断面積に関するドップラー拡がりの式が得られる。

$$\sigma_{x,Dop}=\frac{\Gamma_x}{\Gamma}\sigma_0\psi(\zeta,\tau).$$

従って、上記の断面積は次の通りとなる。

- 吸収：$\sigma_{a,Dop}=\frac{\Gamma_\gamma+\Gamma_f}{\Gamma}\sigma_0\psi(\zeta,\tau);$
- 捕獲：$\sigma_{c,Dop}=\frac{\Gamma_\gamma}{\Gamma}\sigma_0\psi(\zeta,\tau);$
- 散乱：$\sigma_{s,Dop}=\frac{\Gamma_n}{\Gamma}\sigma_0\psi(\zeta,\tau)+\sigma_{s,pot.}+\sigma_{s,int.},$

ここで、

$\sigma_0=\left(4\pi\lambda\!\!\!^{-2}g\right)\left[\frac{\Gamma_n}{\Gamma}\right]$ は$E=E_0$における全断面積の最大値、
$\sigma_{s,\mathrm{int.}}=\left(\frac{\Gamma_n}{\Gamma}\sigma_0\sigma_{s,pot}\right)^{1/2}\chi(\zeta,\tau)$ は干渉散乱、
$\sigma_{s,pot.}$ はポテンシャル散乱、
$\psi(\zeta,\tau)$ と $\chi(\zeta,\tau)$ はいわゆる形状関数、

であり、次の通り表される。

$$\psi(\zeta,\tau)=\frac{\zeta}{4\pi}\int_{-\infty}^{+\infty}dy\frac{e^{-(\zeta^2/4)(\tau-y)^2}}{1+y^2},$$

$$\chi(\zeta,\tau)=\frac{\zeta}{4\pi}\int_{-\infty}^{+\infty}dy2y\frac{e^{-(\zeta^2/4)(\tau-y)^2}}{1+y^2}=2\tau\psi(\zeta,\tau)+\frac{4}{\zeta^2}\frac{\partial\psi(\zeta,\tau)}{\partial\tau},$$

$$\tau=\frac{2(E-E_0)}{\Gamma},$$

$$y=\frac{2(E_{CM}-E_0)}{\Gamma},$$

$$\zeta=\frac{\Gamma}{\left(\frac{4E_0kT}{A+1}\right)^{1/2}}=\frac{\Gamma}{\Gamma_D}$$ はドップラー幅に対する自然幅（全幅）の比、

E_0は共鳴エネルギーである。
これらの関係において、yによる積分の上下限はE_{CM}による積分の上下限に相当する。関数$\psi(\zeta,\tau)$は自然曲線に代わるドップラー拡がり曲線である（式（5.34）を見よ）。関数$\chi(\zeta,\tau)$ は干渉曲線$2x/(1+x^2)$に基づくドップラー拡がり対である。干渉曲線のように$\chi(\zeta,\tau)$はE_0の付近で非対称である。

5.6.2 吸収断面積

次に、ドップラー拡がり吸収断面積$\sigma_a(E)$を取り上げる。簡単のために、この節の残りでは下付の「*Dop*」を省略する。

$$\sigma_a(E)=\frac{\Gamma_\gamma+\Gamma_f}{\Gamma}\sigma_0\psi(\zeta,\tau). \tag{5.51}$$

ここでは、s波相互作用（$l=0$）のみを取り上げることとする。自然曲線と同様にドップラー拡がり曲線も共鳴エネルギーE_0を中心に対称となる。しかしながら、E_0におけるその値は、E_0における自然曲線の値よりも小さい。他方、E_0から遠ざかると、自然曲線の値よりも大きくなる。このように、$\sigma_a(E)$におけるドップラー拡がりの効果は、共鳴エネルギーにおけるピーク断面積を減少させる一方、共鳴から遠ざかったところでは断面積を増加させる。あたかも、共鳴の「翼のように」である。この様子を模式的に図5.9に示す。

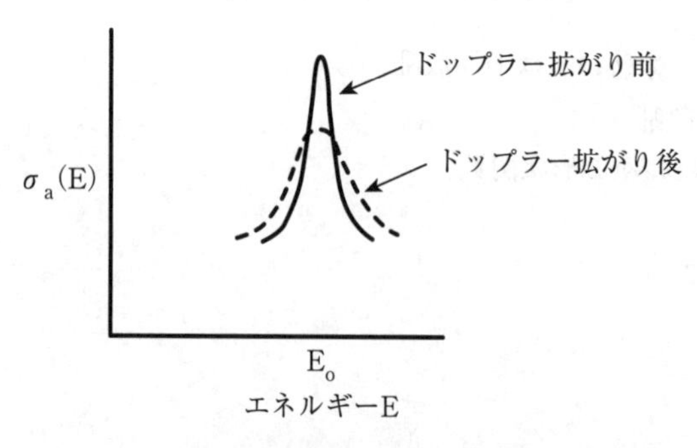

図 5.9 σ_a(E)におけるドップラー拡がりの効果

例えば、温度Tがゼロに近づくとドップラー拡がり曲線$\psi(\zeta,\tau)$は自然曲線に近づくことなど、ドップラー拡がり断面積の特性については、Dresner[7]や他の研究者によって多くの報告がある。

中でも興味深い特性として、ドップラー拡がりのある吸収断面積の共鳴積分値が、ドップラー拡がりを含まない断面積に対する共鳴積分値と同じとなることが挙げられる。ここで、漸近エネルギースペクトルを重みにしてドップラー拡がり吸収断面積を共鳴付近で積分、すなわち$\int\sigma_a(E)dE/E$を行った結果を、**共鳴積分**（resonance integral）と呼ぶ。二つの共鳴積分値が同じとなるこの結果は炉物理において極めて重要である。なぜなら、dE/Eは無限希釈断面積に対する重み因子なので、無限希釈群断面積がドップラー拡がりによる影響を受けず、ゆえに、吸収物質の温度にも依存しないことを意味しているからである。他方、実効断面積に関する重要な積分、すなわち、式（5.18）で与えられる自己遮蔽中性子束を$\phi(E)$とした場合の$\int\sigma_a(E)\phi(E)dE$**は温度に依存する**。実際の吸収反応率はドップラー拡がり断面積によるものの方が大きい。なぜなら、ドップラー断面積の方が共鳴の翼においては大きい（同時に中性子束$\phi(E)$は極端には減少しない）からであり、他方、共鳴の中心ではドップラーとドップラーでない**双方**の断面積はともに非常に大きく、ドップラー拡がりの有無に係わらず吸収体が中性子に対して黒体となり差がほとんど見られなくなるからである。

言い換えると、ドップラー断面積のピークが低くなれば、共鳴の中心において実効的な中性子束は高くなるために吸収反応率はほぼ補償されることになるが、翼部分においてそれは当てはまらないということである。

この重要な結果が意味するところは、中性子束の自己遮蔽が、温度に対する実効群断面積の変化や、（第6章で記述する）ドップラー反応度効果の原因になっている、ということである。もし、自己遮蔽がなければ、温度変化によるドップラー反応度効果は存在しないことになる。

温度変化による共鳴吸収体の実効断面積への影響は、温度変化の大きさだけでなく吸収体の濃度にも依存する。これは自己遮蔽効果がマクロ断面積Σ_t、すなわち、吸収体の原子数密度に依存するからである。もし、共鳴吸収体がわずかしか存在しない場合には、温度に対して実効群断面積はほとんど変化しない。このために、親物質である^{240}Puの温度に対する実効捕獲断面積の変化は、親物質である^{238}Uと比べてはるかに小さい。この挙動の更なる詳細やドップラー拡がりによる効果は、実効断面積を原子数密度や随伴中性子束と結びつけてドップラー反応度の計算を行うことにより明らかとなる。これは第6章の主題である。

5.6.3　共鳴の重なり

5.4節において触れなかったが、ほぼ同じエネルギーにおいて複数の共鳴が存在する場合、すなわち他の核種の共鳴が極めて近くにある場合には、式（5.23）と式（5.24）を基に行う実効断面積の計算は複雑になる。すなわち、2つの共鳴の一部は**重なっている**かもしれず、それ故に、物質mの共鳴付近においてσ_{0m}が一定であるとの仮定は不正確となるかもしれない。

共鳴の重なりによる実効断面積の絶対値自体への影響は大きくはない。しかしながら、断面積の温度依存性、すなわちドップラー効果に対して共鳴の重なりの影響は、温度変化による実効断面積の小さな変化に左右されるので非常に重要となる。この問題は、高速炉におけるドップラー効果の理論構築に貢献した、アメリカのGreeblerとHutchins、Nicholson、HwangとHummel、ヨーロッパのFischer、Rowlands、CoddとCollinsらの研究者により広範囲にわたって検討されてきた。例えば、これらの研究者は、核分裂性同位体によるドップラー効果への寄与を計算する上で共鳴の重なりを考慮することの必要性を示した。共鳴の重なりについてはHummelとOkrent[6]によって詳しく研究されている。その内容はここに記載するには複雑過ぎるので割愛するが、汎用断面積コードMINX、ETOX、ENDRUN、NJOYやその他の全ての近代的な断面積処理ツールには反映されている。

5.6.4 ENDF書式における共鳴の処理とドップラー拡がり

前に示したように、ENDF書式で編集された評価済核データライブラリには解析式に用いるための共鳴パラメータしか収録されていない。共鳴領域の断面積を知るには、温度変化を正確に取り扱える断面積処理コードを用いる必要がある。

R-行列に基づく断面積のドップラー拡がりの処理における困難を克服するために、R-行列方式と等価となるような一般的な複素確率関数を用いた極近似による手法が開発された[22, 23, 24]。この関数の実部と虚部は前に述べたように$\psi(\zeta,\tau)$と$\chi(\zeta,\tau)$の関数である。これにより、原子炉へ応用されてきた伝統的なドップラー拡がり関数に基づく、現存する多くの手法を使い続けることが容易になった。また、R-行列方式に基づく断面積の厳密さが、これらの精密な極表記の適用により担保可能となった。利便性は別にしても、これらの一般的な関数の適用には直観的な魅力がある。これに関連して、いかなる要求精度の複素確率関数でも計算が可能なステッフェンセン（Steffensen）の不等式の適用に基づく手法が開発された[25]。

5.7 特定の原子炉組成に対する断面積

5.7.1 一般的な方法

自己遮蔽因子法の2番目の過程は、前の段階で得られた汎用断面積から物質ごとの実効断面積を計算することにある。これはSPHINX[13]、1DX[15]、TDOWN[17]といったコードによって行われる。この計算実行には、最初に物質毎の背景断面積σ_0を計算し、続いて汎用断面積計算により作成された複数の$f(\sigma_0)$の値から適切な自己遮蔽因子を内挿する必要がある。

物質毎の実効断面積の計算は、与えられた物質の正確なσ_0が、存在する他の物質の全実効断面積に依存するので、反復処理となる。その反復過程は次の通りとなる。

最初の反復：

- 各物質の各エネルギー群のσ_{tmg}の初期推定値を設定する。無限希釈断面積を初期値とすることが妥当で一般的である。
- σ_{tmg}の初期値を用いて全ての物質の$\sigma_{0\,mg}$を計算する。
- 汎用群定数のf_{tmg}とσ_0の関係より全ての物質の全断面積の自己遮蔽因子f_{tmg}を得る。
- 式（5.1）より各物質の各エネルギー群のσ_{tmg}を計算する。

2回目以降の反復：

- 新しいσ_{tmg}より全ての$\sigma_{0\,mg}$を再計算する。
- 新しいf_{tmg}を得る。
- 新しいσ_{tmg}を得る。
- 各々のσ_{tmg}と前回の反復により得られたσ_{tmg}を比較する。反復間の各σ_{tmg}の相対変化が指定された収束条件を下回るまで反復処理を続ける。

収束が得られたなら、各物質mに対して最終的な値であるσ_{tmg}と$\sigma_{0\,mg}$が得られたことになる。この際、全てのf_{xmg}因子（すなわち、捕獲、核分裂、弾性散乱の因子）とσ_{xmg}の値が計算される。この過程は大抵の場合、数回の反復計算で収束する。

非弾性散乱除去断面積と非弾性散乱行列は、汎用群定数から直接処理することが可能なので、組成への依存性はない。(非弾性散乱は、自己遮蔽が重要でなくなる十分に高いエネルギー領域で生じることを思い起こせば良い)

5.7.2　弾性散乱除去断面積

大抵の種類の核反応断面積に関して、特定の組成に対する断面積を得る上で、汎用的に用いられる中性子束分布$\phi(E)$を適用することは妥当である。しかしながら、弾性散乱除去断面積に関しては、高速炉の解析でよく見かけられるような、群のエネルギー幅が弾性散乱による最大エネルギー損失よりも相対的に大きい場合には、一つのエネルギー群幅を超える中性子束のエネルギー変化の取扱いに注意する必要がある。

5.7.3　非均質体系に対する補正

ここまでは、均質な原子炉組成を仮定した断面積計算を解説してきた。大抵の高速炉の解析においては、平均自由行程が燃料棒や冷却材流路の寸法と比較して長いので、この仮定はあまり誤差を生じさせない。しかしながら共鳴領域では、燃料ピン内の平均自由行程は^{238}UあるいはPuなどの共鳴物質の存在により短くなる。

燃料同位体の自己遮蔽による非均質性の効果を取り扱うための簡易的な補正は**有理式近似**（rational approximation）に基づく。これは時に、ウィグナー近似または正準近似とも呼ばれる[24]。この方法は燃料棒からの中性子漏洩確率についての近似に基づいている。減速材によって隔てられた棒状の格子、すなわち高速炉では被覆管とナトリウムによって隔てられている格子に対して、ベル（Bell）[26]による修正有理式近似が適切な補正を与える。

ある燃料要素に隣接した部分における中性子束の空間変化を解析する上で、非常に細かいスケールで炉心格子を詳細に取り扱うことは、非常に高価な計算処理となる。多群拡散計算において管理できないほど大きなメッシュ点配列が必要となるためである。実際、炉心の燃料や制御棒要素のような強い中性子吸収体の性質により、拡散計算で行う以上に中性子輸送の精密な取り扱いが度々必要となる。従って、非均質性の取り扱いに際しては、計算効率を考慮しつつ十分に正確なモデル化の技術を開発し適用する必要がある。考慮すべき様々な因子の中で、非均質性をいかに取り扱うべきかは、計算の目的（それにより計算精度が決まる）や、原子炉の仕様（それによりモデルの複雑さが決まる）に依存する。非均質性を取り扱う最大の目的は、配列格子内の中性子束分布により空間的に平均化された実効群定数を計算することにある。これにより、後に続く格子の構造が無視された多群拡散計算において、格子の特性に基づいた評価が可能となる。

5.8　多群群定数の縮約

5.8.1　詳細群群定数ライブラリと断面積の縮約

原子炉の典型的な解析方法を解説する。まず、空間依存性を粗く近似した非常に多い群数で詳細なスペクトル$\vec{\Phi}_{\text{fine}}$を計算する。次に、スペクトル$\vec{\Phi}_{\text{fine}}$を用いて詳細な群断面積を平均化することにより粗群断面積$\{\Sigma_{\text{broad}}\}$を求め、それを用いて少数群の領域依存の計算を行うことにより$\vec{\phi}_{\text{broad}}(\vec{r})$を得る。

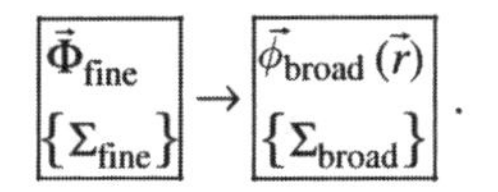

$$\begin{bmatrix}\vec{\Phi}_{\text{fine}} \\ \{\Sigma_{\text{fine}}\}\end{bmatrix} \rightarrow \begin{bmatrix}\vec{\phi}_{\text{broad}}(\vec{r}) \\ \{\Sigma_{\text{broad}}\}\end{bmatrix}.$$

所要計算時間を短縮するために、原子炉設計の初期段階の計算は通常少数群で行われる。システムの概念的特性に関する情報を得る観点からはこれで十分である。より詳細な多群の計算は設計過程のより後の段階で行われる。多くのエネルギー群からなる詳細群ライブラリを用いた多群計算は、粗群構造のライブラリを用いた少数群計算向けの断面積を得ることを目的としてしばしば行われる。少数群の断面積でも目的によっては有用であり、燃料サイクル解析においては1群断面積でも有益な結果を得ることができる。特定の原子炉組成に対する1次元の設計計算では10～30群で十分であり、2次元あるいは3次元解析ではより少数群でも十分かもしれない。燃料サイクル解析では、相対的な反応率が重要となることが多い。よって、燃焼サイクルの各段階で個々の反応の実効1群断面積値は変化するには違いないが、1群の捕獲断面積と吸収断面積でも十分な精度が達成できる。これらの目的のために、多群からより少数群に断面積を縮約するための技術を構築する必要がある。

ENDF/Bライブラリには、断面積データがほぼ連続的なエネルギーの関数として格納されている。その汎用群定数は100から500のエネルギー群構造を有し、断面積が急激に変化する特定の領域では、より多くの群を有している。従って、次に示すような技術の構築が必要である。

- 汎用多群群定数の作成
- 多数群からより少数群（粗群）への断面積の縮約

この計算は、重要な全ての反応の断面積、散乱データ、共鳴パラメータ、核分裂スペクトル等に関する、何百あるいは何千の多群エネルギー構造を有する詳細群ライブラリ $\{\Sigma_{\text{fine}}\}$ の作成から始まる。この詳細群ライブラリはENDF/B断面積セットを基に作成し、定期的に更新するべきものである。ENDF/Bを用いて特別な処理コードを使用することにより、多群計算コード用の詳細群群定数ライブラリ $\{\Sigma_{\text{fine}}\}$ を作成する。詳細群群定数はENDF/Bのポイントデータを基にして得る必要があり、その際、詳細エネルギー群構造の何らかの中性子束を仮定する。共鳴データが与えられている場合は、これまでに示した手法を用いて共鳴の寄与を計算する。一部の処理コードでは、多項式フィッティングにより必要なデータ保存量を低減させることができる。そして、重み関数として $\vec{\Phi}_{\text{fine}}$ を用いることにより、詳細群ライブラリを粗群断面積ライブラリ $\{\Sigma_{\text{broad}}\}$ に縮約する。

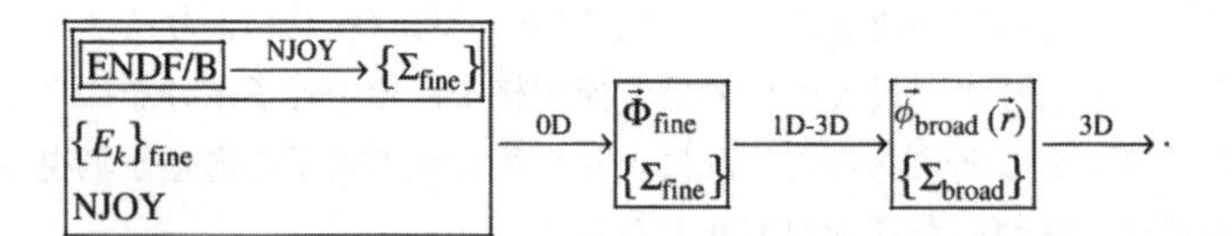

粗群の群構造は、いくつかの詳細群を1つの粗群へ縮約することにより得られる。断面積を縮約する方法には2種類ある。1つ目は反応率を保存する方法、2つ目は反応度価値を保存する方法である。1つ目の方法がしばしば用いられ、ここで示すこととする。

多群断面積の縮約とは、重み関数として詳細群スカラー中性子束成分 ϕ_g および詳細群反応率密度 $\sigma_{xg}\phi_g$ を用いて、適切なエネルギー間隔で断面積を平均化することである。詳細群と粗群の断面積ライブラリはミクロ断面積（微視的断面積）の形式で群断面積を格納していることに注意が必要である。ミクロ断面積は組成依存性がないので、もしも着目する原子炉や領域が類似した中性子スペクトルを有するのであれば、組成が異なっていても、それらのモデル化に同じ断面積ライブラリを用いることが可能である。図5.10は断面積の縮約の過程を模式的に示している。

図5.10に示されるように、群数が g で表される多数の詳細群が、G で表される1つの粗群に縮約されるとする。新しく作成される粗群のエネルギー下限を E_G とする。各物質の捕獲、核分裂、弾性散乱に関して、各々の反応率を保存するように縮約断面積を計算する。

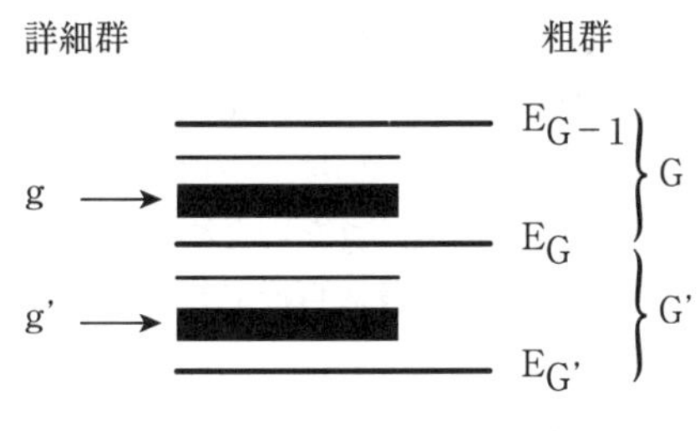

図 5.10　群縮約時の群構造

$$\sigma_{xG}\phi_G = \int_{E_G}^{E_{G-1}} \sigma_x(E)\,\phi(E)\,dE = \sum_{g\in G}\sigma_{xg}\phi_g, \tag{5.52}$$

ここで、$g\in G$は詳細群gが粗群Gに含まれることを意味する。また物質を表すmは省略している。$\phi_G = \sum_{g\in G}\phi_g$なので、

$$\sigma_{xG} = \frac{\sum_{g\in G}\sigma_{xg}\phi_g}{\sum_{g\in G}\phi_g}. \tag{5.53}$$

σ_{tr}に関しては、漏洩率が保存されねばならない。縮約非弾性散乱断面積の行列は以下の通りとなる。

$$\sigma_{iG\to G'} = \frac{\sum_{g\in G}\phi_g \sum_{g'\in G'}\sigma_{ig\to g'}}{\sum_{g\in G}\phi_g}, \tag{5.54}$$

ここで、G'はG以外の任意の群である。

5.8.2　エネルギー群構造

詳細群構造を標準化する試みがいくつか行われてきたが、種々のライブラリ、すなわち$\{\Sigma_{\mathrm{fine}}\}$の間にはかなりの違いがある。この違いには歴史的かつ物理的な理由がある。大抵の場合、異なる核反応形式同士あるいは他の重要な現象同士を可能な限り分離するように群構造を定義する。より多く分離することは、時には精度面の理由から必要であり、様々な反応の効果についてより詳しい情報を与えることとなる。またエネルギーの群構造化により、核分裂スペクトルのエネルギー範囲、非分離および分離共鳴領域の範囲、そして熱中性子エネルギー領域の区別も可能となる。

計算時間を短縮するためには、拡散計算と輸送計算で用いる$\{\Sigma_{\mathrm{broad}}\}$の群数は、計算精度が十分に保証される範囲内で、出来るだけ少なくする必要がある。このことから、取り扱う問題に応じて、異なった群構造が用いられることとなる。k_{eff}の計算は比較的少ない群数による計算で十分な精度が得られるが、中性子束に強い空間・エネルギー依存性が見られる領域（例えば、炉心と反射体の境界部など）で高精度の出力分布を得るには多数のエネルギー群が必要となる。

実験の解析にあたっては、特定のエネルギー分割が用いられる。もし、ある炉心計算を、遮蔽計算

に用いる中性子源の特性評価を目的として行うのであれば、高速群を詳細に取る必要がある。また原子炉材料の中性子による損傷の計算が目的であれば、比較的詳細な高速中性子スペクトルが必要となる。非常に限られた群数による計算を行う場合には、物理的に達することがあり得ないようなエネルギー領域へ中性子が誤って（人工的に）輸送されないための注意が必要である。多群計算の精度は群数を増やせば必然的に高くなるが、一般的には数百群で行われることが多い。

5.8.3 配列格子の均質化

スペクトル計算には、多群で空間依存性を考慮した取り扱いと、均質化された単位格子を用いた計算の2つの選択肢がある。配列格子の均質化は、その前段階の単位格子内の少数群輸送計算の結果に基づいて行われる。一旦、単位格子内の中性子束の詳細な構造が分かれば、断面積にエネルギー依存の中性子束不利因子（flux disadvantage factor）（自己遮蔽因子）を掛けることにより均質化が行われる。

$$\sigma_{x,g}^{(Cell)} = \sum_{k=1}^{\text{Cell Regions}} \sigma_{x,g}^{(k)} \cdot \left(\frac{\phi_g^{(k)}}{\phi_g^{(Cell)}}\right) \cdot \left(\frac{V_k}{V_{Cell}}\right). \tag{5.55}$$

領域毎の平均化中性子束比$\frac{\phi_g^{(k)}}{\phi_g^{(Cell)}}$は、格子内の中性子束の空間的変化を取り扱うために必要な断面積の調整を行うために用いる。この自己遮蔽因子は、各々の領域の均質化後の反応率が実際の非均質単位格子の反応率と一致するように求められる。

$$RR_{x,g}^{(Cell)}\Big|_{\substack{Equivalent\\Homogeneous\ Cell}} = RR_{x,g}^{(Cell)}\Big|_{\substack{Heterogeneous\\Fuel-Moderator\ Cell}}. \tag{5.56}$$

実際には中性子束は単位格子内で空間依存性があるが、均質化後の計算では基準中性子束のみを扱う。

5.8.4 目的別の多群断面積ライブラリ

目的別の多群断面積の作成過程は、通常は次のステップから成る。

- 組成依存の核データを得るためのENDFファイルの処理
- 分離共鳴データの処理
- 非分離共鳴データの処理
- 多群マスターライブラリ（詳細群ライブラリ $\{\Sigma_{\text{fine}}\}$）の作成
- 適切な目的別エネルギースペクトルを用いて断面積を縮約し、多群ライブラリ（粗群ライブラリ $\{\Sigma_{\text{broad}}\}$）を作成するための、詳細群輸送計算またはモンテカルロ計算

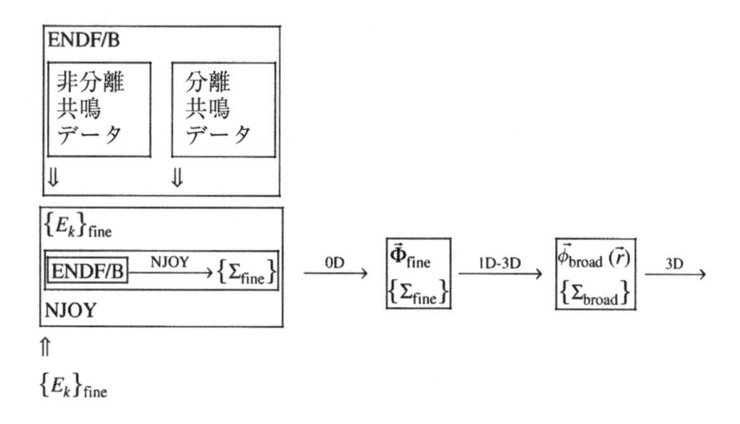

近年の高速炉計算の詳細は付録Eで議論する。

【参考文献】

1. I. I. Bondarenko, et al., Group Constants for Nuclear Reactor Calculations. Translation-Consultants Bureau Enterprises, Inc., New York, NY(1964).
2. R. B. Kidman, R. E. Schenter, R. W. Hardie and W. W. Little, "The Shielding Factor Method of Generating Multigroup Cross Sections for Fast Reactor Analysis", Nuclear Science and Engineering, 48(1972) 189-201.
3. H. Henryson, B. J. Toppel, and C. G. Stenberg, "MC2-2: A Code to Calculate Fast Neutron Spectra and Multigroup Cross Sections", ANL-8144, Argonne National Laboratory, Argonne, IL(1976).
4. M. K. Drake, "Data Formats and Procedures for the ENDF Neuron Cross Section Library", BNL-50274, Brookhaven National Laboratory, New York, NY(April 1974 Revision).
5. M. B. Chadwick, P. Oblozinsky, M. Herman, N. M. Greene, R. D. McKnight, D. L. Smith, P. G. Young, R. E. MacFarlane, G. M. Hale, et al., "ENDF/B-VII.0: Next Generation Evaluated Nuclear Data Library for Nuclear Science and Technology", Nuclear Data Sheets, 107(2006) 2931-3060.
6. H. H. Hummel and D. Okrent, Reactivity Coefficients in Large Fast Power Reactors, American Nuclear Society, LaGrange Park, IL(1970).
7. L. Dresner, Resonance Absorption in Nuclear Reactors, Pergamon Press, New York, NY(1960).
8. R. E. MacFarlane and D. W. Muir, "The NJOY Nuclear Data Processing System Version 91", LA-12740-M, Los Alamos, NM(1994).
9. A. Fessler and D. L. Smith, "Parameter Sensitivities in Nuclear Reaction Cross-Section Calculations", Annals of Nuclear Energy, 29(4)(2002) 363-384.
10. P. Finck, D. Keyes, and R. Stevens, "Workshop on Simulation and Modeling for Advanced Nuclear Energy Systems", DOE, Washington, DC(August 15-17, 2006).
11. L. Schroeder and E. Lusk, "Report of the Nuclear Physics and Related Computational Science R&D for Advanced Fuel Cycles Workshop", Bethesda, MD,(August 10-12, 2006).
12. C. R. Weisbin, P. D. Soran, R. E. MacFarlane, D. R. Morris, R. J. LaBauve, J. S. Hendricks, J. E. White, and R. B. Kidman, MINX: A Multigroup Integration of Nuclear X-Sections from ENDF/B, LA-6486-MS, Los Alamos Scientific Laboratory, Los Alamos, NM(1976).
13. W. J. Davis, M. B. Yarborough, and A. D. Bortz, "SPHINX: A One-Dimensional Diffusion and Transport

Nuclear Cross Section Processing Code", WARD-XS-3045-17, Westinghouse, Advanced Reactors Division, Madison, PA(1977).

14. R. E. Schenter, J. L. Baker, and R. B. Kidman, "ETOX, A Code to Calculate Group Constants for Nuclear Reactor Calculations" , BNWL-1002, Battelle Northwest Laboratory, Washington, DC(1969).
15. R. W. Hardie and W. W. Little Jr., "IDX, A One Dimensional Diffusion Code for Generating Effective Nuclear Cross Sections", BNWL-954, Battelle Northwest Laboratory, Washington, DC(1969).
16. B. A. Hutchins, C. L. Cowan, M. D. Kelly, and J. B. Turner, "ENDRUN-II, a Computer Code to Generate a Generalized Multigroup Data File from ENDF/B", GEAP-13704, General Electric Company, USA(March 1971).
17. C. L. Cowan, B. A. Hutchins, and J. E. Turner, "TDOWN - A Code to Generate Composition and Spatially Dependent Cross Sections", GEAP-13740, General Electric(1971).(See also R. Protsik, E. Kujawski, and C. L. Cowan, "TDOWN-IV", GEFR-00485, General Electric, 1979).
18. K. O. Ott and W. A. Bezella, Introductory Nuclear Reactor Statics, American Nuclear Society, La Grange Park, IL(1989).
19. K. Gregson, M. F. James, and D. S. Norton, "MLBW - A Multilevel Breit-Wigner Computer Programme", UKAEA Report AEEW-M-517, UKAEA, UK(1965).
20. D. I. Garber and R. R. Kinsey, Neutron Cross Sections, Vol. II, Curves, 3rd ed. BNL 325, Brookhaven National Laboratory, Upton, NY(January 1976).
21. C. E. Porter and R. G. Thomas, "Fluctuation of Nuclear Reaction Widths", Physical Review, 104(1956) 483.
22. K. Devan and R. S. Keshavamurthy, "Extension of Rational Approximations to p-wave Collision Amplitudes in Reich-Moore Formalism", Annals of Nuclear Energy, 28(2001) 1013.
23. R. N. Hwang, "An Overview of Resonance Theory in Reactor Physics Applications", Transactions of the American Nuclear Society, 91(2004) 735.
24. W. M. Stacey, Nuclear Reactor Physics, 439-452, Wiley-VCH, Berlin(2007).
25. R. S. Keshavamurthy and R. S. Geetha, "New Properties and Approximations of Doppler Broadening Functions Using Steffensen' s Inequality", Nuclear Science and Engineering, 162(2009) 192-199.
26. G. I. Bell, "A Simple Treatment of the Effective Resonance Absorption Cross Sections in Dense Lattices", Nuclear Science and Engineering, 5(1958) 138.

第6章
動特性、反応度効果、制御要件

6.1 はじめに

反応度効果は、過渡時の安全解析を行う上で、また通常運転時における制御要件を検討する上で重要である。高速炉の設計と安全性にとって重要な反応度効果は、(1)炉心の幾何形状変化の効果、(2)ドップラー効果、(3)ナトリウム密度変化やナトリウム喪失の効果、(4)長期の燃焼反応度損失などである。

原子炉制御システムは通常運転時にこれらの反応度を補償するとともに、通常運転から外れた状態を制御するにも十分な裕度を備えておかなければならない。

本章では、まず、6.2節で動特性方程式を再確認する。次に6.3節では反応度効果の理解に必要となる随伴中性子束と摂動論について解説する。6.4節では、動特性パラメータ$\bar{\beta}$（実効遅発中性子割合）とl（中性子寿命）について議論し、高速炉と熱中性子炉でのこれらの値の違いを示す。6.5節～6.7節では、上述の(1)～(3)の反応度効果について論じ、6.8節で反応度価値分布を取り上げ、最終節では、高速炉の制御要件を整理する。制御要件の定義については本章で十分にまとめられているが、燃焼度に関係する上述の(4)の反応度効果についての詳細は第7章で議論する。

6.2 原子炉動特性

高速炉、熱中性子炉ともに、それらの動特性を記述する原子炉動特性方程式は共通である。しかし、高速炉は熱中性子炉よりも中性子による核的な結合がより強いため、1点近似動特性の適用が熱中性子炉よりも有効である。核的結合がより強いということは、中性子束を時間と空間に分離可能なことを意味し、これは動特性の1点近似が妥当であるための必要な条件である。それ故に、今日までの高速炉の安全解析コードでは一般的に1点近似の動特性解析手法が用いられてきた[1]。商用高速炉の出力は1,000～2,000MWeの範囲にあるため、特に非均質炉心を採用するような場合は、必然的に空間-時間依存動特性を考慮しなければならない問題が生じてくるが、その検討は本テキストの対象外である。

6.2.1 1点近似動特性方程式

1点近似動特性方程式は以下のように表される。

$$\frac{dn}{dt}=\frac{\rho-\bar{\beta}}{\Lambda}n+\sum_{i=1}^{6}\lambda_i C_i \tag{6.1}$$

$$\frac{dC_i}{dt}=\frac{\bar{\beta}_i}{\Lambda}n-\lambda_i C_i \quad (i=1 \text{ から } 6) \tag{6.2}$$

---

[1] 1点近似動特性方程式は高速炉の安全解析コードでごく一般的に用いられているが、温度変化や物質移動による反応度フィードバックは多くの場合、空間依存効果を含むものである。

ここで、

n = 中性子密度（n/cm^3）
C_i = i 群の遅発中性子先行核濃度（個/cm^3）
ρ = $(k-1)/k = \delta k/k$ = 反応度
$\bar{\beta}$ = 実効遅発中性子割合
$\bar{\beta}_i$ = i 群の実効遅発中性子割合
Λ = 中性子世代時間（s）
λ_i = i 群の遅発中性子先行核壊変定数（s^{-1}）

中性子世代時間Λ（中性子が生成されてから次の世代に生成されるまでの時間を表す）は、中性子寿命l（中性子が生成され消滅するまでの時間を表す）と次の関係にある。

$$l = k\Lambda\ . \tag{6.3}$$

この関係式は、出力が上昇している時(k>1)はlがΛを超え、出力が低下している時（k<1）はΛがlを超えることを意味する。kは常に 1 に極めて近いため、大規模仮想事故条件においてさえも、両者はおおよそ同じ値となり、区別せずに中性子寿命とみなして差し支えない。

熱中性子炉の場合と同様に、高速炉の反応度にもしばしば$の単位が用いられる[2]。これは、$\rho$の絶対値を$\bar{\beta}$で除したものである。1 $よりも小さな反応度（すなわち、$\rho < \bar{\beta}$）に対しては、式（6.1）の右辺第1項は第2項と比較して小さく、原子炉動特性方程式は遅発中性子により支配される。これは、熱中性子炉と同様、高速炉についてもあてはまることである。従って、高速炉においても、通常の起動、停止および出力レベル変化は熱中性子炉と同じように進展する。

高速炉の振る舞いが熱中性子炉と大きく異なるのは、正味の反応度が$\bar{\beta}$に近づくか超える時のみである。この差異が生じるのは、高速スペクトル炉の即発中性子寿命（～4×10^{-7}s）が軽水炉のそれ（～2×10^{-5}s）と比較して非常に短いためである。しかしながら、即発臨界状態であっても、高速スペクトル炉の過渡的振る舞いはなめらかで予測可能である。これは、（遅発中性子先行核を1群と近似した）式（6.1）および式（6.2）の中性子密度の解を見ることで分かる。

$$\frac{n}{n_0} = \frac{\bar{\beta}}{\bar{\beta}-\rho}\exp\left(\frac{\lambda\rho}{\bar{\beta}-\rho}t\right) - \frac{\rho}{\bar{\beta}-\rho}\exp\left(-\frac{\bar{\beta}-\rho}{\Lambda}t\right) \tag{6.4}$$

ここでλは、6群全ての遅発中性子に対して重み付けされた壊変定数である。$\rho < \bar{\beta}$の場合、第2項は急激に減少し、第1項が長期過渡応答を表す項として残る。この領域では、原子炉ペリオドτは以下の式で近似される。

$$\tau \cong \frac{\bar{\beta}-\rho}{\lambda\rho} \quad (\rho < \bar{\beta}\ に対して).$$

$\rho > \bar{\beta}$の場合、式（6.4）の第2項は、（Λが非常に小さいため）符号が正となり値も大きくなる。こ

[2] 反応度の単位として¢が用いられることもある。1¢は0.01$。

のとき、原子炉ペリオドは以下の式で近似される。

$$\tau \cong \frac{\Lambda}{\rho - \bar{\beta}} \quad (\rho > \bar{\beta}\text{に対して}).$$

原子炉ペリオドと反応度の関係を図6.1に示す。ここで重要なのは、反応度が約0.90$より小さい場合、原子炉ペリオドは中性子寿命によって影響を受けないことである（すなわち、高速炉と熱中性子炉は同様に振る舞う）。また、たとえ即発臨界状態においても、その振る舞いはなめらかで、原子炉応答は正確に予測することができる。これは、酸化物燃料高速実験炉SEFOR（South-West Experimental Fast Oxide Reactor）における実験で実証されている通りである［1, 2］。（SEFORプログラムでは、ドップラー効果が過渡状態をいかに抑制するかの性能を実証するため、原子炉を意図的に即発超臨界状態にする実験が行われた。）

1$に相当する反応度の絶対値は、高速炉（主な核分裂性物質としてプルトニウムを用いる）の方が熱中性子炉（主に濃縮ウランを用いる）よりも低い。これは、βが^{235}Uの場合0.0068であるのに対し、^{239}Puではわずか0.00215であるためである。燃料として主要な重核種についての高速核分裂に対する遅発中性子データを表6.1に示す。βと$\bar{\beta}$の計算方法は6.4節で後述する。

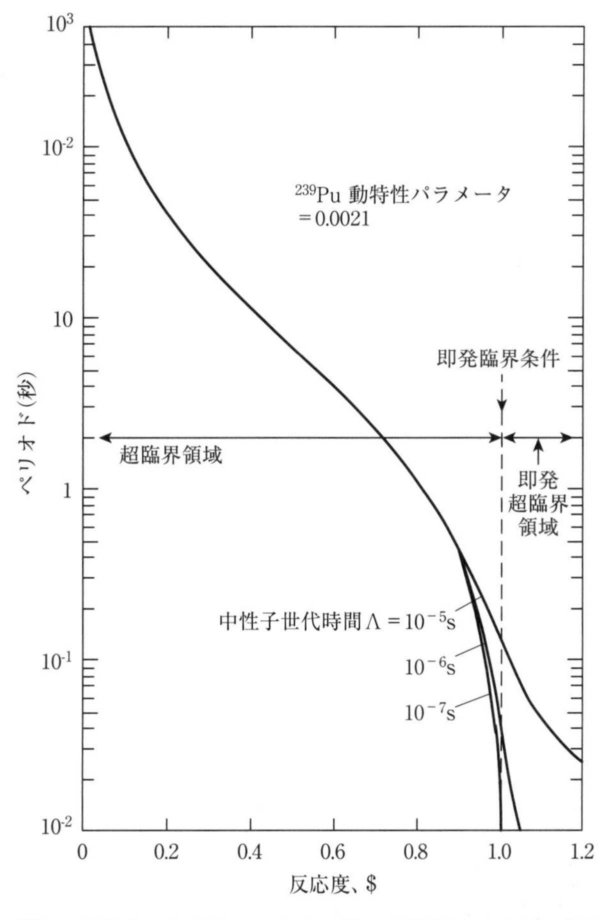

図6.1　^{239}Pu を装荷した高速スペクトル炉の原子炉ペリオド－反応度曲線

表6.1 高速核分裂に対する遅発中性子パラメータ

核種	核分裂あたりの遅発[a]中性子数	核分裂あたりの全[b]中性子数,ν	β	群	$\lambda_i^c (s^{-1})$	β_i / β^c
^{232}Th	0.0531 ±0.0023	2.34	0.0227	1	0.0124	0.034
				2	0.0334	0.150
				3	0.121	0.155
				4	0.321	0.446
				5	1.12	0.172
				6	3.29	0.043
^{233}U	0.00731 ±0.00036±	2.52	0.0029	1	0.0126	0.086
				2	0.0334	0.274
				3	0.131	0.227
				4	0.302	0.317
				5	1.27	0.073
				6	3.13	0.023
^{235}U	0.01673 ±0.00036	2.45	0.0068	1	0.0127	0.038
				2	0.0317	0.213
				3	0.115	0.188
				4	0.311	0.407
				5	1.40	0.128
				6	3.87	0.026
^{238}U	0.0439 ±0.0010	2.77	0.0158	1	0.0132	0.013
				2	0.0321	0.137
				3	0.139	0.162
				4	0.358	0.388
				5	1.41	0.225
				6	4.02	0.075
^{239}Pu	0.00630 ±0.00016	2.93	0.00215	1	0.0129	0.038
				2	0.0311	0.280
				3	0.134	0.216
				4	0.331	0.328
				5	1.26	0.103
				6	3.21	0.035
^{240}Pu	0.0095 ±0.0008	3.07	0.0031	1	0.0129	0.028
				2	0.0313	0.273
				3	0.135	0.192
				4	0.333	0.350
				5	1.36	0.128
				6	4.04	0.029
^{241}Pu	0.0152 ±0.0011	2.95	0.00515	1	0.0128	0.010
				2	0.0299	0.229
				3	0.124	0.173
				4	0.352	0.390
				5	1.61	0.182
				6	3.47	0.016
^{242}Pu	0.0221 ±0.0026	3.05	0.0072	1	0.0128	0.004
				2	0.0314	0.195
				3	0.128	0.161
				4	0.325	0.412
				5	1.35	0.218
				6	3.70	0.010

a 参考文献[3]より。測定されるパラメータはβではなく遅発中性子数である。これらは高速核分裂、すなわち数keVから4MeVの範囲での核分裂に対する値である。このパラメータは核分裂を起こす中性子エネルギーに対しそれほど大きな感度をもたない。

b νの平均値(βを得る上で、核分裂あたりの遅発中性子数とともに用いられる値)は高速炉の中性子スペクトルに応じてわずかに差がある。ここでの値は付録Fでの値および付録Fの断面積を得るために用いられた中性子スペクトルと整合している。βは表内左2列の値の比であるため、中性子スペクトルがここで仮定したものとは異なる場合、わずかに差が生じる。

c 参考文献[4]より。λ_iとβ_i/βの不確かさについて報告あり。

多くの安全解析では、動特性方程式の主要変数を中性子密度nから炉心出力密度p（W/cm^3）に変換すると便利であり、以下の定義および近似を用いることでその変換が行える。

$$p = \frac{\Sigma_f n v}{2.93 \times 10^{10}},$$

$$y_i = \frac{\Sigma_f C_i v}{2.93 \times 10^{10}}.$$

これらの変数を用いると動特性方程式は次式のようになる[3]。

$$\frac{dp}{dt} = \frac{\rho - \bar{\beta}}{\Lambda} p + \sum_{i=1}^{6} \lambda_i y_i \tag{6.5}$$

$$\frac{dy_i}{dt} = \frac{\bar{\beta}_i}{\Lambda} p - \lambda_i y_i \quad (i = 1 \text{ から } 6). \tag{6.6}$$

6.2.2　即発跳躍近似

小さな反応度変化による出力密度変化の評価に用いることができる非常に便利な近似は、即発跳躍近似と呼ばれる。反応度が0.9$よりも小さい場合（$\rho$<0.9$）、出力変化率は十分にゆるやかで、時間微分dp/dtは式（6.5）の右辺の2つの項と比較して無視し得る。ここで、出力密度pは式（6.5）から次式のように近似できる。

$$p = \frac{\Lambda \sum_{i=1}^{6} \lambda_i y_i}{\bar{\beta} - \rho}. \tag{6.7}$$

反応度変化の前では、式（6.6）中の微分dy_i/dtはゼロであり、出力密度は初期または定常状態の値p_0である。それ故、反応度変化の時刻における$\lambda_i y_i$は式（6.6）から$(\bar{\beta}_i/\Lambda)p_0$である。これを式（6.7）に代入すると反応度変化直後のpの値が得られる。すなわち、

$$p \simeq \frac{p_0 \sum_{i=1}^{6} \beta_i}{\bar{\beta} - \rho} = \frac{p_0 \bar{\beta}}{\bar{\beta} - \rho} = \frac{p_0}{1 - \left(\frac{\rho}{\beta}\right)}.$$

故に、

$$p \simeq \frac{p_0}{1 - \rho\,(\$)}, \quad (\rho < \$0.9 \text{ に対して}) \tag{6.8}$$

---

[3] この式では即発中性子と遅発中性子の世代間の時間差を無視している。

ここでの反応度の単位は$である。式（6.8）は、反応度変化が$0.9よりも小さい場合の、即発中性子による出力密度のほぼ瞬間的変化（跳躍）を表しているが、中性子世代時間Λを含まない。さらに、このp/p_0の近似値は、式（6.4）の中で急激に減衰する第2項が消えた後に残る第1項の係数であることに留意すべきである。このことは、即発臨界状態よりも小さい反応度に対する高速スペクトル炉の過渡時の振る舞いは、本質的に即発中性子寿命に依存しないことを理解するもう一つの方法である。

6.3 随伴中性子束と摂動理論

本章では、反応度効果の計算をする上で重要な随伴中性子束ϕ^*について紹介する。ここでは、随伴中性子束や反応度の摂動理論に基づく式の導出には踏み込まない。その理論は、高速炉であるか熱中性子炉であるかに因らずどちらに対しても同じであり、標準的な原子炉理論の教科書に示されている。但し、ここでは、随伴中性子束の物理的意味を議論し、反応度効果の多群摂動理論の式において随伴中性子束を用いる。

6.3.1 随伴中性子束

随伴中性子束は、その物理的意味を表す名前として、しばしばインポータンス関数（importance function）と呼ばれる。随伴中性子束は中性子連鎖反応を継続させる中性子のインポータンスに比例する。インポータンスが高い中性子は核分裂を起こす可能性が高く、またその核分裂により生じた中性子は、他の核分裂などを生じる可能性が高い。空間的には、炉心中心に近い中性子は炉心から漏れる確率が低い故に、炉心端に近い中性子よりもインポータンスが高い。このため、核分裂を起こす可能性がより高い。実際、裸の炉心では中性子束と随伴中性子束の空間形状は同一であり、炉心中心で最大になる。

高速炉では、炉心はブランケットで囲まれているものの、最も重要なエネルギー範囲において、一般に中性子束と随伴中性子束の空間形状は非常によく似たものとなっている。

高速炉で特に興味深いのは、随伴中性子束のエネルギー依存性であり、中性子束と随伴中性子束の振る舞いに大きな差異をみることができる。また、この点に関して、高速炉と熱中性子炉とでも大きな違いがある。高速炉における中性子インポータンスは、数keVよりも高いエネルギー領域でエネルギーと共に増加する傾向にある。これは主に、核分裂性同位体のηがエネルギーとともに増加するためであり、プルトニウムが装荷された高速炉において高増殖比が得られることと同じ性質の話しである。親物質の核分裂エネルギー閾値よりも上のエネルギー領域では、これらの物質の核分裂によりインポータンスもまた上昇する。

数keVよりも低いエネルギー範囲では、インポータンス関数は再び上昇する。これは、核分裂性物質の核分裂断面積が他の断面積と比較して増加することによるものである。ここで、熱中性子断面積よりも共鳴断面積に着目しなければならないのは、高速炉において中性子は熱エネルギーになるまで生存できないためである。大型酸化物燃料高速炉では、最小のインポータンスとなる中性子エネルギーは10keVよりわずかに上である。

大型酸化物燃料高速炉における随伴中性子束のエネルギー依存性を図6.2に示す。同図には中性子エネルギーに対するηの値も描かれており、10keV以上で上昇している。このηは核分裂性物質と親物質に対する実効的なηである。1MeV以上の急峻な上昇は親物質の核分裂効果によるものであり、低エネルギー側での上昇は親物質の捕獲断面積に対する核分裂性物質の核分裂断面積の比が上昇することによるものである。

続く節では、随伴中性子束のエネルギー依存性が、ドップラー反応度、ナトリウムや燃料の密度反応度、そして実効遅発中性子割合等の高速炉の安全上重要なパラメータに対して、重要な役割を果た

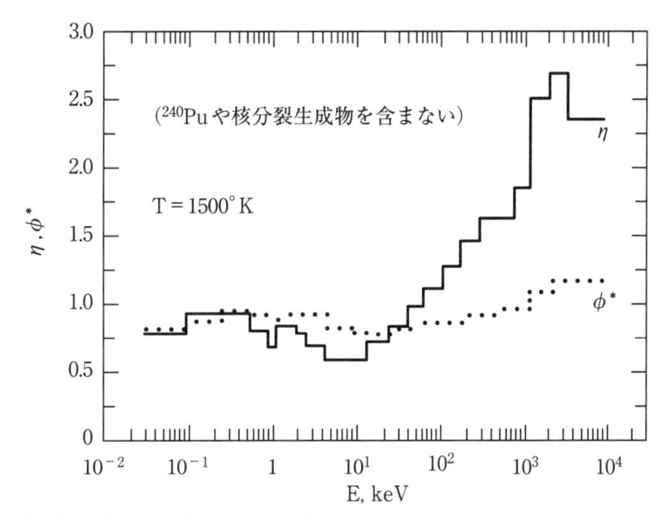

図6.2　大型酸化物燃料高速炉における随伴中性子束および実効 η のエネルギー依存性
（出典：参考文献［5］）

していることをみていく。

6.3.2　摂動理論による反応度

多群一次摂動理論に基づく反応度効果は次のように計算できる。

$$\rho = \frac{\left[\int \sum_{g} \phi_g^* \chi_g \sum_{g'} \delta \left(\nu \Sigma_f\right)_{g'} \phi_{g'} dV + \int \sum_{g} \nabla \phi_g^* \delta D_g \nabla \phi_g dV - \int \sum_{g} \phi_g^* \delta \Sigma_{rg} \phi_g dV + \int \sum_{g} \phi_g^* \sum_{g'<g} \delta \Sigma_{g' \to g} \phi_{g'} dV \right]}{\int \sum_{g} \phi_g^* \chi_g \sum_{g'} \left(\nu \Sigma_f\right)_{g'} \phi_{g'} dV} \tag{6.9}$$

ここで、積分は全炉心にわたり行われる。ここで反応率は、反応度効果を決定するために随伴中性子束で重み付けされている。分子の第2項および第3項は、漏えいによる損失項および吸収、弾性散乱、非弾性散乱による損失項を表し、これらの項の増加は負の反応度をもたらす。第1項および第4項は、核分裂および散乱による生成項を表し、これらの項の増加は正の反応度をもたらす。分母は、摂動を与える前の炉に対する重み付けされた核分裂生成項である。

6.4　実効遅発中性子割合と中性子寿命

6.4.1　実効遅発中性子割合

遅発中性子割合 β は、各核分裂性同位体の遅発中性子割合をその同位体の核分裂で生成された中性子数で重み付けしたゼロ次元核計算から次のように計算できる。

$$\beta = \frac{\sum_m \left(\beta_m \sum_g \left(\nu \Sigma_f\right)_{mg} \phi_g \right)}{\sum_g \left(\nu \Sigma_f\right)_g \phi_g}. \tag{6.10}$$

より精度の高い空間依存計算には、以下の式（6.11）に示されるように、重み付け過程において随伴中性子束と遅発中性子のエネルギースペクトルを含まなければならない。高速炉内に存在し得る主要な核分裂性同位体の高速核分裂に対するβの値を表6.1に示した。

酸化物燃料高速炉のβの典型的な値は、複数の核分裂可能核種に対する典型的な核分裂分布を仮定することにより、表6.1のβ_mとν_mから計算できる。表4.1で示した中性子バランスを持つ1,200MWeの均質炉心設計における核分裂割合に対しては、βの値は約0.0046である。表4.2の1,000MWeの非均質炉心設計のβは約0.0040である。

動特性方程式中に用いられるβの正確な計算では、核分裂の空間分布に加え、より重要な、遅発中性子と即発中性子のエネルギースペクトルの差異を考慮しなければならない。結果として得られるβは実効的遅発中性子割合$\bar{\beta}$と呼ばれる。

$$\bar{\beta} = \frac{\sum_m \sum_{i=1}^{6} \beta_{im} \int \sum_g \phi_g^* \chi_{dg} \sum_{g'} \left(\nu \Sigma_f\right)_{mg'} \phi_{g'} dV}{\int \sum_g \phi_g^* \chi_g \sum_{g'} \left(\nu \Sigma_f\right)_{g'} \phi_{g'} dV}. \tag{6.11}$$

mに関する和は、核分裂可能（fissionable）な物質m全てを含むことを意味し、それぞれの核種mに対してβそして$\nu\Sigma_f$は異なる。各物質の遅発中性子スペクトルχ_dは同一であると仮定する。iに関する和は遅発中性子全6群の和を指している。また、分母の重み付けられた生成項は、式（6.9）の分母と同一である。

高速炉では熱中性子炉とは異なり、$\bar{\beta}$はβよりも約10%小さい。遅発中性子は即発中性子のエネルギーよりも低いエネルギーで生成される。図6.2に示されるように、高速炉の随伴中性子束はエネルギーとともに上昇するので、高速炉においては、遅発中性子は即発中性子よりも価値が小さく、その結果$\bar{\beta}/\beta<1$となる。熱中性子炉では、遅発中性子は即発中性子に比べ、炉心からの中性子の漏えいが少ないためより価値が高い傍ら、遅発中性子でも即発中性子でも高エネルギーにおいては（高速炉と比較して）ほとんど核分裂を起こさないため$\bar{\beta}/\beta>1$となる。

表4.1および表4.2の均質炉心設計および非均質炉心設計についての上述のβの予測値に対し、$\bar{\beta}$の値は、均質炉心設計では$\bar{\beta}\cong 0.0042$、非均質炉心設計では$\bar{\beta}\cong 0.0036$となる。これらの値は、上記炉心における1$に相当する反応度である。均質炉心設計に対する値は、通常報告されている値よりもわずかに高い値ではあるが、高速スペクトル炉としては極めて典型的な値である。これら2つの設計における$\bar{\beta}$値の差異の理由は、均質炉心設計においては核分裂性核種の割合がかなり低く、結果として^{238}Uの核分裂割合が大きいことによる。

6.4.2 中性子寿命

中性子寿命は多群理論に対して以下の式で表される。

$$l = \frac{\int \sum_g \phi_g^* \frac{1}{v_g} \phi_g dV}{\int \sum_g \phi_g^* \chi_g \sum_{g'} \left(\nu \Sigma_f\right)_{g'} \phi_{g'} dV}. \tag{6.12}$$

g群のv_gの適切な値は次のように置くことにより得られる。

$$\frac{1}{v_g} \int_{E_{lg}}^{E_{ug}} \phi(E) dE = \int_{E_{lg}}^{E_{ug}} \frac{1}{v(E)} \phi(E) dE, \tag{6.13}$$

ここで、下付添字uとlは当該群の上限（upper）および下限（lower）のエネルギー境界である。低エネルギーになるにつれ、ϕ(E)は1/Eよりも早く減少するが、$\phi(E)=C/E$、$v(E)=\sqrt{2E/m}$と置いて、v_gについて解けば、以下が得られる。

$$v_g = \frac{v_{ug} v_{lg} \ln\left(E_{ug}/E_{lg}\right)}{2\left(v_{ug} - v_{lg}\right)}, \tag{6.14}$$

ナトリウム冷却高速炉の中性子寿命の典型的な値は4×10^{-7}sである。

6.5 形状変化による反応度

ナトリウム冷却高速炉の通常運転時には、炉心の形状変化が生じ、またそれは異常な過渡時にも生じ得る。出力をゼロから定格まで上昇させる通常起動時など、温度が上昇する際、燃料は軸方向に膨張する。炉心支持構造物は、冷却材ナトリウムの入口温度が上昇すると径方向に膨張し、これにより炉心全体の径方向膨張が生じる。

通常のピン形状をした固体燃料における燃料軸方向膨張の主な役割は、出力過渡の開始時に即時の負の反応度フィードバックをもたらすことである。このメカニズムは金属燃料高速炉において有用となる主要な即時の負の反応度フィードバックである。（ドップラーフィードバックも金属燃料炉では有効であるが、中性子スペクトルが硬いため相対的に小さい。）セラミック燃料高速炉では、高燃焼度燃料における（クラックによる）構造健全性の欠如により、軸方向膨張メカニズムが幾分不確かなものとなるため、即時の負のフィードバックとしてはドップラー効果に依存することになる。

もし、燃料が過酷事故（severe accident, SA）で溶融した場合、燃料は崩落し炉心は縮小するか、あるいは燃料が上向きに押し流されたり、強制的に炉外へ排出されたりして、炉心の膨張をもたらす。このため、炉心形状の変化による反応度効果を理解することが重要である。

高速炉と熱中性子炉で最も重要な違いの一つは、高速炉では、燃料の凝縮が大きな正の反応度効果をもたらすことである。熱中性子炉ではそのようにはならない。これは、高速炉が反応度の観点で最適な形状にて運転されるように設計されないためである。例えば、高速炉の炉心設計では、冷却材体積比が減少すると臨界達成に必要な核分裂性物質量も必ず減少することになるが、軽水炉はこの相関にあらず、最適な減速材対燃料比（moderator-to-fuel ratio, MFR）となる条件が存在し、炉心はそれを満足するように設計される。

6.6 ドップラー効果

6.6.1 計算方法

原子炉がもし即発臨界になるような場合においては、出力過渡を反転させるような即時の負の反応度フィードバック特性を有することは重要である。高速炉であろうと熱中性子炉であろうと、制御棒による機械的動作は、即発臨界に到達した後では遅すぎる。高速炉においては、燃料の高密度化とナトリウム喪失の2つのメカニズムにより原子炉が即発臨界となる可能性があるため、即時の負の反応度フィードバックは特に重要である。

ドップラー効果は、セラミック燃料高速炉に対し、この即時の負の反応度フィードバックを与える。定格を逸脱して出力が急上昇（power excursion）する場合には、過度の核分裂エネルギーが燃料を急速に高温化させる。第5章で議論したように、主な親物質同位体（^{238}Uや^{232}Th）の温度上昇の結果、これらの実効寄生捕獲断面積は比較的大きく増加する。これは大きな負の反応度効果をもたらす。酸化物燃料高速炉においてドップラー効果が有効に働くこと、そのドップラー効果の大きさ、さらに即発臨界を超える反応度投入過渡時におけるフィードバック効果の度合いを予測できることが、1960年代後半のアメリカにおけるSEFOR[4]の実験で実証されている［1, 2］。

フィードバック応答は、核分裂性物質と親物質がムラなく均一に混合されている場合にのみ即効性を示す。核分裂エネルギーの大部分は、核分裂生成物の減速によって生じるため、親物質同位体は、核分裂生成物の運動エネルギーの損失が親核種の温度上昇、すなわち熱的運動を即座に引き起こすように核分裂性同位体に対し十分に接近している必要がある。これは、親核種と核分裂性核種との距離が、核分裂生成物の減速距離あるいは減速範囲のオーダーを決して超えないことを求めるものである。この範囲は10 μmのオーダーである。このような親物質と核分裂性物質の均質混合は、混合酸化物、炭化物、窒化物燃料の製造で通常用いられる製造技術により達成される。

第5章で議論したように、ドップラー反応度は低いエネルギーの中性子の捕獲が支配的要因である。親物質の温度上昇によりその物質の実効断面積を増加するには、エネルギー自己遮蔽効果が必要となる。高エネルギーでは自己遮蔽はほとんどない。セラミック燃料炉は、燃料中に酸素、炭素あるいは窒素が存在するため、大きなドップラー効果を得るのに十分な軟中性子スペクトルを持つ。硬スペクトルを持つ炉、特に初期の小型金属試験炉では、ドップラー効果は小さい。大型金属燃料高速炉の設計であっても、ドップラー効果はセラミック燃料炉に比べて大幅に小さい。これは、出力過渡を抑制する上で、セラミック燃料が金属燃料よりも優れる重要な特長の一つである。しかしながら、安全性の章で確認すべきことであるが、大き過ぎる負のドップラー係数は冷却材喪失事故に対しては障害となり得る。

ドップラー反応度効果は摂動理論を用いて計算することができるが、異なる温度での実効断面積を用いた臨界計算を2回行うことでも算出できる。ドップラー反応度を多群摂動理論に基づき表わすと、次のようになる。

---

[4] 過去に、ドップラー効果、炉心軸方向膨張、そして径方向中性子漏洩の間の相互作用についての興味深い実験がSEFORでなされた。この炉はドップラー効果の測定という特別な目的のためにつくられた。そのため、軸方向および径方向の膨張効果を完全に排除することが望まれた。燃料ピンの適切な軸方向位置（炉心の下端から上方に向かって約2/3の高さ）にギャップを挿入することで、径軸膨張は適切に排除された。その結果、燃料の軸方向膨張により自然に増加する中性子の径方向漏洩は、このギャップが閉じることにより正確に相殺された。

$$\rho = \frac{-\int \sum_g \phi_g^* \delta \Sigma_{ag} \phi_g dV + \int \sum_g \phi_g^* \chi_g \left[\sum_{g'} \delta \left(\nu \Sigma_f \right)_{g'} \phi_{g'} \right] dV}{\int \sum_g \phi_g^* \chi_g \left[\sum_{g'} \left(\nu \Sigma_f \right)_{g'} \phi_{g'} \right] dV}, \quad (6.15)$$

ここで、$\delta\Sigma_a$と$\delta(\nu\Sigma_f)$の項は加熱による吸収断面積および核分裂断面積の変化を表す。積分は原子炉体積全体に対してなされる。分子の最初の積分は、親核種および核分裂性核種の実効吸収断面積（捕獲、核分裂の両方を含む）の増加を表しており、これは燃料温度の上昇に対し負の反応度効果となる（すなわち、この場合$\delta\Sigma_a$は正）。第二項は、燃料温度の上昇に伴い核分裂性核種の実効核分裂断面積が増加することによる正の寄与を表す。ここで、第一項において、吸収反応率の増分$\delta\Sigma_{ag}\phi_g$はその吸収が生じるエネルギー群と同じ群のインポータンス$\phi_g{}^*$で重み付けされる。それは中性子がそのエネルギーにおいて炉心から消滅するためである。一方、2つめの積分での生成中性子は、それらが生成されたエネルギー群でのインポータンスで重み付けされる。

図6.2の随伴中性子束の形状が重要であることは、式（6.15）から理解できる。セラミック燃料高速炉では、主要親物質の$\delta\Sigma_{cg}\phi_g$への主な寄与は、低エネルギー、すなわち0.1～10keVの範囲において生じる。図6.2から、随伴中性子束は約10keVでレベルが横ばいになり、それ以下のエネルギーで再び上昇することが分かる。

ドップラー効果の大半は、親核種によるものである。核分裂性核種に対しては、$\delta\Sigma_c$と$\delta\Sigma_f$の効果はほぼ打ち消し合うことが、最初は実験で観察され、後に共鳴重ね合わせ理論の適用により説明された。^{240}Puのようなマイナーな親核種は、少量（つまり、原子数密度Nが小さい）のためドップラー効果にほとんど寄与しない。さらに、これらが少量である結果、エネルギー自己遮蔽は小さく、$\delta\sigma_{cg}$の実効的な値は非常に小さい。

セラミック燃料炉の中性子増倍係数kは、燃料温度に対して図6.3の様に変化する。約1.0であるkの変化の絶対値は小さいが、その差は反応度増加の点では大きくなる可能性がある。任意の温度における曲線の勾配は、その温度におけるドップラー係数dk/dTである。この係数は常に負であるが、dk/dTは一定ではなく温度の関数であり、Tの増加とともにその絶対値は減少する。

酸化物燃料高速炉ではdk/dTの温度依存性は、次式でほぼ正確に示される。

$$\frac{dk}{dT} = \frac{K_D}{T} \quad (6.16)$$

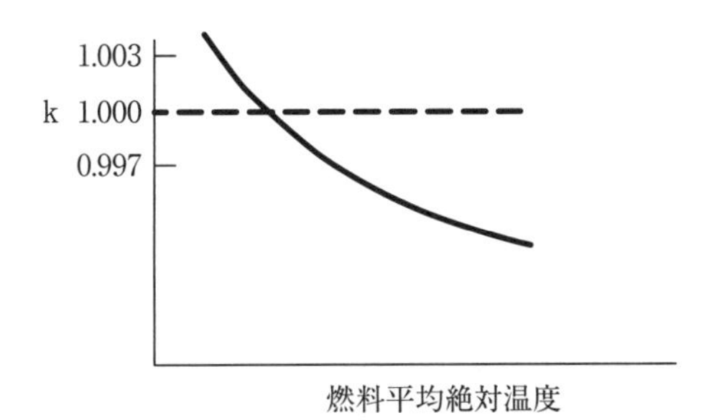

図6.3　燃料温度増大に伴うkの低下

ここでK_Dは定数である。従って、定数K_Dはドップラー定数という名称を取ってきた。ここで、

$$K_D = T\frac{dk}{dT}. \tag{6.17}$$

この定数は、酸化物燃料高速炉に対するドップラー効果を特徴付ける値である。（他の文献ではこの定数のことをドップラー係数と称することが多いが、係数という用語は微係数dk/dT用に留める方が良いとの考え方もある。）

燃料温度がT_1からT_2に均一に変化するとき、ドップラー反応度効果は、式（6.16）から次式のように計算できる。

$$\rho = \int_{T_1}^{T_2} \frac{dk}{dT}dT = \int_{T_1}^{T_2} \left(\frac{K_D}{T}\right) dT = K_D \ln\left(T_2/T_1\right). \tag{6.18}$$

炉内では燃料温度分布が存在し、反応度効果を計算する際にはこれを考慮する必要がある。温度分布の効果は、断面積変化$\delta\Sigma_{ag}$と$\delta\Sigma_{fg}$を通して式（6.15）へ取り入れることができる。温度変化が空間依存であることから、これらの断面積変化も空間依存となる。さらに、計算しようとする出力変化のタイプに注意を払わなければならない。変化のタイプの一つは、定常出力レベルから別の定常出力レベルへの変化である。このタイプの変化は、定常状態の出力係数の計算や、出力レベルの変化を補償するために要求される制御棒の反応度を決定するために解析する必要がある。もう一つの変化のタイプは、仮想的な出力異常上昇（accidental power excursion）である。ここで、ある与えられた出力レベルの変化に対する燃料温度の空間的変化は、定常状態での同出力レベルにおける空間変化とは異なる。

これらの温度変化は、しばしば次の式で説明される。

$$\rho = \sum_i \frac{K_{Di}}{V_i} \int_{V_i} W(r,z) \ln \frac{T(r,z)}{T_0(r,z)} dV, \tag{6.19}$$

ここで、総和は（ブランケットを含む）炉心領域iにわたり、K_Dはその領域におけるドップラー定数への寄与、$T_0(r,z)$は初期温度分布である。重み係数$W(r,z)$は、次のような、規格化されたドップラー効果の空間的変化である。

$$\frac{1}{V_i}\int_{V_i} W(r,z)\,dV = 1. \tag{6.20}$$

実際の燃料棒内での温度変化の効果に関する研究では、平均値と同じか、わずかに低い実効温度を用いることで、適切な精度をもった結果を得られることが示されている。

微妙な差に対する考慮は最終段階の設計や安全解析では必要であるが、これらの差は一般に二次的効果をもたらすのみである。定常の出力変化においては、これまでの研究実績より、燃料平均温度が$\bar{T}_1$で燃料温度分布が$T_1(r)$である出力レベルから、燃料平均温度が$\bar{T}_2$で燃料温度分布が$T_2(r)$である出力レベルに変化した場合の実際の反応度変化は、$\bar{T}_1$から$\bar{T}_2$への均一温度変化に対して計算された

値よりも約10%高いことが分かっている。すなわち、

$$\rho\left[T_1(r) \to T_2(r)\right] \approx 1.1K_D \ln\left(\overline{T}_2/\overline{T}_1\right). \tag{6.21}$$

酸化物燃料高速炉において、dk/dTが$1/T$に非常に近い形で変化する理由は、現象を支配する自然法則ではなくむしろ、運の良さにある。実効ドップラー断面積の理論は、金属燃料高速炉のような、より硬スペクトルを持つ炉のdk/dTは$1/T^{3/2}$に従い変化するとしている。また共鳴理論は、軽水炉のような軟スペクトルの炉のdk/dTは$1/T^{1/2}$に従い変化することを示している。酸化物燃料の炉はこの間にあり、偶然にも、$1/T$がその変化を非常に良く表しているように見えるのである。

6.6.2　冷却材喪失のドップラーフィードバックへの影響

ドップラー係数やドップラー定数の大きさは、セラミック燃料装荷高速炉では10keV以下の中性子束が高いため比較的大きくなることを学んだ。この軟スペクトルは、ナトリウムによる減速効果と燃料中の質量の小さい物質（酸素、炭素、窒素）による減速効果の組み合わせによる。ところが、第15章で述べたスクラム失敗事故では、液体ナトリウムは沸騰し、低密度のナトリウム蒸気のみを残して、炉心の全体あるいは一部から放出される。この事象では、中性子スペクトルは硬化し、ドップラー係数の大きさは減少する。図6.4はドップラー共鳴領域の中性子損失によってドップラー係数が減少する原因を示している。ナトリウムが炉心から喪失した際の安全解析には、この減少したドップラー係数を用いる必要がある。ナトリウムの喪失がK_Dに与える影響を示すため、CRBRP設計のドップラー定数の値を本節の後半に示す。

$1/T^m$のべき乗数mはスペクトルに依存するため、スペクトル変化がdk/dTの温度依存性を変化させると主張する人もいるかもしれない。ところが実際には、ナトリウム喪失によるスペクトル変化の影響は小さく、酸化物燃料の設計ではK_D（dk/dTにおいて$1/T$に従い変化する）の値がナトリウムの有無によらず使用される。

ナトリウムを除去した状態でのドップラー反応度の計算では、ナトリウムによる散乱がないために生じる自己遮蔽の変化によって全ての実効断面積が変化することを考慮しなければならない。最も重要な変化は、言うまでもなく、燃料温度上昇に伴うドップラーの広がりを考慮した断面積の変化である。

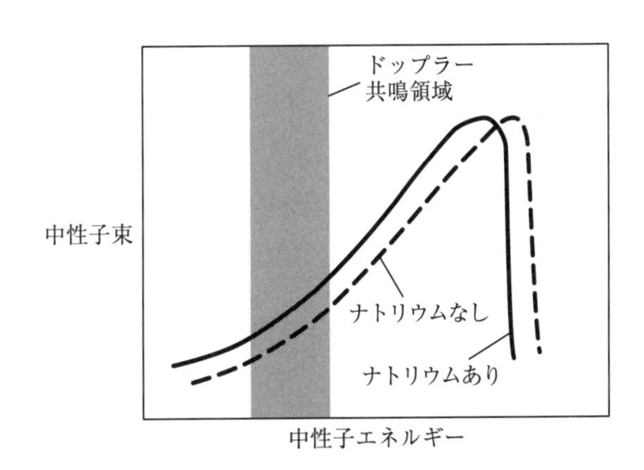

図6.4　炉心からナトリウムが喪失した場合のドップラー共鳴領域における中性子束減少

6.6.3 燃焼期間中のドップラー効果の変化

原子炉運転中、燃料の燃焼にともないドップラー係数は変化する。多数の微小な変化が同時に起こるため、その変化の大きさや、変化の方向性さえも予測は容易ではない。第一に、ボロンによる中性子吸収効果が制御棒の引き抜きによって除かれる。第二に、核分裂生成物の生成が挙げられる。これらは、高エネルギーでのϕおよびϕ^*よりもむしろ、ドップラーが重要となる低エネルギーでのϕおよびϕ^*を変える。両タイプの中性子吸収材は、高エネルギーでのϕおよびϕ^*に比べて、低エネルギーでのϕおよびϕ^*を減少させる効果が大きいが、どちらが支配的影響を示すかについて、両者は競合する。燃料には2つの役割がある。^{238}U濃度の減少は、$\delta\Sigma_c$の減少により、ドップラーをわずかに減少させるが、より重要なのは、内部転換比が、燃料サイクル期間中に除かれなければならないボロン吸収材の量に影響を与え、それゆえ、ボロンと核分裂生成物の間でϕおよびϕ^*に与える相対的な影響が変化することである。内部転換比は炉心サイズ（または定格出力）に強く影響を受ける。このため、小型炉と大型炉で、燃焼度がドップラー係数へ与える影響に違いが生じる。

6.6.4 具体例

初期のCRBRPの均質炉心設計［6］における典型的なドップラー定数の値を、炉心サイズ（出力レベル）、ナトリウム喪失、燃料サイクル、非均質炉心設計による影響とともに、以下に示した。本節の全ての数値は、UO_2-PuO_2燃料装荷のナトリウム冷却高速炉に関するものである。K_Dのサンプル値は、ナトリウム喪失反応度に関する次節の表6.3と付録Aにまとめた。

炉心サイズ（あるいは出力レベル）による影響

初期のCRBRPの均質炉心設計［6］と1,200MWe出力均質炉心設計での値を比較して示す。

$$K_D(\text{CRBRP, 350MWe}) = -0.0062$$
$$K_D(\text{1,200MWe}) = -0.0086.$$

大型炉では中性子の漏えいが少なく、中性子スペクトルがより軟らかくなるため、炉心サイズ増大に伴いK_Dが上昇することは大いに期待できることである。

ナトリウム喪失による影響

平衡サイクルの初期において、ナトリウムの有無によるドップラー定数は、

$$K_D(\text{ナトリウム有}) = -0.0062$$
$$K_D(\text{ナトリウム無}) = -0.0037,$$

であり、ナトリウム喪失によるドップラー効果の減少は非常に大きいことに注意が必要である。

燃焼による影響

サイクルの初期と末期におけるナトリウムがある状態でのドップラー定数は、

$$K_D(\text{サイクル初期}) = -0.0062$$
$$K_D(\text{サイクル末期}) = -0.0070,$$

となる。CRBRP級のサイズの設計では、ドップラー効果はサイクルと共にわずかに増加することがわかる。これはナトリウムがない状態でのドップラー効果についても見られる傾向である。

非均質炉心設計による影響

1,200MWeの均質炉心と2つの非均質炉心の設計についてのドップラー定数が参考文献［7］で報告されている。その結果は、

$$K_D(\text{均質,7.26mmピン}) = -0.0086$$
$$K_D(\text{非均質,7.26mmピン}) = -0.0088$$
$$K_D(\text{非均質,5.84mmピン}) = \sim -0.008.$$

このように、非均質炉設計によるドップラー定数への影響はわずかしかない。しかしながら、ブランケット燃料はドライバー燃料よりも応答がより遅い点に注意する必要がある。このため、実効的なドップラーフィードバックは非均質炉心設計ではより小さく、急速な過渡に対しては特に小さくなる。

領域毎のドップラーの寄与

式（6.15）の積分は全炉心にわたり行われる。分子の積分を領域毎に分割することにより、それぞれの領域によるドップラー定数への寄与がわかる。CRBRPにおけるこれらの値をすべてまとめて表6.2に示す。

表6.2　初期のCRBRP 均質炉心設計における領域毎のドップラー定数［6］

領域	K_Dへの寄与			
	サイクル初期		サイクル末期	
	Naあり	Naなし	Naあり	Naなし
内側炉心	0.0034	0.0016	0.0037	0.0019
外側炉心	0.0011	0.0006	0.0013	0.0008
径方向ブランケット	0.0011	0.0010	0.0012	0.0012
軸方向ブランケット	0.0006	0.0005	0.0008	0.0005
合計	0.0062	0.0037	0.0070	0.0044

6.7　ナトリウム喪失反応度

大型高速炉でのナトリウムの喪失は、大きな正の反応度効果をもたらす。第15章に示されるように、ナトリウムは想定外のスクラム失敗過渡事象においては炉心から排除される可能性があり、その場合、冷却不足によりナトリウム沸騰が生じることになる。この条件はナトリウム冷却高速炉に特有の安全上重要な問題であり、熱中性子炉には現れないものである。また、ガス冷却高速炉でも問題とならない。この点はガス冷却高速炉の主な利点の一つである。さらに、鉛冷却炉においても、鉛（または鉛ビスマス）の沸点が非常に高いことから問題とはならない。

ナトリウム喪失反応度効果は空間依存性が非常に強い。炉心中心でのナトリウム喪失は正の反応度効果を生じるのに対し、炉心端近くでのナトリウム喪失は負の反応度を与える。このような挙動は、全体のナトリウムボイド効果に寄与する4つの現象を個別に見ることにより理解できる。

(1) スペクトル硬化
(2) 漏えい量増加
(3) ナトリウムによる中性子捕獲の消失
(4) 自己遮蔽の変化

上記の (1) と (2) の効果は大きく、互いに異符号である。(3) と (4) の効果は小さい。従って、ナトリウム喪失反応度のほとんどは、図6.5に示されるように2つの大きな量の差から生じるものとなり、この状況が正味の効果の正確な計算を困難なものにしている。これらの個々の成分がナトリウム喪失反応度に対してもたらす寄与については後述する。その前に、ナトリウム喪失による効果の評価に用いられている手法について簡単に述べる。

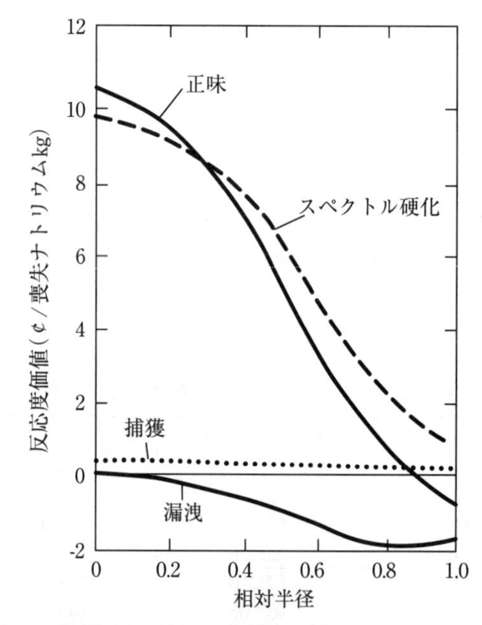

図6.5 サーメット燃料小型ナトリウム高速炉におけるナトリウムボイド係数
(出典：参考文献 [8])

6.7.1 ナトリウム喪失反応度の計算手法

ナトリウム喪失反応度の計算に一般に用いられる手法は、着目領域においてナトリウムがある場合とナトリウムがない場合の多次元多群計算を逐次実行し、実効増倍率を比較することである。ナトリウムが除去される領域において、厳密な自己遮蔽断面積を用いることに注意しなければならない。燃料と構造材の全ての実効断面積は、ナトリウムによる散乱効果が除かれた場合に変化する。この方法は、前記の4つの現象の個別の寄与を導かないため、結果的に、計算結果は2つの大きな反応度効果の差であるという事実を見落としがちである。このことに特別の注意を払わないと現象の解釈において大きな誤りを生むことになる。[5]

---

[5] 第4章で紹介した無次元計算は大半の高速炉解析で妥当な結果を与え、教育用ツールとして有用である一方、ナトリウム喪失反応度のような空間依存性のある現象に対しては誤った結果を与えることになる。

ナトリウム喪失による反応度効果を計算する代替方法は、摂動理論を用いて4つの寄与を別々に計算することである。この計算はより難しいが、物理過程の本質を理解するのに役立つ。また摂動計算により、関心のある時間スケールでほんの小さな局所的摂動が生じる過渡解析を実施する上で必要なデータベースが得られる。各現象に対する適切な摂動理論の式を以下に紹介する。

スペクトル硬化

スペクトル硬化は正の反応度を与える。炉心からのナトリウム喪失は、中性子の減速を減少させ、その結果、中性子平均エネルギーが増加する。これは、図6.2に示されるように、中性子インポータンスがエネルギーの増加と共に増大することから、正の反応度効果を生むことになる。

4つの現象の寄与に対する摂動理論式の分母は、前述と同じく重み付けされた生成項である。そこで、それぞれの寄与の式の中では、この項を積分Sに置き換えられることとする。

$$S = \int \sum_{g} \phi_g^* \chi_g \sum_{g'} \left(\nu \Sigma_f\right)_{g'} \phi_{g'} dV. \tag{6.22}$$

スペクトル硬化の寄与についての摂動理論式は次式のようになる。

$$\rho = \frac{1}{S} \int \sum_{g} \phi_g^* \left[\left(\sum_{g'<g} \delta \Sigma_{g' \to g} \phi_{g'} \right) - \left(\delta \Sigma_{erg} + \delta \Sigma_{irg} \right) \phi_g \right] dV. \tag{6.23}$$

別の表現ながら等価な式は次の通りである。

$$\rho = \frac{1}{S} \int \sum_{g} \sum_{g'>g} \left(\phi_{g'}^* - \phi_g^* \right) \delta \Sigma_{g' \to g} \phi_g dV. \tag{6.24}$$

ここで注意すべきは、ナトリウム喪失効果へのこの寄与はϕとϕ^*の積に比例することである。ϕとϕ^*はともに炉心中心でピークを持つ。そのため、このスペクトル硬化の寄与は、喪失したナトリウムの単位体積あたり、炉心中心付近で最大、炉心端付近で最小となる。

中性子漏えい量の増加

ナトリウム喪失は中性子漏えい量を増加させるため、スペクトル硬化の場合とは逆に、負の反応度寄与となる。ナトリウム喪失による効果が、強い空間依存性を示すのは、主に中性子漏えい成分の空間的挙動がスペクトル硬化成分のそれと比較して異なるためである。炉心中心付近での炉心単位体積からのナトリウム喪失は、その付近では中性子束の勾配が低く、1cm^{3}あたりの漏えい量が少ないため、漏えい項に対してはほとんど効果を与えない。炉心中心付近では、大きなスペクトル硬化の効果が十分に大きな漏えい寄与によって相殺されないため、ナトリウム喪失反応度は高い正の値となる。ところが、炉心端付近での同様なナトリウム喪失は、中性子漏えいを大きく増大させ、負の反応度効果を持つ一方、スペクトル硬化による正の反応度寄与はほとんどない。

漏えい寄与の空間依存性による反応度は、この寄与に対する摂動理論の式から導かれる。

$$\rho = \frac{1}{S}\int \sum_{g} \nabla \phi_g^* \delta D_g \nabla \phi_g dV. \tag{6.25}$$

ナトリウムによる中性子捕獲の消失

ナトリウムによる中性子捕獲の消失は、小さな正の反応度効果を生じ、次式で与えられる。

$$\rho = -\frac{1}{S}\int \sum_{g} \phi_g^* \delta \Sigma_{cg,Na} \phi_g dV. \tag{6.26}$$

自己遮蔽の変化

ナトリウムによる散乱の消失は、次式で与えられる小さな反応度効果を生じる。ここでの断面積変化は自己遮蔽の変化のみによるものである。

$$\rho = \frac{1}{S}\int \sum_{g} \phi_g^* \left[\chi_g \sum_{g'} \delta \left(\nu \Sigma_f\right)_{g'} \phi_{g'} - \delta \Sigma_{ag} \phi_g \right] dV. \tag{6.27}$$

6.7.2 ナトリウム喪失反応度とその低減方法

UO_2-PuO_2燃料を用いた均質炉心型の商用規模ナトリウム冷却高速炉の場合、炉心からのナトリウム喪失による正の反応度は大きい。表6.3にいくつかの設計における値を示す。商用規模の均質炉心が\$5～\$7のナトリウム喪失反応度を持つことを示している。初期のCRBRP均質炉心と商用規模プラントの炉心を比較すると、ナトリウム喪失反応度は炉心サイズと共に増加することが分かる。こうした傾向となる理由は、炉心が増大するにつれ、正の反応度効果を持つスペクトル硬化の寄与は小さくなるものの、負の反応度効果をもたらす漏えい効果が顕著でなくなるためである。

表6.3 ナトリウム喪失反応度の例

原子炉	形状	炉心燃料	炉心ナトリウム喪失反応度, \$	ドップラー定数 ($T\frac{dk}{dT}$)
CRBRP (350MWe)	均質[6]	UO_2-PuO_2	3.3	−0.0062
	非均質	UO_2-PuO_2	2.3	−0.008
1,000MWe[9]	非均質	UO_2-PuO_2	2.9(炉心) 4.1(炉心＋内部ブランケット)	
1,000MWe[10]	均質	UO_2-PuO_2	6.9	
		ThO_2-PuO_2	2.3	
		$^{238}UO_2$-$^{233}UO_2$	1.5	
1,200MWe[7]	均質	UO_2-PuO_2	5.0	−0.0086
	非均質、強結合	UO_2-PuO_2	1.5	−0.0088
	非均質、強結合、細径ピン[a]	UO_2-PuO_2	1.7	～−0.008
	非均質、弱結合	UO_2-PuO_2	1.5	−
	非均質、モジュラー形状	UO_2-PuO_2	0.25	−0.0060
	均質、パンケーキ形状 高さ/直径＝0.1	UO_2-PuO_2	1.75	−0.004
	均質、BeO で減速	UO_2-PuO_2	2.2	−0.0116

a 細径ピンの直径は5.84 ㎜　参考文献[7]の他のピンの直径は7.26 ㎜

炉心設計の工夫によってナトリウム喪失反応度を低減する数多くの試みがなされている。大半の改良設計では、ナトリウム喪失反応度の漏えい成分を増やすことに重点が置かれている。最も有望なものは、フランスにより最初に提案された概念で［11］、一般に非均質炉心と称され、第2章と第4章で解説している。この方法では、炉心からブランケットへの中性子漏えい率を高く確保する目的で、図2.2のように、ブランケット集合体が炉心の中に環状配置される。

非均質炉心設計がナトリウム損失反応度に与える影響は表6.3で見ることができる。炉心集合体部のみからナトリウムが喪失する場合の反応度は、$2程度に留まる。ナトリウム喪失を伴う事故において、ブランケット集合体からのナトリウム排出がもし起こったとしても、それは炉心集合体のナトリウム喪失よりも遅れるため、ゆるやかな炉心反応度フィードバックが事故の進展を制御することとなる。これは、非均質炉心設計の、安全上の重要な利点である。一方、核分裂性核種のインベントリーがより多くなるという、この設計の不利な点については、既に確認している通りである（表4.5）。

中性子漏えい量を増加させることでナトリウム喪失反応度を低減することを目的として、他に2つの方法が、初期のナトリウム冷却高速炉開発で研究されている。それらは“パンケーキ炉心”と“モジュール炉心”である。これらの炉心概念の特性評価結果例（表6.3）に見るように、ナトリウム喪失反応度は確かに低減しているが、経済性上の損失は両炉心ともに非均質炉心よりも大きい。

燃料の種類が特定されると、ナトリウム喪失反応度のスペクトル成分を改善することは困難となる。高速炉開発初期には、この問題に対応するため、BeOのような希釈材を加えて中性子スペクトルを意図的に軟化させる提案がなされた。このような軽元素減速材の導入は、ナトリウムの存在状態に対するスペクトルの依存性を低減させる。つまり、ナトリウムが喪失した場合、BeOはスペクトルを軟らかい状態に維持する。この軟化された中性子スペクトルはドップラー係数の値も向上させるものの、経済性と増殖比を悪化させるため、好ましくない設計とされた。

親物種としてトリウムを用いた炉心（核分裂性物質としてプルトニウムを利用）と、核分裂性物質として^{233}Uを用いた炉心（親物質として^{238}Uを利用）はともに、$^{238}UO_2$-PuO_2炉心に比べて、低いナトリウム喪失反応度を示す。トリウム燃料においてナトリウム喪失反応度が小さな値を示すのは、トリウムは^{238}Uと比較して高速核分裂の割合が低いためである。このため、トリウム炉のスペクトル硬化による反応度印加量はより小さくなる。^{233}U燃料において小さな値を示すのは、1MeV以下において^{239}Puよりも^{233}Uの方がエネルギー増加に伴うηの増加率が低いためである。

最後に、ナトリウム喪失反応度を改善するために用いられる様々な設計が、ドップラー係数に対しどのような影響を与えるかについて確認することは興味深い。表6.3から、均質炉心と非均質炉心とでは、ドップラー定数Tdk/dTにほとんど差がないことが分かる。

6.8　反応度価値分布

安全解析を行う際には、燃料、ステンレス鋼、ナトリウム等の特定の炉心物質が所定の位置から別の場所に移動することがもたらす反応度の影響を把握しておく必要がある。このような影響を計算する直接的な方法は2つの固有値計算をすることであり、一つは元の炉心形状に対し、もう一つは新しい炉心形状に対して行う。しかしながら、この計算は、関心のある過渡領域が多い場合にはコスト高であり実用的でない。

移動する物質の量が比較的小さい限り、摂動計算は予想される反応度変化に対し良い近似値をもたらす。中性子束分布と随伴中性子束分布が与えられた場合、関心のある任意の物質に関する反応度価値曲線は式（6.9）を用いて決定される。摂動価値計算の単位は、通常、物質の単位kgあたりのρで与えられる（物質の単位体積あたりのρが用いられることもある）。図6.6から図6.11は、典型的な結果を示している（これらはFFTFに対する計算結果である［12］）。

図6.6および図6.7はそれぞれ、炉心中心部の燃料集合体に対する中性子束分布、出力分布を示しており、基準値を与えるものである。図6.8から図6.11はそれぞれ、同一の中心集合体に関して、燃料、ナトリウムボイド、ステンレス鋼、ドップラーで重み付けした摂動曲線を示す。注意すべきは、FFTFは比較的小さな炉心（1,000リットル）であり、軸方向にはブランケットではなく反射体を持つことである。中性子束および出力の軸方向のわずかな歪みは、制御棒が炉心に約半分挿入された寿命初期の炉心構成であることに起因している。特に興味深いのはナトリウムボイド反応度価値であり、炉心の中心領域で典型的な正の値を、漏えい成分が支配的になる炉心周辺近くで負の値を示している。ステンレス鋼の反応度価値曲線は、ナトリウムと同じメカニズムが働くことにより、ナトリウムと同様な形状を示している（図6.9に示したのはナトリウムでなく、ナトリウムボイドの反応度価値であることに注意）。ドップラー重みの分布（図6.11）は、温度上昇を反映するように式（6.6）の

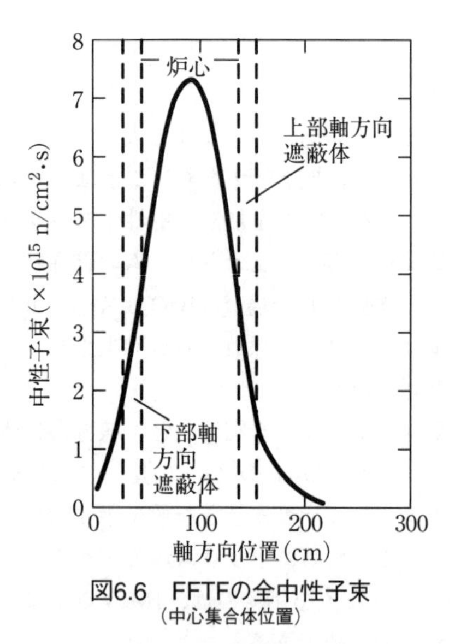

図6.6　FFTFの全中性子束
（中心集合体位置）

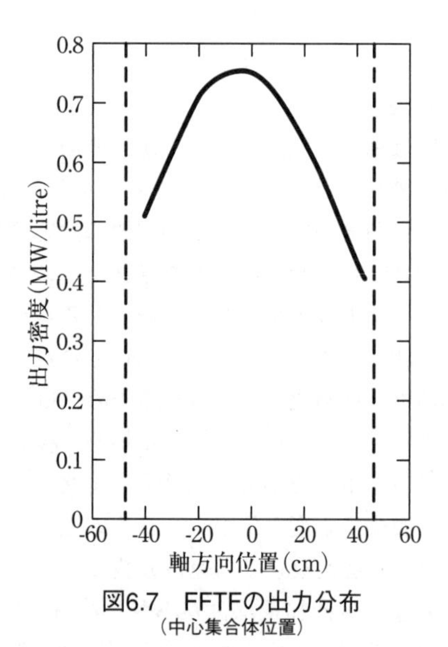

図6.7　FFTFの出力分布
（中心集合体位置）

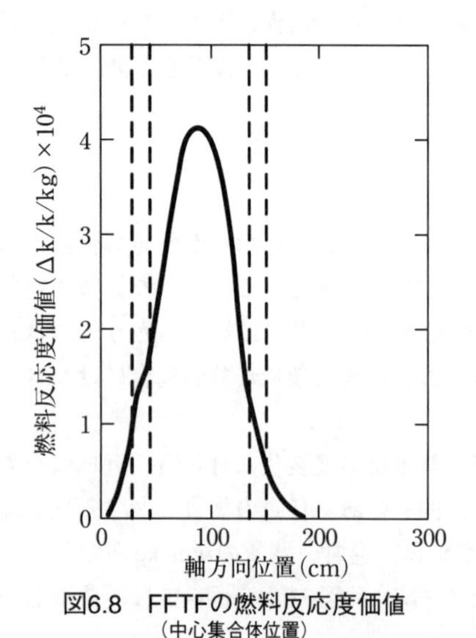

図6.8　FFTFの燃料反応度価値
（中心集合体位置）

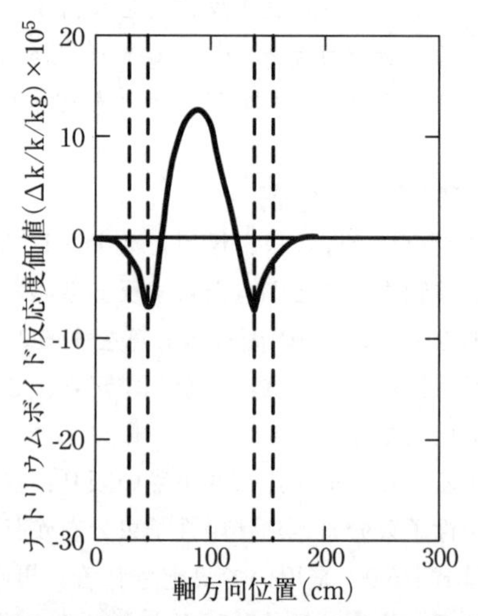

図6.9　FFTFのナトリウムボイド反応度価値
（中心集合体位置）

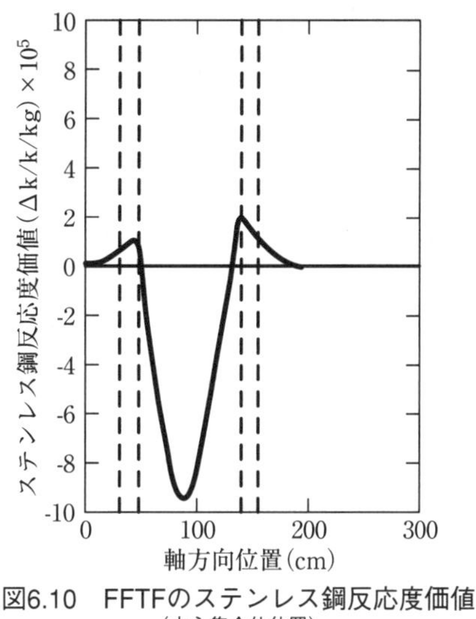

図6.10　FFTFのステンレス鋼反応度価値
（中心集合体位置）

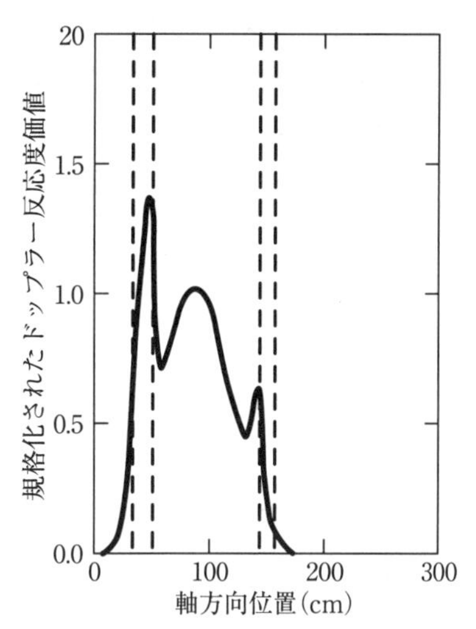

図6.11　FFTFのドップラー反応度価値
（中心集合体位置）

^{238}Uの断面積を変えることによって求められる。この曲線は、中性子スペクトルがより軟らかく、ドップラー共鳴領域により多くの中性子が存在する軸方向反射体付近の燃料の発熱によってドップラーフィードバック効果が上昇することを示している。このような曲線は、過渡計算コードで炉心の非一様発熱によるドップラーフィードバックを評価するのに用いられる。

6.9　反応度制御要求

反応度は、第2章および第8章で示されたように、濃縮されたB_4C制御棒を格納した制御棒集合体の位置調整により制御されるのが一般的である。反応度制御系は、第14章で詳説するプラントの安全保護系（plant protective system, PPS）の一部である。このPPSに関して、本節の目的のためには、高速炉では2つの独立した反応度制御系、すなわち主系統と後備系統が、燃料の設計制限値を超えないように用いられることを知っておくのみで十分である。独立作動とは、各々の系は、一方の系の制御機能を果たす能力がもう一方の系の作動に依存せずに作動しなければならないことを意味する。その2系統の設計は、共通モード故障の可能性を低減するために、独立性に加え、多様性ももたねばならない。これらの概念については第14章でさらに詳しく議論する。

2通りの制御系に対する詳細な設計基準については今なお進化が続いているが、その基準は各系統の機能を規定する上で十分に確立されている。主系統は、いかなる運転状態にあっても、原子炉を停止し、燃料交換時の温度にまで静定できなければならない。さらにこれには、最大価値を持った制御棒集合体が不作動（故障または炉心からスタックアウト）という条件が課せられる。この要件は通常、“スタックロッド基準”と呼ばれている。ここで言う「いかなる運転状態でも」とは、反応度異常（reactivity fault）を伴う過出力状態[6]（overpower condition）である。このような異常は、何らかの事故条件によって正の反応度がもたらされて生じる。この反応度異常を定量化する上では、制御棒集合体の最大反応度価値がしばしば用いられる。最大反応度価値を持つ制御棒集合体の意図しない引き抜

6　ナトリウム冷却高速炉は通常、約115%の過出力条件で設計される（すなわち、ノミナル定格出力の15%高）。これについては第10.4節で議論する。

きは、回避しなければならない異常事象である。また、主系統は燃料交換や燃焼による反応度効果を補う働きもする。さらに、臨界や核分裂性核種インベントリーの不確かさに起因する反応度誤差も主系統により調整される。

後備系統は、いかなる運転状態からでも高温待機（hot standby）状態まで、またここでも最大価値を持った制御棒集合体が不作動の条件においても、原子炉を停止できなければならない。高温待機状態では、原子炉出力はゼロであるが、冷却材は定格出力運転時の入口温度の状態にある。燃料は、結果として冷却材と同じ温度となる。後備系統は、燃焼初期の余剰反応度を抑えるという主系統が備える性能を重複して持つ必要はない。なぜならこの余剰反応度は、事故時において抑えるべき付加的な反応度ではないためである。その根拠は、後備系統は、主系統の制御棒集合体が挿入されなくとも原子炉を停止しなければならないが、主系統の集合体が事故状態の間に炉心から引き抜き・喪失することを想定する必要がないためである。しかしながら後備系統は、燃焼制御に用いられている主系統制御棒集合体1体の制御不能な引き抜きを補償できるようにしておく必要がある。このため、反応度異常は後備系の要件に含まれることになる。燃料装荷の不確かさは主系統により調整されるので、これらの反応度の不確かさは後備系統への要件には含まれない。

主系統および後備系統に対する反応度価値要求を、代表的な大型（1,000MWe）ナトリウム冷却高速炉［10］とCRBRP設計［6］について表6.4に示す。特に注目すべき点は、燃料サイクルの反応度要求に大きな差があることである。この差は、これら2つのプラントはサイズが異なり、そのために炉心からの中性子漏えいに差が生じ、その結果、大型炉の方が内部転換比が高いことから生じるものである。

これら2つの炉に対する制御要件を、制御系で利用可能な反応度とともに、表6.5に比較して示した。主系統に対する炉停止余裕が適切に考慮されている。後備系統については、不確かさは最大要求値の中に既に考慮されているため、炉停止余裕はほとんど必要ない。

温度欠損は、冷却材および燃料の温度変化による反応度効果である。表6.4に示されている温度欠損は、定格出力から燃料交換温度までの原子炉冷却において得られる反応度である。CRBRP設計における温度欠損に対する各因子の寄与は、表6.6に示す通りである。

表6.4　必要反応度価値（$）（平衡サイクル）

	代表的な1,000MWe ナトリウム冷却高速炉[10]		初期のCRBRP 均質炉心設計[6]	
	主系統	後備系統	主系統	後備系統
1. 温度欠損				
a. 全出力から高温待機	1.6	1.6	2.4 ± 0.8	2.4 ± 0.8
b. 高温待機から燃料交換	0.8	–	0.8 ± 0.3	–
2. 過出力	0.3	0.3	0.2 ± 0.1	0.2 ± 0.1
3. 反応度事故	3	3	2.8 ± 0.4	0.2 ± 0.4
4. 燃料サイクル余剰反応度	5	–	18.2	–
5. 燃料交換不確かさ余裕	–	–	0.8 ± 0.4	–
6. 不確かさ				
a. 臨界性	+1	–	–	–
b. 燃料製作公差	+0.8	–	0.4	–
小計	11	5	25.2	5.4
不確かさ伝搬	1.2	–	1.3	0.9
最大必要反応度	12	5	26.5	6.3

表6.5　制御要求と利用可能な反応度価値の比較
（代表的な1,000MWe ナトリウム冷却高速炉と初期のCRBRP 均質炉心について）

	代表的な1,000MWe ナトリウム冷却高速炉[10]		CRBRP[6]	
	主系統	後備系統	主系統	後備系統
制御棒本数	13	6	15	4
制御系反応度価値（$）	20	8	31.8	8.4
スタックロッド1本反応度価値（$）	3	2.5	2.8	2.0
利用可能反応度価値（$）	**17**	**5.5**	**29.0**	**6.4**
必要最大反応度（$）（表6.4より；不確かさ含む）	12	5	26.5	6.3
炉停止余裕（$）	5	0.5	2.5	0.1

表6.6　温度欠損（初期のCRBRP 均質炉心設計における値）　[6]

寄与因子	全出力から高温待機への降温時	高温待機（316℃）から燃料交換（205℃）への降温時
ドップラー効果（$）	1.9	0.3
燃料軸方向膨張（$）	0.15	0.05
径方向炉心膨張（$）	0.3	0.4
冷却材密度（$）	0.01	0.01
合計（$）	2.4	0.8

【参考文献】

1. W. Häfele, K. Ott, L. Caldarola, W. Schikarski, K. P. Cohen, B. Wolfe, P. Greebler, and A. B. Reynolds, "Static and Dynamic Measurements on the Doppler Effect in an Experimental Fast Reactor," *Proceedings of the Third International Conference on the Peaceful Uses of Atomic Energy*, Geneva, 1964.
2. L. D. Noble, G. Kassmaul, and S. L. Derby, *SEFOR Core I Transients*, GEAP-13837, General Electric Co., August 1972, and *Experimental Program Results in SEFOR Core II*, GEAP - 13833, Sunnyvale, CA, June 1972.
3. R.J. Tuttle, "Delayed Neutron Yields in Nuclear Fission," *Proceedings of the Consultants' Meeting on Delayed Neutron Properties,* IAEA, Vienna, March 1979.
4. R. J. Tuttle, "Delayed-Neutron Data for Reactor-Physics Analysis," *Nucl. Sci. Eng*, 56(1975)70.
5. H. H. Hummel and D. Okrent, *Reactivity Coefficients in Large Fast Power Reactors*, American Nuclear Society, LaGrange Park, IL, 1970 87 - 88, 148.
6. *Preliminary Safety Analysis Report*, Clinch River Breeder Reactor Plant, Project Management Corp., Oak Ridge, TN, 1974, 43 - 61.
7. H. S. Bailey and Y. S. Lu, "Nuclear Performance of Liquid-Metal Fast Breeder Reactors Designed to Preclude Energetic Hypothetical Core Disruptive Accidents," *Nucl. Tech., 44* (1979)81.
8. D. Okrent, "Neutron Physics Considerations in Large Fast Breeder Reactors," *Power Reactor Tech., 7* (1964) 107.
9. E. Paxson, ed., *Radial Parfait Core Design Study*, WARD-353, Westinghouse Electric Corp., Madison, PA, June 1977, 79.
10. B. Talwar, *Preconceptual Design Study of Proliferation Resistant Homogeneous Oxide LMFBR Cores*, GEFR-00392 (DR)-Rev. 1, General Electric Co., Sunnyvale, CA, September 1978, 5.14.

11. J. C. Mougniot, J. Y. Barre, P. Clauzon, C. Giacomette, G. Neviere, J. Ravier, and B. Sicard, "Gains de Regeneration des Reacteurs Rapides á Combustible Oxyde et á Réfrigerant Sodium," *Proc. European Nuclear Conf.*, 4 (April 1975) 133.
12. J. V. Nelson, R. W. Hardie, and L. D. O' Dell, *Three Dimensional Neutronics Calculations of FTR Safety Parameters*, HEDL-TME 74-52, Hanford Engineering Development Laboratory, Richland, WA, August 1974.

第7章
燃料管理

7.1 はじめに

本章「**燃料管理**」(fuel management) では燃料の照射および処理について取り扱う。燃料サイクルの解析は、燃料コストの試算や、初期燃料組成、燃料装荷頻度、運転中の出力密度変動、反応度制御などの原子炉運転にかかわる要件を設定する際に必要である。高速スペクトル炉(以下、高速炉と記す)は、高い柔軟性を有しており、必要とされる核燃料を「増殖」する、あるいは望まれない放射性廃棄物、特に地層処分施設において長期間に亘り放射性毒性と発熱の要因となるマイナーアクチニド(MA)[1]を「燃焼」することが可能である。

第3章で述べたように、燃料コストは総発電コストに寄与する要素のひとつである。高速炉の燃料コストは、軽水炉(LWR)と異なりU_3O_8価格に殆ど左右されない。従って、U_3O_8価格の上昇に伴う燃料コストの、総発電コストへの影響は、熱中性子炉に比べ高速増殖炉では低いと予測される。増殖炉構成では、消費されるよりも多くの核分裂性物質が生成されるため、高速増殖炉の基本的な(供給)燃料は減損ウランでまかなうことができる。また減損ウランは、数世紀の期間、ウラン鉱石の新たな採掘を行わずに利用可能である。

この章では、原子炉の装荷燃料並びに取出し燃料の同位体組成の計算手法について説明する。これら同位体組成の数値は、燃料コスト計算や、所定のサイクル長や出力レベルを達成するために必要な核分裂性物質装荷量を決定する際に必要である。また、高速炉が、放射性廃棄物の最小化に最も適したシステムであることの物理的論拠を示すとともに、増殖比および倍増時間の計算手法を述べる。こうした計算により、さまざまな高速増殖炉概念や設計例の比較に便利な性能指数を得ることができる。

7.2 燃料管理の概念

原子炉への燃料装荷と燃料取出しの方法には様々な選択肢がある。まず、**初期炉心サイクル**(first-core cycle) と**平衡サイクル**(equilibrium cycle) の概念を考える。初期炉心サイクルの準備として、全炉心に未照射燃料(新燃料とも呼ぶ)を装荷する。第一サイクル期間の運転を行ったのち、照射済燃料の一部を取出し、交換燃料として新燃料を装荷する。これを燃料交換と呼ぶ。

燃料交換を行いながら運転する初期炉心サイクルを数年間続けたのち、平衡燃料サイクルに移行する。「平衡サイクルに達する」とは、炉心の燃料組成が燃料交換毎に同じとなる状態、即ち、燃料サイクル末期(燃焼終了時)に燃料交換を行った後の炉心の燃料組成と、ひとつ前の燃料サイクル初期(燃焼開始前)の炉心の燃料組成とが、同じとなる状態になることを言う。ここでは、平衡サイクルの解析に重点をおき、初期の導入期間から平衡サイクルへの移行過程の詳細については、繁雑となるため取り扱わない。

燃料が照射されると、核分裂により重核種の正味量(総計)が減る。これを燃料が**燃焼**したと表現する。燃料の燃焼により得られるエネルギー、あるいは、核分裂(即ち燃焼)された燃料の割合を測

---

1 「マイナーアクチニド」(minor actinides, MA) とは、使用済燃料に含まれる、ウランよりも重く、かつ「メジャーアクチニド(ウラン、プルトニウム)」を除くアクチニド核種を指す。通常、ネプチニウム (Np)、アメリシウム (Am) およびキュリウム (Cm) をマイナーアクチニドと呼ぶ。

る単位として、**燃焼度**（burnup）という用語を用いる。燃焼度の単位は第7.3節で述べる。

この章では特別に、**燃料サイクル**（fuel cycle）という用語を、燃料交換後の原子炉起動に始まり、次の燃料交換のために原子炉停止するまでの照射プロセスを示すものとして用いる。言い替えると、この章で用いる「燃料サイクル」は、より巨視的な燃料サイクルという用語、すなわち、採掘から燃料製造、照射、再処理、そして廃棄物貯蔵までの燃料に関する全てのプロセスを表す用語とは異なる。燃料サイクルの期間、もしくは、燃料交換毎の期間長さは、**燃料交換間隔**（refueling interval）と呼ばれる。

原子炉への燃料装荷は、**連続的**もしくは**バッチ式**で行われる。バッチ装荷では、燃料交換のための炉停止毎に、ある割合の照射燃料を新燃料に交換する。高速増殖炉では、軽水炉と同様に常にバッチ装荷を行う。燃料の三分の一を取り換える場合、原子炉内にはそれぞれ別の照射履歴を持つ3バッチの燃料が存在することになる。主に原子炉の運転・管理を行う電力会社の運用上の利便性や炉心材料の照射制限などの観点から、一般的に提案されている商用規模の高速増殖炉の燃料交換間隔は1年である。なお、核不拡散性を強化する目的で原子炉を封印するといった、特別の手段を取った場合、燃料交換間隔はより長い期間（数年あるいは数十年）ともなりうる。原型炉では、一般的に燃料交換間隔はより短く、1年未満である。ナトリウム冷却高速炉（SFR）における最大出力領域の燃料の炉内滞在期間は、一般的に2年である。つまり、燃料交換頻度が1年で、炉内滞在期間が2年ならば、2バッチ装荷となる。

その他の燃料管理の選択肢として、**分散装荷（scatter loading）**と**ゾーン装荷（zone loading）**がある。分散装荷の場合、あるバッチの燃料集合体は炉心のさまざまな位置に装荷される。ゾーン装荷の場合、照射済燃料は炉心のある定まった領域からのみ取り出され、新燃料はそれ以外の領域に装荷される。新燃料の装荷まえに、照射燃料の一部を新燃料装荷予定位置から取り除き、照射が完全に終了し取り出される燃料の位置に移動するという手順、即ち**シャッフル**を行う必要がある。軽水炉ではこの二つの装荷方式を組み合わせた運用が行なわれている。高速炉では一般的に分散装荷による運用が計画されている。この運用方法は、核分裂性物質の含有量が低下し出力密度も小さくなった高照射量の燃料（高燃焼度を達した燃料）が、出力密度のより高い新燃料に隣接して配置されるという欠点があるが、燃料をシャッフルするという時間のかかる作業が不要となる。

親物質またはステンレス鋼で構成される非核分裂性の「希釈」集合体は、(1) 新燃料の初期余剰反応度の抑制や、(2) 初期出力を高くするための出力平坦化に使用される。新炉心では、通常、平衡炉心条件で設計された制御棒では制御できない程度に高い反応度を持ちうる。希釈材集合体は、制御棒価値を低下させることなく反応度を低減させる目的で計画的に配置される。例えば、スーパーフェニックスの第一サイクルではステンレス集合体が使用された［1］。インドのFBTRでは、中心にピークを持つ出力分布を平坦化し、より容易に線出力の制限値内で設計出力を達成するため、減損ウランを含有した希釈燃料集合体が使用されている。

炉心に装荷される新燃料（核分裂性物質）は、熱中性子炉または高速増殖炉から供給される。高速炉と軽水炉の混在する、高速炉導入初期段階の原子炉構成では、熱中性子炉で生成された核分裂性プルトニウム（または^{233}U）は、熱中性子炉のリサイクル燃料としてよりも、高速炉燃料として、より経済的に使用することができる。第7.9節以降で定義するが、軽水炉と同等の定格電気出力を有する高速炉1基を起動するために充分なプルトニウムを生成するためには、約12～15基の軽水炉を1年間運転する必要がある。増殖炉による原子炉構成が経済的に確立した場合、その倍増時間（または、当然ながら、新たな発電容量の需要度合）に応じた割合で、その増殖炉自体への装荷用と新しい炉の起動用の両方に、供給できる充分な量の核分裂性物質を生成することができる。最終的に、これらの増殖炉は新たな高速炉発電プラントに必要な量以上の燃料を生成でき、この場合、増殖された核分裂性物質の余剰分は、専焼炉または熱中性子炉に使用することができる。熱中性子炉の建設費はおそらく高速炉より高くなることはないであろう。従って、ウラン鉱石の採掘が高騰した後も、増殖炉から生成される燃料（核分裂性物質）を用いた軽水炉などの熱中性子転換炉（thermal converter reactor）を建設し運転し続けることは経済的と言えるだろう。

高速炉システムの重要性は、燃料供給を大幅に引き延ばす（^{238}Uまたは^{232}Thなどの親物質を核分裂性物質に転換することで、数千年にわたる燃料供給を可能とする）能力を持つことにあるが、一方、過去10年ほどは、このシステムを放射性廃棄物処理に関する問題を大幅に軽減するために利用することに大きな関心が寄せられている。高レベル放射性廃棄物の地層処分に対する負担軽減の見通しを得られるような、適切な「分離核変換（partitioning and transmutation, P&T）」戦略を検討するため、多くの研究が行われてきた。核分裂プロセスは他の核反応プロセス、特に中性子捕獲と常に競合している。中性子捕獲により核種Aは核種（A+1）に変換されるが、しかし核種（A+1）は放射性核種である可能性もある。そして、核種（A+1）は核分裂するか、核種（A+2）に変換して以下同様に続く。高速スペクトル（高速中性子）の利点は、着目するマイナーアクチニドの核分裂／中性子捕獲断面積の比が極めて大きいこと、つまり、熱スペクトル（熱中性子）のそれに比べてずっと大きいことである。この比は本章で後述する図7.5に示している。このような「燃焼」プロセスに特化した原子炉を設計する上で鍵となる条件は、選択したP&T戦略の手法と目的に従って、通常の燃料とは大きく異なる組成のプルトニウムおよびMAの混合物を燃料として装荷可能であること、同時に、安全性と運転性の特性を損なうことなく核変換を遂行できることである。

ある増殖炉の燃料は他の同等の増殖炉から供給され、各サイクルは一つ前のサイクルと全く同じとなった状態を、平衡燃料サイクルと考えることができる。この平衡状態では、燃料の同様な燃焼プロセスが同時に進行する。負荷追従にともなう出力変動の周期が、考察対象の核種の崩壊定数に比べ十分に短い場合、この平衡状態を乱すことはない。取出し燃料組成と一致する供給燃料の核種組成を算出するには反復計算（繰り返し計算）が必要となるため、平衡サイクルの計算には計算コードを利用する。取出した炉心燃料のみを装荷燃料として再使用し、取出したブランケット燃料は新たな炉の起動燃料として使用するか、もしくは、取出した炉心燃料とブランケット燃料の双方を混合して、装荷燃料および新たな炉の起動燃料として使用するか、の選択肢があり、計算問題は複雑化する。これらやその他のオプションを考慮すれば選択肢は増加し、従って計算コードと想定するロジックは非常に複雑なものとなる。

原子炉の設計および最適化を行う際、通常は先ず平衡サイクル計算を行う。この場合、臨界組成を得るために反復計算を行う。通常、初期組成または最終取出し組成の推定値を用いて計算を開始し、平均組成を算出する。この計算は、炉心の領域ごと（例えば、内側炉心と外側炉心）または全炉心（ポイント・モデル計算）で行うことができる。一旦、炉心の平衡組成が得られれば、臨界計算を実施する。最初のサーベイ検討は簡易手法で行い、その後、隣接燃料要素、制御棒、反射体等に起因する種々の効果を厳密に取り扱うことが可能な、より詳細な計算を行う。更に詳細な平衡消耗（燃焼）モデル化には空間依存性を考慮しなければならない。空間依存を考慮した平衡燃焼計算モデルでは、出力分布平坦化を行うために、初期燃料組成または取出し燃料組成で反復計算を行う様々な炉心領域を取り扱うことができる。

過去にアメリカで広く使用されていた高速炉燃料サイクル・コードとしては、FUMBLE［2］、REBUS［3］、2DB［4］、3DB［5］などが挙げられる。アメリカにおける高速炉開発を支援するため、アルゴンヌ国立研究所において多様な計算コード群が開発され検証が行われた。DIF3D［6, 7］による臨界計算およびREBUS-3による全炉心燃焼度計算により、高速炉の炉心性能や核特性が評価される。得られた燃焼度依存データは、反応度係数と動特性パラメータの計算に使用される。DIF3Dは、多群・三次元・全炉心の核計算汎用コード・システムで、増倍係数、中性子束、出力分布等の計算に使用される。このシステムは、炉心体系をXYZ（直交座標）、RZ（曲線座標）またはHex-Z（六角座標）でモデル化し、有限差分法または高効率のノード法の解析オプションを用いることができる。REBUS-3は、DIF3Dを中性子束計算モジュールとして利用し、燃焼計算および燃料サイクル解析を行うコードである。このコードは、核変換を三次元・領域依存ベースでモデル化し、運転制限の設定や炉内および炉外の燃料サイクルでの燃料管理戦略の設定を柔軟に行うことができる。これらの計算は平衡燃料サイクルモードまたはサイクル毎炉心追従モードで実行できる。さらなるDIF3Dの詳細や核解析手法についてはAppendix Eに記載する。

本書では、実践例として、比較的単純な燃料サイクル計算を取り上げる。供給されるプルトニウムの同位体組成は既知であると仮定する。次に、燃料交換間隔や、原子炉を運転し続けるために必要なプルトニウム富化度を計算する手法を説明し、原子炉からの取出し燃料組成の計算へと展開する。空間依存計算を用いた場合にはその計算手法を明確にしておく必要があるが、ここではブランケット領域でのプルトニウム増殖は計算しない。ここで紹介する計算で、燃料サイクル解析の主な基本的ロジックを示し、炉心からの取出し組成を予測する。なお、この計算は、学生が適度な時間でプログラムできるよう単純化されている。ここでの目的は、基本的な燃料管理のロジックと概念を例示することであり、産業界で現在用いられている数々のコードについて詳細に考察することではない。

より詳細な燃料サイクル解析において考慮しなければならないその他の側面は、原子炉の外部での燃料処理である。P&T戦略における第一の必要条件は、燃料再処理技術（湿式または乾式）を整備することである。これは、現行の商用技術（フランスのラ・アーグ、英国のセラフィールド、日本の六ヶ所（最大99.9%のPuを分離））に基づくもの、あるいは、高温冶金法（乾式法）などの革新的アプローチを採用したものになる。先進分離技術では、Puに加え、Np、AmおよびCmのマイナーアクチニドを単独または混合した状態で99.9%分離する性能を要求している。何れにしても、これらのアクチニドから、ランタニド元素を可能な限り取り除いておく必要がある。[2] 分離された超ウラン元素（TRU）[3]は、中性子場で「核変換」することが出来る。そのメカニズムは、TRUを核分裂させ、より短い寿命あるいは安定した核分裂生成物に変換することである。

炉心およびブランケットから取り出された燃料は、通常、半減期の短い核分裂生成物の崩壊を待つため原子炉容器内に置かれる。その後、炉外貯蔵プールに保管され、更なる崩壊を待ってから再処理工場へ輸送される。燃料の貯蔵、輸送、再処理、製造および原子炉への再装荷までに要する時間は、燃料コストや倍増時間に影響を与える。更に、再処理および製造過程において、小さな割合であるが核分裂性物質が回収されず廃棄物側へ損失することは不可避であり、これも倍増時間に影響するとともに、核分裂性物質インベントリの計量管理をより難しくする。

7.3 燃料の燃焼度

最も広く使われている燃焼度の単位は、MWd/kg（またはMWd/ton）と原子百分率（atomic percent, at.%）であり、両者は本質的に異なる計測量である。MWd/kgは燃料の燃焼により得られるエネルギー量を表し、少なくともアメリカでは、燃料サイクルおよび燃料コスト解析を行う設計技術者が最も多く使用する単位である。原子百分率（at.%）は、燃料に含有される重核種の核分裂した原子割合を表す。この単位は、中性子照射量の関数として燃料損傷あるいは燃料挙動の評価を行う研究者に

---

2 ガドリニウムなどのランタニド核種は、燃料製品中に反応度制御用の中性子吸収材として使用されており、使用済燃料に残存している可能性がある。分離回収物質を燃料として再利用するうえで、中性子吸収材が影響を及ぼさないよう、これらの核種を分離しておくことが重要である。

3 原子番号が92（ウランの原子番号）よりも大きい核種を超ウラン同位体（transuranic isotope）と呼ぶ。

とって有用な単位であり、欧州では燃料サイクル設計計算において広く使用されている。ここでは、それぞれの単位を定量的に定義し、これらの単位の関連性を示す。なお、この章の以降では、燃焼度の単位として比エネルギーを示す“MWd/kg”を使用する。

燃焼度がMWd/kgで示されている場合、分母の燃料質量は重核種のみを含み、酸化物燃料に含有される酸素（燃料がその他の化合物・合金の場合は、燃料に含まれる炭素、窒素など）は含まない。従って燃焼度計算に用いる重核種質量は、酸化物燃料質量に、燃料原子質量（重核種）の酸化物分子質量に対する比（即ちUO_2-PuO_2の場合は238/270）を乗算して求める。

燃焼度を計算する際、**実際の経過時間**と**定格出力時間**とを区別しなければならない。定格出力時間は、負荷率（load factor）、または設備利用率（capacity factor）とも表現されるfに、実際の経過時間を乗じたものである。燃料装荷から次の燃料装荷までの燃料交換間隔は、実際の経過時間として与えられる。ある高速炉の熱出力を3,000MWth、炉心に装荷した酸化物燃料質量を30,000kg、負荷率を0.7、燃料交換間隔t_cを1年とした場合、一回の燃料サイクル（1燃料サイクル）における平均燃焼度Bは以下で与えられる。

$$\begin{aligned} B\left(\frac{\mathrm{MWd}}{\mathrm{kg}}\right) &= \frac{P\,(\mathrm{MW})\,f\,t_c\,(\mathrm{d})}{m\,(\mathrm{kg}\,\textit{酸化物})\,\dfrac{\textit{重金属質量}}{\textit{酸化物質量}}} \\ &= \frac{(3,000\ \mathrm{MW})\,(0.7)\,(1\textit{年})\,(365\textit{日/年})}{(30,000\ \mathrm{kg}\,\textit{酸化物})\,\dfrac{238\,\mathrm{kg}\,\textit{重金属}}{270\,\mathrm{kg}\,\textit{酸化物}}} \\ &= 29\ \mathrm{MWd/kg}. \end{aligned} \tag{7.1}$$

MWd/kgで与えられた燃焼度は、中性子束、核分裂反応率、実際の経過時間tと以下の関係にある。

$$B(t) = \frac{\Sigma_f \phi \left(\dfrac{\textit{核分裂数}}{\mathrm{cm}^3\,\textit{炉心}\cdot\textit{秒}}\right) f\,t\,(\mathrm{d}) \cdot 10^3\ (\mathrm{g/kg})}{2.9 \times 10^{16} \left(\dfrac{\textit{核分裂数}}{\mathrm{MW}\cdot\textit{秒}}\right) F_f \left(\dfrac{\mathrm{cm}^3\textit{酸化物}}{\mathrm{cm}^3\,\textit{炉心}}\right) \rho_{oxide} \left(\dfrac{\mathrm{g}\ \textit{酸化物}}{\mathrm{cm}^3\textit{酸化物}}\right) \dfrac{238}{270} \left(\dfrac{\mathrm{g}\ \textit{重金属}}{\mathrm{g}\ \textit{酸化物}}\right)}, \tag{7.2}$$

ここで、F_fは燃料体積割合、ρ_{oxide}は燃料スミア密度である。この関係式では、$\Sigma_f \phi$は経時変化しないと仮定している。実際は、$\Sigma_f \phi$は空間依存性が非常に高く、やや時間依存性を持つ。$\Sigma_f \phi$（および式（7.1）に示すP）の炉心平均値も、燃料サイクル期間中にブランケット領域で出力が増加することに因り、やや時間依存性を有している。

燃焼度を実際の経過時間の関数として原子百分率単位で表現すると以下となる。

$$B\,(\mathrm{at.\%}) = 100\frac{\sum_m N_m \sigma_{fm} \phi f t}{\sum_m N_{m,0}}, \tag{7.3}$$

ここで、Σ_mは全ての重核種に対する総和であり、$N_{m,0}$は時間t=0における原子数密度である。

式（7.1）と式（7.3）で示す二つの燃焼度には関連性があり、比エネルギー値で表す燃焼度（MWd/kg）の、核分裂原子比率で表す燃焼度（at. %）に対する比は、以下のとおりとなる。

$$
\begin{aligned}
\frac{B\left(\dfrac{\text{MWd}}{\text{kg}}\right)}{B\,(\text{at.}\%)} &= \frac{B\left(\dfrac{\text{MWd}}{\text{kg 重金属}}\right)}{B\left(\dfrac{\%\ \text{核分裂}}{\text{重金属原子個数}}\right)} \\
&= \frac{6.023\times 10^{26}\left(\dfrac{\text{重金属原子個数}}{\text{重金属質量 kg-mol}}\right)}{\left[100\left(\dfrac{\%}{\text{絶対値}}\right)\cdot 2.9\times 10^{16}\left(\dfrac{\text{核分裂数}}{\text{MW}\cdot\text{秒}}\right)\cdot 0.864\times 10^{5}\left(\dfrac{\text{秒}}{\text{日}}\right)\cdot 238\left(\dfrac{\text{kg 重金属}}{\text{kg-mol 重金属}}\right)\right]} \quad (7.4) \\
&= 10.
\end{aligned}
$$

燃料の照射期間は通常、反応度の制限ではなく、燃料損傷、被覆管あるいは構造物の損傷またはスウェリングなどを引き起こす、照射量によって制限される。SFRにおける酸化物燃料の照射期間の設計目安は、初期の先行SFRでは被覆管やラッパ管（六角ダクト）の照射量制限によってかなり低い値に設定されていたが、現行では100MWd/kg程度あるいはそれ以上である。

燃焼度の設計目標値を達成するために必要な燃料の炉内滞在期間は、比出力（MWth/kg 重金属）に依存し、したがって出力密度の空間分布に依存する。燃料が炉内に滞在できる時間長さを評価するため、図7.1に表すような径方向出力分布と以下に示す数値を想定する。

集合体装荷位置A、B、Cにおける径方向の平均出力に対するピーク出力の比をそれぞれ1.3、0.8、0.65、軸方向の平均出力に対するピーク出力の比を1.25と仮定する。典型的な値として、内側炉心と外側炉心の比インベントリをそれぞれ1.2、1.6kg 核分裂性物質/MWth、核分裂性原子割合をそれぞれ0.11、0.15と仮定する。最後に負荷率を0.7と仮定する。炉内滞在期間を2年とした場合、集合体装荷位置Aでのピーク燃焼度は次のように求められる。

$$
\left(\frac{1}{1.2}\,\frac{\text{MWth}}{\text{kg 核分裂性物質}}\right)\left(0.11\,\frac{\text{kg 核分裂性物質}}{\text{kg 重金属}}\right)(2\text{年})\,(365\text{日/年})\,(0.7)\,(1.25)\,(1.3) = 76\ \text{MWd/kg}.
$$

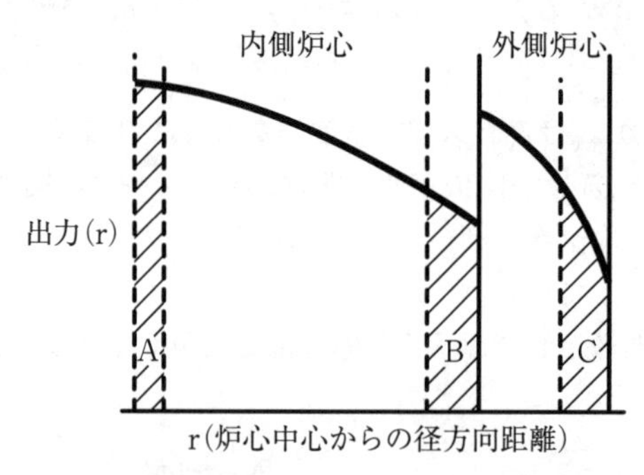

図7.1　径方向出力分布および集合体装荷位置A、B、C

表7.1に、集合体装荷位置A、B、Cの平均照射量およびピーク照射量を炉内滞在時間の関数で示す。ピーク燃焼度の制限値が80MWd/kgの場合、ほとんどの集合体の炉内滞在期間は2年から3年としなければならないが、最外層の集合体の炉内滞在期間は4年にできる。径方向ブランケット集合体の炉内滞在期間は4年から6年程度と更に長くできる。

表7.1　集合体装荷位置A、B、Cにおける典型的な燃焼度の炉内滞在時間依存性

炉内滞在時間	燃焼度 (MWd/kg)					
	平均			ピーク		
	A	B	C	A	B	C
2年	61			76		
3年	91	56	47	114	70	58
4年		75	62		94	78

7.4　燃焼方程式

燃料管理コードで行われる主要な計算は、時間関数として表される核種の減損（depletion）および生成（production）である。燃料組成の変動は、原子炉の実効増倍率（臨界性）、中性子束、出力分布に影響することから、原子炉運転中の炉心内の燃料組成を追跡すること（また、計算科学の問題として適切にモデル化すること）は非常に重要である。燃料装荷条件を決めるにあたっては、炉心燃料の減損および転換を予測しておくことが不可欠である。

幸いなことに、炉心燃料組成は（時、日、月単位で）比較的ゆっくりと変化するため、原子炉を臨界状態に保つための制御システム（制御棒）の調整も中・長期的な問題として取り扱うことができる。このことは、核種の原子数密度変化を表す反応率式の時間依存解析が必要であることを意味するが、核特性挙動は、燃焼の影響を受ける全核種の原子炉全体での原子数密度を決定する時間依存の燃焼計算から得られる燃料組成を用いて、ある時間間隔で静的臨界計算を行うことで評価できる。

燃料の燃焼（燃料組成変化）を記述する微分方程式は、**Bateman方程式**または**燃焼方程式**と呼ばれる。また時には、生成・消滅方程式と呼ばれることもある。全断面積と中性子束が適切に一群の値に平均化されている場合、Bateman方程式は以下のように表すことができる。

$$\frac{dN_k}{dt} = \underbrace{\phi\sum_{i=l}^{m} N_i\sigma_{f,i}y_{i\to k}}_{\text{核分裂による生成}} + \underbrace{\phi\sum_{z=r}^{q} N_z\sigma_{c,z}\gamma_{z\to k}}_{\text{捕獲による生成}} + \underbrace{\sum_{j=n}^{p} N_j\lambda_j\alpha_{j\to k}}_{\text{崩壊による生成}} - \underbrace{\lambda_k N_k}_{\text{崩壊による消滅}} - \underbrace{\phi N_k\sigma_{a,k}}_{\text{吸収による消滅}},$$

ここで：

N_k = 燃焼時間ステップにおける核種kの原子数密度
ϕ = 燃焼時間ステップにおける中性子束
$\sigma_{f,i}$ = 核種iの微視的核分裂断面積
$\sigma_{c,z}$ =核種zの(n,xn)反応を含む捕獲ミクロ断面積
$\sigma_{a,k}$ =核種kの微視的吸収断面積
λ_j, λ_k = 核種jおよび核種kの放射性崩壊定数
$y_{i\to k}$ =核種iの核分裂に起因する核種kの収率
$\gamma_{z\to k}$ = 核種zの中性子捕獲により核種kが生成される確率
$\alpha_{j\to k}$ =核種jの放射性崩壊により核種kが生成される確率
k = 核種インデックス
i = 中性子核分裂により核種kを生成する全ての先行核種mの総和インデックス、$i=l, \cdots, m$
z = 中性子捕獲により核種kを生成する全ての先行核種qの総和インデックス、$z=r, \cdots, q$

j = 放射性崩壊により核種kを生成する全ての先行核種pの総和インデックス、$j=n, \cdots, p$

ここでl、r、nはそれぞれ核分裂、中性子捕獲および放射性崩壊による一連の変化をおこす、最初の核種を意味する。

これらの方程式とその解についてこの節で解説する。燃焼方程式は、解析解を求めること、または数値積分プロセスを用いることで原子数密度を計算出来る。解析解では、計算する期間で中性子束と断面積は一定と仮定する。数値積分では、時間ステップ間で同様の仮定を行う。

高速炉の断面積は、軽水炉に比べ、中性子エネルギー変化および核分裂生成物の蓄積に対し、感度が高くないことから、高速炉では軽水炉よりも長い時間間隔で中性子束や断面積を一定とする近似を適用できる。後述する図7.4に示す反復計算では、燃料サイクル期間中で中性子束および断面積を一定としている。

この節ではまず燃焼方程式を紹介し、次に数値積分および解析解について述べる。

第1章では、親核種から核分裂性核種への主要な転換チェーンとして、U-PuサイクルとTh-Uサイクルの2つがあることを述べた。表7.2に、それぞれのチェーンで取り扱う代表的な同位体核種と、それら核種に割り当てた物質番号を示す。商用の燃焼計算コードでは、^{239}U、^{239}Np、^{237}Np、^{238}Pu、^{235}U、^{236}U、AmおよびCmの同位体などの核種が含まれている。図7.2および図7.3に詳細な転換チェーンを示す。^{239}Uと^{239}Npは半減期が短い（それぞれ23.5分、2.35日）ため、これらを転換チェーンに含

表7.2 転換チェーンの主要核種と割り当てた物質番号

物質番号	U-Puサイクル	Th-Uサイクル
1	^{238}U	^{232}Th
2	^{239}Pu	^{233}U
3	^{240}Pu	^{234}U
4	^{241}Pu	^{235}U
5	^{242}Pu	^{236}U
6	^{243}Am	^{237}Np
7	^{241}Am	−
8	一対の核分裂生成物	一対の核分裂生成物

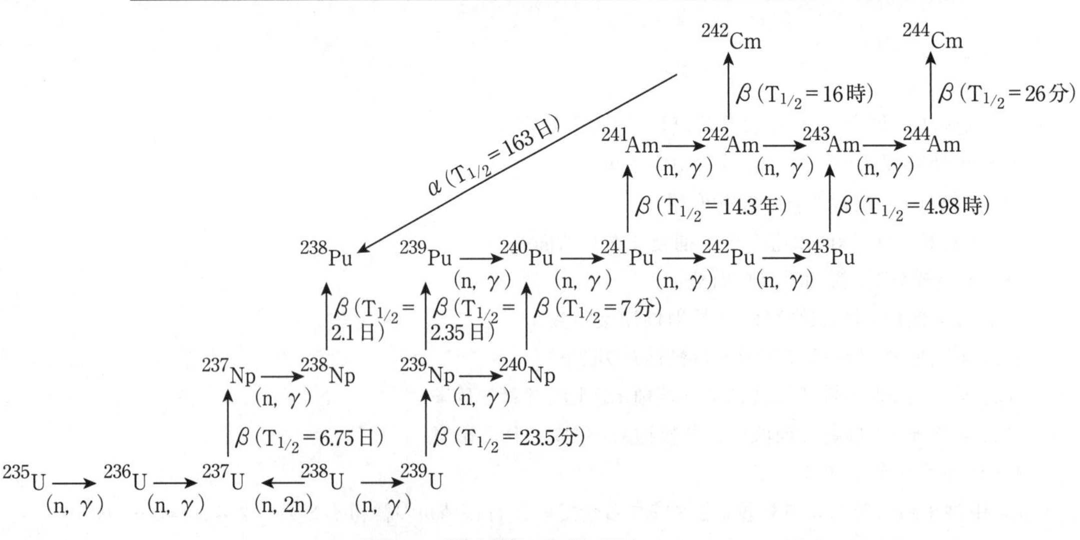

図7.2 ^{238}U-^{239}Pu転換チェーン

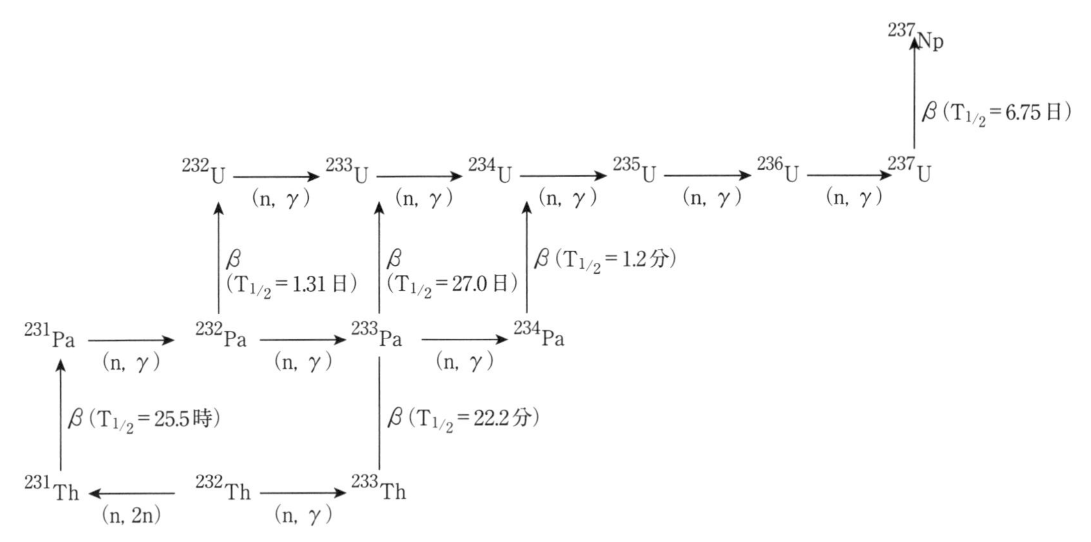

図7.3　^{232}Th-^{233}U転換チェーン

めるか否かの影響は小さい。Th-Uサイクルでは、^{233}Paの半減期が比較的長い（27.4日）ため、この核種をチェーンに含めることの重要性はより高い。

長期運転サイクルと高燃焼度を目的とした原子力システムでは、カリフォルニウム（C*f*）までの高次アクチニドの詳細な核変換モデルが必要となる。以降の考察では、主流の燃料サイクルであるU-Puサイクルを対象とする。

プルトニウム238は燃料サイクルで無視できない重要な核種である（表7.5参照）。^{238}Puの生成源は、(1)^{237}Npの中性子捕獲により生じる^{238}Npのベータ崩壊、そして(2)^{242}Amのベータ崩壊により生じる^{242}Cmのα崩壊、の二つである。^{242}Amは^{241}Amの中性子捕獲により生成される。^{237}Npの主要な生成源は、(1)^{238}Uの（n,2n）反応により生じる^{237}Uのベータ崩壊、および（2)^{235}Uの（n,γ）反応と続く^{236}Uの（n,γ）反応により生じる^{237}Uのベータ崩壊、の二つである。

燃焼計算を行うにあたって、全ての核分裂生成物を取扱う必要はないが、無視できない大きさの吸収断面積を持つ核種、また、無視できない大きさの吸収断面積を持つ核種に崩壊する核種については取り扱う必要がある。なお、後者のケースについては、親核種の崩壊時間が充分に長い場合にのみ、親核種を取り扱う。それ以外の場合は、その累積核分裂収率に帰属する崩壊生成物（検討対象核種の収率そのものと、崩壊の結果として検討対象核種を生成する全ての親核種の収率の合計）を用いた燃焼計算を行えばよい。

多くの場合、いくつかの核分裂生成物の微分方程式間の相互連携を無視すること、即ちいくつかの崩壊チェーンの関連性を無視することにより、燃焼方程式を単純化できる。この単純化は燃焼度が低い場合は妥当であるが、燃焼度が非常に高い場合は許容出来ない誤差を生ずる。核転換チェーンを無視する場合は、全ての核分裂生成物を独立して取り扱う必要はなく、それぞれの吸収断面積に従って、いくつかの疑似核分裂生成物（pseudo fission products）としてグループ化することが出来る。

7.4.1　微分方程式

^{238}U（または^{232}Th）（いずれもここでは物質番号1）の数密度（または質量）は以下の方程式で与えられる：

$$\frac{dN_1}{dt} = -N_1\sigma_{a1}\phi f, \tag{7.5}$$

ここで：

N_1 = ^{238}U数密度（原子数/cm^{3}もしくは原子数/barn-cm）または質量（kg）
t = 経過時間（秒）
σ_{a1} = ^{238}U吸収断面積（cm^2）
f = 負荷率（定格出力時間割合）
ϕ = 一群中性子束（n/cm^2 s）

ここで、σは常にϕと乗じられる量で、単位はcm^{2}である。燃焼方程式の計算においては、barn単位で示された断面積σに10^{-24}cm^2/barnを乗じる必要がある。

変数$f\phi t$（または$fn\mathrm{v}t$）は燃焼方程式の解に繰り返し現れる。この変数を**フルエンス**（fluence）と呼びzで表す。

$$z = f\phi t. \tag{7.6}$$

式（7.5）はフルエンスで示すことができる。

$$\frac{dN_1}{dz} = -N_1\sigma_{a1}. \tag{7.7}$$

^{239}Pu（または^{233}U）（物質番号2）の数密度をこの式から導く。

$$\frac{dN_2}{dz} = -N_2\sigma_{a2} + N_1\sigma_{c1}. \tag{7.8}$$

ここで、式（7.5）では親物質1の中性子吸収割合$N_1\,\sigma_{a1}\,\phi$が用いられているのに対し、ここでは親物質1の中性子捕獲割合のみとなっていることに注意が必要である。

^{240}Pu（物質番号3）、^{242}Pu（物質番号5）および^{243}Am（物質番号6）の数密度を求める式は、^{239}Puの式と類似しており以下で示される。

$$\frac{dN_m}{dz} = -N_m\sigma_{am} + N_{m-1}\sigma_{c,m-1} \quad (m = 2,3,5,6)\,. \tag{7.9}$$

このモデルでは、^{243}Amがチェーンの上限核種であるため、チェーン外の核種を生成する^{243}Amの中性子捕獲を無視し、σ_{a6}=0とする。

^{241}Pu（物質番号4）の数密度の式には、半減期が14.7年の^{241}Puのベータ崩壊を含む必要がある。方程式をまず、経過時間tの関数で示し、続いてフルエンスzの関数で示す。

$$\frac{dN_4}{dt} = -N_4\sigma_{a4}\phi f - \lambda_4 N_4 + N_3\sigma_{c3}\phi f, \tag{7.10}$$

$$\frac{dN_4}{dz} = -N_4\left(\sigma_{a2} + \frac{\lambda_4}{\phi f}\right) + N_3\sigma_{c3}. \tag{7.10a}$$

このモデルでは、^{241}Am（物質番号7）の崩壊や中性子吸収による減損を全て無視する。従って^{241}Amの式は

$$\frac{dN_7}{dz} = \frac{\lambda_4}{\phi f}N_4. \tag{7.11}$$

核分裂が生じると一対の核分裂生成物（核分裂生成物ペア）が生成される。従って、中性子吸収による核分裂生成物の減失を無視すれば、核分裂生成物ペア（物質番号8）の数密度は次のように表せる。

$$\frac{dN_8}{dz} = \sum_{m=1}^{5} N_m\sigma_{fm}, \tag{7.12}$$

ここで、このモデルでは、物質1から5までのみを核分裂性物質として取り扱っている。

7.4.2　燃焼方程式の数値解法

燃焼方程式を解くにはいくつか数値積分手法があるが、最も単純な手法はEuler法（オイラー法）である。これは陽解法（explicit method）であり、原子数密度Nの時間ステップj+1における値N_{j+1}は、時間jにおける値N_j、時間jにおける時間微分（$\Delta N/\Delta t)_j$、時間ステップδtで陽（explicit）に示される：

$$N_{j+1} = N_j + \left(\frac{\Delta N}{\Delta t}\right)_j \delta t. \tag{7.13}$$

より緻密な積分手法は陰解法（implicit method）であり、2DBおよび3DBコードでは下記式が用いられている：

$$N_{j+1} = N_j + \frac{\delta t}{2}\left[\left(\frac{\Delta N}{\Delta t}\right)_j + \left(\frac{\Delta N}{\Delta t}\right)_{j+1}\right]. \tag{7.14}$$

$(\Delta N/\Delta t)_{j+1}$は未知数$N_{j+1}$の関数であるため、$(\Delta N/\Delta t)_{j+1}$もまた未知数である。従って$N_{j+1}$の解法は反復型（iterative／繰り返し）である必要がある。

7.4.3　燃焼方程式の解析的解法

ここではFUMBLE［2］などの燃料サイクル・コードで用いられる解析的解法を紹介する。反応率の計算には、捕獲および核分裂の一群縮約断面積が用いられる。高速炉の燃焼解析では、燃料サイクル

期間中、照射による実効一群断面積の変化はさほど急激ではないため、ひとつの一群断面積セットをサイクル全体にわたって用いても十分正確な解が得られる。FUMBLEで行われているような、さらに詳細な解析では、サイクル期間中のいくつかの時間点で新たに一群断面積と中性子束を与えている。

燃焼方程式の解は、新燃料に元々含まれる量、即ちフルエンスz=0時点の物質mの初期値$N_{m,0}$を用いて表される。式（7.5）の^{238}Uの解は

$$N_1 = N_{1,0}e^{-\sigma_{a1}z}. \tag{7.15}$$

次に、式（7.8）は積算因子p=exp(∫σ_{a2} dz)=exp(σ_{a2} z）を用いて解くことができる。

$$N_2 = \frac{1}{p}\int pN_1\sigma_{c1}dz = e^{-\sigma_{a2}z}N_{1,0}\sigma_{c1}\left[\frac{e^{(\sigma_{a2}-\sigma_{a1})z}}{\sigma_{a2}-\sigma_{a1}} + C\right]. \tag{7.16}$$

定数Cは、初期条件z=0、N_2=$N_{2,0}$を用いて以下式で求める。

$$C = \frac{N_{2,0}}{N_{1,0}\sigma_{c1}} - \frac{1}{\sigma_{a2}-\sigma_{a1}},$$

$$N_2 = N_{2,0}e^{-\sigma_{a2}z} + N_{1,0}\frac{\sigma_{c1}}{\sigma_{a2}-\sigma_{a1}}\left(e^{-\sigma_{a1}z} - e^{-\sigma_{a2}z}\right). \tag{7.17}$$

通常、表7.2で番号を割り当てた物質1から物質6の数密度を示す方程式の解は、**帰納式**として以下のように表すことができる。

$$\begin{aligned}
N_1 &= A_{11}e^{-\sigma_{a1}z},\\
N_2 &= A_{21}e^{-\sigma_{a1}z} + A_{22}e^{-\sigma_{a2}z},\\
N_3 &= A_{31}e^{-\sigma_{a1}z} + A_{32}e^{-\sigma_{a2}z} + A_{33}e^{-\sigma_{a3}z},\\
&\vdots\\
N_m &= \sum_{n=1}^{m} A_{mn}e^{-\sigma_{an}z}, (m \le 6),
\end{aligned} \tag{7.18}$$

ここで

$$A_{mn} = \frac{\sigma_{c,m-1}}{\sigma_{am}-\sigma_{an}}A_{m-1,n}, (1 \le n \le m-1), \tag{7.19}$$

またA_{mn}は下記関係式により表せる。

$$N_{m,0} = \sum_{n=1}^{m} A_{mn}. \tag{7.20}$$

これらの方程式で（また式（7.31）、（7.32）を除く以降に示す本章の全方程式で）、^{241}Pu（物質番号4）

の「σ_{a4}」は実際の断面積σ_{a4}と崩壊定数関係式$\lambda_4/\phi f$の和である。式（7.11）の^{241}Am（物質番号7）の解は式（7.18）の帰納式に当てはまらない。N_7の解を、N_4に対して式（7.18）を用いて表すと次式のようになる。

$$N_7 = \frac{\lambda_4}{\phi f}\sum_{n=1}^{4} A_{4n}\int_0^z e^{-\sigma_{an}z'}dz' = \frac{\lambda_4}{\phi f}\sum_{n=1}^{4}\frac{A_{4n}}{\sigma_{an}}\left(1-e^{-\sigma_{an}z}\right). \tag{7.21}$$

核分裂生成物ペアN_8の式（7.12）の解は次式で示される。

$$N_8 = \int_0^z \sum_{m=1}^{5} N_m\left(z'\right)\sigma_{fm}dz'. \tag{7.22}$$

N_mに式（7.18）を代入すると次のようになる。

$$N_8 = \sum_{m=1}^{5}\left[\sigma_{fm}\sum_{n=1}^{m} A_{mn}\int_0^z e^{-\sigma_{an}z'}dz'\right] = \sum_{m=1}^{5}\left[\sigma_{fm}\sum_{n=1}^{m}\frac{A_{mn}}{\sigma_{an}}\left(1-e^{-\sigma_{an}z}\right)\right]. \tag{7.23}$$

式（7.23）と式（7.21）は同じ形をしているが、式（7.23）では5つの全核分裂性物質について合計しているのに対し、式（7.21）では、ソースとなる核種はm=4のみである（式（7.11）、（7.12）参照）。

対象とした全ての核種の量を詳しくみてみることは、燃料サイクル計算プログラムが正しく実行されているかの内部チェックに役立つ。このモデルでは、^{241}Am、^{243}Amそして核分裂生成物ペアは減失しないと仮定しているため、核種の総数は時刻によらず常に$\Sigma_{m=1}^{8} N_m$となる。なお、ここには核分裂生成物ペアの量が含まれている。すなわち、燃焼チェーン・モデルを単純化した表7.2では、この核分裂生成物ペアを含む核種の総数は照射期間中で一定値である。実のところ、この総数は（第4章で述べた式（4.51）に等しい）初期の燃料原子数密度N_fである。商用に用いる燃料サイクルコードでも同様の方法でチェックが可能であるが、商用コードでは、更に高次のアクチニド（ならびに核分裂生成物の（n, γ）反応により生成される後代の核種）がチェーンの最終核種となっている。

7.4.4　燃料サイクル期間における平均原子数密度

多様な核設計計算において、燃料サイクル期間中のさまざまな時点、つまり平衡サイクル初期、平衡サイクル中期、平衡サイクル末期、その他サイクル平均時点など、における平均原子数密度を知ることは有用である。また、より厳密な燃料サイクル計算では、サイクル期間中のさまざまな時点での、多群中性子束および一群縮約断面積を再計算することが重要である。

こうした理由のため、燃料サイクル期間中の平均原子数密度を計算する必要がある。フルエンスzの照射を受けている物質mの平均原子数密度は次のとおりである。

$$\overline{N}_m(z) = \frac{1}{z}\int_0^z N_m\left(z'\right)dz'. \tag{7.24}$$

物質1から物質6の平均原子数密度は次のとおりである。

$$\overline{N}_m(z) = \frac{1}{z}\sum_{n=1}^{m}\frac{A_{mn}}{\sigma_{an}}\left(1 - e^{-\sigma_{an}z}\right), (1 \leq m \leq 6). \tag{7.25}$$

ここでN_mの相互関係を正しく理解してもらうためには、以下のようなロジックの演習が役立つであろう。フルエンスzでの核分裂生成物ペアの原子数密度N_8は、$\overline{N}_m$とσ_{fm}とzの乗算をm=1から5まで合計した値、すなわち次のとおりとなることを考えてみよう。

$$N_8(z) = \sum_{m=1}^{5}\overline{N}_m\sigma_{fm}z. \tag{7.26}$$

式（7.26）のN_mに式（7.25）を代入すると、式（7.26）と式（7.23）が同じであることがわかる。

物質7および物質8については次のとおりである。

$$\overline{N}_7(z) = \frac{1}{z}\frac{\lambda_4}{\phi f}\sum_{n=1}^{4}\frac{A_{4n}}{\sigma_{an}}\left[z - \frac{1}{\sigma_{an}}\left(1 - e^{-\sigma_{an}z}\right)\right], \tag{7.27}$$

$$\overline{N}_8(z) = \frac{1}{z}\sum_{m=1}^{5}\sigma_{fm}\sum_{n=1}^{m}\frac{A_{mn}}{\sigma_{an}}\left[z - \frac{1}{\sigma_{an}}\left(1 - e^{-\sigma_{an}z}\right)\right]. \tag{7.28}$$

7.5 初期燃料組成と取出し燃料組成および燃料サイクル反応度

この節では、新燃料に必要なプルトニウム富化度、取出し燃料組成、燃料サイクル期間中の反応度損失、そして増殖比を概算するための基礎データを計算するための近似解法を紹介する。ここで紹介する単純化モデルは0次元炉心（一点炉）計算に基づいており、従って炉心のみが詳細に取り扱われるものである。ブランケット領域の解析では当然、空間依存計算が必要となってくる。しかし、燃料サイクル計算のロジックは、この単純化モデルによって十分説明することができる。

ここでの主要な課題は、燃料サイクル末期に制御棒全引抜状態で臨界係数が1となるように、初期プルトニウム富化度を算出することである。まず以下を定義する：

E = 燃料に含まれるPu原子個数割合（富化度）

Q = バッチ数；取出し燃料のサイクル数に同じ

q = サイクル・インデックス、新燃料はq = 0、1サイクル後の燃料はq = 1、取出し燃料はq = Q

$N_m(q)$ = qサイクル後のあるバッチ内の物質mの原子数密度（全炉心がこのバッチで構成されていると仮定）

$N_{m,b}$ = サイクル初期の平均原子数密度（バッチ平均）

$N_{m,e}$ = サイクル末期の平均原子数密度（バッチ平均）

$\overline{N}_m$ = サイクル期間中の平均原子数密度（全バッチおよびサイクル期間の平均）

k_b = サイクル初期、制御棒全引抜での増倍係数
k_e = サイクル末期、制御棒全引抜での増倍係数
$E^{(v)}, N^{(v)}, k^{(v)}$ = v回目の反復計算における変数
$\Sigma_{c,nf}$=燃料以外の物質の巨視的捕獲断面積
DB^2 = 一群拡散係数とバックリングの乗算
t_c = 燃料交換間隔または1サイクル長さ（秒単位での経過時間）
B = 燃焼度（MWd/kg 重金属）.

サイクル初期およびサイクル末期の平均原子数密度は次のとおりである。

$$N_{m,b} = \frac{1}{Q}\sum_{q=0}^{Q-1} N_m(q), \tag{7.29}$$

$$N_{m,e} = \frac{1}{Q}\sum_{q=1}^{Q} N_m(q). \tag{7.30}$$

臨界計算は一群の中性子収支（バランス）によって近似する。なお、実際の設計用燃料サイクルコードでは、各々の臨界計算は空間依存の多群計算コードを用いて行われる。

$$k_b = \frac{\sum_{m=1}^{5} \nu_{fm}\sigma_{fm}N_{m,b}}{\sum_{m=1}^{8} \sigma_{a,m}N_{m,b} + \Sigma_{c,nf} + DB^2}, \tag{7.31}$$

$$k_e = \frac{\sum_{m=1}^{5} \nu_{fm}\sigma_{fm}N_{m,e}}{\sum_{m=1}^{8} \sigma_{a,m}N_{m,e} + \Sigma_{c,nf} + DB^2}, \tag{7.32}$$

ここで断面積とDは全て一群縮約値である。また、上記の2式では^{241}Puのσ_{a4}は、実際値のσ_{a4}であり（σ_{a4}+ $\lambda_4/\phi f$）ではない。

供給するプルトニウム燃料の同位体組成が既知と仮定すると、プルトニウム富化度さえ特定されれば、初期燃料に含まれる全ての核種の数密度が求まる。ここで、燃料交換間隔t_cと負荷率fは与えられているとする。通常、t_cは1年である。

図7.4に、新燃料のプルトニウム富化度を求める反復計算のフロー図を示す。ここで、BURNERモジュールで用いている方程式は第7.4節で述べたものである。まず、最初の2回の反復計算では、プルトニウム富化度の初期値$E^{(1)}$と$E^{(2)}$の推定値を与える。3回目以降の反復計算では、$E^{(v)}$と$E^{(v-1)}$を$k^{(v)}$と$k^{(v-1)}$とで比較し、ユーザの指定した収束条件に従って内挿（または外挿）して、$E^{(v+1)}$を求める。$k_e^{(v)}$の値が充分に1に近い値（収束条件εの範囲内）となると、反復処理が終了する。

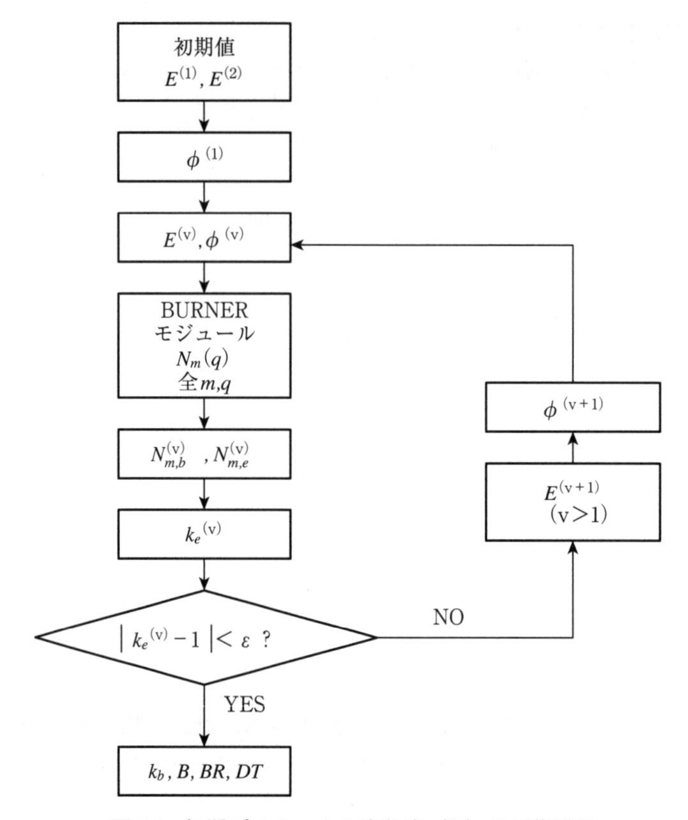

図7.4　初期プルトニウム富化度（E）の反復計算

中性子束は、反復計算の間で変化が小さい場合でも、反復計算ごとに計算する必要がある。

$$\phi^{(v+1)} = \frac{2.9 \times 10^{16} P_{core}\,(\mathrm{MW})}{V_{core}\ \sum_{m=1}^{5} \overline{N}_m^{(v)} \sigma_{fm}}. \tag{7.33}$$

ここで分母に平均原子数密度$\overline{N}_m$がある。従って、中性子束はサイクル期間中の平均中性子束である。なお、$\overline{N}_m$の代わりに$N_{m,b}$と$N_{m,e}$の単純平均値を用いると僅かな誤差が生じる。最初の反復計算では、$\overline{N}_m$の代わりに初期値$N_{m,0}$を用いて$\phi^{(1)}$を計算する。

BURNER計算で必要となる、サイクル期間のフルエンスは次のとおりである。

$$z^{(v)} = \phi^{(v)} f t_c. \tag{7.34}$$

反復計算の結果、初期増倍係数、燃焼度および増殖比（第7.6節で述べる）が与えられる。取出し組成$N_{m,d}$（添え字の“d”はdischarge（取出し）の意味）は、BURNERによる計算結果の$N_m^{(Q)}$として求められる。

サイクル反応度は次のとおりである。

$$\Delta k_{cycle} = k_b - 1. \tag{7.35}$$

ここで取出し燃料の燃焼度をMWd/kg 重金属で求める。定格出力での運転時間を日数で表すと：

$$Qft_c \times \frac{1}{86{,}400\,\text{秒/日}}.$$

炉心内の重核種（U+Pu）の重量は：

$$\rho_f F_f V_{core} \times 238/270,$$

ここで ρ_f の単位はkg/m^3、V_{core}の単位はm^3、F_f は燃料体積割合である。したがって、取出し燃料の燃焼度は以下で与えられる。

$$B\left(\frac{\text{MWd}}{\text{kg}}\right) = \frac{P_{core}\,(\text{MW})\,Qft_c/86{,}400}{\rho_f F_f V_{core} 238/270}. \tag{7.36}$$

7.6　増殖比

増殖比や倍増時間の計算には複数の物理量が必要となる。この節ではまず、それらの数量を定義する：

FP = サイクル毎に生成される核分裂性物質（fissile material produced per cycle）
FD = サイクル毎に減損する核分裂性物質（fissile material destroyed per cycle）
FG = サイクル毎に得られる核分裂性物質（fissile material gained per cycle）
FBOC = 燃料サイクル初期に炉心およびブランケットに含まれる核分裂性物質
（fissile material in the core and blankets at the beginning of the fuel cycle）
FEOC = 燃料サイクル末期に炉心およびブランケットに含まれる核分裂性物質
（fissile material in the core and blankets at the cycle end）
FLOAD = 燃料サイクル初期に炉心に装荷される新燃料に含まれる核分裂性物質
（fissile material loaded into the core as fresh fuel at the beginning of the fuel cycle）
FDIS = 燃料サイクル末期に炉心およびブランケットから取出される燃料に含まれる核分裂性物質
（fissile material in the fuel discharged from the core and blankets at the end of the cycle）
FE = サイクル毎に原子炉外部にある核分裂性物質
（fissile material external to the reactor per cycle）
FL = サイクル毎に原子炉外部で損失する核分裂性物質
（fissile material lost external to the reactor per cycle）
FPL = サイクル毎に燃料処理の過程で損失する核分裂性物質
（fissile material lost in processing per cycle）
EF = 原子炉外部（炉外）係数（out-of-reactor（or ex-reactor）factor）
PLF = 燃料処理による損失割合（processing loss fraction）
RF = 燃料交換割合（refueling fraction）
^{241}PuED = サイクル毎に原子炉外部で崩壊する^{241}Pu
^{241}PuBOC = サイクル初期に炉心およびブランケットに含まれる^{241}Pu

^{241}PuEOC = サイクル末期に炉心およびブランケットに含まれる^{241}Pu
C = 1年あたりのサイクル数（= $1/t_c$）

核分裂性物質の単位は、前節で述べたN_mで用いた単位と同じもので、kgまたは原子数／barn-cmなどの単位で表す。増殖比や倍増時間の計算には常に核分裂性物質の比が用いられる。当然ながら、その比の単位は相殺され無次元となる。

増殖比は第1章で以下のとおり定義した。

$$BR = \frac{FP}{FD}. \tag{7.37}$$

一見単純な定義だが、Wyckoff & Greeblerの調査［8］にあるように、増殖比は様々な手法で求められてきた。ここでは、そこで提案されている増殖比の定義と計算手法を用いる。ここでの定義は、平衡燃料サイクルに適用される。

増殖比はサイクル全体で平均化される。分子に含まれるものは、サイクル期間にわたって生成されてきた全ての核分裂性物質であり、純生成量ではない。従って分子には、サイクル期間中に生成され、その後減失した核分裂性物質が含まれる。故に、分子は次のとおり表すことができる。

$$FP = FD + FEOC - FBOC. \tag{7.38}$$

ここで、すこし脇道に逸れて、これとは別の一般的に使用する増殖比の基礎について論じる。核分裂性物質の生成量FP′を、原子炉への装荷燃料および取出し燃料に基づいて表すと：

$$FP' = FD + FDIS - FLOAD.$$

この表現は、より論理的根拠にもとづく増殖比の定義であるとの主張もあるが、Wyckoff & Greeblerは、各サイクルの初期および末期に原子炉内にある全ての燃料量に基づく定義を選択している。これら二つの手法でそれぞれ増殖比を求めると僅かな差異が現れるが、これは、^{239}Puと^{241}Puの生成割合がフルエンスに対して線形ではないためである。

式（7.38）に戻る前に、増殖比の定義の妥当性を改善するため、さらに別の試みに注目し、もう一つ複雑な要素を追加することを考えてみたい。この概念では、さまざまな核分裂性核種の価値の違いを考慮する。例えば、^{241}Puは^{239}Puよりも良い燃料である。なぜなら、より高い反応度価値を持ち、従って、より少ない量で臨界を得られるからである。また、生成された^{240}Puと^{242}Puは核分裂可能物質であるため、いくらかの価値を持つ。そこでOtt［9］は、**等価**な（equivalent）^{239}Pu量に基づく増殖比の概念を提案している。このようにすれば、式（7.38）に表すように核分裂性核種を単純にひとまとめにする代わりに、^{241}Puにより大きなクレジットを与えることができる。参考文献［8］では、主として^{241}Puは^{239}Puよりも大きな核分裂断面積を持つため、^{241}Puの反応度価値を^{239}Puの1.5倍とすることを推奨している。

式（7.38）を用いると増殖比は

$$BR = 1 + \frac{FEOC - FBOC}{FD}. \tag{7.39}$$

増殖による利得（G）は（BR-1）で定義され、増殖による利得は式（7.39）の右辺の第二項で与えられる。FEOCとFBOCの差は、サイクル期間中の核分裂性物質の純増加分、即ち**得られた**（gained）核分裂性物質の量である。従って

$$G = \frac{\text{FEOC} - \text{FBOC}}{\text{FD}} = \frac{\text{FG}}{\text{FD}}. \tag{7.40}$$

式（7.39）の各項を求めるため、領域インデックスkを用い、炉心、径方向ブランケット、軸方向ブランケットの全領域に対して合計する。式（7.29）と式（7.30）の単位は単位体積あたりの原子数で表されているので、領域の体積をV_kとすると、サイクル初期とサイクル末期の核分裂性物インベントリは、

$$\text{FBOC} = \sum_k \left(N_{2,b} + N_{4,b}\right)_k V_k, \tag{7.41}$$

$$\text{FEOC} = \sum_k \left(N_{2,e} + N_{4,e}\right)_k V_k, \tag{7.42}$$

ここで添字の2と4は、^{239}Puと^{241}Pu（または^{233}Uと^{235}U）を示す。

領域kからの取出し燃料のフルエンスは$z_k^{(Q)}$で示され、一回のサイクルで減損した核分裂性物質量は次式で表される。

$$\begin{aligned}\text{FD} &= \sum_k \sum_{m=2,4} \left(\int_0^{z_k^{(Q)}} N_m \sigma_{am} dz \right)_k V_k / Q_k \\ &= \sum_k \left[\sigma_{a2} \sum_{n=1}^{2} \frac{A_{2nk}}{\sigma_{an}} \left(1 - e^{-\sigma_{an} z_k^{(Q)}}\right) + \sigma_{a4} \sum_{n=1}^{4} \frac{A_{4nk}}{\sigma_{an}} \left(1 - e^{-\sigma_{an} z_k^{(Q)}}\right) \right] V_k / Q_k,\end{aligned} \tag{7.43}$$

ここで、N_{mk}とA_{mnk}は、領域k全体で構成比率が同じ（均質）であるとした場合の、領域kでの単位体積あたりの原子数または質量である[4]。増殖比は式（7.39）に、式（7.41）、（7.42）、（7.43）を代入して求められる。

7.7　倍増時間

倍増時間の概念は第1章で紹介した。倍増時間は、増殖炉の設計、さまざまな高速炉燃料、多数の高速増殖炉から成る燃料サイクルシステムの比較に用いられる性能指標のひとつである。このパラメータに関しては、多くの異なる方法で定義することができるため、過去にはかなりの混乱が存在していた。長いあいだ複雑な定義が増える一方で、あるものは非常に独創的だったが、Wyckoff &Greeblerは、三つの有用な定義を与えることによって、倍増時間の概念の標準化を試みている［8］。

---

[4] ここで、領域全体が同じバッチ燃料で構成されていると仮定してN_mが計算されている場合、ひとつのバッチについて、フルエンスをゼロから取出し時の値（すなわちQサイクル後の値）まで積分する。これは、ある領域で、一回のサイクル期間中のバッチごと（全Qバッチ）に減損した核分裂性物質の合計に相当する。

その内のひとつは、第1章で解説した原子炉倍増時間（RDT）である。この節の以降では、三つの定義は平衡燃料サイクルに適用される。本書や参考文献［9］で、倍増時間を定義しているが、例えば参考文献［10］にあるように、その他の式がまだ広く使用されている。平衡状態への移行を考慮した複合インベントリ倍増時間の式［11］も開発されているが、非平衡サイクルの取扱いは本書の範囲を超えるため、言及しない。

Wyckoff & Greeblerの推奨する三つの倍増時間の定義を以下に示す。また、それぞれについて数学的に解説する。

原子炉倍増時間（reactor doubling time, RDT）
　= ある原子炉で、その原子炉自身の核分裂性物質インベントリに加え、新しい同一仕様の原子炉に供給するのに充分な、余剰の核分裂性物質を生成するために要する時間

システム倍増時間[5]（system doubling time, SDT）
　= ある原子炉で、その原子炉自身の核分裂性物質インベントリに加え、その原子炉以外で必要とされる核分裂性成物を供給し、かつ、新しい同一仕様の原子炉に供給するのに充分な、余剰の核分裂性物質を生成するために要する時間

複合システム倍増時間（compound system doubling time, CSDT）
　= 同一仕様の増殖炉で構成されるシステムで、全ての核分裂性物質が消費できるように、ある割合で原子炉（同一仕様の増殖炉）を増やしていくと仮定した場合に、システム内の核分裂性物質を二倍にするために要する時間

7.7.1 原子炉倍増時間

原子炉倍増時間は次の式で表される。

$$\mathrm{RDT} = \frac{\mathrm{FBOC}}{(\mathrm{FG})\,(C)}, \tag{7.44}$$

ここで、FBOCは第7.6節で定義した。FGは、一回の燃料サイクルでの核分裂性物質の純増加分であり、式（7.40）で定義した。年毎の燃料サイクル数Cは$1/t_c$と等価である。t_cは燃料交換間隔であり、第7.5節で定義した。RDTは、式（1.11）のM_0/M_gと同一である。ここに定義する倍増時間は、原子炉の外部の燃料サイクルや核分裂性物質の複合的な増加割合を考慮した定義と区別するため、しばしば**単純倍増時間**または**線形倍増時間**と呼ばれている。

第1章の式（1.13）で示したように、RDTは以下のように近似できる。

$$\mathrm{RDT} \approx \frac{2.7\,\mathrm{FBOC}}{\mathrm{G}Pf\,(1+\alpha)}, \tag{7.45}$$

ここでFBOCは重量（kg）、Pは出力（MW）である。この関係式は、RDTが増殖による利得Gと比核分裂性物質インベントリFBOC/Pに強く依存することを表している。

[5] 参考文献［8］では、この倍増時間を、燃料サイクルインベントリ倍増時間（fuel cycle inventory doubling time, IDT）と称している。

7.7.2 システム倍増時間

原子炉倍増時間は、原子炉の外部での燃料サイクル処理工程を考慮していない。原子炉の外部での燃料サイクル処理は増殖炉システムの一部である。高速炉サイクルが回り始めると、燃料サイクル中にも核分裂性物質が存在することになり、このインベントリはやはり原子炉内で生成されなければならない。従って、外部での燃料処理に要する時間は、倍増時間に影響する。加えて、原子炉外部での核分裂性物質の損失も倍増時間に影響する。原子炉外部での損失には、燃料製造および燃料再処理の過程での回収ロスと、U-Puサイクルでは^{241}Puのベータ崩壊による損失の二種類がある。

参考文献［8］では、原子炉外部の核分裂性物質インベントリは、原子炉内部のインベントリの60%の範囲にあると評価されている。炉外インベントリには、(a)燃料製造、(b)プラントへの輸送、(c)プラントでの装荷待ち保管または冷却貯蔵、(d)再処理のための輸送、そして（e)再処理といった過程にある燃料が含まれる。これらの過程にある核分裂性物質インベントリを**外部核分裂性物質**（fissile external)と称し、FEで表す。このインベントリの影響は、下記に定義する**炉外係数**（ex-reactor factor)によって説明される。

$$\mathrm{EF}=\frac{\mathrm{FBOC+FE}}{\mathrm{FBOC}}. \tag{7.46}$$

この値はおよそ1.6である。

燃料の**処理による損失量**（FPL）は、通常、燃料製造および燃料再処理の過程での物質の損失割合、即ち**処理による損失割合**（PLF）に基づいており、この値は1%から数%の範囲になることが多い。燃料交換毎に交換される炉心燃料集合体の割合（すなわち=1/Q）として定義される**燃料交換割合**（RF）を用いると、サイクル毎の処理による損失は

$$\mathrm{FPL}=\frac{1}{2}\,(\mathrm{FBOC}+\mathrm{FEOC})\,(\mathrm{RF})\,(\mathrm{PLF})\,. \tag{7.47}$$

1燃料サイクルの間の、原子炉外部における^{241}Puの崩壊は

$$^{241}\mathrm{PuED}=\frac{1}{2}\left(^{241}\mathrm{PuBOC}+{}^{241}\mathrm{PuEOC}\right)(\mathrm{EF}-1)\left(1-e^{-\lambda_4 t_c}\right), \tag{7.48}$$

ここで（1-$e^{-\lambda_4 t_c}$）は、原子炉の外部にある核分裂性物質に含まれる^{241}Puが、1燃料サイクルのあいだに崩壊する割合である。この^{241}PuEDの式では、原子炉の外部にある燃料集合体に含まれる^{241}Puの平均含有率は、原子炉内部の燃料集合体に含まれる^{241}Puの平均含有率で表すことができることを仮定している。

式（7.47)、(7.48）の解から、サイクル毎に原子炉外部で失われる核分裂性物質の損失合計は以下となる。

$$\mathrm{FL}=\mathrm{FPL}+{}^{241}\mathrm{PuED}. \tag{7.49}$$

最終的に、式（7.46)、(7.49）から、システム倍増時間SDTを次のように定義することができる。

$$\mathrm{STD} = \frac{(\mathrm{FBOC})\,(\mathrm{EF})}{(\mathrm{FG}-\mathrm{FL})\,(C)}. \tag{7.50}$$

7.7.3 複合システム倍増時間

増殖炉で構成するシステム内で生成された余剰核分裂性物質を原子炉から取出後、直ちに再処理し、新しい燃料集合体に製造して新規の増殖炉1基の起動に用いるとした場合、原子炉システム内の核分裂性物質インベントリは、複利計算ケースのように指数関数的に増加する。この増加を表す微分方程式は

$$\frac{dM}{dt} = \lambda M, \tag{7.51}$$

ここで

M = 時間の関数としてのシステム内の核分裂性物重量（kg）
λ = 単位時間あたりのシステム内の核分裂性物質増加割合（y^{-1}）

定数λは前述で定義した量を用いて次のように表せる。

$$\lambda = \frac{(\mathrm{FG}-\mathrm{FL})\,(C)}{(\mathrm{FBOC})\,(\mathrm{EF})}. \tag{7.52}$$

式（7.50）から、λはシステム倍増時間の逆数であることがわかる。

$$\lambda = 1/\mathrm{SDT}. \tag{7.53}$$

式（7.51）を積分すると

$$\frac{M}{M_0} = e^{\lambda t}, \tag{7.54}$$

あるいは式（7.53）から

$$\frac{M}{M_0} = e^{t/\mathrm{SDT}}, \tag{7.55}$$

ここでM_0 = 原子炉システム内の初期核分裂性物重量である。［M_0は、ゼロ時点におけるシステム内の原子炉基数×(FBOC)×(EF)とみなすこともできる］

複合システム倍増時間は、$M/M_0 = 2$とするために必要な時間である。式（7.55）のM/M_0に2を、tにCSDTを代入すると

$$\mathrm{CSDT} = \mathrm{SDT}\ln 2 = 0.693\mathrm{SDT}. \tag{7.56}$$

CSDTは実際には実現されることのない理想化された概念だが、有望な増殖システムの性能指数として役立つ。時折、単なる原子炉倍増時間RDTに係数0.693が乗じられている式も見受けられるが、これは原子炉外部での燃料サイクルに必要な時間あるいはその他の条件を無視しているため、単一の原子炉に複合倍増時間を用いることは誤解を招く。ここで定義した三つの倍増時間RDT、SDT、CSDTは、増殖炉の比較を行うにあたってそれぞれ利点があるが、どの倍増時間を用いているのかを明確に理解しておく必要がある。

7.8　核変換の物理

核変換は原子炉内で連続的に起こっている。この節で特に注目する核変換は、この章の前半で述べた、図7.2、図7.3に示す同位体チェーンを表現するBateman方程式（第7.4節参照）によって説明されるものである。いずれの種類の核変換イベント（事象）も、中性子断面積のスペクトル依存性に支配されるものである。重核種からなる放射性廃棄物の核変換や燃焼を目的とする場合、核分裂反応が重要となる。そこで、中性子捕獲反応と核分裂反応の競合に注目する。図7.5に、核変換特性の原子炉中性子スペクトルに対する変化の様子を示す。この図は、加圧型軽水炉（PWR）およびSPFのスペクトル環境における、支配的なアクチニドの核分裂／中性子吸収の比を比較している。

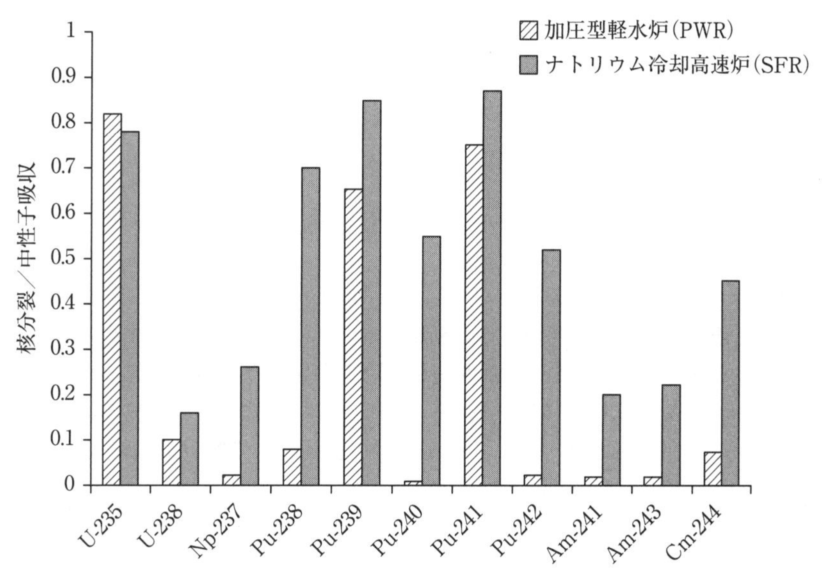

図7.5　ウランおよびマイナーアクチニドの核分裂／中性子吸収比

表7.3に、主要な核種の平均捕獲断面積と平均核分裂断面積の比$\alpha = \bar{\sigma}_c / \bar{\sigma}_f$を示す。この表から、核分裂／捕獲比は、熱中性子炉と比較して、高速炉（SFR）で一貫して高いことが解る。図7.5をみると、核分裂性核種（^{235}U、^{239}Pu、^{241}Pu）については、中性子吸収のうち核分裂を起こす割合は、高速炉のスペクトル環境では80%以上であるのに対し、PWRのスペクトル環境では60%から80%である。また、^{240}Puなどの親核種の核分裂割合については、高速スペクトルでは50%程度まで高くなるのに対し、熱スペクトルでは低く（<5%）とどまっている。すなわち、アクチニドの核分裂の確率は、スペクトルが硬いほどより高まる。したがって、高速スペクトル環境下では、アクチニドは、高次アクチニドに変換するよりも、優先的に核分裂する。これは、高速システムでは、核分裂に利用されずに捕獲

表7.3　ウランおよびマイナーアクチニドのスペクトル平均断面積[a]および捕獲／核分裂比α

核種	PWRスペクトル			高速中性子スペクトル		
	$\bar{\sigma}_f$	$\bar{\sigma}_c$	$\alpha=\frac{\bar{\sigma}_c}{\bar{\sigma}_f}$	$\bar{\sigma}_f$	$\bar{\sigma}_c$	$\alpha=\frac{\bar{\sigma}_c}{\bar{\sigma}_f}$
^{237}Np	0.520	33.000	63.000	0.320	1.700	5.300
^{238}Np	134.000	13.600	0.100	3.600	0.200	0.050
^{238}Pu	2.400	27.700	12.000	1.100	0.580	0.530
^{239}Pu	102.000	58.700	0.580	1.860	0.560	0.300
^{240}Pu	0.530	210.200	396.600	0.360	0.570	1.600
^{241}Pu	102.200	40.900	0.400	2.490	0.470	0.190
^{242}Pu	0.440	28.800	65.500	0.240	0.440	1.800
^{241}Am	1.100	110.000	100.000	0.270	2.000	7.400
^{242}Am	159.000	301.000	1.900	3.200	0.600	0.190
^{242m}Am	595.000	137.000	0.230	3.300	0.600	0.180
^{243}Am	0.440	49.000	111.000	0.210	1.800	8.600
^{242}Cm	1.140	4.500	3.900	0.580	1.000	1.700
^{243}Cm	88.000	14.000	0.160	7.200	1.000	0.140
^{244}Cm	1.000	16.000	16.000	0.420	0.600	1.400
^{245}Cm	116.000	17.000	0.150	5.100	0.900	0.180
^{235}U	38.800	8.700	0.220	1.980	0.570	0.290
^{238}U	0.103	0.860	8.300	0.040	0.300	7.500

[a] 平均断面積(バーン)：$\bar{\sigma}=\frac{\int \sigma(E)\ \phi(E)\ dE}{\int \phi(E)\ dE}$

反応により損失する中性子の数がより少ないため、（中性子経済の観点から）より「効果的」にアクチニドを消滅することができることを意味している。

更にLWRリサイクルでは、より高次のアクチニド（Am, Cmなど）が蓄積し続ける。これら高次のアクチニドは、放射能がより高い傾向があり、後述するように、閉じた燃料サイクル（クローズド燃料サイクル）における燃料取扱いおよび燃料製造において問題となり得る。既に述べたとおり、核分裂させることが求められている場合には、硬いスペクトルほど好ましい。図7.6はその理由を明確に示している。Am同位体とCm同位体の殆どの核種（偶中性子核）の核分裂反応はしきい値型であることが解る。

7.8.1　核分裂毎の中性子消費

異なる中性子場における核変換ポテンシャルについて、より理解を完全なものにするため、新しいパラメータ、即ち、ある核種Jによる中性子消費／核分裂（D_J）が定義されている［12］。

まず、いくつかのアクチニドがある割合S（核種数／秒）で供給され、そして、燃料インベントリの一部が再処理および／または廃棄物処分場への貯蔵のため連続的に取出されているような、無限大の均質な炉心（ある中性子束ϕをもつ）を考える。中性子照射による核変換プロセスにより、供給される核種（「親核種」）は、それぞれの核反応連鎖（チェーン）に応じた、独立した「族（family）」を生成する。したがって、それぞれの「族」の核変換挙動は、個別に検討することができる。炉心内での寿命の間、「親核種」とその「族」はその「終わり（完全な消失）」を迎えるまで中性子を生成する。「族」の核種が消失する原因は、核分裂、中性子捕獲、自然崩壊または燃料サイクル過程（貯蔵のための取出し、あるいは、再処理時の損失）である。

ある燃料サイクルを選択した炉心で、それぞれの親核種（およびその族）が、炉心内での照射期間

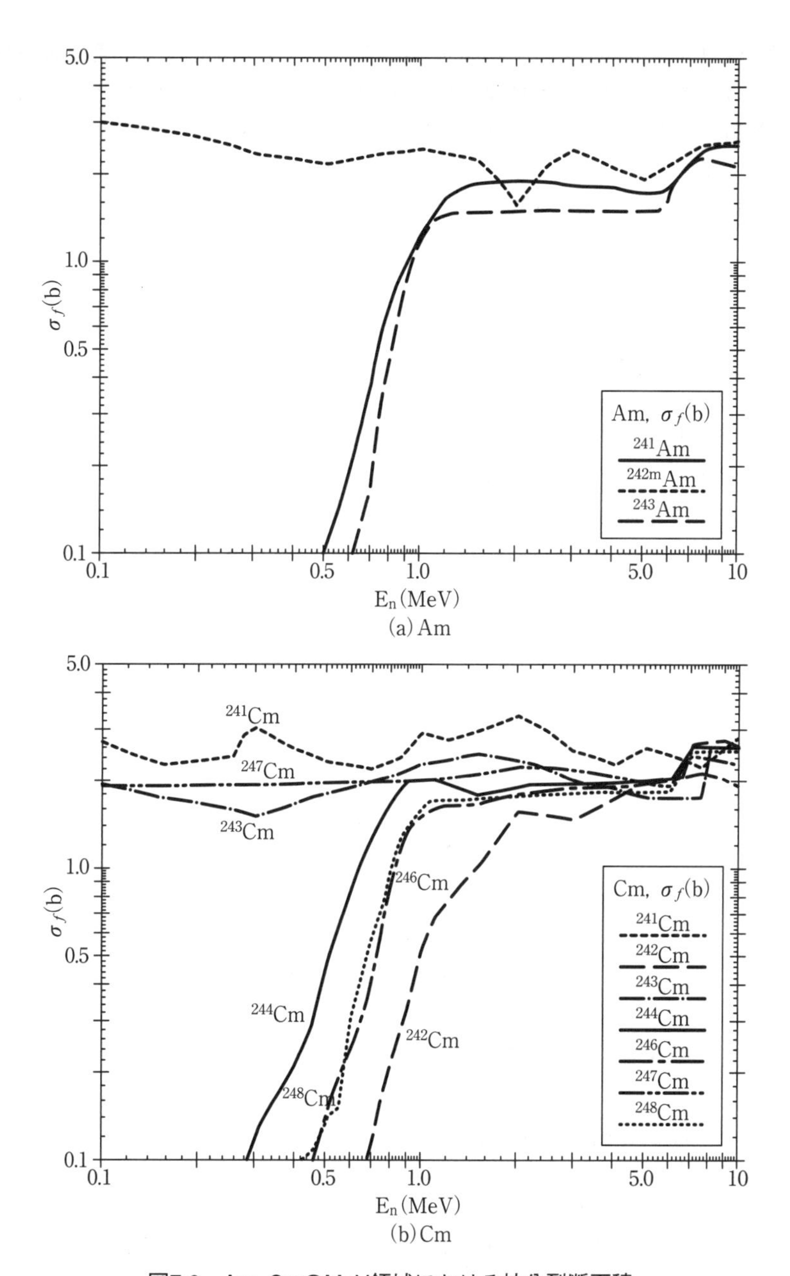

図7.6　Am, CmのMeV領域における核分裂断面積

中に消費／生成する中性子の数を計算することができる。多様な核反応により、異なる族に分岐していく。反応には、中性子捕獲により中性子を消費するもの（(n, γ) 反応など)、消費した中性子よりも多くの中性子を生成するもの（核分裂、(n,2n) 反応など)、中性子バランスに影響を与えないもの（(n,n) 反応、崩壊など）がある。

構造材や核分裂生成物などによる「寄生的な」(parasitic) 中性子の消費や中性子の漏えいが無いとした場合、ある親核種Jの族が消費した中性子の総数D_Jは、ある炉心が供給されたJ核種を減失する能力を持っているか否かの指標として見ることができる。Dが負の場合（つまり、J-族が消費するよりも多くの中性子を生成する場合）では、核種Jが供給されている炉心では、寄生的な捕獲と中性子漏えいを余剰中性子が補っているとすれば、原料物質を消滅するに充分な中性子が生成されている。Dが正の場合、燃料内での中性子消費が中性子生成を上回っており、核変換を維持するためには中性子源を補う必要がある。

D_Jの計算式［13］は次のように示すことができる：

$$D_J = \sum_{J1_i} P_{J \to J1_i} \left\{ R_{J \to J1_i} + \sum_{J2_k} P_{J1_i \to J2_k} \times \left[R_{J1_i \to J2_k} + \sum_{J3_n} P_{J2_k \to J3_n} \times (\ldots) \right] \right\} \quad (7.57)$$

ここで$P_{JNr \to J(N+1)s}$は、核種JNr（JチェーンのN番目に属する核種）が核種$J(N+1)s$（Jチェーンの$N+1$番目に属する核種）に核変換する確率である。これら核種はすべてJ族に属する。核種Aから核種Bへ変化する過程で消費される中性子の数は、中性子消費係数$R_{A \to B}$で示され、この係数は核反応の種類によって決まる。実際の計算は、親から始め、それぞれの核反応により消費される中性子数を計算しながら、それぞれの核反応の確率を評価する。この手順を、J族が（ほぼ）完全に消滅するまで系統的に繰り返す。簡素化した^{235}Uチェーン（一族構成）の例でこの計算を示すと、次のようになる：

$$
\begin{array}{llllll}
^{235}\mathrm{U} & \xrightarrow{P_{n,\gamma}} & ^{236}\mathrm{U} & \xrightarrow{P_{n,\gamma}} & ^{237}\mathrm{U} & \longrightarrow \ldots \\
 & & & \xrightarrow{P_{n,2n}} & ^{235}\mathrm{U} & \longrightarrow \ldots \\
 & & & \xrightarrow{P_{\lambda}} & ^{232}\mathrm{Th} & \longrightarrow \ldots \\
 & \xrightarrow{P_{n,2n}} & ^{234}\mathrm{U} & \xrightarrow{P_{n,\gamma}} & ^{235}\mathrm{U} & \longrightarrow \ldots \\
 & & & \xrightarrow{P_{n,2n}} & ^{233}\mathrm{U} & \longrightarrow \ldots \\
 & & & \xrightarrow{P_{\lambda}} & ^{230}\mathrm{Th} & \longrightarrow \ldots \\
 & \xrightarrow{P_{\lambda}} & ^{231}\mathrm{Pa} & \xrightarrow{P_{n,\gamma}} & ^{232}\mathrm{U} & \longrightarrow \ldots
\end{array}
$$

それぞれの核反応に対する中性子消費係数は次のように定義する：

- 中性子捕獲（n, γ）により中性子1個が捕獲（消費）される
- 中性子捕獲およびそれに続く（n, mn）反応により中性子（1−m）個が生成される
- 核分裂により中性子（1−ν）個が生成される
- 自然崩壊により中性子0個が捕獲（消費）される
- 燃料取出しおよび燃料核種の損失により中性子0個が捕獲（消費）される

Dが正の場合は「消費」を、Dが負の場合は「生成」を意味する。

燃料供給が、線形の核種濃度方程式で与えられていることから、異なる「親」核種が同時に装荷される炉心のDの評価は、非常に単純化したアルゴリズムで表すことができる。供給される全ての核種（族）が独立して照射されることを考慮すると、平衡状態における炉心の中性子消費数の合計（D_{fuel}）は次のように与えられる：

$$D_{fuel} = \sum_J \varepsilon_J D_J, \quad (7.58)$$

ここでε_Jは供給の流れのなかのJ族の割合である。

式（7.57）でモデル化したように、係数Dはアクチニド「族」の中性子バランスのみを説明するものである。しかしながら、炉心の全体的な中性子バランスを見る意味では、燃料核種族の中性子生成（消費）の合計、その他の炉心構成物質による寄生的な中性子捕獲（C_{par}）、蓄積した核分裂生成物による寄生的な中性子捕獲（C_{FP}）、中性子漏えい（L_{core}）、を考慮しなければならない。したがって、中性子余剰（NS_{core}）の一般式は次のとおりとなる：

$$NS_{core} = -D_{fuel} - C_{par} - C_{FP} - L_{core}, \tag{7.59}$$

ここで、式（7.59）の全ての量は、供給燃料のなかの一種類のアクチニド核種の消失に基準化（ノーマライズ）されている。臨界システムでは中性子余剰はゼロであり、供給燃料による中性子生成（式（7.58）で求められる）は、その他の消失項を補うに充分でなければならない。このように、D_{fuel}はある同位体混合燃料の核変換ポテンシャルを定量化するために有用なパラメータである。

7.8.2　中性子バランスの相互比較（Dファクター）

上述した物理的アプローチは、熱スペクトルおよび高速スペクトルの両方の様々な原子炉の核変換ポテンシャルを比較するために用いられてきた［13, 14］。表7.4では、次のシステムを比較している：(1)MOX燃料を装荷した標準的PWR（減速材対燃料の比率rが1.4から4まで）、(2)VHTR、(3)様々な燃料および冷却材を用いた高速炉。表7.4に示す、標準的PWRのふたつの異なる中性子束レベル（1×10^{14}n/cm^{2}sと2.5×10^{14}n/cm^{2}s）のD_J値にみられるように、LWRのケースでは、D_Jは中性子束レベルに有意に依存する。この影響は、中性子束レベルに依存する中性子吸収率と崩壊（中性子束レベルに依存しない）の競合に因るものである。

表7.4　アクチニド含有燃料炉心におけるDファクター（中性子消費個数／核分裂1回）

核種	MOX-LWR[a] $r^b=1.4$	MOX-LWR[a] $r^b=2$	MOX-LWR[c] $r^b=2$	MOX-LWR[a] $r^b=4$	VHTR	He冷却炭化物燃料FR[d]	Super-Phénix[d]	鉛冷却窒化物燃料FR[d]	Na冷却酸化物燃料FR[d]	Na冷却金属燃料FR[d]
^{235}U	−0.31	−0.38	−0.43	−0.55	−0.53	−0.84	−0.86	−0.92	−0.95	−1.04
^{238}U	0.104	0.068	−0.06	−0.007	0.23	−0.63	−0.62	−0.71	−0.79	−0.90
^{237}Np	0.91	0.93	0.75	0.96	1.11	−0.51	−0.56	−0.65	−0.73	−0.88
^{238}Pu	0.014	0.024	−0.16	0.038	0.12	−1.25	−1.33	−1.36	−1.41	−1.50
^{239}Pu	−0.60	−0.64	−0.79	−0.73	−0.72	−1.44	−1.46	−1.58	−1.61	−1.71
^{240}Pu	0.65	0.56	0.14	0.38	0.12	−0.93	−0.91	−1.02	−1.13	−1.27
^{241}Pu	−0.26	−0.37	−0.80	−0.58	−0.88	−1.25	−1.21	−1.26	−1.33	−1.39
^{242}Pu	1.27	1.22	0.73	1.13	0.79	−0.65	−0.48	−0.73	−0.92	−1.13
^{241}Am	0.92	0.93	0.71	0.95	0.90	−0.56	−0.54	−0.65	−0.77	−0.91
^{242m}Am	−1.55	−1.56	−1.66	−1.56	−	−2.03	−1.87	−2.08	−2.10	−2.16
^{243}Am	0.44	0.36	−0.15	0.25	−0.20	−0.84	−0.65	−0.85	−1.01	−1.15
^{242}Cm	0.004	0.014	−0.18	0.026	−	−1.26	−1.34	−1.37	−1.41	−1.51
^{244}Cm	−0.51	−0.60	−1.12	−0.71	−1.19	−1.54	−1.44	−1.53	−1.64	−1.71
^{245}Cm	−2.46	−2.46	−2.44	−2.44	−	−2.70	−2.69	−2.71	−2.74	−2.77

[a] $\phi = 1\times10^{14}$ n/cm^2・s.
[b] r ＝減速材対燃料の比率
[c] $\phi = 2.5\times10^{14}$ n/cm^2・s.
[d] $\phi = 1\times10^{15}$ n/cm^2・s（Na冷却専焼炉構成、GFRおよびLFRの標準概念の中性子束）

この結果から、それぞれの原子炉概念における、様々な核種の核変換の実行可能性を比較することができる。Am同位体を例にとると、^{241}Am変換は、どのLWR概念でも（*D*値が正の）中性子を消費するプロセスであり、減速材対燃料の比率(r)には比較的依存しない。中性子束が 1×10^{14}n/cm^{2}s のLWRでは、^{243}Am変換もまた中性子消費プロセスであるが、r値が大きくなるほどD値は小さくなっており、より望ましい。一方、$\phi=2.5\times10^{14}$n/cm^{2}sの照射条件では、^{243}Am変換は中性子生成プロセスとなる。^{242}Am変換は、どのスペクトルでも（*D*値が負の）中性子生成プロセスであり、高速中性子スペクトルではやや有利である。

特に注目されるのは、天然ウラン資源の大部分を占める^{238}Uの中性子バランスである。VHTRでは、^{238}Uの中性子消費が顕著である（正味の消費が0.23）。これは、核分裂スペクトルの寄与が黒鉛減速システムでは顕著ではなく、事実上、しきい値反応である^{238}Uの直接核分裂が抑えられているためである。LWRは、中性子余剰を僅かに持つ（-0.02）が、寄生的な中性子損失（およそ0.38）を補うことはできない［12］。これは、TRU燃料をLWRで使用する場合、追加の核分裂性核種が必要（経済的ペナルティ）であることを意味し、MAの含有量を低く抑えなければならず、核変換性能が低減することを意味する。

反対に高速炉では、^{238}Uは0.62から0.90の中性子余剰をもつ。即ち、熱中性子システムは、前述のように^{238}Uの核変換を行うためには追加の中性子源（核分裂性物質の供給）が必要となる一方で、高速中性子システムは、主成分である^{238}U資源を効率的に核変換するポテンシャルを有している。

高速システム概念の間で、係数*D*の数値は大きく異なる。通常、中性子スペクトルがより硬いと、中性子バランスがより望ましいものになる。従って、金属燃料SFRでは、全てのアクチニド同位体で中性子余剰が最も大きくなる。とはいえ、そもそも高速炉システムは全てのMOX-LWRに比べ中性子バランスが大いに良好である。まとめると、これら結果から、高速中性子スペクトルシステムは、中性子バランスおよび核変換の効率の観点から、熱中性子システムに比べきわだって優位である（即ち、核分裂／吸収割合がより良好であり、その結果として高次重核種の蓄積がより少ない）ことが確認できる［12］。

7.8.3 核変換に対する核データ不確かさの影響

核変換の性能あるいは燃料サイクルパラメータに対する影響に関する報告の多くは、核データの不確かさに大きく影響されてることを述べている。核変換の実施を見込んだ高速中性子システムでは、とくにデータの知見が少ないMAを多く含有する燃料が装荷される可能性があるため、システムの積分パラメータに結果として現れる不確かさを定量化することが重要である［15, 16］。

ここで特に注目するのは、MA含有量の大きい燃料を用いるシステム、即ち、燃料へのMA含有量が約10%のSFR、および、MA含有量が約70%の加速器駆動システム（ADS：後述で詳しく述べる）である［17］。これらのシステムに対して、最も重要な積分パラメータの（核データの不確かさに伴う）不確かさが、近年の共分散データセットを用いて評価されいる［17］。結果として生じる不確かさはいまだかなり大きいが、予備的設計検討においては許容できる範囲である。しかし、最終的な設計段階では、不確かさが設計裕度や、ひいては経済性や全体設計の最適化に重要な影響を与える場合、厳しい精度要求を満たさなければならない。OECD-NEA国際専門家グループの枠組みにおいて、高速炉設計パラメータの設計精度目標についての予備的取りまとめが試みられている［17］。定量的な核データ要求を評価するため、以下の設計目標の精度は1σと指定されている。

- サイクル初期の増倍率の精度： 0.3% $\Delta k/k$またはそれ以下
- サイクル初期の出力ピーキング係数の精度： 2%またはそれ以下

- 燃焼反応度変動幅の精度：　0.3% Δk/kまたはそれ以下
- サイクル初期の反応度係数（冷却材ボイド、ドップラー）の精度：　7%またはそれ以下
- 照射サイクル末期の主要核種数密度の精度：　2%またはそれ以下
- 照射サイクル末期のその他核種数密度の精度：　10%またはそれ以下

これらの精度目標を達成するため、さまざまな核種・反応断面図についての不確かさの低減要求が定量化されている。表7.5にSFRシステムに対するその結果を示す。[17]

ここまでは「核反応断面積」データへの要求に焦点を置いていた。燃料サイクル関連データへの要求もあることは、照射末期の核種数密度が解析に含まれていることから、暗に説明されている。しかしながら、燃料サイクルデータへの要求は、あるマイナーアクチニド専焼炉向けの非常に限定された燃料サイクルに対して、それぞれ指定する必要がある。例えば、MA含有率の高い燃料（約50%MAなど）を考える場合には、崩壊熱データへの要求（原子炉内および燃料取出し／貯蔵の両方）について特定の解析を行う必要がある［15, 16］。

表7.5　SFRシステムにおける積分パラメータ精度目標を満足するための不確かさ低減要件

核種	σ	エネルギー領域	初期不確かさ(%)	要求不確かさ(%)
^{241}Pu	σ fiss(核分裂)	1.35－0.498 MeV	16.6	3.4
		498－183 keV	13.5	2.6
		183－67.4 keV	19.9	2.6
		24.8－9.12 keV	11.3	3.5
		2.04－0.454 keV	12.7	4.4
^{56}Fe	σ inel(非弾性散乱)	2.23－1.35 MeV	25.4	3.3
		1.35－0.498 MeV	16.1	3.2
	σ capt(捕獲)	2.04－0.454 keV	11.2	5.3
^{23}Na	σ inel(非弾性散乱)	1.35－0.498 MeV	28.0	4.0
^{244}Cm	σ fiss(核分裂)	1.35－0.498 MeV	50.0	5.1
^{242m}Am	σ fiss(核分裂)	1.35－0.498 MeV	16.5	4.2
		498－183 keV	16.6	3.1
		183－67.4 keV	16.6	3.1
		67.4－24.8 keV	14.4	4.0
		24.8－9.12 keV	11.8	4.2
		2.04－0.454 keV	12.2	5.1
^{240}Pu	σ fiss(核分裂)	1.35－0.498 MeV	5.8	1.8
	ν(核分裂中性子数)	1.35－0.498 MeV	3.7	1.5
^{238}Pu	σ fiss(核分裂)	2.23－1.35 MeV	33.8	5.6
		1.35－0.498 MeV	17.1	3.3
		498－183 keV	17.1	3.6
	ν(核分裂中性子数)	1.35－0.498 MeV	7.0	2.7
^{242}Pu	σ fiss(核分裂)	2.23－1.35 MeV	21.4	4.9
		1.35－0.498 MeV	19.0	3.5
^{245}Cm	σ fiss(核分裂)	183－67.4 keV	47.5	6.7
^{242}Pu	σ capt(捕獲)	24.8－9.12 keV	38.6	8.4
^{238}U	σ capt(捕獲)	24.8－9.12 keV	9.4	4.3

7.9　燃料サイクル解析結果

7.9.1　U-Puサイクルおよび軽水炉との比較

この節では、高速増殖炉の設計・性能値に関する知識を得ること、そして軽水炉との比較を可能と

するため、文献で報告されているSFRおよびPWRの燃料サイクル解析結果について抜粋して述べる。

表7.6および表7.7に、第4.9章で紹介した設計に対する解析結果を示す。これらの結果は、増殖比および倍増時間が、炉心設計および燃料ピン径によってどの程度変化するかを示している。非均質炉心の設計では増殖比がかなり大きくなっている。ピン径が小さいケースでは、倍増時間は増殖比の増加に伴い短くなっているが、この利点はピン径が太くなると失われていく。非均質炉心設計で増殖比が有利となることから、表7.6に示すような、一般的な比較研究を超える範囲の燃料管理の最適化検討が行われている（Dickson & Doncals（ウェスティングハウス社）による）。これらの検討により、酸化物燃料非均質炉心設計での倍増時間は、15年から20年の範囲にまで低減することが示されている。

表7.7に、ウラン燃料PWR、プルトニウム燃料PWR、および二つのSFR設計における、プルトニウム・インベントリおよび燃料管理データを示す［19］。SFRの解析結果は、Atomics International（AI）社およびGeneral Electric（GE）社が報告した初期の1000MWe設計に基づくものである。表7.8に、SFRおよびLWR（加圧型軽水炉および沸騰型軽水炉）から取出した燃料のプルトニウム同位体組成を示す［19］。

表7.6　均質炉心および非均質炉心における燃料ピン径ごとの燃料サイクル評価結果（Ref.[18]より引用）

共通パラメータ	燃料			UO_2-PuO_2								
	電気出力 (MWe)			1,200								
	熱出力 (MWth)			3,300								
	炉内滞在期間 (年)											
	炉心および炉内ブランケット			2.0								
	径方向ブランケット			5.0								
	燃料サイクル間隔 (年)			1.0								
	設備利用率			0.7								
炉心構成	均質						非均質					
燃料ピン径(mm)	6.35		7.62		8.38		6.35		7.62		8.38	
	BOEC[a]	EOEC[b]	BOEC[a]	EOEC[b]	BOEC[a]	EOEC[b]	BOEC[a]	EOEC[b]	BOEC[a]	EOEC[b]	BOEC[a]	EOEC[b]
核分裂性物質インベントリ(kg)												
炉心	3,319	3,023	4,019	3,878	4,551	4,504	4,292	3,791	6,233	5,751	6,908	6,500
炉内ブランケット							255	710	278	797	258	743
径方向ブランケット	436	637	391	574	350	516	410	596	456	670	453	667
軸方向ブランケット	114	325	120	349	121	353	65	190	77	226	81	238
合計	**3,869**	**3,985**	**4,530**	**4,801**	**5,022**	**5,373**	**5,022**	**5,287**	**7,044**	**7,444**	**7,700**	**8,148**
取出燃焼度 (MWd/kg)												
炉心平均	82		56		46		77		52		43	
炉心ピーク	116		80		66		109		78		70	
出力分担率(%)												
炉心	93	89	94	91	94	93	83	74	87	81	88	84
炉内ブランケット							10	18	7	13	6	10
径方向ブランケット	4	6	3	4	3	3	5	6	4	4	4	4
軸方向ブランケット	3	5	3	5	3	4	2	2	2	2	2	2
燃料サイクル反応度（絶対値）	−0.058		−0.023		−0.009		−0.019		−0.023		−0.020	
増殖比	1.11		1.26		1.33		1.24		1.35		1.39	
倍増時間 CSDT(年)	43.5		19.3		16.5		22.3		20.7		20.2	

[a] BOEC：平衡サイクル初期　[b] EOEC：平衡サイクル末期

表7.7および表7.8からいくつかの興味深い点が確認できる。SFRからの年間取出しプルトニウム量は、ウラン燃料LWRの5倍から10倍であるが、正味のプルトニウム生成（取出しPuから装荷Puを引いたもの）は両者でさほど違わない。ウラン燃料LWR一基から毎年取り出されるプルトニウムは、SFR一基を起動するために必要な初期プルトニウム量の約10%を供給し、その後の年間需要の15%から25%を供給する。GE設計のSFR二基で生成されるプルトニウムの余剰分は、プルトニウム燃料PWR一基への燃料供給にほぼ充分な量である。

表7.7　1,000MWe炉心におけるプルトニウムの装荷量、取出し量およびインベントリ（Ref.[19]より引用）

炉型	装荷毎の取替燃料割合	平均炉内滞在期間（日）	取出Pu[a] (kg)	装荷Pu[a] (kg)	最大Puインベントリ (kg)	平均Pu量(kg)		炉心燃料平均燃焼度 (MWd/kg)
						年間取出量	年間装荷量	
PWR（U燃料）	1/3	1,100	256		512	256		33
PWR（U燃料PWR由来のPuを燃料に使用）	1/3	1,200	442	800	2,042	403	730	33
AI標準酸化物燃料SFR[b]（U燃料PWR由来のPuを燃料に使用）								
炉心および軸方向ブランケット	1/2	540	1,270	1,380	2,740	1,716	1,865	80
径方向ブランケット	0.28	970	223		560	302		
合計			**1,493**	**1,380**	**3,300**	**2,018**	**1,865**	
GE設計SFR[b]（U燃料BWR由来のPuを燃料に使用）								
炉心および軸方向ブランケット	0.46	796	1,304	1,094	2,713	1,304	1,094	100
径方向ブランケット	0.29	1,260	157		356	157		
合計			**1,461**	**1,094**	**3,069**	**1,461**	**1,094**	

[a] 実際の燃料交換時におけるプルトニウム装荷／取出し量をいう。U燃料装荷PWRおよびGE社設計SFRでは燃料交換は1年毎のため、これら炉についての数値は年間平均量に相当する。Pu燃料装荷PWRおよびAI社設計SFRでは燃料装荷は1年毎ではない。

[b] AI社およびGE社設計は1968年にUSAEC 向けに開発された出力1,000MWeの後継炉設計。

表7.8　Pu燃料装荷炉心[a]の取出し燃料に含まれるPu同位体組成 (wt.%)（Ref.[19]より引用）

	燃焼度 (MWd/kg)	重量パーセント(wt.%)				
		^{238}Pu	^{239}Pu	^{240}Pu	^{241}Pu	^{242}Pu
U燃料PWR	33.0	1.8	58.7	24.2	11.4	3.9
U燃料BWR	27.5	1.0	57.2	25.7	11.6	4.5
Pu燃料PWR	33.0	2.7	39.3	25.6	17.3	15.1
SFR（AI標準酸化物燃料）[b]	80.0[c]					
炉心および軸方向ブランケット		0.9	61.5	26.0	7.2	4.5
径方向ブランケット		0.02	97.6	2.33	0.04	
炉心＋ブランケット(平均)		0.8	66.8	22.5	6.2	3.8
SFR（GE設計）[b]	100.0[c]					
炉心および軸方向ブランケット			67.5	24.5	5.2	2.8
径方向ブランケット			94.9	4.9	0.2	
炉心＋ブランケット(平均)			70.5	22.4	4.6	2.5

[a] U燃料装荷PWRからの取出しPu。

[b] AI社およびGE社設計は1968年にUSAEC 向けに開発された出力1,000MWeの後継炉設計。

[c] 炉心。

SFRの炉心および軸方向ブランケットから取出した燃料のプルトニウムの核分裂性物質割合は（混合平均で）0.7であり、LWRからの取出し燃料のそれと同等の値であるが、SFRとLWRでは、^{239}Puと^{241}Puの割合が異なり、LWR取出し燃料の方が^{241}Pu比率が高い。^{240}Puの含有割合はSFRとLWRで同等である。

SFRの径方向ブランケット取出し燃料のプルトニウム同位体組成は、LWR取出し燃料とは大幅に異なり、^{239}Pu含有量が高く^{240}Pu含有量が低い。この主な理由は、高速中性子スペクトル環境では^{239}Puの捕獲対核分裂割合が低いこと、および高速炉の径方向ブランケット領域では（中性子束が低く）反応率が相対的に低いためである。表7.8に示したGE設計およびAI設計では、径方向ブランケットは^{240}Puが多量に生成される前に取り出される。軸方向ブランケットの外側で生成されたプルトニウムも^{240}Pu含有量が低いが、軸方向ブランケット燃料ペレットは炉心燃料ペレットと同一の燃料ピンに含まれているため、再処理時に両者は直接混ぜて処理される可能性が高い。

運転中または検討中のSFRの増殖比および倍増時間を付録Aに示す。これらの数値の根拠を確認することは難しいが利用可能なデータとして整理した。増殖比の数値としては、（照射燃料の）実測データに基づく結果として報告されているフェニックスの増殖比1.16が最も信頼性が高い。付録Aに示す全ての実証炉および原型炉は、UO_2-PuO_2燃料を使用している、または、使用を計画している。

炭化物、窒化物および金属燃料SFRの増殖割合の予測値は、酸化物燃料SFRに比べ著しく高く、従って倍増時間は短い。表7.9に、1000MWe出力の酸化物、炭化物および金属燃料SFRの燃料サイクル検討結果を示す。酸化物燃料炉の増殖比が1.2から1.3の範囲であるのに対し、炭化物燃料炉では約1.4、金属燃料炉では約1.6となっている。倍増時間（単純原子炉倍増時間RDT）は、酸化物燃料で15年であるのに対し、炭化物燃料で9年、金属燃料で6年と短い。

表7.9　酸化物、炭化物および金属燃料SFRの各燃料サイクル条件における増殖性能[20]

燃料サイクル		Pu-U	Pu装荷-Th	^{233}U/^{238}U-Th	^{233}U-Th
炉心(核分裂性物質/親物質)		LWR Pu/減損U	LWR Pu/Th	^{233}U/^{238}U	^{233}U-Th
ブランケット(親物質)		減損U	Th	Th	Th
酸化物燃料	倍増時間[a]	16	29	23	112
	増殖比	1.28	1.20	1.16	1.041
炭化物燃料	倍増時間[a]	9	20	15	91
	増殖比	1.42	1.23	1.23	1.044
金属燃料	倍増時間[a]	6	12	12	43
	増殖比	1.63	1.38	1.30	1.11

[a] 原子炉倍増時間(年)(設備利用率75%)

7.9.2　高速炉における均質核変換

高速スペクトル臨界システムにおけるプルトニウムおよびMAの再利用（リサイクル）は、均質モードまたは非均質モードで実施できる［21］。均質リサイクルモードでは、TRUは分離せずに一括でリサイクルし、炉心燃料全体にわたって均質に装荷する。非均質リサイクルモードでは、マイナーアクチニドはプルトニウムから分離し、ターゲットとして特定の集合体に装荷し、標準のPu含有燃料とは切り離して管理する。

高速炉システムは、TRUベース燃料を連続リサイクルして運転するよう設計されている。リサイクル技術により使用済燃料の直接処分を回避できる。むしろTRUは使用済燃料から取り除き（これは長期発熱、線量および放射性毒性を低減することに寄与する)、新型高速炉にリサイクルして消費することが考えられている。

表7.10に、異なる冷却材を用いた高速炉概念（SFR：Na冷却、GFR：ガス冷却、LFR：鉛冷却）でのTRU消滅率の違いを示す。なお、これらの設計では、転換率（CR）を0.25と非常に低く設定している。表7.10には、それぞれの炉概念の主要パラメータもいくつか挙げる。因みに、CR=0.5のSFRにおける正味のTRU変換量は0.47g/MWt-dayと小さくなる。[22]

表7.10から、専焼高速炉の概念の核変換の物理的挙動はいずれも類似していることから、ある与えられた転換率に対する、TRU変換率やTRU組成は、非常に近い値となることが解る。一方で、設計が異なることから、その他の燃料サイクル特性パラメータは様々である。特に、SFR炉心の平均出力密度は非常に高いが、GFRでは安全な崩壊熱除去を可能とするため、またLFRでは冷却材流量が少ないことから、出力密度を低くする必要がある。これはTRUインベントリに影響する。つまり、低出力密度にするとTRUインベントリが多くなる。しかしながら、インベントリの違いがあるにも拘らず、専焼炉では同程度の取出し燃焼度が得られている。

表7.10　高速炉における均質モード核変換の性能[22] (CR=0.25)

システム	SFR	GFR	LFR
正味のTRU消滅量(g/MWt-day)	0.74	0.76	0.75
原子炉熱出力(MW t)	840	600	840
炉心出口温度(℃)	510	850	560
熱効率(%)	38	45	43
出力密度(W/cc)	300	103	77
TRUインベントリ(kg)	2,250	3,420	4,078
燃料体積割合(%)	22	10	12
TRU富化度(%, TRU/HM)	44－56	57	46－59
燃料燃焼度(GWd/t)	177	221	180

GFR設計およびLFR設計では高い熱効率と設計単純化（2次系削除など）が追求されているが、SFRには炉システムがコンパクトという経済上のメリットがある。

それぞれの高速炉システムで、燃料の種類（酸化物、金属、窒化物、炭化物）に対して個々の要求事項がある。しかしながら、表7.4で比較した様々な高速炉概念のDファクターに見られるように、どの化学形態の燃料が選択されたとしても、核変換特性に及ぼす影響は限られている。それぞれの設計で燃料の種類とスペクトルの硬さが異なる。スペクトルの硬さは、転換率の値に関連している。転換率が低いシステムや高密度燃料（金属燃料や窒化物燃料など）を用いるシステムは、より優れた核変換特性を示す可能性が高い。

この点を評価する目的で、異なる燃料と異なる冷却材のシステムにおけるMA核変換効率の比較が報告されている［23, 24］。この研究では、三種類の高速炉燃料、酸化物、窒化物、金属、が検討されている。また、整合性があり且つ公平な比較を行うため、同じ出力レベルで運転する発電用高速炉におけるMA核変換特性が評価されている。表7.11に、それぞれの燃料種類の炉心に対し、燃料全体にマイナーアクチニドを5wt.%装荷した場合のMA核変換効率評価値を示す。窒化物および金属燃料炉心のMA核変換率は、それぞれ年間9.9%および9.7%であり、酸化物燃料炉心に比べ若干良い値である。この違いは、新型燃料を用いた炉心がより硬い中性子スペクトルを持つことに起因する。ここで、全ての均質核変換ケースでキュリウムの量が増加し続けていることに注意したい。

表7.11　様々な燃料を用いた高速炉のMA均質核変換(MA装荷:全燃料の5wt.%)[23,24]

	酸化物燃料炉心			窒化物燃料炉心			金属燃料炉心		
	初期量(BOEC)(kg)	核変換量(kg)	核変換率(%/年)	初期量(BOEC)(kg)	核変換量(kg)	核変換率(%/年)	初期量(BOEC)(kg)	核変換量(kg)	核変換率(%/年)
Np	764	112	14.7	756	114	15.1	728	105	14.4
Am	746	72	9.7	728	83	11.4	695	78	11.3
Cm	150	−38	−25.4	148	−36	−24.4	139	−32	−23.1
MA 合計	1,659	147	8.8	1,631	161	9.9	1,562	151	9.7

同様の検討が別の観点から行われている。即ち、三つの種類の冷却材（ナトリウム、鉛、ガス）について、冷却材の違いによるMA核変換率への影響比較されている［23］。冷却材の種類の他に、多くの設計パラメータ（熱出力、運転サイクル長さ、燃料種類など）が異なるとしても、熱出力と運転長さで規格化する（normalize）ことで、MA核変換特性の大まかな評価が可能である。なお、この検討で用いる装荷MA組成は、上述の燃料種類の検討で用いたものと同じである。

表7.12に、それぞれの冷却材を用いた炉心におけるMA核変換効率を示す［23, 24］。規格化後のMA核変換率は、いずれの炉心でもほぼ同様の値、年間7.5%から7.7%、が得られている。装荷量に対する核変換されたMAの割合、すなわち核変換率は、鉛冷却材のケースでは少し優れるが、その差は、炉心燃料インベントリなどのその他の炉心パラメータによる影響に比べむしろ小さい。結論として、高速炉設計において冷却材の選択が与える影響は、MA核変換の観点からは、無視できる程度であると考えられる。

表7.12　様々な冷却材を用いた高速炉のMA均質核変換(MA装荷量:全燃料の5wt.%)[23,24]

	Na冷却炉心(商用炉)			鉛冷却炉心(BREST-300型)			CO_2ガス冷却炉心(ETGBR型)		
	核変換			核変換			核変換		
	初期量(BOEC)(kg)	核変換量(kg/年)	効率(%)	初期量(BOEC)(kg)	核変換量(kg/年)	効率(%)	初期量(BOEC)(kg)	核変換量(kg/年)	効率(%)
Np	1,058	201	19.0	326	28	8.5	961	118	12.3
Am	1,262	148	11.7	364	25	6.8	1,176	81	69
Cm	321	−52	−16.2	64	−8	−12.1	228	−34	−15.0
MA 合計	2,641	297	11.3	754	45	5.9	2,366	165	7.0
規格化MA	695kg/GWth	53kg/GWth年	7.6%/年	1,077kg/GWth	83kg/GWth年	7.7%/年	657kg/GWth	49kg/GWth年	7.5%/年

反応度係数に対するMAの影響は、原子炉の大きさ（出力）や冷却材の種類によって異なる。AmとNpが炉心に装荷された場合、一般的に、燃焼欠損反応度は改善（絶対値をより小さく）するが、その他の反応度係数に対しては不利な影響をもたらす。一般的に、ドップラー反応度（負の値）の絶対値が小さくなり、SFRの場合には、冷却材ボイド反応度が正側に大きくなる。さらに遅発中性子割合が小さくなる［23, 24］。

炉心サイズおよびMA含有量の異なる二つのナトリウム冷却高速炉（SFR）、即ち、MA／Pu割合が約0.1でCRが約0.25の専焼高速炉と、燃料へのMA含有量を平衡組成相当に制限した標準的大型高速炉（EFR：欧州高速炉）について解析が行われている［24］。表7.13に、標準的な炉心状態にあるこ

表7.13　反応度係数に対するMA装荷影響評価のためのNa冷却高速炉仕様[24]

システム	SFR	EFR
出力(MWth)	840	3,600
炉心構成	U-TRU-Zr 金属燃料 ステンレス鋼反射体	U-TRU 酸化物燃料 U ブランケット
TRU含有量(%)	56	22
MA含有(%)	10.8	1.22
ドップラー係数の範囲(K)	850から300	1,520から300
ボイド係数評価の前提条件	炉心領域のNaがボイド化	炉心およびブランケット領域のNaがボイド化

れらの炉心構成における、代表的な特性を示す。

図7.7に、相対組成変動の直接計算で評価したEFRにおけるMA含有率の変化による反応度係数への影響を示す［24］。ナトリウムボイド反応度係数およびドップラー反応度係数を燃料中のMA含有率の関数として表している。

EFRでMA含有量を倍増（即ち1.2%から2.4%）した場合、ボイド反応度の増加は僅か約100pcm（約0.1%Δk/k）である。ここには図示していないが、SFRでの極端なケースとしてMA含有量を倍増（即ち10.8から21.6%）した場合、正のNaボイド効果は約0.3%Δk/k増加する。この増分はかなり大きいが、比較的に穏やかな増加にとどまっている。いずれにせよ、MAの増加による反応度係数への影響は、炉心設計および燃料設計におけるアプローチと強く関連しており、予め定義した設計の目的と設計制限値に従って最適化することができる。表7.14に示すとおり、ナトリウムボイド反応度に見られる傾向については、感度解析によりある程度の見通しをつけることができる。

ここに示した値は、SFRシステムおよびEFRシステムそれぞれの、Naボイド反応度係数に対する感度係数のエネルギー積分値である。詳細な感度解析によれば、それぞれの同位体の全体的な影響（表7.14内に「合計」で示す）は、競合する影響の組み合わせとして次の様に解釈することができる。

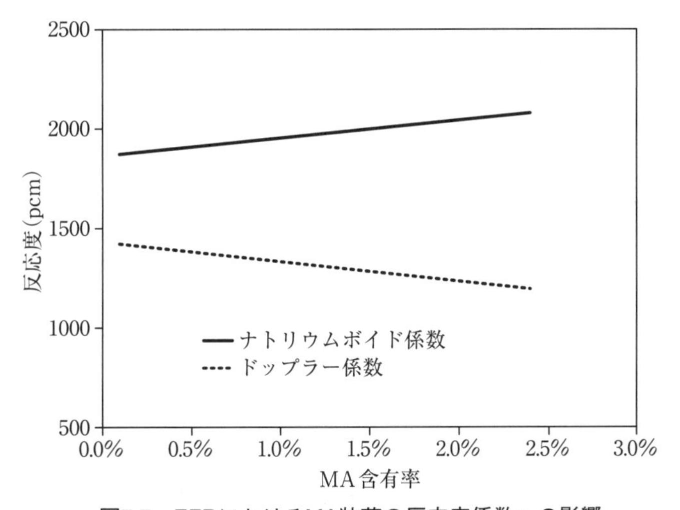

図7.7　EFRにおけるMA装荷の反応度係数への影響

- 高エネルギー領域（例えばE>100keV）での中性子捕獲が増加すると、高エネルギー領域での随伴中性子束のエネルギー勾配（Naボイド効果に正の反応度を与える）が平坦化する。反対に、低エネルギー領域（例えばE<100keV）での中性子捕獲が増加すると、スペクトルが硬化し、結果としてNaボイド反応度を正側に変化させる。この二つの効果を合計した結果、Na反応度係数が増加する。

核分裂については、高エネルギー領域で核分裂断面積が大きくなると、高エネルギー領域での随伴中性子束のエネルギー勾配が大きくなる（従って関連する正の反応度効果が増加する）。核分裂性同位体の場合、低エネルギー領域で、これに対応する影響が反対符号であり、効果は相殺する。これは、核分裂性同位体では低エネルギー領域の効果が支配的であるため正の反応度を全体的に下げているのに対し、「親物質（fertile）」同位体の場合は核分裂断面積にしきい値があり、高エネルギー領域で正の反応度効果を増大させるのみであることを意味している。

SFRとEFRの感度係数（表7.14）を相互比較すると、両方のケースで、上述の定性的な傾向を確認

表7.14 Naボイド反応度の相対感度係数[24]

(a)SFRシステム

核種	捕獲	散乱		核分裂中性子	核分裂	合計
		弾性散乱	非弾性散乱			
^{238}U	0.356	0.038	−0.101	0.083	0.037	0.413
^{237}Np	0.113	0.002	−0.007	0.072	0.040	0.220
^{239}Pu	0.339	0.013	−0.022	−1.064	−0.857	−1.591
^{240}Pu	0.326	0.018	−0.031	0.676	0.391	1.380
^{241}Pu	0.052	0.004	−0.006	−0.662	−0.495	−1.107
^{242}Pu	0.099	0.006	−0.009	0.203	0.121	0.420
^{241}Am	0.142	0.002	−0.011	0.072	0.045	0.250
^{242m}Am	0.003	0.000	−0.001	−0.041	−0.032	−0.071
^{243}Am	0.118	0.002	−0.011	0.045	0.028	0.182
^{244}Cm	0.042	0.001	−0.003	0.083	0.053	0.176
^{245}Cm	0.007	0.000	−0.001	−0.098	−0.078	−0.170
^{56}Fe	0.112	1.020	−0.218	0.000	0.000	0.913
^{23}Na	0.078	0.154	0.515	0.000	0.000	0.747

(b)EFRシステム

核種	捕獲	散乱		核分裂中性子	核分裂	合計
		弾性散乱	非弾性散乱			
^{238}U	0.421	0.096	−0.184	0.124	0.027	0.485
^{237}Np	0.006	0.000	0.000	0.003	0.002	0.010
^{239}Pu	0.313	0.005	−0.012	−1.089	−0.923	−1.706
^{240}Pu	0.149	0.003	−0.009	0.121	0.047	0.311
^{241}Pu	0.012	0.000	−0.001	−0.154	−0.120	−0.263
^{242}Pu	0.014	0.000	−0.001	0.013	0.006	0.031
^{241}Am	0.034	0.000	−0.003	0.012	0.006	0.049
^{242m}Am	0.000	0.000	0.000	−0.007	−0.006	−0.012
^{243}Am	0.009	0.000	−0.001	0.002	0.001	0.011
^{244}Cm	0.003	0.000	0.000	0.006	0.003	0.012
^{245}Cm	0.000	0.000	0.000	−0.007	−0.006	−0.013
^{56}Fe	0.066	0.022	−0.033	0.000	0.000	0.055
^{23}Na	0.055	0.362	0.272	0.000	0.000	0.690

することができる。一方で、二つの炉心で個々の核種の含有量（^{242m}Amまたは^{241}Amなど）が異なることや、スペクトルの硬さの違い（特にしきい核分裂の感度の高い^{240}Puの効果大）により、定量的な影響度は異なる。

まとめると、感度解析の結果から次が示される。親物質核種の含有量が増加すると、正のNaボイド反応度係数が増加する。反対に、核分裂性核種の含有量が増加すると、Naボイド反応度が低下する。これは、MA含有量の増加による影響（即ち^{241}Am、^{243}Am、^{237}Np、^{244}Cmは正の効果、^{242m}Am、^{245}Cmは負の効果）を明確に説明している。

7.9.3 高速炉における非均質核変換

上述した、高速炉におけるTRU燃料の均質多重リサイクル（即ちTRUの分離はしない）では、平衡状態に達する前に、最終的にCm同位体が生成され、緩やかに蓄積していくことになる。このCm同位体の蓄積は、燃料のPu/MA比に関係なく現れるが、Pu/MA比が高い（すなわちPu比率が大きい）と、確実にある程度減少する。重大な影響の一つは、Puのみの多重リサイクルのケースに対し、燃料製造期間中の中性子源が大幅に増加することである。実際、特別な措置（冷却期間の適正化、新燃料と照射燃料の混合など）を取らなかった場合、自発核分裂による比較的強い中性子放出核である^{244}Cmが蓄積することにより、中性子強度は100倍あるいはそれ以上に増加する。この点についてのより詳細な説明は後述する。原子炉運転者および燃料サイクル施設運用者にとって、高中性子源による燃料製造プラントの費用増加や作業員の高線量被ばくなどの潜在的なペナルティの増大は、深刻な問題である。

高速炉での均質リサイクルに代わる手法として、LWR使用済燃料から、放射能のより低い成分（Pu、Npなど）を分離しドライバ燃料として利用し、残ったマイナーアクチニド（主にAm、Cm）をターゲット燃料／集合体として構成する [25]、または、廃棄物として貯蔵する方法がある。結果として、ドライバ燃料とMAターゲット燃料を、燃料サイクルのなかで別々に管理することができる。非均質リサイクルでは、従来の燃料サイクルから、マイナーアクチニドサイクルを切り離すことが可能となる。MA含有集合体の製造は、独立したプラントで行うことができ、マイナーアクチニドを取扱うことに起因する特殊な制限（発熱、中性子放出による）を、従来の燃料製造プラントに適用しなくて済む。この、Pu-Npドライバ燃料およびMAターゲット燃料の独立管理と独立リサイクルの方式を、非均質リサイクルと呼ぶ。

非均質リサイクル概念の潜在的な利点をいくつか示す。

- 従来の技術をPu、Npの共抽出プロセスおよびドライバ燃料の製造に使用する。従って、先進燃料サイクル技術の早期導入を促すことができる（高線量MAの取扱いに関する付加的R&Dに時間をかけられる）。
- ドライバ燃料集合体とターゲット燃料集合体を用いる非均質リサイクル・アプローチを採用することにより、MA含有燃料集合体の製造体数および炉心装荷前の取扱い体数を削減できる可能性がある。
- MAターゲット燃料製造に必要な処理量を低減し、専用燃料製造施設内にMA含有燃料やその遠隔操作機器を閉じ込めできる可能性がある。
- 炉心へのMA装荷を独立して管理できる。

次に、潜在的な問題点を示す。

- ターゲット集合体のリサイクル、取扱いおよび製造
- ターゲット燃料技術が未成熟（製造、照射特性など）
- 燃料の照射挙動（スウェリング、ヘリウム生成）
- 集合体製造における高い比発熱量（W/kg）
- 炉内および炉外燃料取扱いにおける高い崩壊熱レベル
- 燃料処理における高い中性子源レベル

ターゲット材料の選択については、比発熱量レベルを適正範囲におさえ、且つ新たなMA生成を抑制するため、TRU酸化物ターゲットの希釈材として、新物質（fertile）を含まない不活性母材（不活性マトリックス）を用いることが推奨されている［26］。母材に求められる特性は：(1)原子炉冷却材との化学的適合性、(2)燃料との物理的、化学的適合性、(3)放射線損傷に対する耐性、(4)中性子吸収断面積の小ささ、である。母材としては金属およびセラミックが検討されている。セラミック材料には、ジルコニア（CaO、Y_2O_3またはMgOの添加によって蛍石型立方晶構造内に安定化されたZrO_2）、マグネシア、そして$MgAl_2O_4$などのスピネルがある。TRU酸化物をジルコニウムあるいはモリブデンなどの高融点金属のなかに分散させると、運転中の燃料温度を低くできる利点がある。一方で、燃料と母材の化学反応（$PuO_2+Zr \rightarrow ZrO_2+Pu$など）により、核分裂性物質の望ましくない再配置が生じる可能性があるため、この化学反応を防止する対策を取っておかなければならない。セラミックス母材は、照射環境で安定であることや、マイナーアクチニド含有燃料で大量に生成されるヘリウムを保持できることが求められる。MgOの問題点として、およそ2,100Kで著しく蒸発または不安定化する性質をもつことが確認されている。これは、重大な過渡時における燃料ピンの崩壊や、燃料ピン内部でのTRU再配置とそれに続く凝集（compaction）を引き起こす可能性がある。なお、照射条件下では、MgOベース燃料の熱伝導率が悪化することに留意しておく必要がある。

モリブデンサーメット（Mo CERMET）ベース燃料中の、Moの融点は2,896Kである。AmO_2の融点は2,448Kであるため、母材は燃料相の「溶融」点を超えても安定であると考えられる。しかしMoの放射線照射による材料特性の劣化に関する詳細情報は十分ではない。照射条件下での母材挙動については、過去にCEAが行ったSUPERFACT試験により有益な成果が得られている［27］。この試験では、ウラン・マイナーアクチニド化合物として（($U_{0.55}$、$Np_{0.45}$）O_2および（$U_{0.6}$、$Am_{0.2}$、$Np_{0.2}$）O_2）の固溶体の照射が行われている。燃焼度4.5at.%まで照射された燃料では、非常に顕著な空孔形成と、それにともなう強いスウェリングが認められた。この大きなスウェリングは、多数のヘリウムバブル形成（^{241}Amの中性子捕獲により生じる^{242}Cmのアルファ崩壊により生成されるヘリウム）に因るものであり、燃料被覆管相互作用を引き起こし、最終的に被覆管の機械的変形を生じさせる。MgO母材については、今までに得られた照射結果から、MgO-UO_2ペレットは照射後スウェリングが大きいことが示されているが、これは照射前ペレットにマクロ欠陥（クラック、空孔領域）が存在していたことにある程度関係している［26, 27］。ペレットのミクロ構造の改良がおそらく必要である。

これらの問題に対処するためには、次に示す理由から、支持母材としてUO_2が有望であると考えられる。

- ターゲットを標準の燃料集合体と一緒に再処理できること
- ^{238}Pu生成が大きいことから核拡散リスクを低減できること

近年の研究は、非均質リサイクルの性能の定量化や課題を報告している［28］。ここで以下の仮定が置かれている。

1. UO_2母材
2. ターゲットに含まれるMA混合物には適切な組成比率でNp、Am、Cmを含有

MA含有量については、10%および40%のふたつの値が検討されている。主な結論を以下に示す。

全体的な核変換の有効性　40%MAの場合、核変換割合は約40%、核分裂割合は約19%である。これは消費量が約11kg/TW_ehであることを示している。シナリオ検討では、MAインベントリを安定化させるためには、発電炉の集団のなかで33%の臨界高速炉（SFR）にこのターゲットを装荷する必要がある。10%MAの場合、核変換割合は約40%、核分裂割合は約11%、消費量は約3.5kg/TW_ehである。このケースのシナリオ検討では、全基のSFRにターゲットを装荷する必要がある。

熱力学と熱水力　40%MAのターゲットの場合、被覆管の設計基準を満たし、照射期間を充分長く取るためには、被覆管材料として想定できるのは、唯一ODS鋼（酸化物分散強化フェライト－マルテンサイト鋼、第11章参照）である。検討に用いた照射時間は4,100日である。また、He生成が大きいことから、なんらかの特定の対策（生成Heを解放するための最適化ミクロ構造など）が講じられない限り、重大な燃料スウェリングが予想される。

燃料サイクルへの影響については、この節で後述する。

7.9.4　臨界核変換システムと未臨界システムの安全性の課題

初期の核変換研究において、TRUのみが装荷された炉心（即ち転換率がゼロ）やMA含有量の高い炉心について、潜在的な安全性に係る問題が指摘されている。具体的には、これらの種類の高速炉炉心では、ウランを含有していない、またはウラン含有量が非常に低いことから、表7.15に示すように遅発中性子割合が非常に小さく、また、ドップラー反応度係数（一般的に殆ど^{238}Uの中性子捕獲割合に起因する）が非常に小さくなる。更に、Am、Np同位体などのMAの含有率が高いことで、（液体金属冷却材の場合）ボイド反応度係数が悪化することなどが挙げられる。

この潜在的な課題に対する技術的な解決策として、未臨界システム（加速器駆動システムおよび核融合－核分裂ハイブリッド・システム）が1980年代に「再発見（もしくは再提案）」された。これらのシステムについては、設計、核変換効率、導入の実現可能性や導入シナリオをより精錬されたものとするため、各国で検討が行われている。

表7.15　代表的アクチニド核種の実効遅発中性子割合

核種	$\bar{\beta}$
^{238}U	0.01720
^{237}Np	0.00388
^{238}Pu	0.00137
^{239}Pu	0.00214
^{240}Pu	0.00304
^{241}Pu	0.00535
^{242}Pu	0.00664
^{241}Am	0.00127
^{243}Am	0.00233
^{242}Cm	0.000377

核変換性能の観点からは、加速器駆動システム（accelerator driven system, ADS）と高速炉は同等であることが分かっている。冷却材種類と燃料種類の選択にあたっては、上述した臨界高速炉に対する指標がADSにも適応される［23］。原理的には、ADSにおいて理論上のTRU最大消費割合（約1g/MWt-d）を達成できるが、実際には、TRU消費割合は0.75g/MWt-d程度とやや低い値が示されており、これは、転換率（CR）が0.25の臨界専焼高速炉の性能に非常に近い値である。さまざまな核融合－核分裂ハイブリッド概念においても、同じような値が得られている［30, 31］。

複数の原子炉から成る電力生産コンビナートのなかで少数運用される未臨界システムのMA核変換効率の最大比を目的として、未臨界核変換システムでは、親物質を含まない燃料（fertile-free fuel）を想定する。前述したように、親物質を含まないTRUまたはMA燃料を用いる臨界高速炉では、とくに遅発中性子割合が低いことから、炉心設計ははるかに難しい。一方で、未臨界核変換システム概念は、Uを含まないUフリー燃料を受け入れ、高い核変換性能を達成できる能力を持っている。つまり、未臨界システムによる核変換シナリオでは、発電用原子炉の集団から発生するTRUを取扱う核変換システムの必要基数がより少なくてすむことを意味している。また、このアプローチでは、発電専用の燃料サイクル階層（stratum）をMAで「汚染」することなく、独立した核変換専用の燃料サイクル階層でMAを扱うことができる。

また未臨界核変換システムは、臨界高速炉の導入時期が遅れた場合に、MA管理法の選択肢を広げるものである。この種のシステムは、多様な化学形態や組成の燃料に対応しつつ、TRUやMAの蓄積量を減らす手段となる可能性がある。

しかしながら、Uフリー燃料開発の実現可能性は不透明である。今日までに、有望な候補概念がいくつか提案されているが（上述を参照）、いまだ決定的な概念は見出されていない。

7.9.5　低転換率の高速炉

高速炉におけるPu消費の研究成果から、TRU消費を最大とするために提案されているUフリー燃料の固有の問題として、燃料のウラン含有量を減らしていくにつれ、Pu消費が徐々に飽和していくことが示されている［32］。TRU消費率とTRU転換率の関係について、出力1000MWthの先進燃焼炉（advanced burner reactor, ABR）の炉心設計に基づく検討が行われている［33］。ここでは、金属燃料炉心および酸化物燃料炉心について、平衡サイクルにおけるTRU転換率が1.0、0.75、0.50、0.25および0.0となる炉心が想定されている。平衡サイクルでは、ABR使用済燃料から回収したTRUを主な供給源とし、外部の供給源からのTRUは、MA対Pu割合を約0.1（MA/Pu～0.1）および、MA対Pu割合が約1（MA/Pu～1.0）とするための調合のために使用している。

図7.8に、酸化物および金属燃料でのTRU消費率（ウラン・フリー燃料のTRU消費率の最大理論値に対する比）を、装荷燃料のTRU含有割合の関数として示す。両ケース（即ち、LWRからの調合用TRUの供給によりMA/Puを約0.1としたケース、および、調合用TRU供給によりMA/Puを約1としたのケース）で、また、酸化物／金属両方の燃料種類で、同様の傾向が見られる。装荷燃料のTRU含有割合が増加するにつれ、TRU含有割合の関数で表したTRU消費率の傾きは小さくなる。TRU含有割合が約60％の場合、TRU消費率は最大理論値の約80％に達する。これはTRU転換率がおよそ0.25から0.35の範囲に相当する。

サイクル末期（EOC）の実効遅発中性子割合、ドップラー係数、径方向膨張係数、軸方向膨張係数およびナトリウムボイド反応度について、重金属中（HM）のTRU含有割合を関数として評価が行われている［33］。図7.9はその結果の一例である。HM中のTRU含有割合が増加すると、^{238}U核分裂が低減するため、実効遅発中性子割合が単調に低減する傾向が示されている。

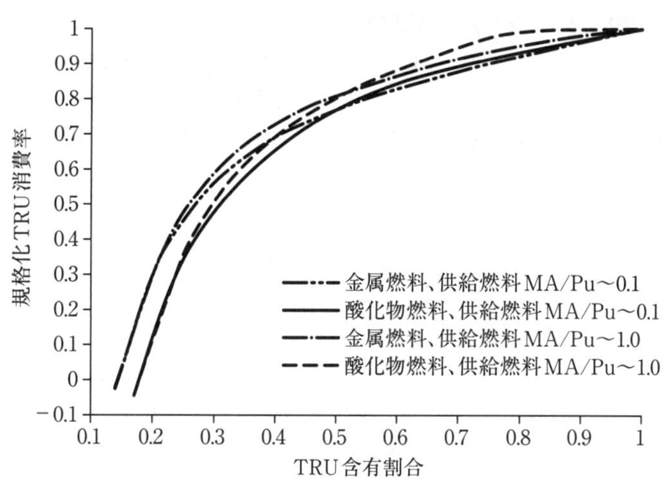

図7.8　TRU消費率と燃料中のTRU含有割合

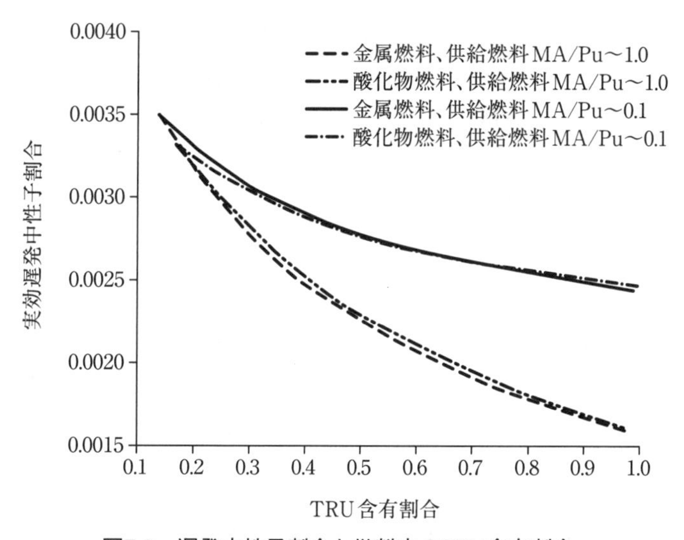

図7.9　遅発中性子割合と燃料中のTRU含有割合

その他の研究報告を含め要約すると、転換率が0.25－0.40の範囲にある炉心は、その炉心の安全性能に係るパラメータが既に実現可能性が確認されている炉心と同等であることから、実現できる可能性が高い［34］。これらの炉心では、MA/Pu割合や燃料種類にかかわらず、TRU消費率は最大理論値の80%と十分大きな値となることから、どのような現実的シナリオでも、また、どのような特定のP&T戦略においても、ウラン・フリー燃料を使用しないで済むと考えられる。

また、高速炉におけるMA非均質リサイクルの場合も、MAの母材としては（前述したように）Uを用いることができ、従って、事実上すべてのP&T導入オプションで不活性母材を使用しないで済む。最後に、重要な事項として、ADSシステムや核融合－核分裂ハイブリッド・システムを使用するオプションについては、転換率が低い臨界高速炉（低転換率の高速炉）を使用するオプションと注意深く比較評価することが必要である。

7.9.6 長寿命核分裂生成物（LLFP）の核変換

FPの放射能毒性の詳細な解析により、超長期にわたる放射性毒性に寄与する長寿命放射性核種は、(^{129}I、^{99}Tcなど）極少数に限られていることが明らかとなっている。しかしながら、これらの核種は移行性が高い傾向にあり、放射性廃棄物容器（キャニスタ）の境界（バリア）を越え、地層処分場からかなりの距離を移動することが考えられる。幸いなことに、これらの放射性毒性の絶対値は、TRUの毒性レベルを下回っており、また濃縮ウランを製造する際に取り除かれる天然鉱物U（減損U）の放射性毒性をも下回っている。核分裂生成物の放射性毒性の合計は、燃料取出し後100年でおよそ1.4×10^7Sv/ton U（濃縮ウラン）であるが、取出し後1000年では875Sv/ton U（濃縮ウラン）に減少する。その後、長期間にわたり（約10万年)、基準となる天然Uの毒性レベルよりもはるかに低いレベルで安定する。

放射性毒性を軽減することを目的とした核分裂生成物の核変換の可能性と限界に関して述べるならば、核分裂生成物の核変換は概して重要度が低い。核分裂生成物の大部分は約250年で崩壊するため、使用済燃料の放射性毒性への寄与は、貯蔵後の最初の100年間は非常に大きいが、その後は僅かとなる。しかしながら、いくつかの核分裂生成物は、ある特定の地層環境で非常に移行性が強く、従って地下処分場への最終処分において、有意な放射線学的影響をもたらす可能性がある。また、使用済燃料の処理を行うことにより、ガス排出物および液体排出物を介して放出（リリース）され、原子力発電による長期の放射線影響の懸念をもたらす。この観点で最も着目すべき核分裂生成物は^{129}I、^{135}Cs、^{79}Se、^{126}Snである。地層処分の有効性を高めることに役立つのであれば、適切に構成された高速炉で、効率的に^{129}Iと^{135}Csを核変換させることが可能である［35]。なお、核分裂生成物は、超ウラン核種と異なり、核変換プロセスにおいて余剰中性子を生成しない、純粋な中性子消費物質である。

7.9.7 Th-U サイクル

表7.9に、トリウム－ウラン（Th-U）サイクルおよびTh-U-Pu混合サイクルを用いたSFRの増殖比と倍増時間の予測値を示す。トリウムシステムでは増殖比が大きく減少しており、^{233}U-Th酸化物サイクルは1.04まで下がっている。また、これに従って倍増時間が大きくなっている。

7.9.8 燃料サイクルへの影響と核変換

前述したように、TRU多重リサイクルを行う結果、燃料サイクルに著しい影響を与える。表7.16に、過去に検討された高速炉サイクルと、PWRでのTRUリサイクルでの燃料製造段階における影響を比較して示す。

表7.16 高速炉およびPWRのリサイクルケースにおける燃料製造過程での影響[36]

炉型	PWR		高速炉			ADS
燃料の種類 / パラメータ	MOX (Puのみ) (基準値)	全TRU リサイクル	Puのみ	全TRU (均質リサイクル)	MAターゲット (非均質リサイクル)	MA主体の燃料
崩壊熱 (W/gHM)	1	×3	×0.5	×2.5	×20－80	×90
中性子発生量 (n/s.gHM)	1	×8,000	×～1	×150	×1,000－4,000	×20,000

PWRおよび高速炉で均質リサイクルを行うケースでは、燃料製造過程における中性子発生量が大きく異なっている。基本的に中性子発生量に寄与しているのは^{252}Cfの自発核分裂（～10^{12}n/gs）であり、この差は、PWRと高速炉のスペクトルの違いから^{252}Cfの蓄積過程が異なることに因るものである。

表7.17に示すように、^{252}Cfは強い中性子放出核種であり、燃料製造段階で許容できないほどの強い中性子線量をもたらす。これは、熱中性子炉で全TRUの核変換が推奨されていないことの、重要な理由のひとつである［36］。

40%MAをターゲット燃料とした非均質リサイクルの場合、新燃料の発熱量は約20kW、300日冷却後の崩壊熱は約35kWと非常に高い。10%MAをターゲット燃料とした場合、これらの値は5kWから6kWに低減できる。表7.18に、新燃料発熱量に対する主要な核種の寄与度を示す。

40%MAおよび10%MAのケースでの固有の（かつ予想される）特徴は中性子発生量が非常に高いことであり、その値は、標準のMOX新燃料集合体で約4.0×10^{7}n/sであるのに対し、約2.0×10^{10}n/sから8.0×10^{10}n/sと3桁異なる。表7.19に、中性子発生量に対する主要核種の寄与割合を示す。このように

表7.17　CmおよびCfの特性

核種	半減期	中性子発生数(n/sec・gram)		Eγ(keV)	γ	nSv/Bq (ICFR－72)
		自発核分裂(SF)	(α, n)			
^{242}Cm	163 日	1.72×10^{7}	4.18×10^{6}	1.4		12
^{243}Cm	30.0 年		6.09×10^{4}	133.2	104 keV(24%)	150
					228 keV(11%)	
					278 keV(14%)	
^{244}Cm	18.1 年	1.01×10^{7}	8.84×10^{4}	1.3		120
^{245}Cm	8.50×10^{3} 年			93.8	104 keV(30%)	210
					100 keV(18%)	
^{246}Cm	4.73×10^{3} 年	$\approx7\times10^{6}$	<<SF	3.0		210
^{247}Cm	1.60×10^{7} 年			302.8	403 keV(69%)	190
^{248}Cm	3.40×10^{5} 年	$\approx3\times10^{7}$	<<SF	579.1	579 keV(100%)	770
^{249}Cf	351 年		n. a.	329.2		350
^{250}Cf	13.1 年	$\approx8\times10^{9}$	<<SF	6.3		160
^{251}Cf	898 年		n. a.	120.3		360
^{252}Cf	2.64 年	$\approx10^{12}$	<<SF	217.4		90

表7.18　MA含有ターゲット集合体の熱出力(新燃料)［36］

	新燃料集合体		
	SFR均質リサイクル (UPu＋MAs)	径方向ブランケット40% MAs	径方向ブランケット10% MAs
熱出力(kW)	0.7	21.6	5.4
核種	寄与割合(%)		
^{238}Pu	26		
^{239}Pu	3		
^{240}Pu	6		
^{241}Am	7	14	15
^{242}Cm	4	6	8
^{244}Cm	51	79	76

表7.19 MA含有ターゲット集合体の中性子強度(新燃料)[36]

	新燃料集合体		
	SFR均質リサイクル (UPu+MAs)	40% MAsターゲットを径方向ブランケットに装荷	10% MAsターゲットを径方向ブランケットに装荷
中性子強度(n/s)	1.7×10^9	8.0×10^{10}	1.9×10^{10}
核種	寄与割合(%)		
^{244}Cm	80	80	83
^{246}Cm	10	8	12
^{248}Cm		2	1
^{250}Cf	7	6	2
^{252}Cf	3	4	1

MAターゲットは非常に強い中性子源であるため、最大許容レベル、運転に対する影響、関連費用を評価するにあたっては、現行施設の中性子源レベルとその対応を踏まえて検討する必要がある [36]。

燃料取扱いは、大きな影響が予想される領域である。実際、取扱わなければならない燃料の熱量(熱出力)および崩壊熱について計算した値は、フェニックス(Phénix)およびスーパーフェニックス(Super-Phénix)における燃料取扱い時の最大許容値(冷却用外部Naコンテナ有りまたは無し)に比べ、大幅に高くなっている。そして、一連の燃料取扱いの全ての段階が影響を受ける。即ち、新燃料の輸送では、冷却能力増強が必要となる。プラント内貯蔵では、臨界対応の強化、冷却および放射線防護の問題、さらに被覆管破損への対応の必要性が生じる。燃料取出し時においては、Naコンテナの必要性などが課題となる。概して、新たな規則と新たな対策を立て検証することが必要となる。さまざまな燃料およびターゲットの熱負荷について、CEA [36] において検討された結果と比較しながら、考慮すべき事項について、バランス良く考えなければならない。表7.20に、着目するターゲット組成の崩壊熱の値を示す。

表7.20 40%および10%MAターゲットの照射後熱負荷[36]

ターゲット	新燃料熱出力(kW)	照射済ターゲット燃料集合体の崩壊熱(kW)		
		3か月冷却	12か月冷却	36か月冷却
40% MAs	21	52	31	21
10% MAs	5.4	15	9	6

上述したように燃料取扱いシステムの全ての段階に影響がある。特に、40%MAのターゲット燃料は、そのMA濃度の高さから取り扱う集合体数を抜本的に減らせるものの、問題も大きい。おそらく、ガス環境下での移送および保全作業は不可能であり、Na冷却による対応策が必要である。更に、今日の規制に適合させるためには、ターゲット集合体を照射後約12ヶ月間冷却する必要がある。また、現状の集合体洗浄基準(<7.5kW)に準拠するためには、独立した容器による長期の崩壊期間を計画する必要がある。10%MAのターゲット燃料の場合は(取り扱うターゲット集合体数は遥かに多くなるが)、ガス環境下での移送操作が可能となり得る。Na環境下での取扱い対策を取った場合には、照射後の比較的早い段階で炉外排出を考えることができる。ガス環境下で取扱う場合は、約12ヶ月の炉内での崩壊期間が必要である。なお両方のケースで、洗浄前の集合体冷却が必要である。

貯蔵費用を増大させる設備の追加を避けるため、高い崩壊熱を持つ集合体の移送操作および管理、そして洗浄設備に係る研究開発の努力が必要となる。より高い温度でより迅速に洗浄を行うことが目的であり、残留Naを生じさせないための集合体設計の改良も必要である。

表7.21に、転換率の低い臨界炉心におけるTRUの均質リサイクル（MA/TRU割合の高い）の場合の、多様な燃料仕様構成（即ち、金属または酸化物燃料、MA/TRU割合0.1および0.5、すべてのCR値）に対する、新燃料の崩壊熱および中性子強度の値を示す。すべての値は燃料1グラムで規格化している［34, 37］。

これらの結果から、いくつかの重要な特性が示される：

表7.21　低転換率炉心の燃料サイクル特性[34,37]

平衡サイクルにおける新燃料の崩壊熱（MeV/sec·gram）										
	金属燃料（MA/TRU＝0.1）					酸化物燃料（MA/TRU＝0.1）				
	CR＝0.00	CR＝0.25	CR＝0.50	CR＝0.75	CR＝1.0	CR＝0.0	CR＝0.25	CR＝0.50	CR＝0.75	CR＝1.0
t＝0	1.00E+12	5.14E+11	2.37E+11	1.05E+11	3.24E+10	1.02E+12	5.33E+11	2.83E+11	1.40E+11	5.80E+10
	金属燃料（MA/TRU＝0.5）					酸化物燃料（MA/TRU＝0.5）				
	CR＝0.00	CR＝0.25	CR＝0.50	CR＝0.75	CR＝1.0	CR＝0.0	CR＝0.25	CR＝0.50	CR＝0.75	CR＝1.0
t＝0	2.68E+12	1.85E+12	8.20E+11	3.18E+11	3.24E+10	2.72E+12	1.83E+12	8.88E+11	3.63E+11	5.80E+10
平衡サイクルにおける新燃料の中性子強度（n/sg）										
	金属燃料（MA/TRU＝0.1）					酸化物燃料（MA/TRU＝0.1）				
	CR＝0.00	CR＝0.25	CR＝0.50	CR＝0.75	CR＝1.0	CR＝0.0	CR＝0.25	CR＝0.50	CR＝0.75	CR＝1.0
t＝0	3.82E+05	1.88E+05	8.32E+04	3.36E+04	6.96E+03	4.14E+05	2.11E+05	1.08E+05	4.96E+04	1.67E+04
	金属燃料（MA/TRU＝0.5）					酸化物燃料（MA/TRU＝0.5　）				
	CR＝0.00	CR＝0.25	CR＝0.50	CR＝0.75	CR＝1.0	CR＝0.0	CR＝0.25	CR＝0.50	CR＝0.75	CR＝1.0
t＝0	1.28E+06	8.68E+05	3.85E+05	1.45E+05	6.96E+03	1.30E+06	9.12E+05	4.41E+05	1.73E+05	1.67E+04

燃料装荷／取出し時の崩壊熱および廃棄物処分場における崩壊熱ならびに時間変化

平衡状態での崩壊熱は、CR値がCR=1からCR=0.5に減少すると約5から7の係数で増加し、CR値がCR=0.5からCR=0に減少すると約4の係数で増加する。この傾向は金属燃料と酸化物燃料で同様である。なお、酸化物燃料では短い冷却期間で崩壊熱値が僅かに高い。また、MA/TRU割合が増加すると、崩壊熱は更に約3の係数で増加する。まとめると、CR=1とMA/TRU=0.1の炉心に比べ、CR=0.5とMA/TRU=0.5の炉心では、崩壊熱は約15から25倍（燃料の種類に因る）に増加する。CR=0の場合は、崩壊熱はさらに係数3で増加する。これらの増加係数は大きく、燃料サイクルのさまざまな機能（使用済燃料取出し、廃棄物処分場での崩壊熱対応など）に重大な影響を与える。

燃料製造における中性子強度

このパラメータも、CR値が減少しMA/TRU割合が増加すると、著しく増加する。具体的には、CR=1とMA/TRU=0.1の炉心に比べ、CR=0.5とMA/TRU=0.5の炉心では、中性子強度は約30から50倍（燃料の種類に因る）に増加する。CR=0の場合は、中性子強度はさらに約3から4の係数で増加する。この中性子強度の増加は、基本的に^{244}Cmの蓄積（冷却期間が短期の場合）によるものであり、より長期の冷却期間（100年など）では、殆どが^{246}Cmに因るものである。

このように、転換率が低い炉心ほど、燃料サイクルにおける崩壊熱と中性子源が大きく増加する。酸化物燃料および金属燃料の両方で、どのような燃料調合の戦略をとったとしても、燃料の取扱いがおそらく非常に困難であることが示唆されている。解析結果から、CRが約0.8以下の炉心、且つ、特に供給燃料のMA/TRU割合が高い炉心では、その燃料サイクルプロセスにおいて重大な困難さが生じる可能性があると考えられる。

図7.10に、深地層処分施設における放射性毒性（即ち再処理時の回収ロスによる放射性毒性）を示す。ここでもCR値が減少すると放射性毒性が増加していることが確認できる。例えば、この値は$t_{cool}=10^4$年で、燃料の種類に因り約6から8倍に増加する可能性がある。この値の増加は、処分場における放射性毒性が、初期の鉱石（天然ウラン）の数値まで減衰するのに必要な時間（例えば数百年から約1,000年）に影響を及ぼす。繰り返すと、この影響は燃料のTRU含有量が高いことに因るものであり、実際、MA/TRU=0.5でCR=0の炉心で最大となっている。前述したように、核変換の性能と、事実上着目する全ての燃料サイクル関連パラメータに対する影響との間で、妥協点を見出さなければならない。

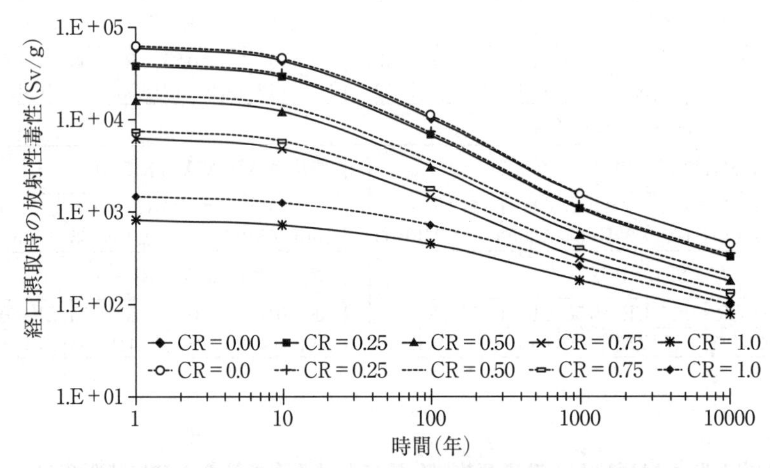

図7.10　様々な転換比（CR）に対する取出し燃料の放射性毒性
（MA/TRU＝0.50、破線＝酸化物燃料、実線＝金属燃料）

7.9.9 核変換シナリオの導入

高速スペクトル炉は、幅広い転換率の範囲で、核分裂性物質の増殖あるいは燃焼を目的とした炉心設計が可能であることから、核変換の目的に応じて、その導入シナリオに適した柔軟なオプションを提供することができる。この目的を満たすうえで、以下に述べる三つの包括的なシナリオを定義することができる。これら三つのシナリオとは、照射済み燃料を再処理せずに最終処分する「ワンススルー」または「オープン」燃料サイクル戦略の範囲を超えたリサイクルシナリオである。その具体的な特徴を以下に示す。

シナリオA：原子力エネルギーの持続的展開と廃棄物の最小化　このケース（高速炉でのTRU多重リサイクルなど）では、Pu/MA割合はUOX燃料またはMOX燃料を装荷したPWRまたはBWRから取出されたほぼ全ての使用済燃料に対して約8.5/1.5である。これには二つのオプションが考えられる：

オプション1：臨界高速炉におけるTRU均質リサイクル。MA含有量が数パーセント程度（<5%）の標準的な混合酸化物（MOX）燃料または金属燃料を用いる。この種類の燃料については、いくつかの照射試験（フェニックス炉におけるSUPERFACT試験［28］、METAPHIX試験［38］）が実施されており、また第四世代炉の枠組みのなかで照射試験（GACID計画［39］）が計画されている。再処理に関しては、PuとMAを分離せずにTRUを一群で回収する（CEAが開発したGANEX湿式冶金（hydrometallurgical）プロセス［40］やアメリカで開発されたUREX+1プロセス［41］など）、核拡散抵抗性を強化した手法を考えることが出来る。このオプションでは、高速炉の核特性に柔軟性があることから、例えば必要に応じてTRU燃焼を高めるために、転換率（CR）を調整した設計を行うことができる。

オプション2：MAターゲット、場合によって不活性マトリックスを用いたターゲット（集合体内に減速材有りまたは無し）を、Pu燃料臨界高速炉に装荷（炉心径方向最外層などに装荷）。MA含有量は、炉心設計、MA変換量目標値および燃料サイクル要件に従って設定する。U母材を使用することで、ターゲット燃料の多重リサイクルがより容易となる。このオプションでは、再処理に関しては、PuとMAの分離（MAは一括回収またはAmとCmの分離工程を組み込み、Cmは特定施設に貯蔵）が必要となり、核拡散抵抗性の側面からは悪化する可能性がある。

両方のオプションで、その目的は、炉内および燃料サイクル内でTRUインベントリを安定化し、処分場へ送られるMA量（実際には再処理による損失に限定される）を低減することである。両方のオプションの潜在的なメリットとデメリットについては、TRUリサイクルに関する主要なR&D計画において研究されている。図7.11に、このシナリオの主要な概念を示す。

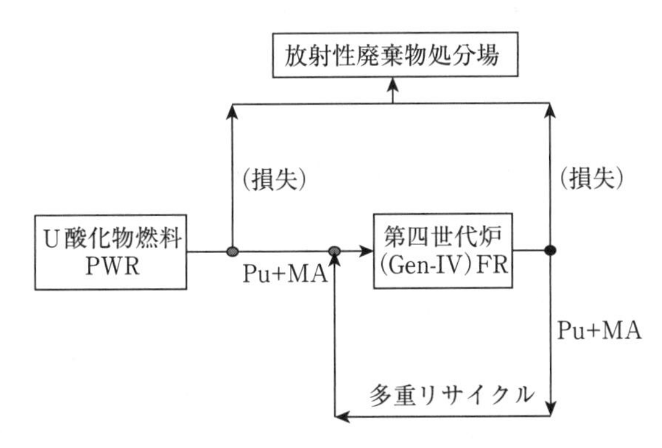

図7.11　シナリオA：原子力エネルギーの持続的開発と廃棄物の最小化

シナリオB：MAインベントリの低減　MAインベントリを抜本的に削減する意思決定をした場合の戦略シナリオ。Puは資源としてみなされる。シナリオAに対して、高速炉の導入が多少遅れ、高速炉の連続的導入を脅かす可能性があるMA蓄積を回避するため、移行シナリオを想定しなければならないと仮定している。シナリオAのオプション1に対して、化学分離プロセスを変更する必要がある。具体的にはPuとMAの分離（MAは一括回収またはAmとCmの分離工程を組み込みCmは特定施設に貯蔵）が必要となる。このシナリオを導入するには、いわゆる「二階層戦略」(double strata）が想定される：

- ADSにPu/MA約1（過去検討による最適値［23］）のMA燃料を装荷、CR値はCR=0。但し、上述のように、「臨界型」専焼高速炉を導入する可能性を開く観点から、Uフリー燃料の代替としてU母材燃料を考えることができる［34］。
- LWRからのPuはMOX-LWRとしてリサイクル。

図7.12に示すように、このシナリオの一番の関心事項は、Puを多重リサイクルする商用燃料サイクルからMAの取扱いを独立させることである。化学分離の性能（再処理時の損失あるいはTRU回収割合など）がほぼ同じである場合、期待される放射性毒性の低減度合いは、上記のシナリオAと同等である。

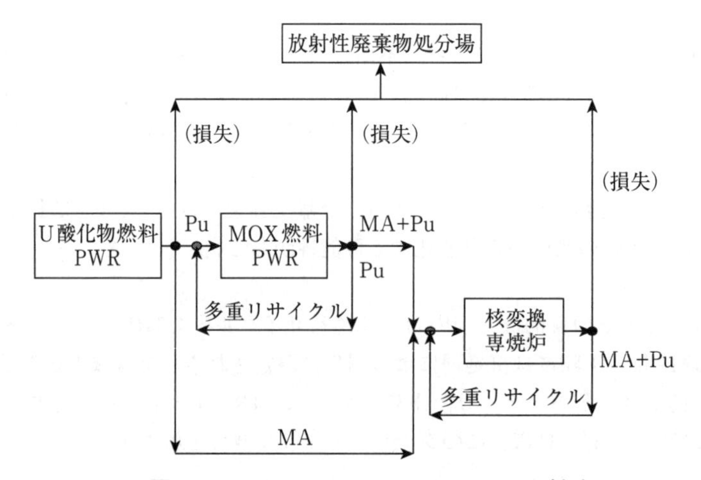

図7.12　シナリオB：MAインベントリの低減

シナリオC：LWRからの取出しTRUインベントリの低減　これまでのLWRの運転の遺産として蓄積されているTRU（すなわち、Pu＋MA）を低減するケース。このケースにおいても、Pu/MA割合は約8.5/1.5である。再処理に関しては、PuとMAを分離せずにTRUを一括回収することを想定している。TRUの消費を最大化するため、転換率CR=0の高速スペクトルシステム（原則的にADSまたは核融合－核分裂ハイブリッド）で、Uフリー燃料（不活性母材）を用いることを想定している。しかしながら、前述したように、理論上の最大TRU消費約75%（またはそれ以上）を達成する転換率、約0.5（U/TRU割合約1に相当）またはそれ以下（但し、燃料サイクルへの影響が限定的である場合）を想定することもできる［34］。またこのケースでは、Uフリー燃料の代替燃料はU母材、即ち混合酸化物燃料（MOX）あるいは金属燃料であり、シナリオBと同様に、「臨界型」専焼高速炉を使用する可能性を残している。図7.13にこのシナリオの概念を示す。

このシナリオは、例えば原子力発電所を段階的に廃止するなどの場合に、使用済燃料に含まれるPuおよびMAの蓄積量を削減する技術方策である。しかしながら、このシナリオが、一国家独立で導入された場合、新しい施設（燃料再処理および燃料製造、ADSまたは核融合－核分裂ハイブリッドなど）を相当数導入しなければならない。さらに、およそ100年間の運用の後には、初期TRUインベントリの約20%が廃棄物として残される。所定の目的を達成する方法としては、複数の国家が関与するP&Tシナリオ（regional P&T scenario）を構想することが、より適切な取り組みと考えられる［42］。

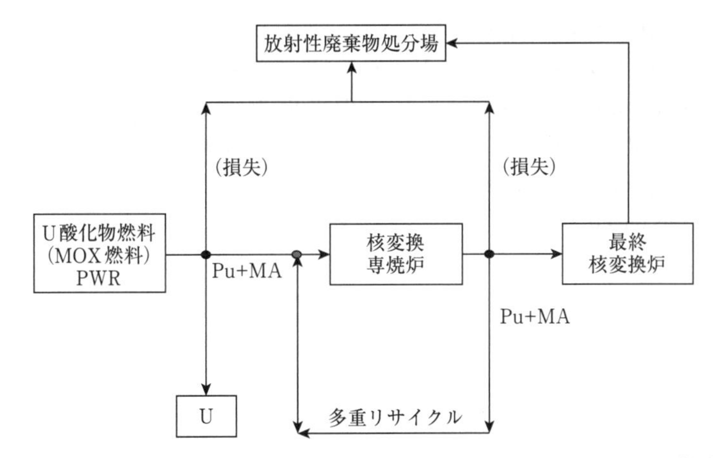

図7.13　シナリオC：LWRからの取出しTRU（Pu＋MA）インベントリの低減

【参考文献】

1. J. Gourdon, et al., "An Overview of SUPERPHENIX Commissioning Tests," *Nucl. Sci. Eng.*, 106, p. 1(1990).
2. P. Greebler and C. L. Cowan, *FUMBLE: An Approach to Fast Power Reactor Fuel Management und Bumup Calculations*, November 1970, GEAP-13599. General Electric Co., USA(1970).
3. J. Hoover, G. K. Leaf, D. A. Meneley, and P. M. Walker, "The Fuel Cycle Analysis System, REBUS," *Nucl. Sci. Eng.*, 45, pp. 52‐65(1971).
4. W. W. Little, Jr. and R. W. Hardie, *2DB User's Manual*, BNWL-831, Pacific Northwest Laboratory, Richland, WA(1968).
5. R. W. Hardie and W. W. Little, Jr., *3DB, Three-Dimensional Diffusion Theory Bumup Code*, BNWL-1264, March 1970, Pacific Northwest Laboratory, Richland, WA(1970).
6. K. L. Derstine, DIF3D: *A Code to Solve One-, Two-, and Three-Dimensional Finite-Difference Diffusion Theory Problems*, ANL-82-64, Argonne National Laboratory, Argonne, IL(1984).
7. G. Palmiotti, E. E. Lewis, and C. B. Carrico, *"VARIANT" VARIational Anisotropic Nodal Transport for Multidimensional Cartesian and Hexagonal Geometry Calculation*, ANL-95140, Argonne National Laboratory, Argonne, IL(1995).
8. H. L. Wyckoff and P. Greebler, "Definitions of Breeding Ratio and Doubling Time," *Nucl. Technol.*, 21, pp. 158‐164(1974).
9. K. Ott, "An Improved Definition of the Breeding Ratio for Fast Reactors," *Trans. Am. Nucl. Soc.*, 12, p. 719(1969).
10. W. P. Barthold and Y. I. Chang, "Breeding Ratio and Doubling Time Definitions Used for Advanced Fuels Performance Characterization, " *Trans. Am. Nucl. Soc.*, 26, p. 588 (1977).
11. D. R. Marr. R. W. Hardie, and R. P. Omberg, "An Expression for the Compound System Doubling Time Which Explicitly Includes the Approach to Equilibrium," *Trans. Am. Nucl. Soc.*, 26, p. 587(1977).
12. M. Salvatores, I. Slessarev, and M. Uematsu, "A Global Physics Approach to Transmutation of Radioactive

Nuclei," *Nucl. Sci. Eng.*, 116, p. 1(1994).

13. M. Salvatores, R. Hill, I. Slessarev, and G. Youinou, "The Physics of TRU Transmutation - A Systematic Approach to the Intercomparison of Systems," *Proc. PHYSOR 2004 - The Physics of Fuel Cycles and Advanced Nuclear Systems: Global Developments*, Chicago, IL, April 25 - 29 (2004).
14. R. N. Hill and T. A. Taiwo, "Transmutation Impacts of Generation-IV Nuclear Energy Systems," *Proc. Int. Conf. PHYSOR*, Vancouver(2006).
15. G. Aliberti, et al., "Nuclear Data Sensitivity, Uncertainty and Target Accuracy Assessment for Future Nuclear Systems," *Ann. Nucl. Ener.*, 33, pp . 700 - 733(2006).
16. G. Aliberti, et al., "Impact of Nuclear Data Uncertainties on Transmutation of Actinides in Accelerator-Driven Assemblies," *Nucl. Sci. Eng.*, 46, pp. 13 - 50(2004).
17. M. Salvatores, et al., "OECD/NEA WPEC Subgroup 26 Final Report: Uncertainty and Target Accuracy Assessment for Innovative Systems Using Recent Covariance Data Evaluations," OECD-NEA Report, Paris(2008).
18. W. P. Barthold and J. C. Beitel, "Performance Characteristics of Homogeneous Versus Heterogeneous Liquid-Metal Fast Breeder Reactors," *Nucl. Tech.*, 44, pp. 45, 50 - 52(1979).
19. C. A. Erdman and A. B. Reynolds, "Radionuclide Behavior During Normal Operation of Liquid-Metal-Cooled Fast Breeder Reactors. Part I: Production," Nucl. Safety, 16, pp. 44 - 46(1975).
20. Y. I. Chang, C. E. Till, R. R. Rudolph, J. R. Deen, and M. J. King, *Alternative Fuel Cycle Option: Performance Characteristics and Impact on Nnclear Power Growth Potential*, ANL-77 70. Argonne National Laboratory, Argonne,IL(1977).
21. M. Salvatores, "Nuclear Fuel Cycle Strategies Including Partitioning and Transmutation," *Nucl. Eng. Design*, 235, p. 805(2005).
22. M. A. Smith, et al., Physics and Safety Studies of Low Conversion Ratio Sodium Cooled Fast Reactors, PHYSOR 2004, Chicago, IL(2004).
23. *Accelerator-Driven Systems(ADS) and Fast Reactors(FR) in Advanced Fuel Cycles. A Comparative Study.* OECD-NEA Report, Paris(2002).
24. G. Palmiotti, M. Salvatores, and M. Assawaroongruengchot, "Innovative Fast Reactors: Impact of Fuel Composition on Reactivity Coefficients," *Proc. Int. Conf. on Fast Reactors*, FR09, December 2009, Kyoto, Japan(2009).
25. T. Wakabayashi, "Transmutation Characteristics of MA and LLFP in a Fast Reactor," *Progr. Nucl. Energy*, 40, No3 - 4(2002).
26. J. M. Bonnerot, et al., "Progress on Inert Matrix Fuels for Minor Actinid Transmutation in Fast Reactor," *Proceedings Global 2007*, Boise, ID, USA(2007).
27. J. F. Babelot and N. Chauvin, *Joint CEA/ITU Synthesis Report of the Experiment SUPERFACT 1*, Report, JRC-ITU, Karlsruhe, TN-99/03(1999).
28. L. Buiron, et al., "Minor Actinide Transmutation in SFR Depleted Uranium Radial Blanket. Neutronics and Thermal-Hydraulics Evaluation," *Proc. Int. Conf. GLOBAL 2007*, Boise, ID, USA(2007).
29. W. Maschek, "Report on Intermediate Results of the IAEA CRP on Studies of Advanced Reactor Technology Options for Effective Incineration of Radioactive Waste," *Energy Conversion Manag*, 49, pp. 1810 - 1819, Elsevier(2008).
30. K. Noack, A. Rogov, et al., "The GDT-Based Fusion Neutron Source as Driver of a Minor Actinides Burner," *Ann. Nucl. Energy*, 35, pp . 1216 - 1222, Elsevier(2008).

31. T. A. Mehlhorn, et al., “Fusion - Fission Hybrids for Nuclear Waste Transmutation: A Synergistic Step Between Gen-IV Fission and Fusion Reactors,” *Fusion Eng. Design*, 83, pp. 948 - 953, Elsevier(2008).

32. J. Rouault and M. Salvatores, “The CAPRA Project: Status and Perspectives,” *Nuclear Europe Worldscan*(1995).

33. E. A. Hoffman, W. S. Yang, and R. N. Hill, “A Study on Variable Conversion Ratio for Fast Bumer Reactor,” *Trans. Am. Nucl. Soc.*, 96(2007).

34. C. Fazio, M. Salvatores, and W. S. Yang, “Down-Selection of Partitioning Routes and of Transmutation Fuels for P&T Strategies Implementation,” *Proc. lnt. Conf. GLOBAL 2007*, September 2007, Boise, ID (2007).

35. R. E. Schenter and M. E. Korenko, “Transmuting Very Long Lived Nuclear Waste into Valuable Materials,” *Trans. Am. Soc.*, 99, pp. 229 - 230(2008).

36. M. Delpech, et al., “Scenarios Analysis of Transition from Gen II/III to Gen IV Systems. Case of the French Fleet,” *GLOBAL 2005*, Tsukuba, Japan(2005).

37. C. Chabert, “An Improved Method for Fuel Cycle Analysis at Equilibrium and Its Application to the Study of Fast Burmer Reactors with Variable Conversion Ratios,” *Proc. Int. Conf. PHYSOR* ‘08, Septe,ber 14 - 19, 2008 Interlaken, Switzerland(2008).

38. M. Kurata, et al., “Fabrication of U-Pu-Zr Metallic Fuel Containing Minor Actinides” *GLOBAL 97 Conference*, Outober 5 - 10 1997, Yokohama, Japan. See also L. Breton, et al., “METAPHIX-1 Non Destructive Post-Irradiation Examinations in the Irradiated Element Cells at PHENIX,” *Proc. Int. Conf. Global 2007*, September 9 - 13, Boise, USA, and H. Otha, et al., “Irradiation Experiment on Fast Reactor Metal Fuels Containing Minor Actinides up to 7% At. Burn-up” , ibidem.

39. F. Nakashima, et al., “Current Status of the Global Actinide Cycle International Demonstration Project,” *Proc. Int. GIF Symposium*, September 9 - 10, 2009 OECD Report, Paris(2009).

40. J. M. Adnet, et al., “Development of New Hydrometallurgical Processes for Actinide Recovery: GANEX Concept,” *Proc. Int. Conf. GLOBAL ‘05*, October 9 - 13, 2005, Tsukuba, Japan(2005).

41. C. Pereira, et al., “Preliminary Results of the Lab-Scale Deminstration of the UREX+1a Process Using Spent Nuclear Fuel,” *2005 AIChE National Meeting*, Cincinnati(2005).

42. M. Saivatores, et al., “Fuel Cycle Synergies and Regional Scenarios,” *Proc. Int. Conf. IEMPT-10*, October 2008, Mito, Japan(2008).

Part III
システム

高速炉は、炉心設計および熱伝達システム設計の観点で熱中性子炉とは大きく異なる。これらの差異は、主に、高速炉では中性子束と出力密度が遥かに高いこと、中性子スペクトルが高エネルギー側であること、システム全体の熱効率を向上させるために冷却材温度を高く設定していること等に起因している。

Part IIIは5つの章で構成され、主要なシステム設計に着目して記述している。第8章から第10章では、機械的および熱的側面から高速炉の炉心設計を解説する。実際の炉心設計手法では、これらの問題は密接に関連しているが、学習的観点からは、敢えて区別して解説することが有効である。従って、第8章では燃料ピンおよび集合体設計における機械的側面、第9章では単一燃料ピンにおける熱的側面、第10章では集合体全体およびシステム全体の熱流動の観点まで議論を展開する。炉心材料の特性については前の章で述べられており、第11章では、更に詳細な物性問題を取り上げる。第12章では、熱交換システムを含む高速炉プラントシステム全体を議論する。

第8章
燃料ピンと燃料集合体の設計

8.1　はじめに

本章では燃料ピンと燃料集合体の機械設計について取り上げる。これらの炉心構成要素は、長い照射の期間、高速スペクトル炉の高い炉内温度と高い中性子照射環境に耐えうるように設計されなければならない。本章においては、設計に影響を及ぼす多くの要素について述べた後、詳細な燃料ピンの応力解析について検討する。

はじめに、8.2節において、燃料ピンの基本構造と熱伝導の相関について述べ、その後、燃料ピンの安定状態における挙動解析で検討が必要な、燃料と核分裂ガスに関するテーマについて考察する。8.3節では燃料ピンの設計に関して考察し、破損基準や応力解析について述べる。その後、8.4節では燃料ピンを燃料集合体へ組み立てるための考察に移行する。これには、燃料ピンの間隔や、ラッパ管（wrapper tubeもしくはduct tube）のスウェリングのような機械設計の課題に関する考察が含まれる。ブランケット集合体、制御体、遮へい体といった燃料集合体以外の設計については、限定的に触れる。本章の最後の節では、集合体の保持やラッパ管の湾曲制御の手法について述べる。

8.2　燃料ピン設計検討

燃料ピンの設計は、広範囲の現象を統合する複雑な作業である。燃料ピン設計では、燃料ピンの熱解析を、温度や照射履歴を関数とする燃料や被覆管の特性評価や、燃料-被覆管体系における応力解析と統合させなければならない。燃料ピンの挙動に悪影響を及ぼす多くの現象を概略的に図8.1に説明する。これらの各々の現象については、第11章での追加考察とともに第8章と第9章で取り扱う。相互に作用し合う非常に多くの現象を、統一的に検討する単一の方法がないことは明らかである。密接に関連する現象を網羅するために考え出された解釈法は、その新しさゆえに、未考察の物理・化学プロセスについての基礎データが必要となる。支配的な現象プロセスは、LIFE［1］のような時間依存型の燃料ピン解析コードに集約されており、実際の設計作業で用いられている。

本節では、燃料ピンの各部分の機能や幾何学的配置についての説明から始める。そして燃料ピンの幾何形状の議論を、燃料ピン外径設定の考え方へと展開する。これには線出力の概念が含まれる。その後、燃料の組織変化（restructuring. 再組織化、再編成とも訳される）について紹介し、被覆管荷重を定める核分裂ガスの放出とそれに関係するガスプレナムの長さについて議論する。これらは、8.3節の主題である燃料-被覆管系の応力解析に直接つながっていくものである。こうした燃料仕様の検討が、被覆管の肉厚、燃料の空孔率、燃料と被覆管の間の初期ギャップに関する設計基準の構築のために必要となる（ここで後者の2つ、すなわち燃料の空孔率と初期ギャップは、定常運転状態での燃料のスミア密度を定めるパラメーターである。なおこの際、燃料の理論密度も必要である）。さらに、応力解析結果がどのように燃料ピン設計に役立つかを理解するために、燃料ピンの寿命または設計基準を検討することが必要となる。

被覆管は燃料-被覆管間のギャップが開いている時には核分裂ガスにより圧力を受け、そのギャップが閉じている時には燃料から直接圧力を受ける。この燃料の荷重効果を定量的に評価するためには、熱膨張を計算するための熱解析が必要となる（この熱解析は第9章の主題となっている）。また、非常にゆっくりとした過渡状況では、燃料から被覆管への大きな荷重を避けるように変形が生じるた

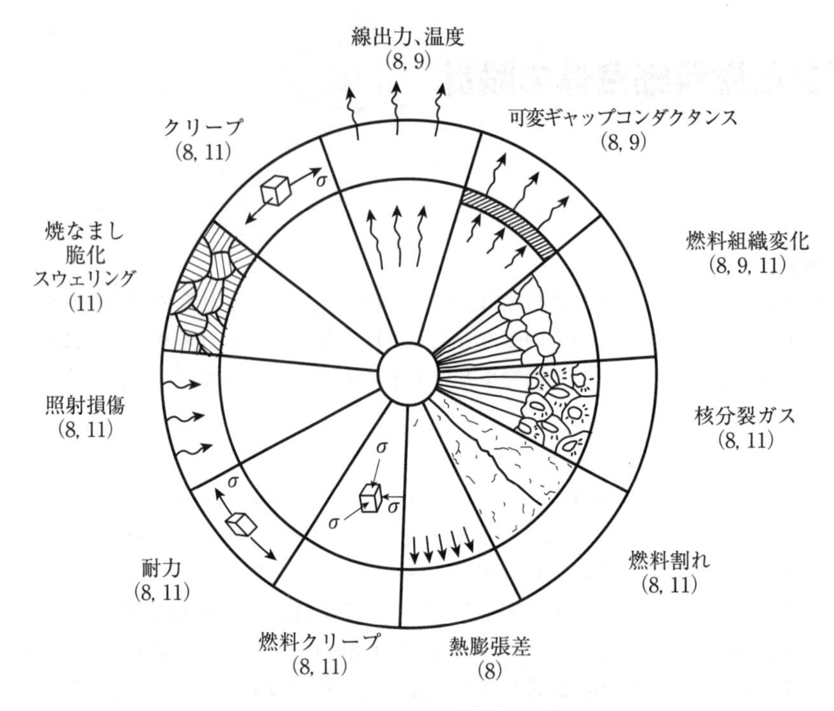

図8.1　燃料ピン特性に悪影響を及ぼす現象
(括弧内の数字はそれぞれの現象について議論した章番号を示す)

め、燃料のクリープ強度に関する知識も必要となる。燃料ピンの温度場が明らかになれば、温度に依存する応力-ひずみの関係[1]を具体的に示すことができる。この章では、燃料ピンの応力解析に必要となる基礎的な因子を、材料挙動を含め紹介するが、材料特性のより詳細な考察については第11章で述べる。

本章では、多くのナトリウム冷却型高速炉（SFR）で用いられる混合酸化物燃料の挙動に重点を置くこととする。その他の燃料については第11章において考察する。

8.2.1　構成材料と幾何学的配置

セラミック燃料装荷SFRの燃料ピンもしくは燃料要素は、被覆管と呼ばれる金属チューブ内に円柱形の燃料ペレットを内包し、それらを軸方向に積み上げた構成となっている。被覆管は、燃料の構造健全性を確保し、燃料と冷却材を物理的に隔離して、1次系冷却材への核分裂生成物の侵入を防止している。代表的な被覆管の外径は、6～8mmである。燃料ペレットはおよそ直径6mm、高さ7mmである。燃料ペレットの直径は被覆管の内径よりもわずかに小さく加工され、燃料と被覆管には初期ギャップがある。

多くの高速炉の燃料はウランとプルトニウムの混合酸化物（UO_2-PuO_2）である。第二のセラミック燃料として混合炭化物（UC-PuC）も検討されている。金属燃料やトリウム-ウラン233の混合セラミック燃料についての設計もまた存在している。本章で述べる機械的設計は炭化物燃料の概念設計に

1　燃料内の温度分布が燃料と被覆管の間の応力－ひずみ関係に依存することは、興味深い事実である。この関係性の理由は、ギャップコンダクタンスが燃料と被覆管の界面圧力に依存する関数であるためである。後にわかるように、このギャップコンダクタンスは、燃料表面の温度に直接影響を及ぼし、ひいては燃料ピン内の温度分布にも影響するものである。

も役立つものではあるが、主に酸化物燃料設計を対象としている。将来の有望な燃料として期待されている金属形態を含む、すべての燃料形態について、その詳細を第11章に記載する。なお、金属燃料は、付録AおよびBに記載される次世代型高速炉S-PRISMとJSFRの設計で採用されている燃料候補の一つである。

SFRの燃料ピンの軸方向の構造は、軽水炉（LWR）の燃料ピンとは全く異なっている。軽水炉の代表的な燃料ピンでは、燃料領域がピン全体の90%であるのに対して、SFRでは、原子炉の炉心部を形成する核分裂性燃料を含む領域（fissile fuel zone）がおよそ燃料ピンの軸長さの3分の1程度しかない。一般的にSFRの炉心高さは約1mほどであるが、燃料ピン全体の長さは3mである。同出力のLWRは、SFRに比べて（出力密度が小さいため）、より高い炉心が必要なため、LWRとSFRシステムにおける燃料ピンの長さは同程度である。

2本のSFR燃料ピンの断面図を図8.2に示す。劣化ウラン酸化物で作られる軸方向ブランケットペレットが、炉心燃料ペレットの上部と下部に配置されている。代表的な軸方向ブランケットの高さは0.3～0.4mである。ペレット積載上部のスプリングは、出荷時のペレット位置を保持する役割を担い、炉心に燃料集合体を装荷する際のペレットのズレを抑制する。このスプリングは、燃料ピンが一旦出力を出すと、構造体としての機能を終える。

核分裂ガスプレナムは、照射中に生成する気体状核分裂生成物のタンクとしてピン内に配置されている。通常、核分裂ガスプレナムは長く、炉心の高さと同程度である。図8.2に示すようにプレナムは炉心の上部か下部のどちらかに位置している。たとえば、高速炉開発初期のアメリカのFFTFやCRBRPの設計では、プレナムは炉心の上部に配置されていた。フランスのフェニックスやスーパーフェニックスの設計では、上部には小さなプレナムを配置し、下部に大きなプレナムを配置している。プレナムを炉心上部に設置することの長所は、プレナム部で被覆管が破損した場合、（ナトリウムの流れは炉心下から上への方向のため）核分裂ガスが炉心を通らないことである。短所は、温度の低い炉心下部のプレナムに比べて、より長いプレナム長（すなわちより大きなプレナム体積）が要求されることである。冷却材は炉心上部でもっとも高温であり、ピン内の核分裂ガスは冷却材温度に加熱されるため、上部プレナムの場合、高い核分裂ガスの圧力に耐えるために大きなプレナム体積が必要となるのである。長いプレナムは、燃料ピンの全長を大きくし、燃料集合体にわたって冷却材の大きな圧力損失を生じさせるため、より高いポンプ性能が必要となる上、原子炉容器高さの増加を招きそれに合った大きな炉内構成物を必要とする[2]。

図8.3には様々な高速炉の燃料ピン長さの概略図を示す。燃料ピンは炉心の中心を軸方向の基準として描いている。特にプレナムの配置について様々な設計選択が示されている。この図からプレナム長さが炉心の高さとほぼ同じことがわかる。

燃料ピンが破損した場合の位置を検出するため、タグガスカプセルがプレナム領域に装填されることがある。このカプセルには、燃料集合体ごとに固有な放射性同位体を混合した不活性ガスが装填されている。製造の最終段階において、プレナム部に混合ガスを放出させるためにカプセルに穴が開け

---

[2] 核分裂ガスプレナムの最も適切な位置を決める前に、原子炉全体の仕様評価を実施しておく必要がある。たとえば、炉心下部へのプレナム配置は、燃料集合体の全体の長さを増加させる可能性がある。これは、すべての炉心内集合体の出口位置を同じ高さに揃える必要性から生じるものである。制御棒は通常、炉心の上部から挿入されるので、制御棒引き抜き時に集合体ダクト内（ラッパ管内）を上下する中性子吸収体を炉心から十分に引き離すためには、長い制御棒集合体ダクトが必要となる。下部プレナムとする場合、この軸方向の必要長さに加え、炉下部プレナム分の長さがさらに必要なため、相対的に幾分長い核分裂ガスプレナムを要する上部プレナムを適用した場合よりも、燃料集合体長はやや長くなる可能性がある。

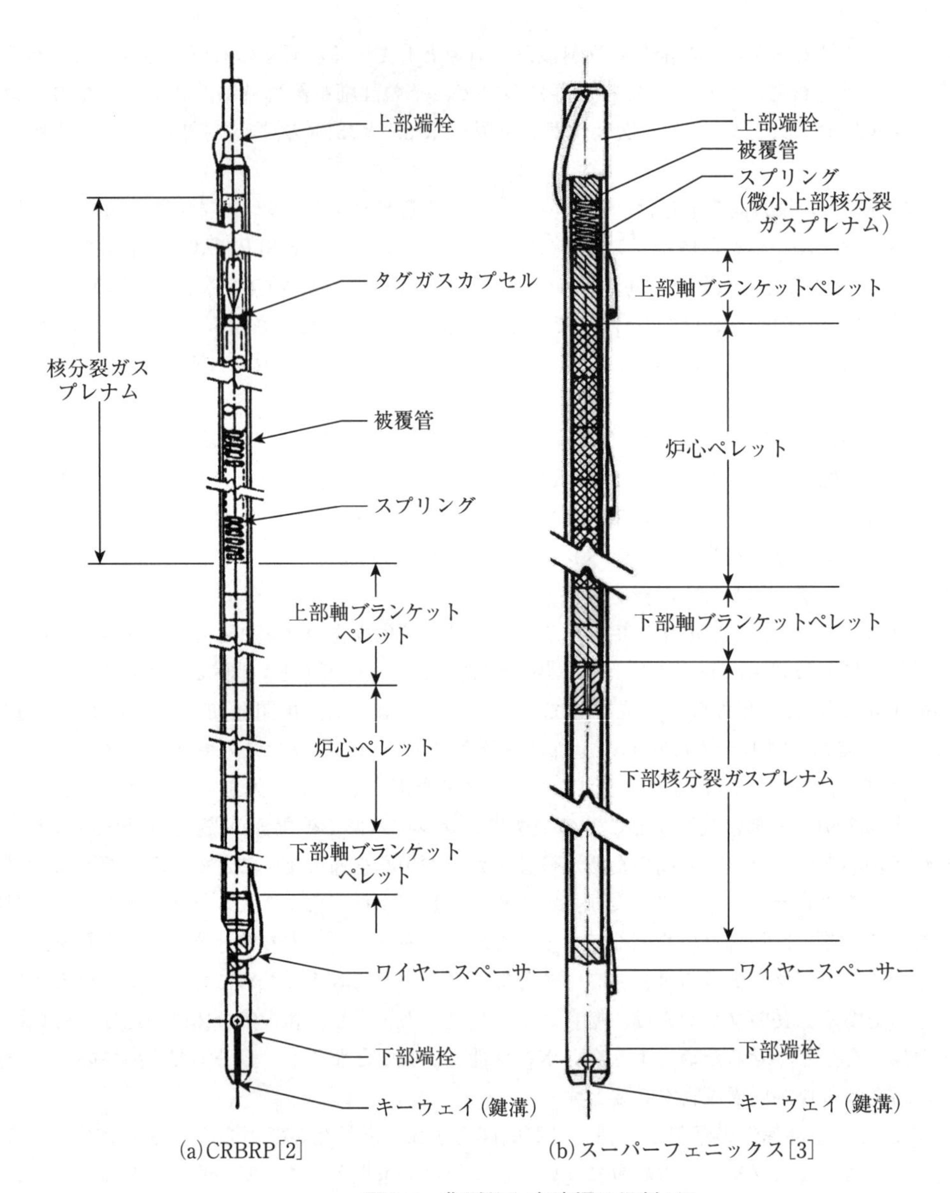

図8.2　典型的な高速炉の燃料ピン

られる。照射中に被覆管に破損が発生すると、固有の組成を持つ混合ガスが核分裂ガスとともに1次系に放出され、1次系でそれらが収集、分析され、破損燃料ピンのある燃料集合体を特定する。この技術の有効性は、EBR-ⅡとFFTFの両方で実証されている。(本技術の詳細については、12.6.2節と図12.31を参照のこと)

プレナムとブランケットの上部と下部は、固体の端栓で閉じられている。燃料ピン間のスペースをワイヤで確保するワイヤ巻き燃料ピン（wire wrap pin）を採用した設計では、通常、ワイヤの端部は上下の端栓部に開けられた穴に溶接され、燃料ピンに巻き付けられる。いくつかの設計では、ワイヤが単に端栓の側面に溶接されている場合もある。

多くの初期の高速炉の標準的な被覆管材料には、通常20%の冷間加工を加えられた316型オーステ

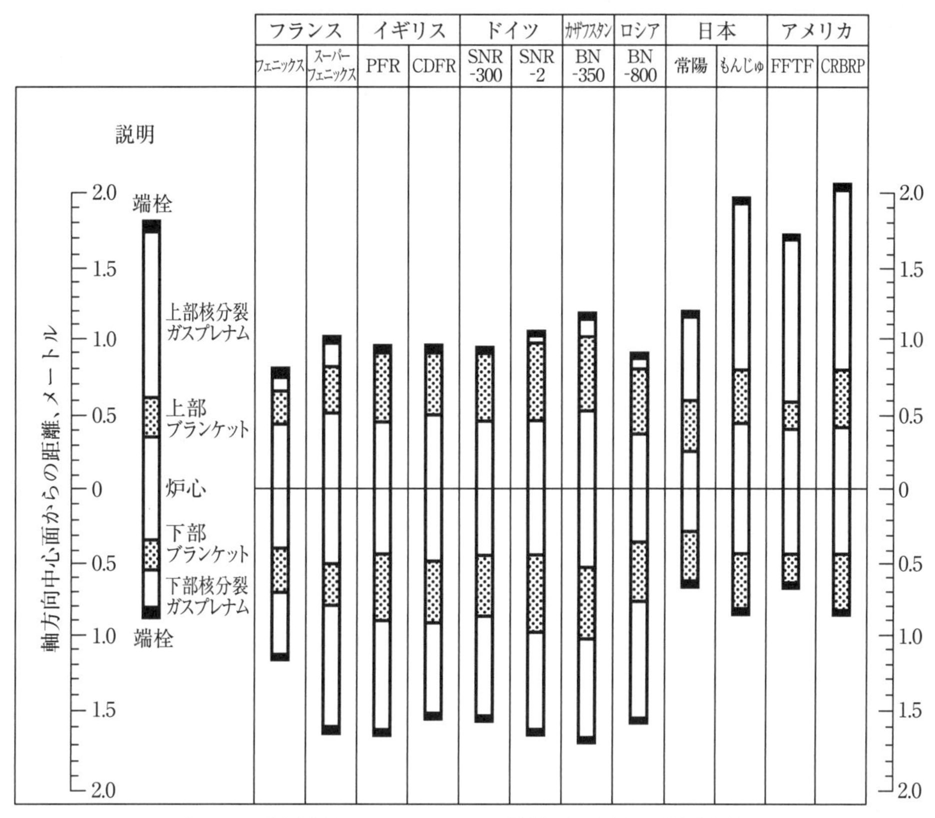

図8.3　高速炉システムにおける燃料ピン長さの相互比較
（参考文献[4]からの改訂）

ナイト系ステンレス鋼が用いられた。この鉄鋼は、16〜18wt.%（重量パーセント）のCr、10〜14wt.%のNi、2〜3wt.%のMo、そして少量のC、Nb、Si、PとSを含み、母材をFe（約65wt.%）とする合金である。この材料や他の被覆管材料および構造材の候補材料に関する特性や冷間加工の定義、そして316型ステンレス鋼が被覆管や構造材料の標準材料として選定された理由については、11.3節で述べる。

8.2.2　線出力と燃料ピン径

線出力（もしくは線出力密度）は、炉心の燃料ピン全長を、あるいは、炉心高さや炉心熱出力が決定されている場合には、炉心の全燃料ピン本数を決定する、炉設計上重要な量である。（なお線出力は英語でlinear power, linear power density, もしくはlinear heat rateと表現される）線出力χは、式（2.2）として第2章で簡潔に導入された、

$$\chi = 4\pi \int_{T_s}^{T_0} k(T)\, dT,$$

により表される。ここで、T_sとT_oは燃料の表面と中心部の温度であり、kは燃料の熱伝導度である。この式は、詳細な熱解析について議論する第9章で導き出される。ここで、この式には燃料ピンの直

径が含まれていないことに留意すべきである。その一方、燃料の表面温度T_sが含まれている。T_sは燃料と被覆管の間のギャップ幅に大きな影響を受ける。それゆえ、少なくともギャップが閉塞する前の初期段階の原子炉運転においては、燃料ピン設計によって燃料の表面温度が大きな影響を受ける。どの高速炉の設計においても、燃料中心部の温度が融点を超えない範囲で、できるだけ高い平均線出力を達成することが目的である。平均および最大線出力の設定は、燃料設計における主要な手順であり、これに必要な熱解析に関する留意点が第9章に示されている。

ここの議論では、平均線出力は既に設定されていると仮定する。よってその次の手順は、設定された線出力が燃料ピンの外径にどのくらい影響するのかを理解することである。燃料ピン外径という言葉は、一般に被覆管の外径を指す。以下に続く段落においては、燃料ペレット半径R_fに着目する。このペレット半径、燃料－被覆管間のギャップ、そして被覆管の肉厚をどうとるかによって、燃料ピン外径が定まる。様々な高速スペクトル炉の燃料ピン径を最大線出力とともに表8.1に示す。

増殖炉で用いる燃料ピンの外径を設定するにあたっては、**比核分裂性物質インベントリ**（fissile specific inventory）、M_0/Pを最小化することに配慮する。ここで、M_0は炉心の核分裂性物質の重量、Pは炉心熱出力であり、すなわち比核分裂性物質インベントリとは、炉出力あたりの核分裂性物質量である。比核分裂性物質インベントリを最小化するほど、その炉に必要な核分裂物質量も最小化され、第1章の式（1.13）から明らかなように、倍増時間が最小化する。

比核分裂性物質インベントリは、次式によって線出力と関係づけられる。

$$\chi = e\rho_f \pi R_f^2 \frac{P}{M_0}, \tag{8.1a}$$

ここで、

表8.1　混合酸化物燃料を用いたナトリウム冷却高速炉の燃料ピンの直径と線出力

原子炉	国	燃料ピン直径(mm)		最大線出力[a] (kW/m)
		炉心	径ブランケット	
BN-350	カザフスタン	6.1	14.2	44
フェニックス	フランス	6.6	13.4	45
PFR	イギリス	5.8	13.5	48
SNR-300	ドイツ	6.0	11.6	36
FFTF	アメリカ	5.8	–	42
BN-600	ロシア	6.9	14.2	53
スーパーフェニックス	フランス	8.5	15.8	47
もんじゅ	日本	6.5	11.6	36
CDFR[b]	イギリス	6.7	13.5	42
SNR-2[b]	ドイツ	7.6	11.6	42
CRBRP[b]	アメリカ	5.8	12.8[c]	42

[a] 燃焼サイクル期間の線出力変動値はわずかである。引用されたCRBRP(非均質炉心)とFFTFの値は第一サイクル初期の値である。

[b] これらのプラントは建設開始前に中止となった。

[c] 径方向および内部ブランケット

χ = 線出力
e = 燃料中の核分裂性物質割合
ρ_f = ペレット中の燃料密度
R_f = 燃料ペレット径

である。
上式を比核分裂性物質インベントリについて表すと次式になる。

$$\frac{M_0}{P} = \frac{\pi \rho_f e R_f^2}{\chi}. \tag{8.1b}$$

χをある値に設定すると、ρ_f、eおよびR_fの調整によりM_0/Pを最小化することができる。ペレット燃料密度ρ_fの取り得る幅は狭く、調整の自由度は小さい。ρ_fを理論密度に近づけることは、熱伝導度を高めるためや必要な核分裂性物質量M_0を減らす上で望ましい。核分裂性物質量M_0を節約できる理由は以下の通りである。ρ_fの増大は、中性子漏れを大幅に低減するため、式（8.1b）における核分裂性物質割合eを大きく低下させる。その度合いはρ_fの相対的な増加よりも大きいため、結果的にρ_fを増大させることによりM_0は減少する。ところが一方で、ρ_fは通常時の燃料のスウェリングや熱異常条件下[3]の体積膨張に適応できるよう、ある程度低くなければならない。このようなことから、高速炉の酸化物燃料の典型的な燃料ペレットの密度は、理論密度（theoretical density）に対して85～95%であり、これを85～95%TDと表現する。また、燃料ペレット－被覆管間ギャップも含めた、燃料ピン内の体積に占める実効的な燃料密度をスミア密度といい、その典型的な値は75～90%TDの範囲となっている。

パラメータのeとR_fは相互に強く関連し合っている。ペレット半径R_fの低減は、必要とする核分裂性物質割合eを増大させるが、燃料の体積比を大幅に低減しない限りR_f^2の減少を相殺するほどの増大にはならない。そのため、R_fの低減はeR_f^2を低減し、M_0/Pを低減する。この傾向は表8.1のピン径と線出力の関係にも表れている。これらのことからR_fの低減は好ましい目標となり、その結果、高速炉の燃料ピンは一般に細径となっている。

燃料ピンとして成立する直径の下限は、高速炉が商業化に向かうにつれ増大し続ける熱流束に対応するための冷却材の能力によって定まる。熱流束q、直径Dおよび熱伝達係数hは、

$$q = \frac{\chi}{\pi D} = h\,(T_{co} - T_b)\,, \tag{8.2}$$

で関係付けられる。ここで、T_{co}とT_bはそれぞれ、被覆管外面温度と冷却材のバルク温度である。ナトリウム冷却材の場合、hは低流速でも高く、軽水炉において重要なバーンアウトは問題にならない。それゆえ、ナトリウムの熱伝達が燃料ピン径の下限値を定める要因となることはない[4]。

最終的にどこまで燃料ピン径を小さくできるかについては、いくつかの制限因子により定められる。一つの重要な制限は、燃料ピンを細くするにつれ燃料製造費が徐々に高くなることである。二つ

---

[3] UO_2は溶融時におおよそ10%膨張する。
[4] 式（8.1b）に関する議論は、ガス冷却高速炉にも適応され、GCFRにも細径の燃料ピンが提案されている。しかしながら、ガス冷却炉のポンプ出力や系統圧力は、要求される熱伝達係数を得るためには、ともにナトリウム冷却高速炉よりかなり大きな値となる。（これらの点の議論については、表11.9と第17章を参照。）

目の制約は、燃料ピンピッチPとピン直径Dの比、P/D比である。燃料ピン径Dをある程度縮小していくと、やがてP/D比を増加させなければならないポイントに到達し、それは燃料体積比の大幅な低減と核分裂性物質インベントリの増加につながる。Dが小さくなると、二つの理由によってP/D比はやがて増加させなければならない。一つ目の理由は、燃料ピン間のスペースには確保しなければならない最小値が存在することである。スペースが小さくなり過ぎると、ワイヤ巻きスペーサーの場合にはホットスポットが生じ、グリッドスペーサーの場合には製造上の問題が生じる。よってスペースの最小値に達すると、さらなるピン径Dの縮小にはP/Dを増大させる必要が生じる。二つ目は、軸方向に流れる冷却材の圧力損失（もしくはポンプ出力）を維持するためである。ピン径Dの縮小にともない、十分な冷却材流路確保のためには、相対的にピンピッチPを増やしP/Dを増加させなければならない。

一方で、燃料ピンの太径化を志向する動機は増殖比にある。増殖比は燃料ピンの細径化とともに低下する（表7.6参照）。ピンサイズが炉特性に影響を与える例は他にも多々ある。たとえば、燃料ペレット径R_fの低減にともない、核分裂性物質割合eは増加し、ドップラー係数は低下、所定の全炉心平均燃焼度を得る上での炉心部燃料の燃焼度は高まる。またピンサイズの縮小は、中性子束を増加させ、一定の照射期間中の中性子照射量を高める[5]。

まとめると、式（8.1）は燃料ピンの直径を決める際にバランスを取らなければならない主要な因子を特定しているものの、燃料ピンの径を最適化するプロセスにおいては、極めて重要な2次的効果にも配慮する必要がある。

8.2.3 燃料の組織変化

高温下および照射中の燃料ピンの解析は、燃料の組成に強く依存する。酸化物燃料は、セラミックスのように**結晶粒**（grain）から構成されている。結晶粒は単結晶であり、単位格子によって特徴づけられる特定のパターンに沿って原子が整列している。燃料が製造される際、結晶粒の形状は周りの粒子との相互作用により、不定形となる。結晶粒界とは、隣接する粒子の結晶方位が異なる領域である。湾曲した**結晶粒界**（grain boundary）に関して、原子は凸表面よりも凹表面の方が安定となる。それゆえ、高温での熱運動は原子を凸面となっている結晶粒界から凹面となっている結晶粒界へと移動させる。図8.4に示すように、小さい結晶粒はより凸の界面を持ち、そのため原子は小さい結晶粒

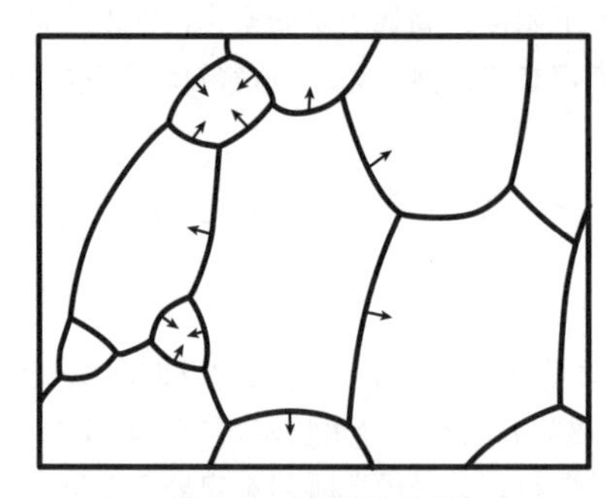

図8.4 結晶粒成長
粒界は曲率中心に向かって移動する（矢印）
結果として小さい結晶粒は最終的には消滅する[5]

5 中性子束は、関係式$\Sigma_f\ \phi V_{core} = 2.9{\times}10^{16} P_{core}(MW)$= 一定、に従い、出力とともに増加する。燃料ピン直径の減少にともない、V_{core}はΣ_fの増加よりも早く減少する。そのためϕが増加する。これは、高い照射量（fluence）を得るために中性子束ϕを最大化したいという特殊な目的を持つ試験炉FFTFにおいて有益なメカニズムである。FFTFの燃料ピン直径（5.8mm）は、典型的な動力用SFRのものよりも小さい。

から大きな結晶粒へ移動する傾向を持つ。このプロセスは**結晶粒成長**（grain growth）と呼ばれる。温度の上昇は、原子の熱運動を増加させ、結晶粒成長を助長するため、原子炉燃料内の高温環境では多くの結晶粒成長が予想される。

原子炉が起動され、最大出力での燃料の温度分布に到達すると、燃料構造は大きく変化する。等軸温度と呼ばれるある温度域以上になると、結晶粒は急速に成長し、最終的に元の大きさの何倍にも達する。これらの結晶粒は**等軸結晶粒**（equiaxed grains）と呼ばれる。このような変化を引き起こすのに放射線照射は必要ない。温度のみの効果によるものである。燃料ピンの径方向中心近くでの高い温度では、燃料加工時に内部に用意された空孔（pore）[6]が温度勾配によって（温度の高い方へ）集められる。**柱状粒子**（columnar grain）と呼ばれる非常に長い結晶粒は、車輪のスポークのように中心から放射線状に広がっていく。ペレット中心に向けた空孔の流れによって、燃料外周部分はより高密度化し、反対にペレットの中心には大きな穴が形成される。この**組織変化**（restructuring）の大部分は、最大出力に達してから数時間で生じる。

図8.5は、線出力56kW/mで27MWd/kgの燃焼度まで燃焼した、混合酸化物燃料ペレットの断面である。柱状領域の柱状粒子や等軸領域の粗大粒子と同様に、燃料要素の中心の空洞がはっきりと観察される。燃料ピンの温度の低い端部付近の微細組織は、製造時の状態から変わっておらず、これは**未再編成**（unrestructured）領域と呼ばれる。中心空洞から被覆管の内側まで放射状に広がっている黒い痕跡は、運転温度から停止温度への冷却時に生じるき裂であることに注意しなければならい。これらのき裂はおそらく燃料の使用寿命中には発生していなかった。一方で、燃料の未再編成領域や等軸晶領域にみられる小さなき裂は、照射期間中の燃料内応力によって発生するものである。

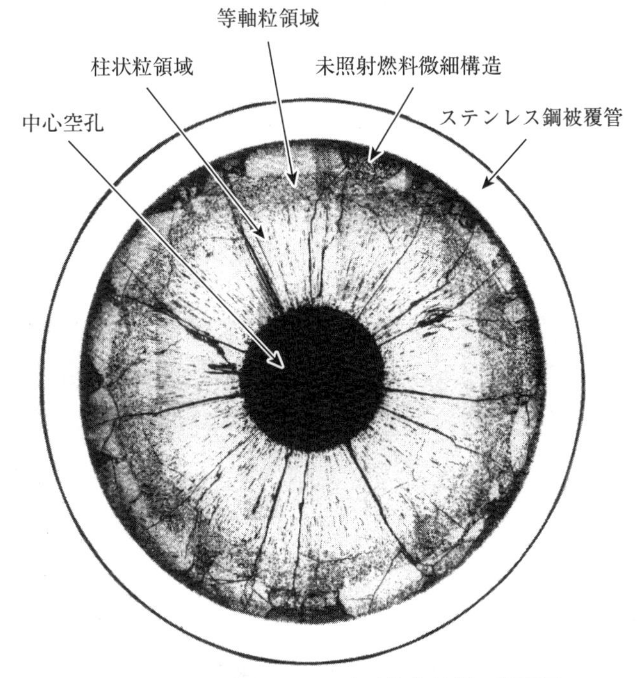

図8.5　27MWd/tまで照射された混合酸化物燃料の断面図（未溶融[6]）

6　空孔（pore）とは、燃料製造過程で意図的に燃料内に形成する極微小な空間（孔）であり、定常状態や温度異常条件時に生じる燃料スウェリングや熱膨張を吸収する働きを持つ。空孔率（porosity）は、燃料体積中に占めるボイドの体積割合である。

図8.5にみられるその他の特徴は、照射ピンにおける燃料と被覆管の間にあったギャップの消失である。燃料のスウェリングとき裂の発生により、短時間の照射で、このギャップは消失する。

燃料の再構成パターンは温度と温度勾配に直接影響されるため、軸方向に温度分布をもつSFR燃料ピンの微細組織も軸方向の高さ毎に異なることが予測できる。まさにその事例が図8.6に示されている。この燃料ピンは、EBR‐Ⅱで最大線出力36kW/mにて、50MWd/kgまで燃焼されたものである。EBR‐Ⅱ炉心の有効高さ（active core length）は僅か34.3cmであるが、燃料の局部的な微細組織に相当の違いを生じさせるに十分な軸方向温度分布を持つ。後述の安全性に関する章において、そのような微細組織の違いが、燃料ピンの熱的異常条件に対する過渡的な応答挙動を左右する上で重要な役割を担っていることについて議論する。

上述した微細組織変化は、核分裂生成ガスの保持特性にも影響を及ぼす。柱状領域の空孔移動によって生じた痕跡は、核分裂生成ガスを中心空孔へ放出しやすくする。そのため、どの位置でそのような燃料の組織変化が起こるかの評価や、多様な微細組織領域を物理的に分割する境界位置を如何に評価するかは、非常に興味深いテーマである。これは未再組織化燃料と等軸化燃料を区別する境界温度（T_{eq}）や、等軸化燃料と柱状化燃料を区別する境界温度（T_{col}）の評価によってなされる。これらの温度は大まかに次のように表わされる。（参考文献［7］）

$$T_{eq} = \text{Equiaxed Temperature} = \frac{62{,}000}{2.3\log_{10} t + 26}, \tag{8.3}$$

$$T_{col} = \text{Columnar Temperature} = \frac{68{,}400}{2.3\log_{10} t + 28}, \tag{8.4}$$

ここで、

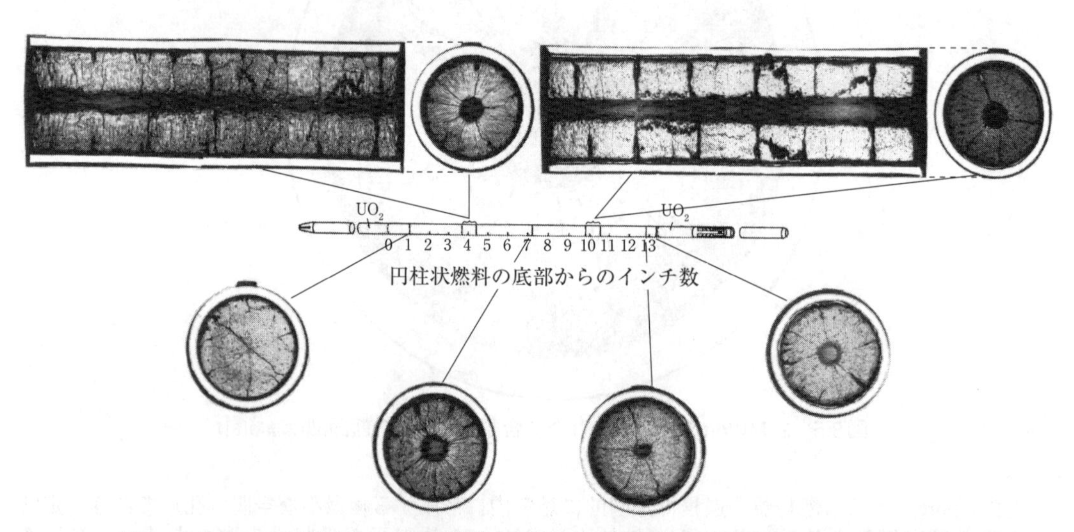

図8.6　EBR-IIで照射された混合酸化物燃料で観察された微細組織パターンの断面図
ワシントン州、リッチランド、ハンフォード工学研究所のL.A.Lawrence、J.W.Weber、J.L.Devaryらによる1979年の功績

t ＝ 時間（hours）
T ＝ 絶対温度（K）

である。

図8.7は、柱状粒成長温度T_{col}（右軸）が時間とともに下降する様子を、柱状粒子成長の半径比の変化とともに、3つの異なる中心温度T_0に対して示している。式（8.3）より、等軸化温度は柱状化温度よりも照射1時間で58K低く、10,000時間ではその差が78Kに拡大することが分かる。

上記の式は、組織変化が生じる温度が時間依存であることを表しているが、参考文献［8］で定式化がなされている他の知見では、混合酸化物燃料に対して蓄積された照射データは、下記の時間に依存しない簡素化した式で良く再現できることが示唆されている。

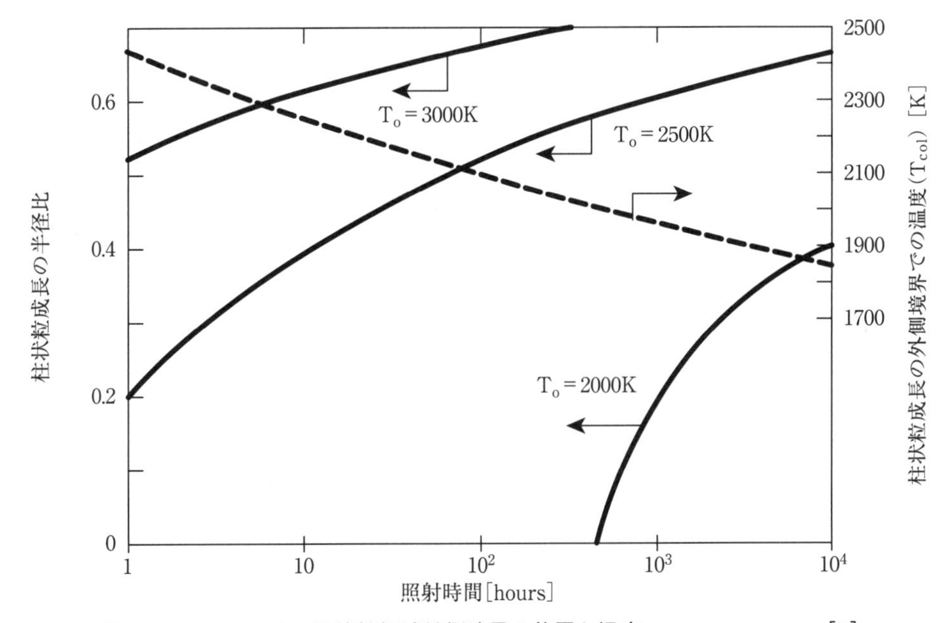

図8.7　UO_2における柱状粒領域外側境界の位置と温度(照射時間の関数として)[7]

$$T_{eq} = 1500\ ^{o}\mathrm{C}, \tag{8.3a}$$

$$T_{col} = 1900\ ^{o}\mathrm{C} - 5\chi, \tag{8.4a}$$

ここで、χは線出力（kW/m）である。このような簡素化した式を適用できる理由は、燃料と被覆管のギャップが照射の初期に閉塞することにより、燃料ピンの温度勾配が、空孔移動を相殺するほど著しく低下するためである。

8.2.4　核分裂生成ガスの放出とガスプレナム長

気体状の核分裂生成物には、直接核分裂によるものと、ヨウ素がキセノンに崩壊するように放射性同位核種の崩壊の過程で生成されるものがある。核分裂生成ガスのほとんどはキセノンであり、2番目に多いのはクリプトンである。安定ガスの収率、つまり安定ガス原子になる核分裂生成物の比率は、混合UO_2-PuO_2酸化プルトニウム燃料の高速増殖炉で約0.27である。

温度の低い未再組織化領域で生成される核分裂生成ガスのほとんどは、通常運転中、燃料粒子の中に蓄積される。等軸晶領域および柱状晶領域では、核分裂生成ガスは中心空孔へ放出されるか、き裂を介して燃料-被覆管界面に放出される。(未再組織化燃料に蓄積されている核分裂生成ガスは、燃料が溶融するような事象では放出される。こうした現象は、第15章で議論されるような炉停止失敗過渡事象の安全解析に影響を及ぼす。)

核分裂生成ガスの気泡の核が生成し、成長し、拡散し、最終的に集約され、結晶粒界に濃縮される過程は非常に複雑である。これらの過程の記述は、本書の範囲を超えている。1,300K未満の温度では、核分裂生成ガスの移動は緩慢となり、基本的にガスの放出は起こらないと言って良いだろう。1,300Kから1,900Kの間で原子の動き(熱振動)は拡散を生じさせ、かなりの量のガスが長期間にわたって表面に放出される。1,900K以上の温度では、ガスの気泡や空孔は、燃料内の温度勾配によって数日ないし数か月の時間内に結晶粒サイズよりも長い距離移動する。そのような場合、空孔がき裂に到達するか他の自由表面に到達してガスの放出が起こる。これらの過程の物理をシミュレーションする初期の試みによって、FRAS2 [9] やPOROUS [10] 計算コードが開発された。

比較的簡単な数学的相関式が、EBR-Ⅱで数多く照射された酸化物燃料ピンからの核分裂生成ガス放出を正しく記述している [11]。放出された核分裂生成ガスの割合Fは、

$$F = F_r A_r + F_u A_u, \tag{8.5}$$

となり、ここで、F_rとF_uは再構成領域および未再構成領域での放出率であり、A_rとA_uはこれらの領域における燃料領域の面積割合である。放出率F_rを算出する式は、燃焼度Bのみの関数である。未再構成領域の放出率F_uの算出式には、燃焼度に加えて、線出力χが含まれている。参考文献 [8] から引用した放出率Fの便利な算出式は、

$$F_r = 1 - \frac{4.7}{B}\left(1 - e^{-B/5.9}\right), \tag{8.6a}$$

$$F_u = 1 - \frac{25.6}{B - 3.5}\left[1 - e^{-(B/3.5-1)}\right] e^{-0.0125\chi} F'(B), \tag{8.6b}$$

であり、ここで、

$F'(B) = 1 \quad (B < 49.2)$
$\quad = e^{-0.3(B-49.2)} \quad (B \geqq 49.2)$
B = 局所燃焼度 (MWd/kg)
χ = 局所線出力 (kW/m)

である。F_uは、式 (8.6b) が負になるときには0とする。このモデルに基づく核分裂生成ガス放出率を、燃焼度と線出力の関数として図8.8に示す。実例として、42.6kW/mではA_u=0.3、A_r=0.7が使用されているのに対して、23kW/mの場合は再構成が無いこと (A_u=1.0、A_r=0.0) が前提となっている。この図は、単純化された核分裂生成ガス放出モデルの特徴を表しているのに対し、照射中の燃料ピン全体からの核分裂生成ガス放出率測定値は、よりなめらかな弧を描く。(ここでは、軸方向出力分布に

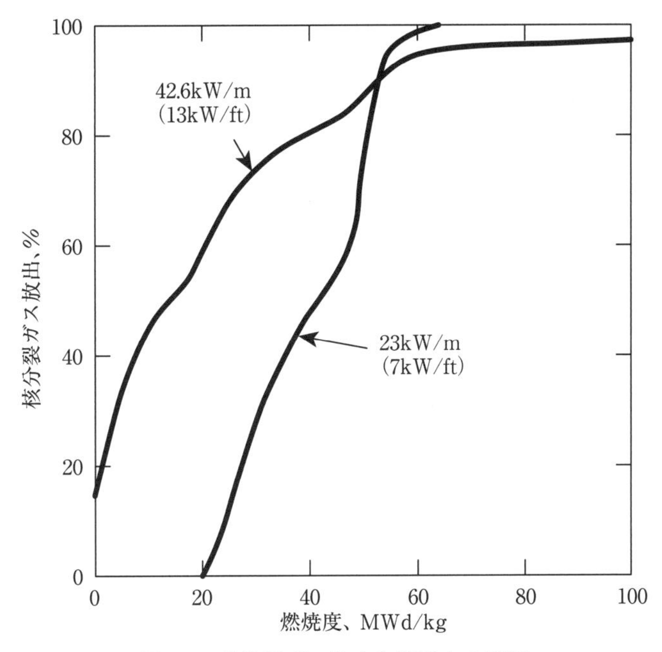

図8.8　核分裂ガス放出と燃焼度の相関

基づく実際の再編成領域を考慮している。)

核分裂生成ガスは、一旦、燃料母材から放出され集約領域（中心空孔や燃料-被覆管間ギャップ）に放出されると、再び固体状になることはない。ガスは燃料スタックの上部あるいは下部の核分裂生成ガスプレナムに捕集される。核分裂生成ガスプレナムの圧力は、燃料ピン内全体の圧力とほぼ平衡している。燃料-被覆管のギャップ内、もしくは被覆管に接する燃料部分のクラック内の圧力上昇は、その箇所での“割れ”の存在や、構造的な健全性がほとんど失われていることの証拠となる。このような条件のもと、核分裂生成ガスプレナムの圧力が、被覆管の内側から負荷をかける内圧となる。

燃料ピンの設計において、燃料ピンの寿命末期のプレナム圧力P_pは、燃料ピンの破損基準に適合するよう条件付けられている。(燃料ピンの破損基準については8.3項に記載する。) 燃料ピン取り出し時の典型的な核分裂生成ガスプレナムの圧力は6～10MPaの範囲にある。ここで取り上げる次の課題は、プレナム長L_pと圧力P_pの相関関係を理解することである。プレナム圧力を算出するための一般的な手法は、標準温度T_0=273K、標準圧力P_0=1atm=1.013×10^5Paでの核分裂生成ガスの体積V_0を計算することである。これには完全理想気体方程式を使用する。

$$\frac{P_p V_p}{T_p} = \frac{P_0 V_0}{T_0}, \tag{8.7}$$

ここで、添え字のpは定格出力運転、寿命末期でのプレナム条件であることを示している。

新たなパラメータであるα_0を、標準温度、標準圧力（273K、1atm）で1m^3当たりに燃料から放出される核分裂生成ガスの体積として定義する。

このパラメータの利用により、炉心有効燃料長（すなわち炉心高さ）L_fが計算に導入され、プレナム長さが最終的に炉心高さとの関係で表現できる。プレナム体積V_0は有効燃料体積V_fと

$$V_0 = \alpha_0 V_f. \tag{8.8}$$

のように関連付けられる。ここで、

$$\frac{P_p V_p}{T_p} = \frac{\alpha_0 V_f P_0}{273}. \tag{8.9}$$

である。
ガスプレナムは、燃料と同じ被覆管内に格納されているため、

$$\frac{V_p}{V_f} = \frac{L_p}{L_f}$$

である。よって、

$$P_p L_p = \alpha_0 L_f \frac{T_p P_0}{273}. \tag{8.10}$$

となる。
α_0の値は核分裂生成ガスの放出率Fと燃焼度Bに関連し、次式（8.11）のようになる。

$$\alpha_0 = \frac{Fn\mathbf{R}T_0}{P_0}, \tag{8.11}$$

ここで、

n = kg-mol（生成される核分裂ガス）/m^3 燃料
$\mathbf{R}$ = 気体定数（8,317J/kg-mol・K）

酸化物燃料の理論密度を11g/cm^3、スミア密度を85%TD、核分裂生成ガスの収率を0.27として、

$$n = B\frac{\text{MWd}}{\text{kg heavy metal}} \times \frac{2.93 \times 10^{16}\dfrac{\text{fissions}}{\text{MWs}} 86{,}400\dfrac{\text{s}}{\text{d}}}{6.023 \times 10^{26}\dfrac{\text{molecules}}{\text{kg-mol}}} \times (11000)\,(0.85)\,\frac{\text{kg oxide}}{\text{m}^3\ \text{fuel}}$$

$$\times \frac{238}{270}\frac{\text{kg heavy metal}}{\text{kg oxide}} \times 0.27\frac{\text{kg-mol fission gas}}{\text{kg-mol fissioned}} = 0.94 \times 10^{-2} B.$$

これにより α_0は次式になる。

$$\begin{aligned}\alpha_0 &= \frac{\left(0.94 \times 10^{-2}\right)(8317)(273)}{1.013 \times 10^5} FB, \\ &= 0.21\, FB \left(\mathrm{m}^3 \text{ fission gas at STP / } \mathrm{m}^3 \text{ fuel}\right),\end{aligned} \tag{8.12}$$

ここでSTPとは、標準温度、標準圧力（standard temperature and pressure）を意味する。BはMWd/kg単位であり、Fは式（8.5）および（8.6）で示される照射時において線出力の関数として得られる。

8.3　燃料ピン設計における破損条件と応力解析

燃料ピン設計の主要な目的は、原子炉内での使用期間中において燃料の構造的健全性を維持すること、かつ、十分な冷却を妨げる幾何学的限度を超えるような膨張や膨潤を起こさないことである。被覆管にき裂が生じ、核分裂生成物が1次系冷却材中に放出されると、燃料ピンが破損したとみなされる。

本章では、被覆管の破損を予測する2つの手法を解説する。破損の予測には、被覆管のひずみとフープ応力の計算が必要となる。そのため、被覆管の応力解析手法については、破損限界の紹介の後に説明する。

8.3.1　ひずみ制限手法

初期の高速炉設計において、被覆管破損を決定するために共通的に使用された方法は、**ひずみ制限法**（strain limit approach）である。この手法は、燃料ピンの内圧および燃料－被覆管の機械的相互作用の組み合わせ（もしくはその一方）が、被覆管の破損を引き起こすほどの継続的なひずみを発生させるかの観察に基づいていた。

単純な概念であるが、そのような簡便な手法により燃料ピンの破損条件を得るには様々な困難があった。主な困難は、被覆管の破損を防ぐ上で現実的に許容できるひずみが、温度、中性子フルエンス、そしてひずみ速度との強い関数となっていることである。そのため、破損条件は、被覆管の場所に大きく依存する。このような困難があるものの、最悪条件に対応した保守的な限界条件を構築することは可能であった。FFTFの設計向けに構築された被覆管の非弾性ひずみ限界（inelastic strain limit）は、目標照射時での定常状態において0.2%、熱的異常条件下では0.3%、緊急時の制限値は0.7%と設定された。

8.3.2　累積損傷関数

燃料ピン寿命についてのより洗練されたガイドラインは、**累積損傷関数**（cumulative damage function, CDF）である。これは、線形の寿命則（linear life fraction rule）を用いており、定常状態と過渡運転の両方の損傷を考慮している。累積損傷関数の定常状態の項は、運転時の被覆管応力や温度に依存する**破損時間**（time-to-rupture、もしくはtime-to-failure）、t_rに基づいている。燃料被覆管が一定温度下である大きさの応力に晒されているとt_r経過後に破損する、と考える概念である。またこの寿命則では、燃料被覆管がある温度下でδtという短時間にある負荷に晒される場合の、破損時間t_rに対するこの微小時間δtの比、損傷率（damage fraction）Dを仮定する。これはある応力と温度条件下の寿命率（life fraction）でもある。

$$D = \delta t / t_r. \tag{8.13}$$

この概念では、個々の損傷は線形的に蓄積されると仮定する。燃料ピンの寿命期間中、被覆管はδt_i

の時間、異なる値の負荷や温度に晒される。ここで、破損までの時間はt_{ri}である。さまざまな条件における照射による累積損傷関数は、

$$CDF = \sum_i \left(\frac{\delta t}{t_r}\right)_i, \tag{8.14}$$

となる。

寿命則では、累積損傷の総和（累積損傷和）がある値、一般には1に達すると破損が生じることを意味する。

$$\sum_i \left(\frac{\delta t}{t_r}\right)_i \simeq 1. \tag{8.15}$$

この法則は完全に経験則であり、高速炉の高温設計の実績は、破損時間t_rについてのこの相関関係は満足のいくものであることを示している。中性子照射による材料硬化が、線形的可算を基礎とするこの考え方にどう影響するかを見極めるには、さらなる経験の蓄積が必要である。

設計者は、さらに2つの過渡条件についても考察しなければならない。一つは通常予想される起動と停止の熱サイクル、もう一つは非定常もしくは異常時の過渡における熱サイクルである。過渡におけるある応力レベルと温度での破損時間比に基づく寿命則によって、非定常状態を取り扱うことができる。よって、式（8.15）の$\Sigma_i(\delta t/t_r)_i$の項は、非定常の過渡時を含んでいる。過渡時に適用される被覆管破損と時間の相関は、過渡温度条件を再現する被覆管温度試験から決められる。

熱サイクルによる疲労を取り扱うために提案された方法は、jタイプと呼ぶ個別の種類の繰り返しに対して、破損までの繰り返し数であるN_rを決め、被覆管の寿命までに予測される繰り返し数Nに相当するサイクル数比率（$(N/N_r)_j$）を定義することである。周期的な損傷率は、定常状態の損傷比とともに線形に蓄積されるので、累積損傷関数と寿命則に関する次のような新しい値を定義する。

$$CDF = \sum_i \left(\frac{\delta t}{t_r}\right)_i + \sum_j \left(\frac{N}{N_r}\right)_j = 1. \tag{8.16}$$

上の8.3.1節に記述されているようなひずみ率則は、第3項として$\Sigma(\delta\varepsilon/\varepsilon_r)$を追加することによって寿命則に反映される。ここで、$\delta\varepsilon$は過渡時の被覆管のひずみ増分であり、ε_rは破損までに許容されるひずみである。

8.3.3 損傷時間関数

破損時間の検討には、荷重レベル、温度、中性子束、およびその他の被覆管強度を劣化させるメカニズムを考慮しなければならない。決定論的な方法でそのようなメカニズムを説明することが必要とされる一方、最先端の研究は、被覆管で実施する応力破壊と過渡試験の相互関係からt_rを定めることを必要としている。

これらの相互関係は、様々な応力破損パラメータの一つに基づくものか、もしくは、温度、照射量および応力の関数として、破損時間データを表現できるものである。広く使用されている相関パラメータの一つは、**ラーソン・ミラー・パラメータ**（Larson-Miller parameter, LMP）であり下式で表される。

$$\mathrm{LMP} = T\left(\log_{10} t_r + A\right), \tag{8.17}$$

ここで、

t_r = 破損時間（hours）
T = 応力を与えられる被覆管の温度（K）
A = 定数

である。

他の相互関係は、式（8.18）で与えられる**ドルンパラメータ**（Dorn parameter）θである。

$$\theta = t_r e^{-Q/\mathbf{R}T}, \tag{8.18}$$

ここで、

t_r = 破損時間（hours）
Q = 活性化エネルギー（J/kg-mol）
$\mathbf{R}$ = ガス定数（8,317J/kg-mol・K）

である。

燃料未充填、20%冷間加工の316型ステンレス鋼被覆管の未照射時の定常状態に対して、ドルン応力－破損パラメータを用いた破損時間相関式は次式で与えられる。

$$\ln\theta = A + \frac{1}{\lambda}\ln\ \ln\frac{\sigma^*}{\sigma}, \tag{8.19}$$

ここで、λ^{-1}は$\ln\ln\sigma^*/\sigma$に対する実験相関式$\ln\theta$の傾きである。式（8.18）と式（8.19）を結合して、次式が与えられる。

$$\ln t_r = A + \frac{B}{T} + C\ln\ \ln\frac{\sigma^*}{\sigma}, \tag{8.20}$$

ここで［12］、

$A = -42.980$
$B = \dfrac{Q}{\mathbf{R}} = 42{,}020$（K）
$C = \dfrac{1}{\lambda} = 9.5325$
$\sigma^* = 930$（MPa）
σ = 被覆管のフープ応力（MPa）［式（8.29）参照］

20%冷間加工された316型ステンレス鋼被覆管に装填された混合酸化物燃料の広範な照射試験実績は、特に低温照射領域において、上記の相関式による予測よりも早く燃料ピンが破損することを示している［13］。非常に低い累積損傷和での燃料ピン破損について、図8.9に示す。この図の各データ点は、照射された燃料ピンの累積損傷関数の計算値、すなわち、時間依存型燃料ピン解析コードからの

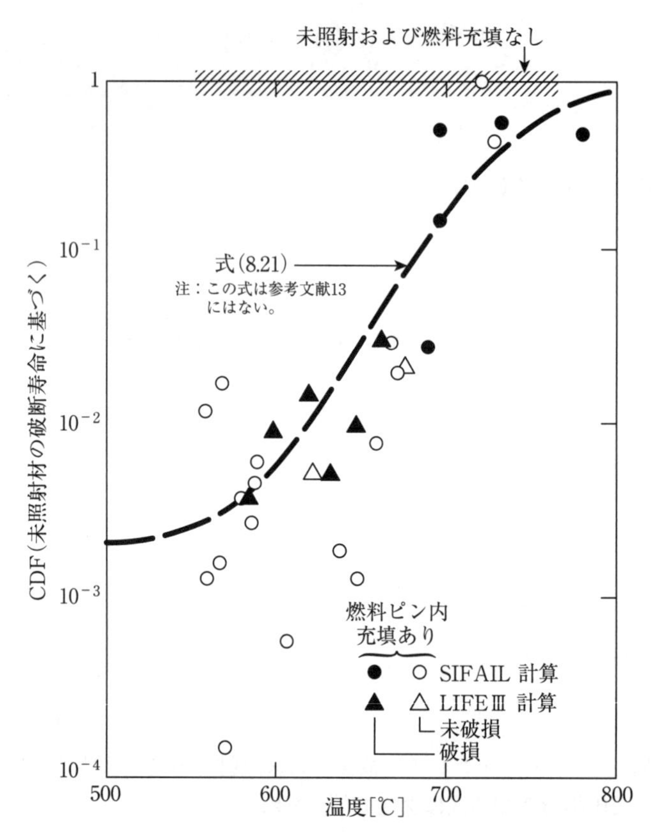

図8.9 被覆管の温度と応力破断(計算値)との相関

冷間加工された316鋼被覆管をEBR-Ⅱで照射。破損した燃料ピンと未破損(の中から選択した)燃料ピンに対する値。
(出典：参考文献[13])

フープ応力を用いて式（8.20）と式（8.15）から計算された値を示している。これらの燃料ピンの中には破損するものもあれば、しないものもある。800℃においては、燃料ピンは予想通り、計算で得られた累積損傷割合が1.0に近い値で破損する。しかしながら、たとえば600℃という低い照射温度では、累積損傷割合が1でなくわずか0.005の燃料ピンでも破損を生じている。この結果は、このような低い照射温度では、破損時間がかなり短縮することを意味しており、核燃料物質と被覆管の化学的相互作用による被覆管損傷に起因すると考えられる。この現象は、**燃料隣接効果**（fuel adjacency effect : FAE）と呼ばれ、FFTFで試験されS-PRISMのような新しい高速炉設計で使用が検討されているHT9のような他のタイプの燃料被覆管では発生していない。S-PRISMについては付録Bで議論する。炉内試験で得られた燃料ピン破損についての知見をCDF手法に反映する定量的基礎データを提供するため、316型ステンレス鋼の燃料隣接効果について次式が提案された。

$$\mathrm{FAE} = M + \frac{1}{1 + 10^{(5-\alpha N)}}, \tag{8.21}$$

ここで、

M = 破損時の最小CDF（≃2×10^{-3}）
$\alpha = 0.017$
$N = T - 450$
T = 温度（℃）

従って、現実的な定常状態での被覆管寿命は、式（8.20）の破損時間と式（8.21）のFAE項の乗算を式（8.16）に反映させた次式により推定される。

$$\mathrm{CDF} = \sum_i \left(\frac{\delta t}{\mathrm{FAE}\cdot t_r}\right)_i + \sum_j \left(\frac{N}{N_r}\right)_j = 1. \tag{8.22}$$

燃料隣接（FAE）現象の発生は、316型ステンレス鋼の被覆管に限定され、それ以外では生じないとされていること［14, 15］については留意すべきである。すなわち、被覆管解析の詳細は材料のタイプに依存する。316型ステンレス鋼については、上で説明した評価手法が適用できるが、候補となる被覆管材料のFAE現象の発生の有無については、詳細な試験が必要である。

過渡解析に用いる損傷相関は、原子炉で用いられる特定の材料に対して、想定される過渡条件と同等の温度条件で得られた試験データに基づくものでなければならない。定常状態の燃料ピンの挙動と同様に、いくつかの被覆管材料については、過渡条件下でもFAEが存在する［16, 17］。ラーソン・ミラー・パラメータおよびドルンパラメータのいずれも、他の相関手法と同様に、20%冷間加工の316型ステンレス鋼の特性の、通常照射および過渡条件に対する依存性を表現するために用いられている。ドルンパラメータを使用した相関は（8.23）により与えられる［18］。

$$\ln t_r = \frac{42{,}800}{T} - 37.4201\left(\dot{T}\right)^{0.00743} + 8.8754\ \ln\ \ln\frac{\sigma^*}{\sigma} + F\cdot A, \tag{8.23}$$

ここで、

T = 温度（K）
$\dot{T}$ = 加熱率（K/s）
σ = 被覆管のフープ応力
σ^* = 基準フープ応力（930 MPa）

$$F = \left\{\exp\left[-0.44\left(\ln\ \ln\frac{\sigma^*}{\sigma} - 0.2\right)^2\right]\right\}^{0.8}$$

$$A = -\left(0.03677 + 1.53366X + 1.79437X^2 - 0.47756X^3 + 0.039902X^4 - 0.001099X^5\right)\Big/\left(\ln\dot{T}\right)^{0.74}$$

X = >0.1MeVの高速中性子フルエンス（単位は$10^{22}\mathrm{n/cm^2}$）

この式は、過渡加熱条件下での被覆管破損の温度や応力への依存性と同様に、燃料隣接効果の影響を考慮している。

8.3.4 応力解析

累積損傷和を計算するためには、被覆管の応力-ひずみ履歴の解析が必要である。この解析には、燃料と被覆管に加えられた圧力に対する時間依存型の弾塑性応答、さらにクリープ変形とスウェリングも含まれる。コンピュータコードを用いて、照射期間中の時間ステップごとに、燃料ピン軸方向の様々な位置に対する解析が実施されている。損傷割合（δ_t/t_r）は、各時間ステップおよび位置にて計算され、その前のステップで得られた累積損傷値に加えられる。

精度の高い応力-ひずみ解析は非常に複雑である。この解析に関して最も洗練されたアメリカのコードには、LIFEコード［1］、PECTコード［19］、そして金属燃料やブランケット集合体設計のために開発され、S-PRISM炉にも使用されるLIFE-METAL［20, 21］のような派生コードがある。PECS［22］およびSIEX-SIFAIL［23］のように簡素化されたコードも有効である。これらのコードは応力解析と同様に熱解析を行うが、それは両解析が常に相互に関連し合っているためである。

ここで、設計解析の主要な原理を説明するために、理解が容易で、学生がよく用いる応力解析の単純なモデルを示す。このモデルは、簡単な設計コード、特にPECSに幾分類似している。但しそのモデルは初歩的なものであること、また新たなデータが得られ評価されるごとに、燃料ピン設計手法は継続的に更新されることに留意しておく必要がある。[7]

簡単な応力-ひずみ解析のフローチャートを図8.10に示す。核分裂生成ガスの圧力Pはタイムステップの最初の段階で既知であると仮定し、各時間ステップにおいて被覆管の応力が計算される。計算された応力は、後に弾性ひずみを計算するために使用される。さらに、クリープとスウェリングによる非弾性ひずみが計算される。

応力の評価は、被覆管にかかる荷重の特性に依存する。8.2節で議論したように、燃料と被覆管の隙間が閉塞するかしないかによって、核分裂ガスが被覆管に負荷を加えるのか、もしくは燃料-被覆管間の機械的相互作用（fuel cladding mechanical interaction : FCMI）によって圧力P_{fc}（燃料が内側から被覆管を押す力）が働くかが定まる。そのため、計算フローにおける最初の段階で、隙間が閉塞しているかどうかを決める必要がある。

燃焼にともない、燃料と被覆管のギャップは閉塞するものの、セラミックである燃料は非常に割れやすいため、被覆管に大きな荷重を付加することはない。このような場合、核分裂ガスが被覆管に荷重を加え続ける。燃料が十分な構造的な強度を維持している照射履歴の初期、すなわち急速に出力が増加する起動時のみ、FCMIが燃料-被覆管の境界圧力の重要な支配要因となる。

8.3.4.1 ギャップ幅の計算

照射後のギャップ幅を決定するためには、定格出力時の燃料の外側表面と被覆管の内側表面の相対的な位置を計算することが必要となる。その計算には2つのステップがある。

最初のステップは、**残余ギャップ幅**（residual gap）G_cを決めることである。残余ギャップ幅とは、照射済みの燃料ピンが原子炉から取り外され、室温に冷やされたときのギャップでありcold gapともいう。なお製造時の元々のギャップはG_0と表わされる。高速炉の設計では、以下の相互関係式が広く使用されている［23］。

---

[7] アメリカでは、初期の実験データのほとんどを比較的低中性子束の高速炉であるEBR-Ⅱから取得した。続くFFTFは、被覆管の照射挙動の理解を大きく前進させた。欧州では、フェニックス、BN-350およびPFRを用いて、1970年代の初期からこれらのデータを取得している。

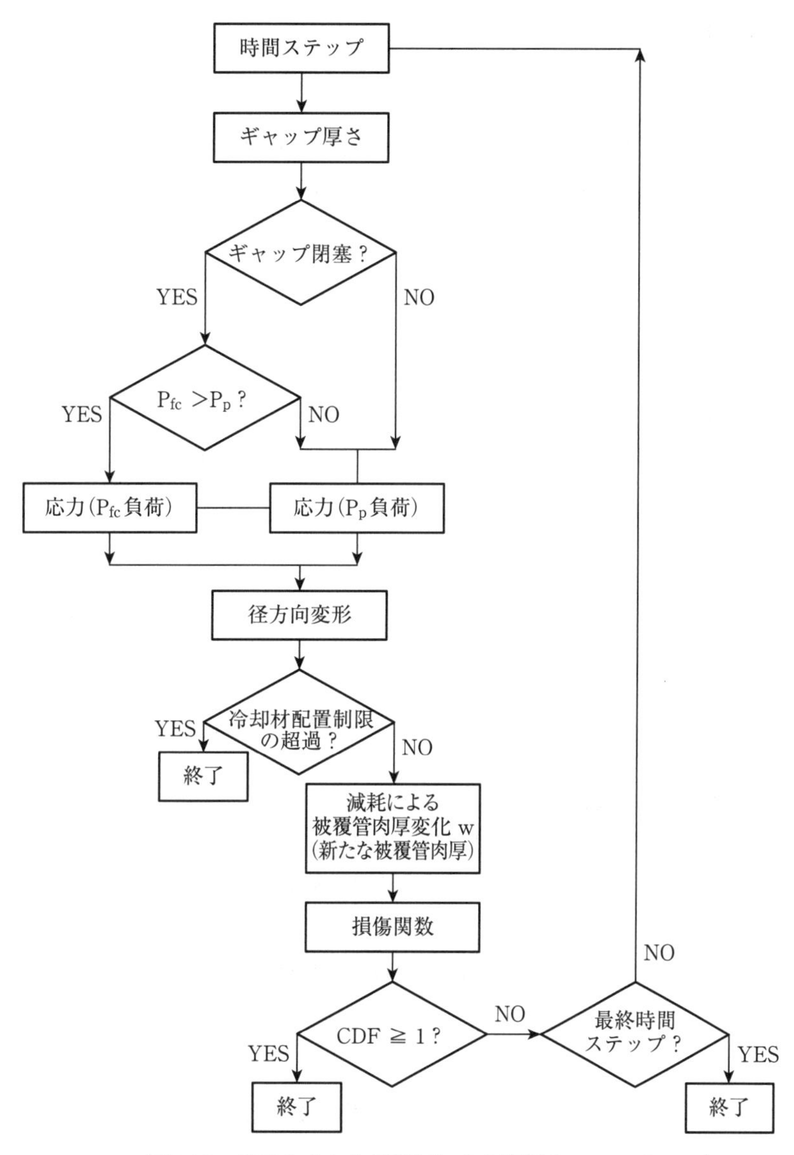

図8.10　簡素化された燃料ピン応力解析のフローチャート

$$G_c = G_0\left\{1 - 4.851\times10^{-4}\chi\,(\chi - 19.1)\left(1 - e^{-C}\right) - 0.365\left[1 - \exp\left(-2.786\times10^{-2}\chi B\right)\right] - 8.81\times10^{-5}\frac{B}{G_0}\right\}, \tag{8.24}$$

ここで、

G_c ＝残余ギャップ幅（mm）
G_0 ＝製造時ギャップ幅（mm）
χ ＝線出力（kW/m）

B ＝燃焼度（MWd/kg）
C ＝出力サイクル[8]

2番目のステップは、室温から運転温度までの燃料と被覆管の熱膨張を計算することである。ここでは、割れのないUO_2-PuO_2の熱膨張を考える。もし燃料が割れているとギャップは閉塞する。Gは照射後のギャップとする。

$$G = G_c - \left(\frac{\delta R_f}{R_f} R_f - \frac{\delta R_{ci}}{R_{ci}} R_{ci} \right), \tag{8.25}$$

ここで、R_fとR_{ci}は未照射のペレットと被覆管の内径である。

被覆管の内径におけるわずかな変化は、次のような平均線熱膨張率α_cを用いて得られる。

$$\frac{\delta R_{ci}}{R_{ci}} = \alpha_c \left(T_c - 298 \right), \tag{8.26}$$

ここで、316型ステンレス鋼［24］に対しては、

$$\alpha_c (T) = 1.789 \times 10^{-5} + 2.398 \times 10^{-9} T_c + 3.269 \times 10^{-13} T_c^2,$$

となり、T_cは平均被覆管温度（K）である。

燃料表面の熱膨張率は、特異な熱成長による内力を無視した簡略化されたモデルで近似できる。熱膨張による燃料半径増加分の総計に基づくこのモデルは、数学的には次式のように表わされる。

$$\frac{\delta R_f}{R_f} = \frac{\int_{R_0}^{R_f} \left[\alpha_f \left(T_f - 273 \right) \right] r \, dr}{\int_{R_0}^{R_f} r \, dr}, \tag{8.27}$$

ここで、75%UO_2-25%PuO_2混合酸化物燃料に対する平均線膨張係数は、

$$\alpha_f = 6.8 \times 10^{-6} + 2.9 \times 10^{-9} \left(T_f - 273 \right),$$

であり、T_fは燃料の温度（K）である。また、ここで、T_fは第9章に説明する方法による計算のようにrの関数となっている。

もし、計算されたGの値が負であれば、ギャップは閉塞する。物理的にギャップは負になりえないため、燃料と被覆管はこの状態に順応して変形しなければならない。これにより燃料と被覆管の機械的な相互作用が大きくなる。

---

[8] 出力サイクルとは、原子炉出力がゼロから最大値に達し再びゼロ出力に戻るまでの期間を意味する。注意：もし線出力χが19.1kW/m以下であれば、式（8.24）の出力サイクル補正項はゼロに設定される。

8.3.4.2　プレナムガス荷重

プレナムガスが被覆管に荷重を及ぼす際の被覆管挙動は、両端が閉じられた薄肉管で近似される。応力－ひずみ解析の解析体系を図8.11に示す。

応力は薄肉容器理論（thin-walled vessel theory）から計算され、ここでは、管肉厚wと半径の関係は$w << R$であり、被覆管の内径と被覆管平均径の差を無視する。薄肉管応力は図8.12に説明されている。フープ応力σ_θは、次に示す正接方向（θ）の力の平衡によって得られる。

$$(P_i - P_o)\,2RL = \sigma_\theta \cdot 2wL, \tag{8.28}$$

ここで、Lは厚さwの薄肉管の長さである。フープ応力を解くには下式を用いる。

$$\sigma_\theta = (P_i - P_o)\,\frac{R}{w}. \tag{8.29}$$

端末閉塞円筒管には軸方向応力σ_zが存在する。図8.12bにその状態を示す。
軸方向の力の平衡は、

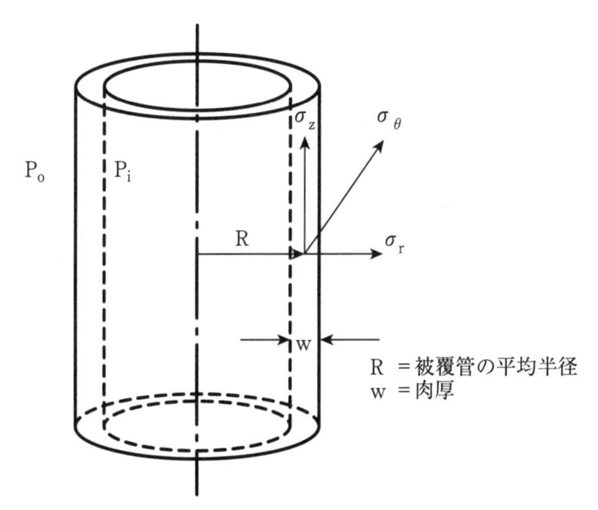

図8.11　被覆管応力解析の体系

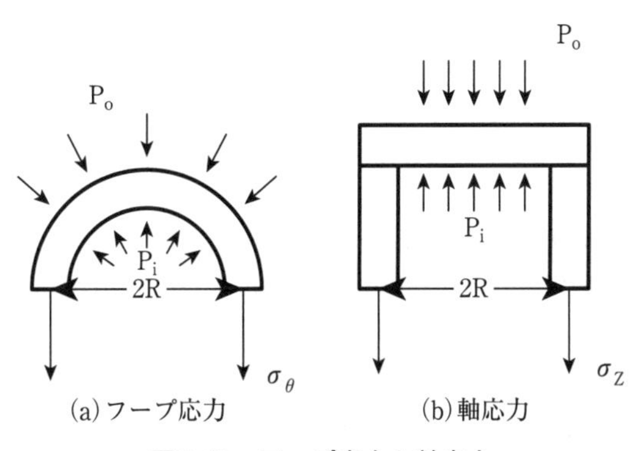

図8.12　フープ応力と軸応力

$$(P_i - P_o) \cdot \pi R^2 = \sigma_z \cdot 2\pi R w,$$

$$\sigma_z = (P_i - P_o)\frac{R}{2w}. \tag{8.30}$$

で与えられる。
もしP_iとP_0が式（8.29）および（8.30）と同じならば、このσ_zは$\sigma_\theta/2$に等しい。
径方向の応力σ_rは圧縮応力（よって符号はマイナス）である。σ_rの最大値は被覆管の内側ではP_iに等しく、被覆管の外側ではP_oに等しい。いくつかの解析コードは$\sigma_r = -P_i$を仮定し、またあるコードではσ_rを完全に無視している。一方で、その他コードでは概算式（8.31）を使用している。

$$\sigma_r = -\frac{1}{2}(P_i - P_o). \tag{8.31}$$

径方向の応力は、常にフープ応力かもしくは軸方向応力をともない、いずれよりも小さい。従って、σ_rについての様々な近似は最終結果にほとんど影響を及ぼさない。
多軸応力を伴う変形の計算については、様々な応力を合成して単一の実効応力$\bar{\sigma}$を得るため、下式を用いる。

$$\bar{\sigma} = \frac{1}{\sqrt{2}}\left[(\sigma_\theta - \sigma_r)^2 + (\sigma_r - \sigma_z)^2 + (\sigma_z - \sigma_\theta)^2\right]^{1/2}. \tag{8.32}$$

しかしながら、式（8.20）と（8.23）における破損時間を決定するには、最大主要応力（たとえば、フープ応力）が使われる。式（8.23）の実効応力は、後に議論するPrandtl-Reussの流れ則（式（8.66））で使用される。
被覆管のプレナムガス荷重は、

$$P_i = P_p, \text{ and } P_o = P_b, \tag{8.33}$$

ここで、

P_p ＝核分裂生成ガスプレナム内圧力
P_b ＝軸方向注目点における冷却材バルク圧力

である。

8.3.4.3 燃料-被覆管の機械的相互作用による荷重

ギャップが閉塞して、燃料-被覆管の機械的相互作用による圧力が核分裂生成ガスの圧力より大きくなった場合、境界圧力P_{fc}が被覆管にかかる圧力となる。
核分裂生成ガスと燃料成長による軸方向の応力を無視することにより、被覆管のフープ応力と径方向応力は前掲の式（8.29）と式（8.31）で与えられる。

$$P_i = P_{fc}, \text{ and } P_o = P_b. \tag{8.34}$$

軸方向応力を、

$$\sigma_z = 0, \tag{8.35}$$

のようにゼロと仮定すると式（8.32）は、

$$\bar{\sigma} = \frac{1}{\sqrt{2}}\left[(\sigma_\theta - \sigma_r)^2 + \sigma_r^2 + \sigma_\theta^2\right]^{1/2}. \tag{8.36}$$

となる。

式（8.25）から計算されたギャップが負の値であるとき、燃料は被覆管に$P_i = P_{fc}$の圧力を与える。被覆管と燃料の弾性変形を、図8.13に示されるように、u_cとu_fと定義すると、｜G｜の大きさは

$$|G| = u_c - u_f. \tag{8.37}$$

で与えられる。

燃料の変位u_fが負（すなわちu_cと逆方向）であると、二つの変形の大きさがともに重なることになる。$P_f c$を決定するためには、$P_f c$をu_cとu_fで表わし、それを式（8.37）へ代入しなければならない。

被覆管変形（厚肉円筒）

P_{fc}に関するu_cを得るため、フープ応力と径方向応力に関するフープひずみε_θを、

$$\varepsilon_\theta = \frac{1}{E_c}(\sigma_\theta - \nu_c \sigma_r), \tag{8.38}$$

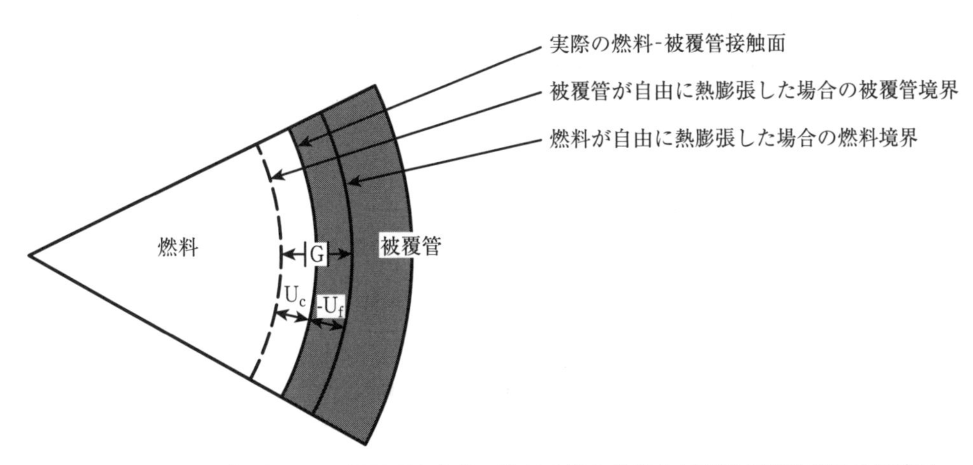

図8.13　ギャップ閉塞により界面圧力負荷が生じる際の燃料と被覆管の弾性変形の概略図

のように記す。ここで、

E_c = 被覆管のヤング率
ν_c = 被覆管のポアソン比

フープひずみは、

$$\varepsilon_\theta = \frac{\delta(\text{円周長さ})}{\text{円周長さ}} = \frac{\delta R}{R}, \tag{8.39}$$

のように定義される。
ここで、Rは燃料-被覆管の境界における半径（R_{ci}に等しい）である。式（8.38）と（8.39）を用いて、δ_Rを被覆管の変位u_cに置き換えると、

$$u_c = \varepsilon_\theta R = \frac{R}{E_c}(\sigma_\theta - \nu_c \sigma_r). \tag{8.40}$$

が与えられる。
式（8.29）と式（8.30）のσ_θとσ_rを式（8.40）に代入すると、

$$u_c = \frac{R}{E_c}\left[(P_{fc} - P_b)\frac{R}{w} + \frac{\nu_c}{2}(P_{fc} + P_b)\right]. \tag{8.41}$$

が得られる。

燃料変形（厚肉円筒）

次のステップは、P_{fc}に関する燃料の変位u_fを表すことである。u_fとP_{fc}の関係は、燃料が厚肉の円筒として考えなければならないため、厚肉容器理論（thick-walled vessel theory）を適用する。厚肉理論は読者にあまりなじみがないかもしれないため、しばらくの間、我々の関心を図8.10のフローチャートから、u_fをP_{fc}に関係づける上で必要な厚肉円筒の応力の導出に移すこととする。以下で詳しく説明する導出方法は、たとえば参考文献［25］のような教科書でも解説されている。

図8.14に体系を示す。$\sigma_z = 0$であること、および軸方向ひずみは燃料中で一定であると仮定する。厚さd_rの円環の接線方向に働く力のバランスは、図8.14に示した表記を用いて、下式のように表現できる（ここでσ_rは負の圧力である）。

$$2\sigma_\theta dr + 2\sigma_r r = 2(\sigma_r + d\sigma_r)(r + dr). \tag{8.42}$$

高い次数の項を無視することにより、厚肉円柱の平衡方程式は以下となる。

$$r\frac{d\sigma_r}{dr} + \sigma_r - \sigma_\theta = 0. \tag{8.43}$$

我々の目的は、境界条件の$P_0 = P_{fc}$を用いて、二つの未知なσ_rとσ_θを含むこの方程式を解き、これ

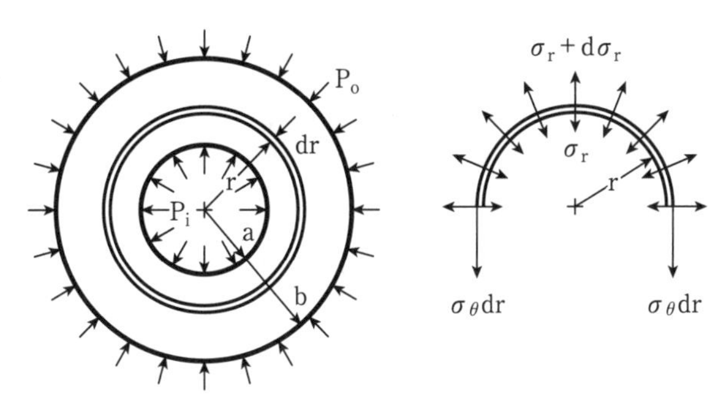

図8.14　厚肉円筒の形状と応力

らの燃料被覆管の界面における応力と燃料の変位u_fを関係づけることである。

その二つの未知数を評価するためには、2つ目の方程式が必要となる。この方程式は、半径には影響しない軸方向のひずみε_zから得られ、厚肉円筒材料に対するポアソン比νとヤング率Eにより、σ_θおよびσ_rと関係づけられる。

$$\varepsilon_z = -\frac{\nu}{E}(\sigma_\theta + \sigma_r). \tag{8.44}$$

σ_θは引張応力であるため符号は負であるが、正の場合は軸方向長さが短縮する傾向となる。一方、σ_rは圧縮応力（負）であり長さは増加する傾向となる。軸方向ひずみε_zもまた未知であるが、境界圧力条件$r = a$でP_i、および$r = b$でP_0を用いて評価される。

フープ応力は式（8.44）を用いて式（8.43）から消すことができ、次式が得られる。

$$r\frac{d\sigma_r}{dr} + 2\sigma_r = -\frac{E}{\nu_f}\varepsilon_z. \tag{8.45}$$

この式にrをかけて、

$$\frac{d\left(r^2\sigma_r\right)}{dr} = -\frac{E}{\nu_f}\varepsilon_z r. \tag{8.46}$$

これを積分すると、

$$\sigma_r = -\frac{E}{\nu_f}\frac{\varepsilon_z}{2} + \frac{C}{r^2}. \tag{8.47}$$

となる。右辺の最初の項は定数である。この定数とCは、次の2つの境界条件から同時に評価される。

$$\begin{aligned} \sigma_r &= -P_i \text{ at } r = a, \\ \sigma_r &= -P_o \text{ at } r = b. \end{aligned} \tag{8.48}$$

ここで、

$$C = \frac{a^2 b^2 (P_o - P_i)}{b^2 - a^2}, \tag{8.49}$$

$$-\frac{E}{\nu_f}\frac{\varepsilon_z}{2} = \frac{P_i a^2 - P_o b^2}{b^2 - a^2}. \tag{8.50}$$

式（8.44）と式（8.47）から

$$\sigma_\theta = \frac{P_i a^2 - P_o b^2 - a^2 b^2 (P_o - P_i)/r^2}{b^2 - a^2}, \tag{8.51}$$

$$\sigma_r = \frac{P_i a^2 - P_o b^2 + a^2 b^2 (P_o - P_i)/r^2}{b^2 - a^2}. \tag{8.52}$$

圧肉円筒の外側表面の径方向変位は次式で与えられる。

$$\begin{aligned} u(b) = \varepsilon_\theta b &= \frac{b}{E}\left[\sigma_\theta(b) - \nu\sigma_r(b)\right] \\ &= \frac{b}{E}\left[P_i \frac{2a^2}{b^2 - a^2} - P_o\left(\frac{b^2 + a^2}{b^2 - a^2} - \nu\right)\right]. \end{aligned} \tag{8.53}$$

ここで、$P_i = P_p$、$P_0 = P_{fc}$、$a = R_0$（このR_0は図8.5と図9.4に示す中心空孔の径である）、$b = R$（RはR_{ci}で良い近似となる）として、燃料の変位は式（8.53）から次式のようになる。

$$u_f = \frac{R}{E_f}\left[P_p \frac{2R_0^2}{R^2 - R_0^2} - P_{fc}\left(\frac{R^2 + R_0^2}{R^2 - R_0^2} - \nu_f\right)\right]. \tag{8.54}$$

界面圧力P_{fc}の決定

式（8.37）にu_fとu_cを代入すると、次式が得られる。

$$\begin{aligned} |G| = &\frac{R}{E_c}\left[\left(P_{fc} - P_b\right)\frac{R}{w} + \frac{\nu_c}{2}\left(P_{fc} + P_b\right)\right] \\ &-\frac{R}{E_f}\left[P_p \frac{2R_0^2}{R^2 - R_0^2} - P_{fc}\left(\frac{R^2 + R_0^2}{R^2 - R_0^2} - \nu_f\right)\right]. \end{aligned} \tag{8.55}$$

P_{fc}について解くと、目的の結果が次式のように得られる。

$$P_{fc} = \frac{\dfrac{|G|}{R} + \dfrac{P_p}{E_f}\dfrac{2R_0^2}{R^2 - R_0^2} + \dfrac{P_b}{E_c}\left(\dfrac{R}{w} + \dfrac{\nu_c}{2}\right)}{\dfrac{1}{E_f}\left(\dfrac{R^2 + R_0^2}{R^2 - R_0^2} - \nu_f\right) + \dfrac{1}{E_c}\left(\dfrac{R}{w} + \dfrac{\nu_c}{2}\right)}, \tag{8.56}$$

ここで、$|G|$は式（8.25）により算出される負のギャップの絶対値である。これにより、ギャップが閉塞し$P_{fc}>P_p$の場合に働く被覆管応力の計算に用いる、界面の圧力の値を定めることができる。

8.3.4.4 径方向の変形

被覆管

径方向の被覆管変形（radial cladding deformation）、δR_cは、被覆管が適切な冷却を行うのに必要な幾何学的な限界を超えて膨張するかどうかの判断に必要とされる。なお、この変形は、式（8.41）の径方向変位、u_cとは異なる。

被覆管の径方向の変形は、式（8.57）により、クリープひずみε_θ^cやスウェリングひずみε_θ^sと関係づけられる。

$$\delta R_c = R_c\left(\varepsilon_\theta^c + \varepsilon_\theta^s\right), \tag{8.57}$$

ここで、R_cは被覆管の肉厚中心での半径である。クリープとスウェリングのひずみは、“プラントル・ロイスの流れ則（Prandtl-Reuss flow rule）”と“スウェリングと熱・照射クリープの相関”との組み合わせから計算される。（例えばPECSのような構造解析コードでは、径方向の速度もしくは変形速度、$\dot{R}_c$は、ひずみ速度から計算される。そして、変形は、$\dot{R}_c$の積分により得られる）

第11章で検討されるように、20％冷間加工316型ステンレス鋼のスウェリングは、照射量と照射温度の関数となっている。第11章で説明する体積スウェリング$\Delta V/V$との関係を用いて、スウェリングひずみは次のように与えられる。

$$\varepsilon_\theta^s = \frac{1}{3}\frac{\Delta V}{V}. \tag{8.58}$$

Prandtl-Reussの流れ則は、（例えば、参考文献［26］に記されているように）等価の応力とひずみを使って、クリープひずみを評価している。ここで興味深いのは、流体則は被覆管のクリープひずみを、（式（8.29）、（8.30）および（8.31）のように）算出された応力や、（式（8.32）または（8.36）の）実効応力、そして、実験に基づく非弾性ひずみ$\bar{\varepsilon}$と以下のように関連付けていることである。[9]

$$\varepsilon_\theta^c = \frac{\bar{\varepsilon}}{\bar{\sigma}}\left(\sigma_\theta - \frac{\sigma_r + \sigma_z}{2}\right), \tag{8.59}$$

ここで、

[9] より完全なPrandtle-Reuss流れ則の式（8.66）、（8.67）および（8.68）と較べると、式（8.59）と（8.60）は非弾性フープひずみがゼロでない特別な場合を表していることがわかる。

$$\bar{\varepsilon} = \frac{2}{3}\left(\varepsilon_{\text{th creep}} + \varepsilon_{\text{ir creep}}\right), \tag{8.60}$$

また$\varepsilon_{th\ creep}$と$\varepsilon_{ir\ creep}$はそれぞれ、熱クリープひずみと照射クリープひずみを表す。

20%冷間加工316型ステンレス鋼被覆管の熱クリープと照射クリープの相互関係は、以下のように与えられる。これらの相互関係は、他のタイプの材料とは傾向が異なる。さらに多くのデータが取得されるにつれ改良され得るものである。詳細な議論については、11.3節を参照のこと。

熱クリープ [27]

$$\varepsilon_{\text{th creep}} = C_1\sigma_\theta \cosh^{-1}(1 + C_2 t) + C_3\sigma_\theta^n t^m + C_4\sigma_\theta^n t^{2.5}, \tag{8.61}$$

ここで、

σ_θ =フープ応力（MPa）
t ＝時間（h）

そして、定数（C_1からC_4）と係数（mとn）は関心のある特定の温度範囲に対して参考文献［27］から得られる。

照射クリープ [28]

$$\varepsilon_{\text{ir creep}} = 10^{-6}\sigma_\theta\left[0.67F + 5.8 \times 10^4 e^{-8000/T}(F - 8.5\tanh F/8.5)\right], \tag{8.62}$$

ここで、

σ_θ=フープ応力（MPa）
F ＝はじき出し損傷量（dpa）
T ＝温度（K）

はじきだし損傷量（displacements per atom）は、ある原子炉設計における、0.1MeV以上の中性子フルエンスに関する量である。この実験式を得るために利用したEBR‐Ⅱでは、1dpaは2×10^{21}n/cm^2（>0.1MeV）に相当する。

燃料

燃料表面のはじき出しも、一般に燃料ピン設計コードで計算される。この計算のひとつの目的は、燃料製造時の空孔量を決定することである。燃料スウェリングと、燃料の熱クリープおよび照射クリープの現象論的な取扱いは、（例えば、LIFEコードのように）複雑であり、現在の簡易モデルの範囲においては紹介されない。しかしながら、燃料変形は、被覆管応力の緩和メカニズムに関して、被覆管応力と同じように重要である。燃料スウェリングと燃料クリープについては、第11章で議論される。

8.3.4.5　燃料被覆管減耗

ナトリウムによる被覆管の腐食や、燃料や核分裂生成物による被覆管との化学的反応は、ゆっくりと被覆管の肉厚を減少させる。この現象は、減耗（wastage）と呼ばれる。減耗はフープ応力および軸方向応力の計算を通じて、応力－ひずみ解析で取り扱われる。減耗現象による被覆管肉厚の変化は、それぞれの時間ステップで計算され、応力 σ_θ と σ_z についての方程式で使用される被覆管の肉厚 w は時間ステップ毎に更新される。

8.3.5　LIFE コードの手法

8.3.5.1　場の方程式

LIFE コード［1］における応力解析のための場の方程式（field equation）を以下に列記する。それらは、燃料と被覆管の両方に適用できる。

(a) 平衡状態[10]

$$r\frac{d\sigma_r}{dr}+\sigma_r-\sigma_\theta=0. \tag{8.63}$$

(b) 運動状態

$$\varepsilon_r^T=\frac{\partial u}{\partial r},\varepsilon_\theta^T=u/r,\varepsilon_z^T=\text{constant}, \tag{8.64}$$

ここで、

ε^T ＝全ひずみ
u ＝径方向変位（m）

(c) 構成方程式

$$\begin{aligned}\varepsilon_r^T&=\frac{1}{E}\left[\sigma_r-\nu\left(\sigma_\theta+\sigma_z\right)\right]+\alpha T+\varepsilon_r^c+\varepsilon_r^s,\\ \varepsilon_\theta^T&=\frac{1}{E}\left[\sigma_\theta-\nu\left(\sigma_r+\sigma_z\right)\right]+\alpha T+\varepsilon_\theta^c+\varepsilon_\theta^s,\\ \varepsilon_z^T&=\frac{1}{E}\left[\sigma_z-\nu\left(\sigma_r+\sigma_\theta\right)\right]+\alpha T+\varepsilon_z^c+\varepsilon_z^s,\end{aligned} \tag{8.65}$$

ここで、

ε^c ＝クリープひずみ
ε^s ＝スウェリングひずみ
$\alpha T=\int\alpha\,dT$、線熱膨張

10　式（8.43）と同じである。

(d) Prandtl-Reussの流れ則

$$\Delta\varepsilon_r^c = \frac{\Delta\varepsilon^c}{\bar{\sigma}}\left(\sigma_r - \frac{\sigma_\theta + \sigma_z}{2}\right),$$
$$\Delta\varepsilon_\theta^c = \frac{\Delta\varepsilon^c}{\bar{\sigma}}\left(\sigma_\theta - \frac{\sigma_z + \sigma_r}{2}\right), \tag{8.66}$$
$$\Delta\varepsilon_z^c = \frac{\Delta\varepsilon^c}{\bar{\sigma}}\left(\sigma_z - \frac{\sigma_r + \sigma_\theta}{2}\right),$$

ここで、$\Delta\varepsilon^c$は時間ステップにおけるε^cの変化であり、$\bar{\sigma}$は式(8.32)と同様である。

$$\bar{\sigma} = \frac{1}{\sqrt{2}}\left[(\sigma_r - \sigma_\theta)^2 + (\sigma_r - \sigma_z)^2 + (\sigma_\theta - \sigma_z)^2\right]^{1/2}, \tag{8.67}$$

$$\Delta\varepsilon^c = \frac{\sqrt{2}}{3}\left[\left(\Delta\varepsilon_r^c - \Delta\varepsilon_\theta^c\right)^2 + \left(\Delta\varepsilon_r^c - \Delta\varepsilon_z^c\right)^2 + \left(\Delta\varepsilon_\theta^c - \Delta\varepsilon_z^c\right)^2\right]^{1/2}. \tag{8.68}$$

これらの方程式は、燃料と被覆管の様々な軸方向節点(node)および複数の径方向節点に対して解かれる。燃料の割れは燃料応力解析の中で説明される。燃料と被覆管のギャップが閉塞した際の圧力に対する解を得ることは、8.4.3節で紹介した簡素化されたモデルの場合よりもかなり複雑である。

8.3.5.2 圧力と被覆管ひずみの計算例

LIFEコードで実施された燃料ピンの長時間変形についての計算例を図8.15に示す。グラフには、最

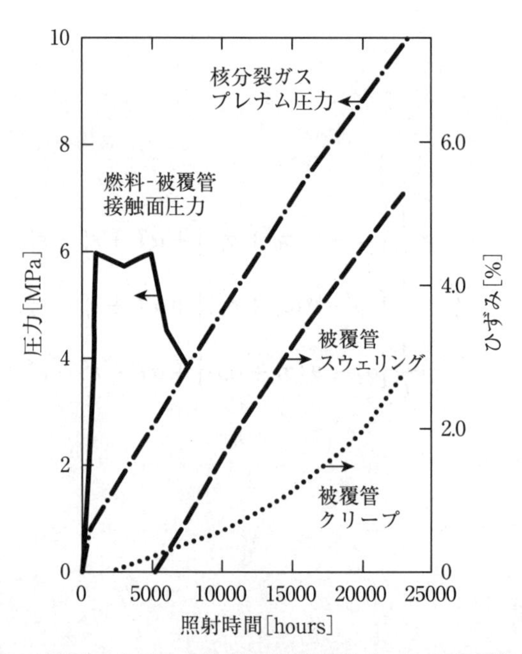

図8.15 大型ナトリウム冷却高速炉燃料ピンのLIFE解析結果
(D. S. Dutt, Hanford Engineering Development Laboratory, Richland, WA, 1978)

大出力で設計燃焼度まで照射されたナトリウム冷却高速炉の燃料ピンの、炉心中央平面における被覆管のスウェリングと非弾性ひずみ（クリープ）を、被覆管にかかる圧力とともに示している。

燃料と被覆管は、最初は接触していないが、原子炉の稼働直後にギャップは閉塞し、燃料-被覆管機械的相互作用によって被覆管にかかる圧力は、LIFEコードを用いた計算によると、6MPaになる。5000時間後、もし燃料がその構造健全性を維持していれば（すなわち、割れていなければ)、ギャップは再び開いていく。およそ7,000時間を超えると、プレナムガス圧が被覆管の主な荷重となる。この時刻以降は、２つの非弾性ひずみが被覆管の径方向変形を支配する。

実際の燃料照射においては、この計算で予測されているようにギャップが再び開くことはない。その代り、原子炉の稼働と停止により繰り返される熱応力による燃料の割れは、燃料のスウェリングとともに、燃料を被覆管へ押し付け続ける。しかしながら、この段階での燃料はあまり固くないため、燃料-被覆管界面圧力は、基本的に核分裂ガスプレナム圧力とほぼ同等となる。

初めに図8.1に示した燃料ピン設計の複雑さを、ここでは改めて図8.16のダイアグラムとしてまとめている。ここまでに、本章で取扱うほとんどの現象について触れてきたが、第9章、第10章および第11章でさらなる議論を展開する。図8.16では、関連する物理的プロセスが楕円形の枠に記されており、燃料ピンに観察される結果が長方形の枠に示されている。

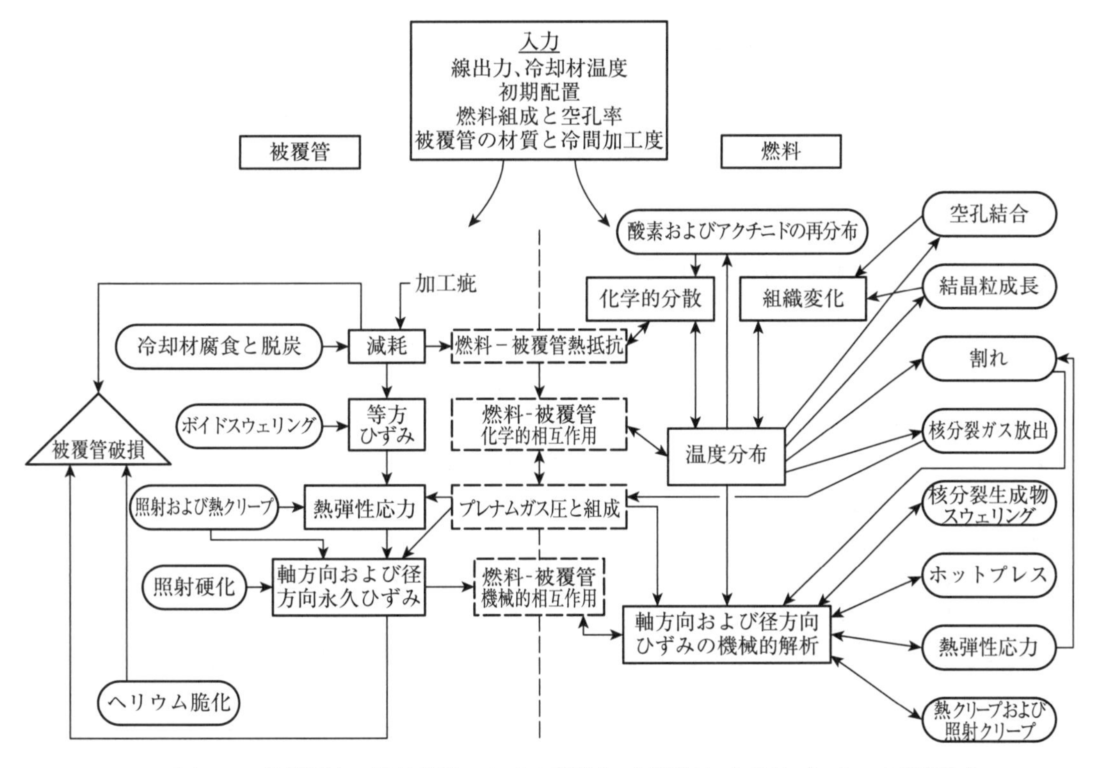

図8.16　燃料要素の照射挙動における機械的、金属学的、化学的プロセスの相関[7]

8.4　燃料集合体設計

複数のSFR燃料ピンを取扱いやすい形（cluster）に束ねるための一般的な方法[11]は、図2.3に示すよ

[11] Fermi-1の燃料ピンは、例外的に四角形のラッパ管が用いられた。

うに、六角形のラッパ管（wrapper tubeもしくはduct）に収めることである。燃料ピンや構造材を内包したラッパ管を燃料集合体（assemblyもしくはsub-assembly［S/A］）という。燃料集合体は、図2.2に示す配置の様に炉心全体に装荷され一つの炉心を構成する。ブランケット集合体は炉心周り[12]に配置されるのに対して、制御棒集合体は通常、炉心燃料領域全体にわたって分散配置される。遮蔽体は、通常、径方向ブランケットの外側に置かれる。この節の目的は、これらのような集合体設計における、幾何学的かつ材料的な考察の背景を説明することである。

原子炉出力の殆どは燃料集合体の内部で発生する。代表的な均質炉心SFRでは、炉心燃料部において出力の85%～95%、径方向ブランケットにおいて3～8%、軸方向ブランケットにおいて3～6%を発生する。すなわち、燃料集合体は非常に高い出力密度領域を構成しており、燃料集合体内の燃料ピンの幾何学的な配置は非常に重要である。

8.4.1 ラッパ管の設計

ラッパ管はSFRにおいて以下に記すような多くの機能を果たす。

(1) ラッパ管は、ナトリウムの流れを整え、燃料ピン間にナトリウムを均等に通過させる。燃料ピンバンドル（多数の燃料ピンを六角形に束ねたもの）内に存在する高い流体抵抗経路を迂回させない。
(2) 燃料ピンバンドルを通過する流れをラッパ管で囲い込むことによって、集合体毎にナトリウム流入孔を設けることが可能となる。これにより、原子炉設計において、炉内や径方向ブランケット位置にある集合体の出力-流量比（power to flow ratio）の積極的な制御が可能となる。
(3) ラッパ管は、燃料ピンバンドルを構造的に支持する。
(4) ラッパ管は、燃料を集合体というユニットとして炉心に装荷する機械的方法を提供する。その燃料集合体は炉心拘束システムによって保持されている。
(5) ラッパ管は、集合体内の少数の燃料ピンの破損から始まる事故が、炉心の他の領域へ伝播するのを防ぐバリアとなる。

設計において、燃料ピンバンドルを収納するラッパ管を採用することが決まれば、その次の課題は、燃料ピンの幾何学的な配置である。通常、軽水炉は正方格子配置を採用しているのに対して、SFRでは燃料の体積率を最大とするため、第4章で検討されたような三角形の配置としている。また密に詰まった三角形配置は、全体の熱伝導特性を改善する。そのため六角形状がSFRのラッパ管設計において一般的に選ばれている。

初期のSFRの設計では通常、頑丈なラッパ管が使用されていたが、ラッパ管によって占有される大きな空間が燃料の体積率を下げ、結果として増殖比を低下させることが良く知られている。ラッパ管の鋼材量を低減する3つの方法は、(1) 肉厚が均一でないラッパ管を使用すること、(2) ラッパ管側面に穴を開けること（内外の圧力差を緩和させる効果あり）、(3) 薄肉のラッパ管を使用すること、である。一つ目の方法は、機械的変形解析を行い、不適当な強度低下なしにどこをどの程度薄肉化ができるかを評価する。二つ目の考えは、ラッパ管内の圧力（すなわち応力）を軽減するために、図8.17に示すように穴あけ加工をすることである。ラッパ管の炉心燃料領域上部側面に冷却材ベント孔を設けることにより、高い発熱領域での冷却材のクロスフローを生じさせることなく、ラッパ管内圧力は大きく減少する。発生しうるクロスフローは、図8.17への差し込み図のように、ラッパ管の配置調整によって低減することができる。三つ目の薄肉のラッパ管は、稼働中の炉心環境で集合体同士の

[12] 非均質炉心設計では、炉心内にブランケット集合体が配置される。

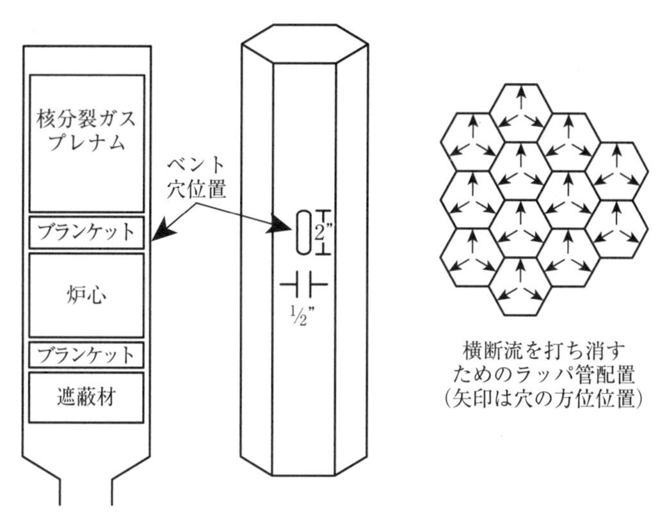

図8.17　穴付ラッパ管

接触を許容する方法である。この場合、燃料取り出し（引き抜き）時にかかる荷重を軽減するため、できるだけ低い温度で燃料交換を行い燃料集合体を熱収縮させることが必要となる。

ラッパ管材料のスウェリングを小さくするための努力は、ラッパ管の肉厚を削減する努力と等しく重要である。実際、個々の燃料ピンの材料劣化や応力効果よりも、ラッパ管のスウェリングが炉心の寿命を制限すると言って良い。ラッパ管は、燃料交換時にお互いに接触して引き抜けなくなるほどのスウェリングを生じることは避けなければならない。

8.4.2　燃料集合体の寸法

燃料集合体設計で重要な決定事項の一つは、集合体当たりのピン本数を決定することである。検討要素を以下に記す。

(1) 集合体あたりの反応度価値：燃料交換による反応度変化を最小にするため、集合体あたりの反応度価値の最大値を抑える必要がある。臨界の炉心に燃料集合体を落とすような極めて起こりそうもない事象においても、緩やかな過渡応答を確保するために、一つの集合体の最大価値を1ドル未満とすべきとの議論がある。
(2) 崩壊熱除去：炉心から取り出された使用済燃料は冷却されなければならず、燃料交換機器に求められる冷却能力は、一回の燃料交換で扱う燃料ピンの本数に比例する。
(3) 集合体重量：燃料集合体が重いほど製造時や交換時の取扱いが困難になる。
(4) 機械的性能：集合体の湾曲や膨張は、全寸法を大きくする。
(5) コスト：一般的に、燃料集合体が大きくなるほど、全炉心コストは低くなる。
(6) 交換時間：大きな燃料集合体ほど、全炉心の燃料交換回数を少なくするため、時間の節約になる。
(7) 輸送時の臨界性：通常、予防的安全措置として、原子炉容器外輸送時の集合体の水没の可能性について考慮しておくことが要求される。この場合の反応度は、明らかに集合体の寸法とともに増大する。

現時点で実績の多い燃料集合体は、燃料ピンが中心から9層または10層ほど配列され、217本または271本の燃料ピンから構成されるものである。燃料ピン列数と全ピン本数の関係は、図2.3内に表として示されている。

8.4.3 燃料ピンスペーサーの設計

集合体内の燃料ピンの径方向のスペースを確保する二つの基本的な設計選択肢は、ワイヤースペーサー（ワイヤ巻きスペーサー）とグリッドスペーサーである。イギリスとドイツの原型炉と実証炉、およびアメリカのフェルミ炉は、グリッドスペーサーを使用している。その他のプラントはワイヤースペーサーである。ワイヤースペーサーでは、断面が円形の鉄鋼ワイヤが、ピンの軸方向端部に溶接され、一定の間隔を繰り返しつつピンに巻き付けられ、もう一方の端部に溶接される。一方、グリッドスペーサーは、鋼製の網目（steel webbing）で構成され、それは通常、ラッパ管の壁の特定の高さに固定される。グリッドスペーサーの主な2つの形態は、格子状メッシュを高さ方向に交互に配置した交差グリッド（staggered grid）とハニカムグリッド（honeycomb grid）である[13]。図8.18はワイヤ巻き付けと2つの格子ピンスペーサー概念のスケッチである。

ワイヤ巻き付け式のスペーサーは比較的製造が簡素で、安価であるため広く用いられている。ワイヤ巻きピッチを1foot（約30cm）とすると（隣接する6本のピンのワイヤの存在により）、ワイヤと被

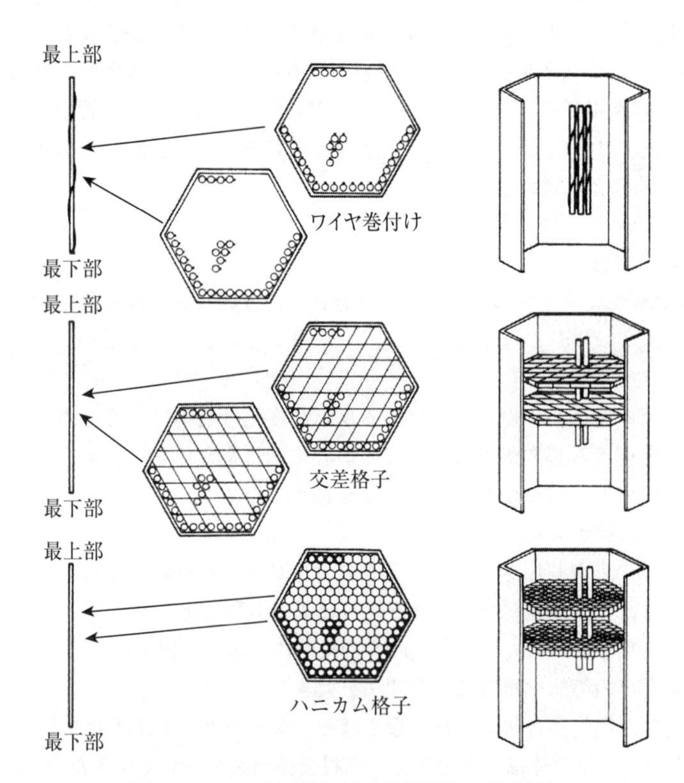

図8.18 3つの主要なピン分離概念の比較図

[13] いくつかのグリッド設計では、ラッパ管の角に、グリッドの保持と空間を設けるための釣り棒が3本もしくは6本取り付けられている。

覆管との接触は2inch（約5cm）ごとであるため、機械的振動の課題は小さい。しかしながら、巻き付けられたワイヤは、燃料取扱時にわずかに動くことが考えられるので、燃料ピン支持点の正確な位置はわからない。これは、熱水力計算や燃料ピンバンドルの構造計算にある不確定さをもたらすものである。

おそらく、グリッドスペーサーの検討において最も関心を払うべきことは、スペーサー部材の鉄鋼部分の体積比率を最小化することである。これにより、炉心の燃料体積率を大きくとれ、結果的に増殖比を改善し、倍増時間を短縮できる。同時に、冷却材も（渦巻き流れではなく）より直線的に流れ、圧力欠損がより小さくなるので必要なポンプ動力も小さくて済む[14]。グリッドスペーサーのもう一つのメリットは、熱水力学的な不確実性が低減されることによる、ホットチャンネル係数（設計限界を超えないことを保証するために、通常の温度計算に用いられる統計的な因子、10.4節参照）の低減である。ワイヤ巻付け型のスペーサー設計では、ワイヤはかならず炉内の高温の被覆管と接触する。（なお最高温部は炉心上端のやや下で発生する。）ワイヤと被覆管の接触点の後ろ側（すなわち上側）では渦流により局部的な流量低下が生じ、部分的な高温部（hot spot）をより一層悪化させる。グリッドスペーサーを採用する場合では、被覆管の最高温度位置からグリッド取り付け位置をずらすという設計上の柔軟性がある。

2つのグリッド概念の課題は製造コストにある。それは、ラッパ管の軸方向にグリッドを取り付けるための、注意深く位置合わせされた切込み部（indenture）を作らなければならないためである。おそらく、そのような設計を高燃焼度条件でどのように行うのかは簡単ではない。全体設計に十分な評価ができるほどの長時間試験に関しても実績がない。また安全性に関する考察も十分には行われていない。発生の可能性が低い炉停止失敗過渡事象においても、そのような懸念が同様に存在する。ワイヤースペーサーでは、冷却材流路に溶融燃料が侵入したとしても、（溶融した燃料または被覆管の再凝固により形成される障害物以外は）機械的閉塞を生じることなく、炉心燃料領域から除去される。一方、網目状のグリッドは、冷却材に含まれる粒子状物質の流れを阻害するバリアとなり得る。

8.4.4 燃料集合体長さ

燃料集合体の全長は、燃料装填領域、上部および下部ブランケット、核分裂生成ガスプレナム、オリフィス遮蔽ブロック、オリフィス集合体、そしてハンドリングソケットの長さにより決定される。核分裂生成ガスプレナム長の考察については既に述べた通りであり、ブランケット厚さは核的検討から定められる。

核分裂性物質を含む燃料領域（active fuel column）の高さを定めるにあたり、唯一の基準というものは存在しない。圧力損失、冷却材温度上昇、ナトリウムボイド係数などの複数の因子が、おおよその高さを決定するために用いられる。一般的には、対称炉心を構成しつつ、平均線出力を調整して所定の炉心全出力が得られるよう、軸方向炉心長さの微調整が実施される。

圧力損失と冷却材出入り口温度差はいずれも、燃料バンドルの長さとともに増加する。このため、一般的に設計者は炉心高さを低く維持しようとし、炉心の高さと直径の比（H/D）は1以下となる。

第6章に示すように、中性子漏えいを増加させるために調整可能ないかなる設計パラメータも、ナトリウムボイド化にともなう正の反応度効果の度合いを低減させる。よって、中性子漏えいを促進するため、炉心を平坦化（H/Dの大幅低減）、もしくは炉心をモジュール化する傾向がある。第2章で簡潔に議論した非均質の炉心配置もまた中性子漏えいを増やし、ナトリウムボイド効果を低減する（第

---

[14] 実際の圧力低下は、(1)バンドル変形を許容できる範囲に抑えるために必要なグリッドの数や、(2)グリッドそのものの設計、に依存する。

6章参照)。炉心の高さは約1m程度に設定されることが多い。

図8.19に、SFRの代表的な燃料ピン集合体の鳥瞰図を示す。冷却材は、集合体ノズルの全周に開けられたスロットポート(slotted port)を通って冷却材入口プレナムから集合体内へ入る。このような多数、多方向の冷却材入口ポートを持つ設計は、偶発的な集合体入口部の閉塞を回避することを意図したものである。冷却材はそこから、適切な圧損(流量低下)となるように寸法を設定した遮蔽・オリフィスブロックを経て、らせん状に進む。その後、燃料ピンバンドル領域に流入する。

図8.19内の右側に拡大して示すように、通常、燃料ピンはロックピンによって下部のレール部に固定されている。燃料ピンの上端は固定されないため、この固定器具が使用寿命中、燃料ピンバンドルを所定の位置に保持している。

続いて冷却材は、核分裂ガス下部プレナム(炉心下部にある場合)を通って、下部ブランケット領域、炉心領域、上部ブランケット領域、上部核分裂ガスプレナム(炉心上部にある場合)へと上昇する。冷却材は、燃料バンドルの上部で集められ、端栓部の真下の穴から上部冷却材プレナムへ流れ出る。端栓部は、燃料集合体を取り扱う際に機械的に把持できるような構造としてある。図8.19に示す集合体は、SFR集合体の一例であり、設計意図に応じて様々な仕様の集合体がある。例えばFFTFでは、軸方向ブランケットは反射体に置き換えられ、冷却材は最終的に上部冷却材プレナム部へ到達する前に、集合体上部から出て機器類の間を横断するような仕様となっている。

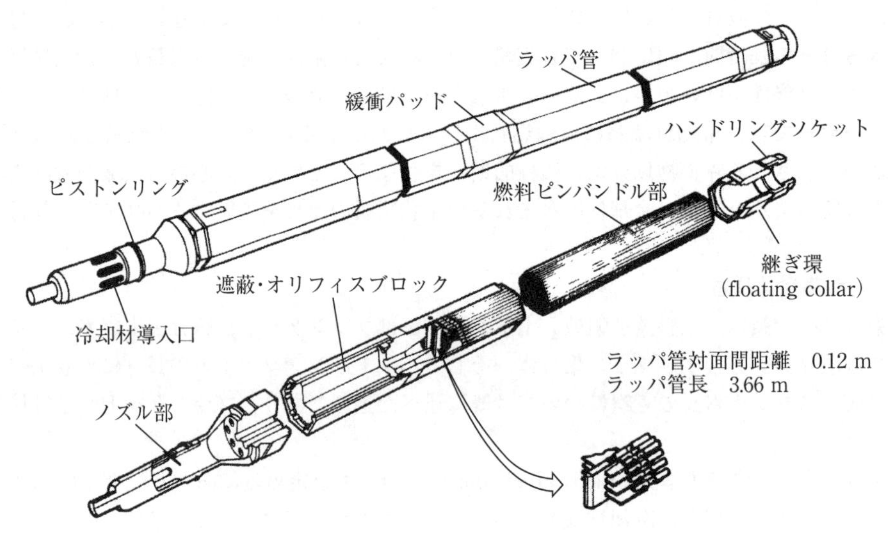

図8.19 代表的なナトリウム冷却高速炉燃料集合体の全体図

8.5 その他の集合体

高速炉の炉心を構成するその他の主要な構成体は、ブランケット集合体、制御棒および遮蔽体である。SFRの主要なこれらの構成体の主な特徴について以下に概説する。より詳しい議論は参考文献[29]で展開されている。

8.5.1 ブランケット集合体

ブランケット集合体の主たる機能は、漏洩中性子を捕獲し、非核分裂性の燃料(例えば、減損

UO_2）を効率的に核分裂性物質へ転換することである。ブランケット集合体は炉心の外周部に位置し、ブランケット外側にある構造物に対する遮蔽にも寄与している。

外観上、ブランケット集合体は燃料集合体によく似ている。両集合体とも六角形状をしており、ほぼ同じ長さをもち、通常同じ材料から製造されている。ブランケットピンのなかでも幾分かは核分裂反応が起こるため、通常、核分裂ガスプレナムも存在している。

しかしながら、ブランケット集合体は、親物質と核分裂性物質の混合燃料ではなく親物質のみが装荷されているという明らかな違いだけでなく、他にもかなりの相違点がある。核分裂性物質の濃度や中性子束[15]が低いことにより、ブランケット燃料の発熱量は炉心燃料に比べて非常に低い。従って、ブランケット燃料の線出力χを炉心部よりも低く維持しつつも、ブランケット燃料ピンのサイズは炉心部より太径化することができる。この理由に加え、親物質を太径ピンに組み込むことは経済的にもメリットがあることから、ブランケット燃料ピンは炉心燃料ピンよりもかなり大きい。典型的なブランケット燃料ピンは、炉心燃料ピンのおおよそ2倍の直径を有する。ピンサイズ太径化の結果、1集合体あたりのピン数はかなり少なくでき、冷却材体積比も小さくなる。表8.1では、ブランケット燃料ピンの直径を、炉心燃料ピンと比較して示している。

材料力学的観点からは、より太いピン直径を持つブランケット燃料ピンは、炉心燃料ピンよりも大幅に硬い。ブランケット集合体は炉心に接する外周部に（非均質炉心では炉心内部に）位置しているため、集合体内には著しい出力勾配が発生する。大きな温度勾配と硬い構造材の組合せは、ピン間に大きな応力を生じさせる。この応力は、ピンとラッパ管の間の相互作用（pin/duct interaction）や応力発生の問題に帰結し、炉心燃料集合体内よりも、ブランケット集合体内でより深刻となる。

非均質炉心設計（図2.2）特有の、炉心内に位置するブランケット集合体においては、一般的な炉心外周径方向ブランケットで良くみられる極度の径方向出力勾配や温度勾配は無いが、通常運転にともなう出力や温度の急速な変化に曝される傾向がある。結果として、炉内ブランケットピンの寿命は、長期の定常照射による被覆管の損傷よりも、過渡条件によって大きく制限される。

8.5.2　制御棒集合体

制御棒（または制御棒集合体、control assemblies）には3つの主要な機能（1）燃料燃焼サイクルにおける反応度の補償、（2）通常の運転時における、炉心の起動と停止の核的操作能力、そして（3）非定常条件での緊急炉停止、を果たすことが求められる。

高速炉では様々な制御材料が使用されるが（第11章参照）、炭化ホウ素（B_4C）は最も広く使われている材料である。原子炉の稼働中、^{10}Bに吸収された中性子は（n，α）反応を起こし、熱とヘリウムガスを生成する。結果的に、制御棒の冷却が必要であり、制御棒ピン内に集積されるガス圧力に対処するため、通常、ガスプレナムが設けられる。

制御材料は通常、ペレット形に製造され、図8.20に示すように被覆管の中に積み上げられる。ピンの直径は、通常、燃料ピンのおよそ2倍であり、ブランケットピンの直径とほぼ同等である。ピンは六角形二重ラッパ管の中に六角形状に並ぶように組み上げられる。制御棒が挿入されたり、または引き抜かれる際、内側のラッパ管構造物は固定された外側ラッパ管内を移動する。いくつかの設計において（例えば、図8.20）、内側の六角形のラッパ管には数千の穴が開けられており、制御ピン間の冷却材のクロスフローやスクラム時の過度圧力の緩和を可能としている。

---

[15] 非均質炉心設計にみられる炉心内装荷ブランケット（in-core blanket）では、中性子束は非常に高くなり得るが、熱出力は燃料集合体に比べ依然低いことに変わりはない。

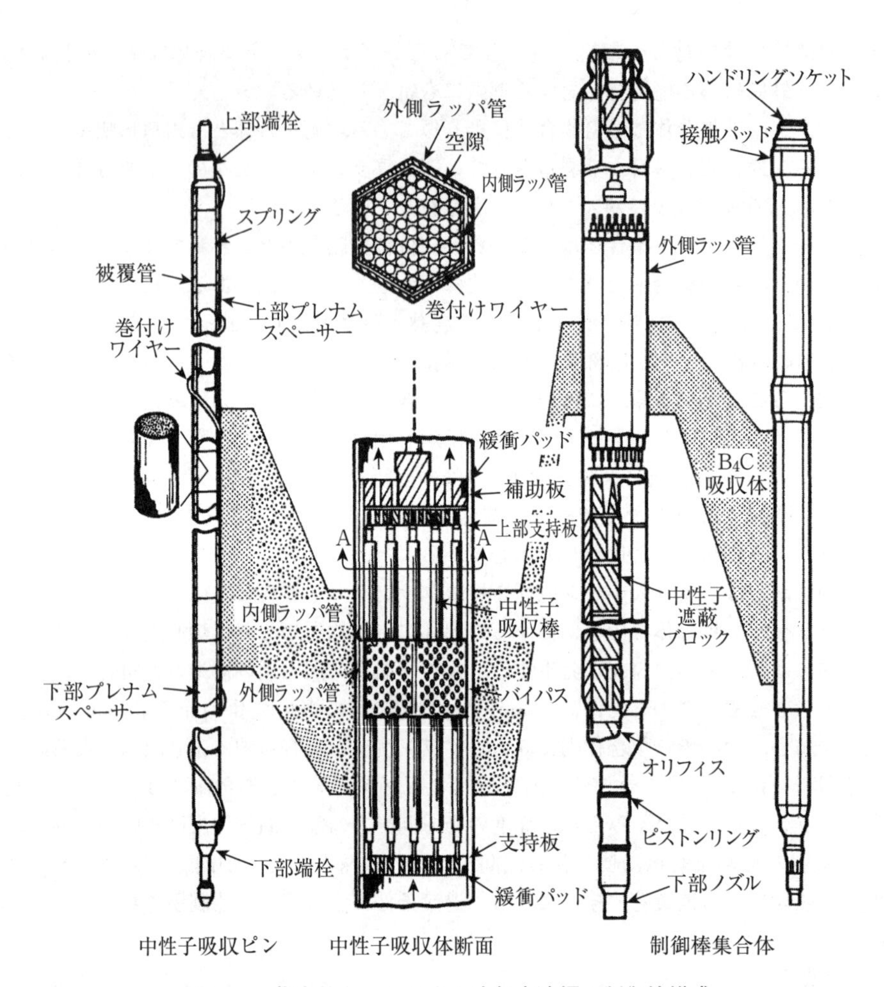

図8.20 代表的なナトリウム冷却高速炉の制御棒構成

8.5.3 遮蔽集合体

ナトリウム冷却高速炉では、径方向の遮蔽体（または遮蔽集合体、shielding assemblies）は炉心とブランケット集合体の全体を取り囲んでいる。この集合体の主な機能は、原子炉容器や原子炉容器内の主要な機器に対する、中性子線やガンマ線の遮蔽である。CRBRPの設計における遮蔽体の立面図を図8.21に示す。遮蔽体は、炉心やブランケット集合体と同様に正六角形状の格子に収まっている。また遮蔽体は、炉心部と周囲の炉心拘束部（core restraint system）との間で荷重を伝達する役目を果たす。同様な取り出し可能な径方向遮蔽体がプール型高速炉設計にも用いられるが、いくつか重要な相違点もある。プール型炉では、原子炉容器内に中間熱交換器（IHX）があり（図12.7参照）、そこでの2次系ナトリウムの放射化を抑えるため、径方向遮蔽体の高さはより高く設定される。

遮蔽体は、通常、取外し可能なタイプと固定タイプの2種類がある。取外し可能な遮蔽体は、文字通り、原子炉寿命期間中に取り出し・交換が可能である。取外し可能な遮蔽体が置かれる位置は、炉心に最も近く、高い中性子照射に晒される炉心外周外側部分である。取外し型と固定型の遮蔽体に関するさらなる議論は12.4節で行う。

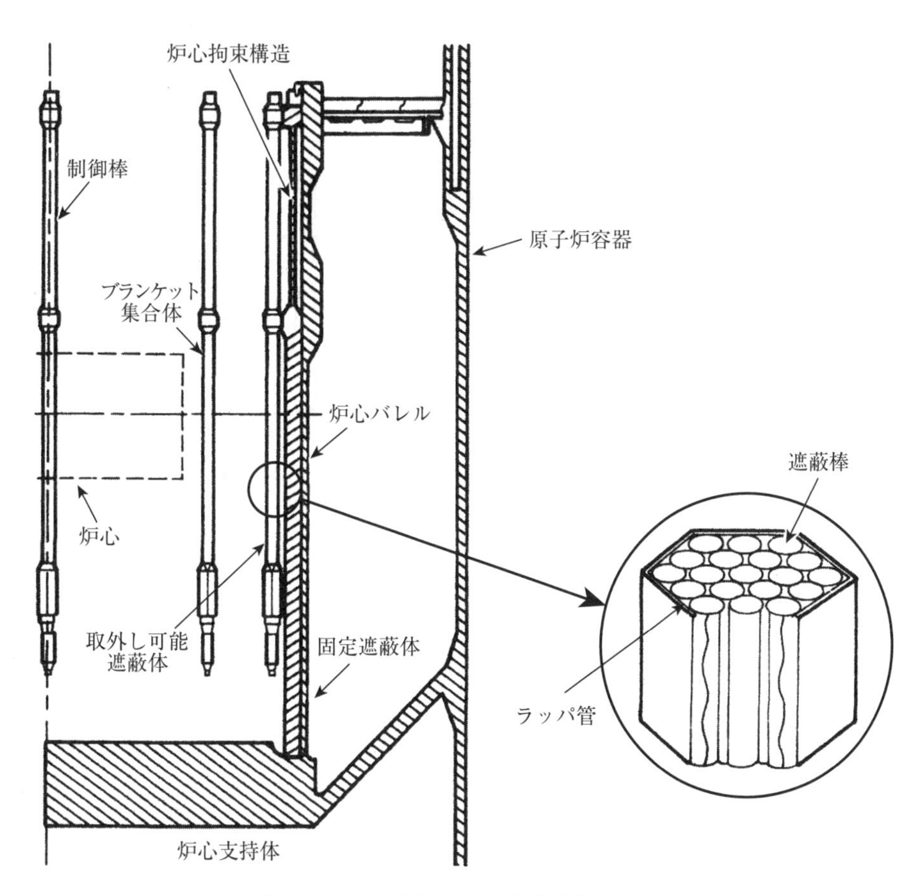

図8.21　取外し可能型遮蔽体と固定型遮蔽体(CRBRPの縦断面)

8.6　燃料集合体群の挙動

本章ではこれまでに、個々の燃料ピンと燃料集合体の主要な設計上の特徴と挙動について言及してきた。これらをまとめる本項においては、炉心を構成する燃料、ブランケット、制御棒および遮蔽体の、ラッパ管集合体相互作用効果（duct assembly interaction effect）に着目する。ここで議論するのは、ラッパ管のスウェリング、湾曲、そして炉心拘束システムである。ラッパ管のスウェリングについては、燃料集合体設計検討と結び付けて8.4項で扱ってきたが、(1)ラッパ管スウェリングは炉心のすべての集合体に共通であること、そして (2)ラッパ管スウェリングの調整は炉心拘束システムの重要な機能と関係するため、本章においても解説する。

8.6.1　ラッパ管のスウェリング

燃料被覆管にボイドスウェリングを引き起こすのと同じメカニズムで、ラッパ管にもかなりのスウェリングが生じる。個々の燃料ピンの破損よりも、集合体ラッパ管のスウェリングが炉心の寿命を制限することも十分あり得る。

図8.22と図8.23に説明するように、ラッパ管ではかなりのスウェリングが径・軸両方向に生じる。照射量と温度の両方が、これらの二つの図に示すような空間的な問題の原因となる。たとえば、図8.22に示されている軸方向伸び量が炉心外側に向かうにつれて比較的緩やかに減少するのは、明らか

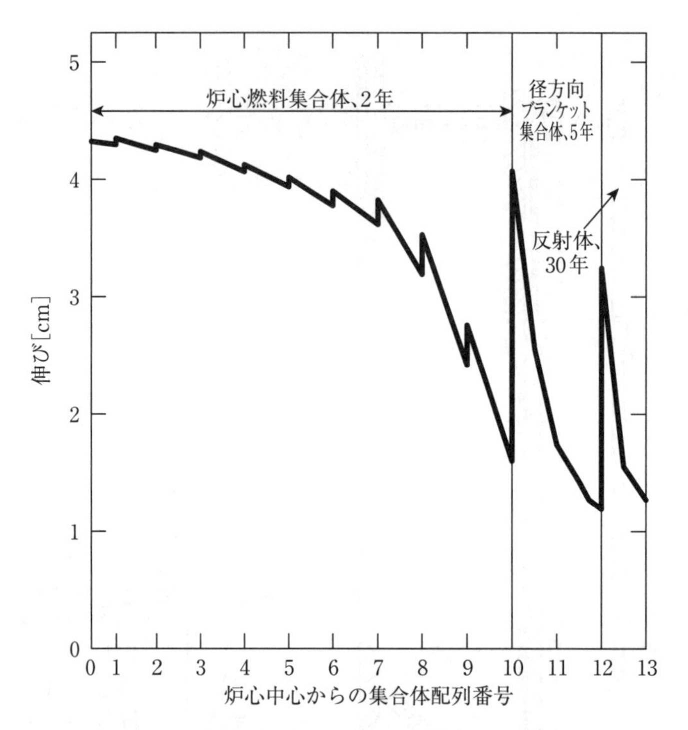

図8.22　様々な集合体の通常の寿命末期における
ボイドスウェリングによるラッパ管の軸方向伸び[30]

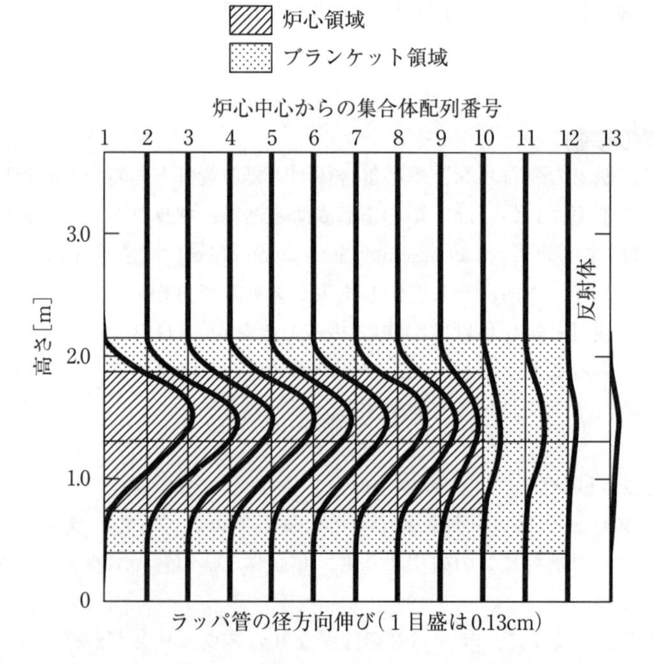

図8.23　様々な集合体の通常の寿命末期における
ボイドスウェリングによるラッパ管の径方向伸び[31]

に中性子照射量（fluence）の空間的分布に従うものである。この図の右側にみられる、径ブランケットと反射体における最大値は、長い照射時間による結果である（低い中性子束でも長期間照射のため、高い照射量となっている）。図8.23の1.3mm離れた垂直線が、スウェリングが無い場合の機械的要求を満足することを認識しておけば、ラッパ管径方向膨張の度合いについてより正しく評価することができる。この場合、スウェリングを考慮すると7mmの初期ギャップが必要となる。もしこのギャップ幅が確保されなければ、炉心が照射中に径方向に膨張した際、徐々に制御棒や集合体ハンドリングヘッドの位置に想定外のズレを生じさせる。そうなると、不透明なナトリウム中で行わねばならない燃料交換が非常に困難となる。

スウェリングに対応するよう予め炉心設計段階で考慮されたダクト間ギャップは、必要な核分裂性物質量を増やし、達成可能な増殖比を相当減少させることになる。そのため、スウェリング問題を克服することは優先順位の高い課題となっている。ラッパ管のスウェリング問題に対する設計上の対応策について、定量的な評価結果を表8.2に整理した。ボイドスウェリングを軽減するよう（11.3.2節参照）改良された合金材料の開発が最も必要とされている。

表8.2　燃料集合体ラッパ管のスウェリングに対応するための設計変更

設計変更	結果・影響
機械的な格子拡張（ダクト間距離の拡大）	増殖比低下、核分裂性物質インベントリの増大
燃焼度抑制	燃料サイクルコストの増大
出口温度低減	熱効率悪化
定期的なラッパ管の180°回転	炉停止時間の増加
高温アニーリングのためのラッパ管の取り出し	施設内必要燃料集合体数の増加
ラッパ管とラッパ管との大幅接触の許容	最低の実温度時での燃料交換が必要
耐スウェリング性合金の開発	研究開発努力

8.6.2 ラッパ管の湾曲

ラッパ管におけるボイドスウェリング効果が、図8.22と図8.23に示す様な、均一な膨張パターンを引き起こす一方、ラッパ管の壁を変形させる付加的な荷重も存在する。特に、熱膨張、照射クリープ、そして隣接集合体間の機械的相互作用が同時に発生する。これらの力と、炉心拘束構造物による機械的保持点との組み合わせにより、湾曲（bowing）という現象が生じる。

上述の力が複雑に連携し合うため、湾曲を正確に予測することは困難である。炉心形状は各々個別に評価しなければならない。この様な複雑な系を解析するため、CRASIB［32］、AXICRP［33］、さらにBOW-V［34］といった複雑なコードシステムが開発されてきている。

図8.24はCRASIBによる計算例であり、様々な固定あり/固定なし（clamped/unclamped）形状から生じる湾曲パターンを定性的に解説している。ここで、軸方向固定位置は、下から炉心支持構造、炉心上部、そしてラッパ管上部の3箇所である。図8.24（a）は、熱湾曲による単独効果を説明し、（b）はスウェリングのみの効果を表している。スウェリングによる変形は、固定なしや炉停止の状態でも永久的であることに注意すべきである。ケース（c）は、熱とスウェリングの湾曲の組合せ効果を説明している。出力運転中かつ固定された条件の炉心に対して、このケースは、ラッパ管の壁に大きな曲げ応力を生み出す大きな変形をもたらす。しかしながら、これらの高い応力点は、ケース（d）に解説するように、照射クリープによって効果的に緩和される。最終的な湾曲形態に対する照射クリープの重要性は、固定なし、炉停止条件下のケース（c）と（d）を観察することによって説明される。クリープは、拘束なし状態でのラッパ管の湾曲の大きさと同様に方向も変える。このことは、ある特定の原子炉におけるラッパ管の湾曲挙動を把握することの、重要性と複雑性の両方を強調している。

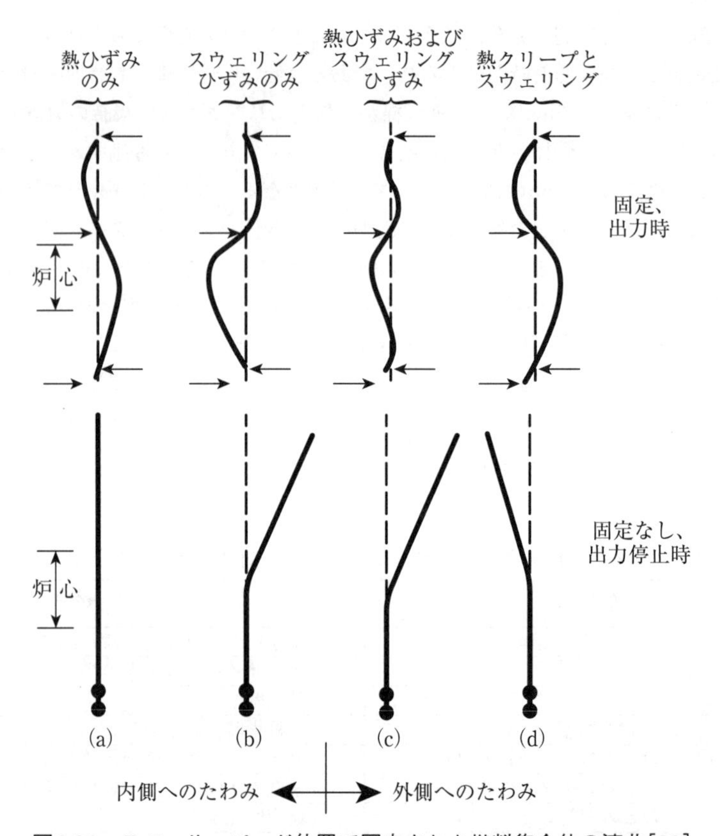

図8.24 スペーサーパッド位置で固定された燃料集合体の湾曲[30]

ラッパ管の湾曲現象は、長期間の構造的問題を生じさせることに加え、原子炉運転期間のある範囲において、正味の正の出力係数[16]をもたらす原因にもなりうる。これは、一般に好ましくない性能特性を引き起こすため、炉心設計においては、集合体湾曲評価について多くの解析が行われる。

8.6.3 炉心拘束

炉心拘束システム（core restraint system）に対して要求されるのは、(a)スウェリング量に適合するように集合体間隔を設定すること、(b)スウェリングや熱勾配による湾曲に耐えて炉心を維持すること、である。また炉心構造を維持することは、以下の3つの機能を働かせる上でも欠くことができない。

(1) 投入反応度の検討で設定された制限内で、解析可能かつ再現性のある構造的応答をもつこと（長時間照射もしくは過渡条件下において）
(2) 遠隔操作による燃料交換装置が、正常に燃料にアクセスできる様、各集合体の頂点位置を維持すること
(3) 原子炉停止中の燃料交換の際に、軸方向の摩擦を最小としながらラッパ管挿入と引き抜きを行うための隙間（clearance）の確保

---

16 出力係数は、出力以外の様々な因子を固定したときの、炉心出力の増加の結果として生じる反応度の変化と定義される。

炉心拘束の様々な機器概念を発展させる原動力となったのは、(a)炉心構造材料に対する高速中性子の照射効果や、(b)ラッパ管湾曲に影響する中性子照射量や温度条件における“不確定性”である。初期のプロトタイプ炉心拘束システムは、炉心径方向にかかる力の大きさを調整するように横軸（yoke）の位置を変更する、能動的制御装置（active device）を採用していた。しかしながら、商用利用においては、炉心バレル内の流体機器あるいはその他機器に係る保守の課題を最小限とするため、受動的な拘束機器を用いることが主流になっている。すでに使用されているか、もしくは開発中の3つの受動的システムについて以下に簡潔に記す。

傾斜型概念

図8.25はPFRに採用された傾斜型（leaning post）の集合体拘束概念を示している。燃料集合体の下部軸ブランケット領域側面に、横方向の支持パッド（support pad）が配置されている。この支持パッドは、燃料集合体ノズル内の片持ち梁の板状バネ（cantilever beam spring）によって支持柱に押し付けられており、その片持ち梁は燃料集合体が挿入されている間は屈折した状態となっている。燃料集合体は6つの単位で支持されており、各集合体の荷重は中心の支持柱に集中される。従ってこの概念では、炉心拘束システムに関する大きな不確定さは、炉心全体にわたって累積されるのではなく、6つの集合体からなる群毎に局所化される。傾斜型概念の主な課題は、地震耐荷重や燃料増殖能力といった分野にある。

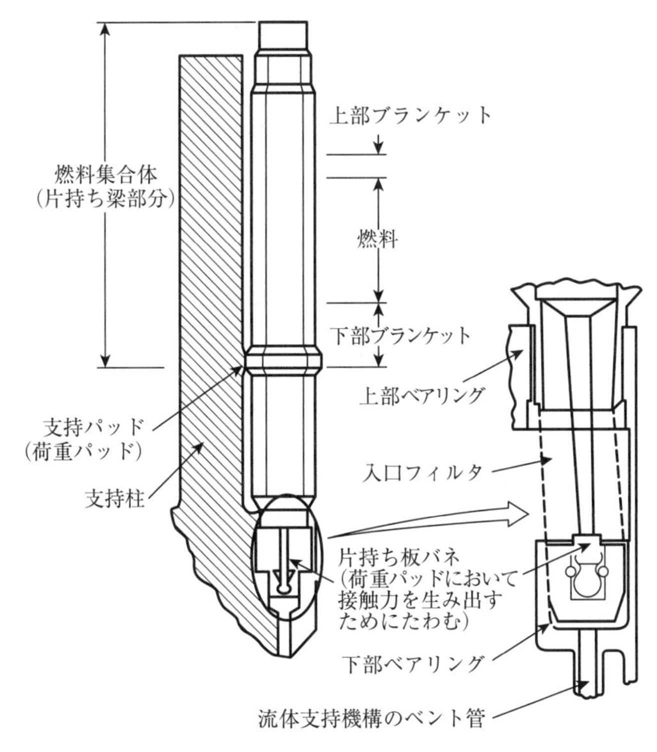

図8.25　傾斜型炉心拘束概念[29]

自立型概念

図8.26は、自立型（free standing）炉心拘束の概念図である。この概念では、片持ち梁で支持され

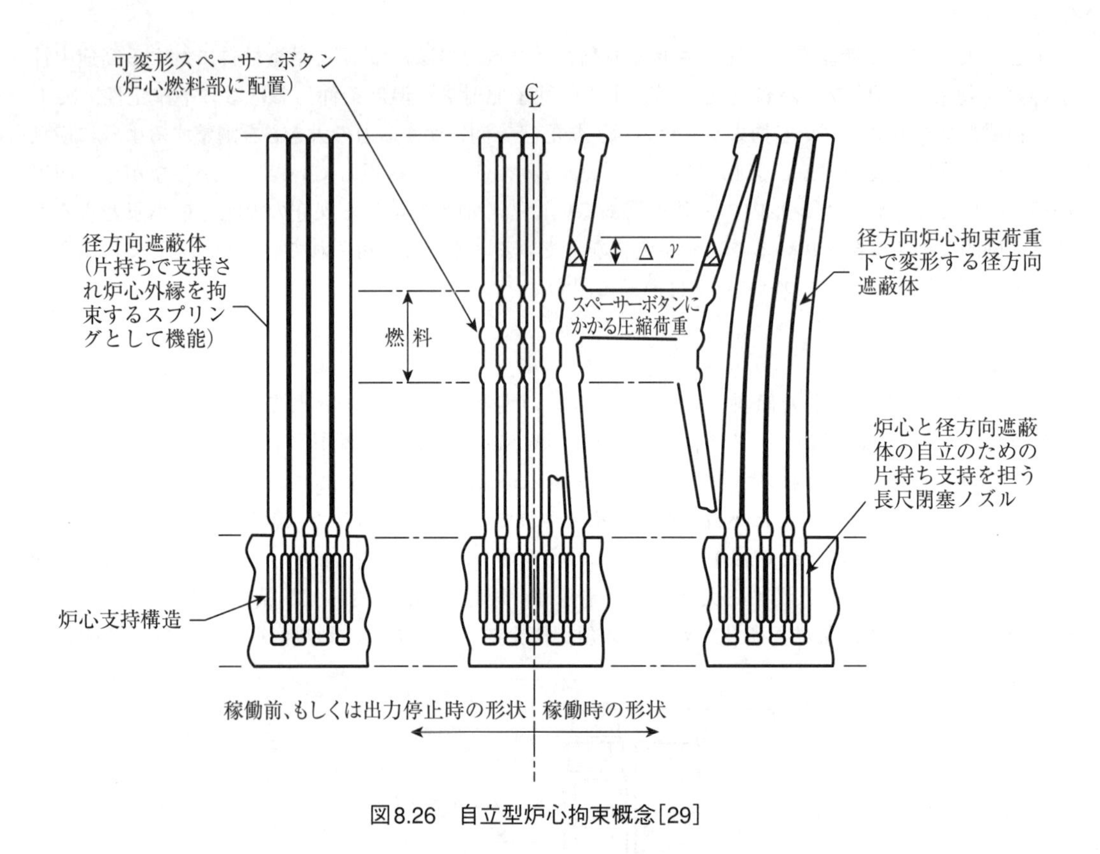

図8.26　自立型炉心拘束概念[29]

た燃料やブランケット集合体が炉心外縁部の遮蔽集合体に接触するまで自由な湾曲を許容する。外縁部の多数の遮蔽集合体は、やわらかいスプリングのように振る舞い、炉心集合体がより外側へ動くことを抑制している。くぼみ状のスペーサーパッド（pressed dimple-type spacer pad）が炉心燃料部もしくはその上部に配置されている。ラプソディ、フェニックスおよびEBR-Ⅱは、このタイプの炉心拘束システムを使用している。このシステムは単純であるが、炉心大型化や高中性子照射レベルへの発展性は不確定である。この炉心拘束システムにおいて、燃料集合体の自由な外側への動きは、反応度異常を抑制する潜在的な効果を有しており、その効果はフェニックスにおいて1989年と1990年での実験で4回観察された。

制限付き自由湾曲概念

図8.27は、制限付き自由湾曲（limited free bow）炉心拘束システムの概念を示している。ここで、燃料集合体ラッパ管の側面は3か所で支持されている。燃料集合体の両端の二点と、三つ目は燃料領域の直ぐ上のスウェリングの小さい領域である。この支持位置は、図8.24で説明した、スペーサーパッドで固定したラッパ管の変形計算例と同様である。このような支持位置配置では、出力運転中にラッパ管に生じる温度勾配によって、燃料集合体の炉心領域を中心位置から径方向外側へ湾曲させる結果となる。この概念は、高燃焼度に対応する能力を秘めているものの、原子炉運転条件での試験実績は多くない。制限付き自由湾曲炉心拘束の概念は、第11章で述べた予測される照射量でのスウェリングやクリープに適合するように設計され、FFTF、CRBRPおよびS-PRISMの炉心に適用されている。

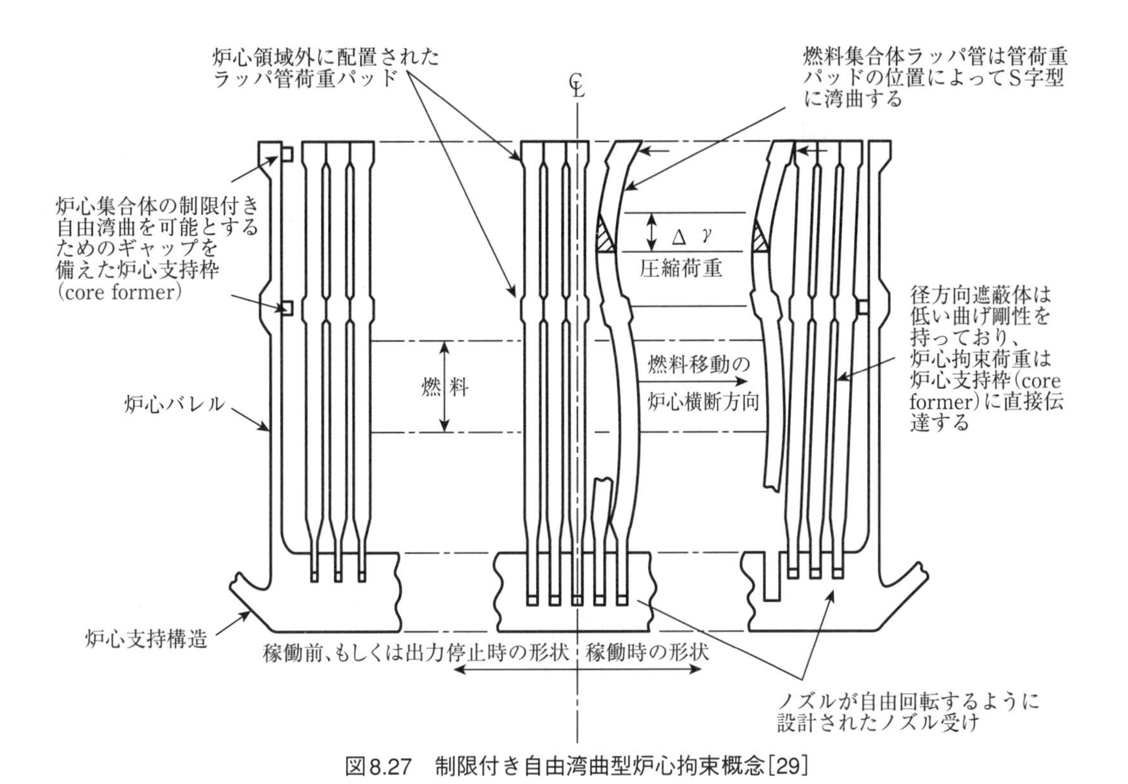

図8.27　制限付き自由湾曲型炉心拘束概念[29]

【参考文献】

1. V. Z. Jankus and R. W. Weeks, "LIFE-II - A Computer Analysis of Fast Reactor Fuel-Element Behavior as a Function of Reactor Operating History," *Nucl. Eng. Des.*, 18(1972)83 - 96.
2. *Clinch River Breeder Reactor Plant, Preliminary Safety Analysis Report*, Amendment 51, September 1979, pp. 4.2 - 4.78.
3. P. Delpeyroux, "Super-Phénix I Fuel Element Optimization-First Check of Overall Behavior," *Proc. from Conference on Optimisation of Sodium-Cooled Fast Reactors*, London, November 28 - December 1, 1978.
4. G. Karsten, *The Fuel Element of the Sodium Breeder*, EURFNR-1418, Karlsruhe, Germany, October 1976.
5. L. H. Van Vlack, *Elements of Materials Science*, Addison-Wesley Publishing Co., Reading, MA, 1959, p. 99.
6. D. R. O' Boyle, F. L. Brown, and J. E. Sanecki, "Solid Fission Product Behavior in Uranium-Plutonium Oxide Fuel Irradiated in a Fast Neutron Flux," *J. Nucl. Mater.*, 29, No. 1(1969)27.
7. D. R. Olander, *Fundamental Aspects of Nuclear Reactor Fuel Elements*, TID-26711-P1, U.S. ERDA, Springfield, VA.1976.
8. D. S. Dutt and R. B. Baker, *SIEX-A Correlated Code for the Prediction of Liquid Metal Fast Breeder Reactor(LMFBR) Fuel Thermal Performance,* HEDL-TME 74-75, Hanford Engineering Development Laboratory, Richland, WA, 1975.
9. E. E. Gruber and L. W. Deitrich, "Dispersive Potential of Irradiated Breeder Reactor Fuel During a Thermal Transient," *Trans. ANS, 27* (1977) 577.
10. J. R. Hofmann and C. C. Meek, "Internal Pressurization in Solid Mixed Oxide Fuel Due to Transient Fission Gas Release," *Nucl. Sci. Eng., 64* (1977) 713.

11. D. S. Dutt, D . C. Bullington, R. B. Baker, and L. A. Pember, "A Correlated Fission Gas Release Model for Fast Reactor Fuels," *Trans. ANS, 15* (1972) 198 - 199.

12. G. D. Johnson, J. L. Straalsund, and G. L. Wire, "A New Approach to Stress-Rupture Data Correlation," *Mater. Sci. Eng., 28* (1977) 69 - 75.

13. J. Lovell, B. Y. Christensen, and B. A. Chin, "Observations of In-reactor Endurance and Rupture Life for Fueled and Unfueled FTR Cladding," *Trans. ANS, 32* (1979) 217 - 218

14. N. S. Cannon, F. H. Huang, and M. L. Hamilton, "Simulated Transient Behavior of HT9 Cladding," *Proc. from the 14th American Society for Testing and Materials Intenational Conference*, Andover, MA, June 27 - 29, 1988.

15. N. S. Cannon, C . W. Hunter, K . L. Kear, and M. H. Wood, "PFR Fuel Cladding Transient Test Results and Analysis," *J. Nucl. Mater., 139* (1986) 60 - 69.

16. W. Hunter and G. D. Johnson, "Fuel Adjacency Effects on Fast Reactor Cladding Mechanical Properties," *Int. Conf. Fast Breeder Reactor Fuel Performance*, ANS/AIME, Monterey, CA, March 1979, pp. 478 - 488.

17. W. Hunter and G. D. Johnson, "Mechanical Properties of Fast Reactor Fuel Cladding for Transient Analysis," *ASTM Symposium on the Effects of Radiation on Structural Materials*, ASTM-STP-611, 1976.

18. G. D. Johnson and C. W. Hunter, "Mechanical Properties of Transient-Tested Irradiated Fast-Reactor Cladding," *Trans. ANS, 30* (November 1978) 195 - 196.

19. F. E. Bard, G. L. Washburn, and J. E. Hanson, "Analytical Models for Fuel Pin Transient Performance," *Proceedings of International Meeting on Fast Reactor Safety and Related Physics,* CONF-761001, *III,* Chicago, IL, October 1976, US ERDA, 1977, p. 1007.

20. M. C. Bilione, "LIFE-METAL Analysis of U-Pu-Zr Fuel Performance," *89th Annual Meeting Abstracts,* American Ceramics Society, April 26 - 30, 1989, 15-N-87, p. 282.

21. M. C. Bilione, et al., "Status of Fuel Element Modeling Codes for Metallic Fuels," *Proceedings of the American Nuclear Society, International Conference on Reliable Fuels for Liquid Metal Reactors,* Tucson, AZ, September 7 - 11, 1986, pp. 5-77 - 5-92.

22. W. S. Lovejoy, M. R. Patel, D. G. Hoover, and F. J. Krommenhock, *PECS III: Probabilistic Evaluation of Cladding Lifetime in LMFBR Fuel Pins*, GEFR-00256, General Electric Co., Sunnyvale, CA, 1977.

23. D. S. Dutt, R. B. Baker, and S. A. Chastain, "Modeling of the Fuel Cladding Postirradiation Gap in Mixed-Oxide Fuel Pins, " *Trans. ANS, 17* (1973) 175.

24. L. Leibowitz, E. C. Chang, M. G. Chasanov, R. L. Gibby, C. Kim, A. C. Millunzi, and D. Stahl, *Properties for LMFBR Safety Analysis*, ANL-CEN-RS-76-1, Argonne National Laboratory, Argonne, IL, March 1976.

25. J. E. Shigley, *Mechanical Engineering Design*, 2nd ed., McGraw-Hill Co., NewYork, NY, 1972, pp. 73 - 76.

26. A. Mendelson, *Plasticity: Theory and Applications*, MacMillan Co., New York, NY, 1968.

27. E. R. Gilbert and L. D. Blackbum, "Creep Deformation of 20% Cold Worked Type 316 Stainless Steel," *J. Eng. Mater. Technol., 99*(1977) 168 - 180.

28. E. R. Gilbert and J. F. Bates, "Dependence of Irradiation Creep on Temperature and Atom Displacements in 20% Cold Worked Type 316 Stainless Steel," *J. Nucl. Mater., 65* (1977) 204 - 209.

29. Y. S. Tang, R. D. Coffield, Jr., and R. A. Markley, *Thermal Analysis of Liquid Metal Fast Breeder Reactors*, American Nuclear Society, La Grange Park, IL, 1978, pp. 19 - 21, 47.

30. P. R. Huebotter, "Effects of Metal Swelling and Creep on Fast Reactor Design and Performance," *Reactor Technology, 15* (1972) 164.

31. P. R. Huebotter and T. R. Bump, "Implications of Metal Swelling in Fast Reactor Design." *Radiation-*

Induced Voids in Metals, CONF-7 10601, June 9, 1971, AEC Symposium Series, No. 26, J. W. Corbett and L. C. Ianniello, eds., New York, NY, pp . 84 - 124.

32. W. H. Sutherland and V. B. Watwood, Jr., *Creep Analysis of Statistically Indeterminate Beams*. BNWL-1362, Battelle Northwest Laboratory, Richland, WA, 1970.
33. W. H. Sutherland, "AXICRP-Finite Element Computer Code for Creep Analysis of Plane Stress, Plane Strain and Axisymmetric Bodies, " *Nucl. Eng. Des., 11* (1970) 269.
34. D. A. Kucera and D. Mohr, *BOW-V: A CDC-3600 Program to Calculate the Equilibrium Configurations of a Thermally-Bowed Reactor Core*, ANL/EBR-014, Argonne National Laboratory, Argonne, IL, 1970.
35. J. F. Sauvage, *Phénix-30 Years of History: The Heart of a Reactor*, Section 4.5, International Atomic Energy Agency, 2004. Available online at http://fissilematerials.org/library/sau04.pdf.

第9章
燃料ピンの熱的性能

9.1 はじめに

高速炉の設計では、機械的解析と熱流動解析の二つを同時に適用する必要がある。機械的解析については第8章で概説を行い、第12章でより詳細に議論する。本9章と第10章では、熱流動解析について述べる。本章では、燃料ピン内の温度分布を求める方法について述べ、第10章ではこの手法を拡張して燃料集合体や炉心内の温度分布計算について説明する。

燃料ピンの伝熱性能を解析する方法は、対象とする材料が何であるかによって大きく異なるが、燃料ピン内の温度分布を予測するための数学やその考え方は、材料に依存せず共通である。本章では、酸化物燃料を対象として、伝熱性能に関する数学的解析や、重要な概念の導入に必要な相関式および法則を述べる。酸化物燃料とは異なる振る舞いを示す炭化物燃料、窒化物燃料、金属燃料については、酸化物燃料と比較しつつ、材料の観点から11.2節で詳細に議論する。

熱流動解析に取り組むには数種類の方法がある。最初に冷却材入口部の流動と温度条件を設定し、炉心軸方向に進み、続いて径方向内側に向けて、各軸方向位置での燃料ピン内温度分布を決める。この流れは、ほとんどの熱力学解析で用いられており、ホットチャンネル係数を論じる第10章でも取り扱う。ここでは理解を深めるため、燃料内部の温度分布計算から開始し、燃料外側の冷却材へ向け径方向に進むこととする。この方法により、熱源からスタートし、徐々に温度が下がりながら複数の熱的障壁を経由し、径方向外側の除熱源である冷却材へ至るという、熱の流れの現象理解が可能となる。

本章では、定常状態にある燃料ピンの熱的性能について詳細に述べる。しかし炉心設計者は、予期される過渡現象（例えば、出力/流量操作や、緊急停止における通常の制御に因る過渡事象）や通常状態からの逸脱や事故時における燃料ピンの振る舞いについても関心がある。定常状態の解析に用いられる基本的な手法は、過渡状態の解析にも適用できるが、高温環境が材料特性に与える影響は大変重要なことを理解しておく必要がある。これらは、炉心材料について解説する第11章や、安全性を解説する第13、14、15、16章で述べる。

熱流動や冷却材による熱輸送について解説する第9、10章では、液体金属冷却材のみを対象としている。ガス冷却高速炉の熱流動は、第17章で簡潔に述べる。FFTF（Fast Flux Test Facility）やCRBRP（Clinch River Breeder Reactor Plant）の設計中に開発された手法に加え、液体金属冷却高速炉の熱力学の詳細については、Tang、Coffield、Markley著の「Thermal Analysis of Liquid-Metal Fast Breeder Reactors［1］」に記載されている。

本章で紹介する情報の多くは、FFTFとCRBRPから得られた経験に基づいている。FFTFやCRBRPでの経験は、燃料ピンの熱的性能を評価する際に考慮すべき、鍵となる考え方や概念を理解するための豊富な知見を提供する。しかし、熱流動に関する知見は絶えず刷新されており、ここではFFTFやCRBRP以降に得られた新たな知見についても適宜示していく。

9.2 燃料および被覆管の伝熱解析

9.2.1 燃料の径方向温度

内部に熱源がある円筒状の燃料ピンの内側における定常状態の温度分布は、図9.1に示すモデルに基づく熱伝導方程式から得られる。ここで、燃料ピン中の熱源は一様と仮定する。つまり、燃料ピン内では中性子の空間的自己遮蔽効果はないものとする[1]。

軸方向の伝熱を無視した場合の[2]、円筒における単位長さ当たりの円筒状要素drの一次元熱バランスを次式で示す。

$$-2\pi rk\frac{dT}{dr}+Q2\pi rdr=-2\pi\left[rk\frac{dT}{dr}+\frac{d}{dr}\left(rk\frac{dT}{dr}\right)dr\right],$$

ここで

T = 温度（℃）
k = 熱伝導度（W/m・℃）
Q = 単位体積あたりの発熱量（W/m^3）

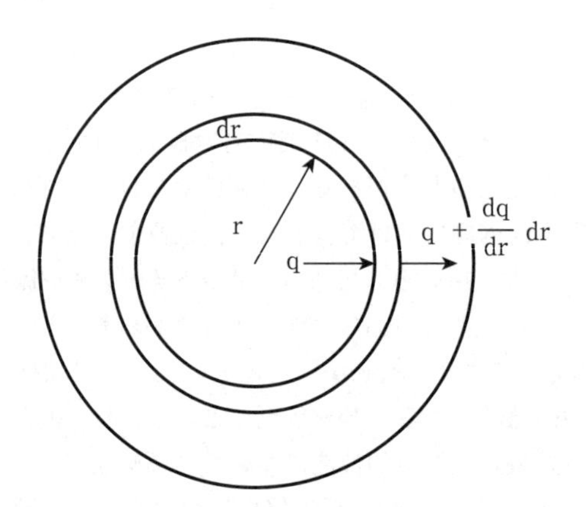

q = 径方向rにおける熱流（W）

図9.1　円筒状発熱体の熱伝導モデル

定常状態では、熱伝導方程式を下記のように単純化できる。

$$\frac{1}{r}\frac{d}{dr}\left(rk\frac{dT}{dr}\right)+Q=0. \tag{9.1}$$

ここで、熱伝導度は温度、すなわち径方向位置に強く依存する関数であるため、この方程式の導出には議論の余地があることを補足しておく。

式（9.1）を解くために必要な2つの境界条件は、

(1) $\dfrac{dT}{dr}=0$ at $r=0$,

---

[1] 高速炉では、中性子の空間的な自己遮蔽をほとんど無視できる。但し、式（9.9）に示すように、燃料の再組織化／組織変化（restructuring）により熱源の変化は空間的に複雑になる。

[2] 径方向の温度勾配は軸方向に対して大きいため、ほとんどの場合において許容可能な近似となる。

(2) $T = T_s$ at $r = R_f$,

ここで、

R_f = 燃料ピンの外表面半径
T_s = 燃料ピンの外表面温度

式（9.1）を積分して、

$$rk\frac{dT}{dr} + Q\frac{r^2}{2} = C_1.$$

境界条件(1)よりC_1=0である。境界条件(2)を用いて積分して、

$$\int_{T(r)}^{T_s} kdT + \frac{Q}{2}\int_r^{R_f} r\,dr = 0.$$

最初の積分項の上限と下限を逆にすると、

$$\int_{T_s}^{T(r)} kdT = \frac{Q}{4}\left(R_f^2 - r^2\right). \tag{9.2}$$

表面温度T_sおよび熱伝導度を温度の関数として与えることにより、任意の半径rにおける燃料温度は上記式から求めることができる[3]。

もし燃料中心温度T_{CL}のみを知りたいのであれば、r=0と置けばよく、

$$\int_{T_s}^{T_{CL}} k\,dT = \frac{QR_f^2}{4}. \tag{9.3}$$

線出力（linear power）もしくは線出力密度（linear heat rate）は元々第2章の式（2.2）で導入され、χで表される。この線出力χと単位体積当たりの発熱量Qは次式の関係にある。

$$\chi = Q\pi R_f^2. \tag{9.4}$$

式（9.3）と（9.4）から次式を得る。

$$\chi = 4\pi\int_{T_s}^{T_{CL}} k\,dT. \tag{9.5}$$

[3] もしくは、式（9.2）は、$\theta = \int_{T_s}^{T(r)} kdT$、すなわち$d\theta/dr = kdT/dr$と定義することにより得られる。式（9.1）は$d^2\theta/dr^2 + (1/r)(d\theta/dr) + Q = 0$と記述でき、この式の解は$\theta(r) = -Qr^2/4 + C\ln r$となる。

ここでχはSI単位であるkW/m、もしくはW/cmをしばしば用いる。アメリカでは通常kW/ftを用いる。高速スペクトル炉における線出力を表8.1に示す。

上式の$\int k\, dT$を計算する1つの方法は、解析解のkを用いることである。理論密度95%、O/M比2.0、U：Puの組成比が80%：20%のMOX燃料に対する熱伝導度kと温度Tの関係を図9.2に示す［2］。

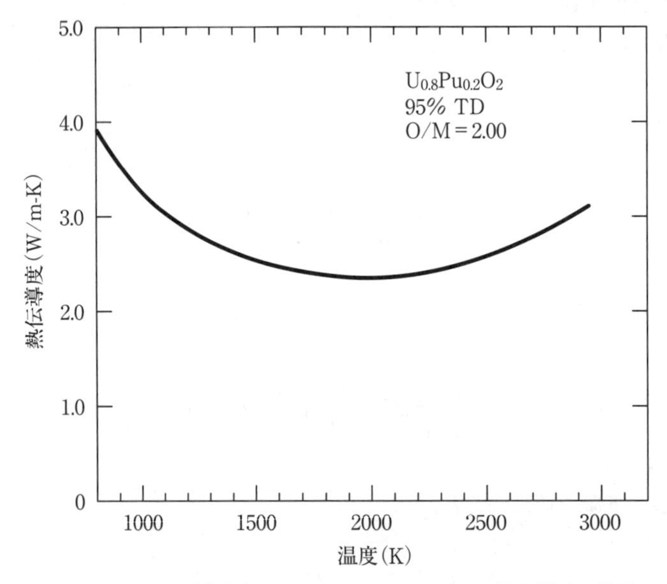

図9.2　MOX 燃料（U：80%、Pu：20%）の熱伝導度［2］

$$k = \left(0.042 + 2.71 \times 10^{-4} T\right)^{-1} + 6.9 \times 10^{-11} T^3 \quad (95\%\ TD), \tag{9.6}$$

ここでkの単位はW/m・K、Tは絶対温度Kである。

理論密度95%は、ナトリウム冷却酸化物燃料高速炉に用いられる代表的な燃料であるMOX燃料中の空孔率（porosity）を考慮した値である。空孔率とは、燃料ペレット内にある空間（隙間）の体積割合である。空孔率が5%以外の燃料の熱伝導度は、理論密度95%のものを次式により修正することによって得られる。

$$k_p = k \frac{1 - 2.5p}{0.875} \text{ if } p \leq 0.1, \tag{9.7a}$$

$$k_p = k \frac{1 - p}{0.875\,(1 + 2p)} \text{ if } p > 0.1, \tag{9.7b}$$

ここで空孔率pの燃料の熱伝導度k_pは、理論密度95%（あるいは空孔率5%）の燃料に対する式（9.6）から求めることができる[4]。

中心温度を評価する他の方法は、与えられた線出力と表面温度を用いて、燃料温度Tに対する$\int_{Tref}^{T} k_{ref}\, dT$をプロットすることである。ここで$k_{ref}$は代表的な燃料密度もしくは空孔率に対する熱伝導度、T_{ref}は参照となる任意の温度である。理論密度95%のMOX燃料におけるプロットを図9.3に示す。最初のステップは、式（9.5）によって線出力から$\int_{Ts}^{T_{CL}} kdT$を求めることである。

実際の燃料密度が、$\int k_{ref}\, dT$の値を求めた燃料と同じ場合、燃料ピンの表面温度から開始し、図上のT_sからT_{CL}間の$\int k\, dT$の増分として計算された$\int_{Ts}^{T_{CL}} kdT$を用いて中心温度を得る。すなわち、

$$\int_{T_S}^{T_{CL}} k_{ref}\, dT = \int_{T_{ref}}^{T_{CL}} k_{ref}\, dT - \int_{T_{ref}}^{T_s} k_{ref}\, dT. \tag{9.8}$$

（この手法とは逆に、表面温度および燃料の溶融温度から、中心部が溶融する線出力を求めるためにこの図を使うこともできる）

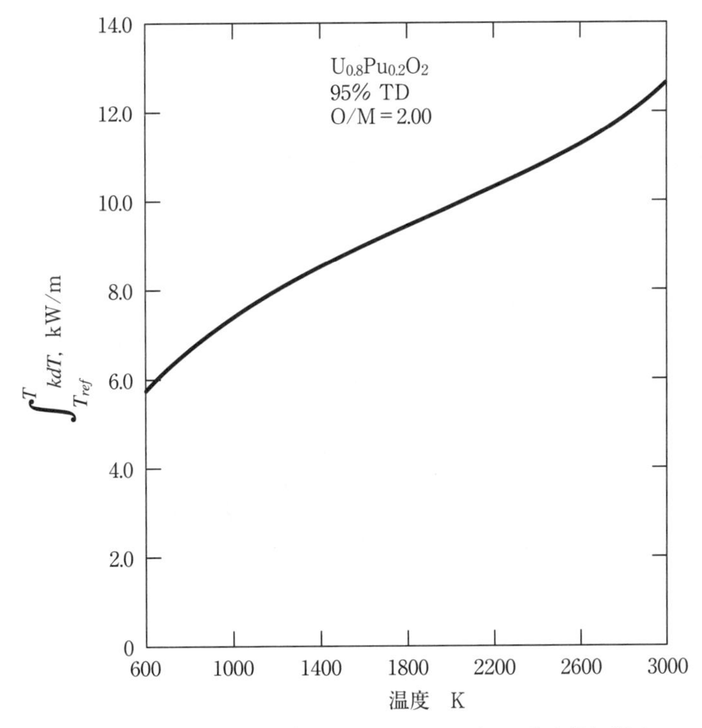

図9.3　MOX 燃料（U：80%、Pu：20%）の積分熱伝導度
［式(9.6)および図9.2 より作成］

[4] 研究室規模の実験から、MOX燃料の熱伝導度は、酸素対金属比率（O/M）に応じて変化することが示されている。式（9.6）および図9.2は、O/M比2.00に対応した値である。しかしながら、実機の運転中における燃料の伝導度や温度に対する化学量論的O/M比（stoichiometric O/M ratio）の正確な影響については、まだ研究中である。

燃料の密度が、$\int k_{ref}dT$を得た燃料の密度と異なる場合、図から$\int k\, dT$の増分を修正することが必要になる。ある空孔率を持つ燃料の熱伝導度をk_pとすると、その燃料に対する積分は$\int k_p dT$となる。次に式（9.7）から得られる比k_{ref}/k_pを$\int k_p dT$に乗じ、その値を図9.3上の増分として用いてT_{CL}を求めることができる。

MOX燃料では、（第8.2.3章に述べるように）燃料ピンの中心に空隙を形成し、再組織化／組成変化（restructuring）が生じるので、実際はもっと複雑である。

本節では、燃料ピンの熱的性能を評価するために必要な燃料のふるまいを示すため、MOX燃料（U：80%、Pu：20%）の熱伝導データを用いる。数種類のウラン・プルトニウム混合燃料の熱伝導度と、その他の燃料特性を第11章の表11.3にまとめる。さらに、様々な燃料の材料特性に関する詳細なデータを、第11章の参考文献［13, 30-37］として示す。

9.2.2 燃料再組織化の影響

金属燃料、炭化物燃料、窒化物燃料は再組織化しないため、中心部の空隙は生じない[5]。よって、これらの燃料では、径方向の温度分布は上に示した簡易な式にて求めることができる。しかしながら、第8.2.3節で述べたようにMOX燃料は再組織化する。燃料の温度分布において、最も重要なことは、再組織化によって中心空孔が発達し、柱状晶領域と等軸晶領域において、熱伝導度、密度、発熱率が変化することである。

図9.4は図9.5のグラフを分かりやすく図示したもので、燃料ピンモデルにおいて再組織化した各領域とその半径を番号によって識別している。図9.4において、3つの領域の密度、熱伝導度を与えることにより、温度分布を求めることができる。

等軸・柱状晶組織では、空孔が減少することにより、局所的に燃料密度は増加する。ここで、ある線出力χ（再組織化によって変化しない）に対する、3つの領域における発熱率を次に示す。

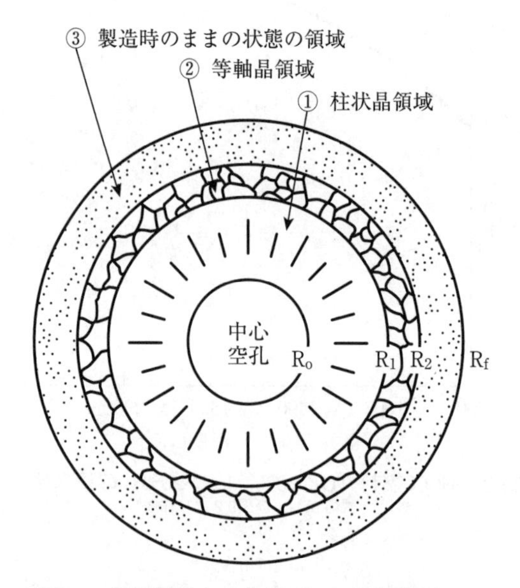

図9.4 再組織化した燃料ピンの解析体系

[5] これらの燃料の熱的性質については、第11章を参照のこと。

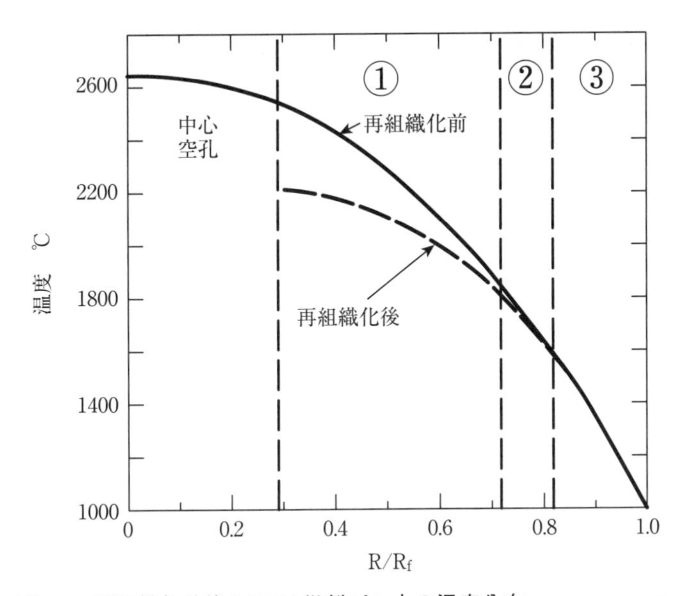

図9.5　再組織化前後のMOX 燃料ピン中の温度分布。χ = 50kW/m, T_s =1,000℃, 初期密度=85%理論密度, T_1=1,800℃, ρ_1=98%理論密度, T_2=1,600℃, ρ_2=95%理論密度（参考文献［3]）

$$Q_3 = \frac{\chi}{\pi R_f^2}, \tag{9.9a}$$

$$Q_2 = \frac{\chi}{\pi R_f^2}\frac{\rho_2}{\rho_3}, \tag{9.9b}$$

$$Q_1 = \frac{\chi}{\pi R_f^2}\frac{\rho_1}{\rho_3}, \tag{9.9c}$$

ここで、密度ρは、空孔の減少分を考慮している。

これらの発熱量Qを用いれば、熱伝導方程式は、各領域において異なる燃料組織が接合する表面温度を $\int k\,dT$から求めることにより、各領域ごとに解くことができる。

領域 1 と 2 の間の境界R_1では、温度および熱流束の連続性が境界条件となる。すなわち、

$$k_1\left(\frac{dT}{dr}\right)_1 = k_2\left(\frac{dT}{dr}\right)_2, \text{ and } T_1 = T_2, \text{ at } r = R_1. \tag{9.10}$$

さらに、半径と密度には相互関係がある。例えば、領域1および2では、再組織化前は密度ρ_3であった物質を含む。径方向R_2内の質量保存式は、

$$\rho_1\left(R_1^2 - R_0^2\right) + \rho_2\left(R_2^2 - R_1^2\right) = \rho_3 R_2^2. \tag{9.11}$$

境界条件（式（9.10））および質量保存式（9.11）から、熱伝導方程式（9.1）の解は、3つの領域において、次のようになる。ここで、T_0、T_1、T_2、T_s、はR_0、R_1、R_2、R_fにおける温度である[6]。

領域3（再組織化していない領域：未再編成領域）：

$$\int_{T_s}^{T_2} k_3\, dT = \frac{\chi}{4\pi}\left[1-\left(\frac{R_2}{R_f}\right)^2\right]. \tag{9.12}$$

領域2（等軸晶領域）：

$$\int_{T_2}^{T_1} k_2\, dT = \left(\frac{\chi}{4\pi}\right)\left(\frac{\rho_2}{\rho_3}\right)\left(\frac{R_2}{R_f}\right)^2\left[1-\left(\frac{R_1}{R_2}\right)^2-2\left(1-\frac{\rho_3}{\rho_2}\right)\ln\frac{R_2}{R_1}\right]. \tag{9.13}$$

領域1（柱状晶領域）：

$$\int_{T_1}^{T_0} k_1\, dT = \left(\frac{\chi}{4\pi}\right)\left(\frac{\rho_1}{\rho_3}\right)\left(\frac{R_1}{R_f}\right)^2\left[1-\left(\frac{R_0}{R_1}\right)^2-2\left(\frac{R_0}{R_1}\right)^2\ln\frac{R_1}{R_0}\right]. \tag{9.14}$$

中心温度T_0は、χの実験値と図9.3および上記式を用いて得ることができる。また、式（9.12）および図9.3から温度T_2を求めることができる。再組織化していない燃料密度が、$\int k_{ref}\,dT$で計算される密度と異なる場合、$\int k\,dT$は、第9.2.1節に述べる方法で修正される。式（9.13）と図9.3によりT_1が求められ、最後に式（9.14）と図9.3によりT_0が求められる。

MOX燃料ピンの再組織化前と再組織化後における径方向の燃料温度分布を図9.5に示す。たとえ線出力が同じでも、中心空孔が進展し、かつ再組織化領域で熱伝導が増大するため、燃料中心部の最高温度は約400℃低下する。よって、MOX燃料の再組織化は、本質的に熱伝導が低いという短所を部分的に補う。以下に述べるように、初期の燃料被覆管ギャップが閉じた後は、中心温度はさらに低下する。

9.2.3 燃料被覆管ギャップ

第9.2.1節および第9.2.2節で求めた燃料温度は、燃料表面温度T_Sに基づき求めていた。冷却材温度を求めるには、その他の熱伝導バリアである、燃料被覆管ギャップ、被覆管、そして冷却材の液膜を考慮する必要がある。

これら3つの領域のうち、燃料被覆管ギャップは熱の伝達に大きな抵抗となる。最初にギャップが開いている場合、ギャップにおける温度降下は、被覆管や冷却材の液膜よりもはるかに大きい。温度上昇によってギャップが閉塞した後においても、接触面における温度降下は依然として他の2つより大きい。

照射後のMOX燃料ピンを用いた実験データのほとんどは、特異な燃料膨張特性に加え燃料のスウェリングや熱クラックにより、短時間後にギャップが密着することを示している。この際、ギャップの熱抵抗は著しく減少するため、燃料中心温度は大きく低下する。照射に依存する熱的ギャップ幅Gを計算する方法については、第8.3.4節で説明する。

ギャップにおける温度降下（T_S-T_{ci}；T_{ci}は被覆管の内側温度）を計算するため、ギャップコンダクタンスh_gを次式で定義する。

---

6 解の詳細は参考文献［3］を参照。

$$\chi = h_g 2\pi R_f (T_s - T_{ci}). \tag{9.15}$$

開いている場合と閉じた場合の両方の状態でのギャップコンダクタンス（ギャップ部の熱伝達率）を評価する方法がある［4］。この方法は、RossおよびStouteによって熱中性子炉用に開発された手法であり、高速炉の計算にも一般的に用いられている［5］。

ギャップコンダクタンスの不確かさは大きい。なぜなら、このパラメータは、ギャップコンダクタンスに加え、線出力および燃料ピンの$\int k\,dT$を考慮した総合的な実験から解明する必要があるからである。

開いたギャップにおける熱の移動は、燃料と被覆管のギャップでの熱伝導、輻射および対流によって生じる。しかし、表面温度は、十分な輻射が生じるほど、またはギャップで生じる対流熱移動が無視できるほどに高温になることはほとんどない。従って、熱の移動は、主にギャップを満たす気体における熱伝導による。開いたギャップにおける熱伝達は以下のように示される。

$$h_g\,(\text{open}) \sim \frac{k_m}{G}, \tag{9.16}$$

ここで

k_m＝ギャップにおける混合気体の熱伝導度（W/m・K）
G＝ギャップ（m）.[7]

開いたギャップにおける熱伝達のより正確な式では、燃料と被覆管表面の粗さ、そして跳躍距離（jump distance）と呼ばれる量を考慮する。開いたギャップにおける表面粗さを図9.6aに示す。燃料と被覆管の表面粗さは、10^{-4}から10^{-2}mmの範囲にある［4］。この値は、0.1mmオーダである初期ギャップと比較される。

跳躍距離とは、各壁面において、気体分子による不完全なエネルギー交換を考慮するために用いる外挿距離である。この概念を図9.7に示す。

ギャップに跳躍距離を加えたギャップの有効厚さから、気体の熱伝導度k_mを持つギャップにおける温度降下が正確に与えられる。跳躍距離の計算値は、高い値も報告されているが、約10^{-4}mm以下のオーダである［5］。従って、開いたギャップには、影響がほとんどない。

表面粗さと跳躍距離の項目を考慮することにより、式（9.16）は次式のように修正される。

$$h_g\,(\text{open}) = \frac{k_m}{G + \left(\delta_f + \delta_c\right) + \left(g_f + g_c\right)}. \tag{9.17}$$

核分裂によって生成する気体XeおよびKrの熱伝導度は、初めに被覆管に充填される気体（通常ヘリウム）より小さいため、燃料ピン内に存在する気体の熱伝導度は燃焼と共に急速に低下する[8]。一方、燃焼に伴う気体圧力の上昇は、分子密度の増加をもたらし、熱伝導率の低下を部分的に補うこと

[7] 本文の全体にわたり、「ギャップ」という用語は、燃料と被覆管の間の領域を意味することに加え、ギャップの「幅」や「厚さ」の意味も含む。
[8] Xeの悪影響は、本節最後の溶融線出力に関する図9.10と図9.11を比較することによっても理解できる。

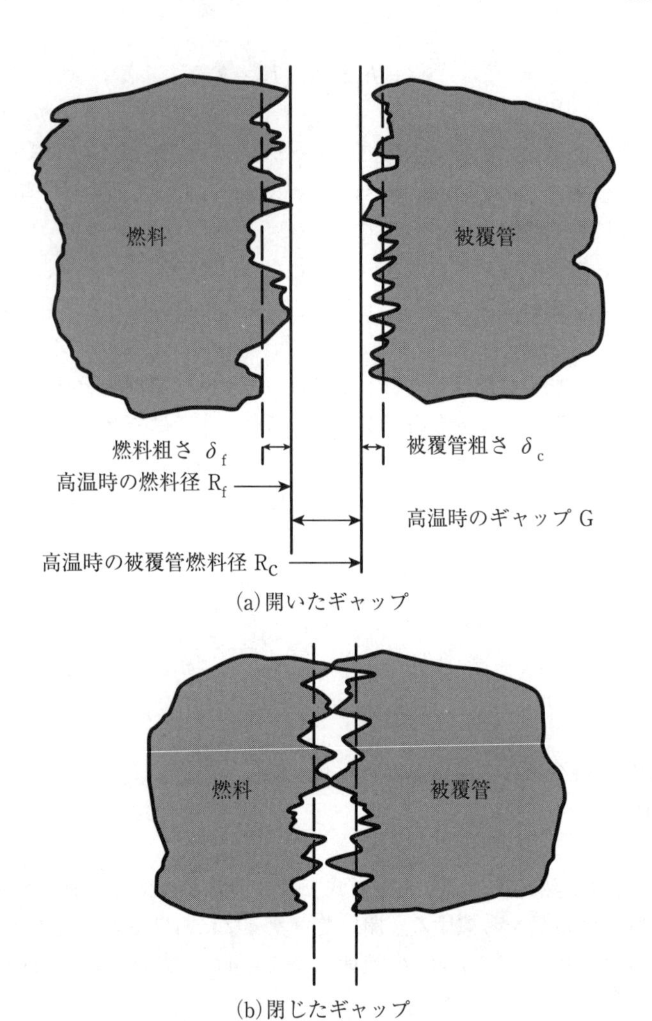

図9.6　ギャップにおける熱伝達の概念図

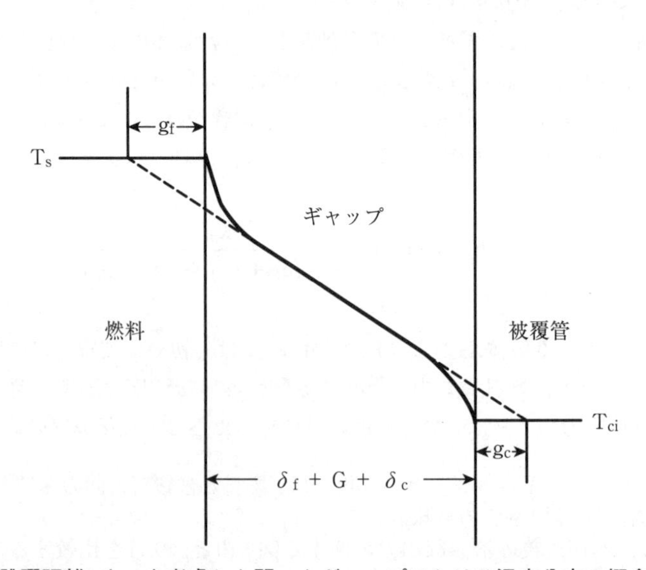

図9.7　跳躍距離g_fとg_cを考慮した開いたギャップにおける温度分布の概念図

になる。

閉じたギャップについては、図9.6bに示すように、表面粗さが残るので、ギャップ係数は 0 にはならない。ギャップコンダクタンスを定めるメカニズムには、材料の接触面によるもの、そして表面粗さによって気体が残存することによるものがある。接触面における熱コンダクタンスは、接触圧力P_{fc}（第8.3.4節の初めに定義されている）および燃料被覆管表面物質の実効熱伝導度に比例する。これは、柔らかい材料に対するマイヤー硬度（Meyer hardness）と実効表面粗さの平方根に反比例する。この実効表面粗さは、次式で定義される。

$$\delta_{eff} = \sqrt{\left(\delta_f^2 + \delta_c^2\right)/2}.$$

気体の熱伝達によるギャップコンダクタンスは、表面粗さが不変と仮定すると、開いたギャップの式にG=0を入れて求めれば良い。従って、閉じたギャップコンダクタンスは次式となる。

$$h_g\,(\text{closed}) = \frac{Ck_sP_{fc}}{H\sqrt{\delta_{eff}}} + \frac{k_m}{\left(\delta_f + \delta_c\right) + \left(g_f + g_c\right)}, \qquad (9.18)$$

ここで

C = 実験定数（$m^{-1/2}$）

k_S = 材料表面の実効熱伝導度$\left(= \dfrac{2k_fk_c}{k_f + k_c}\right)$

H = 軟らかい材料に対するマイヤー硬度（Pa）

式（9.17）、式（9.18）が示す物理的な意味を定性的に図9.8に示す。この図では、ギャップ幅が減少することにより、実効的な熱伝達率が増加することと、物理的な接触により、熱伝達率が顕著に増

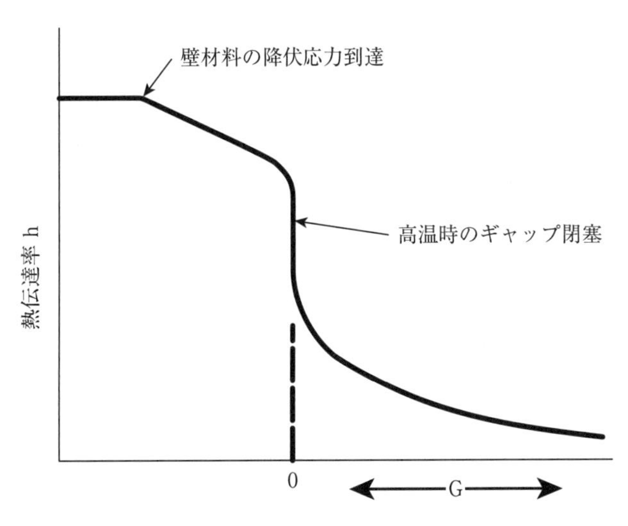

図9.8　燃料ー被覆管熱伝達率の定性的な概念

加することを示している。接触圧力が、片方の材料の降伏応力に達するまで熱伝達率はさらに増加する。

燃料－被覆管ギャップの径方向温度分布への影響、および高温ギャップにおける不確実性の影響を図9.9に示す。2つの曲線は、運転初期状態にあるFFTFの軸方向中心平面における燃料ピン温度（115%の過出力で、ホットチャンネル係数を考慮したもの[9]）を表す。上の曲線は最大ギャップG（max）、下の曲線は最小ギャップG（min）での温度を示す。いずれも運転初期段階のものである。ギャップにおける280℃の温度差は、結果的に燃料中心での温度差とほとんど同じとなる。

ギャップが燃料温度へ与える影響についての更なる説明を、本章の第9.2.5節および第9.4節（図9.20および図9.21）に示す。

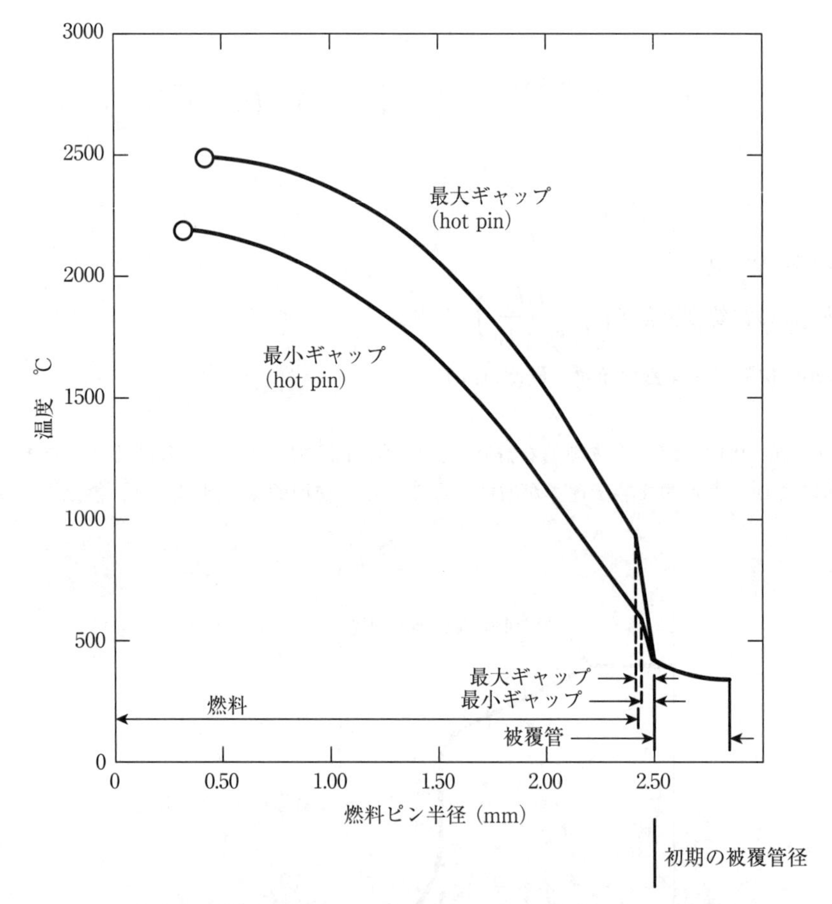

図9.9 運転初期ギャップが燃料ピン温度分布へ与える影響
この曲線は、115%過出力状態のFFTF燃料ピンにおける軸方向中央断面の温度分布を表す［6］。
（最大ギャップおよび最小ギャップにおいてホットチャンネル係数を考慮）

[9] 過出力とホットチャンネル係数については、第10.4節を参照のこと。

9.2.4 被覆管における温度降下

被覆管における温度降下は比較的小さい。被覆管の内外面における温度差（$T_{Ci}-T_{Co}$）は、熱流束 q(W/m^2)を用いてフーリエの法則から得られる。

$$q=-k\frac{dT}{dr}.$$

線出力 χ は次式となる。

$$\chi=-k_c 2\pi r\frac{dT}{dr}.$$

被覆管の熱伝導度は通常一定と仮定できるので、被覆管における温度降下は次式となる。

$$T_{ci}-T_{co}=\frac{\chi}{2\pi k_c}\ln\frac{R_{co}}{R_{ci}}. \tag{9.19}$$

ここで注意すべき点として、ここまでの熱解析全般にわたり、線出力に寄与する全ての発熱源は燃料にあると暗黙のうちに仮定してきた。これは必ずしも正確ではなく、詳細な設計コードでは、この仮定に基づく誤差を考慮する必要がある。生成熱の約14%を占めるガンマ線は、炉心内のあらゆる物質、特に燃料、被覆管、構造材のような重量物に良く吸収される。また、中性子の弾性散乱やベータ線の吸収によって、少量のエネルギーが、鋼材やナトリウムに直接移送される。全体では、核分裂エネルギーの約2%から3%が被覆管に吸収される。

9.2.5 溶融開始線出力の測定

熱流動解析者の主たる関心事は、燃料が溶けないことを証明することである。これはホットチャンネル係数に関する第10.4節において、より詳しく述べる。ここでは、この実証のための実験結果を幾つか紹介する。

燃料の伝熱性能に関するこれまでの議論より、線出力の関数として燃料の中心温度を得るためには、詳細な計算が必要であることは明らかである。この計算は、多くの不確実性を含んでいる。燃料中心部が溶融するにはどれ位の線出力が必要かを実験的に調べるには、特定の高速炉の燃料ピンを高速試験炉で実際に照射してみるのが望ましい。この値は**溶融開始線出力**（linear-power-to-melting）と呼ばれ、χ_mで表示される。χ_mの測定は、一連の現象を組み入れ一つの全体的な結果を得るため、統合的測定と呼ばれる。この実験では、数多くの計算式に依存することなく、設計の最高線出力に対して中心部の融解が生じるかどうかを直接証明する。

この実験は、ハンフォード技術開発研究所［7, 8］、また別途、ゼネラルエレクトリック社［9］によって、FFTFおよびCRBRP燃料ピンの設計のために行なわれた。HEDL-P-19実験では、直径5.84mmのFFTFドライバー燃料、および直径6.35mmのCRBRP燃料ピン、19本がEBR-IIで照射された。これらは、冷温状態で0.09～0.25mmのギャップを有するMOX燃料ピン（UO_2：75%、PuO_2：25%）であり、最大線出力は5.84mmの燃料ピンで55.4～57.7kW/m、6.35mmの燃料ピン用で65.6～70.2kW/mである。これらの線出力は、全ての燃料ピンではないが、幾つかの燃料で、中心部の溶融を起こすのに十分な出力であった。P-19燃料ピンの内部はヘリウムガスで充填されていた。

その後、HEDL-P-20と呼ばれる別の同様な実験が、照射済の燃料ピンを対象に実施された。試験前の燃焼度は、3.7～10.9MWd/kgであった。加えて、少数の新燃料ピンがP-20実験で使われた。キセノンを用いたタグガスの効果を評価するため、ピンの幾つかをキセノン18%およびヘリウム82%で充填した。

図9.10に、P-20の新燃料ピンの結果とともに、P-19の実験結果を示す。下限境界（図9.10および図9.12）は、溶融（すなわち、これらの値の上に位置するχ_m）に至らなかった燃料ピンの値から得られている。上限境界は、軸方向にいくつかの溶融があった燃料ピンから得られている。溶融のあった２つのケースを図9.11に示す。軸方向の一部が溶融に至った燃料ピンにおいて、溶融が始まった軸方向位置での線出力χを正確に決めることができる。

100%ヘリウム充填のFFTFおよびCRBRP燃料ピンにおける溶融開始出力χ_mを、次式で示す［8］。

$$\chi_m = 53.51 + 199.3G_0 - 1.795 \times 10^3 G_0^2 + 3.764 \times 10^3 G_0^3, \quad (0.076 \le G_0 \le 0.254)\ (100\%\ \text{He ガス充填}) \tag{9.20}$$

ここで、G_0は冷温状態のギャップで単位はmm、χ_mの単位はkW/mである。3σ（第10.4節で述べる）の信頼度を図9.10に示す。

10%キセノンと90%ヘリウム充填の相関式も導出されている［8］。そのプロット値を、18%キセノンと82%ヘリウム充填燃料の2つのP-20実験結果（軸方向全体に溶融を発生）とともに図9.11に示す。相関式は以下の通りである。

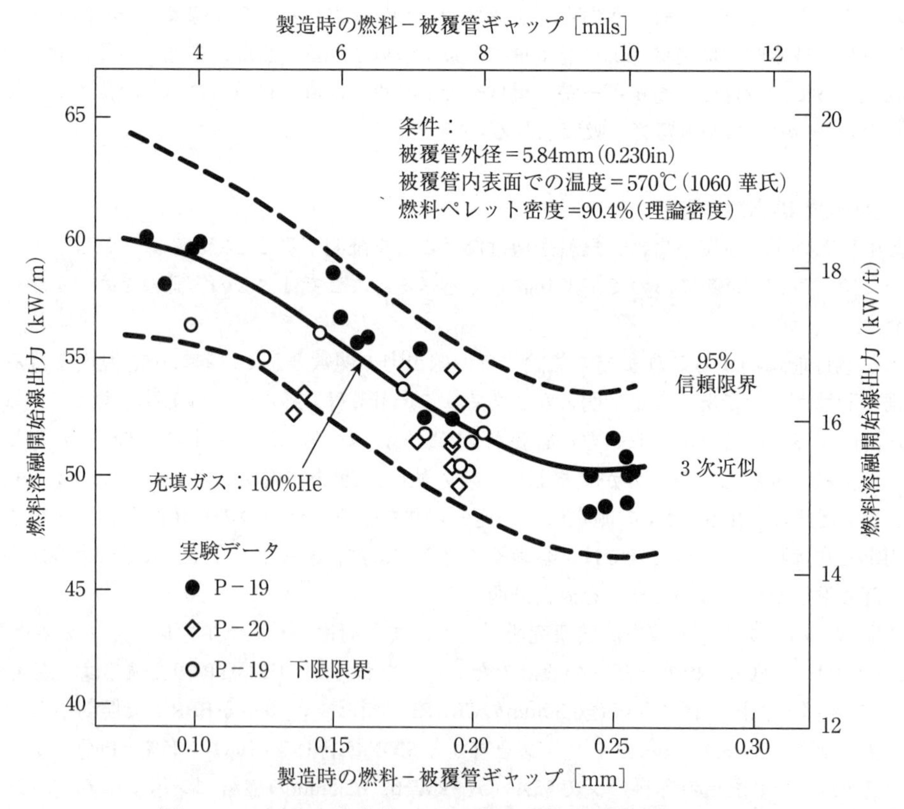

図9.10 ヘリウムを充填したFFTF 燃料条件に規格化された新燃料の溶融開始線出力χ_m［8］
（下限境界データは、溶融が生じなかった燃料ピンに対応）

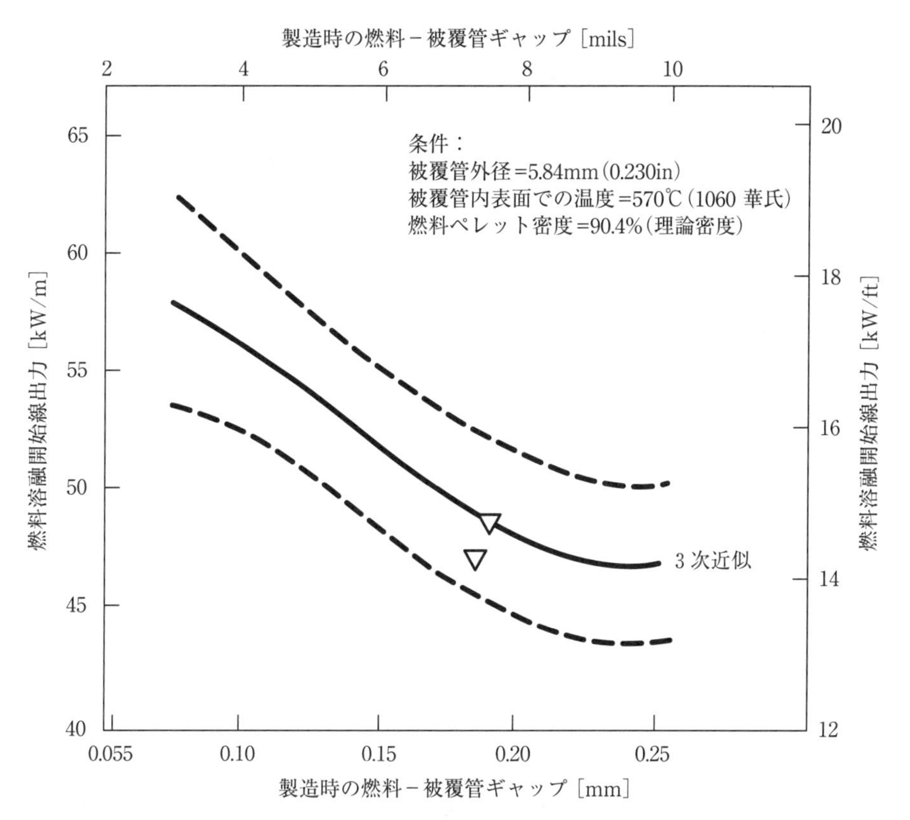

図9.11　10%キセノンのタグガスを含むFFTF燃料条件に調整された新燃料の溶融開始線出力 χ_m [8]
2つのプロットデータは、18%キセノンおよび82%ヘリウム充填の燃料ピンに対する χ_m を示している。10%キセノンを含むFFTF 燃料ピンの χ_m は、18%キセノンケースよりも高い。

$$\chi_m = 56.7 + 100.7G_0 - 1.449 \times 10^3 G_0^2 + 3.424 \times 10^3 G_0^3 \\ (0.076 \leq G_0 \leq 0.254)\ (10\%\text{Xe}, 90\%\ \text{He ガス充填}). \tag{9.21}$$

あらかじめ照射された燃料ピンに対するP-20実験の下限境界を図9.12に示す。これらの下限境界は、線形関係として表わすことができる [8]。

$$\chi_m = 66.3 - 0.41G_0 \quad (0.076 \leq G_0 \leq 0.254) \\ (\text{燃焼度：}3.7 \sim 10.9\ \text{MWd/kg}). \tag{9.22}$$

P-20試験では、燃料－被覆管ギャップが照射前に閉じ再組織化が十分に発達している照射済燃料が溶融を引き起こすためには、新燃料よりも高い線出力が必要であることが示された。これらの結果から、ナトリウム冷却高速炉では、運転初期は低い線出力で、その後高い線出力で運転するような制限をかける可能性がある。

溶融線出力に対する燃料についての、F20と呼ばれる同様な試験が、ゼネラルエレクトリック社によって実施された。それは、HEDL試験を補う領域の実験条件を含んでいた。その結果は、HEDL試験と合致しており、試験データの適用範囲を広げた。

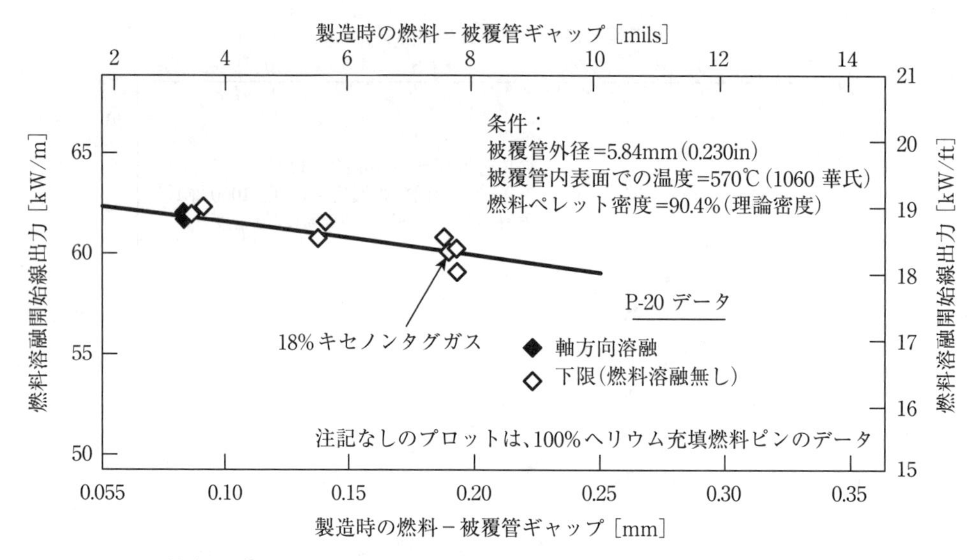

図9.12 燃焼度10.9MWd/kg（1.12at.%）までの燃料に対するχ_mの下限データ [8]

燃料溶融のふるまいを正確に予測するための実験は継続して実施された。しかしこの実験は、原子炉での照射とホットセル実験に関係する統合的測定から徐々に離れて、溶融挙動のみを純粋に測定する様注意深く準備された実験に向かっていった [10]。これらのデータを用いて、第8章にて述べた燃料温度や燃料溶融の予測を行う解析コードを検証することで、炉心設計者は、実験なしに異なる燃料設計に必要なχ_mを解析的に評価することができる。

9.3 冷却材の熱伝達

9.3.1 一般的なエネルギーと対流の関係

熱エネルギーは、燃料ピンから対流によって冷却材に伝えられる。液体金属（通常ナトリウム）、気体（通常ヘリウム）の冷却材は、燃料集合体内部において、燃料ピンの間を流れる（いくつかの高速スペクトル炉の比較を表11.11に示す）。図9.13に示すように、流路（しばしばサブチャネルまたはセルと呼ばれる）は、燃料ピン間や管壁と燃料ピンの間の空間である。流路形状は、その位置に応じて、内部、エッジ、コーナーの3通りがある。燃料集合体内に内部格子は繰り返し現れ、1つの燃料ロッドあたり2つの内部チャンネルがある。ワイヤースペーサーがある設計では、各々の内部チャンネルの2つの内の1つにワイヤーがある[10]。図9.13に示した通り、ワイヤーの一巻毎の軸方向長さは、リード（もしくは軸方向ピッチ）と呼ばれる。

被覆管から冷却材への熱流束は次式で与えられる。

$$q = h(T_{co} - T_b) = \frac{\chi}{2\pi R_{co}}, \tag{9.23}$$

[10] 各チャンネルの形状の詳細については、第9.3.3節および式（9.31）、式（9.32）を参照のこと。

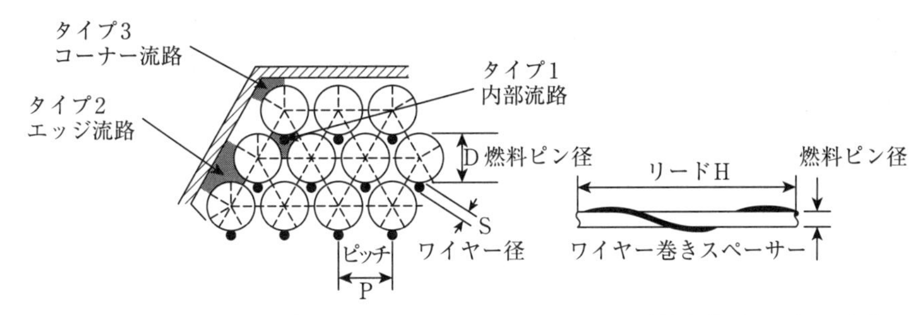

図9.13　流路とワイヤースペーサーのリード（軸方向ピッチ）の定義

ここで

h = 熱伝達率（W/m^2・℃）
T_{co} = 被覆管外面温度（℃）
T_b = 冷却材代表温度（冷却材バルク温度）（℃）
R_{co} = 被覆管外半径（m）

図9.14に示す形状で、エネルギーは次式によって除去される。

$$h\,(T_{co} - T_b)\,2\pi R_{co} dz = \chi\, dz = \dot{m} c_p dT_b, \tag{9.24}$$

ここで、冷却材質量流量（$\dot{m}$）は、燃料ピン１本に対する量である。

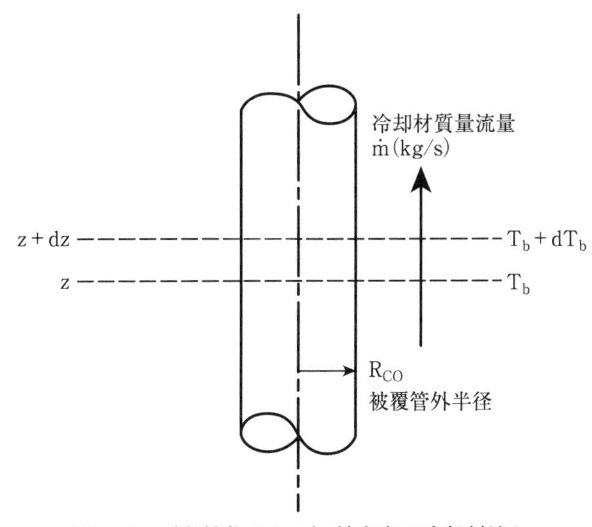

図9.14　（単純化された）軸方向の冷却材流れ

式（9.24）および図9.14で定義したモデルは単純化されており、第9.4.2節で示す軸方向の温度分布の特徴を示すために使用するものである。一方第10章では、ナトリウム冷却高速炉の実設計に必要な、より詳細な解析について述べる。式（9.24）中の質量流量は、図9.13における個々のチャンネルではなく、燃料ピン1本を対象とする。ナトリウム冷却高速炉、およびガス冷却高速炉（GFR）の設計では、流れは上向きである。第17章に述べるように、初期のガス冷却高速炉の設計では、下向きの冷却材流れとしていたが、現在では一般的には用いられていない。

式（9.23）、式（9.24）の評価をする前に、熱伝達率hの評価が必要である。そのため、燃料ピンの解析から一旦離れ、液体金属の熱的特性と熱伝達率について述べる。第9.4節で式（9.23）や式（9.24）の評価に戻る。

9.3.2 液体金属と他の流体との違い

第8.2節で述べたように、高速中性子炉では、燃料ピンの直径が小さいことによる利点を活かすために、熱伝達率の高い冷却材が必要である。液体金属は、低速度と低圧力下において、他の流体より熱伝達率が高いため、高速スペクトル炉の冷却材として使用される可能性が高い。

ナトリウム冷却高速炉の炉心設計で使用する熱伝達率を求める相関式を示す前に、液体金属とその他の流体間の熱伝導度の大きな違いに基づく特性の差異について考察する。

プラントル数（Pr）は、対流熱伝達に影響を与える特性因子から成る無次元数である。

$$\mathrm{Pr} = \frac{c_p \mu}{k} = \frac{\nu}{\alpha}, \tag{9.25}$$

ここで

ν = 動粘性係数、μ / ρ

α = 熱拡散係数、k / ρ_{C_p}

動粘性係数は流体中における運動量の輸送率に、熱拡散係数は伝導による熱移動率に関係する量である。プラントル数が1の場合、νとαの比は等しく、熱移動のメカニズムと速度は運動量輸送のそれらと同様である。水を含む多くの流体のプラントル数は、1から10の範囲にある。気体のプラントル数は約0.7である。

液体金属のプラントル数は非常に小さく、0.01から0.001の範囲にある。このことは、液体金属においては運動量輸送ではなく伝導による熱移動メカニズムが全体を支配していることを示している。この低プラントル数は、金属が例外的に熱伝導度が高いことに起因する。ナトリウムの粘性と比熱は水とそれほど違わないが、熱伝導度は水と大きく異なり、約100倍大きい。この高い熱伝導度は、金属格子における自由電子の移動性が高いからである。一般的な炉心温度500℃における、ナトリウムのプラントル数は0.0042である。

液体金属の伝熱に関係する2つの計算式を用いて、低プラントル数がもたらす物理的な影響について述べる。最初は、平板上の層流における境界層の振る舞いの違いについて、2番目は管内における乱流の温度分布のマルティネリによる解析についてである。

9.3.2.1 平板流れ

平板上における液体金属の層流は、伝熱の教科書（例えば参考文献［11］）で解説されており、ここでは詳しく述べない。しかし物理的には、下記のようなものである。

流体が平板上に流れ、熱が流体と平板の間で同時に輸送される場合、2つの境界層、すなわち速度境界層（hydrodynamic boundary layer）と温度境界層（thermal boundary layer）が平板の表面に沿って発達する。速度uおよび温度Tは境界層の中で変化し、速度境界層および温度境界層の端で自由流れの値u_∞およびT_∞になる。壁面温度はT_Wである。プラントル数がほぼ1の流体の場合、図9.15aで示されるように、熱および速度の境界層の厚さ（δ_tとδ_h）は、ほぼ同じである。液体金属では、νに対してαが大きいため、温度境界層の厚さは、速度境界層より大きい。熱抵抗の小さな流体は、高い熱伝導度により、熱をより遠くへ輸送することが可能である。しかし、流体の粘性により、その速度は自由流れ速度u_∞に速やかに到達する。この状態を図9.15bに示す。

これらの差の結果は、ヌッセルト数（Nu=hx/k、ここでxは平板長さ）に対する熱伝達相関の差となる。またこの差は、管内における乱流の相関にも現れる。液体金属では、平板と管に対する相関のレイノルズ数（Re）およびプラントル数（Pr）は次数が同じであるため、ヌッセルト数（Nu）は、これらの無次元数の積であるペクレ数（Pe）と呼ばれる無次元数と直接相関がある。平板におけるペクレ数は次式となる。

$$\mathrm{Pe} = \mathrm{Re}\,\mathrm{Pr} = \left(\frac{\rho V x}{\mu}\right)\left(\frac{\mu c_p}{k}\right) = \frac{\rho V x c_p}{k}. \tag{9.26}$$

なお、粘性は上式に全く現われない。一般的な流体では、ReとPrは異なる次数をとる。よって粘性は、その相関式に残るのみならず、温度に強く依存するため相関式の重要な項となる。

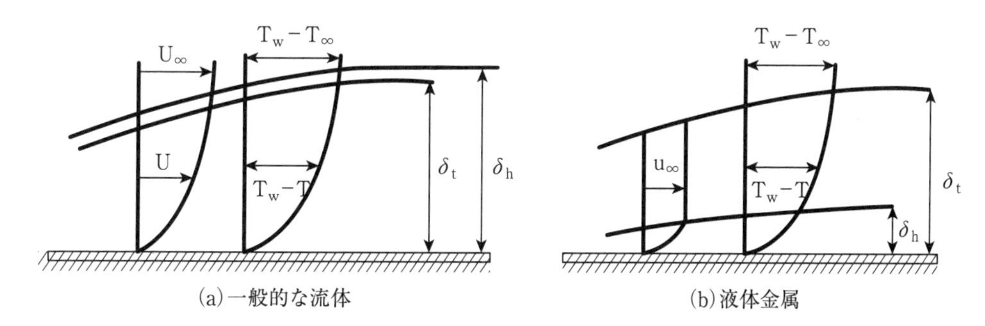

図9.15　一般的な流体と液体金属における熱境界層（δ_t）と速度境界層（δ_h）の比較

9.3.2.2　管内における加熱された乱流

乱流は、高レイノルズ数（管内流はRe＞2,300）領域で現れる。

$$\mathrm{Re} = \frac{\rho V D}{\mu}. \tag{9.27}$$

完全に発達した管内流では、速度境界層は管内全てを占めることになる。壁面からの境界層は、管内の中心部で合流する。乱流では、速度境界層は3つの層、すなわち、壁面側の薄板層、緩衝層、管内の中心部を満たす乱流コア部で構成される。各層における速度分布の式は、「壁面法則」として流体力学分野において知られており、管内乱流に適用可能である。

マルティネリ［12］は、熱と運動量の渦拡散を考慮し、かつ液体金属と一般的な流体との間の熱伝導とプラントル数の違いを考慮に入れ、3つの境界層における速度分布を用いて、熱伝達を伴う管内乱流を解析した。レイノルズ数10,000におけるマルティネリの解析結果を図9.16に再現している。本図は、管内における規格化した温度差［$T_W - T(y)$］/［$T_W - T_{CL}$］を、管壁面からの規格化した距離y/r_0に対してプロットしている。ここで、r_0は管内半径であり、中心部でy/r_0=1となる。またT_Wは壁面温度、T_{CL}は中心温度である。なお、液体金属冷却の炉心におけるレイノルズ数は、一般的に50,000であり、レイノルズ数100,000に対するマルティネリの解析結果もまた図9.16に類似している。一般的な流体（Pr～1）については、薄板層および緩衝層において、熱伝達に高い抵抗がある。一方、液体金属（Pr＜0.01）については、熱伝達の抵抗が管内全体、すなわち乱流コアの内部にまで見られる。

この結果から、液体金属冷却炉における冷却材チャンネルの温度分布は、図9.16における=0.01および0.001の曲線に似ているものと予測できる。よって、大きな温度降下が生じる、燃料ピンに接した薄膜はない。これは液体金属冷却炉と軽水炉との違いである。軽水炉の冷却材チャンネルでは、温度降下の大半は、燃料ピンに接する薄膜で生じる。液体金属冷却炉に関する文献でも引き続き「フィルム熱伝達係数」という用語を用いている。第10章でも、あたかも冷却材と被覆管の間に物理的に存在しているかのような領域として「フィルム」という用語を使う。しかしながら、管壁に接している低速流の流体力学的薄膜は、液体金属の管内流に確かに存在する。

図9.16では、通常ないしは高プラントル数の管内乱流における熱伝達率の相関式に、なぜ粘性が大

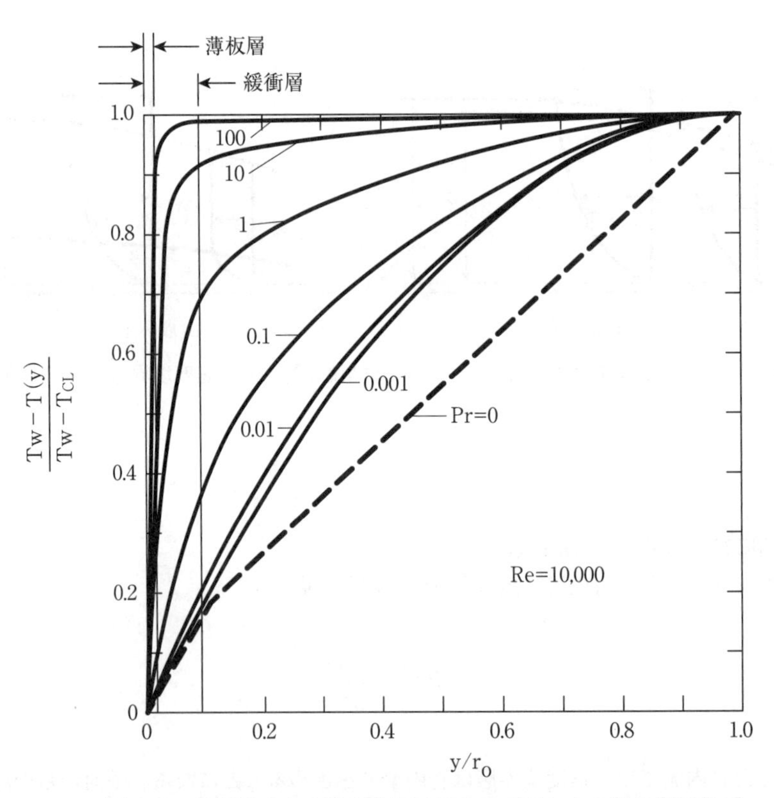

図9.16　熱伝達のある管内乱流に対するプラントル数の影響［12］

きな役割を果たすか、またそれがなぜ液体金属の相関式に入らないかを説明している。粘性は液体金属の管内流の薄板層および緩衝層において速度分布に強く影響するが、温度分布に影響しない。従って、熱伝達率は、流体の粘性とは独立したペクレ数に基づいている。

9.3.3　燃料集合体における液体金属の熱伝達

ナトリウム冷却高速炉では、燃料集合体を通過するナトリウムの熱伝達率について、想定される広範囲な燃料ピッチ/直径比（P/D）に対する測定が行われている。また、数多くの相関式も提案されている。熱伝達率に対する不確実性はやや大きいが、この不確実性が炉心および燃料ピンの設計にどう影響するかは評価されなければならない。これについては、第10章のホットチャンネル係数のところで掘り下げる。熱伝達率に大きな不確実性がある場合でも、被覆管や燃料の最高温度の評価には比較的小さな影響しかない。よって、ナトリウム冷却高速炉設計の観点から見れば、ナトリウムの熱伝達率についての知見は、適度に妥当といえる。

実験者は、既存データと良く適合する相関を見出そうとする傾向がある。炉心設計者は、被覆管と燃料温度が許容範囲を超えないことを合理的に証明する解析手法を用いる必要がある。これを達成する一つのアプローチは、信頼できる既存の実験データと比較した時に、不確実性がある下限値以下で熱伝達率を与える相関式を使用することである。他の方法は、最適な相関式を用い、不確実性に対して適切なホットチャンネル係数を与えることである。あるいは、高性能計算機の能力を活用し、統計的重畳概念（statistical convolution concept）に基づく手法を用いて、サンプリング技術で不確実性に対処することが考えられる。これにより、被覆管と燃料温度が許容誤差を超えないことを合理的に保証することができる。

FFTFおよびCRBRPの解析では、最適値を下回る熱伝達率を与える相関式や、不確実性をさらに許容するホットチャンネル係数が使用された。FFTFおよびCRBRPの相関式、そしてその他の最適な相関式について本節で述べる。

管内および燃料集合体における液体金属の熱伝達率を、ヌッセルト数とペクレ数から次式に示す。

$$Nu = \frac{hD_e}{k}, \tag{9.28}$$

$$\mathrm{Pe} = \mathrm{Re}\,\mathrm{Pr} = \frac{\rho V D_e c_p}{k}, \tag{9.29}$$

ここで、D_eは水力等価直径である［式（9.30）参照］。ヌッセルト数が決まれば、熱伝達率（h）が得られ、式（9.23）と式（9.24）で使用される。

log（Nu）の実験データをlog（Pe）に対して図9.17に示す。その曲線は一般的に「く」の字形となる[11]。ヌッセルト数は、臨界ペクレ数$\mathrm{Pe_c}$と呼ばれるペクレ数まで一定であり、その後$\mathrm{Pe_c}$よりも大きな値に対しては徐々に増加する。$\mathrm{Pe_c}$は約200である。様々なピッチ/直径比［13］を持つ燃料集合体についてのナトリウム実験データを図9.17に示す。

$\mathrm{Pe_c}$上下でのNuの振る舞いの違いは、渦熱伝導（eddy conduction）に依存する。$\mathrm{Pe_c}$以下では、熱伝

11　ブーメランは「く」の字形をしている。読者がこの形について確信がなければ、ゴルフをする人に尋ねると良い。というのは、ゴルフコースにはどこでも、「く」の字に曲ったフェアウェイが存在するからである。

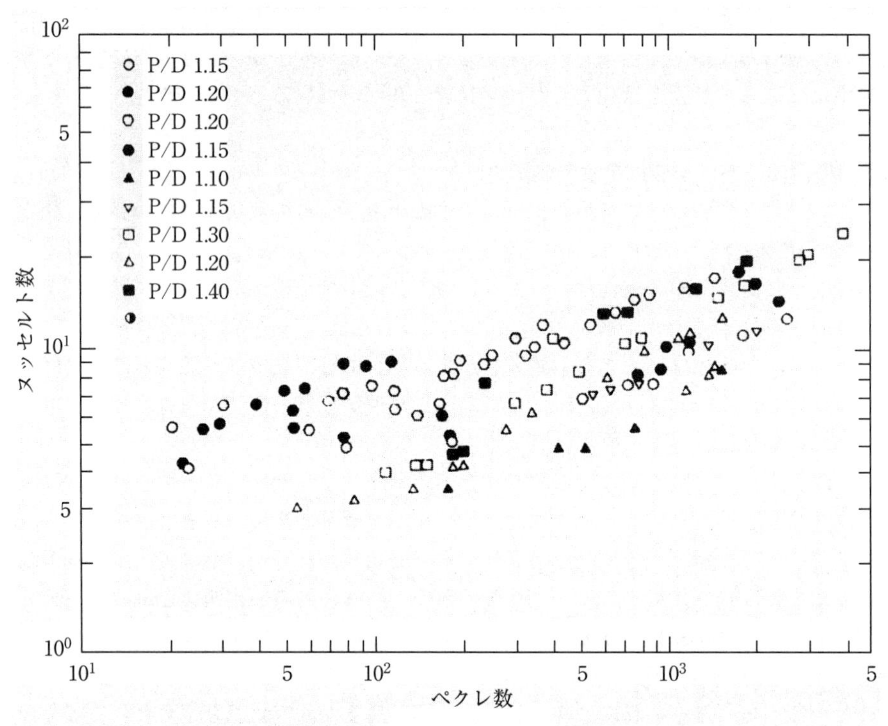

図9.17 燃料集合体におけるナトリウムの熱伝達率[13]

達は分子熱伝導（熱伝導度kに比例）による。一方、Pe_cより上では、渦熱伝導（実効渦熱伝導度k_eに比例）の影響が大きい。渦熱伝導は、層流と乱流の境界より上で寄与が顕著になり始める。例えば、500℃（=0.0042）およびPe=200のナトリウムのレイノルズ数は50,000であり、乱流領域にある。

燃料集合体の流れにおいて、レイノルズ数、ペクレ数、ヌッセルト数の式に表れる直径は、水力等価直径D_eである。図9.13に示される流路において、流路iにおけるD_eを次式に示す。

$$D_{ei} = \frac{4A_i}{P_{wi}}, \tag{9.30}$$

ここで

A_i = 流路 i における流量面積
P_{wi} = ぬれぶち長さ

図9.13に示すように、ワイヤースペーサーを用いる燃料集合体について、タイプ1の基本流路（i=1）の面積は、燃料ピンの間の領域からワイヤーラップの半分の断面積を差し引いた面積である。というのは、ワイヤーラップは、流路に隣接する3本の燃料ピンまわりに螺旋状に巻かれているので平均すると二つの流路の内一つに存在しているからである。[12] タイプ2の壁面流路（i=2）でも、流量

[12] 第10章の図10.4で確認することができる。

領域は燃料ピンと壁面間の領域からワイヤーラップの半分の断面積を引いた面積である。タイプ3のコーナー流路（i=3）では、流量範囲は燃料ピンと角の領域からワイヤーラップの断面積の1/6を引いたものである。ぬれぶち面積P_{wi}は、各流路における燃料ピンと壁面のぬれぶちと、流路1と2のワイヤーラップ半分の断面積と流路3のワイヤーラップ1/6の断面積を加えたものである。

$$A_1 = \frac{\sqrt{3}}{4}P^2 - \frac{\pi D^2}{8} - \frac{\pi s^2}{8}, \tag{9.31a}$$

$$A_2 = P\left(\frac{D}{2} + s\right) - \frac{\pi D^2}{8} - \frac{\pi s^2}{8}, \tag{9.31b}$$

$$A_3 = \frac{1}{\sqrt{3}}\left(\frac{D}{2} + s\right)^2 - \frac{\pi D^2}{24} - \frac{\pi s^2}{24}, \tag{9.31c}$$

$$P_{w1} = \frac{\pi D}{2} + \frac{\pi s}{2}, \tag{9.32a}$$

$$P_{w2} = P + \frac{\pi D}{2} + \frac{\pi s}{2}, \tag{9.32b}$$

$$P_{w3} = \frac{(D + 2s)}{\sqrt{3}} + \frac{\pi D}{6} + \frac{\pi s}{6}, \tag{9.32c}$$

ここでD、P、sは図9.13で説明されている。

レイノルズ数，ペクレ数における鉛直方向速度V_iは、燃料集合体内の平均速度$\overline{V}$、および第10.2.1節の式（10.8）で与えられる流速分布係数X_1を用いた流量領域と水力半径によって得られる。

燃料集合体における液体金属の熱伝達率に関して、ダウヤー［14］によって初期の検討が行われた。さらに、相関式と試験データの比較は、カジミおよびカレリ［15］によってなされた。この研究では、1.04から1.30までのピッチ対直径比に対する実験データ（ヌッセルト数とペクレ数の関係）が示された。これらのデータは、以下に述べる4つの相関式と比較された。液体金属冷却炉の設計において、主要なピッチ対直径比について、付録Aに示す。これらの値は、燃料で約1.2（1.15～1.32）、制御材や径方向ブランケットでより低い値（1.05～1.1）となる。通常運転時における典型的なペクレ数は、燃料集合体で150～300である。

ボリサンスキー、ゴトフスキー、フィロソバは、次の相関式を提案した［16］。

$$\mathrm{Nu} = 24.15\log_{10}\left[-8.12 + 12.76\,(P/D) - 3.65\,(P/D)^2\right] \tag{9.33a}$$

ここで、$1.1 \leqq P/D \leqq 1.5$m、$\mathrm{Pe} \leqq 200$の範囲であり、

$$\mathrm{Nu} = 24.15\log_{10}\left[-8.12 + 12.76\,(P/D) - 3.65\,(P/D)^2\right] + 0.0174\left[1 - e^{-6\left(\frac{P}{D}-1\right)}\right](\mathrm{Pe} - 200)^{0.9} \tag{9.33b}$$

ここで、$1.1 \leqq P/D \leqq 1.5$、$200 \leqq \mathrm{Pe} \leqq 2{,}000$である。

臨界ペクレ数は200である。参考文献［15］は、P/Dおよびペクレ数の適用範囲を超えた実験データのほとんどで、この相関式がよく合うことを示している。

グラバーとリーゲルは次の相関式を提案した［17］。

$$\mathrm{Nu} = 0.25 + 6.2\,(P/D) + \left[0.32\,(P/D) - 0.007\right](\mathrm{Pe})^{[0.8-0.024(P/D)]} \tag{9.34}$$

ここで適用範囲は$1.25 \leqq P/D \leqq 1.5$、$150 \leqq \mathrm{Pe} \leqq 3{,}000$である。

この相関式は、グラバーとリーゲルの実験（P/D=1.25）およびP/D=1.2での他のデータと適合するが、P/Dが1.2より下の範囲に対しては、ヌッセルト数を過大評価する。

<FFTF解析>

FFTFの相関式は参考文献［6］に述べられている。

$$\mathrm{Nu} = 4.0 + 0.16\,(P/D)^{5.0} + 0.33\,(P/D)^{3.8}\,(\mathrm{Pe}/100)^{0.86} \tag{9.35}$$

ここで、$20 \leqq \mathrm{Pe} \leqq 1{,}000$である。

<CRBRP解析>

CRBRP解析では、P/Dが1.2から1.3においてFFTF相関式が、P/Dが1.05～1.15ではカレリによって修正されたシャート相関式が使用された［15］。

修正シャート相関式は、Pe_cを境界として2つの式となっている。ここでPe_c=150である。相関式は以下の通りである。

(a) $1.2 \leqq P/D \leqq 1.3$、FFTF燃料相関式（9.35）
(b) $1.05 \leqq P/D \leqq 1.15$、修正シャート相関式

$$\mathrm{Nu} = 4.496\left[-16.15 + 24.96\,(P/D) - 8.55\,(P/D)^2\right] \tag{9.36a}$$

これは$\mathrm{Pe} \leqq 150$の場合に適用。そして、

$$\mathrm{Nu} = 4.496\left[-16.15 + 24.96\,(P/D) - 8.55\,(P/D)^2\right]\left(\frac{\mathrm{Pe}}{150}\right)^{0.3} \tag{9.36b}$$

本式は$150 \leqq \mathrm{Pe} \leqq 1{,}000$の場合に適用される。

実験データから求められたヌッセルト数は、図9.18や図9.19の相関式によって評価される計算値と比較される。図9.19は、ヌッセルト数が炉心内の位置によって、どのように影響を受けるかを示す。

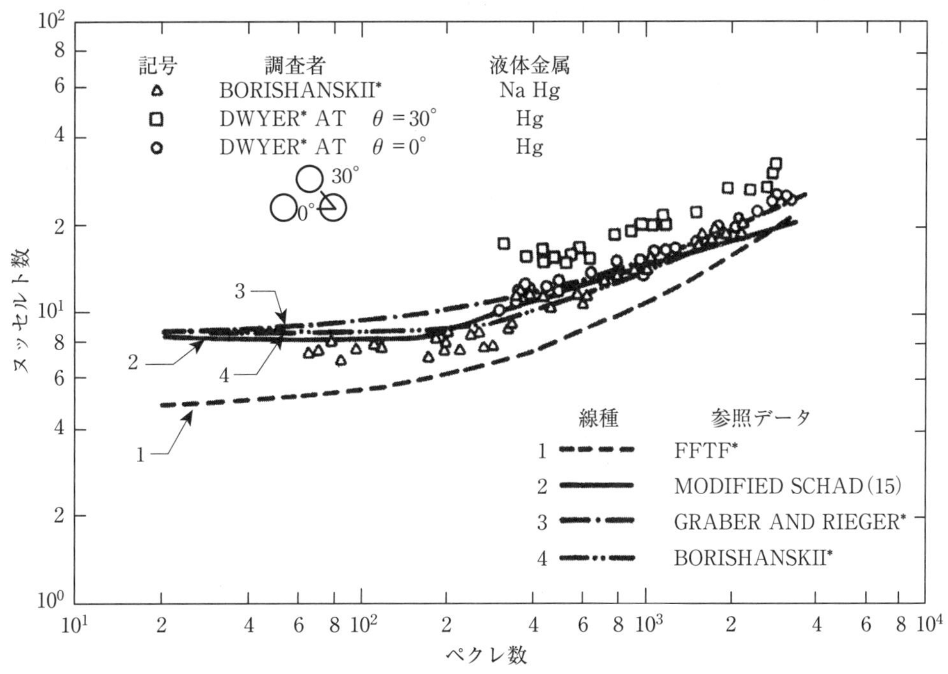

図9.18　P/D=1.3における計算値と実験データの比較[15]
(調査者データの参考文献は[15]に記載)

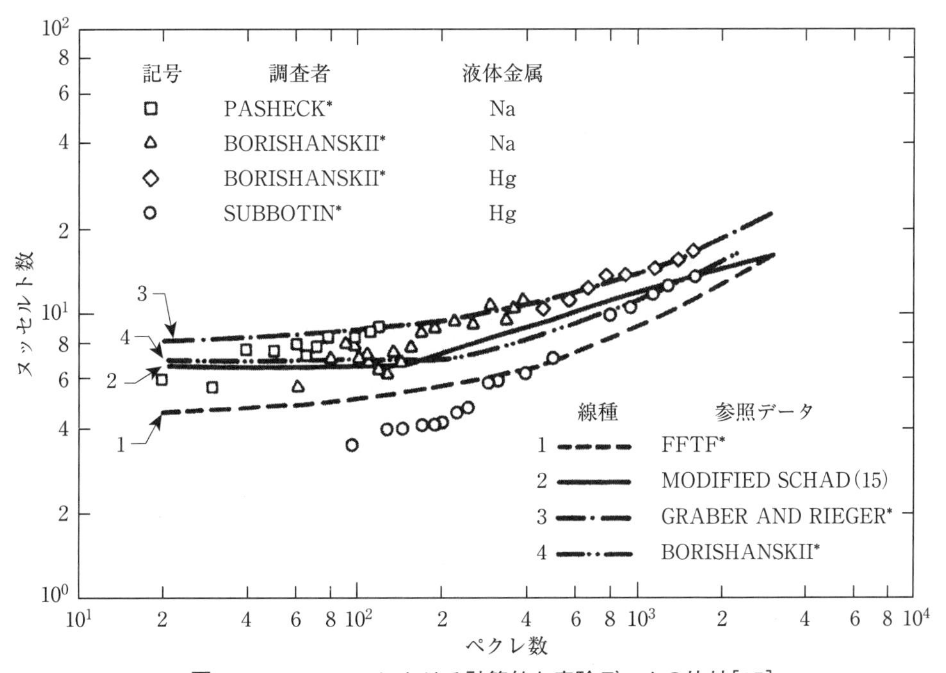

図9.19　P/D=1.2における計算値と実験データの比較[15]
(調査者データの参考文献は[15]に記載)

この実験データは、ブルックヘブン国立研究所のダウヤーらから提供された［18］。FFTFやCRBRPの相関式に保守性があることが容易に確認できる。

この相関式と実験データが公開された後、高速スペクトル炉の新しい設計が、十年継続した。しかし、三角配列の燃料ロッドにおける熱伝達率を得るための実験は、1975年以前に実施されたものであり、その後の実験データの改正や修正の活動は極めて限られていた。液体金属冷却加速器駆動システムに関する参考文献［19］にて、いくつかの既存の相関式がレビューされている。

9.4 燃料ピンの温度分布

燃料の中心部から被覆管の外表面に向かって温度分布を計算する手法（第9.2節）、および冷却材の熱伝達率（第9.3節）を評価する手法をもって、燃料ピンの熱解析を完成させることができる。

9.4.1 燃料ピンにおける径方向温度分布

炉心のある軸方向高さにおける冷却材のバルク温度が与えられれば、式（9.23）を用いて、被覆管外表面への温度上昇を求めることができる。またこれにより、燃料ピンの径方向温度分布の計算ができる。

FFTF炉心中央における燃料ピンの径方向温度分布（寿命初期）を図9.20に示す。「PEAK」は、最大線出力を示す燃料ピンの基準温度分布（nominal distribution）である。「HOT」は、全てのホットチャンネル因子を含んだ115%過出力の温度分布である。「AVERAGE」は、平均線出力をもつ燃料ピ

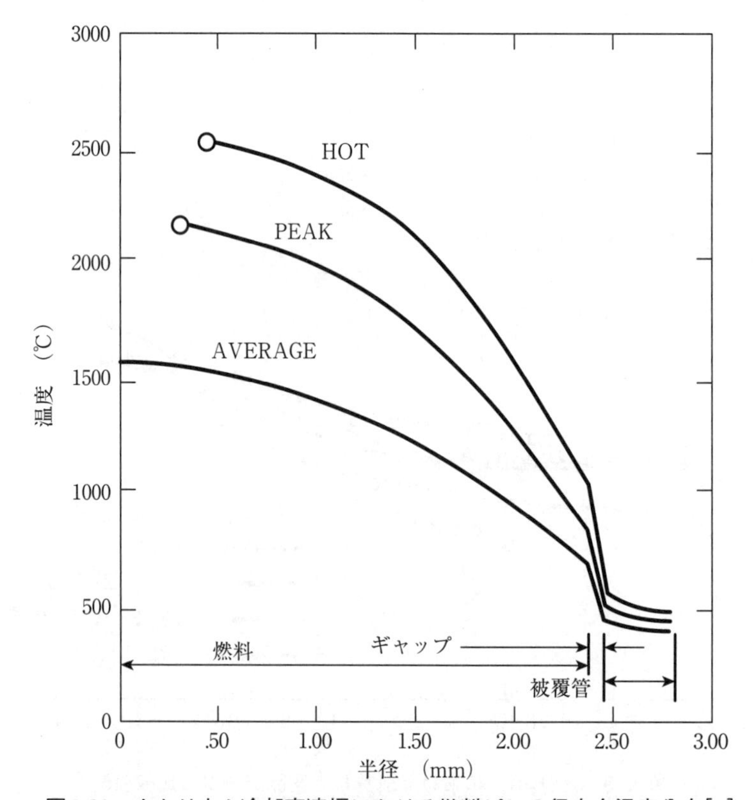

図9.20 ナトリウム冷却高速炉における燃料ピンの径方向温度分布［6］

ンのノミナル温度分布である。ここで、平均線出力の燃料ピンにおける中心温度は、燃料再組織化に必要な温度以下であり、中心空孔は生じていない。

9.4.2 軸方向温度分布

冷却材の軸方向温度分布は式（9.24）を単純に積分し、冷却材が燃料集合体の単チャンネルを流れる際の温度上昇を得ることで求められる。燃料集合体における平均値から、燃料集合体の平均温度上昇（$\overline{\Delta T_b}$）を得ることができる。但し、第10章で述べるように、実際には燃料集合体内の流路間に広いバラツキ$\overline{\Delta T_b}$がある。初めに、燃料集合体における平均温度上昇$\overline{\Delta T_b}$を定義する。

$$\overline{\Delta T_b} = \frac{1}{\dot{m}c_p} 2\pi R_{co} h \int \left[\bar{T}_{co}(z) - \bar{T}_b(z)\right] dz = \frac{1}{\dot{m}c_p} \int \chi(z)\, dz, \tag{9.37}$$

ここで積分項は、軸方向ブランケットを含んだ燃料集合体全体である。

燃料集合体を通過した冷却材の平均温度上昇は、燃料集合体の線出力に比例し、質量流量に反比例する。炉心（および径ブランケットのある範囲まで）では、全ての燃料集合体が同一の$\overline{\Delta T_b}$を持つことが望ましい。炉心径方向位置に応じて線出力χが変化するため、単一の$\overline{\Delta T_b}$を得るためには、$\chi/\dot{m}$［11］が各々の径方向位置で同じであるように$\dot{m}$［12］を変えることが必要である。これは、各燃料集合体の冷却材入口付近に物理的なオリフィスを設置し、集合体毎に流量を調整することで実施できる。燃焼が進むにつれ、径方向の出力分布が変わるため、正確に$\overline{\Delta T_b}$を一致させることはできない。よって、炉心設計者はこれらの効果を考慮してオリフィス設計を最適化しなければならない。（第17章で述べるように、初期のGFR（Gas Fast Reactor）の設計では、燃料サイクル中に調整可能な可変オリフィスが提案された。）

FFTFの新燃料および燃焼度60MWd/kgの照射済燃料について、被覆管や冷却材を含む軸方向温度分布を図9.21に示す。$\chi(z)$は一般的にコサイン分布であり、冷却材と被覆管の温度分布はS字曲線である。またこれらの温度曲線は、照射により大きく変化する。FFTFには軸方向ブランケットがないが、もしあれば、軸方向ブランケットで冷却材の温度が上昇することになる。

ガスが密封された燃料ピンでは、燃料と被覆管のギャップで大きな温度降下が発生するが、燃焼が進むに従いギャップが密着することにより、燃料ピンの軸方向温度分布は、照射中にかなり変化する。この効果は図9.21から明らかである。初期炉心では、燃料と被覆管のギャップは、どの部分でも開いた状態である。また、冷却材の温度分布は、燃料ピン全体にわたり凹凸がない。しかし燃焼が進むにつれて、燃料ピン高さ中央付近の約3分の2の範囲で燃料と被覆管が接触してギャップコンダクタンスが増加し、燃料表面温度分布に大きなくぼみ（温度低下）が生じる。燃料表面温度も低くなることによって、燃料中心温度が低下する。

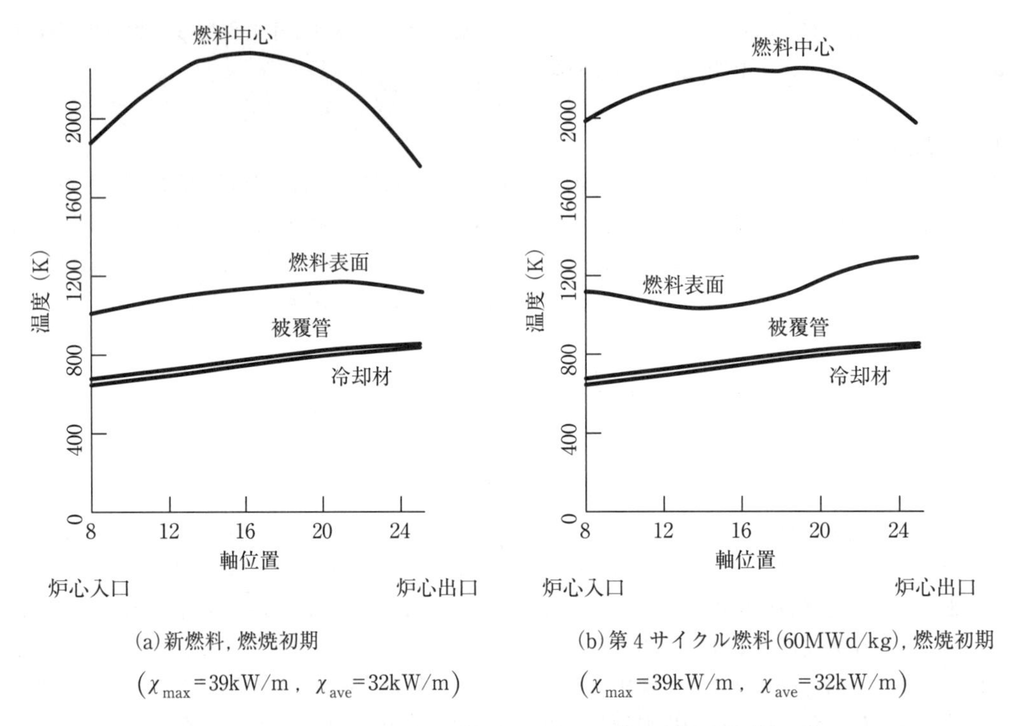

図9.21 FFTF燃料ピンにおける軸方向温度分布[20]

【参考文献】

1. Y. S. Tang, R. D. Coffield, Jr., and R. A. Markley, *Thermal Analysis of Liquid Metal Fast Breeder Reactors,* The American Nuclear Society, La Grange Park, Illinois, 1978.
2. A. B. G. Washington, *Preferred Values for the Thermal Conductivity of Sintered Ceramic Fuel for Fast Reactor Use*, TRG-Report-2236, September 1973.
3. D. R. Olander, *Fundamental Aspects of Nuclear Reactor Fuel Elements*, Chapter 10, TID-26711-P1, Office of Public Affairs, U.S. ERDA, 1976
4. R. B. Baker, *Calibration of a Fuel-to-Cladding Gap Conductance Model for Fast Reactor Fuel Pins*, HEDL-TME 77-86, Hanford Engineering Development Laboratory, Richland, WA, 1978.
5. A. M. Ross and R. L. Stoute, *Heat Transfer Coefficient between UO_2 and Zircalloy 2*, AECL-1552, Chalk River, Ontario, June 1962.
6. G. J. Calamai, R. D. Coffield, L. Jossens, J. L. Kerian, J. V. Miller, E. H. Novendstem, G. H. Ursim, H. West, and P. J. Wood, *Steady State Thermal and Hydraulic Characteristics of the FFTF Fuel Assemblies*, FRT-1582, June 1974.
7. R. D. Leggett, E. O. Ballard, R. B. Baker, G. R. Horn, and D. S. Dutt, "Linear Heat Rating for Incipient Fuel Melting in UO_2 -PuO_2 Fuel," *Trans. ANS, 15*, 1972, 752.
8. R. B. Baker, *Integral Heat Rate-to-Incipient Melting in UO_2 -PuO_2 Fast Reactor Fuel*, HEDL-TME 77-23, Hanford Engineering Development Laboratory, Richland, WA, 1978.
9. W. H. McCarthy, *Power to Melt Mixed-Oxide Fuel-A Progress Report on the GE F20 Experiment*, GEAP-14134, September 1976.

10. M. G. Adamson, E. A. Aitken, and R. W. Caputi, "Experimental and Thermodynamic Evaluation of the Melting Behavior of Irradiated Oxide Fuels," *J. Nucl. Mater., 130* (1985) 349 - 365.
11. J. P. Holman, Heat Transfer, McGraw Hill Co., New York, NY, 4th Edition, 1976.
12. R. C. Martinelli, "Heat Transfer to Molten Metals," *Trans. ASME, 69* (1947) 949 - 959.
13. J. Muraoka, R. E. Peterson, R. G. Brown, W. D. Yule, D. S. Dutt, and J. E. Hanson, *Assessment of FFTF Hot Channel Factors*, HEDL-TI-75226. Hanford Engineering Development Laboratory, Richland, WA, November 1976.
14. O. E. Dwyer, "Heat Transfer to Liquid Metals Flowing In-Line Through Unbaffled Rod Bundles: A Review, " *Nucl. Eng. Des., 10* (1969) 3 - 20.
15. M. S. Kazimi and M. D. Carelli, *Heat Transfer Correlation for Analysis of CRBRP Assemblies,* CRBRP-ARD-0034, November 1976.
16. V. M. Borishanskii, M. A. Gotovskii and E. V. Firsova, "Heat Transfer to Liquid Metal Flowing Longitudinally in Wetted Bundles of Rods," *Sov. At. Energy 27* (1969) 1347 - 1350.
17. H. Graber and M. Reiger, "Experimental Study of Heat Transfer to Liquid Metals Flowing In-Line Through Tube Bundles," *Progress in Heat and Mass Transfer, 7*, Pergamon Press, New York, NY, 1973, 151 - 166.
18. O. E. Dwyer, H. Berry and P. Hlavac, "Heat Transfer to Liquid Metals Flowing Turbulently and Longitudinally Through Closely Spaced Rod Bundles," *Nucl. Eng. Des., 23* (1972) 295 - 308.
19. W. Pfrang and D. Struwe, *Assessment of Correlations for Heat Transfer to the Coolant for Heavy Liquid Metal Cooled Core Designs,* FZKA 7352, Forschungszentrum Karlsruhe GmbH, Karlsruhe, October 2007.
20. A.E. Waltar, N.P. Wilburn, D. C. Kolesar, L. D. O' Dell, A. Padilla, Jr., L. N. Stewart, and W. L. Partain, *An Analysis of the Unprotected Transient Overpower Accident In the FTR*, HEDL-TME-75-50., Hanford Engineering Development Laboratory, Richland, WA, June 1975.

第10章 炉心の熱流動設計

10.1 はじめに

前章では、単一燃料ピンでの温度分布を決定する方法について詳説した。典型的な高速炉の炉心では、数千本の燃料ピンが、数百体からなる集合体毎にグループ分けされており、完全なる熱流動解析を行うには、炉心全体を対象とした冷却材分布と圧力損失に関する知識が必要となる。本章では、これらを解析する方法について解説する。

まず始めに、集合体内での冷却材の流速および温度の分布に着目する。その後、原子炉容器全体での冷却材の流速および圧力分布へと話を進める。これらの温度および流れ場の構築を行った後、設計上重要な問題であるホットチャンネル係数の決定について解説する。

10.2 集合体における流速および温度分布

第9章では、平均的な軸方向冷却材温度上昇について、バンドルでの平均的な質量流量［式（9.37）］を用いて、単純化した関係として示した。現実には、様々な理由により問題はもっと複雑である。第一に、図9.13の3種類の流路面積は異なり、そのため、それぞれの流速と質量流量は異なる。第二に、各燃料集合体において、径方向出力分布、すなわち**出力ゆがみ**（power skew）がある。第三に、集合体におけるチャンネル間での**横断流**（crossflow）、すなわち軸方向に対して横切る流れがある。この節では最初に、簡易的な流速分布の概略値を導出するが、それはチャンネル毎に異なる流路面積を反映したものである。この節の次の部分ではより複雑な方程式群を示すが、それはチャンネル間の直交流れと乱流による混合の効果を取り入れたものである。

10.2.1 近似的流速分布

図9.13における流路チャンネル間の近似的流速分布、すなわち流れ分割は、流れの始まりと終わりは入口プレナムおよび出口プレナムで共通の領域となっており、燃料集合体の各チャンネルにおける軸方向圧力損失は等しいという物理的事実から求めることができる。この方法はNovendstern[1]による高速炉燃料集合体の圧力損失評価において使用され、Sangster[2]により先行して開発された技術と類似している。近似的流速分布は、集合体圧力損失の計算において有用であり、また熱伝達率計算におけるペクレ数の中の項としても用いられる。しかしながら流速、出口温度分布や被覆管最高温度に関する詳細設計計算で用いるほどには十分な正確性を有していない。

Novendsternの流れ分割モデルは、後にChiuら[3]により改良された。ここではNovendsternのモデルを説明し、後にChiu-Rohsenow-Todreasのモデルにおける最終結果について説明する。

10.2.1.1 Novendstern モデル

チャンネルiにおける圧力損失は

$$\Delta p_i = f_i \frac{L}{D_{ei}} \frac{\rho V_i^2}{2}, \tag{10.1}$$

である。ここで、f_iはチャンネルiでの実効摩擦損失係数（10.3.3.節にて詳細に解説）、V_iは流速、D_{ei}は有効水力直径である［式（9.30）］。3つの圧力損失が等しいとすると、以下の式が成り立つ。

$$f_1 \frac{L}{D_{e1}} \frac{\rho V_1^2}{2} = f_2 \frac{L}{D_{e2}} \frac{\rho V_2^2}{2} = f_3 \frac{L}{D_{e3}} \frac{\rho V_3^2}{2}. \tag{10.2}$$

流速V_iであるが、質量流量が3種類のチャンネルへと分割されることを考慮しなければならない。V_iと形状寸法を関係づけるため、燃料集合体に対する平均軸方向流速$\overline{V}$を最初に求めるのだが、これは集合体を流れる全質量流量$\dot{m}_T$とは次の関係式で表わされる。

$$\dot{m}_T = \rho A_T \overline{V}, \tag{10.3}$$

ここでA_Tは全てのチャンネルの流路面積の和である。

ここでNを集合体におけるチャンネル数とし、N_iはタイプiのチャンネル数とする。集合体あたりのタイプ3のチャンネル数は、常に6である（図9.13）。燃料ピン本数が217本の燃料集合体には、384の基本チャンネルと48の周辺チャンネルがある。271本の集合体には、486の基本チャンネルと54の周辺チャンネルがある。A_iを、チャンネルiにおいてある1つのリード線に渡って平均化された流路面積とすると（リードは図9.13で定義されている）、以下の式が成り立つ。

$$A_T = N_1 A_1 + N_2 A_2 + N_3 A_3. \tag{10.4}$$

流路面積A_1, A_2, A_3は式（9.31）により求められる。

非圧縮性流れ（すなわち、冷却材流速が一定）を仮定すると、流体の連続性から以下の式が成り立つ。

$$N_1 V_1 A_1 + N_2 V_2 A_2 + N_3 V_3 A_3 = \overline{V} A_T. \tag{10.5}$$

流れ分布は式（10.2）で与えられる。各チャンネルでの摩擦損失係数は次式で近似できる。

$$f_i = \frac{C}{\mathrm{Re}_i^m} = \frac{C}{(\rho V_i D_{ei}/\mu)^m}, \tag{10.6}$$

ここでD_{ei}は、式（9.30）および関連する式である式（9.31）と式（9.32）で与えられる。乱流に対してのm推奨値は、摩擦損失係数［式（10.36）］を表すBlasiusの関係式に現れる指数であり、ここでは$m = 0.25$となる。

式（10.6）を式（10.2）に代入し、Cとmはいずれのチャンネルでも等しいと仮定すると、以下が成り立つ。

$$\frac{V_1^{(2-m)}}{D_{e1}^{(1+m)}} = \frac{V_2^{(2-m)}}{D_{e2}^{(1+m)}} = \frac{V_3^{(2-m)}}{D_{e3}^{(1+m)}}. \tag{10.7}$$

式（10.7）を、式（10.5）からV_2、V_3を消去するために用いると、

$$V_1\left[N_1A_1+N_2A_2\left(\frac{D_{e2}}{D_{e1}}\right)^{\left(\frac{1+m}{2-m}\right)}+N_3A_3\left(\frac{D_{e3}}{D_{e1}}\right)^{\left(\frac{1+m}{2-m}\right)}\right]=\overline{V}A_T,$$

あるいは

$$V_1=\frac{\overline{V}A_T}{\sum_{j=1}^{3}N_jA_j\left(\frac{D_{ej}}{D_{e1}}\right)^{\left(\frac{1+m}{2-m}\right)}}=X_1\overline{V}, \tag{10.8}$$

ここで、X_1はチャンネル1に対する**流量分配係数**（flow distribution factor）、すなわち**流れ分割パラメータ**（flow-split parameter）である。

乱流では$m=0.25$なので、以下となる。

$$V_1=\frac{\overline{V}A_T}{N_1A_1+N_2A_2\left(\frac{D_{e2}}{D_{e1}}\right)^{0.714}+N_3A_3\left(\frac{D_{e3}}{D_{e1}}\right)^{0.714}}. \tag{10.9}$$

一般的に、i番目のチャンネルでは、

$$V_i=\frac{\overline{V}A_T}{\sum_{j=1}^{3}N_jA_j\left(\frac{D_{ej}}{D_{e1}}\right)^{\left(\frac{1+m}{2-m}\right)}}=X_i\overline{V}. \tag{10.10}$$

となる。

FFTF燃料集合体での質量流量と流速は、ナトリウム冷却発電炉において典型的なものである。最高出力を示すFFTF燃料集合体では、質量流量は23.4kg/s、平均流速$\overline{V}$は6.4m/sである。式（10.10）に基づく分布を図10.1に示すが、より詳細な（径方向の運動量交換効果も含む）コンピュータ予測との比較も図示している。

10.2.1.2　Chiu-Rohsenow-Todreas（CRT）モデル

CRT流れ分割モデルは、単純なNovendsternモデルを改良したものである。主な相違点としては、CRTモデルがチャンネルでの圧力損失を2つの要素に分けている点であり、1つは表面摩擦損失、もう1つはワイヤ巻に垂直な流れによる形状損失である。CRT流れ分割モデルでの基本的考え方については、2つの圧力成分とともに、10.3.3節において説明する。コーナーチャンネル（チャンネル3）は流れに対する影響がほとんど無く、周辺チャンネル（チャンネル2）での値と同じと推定され、流れ分割パラメータとしてはチャンネル1と2に関するものだけが導出される。本書では、乱流に対する結果のみを記載した。層流に関するものは参考文献[4]を参考にされたい。乱流の場合、チャンネル1と2での値として得られる流速は、以下のようになる。

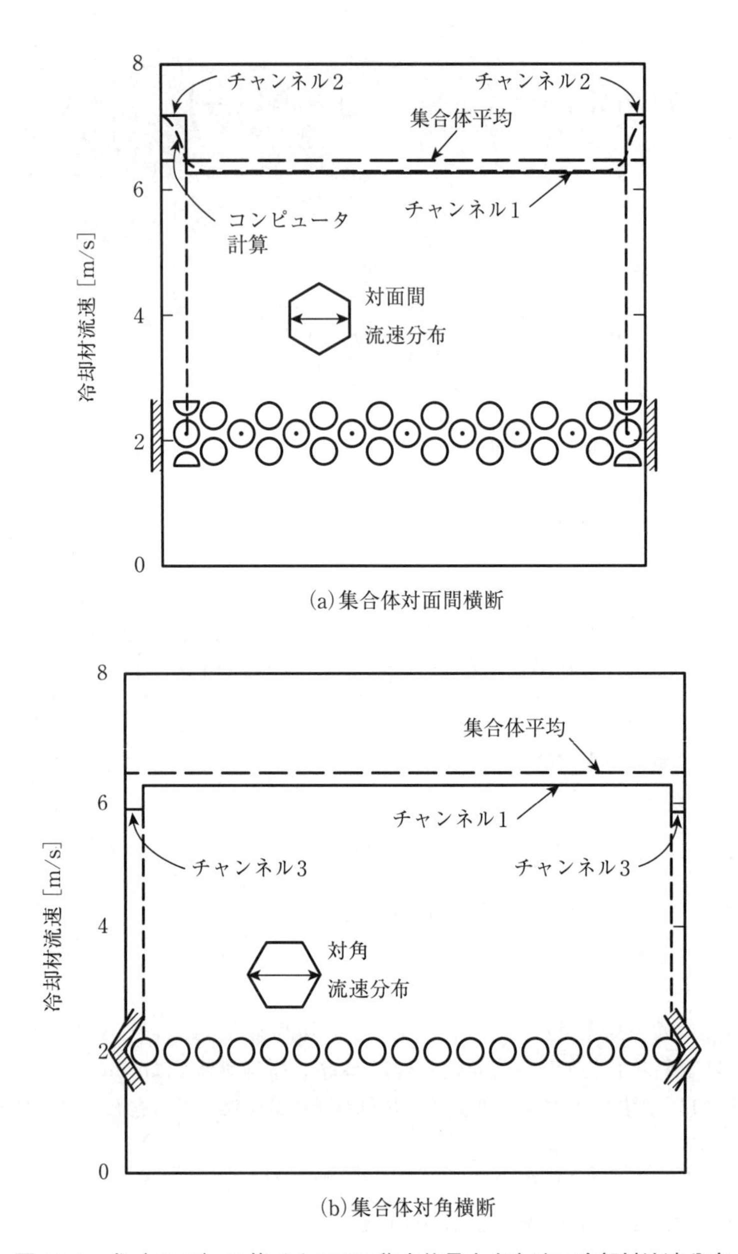

図 10.1　式（10.10）に基づく FFTF 集合体最大出力時の冷却材流速分布

$$V_1 = \frac{\overline{V}A_T}{N_1A_1 + (N_2A_2 + N_3A_3)\left(\frac{D_{e2}}{D_{e1}}\right)^{0.714}\left[\dfrac{C_1\dfrac{D_{e1}}{H}\dfrac{A_{r1}}{A'_1}\dfrac{P^2}{(\pi P)^2 + H^2} + 1}{C_3\left\{1 + \left[C_2 n\left(\dfrac{V_T}{V_2}\right)_{gap}\right]^2\right\}^{1.375}}\right]^{0.571}}, \quad (10.11)$$

$$V_2 = \frac{\overline{V}A_T}{N_1A_1\left(\dfrac{D_{e1}}{D_{e2}}\right)^{0.714}\left[\dfrac{C_3\left\{1 + \left[C_2 n\left(\dfrac{V_T}{V_2}\right)_{gap}\right]^2\right\}^{1.375}}{C_1\dfrac{D_{e1}}{H}\dfrac{A_{r1}}{A'_1}\dfrac{P^2}{(\pi P)^2 + H^2} + 1}\right]^{0.571} + N_2A_2 + N_3A_3}, \quad (10.12)$$

ここでC_1、C_2、C_3は実験的に決定される無次元定数であり、またN_i、A_i、D_{ei}、A_Tそして$\overline{V}$はNovendsternモデルと同様に定義され、さらにV_Tは横切る方向の流速（図10.14で定義）である。そして、

P　＝ピッチ（図9.13で定義）

H　＝リード（図9.13で定義）

A_{r1}　＝1つのリードにわたる、チャンネル1での1本のワイヤ巻による投影面積

$$= \frac{1}{6}\left[\frac{\pi}{4}(D + 2s)^2 - \frac{\pi D^2}{4}\right],$$

とし、Dとsを図9.13に従って定義する時、以下の式が得られる。

A'_1　＝ワイヤ巻を除くチャンネル1の流路面積

$$= \frac{\sqrt{3}}{4}P^2 - \frac{\pi D^2}{8},$$

$$n = \frac{s}{\left[\left(\frac{D}{2} + s\right)\frac{P}{2} - \frac{\pi D^2}{16}\right] \Big/ \frac{P}{2}},$$

$$\left(\frac{V_T}{V_2}\right)_{gap} = 10.5\left(\frac{s}{P}\right)^{0.35}\frac{P}{\sqrt{(\pi P)^2 + H^2}}\left(\frac{A_{r2}}{A'_2}\right)^{0.5},$$

ここでA_{r2}は1つのリードにわたる、チャンネル2における1本のワイヤ巻による投影面積である。

$$A_{r2} = \frac{1}{4}\left[\frac{\pi}{4}(D+2s)^2 - \frac{\pi D^2}{4}\right],$$
$$A'_2 = P\left(\frac{D}{2}+s\right) - \frac{\pi D^2}{8}.$$

7つの参考文献による実験データに基づき、定数C_1、C_2、C_3は次のように決定された[3]。

$$C_1 = 2200$$
$$C_2 = 1.9$$
$$C_3 = 1.2$$

CRTによる流れ分割と、式（10.9）で与えられるNovendsternの結果を比較すると、大きな差異は、CRTの式の分母にある大括弧の部分だけである。

10.2.1.3 周方向流速と温度分布

これまでの議論では、チャンネルでの平均流速は仮定されたものを用いていた。実際には、燃料ピンの周囲では、周方向に沿って、流速の違いが存在する。流速の周方向での違いは被覆管温度の周方向での違いをもたらし、最小ギャップ位置において被覆管温度でのホットスポットを生じさせる。CRBRPとFFTFの設計では、被覆管温度と冷却材バルク温度の温度差ΔTに関し、周方向での流速の違いに基づくΔTのピーク対平均値の比は約1.5である。これはCRBRP設計（10.4.3章で議論）で用いられた被覆管最高温度計算のためのホットチャンネル係数において現れる。高速炉燃料集合体の各々の設計では、周方向の流速と温度の分布を注意深く扱わなければならないことは明白である。

10.2.2 流速および温度の分布に対する横流れの影響

単純な解析モデルを用いて燃料集合体の全般的な温度と流速の分布の近似値を得ることは可能であるが、原子炉における格子形状は、厳密な解を得ることは事実上不可能である程複雑なものである。原子炉格子における冷却材チャンネルは（図9.13で定義）質量、運動量、エネルギー輸送に関して、横方向に非常に強く相互結合しており、ある1つのチャンネルを他とは切り離して解析することは不可能である。しかしながら、原子炉設計者には、燃料被覆管最高温度に基づき燃料設計を行う必要から、単純なモデルにより得られるよりも優れた解が必要とされるが、その温度は冷却材温度と密接な関連があり、さらにある特定の燃料集合体を対象にしてもその中で温度が大きく異なっているのである。単純なモデルに基づいて被覆管最高温度を定めることを余儀なくされた場合、その原子炉設計者は大きな経済的代償を負うことになるであろう。正確な温度分布は、六角状の集合体ラッパ管や燃料ピンのたわみ挙動の分析や、安全に関連した過渡事象において冷却材の沸騰開始を判断するためにも必要となる。

これらの理由により、SFRの熱流動問題のほとんどは、解析的手法や単純なモデルではなく、複雑な数値計算手法を用いて解く必要がある。多くのコンピュータプログラムが、SFRの燃料集合体の熱流動上の性能評価のために開発されている。そのようなコードの一部は、COBRAのようにもともと軽水炉に適用するために開発されたものを、高速炉へ適用するために改良を加えたものである。SFR用コードでアメリカにおいて開発・利用されているものには、COBRA[5], THI3D[6], TRITON[7], ORRIBLE[8]がある。SFRのために特別に開発された単純で高速なコードとしては、ENERGY[9, 10]とその後のSUPERENERGY[11]がある。イギリスで開発されたSABREコード[12]も広く用いられている。これらのコードでは、下記で説明される**コントロールボリューム法**（control volume approach）が用いられている。

コントロールボリューム法を用いて開発されたコードは、定常状態を対象とした改良と同時に、新たに過渡状態にも適用できるよう、継続的な開発がなされている。しかしながらこれらのコードを利用するにあたっては、実験的に決定する係数、さまざまな近似、そして計算流体力学（CFD）など高度な数学的モデルに対する検証が、依然として重要である。

10.2.2.1　コントロールボリューム法

燃料格子形状は流れ場に対して、従来の座標系では容易に扱えない制約をもたらす。原子炉解析者は、流体力学での微分方程式を用いて個別のチャンネルの境界内における流れ場について詳細な解を与えるコード（例：CFD）の開発を続ける一方、これまでの歴史をみれば、より有用なアプローチである、各チャンネル内の質量、エネルギー、運動量の保存を表す単純な物理的引数を用いた近似方程式による解法が用いられてきた。それらの近似式を用いれば、過渡状態を容易に解くことができ、また相関式や近似により相変化を伴うような現象も簡単に取り扱うことができる。

特に実用上成功した方法は、Meyer[13]により開発され、Rowe[5]（オリジナルのCOBRAコードシリーズの開発者）と後の研究者達により3次元原子炉形状へと拡張された、コントロールボリューム法である。この方法では、チャンネルは、燃料ピン間ギャップを介し、横方向に相互につながったコントロールボリュームを形成している。

この方法は、コントロールボリュームへ入る、あるいは出てゆく流れはすべて、コントロールボリュームの境界を通過後に方向に関する情報を失うことを基本的に仮定している。もう一つの重要な特徴は、前述のとおり、実験や高度な数値計算法の結果を用いて、最終的には方程式の正規化を行う必要があることである。

コントロールボリューム法で使用される保存式を下記に示す。ここでの議論は定常状態に限ったものとする。過渡状態の解析は安全評価において必要とされるが、物理的な問題の理解は定常状態の方程式から十分に得ることができる。COBRAのような高度なコードは、過渡状態で生ずる可能性のある沸騰を伴う二相流に適用可能だが、ここでの議論は単相流を対象にして解説を行う。最後に、これらの方程式を解くための数値計算手法は非常に洗練されたものであり、本書で扱う範囲を超えていることからここでは説明を行わないこととする。さらに述べれば、コンピュータ処理時間の短縮と、同時に冷却材挙動に関する詳細情報を得るために、新スキームが今なお考案されている（例：参考文献[14]）。

計算の目的は、各チャンネルの入口と出口の両方での流速、温度（またはエンタルピー）と、各チャンネル出口での密度を求めることにある。問題は通常、境界条件と冷却材に関する適切な状態方程式とともに、4つの保存方程式で定められる。用いられる4つの保存方程式は、一般的に、質量、エネルギー、軸方向運動量、横方向運動量の保存を扱う。燃料集合体入口における温度（またはエンタルピー）、密度、圧力、および集合体出口における圧力は、通常、既知であり、また集合体内のすべてのチャンネルで同一と仮定される。

10.2.2.2　質量保存

コントロールボリュームを、チャンネルiが軸方向に長さdzで占有する空間で考える。チャンネルiはJ個のチャンネル（連続三角格子では$J=3$）に隣接している。図10.2の定義を用いて、チャンネルJに隣接するチャンネルiの連続方程式を記述できる。なお配置平面図を図10.3に示す。

上方向流量$\dot{m}_i$(kg/s)は、縦方向長さdz間で$(d\dot{m}_i/dz)dz$だけ変化する。

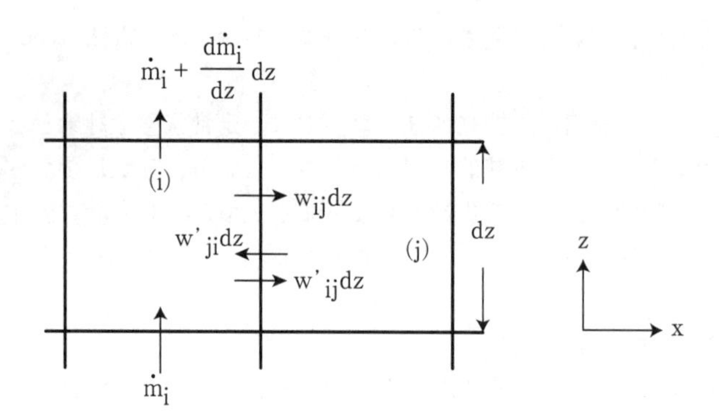

図 10.2　連続の式の幾何学モデル

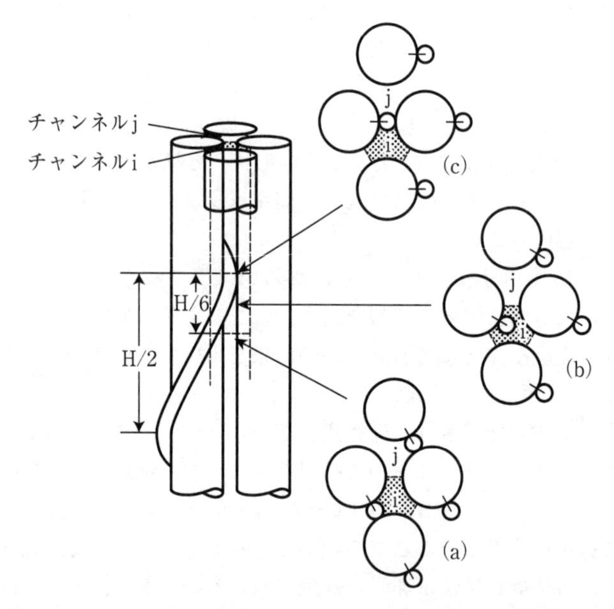

図 10.3　チャンネル i を通りチャンネル j へ入るワイヤ巻の配置

$w_{ij}dz$が表す量は、チャンネルiからチャンネルjの正味の**分離横断流**（diversion crossflow）、すなわち正味の横断質量流量である。したがってw_{ij}は、チャンネルにおける単位長さ当たりの横断流量（kg/m・s）である。横断流れの発生源としては、次のような正味の分離横断流を生ずる相互作用がある。(1)ワイヤ巻により燃料ピン間のギャップを越えて生ずる方向性を持った流れ、(2)グリッドスペーサーなどによって生ずる方向性を持たない流れ、(3)径方向（横断）圧力勾配に起因するチャンネル間の流れ。w'_{ij}とw'_{ji}は、**単位長さ当たりの乱流による横断流量**（turbulent crossflow rates per unit length）（kg/m・s）であり、渦拡散による輸送と関連付けられている。これらの量はしばしば乱流混合率（turbulent mixing rate）と呼ばれる。正味の質量輸送はこの作用によっては生じず、したがって$w'_{ij} = w'_{ji}$である。しかしながらこの現象はエネルギーと運動量の移行において重要であり、例えば、乱流混合によるエネルギー移行により冷却材の温度勾配の低減をもたらす効果がある。

図10.2に示すように単一の隣接チャンネルを考えた時、定常状態でのコントロールボリュームでの質量の釣り合いは、次のようになる。

$$\dot{m}_i + w'_{ji}\,dz = \dot{m}_i + \frac{d\dot{m}_i}{dz}dz + w_{ij}\,dz + w'_{ij}\,dz. \tag{10.13}$$

ここで$w'_{ij} = w'_{ji}$であるから、次のように単純化できる。

$$\frac{d\dot{m}_i}{dz} = -w_{ij}. \tag{10.14}$$

チャンネルi周囲のJ個のチャンネルを対象に分析を拡張すると、次の式が得られる。

$$\frac{d\dot{m}_i}{dz} = -\sum_{j=i}^{J} w_{ij}. \tag{10.14a}$$

チャンネル間混合については、例えば、参考文献[5, 15, 16］に記載されている。ワイヤ巻により誘導される分離横断流は、図10.3と図10.4を用いて理解することができる。図10.3にチャンネルiとjが描かれているが、ワイヤはチャンネルiを通過する間に、軸方向には距離$H/6$進み、角$\pi/3$ラジアン(60°)だけ回転をする。軸方向3つの高さ位置でのチャンネルiでのワイヤ位置が平面図で示されている。ワイヤがチャンネルjに近づきギャップを通過してチャンネルjに入ると、チャンネルjにチャンネルi内の流れの一部を運ぶ。最も大きな横断流れは、ワイヤ上下でギャップを通過する際に生ずる（図10.3の配置c)。チャンネルiにワイヤが侵入する際には、チャンネルiにチャンネルj以外の横断流れが流入するものの、チャンネルiとチャンネルj間の横断流は発生しないと仮定されている（配置a)。配置cの軸方向で上下H/2の高さにおいて、チャンネルiの右側ピンから来るワイヤは、πラジアン配置でピン周辺を回ってチャンネルiとjの間のギャップを超えるが、この時iとjの間の横断流れは反対方向に最大となる。ワイヤ巻を使用した場合、チャンネルiとjの間の横断流れは、$H/2$の軸方向間隔で（角度にしてπラジアンとなるワイヤ間隔に対応）結果的に振動する傾向にある。このw_{ij}の振動する流れを、図10.4では定性的に図解している。標準的な高速炉三角格子では、チャンネルiは、図10.4のチャンネルkとlのように2つのチャンネルに隣接している。図10.4で定性的に示す通り、チャンネルiでの全横断流れはすべての隣接チャンネルとの横断流れの合計であり、実際は振動している。図10.4により、ワイヤはチャンネルiに半分の時間だけ留まることがわかる。すなわち、ワイヤは配置aからbの間を通過せず、配置bとcの間を通過する。

単位長さ当たりの横断流れの関数形は、w_{ij}はチャンネルの質量流量$\dot{m}_i$に関係することから、以下に述べるようになる。なおチャンネルiからチャンネルjへと横断流れの動きについては、図10.5のようなワイヤが占める配置を考慮する。

おおよそ$H/6$の高さをワイヤが進む間、すなわちワイヤがチャンネル間の境界であるギャップを通過する部分から上下に$H/12$の区間に、チャンネルiからチャンネルjに流れが発生する。ギャップ近くでは、流れがワイヤにおおよそ平行な方向に導かれる。したがってギャップを通過する流れは、軸方向成分u_jと横方向成分vの2つの要素を持つ。図10.5に示すように、軸方向距離$H/6$をワイヤが進む間の横断流れの投影図は、長さの弧$(\pi/6)(D+s)$となる。したがってこの近似モデルでは、ワイヤがギャップを通過する速度成分の比は

$$\frac{v}{u_i} = \frac{\pi\,(D+s)}{H}. \tag{10.15}$$

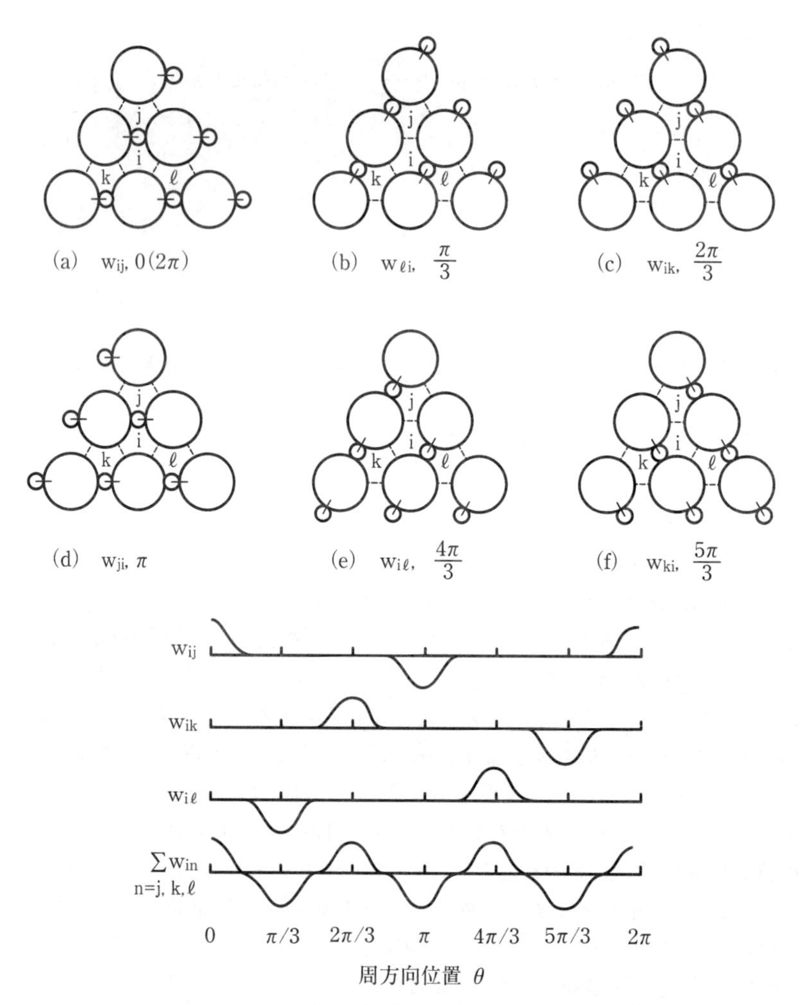

図 10.4　ワイヤ巻の配置による横断流れの依存性

a から f の配置図の下に挙げられているのは、a と比較した、ワイヤ周方向位置 θ で示されるワイヤ配置の時に最大となる正の横断流である。横断流れの θ に対するプロットは定性的なものであり、正確なものは実験を通じて正規化されなければならない。ワイヤとピンの間の短い線は、ワイヤが巻かれているピンを表す。

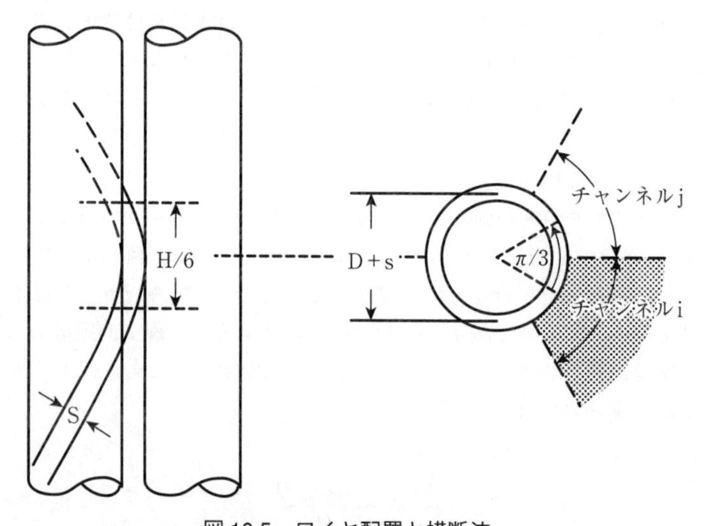

図 10.5　ワイヤ配置と横断流 w_{ij}

となる。

単位長さ当たりの分断横断流れは、次の比例式で表すことができる。

$$w_{ij} \propto \rho_i s v. \tag{10.16}$$

vを式（10.15）で置き換え、u_iを$\dot{m}_i/\rho_i A_i$で置き換えると（ここでA_iはチャンネルの平均流路面積［式（9.31）で定義］）、以下となる。

$$w_{ij} = F\pi \frac{D+s}{H} \frac{s}{A_i} \dot{m}_i, \tag{10.17}$$

ここでFは実験から得られる比例定数であり、またRe、P/D、H/Dの関数になるであろう。

10.2.2.3　エネルギー保存

エネルギーの流れを図10.6に示す。h^*は、分断横断流れとして流入してくる元のチャンネルでのエンタルピーを表す。横断流れの実際の方向がチャンネルiからj（それゆえ、w_{ij}は正）の場合は、h^*はh_iである。流れがjからiの場合はh^*はh_jである。χ_i dzは、チャンネルの境界となる燃料ピンからのエネルギー流入を指す。χ_iはチャンネル当たりの線出力である。$-k_{ij}A_{ij}dT/dx$項は、x方向を流路iとjの間のギャップに垂直な方向とした時の、隣接チャンネルjへの熱伝導を指す。この熱伝導項は、ナトリウムの熱伝導度が高いことや格子間隔が狭い構造であることから、軽水炉に比べて高速炉でより重要である。

エネルギーの釣り合いは、

$$\begin{aligned} \dot{m}_i h_i + \chi_i dz + w'_{ji} h_j dz &= \dot{m}_i h_i + \frac{d(\dot{m}_i h_i)}{dz} dz \\ &- k_{ij} A_{ij} \frac{dT}{dx} + w_{ij} h^* dz + w'_{ij} h_i dz. \end{aligned} \tag{10.18}$$

となる。右辺第2項にある導関数を展開すると、

$$\frac{d(\dot{m}_i\, h_i)}{dz} = \dot{m}_i \frac{dh_i}{dz} + h_i \frac{d\dot{m}_i}{dz} \tag{10.19}$$

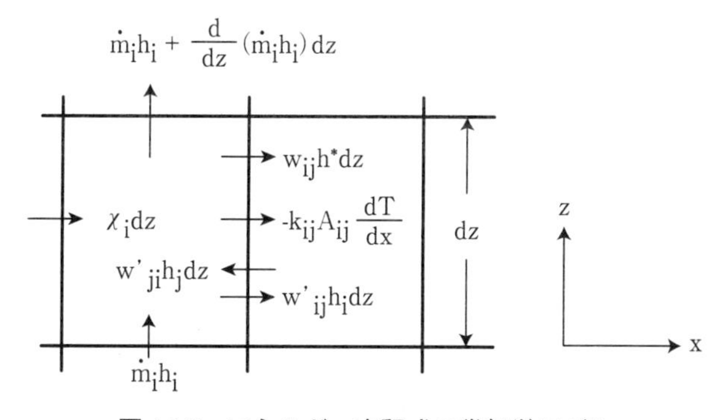

図10.6　エネルギー方程式の幾何学モデル

となる。

$d\dot{m}_i/dz$を連続方程式で置き換えると、以下となる。

$$\frac{d\left(\dot{m}_i h_i\right)}{dz} = \dot{m}_i \frac{dh_i}{dz} - w_{ij} h_i. \tag{10.20}$$

熱伝導項は次のように書くことができる。

$$-k_{ij} A_{ij} \frac{dT}{dx} = -k_{ij} \left(\frac{s}{\Delta x}\right)_{ij} dz \left(T_j - T_i\right), \tag{10.21}$$

sは横断流れ幅であり（$A_{ij} = s_{ij} dz$）、Δx_{ij}はチャンネル間の代表距離である。

上記の関係式で$w'_{ji} = w'_{ij}$の置き換えを使い、次のエネルギー方程式が得られる。

$$\frac{dh_i}{dz} = \frac{1}{\dot{m}_i} \left[\chi_i - k_{ij} \left(\frac{s}{\Delta x}\right)_{ij} \left(T_i - T_j\right) + w_{ij} \left(h_i - h^*\right) - w'_{ij} \left(h_i - h_j\right)\right]. \tag{10.22}$$

チャンネルiに隣接するJ個のチャンネルを対象に式を表せば、

$$\frac{dh_i}{dz} = \frac{1}{\dot{m}_i} \left\{\chi_i + \sum_{j=1}^{J} \left[-k_{ij} \left(\frac{s}{\Delta x}\right)_{ij} \left(T_i - T_j\right) + w_{ij} \left(h_i - h^*\right) - w'_{ij} \left(h_i - h_j\right)\right]\right\}. \tag{10.22a}$$

となる。

10.2.2.4 軸方向運動量保存

コントロールボリュームに作用する軸方向の力を図10.7に示す。$F_i\, dz$はせん断力、$\rho_i g A_i\, dz$は重力、$\dot{m}_i u_i$は軸方向の運動量束、$p_i A_i$は軸方向の圧力で、$uw\, dz$項は隣接チャンネル間の軸方向運動量の交換を表す。速度u^*は分離横断流（diversion crossflow）が流入して来る元のチャンネルの軸方向

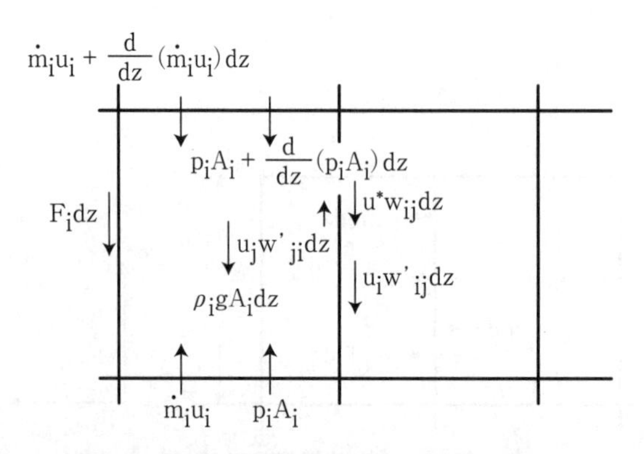

図 10.7 軸方向運動量方程式の幾何学モデル
（矢印はコントロールボリューム上の力の方向を表す）

流速である。したがって、w_{ij}が正の時u^*はu_iであり、負の時はu_jである。流路面積A_iは、式（9.31）や式（10.17）における平均面積ではなく、現在議論している状況（ワイヤ巻の位置により変化する）のものであり、zの関数となる。したがって、圧力項の軸方向の導関数に含まれている。

チャンネルjに隣接する単一チャンネルiでの軸方向の運動方程式[1]は、

$$\begin{aligned}\dot{m}_i u_i + p_i A_i + u_j w'_{ji} dz = \dot{m}_i u_i &+ \frac{d}{dz}(\dot{m}_i u_i)\,dz \\ &+ p_i A_i + \frac{d}{dz}(p_i A_i)\,dz + F_i dz + \rho_i g A_i\,dz \\ &+ u^* w_{ij} dz + u_i w'_{ij} dz.\end{aligned} \tag{10.23}$$

となる。

せん断項は、次のように摩擦損失と形状損失の項に分かれる。

$$F_i dz = \left(f_i \frac{dz}{D_i} \frac{\rho_i u_i^2}{2} + K'_i\,dz \frac{\rho_i u_i^2}{2} \right) A_i, \tag{10.24}$$

f_iは摩擦損失係数であり、K'_iは単位長さ当たりの形状損失係数である。$\dot{m}_i = \rho_i u_i A_i$であることから、この項は次のように記述することができる。

$$F_i\,dz = \left(\frac{f_i}{2D_i\rho_i} + \frac{K'_i}{2\rho_i} \right) \left(\frac{\dot{m}_i}{A_i} \right)^2 A_i\,dz. \tag{10.25}$$

運動量束の変化は、$\dot{m} = \rho u A$を使い、$d\dot{m}/dz$を連続式で置き換えて次のように表すことができる

$$\begin{aligned}\frac{d}{dz}(\dot{m}_i u_i)\,dz &= \left(\dot{m}_i \frac{du_i}{dz} + u_i \frac{d\dot{m}_i}{dz} \right) dz \\ &= \left\{ \dot{m}_i \left[\frac{1}{\rho_i A_i} \frac{d\dot{m}_i}{dz} - \frac{\dot{m}_i}{(\rho_i A_i)^2} \frac{d(\rho_i A_i)}{dz} \right] + u_i \frac{d\dot{m}_i}{dz} \right\} dz \\ &= \left[-2u_i w_{ij} - \left(\frac{\dot{m}_i}{\rho_i A_i} \right)^2 \frac{d(\rho_i A_i)}{dz} \right] dz.\end{aligned} \tag{10.26}$$

これらの置換により、軸方向の運動方程式は次のように記述することができる。

---

[1] よく知られている運動方程式の形は、$\vec{F_S} + \vec{F_B} = \int_{CS} \vec{V}_\rho \vec{V} \cdot \vec{dA}$である。ここで、$\vec{F_S}$と$\vec{F_B}$は、コントロールボリュームに働く表面力と体積力であり、運動量束は、コントロール表面（control surface, CS）を介して統合されている。軸方向成分の方程式［式（10.23）と等しい］は、

$$F_{Sz} + F_{Bz} = -\dot{m}_i u_i + \dot{m}_i u_i + \frac{d}{dz}(\dot{m}_i u_i)\,dz + u^* w_{ij} dz + u_i w'_{ij} dz - u_j w'_{ji} dz.$$

となる。

$$\left[-2u_i w_{ij} - \left(\frac{\dot{m}_i}{\rho_i A_i}\right)^2 \frac{d}{dz}(\rho_i A_i)\right] dz + \frac{d}{dz}(p_i A_i)\, dz$$

$$+\left(\frac{f_i}{2D_i\rho_i} + \frac{K'_i}{2\rho_i}\right)\left(\frac{\dot{m}_i}{A_i}\right)^2 A_i\, dz + \rho_i g A_i\, dz + u^* w_{ij} dz + \left(u_i - u_j\right) w'_{ij} dz = 0$$

すなわち、

$$\frac{d}{dz}(p_i A_i) = -\left(\frac{\dot{m}_i}{A_i}\right)^2 \left[\frac{f_i A_i}{2D_i\rho_i} + \frac{K'_i A_i}{2\rho_i} - \frac{1}{\rho_i^2}\frac{d}{dz}(\rho_i A_i)\right] - \rho_i g A_i + (2u_i - u^*)\, w_{ij} - \left(u_i - u_j\right) w'_{ij}. \tag{10.27}$$

チャンネル i に隣接する J 個のチャンネルに対して表せば、

$$\frac{d}{dz}(p_i A_i) = -\left(\frac{\dot{m}_i}{A_i}\right)^2 \left[\frac{f_i A_i}{2D_i\rho_i} + \frac{K'_i A_i}{2\rho_i} - \frac{1}{\rho_i^2}\frac{d}{dz}(\rho_i A_i)\right] - \rho_i g A_i + \sum_{j=1}^{J}\left[(2u_i - u^*)\, w_{ij} - \left(u_i - u_j\right) w'_{ij}\right]. \tag{10.27a}$$

となる。

10.2.2.5 横方向の運動量保存

チャンネル i と j の間の運動量輸送の計算式に対するコントロールボリュームを図10.8に示す。コントロールボリュームはチャンネル i と j の間のギャップ領域であり、s がギャップの厚さ（燃料ピン間の最小距離）であり、l はチャンネル間の特性距離（実験や高度な数値計算により正規化する必要があるパラメータ）である。

ρ^* と u^* が流入元のチャンネルでの値を表わす時、底面からの上昇流によりコントロールボリュームへ流れ込む横方向の運動量は $\rho^* u^*(z)\, slv(z)$ である。また運動量 $\rho^* u^*(z+dz)\, slv(z+dz)$ が上部より流出する。面 $s\, dz$ を横切ってコントロールボリュームへ流入する2つ目の横方向運動量束は vw_{ij} であり、流出する運動量束は、$[vw_{ij}+\partial/\partial x(vw_{ij})dx]dz$ である。力の釣り合いは、

$$\rho^* u^*(z)\, slv(z) + vw_{ij}\, dz + p_i s\, dz = \rho^* u^*(z+dz)\, slv(z+dz) + \left[vw_{ij} + \frac{\partial}{\partial x}\left(vw_{ij}\right) dx\right] dz + p_j s\, dz + K_{ij}\frac{\rho^* v^2}{2} s\, dz, \tag{10.28}$$

となる。ここで、K は横断流れに関する摩擦および形状の両損失を表す係数である。ギャップにおいては $\rho^* sv = w_{ij}$ であるので、方程式は次のように書くことができる。

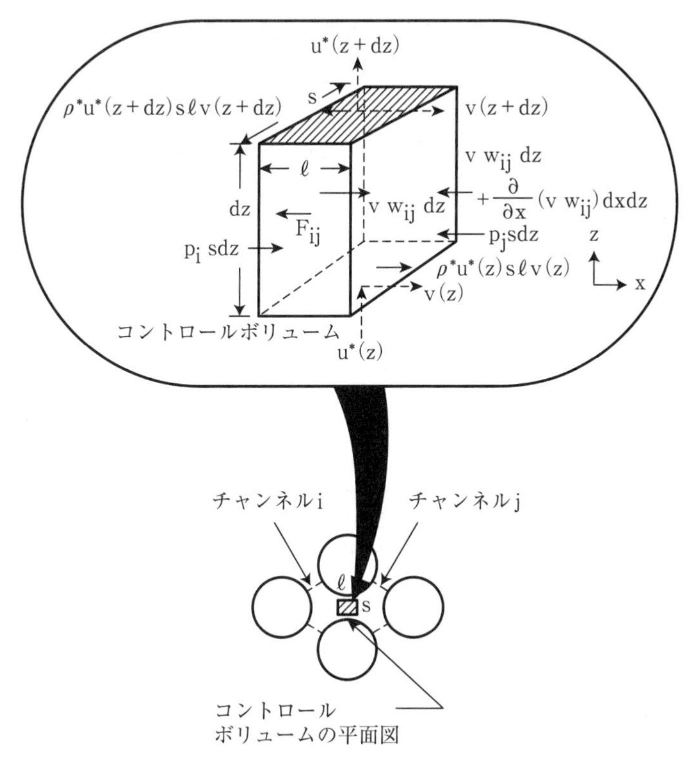

図 10.8　横方向運動量方程式の幾何学モデル
力に関連付けられている矢印は、コントロールボリューム上の力の方向を表す。破線矢印は流速 v と u * の方向を表す。

$$l\frac{\partial}{\partial z}\left(u^* w_{ij}\right)dz+\frac{\partial}{\partial x}\left(vw_{ij}\right)l\,dz=\left(p_i-p_j\right)s\,dz-K_{ij}\frac{w_{ij}^2}{2\rho s}\,dz,$$

あるいは

$$\frac{\partial}{\partial z}\left(u^* w_{ij}\right)+\frac{\partial}{\partial x}\left(vw_{ij}\right)=\left(p_i-p_j\right)\frac{s}{l}-K_{ij}\frac{w_{ij}^2}{2\rho sl}\,. \tag{10.29}$$

2つの運動量束の項は、通常の定常流れでは殆ど影響を及ぼさない。両項は初期の熱流動コードでは省略されており、また2つ目の項については依然として省略される場合もある。運動方程式に対する影響の観点よりも、過渡変化を解く際の数値安定性のため、コンピュータコードの中にはそれらの項を残しているものもある。式（10.29）の左辺を0と置くと、(p_i-p_j)とw_{ij}との簡単な関係が与えられるが、これは定常状態において正確なものである。

10.2.2.6　計算結果

数値的にこれらの方程式を解くコードは、実験データと比較した結果、妥当な値を与えており、多くの成功を収めてきた。しかしながらこれらの方程式の係数の一部、例えば $F, w'_{ij}, K_{ij}, l, k(s/\Delta x)_{ij}, K'_i$ については、物理的な根拠と実験値による正規化とを組み合わせて決定する必要がある。式（10.24）の摩擦係数は、10.3.3節の方法で決定することができる。

図10.9と図10.10に、横方向混合モデルにより計算された詳細な温度分布の例を示す。図10.9の曲線は、FFTFのためにCOBRAコードを使用して算出したものである。図10.10は、フェニックス燃料集合体の出口温度について、横方向混合を考慮した場合と考慮しない場合について示している。ここで見られる非対称性は、集合体内での出力分布の径方向勾配の影響である。

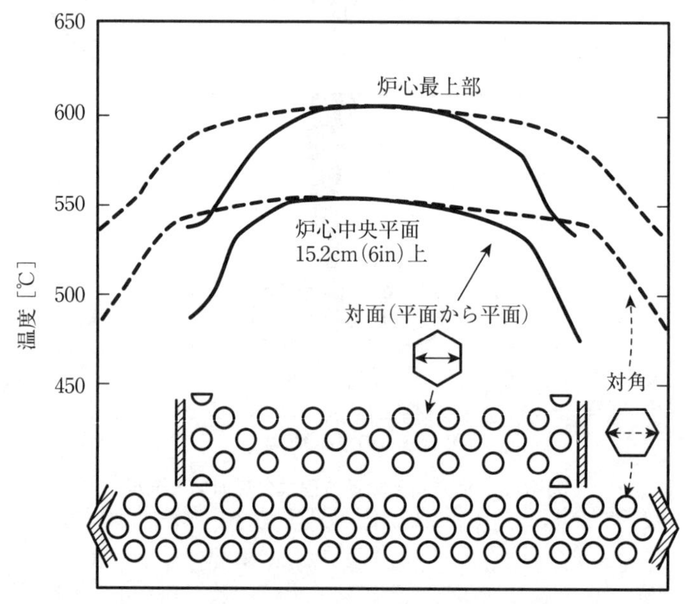

図 10.9　FFTF 高出力燃料集合体内のナトリウム温度分布
（217 本バンドル；径方向出力分布は平坦条件）[17]

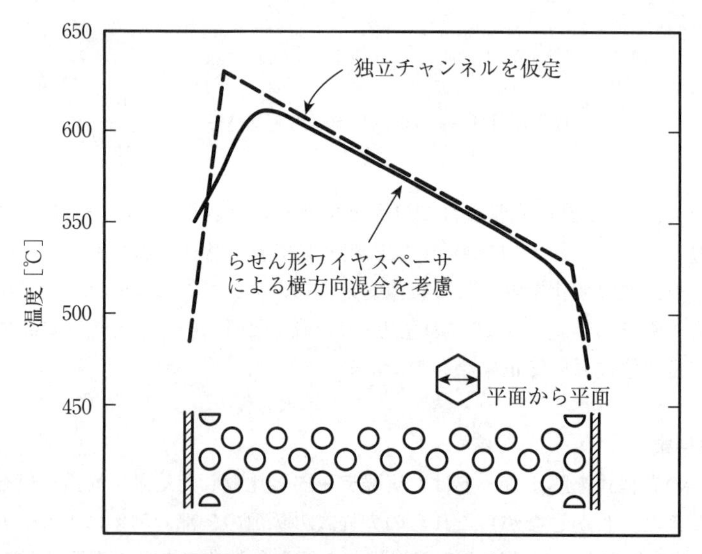

図 10.10　フェニックス燃料集合体の炉心上端位置でのナトリウム温度分布
（217 本バンドル；径方向出力ひずみを伴う）[18]

10.2.2.7 ENERGYモデル

燃料集合体内の全チャンネルに対する流動方程式を解くには膨大な数値計算を必要とし、これには最新のコンピュータが必要となる。コンピュータ利用が今よりも限定されていた時代には、強制対流問題における出口温度分布を短い計算時間で合理的かつ良好に算出するため、ENERGYという有用かつ簡略化されたモデルがSFR向けに特別に開発された[9, 10]。コンピュータ資源の制約は今日ではもはや無くなり簡易モデルの必要性は減少したものの、簡略化モデルを検討することは、問題のモデリングにおいて最も重要な項や因子を判別する洞察力を得るために、現在においても価値あることである。

ENERGYモデルは、チャンネル間の正確な運動量結合を、SFR向けに適切な近似値で置き換えて簡略化している。これを達成するため、燃料集合体は、全サブチャンネルではなく半径方向2領域だけで分割されている。中央領域には、ほとんどの中央チャンネルが含まれている。外側領域には、六角管近傍および隣接するチャンネルが含まれる。

モデルに必要な微分方程式は、2つの領域におけるエネルギー方程式のみである。3つの流速を図(10.11)に示すように定義する。中央領域の軸方向流速［$(U_I)_z$］、外側領域の軸方向流速［$(U_{II})_z$］、外側領域における周方向流速［$(U)_s$］である。2つの軸方向流速は10.2.1節で説明した解析により得られる。横断流れの影響は、渦拡散係数εを介して乱流拡散で表わされる。周方向流速$(U)_s$と渦拡散係数εは、実験データのフィッティングにより得る。

ENERGYにおいて解かれるエネルギー方程式は、

$$\rho c_p (U_I)_z \frac{\partial T}{\partial z} = \left(\rho c_p \varepsilon_I + \xi k\right)\left(\frac{\partial^2 T}{\partial x^2} + \frac{\partial^2 T}{\partial y^2}\right) + Q(x, y, z) \tag{10.30}$$

$$\begin{aligned} \rho c_p (U)_s \frac{\partial T}{\partial s} + \rho c_p (U_{II})_z \frac{\partial T}{\partial z} &= \left(\rho c_p \varepsilon_n + \xi k\right)\left(\frac{\partial^2 T}{\partial n^2}\right) \\ &\quad + \left(\rho c_p \varepsilon_s + \xi k\right)\left(\frac{\partial^2 T}{\partial s^2}\right) + Q(s, n, z). \end{aligned} \tag{10.31}$$

である。

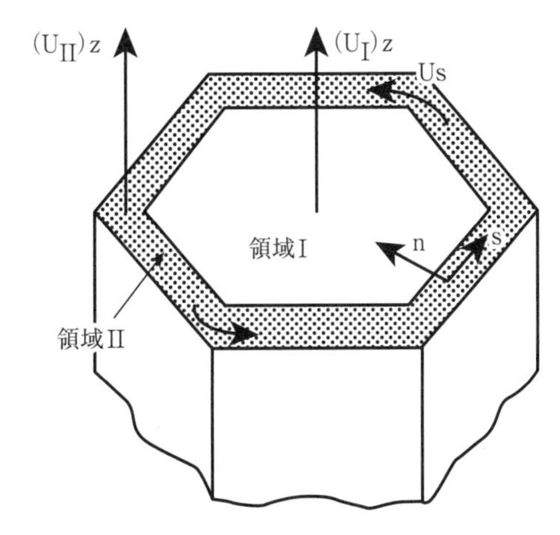

図10.11　ENERGYコードでの2つの領域の流れ場（参考文献[9]から引用）

左辺の項は、対流によるエネルギー輸送を表す。右辺の最初の項は、渦拡散と熱伝導によるエネルギー輸送を表す。燃料からの熱源はQで与えられる。熱伝導度kに掛ける係数ξ (<1) は、エネルギーは流れ全体に対して横方向に伝わる際、ナトリウムがたどる燃料ピン間の経路が曲がりくねった曲線である（すなわち延長される）ことを反映する係数である。この係数は物理的な考察に基づいて評価される。また渦拡散係数が全て等しいと仮定することで、良好な結果が得られる。

この連立方程式の境界条件は、ゾーン間の熱流束と温度の連続性、入口温度分布、および六角管壁での断熱境界である。有限差分法を利用して方程式を解く。

このモデルでは、εと$(U)_s$の2つのパラメータを用いて、実験データに対する正規化がなされる。これらのパラメータの無次元形態は、Re、P/D、H/Dの関数である[19]。ENERGYコード開発者は、通常の燃料ピンバンドルに関する強制対流問題に関して、コードでは計算時間が大いに節約される一方で、得られた温度分布はより大規模なコードで得られたものと同程度に正確であると報告している。しかしながらこのモデルは、自然対流や過渡的な効果、流路閉塞、さらにεと$(U)_s$の正規化データ範囲外などの条件に関しては、より詳細なコードに比べて精度が劣るものである。

10.3. 冷却材の流れ分布と圧力損失

集合体バンドル内の冷却材流速と温度場について議論したので、今度は原子炉容器内全体の流況（流れのパターン）と圧力損失に関して議論を進め、炉心熱流動の範囲まで知識を広げる。その後、燃料バンドル内の燃料ピンでの圧力損失に焦点を当てて、この節の結びとする。

10.3.1 原子炉容器内の冷却材流れ分布

原子炉容器内の流況を説明する前に、議論の対象となる1次ループでの対象部分を定義することが重要である。図2.5から、ループ型システムでは、原子炉容器の外側で1次系ナトリウムがポンプや中間熱交換器（IHX）を介して循環されていることが分かる。プール型システムにおいては、重量の大きいすべての主要構築物は、原子炉主容器に内在している。その結果として、これら2つの基本的なシステム間では、ポンプと中間熱交換器の特性、そして付随する入口および出口プレナムの外側での圧力分布は大きく異なっている。これらの事項については、第12章で説明されている。入口および出口プレナム、すなわち炉心に隣接した部分での流量特性は、一般的に、ループ型とプール型の設計で類似している。

この議論では、冷却材が入口プレナムから出口プレナムへ流れる際の流れと圧力の分布に焦点を当てる。ここでの例はループ型の設計に基づいているが、手法としてはプール型の設計でも似たものとなる。本件における例はCRBRP設計から得られたものである[20]。数値自体はもちろん設計により異なるものになるであろうが、これらは多くのSFR設計での典型的なものであるため、ここで示す流れ分割は有益なものとなろう。

CRBRP設計では、流れは3つのループを通じて入口プレナムへ入る。過渡変化時の混合が、他の圧力要因や機械的負荷応力と組み合わされることで炉心支持構造物と原子炉容器内に過剰な熱応力が生じないように、入口での流れは方向付けられる必要がある。

CRBRP均質炉心における入口プレナムからの流れは、次の比率で配分される：

燃料集合体	80%
制御棒集合体	1.6%
径方向ブランケット集合体	12%
径方向遮蔽体（ブランケットモジュール）	0.3%

炉心支持構造物の周辺部	4.7%
シールからの漏えい	1.4%

燃料、制御棒、および径方向ブランケット集合体を通る流れは、入口プレナムから炉心支持モジュールを介して流れていく。各モジュールには7つの集合体が含まれている。中央入口モジュールでの流量が最大であり、ここでの流れは炉心の圧力損失に影響する。燃料および制御棒集合体への流量分配は、入口モジュールよりも集合体個々でのオリフィスによって制御される。径方向ブランケット集合体の場合、径方向ブランケット集合体の配置換えが可能なよう、オリフィスによる制御は個々の集合体ではなく入口モジュールで行われる。径方向ブランケット集合体に隣接する径方向遮蔽体は、ブランケット集合体を含む7集合体のクラスタを形成するが、これらの流量制御は入口モジュールにより行われる。それらは、前述のリストでは0.3%の流量を占める。

ナトリウムは、入口モジュールから、各集合体下部の入口ノズルを通過する。その後ナトリウムは、燃料および制御棒集合体内のオリフィスを流れる。オリフィスは、平衡サイクル寿命末期の条件で、被覆管肉厚中心最高温度が等しくなるように設計されている。その後、燃料集合体内のナトリウムは、炉心の下にある中性子遮蔽部を通過して上に向かい、燃料バンドル（すなわち、下部軸方向ブランケット、炉心、上部軸方向ブランケット、核分裂生成ガスプレナム）へ流入・通過する。この節で後述するように、圧力損失の大部分は燃料バンドルで発生する。

ナトリウムは、集合体から、原子炉容器出口プレナムへと流れを導く流路へと排出される。そこからは、3つの1次系ループの出口配管へと流れていく。

炉心の圧力損失により、最も大きな圧力負荷は炉心支持板にかかる。CRBRPでは、ナトリウムプール上部の設計圧力は、カバーガス中でわずか絶対圧力104 kPa、または大気圧に対し+2.5 kPa（0.36 psig）である。炉心支持板の下の入口プレナムにおける最大圧力は絶対圧力950 kPa（123 psig）である。

圧力バランスシステムは、燃料集合体の下方への押し下げ（holddown）を保証するために使用されている。各集合体の底部のかなりの部分が出口プレナムの低圧にさらされており、その結果、燃料集合体に対して下向きの正味の力は重力となり、それは集合体に対して浮力を考慮した重量に等しい。

10.3.2　圧力損失

上述の流路内の圧力損失は、**形状**圧力損失（form pressure loss）または**摩擦**圧力損失（friction pressure loss）のいずれかであると考えられている。形状圧力損失は、

$$\Delta p = K\frac{\rho V^2}{2} \tag{10.32}$$

そして摩擦圧力損失は

$$\Delta p = f\frac{L}{D}\frac{\rho V^2}{2}, \tag{10.33}$$

で与えられる。ここで形状損失での係数Kは、ある特定の設計に対し実験的に決定されるか、または摩擦係数のように分析を通じて得られる。

CRBRP設計については、一通り揃った結果が利用できる[20]。表10.1に示されるCRBRPでの結果により、最大出力燃料集合体において圧力損失への影響の度合いについて詳細に知ることができ、有益である。**燃料バンドル**には、炉心燃料領域、軸方向ブランケット、核分裂ガスプレナムが含まれる。燃料バンドル以外での全圧力損失は、95%信頼水準で±20%の不確かさと報告されている。燃料バンドル部の圧力損失は、95%信頼水準で±14%の不確かさである。これらの不確かさを表10.1の結果に適用した場合、入口プレナムと出口プレナム間では最大850kPaの圧力損失に相当することになる。

表 10.1 最大出力燃料集合体における CRBRP 原子炉容器内の圧力損失[20]

機器／部位	圧力損失(kPa)		損失係数
	機器･部位別	内訳	
入口プレナム	32		$K=1.29$
モジュール	62		
挿入口部		39	$K=2.01$
ストレーナー(伸長部)		3	$K=0.363$
拡張部		8	$K=0.41$
マニホールド(配管分岐部)		6	$K+f\frac{L}{D}=1.0$
ストーク(枝管部)		6	$K+f\frac{L}{D}=1.0$
入口ノズル	105		
遷移部		19	$f\frac{L}{D}=0.022$
入口損失(形状)		59	$K=0.098$
入口損失(摩擦)		4	$f\frac{L}{D}=0.0024$
ノズル部摩擦損失(1)		4	$f\frac{L}{D}=0.000082$
ノズル部摩擦損失(2)		19	$f\frac{L}{D}=0.00035$
遮蔽、オリフィス	155		与えられていない
燃料バンドル入口	7		$K=0.37$
燃料バンドル	305		$f\frac{L}{D}$ Novendstern 相関式より
集合体出口	21		$K=0.79$
出口プレナム	33		$K=1.32$
合計	720		

10.3.3 燃料集合体での圧力損失

初期のアメリカ、フランス、ロシア、そして日本におけるSFR原型炉では、8.4.3節で説明した通り、六角形の集合体チャンネルで、ワイヤ巻を使用した燃料ピンにより設計されている。ここでは、この方式でピン間隔を定める方法での圧力損失について説明する。燃料ピン高さ方向に複数のグリッドスペーサーを配置する代替方法は、初期のイギリス、ドイツの設計、およびアメリカのフェルミ炉において使用されたが、スペーサーによって引き起こされる圧力損失は、個々のグリッドスペーサー設計に敏感であり、慎重を期すべき重要な問題であった。したがって、グリッドスペーサーによる圧力損失についての一般的な相関については、本書では触れない。

ワイヤ巻スペーサーを有するSFRの燃料集合体について、2つの圧力損失の相関式をここでは説明する。最初にNovendstern[1]、2番目にChiu他[3]によるものを示す。

SFRピンバンドル内の圧力損失を決定するためにアメリカで広く使用された最も初期の相関式は、1960年代初期にフェルミ炉用にStordeur[21]によって開発された。なおフェルミ炉は、ワイヤ巻ではなくグリッドスペーサーを使用した原子炉であった。1960年代後半にSangster[2]が、ワイヤ巻スペーサー用の相関式を発表した。後に、Novendstern[1]がSangsterの主要な特徴を採用して、FFTFとCRBRPの設計で使用された相関式を開発した。Rehme[22]もまた、Sangsterとほぼ同時期に改良法を提供した。Novendsternの解析法は、Reihman[23], Rehme[22], Baumannら[24]の実験データとともに、それまでのすべての手法を引き継ぎ、FFTFの燃料集合体の圧力損失の測定値と非常によい一致を示した[25]。その後Chiu-Rohsenow-Todreasにより解析法はさらに拡張され、より明確にワイヤ巻全体での流動抵抗を扱うようになった[3]。

Chiu-Rohsenow-Todreasによるモデル開発以前は、圧力損失は、式（10.33）による表面での摩擦圧力損失を修正することで得ていた。Chiuらは、圧力損失に関わる次の2つの要素を考慮するため、その効果を分離する方法を導入した。

(1) ワイヤに沿った流れによって生ずる形状圧力損失
(2) 軸方向および横方向の流れの速度成分の合成によって特徴づけられる表面摩擦圧力損失

したがって、Chiu-Rohsenow-Todreasのモデルは、式（10.32）と（10.33）を修正したものを使用している。

10.3.3.1 Novendsternモデル

このモデルでは、ワイヤ巻の影響は、式（10.33）の有効摩擦係数を用いて考慮されている。摩擦係数の乗数Mは、チャンネル1（図9.13）の有効摩擦係数f_1が次式により与えられるように導入される。

$$f_1 = M f_{smooth}. \tag{10.34}$$

乗数Mは、無次元パラメータであるピッチ／直径比(P/D)、リード／直径比(H/D)、レイノルズ数（Re）を用いた相関式により得られる。平滑管の有効摩擦係数f_{smooth}はReの関数である。すなわちMは、ワイヤースペーサーによって引き起こされるfの増加を表す。

Novendsternによって示されたMの相関は、

$$M = \left[\frac{1.034}{(P/D)^{0.124}} + \frac{29.7\,(P/D)^{6.94}\,\mathrm{Re}_1^{0.086}}{(H/D)^{2.239}} \right]^{0.885}, \tag{10.35}$$

である。ここで、$\mathrm{Re}_1 = \rho V_1 D_{e1}/\mu$ である。

Re数を用いた表現、および表面摩擦圧力損失の式において、V_1は式（10.9）により、D_{el}は式（9.30）により与えられる。

摩擦係数f_{smooth}についてのBlasiusの関係式をSFRの流動条件に用いることができる。ゆえに、

$$f_{smooth} = \frac{0.316}{\mathrm{Re}_1^{0.25}}. \tag{10.36}$$

ここで、f_1の値のみが与えられていることに注意しなければならない。流量分配係数X_iの定義は、はΔpがすべてのチャンネルで同じであること（10.2.1項を参照）を保証しており、計算により最終

的に得られる圧力損失は、タイプ1のチャンネルに基づくとしても十分だからである。

燃料ピン部におけるΔpの最終値は、式（10.33）と式（10.34）を組み合わせることで得られる。

$$\Delta p = Mf_{smooth}\frac{L}{D_{e1}}\frac{\rho V_1^2}{2}. \tag{10.37}$$

計算結果を、217ピンのFFTF燃料試験集合体[25]での実験で得られた圧力損失データと比較して図10.12に示す[1]。これらのデータは、相関式の開発のために用いられたものではない。したがって相

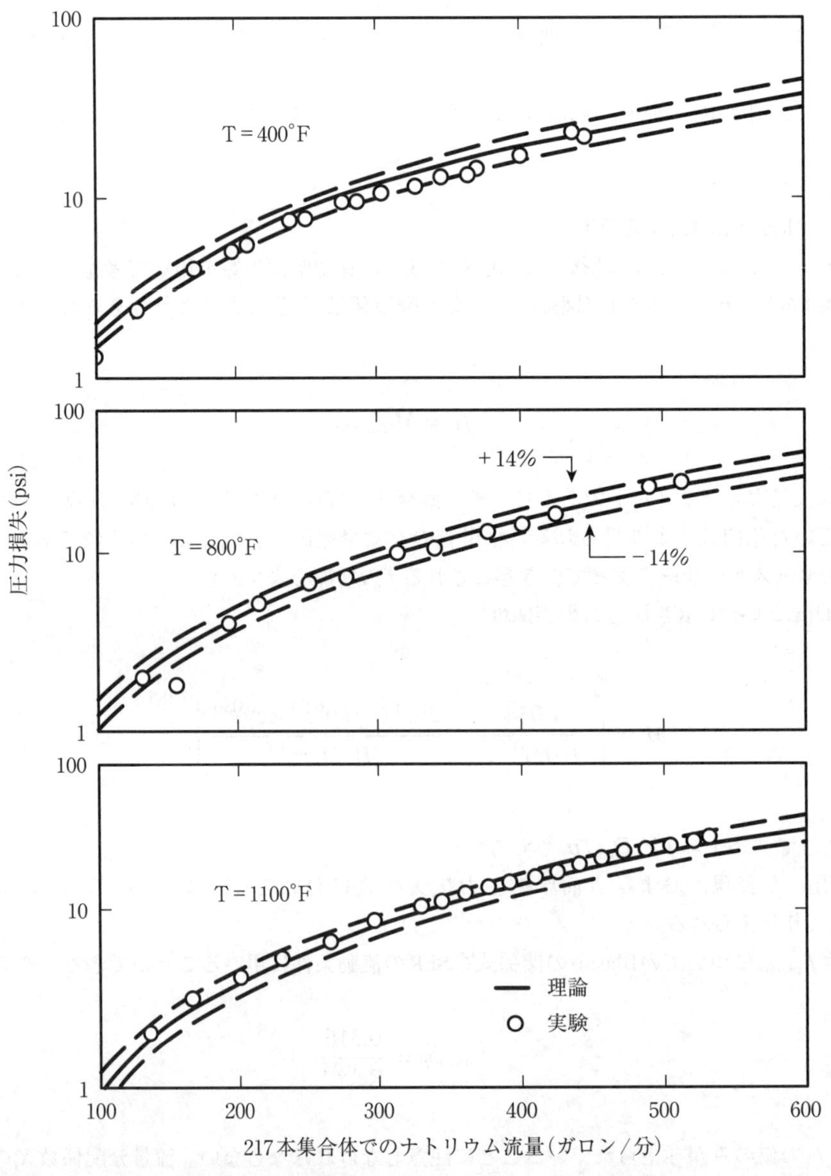

図 10.12　ナトリウム圧力損失の理論値（Novendstern モデル）と実験データとの比較[1]

関式の確認に独立して適用できるものである。±14%の誤差曲線（これも文献[1]より）の内側にデータ点のほとんどが含まれる。図10.13ではレイノルズ数50,000の時の摩擦係数の乗数 M を P/D と H/D の関数として示しているが、これはSFRのものとして典型的な値である。FFTFにおけるパラメータは下記の通りである。

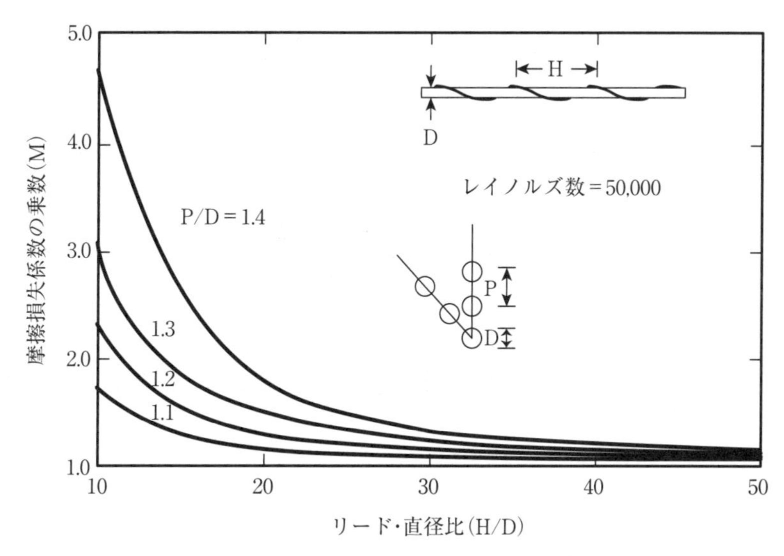

図10.13　摩擦損失係数の乗数M[1]

$D = 5.84$mm（0.230in.）

$P = 7.31$mm（0.288in.）（$P/D = 1.25$）

$H = 305$mm（12in.）（$H/D = 52$）

Re = 58,000

この時、$M = 1.05$ である。したがって、ワイヤ巻に対する乗数は、実用上は最も関心のある設計条件に対しては1からわずかに外れている。

10.3.3.2　Chiu-Rohsenow-Todreas（CRT）モデル

Novendsternモデルは図10.12に示す通り合理的で正確な結果を与えるが、CRTモデルは圧力損失に関わるメカニズムをより詳細に扱う。したがってCRTモデルは、幅広い流動条件で適用性が高い。

CRTモデルでは、圧力損失は2つの項の和としてモデル化されている。

$$\Delta p = \Delta p_s + \Delta p_r, \tag{10.38}$$

ここで、

Δp_s = 表面摩擦損失

Δp_r = ワイヤに垂直方向の速度成分による形状損失。

形状損失項については、C_Dを抵抗係数、A_rとA'を式（10.11）で定義する時、式（10.32）における形状係数Kは$C_D A_r/A'$によって表される。抵抗係数とワイヤに垂直な速度成分V_pは、無次元定数C'_1、およびワイヤが無い場合のチャンネル内の圧力損失を基にした表面摩擦係数f_sに関連している。よって、1つの燃料ピンリードにおける摩擦圧力損失成分は、

$$\Delta p_r\,(\text{one lead}) = C'_1 f_s \frac{A_r}{A'} \frac{\rho V_p^2}{2}. \tag{10.39}$$

となる。長さLの燃料ピンではL/Hのリードがあるので、この時のピン全長でのΔp_rは、

$$\Delta p_r = C'_1 f_s \frac{A_r}{A'} \frac{L}{H} \frac{\rho V_p^2}{2}. \tag{10.40}$$

となる。

図10.14の幾何学的な考察に基づき、軸方向速度V_A、横方向速度V_T、合成速度V_Rを用いて、速度成分V_pを表現できる。すなわち、

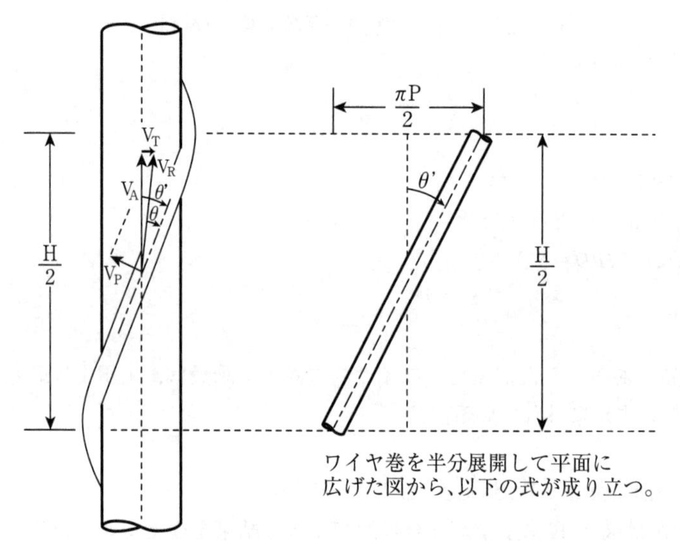

速度ベクトルと3次元鳥瞰図

$$\sin\,\theta' = \frac{\pi P}{\sqrt{(\pi P)^2 + H^2}}$$

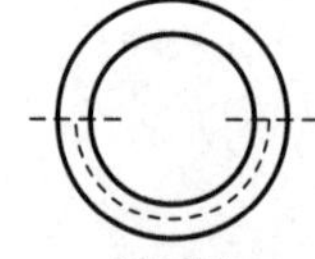

平面図
（ワイヤ巻の投影）
破線部の長さ＝$\pi P/2$

図 10.14　Chiu-Rohsenow-Todreas モデルでの配置図
軸方向と横方向の流速成分 V_A と V_T は、10.2.2 節の u と v に等しい。

$$V_p^2 = V_R^2 \sin^2\theta = V_A^2\left[1+\left(\frac{V_T}{V_A}\right)^2\right]\sin^2\theta. \tag{10.41}$$

これにより形状圧力損失は、

$$\Delta p_r = C'_1 f_s \frac{A_r}{A'}\frac{L}{H}\frac{\rho V_A^2}{2}\left[1+\left(\frac{V_T}{V_A}\right)^2\right]\sin^2\theta. \tag{10.42}$$

となる。

圧力損失における表面摩擦成分は、

$$\Delta p_s = f_R \frac{L_R}{D_{eR}}\frac{\rho V_R^2}{2}, \tag{10.43}$$

となる。ここで添字Rは、合成速度V_Rに関連した量であることを示す。幾何学的な議論を通じ、Chiuらのモデルでは、V_Rに関連する値を次のように置き換えられる。

$$\Delta p_s = f_s \frac{L}{D_e}\frac{\rho V_A^2}{2}\left[1+\left(C_2\frac{V_T}{V_A}\right)^2\right]^{1.375}, \tag{10.44}$$

ここでf_sは式（10.42）と同じであり、C_2は実験的に決定される定数である。

Chiuらは次に、Δp_r成分がチャンネル2では低下することから、表面摩擦成分が、なぜ周辺チャンネルの圧力損失を支配しているかの理由を説明している。さらに、内部チャンネルでは$V_T/V_A \ll 1$であることから、チャンネル1のV_T/V_Aは0とみなすことができることを主張している。$V_T/V_A=0$の時、図10.14におけるθおよびθ'は等しくなるので、式（10.42）の$\sin\theta$を$\sin\theta'$に置き換えることができる。最後に、$\sin^2\theta'$式の分子におけるπ^2を定数C'_1に含めることで、新しい定数C_1を定義する。したがって、チャンネル1の形状圧力損失は、

$$\Delta p_{r1} = C_1 f_{s1}\frac{A_{r1}}{A'_1}\frac{L}{D_{e1}}\frac{D_{e1}}{H}\frac{P^2}{(\pi P)^2+H^2}\frac{\rho V_1^2}{2}, \tag{10.45}$$

ここで、チャンネル1のV_AはV_1に置き換えられている。

チャンネル1と2の全圧力損失式は最終的には、

$$\Delta p_1 = f_{s1}\frac{L}{D_{e1}}\frac{\rho V_1^2}{2}\left[1+C_1\frac{A_{r1}}{A'_1}\frac{D_{e1}}{H}\frac{P^2}{(\pi P)^2+H^2}\right], \tag{10.46}$$

$$\Delta p_2 = f_{s2}\frac{L}{D_{e2}}\frac{\rho V_2^2}{2}\left\{1+\left[C_2 n\left(\frac{V_T}{V_2}\right)_{gap}\right]^2\right\}^{1.375}, \tag{10.47}$$

となる。チャンネル2については、V_AはV_2に置き換え、V_T/V_Aは$n(V_T/V_2)_{gap}$に置き換える。nと$(V_T/V_2)_{gap}$は式（10.12）において定義されている。

式（10.46）および（10.47）で使用される速度V_1、V_2は、式（10.11）と（10.12）から得られる。これらの速度（そして$V_1/\bar{V}$と$V_2/\bar{V}$に等しい流れ分割パラメータX_1とX_2）は、連続式（10.5）とともに、Δp_1とΔp_2が等しいという条件を上記の式に課すことにより得られた。

10.3.3.3 その他の方法

圧力損失相関式は、この節で説明する2つだけでなく数多く公開されている。そのような相関式はすべて、一般的には、相関式の開発者自身によって使用された特定の実験データセットに固有のものである。したがって、その相関式の適用範囲は、式を開発するために用いられたデータの範囲に限定される。開発に使用された実験条件の範囲を超えて相関式を適用する場合は、十分な注意が必要である。その場合、活用を図る範囲での相関バイアスと不確実性を決定するため、意図する適用条件に類似するデータを使用した相関式の性能評価による妥当性確認が必要となる。

Novendstern[1]などの相関式は、参考文献[26]に記載されている。これらの相関式は、広いデータ範囲や様々な種類の流体に対してどの式が最も高い精度を持つかを評価するために、圧力損失のデータベースと比較される。そのような評価は、どの相関式が高速炉システムの一般的な設計評価に使用できるかの判断に役立つ。しかし、詳細な原子炉設計や解析を伴う特定の用途には、達成可能な最高の精度で設計固有のデータを予測するための新たな相関式を開発するか、あるいは既存の式の変更が重要となる。

10.4 ホットチャンネル係数

この章の最初の3つの節では、ノミナル温度（nominal temperature）を計算するための方法について論じてきた。ここで“ノミナル”とは、不確実性を考慮せずに計算された、定格最大出力運転時の値を意味する。10.2節では、集合体内の軸方向高さ位置によってかなり温度が変化することを述べた。しかしこれらはすべて予測値であり、その計算は、設計者の仕事としては初段階という位置づけである。その次に来るものは、解析における不確実性の取り扱いである。理論的および実験的評価、計測精度、製造公差、物性値、および相関式の不確実性の影響について、安全で信頼性の高い原子炉運転のために考慮する必要がある。また設計上の不確実性の影響は、高速炉技術開発におけるより先進的な伝熱流動実験の重要性を示している。この節では、これらの不確実性の取り扱いについて述べる。

高速炉の伝熱流動設計は、一連の**設計基準**（design bases）、または**設計クライテリア**（design criteria）に準拠する必要がある。これらの多くは、様々な条件下における燃料、被覆管、および冷却材出口温度と関連している。例えば、FFTFとCRBRP用の燃料の設計クライテリアは、ある特定の過出力時に燃料溶融が全く発生しないようにすることである。両原子炉の設計においては、この**過出力**（overpower）が定格出力の115%に設定されている。最高許容被覆管温度は、燃料ピンの健全性を保証するようにする必要がある。最高許容冷却材出口温度は、炉心の上部構造物の健全性を保証できる温度でなければならない。その他の伝熱流動での設計基準として、許容圧力損失や冷却材流速などのパラメータを用いる。

設計基準を満たすために、**設計限界**（design limits）を定める必要がある。多くの場合これらは、既知であるはずの特定のパラメータにより、統計的な**信頼水準**（level of confidence）を示すことにより行われる。パラメータもしくは限界値の不確実性は、それら特定の信頼水準と関連付けられている。

不確実性と限界値は、ホットチャンネル係数、またはホットスポット係数の使用を通じて取り扱われる。ある特定のパラメータのホットチャンネル係数Fは、そのパラメータの最大値のノミナル値に対する比である。したがって、1より大きい数値であり、その小数部分（すなわち、$F-1$）はパラメータの部分的な不確実性を表している。ホットチャンネル係数は、実験データと実験的に検証された解析手法の両方に基づいていなければならない。これらの係数を適切に設定することは、原子炉設計者にとって最も重要な課題の一つである。

ホットチャンネル係数の正確な定義や値と、それらが不確実性解析に適用される方法は、新型高速炉の個々の設計に応じて、また数値解析手法の複雑さや速度に応じて進歩していくものである。用いられる手法は、許認可過程において適用された先例に強い影響を受ける。確かに、LWRにおける先例は、高速炉における手法に影響を与えている。FFTF[27]とCRBRP[28-30]を対象にした広範な不確実性解析結果が存在しており、本書ではそれらを不確実性を算出する方法論のガイドとして用いる。これから行われる炉設計解析では、より多くの実験データが利用可能であり、より高度な数値計算モデルも開発されているため、さらに設計マージンを合理化できるであろう。したがって、この節の重要な目的は、ある特定の解析例を詳細に記載するのではなく、ホットチャンネル係数の適用に関わる方法論を解説することにある。

ホットチャンネル係数を乗算するパラメータは、一般的には、温度差である。したがって、ここでの結果は、用いられる温度の単位（摂氏、華氏）とは無関係である。

10.4.1　統計的手法

2種類の不確実性が、ある特定のパラメータに影響を与える可能性がある。1つは**直接的な不確実性**（direct uncertainties）もしくは**バイアス**（biases）であり、もう一つは**ランダムな不確実性**（random uncertainties）である。パラメータに対する直接的な不確実性は変数によりその影響を表す。その変数はランダムな変動を示すものではないが、あらかじめ正確な値を予測することはできないものである。ランダムな不確実性は、発生頻度分布により表すことができる変数によってその影響を表している。不確実性の種類毎に、その発生要因が存在している。個々の不確実性の積み重ねで、パラメータの総括的な不確実性が定まる。後で説明するように、2つのタイプの不確実性でその伝播の仕方が異なる。

不確実性の一般的な尺度、すなわちデータのばらつきは、**分散**σ^2で表される。平均値（または真値に近い計算値）に近い実験データの典型的な統計的分布では、分散の平方根σは**標準偏差**を表す。この場合、測定値または計算値がその平均値または真の値の$\pm\sigma$の範囲にある確率は67%となり、$\pm 2\sigma$では95%、$\pm 3\sigma$では99.73%となる。3σの場合、測定値または計算値が、平均値または真の値より3σ以上大きい確率が0.13%であるということを表し、また同じ確率で、平均値または真の値より3σ以上小さいということを表す。したがって、測定値または計算値が、平均値または真の値に3σを加えた値以下であることは、99.87%の確率である。

伝熱流動設計でのランダム不確実性は正規分布に従うと仮定される。もし設計基準により、ランダム不確実性を有するパラメータの真の値が、99.9%の信頼度でそのパラメータに指定された設計限界よりも小さくなければならない場合、パラメータのノミナル値は設計限界より3σ低い値でなければならない。このレベルの信頼度は、SFR伝熱流動設計ではしばしば必要とされる。ただし一部のパラメータについては2σレベル（97.5%の信頼性）で十分と考えられている。

ある変数に対して3σの信頼度レベルが求められる場合、その変数のホットチャンネル係数は次のようになる。

$$F = 1 + 3\sigma. \tag{10.48}$$

特に直接的な不確実性の場合には、標準偏差によって不確実性を特徴付けることが可能とは限らない。そのような場合も、設計限界を超えることがないよう、適切なレベルの信頼性を与える不確実係数の別の評価手法を見出すことが必要である。

10.4.1.1 ホットチャンネル係数の組み合わせ

数多くの不確実性は各設計パラメータに影響を与えるが、ホットチャンネル係数はそれぞれの不確実性に関連付けられている。個々のホットチャンネル係数は、設計パラメータのための全体的なホットチャンネル係数を得るために組み合わせられる。

直接的な不確実性に基づくホットチャンネル係数は、ノミナル値に直接掛けることになる。したがって、それらの組み合わせは簡単である。

$$F_d = \prod_{k=1}^{D} F_{d,k}, \tag{10.49}$$

ここで、

$F_{d,k}$ = ホットチャンネルへの影響kに関する直接的なホットチャンネル係数の値
D = 直接的なホットチャンネル係数の数

である。

ランダムな不確実性に基づくホットチャンネル係数は、ノミナル値を乗じる前に統計的に統合される。不確実性の伝播の仕方は、個々のランダム不確実性の二乗和の平方根である。各統計的ホットチャンネル係数$F_{s,k}$は、式（10.48）と同様に、必要とされる信頼度レベルに応じた標準偏差の個数nを用いた不確実性：$n\sigma$に関連づけられる。したがって、統計的ホットチャンネル係数の一部は、（$F_{s,k}-1$）の二乗和の形で伝播する。すなわち、

$$F_s = 1 + \left[\sum_{k=1}^{S} \left(F_{s,k} - 1 \right)^2 \right]^{1/2}, \tag{10.50}$$

ここで、Sは統計的ホットチャンネル係数の数である。

全ホットチャンネル係数Fは、各々統合された直接的および統計的不確実性係数の積である：

$$F = F_d F_s. \tag{10.51}$$

10.4.2 CRBRP と FFTF のホットチャンネル係数

初期のCRBRP均質炉心設計に使用されたホットチャンネル係数を表10.2に記載する[28]。係数は5つの対象（冷却材、膜、被覆管、ギャップ、燃料）および熱流束について記載されている。各対象と熱流束の全ホットチャンネル係数が得られるように、ホットチャンネル係数は表中の列ごとに統合されている。このように記載されている理由は、ホットチャンネル係数の適用法を示す10.4.3節において明らかになる。

表10.2　ホットチャンネル係数（初期CRBRP均質炉心設計、信頼性3σレベル）[28]

	冷却材	膜	被覆管	ギャップ	燃料	熱流束
A. 直接的影響因子						
出力測定および制御システムの不感領域	1.03					1.03
入口流量配分誤差	1.05	1.035				
集合体内流量分配誤差	1.08					
被覆管円周方向温度差		1.0(1.7)[a]				
直接的影響の合成(F_d)	**1.17**	**1.035(1.76)[a]**				**1.03**
B. 統計的影響因子						
入口温度変化	1.02					
原子炉ΔT変化	1.04					
核データ(出力分布)	1.06					1.07
核燃料不均一性	1.01					1.04
ワイヤ巻位置	1.01					
冷却材物性値	1.01					
サブチャンネル流路面積	1.03	1.0				
膜熱伝達係数		1.12				
ペレット－被覆管偏心度		1.15	1.15			
被覆管厚さと熱伝導度			1.12			
ギャップコンダクタンス				1.48[b]		
燃料熱伝導度					1.10	
統計的影響の合成(F_s)	**1.08**	**1.19**	**1.19**	**1.48[b]**	**1.10**	**1.08**
合計(F)	1.26	1.23(2.10)[a]	1.19	1.48	1.10	1.11

a この係数は、被覆管最高温度にのみ影響を与え、燃料最高温度には影響を与えない。
b 新燃料のみに使用。

熱流束の係数は運転時の不確定性を表している[2]。それは膜、被覆管、ギャップ、燃料の温度差の不確実性を評価する際に使用される。一方、冷却材エンタルピー上昇（すなわち温度上昇）には適用されない。チャンネルに沿って平均化された他の係数は、冷却材エンタルピーの不確実性を表す。

表10.2に示すホットチャンネル係数は、初期のCRBRP均質炉心設計[28]に基づいており、この節でホットチャンネル係数の基本的な概念を示すにあたって、適切な枠組みを提供するものである。CRBRP非均質炉心設計におけるブランケット集合体のホットチャンネル係数など初期の時点では考慮されなかった事項も取り入れた、より完全なホットチャンネル係数一式も利用可能である[29]。

FFTFでのホットチャンネル係数の評価[27]は、初期のCRBRP分析に類似したものである。CRBRPの手法はその後の設計にも用いられ、また発電用原子炉の設計に適用されているため、本書ではこの初期のCRBRPで用いられた手法に焦点を絞る。FFTFとCRBRPとが両方とも酸化物燃料を用いていたので、表10.2の値の多くは、金属、炭化物、または窒化物を燃料とするシステム向けには大きく変更しなければならない。大きな変更点としては、燃料－被覆管ギャップにナトリウムを充填することで熱伝導度をより高めていることがあげられる。

[2] FFTFでは、熱流束係数は、各領域の合計ホットチャンネル係数に含まれている。

CRBRP設計で用いられた個々の直接的および統計的係数については、以下においてその概要を説明する。

10.4.2.1 直接的影響因子

出力レベル測定と制御システムの不感領域

出力測定機器のキャリブレーション誤差は、主に蒸気サイクルにおける水の流量と給水温度測定の不確実性に基づいており、+2%である。[3] **不感領域許容**（dead band allowance）と呼ばれる1%の追加許容分が、原子炉出力の微小変化により制御棒が過度に駆動するのを防ぐために制御システム設計に組み込まれている。出力測定と不感領域を合わせたホットチャンネル係数は1.03であり、これは初期のCRBRP設計では直接的な不確実性因子と考えられた。

入口流量の分配誤差

入口プレナム内の流れと圧力の分布により、またオリフィス、燃料ピン、ワイヤ巻、ダクトの潜在的な製作寸法許容誤差の蓄積により、ある特定の燃料集合体への総流量はノミナルよりも低くなる可能性がある。流量が少ない場合、冷却材エンタルピー上昇（従って、冷却材温度の上昇）に直接影響する。5%の流量低下を許容する場合、1.05のホットチャンネル係数となる。低流量は膜温度差ΔTに影響を与え、熱伝達率の相関式におけるペクレ数に影響を与える。しかしながら同時に、低流量は流れにおける水力直径の低下とも関連付けられ、これは熱伝達率を上げる効果がある。膜温度差における入口流量の配分誤差のホットチャンネル係数1.035は、集合体入口での流量分配誤差とともに流量減少と水力直径減少の両方に基づくものである。

集合体内の流量分配誤差

内側チャンネルと周辺チャンネルの違いに起因する、集合体内の流れと温度の分布については、10.2節で議論した。集合体のホットチャンネルでの温度上昇のノミナル値は、10.2節の方法で計算された集合体の平均値に対するホットチャンネルでの増大比を考慮に入れる。集合体内の流量分配誤差のホットチャンネル係数は、この増大比の不確実性を表している。

被覆管円周方向温度差

3つの隣接する燃料ピンによって形成されたチャンネル内の冷却材流速と温度分布は一様ではなく、10.2.1項の最後で議論した通り、管の周りで円周方向に変化する。被覆管最高温度は、管間の最小ギャップ位置で発生する。ギャップ内のワイヤ巻の存在により、被覆管表面温度はさらに上昇する。最小ギャップにおける膜温度差ΔTの上昇は、平均ΔTの1.5倍であった。さらに20%が計算方法の不確実性のために追加され、直接的ホットチャンネル係数は1.7とされた。また別の方法では、既知の設計係数として1.5を使用し、ホットチャンネル係数解析に20%の不確実性を含む。

この円周方向の温度係数は、被覆管温度制限に対してのみ適用される。燃料-被覆管ギャップや燃料温度差には影響がなく、したがって、燃料最高温度評価において膜温度上昇を計算するとき、このホットチャンネル因子は1となる。

---

[3] この不確実性は、直接的な影響としてではなく、統計的なものでそれに応じた伝播を扱うべきと考える方がいるかもしれない。しかしながらこの不確実性は、LWR許認可ではバイアスと見なされる。したがってこの例は、軽水炉での前例がSFRでの方法論を決定した例である。

10.4.2.2　統計的影響因子

入口温度変化

1次系・2次系ナトリウムと蒸気システムを含んだ、原子炉やプラントシステム全体での統計分析により、±5℃の冷却材入口温度の不確実性が示された。この不確実性は、炉心の冷却材温度上昇の不確実性に含まれる。～280℃のノミナル温度上昇に対して、±5℃の不確実性は±2%の温度変動に対応する。

原子炉 ΔT 変化

同様のシステム分析により、3σ 不確実性で±4%の冷却材流量が示され、これは炉心での ΔT 上昇に対して同じ（±4%）不確実性をもたらす。

核データ（出力分布）

この係数は、径方向、軸方向、および局所での出力ピーキング係数の不確実性を表している。これは、臨界実験との比較を通じた調整後における、核データや原子炉設計手法の不確実性を反映している。初期のCRBRP均質炉心設計においてこの誤差は、熱流束係数について6.5%、冷却材エンタルピー上昇について6%の影響があると推定された。

核燃料不均一性

この係数は、FFTF用に製造された燃料に対する統計的測定に基づいている。個々の燃料ピンにおける燃料および被覆管の温度制限解析では3.5%の不確実性がある。冷却材エンタルピー上昇の不確実性は、複数のピンによる影響であることから、僅か1%である。

ワイヤ巻位置

ホットチャンネル係数へのこの小さな寄与は、集合体ラッパ管近接チャンネルのワイヤ巻による旋回流に起因する不確実性に関連付けられる。

冷却材物性値

これはナトリウムの比熱と密度に関する誤差の影響を反映している。

サブチャンネル流路面積

この係数は、燃料ピン径、ピンピッチと直径の比（P/D）、およびピンの曲がりによる許容差の伝播による影響を表す。2.8%の流量減少をもたらす水力直径の減少は、膜熱伝達率を計算する際にペクレ数による影響を打ち消すため、膜温度ホットチャンネル係数に影響を与えない。

膜熱伝達率

被覆管および燃料温度限度を計算する際、熱伝達率が高いほど被覆管および燃料温度が低めに計算されることを考慮しなければならない。実験データ（例：図9.19）とCRBRP（またはFFTF）での相関式の比較により、実際の熱伝達率の最小値は、相関式で計算した値を12%以上下回ることはないことが示された。

ペレット－被覆管の偏心度

被覆管内の燃料ペレットの偏心は、燃料－被覆管の最小ギャップにおける熱流束に影響を与える。

この部分の熱流束増大は被覆管や冷却材フィルムの温度上昇を引き起こす。計算より、膜温度差と被覆管最高温度に対するホットチャンネル係数は1.15が適切であることが示されている。実際にはペレット偏心により温度は低下することから、この係数は燃料温度計算には適用されない。

被覆管厚さと熱伝導度

被覆管の熱伝導度の10%の不確実性は（大部分は照射効果による）、±1/1000インチ（0.03mm）に相当する3σ被覆管厚さ許容誤差のために統計的に6.7%の誤差として伝播され、ホットチャンネル係数は1.12とされた。

ギャップコンダクタンス

寿命初期（beginning of life, BOL）におけるギャップコンダクタンスの不確実性は、積分測定におけるデータ分散（例：前述の図9.10に示されたP-19データなど）、燃料熱伝導度に起因する積分実験での不確実性からギャップの不確実性を分離することの難しさ、そして被覆管内径と燃料ペレット外径の許容差によるものである。燃料中心最高温度を示す燃料ピンについては、ギャップホットチャンネル係数は1.48であった。（許容誤差をペレット径で2.5mil（0.064mm）、被覆管内径で0.5mil（0.013mm）とする場合、初期CRBRP設計における低温時のギャップノミナル値は6.5mil（0.165mm）であった。）

このホットチャンネル係数は、寿命初期燃料に対してのみ有効である。照射や熱サイクルを経た後は、燃料の膨張や亀裂により、高温での燃料－被覆管ギャップは閉塞することで、ギャップコンダクタンスの増加と溶融限界線出力の増加、さらにピーク燃料温度の低下がもたらされる。これはHEDL-P-20実験で観察され、図9.10と図9.11を、図9.12と比較することで明らかになる。

燃料熱伝導度

燃料熱伝導度の不確実性をもたらすいくつかの要因により、任意の線出力において、燃料ペレット表面から中心部へ向う温度上昇の推定値に対しで±10%の不確実性が伝播する。燃料熱伝導度の不確かさは、実際には、特に高温条件でこの値より大きくなる可能性がある。しかしながらこの熱伝導度の不確実性は、ギャップコンダクタンス1.48と組み合わせる場合、BOL燃料におけるギャップや燃料での温度分布に対して、適切な不確実性を与える。

実験的な測定で対象とするパラメータは常に相互に関連しているので、ギャップコンダクタンスと燃料熱伝導度のホットスポット係数を適用する際には、特別な注意が必要である。

10.4.3 ホットチャンネル係数の適用

ホットチャンネル係数の使用に関して、冷却材出口最高温度や被覆管最高温度の計算への適用について最初に説明する。次に燃料溶融が発生しないことを確認する方法について説明する。

合成されたホットチャンネル係数について使用される用語体系を以下に示す。これらの係数に対し、表10.2で表示された数値を括弧内に示している。

ホットチャンネル係数	影響を受けるパラメータ
F_q	熱流束(1.11)
F_b	冷却材エンタルピーと温度上昇(1.26)
F_{film}(被覆管)	ワイヤ巻直下のホットスポットでの膜温度上昇。被覆管最高温度を得るのに使用される(2.10)
F_{film}(燃料)	燃料最高温度を得るのに使用される膜温度上昇(1.23)
F_c	被覆管の温度上昇(1.19)
F_{gap}	ギャップコンダクタンス(1.48)
F_{fuel}	燃料熱伝導度(1.10)

さらに使用された用語は下記の通り[4]：

q_{op} ＝被覆管外表面でのホットチャンネル熱流束のノミナル値と過出力係数の積（したがって、過出力条件での熱流束）
χ_{op} ＝ホットチャンネル線出力のノミナル値と過出力係数の積
h ＝熱伝達率
k ＝熱伝導度
D_i, D_o ＝被覆管の内側および外側の直径
$T_{b,0}$(inlet) ＝冷却材入口温度のノミナル値
$T_{ci,m}$ ＝被覆管内側温度の最高値
$T_{co,m}$ ＝被覆管外側温度の最高値
$\Delta T_{b,OP}$ ＝ホットチャンネルでの冷却材温度のノミナル値と過出力係数の積

入口温度の不確実性は温度上昇に含まれることから、温度計算の出発点としては冷却材入口温度のノミナル値$\Delta T_{b,0}(inlet)$を使用する。

燃料集合体での冷却材温度上昇の最大値は、

$$\Delta T_{b,m}\,(\text{exit}) = \Delta T_{b,OP}\,(\text{exit})\,F_b. \tag{10.52}$$

となる。したがって、最高出口温度は、

$$T_{b,m}\,(\text{exit}) = T_{b,0}\,(\text{inlet}) + \Delta T_{b,m}\,(\text{exit})\,. \tag{10.53}$$

となる。

被覆管外表面の最高温度を計算する最初のステップは、ノミナル値の被覆管最高温度を示す軸方向位置$Z_{\max}$を特定することである。外側表面最高温度は、冷却材入口温度と軸方向での冷却材温度の最大上昇値[$\Delta T_{b,m}(Z_{\max})$]、その軸方向位置における膜温度上昇最大値の合計で、次のように表される。

$$T_{co,m} = T_{b,0}\,(\text{inlet}) + \Delta T_{b,m}\,(z_{max}) + \Delta T_{film,m}\,(\text{cladding})\,, \tag{10.54}$$

[4] 添字mは最大値を、添字0はノミナル値を表す。

ここで、

$$\Delta T_{film,m}\,(\text{cladding}) = \frac{q_{OP} F_q}{h_{film}/F_{film}\,(\text{cladding})}, \tag{10.55}$$

であり、また q_{op} と $h_{\rm film}$ は被覆管最高温度を示す軸方向位置で計算される。

被覆管での温度上昇の最大値は、

$$\Delta T_{c,m} = \frac{F_q \chi_{OP} \ln(D_o/D_i)}{2\pi k_c/F_c}. \tag{10.56}$$

となる。したがって、被覆管内面最高温度は、対象としている軸方向位置で評価されたすべての項を用いて、式（10.54）と式（10.56）の和になる。

ここで3つめの問題は、燃料中心で溶融が発生しないことを示すことである。このために2つのアプローチを使用することができる。

(1) 燃料中心温度を算出し、燃料溶融温度と比較する。または、
(2) 運転時線出力を計算し、溶融限界線出力実験での測定値と比較する。

1つ目の方法では、ノミナル値で燃料最高温度を示す軸方向位置を見つけ、その位置での最高冷却材温度を計算する。次に、膜温度上昇の最大値を計算するが、ワイヤ巻直下の被覆管ホットスポットに適用されるものではなく、被覆管平均に関するフィルムホットチャンネル係数 $F_{\rm film}$(fuel) を使用し、

$$\Delta T_{film,m}\,(\text{fuel}) = \frac{q_{OP} F_q}{h_{film}/F_{film}\,(\text{fuel})}. \tag{10.57}$$

となる。

ここからの燃料最高温度計算は、ギャップコンダクタンス、燃料の熱伝導度、線出力間に実験上の相互関係があるために複雑になる。ここでは初期CRBRP均質炉心で使用された方法を述べる。

燃料とギャップでの最大温度差を一緒に計算する。それらは実験的に分離できないので、燃料伝導度とギャップコンダクタンスによるランダムな不確実性の伝達（すなわち、二乗和など）を扱うのに合理的である。これは次のように行うことができる。燃料伝導度による不確実性を $\Delta T_{fuel,0}(F_{fuel}-1)$、ギャップコンダクタンスによる不確実性を $\Delta T_{gap,0}(F_{fuel}-1)$ とする。

燃料およびギャップでのノミナル温度差は、どちらも熱流束ホットチャンネル係数が乗算される。これに統計的に伝播されたギャップコンダクタンスと燃料熱伝導度に起因する不確実性を追加する。したがって、

$$\begin{aligned}\Delta T_{(\text{fuel + gap}),m} = &\left(\Delta T_{\text{fuel},0} + \Delta T_{\text{gap},0}\right) F_q \\ &+ \sqrt{\left[\Delta T_{\text{fuel},0}\left(F_{\text{fuel}} - 1\right)\right]^2 + \left[\Delta T_{\text{gap},0}\left(F_{\text{gap}} - 1\right)\right]^2},\end{aligned} \tag{10.58}$$

ここで、$\Delta T_{(\text{fuel+gap}),m} = T_{\text{fuel},m} - T_{ci,m}$ である。したがって、燃料最高温度は、

$$T_{\text{fuel},m}(z) = T_{\text{b},0}(\text{inlet}) + \Delta T_{\text{b},m}(z) + \Delta T_{\text{film},m}(\text{fuel}) + \Delta T_{c,m}(z) + \Delta T_{(\text{fuel}+\text{gap}),m}. \quad (10.59)$$

となる。

燃料溶融が発生しないことを示すための2つ目の方法は、9.2.5項で説明した、燃料溶融をもたらす線出力に関する積分実験に基づいている。運転状態での線出力と実験的に観察された溶融限界線出力を比較することで、**溶融マージン**（margin-to-melting）が得られる。望まれる結果は、不確実性が考慮された後のマージンである。これを導く手順を図（10.15）に示した[30]。**最小の溶融限界線出力**（minimum linear-power-to-melting）の計算は、ギャップの実験測定値に基づきそのノミナル値を計算することに始まり、この値を低温時の最大ギャップ（3σ）での値まで減じ、さらにこの値を信頼性レベル−3σにおける実験的不確実性まで減ずる。この過程により、図10.15のラインAが得られる。ラインAの値は、3σレベルの信頼性を持って（例：F_qにより乗算）、さらに過出力係数（例：FFTFまたはCRBRP設計では115%）による増加を見込んだ運転時の**最高線出力**（maximum operating linear power）より大きくなければならない。この結果が図のラインBである。ラインBが上のラインAとなす幅が設計溶融マージンである。

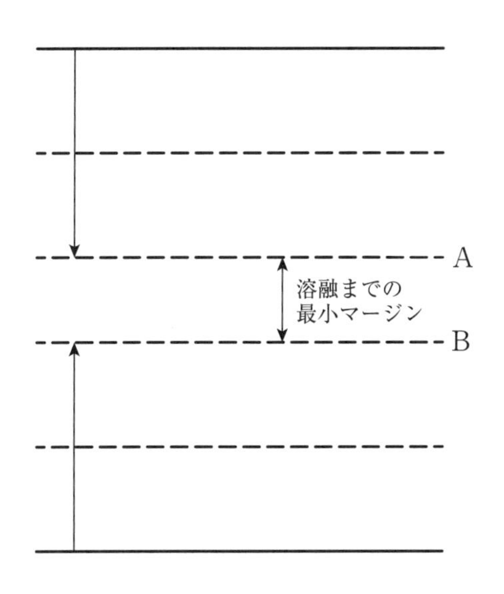

図10.15　溶融マージンを評価する際の不確実性の取扱い[30]

10.4.4　その他の高速スペクトル炉の設計に関する考慮事項

ホットチャンネル係数は、その開発目的や応用先が極めて限定的である。すなわち、その対象は、原子炉の設計、燃料集合体／ピンの設計および製造、燃料・材料、原子炉をモデル化するのに使用するコンピュータコードや相関式の精度にある。しかもこの章で紹介した例は、SFR用の六角形集合体内のワイヤ巻を使用した酸化物燃料ピンを対象としている。その他の高速スペクトル炉の設計のためのホットチャンネル係数は、その設計特有の事項を別途考慮する必要がある。

表10.2に記載されている直接的因子の不確実性の中で、単一で最も寄与の大きなものは、被覆管温

度上限の計算で用いられる、被覆管円周方向温度差である。この直接的因子の不確実性は、設計がホットチャンネル係数にどのように影響するかについて明確な例を示している。広いピン間隔（例えば鉛冷却炉など）やワイヤ巻の代わりにグリッドスペーサーを用いる集合体設計では、被覆管円周方向温度差の不確かさはより小さな値を想定できる。直接的因子による不確実性は、炉心部圧力損失を抑えるために非常に広いピン間隔を必要とする鉛冷却炉ではより小さいと予想される。

燃料ピン設計と燃料材料は、表10.2に記載されているものの内、大きな統計的不確実性を示す項目に影響を与える可能性があることから、ホットチャンネル係数およびその結果として得られるマージンへのインパクトが大きい。例えば、ナトリウムを充填した燃料ピン（第11章で説明）は、被覆管内ギャップ部の熱伝達率を大きく改善するため、ペレット－被覆管偏心の熱的影響を効果的に排除することができる[31]。被覆管へのナトリウム、もしくはその他の液体金属の充填、または非常に注意深く制御された製造プロセスも同様な理由で、新燃料におけるギャップコンダクタンスの不確実性を改善させることができる。燃料ピン設計に加え、新たな燃料材料の選択は、燃料の熱伝導度の不確実性に影響を与えることとなるため、十分理解の進んでいない、あるいは研究の進んでいない材料の使用は、不確実性を増加させる可能性がある。

燃料設計や材料選択は、一般的に原子炉設計プロセスの最前線ではないながらも、それらがホットチャンネル係数に与える影響を考察することは、高速スペクトル炉設計の全般的な安全性マージン確保に大きな意味をもつ。具体的には、不確実性を考慮することなく、ノミナル値ベースで優れた性能を有する設計や材料を選択した場合、それらの影響はホットチャンネル係数によって設計に反映されるため、その選択が全体の利得を減じさせる可能性もある。従って、どの不確実性が最重要であるかを設計プロセスの早い段階で認識し、ホットチャンネル係数を介したマージンへの影響が小さくなるよう、研究や実験による不確実性低減の努力が重要である。

【参考文献】

1. E. H. Novendstern, "Turbulent Flow Pressure Drop Model for Fuel Rod Assemblies Utilizing a Helical Wire-Wrap Spacer System," *Nucl. Eng. Des., 22*(1972)19－27.
2. W. A. Sangster, "Calculation of Rod Bundle Pressure Loss," Paper 68-WA/HT-35, ASME, New York, NY, 1968.
3. C. Chiu, W. M. Rohsenow, and N. E. Todreas, *Flow Split Model for LMFBR Wire Wrapped Assemblies*, COO-2245-56TR, Massachusetts Institute of Technology, Cambridge, April 1978.
4. J. T. Hawley, C. Chiu, W. M. Rohsenow, and N. E. Todreas, "Parameters for Laminar, Transition, and Turbulent Longitudinal Flows in Wire Wrap Spaced Hexagonal Arrays," *Topical Meeting on Nuclear Reactor Thermal Hydraulics*, Saratoga, NY, 1980.
5. D. S. Rowe, *COBRA-IIIC: A Digital Computer Program for Steady State and Transient Thermal Hydraulic Analysis of Rod Bundle Nuclear Fuel Elements*, BNWL-1695, Battelle Pacific Northwest Laboratories, March 1973. See also T. L. George, K. L. Basehore, C. L. Wheeler, W. A. Prather, and R. E. Masterson, *COBRA-WC: A Version of COBRA for Single-Phase Multiassembly Thermal Hydraulic Transient Analysis*, Pacific Northwest Laboratory, PNL-3259, Richland, Washington, July 1980.
6. W. T. Sha, R. C. Schmitt, and P. R. Huebotter, "Boundary-Value Thermal Hydraulic Analysis of a Reactor Fuel Rod Bundle," *Nucl. Sci. Eng., 59*(1976)140－160.
7. M. D. Carelli and C. W. Bach, "LMFBR Core Thermal Hydraulic Analysis Accounting for Interassembly Heat Transfer," *Trans. ANS*, 28(June 1978)560－562.
8. J. L. Wantland, "ORRIBLE—A Computer Program for Flow and Temperature Distribution in 19-Rod

LMFBR Fuel Subassemblies," *Nucl. Tech., 24*(1974)168 − 175.

9. E. U. Khan, W. M. Rohsenow, A. A. Sonein, and N. E. Todreas, "A Porous Body Model for Predicting Temperature Distribution in Wire-Wrapped Fuel Rod Assemblies," *Nucl. Eng. Des., 35*(1975)1 − 12.
10. E. U. Khan, W. M. Rohsenow, A. A. Sonein, and N. E. Todreas, "A Porous Body Model for Predicting Temperature Distribution in Wire Wrapped Rod Assemblies in Combined Forced and Free Convection," *Nucl. Eng. Des., 35*(1975)199 − 211.
11. B. Chen and N. E. Todreas, *Prediction of Coolant Temperature Field in a Breeder Reactor Including Interassembly Heat Transfer*, COO-2245-20TR, Massachusetts Institute of Technology, Cambridge, MA, 1975.
12. J. N. Lillington, *SABRE-3-A Computer Program for the Calculation of Steady State Boiling in Rod-Clusters*, AEEW-M-1647, United Kingdom Atomic Energy Authority, 1979.
13. J. E. Meyer, *Conservation Laws in One-Dimensional Hydrodynamics*, WAPD-BT-20, Westinghouse Electric Corp., Bettis Atomic Power Laboratory, Pittsburgh, PA, September 1960.
14. R. E. Masterson and L. Wolf, "An Efficient Multidimensional Numerical Method for the Thermal-Hydraulic Analysis of Nuclear Reactor Cores," *Nucl. Sci. Eng., 64*(1977)222 − 236.
15. J. T. Rogers and N. E. Todreas, "Coolant Interchannel Mixing in Reactor Fuel Rod Bundles Single-Phase Coolants," *Symposium on Heat Transfer in Rod Bundles*, ASME, New York, NY,(1965), 1 − 56.
16. T. Ginsberg, "Forced-Flow Interchannel Mixing Model for Fuel Rod Assemblies Utilizing a Helical Wire-Wrap Spacer System," *Nucl. Eng. Des., 22*(1972)28 − 42.
17. M. W. Cappiello and T. F. Cillan, *Core Engineering Technical Program Progress Report, Jan-March 1977*, HEDL-TME 77-46(July 1977), Hanford Engineering Development Laboratory, Richland, WA.
18. Chaumont, Clauzon, Delpeyroux, Estavoyer, Ginier, Marmonier, Mougniot, "Conception du Coeur et des Assemblages d'une Grande Centrale a Neutrons Rapides." *Conf. Nucleaire Europeene*, Paris, April 1975.
19. S. F. Wang and N. E. Todreas, *Input Parameters to Codes Which Analyze LMFBR Wire-Wrapped Bundles*, Rev. 1, COO-2245-17TR, Massachusetts Institute of Technology, Cambridge, MA, May 1979.
20. Preliminary Safety Analysis Report, Clinch River Breeder Reactor Plant, Project Management Corporation, 1974.
21. A. N. de Stordeur, "Drag Coefficients for Fuel-Element Spacers," *Nucleonics, 19*(1961)74 − 79.
22. K. Rehme, The Measurement of Friction Factors for Axial Flow Through Rod Bundles with Different Spacers, Performed on the INR Test Rig, EURFNR-142P, November 1965.
23. T. C. Reihman, *An Experimental Study of Pressure Drop in Wire Wrapped FFTF Fuel Assemblies*, BNWL-1207, Richland, WA, September 1969.
24. W. Baumann, V. Casal, H. Hoffman, R. Moeller, and K. Rust, *Fuel Elements with Spiral Spacers for Fast Breeder Reactors*, EURFNR-571, April 1968.
25. R. A. Jaross and F. A. Smith, *Reactor Development Program Progress Report*, ANL-7742, Argonne National Laboratory, Argonne, IL, 1970, 30.
26. E. Bubelis and M. Schikorr, "Review and proposal for best fit of wire-wrapped fuel bundle friction factor and pressure drop predictions using various existing correlations," *Nucl. Eng. Des., 238*(2008)3299 − 3320.
27. G. J. Calamai, R. D. Coffield, L. J. Ossens, J. L. Kerian, J. V. Miller, E. H. Novendstern, G. H. Ursin, H. West, and P. J. Wood, *Steady State Thermal and Hydraulic Characteristics of the FFTF Fuel Assemblies*, ARD-FRT-1582, Westinghouse Electric Corp., Sunnyvale, CA, June 1974.
28. M. D. Carelli and R. A. Markley, "Preliminary Thermal-Hydraulic Design and Predicted Performance of the

Clinch River Breeder Reactor Core," *Nat. Heat Transfer Conf.*, ASME Paper 75-HT-71, ASME, New York(1975).

29. M. D. Carelli and A. J. Friedland, "Hot channel factors for rod temperature calculations in LMFBR assemblies," *Nucl. Eng. Des.*, *62*(1980)155 – 180.
30. Y. S. Tang, R. K. Coffield, Jr., and R. A. Markley, *Thermal Analysis of Liquid Metal Fast Breeder Reactors*, The American Nuclear Society, La Grange Park, IL, 1978.
31. L. Walters, D. Wade, and G. Hofman, "An Innovative Particulate Metallic Fuel for Next Generation Nuclear Energy," Proceedings of ICAPP-10, San Diego, CA, June 13 – 17, 2010, Paper 10356.

第11章 炉心材料

11.1 はじめに

原子炉システムにおいて最も厳しい環境は炉心内部にある。高速スペクトル炉で用いられる材料は、熱中性子炉と比較して、より高い中性子束、高燃焼度そして高温にさらされるため、炉心設計において厳しい要求が課されることとなる。故に、高速スペクトル炉で使用する燃料や構造用部品の候補材について、その照射挙動を理解し改善していくことに、多大な努力が払われている。

本章では、2章で概説され、8、9および10章で詳説された高速炉設計における、材料の取り扱いについて詳しく触れていく。しかしながら、高速スペクトル炉を構成する多種多様な材料については広範な研究が行われており、材料分野を志す学生たちが望むような詳細さで本分野を取り扱うことは、このような入門的な教科書では不向きである。本章で示す情報の多く、特にステンレス鋼を被覆管とした混合酸化物燃料に関係する解説内容の多くは、Olanderの著書 "Fundamental Aspects of Nuclear Reactor Fuel Elements"［1］より引用した。その書では、高速炉の材料技術分野に興味を持つ学生たちに役立つ、非常に明確かつ総合的な解説がなされている。

本章は、炉心内の4つの基本構成要素、すなわち燃料、被覆管・ダクト、冷却材そして制御材を取り扱う4つの節から構成されている。それぞれの節は、高速炉向けの様々な候補材料に求められる要求仕様から始まり、候補材の一般的特性に関する考察、そしてその固有の性質についての論述へと進められる。必要に応じて、一般的な相互比較がなされる。いくつかある高速スペクトル炉概念の中で、ナトリウム冷却高速炉（SFR）が中心的存在であるとの認識の下、SFRに直接関係のある材料に主眼を置いている。

11.2 燃料

11.2.1 要求仕様

高速スペクトル炉用の燃料に対して最も強く望まれる要求仕様は、おそらく、150MWd/kgまたはそれ以上という高燃焼度達成への要求であろう。そのような高い照射レベルは、現在の軽水炉（LWR）燃料の2～3倍に相当する。高燃焼度は、直接的に多量の核分裂生成物の生成に結びつくものであり、LWR燃料に比べて、燃料スウェリング（fuel swelling)、FPガス放出そして燃料被覆管化学的相互作用（fuel cladding chemical interaction, FCCI）が大きくなる。高速炉燃料にはこれらへ対応した設計が求められることとなる。

高速炉燃料はLWRの4倍の比出力に耐える性能が求められる上に、酸化物燃料の場合には、LWRに比べて燃料ピン径が小さいため、より急な温度勾配に耐えるものでなければならない。

最後に、燃料形態の選択にあたっては、事故条件下で炉心が示す固有の動的応答特性（動特性）が大きく関与する。プラント全体の安全確保には、燃料の温度上昇にともない、直ちにかつ直接的に負の反応度フィードバック効果をもたらす特性が望まれる。これは、最初の温度上昇を生じさせた事故状況を増幅させるのではなく、その進展を阻止し、収束させる性質である。負のドップラー係数および加熱にともなう燃料の軸方向伸びという、安全にかかわる2つの因子が、この望ましいプラント応答特性をもたらす。

11.2.2 用語の定義

上述の条件において高い性能を発揮する燃料用材料を検討するにあたり、材料の専門家は候補材料の特性評価や相互比較を絶え間なく行っている。高速炉への応用を検討している主要な候補材料についての解説を展開する前に、核燃料挙動を議論する際によく使用される専門用語をいくつか定義しておく。

11.2.2.1 燃焼度

7章で示したように、燃料の**燃焼度**とは、単位重量あたりのエネルギー生成量（MWd/kg)、もしくは核分裂した重元素割合（atomic percent, at.%）として定義される。後者の定義は、通常、燃料ピン設計者にとってより意味のあるものとなっている。なぜならば、核分裂した重元素割合（at.%）は、照射中の燃料母材、すなわち燃料マトリックス（fuel matrix, 日本語でもしくは「燃料母材」）に与えられた損傷の度合いを直接的に表現する量だからである。これらの2つの定義は量的に互いに関係しており、7.3節にて説明されている。

11.2.2.2 寸法安定性

寸法安定性（または、寸法不安定性）とは、一般に、照射の結果として生じる、燃料マトリックス形状の体積的な変化度合を表す用語である。照射損傷に起因する燃料・材料のひずみは、燃料ピンや燃料格子の設計と直接に関係するため極めて重要である。寸法不安定性を引き起こす2つの基本的なメカニズムがある。1つは、1回の核分裂が生じるごとに2つの核分裂片が生成されることである。結果的に生じた核分裂生成物はもとのマトリックスよりも低い密度を持つため、マトリックスの体積をわずかに増加させる。その体積増加率はat.%単位での燃焼度のおおよそ3倍の大きさである。

2つ目に、核分裂を起こした原子はもはや存在しないため、燃料マトリックスに空孔（本来は燃料原子によって占められていた位置）が残される。空孔にはもう1種類、核分裂片の衝突によって原子が本来の位置からはじき出されて生じる空孔がある。核分裂生成物やはじき出された原子は最終的には格子間、すなわち整列して並んだ原子と原子の間にとどまることとなる[1]。特定の燃料物質の寸法安定性に対する、空孔や格子間パターンの正味の影響度は、未照射状態の元々の格子構造特性に強く依存している。

11.2.2.3 微細構造変化

結晶サイズや結晶方位が変化する様子は、ある物質をわずかに添加することによって影響を受ける。8.2節で述べたように、粒子（grain）の形状やその特性は、大きな温度勾配の存在によって大幅に変化する。そのような構造変化は、それに続く材料挙動に影響を与えることとなる。**焼結**（sintering）とは、高温で**気孔率**（porosity）が減少する過程を意味する[2]。ここで、気孔率とは燃料中の気孔体積の割合のことであり空孔率ともいう。熱伝導度は、気孔率が変化することで著しく変化する性質の一つである。

11.2.2.4 強度

燃料の選定において、材料の硬さ（hardness)、耐力（yield）および極限強度（ultimate strength）の

1　当然ながら、減速した原子が空孔の位置を埋めることもある。これを空孔消滅（vacancy annihilation）という。

2　これは通常、高密度化もしくは焼きしまり（densification）を生じる。

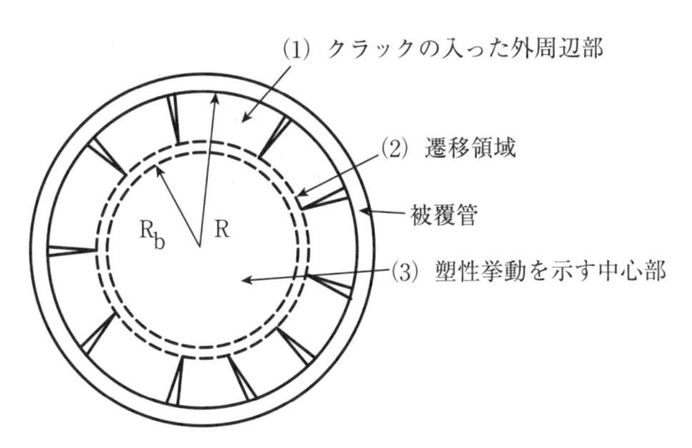

図 11.1 照射された燃料ピン断面の機械的状況モデル

ような機械的特性は、被覆管材料の選定時ほどには重要でない。これは、燃料破砕（fuel breakup）が被覆管の中で収束できるように考えられているためである。しかしながら、燃料にクラックが生じる過程を理解しておくことは、定常運転時または事故時の条件下において、燃料ピン（被覆管）がどのように機能するかを予測する上で重要である。照射初期におけるセラミック燃料の機械的状況を図11.1に示した。高温の内部は塑性的な挙動を示す一方、半径R_b以上の低温の外周部は、径方向クラックに象徴される比較的脆い性質を有する。

11.2.2.5 クリープ

クリープとは、長期間にわたる一定応力下で生じる時間依存性のひずみである。弾性変形および瞬間的な塑性変形は、応力が加えられた短時間に生じるのに対して、クリープひずみはもっと長い時間フレームでの現象といえる。燃料マトリックスにクリープを引き起こす定常的な応力の一つとして、急峻な温度勾配から生じる熱応力がある。

材料が応力を受けた初期段階で生じる弾性変形および瞬間的な塑性変形によって、転位（dislocation）の移動を可能とする即効性のある全てのメカニズムが無効化される。ゆえに、クリープを引き起こす付加的な転位を生じさせるには、熱的または照射による活性化過程を経なければならない。転位の移動を開始するために必要なエネルギーEが供給される単位時間当たりの確率は、ボルツマン因子$\exp(-E/kT)$に比例するため、**熱クリープ速度**（thermal creep rate）$\dot{\varepsilon}$は、一般的に次のような式で表すことができる。

$$\dot{\varepsilon} \propto \sigma^m \exp\left\{\frac{-E}{kT}\right\}. \tag{11.1}$$

ここで、

σ：負荷応力、
m：応力指数、
k：ボルツマン定数
T：絶対温度（K）

である。したがって、クリープ速度は応力の大きさに応じて急激に増加し（なぜならば、指数mは1

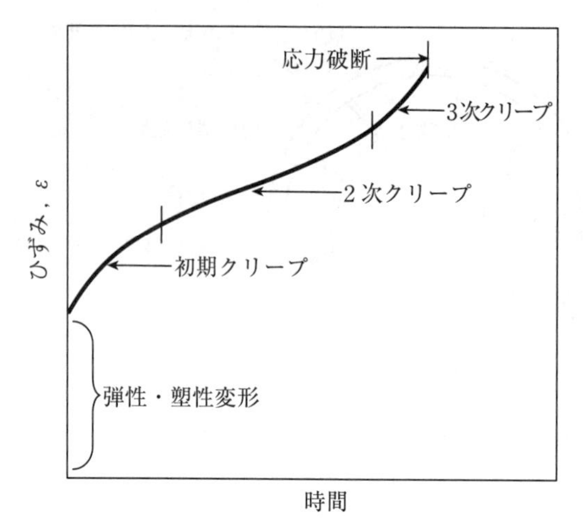

図 11.2　代表的な熱クリープ曲線

より大きいことが多いため)、また、一定の応力下では温度ともに増加する。

照射環境でない場合、高温下で発生するクリープは**熱クリープ**（thermal creep）と呼ばれる。また、放射線場の存在故に生じるクリープ、すなわち放射線が転位の移動に直接影響しているようなクリープを**照射クリープ**（irradiation creep）と呼ぶ。

図11.2は代表的な定荷重クリープテストにおける一般的なひずみ特性を示している。特に、破断にいたるまでの3つの一般的な段階が説明されている。弾性および瞬間的な塑性変形の後すぐに、材料には初期クリープが生じる。ここで、温度は少なくとも材料の融点の1/3から1/2であることを想定している。中盤では、単調増加のプロセスは収まってほぼ一定となり（2次クリープ)、これに続いて破断直前には加速する（3次クリープ)。

11.2.2.6　スウェリング

高速炉における目標燃焼度15～17at.%（～150MWd/kg）では、原子個数比として燃料全体の約30%を占める核分裂生成物が燃料内のどこかに存在することとなる。寸法安定性の節で議論したように、ほとんどの核分裂生成物は、燃料マトリックスに固体粒子として捕らえられており、全体の体積増加に寄与する。これは**FP起因燃料スウェリング**（fission product induced fuel swelling）として知られている。この効果によって生じるスウェリングは次のように定義される。

$$\left(\frac{\Delta V}{V}\right)_{\text{solid fp}} = \frac{V - V_0}{V_0}, \tag{11.2}$$

ここで、

V_0：未照射燃料におけるある領域の体積、
V ：照射下燃料における同領域の体積

である。

考慮対象とする燃料単位セルは、照射中に生成される固体核分裂生成物のすべてを包含しているも

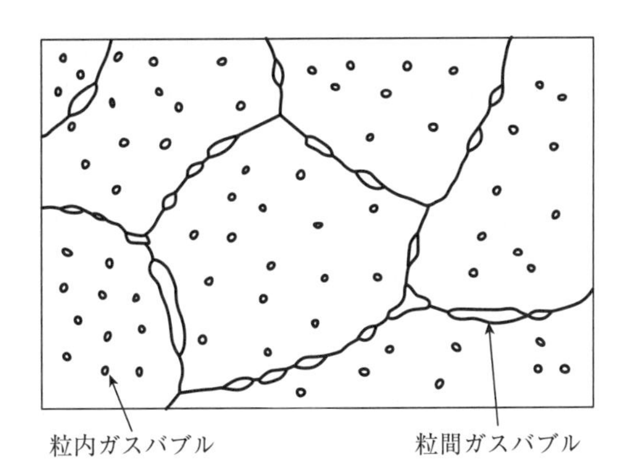

図11.3　燃料マトリックス内のFPガスバブル分布の模式図

のと仮定する。

核分裂反応によって生じる核分裂生成物の内、約15%が希ガスのキセノンとクリプトンとして発生する。これらのガスは燃料に溶解しないため、燃料マトリックスから吐き出される傾向にあり、式（11.2）へ間接的な寄与をする。これらのガスは、図11.3に示すように最初は粒内（intragranular）に小さなバブルとして、または粒界（intergranular）に大きなバブルとして集まる。どちらの場合においても、ガスが存在する空間が元々燃料によって占められていたのであれば、正味の燃料の密度はかなり小さくなる。従って、FPガスによるスウェリングとして追加的な体積膨張が生じる。

11.2.2.7　FPガス放出

FPガスは、燃料内部にとどまるものばかりではない。燃料マトリックス構造の性質や温度に強く依存して、FPガスの一部は粒界に拡散し、そこから相互結合した気孔を通じてクラックや燃料の開口部分に到達する。こうして放出されたガスは、被覆管からにじみ出るようなことがなければ、燃料全体を加圧し、被覆管に応力を与える。長期照射で上昇する燃料ピン内圧を、許容できる範囲内（8.2節で議論）に保つために、通常FPガスプレナム領域が燃料内に設けられている。この代替案として考えられてきたのは、ろ過したFPガスを直接冷却材中に放出する、排気機構付き燃料ピン（vented pin）である。酸化物燃料におけるFPガス放出速度は燃焼度の関数として図8.8に示されている。

11.2.3　ウラン燃料

第1章で述べられたとおり、ウラン-プルトニウム燃料系と高速スペクトル炉の組み合わせは、他と比較して、優れた増殖性能が得られる燃料-炉型の組み合わせである。いくつかあるU-Pu燃料マトリックスの化学形態の中で、これまでに最も広く使用され、試験されてきたのは混合酸化物（mixed oxide）である。よってこの節では、酸化物燃料について特に詳しく述べる。しかしながら、他の燃料も一定の優位性を有しており、先進的な高速炉設計に採用される可能性がある。酸化物燃料以外の燃料としては、ウランベースの金属燃料、炭化物燃料そして窒化物燃料があり、さらにトリウムベース燃料もある。サーメット（Cermet）燃料とは、核分裂性物質および核燃料親物質が鋼のような金属マトリックスに分散された燃料であるが、燃料と混合される必要最小量の非重金属（燃料でない物質）ですら、原子炉内での大量使用を想定すると、高速炉燃料システムの性能を大きく低下させるため、ここでは取り扱わないこととする。

ウランベース燃料の物性を議論する際、過去に取得されたデータは、ウラン-プルトニウム系燃料でなく、純ウラン燃料に対するものが多いことに注意しなければならない。いくつかの物性はPuの存在により変化するので、詳細な燃料設計においてはこれらの変化を考慮しなければならない。

11.2.3.1 酸化物燃料

混合酸化物燃料（UO_2-PuO_2）は、高速炉開発を先導してきたほとんどの国においてレファレンス燃料物質とされてきた。この燃料系は、水冷却原子炉で培われた酸化物燃料の豊富な経験を引き継ぐものである。高速炉燃料として混合酸化物燃料が関心を引く主な理由は、高燃焼度に対応できる可能性があること、すでに構築された酸化物燃料製造産業が存在すること、そして多くの運転・取扱い経験があることが挙げられる。

LWRでの使用において、酸化物燃料は優れた寸法安定性および放射線安定性を実証している。被覆管と冷却材の化学的共存性に関しても同様である。しかしながら、高速炉の燃料は軽水炉に比べて高Pu富化度である上、より高温で、燃焼度も高く、相当に厳しい照射環境にさらされるため、燃料の性能維持には改良が必要となる。例えば、酸素と金属の原子数比（oxygen to metal ratio, O/M）は、軽水炉の場合は正確に2.00に維持しなければならないが、高速炉燃料では、意図的に酸素欠損状態（つまり、亜化学量論性[3]）で製造される。これは主として、照射燃料が被覆管を酸化させる性質を減じるために講じているものである。被覆管の酸化は被覆管の減肉や損耗をもたらすため極力避けねばならない。

混合酸化物燃料を高速炉で用いる際の主な欠点は、低い熱伝導度と低い燃料密度である。前者は、急な温度勾配と低い線出力の要因となり、後者は増殖比の観点から望ましくない。酸素原子の存在は中性子スペクトルを柔らかくしてしまい、結果的に増殖比を低下させる。さらに平衡サイクルにおけるPu中の核分裂性核種の組成比を低減させる。ナトリウムとの共存性の問題もあり、軽微な被覆管損傷が生じ冷却材が内部へ侵入すると飛躍的に腐食のリスクを高めてしまうことも考えられる。

製造

混合酸化物燃料の融点は高い（UO_2で約2,800℃）ため、製造は通常、粉末冶金法（powder metallurgy techniques）で行われる。ウラン酸化物とプルトニウム酸化物は、求められる核分裂性核種濃度になるように特定の比率で混合され、その混合物は冷間圧縮され、ペレットとされる。続いて1600℃程度の温度で焼結され、求められる密度に調整される。この方法で理論密度（theoretical density, TD）に近い極めて高い密度が得られ、アーク鋳造技術ではほぼ理論密度に達する。通常は85～95%TDのペレット密度に製造することが求められる。この密度であれば、ペレットは十分に分散された多孔性を有しており高い燃焼度に順応できるとともに、事故条件下でも十分な溶融耐性能力を示す[4]。

微細構造

酸化物燃料の燃焼による主な形態変化は、8.2.3節で示したとおりである。急峻な径方向の温度勾配により、燃料の結晶構造はほんの数時間で柱状晶および等軸晶へと変化する。そのような燃料の再組織化は、FPガスの保持性能（8.2.4節で議論）や燃料全体の熱的性能（9.2.2節で議論）と密接に関連しており、大きな影響を与える。

---

[3] **化学量論性**（stoichiometoric）材料とは、その材料の化学式と全く同じ原子比率で構成されるものをいう。**亜化学量論性**（hypostoichiometoric）とは非重金属原子の不足を、**過化学量論性**（hyperstoichiometoric）は非重金属原子の過剰を意味する。

[4] 混合酸化物燃料は、溶融すると体積が約10%増加する。

物理的性質

UO_2の熱伝導度については9.2.1節で説明されている。UO_2の物理的特性の内、熱伝導度が比較的低いことは燃料としての根本的な欠点とされるが、柱状晶領域における100%TD近くまでの焼き締まり（densification）によって熱伝導度が改善し、かなりの高線出力化が可能となる。熱伝導度は、温度、燃料のO/M比、そしてPu富化度に依存しており、最終的には燃料半径と燃料マトリックスの局所組織構造によって決まる。

混合酸化物燃料は、UO_2とPuO_2の固溶体である。固溶体における溶融現象は、幅のある温度領域で生じる。溶融が始まる最低温度は**固相線**（solidus）と呼ばれ、溶融が終了する温度は**液相線**（liquidus）と呼ばれる。酸化物燃料の固相線は高い。図11.4に混合酸化物燃料における固相線と液相線のPuO_2濃度依存性を示す。固相と液相線の間の有意な温度差（PuO_2のモル分率0.2で約50K）には注意が必要である。酸化物燃料の場合、低熱伝導度の欠点をこの高い融点が補うことで、適切な線出力を達成することができる。

ウラン二酸化物は、蛍石型結晶構造を持ち、そこには酸素イオンが単純立方構造で配列され、重金属が面心立方格子の構造を取っている。この配列では、酸素の立方格子構造の体心位置に、原子によって占有されていない格子間位置が生じるため、結果として酸化物燃料は比較的低い重金属密度となっている。一方で、炭化ウランは、金属原子と炭素原子が相互に面心立方構造をとっており、このため酸化物燃料より高い重金属原子濃度および材料密度となる。

他のセラミックスと同様に、混合酸化物燃料は、融点の半分程度の温度までは比較的脆い性質を示す。塑性変形は高温でのみ生じる。そのため急峻な温度勾配が生じる起動時と停止時にのみクラックを形成する。定常出力時、クラックは図11.1に示されるように外周部に近いところのみに存在すると考えられ、燃料中心部に近い比較的大きなクラックは、高温下のアニールにより消滅する。しかしながら、必然的に熱サイクルを伴う動力用原子炉で生じるクラック構造については、良く解明されてい

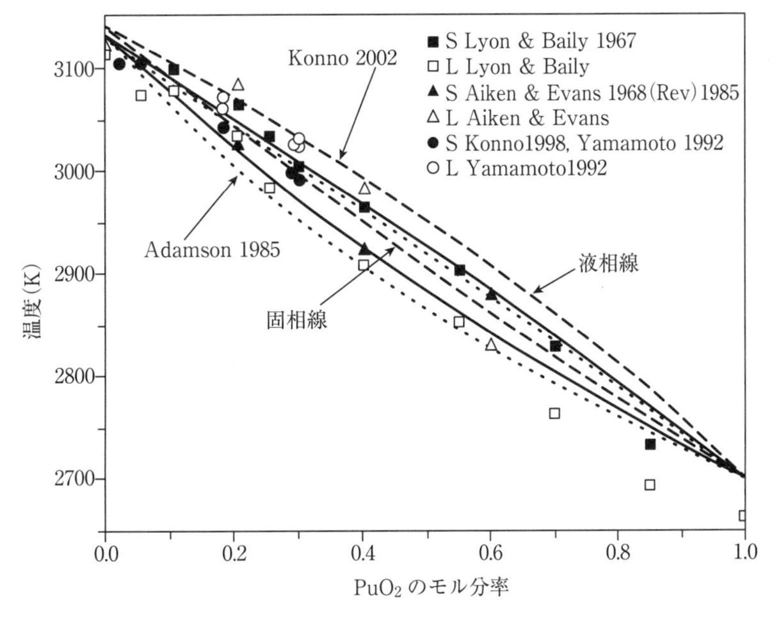

図11.4　ウラン－プルトニウム混合酸化物の融点[2]

ない。そのため、過酷な熱的条件における熱膨張のもとで、燃料のクラック構造がどの様になっているかを明確にすることは難しい。

スウェリング

最初に述べたように、ある程度の多孔性（porosity）は、燃料のスウェリングを緩和する目的で混合酸化物燃料に意図的に導入される。スウェリング効果の一部は、固体核分裂生成物によるものである。Olander［1］は、これが原因で燃焼度1at.%あたり0.15～0.45%のスウェリングが生じると試算している。一般的に使用されている亜化学量論比混合酸化物燃料においては、燃焼度1at.%あたり0.2%程度ほどの固体FPによるスウェリングがある。この値に基づくと、100～150GWd/kgの燃焼において約2～3%のスウェリングが生じることになる。

FPガスは固体FPよりも大きなスウェリング効果をもたらす。しかしながら、FPガスによるスウェリング挙動は、結晶粒構造、空孔分布、温度および温度勾配に依存した燃料マトリックス外部へのFP放出と、燃料マトリックスでのFP保持の間のバランスで決まるため、正味のスウェリングを捉えるには複雑な考察が必要である。例えば、燃料ピン外周部の比較的温度の低い部分で生成したFPガスのほとんどは、燃料マトリックスに保持される現象が観測されている。この領域のFPガスに起因するスウェリングは、温度が低いため、固体FPスウェリングと同じような機構で生じると考えられている。

さらに温度勾配が急峻な等軸晶領域[5]では、高い割合でFPガスが燃料マトリックスに保持されているうえ、温度的にFPの移行（migration）を生じ、ガスが容易に粒界に集まるため、結果として大きなスウェリングを生じる。さらに温度の高い柱状晶領域では、FPガスのほとんどが中心空孔へと排出される。その結果、この領域ではFPガスによるスウェリングは極めて小さい。

燃料内に分散配置された空孔とは異なるスウェリング低減方策として、燃料ペレットと被覆管の間のギャップ幅調整がある。このギャップ幅を適切に設定することにより、燃料スウェリングを吸収するに適したスミア密度を得ることができる。しかしながら、大きすぎるギャップ幅は好ましくない。これは、ギャップ幅を大きくすることで、燃料ペレット表面から被覆管内表面へかけての温度降下が著しくなる上、（直接的に増殖比を下げる効果を有する）核分裂性物質の密度低下をもたらすためである。混合酸化物燃料のペレット密度を約90%TDとし、スミア密度を約85%TDとすることにより、150MWd/kgの燃焼度を達成する高速スペクトル炉の実現が可能となる。これまでに300,000本以上の酸化物燃料ピンが問題なく照射された実績があり（破損率は1%未満）、そのいくつかは150GWd/kg以上の燃焼度を達成している。

FPガス放出

燃料マトリックスから中心空孔や燃料-被覆管ギャップのような自由空間へ移行したFPガスは、照射が継続されている限り、燃料マトリックスに再び入ってくることはない。そのようなFPガスを捕集するために通常用いられる方法は、燃料ピン内の燃料カラムの直上や直下にガスプレナム領域を配置することである。XeおよびKrは燃料中において化学的に可溶性でないため、FPガスプレナムの圧力上昇が燃料マトリックスから放出されるガス放出速度に影響を及ぼすことはない。なお、FPガスプレナムの圧力は、通常、燃料ピン内全体でおおよそ均衡している。

燃料温度は、燃料マトリックス中でのFPガスの相対的な易動度（mobility）を定める簡便で有効な指標であるが、FPガス気泡の核生成・成長・拡散、そして粒界での気泡集中・濃縮の挙動はとても

---

5 等軸晶および柱状晶の発達過程に関しては、8.2章を参照のこと。

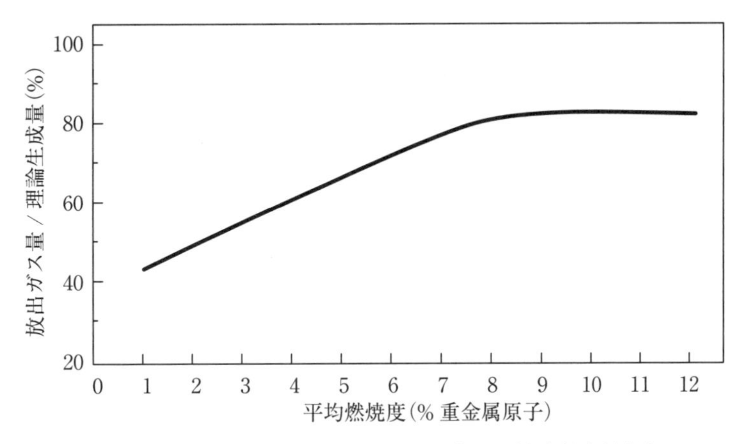

図 11.5　UO_2 における FP ガス放出率の燃焼度依存性[5]

複雑である[6]。1,300K程度以下の温度では、燃料マトリックス内でのFPガスの易動度はとても低く、基本的にFPガスは放出されない。1,300～1,900Kの間では、原子の振動がFPガスを拡散させ、長時間経過後に有意な量のFPガスが燃料表面まで移行し外部へ放出されるようになる。1,900K以上になると、ガス泡（gas bubble）は温度勾配を駆動力として数日から数ヶ月の単位で粒径と同程度の距離を移動し、閉気孔（closed pores）へ到達する。FPガス放出は、バブル（キャビティ）が自由表面とつながっているクラックや表面に達した際に生じる。

再組織化領域と未再組織化領域におけるFPガス放出率の大まかな値は、燃焼度の関数として式（8.6）から得ることができる。フランスの高速増殖原型炉Phénixでの実績では、線出力は図8.8で示した（高い側の）値と近いにもかかわらず、図11.5で示すようなやや異なったガス放出パターンが得られている。

固体FPは、燃料ピン内の温度の低い領域（すなわち径方向には被覆管側、軸方向にはピンの上下端側）へと移動し、蓄積する傾向があることに注意が必要である。特筆すべきはセシウム（Cs）の挙動であり、一定量以上のセシウムが燃料の外周部へ蓄積してくると、被覆管の健全性を大きく損なう恐れがある。

一方でこのCsの挙動には有利な点がある。特に7～8at.%以上の燃焼度になると、燃料ペレット外表面あるいは被覆管内表面で、Csの酸化物を含む混合物が確認されるようになる。これは **"JOG"**（**Joint Oxide Gain**）と呼ばれる、固体の核分裂生成物酸化物からなる層であり、その主な成分はCs_2MoO_4とされている。JOGは燃料製造時に存在していたガスギャップよりも高い熱伝導度を示すため、結果的に燃料表面温度を下げる効果を持つ。

JOGは密度4.3g/cm^{3}程度のやわらかい物質であり、燃料ペレットと被覆管の間に形成される。上述のようにJOGは燃料ペレットと被覆管の間の熱輸送に影響するため、燃料ピンの寿命と健全性に関して重要な役割を示す。さらには、JOGの存在により、燃料-被覆管機械的相互作用（fuel-cladding mechanical interaction, FCMI）が低減される現象も観測されている。JOGは、高燃焼度における溶融出力（power to melt）を理解する上で不確定性をもたらすため、CABRI［6］プロジェクトでは、JOGの挙動の理解を深めるため、また燃焼度依存の挙動予測に有用なパラメーターの取得を目的として実験が行われている。

---

[6] FPガスが燃料マトリックス内で保持される現象、もしくは再分布する現象の要因については、既によく理解されている。一方で、これらの因子に関しては、セラミックス研究者の間ではいまだに意見の相違がある［4］。燃料温度だけは、共通して支配的因子として認識されている。

燃料ピン破損

被覆管破損の種類は、主に4つに分類され、(ｉ)製造欠陥、(ⅱ)ピン、スペーサーおよびダクトの間の機械的な相互作用、(ⅲ)燃料被覆管機械的相互作用（FCMI)、そして(ⅳ)燃料-被覆管化学的相互作用（FCCI）が挙げられる。製造欠陥による破損は、照射の早い段階で生じる。機械的相互作用は、ホットスポットなどに関連した複雑な現象である。FCMIは、一般に低いスミヤ密度・中空燃料の使用、被覆管肉厚を厚くするなどの燃料設計を行うことで回避することができる。しかしながら、高い燃焼度（200GWd/kg以上）ではやはり問題となる。FCCIは、燃料ペレット表面への酸素の移動と、揮発性核分裂生成物であるCsとTe（テルル）の蓄積によって生じる。FCCIは、Cs、Mo、TeおよびIが存在する環境下で、主に被覆管の成分であるCrが酸化することで生じる。一般に低い燃焼度では、FCCIによる被覆管肉厚の損耗は大きな問題とならない。燃料破損の主な原因は、通常、製造欠陥によるものが多い。したがって、燃料ピンを炉に装荷する前の欠陥検出は、品質保証上非常に重要となる。

11.2.3.2 炭化物燃料

ウランと炭素の化合物にはいくつかの種類が存在するが、中でもUCは高密度であるため、核燃料としては最も関心を集める化学形態である。前述したように、UCは稠密な面心立方構造であり、化学量論比組成で4.8wt.%の炭素を含む。またUCは、UO_2と同様に、粉末冶金法によって、要求される空孔率に調整して製造することができる。高速炉燃料としてUC燃料が関心を引くのは、重金属密度が比較的高いことの他に、優れた熱伝導度を有する点にある。

微細構造

高い熱伝導度のため、UO_2に比較して、UC燃料ピンの最高温度は低く、温度勾配は緩やかである。熱サイクルによって幾分クラックが生じることがあるが、そのような現象は本質的にUO_2に比べて発生しにくい。気孔は温度勾配を上る方向に動く傾向にあるが、その温度勾配が緩やかであるため、全体的に気孔の移動量はUO_2に比べるとかなり小さい。そのため、目立った燃料の再組織化は起こらず、中心の空孔も成長しない。

燃料特性

混合酸化物、炭化物および窒化物燃料の物性の定性的な比較を表11.1に示す。また表11.2には、こ

表 11.1 混合酸化物、炭化物および窒化物燃料の材料物性の定性的比較（参考文献[7, 10]を基に作成）

物性	(U, Pu)O_2	(U, Pu)C	(U, Pu)N
熱伝導度	低い	窒化物よりわずかに高い	酸化物よりはるかに高い
熱膨張	高い	酸化物より低い	炭化物より低い
熱クリープ	他の燃料形態と同等[a]	他の燃料形態と同等[a]	他の燃料形態と同等[a]
照射クリープ	高い	窒化物より低い	酸化物より低い
スウェリング	普通	窒化物より高い	酸化物より高い
粉末	自然発火性ではない	高い自然発火性	自然発火性は低い
取扱性	不活性雰囲気は不要	Ar、He、N_2などの雰囲気（高純度が要求される）	Ar、He、N_2などの雰囲気（工業用純度でよい）
硝酸への溶解 PUREX法による再処理のため	容易	容易（有機錯体の破壊が要求される）	容易（しかし、再処理工程で^{14}Cのリスクがある）

a: 同等の温度下で、応力依存性に違いはあるが熱クリープ速度は同等である。

表11.2　混合酸化物、炭化物および窒化物燃料の照射挙動の比較（参考文献[7]から引用）

混合酸化物燃料	混合炭化物および混合窒化物燃料
中心線燃料温度：高い 寿命初期（BOL）での許容出力：低い（～50kW/m）	中心線燃料温度：低い 寿命初期（BOL）での許容出力：高い（>100kW/m）
燃料の再組織化：あり	燃料の再組織化：非常にわずか、もしくは生じない
FP ガス放出：多い FP ガス圧力効果：著しい	FP ガス放出：少ない 燃料スウェリング：著しい
可塑性：高い FCMI：小さい	可塑性：低い FCMI：高い
揮発性FP の放出：あり FCCI：あり	揮発性FP の放出：無い、もしくは少ない 被覆管の浸炭：あり

れらの3種類の燃料特性の違いから生じる、基本的な照射挙動における差異をまとめている。混合酸化物燃料ではこれまでに300,000ピンもの良好な照射実績があるのに対して、混合炭化物燃料については、1977年までに行われた500ピンの照射実績において、高い破損率が報告されている［7］。しかしながら、最近の炭化物燃料の照射実績は、目標の100GWd/kgを越える燃焼度までの照射が実現可能であることを示している。インドのKalpakkamにある高速試験炉（FBTR）で使用されているPu含有率の高い混合炭化物（U, Pu）C燃料では、ステンレス鋼材料との良好な共存性が確認されている［8］。この炉でドライバー燃料として使われているPu/(Pu+U)=0.7のMark I 炭化物燃料は、破損することなく燃焼度155MWd/kgに達した実績を有している。

スウェリング

炭化物燃料製造において、化学量論性を制御することは、スウェリング特性を改善する上で極めて重要であることが分かっている。亜化学量論性混合炭化物燃料、すなわち炭素の欠乏したUC_{1-x}では、燃料マトリックス中に自由ウラン（炭素からの束縛を解かれたウラン）が存在する。このような自由ウランは照射中移動し、金属相として粒界に集まる性質がある。そうすると金属燃料のスウェリング特性が顕在化し、極めて大きなスウェリング速度を示すようになる［11］。こうした問題に加えて炭化物燃料の製造[7]においては、（例えば、核分裂生成物の生成のような）炭素欠乏状態を優先的に引き起こすメカニズムを極力排除することが重要である。照射中の炭素バランスを良好な状態に保つため、通常、10～20%の三炭化物（sesquicarbide）が燃料に添加される。しかしこれによって生じる浸炭（carburization）はわずかである。むしろ余剰炭素は、単炭化物（monocarbide）とPu_2C_3に代表される三炭化物の固溶体として存在することが確認されている。亜化学量論性炭化物における炭素欠乏は、U-Pu合金を炭化物マトリックスに微液滴状に分散することで軽減されることが知られている。

一方で、炭素が過剰になると、炭素比の高い炭化物の析出物を生じる。この炭化物は被覆管まで移動し、被覆管を浸炭する。被覆管の浸炭は、ヘリウムをボンド材とする燃料では抑制できるようであるが、ナトリウムボンディング（燃料ペレットと被覆管のギャップにナトリウムがある状態）型の燃料では特に深刻な問題となる。ナトリウムボンド型燃料は、ナトリウムの高い熱伝導度のためガスボンド型より優れた除熱性能を示す。ガスをボンド材とする場合、ギャップでの著しい温度降下が炭化物燃料の高い熱伝導性能を相殺してしまう。こうした問題を解決するための一つの方策は、被覆管の

[7] 炭化物燃料製造上のその他の困難さとして、UC中の酸素濃度を極めて低いレベルに管理しならないことが挙げられる。ウランは酸化しやすく、酸素の存在は不純物である二酸化ウランを生成し、酸化による発火の危険性をもたらす。

化学反応を防ぐ保護材としての鋼鉄製の“さや（sheath)”をナトリウムボンド中に装備することである。

FPガス放出

原子炉の運転温度において、化学量論比のUCから放出されるFPガス量はUO_2の場合よりはるかに少ない。1350℃程度の高い温度になると50%以上の放出率となるが、そのような放出率となるのは、通常、UCと亜化学量論比のUCが混在し、炭素が欠乏した部分に発生する金属ウラン相で著しいスウェリングが生じた場合である。図11.6は、（特に炭素が欠乏した組成からの）FPガス放出が1,300℃以上で大きくなることを示している。

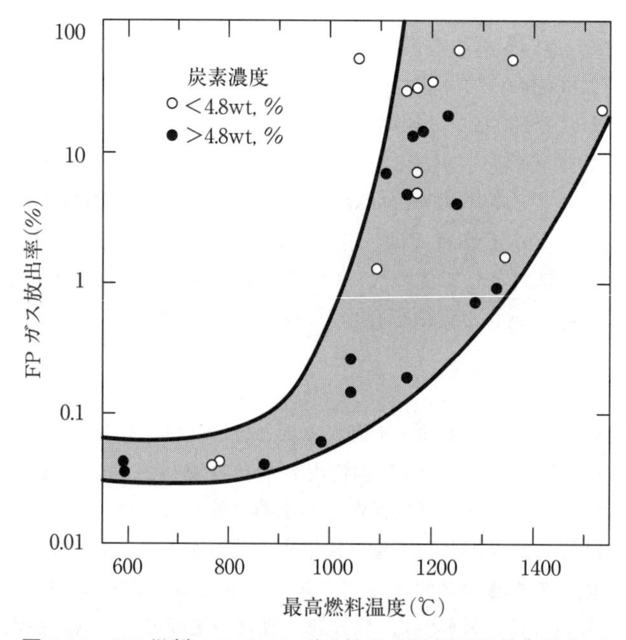

図 11.6　UC 燃料からの FP ガス放出の照射温度依存性[12]

ウラン-プルトニウム混合炭化物

UC-PuC混合物に関しては、照射実績が極めて少ないが、今日までに得られているデータからその照射挙動はUCとほぼ同等であることが示されている。余剰炭素が存在するとPu_2C_3の析出物が生成される傾向にあり、炭素が欠乏するとU-Pu合金の析出が生じる。このようにして生じた合金相は、亜化学量論比UCと同様にスウェリング特性を左右する。そのため混合炭化物燃料では、単炭化物と微量の三炭化物を含む2相混合物として用いることで、照射中の金属相の発生を防止する。インドの高速増殖試験炉（FBTR）では、混合炭化物燃料が使用されており、155MWd/kgの燃焼度が達成されている。

11.2.3.3　窒化物燃料

ウラン-プルトニウム混合窒化物は、混合単炭化物と同じ結晶構造を持ち、同様な物理的、化学的性質を示す［10, 13, 14］。また、酸化物燃料と比較して高い核分裂原子密度、高い増殖比、高い熱伝導度、さらには良好なナトリウム冷却材や被覆管との共存性を示すため、高速炉向けの先進的な燃料として考えられている。しかしながら、窒化物燃料の照射実績は、炭化物燃料に及ばない。1960年代から1970年代にかけて、高速スペクトル炉用の窒化物燃料に関する研究開発プロジェクトがアメリカ、フランス、ドイツ、イギリスおよびロシアで活発に進められ、少し後に日本においても行われた。しかしながら、これらの研究開発で対象とされた燃料組成は、UNと最大Pu濃度20%の（U, Pu）N燃料に限定されたものであった。ヘリウムボンドとナトリウムボンド両方の窒化物燃料が開発され、20at.%以上の高燃焼度までの良好な照射が行われている。窒化物燃料は、ロシアのBREST-300高速炉（鉛を冷却材として用いる高速炉）の燃料としても選択されている。

製造

窒化物燃料は、混合炭化物燃料と同様な方法で製造される。窒化物燃料は、炭化物燃料とは異なり反応性は低く自然発火性も示さないため、その製造は炭化物燃料よりも容易である。さらに、プルトニウムは単窒化物のみしか形成しない。UNよりも窒素を多く持つUN_2およびU_2N_3といった窒化物は、不安定であり、真空中またはArガス中において1400℃以上の温度で分解し、窒素を放出してUNとなる。混合窒化物燃料における主な課題は、^{14}Nによる高速中性子の寄生吸収が大きいこと、そして（n, p）反応を通じて放射性の^{14}C（半減期5730年）を生成することである。^{14}Cの発生は、原料の窒素として^{15}N（天然存在比0.366%）を使用することで回避できるが、^{15}Nの濃縮には大きなコストがかかる。

照射挙動

混合窒化物燃料は、混合炭化物燃料よりもスウェリングが小さく、FPガス放出も少ない。その上、再処理性も混合炭化物燃料に比べて優れている。しかし、天然の窒素を用いて製造した混合窒化物燃料の場合には、生物学的に毒性の高い^{14}Cが生成され、再処理時に重大な問題となる［15］。混合窒化物燃料は、運転温度が高い場合には、通常の起動や停止に伴う出力変化の際に大きなクラックを生じたり、分裂して小片化（fragmentation）することが知られている。こうした割れを生じる現象は、初期のアメリカの照射試験［16］で見られた燃料破損の主な原因と考えられ、燃料の小片化を緩和するため、運転時の燃料の最高温度は1,200℃以下に制限されるようになった。混合窒化物燃料は調和融点（congruent melting point）[8]よりもかなり低い温度で分解するため、燃料ピン内部に窒素を高圧に保つことで分解を防いでいる。窒化物燃料ピンにおける被覆管の浸炭現象は、炭化物燃料ほど盛んには研究されていない。しかし窒化物燃料ピンにおける被覆管の浸炭は、燃料中の不純物として存在する酸素と炭素の合計量を2,000ppm以下に制限することで回避することができる。

11.2.3.4　金属燃料

原子炉開発の初期、低出力の高速炉では金属ウランを燃料として使用していた。それは、製造が比較的容易であり、また（種々燃料形態の相互比較を説明した図11.13に示すように）極めて高い熱伝導度を示し、高い重金属密度（室温で19.0g/cm^3）を持つためである。金属燃料の基本的な課題は、照射による異方性結晶成長とそれに伴う大きな体積変化である。例えばもし、高いスミア密度を得るために理論密度に近い金属燃料を用い、そのうえ狭い燃料-被覆管ギャップのピンを設計したとすると、その燃焼度は10MWd/kgのオーダーしか達せず、極めて経済性に欠けるものとなる。しかしながら、少なくとも2つの技術が金属燃料の高燃焼度化を実現するために提案された。1つ目の方法は、燃料ペレット形状を中空として燃料スウェリングによる体積膨張方向を中心方向に向けるものであ

---

[8] 調和融解（congruent melting）とは、溶融した液相の組成が固相と同一組成となる融解を意味し、それが生じる温度を調和融点という。

る。もう一つの技術はEBR-II計画で開発されたものであるが、初期ギャップを大きくし、スウェリングを軽減する方法である。これらの方法を合金燃料に適用し良い結果を得た例として、EBR-II experienceとして知られる研究開発実績を以下に示す。

金属燃料は、高い核分裂原子密度のために高い増殖比を達するポテンシャルを有することが知られている。燃料物質としては、U-Puの2元合金が用いられることが多い。高い熱伝導度を示すが、一方でその融点は比較的低い。さらに金属燃料は被覆管材料と金属間化合物を作る傾向にあり、ここで生じた金属間化合物はU-Puの2元金属燃料よりも低い融点をもつ。低い温度での共晶形成や低融点という欠点を克服するため、2元燃料マトリックスにジルコニウムを添加する方法がとられる。Zrの添加により燃料の融点を高くすることできるが、その代わりに熱伝導度と増殖比が低下する傾向となる。また、Zrの添加によりU相とU-Pu相が安定化するため、相変化によるスウェリングを抑制することができる。金属燃料に要求される性能を満足する方策として、被覆管内側をV（バナジウム）やW（タングステン）のような材料でコーティングするか、燃料と被覆管の間にバリアとして機能するジルコニウムの薄壁（thin liner）を設け、燃料や被覆管を構成する金属元素の相互拡散を抑制することが考えられている。

スミア密度

燃料のスミア密度は、FPガス放出と燃料スウェリングに著しい影響を与えるため、それを決定するにあたっては様々な考慮が必要となる。75%のスミア密度では、気孔同士が相互に結合してトンネルを形成するため、燃料に含まれるFPガス（図11.7）が放出されやすくFCMIを抑制できる［19-21］。よって、75%のスミア密度が採用されることが多い。また、このような低いスミア密度はスウェリング抑制にも有効である。

結晶構造

金属ウランは、低温、中間温度および高温でα相、β相およびγ相の3つの結晶構造を示す。α相（斜方晶構造）は、他の相と異なり異方性である。この異方性は、結晶粒の方位がランダムなバルク材料内ではいくらか抑制され、ほんのわずかな冷間加工（cold working）で選択的に結晶粒を配向させ、非常に不均一な成長パターンとすることができる。γ相（体心立方）は、3つの相の中で最も等方性の結晶成長を示す。

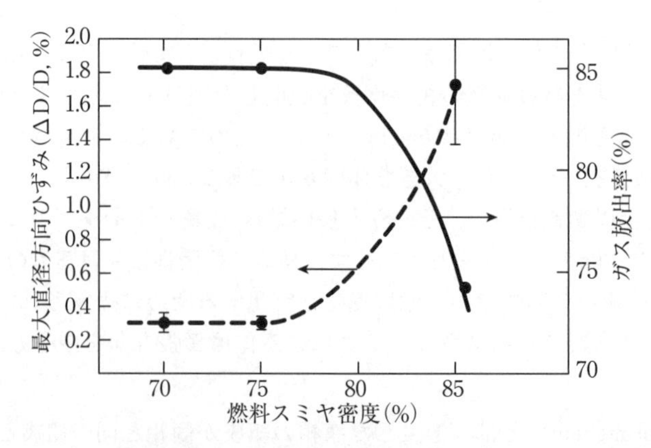

図 11.7 スミア密度が FP ガス放出と直径方向ひずみに与える影響［19］

物理的な性質

他の燃料と同様に、金属燃料の熱伝導度は、燃焼に伴う密度低下により次第に小さくなる。ウラン金属にスウェリングが生じる場合、この現象は特に顕著となる。硬さと降伏強度（yield strength）は、低い燃焼度であっても、ともにかなり上昇するが、引張り強さ（tensile strength）と延性（ductility）に対する中性子照射効果については、それと相反するデータが得られている。ウラン金属の融点は1,135℃である。

スウェリング

ウラン金属燃料およびウラン-プルトニウム金属燃料ともに、原子炉燃料として重要な400～600℃の温度範囲におけるスウェリング効果[9]に対する抵抗性は極めて低い。一方、400℃以下では有意なスウェリングは生じない。400～500℃程度では、粒界に沿って裂け目（tear）が生じ、スウェリングが急速に進行する。初期段階では、粒内の塑性流動（plastic flow）による変形よりも先に、粒界すべり（grain boundary sliding）とキャビテーションによる変形が生じると考えられている。FPガスは拡散により粒界まで達し、剥離スウェリング（break-away swelling）と呼ばれる粒界スウェリングを急速に引き起こす。500℃以上では、自己焼なまし過程がスウェリングを抑制する方向に働く。

図11.8は、スミア密度85%、19wt%U-10wt%Pu-Zrの組成を持つ３元金属燃料の（炉心底部から軸方向45%の高さ位置での）径方向平均スウェリングを燃焼度の関数として示している。これらの結果は、実験データに基づいて検証されたALFUSコード［22］を用いた計算によるものである。図11.8(a)より、スミア密度85%の場合、開気孔（open pore）に起因するスウェリングは、燃焼度1at.%時点で5%程度のみである。このとき、製造時に存在していた金属燃料スラグ（slug）と被覆管の間の

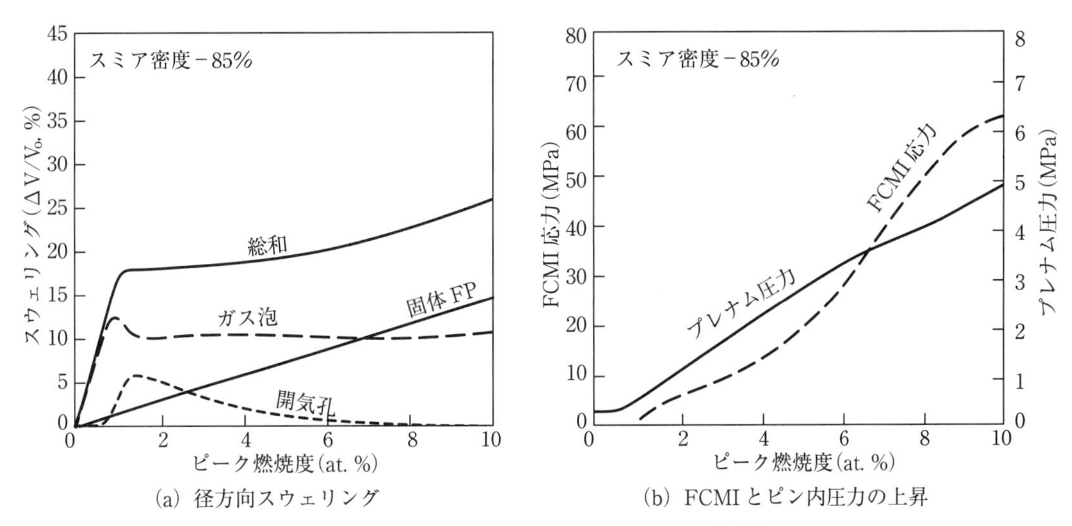

図11.8　85%スミア密度を持つ金属燃料のスウェリング特性（19%U-10%Pu-Zr）

9　燃料“スウェリング”という言葉は、ウラン金属燃料に適用する際には、幾分曖昧な意味合いとなる。ある温度範囲で観測されるウラン金属の体積変化は、核分裂生成物の生成で生じるのではなく、ウランの異方性という性質によって生じるためである。しかし、本書内では、燃料が経験した温度と燃焼度に応じて生じた正味の効果をスウェリングとして扱っている。

ギャップは、膨張したスラグで占有される。照射後期になると、元々開気孔が占めていた体積は、固体核分裂生成物（FP）のスウェリングによる体積増加に置き換えられ、その固体FP体積はその後減少することはないため、図11.8(b)に見られるようにFCMI応力が増大し続ける。

一方で、スミア密度を75%に低下させた場合、開気孔スウェリングは20%程度になり、図11.9(a)のように固体FPスウェリングを緩衝するバッファとして作用する。その結果、図11.9(b)の通り、FCMI応力は燃焼度10at.%まで低いレベルにとどまる。この燃料の場合、約3at.%の燃焼度で燃料スラグは被覆管と接触する。従って、75%スミア密度燃料においては、燃料と被覆管が接触するまでの約35%のスウェリングを許容でき、3at.%を越える燃焼度ではこのレベルのスウェリングが維持されることとなる。

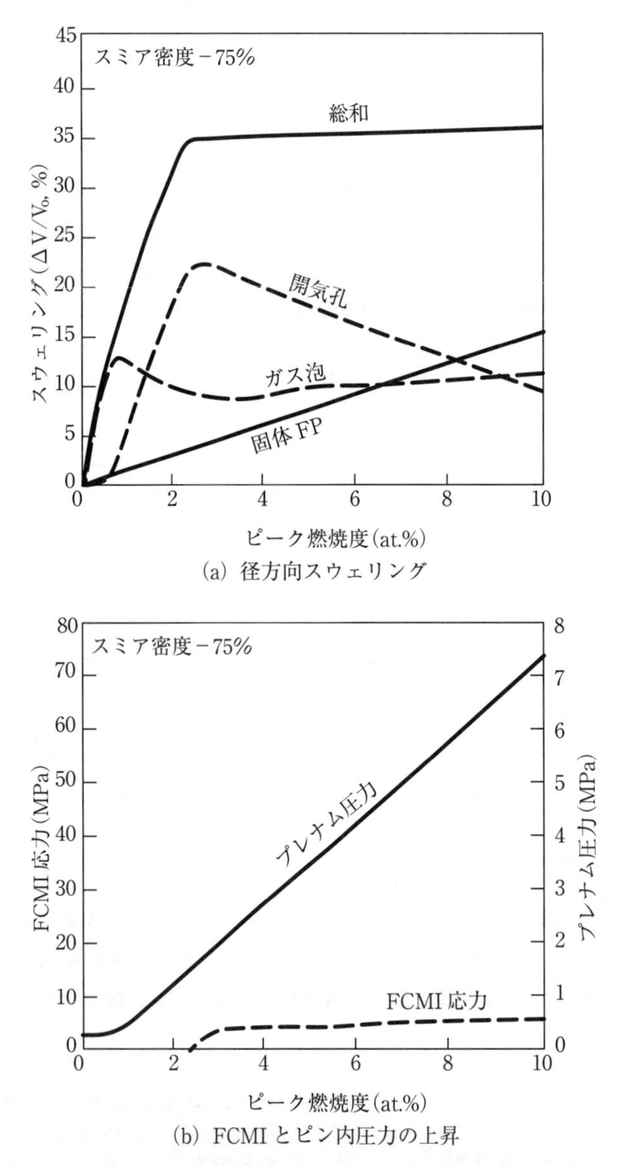

図 11.9 金属燃料のスウェリング特性[22]
（スミア密度：75%，組成：19%U-10%Pu-Zr）

燃焼度が非常に高くなると、スミア密度の低い燃料であっても、固体FPの蓄積によってかなりのFCMIが生じる。その様子を図11.10に示す。この場合、13at.%の燃焼度までは開気孔体積の減少が固体FPスウェリングを相殺するが、それ以上の燃焼度では燃料中に残る開気孔の体積は非常に少なく、図11.10(b)の燃焼末期のように急峻なFCMIの増加を導く。この様に、金属燃料のFCMIは、燃料に対して設定されるスミア密度と目標とする燃焼度に強く依存する。

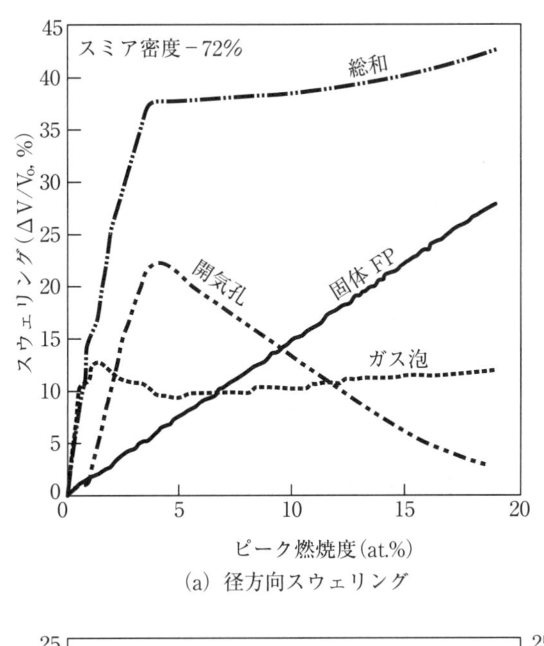

(a) 径方向スウェリング

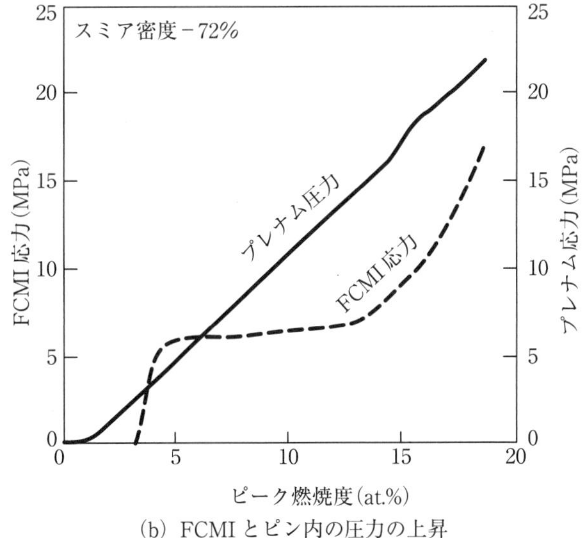

(b) FCMIとピン内の圧力の上昇

図11.10　金属燃料の高燃焼度スウェリング特性[22]
(スミア密度：72%、組成：19%U-10%Pu-Zr)

合金化

金属燃料は顕著な燃料スウェリングを生じることが分かったことから、この問題を緩和するため、これまでに燃料スラグ合金に関する研究開発に多くの努力が注がれてきた。特に、最も等方性である

γ相を安定化する研究が集中的に行われた。

スウェリング問題を軽減させる方策として、ウラン合金製造時にモリブデン（Mo）を含有させることが有効である。ドーンレイ炉およびフェルミ炉では、Moを約10wt.%含むウラン-モリブデンサーメット燃料を使用し、成功した実績がある。しかしながら、これらの炉の燃焼度は、商業炉に求められる燃焼度よりかなり低いものであった。フィッシウム（fissium, Fs）[10]とジルコニウムとの合金で高燃焼度を達成した例を下の「EBR-IIでの実績」で紹介している。

FPガス放出

図11.11は、金属燃料から放出されるFPガス放出率の燃焼度依存性を示しており、FPガス放出率が80%で飽和していることがわかる。

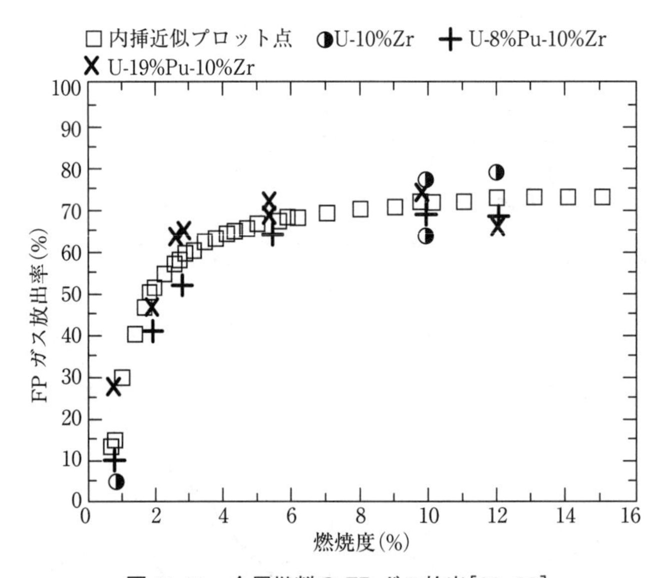

図 11.11　金属燃料の FP ガス放出[20, 23]

燃料の軸方向伸び

燃料の軸方向膨張は、（13～16章で議論されている通り）金属燃料を装荷した原子炉の安全性を決定する重要な因子の1つである。FPガスの蓄積により生じる燃料軸方向伸びの割合は、金属燃料として広く選択される組成に対して、約2～4%であると考えられる。結晶粒成長による寸法変化も含めた燃料軸方向伸びの燃焼度依存性を図11.12に示す。上述の約2～4%の燃料軸方向伸びは、1～2at.%の燃焼度到達までに生じる。

10　フィッシウム（Fs）とは、EBR-IIのために設計された乾式再処理法によって回収された、複数の核分裂生成物元素からなる金属である。使用済燃料に冶金的処理を施して、核分裂生成物のうち希ガス、揮発性元素および卑金属元素を除去したのちに残るMo, Zr, Rhなどを主体とする重金属および貴金属元素の混合体をいう。5wt.%フィッシウムには、通常2.4wt.%Mo、1.9wt.%Ru、0.3wt.%Rh、0.2wt.%Pd、0.1wt.%Zr、そして0.01wt.%Nbが含まれる。

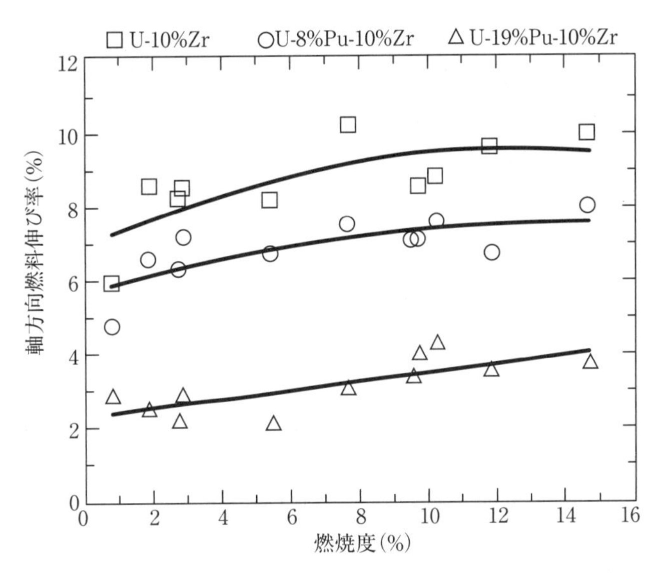

図 11.12　各種金属燃料の燃焼にともなう軸方向伸び[23]

EBR-II での実績

EBR-IIは、5wt.%のフィッシウムを含むU-Fs合金をドライバー燃料として用いた約10年間の運転で、燃焼度10.5at.%を達成した実績を有する。そのような高い燃焼度を金属燃料で達成できた第一の理由は、燃料中にかなりの量の気孔空隙（porosity）を持たせた多孔質の燃料設計がなされたためである。スウェリングは食い止めることはできないので、燃料と被覆管の間のギャップを広く取り、冷温時のスミア密度約75%を保証するように燃料が製造された。初期スウェリングにより燃焼度の低い段階でギャップは閉じられるが、FPガスをガスプレナムへ放出するための多くのガス経路をつくるに十分なスウェリングが、被覆管との接触（ギャップ閉塞）が起こるまでに進行する。この現象により、燃焼後半のスウェリングが抑制される。

その後の研究より、U-Pu-Zr合金が、U-Fs合金より良好な照射挙動を示すことが確認されている。重要なのは、U-Pu-Zr合金の方がより高い温度での運転に適合する可能性を有することである。この燃料スラグとステンレス鋼間の共晶温度は約810℃と比較的高く、また、固相線温度も約1,150℃とU-Fsなど過去に検討された合金より高い。U-Fs合金の共晶点と固相線温度は、それぞれ705℃と1,000℃である。U-Pu-Zr合金では、経済的に競合できるレベルまで燃焼度を高められるように設定した低スミア密度の燃料でさえも、その核分裂性核種の密度は他の燃料形態候補より高いうえに、増殖性能も優れている［18］。

低スミア密度をもつ金属燃料の課題として、炉特性を左右する安全係数が挙げられる。金属燃料では、硬い中性子スペクトルに起因して、強いドップラー効果が期待できないが、この欠点は過出力過渡条件下で信頼性の高い軸方向熱膨張係数が大きいことで相殺されることが、多くの研究から確認されている。しかし、高多孔質燃料マトリックス燃料で、高い軸方向膨張効果が存在するか、もしくは有効に働くかについては検証中である。この問題に関する最近の状況は、参考文献［24］で説明されている。

11.2.3.5　その他のウラン化合物

原理的には、多くのウラン化合物が高速炉燃料として使用することができる。しかし、多くの化合物のうち、前述したように窒化ウラン（UN）だけが主な研究開発対象となっている。UNは、UCとその物理的性質［25］がきわめてよく似ている。UNは、UCよりも被覆管との共存性がよい（被覆管を浸炭させない）が、この燃料形態の全体的メリットを判断するには炉内試験の実績が不足している。もしアーク鋳造法（arc casting process）が燃料製造に適用されたとしても、UNからの窒素の解離を防ぐために窒素雰囲気化する必要があるなど、製造上の複雑な課題がある。UNの熱分解は、定常運転の温度範囲では問題とならないが、2,000℃以上では生じるため、安全上の課題となると考えられる。

硫化ウラン（uranium sulphide, US）は、多くの点でUCと同様の性質を示すが、密度がUO_2よりも低い。そのため積極的に研究開発を行う動機付けに乏しい。他の候補として考えられるウラン-ケイ素系化合物としては、U_3Siが高いウラン密度を示すため研究が進められている。しかしU_3SiもUNと同様に、高速炉燃料としての優位性を評価できるほどの炉内実験データが取得されていない。

燃料として求められる性能が期待され、限定的ではあるが研究が行われている上記以外のウラン化合物は、ウランリン化物（uranium phosphide, UP）のみである。

11.2.4 トリウム燃料

第1章で議論した通り、^{232}Th-^{233}U燃料系は、増殖比や倍増時間の点では本来的に性能が良くないものの、（熱中性子炉、高速中性子炉を問わず）増殖炉の燃料候補として考えられる。こうした燃料系も確かに増殖性を示すため、高速炉用燃料としての、トリウム燃料の可能性に関する背景［26］を説明しておくことは有益である。

ウランに比べると、トリウム金属は熱伝導度が高く、熱膨張が小さいという性質を有する。これらの性質が、燃料要素の熱応力を小さくする効果をもたらすが、後者の低熱膨張という性質は、出力逸脱時に負の反応度フィードバックを減少させるというデメリットにもつながっている。また、トリウムはウランよりも相当密度が低い。

ウランとトリウムの照射挙動上の違いで最も注目すべき点は、おそらく、トリウムが等方性（isotropic）立方晶の結晶構造（面心立方）を持つことである。これにより、熱サイクルや照射における寸法変化が、異方性（anisotropic）のウランよりもかなり小さい。さらにトリウムは、より高い照射クリープ抵抗性、高い延性、そして高い融点（1,700℃）を有する。後者の性質は、溶融と鋳造を難しくするため、製造工程上は課題となる。

鋳造されたトリウムは、UO_2などと比べて大きな粒径を有しており、冷間加工で簡単にクラックが生じる。しかし高温の（鋳造直後の）トリウムは、中間焼きなまし（intermediate annealing）すること無く、室温環境で厚さ0.025mmまで圧延することができる。総合的にみると、トリウム金属はウラン金属よりも取扱いが著しく容易である。

11.2.4.1 Th-U 酸化物

燃料として使用されるトリウムは、ウラン等（の核分裂性物質）との混合物とする必要がある。混合トリウム-ウラン酸化物燃料系の場合、燃料として成立する混合比率の範囲内で、単相構造を維持することが可能である。またトリウム-ウラン酸化物燃料系は、空気雰囲気の粉末冶金法で製造することができる。但し、混合燃料中の余剰酸素を減らすためには、水素雰囲気での焼結が有効である。

柱状晶の粒成長にはレンズ状ボイドの存在が関与しているが、これは二酸化トリウムでも同様に観察されており、その粒成長挙動はUO_2のそれと酷似している。しかし、ThO_2の蒸気圧はUO_2に比べて低いため、UO_2の場合よりおよそ350℃高い温度にならないと柱状晶の結晶成長は見られない。この等軸晶の結晶粒成長の様子もUO_2と同様である。さらに熱応力によるクラックパターンもUO_2と類似している。純ThO_2は、純UO_2より約10%高い熱伝導度を示す。ThO_2-UO_2燃料に対して行われた照射試験からは、スウェリングを示唆するデータが得られていない。ThO_2-UO_2燃料系はUO_2-PuO_2系とほぼ同様な照射挙動を示すと考えられるが、長期間照射時の高いレベルでの信頼性を確認するためには、ThO_2-UO_2燃料の炉内試験データを拡充する必要がある。

11.2.4.2　Th-U炭化物

ThCは、融点2,625℃、密度は10.65g/cm^{3}であり、面心立方（face-centered cubic, FCC）構造を有している。炭化物系燃料の長所の一つとして、炭素含有濃度を3.8～4.9wt%の範囲で変化させても結晶構造に変化が生じないことが挙げられる。これはUC系燃料と根本的に異なる特徴である。ThC-UC系の情報は、物性および照射挙動のいずれにおいても極めて乏しい。

11.2.4.3　Th-U合金

トリウムとウランの金属燃料は容易に製造することができるが、適した形状安定性をもつ合金を得るためには、ウランの比率をある値以下に抑える必要がある。1,000℃以下の温度では、トリウムと固溶体を形成することができるウランの比率は高々1%に限定される。これより高い濃度になると、金属Uが粒界領域に析出することが支配的になる。ウラン濃度20wt.%以下では、金属UはFCCのトリウム母材に分散した状態で存在することになるが、この濃度以上になると、金属Uは連続金属網（continuous metallic network）を形成すると考えられている。

核分裂生成物の燃料マトリックスに対する溶解特性は、寸法安定性の観点から非常に重要である。U濃度が低い組成のTh-U燃料は、よい寸法安定性を示す。過去に行われた炉内試験で観察された、Th-U合金の特徴的な照射挙動は次のとおりである。(1)ほとんどの核分裂片は、U析出物部分ではなくTh金属部分に蓄積する、(2)細かい粒径のU粒子が分散しているため、その場所でガスを含む気孔が安定に存在し移動しない、(3)Thの融点は高いため、運転中の燃料温度でのガス拡散速度を遅くする（それゆえ、FPガススウェリングが小さい傾向にある）。クラックが著しくなければ、Th-U燃料のFPガス保持能力は、非常に高いと考えられる。

11.2.4.4　Th-Pu合金

Th-PuやTh-U-Puの合金燃料に関してはごく限られたデータしか存在しない［28］。プルトニウムはトリウムへの固溶率が極めて高い（48.5at.%）と報告されている。しかし、そこにきわめて少ない濃度（例えば、2at.%）でもウランが加えられると、Puのトリウムへの固溶度は大幅に減少する。また、Th-U-Pu三元系合金は、比較的低い温度で溶融することが分かっている。結果的に、動力炉用燃料として成立し得るTh-U-Pu三元系のPu最大濃度は10wt.%、U最大濃度は25wt.%となる。三元系合金燃料についての照射実績は、最高燃焼度5.6at.%までに限られている。この燃料では照射後も微細構造に変化はなく、スウェリングも小さく、FPガスの70%がガスプレナムに放出されることが確認されている。

11.2.5　様々な燃料形態の比較

ここまでの議論から、いくつかの燃料形態が高速炉に適用できることが示された。しかし、燃料の照射環境は厳しいため、長期間の照射挙動を高い信頼性で予測するには、高燃焼度までの豊富な照射実績が必要となる。そのようなデータの取得には、一般的に極めてコストがかかり、データの蓄積には時間も必要である。そのため、原子炉の開発初期から長期にわたって金属燃料が有望視されているものの、照射実績がきわめて豊富なウラン-プルトニウム混合酸化物燃料に燃料開発上の優位性があると考えられている。

燃料の照射挙動に加えて、中性子工学や安全性のような、その他の因子にも配慮して、燃料を選択することが重要である。炉内の中性子スペクトルは、硬ければ硬いほど増殖比や核変換効率がよくなるため、重要な決定因子の一つとなる。燃料マトリックス中に減速材を有しない高密度金属燃料を用いた高速炉は、もっとも硬いスペクトルを形成するが、いわゆるドップラー共鳴領域（0.1～10keV）における中性子束がセラミック燃料炉より低くなる。つまり、酸化物、炭化物および窒化物燃料を用いた炉のほうが、金属燃料を用いた炉よりも高いドップラー係数を示すことになる。

表11.3に様々な化学形態のウランとプルトニウム燃料の物理的性質を示す。金属燃料は密度の上で明らかに優れているが、セラミック燃料よりも融点が低い。図11.13は、化学量論性燃料（定比燃料）における熱伝導度を示す。理論密度の金属燃料は、炭化物、窒化物または酸化物燃料形態よりも高い熱伝導度をもつことは明らかである。一方で、これまでの議論で示された様に、高密度のU-Pu金属燃料は、高速スペクトル炉において高燃焼度まで使用することができない。スミア密度をおおよそ75%にすることで、求められる燃焼度を達成できるようになるが、これは金属燃料ピンの効果的な性質である熱的挙動を悪化させる。

表11.3や図11.13よりもさらに詳しいデータは、参考文献［13, 30～37］に記載されている。

表 11.3　ウランおよびプルトニム燃料の性質

	融点(K)	融解熱(kJ/kg)	密度(100%理論密度)(g/cm³)	熱伝導度(W/m·K)		比熱容量(c_p)(kJ /kg·K)		
							融点での	
				500℃	1,500℃	298K	固体	液体
金属				30[a]				
U[b]	1,408	38.2	19.0			0.12	0.16	0.20
Pu	913	11.86	19.9			0.18[c]		
酸化物								
UO_2	3,138	277	10.97			0.24	0.77	0.50
$(U_{0.8}Pu_{0.2})O_2$[b]	3,023(sol)	277	11.08	4.0[d]	2.3[d]	0.26	0.64	0.50
	3,063(liq)							
PuO_2	2,670		11.46			0.35[e]		
炭化物				16[a]	17[a]			
UC	2,780	184	13.6			0.20	0.35	0.28
$(U_{0.8}Pu_{0.2})C$[b]	2,548(sol)	186	13.5			0.19	0.43	0.28
	2,780(liq)							
PuC[a]	1,920		13.6			0.24[e]		
窒化物[a]				12	16			
UN	2,870		14.3			0.27[e]		
PuN	2,770		14.2			0.26[e]		
リン化物[a]				17				
UP	2,880		10.2					
PuP	2,870		9.9					
硫化物[a]				14				
US	2,750		10.9					
PuS	2,620		10.6					

[a] 参考文献[29]のp169より引用
[b] 参考文献[30]
[c] 500℃において
[d] 95%理論密度，O/M=2.00(図9.2参照)
[e] 1,500℃において

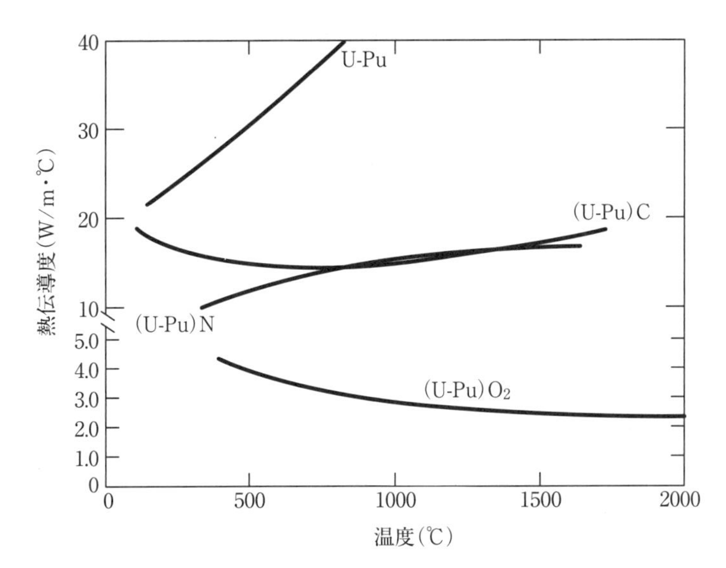

図 11.13　混合酸化物、窒化物、炭化物および金属燃料の熱伝導度（文献[29]の 33 ページより）

11.3　被覆管とダクト

燃料被覆管は、燃料要素の構造健全性を確保するものである。すなわち、被覆管によって、FPガスが1次冷却系に放出されることを防ぎ[11]、燃料と冷却材を物理的に隔離している。ダクトは、8.4.1節で概説したように燃料集合体の基本要素（部材）である。被覆管もダクトも燃料の構造を保持しており、いずれも同程度の温度および照射環境にあるため、それらの構成要素材料についての概要は、この章で双方あわせて議論する。但し、被覆管はより厳しい環境に置かれる傾向にあるため、特定の課題については被覆管を対象に詳細に論じる。

11.3.1　設計要求

高速炉被覆管設計に求められる基本的な性能は、高温強度と長期間の照射耐性である。経済的な燃料サイクルにおいて、高速スペクトル炉の被覆管は、最高温度700℃、またはそれ以上の温度下で3年間以上健全性を保つ必要がある。LWRのピーク中性子フルエンス（neutron fluence）は約10^{22}n/cm^{2}であるのに対し、高速スペクトル炉被覆管の設計で求められる照射量は約2×10^{23}n/cm^{2}と20倍も大きい。中性子フルエンスに制限を与える重要な現象はボイドスウェリングである。中性子照射によって生じる被覆管直径のひずみが3%以上になると、その設計対応は高速炉の経済性に多大な影響を与えることになるため、中性子フルエンスを制限しスウェリング量を一定以下に抑制する必要がある。また、被覆管の破断（rupture）や破損（breach）も被覆管寿命を決める重要な現象である。

被覆管は中性子経済の観点で寄生効果（中性子を吸収し、核反応に寄与する中性子の数を減らすこと）を持つ存在であるため、小さな中性子捕獲断面積$\sigma_{n,\gamma}$（またはσ_c）を有する材料であることが好ましい。表11.4には、被覆管に用いられる材料の熱中性子および高速中性子スペクトルにおける$\sigma_{n,\gamma}$の値を示す。しかし、被覆管材の中性子捕獲断面積の比較にあたっては、高速スペクトル炉においてはLWRよりもその重要度は低いことを認識しておく必要がある。その理由として、(1)燃料物質の中

11　一方、被覆管内のガスを制御して意図的に冷却材中にベントする被覆管設計（ベント型被覆管）もある。

表 11.4　主要な原子力材料元素の中性子捕獲断面積

材料グループ	金属	$\sigma_{n,\gamma}$ (100keV)[millibarns]	$\sigma_{n,\gamma}$ (熱エネルギー)[barns]
1	Al	4	0.230
	Ti	6	5.8
	Fe	6.1	2.53
	Cr	6.8	3.1
	V	9.5	15.1
2	Si	10.0	0.16
	Co	11.5	37.0
	Ni	12.6	4.8
	Zr	15.1	0.18
	Cu	24.9	3.77
	Mn	25.6	13.2
3	Mo	71.0	2.7
	Nb	100.0	1.15
	W	178.0	19.2
	Ta[b]	325.0	21.0

[a] 参考文献[29]のp184より。断面積の単位がそれぞれミリバーンとバーンであることに注意。
[b] Taは制御棒用の吸収材である。

性子断面積に対する被覆管金属の中性子断面積の比は、熱中性子スペクトルに比べて高速スペクトルでは極めて小さいこと、(2)高速スペクトル炉では被覆管材料の物量が相対的に少ないこと、が挙げられる。後者は、高速スペクトル炉における内部転換比もしくは増殖比を増大するために、燃料/被覆管の物量比を最大化したいという強い設計要求に基づくものである。

表11.4から分かることは、中性子捕獲断面積が小さい故に軽水炉で優先的に用いられているジルコニウム基合金は、中性子エネルギーの高い領域では比較的高い断面積を示すため、高速スペクトル炉ではこの材料の使用が良い選択ではないということである。さらに、軽水炉で標準的であるジルカロイ被覆管が高速スペクトル炉で使用されないもう一つの理由は、要求される高い運転温度下でジルカロイは十分な強度をもたないためである。またさらに副次的な理由であるが、高ニッケル合金は（概して優れた照射挙動を示すものの）中性子断面積の観点で高速炉ではあまり使用されない。

通常20%の冷間加工が施される316オーステナイト鋼が、SFRの標準被覆管材料として選択されている。オーステナイト鋼は、体心立方構造（body-centered cubic, bcc）のフェライト鋼と異なり、鉄原子の面心立方構造（fcc）を有する。このオーステナイト構造は、910～1,400℃の間で鉄が示す通常構造であり、ニッケルの添加により室温でも安定化する。オーステナイト鋼は、高温クリープ強度と耐食性に優れているため、SFR材料として、どのフェライト鋼よりも適した材料である。フェライト鋼は、被覆管材料候補としては数種類が考えられているのみだが、ダクト材料としての使用はより真剣に検討されている。

11.3.2　照射効果

中性子は結晶格子を通過する際、格子原子と相互作用し、エネルギーの一部をこれらの原子に与える。この過程で、結晶格子には以下の3通りの損傷が生じる。

i. 正規位置から変位した格子原子の生成
ii. 他元素への変換を伴う中性子捕獲による化学組成の変化
iii. 電子の励起と原子のイオン化（この過程は金属内の恒久的な損傷とはならない）

約25eVという小さいエネルギー付与により、安定な格子位置からの原子の変位が生じる。高速中性子-原子間の衝突によって、エネルギーをもって飛び出す反跳原子、すなわち一次はじき出し原子（primary knock-on atom, PKA）が生成される。この反跳原子が、もし十分に大きなエネルギー（1keV以上、一般的には数10keV程度）を有していれば、周囲の原子も安定な格子位置からはじき出され、それと同数の空孔（vacancy）や格子間点欠陥（self-interstitial point defects）を生じる。このように、一回の中性子衝突ごとに、多くの空孔と格子間欠陥が発生する。各々の損傷領域の空間分布は極めて不均一であり、(ⅰ)分散して存在する初期の点欠陥と、(ⅱ)PKA軌跡の最後の部分に著しく局在する、衝突カスケードとして知られる10nm程度の大きさの点欠陥群がある。その中心核の空孔は、周辺部にはじき出された格子間原子を伴っている。このような欠陥形状においては、材料によるが、カスケード状の空孔は自然とつぶれて消失する傾向がある。この現象によって、空孔転移ループ（vacancy dislocation loop）、もしくは微小ボイドか、積層欠陥四面体（stacking fault tetrahedron）が生成される。周囲を取り巻く格子間原子の殻は、速やかに移行、結合し、クラスターや転位ループを形成する。点欠陥集合の大部分は、互いの再結合で簡単に消滅するが、少数の点欠陥は自由に移動する欠陥としてカスケード領域から逃れる。

照射損傷の生成・消滅過程に関するこの古典的な解釈は、近年、コンピュータでモデル化された結晶格子を用いてカスケード現象を模擬する、分子動力学に基づく原子論的計算によって裏付けがなされている。合金鋼のような冶金学的に複雑な体系においては、最終的な欠陥形態が照射下の材料挙動に影響を与える。またその材料挙動は、中性子エネルギーやPKAエネルギーのみならず、照射温度、照射前から存在した点欠陥・線欠陥の集団、点欠陥転移と材料中の溶質との相互作用に依存する。

原子の変位は、上で述べた通り、（中性子照射量自体よりむしろ）照射で誘起されて生じる原子配置の変化と関係があるため、損傷の度合いを最も適切に表現する指標は、個々の原子が正規の格子位置から変位した平均回数である。この損傷/照射の度合いを表す単位として、構成原子1個あたりの平均はじき出し回数を示す“**「はじき出し損傷量」（displacement per atom, dpa）**”が定義されている。このdpaは、異なる中性子スペクトル条件下で照射された炉心材料の、機械的特性と微細構造変化の相関パラメーターとして用いられている。世界的に広く受け入れられているNorgett-Robinson-Torrensモデル（NRTモデル）［38］に基づき、中性子エネルギースペクトルと材料の単位面積を通り抜ける中性子の総数の両方を考慮して計算されたdpaは、国際標準規格にも組み込まれている。異なる炉心の簡便な相互比較には、中性子線量をベースとした単位が用いられ、熱中性子炉の場合“n/cm^2（>1MeV）”、高速炉の場合“n/cm^2（>0.1MeV）”である。ここで、各々の中性子スペクトルにおいて高速中性子として定義するエネルギーしきい値（energy threshold）は、熱炉で1.0MeV、高速炉で0.1MeVである。この高速中性子フルエンス単位とdpa単位の間には、高速炉に対して$1\times10^{22}n/cm^2$(>0.1MeV) ≒ 4.9dpa、熱中性子炉で$1\times10^{19}n/cm^2$(>1MeV) ≒ 0.015dpaとなるおおよその関係があり、相互の単位変換の換算係数として使用される。はじき出し損傷量の計算において注意すべきこととして、NRTモデルに基づくdpa値は、カスケード形成下の損傷消滅を考慮していないという課題がある。カスケードで消滅せず残る欠陥の割合は、PKAエネルギーに強く依存し、NRTモデルに基づくdpa値の20～30%のオーダーとなる。この割合は照射温度にも依存する。

中性子は、核反応で吸収された結果、原子核変換を生じさせ、材料内の不純物となる新たな元素を生成する。そのような核変換は、熱エネルギー中性子、高速エネルギー中性子の両方で生じる。冶金学的に最も重要なのは（n, α）および（n, p）反応であり、これらはそれぞれ、ヘリウムや水素を生成する。ヘリウムの生成は特に照射下の鋼材には重要であり、ニッケル、ホウ素および鉄に対し次のような核変換反応で生じる。(ⅰ)熱中性子とニッケルが関与した2段階の反応、^{58}Ni(n, γ)^{59}Ni → ^{59}Ni(n, α)^{56}Fe、(ⅱ)熱中性子とホウ素の反応である、^{10}B(n, α)^{7}Li、そして(ⅲ)しきい値反応である高速中性子（6MeV）とニッケルとの（n, α）反応である。（n, α）反応によるヘリウム生成は、ニッケル以外の主要な合金元素からの寄与も小さくない。

炉心材料は、効率的に熱を除去する上で有効なナトリウムの優れた熱伝達特性故に生じる、厳しい温度勾配を伴う高温環境下で、高い高速中性子束にさらされる。なお、定常運転条件および過渡条件の両方における効果的な熱除去の観点から、ナトリウムはよい選択である。上述したように、高速炉における高い中性子束は炉心構造材料に原子の変位を誘発し、その結果、不安定相、ボイドスウェリング、照射クリープ等をもたらす。これらの効果による材料の機械的特性の変化は、容易に観測できるほど大きなものである。

炉心構造材料で生じた中性子損傷の評価は、放射線遮へいを施した施設において、破損した使用済みの燃料要素から回収・加工した試料や、または材料照射炉の炉心内か炉心側面で照射したリグに取付けた標準的な、もしくはミニチュアサイズの試験片に対する試験や実験によって行うことができる。温度、応力、中性子束、その他の環境パラメータといった実験条件の管理と制御は、炉内照射では難しく、その評価は複雑である。さらには、炉で照射された試料は、高い放射能を有しているためホットセルで取り扱わねばならず、多くの測定を困難にする。多くの重大な損傷効果が、高い照射線量（代表的には、100dpaオーダーに相当する、高速中性子フルエンス10^{23}n/cm^{2}を超えた領域）で現れるため、こうした効果に関する研究は、材料照射炉で数年以上という、とても長い期間の照射が必要となる。

高中性子束を提供できる試験用原子炉の数は限られている。そのため照射データを得るための代替法が開発された。加速器やサイクロトロンで発生される高エネルギーイオンビームを試料に照射して、中性子による照射損傷現象を模擬する方法である。高速に加速された高い線量率の粒子線を利用して模擬照射損傷を生じさせる方法の原理的利点は、原子炉で数年かかる照射期間を数時間に短縮できる点である。また、同時に多種のビーム照射を行うことによって、高エネルギー中性子によってもたらされる変位と核変換の相乗効果が模擬できる。さらに点欠陥動力学研究のためのその場実験（in-situ experiment）が行いやすく、長期間の動的な現象の進行を調べることも容易である。いくつかの研究所では、長年、荷電粒子衝撃法（charged-particle bombardment）を用いた模擬照射技術を開発している。この方法により、線量、線量率や照射温度といった多様な照射条件のみならず、様々な候補合金や熱処理方法について素早い取捨選択が可能になった。しかし、これらのパラメータは損傷構造の生成過程で複雑に相互作用するものであるため、イオンビームによる模擬研究は、原子炉で得られたデータとのベンチマークを通じて、データの妥当性を検証する必要がある。

この章では、被覆管材を選択する上で検討しなければならない4つの主要な機械的挙動である、照射硬化、脆化と破壊、ボイドスウェリングおよび照射クリープについて議論する。

11.3.2.1 照射硬化

マトリックスの転位が“絡まる”とき、材料は**硬くなる**。すなわち、転位が互いに相互作用するとき、または格子間原子が転位の動きを遅らせるように、すべり面（glide plane）に定着したときがこれにあたる。そのような過程は、**加工硬化（work hardening）**と呼ばれ、図11.14に示すように塑性変形時に生じる。一旦、弾性ひずみ限界を超えてしまうと、応力が増加し、これにより永久変形を生じる。このように増加する応力が、変形や絡み合い過程を加え、硬化し材料強度が高くなる。

構造材料の強度改善に用いられる標準的な技術は冷間加工（cold working）である。冷間加工とは、室温で管材を引っ張ることによって、被覆管の断面積を小さくする加工法である。SFRの被覆管材やダクト材で用いられている“20%冷間加工”とは、材料の断面積が20%程減少するように引っ張り加工を施すものである。なおこれは、被覆管やダクト厚さを20%薄くすることとほぼ等価である。この

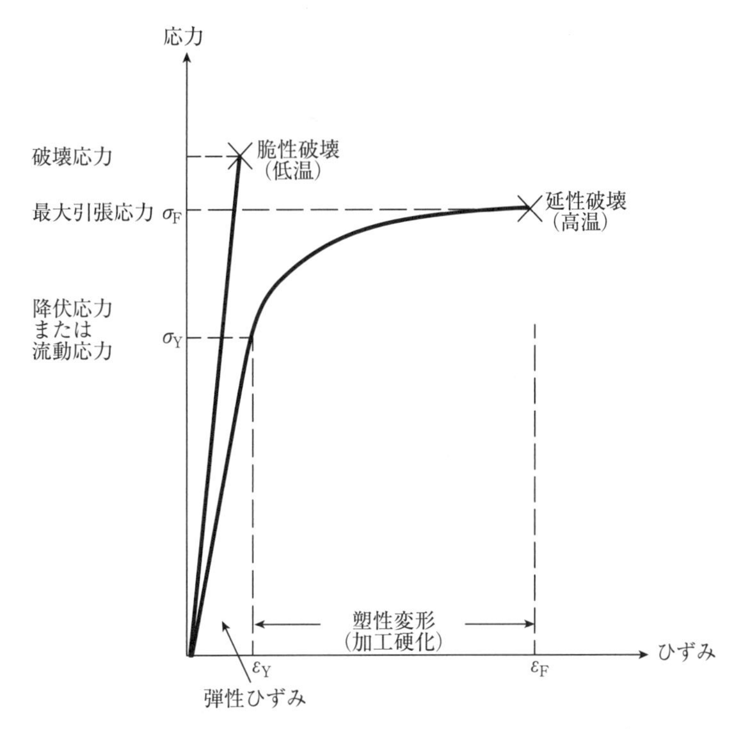

図 11.14　延性 - 脆性遷移温度付近での代表的な応力 - ひずみ曲線

種の機械的変形加工は、マトリックスに転位の絡み合いを引き起こすことで、極めて高い降伏強度と極限強度を得るが、延性は低下する。

金属における同様な硬化現象は、照射下でも生じる。中性子による変位損傷によって転位ループから生じた格子間原子は、金属の強度を大きく高める。中性子照射による機械的性質に対する影響には、（ i ）降伏強さの増大（照射硬化）、（ ii ）極限引張り強さ（これは降伏強さの増加より小さい）、（iii）加工硬化速度の低下、そして（iv）一様伸びと全伸びの低下がある。ここで、これらの効果は照射温度に大きく依存する。すなわち、格子が十分高い温度にあると、中性子照射による硬化現象は熱アニーリングによりすぐに緩和される。図11.15と図11.16より、様々な温度[12]で照射した金属と未照射の金属の降伏強度を比較して示す。比較的低温（$T/T_m<0.5$、ここでT_mはケルビン（K）単位での融点）では、硬化効果は明らかに確認されるのに対して、$0.5T_m$以上の温度になると熱アニーリングの働きにより、照射量が増えても降伏強度ほとんど変化しない。

金属に対する照射は、転位移動を引き起こし、ひいては機械的性質に影響を与える、**ソース硬化**（source hardening）と**摩擦硬化**（friction hardening）を生じさせる。ソース硬化とは、初期の塑性変形応力の増分、すなわち、転位が滑り面を移動し始めるのに必要な応力増加を意味する。一方摩擦硬化とは、塑性変形を持続させるのに必要な応力の増分を意味する。照射により生成された障害物による、塑性変形に対する抵抗性の増加である。

照射硬化に関するさまざまなメカニズムの寄与率は、中性子フルエンスレベルによって変動する。低フルエンス（$\phi t<10^{21} n/cm^2$）では、塑性流動への抵抗性はガス減耗の結果生じる。高速スペクトル

[12] 0.2%オフセットの考え方については、後述の図11.19の説明を参照のこと。

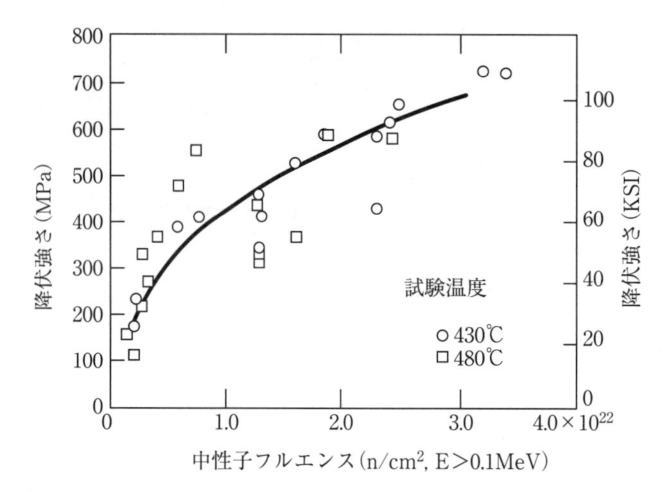

図 11.15 低温環境下での中性子照射による 316 ステンレス鋼降伏強度への影響[39]
(430～480℃, 0.2% オフセット降伏強度)

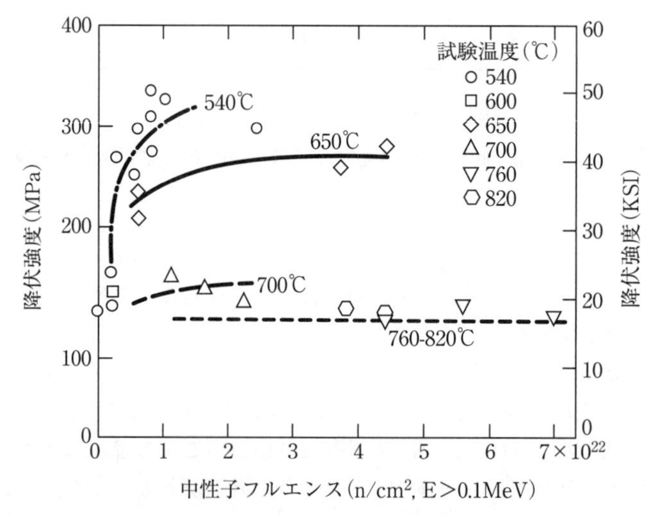

図 11.16 高温環境下での中性子照射による 316 ステンレス鋼降伏強度への影響[39]
(>540℃, 0.2% オフセット降伏強度)

炉で重要となる高いフルエンスレベルでは、転位ループが常に支配的な硬化メカニズムとなる。

すでに言及したが、照射硬化は冷間加工と実質的効果において同様である。このように類似しているにもかかわらず、照射された材料の加工硬化は、未照射材料の加工硬化と同じ程度の効果を発揮することができない。照射した材料では、照射によって生じた障害物がすでに多く存在しており、この加工硬化の付加的な現象による摩擦応力の増加は小さい。

冷間加工は、材料を硬くし、材料の降伏強度を高める。冷間加工された材料が原子炉で照射されると、アニールされた材料とは異なった照射軟化（irradiation softening）が生じる。図11.17は、照射による材料の降伏強度の低下を示している。照射軟化は、冷間加工の程度や照射温度などに依存する。照射温度が低い場合、自己アニーリング効果が生じないことを図11.18に示す。

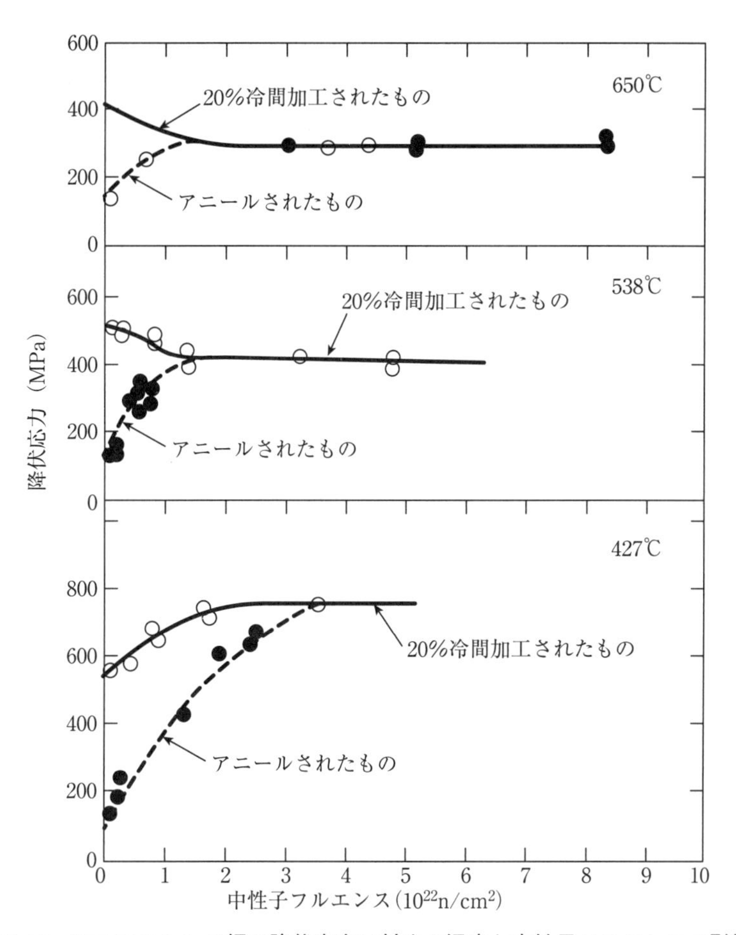

図 11.17　316 ステンレス鋼の降伏応力に対する温度と中性子フルエンスの影響 [40]
（EBR-II で照射された 20%冷間加工 AISI 316 ステンレスを対象）

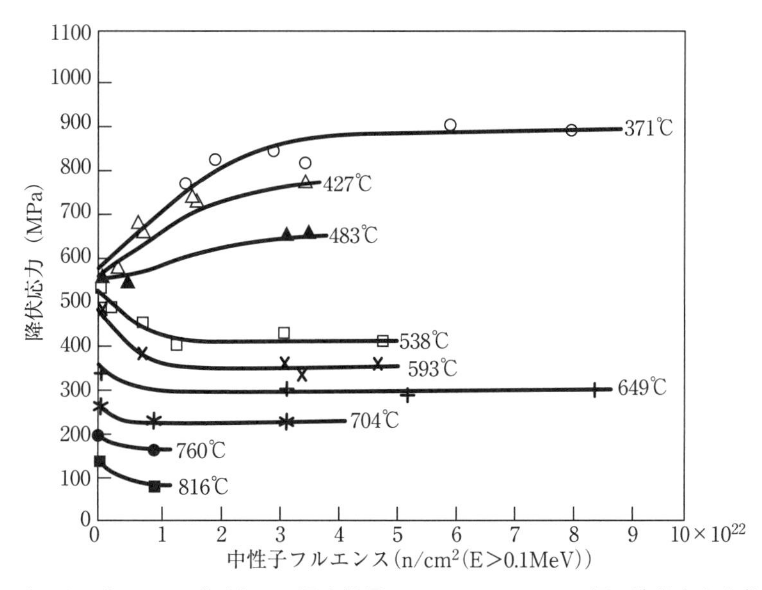

図 11.18　ボイドスウェリングが生じる温度範囲での 316 ステンレス鋼の降伏応力変化[40]
（EBR-II で照射された AISI 316 ステンレスを対象）

11.3.2.2　脆化と破損

被覆管材料の脆化について検討するにあたり、一般的な応力-ひずみの相関関係についてもう一度考えてみることは重要である。図11.19は、フェライト鋼の応力-ひずみ曲線である。フェライト鋼試料に応力が作用すると、フックの法則にしたがって弾性ひずみが比例限界（proportional limit, PL）まで生じる。この比例限界は一般的に降伏強度以下である。降伏点（図内U点）に達した後、試料は流れ応力（flow stress）レベルに従い、L点までひずむ。そのような材料に関しては、これより低い応力で（Lüdersひずみと呼ばれる）付加ひずみが発生する。もし応力レベルがその後も増大すると、付加ひずみが生じ、（上に述べたメカニズムによって）この応力領域で生じる加工硬化が材料を強くする。この過程は、極限引張り強さ（ultimate tensile strength, UTS）まで継続し、それ以降はくびれが支配的となり、（荷重が減じることがなければ）破損がこれに続く。図11.19の破線は、真応力-真ひずみ曲線を表している。ここでは、試験時における試料の面積減少とひずみの増加分を適切に考慮している。

図11.19はフェライト鋼の代表的な応力-ひずみ曲線であるが、オーステナイト鋼は図11.20のように若干異なる挙動を示す。応力とひずみの関係において、これらの鋼種間の違いは、オーステナイトの場合、降伏点がきっちりと定義できないところにある。すなわち、塑性流動が決まった応力で生じない。結果として、オーステナイト鋼では、0.2%の永久ひずみに対応する応力、すなわち図11.20にあるような0.2%のオフセット線が応力ひずみ曲線と交差する点を、降伏応力（耐力）とすることが慣例になっている。これをこの金属の0.2%**オフセット降伏強度**と呼ぶ。

全延性（**total ductility**）という用語は、破損時の試料のひずみとして定義される。これに対して、降伏強度と極限引張り強さ（UTS）の間のひずみ（$\varepsilon_{UTS} - \varepsilon_Y$）は、**一様**ひずみ（uniform strain）として定義される。**脆性**（embrittlement）とは、延性が低下し脆く壊れやすくなることである。高速中性子で照射された金属は、通常、未照射材に比べて延性が低下する。このような脆い材料は、降伏応力に達する前、または0.2%オフセット応力に到達する前に破損する。

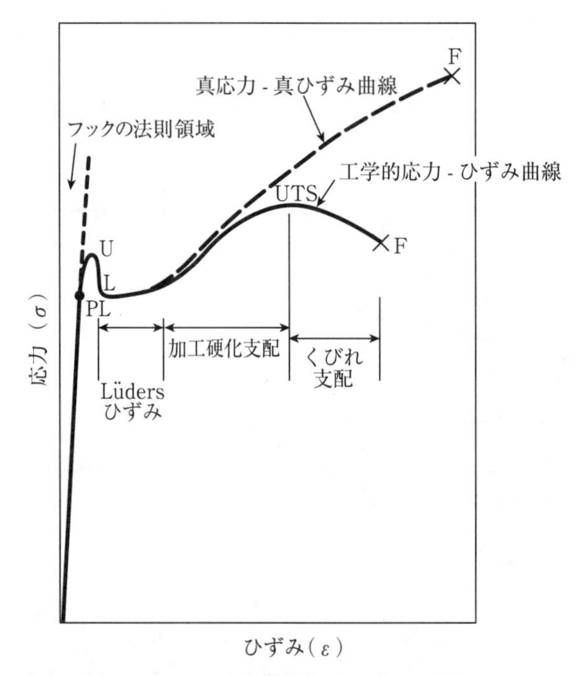

図 11.19　フェライト鋼の応力 - ひずみ曲線

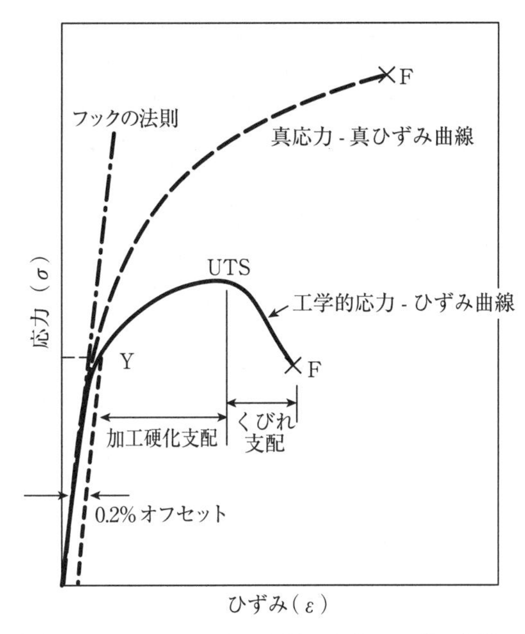

図 11.20　オーステナイト鋼の応力 - ひずみ曲線

元来、延性を有する材料の、照射による延性の低下は、一般に転位チャネリング（dislocation channeling）のために生じるとされている。材料変形の初期段階で、転位がすべり面に沿って動く際に、照射誘起欠陥クラスター（radiation-produced defect cluster）が除去される。すべり過程はその後、結晶の近隣領域の新しいすべり帯（slip band）に優先して、同じチャンネルに沿って続くすべり転位の動きに従って進行する。結果として、照射された金属の変形は、未照射金属に比べ、かなり局所化する傾向となる。転位チャネリングにより、変形はグライド帯（glide band）で壊滅的に生じ、チャンネルやすべり帯に局在する塑性不安定（plastic instability）を示すようになる。図11.21は、透過型電子顕微鏡（TEM）で撮影したFe-18Cr-12Ni鋼の転位チャンネルの様子である。このFe18Cr-12Ni鋼は、360℃の環境下で 3 MeV陽子を5.5dpaまで照射し、288℃で7%ひずみを与えたものである。転位チャネリング現象により、延性金属における照射による加工硬化速度の低下を説明できる。転位の動きによって照射誘起障害物が除去されることで、ひずみを伴う流れ応力の増大が低下する。その結果、加工硬化速度が遅くなる。マクロ的な観点でみると、引っ張り試験において加工硬化による応力の増加が、断面積の減少で相殺できないほど小さ過ぎると、加えられた荷重は一定かあるいは減少し、塑性不安定性とくびれ（necking）が同時に生じる。そのため、加工硬化の減少は、一様伸びと全伸び（total elongation）がより小さくなるくびれの初期段階を生じさせることになる。

図11.19と図11.20では、通常の被覆管候補材料の応力-ひずみの相関関係を示している。ここで、応力-ひずみ曲線の絶対値はひずみ速度依存である。降伏強度は、高温ではひずみ速度に依存し、またそのような高い温度条件では、時間依存の塑性変形（クリープ）も低いひずみ速度（$<10^{-4}$/min）で生じる。そのように緩やかなひずみ速度は、燃料スウェリングによって被覆管に与えられる長期間圧力と性質が類似している。原子炉内のような高温条件下で行われるこうした試験は、クリープ破断試験と呼ばれる。通常の炉起動、炉停止、そしてそれを繰り返す出力サイクル運転に対応した被覆管性能を確認するために、大きなひずみ速度（$\sim 10^{-2}$/min）に対するデータが取得されている。さらに、過渡時の被覆管性能確認のために、大きなひずみ速度と過渡時の熱的条件を組み合わせた環境でのデータ

図 11.21　転位チャンネルの透過型電子顕微鏡写真［38］
（Fe-18Cr-12Ni 鋼を 3MeV 陽子で 5.5dpa まで照射し 288℃で試験したもの）

も同様に収集されている［41］。

被覆管の構造健全性を、高燃焼度・高温下で長期的に保証する必要があるため、クリープ破断強度に対する中性子照射の影響を詳しく調べることは重要である。一般的に、中性子照射は、マトリックスにかなりの変位損傷を与える。この損傷は、熱アニーリングを生じない低温においてクリープを遅らせる効果を持つ。結果として、ある応力レベルでのひずみ速度は、図11.22で示すように照射された材料で遅くなる。例えば、アニーリング処理された照射済みの304ステンレス鋼の場合、未照射材と同等のひずみ速度とするには照射温度を800℃程度まで上昇させねばならない。

さらに図11.22から分かる興味深い事柄は、照射によって、破断にいたるまでの伸びが減少すること、すなわち、照射は金属の延性を大きく悪化させることである。この時の脆性は、304ステンレス鋼の場合、図11.23のようになる。伸びはフルエンス3～5×10^{22}n/cm^2での飽和レベルまで指数関数的に小さくなり、それ以上では一定となる。

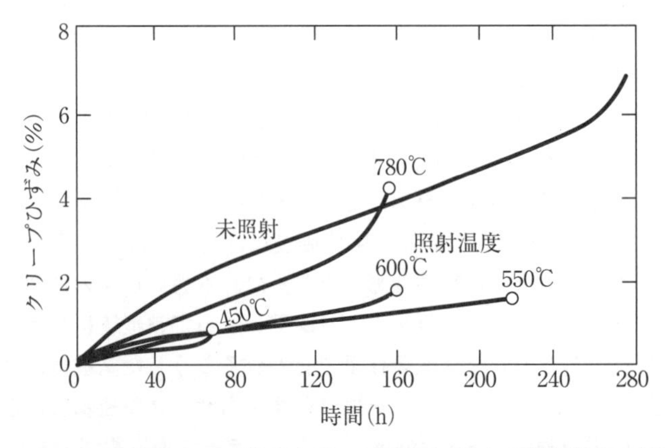

図 11.22　304 ステンレス鋼のクリープ破断に対する照射温度の影響［42］
（304 ステンレス鋼アニール材を対象。1.9×10^{22}n/cm^2（>0.1MeV）照射後、550℃で 3×10^5kN /m^2 の応力をかけて試験）

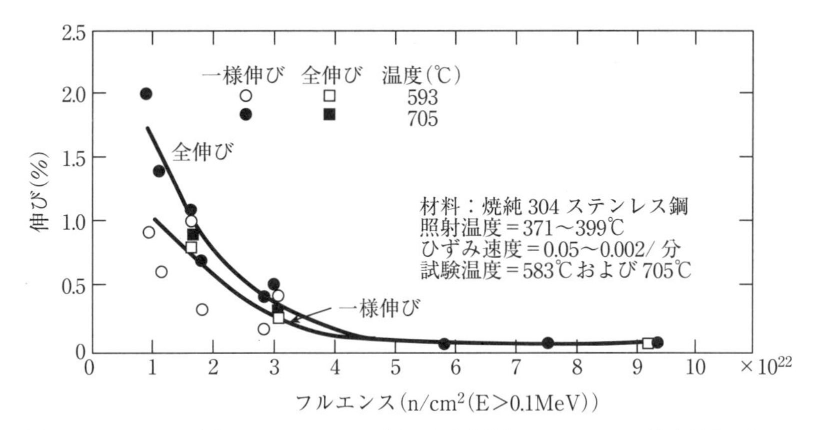

図 11.23　EBR-II 用 304 ステンレス鋼の高温延性のフルエンス依存性[43]

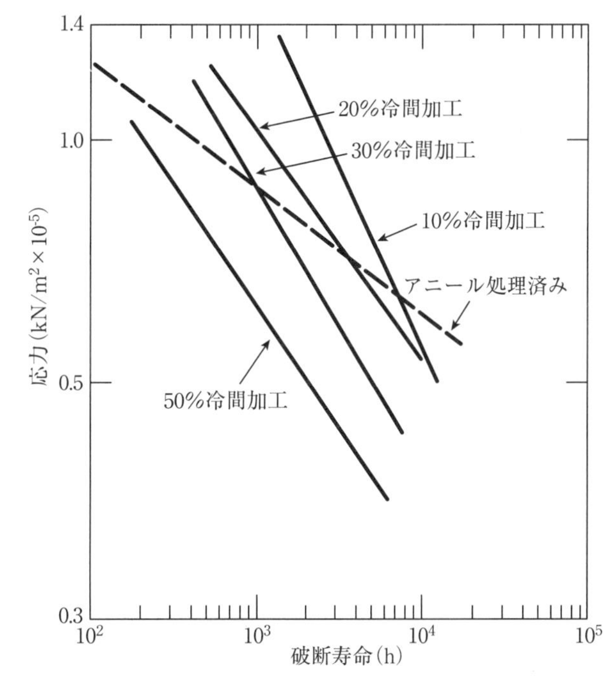

図 11.24　304 ステンレス鋼の破断寿命に対する冷間加工の影響[44]
(試験温度：700℃)

冷間加工によって金属の強度特性の改善が図れることを前述した。図11.24は、304ステンレス鋼のクリープ破断強度について、様々な冷間加工度の影響を示している。約30%までの冷間加工は、短期間破断に対しては相当の高い応力を許容可能とするが、長期間強度に関してはよい性能を示さない。もし材料選定のクライテリアが、低応力下での長期間破断寿命のみにあるなら、完全に焼純（アニール）した材料を使うのが最も良い選択であることを、このデータは示している。しかし、後で詳しく議論するが、冷間加工を行う最大の目的は、ボイドの形成とスウェリングを抑制することにある。

冷間加工や、照射で誘起されるマトリックスのひずみの他に、金属脆化を生じさせる現象は、照射にともなうヘリウムの生成である。ヘリウムは、主にステンレス鋼に必ず含まれているホウ素不純物の（n, α）反応で生じる。この反応は、運転開始から早いうちにホウ素不純物のほとんどを核変換で消失させるため、早期に完了するが、その後もニッケルの（n, α）反応によってヘリウムは継続的に生成される。ホウ素は、一般に粒界で炭素と置換した状態で存在し、この位置で生成されたヘリウムは確実に脆化の原因となり、材料損傷を引き起こす。

燃料中での三体核分裂（ternary fission）によって生じたヘリウムが、被覆管内部に侵入する現象もある。三体核分裂によって生じるヘリウムは、被覆管中0.13mm以上の深さまで貫通し停止することが、図11.25の計算評価［46］や測定の結果から確認することができる。そして、この現象が燃料と接する被覆管に更なる劣化をもたらす。

ヘリウムによる脆化は、冷間加工または変位損傷よりも大きな損傷を与える。後者の変位損傷に関して、材料強度の増加は、常に延性の低下と相殺しながら生じる。しかし、ヘリウム脆化は、粒界において早い段階で破断が生じることで、強度と延性の両方を同時に低下させる。オーステナイトステンレス鋼は、500℃以下で粒界での破断がないため、ヘリウム脆化には鈍感な性質を有する［44］。しかし、この材料はこの温度以上になると、著しい脆化を生じ、強度は未照射材の50%に、延性は0.1%以下になる［45］。高速のひずみ速度での荷重下の場合、粒界脆化は、温度が650℃以上になるまで発生が抑制される。

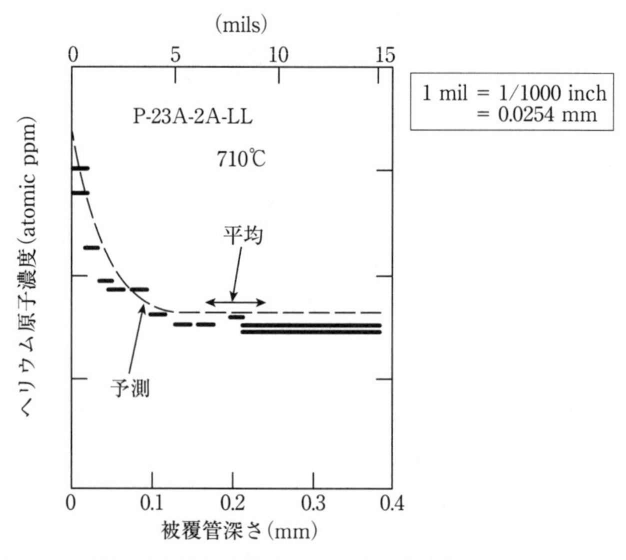

図 11.25　被覆管肉厚深さ方向のヘリウム分布［45］
（燃料ピンの燃料カラム高さ位置から回収した被覆管試験片。被覆管内面が肉厚位置「0」の部分である）

11.3.2.3　ボイドスウェリング

1960年代初期から中頃にかけて、SFRの被覆管設計者が最も注力していた課題は、脆化であった。しかし1967年、設計者はさらに別の重大課題を発見し、愕然とした。ドーンレイ高速炉での照射において、ある高いフルエンス条件で被覆管の著しい**スウェリング**が観察された［40］。データによると、そのような大きなスウェリングが生じるのは、約10^{22}n/cm^{2}のしきい値以上の高フルエンスを受けた場合のみであるが、その値を越えるとスウェリングは急増する傾向を示した。高速炉の被覆管には、2×10^{23}n/cm^{2}のフルエンスレベルまで良い性能を示すことが元来要求されていたため、このドーンレイの照射試験結果はかなり注目を浴びた。

上述の被覆管試料を用いた別の試験により、結晶粒内に極めて小さなボイド又はキャビティが形成されていることが明らかになった。それらは350～700℃の温度範囲でのみ形成されるが、この温度領域はちょうどSFR運転時の被覆管温度に相当する。図11.26は、FBTR（インド）にて430℃で40dpa照射された316ステンレス鋼で観察されたボイドである。

高いフルエンスで観察された体積増加は、予想よりかなり大きいものであった。その後の研究により、ほとんどの金属において、絶対温度表示での融点の0.3～0.55倍の温度の範囲で、このメカニズムによるスウェリングが発生することが明らかにされた。これが判明した際、ステンレス鋼はスウェリング耐性合金の一つと考えられていたものの、既存データの外挿で予測される被覆管粒成長量が意味する重大さから、この現象に関する考察やこれを軽減するための方策の検討が着手された。

研究の結果、ボイドスウェリングを生じさせるには、以下の4つの条件が満たされねばならないことが明らかにされた。

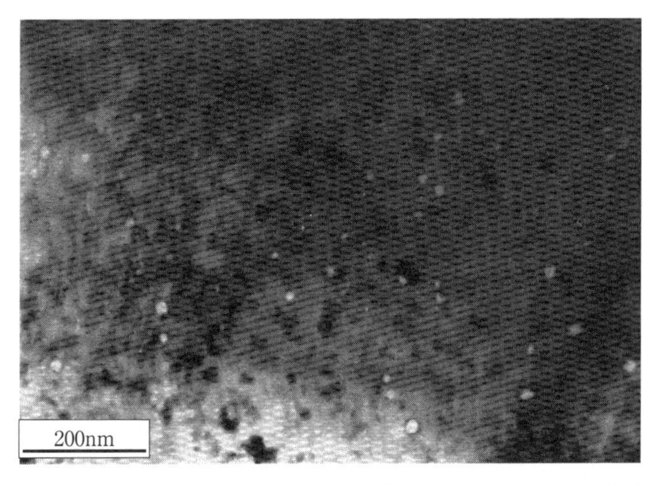

図 11.26　316 ステンレス鋼ラッパー管で観察されたボイド[47]
（高速増殖試験炉 (FBTR) にて、温度 430℃で 40dpa まで照射）

1. 格子間原子と空孔の両方が固体中で可動状態でなければならない。格子間原子は、低温であっても移動度が高く常に金属中を動くことができるが、空孔は比較的温度が高いときだけにしか動かない。低温状態では、不動の空孔が、動いてくる格子間原子団（cloud）によって消滅するため、ボイドスウェリングは生じない。
2. 点欠陥は、再結合で消滅され得ることに加え、固体中の構造欠陥によって作られるシンク（sink）[13]で除去され得るものでなければならない。さらに、ボイド形成に必要な空孔過剰が存在するためには、格子間原子は一つのシンクに集まりやすい傾向を持たねばならない。
3. 空孔の過飽和は、核を生成し成長させるのに十分なボイドと転位ループを許すほど大きくなくてはならない。しかし、十分に高い温度では、ボイドの表面における空孔の熱平衡濃度は、照射によってマトリックスで維持される濃度と同程度になる。そのため、高温ではボイドの核生成と成長は生じなくなる。

---

[13] 原子空孔や格子間原子などの格子欠陥が消滅するサイトはシンク（sink）と呼ばれる。通常、表面、結晶粒界、転位などがそれに挙げられる。

4. 生成の初期段階のボイドを安定化し、つぶれを防ぐためには、微量の不溶解ガスの存在が必要である[14]。O_2、N_2およびH_2といった不純物もボイド内部を満たすことができるものの、このボイドの安定化においてはヘリウムが主な役割を果たす。対象とする被覆管材料へHeをもたらすのは中性子誘起核変換だけであるため、ボイドスウェリングを生じる中性子フルエンスのしきい値を決める根拠は、十分なHe触媒を蓄積するのに必要な潜伏期間（incubation period）として説明できる。ボイドの成長を安定化するのは僅かなHe濃度で十分だが、その濃度はあまりに小さすぎ、Heキャビティはバブルとして分類されない。

化学反応速度論を用いた理論的な取り扱いにより、ボイドスウェリング現象の基礎にある物理過程を説明することができ、観測される微細構造に関しての定量的議論ができる［38］。空孔と自己格子間原子は、照射によって同量生成されるが、互いの再結合や転位などのシンクに吸収されることで失われる。残存している自己格子間原子は、素早く転位ループに集まり、転位ループは拡大、合体して、最終的には転位ネットワークを形成する。残存した空孔クラスターはガス原子（一般に核変換で生じたヘリウムであるが、表面には活性ガスが最初から存在する）を伴い、未発達のキャビティを形成する。これらの点欠陥と関連した異なるひずみ場の作用により、系内に存在する転位は、空孔に比べ、自己格子間原子を好んで吸収する偏ったシンク（biased sink）として働く。このように、初期段階のボイドのような中性のシンクへ向かう、正味の余剰空孔束（net excess vacancy flux）が存在する。未発達ボイドが臨界数のガス原子を含むとき（または、臨界半径に近づくと）、偏ったボイド成長が生じ、独立のもしくは定常的なスウェリングに至る。

ほとんどの材料でのボイドスウェリングは、与えられた線量と温度に応じて、潜伏期間（τ）領域、遷移領域、そして照射量の増加とともにスウェリングのレベルが単調に増加する定常領域の、3通りの領域に特徴付けられる。そのスウェリング挙動は、図11.27に示すように、低スウェリング遷移期間、そして一定の加速を経た後に、約1%/dpaの傾きを持ってほぼ線形にスウェリングが増加する領域へと続く。燃料被覆管に許容されるスウェリングの上限は、一般に10～15%以下である。そのため、設計者には、遷移領域での正確なスウェリングの傾向と数値が必要になる。その挙動が図11.27に模式的に示されている。

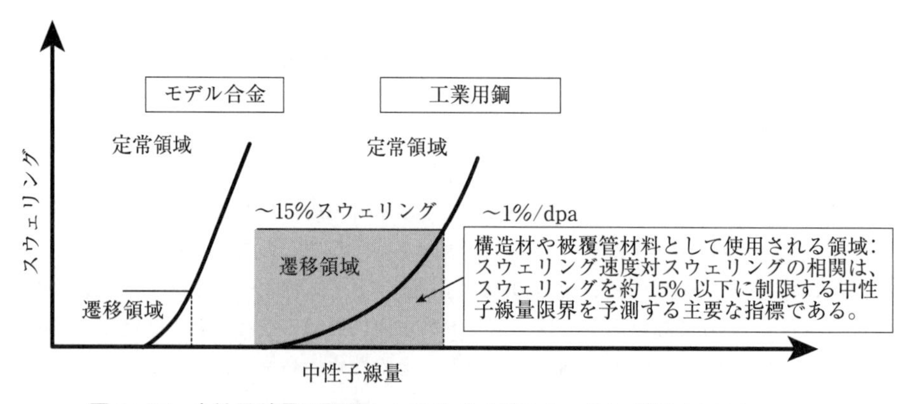

図 11.27　中性子線量の関数としてのボイドスウェリング量（模式図）

14　この最後の要求は、材料の専門家の間で異論のあるところである。

工業用ステンレス鋼は、直線的なスウェリング速度領域に達する前の遷移期間が長いという性質を持つ。それゆえ、遷移スウェリング領域の曲率が、設計上で極めて重要となるが、この情報は十分に取得されていない。工業用ステンレス鋼では、ボイドの核生成とその成長は同時に遷移領域で生じ、スウェリング挙動に大きな影響を及ぼす。

スウェリングは、べき乗則のスウェリング式で表現することができる［48］。

$$\frac{\Delta V}{V_0} = m_1 (\phi t - m_2)^n, \tag{11.3}$$

ここで、$\Delta V/V_0$は体積スウェリング、ϕtは中性子線量（dpa）、m_1、m_2およびnは、材料によって異なる係数である。式（11.3）の対数をとると、中性子線量に対する体積スウェリングが直線的にあらわすことができ、nの値をこのプロットの傾きから導出することができる。図11.28の(b)は、スウェリング遷移領域の体積スウェリング対中性子線量を、log-logスケールでプロットしている。この試料は、温度500℃で20%冷間加工した316ステンレス鋼である。この解析で、m_2はボイドが生じ始める中性子線量である83dpaとし、標準偏差を小さくするために最小二乗法の回帰解析が用いられた。図11.28には、m_1、m_2およびnの最適値を用いた近似曲線も示した。これらの解析から2つの特徴が明らかにされた。一つは、べき乗則に基づくスウェリング式は0.58%（87dpa）～6.3%（107dpa）の広い範囲の体積スウェリングに適用できること、もう一つは、スウェリング遷移領域である107～120dpaの範囲のスウェリング量は、log-logグラフ上の直線から外挿できることである。

図11.28で示された結果は、無応力状態の構造材料で得られたものである。しかし、原子炉で使用される被覆管とダクト材料中には必ず応力が存在する。そのような応力場でのデータは、定常スウェリングが生じる前や、より大きな体積変化が生じる前の潜伏期間τが短くなることを示している。Phénixで得られたデータを図11.29に示す。

図11.30に複数の照射温度に対するボイドスウェリングデータを示す。参考文献［50］には、様々な工業用合金材料のデータも含まれている。

重照射を受けたターゲットでは、スウェリング効果の飽和が生じる可能性がある。統計的に意味のある結果とするには、あまりにもデータの数が少なすぎるが、高エネルギーイオン衝突試験からの限られたデータによると、この飽和現象は、フルエンスレベルが$10^{24} n/cm^2$までは生じないことが示唆

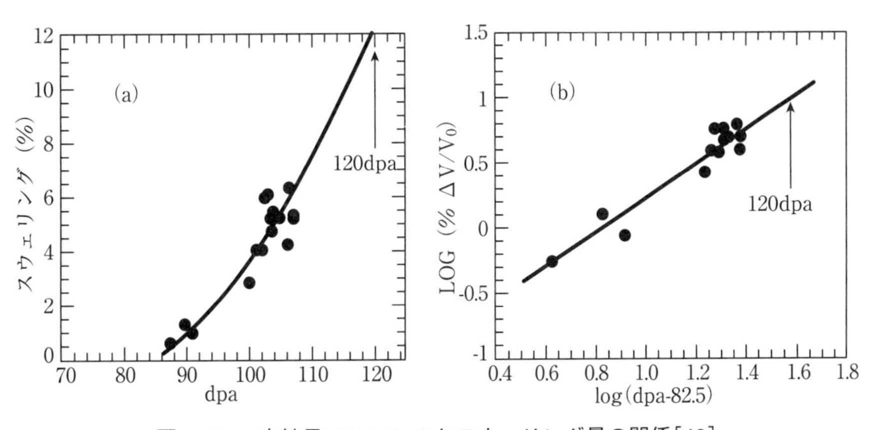

図11.28　中性子フルエンスとスウェリング量の関係［48］
（20%冷間加工316ステンレス鋼、温度：500℃）

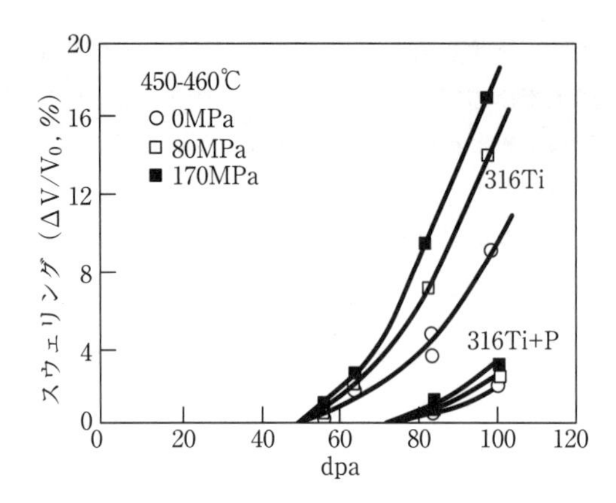

図 11.29　改良型 316 ステンレス鋼における応力とスウェリングの関係[49]
（Phénix にて圧力管として照射された二種類の改良型 316 ステンレス鋼を対象）

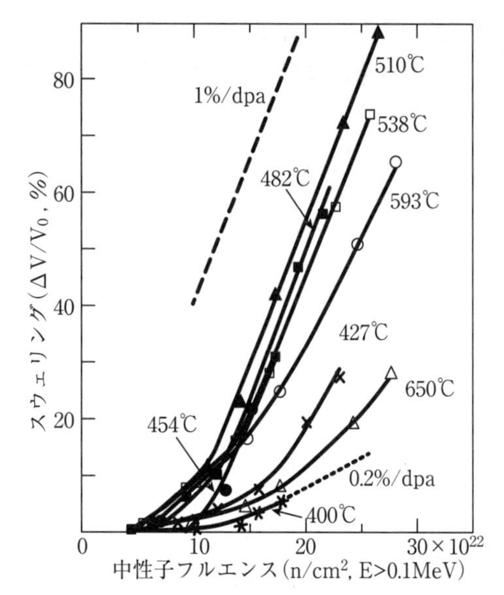

図 11.30　AISI316 ステンレス鋼における様々な照射温度でのスウェリングの中性子フルエンス依存性[50]

されている。商用炉用SFR被覆管は、目標とするフルエンス条件でのスウェリングが0～15%であることが期待されている。

すでに言及したが、スウェリングは照射温度に強く依存している。図11.31は、316ステンレス鋼における挙動である。この場合、最大スウェリングは約550℃の温度で生じる。

冷間加工の効果は、破断強度特性の改善と関連させて前に述べた。図11.32は、20%冷間加工316ステンレス鋼におけるスウェリング耐性の改善を、完全にアニーリング処理した材料と比較して示している。冷間加工は、スウェリングを防ぐ上で明らかに有効であるが、一方でその効果には明白な限界がある。このことは、図11.32にも示した50%冷間加工した304ステンレス鋼のスウェリングカーブからも理解できる。この304ステンレス鋼は、316ステンレス鋼と比べて、モリブデン濃度が抑えられている点のみが異なるが、スウェリングカーブで2つのコブを示している。2つ目のコブは、過度の冷間加工によってもたらされた転位ネットワーク不安定性によるものと考えられる。高温では、そのようなネットワークの大部分から転位がなくなり、ボイド形成とそれに続くボイド成長に適した環境がつくられる。

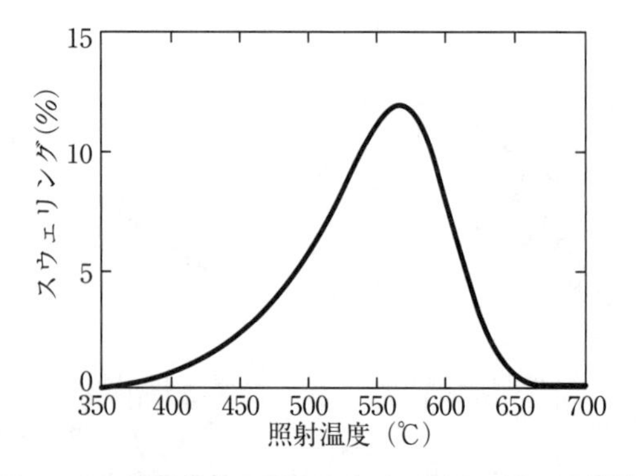

図 11.31　照射温度のボイドスウェリングへの影響[51]
（EBR-II にて 1×10^{23}n/cm^2 まで照射された 20% 冷間加工 316 ステンレス鋼）

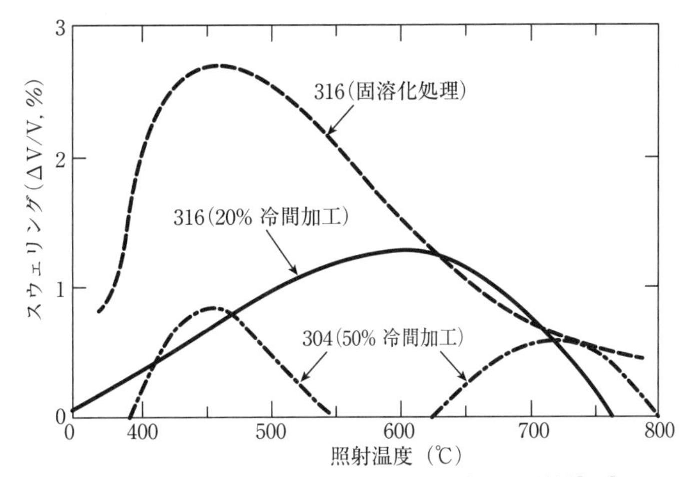

図 11.32　冷間加工がスウェリング挙動へ与える影響[52]
（オーステナイトステンレス鋼を対象。中性子フルエンス：5×10^{22}n/cm^2）

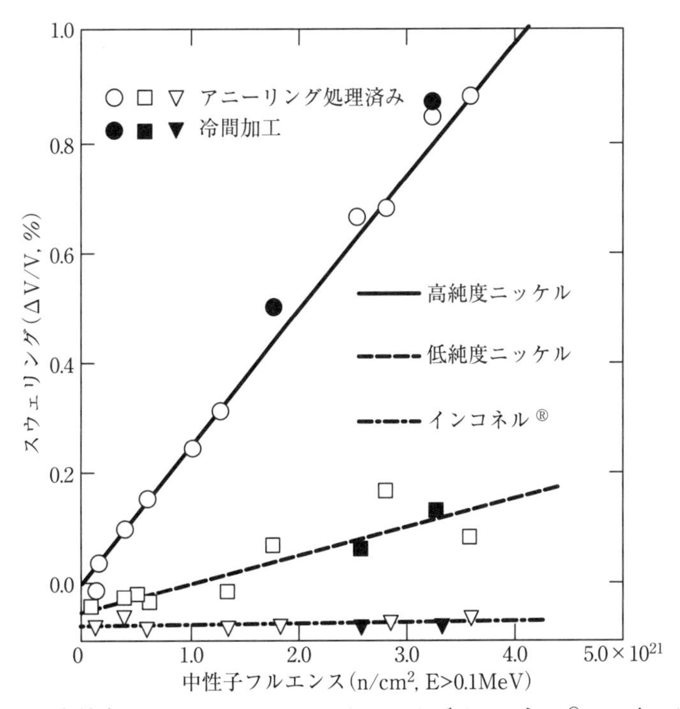

図 11.33　高純度ニッケル、99.6% ニッケルおよびインコネル®のスウェリング［53］
（温度：425℃、インコネル®組成：(73%Ni-17%Cr-8%Fe)、縦軸 0% 以下のスウェリングは焼きしまりを示す）

合金にどのような物質が含有されるかによって、スウェリング特性はかなり異なってくる。図11.33は、高純度ニッケルに比べて、純度の低いニッケルでスウェリングが減少する様子を示している。明らかに、低品位ニッケル中に存在する不純物は析出し、空孔や格子間原子の再結合サイトとして働くため、スウェリングポテンシャルが小さくなる。図11.33に示すように、インコネル®[15]は、照

[15] インコネル®は、インターナショナルニッケルカンパニーの商標として登録されている。

射中に僅かに焼きしまり（densification）を生じる。しかし残念なことに、ニッケルの含有率が高いため、この材料には厳しい脆化が生じる。

オーステナイトステンレス鋼のボイドスウェリング挙動は、クロムとニッケル濃度に依存しており、これは多くの研究で体系的に整理されている。ニッケル含有率を増加させることでボイドスウェリングは低減される。すなわち、ボイドスウェリングに対する耐性は、合金組成を調整することによって大きく変化させることができる。さらに、工業用（不純物が比較的多い）オーステナイトステンレス鋼は、同じクロムやニッケル濃度を持つ（不純物の少ない）純3元合金に比べてスウェリングが小さいことが観察されている。これは、ごく少量の元素添加がスウェリング耐性改善に寄与することを示唆している。微量の添加元素がスウェリング耐性に極めて大きな影響を発揮することは、高純度金属のスウェリング挙動と微量添加元素を加えた金属のそれを比較することで既に実証されている。

ステンレス鋼のスウェリング耐性改善に効果的な微量添加元素としては、チタン、シリコンそしてリンが挙げられる。これらの中でリンは、スウェリング耐性に大きな効果を示すことが知られている。特に図11.34のように、チタンとの相乗効果は大きい。潜伏期間の劇的な延長は、316ステンレス鋼においては、0.029%のリンおよび0.09%のチタンの添加で実現されている。同様にシリコンの添加も、図11.35のようにスウェリングを大きく低減することが知られている。チタン添加によるスウェリング抑制の様子を図11.36に示す。チタン添加による効果は、20%冷間加工316ステンレス鋼に対して、Ti/C比が2以上で飽和する。この知見をもとに、改良型316ステンレス鋼の代表的な組成はFe-16Cr-14Ni-2.5Mo-0.06C-(0.7～0.8)Si-0.025P-0.004B-0.1Ti-0.1Nbと特定された。この組成の材料はPNC316として知られている。性能評価により、このPNC316ステンレス鋼は、燃料最高燃焼度131,000MWd/t、高速中性子フルエンス2.3×10^{23}n/cm^{2}を持つ日本の高速増殖原型炉もんじゅの燃料に求められる性能を満足することが実証されている。

様々なオーステナイトステンレス鋼に対する最近の照射試験では、dpa速度が減少するとボイドスウェリングが顕著になるという現象が見られている。すなわち、図11.37のようにスウェリングの遷移領域が狭くなる現象が見られている。

9～12%Crの組成をもつ工業用フェライト-マルテンサイト鋼は、もっとも高いスウェリング耐性を示している。このスウェリング耐性はフェライト合金全体に共通する性質である。代表的なのは、HT9（12Cr-1Mo合金）である。そのため、この種の合金が高速増殖炉で使用される材料として理想

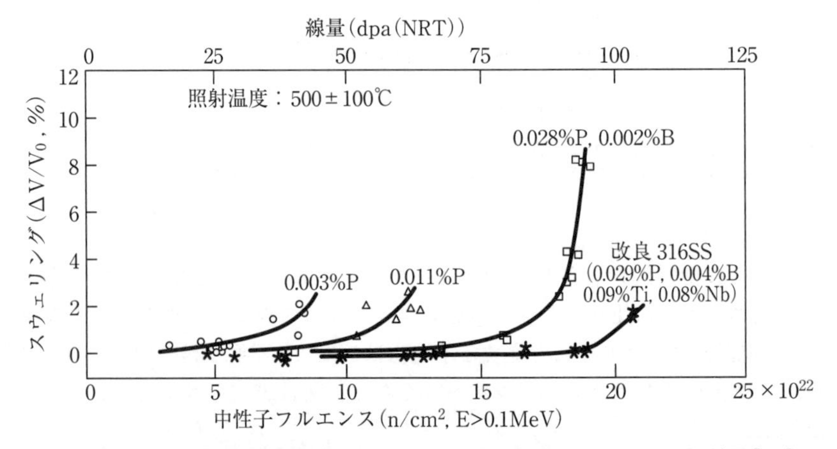

図 11.34　316 ステンレス鋼被覆管のスウェリング挙動におけるリン添加効果[54]

的なものと考えられている。なぜフェライト鋼が高いスウェリング耐性を示すかについては、多様な説明方法がある。bcc鉄の正方晶ひずみ場にある格子間原子（CやN）は、空孔、自己格子間原子点欠陥（trapping）や転位（コットレル雰囲気形成［Cottrell atmosphere formation］）の双方と強く相互作用している。さらにこの格子間原子は、合金鋼に溶解している置換型原子とも連携する。これらの過程は、点欠陥の再結合と転位周りのひずみ低減を促進し、それぞれの効果が、ボイドの核生成と成長を制限する。加えて、10～12%Crマルテンサイト鋼のラス境界構造（lath boundary structure）は、同じような効果を持つ重要な点欠陥シンクとして働くことが示されている。最後に、高速炉での照射後、主にa<100>面のループの観察に基づき、bcc鉄中の格子間型転位のユニークな振舞いがスウェリングを抑制すると考えられている。

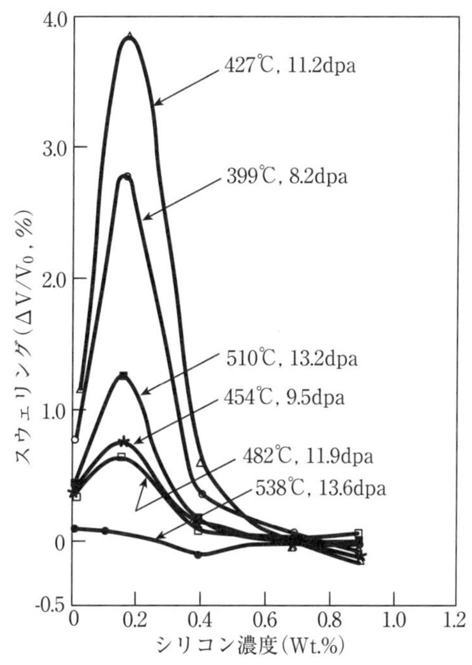

図 11.35　シリコン添加によるスウェリング低減効果[38]
（アニール処理済み Fe-25Ni-15Cr を対象。EBR-II におけるさまざまな照射温度とフルエンスの組合せ試験結果より）

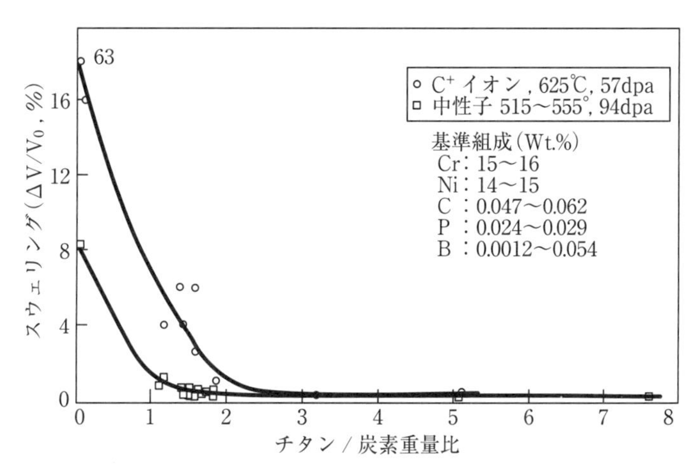

図 11.36　チタン添加によるスウェリング低減効果[54]
（20% 冷間加工、316 ステンレス鋼を対象。Ti を 0.02 ～ 0.23wt.% 添加）

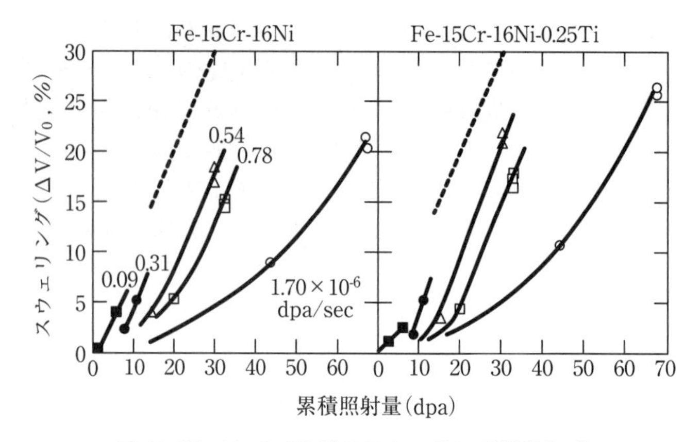

図 11.37　Fe-Cr-Ni 材のスウェリング挙動[55]
（Okita とその共同研究者によって観察された、fcc の Fe-Cr-Ni 材のスウェリング挙動。dpa 速度が増大するにつれてスウェリング遷移領域が大きくなっていることが示されている。アメリカの高速実験炉 FFTF-MOTA にて 430℃で照射。）

11.3.2.4　照射クリープ

照射と応力の影響下にあるSFRの炉心構成要素については、比較的低温下であっても、クリープ変形に注意を払わなければならない［38, 40］。複数機関の過去の共同研究によって、照射クリープ（irradiation creep, IC）のメカニズムの理解が進み、その速度制御過程に関する点欠陥の易動度と転位上昇（dislocation climb）についての理論が構築されている。熱クリープは空孔が関係した過程であるのに対して、照射クリープは通常、格子間原子が関係している。転位ネットワークにおける点欠陥の、温度依存性のない応力誘起優先吸収（stress induced preferential absorption, SIPA）メカニズムは、典型的なSFR運転条件（線量、変位速度、温度、応力）における現象を良く説明することが確認されている。さらに高い応力においては、2次の（quadratic）応力依存性を考慮した上昇制御すべりモデル（climb controlled glide, CCG）がうまく適用できる。工業用合金の場合、照射で誘起される微小な化学的変化と微小な構造的変化の相互作用によって、熱および照射クリープが複合して生じるため、現象は複雑となる。

SFR設計検討では、通常、熱クリープの応力-温度範囲を避けて、考察対象を照射クリープだけに限定する。Wassilewら［56］は、Ti微量添加改良合金（Ti-modified alloy）などのオーステナイト鋼で観測される、照射クリープの温度、応力および照射速度への依存性を説明するために、総合的なモデルSIPA-ADを開発した。異方性拡散モデルであるSIPA-ADの応力誘起優先吸収モデルは、転位と外部応力によって歪められた原子格子内の点欠陥移動の考察に基づいている。すなわち、このモデルでは、通常のSIPAモデルの基礎となる様々な方位の転位との相互作用に関係なく、一次のオーダーのサイズと形状の相互作用エネルギーだけが考慮されている。このモデルはSIPAに比べて、より大きなクリープ速度を示すことは以前に示されている［57］。850K以下のTi微量添加改良合金における、照射クリープの原因は自己格子間原子の移動である。これより高い温度では、空孔の移動が大きく寄与してくる。そのため、実効拡散係数は次のように定義される［56］。

$$\theta_c = a\ \exp\left(\frac{-\Delta H_v}{kT}\right) + b\ \exp\left(\frac{-\Delta H_i}{kT}\right), \tag{11.4}$$

ここで、空孔と格子間原子に対する移動のエンタルピー変化は、それぞれΔH_vとΔH_iとした。また

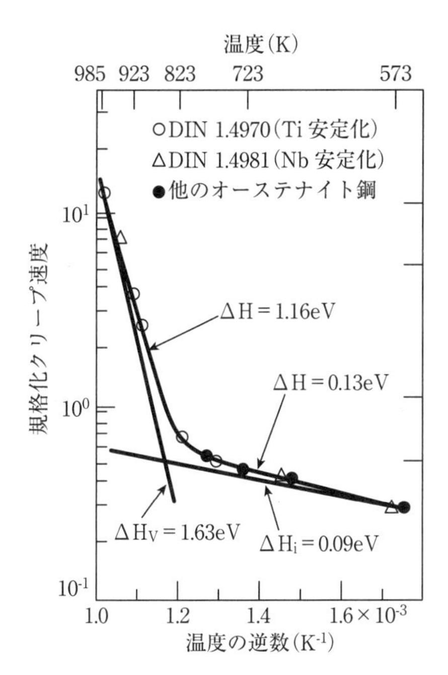

図11.38 オーステナイト鋼およびTi改良鋼における照射クリープ速度の温度依存性
(このデータは、EBR-IIとFFTFで照射された加圧管試料から得られたもの。規格化されたクリープ速度は、$\theta_c = \varepsilon C_0 / \dot{K}^{0.5} \sigma$ として定義されている。ここで、C_0 は定数、ε はクリープひずみ、$\dot{K}$ は線量率、σ は応力である。なお、EBR-IIでの中性子フルエンスは $<0.7\times10^{22}$n/cm²、FFTFは $<1.01\times10^{23}$n/cm² である。)

頻度係数をそれぞれaとbとした。炉内試験で取得された、オーステナイト鋼やTi微量添加改良合金に対する照射クリープ速度の温度依存性を図11.38に示す。この図より、それぞれの温度領域で関係する点欠陥の役割が理解できる。欠陥を制御する照射クリープ速度は温度とともに変化し、空孔には1.63eV、格子間原子には0.09eVの体積移動活性化エネルギーを要する。

オーステナイトステンレス鋼における、クリープ速度の線量率($\dot{K}$)に対する依存性は、$\dot{\varepsilon} \sim \dot{K}^{1/2}$としてすべての温度範囲で観察されており、これを図11.39に示す。SIPAモデルによる計算予測によると、シンク支配領域で直線的な挙動となる。空孔と格子間原子の消滅は高温で生じる代表的なプロセスである一方、照射クリープは低温でも同様に重要なプロセスである。図11.39に見られるようなSIPA挙動からのずれは、SIPA-ADモデルで補足できる。

オーステナイト鋼とTi微量添加改良合金を対象に行われた、多くの炉内試験・炉外試験・照射後炉外試験からのクリープデータを相互比較し、厳密に解析することで、次のような結論が導かれた[56]。

(1) クリープひずみは、一般に複数過程から生じるが、未照射および事前照射試験やそれに続く試料分析で観察されるひずみは、単一の変形過程だけを表している。またこのひずみは定常クリープを生じさせる。
(2) 炉内クリープデータは、elasto-拡散SIPAクリープメカニズム(SIPA-AD)に従う。温度が$0.5T_m$程度であっても、SIPA-ADは独立にはたらき、Nabarro-HerringクリープやCobleクリープのような熱クリープメカニズムとは全く関係がない。
(3) 照射クリープは温度独立プロセスとして扱えるとする、公知の概念を改めることを示唆する論拠がある。低温では格子間原子の移動により照射クリープが生じる一方で、高温では空孔の動きが熱クリープに寄与する。

(4) 照射クリープは、応力レベルが180MPa程度以上になると、線形の応力依存性から逸脱し、上昇制御すべり（CCG）クリープの2次関数的な依存性を示す［58］。

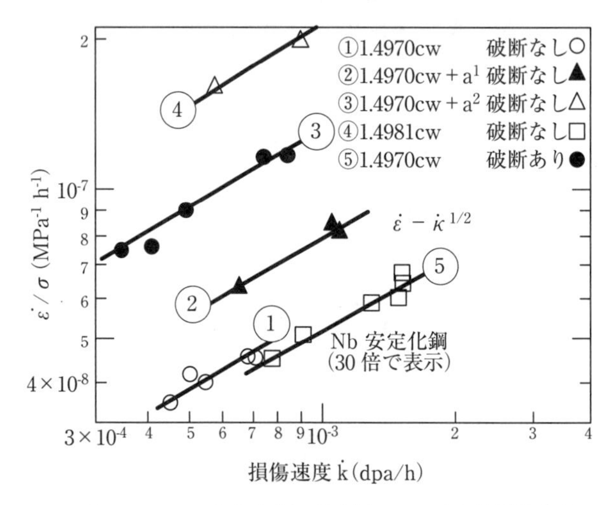

図 11.39 Ti 安定化鋼の照射クリープの線量依存性

（冷間加工された Ti 安定化鋼（1.4970）、冷間加工＋時間経過条件下での Ti 安定化鋼（1.4970）を対象。Nb 安定化鋼（1.4981）の値は比較のため 30 倍されている。バースト試料とは、破断するまで試験が行われたもの（a^1 は 800℃で 2 時間、a^2 は 800℃で 23 時間）

11.3.2.5 ボイドスウェリングと照射クリープとの相互作用

照射によるクリープの加速は、低温での照射のほうが著しく、温度が熱クリープ領域に近づくにつれて小さくなる。このクリープが加速する主たる原因は、照射誘起格子間原子と空孔が非常に幅広い濃度で存在することにある。照射クリープへ寄与する効果は2つあり、1つはボイドスウェリングと独立な効果、もう一つはスウェリング駆動クリープの効果である［40］。スウェリングが材料の種類や照射条件に極めて敏感である一方、瞬時クリープ速度（$\dot{\varepsilon}$）は、かかっている応力と瞬時スウェリング速度（$\dot{S}$）に比例する。文献［40］では、単位応力・単位線量あたりの瞬時クリープ速度は、次のように表わされている。

$$B = \frac{\dot{\varepsilon}}{\sigma} = B_0 + D\dot{S},$$

ここで、B_0はスウェリングに独立なクリープコンプライアンス（ひずみと応力の比）、Dはスウェリングカップリング係数、$\dot{S}$は瞬時体積スウェリング速度である。B_0は、高速炉被覆管の使用温度範囲（400℃以上）で温度に依存しない。またDの値は、どのオーステナイト鋼でも照射温度や初期状態に依存しないと考えられる［40］。上の式は、スウェリングが続く限りクリープも継続すること、および、カップリング係数はフラックスや応力に応じて変わらないという仮定の上に成り立っている。スウェリング速度が大きくなると、スウェリングや応力の照射クリープに対するフィードバック効果が目立つようになり、あるポイントで、このフィードバック係数の符号は正負を反転し、クリープは消失する。316SSの径方向ひずみ速度の最大値は、研究対象となっている温度範囲で、0.33%/dpaであることが文献［40, 59］で示されている。スウェリングは材料や照射パラメータに対する強い感度を持つため、もしもクリープやスウェリングの予測が同じ実験結果にもとづかない場合は、クリープ-スウェリングの相互関係が評価しにくくなり、これらの現象の間に矛盾が生じる可能性のあることが知られている［40］。

11.3.2.6　照射効果の工学的影響

ボイドスウェリング、照射クリープや脆化といった、照射により材料にもたらされる変化が原子炉の設計・製造などの工学へ与える影響は多岐にわたる。中性子照射効果は、原子炉構造物の寿命を定め、到達燃焼度や高速スペクトル炉の経済的競争力にも影響を与えるため、極めて重要である。集合体の様々な構成物は、ボイドスウェリング、熱クリープや照射クリープによって変形する。スウェリングや照射クリープは、原子炉全体にわたって存在する環境変数の時間的変化や空間的勾配に非常に敏感である。炉心機器・要素同士の機械的な相互作用を避けることの他、中性子照射を受けるオーステナイトステンレス鋼の脆性特性を考慮して、形状変化に対する制限値が設定されねばならない。炉心機器・要素同士の干渉回避の観点は、燃料集合体の装荷や取り出しの際の荷重を小さく制限する上で重要である。

差分スウェリング（differential swelling）は、炉心内の中性子束勾配や温度の勾配によって生じる（図11.40）。特に、燃料ピンとスペーサーワイヤーの間においては、差分スウェリングによる差分変形は制限されねばならない。もしもスペーサーワイヤーの変形がピン変形よりも著しい場合、冷却材流路断面が減少してナトリウム流量が低下し、燃料ピンが過熱状態となる。反対に、ピン変形がスペーサーワイヤーの変形よりも大きいと、機械的な相互作用が生じて、燃料ピンがらせん状の変形を起こす。もし、燃料ピンとスペーサーワイヤーが両方とも過度にスウェリングしてしまうと、燃料ピ

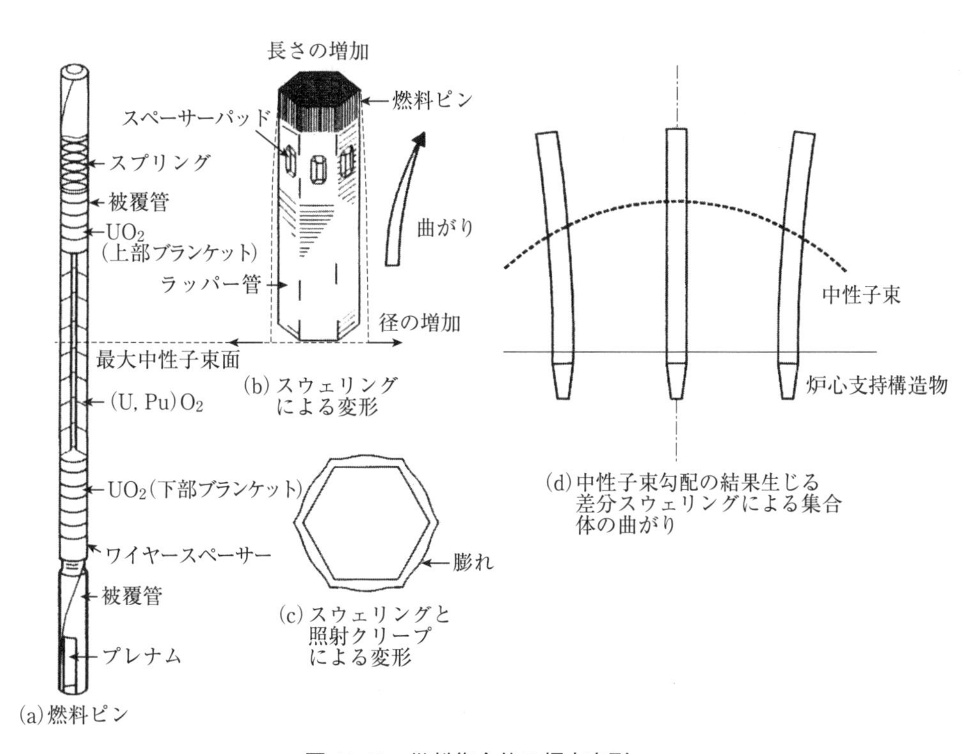

図11.40　燃料集合体の炉内変形

ンとダクトの機械的相互作用と同じように、ピン同士の相互作用が生じる。ダクト変形は低いレベルに抑える必要がある。万一大きな変形が生じた場合、ダクト同士が接触し、燃料の取り換え時に大きな荷重がかかる恐れがある。照射誘起ボイドスウェリングとクリープによって、異なるタイプのダクト変形が生じる。炉心中心の集合体は、軸方向への伸長とダクト対面間距離の増加を生じるが、まっすぐな方向を維持するものと考えられている。しかし、炉心外周部では中性子束に急峻な勾配があり、一つの集合体ダクトの両側面でボイドスウェリング量が異なるため、結果的に外側に反る（bowing）ことになる。また、ボイドスウェリングと、六角ダクト内部からのナトリウム圧力によって生じるクリープの組合せで、ダクトは膨張し、側面は丸みを帯びる。

スウェリングと照射クリープによる変形は、特にオーステナイトステンレス鋼の場合、化学組成と製造履歴に依存する。そのため、熱履歴の異なる様々な炉心構造物間で“変形むら”が生じることを避けるために、材料の化学組成のばらつき幅を狭く設定した厳密な仕様とする必要がある。スウェリングとクリープの勾配も、炉心の反応度、制御棒の動きや冷却材の流れに影響を与える。照射クリープと脆化は、スウェリングと関係していることにも注意を払う必要がある。このようにスウェリングを減らすことで、照射が原因で生じる工学的問題の多くを解決できることになる。

11.3.3 被覆管とダクト材料

高速炉の被覆管やダクトの候補材料には、高温、高フルエンスといった厳しい環境耐性が要求されるため、設計全体で最もよいバランスが得られるよう、最適化された合金組成を選定にあたって多くの労力が投じられる［60］。工学的応用には複雑な問題を伴うため、一つの材料で、要求される性能パラメータの全範囲に対応し得る最適な特性を得ることは不可能である。高速炉への利用で注目されるステンレス鋼の組成を、ニッケル基合金の組成とともに表11.5に示す。

20％冷間加工316ステンレス鋼は、殆どのSFR炉心の被覆管や構造物の材料として使用される代表的な材料である。表11.6は、316ステンレス鋼の熱物理的な特性をリスト化している。この材料が選ばれる理由は、その卓越した高温強度特性、ボイドスウェリング耐性、混合酸化物燃料またはナトリウム冷却材との良好な共存性、そして比較的安いコストにある。

高速炉炉心構成要素の構造材料の照射挙動を改善するため、継続的な取り組みが展開されている。表11.7には、各国で被覆管およびダクトとして使用されている、様々なグレードの材料を紹介している。潜伏期間と遷移期間を延長することで、スウェリング耐性に対する改善が図られる。第一世代の

表 11.5　選択された構造材の公称組成 [a]

Type		C	Fe	Cr	Ni	Mn	Mo	Nb	Al	Ti	Si	W	P	S	Cu
ステンレス鋼 [b]	304	0.08(最大)	母材	18.0-20.0	8.0-12.0	2.0(最大)	–	–	–	–	1.0(最大)	–	0.045(最大)	0.030(最大)	–
	316	0.08(最大)	母材	16.0-18.0	10.0-14.0	2.0(最大)	2.0-3.0	–	–	–	1.0(最大)	–	0.045(最大)	0.030(最大)	–
	321	0.08(最大)	母材	17.0-19.0	9.0-12.0	2.0(最大)	–	–	–	5XC(min)	1.0(最大)	–	0.045(最大)	0.030(最大)	–
	347	0.08(最大)	母材	17.0-19.0	9.0-13.0	2.0(最大)	–	10XC(min)	–	–	1.0(最大)	–	0.045(最大)	0.030(最大)	–
	Incoloy®[c] 800	0.04	46.0	20.5	32.0	0.75	–	–	–	–	0.35	–	–	–	0.30
ニッケル基合金	Inconel®600	0.15	10.0	17.0	母材	1.0	–	–	–	–	0.5	–	–	–	–
	Inconel®X750	0.08	9.0	17.0	母材	1.0	–	1.2	1.0	2.75	0.5	–	–	–	–
	Hastel-loy X	0.1	18.5	22.0	母材	1.0	9.0	–	–	–	0.75	0.6	–	–	–
	Inconel®718	0.1	母材	21.0	55.0	0.35	3.3	5.5	0.8	1.15	0.35	–	–	–	–
	Inconel®625	0.1	5.0	23.0	母材	0.5	10.0[a]	4.15	0.4	0.4	0.5	–	–	–	–

[a] 参考文献［29］のp194とp201から引用
[b] 肉厚ステンレス管やパイプ向けのASTM A271-64Tでは組成がやや異なる。例えば、リンを最大0.040％、シリコンを最大0.75％含み、Niを304で8～11％、321と347で9～13％含有している。
[c] Incoloy®は、インターナショナルニッケルカンパニーの登録商標である。

表11.6　316ステンレスの熱物理学的性質[61]（温度の単位はすべてKelvin）

融点 = 1,700 K		
融解熱 = 2.70×10^{5}J/kg		
沸点 = 3,090 K		
蒸発熱 = 7.45×10^{6}J/kg		
比熱容量 $C_p = 462 + 0.134\,T$ $C_p = 775$	 (J/kg/K) (J/kg/K)	 固相領域 液相領域
熱伝導度 $k = 9.248 + 0.01571\,T$ $k = 12.41 + 0.003279\,T$	 (W/m/K) (W/m/K)	 固相領域 液相領域
熱膨張率 $\alpha = 1.864\times10^{-5} + 3.917\times10^{-10}\,T + 2.833\times10^{-12}\,T^2$ $\alpha = 1.864\times10^{-5} + 3.917\times10^{-10}\,T + 2.833\times10^{-12}\,T^2$		 固相領域 液相領域
粘度（溶融鋼） $\log_{10}\mu = \frac{2385.2}{T} - 3.5958$	（μ は kg/ms）	
蒸気圧（溶融鋼） $\log_{10}p = 11.1183 - \frac{18868}{T}$	（p は Pa）	
密度 $\rho = 8084 - 0.4209T - 3.894\times10^{-5}\,T^2$ $\rho = 7433 + 0.0393T - 1.801\times10^{-4}\,T^2$	 (kg/m^3) (kg/m^3)	 固相領域 液相領域

表11.7　高速炉で用いられる主要な炉心構造材料

プラント名	国	目標最大燃焼度(GWd/tHM)	燃料被覆管材料	ダクト材料
Rapsodie	フランス	102	316 SS	316 SS
Phénix	フランス	150	Cr17 Ni13 Mo2.5 Mn1.5 Ti Si	316 SS
Super-Phénix	フランス	90	Cr17 Ni13 Mo2.5 Mn1.5 Ti Si	15-15Mo-Ti-Si
FBTR	インド	50	316M(CW)	316 L(CW)
PFBR	インド	113	15Cr 15Ni Mo Ti(CW)	15Cr 15Ni Mo Ti
EBR-II	アメリカ	80[a]	316 SS and HT9	HT9
FFTF	アメリカ	155[b]	316 SS(20% CW)	316 SS & HT9
CRBRP	アメリカ	97	316 SS(20% CW)	316 SS
KNK-II	ドイツ	172[a]	1.4970	SS
SNR-300	ドイツ	86	X10 Cr Ni Mo Ti B1515	X 10CrNiMoTiB 1515
SNR-2	ドイツ	150	1.4970	SS
JOYO	日本	143	316(20% CW)	316(20%CW)
MONJU	日本	94	Mod 316	Mod 316
DFBR	日本	110	Advanced austenitic	PNC 1520
BR-10	ロシア	62[a]	Cr16 Ni15 Mo3 Nb	Cr16 Ni15 Mo3 Nb
BN-350	カザフスタン	120	Cr16 Ni15 Mo2 MnTiSi(CW)	Cr13 Mn Nb
BN-600	ロシア	120	Cr16 Ni15 Mo2 MnTiSi(CW)	Cr13 Mn Nb
BN-800	ロシア	98	Cr16 Ni15 Mo2 MnTiSi(CW)	Cr13 Mn Nb
BN-1600	ロシア	170	Cr16 Ni15 Mo2 MnTiSi(CW)	Cr13 Mn Nb
PFR	イギリス	250	316 SS, M 316 SS, PE 16	PE16/FV448

[a] 最大到達燃焼度

[b] MOX中空燃料、HT-9被覆管、169本/集合体を用いて230GWd/tHMの燃焼度を達成

材料は、304ステンレス鋼や316ステンレス鋼に属する鋼種である。これらは、50dpa以上の線量で、炉材料として許容できないほどのスウェリングが生じる。放射線耐性を有する300シリーズのオーステナイトステンレス鋼開発では、304ステンレス鋼や316ステンレス鋼に比べて、ニッケルの添加を増やし、クロムの添加を少なくする傾向にある。チタン、シリコン、リン、ニオブ、ホウ素や炭素のようなマトリックスに固溶する元素は、ボイドスウェリング耐性を左右する重要な元素である。これらの材料の照射挙動研究を通じて、15Cr-15Ni-Tiステンレス鋼（D9ステンレス鋼とも呼ばれる）のような先進的な炉心構造材料が開発された。D9では、316ステンレス鋼に比べ、ニッケル濃度は15%まで増やされ、クロム濃度は15%と低く抑えられた。チタンは炭素濃度の5～7倍の濃度で添加される。シリコンは最大0.75%に抑えられている。冷間加工された改良型D9ステンレス鋼は、著しい変形なしに140dpaを達成した照射実績を示している。最近の国際的な合金開発や炉内試験から、D9Iステンレス鋼と呼ばれる改良型D9ステンレス鋼がさらに高いスウェリング耐性を示す可能性があると、高速炉専門家の間で目されている。D9Iステンレス鋼の基本的な組成はD9ステンレス鋼のそれに近いが、異なるのはリンの組成は0.025～0.04wt.%に、シリコンは0.7～0.9wt.%に設定されていることである。図11.41は、0.75wt.%のシリコンと0.3wt.%のチタンを含むD9Iステンレス鋼において、リン濃度の増加がピークスウェリングを低減する効果を示している［62］。Ti/C比は、D9Iステンレス鋼のクリープ強度を決める重要な因子であることが知られている（図11.42）［62］。

開発にはさらなる期間を要するが、SFRの炉心構造材料の将来的解決策は、9～12%Crフェライト-マルテンサイト（ferritic-martensitic, F-M）鋼を導入することと考えられている。この鋼は、200dpaの高い線量まで優れたスウェリング耐性を有する。しかし、照射による延性-脆性遷移温度（ductile to brittle transition temperature, DBTT）の上昇がF-M鋼の課題である。この材料の破壊強度改善のために、組成の改善や初期熱処理などについて多くの研究がなされてきた。DBTTにおける上部棚吸収エネルギー（upper-shelf energy）とそのシフトの減少は、約10dpaで飽和状態となる。著しい靭性の増大（すなわち、低いDBTTと高い上部棚エネルギー）は、(a) δ-フェライトの形成を避けることと、ニッケムやクロム等価元素の濃度を厳密に制御することによって、12Cr鋼内部のマルテンサイト構造を完全に維持すること（δ-フェライト領域はマルテンサイト領域より厳しいボイド形成とスウェ

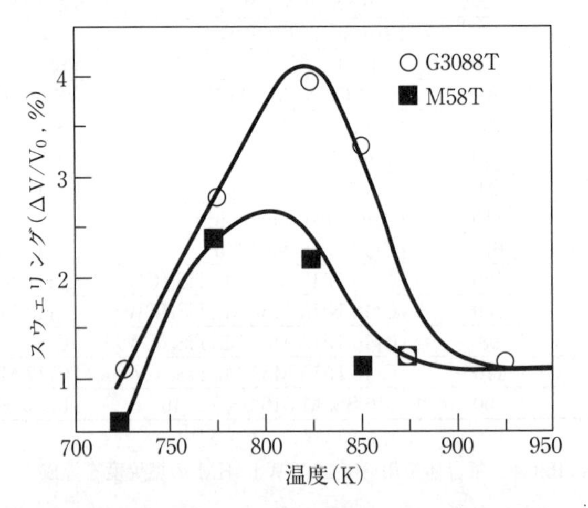

図 11.41 異なるリン濃度を有する D9I ステンレス鋼におけるボイドスウェリングの温度依存性［62］
（表面形状測定法 (profilometry) で測定。加熱された材料の化学組成は以下の通り。
G3088T：P=0.026, Si=0.74, Ti=0.25, M58T：P=0.047, Si=0.77, Ti=0.31）

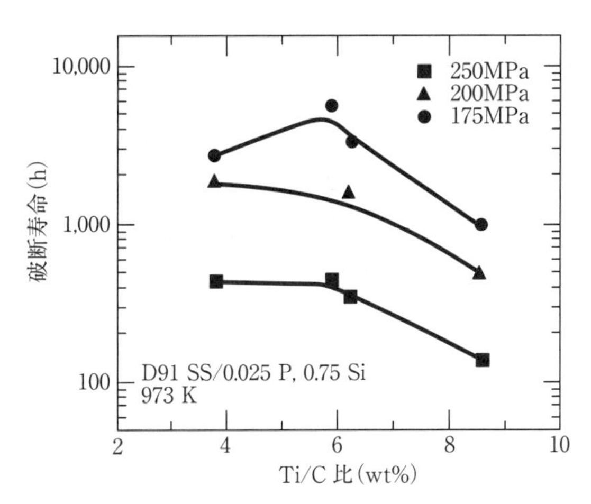

図 11.42　D9I ステンレス鋼のクリープ破断寿命に対するチタンの影響［62］
（リン =0.025wt.%, シリコン =0.75wt.%, 炭素 =0.04wt.%）

リングを示すため）、(b)脆化トランプ元素（embrittling tramp elements）[16]を厳しく制御して、もともとあるオーステナイトの粒径を微細化するオーステナイト化温度を最適化すること、(c)マルテンサイトの強度を低減するための焼戻し処理（tempering treatment）を行う、という方法で達成される［63, 64］。F-M鋼の9Cr-1Moグレードは、様々なフェライト-マルテンサイト鋼の中で、DBTTの増加を最小にとどめることができる［65］。この材料はダクト材としての使用が期待されている。

F-M鋼のクリープ耐性は550℃以上で劇的に低下する。そのため、F-M鋼は一般に被覆管の使用に適していない。酸化物分散強化（oxide dispersion strengthening, ODS）法は、F-M鋼の高熱伝導度と低スウェリングという元来の利点を犠牲にすることなく、650℃以上の領域へとクリープ耐性を改善する方法であることが明らかにされている。これにより、酸化物分散強化F-M鋼（ODS鋼）の開発が進められた。鋼中には、有望な分散材として、0.3～0.4%のイットリア（Y_2O_3）粒子が含まれている。様々なODS被覆管の化学組成を表11.8に示す。また、化学組成がクリープ破断強度に与える影響を図11.43に示す［66］。イットリア粒子は化学的に不活性で、熱的にも1,250℃付近まで安定である。添加

表 11.8　ODS 鋼の組成

被覆管	組成(wt.%)								
	C	Cr	W	Ni	Ti	Y_2O_3	Ex. O	N	Ar
M91	0.11	9.26	1.94	0.022	0.12	0.34	0.05	0.010	0.0033
M92	0.13	9.00	1.94	0.022	0.20	0.30	0.04	0.010	0.0034
M93	0.12	8.99	1.94	0.022	0.20	0.35	0.06	0.010	0.0033
M11	0.13	9.00	1.95	0.021	0.20	0.37	0.06	0.013	0.0025
MA957	0.02	14.0	−	0.13	1.0	0.27	−	−	−
F94	0.058	11.78	1.93	0.025	0.3	0.24	0.04	0.01	0.0003
F95	0.056	11.72	1.92	0.25	0.31	0.24	0.04	0.01	0.0038
1DS	0.09	10.98	2.67	0.15	0.4	0.4	0.119	0.014	−
1DK	0.045	12.87	2.81	0.16	0.52	0.34	−	0.0152	−
IGCAR	0.12	9.0	2.0	0.02(max)	0.2	0.35	0.07	<0.01	0.002(max)

16　鋼にそれぞれの特殊性をもたせるために添加されたNi, Cr, Mo, Cu, Snなどの鋼中の微量元素のこと。

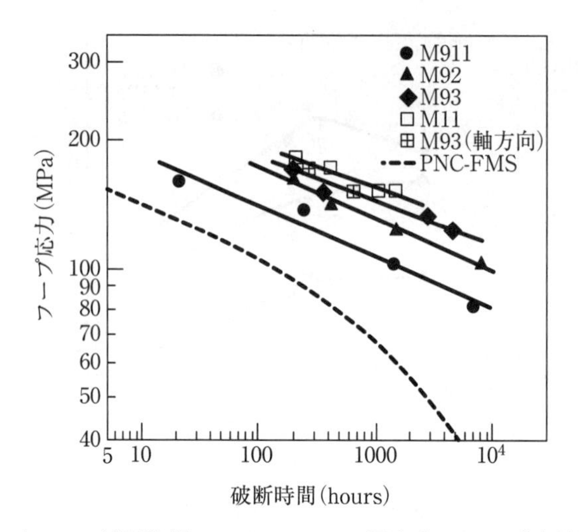

図 11.43　様々な ODS 被覆管鋼の 973K における周方向クリープ破断強度の比較[66]

されたイットリアは、転位の移動を阻害することによって高温強度を高める働きを持つ。図11.44から、ODS鋼のクリープ強度改善効果を、酸化物を分散していないF-M鋼と比較して確認できる［67］。ODS鋼の長時間クリープ強度は、316ステンレス鋼のそれよりも優れている［67］。粒子-マトリックス界面は、照射誘起点欠陥のトラッピングサイトとなっており、これによりスウェリングを遅滞させる。チタンの添加は、Y_2O_3粒子を2～3nmの超微粒なY-Ti-O粒子に微細化する効果のあることがわかった。Y_2O_3を形成するために必要な過剰酸素は、定比に近い錯体Y-Ti-O酸化物粒子の形成の制御や、これに関連する引っ張り強度やクリープ強度の増加を制御する上で重要な役割を演じるものである。

析出強化超合金は、優れた高温応力破断特性と、優れたスウェリング耐性を示す。この材料は、ダクトや被覆管のいずれにも適しているが、開発された他の合金に比べて高温強度に優れるため、長い寿命を要求される燃料ピン材料として有望な候補である。しかし、このようなニッケル基超合金では、照射脆化が主な問題となる。

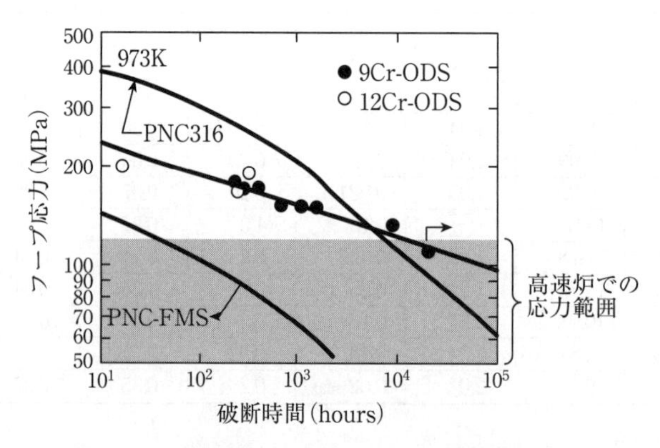

図 11.44　ODS 被覆管鋼のクリープ破断強度［67］
（316SS やフェライト鋼と比較）

酸化物燃料の場合には該当しないが、金属燃料の場合、被覆管の照射温度が低い（<625℃）。そのため、改良型9Cr-1Mo鋼のクリープ強度は、金属燃料の被覆管材料としての使用に適している。

200GWd/t程度の高い燃焼度を実現するには、先進鋼の使用が避けられなくなる。ODS鋼のクリープ破断寿命は、従来のフェライト鋼やオーステナイト鋼よりも優れている。そのため、先進被覆管材としてODS鋼の開発が、複数の国で優先的に続けられている。

11.4　冷却材

高速炉の冷却材の選択は、おそらく他のどの設計上の選択よりも、プラントの物理的配置に対して大きく影響する。冷却材は、炉心の中性子の振る舞いに強く影響し、被覆管との共存性という意味で、被覆管材の選択に直接的な関係性を持つ。とりわけ、冷却材選択は、ポンプや蒸気発生器といった主要構成要素に対して大きな影響があると認識されている。

液体金属ナトリウムは、世界中で行われている高速スペクトル動力炉プロジェクトにおいて、主要な冷却材として選択されている。結果として、ナトリウムの性質や、ナトリウムを用いる上で設計上考慮しなければならないことについて、特別な関心が持たれている。本章では、ヘリウムや水蒸気といったガス冷却材については、ナトリウム以外の液体金属材と合わせて、それらの長所と短所の重みづけを行うための簡単な説明を行うに留める。各々の冷却材を用いた具体的な炉概念としては、今日までにもっとも注目された設計例のみに着目する。17章と18章では、それぞれガス冷却材と重金属冷却材について、さらに詳しい議論を行う。

11.4.1　設計要求

高速スペクトル炉の冷却材の基本的な役割は、高出力密度炉心から熱を除去することである。この役割を果たすための、冷却材の性能評価については、多くの検討が行われてきた。Wirtz［29］によって提案された評価手順に沿って、冷却材の熱学的、中性子工学的、水力学的、そして共存性についての考察を体系的に取りまとめておくことは有益である。それぞれの冷却材候補の基本的な性質を、これらの4つの観点から把握し、この節の終りに相互比較してまとめる。

11.4.2　熱的考察

高速スペクトル炉の非常に高い出力密度（LWRの～100W/ℓに比べて、高速炉は～400W/ℓ）は、冷却材候補の熱伝達特性に対し厳しい要求を課している。与えられた伝熱面積A（例えば、被覆管の外表面）に対して、熱除去速度$\frac{\dot{Q}}{A}$が式（9.23）より与えられる。

$$q = \frac{\dot{Q}}{A} = h\,(T_{co} - T_b) \tag{11.5}$$

ここで、

q =熱流束（W/m^2）
h =対流熱伝達率（$W/m^2/℃$）
$T_{co} - T_b$ =被覆管表面からバルク冷却材への温度降下（℃）

である。明らかに、大きな対流熱伝達率は効率的除熱に有利となる。

表11.9は、3つの冷却材候補についての対流熱伝達率の数値を、冷却材速度とそれに伴って炉心の

高さ方向に生じる圧力損失とともに示す。Heや蒸気は、必要な除熱効果を得るためには流速を大きくしなければならず､大きな圧力損失を伴う｡熱伝達の観点からみたナトリウムの優位性は明白である。

その他の液体金属についての同様な数値を表11.10に示す。比較のための水のデータも含まれている。与えられている値は、冷却材速度3.3m/s、配管径25mmに対するものである。水はもっとも熱容量が大きいが、ナトリウムはその他のすべての性質において、冷却材として優れている。通常の原子炉設計において、水は高速中性子スペクトルを劣化（軟化）させるため、高速スペクトル炉へは適用されない。

表 11.9　冷却材候補の代表的な熱伝達データ

特性	冷却材		
	Na	He	蒸気
h (W/m^2·℃)	85,000	2,300（滑面） 10,000（粗面）	11,000
V (m/s)	6	115	25
p (MPa) (psi)	0.7 (100)	7.0 (1,000)	15 (2,200)
c_p (kJ/kg·℃)	1.3	5.2	2.6
ρ (kg/m^3)	815	4.2	41

参考文献[29]の p28 より引用

表 11.10　高温条件における様々な流体の熱伝達データ比較

特性	冷却材					
	Na[a]	NaK[a]	Hg[a]	Pb[b]	Pb-Bi[b,c]	H_2O[a]
T_{melt} (℃)	98	18	-38	327.5	124.5	0
T_{boil} (℃)	880	826	357	1,743	1,670	100
c_p (kJ/kg·℃)	1.3	1.2	0.14	0.145	0.143	4.2
k (W/m·℃)	75	26	12	17.5	14.0	0.7
h (W/m^2·℃)[d]	36,000	20,000	32,000	24,900	22,500	17,000
要求されるポンプ動力の相対値（水=1）	0.93	0.93	13.1[e]	7.03[e]	6.29[e]	1.0

[a] 参考文献[29]の p29 より引用
[b] Pb に関するデータは参考文献[68]より引用
[c] Pb-Bi (Pb: 45at.%, Bi: 55at.%).
[d] 直径25mm のダクト内､流速3.3m/s に対する値
[e] 重金属冷却材に要求される大きなポンプ動力は､燃料ピン格子間隔を大きくとることでかなり低減できる｡詳細は18 章を参照｡

11.4.3　中性子工学的考察

どの冷却材も中性子を減速させる効果があるが、その減速効果は、原子質量と密度に比例する。ナトリウム（質量数23）は、明らかにHeや水蒸気より重く、鉛（質量数207）はナトリウムよりもさらに重い。しかし、密度効果を考慮すると、ヘリウム冷却炉はもっとも硬いスペクトルを生み、水蒸気は（水素を含むため）もっとも柔らかいスペクトルとなる。そしてナトリウムの場合は、これらのスペクトルの中間となる。このようなスペクトルの違いのため、ヘリウムは僅かな差ではあるが、最高の増殖比を達成する可能性を秘めている。

中性子工学で検討される別の問題として冷却材の放射化効果がある。この点に関して核的に不活性なHeは照射に影響されない。水蒸気の場合、酸素の安定同位体として僅かに存在する^{17}Oを通じて幾分放射化するが、設計に対する大きな問題とはならない。しかしながらナトリウムでは、短半減期の大量の放射化生成物が生じる。その放射化反応は次の通りである。

$$^{23}Na + n \rightarrow ^{24}Na \xrightarrow{\beta^-(15時間)} ^{24}Mg$$

この^{24}Naの崩壊は、1.37MeVと2.75MeVのγ線放出を伴う。こうした放射化反応があるため、全ての放射性物質を確実に1次ナトリウムループに閉じ込める目的で、SFRでは中間ループ（2次ナトリウムループ）を導入している。SFRシステムが中間ループを持つその他の理由は、(1)蒸気発生器からの水蒸気リークによって生じる、圧力の急上昇や、Na中に混入した水素による減速効果から生じる正の反応度投入、さらには、ナトリウム・水反応から炉心を保護すること、(2)放射性腐食生成物や核分裂生成物から蒸気発生器を保護することにある。鉛冷却材や鉛-ビスマス冷却材は中性子との反応性は低いという特徴があるが、Biを含む場合には、^{210}Po（138日の半減期を持つα線源）のビルドアップという難しい問題が生じる。ビスマスは、共晶金属の融点を低くするために加えられる。Pb冷却材、Pb-Bi冷却材は両方とも水や空気に対して不活性である。

中性子工学に関する最後の検討事項は、事故時の冷却材喪失に伴う反応度効果に関連したものである。6章で指摘したように、ナトリウム喪失による炉心内の大きな密度変化は、中性子スペクトルにも大きな変化をもたらし、これには正の反応度フィードバックが伴う。一方、ガス冷却材でそのような特性を示すものは存在しない。しかし、主配管破断や減圧事故の際に、炉心へ万が一水が入るような場合については（大きなスペクトル変化をもたらす可能性があるため）、徹底した安全解析を行っておく必要がある。PbシステムもPb-Biシステムも、実質的には冷却材ボイドを考えなくてよいほど高い沸点を有している。

11.4.4　水力学的考察

炉心冷却材が熱除去機能を発揮する上では、原子炉で生産した電気出力の一部を、冷却材を駆動するポンプ動力に投入する必要がある。そのため、様々な冷却材候補材のポンピング要求値を比較しておくことが重要となる。

与えられた炉心出力$\dot{Q}$にとって、熱は次式に従って除去される。

$$\dot{Q} = \dot{m}\, c_p\, \Delta T_{axial} \tag{11.6}$$

ここで、

$\dot{Q}$　=炉心出力（W）
c_p　=比熱容量（J/kg/s）
$\dot{m}$　=ρVA=冷却材質量流量（kg/s）
ρ　=冷却材密度（kg/m^3）
V　=冷却材速度（m/s）
A　=冷却材流路断面積（m^2）
ΔT_{axial}　=出口と入口の冷却材温度差（℃）

である。そのため、一定の流路断面積Aと軸方向冷却材温度上昇ΔT_{axial}に対して、冷却材速度は、

$$V = \frac{\dot{Q}}{\rho c_p A \Delta T_{axial}}. \tag{11.7}$$

となる。

また、炉心の圧力損失は、次のように表される（式（10.33）参照）。

$$\Delta p = f\frac{L}{D_e}\frac{\rho V^2}{2} \tag{11.8}$$

ここで、

$\varDelta p$ =炉心部の圧力損失（N/m^2）
f =摩擦係数
L =炉心高さ（m）
D_e=水力学直径（m）=$4A/P_w$、ここでP_wは濡れぶち長さである。

である。

炉心部で冷却材を動かすために必要な動力は、

$$\text{ポンプ動力} = \Delta p \cdot A \cdot V, \tag{11.9}$$

であり、式（11.7）と式（11.9）より下式が得られる。

$$\text{ポンプ動力} = \frac{LA}{2D_e}\left(f\rho V^3\right) = \left(\frac{L\dot{Q}}{2D_e\ \Delta T_{axial}}\right)\left(\frac{f\,V^2}{c_p}\right). \tag{11.10}$$

いずれの式をみても、ポンプ動力が冷却材速度に強く依存することは明白である。表11.9に見られるように、様々なパラメータ値は、ナトリウムとガスでは異なるが（例えば、D_eとc_pはヘリウムの方がナトリウムよりも大きい）、特に冷却材速度に大きな差がある。下表[17]の値は、代表的な大きさのプラントにおける、電気出力に対するポンプ出力の割合をまとめている。ナトリウムのポンプ動力比率は最も小さく、ヘリウムでは最大となっている。他の液体金属は、表11.10に示すようにとても大きなポンプ動力が要求されるため、ここでは除外されている。しかし、18章で説明されるように、燃料ピン格子間隔を大きくとることで流量速度を遅くすることができるため、この制約は緩和可能である。

	ナトリウム冷却	Heガス冷却	水蒸気冷却
電気出力に対する ポンプ動力の比率(%)	1.5	7	3

11.4.5 共存性に関する考察

高速スペクトル炉向けに選ばれた冷却材は、被覆管と健全な状態で共存しなければならなく、また燃料破損の際に燃料-冷却材反応を生じないように、燃料との共存性も良くなければならない。ヘリウムは不活性であるため、金属や燃料と共存性が良いといえる。

[17] 参考文献［29］のp28より

一方、水蒸気は、普通のステンレス鋼に対して極めて腐食性が高い。実際、乾燥蒸気腐食は試験計画の早い段階で大きな問題となり、適した共存性を得るためにインコロイ®やインコネル®のような高ニッケル鋼が必要とされた。11.3.2節での議論のように、ニッケルは、好ましくない中性子吸収効果を有しているが、それにも増して重要なのは、(n, α) 反応を通じてかなりの脆化を生じる点である。こうした被覆管腐食問題のため、水蒸気は高速スペクトル炉の望ましい冷却材候補とはみなされなくなった。

鉛炉や鉛-ビスマス炉では、一般に酸化腐食が問題となる。しかし、18章で触れるように、酸化問題を制御する方法も明らかにされている。

ナトリウムは、上で議論したように、被覆管候補材との共存性が極めてよい。しかし、一旦ナトリウムを冷却材として選択してみると、解決しなければならない多くの課題が明らかとなった。以下に、これらの課題を主要なカテゴリー毎にまとめる。なおここでは、課題分野を可能な限り分離して整理することに注力した。

1. 一般的な腐食

被覆管に含まれる基本的構成金属元素（例えば、Fe、CrおよびNi）は、炉心の温度の高い部分から非常にゆっくりとナトリウム中に溶解し、温度の低い部分に沈殿する。この長期間にわたる一様なアタック（材料への影響）は、被覆管の**減肉**（**thining**）もしくは**浸食**（**wastage**）を生じさせる。その速度は、700℃において年間で数10 μm程度に過ぎないが、被覆管にはピン内部のFPガス圧力によって応力がかかっているため、被覆管の耐荷重性能評価の中で考慮しなければならない。腐食を最小にするため、酸素濃度は低く（5ppm以下に）保たなければならない。

2. 選択的な浸出

上で述べた基本的構成金属元素は、それぞれ異なる速度でナトリウムに溶解する。そのため、選択的な浸出が生じ、結果的に鋼の外層の成分は元の組成と異なるものになる。CrやNiは、Feより早く除去されるため、その影響は小さいながら材料の性質の維持の観点からは問題となる。微量添加元素の溶解や、炉内の鋼材から生じる放射化物に起因する重要な課題のいくつかを以下で議論する。

3. 沈殿

中間熱交換器（IHX）の低温箇所における溶解金属の沈殿により、熱輸送抵抗が生じる。これは熱交換器の効率を低下させる。沈殿物の厚さは、冷却材の必要流量を確保するために冷却材駆動圧力を増やさなければならないほど、厚くなることがある。長期間にわたるSiの沈殿も観察される。このシリコンは、鋼材中の微量元素として元々存在していたものであり、ナトリウムと化合物を形成する。もしシリコンが燃料集合体の冷却流路に析出してしまうと、ポンプ出力または局所流量条件に影響を与える。

4. 放射性物質の輸送

被覆管で生成される長半減期放射性核種は、^{54}Mn、^{58}Coおよび^{60}Coである。量は少ないが、IHX、ナトリウムポンプやその他の1次系システム構成物におけるこれらの放射性核種の沈殿は、定期的な検査や保守補修作業に影響するほどの高い局所放射能となってしまう可能性がある。

5. 炭素輸送

炭素は、材料の強度を改善するためにステンレスの構成元素として含まれているが、固体の被覆管の中で極めて移動しやすく、被覆管の外表面へ容易に到達する。そのため、冷却材のナトリウムは、金属元素と同じように炭素を温度の低い場所へ輸送する。熱間圧延鋼（脱炭素鋼）や冷間圧延鋼（炭素鋼）の特性は、双方とも、炭素濃度の微小な変化によって影響を受ける。しかし、鋼中の速やかな炭素析出が脱炭素を防ぐに十分なほど炭素活量（carbon activity）を低下させるため、通常、冷間加工316ステンレス鋼においてこれは問題にならない。ナトリウム中の酸素と水素の濃度は、コールドトラップ（cold trap）を用いて、適正なレベルに制御されている。このコールドトラップとは、ナトリウムに対して温度依存溶解度を持つ不純物を取り除く晶析装置（crystallizer）または沈降分離装置（precipitator chamber）のことである。

6. ナトリウム化学

ナトリウムは上に述べたようなプロセスの輸送媒体であるため、通常運転時においてサンプルが抽出され、常時分析が行われる。1次系と2次系両方の冷却系のナトリウム純度をモニターするため、オンライン機器が開発されている。酸素と炭素に加えて、しばしば水素の濃度レベルもモニターされている。これは、カバーガス（1次系）のトリチウムレベル、または蒸気発生器におけるリーク（2次系）の兆候を監視するためである。

7. ナトリウム-燃料相互作用

酸化物燃料を用いる高速炉での小さな被覆管破損の際には、ナトリウムと燃料の直接相互作用が生じ、Na_3UO_4やNa_3PuO_4が生成する。問題は、この反応生成物が汚染物として冷却系に入り込むか否かである。さらに、この反応生成物が局所的な燃料スウェリングの悪化を招き、被覆管リークが燃料破損にまで進展しないかという点も注目される。もし燃料が溶融した場合、こうした相互作用の熱的振る舞いは主たる懸念事項となる。この課題は16章で議論される。

11.4.6 ナトリウムの特性

ナトリウムの熱力学特性についてのまとめが、FinkとLeibowitz［70］によって報告されている。この節で取り上げる熱力学的特性は、この文献から引用したものである。

ナトリウムの蒸気圧を温度の関数として図11.45にプロットした。代表的なSFRシステムにおいて、最も高いナトリウム温度は800Kであり、この温度は大気圧での沸点をおよそ350℃下回ることに注目すべきである。ナトリウム蒸気圧の式は、BhiseとBonilla［71］、そしてDas Gupta［72］らの高温データを用いて作成されており、以下のような形となる。

$$P = \exp\left[18.832 - \frac{13113}{T} - 1.0948 \ln T + 1.9777 \times 10^{-4} T\right],$$

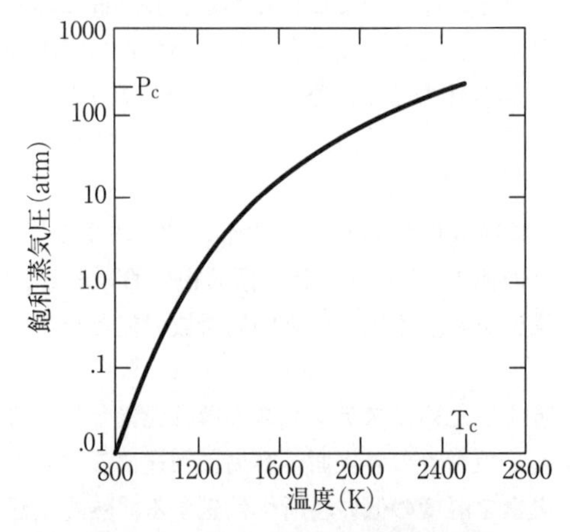

図 11.45 ナトリウムの飽和蒸気圧

ここで、圧力P、温度Tの単位はそれぞれatm, Kelvinである。

Bonillaらによって決定された、臨界点における圧力、温度および密度は、以下の通りである。

P_c = 25.6MPa（253atm）
T_c =2509K
ρ_c = 214kg/m^3

代表的なSFR温度（例えば、400℃～550℃）におけるナトリウムの比熱容量c_pは、1.3kJ/kg·Kである。
温度1,644Kまでの液体飽和ナトリウムの密度は、

$$\rho_l\left(kg/m^3\right) = 1011.8 - 0.22054T - 1.9226\times10^{-5}T^2 + 5.6371\times10^{-9}T^3.$$

で表される。ここで温度Tの単位はKである。
1,644K以上から臨界点までのρ_lの評価式は、h_l、h_g、ρ_gやその他の飽和特性、過熱特性そしてサブクール特性とともに文献［70］に示されている。
物理的性質である熱伝導度k［73］と粘性度μ［74］は、温度（K）の関数として以下のように与えられる。

$$k(W/m\cdot K) = 93.0 - 0.0581\,(T-273) + 1.173\times10^{-5}\,(T-273)^2$$
$$\mu(kg/m\cdot s) = A\rho^{1/3}e^{B\rho/T}\,\left(\rho \text{ は } kg/m^3\right)$$

ここで、温度が773K以下の場合A=1.235×10^{-5}、B=0.697、そして773K以上ではA=0.851×10^{-5}、B=1.040である。

11.4.7　冷却材の一般的な相互比較

この節では、すでに議論した冷却材におけるメリットとデメリットをまとめ、冷却材選定に関わるこれまでに議論していない点を検討する。表11.11では、それぞれの冷却材の長短をまとめている。
ナトリウムの主たるメリットは、優れた熱輸送特性よりむしろ、冷却材の沸騰を抑制するために加圧する必要がないことにある。この特性は、Heや水蒸気冷却システムで要求される、厚肉の高圧システムとはまったく対照的なシステム構成を可能とする。
ヘリウムは、ガス冷却高速炉計画のなかで近年でも注目されており、17章で議論される。水蒸気は、被覆管腐食の問題で本質的に冷却材候補から外されている。
重金属冷却材（PbやPb-Biシステム）は、ナトリウムに比べてもさらに高い沸点を持つためボイド問題を回避することができ、なおかつ空気や水と反応しない。しかし、腐食の問題があり、それに対応するための技術は（少なくとも商用炉利用に関しては）未成熟であり、データベースも限られている。18章では、そのような冷却材を用いた高速炉システムがいかに商用化され得るかについての見通しを示している。

表 11.11　高速スペクトル炉用冷却材の相互比較

	利点	欠点
ナトリウム	・優れた熱輸送特性 ・低圧システム ・低ポンプ能力要求 ・最も低い被覆管温度 ・潜在的に高い増殖比 ・燃料固有の性質による緊急冷却性 ・ナトリウム炉での豊富な経験 ・ベント（ガス抜き）型燃料の可能性	・放射能（中間ナトリウムループが必要） ・好ましくない冷却材ボイド反応度係数 ・空気や水との化学反応 ・不透明性（燃料交換時の困難さ） ・室温で固体 ・放射能によって汚染された１次システムのメンテナンス
ヘリウム	・中間ループが不要 ・冷却材の放射化なし ・潜在的に高い増殖比 ・冷却材が透明（可視的な燃料交換／メンテナンス） ・ボイド係数が極小 ・材料との共存性が最良 ・GCR で開発された既往の高温技術適用可 ・ベント（ガス抜き）型燃料の可能性 ・直接サイクルの可能性 ・浸水耐性	・高圧システム ・高ポンプ能力要求 ・被覆管への粗表面の要求 ・緊急冷却システムが未確立 ・高出力密度能力が未実証 ・高速スペクトル炉技術が欠如 ・ガスリークの制御難 ・ポンプとバルブへの高い性能要求
水蒸気	・直接サイクル ・冷却材が透明（可視的な燃料交換／メンテナンス） ・機器に既往の工業技術適用可 ・最も低い化学反応性 ・室温で液体	・高圧システム ・高いポンプ能力 ・被覆管腐食 ・高速スペクトル炉技術の欠如 ・緊急冷却システムが未確立 ・低い増殖比 ・タービンへの核分裂生成物の輸送 ・好ましくない冷却材反応度係数
鉛	・可燃性でない（ナトリウムや他のアルカリ金属冷却材と異なる） ・水、蒸気、空気や二酸化炭素と激しい化学反応なし ・高い沸点 ・優れた熱輸送特性 ・低圧システム ・ナトリウムに比較してやや小さな中性子吸収（これにより、炉心の冷却材体積を大きくでき、圧力損失の低減が可能に） ・対応可能な（大き過ぎない）ポンプ能力（広い燃料格子間隔を有した冷却材体積比の大きな炉心に対して） ・１次系ホットレグに１次冷却ポンプを設置可（高い冷却材密度により、十分な吸い込みヘッドが生じるため。プール型高速炉の場合） ・^{210}Po 生成量が小（Pb-Bi に比べて 2～4 桁小） ・高い密度により、蒸気発生器や熱交換器の損傷による冷却材ボイド成長や、水蒸気や二酸化炭素の Pb への入り込みを抑制	・高い融点（ナトリウムや Pb-Bi に比べて） ・冷却材重量を支えるためにより厚肉な構造が必要 ・耐震性確保のためにより厚肉な構造が必要 ・耐震性の観点からプール型炉のサイズに制限あり ・不透明冷却材 ・室温で冷却材固化 ・冷却材の放射化（^{207m}Pb からの γ 線［半減期 0.806 秒］が支配的）
鉛ビスマス共晶	・可燃性でない（ナトリウムや他のアルカリ金属冷却材と異なる） ・水、蒸気、空気や二酸化炭素と激しい化学反応なし ・二酸化炭素とのみ弱い化学反応 ・Pb に比べて低い融点 ・高沸点 ・優れた熱輸送特性 ・低圧力システム ・ナトリウムに比較してやや小さな中性子吸収（これにより、炉心の冷却材体積を大きくでき、圧力損失の低減が可能に） ・低いポンプ能力（広い燃料格子間隔を有した冷却材体積比の大きな炉心に対して） ・１次系ホットレグに１次冷却ポンプを設置可（高い冷却材密度により、十分な吸い込みヘッドが生じるため。プール型高速炉の場合） ・高い密度により、蒸気発生器や熱交換器の損傷による冷却材ボイド成長や、水蒸気や二酸化炭素の Pb への入り込みを抑制	・^{209}Bi の中性子捕獲により ^{210}Po（半減期 138 日、α 崩壊）を生成。（Bi 蒸気は揮発性のポロニウム水素化物を含み、飛散リスクに） ・冷却材重量を支えるためにより厚肉な構造が必要 ・耐震性確保のためにより厚肉な構造が必要 ・耐震性の観点からプール型炉のサイズに制限あり ・不透明冷却材 ・室温で冷却材固化 ・冷却材の放射化（^{207m}Pb からの γ 線［半減期 0.806 秒］が支配的）

11.5　制御

大型の高速スペクトル炉の制御は、燃料の炉心外方向への移動、又は中性子吸収材の挿入で行われる。前者はEBR-IIなどでは使われていたが、後者の方がはるかに広く用いられている技術である。いかなる中性子吸収材も、その中性子断面積は、熱中性子領域よりも高エネルギー領域で小さくなるが、熱中性子炉で広く使われている材料は高速スペクトル炉のエネルギー領域でもよい吸収材となる。そのため、天然ホウ素の組成または同位体濃縮された^{10}Bで構成される炭化ホウ素が、ほとんどの高速スペクトル炉設計で選ばれている吸収材である。炭化ホウ素にはガス放出やスウェリングの問題があるため、タンタル（Ta）やユーロピウム（Eu）が代替候補として考えられている。銀（Ag）や銀合金はPWRでの使用は適しているが、高速炉に対しては低い反応度価値と高いコストのために選択されない。

11.5.1　設計要求

制御棒系への基本的な設計要求は、(1)炉心が持つ燃焼欠損反応度を相殺する十分な反応度価値を持つこと、(2)定常運転と安全対策のための十分な炉停止能力を持つこと、である。すなわち、吸収材物質は、6章で概説されている反応度価値要求に合致するものでなければならない。また原子炉へ備えられる制御システムは、（例えば3年、もしくはそれ以上の）長期間の使用に耐えるものである必要がある。これには、（被覆管と吸収材間のスウェリング差異などの）寸法不安定性を良く把握し、吸収材物質と被覆管の共存性が良好であることを確認することが条件となる。最後に、工業製品として大量かつ容易に入手できる吸収材であることが、プラントの経済性上好ましい。

11.5.2　ホウ素

現在、ホウ素は、炭化ホウ素（B_4C）の化学形態にて、高速炉の中性子吸収物質として広く使用されている。炭化ホウ素の基本的なメリットは、(1)大きな中性子吸収断面積、(2)調達の容易さと低価格、(3)製造の容易さ、そして(4)低放射化（照射後の放射能が低いこと）である。^{10}Bの中性子吸収メカニズムは（n, α）反応であり、生成したHe原子は、マトリックスのスウェリングや、ガス放出という問題を引き起こす。これは、比較的高温での運転（図11.49参照）や、ベント型燃料ピンの採用によって対処できる[18]。

11.5.2.1　中性子工学

図11.46は、熱中性子領域から高速中性子領域における^{10}B（n, α）^{7}Li吸収断面積を、^{239}Puの核分裂断面積（図2.7を幾分簡略化）とともに示している。この図から、ホウ素-10の断面積は、熱中性子領域では1,000 barnsのオーダーがあるが、高速中性子領域では1 barnのオーダーしかないことが分かる。さらに、スペクトルが硬くなるにつれて、吸収-核分裂断面積比は小さくなるため、高速スペクトル炉ではLWRよりも多くの吸収材が必要となる。しかしながら、この傾向を緩和する以下の効果が存在する。LWRでは自己遮へい効果（self-shielding effect）により吸収材の表面近くで中性子の吸収がより多く起こるのに対し、高速スペクトル炉の環境では、吸収反応は中性子吸収材内でより分散して均一に生じる。

図11.46では、^{10}B（n, t）2αの断面積も含まれているが、これは極めて高いエネルギーの中性子でしか生じない。この反応は制御棒反応度価値確保の観点からいうと好ましいが、生成したトリチウム

18　ピン内にHeガスの蓄積を見込んだ大きなプレナム領域の設置することを避けるために、中性子吸収材ピンにベント機能を持たせる方法が多く検討されている。

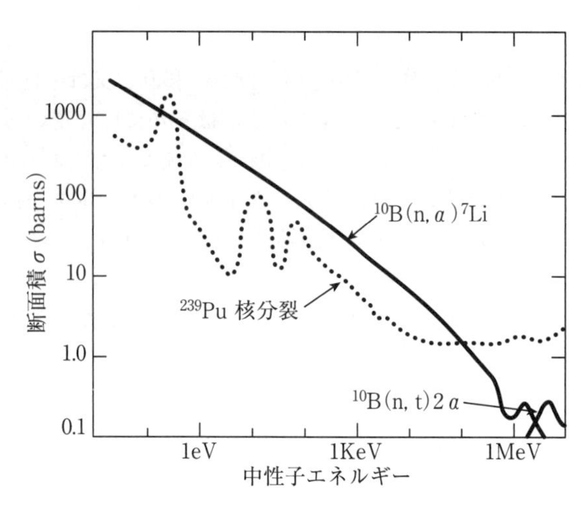

図 11.46 ^{10}B 吸収断面積と ^{239}Pu 核分裂断面積の比較

の炉システムからの漏洩防止対策は容易でないため、基本的に望ましくない。ナトリウムプラントでのトリチウム生成は元々少なく、^{10}Bの核反応によるトリチウム生成は、プラント全体でのトリチウム生成量の約半分にも達する。天然ホウ素は、19.8%の^{10}Bを含んでおり、80.2%は^{11}Bである。この^{11}Bの中性子吸収断面積はとても小さい。そのため、低い^{10}B濃度のB_4Cの反応度価値は、^{10}B同位体を濃縮することで、最大で5倍増加できる。高速スペクトル炉の制御棒集合体において、この同位体濃縮による制御棒価値の増大は、自己遮へい効果によって60%増加に留められる。

11.5.2.2 物理的性質

炭化ホウ素は、菱面体晶結晶構造（rhombohedral crystalline structure）を持つ。ホットプレスで製造した92%の理論密度比を有するペレットは脆性を示すが、この材料の熱物理学的性質は、概して制御システムの設計要求を満たすものである。中性子吸収ピンの形状安定性は、周囲を囲む被覆管によって与えられるため、B_4Cは粉末、ペレットどちらの形態でも使用に供することができる。炭化ホウ素は、800℃以下の温度で、生成したトリチウムの80%を保持することができる。一方、水素は被覆管を透過するため、被覆管は炭化ホウ素マトリックスから放出されるトリチウムをピン内部にとどめておくことができない。

熱伝導度は、炭化ホウ素の熱物理的特性の内で、おそらくもっとも興味深い性質である。(n, α) 反応は、1回のイベントで2.78MeVのエネルギーを放出し、そのエネルギーのほとんどはB_4Cマトリックスに直接与えられ、その結果、高速スペクトル炉のB_4Cでは、通常～75W/cm^{3}程度の熱が発生する。内部発熱で生じる吸収材内の温度勾配は、熱伝導度にも勾配をもたらす。図11.47は、理論密度値をもつB_4Cの熱伝導度を示している。図11.47で特に注目すべき点は、熱伝導度が照射によって著しく低下することである。図内下方の曲線は、豊富な照射データから得られたものであり、照射条件が異なる例も含まれている点には注意が必要である。

11.5.2.3 照射挙動

B_4Cの主な照射効果は、ヘリウム生成とマトリックスのスウェリングである。同位体濃縮をしていないB_4Cにおいては、^{10}B原子の全てが完全に燃焼（0.22×10^{23}捕獲/cm^3 B_4C）した場合、標準圧力・標準温度状態で814cm^{3}のHeを生じる。燃焼中に放出されるガスの量は、照射温度と照射レベルに強

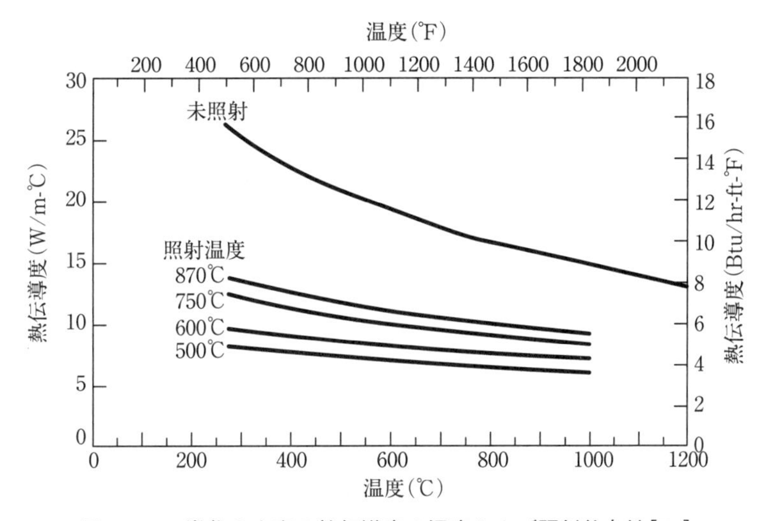

図 11.47 炭化ホウ素の熱伝導度の温度および照射依存性[76]

く依存する。図11.48は、3次元プロットでこの影響を表している。パーセントオーダーのガス放出は、1,100K前後から生じる。制御棒の被覆管材料に過剰な負荷がかかることを避けるため、この放出されたガスは冷却材中にベントするか、またはガスを蓄えるための十分なプレナム体積をピン設計時に備えておく必要がある。温度に加えて、化学量論組成もガス放出挙動に影響を与える。

中性子吸収反応から生成されるHeやLiは、いずれも元のホウ素原子より原子半径が大きい。よってLiや、マトリックスに保持されたHe原子によるスウェリングが生じる。図11.49では、そのスウェリングが燃焼度とほぼ直線関係にあること、そして照射温度の上昇とともに低下する傾向が見られる。

炭化ホウ素を含む吸収材ピンの寿命は、B_4Cのスウェリングで発生する応力に対する被覆管耐性を改善することにより延長できる。そのため、よい延性特性を示す吸収材ピン用の被覆管材料開発に大きな期待がある。

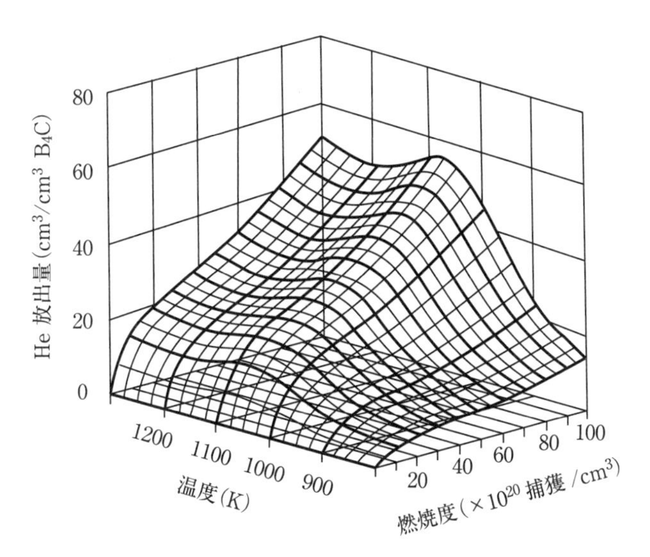

図 11.48 ヘリウムガス放出の温度と燃焼度に対する依存性[77]

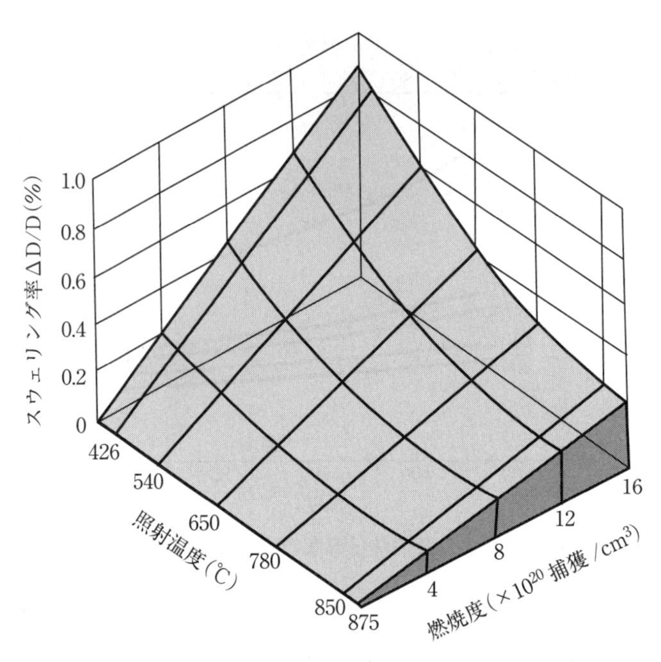

図 11.49 高速炉照射下の炭化ホウ素のスウェリング特性[78]

11.5.2.4 共存性

炭化ホウ素は、ほとんどのステンレス鋼被覆管材料と共存性がよく、700℃以下では目立った反応が生じない。しかし、その温度以上になるとFe_2B層が形成される傾向があり、この層の生成はナトリウム環境下では約3倍となる。温度が1,226℃以上にもなると被覆管共晶が生じる。B_4C内の余剰ホウ素は、鋼材との反応を促進する働きがあり、(n, α) 反応によって生じたリチウム (Li) の存在によって、鋼材中のホウ素と炭素の拡散が促される。

11.5.3 タンタル

タンタルは、高速炉用吸収材ホウ素の代替材料として関心がもたれている。その第一の理由は好ましいスウェリング特性にある。タンタルのスウェリング耐性は、その中性子吸収反応が^{181}Ta (n, γ) ^{182}Ta反応であり、ホウ素-10の様にヘリウムを生成しないことに起因する。実際には、530℃の温度下でタンタルはわずかに結晶構造が乱れ収縮する。これは、^{182}Taのβ崩壊で生じるタングステン^{182}Wの原子半径が元のタンタル原子よりがわずかに小さいためである。またTaは金属であるため、(11.3.2節で議論したボイド形成メカニズムによって) 最終的に約1%ΔV/Vほどスウェリングする。

制御材料としてのTaの他の利点としては、相対的に豊富に存在し低コストで、製造が容易であり、高速スペクトル下で比較的吸収断面積が大きく、照射で生成される娘核種も制御棒材として良い吸収特性を有すること、が挙げられる。基本的な欠点は、115日の半減期でβ崩壊し、^{182}Taから^{182}Wに変化し、長期間熱除去が必要な点である。また、Taは、Naに可溶なため、その被覆管健全性は絶対条件となる。

11.5.4 ユーロピウム

三酸化物としてEu_2O_3の化学形態を持つユーロピウムは、高速中性子の吸収断面積が大きいため、近年かなりの注目を集めている。天然組成のEu (47.8%^{151}Eu、52.2%^{153}Eu) は、SFRスペクトル下において、^{10}Bの平均吸収断面積の2倍以上の断面積を有する。タンタル同様に、娘核種を生成するがこれもよい吸収材となり、また中性子吸収反応が（n, γ）であるためガスプレナムも不要である。

但し、高速スペクトル炉でEu制御棒集合体が持つ反応度価値は、その自己遮へい効果により、天然組成のB_4C集合体程度でしかない。ユーロピウムの他の欠点は、(1)ユーロピウム崩壊連鎖には高い放射能を含む核種がある、(2)希土類元素であり供給が少ない、そして(3)熱伝導度が低い（制御棒ピンの小径化が要求される）ことである。

EuとBのよい性質を結びつける興味深い試みが、Eu_6Bという化合物を生み出した。この化合物は、^{10}B濃縮したB_4Cの約25%の反応度価値を有し、その価値はEu_2O_3より10%高い。さらに、燃焼による吸収材自体の反応度損失がB_4Cよりも低い。もちろん、Eu_6B中の^{10}Bを濃縮することも可能で吸収材としての性能も改善できるが、これにはコスト上昇が伴う。炉内試験実績はかなり限られているが、寸法安定特性が優れていることが分かっている。ただ唯一の問題として、Heガス放出がB_4Cより多いため、Eu_6Bピンにはおそらくベント機能が要求されるであろう。

【参考文献】

1. D. R. Olander, “Fundamental Aspects of Nuclear Reactor Fuel Elements,” TID-26711-P1, Office of Public Affairs, U. S. ERDA, Washington, DC, 1976.
2. S. Vana Varamban, “Estimation of solidus and liquidus temperature for UO_2 and PuO_2 psuedo binary system,” *Proceedings of Sixteenth National Symposium on Thermal Analysis,* THERMANS-2008, February 4 - 6, 2008, Kalpakkam, India. (Eds. Salil Varma, K.V. Govindan Kutty, S.K, Mukerjee, T. Gnanasekaran, Mrs. S.R. Bharadwaj, and V. Vengopal). Published by Scientific Information Resource Division, Bhabaha Atomic Resarch Centre, India, 2008, pp. 434 - 436.
3. Nuclear Energy Agency, OECD, “Accelerator-driven systems (ADS) and fast reactors (FR) in advanced nuclear fuel cycles.” NEA No. 3109, Paris, 2002.
4. E. H. Randklev, “Radial distribution of retained fission gas in irradiated mixed oxide fuel,” *Trans. ANS, 28* (June 1978) 234 - 236.
5. M. Tourasse, M. Boidron, and B. Pasquet, “Fission products behaviour in Phénix fuel pins at high burnup,” *J. Nucl. Mater., 188* (1992) 49.
6. J. C. Melis, H. Plitz, and R. Thetford, “Highly irradiated fuel behaviour up to melting: JOG tests in CABRI,” *J. Nucl. Mater., 204* (1993) 212.
7. U. P. Nayak, A. Boltax, R. J. Skalka, and A. Biancheria, “An analytical comparison of the irradiation behavior of fast reactor carbide and oxide fuel pins,” *Proceedings of the Topical Meeting Advanced LMFBR Fuels,* Tucson, AZ, ERDA 4455, October 10 - 13, 1977, 537.
8. C. Ganguly and A. K. Sengupta, “Out-of-pile chemical compatibility of hyperstoichiometric $(Pu_{0.7}U_{0.3})$ C with stainless steel cladding and sodium coolant,” *J. Nucl Mater., 158* (1988) 159.
9. B.RaJ, “Plutonium and the Indian atomic energy programme,” *J. Nucl Mater., 385* (2009) 142.
10. IAEA-TECDOC-1374, “Development status of metallic, dispersion and non-oxide advanced and alternative fuels for power and research reactors,” September, 2003.
11. T. N. Washburn and J. L. Scott, “Performance capability of advanced fuels for fast breeder reactors,” *Proceedings of the Conference on Fast Reactor Fuel Element Technology,* New Orleans, LA, April 13 - 15, 1971, 741 - 752.
12. J. A. L. Robertson, “Irradiation Effects in Nuclear Fuels,” Gordon and Breach, New York, NY, 1969, 223. (Copyright held by American Nuclear Society, LaGrange Park, IL.)

13. H. Blank, "Nonoxide Ceramic Nuclear Fuels," from "Nuclear Materials," Part I Volume 10 A, edited by B. R. T. Frost, appearing in "Materials Science and Technology, A Comprehensive Treatment," edited by R. W. Cahn, P. Haasen, and E. J. Kramer, VCH Verlagsgesellschaft GmbH, Weinheim, 1994, 191.
14. H.J. Matzke, "Science of Advanced LMFBR Fuels," chapter 4, "Physical properties" North-Holland, Amsterdam, 1986, 176.
15. W. F. Lyon, R. B. Baker, and R. D. Leggett, "Performance analysis of a mixed nitride fuel system for an advanced liquid metal reactor," in *LMR: A Decade of LMR Progress and Promise,* Washington, DC, American Nuclear Society, La Grange Park, IL , November 11 - 15, 1990, 236 - 241.
16. A. A. Bauer, P. Cybulskis, and J. L. Green, "Mixed nitride fuel performance in EBR-II," *Proceedings of the Symposium on Advanced LMFBR Fuels,* Tucson, AZ, October 10 - 13, 1977, pp. 299 - 312.
17. R. D. Leggett, R. K. Marshall, C. R. Hanu, and C. H. McGilton, "Achieving high exposure in metallic uranium fuel elements" *Nucl. Appl. Tech., 9* (1970) 673.
18. C. W. Walter, G. H. Golden, and N. J. Olson, "U-Pu-Zr Metal Alloy: A Potential Fuel for LMFBR's," ANL 76-28, Argonne National Laboratory, Argonne, IL, November 1975.
19. G. L. Hofman, L. C. Walters, and T. H. Bauer, "Metallic fast reactor fuels," *Progress in Nuclear Energy, 31* (1997) 83.
20. R. G. pahl, D. L. Porter, D. C. Crawford, and L. C. Walters, "Irradiation Behaviour of Metallic Fast Reactor Fuels," ANL/CP-73323, Argonne National Laboratory, Argonne, IL, 1991.
21. B. R. Seidel and L. C. Walters, "Performance of metallic fuel in liquid-metal fast reactors," ANS 1984, International meeting November 11 - 16, 1984, CONF-841105-2.
22. T. Ogata and T. Yokoo, "Development and validation of ALFUS: An irradiation behaviour analysis code for metallic fast reactor fuels," *Nucl. Tech., 128* (1999) 113.
23. R. G. Pahl, D. L. Porter, C. E. Lahm, and G. L. Hofman, "Experimental studies of U-Pu-Zr fast reactor fuel pins in EBR-II," in AIME Meeting, *symposium on Irradiation Enhanced Materials Science,* Chicago, IL, Fall 1988, CONF 8809202-2.
24. D. C. Crawford, D. L. Porter, and S. L. Hayes, "Fuels for sodium-cooled fast reactors: US perspective," *J. Nucl. Mater., 371* (2007) 202.
25. A. Bauer, "Nitride fuels: properties and potential," *Reactor Tech., 15* (2) (1972).
26. V. S. Yemel'yanov and A. I. Yebstyukhin, "The Metallurgy of Nuclear Fuel-Properties and Principles of the Technology of Uranium, Thorium and Plutonium" (trans. Anne Foster), Pergamon Press, New York, NY, 1969.
27. J. H. Kittel, J. A. Horak, W. F. Murphy, and S. H. Paine, *Effects of Irradiation on Thorium and Thorium-Uranium Alloys,*ANL-5674, Argonne National Laboratory, Argonne, IL, 1963.
28. B. Blumenthal, J. E. Saneki, and D. E. Busch, "Thorium-Uranium-Plutonium Alloys as Potential Fast Power Reactor Fuels, Part II. Properties and Irradiation Behaviour of Thorium-Uranium-Plutonium Alloys," ANL-7259, Argonne National Laboratory, ARGONNE, IL, 1969.
29. K. Wirtz, "Lectures on Fast Reactors," Kernforschungszentrum, Karlsruhe, 1973 (Published by Gesellschaft für Kernforschungszentrum).
30. J. K. Fink, M. G. Chasanov, and L. Leibowitz, "Thermophysical Properties of Thorium and Uranium System for Use in Reactor Safety Analysis," ANL-CEN-RSD-77-1, Argonne National Laboratory, Argonne, IL, June 1977.
31. J. K. Fink, "Thermophysical properties of uranium dioxide," *J. Nucl. Mater., 279* (2000) 1.
32. D. G. B. Martin, "The thermal expansion of solid UO_2 and (U, Pu) mixed oxides − a review and

recommendations," *J. Nucl. Mater., 152* (1988) 94.

33. J. J. Carbajo, G. L. Yoder, S. G. Popov, and V. K. Ivanov, "A review of the thermophysical properties of MOX and UO_2 fuels," *J. Nucl. Mater., 299* (2001) 181.
34. Y. Philipponneau, "Thermal conductivity of (U, Pu) O_{2-x} mixed oxide fuel," *J. Nucl. Mater., 188* (1992) 194.
35. C. Duriez, J. P. Alessandri, T. Gervais, and Y. Philipponneau, "Thermal conductivity of hypostoichiometric low Pu content (U, Pu) O_{2-x} mixed oxide," *J. Nucl. Mater., 277* (2000) 143.
36. M. Inoue, "Thermal conductivity of uranium-plutonium oxide fuel for fast reactors," *J. Nucl. Mater., 282* (2000) 186.
37. S. Majumdar, A. K. Sengupta, and H. S. Kamath, "Fabrication, characterization and property evaluation of mixed carbide fuels for a test fast breeder reactor," *J. Nucl. Mater., 352* (2006) 165.
38. G. S. Was, "Fundamentals of Radiation Materials Science: Metals and Alloys," Springer, Berlin, Heidelberg, 2007.
39. R. L. Fish and J. J. Holmes, "Tensile properties of annealed type 316 stainless steel after EBR-II irradiation," *J. Nucl. Mater., 46* (1973) 113.
40. F. A. Garner, "Irradiation performance of cladding and structural steels in liquid metal reactors," *Material Science and Technology,* edited by R. W. Cahn et al. Vol. 10A, VCH, Weinheim, 1994, 419 - 543.
41. C. W. Hunter, R. L. Fish, and J. J. Holmes, "Mechanical properties of unirradiated fast reactor cladding during simulated overpower transients," *Nucl. Tech., 27* (1975) 367.
42. E. E. Bloom and J. R. Weir, "Effect of neutron irradiation on the ductility of austenitic stainless steel," *Nucl. Tech., 16* (1972) 45.
43. R. L. Fish and C. W. Hunter, "Tensile properties of fast reactor irradiated type 304 stainless steel," *ASTM Symposium on the Effects of Radiation on Structural Materials,* ASTM STP 611, 1976, 119.
44. T. Lauritzen, *Stress-Rupture Behavior of Austenitic Steel Tubing: Influence of Cold Work and Effect of Surface Defects,* USAEC Report GEAP-13897, 1972.
45. C. W. Hunter and G. D. Johnson, "Fuel adjacency effects on fast reactor cladding mechanical properties," *International Conference on Fast Breeder Reactor Fuel Performance,* ANS/AIME, Monterey, CA, March 1979.
46. H. Farrar, C. W. Hunter, G. D. Johnson, and E. P. Lippincott, "Helium profiles across fast reactor fuel pin cladding" *Trans. ANS, 23* (1976).
47. B. Ray, M. Vijayalakshmi, P. V. Sivaprasad, B. K. Panigrahi, and G. Amarendra, "Approaches to development of steel and manufacturing technology for fusion reactors," *Proceedings of the 29th Risφ International Symposium on Energy Materials* - "Advances in Characterization, Modelling and Application," Editors Andersen, N. H.; Eldrup, M. Hansen, N. Juul Jensen, D. Nielsen, E. M. Nielsen, S. F. Sørensen, B. F. Pedersen, A. S. Vegge, T. West, S. S. Risø DTU, 2008.
48. S. Ukai, and T. Uwaba, "Swelling rate versus swelling correlation in 20% cold-worked 316 stainless steels," *J. Nucl. Mater., 317* (2003) 93.
49. P. Dubuisson, A. Maillard, C. Delalande, D. Gilbon, and J. L. Seran, "The effect of phosphorus on the radiation-induced microstrure of stabilized austenitic stainless steel," in *Effects of Radiation on Materials, 15th International Symposium,* STP 1125, ASTM, Philadelphia, PA, 1992, 995 - 1014.
50. F. A. Garner and D. S. Gelles, "Neutron-induced swelling of commercial alloys at very high exposures," *Effects of Radiation on Materials, 14th International Symposium* (Vol II), STP 1046, ASTM, Philadelphia,

1990, 673 - 683.

51. J. L. Bates and M. K. Korenko, *Updated Design Equations for Swelling of 20% CW AISI 316 Stainless Steel,* HEDL-TME 78-3, hanford Engineering Development Laboratory, Richland, WA, January 1978.
52. J. L. Straalsund, H. R. Brager, and J. J. Holmes, "Radiation-Induced Void in Metals," J. W. Corbett and L. C. Ianniello, eds. AEC Symposium Series No. 26, CONF-710601, 1972, 142.
53. J. J. Holmes, "Irradiation damage to cladding and structural materials - I," *Trans. ANS, 12* (1969) 117.
54. Y. Tateishi, "Development of long life FBR fuels with particular emphasis on cladding material improvement and fuel fabrication," *J. Nucl. Sci. Tech., 26* (1989) 132.
55. N. Sekimura, T. Okita, and F. A. Garner, "Influence of carbon addition on neutron-induced void swelling of Fe-15Cr-16Ni-0.25Ti model alloy," *J. Nucl. Mater., 367 - 370* (2007) 897.
56. C. Wassilew, K. Ehrlich, and J. J. Bergman, "Analysis of the in-reactor creep and rupture life behavior of stabilized austenitic stainless steels and nickl-based alloy hastellay-x," *Effects of Radiation on Materials,* ASTM STP 956, ASTM, Philadelphia, 1987, 30.
57. C. H. Woo, "Irradiation creep due to elastodiffusion," *J. nucl. Mater., 120* (1984) 55.
58. K. Mansur, "Irradiation creep by climb-enabled glide of dislocations resulting from preferred absorption of point defects," *Phil. Mag. A, 39* (1979) 497.
59. M. B. Toloczko and F. A. Garner, "Relationship between swelling and irradiation creep in cold-worked PCA stainless steel irradiated to ~178 dpa at ~400℃ ," *J. Nucl. Mater., 212* - 215 (1994) 509.
60. B. Raj, "Materials science research for sodium cooled fast reactors," *Bull. Mater. Sci., 32* (2009) 271.
61. L. Leibowitz, E. C. Chang, M. G. Chasanov, R. L. Gibby, C. Kim, A. C. Millunzi, and D. Stahl, "Properties for LMFBR Safety Analysis," ANL-CEN-RS-76-1, Argonne National Laboratory, Argonne, IL, March 1976.
62. M. D. Mathew, "Towards developing an improved alloy D9 SS for clad and wrapper tubes of PFBR," *IGC news Letter, 75* (2008) 4.
63. P. Dubuisson, D. Gilbon, and J. L. Seran, "Microstructural evolution of ferritic-martensitic steels irradiated in the fast breeder reactor Phénix, " *J. Nucl. Mater., 205* (1993) 178.
64. R. L. Klueh and D. R. Harries, eds., "High Chromium Ferritic and Martensitic Steels for Nuclear Applications," ASTM, Philadelphia, PA, 2001, 90.
65. A. Kohyama, A. Hishinuma, D. S. Gelles, R. L. Klueh, W. Dietz, and K. Elrich, "Low-activation ferritic and martensitic steels for fusion application," J. Nucl. Mater., 233 - 237 (1996) 138.
66. S. Ukai, S. Mizuta, M. Fujiwara, T. Okuda, and T. Kobayashi, "Development of 9Cr-ODS martensitic steel cladding for fuel pins by means of ferrite to austenite phase transformation," *J. Nucl. Sci. Tech., 39* (2002) 778.
67. S. Ohtsuka, S. Ukai, and M. Fujiwara, "Nano-mesoscopic structural control in 9CrODS ferritic/martensitic steels," *J. Nucl. Mater., 351* (2006) 241.
68. *Handbook on Lead-bismuth Eutectic Alloy and Lead Properties, Materials Compatibility, Thermal-hydraulics and Technologies,* 2007 Edition, OECD NEA No. 6195, ISBN 978-64-99002-9.Available on line at http://www.nea.fr/html/science/reports/2007 /nea6195-handbook.htm.
69. W. Hǎfele, D. Faude, E. A. Fischer, and H. J. Laue, "Fast breeder reactors," *Annual Review of Nuclear Science,* Annual Reviews, Inc., Palo Alto, CA, 1970.
70. J. K. Fink and L. Leibowitz, "Thermophysical Properties of Sodium," ANL-CEN-RSD-79-1, Argonne National Laboratory, Argonne, IL, May 1979.

71. V. S. Bhise and C. F. Bonilla, "The experimental pressure and critical point of sodium," *Proceedings of the International Conference on Liquid Metal Technology in Energy Production,* Seven Springs, PA, May 1977. (Also COO-3027-21, NTIS [1976].)
72. S. Das Gupta, "Experimental high temperature coefficients of compressibility and expansivity of liquid sodium and other related properties," D.E.S. Dissertation with C. F. Bonilla, Dept. of Chemical Engineering and Applied Chemistry, Columbia University, Xerox-University Microfilms (1977). Also COO-3027-27, NTIS (1977).
73. G. H. Golden and J. D. Tokar, "Thermophysical Properties of Sodium," ANL-7323, Argonne National Laboratory, Argonne, IL, 1967.
74. O. J. Foust, ed., "Sodium-NaK Engineering Handbook," Vol. 1, Gordon and Breach, New York, NY, 1972, 23.
75. W. K. Anderson and J. S. Theilacker, eds., *Neutron Absorber Materials for Reactor Control,* U.S. Government Printing Office, Washington, DC, 1962.
76. Neutron Absorber Technology Staff, "A Compilation of Boron Carbide Design Support Data for LMFBR Control Elements," HEDL-TME 75-19, Hanford Engineering Development Laboratory, Richland, WA, February 1975.
77. J. A. Basmajian and A. L. Pitner, "A correlation of boron carbide helium release in fast reactors," *Trans. ANS, 26* (1977) 174.
78. D. E. Mahagin and R. E. Dahl, "Nuclear Applications of Boron and the Borides," HEDL-SA-713, Hanford Engineering Development Laboratory, Richland, WA, April 1974. (See also Ref. [70].)

第12章
原子炉プラントシステム

12.1　はじめに

ナトリウム冷却高速炉（SFR）プラントの主たる目的は、発電である[1]。これは、核分裂で発生したエネルギーを蒸気系に運び、タービン発電機を駆動することで達成される。本章では、この目的に必要となる、炉心外側のSFRシステムについて記述する。12.2節での主な論点は熱輸送系であり、特にSFR特有の設計課題に着目する。最初に、使用実績のあるものや設計検討中である1次、2次のナトリウム系と種々の蒸気サイクルを含めた熱輸送系の全般について述べる。次いで、12.3節では、原子炉容器やタンク、ナトリウムポンプ、中間熱交換器や蒸気発生器など、ナトリウム系の主要な構成要素や機器について述べる[2]。

残りの4つの節では、SFRに特有の遮へいの課題（12.4節）、燃料交換（12.5節）、炉心や冷却系の計装（12.6節）、またナトリウム冷却プラントに必要な補助系（12.7節）について述べる。他の章と比較して、本章では全体的にそれほど多くの記述をしていない。SFRを商業レベルにまで開発するには相当な努力が必要であることとは裏腹に、ここでのプラントシステムに関する記述はとても簡便なものであるが、エッセンスを凝縮してその全体像を解説する。時間を要するが、SFRが商業レベルに達するには、安全に運転でき、信頼性が高く、且つ合理的なコストで建設できる構成機器・要素の開発にかかっている。

12.2　熱輸送系

12.2.1　SFRのシステム配置

SFRの熱輸送系は、1次ナトリウム系、2次（もしくは中間）ナトリウム系、そして蒸気系からなる。2次系は、ナトリウム冷却炉に特有のものである。これは、1次系の放射化ナトリウム（主に15時間の半減期を持つ^{24}Na）と蒸気発生器（steam generator, SG）の水とが接触する可能性を妨げぐために設置される。ナトリウム系の主要構成要素は、原子炉容器もしくはタンク、1次系ポンプ、中間熱交換器（intermediate heat exchanger, IHX）、2次系ポンプ、および蒸気発生器である。

12.2.1.1　プール型とループ型

2.3.5節に記載の通り、プール型とループ型という二種類の1次系系統概念がある。プール型では、全ての1次系、つまり原子炉、1次系ポンプおよびIHXが、原子炉タンク内の大きなナトリウムプール内に設置されている。もう一方のループ型では、1次系ポンプとIHXは原子炉容器の外側にあるセル内に設置され、配管で接続されている。ループ型とプール型の熱輸送系の概略図を図12.1に示す。

1　本書の多くの章で述べている通り、高速スペクトル炉のもう一つの目的は、核廃棄物の問題を緩和するために、物議の多い（objectionable）高次アクチニドをより良性な（benign）同位体へと変換することである。従って、この目的のみのために特別なSFRが建設されることも考えられ、この様なケースでは、核分裂により発生した熱は発電のために回収されることなく、排熱される場合もあろう。

2　SFRに関する全体的な議論は、AgrawalとKhatib-Rahbar［1］を参照。

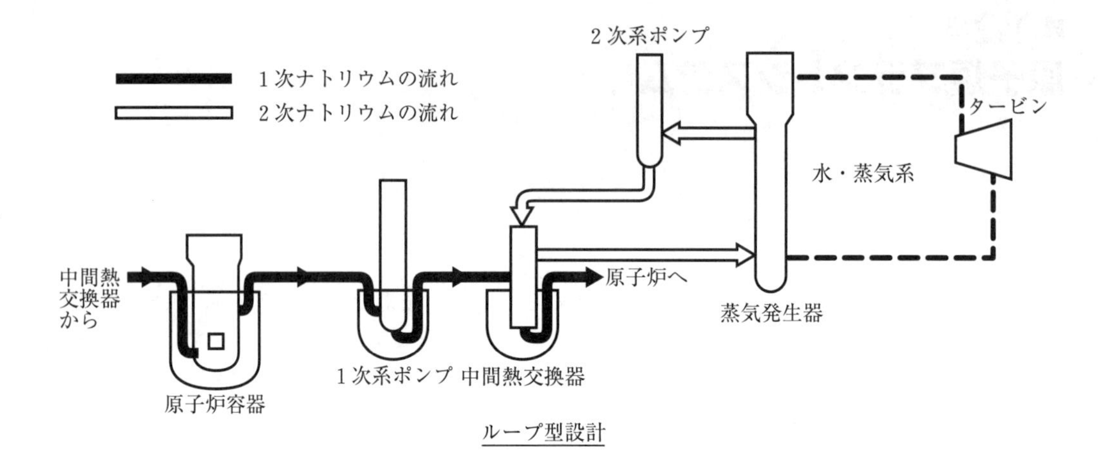

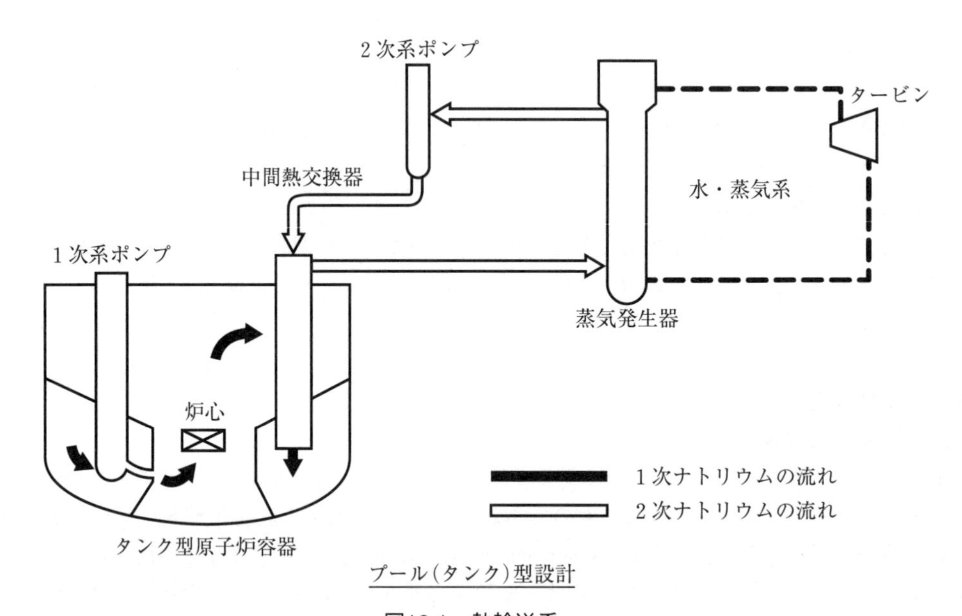

図12.1 熱輸送系

また、原型炉や実証炉の設計で選択されたシステムを、熱輸送系の設計主要目と合わせて表12.1に示す[3]。プール型を採用した唯一の試験炉はEBR-IIであり、その他のFFTF、BOR-60、ラプソディ、常陽、KNK-II、フェルミ、ドーンレイ、FBTR、PECなどはループ型である。

ループ型とは、原子炉とタービンとを繋ぐ熱輸送系にて機器がひと続きに連続している型式を指し、各々のループは他のループと独立して運転される。ループ型SFRのそれぞれのループは、1次系ポンプと2次系ポンプを各々1つ、そしてIHXとSGを各々1つもしくは複数有する。プール型において、「ループ」という用語はIHXと2次ナトリウム系を指す。プール型炉では、ループの数と1次系ポンプの数は同じであることが多いが、必ずしも同数である必要はない。商業規模の実証炉プラントのほとんどは、ループ数が4つであり、より出力の小さい原型炉プラントのほとんどは、ループ数が

3 プラントの詳細は、付録Aおよびその参考文献を参照。

表12.1　高速スペクトル炉の主要目

	BN-350 (カザフスタン)	Phénix (フランス)	PFR (イギリス)	SNR-300 (ドイツ)	もんじゅ (日本)	CRBRP (アメリカ)	BN-600 (ロシア)	Super Phénix (フランス)	CDFR (イギリス)	SNR-2 (ドイツ)	BN-1600 (ロシア)	EFR	PFBR (インド)	KALIMER (韓国)	DFBR (日本)	CEFR (中国)
電気出力MW_e	130	255	250	327	280	380	600	1,242	1,500	1,497	1,600	1,580	500	162.2	660	23.4
熱出力MW_{th}	750	563	650	762	714	975	1,470	2,990	3,800	3,420	4,200	3,600	1,250	392.2	1,600	65
炉型	ループ型	プール型	プール型	ループ型	ループ型	ループ型	プール型	プール型	プール型	ループ型	プール型	プール型	プール型	プール型	ループ型	プール型
ループ数	6	3	3	3	3	3	3	4	6	4	4	6	2	2	3	2
1次系ポンプの位置	コールド・レグ	コールド・プール	コールド・プール	ホット・レグ	コールド・レグ	ホット・レグ	コールド・プール	コールド・プール	コールド・プール	ホット・レグ	コールド・プール	コールド・プール	コールド・プール	コールド・プール	コールド・レグ	
ループ当たりの中間熱交換器数	2	2	2	3	1	1	2	2	2	2	1	1	2		1	
中間熱交換器　温度																
原子炉出口℃	430	560	550	546	529	535	550	542	540	540	550	545	544	530	550	516
原子炉入口℃	280	395	399	377	397	388	365	395	370	390	395	395	316	316	395	360
2次系出口℃	415	550	540	520	505	502	510	525	510	510	515	525	525	511	520	495
2次系入口℃	260	343	370	335	325	344	315	345	335	340	345	340	355	340	335	310
蒸気発生器	一体型;バイヨネットチューブ蒸発器Uチューブ過熱器	モジュール;S字型	分離型;Uチューブ	分離型;2-ストレートI-ヘリカル	分離型;ヘリカルコイル	分離型;ホッケー・スティック	分離型;ストレートチューブ	一体型;ヘリカルコイル	一体型;ヘリカルコイル	一体型;ヘリカルコイルかストレートチューブ		一体型	一体型		一体型	
蒸気サイクル	再循環型	貫流型(Benson)	再循環型	貫流型(Sulzer)	貫流型(Benson)	再循環型	貫流型(Benson)	貫流型(Benson)	貫流型	貫流型		貫流型	貫流型		貫流型	
ループ当たりのユニット数:																
一体型蒸気発生器	−	−	−	−	−	−	−	1	−	2		1	4		−	
分離型蒸発器	2	12	1	3	1	2	1	−		−		−	−		−	
分離型過熱器	1	12	1	3	1	1	1	−		−		−	−		−	
蒸気ドラム	0	1	1	0	0	1	−	−		−		−	−		−	
湿分分離器	−	1	−	1	1	−	1	−	−	−		−	−		−	
再加熱器	0	12	1	0	0	0	1	0		−		−	−			
タービン																
入口圧力MPa	4.9	16.3	12.8	16.0	12.5	10.0	14.2	18.4	16.0	16.5	14.0	18.5@SG	16.7	15.0		16.9
入口温度℃	435	510	513	495	483	482	505	490	490	495	500	490@SG	490	480		495
数/出力MWe	1	1	1/250	1	1	1/434		2/600	2/660	1/300	2/800		1/500			
型式	K-100-45	復水	くし形	復水	くし形	くし形	K-200-130	復水	くし形	単軸形			くし形復水組合わせ			

※国名、プラント名などの固有名詞は省略

3つである。図12.1では、簡単のため1つのループのみを示している。プール型で4つのループを持つスーパーフェニックスの平面図を図12.2に示す。なお、1次系ポンプの数はループ数と同じ4つである。図の通り、各ループと各1次系ポンプに対し、2つのIHXがプール内に設置されている。

プール型、ループ型ともに、各々設計上の優位性があり、また各々の型式の支持者がいる。プール型のメリットを以下に列挙する。1次系の機器や配管における漏洩は、1次系外への漏洩とはならない。1次系配管での破断の可能性がより少ない。1次系のナトリウム量はループ型の3倍程もあり、従って熱容量も約3倍となる。これは、結果として異常な過渡時の温度上昇がより小さくて済むか、もしくは、ヒートシンクと隔離された場合に沸騰に至るまでの時間がより長くなることになる。プールの大きな熱慣性（thermal inertia）は、システムのあらゆる部位の熱過渡の影響を弱めることに寄与する。カバーガス系は、スーパーフェニックスのように原子炉容器壁の熱応力を緩和するために能動制御のカバーガスを採用した場合を除けば、唯一必要な自由液面はタンク内の自由液面のみであるた

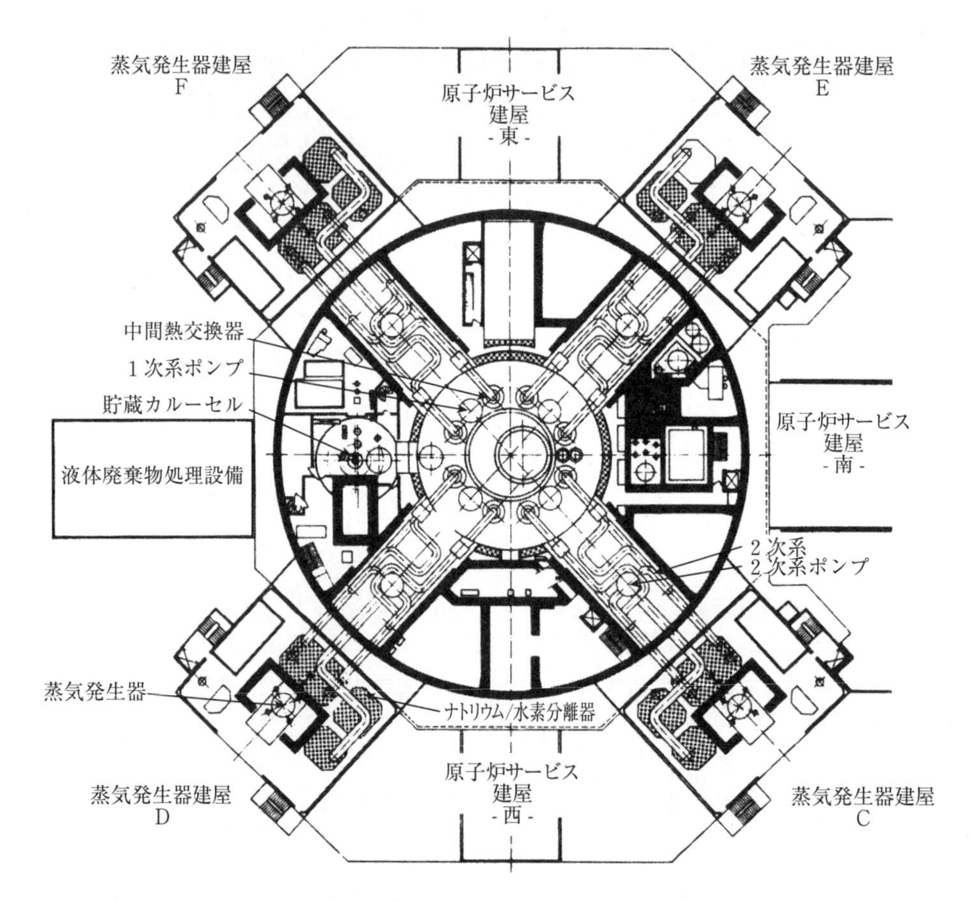

図12.2　プール型スーパーフェニックスの平面図
4つのループと4つの1次系ポンプ、そして8つの中間熱交換器がある。

め、より簡素化できる。

一方、ループ型のメリットは以下の通りである。機器が各々のセル内に隔離されているため、保守が簡素である。また同様に、システムの改修や原子炉運転中の主な保守の自由度がより大きい。2次系ナトリウムの放射化防止のための遮へいが少なくて済む。原子炉容器上蓋の構造設計が、大型ルーフデッキを有するプール型と比べてより簡素である。炉心に対するIHXの高低差を大きくとれることから、プール型と比べてループの自然循環力を大きくとれる。また、1次系の流路を特定できるため、自然循環の予測信頼性が増す。1次系ナトリウム量がより少ないため、蒸気・2次ナトリウム系が一次ナトリウム系・原子炉系とカップリングしており、変化に対する応答がより早い。これは、熱輸送系が蒸気系全体の制御性および負荷追従性に影響を与える。ただし、この特性が、プール型に比べて果たして正味の優位性をもつか否かは明確ではない。

より出力の小さい原子炉では、プラント全体の安全性に妥協することなく、構成要素や2次系ナトリウムループの数とサイズを経済性の観点から最適化することにおいて、独特の優位性がある。プール型SFRでは、2ループを採用することで最適化が行われた。インドのプール型炉であるPFBRの原子炉建屋と周囲の建屋配置の平面図を図12.3に示す。

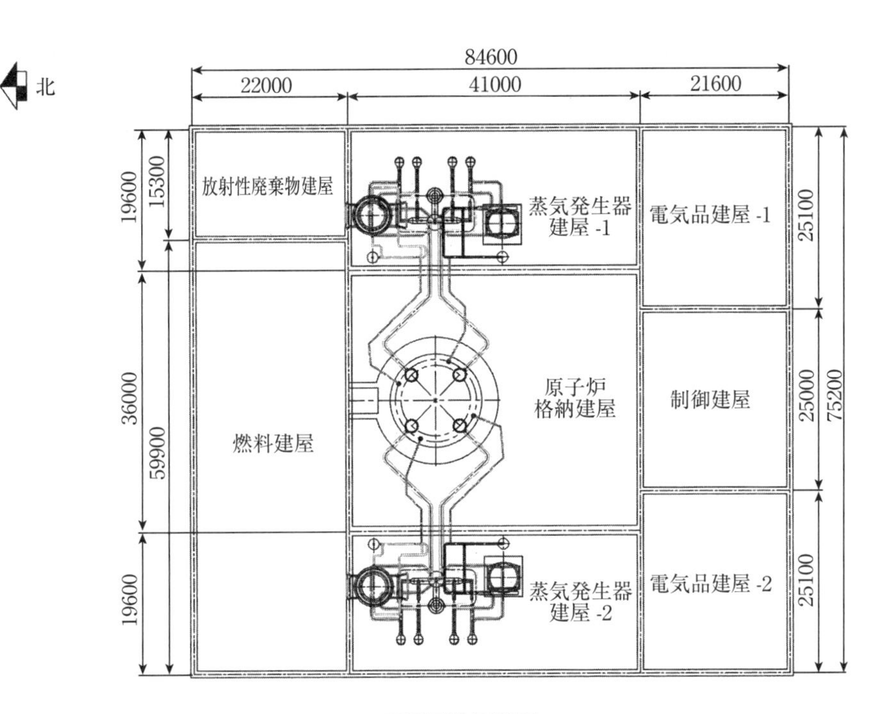

図12.3　PFBRの原子炉建屋配置（プール型の配置例として）

12.2.1.2　熱交換器の配置

熱輸送系の配置で重要な点は、図12.1にも示している様な、全ての構成要素の相対的な高低差である。1次系、2次系とも、循環する流れの中で、ある構成要素の伝熱中心高さはその一つ手前の構成要素の伝熱中心高さより高くなるよう配置される。この配置はナトリウムに自然循環力を与えるためのもの、つまり、ポンプの循環力喪失時に炉心の熱を最終ヒートシンクへ移送するための配置である。この配置例として、プール型炉のS-PRISMの配置を付録Bの図B.2に、ループ型炉のJSFRの配置を付録Cの図C.9に示す。

SFRの原子炉出入口温度は、設計にどの程度保守性をもたせるかに依存して変わりはするものの、一般的には出口が550℃、入口が400℃程度である。これらの温度は、微小な熱の損失は除き、IHXの1次側の温度を決める。

IHXの1次系と2次系の流れは一般的に対向流であり、その運転記録としての平均温度差は30℃から40℃程度である。主たる想定漏洩箇所である蒸気発生器で生じるナトリウム・水反応生成物の浄化を容易にするため、PFRの例外を除いて、2次系流路は一般的に管側である。伝熱管漏洩時に1次系の放射化ナトリウムが2次側へ流入してくることを避けるため、2次系の圧力は1次系の圧力よりも高く設定されている。これが2次系を管側とするもう一つの理由である。

SGは、一体型（integral）もしくは分離型（separate）に分類される[4]。一体型蒸気発生器では、蒸気と水の分離無しに蒸発と過熱が行われる。ほとんどの一体型蒸気発生器では、蒸発と過熱が一体型ユニット、つまり同じシェルの中で行われ、スーパーフェニックスがこの例である。その他の一体型蒸

[4] 「モジュラー」という用語は、フランスの原型炉Phénixで採用されたような、いくつかの分離されたモジュールが集まって一つの機能を果たすシステムにも使われる。蒸気発生器に用いられる「一体型」や「分離型」という呼称は、SFR産業界において必ずしも共通した用語ではない。本書での定義は一つの定義であり、今後展開される様々なSFR設計にて更なる再定義がなされるであろう。

気発生器では、BN-350のような、分離された構成要素が採用されている。分離型蒸気発生器では、蒸発と過熱がそれぞれ異なるユニットで行われ、それらの間で蒸気が分離される。蒸気の分離は、通常、蒸発器の間にある分離した構成要素である蒸気ドラム（蒸気分離器）か湿分分離器で行われるが、蒸発器ユニット内にその機能を組み込むこともできる。複数の蒸発器から一つの過熱器に蒸気を供給する設計もある。水・蒸気は常に管側であり、ナトリウムはシェル側である。水・蒸気側の圧力はナトリウム側の圧力より高いため、伝熱管漏洩時には水・蒸気はナトリウム側へと流れ込むことでナトリウム酸化物によるタービンの汚染を防止する。

12.2.2 蒸気サイクル

ナトリウム冷却材の高い温度により、SFRは過熱蒸気サイクルを活用できる。このサイクルでは、熱効率を近年の化石燃料発電プラント並みの40%近くにできる。これは軽水炉の32%に比べかなり高い値である。ただし、信頼性をより高める観点から熱効率を犠牲にして、軽水炉と同じ飽和蒸気サイクルを用いることも考えられている。

SFRで用いられている（もしくは提案されている）4種の蒸気サイクルを図12.4に示す。これらは全て基本的なランキンサイクルの発展型である[5]。

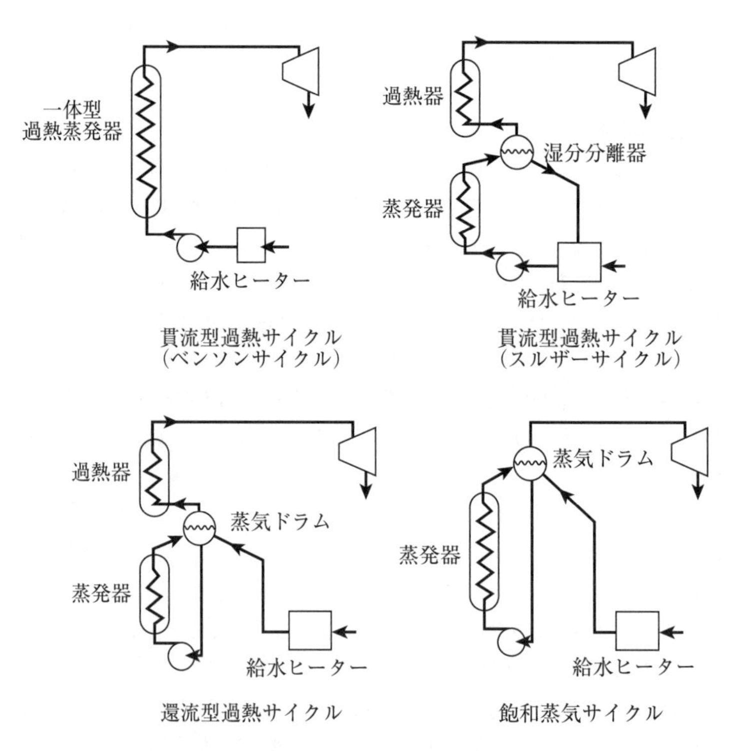

図12.4 SFRの水・蒸気系

5 代替案として、ブレイトンサイクルの超臨界CO_2サイクルを適用し、中間ループを削除して直接発電用のタービンを駆動する概念も提案されている［2］。しかし、この概念は未だ開発途中である。

二つの過熱サイクルの代表例として、貫流サイクルと再循環サイクルがある。貫流サイクルは、更にベンソンサイクル（Benson cycle）とスルザーサイクル（Sulzer cycle）とに分類される。ベンソンサイクルでは一体型蒸気発生器が用いられ、スルザーサイクルでは分離された蒸発器と過熱器、そしてその間に湿分分離器がある。スルザーサイクルでは蒸発器の出口クオリティが高く、例えばSNR-300では95％と設計されている。対照的に、再循環型の過熱サイクルでは、蒸発器の出口クオリティはかなり低く、例えばCRBRPでは50％と設計されている。図12.4では、湿分分離器と蒸気ドラムを別々のユニットとして図示しているが、これらは蒸発器の一部として組み込むこともできる。

12.2.3　プラント制御

プラント制御は、複雑なプロセスであり、プラント毎や組み合わされたシステム毎に異なる。従って、本書のような教科書では、基本的な概念のみを紹介することに留める。SFRの熱輸送系制御の要点は、CRBRPのプラント制御系設計を例に挙げて概説することで記述できよう。図12.5にCRBRPの制御フローを示す。

プラント制御は、二階層のシステムにより達成される。通常時と通常逸脱時の原子炉、熱輸送系、タービンおよび補助系の制御には、自動制御と手動制御がある。制御の第一階層は、送電システムからの自動信号か、もしくはプラント運転員によるセット・ポイント（設定点）のいずれかにより行われる負荷要求の制御である。監視制御系が、負荷要求の信号と蒸気温度、蒸気圧力、発電機出力をインプットとして受け取る。制御系は、負荷要求と蒸気側の条件とを比較し、偏差がある場合は、第二階層の制御系に情報を送る。第二階層の各制御系は、原子炉出力、系統流量、蒸気供給量が新たな負荷要求に整合するよう調整する。

第二階層の各制御系は、手動で操作できる。手動制御は、プラント停止時と40％出力までのプラント起動時に適用され、その後自動運転に移行する。

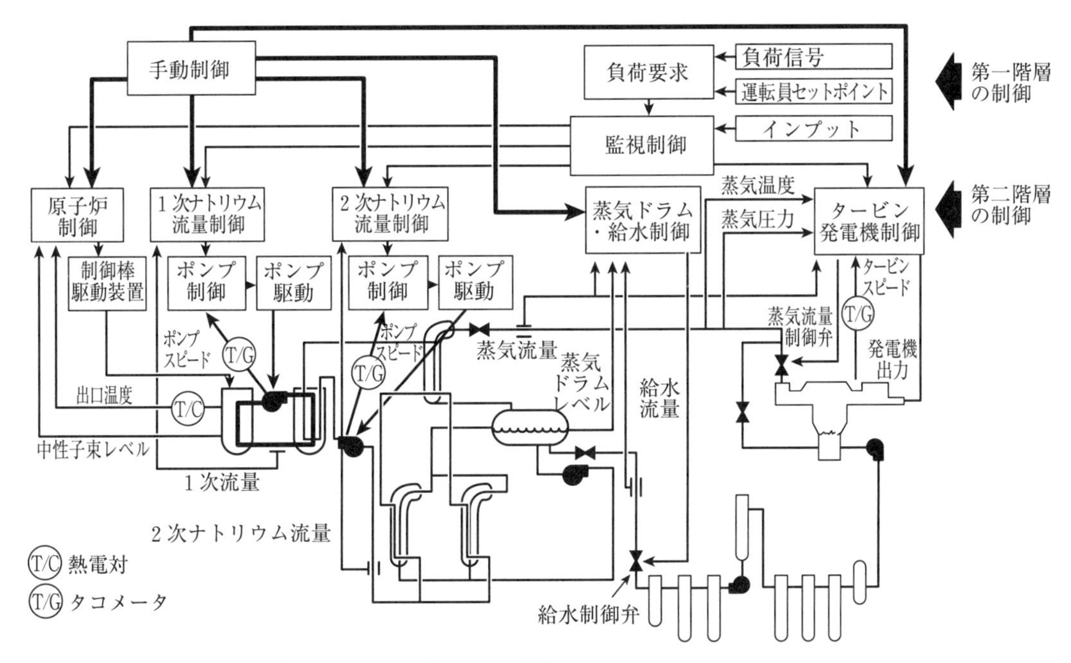

図12.5　SFRプラントの制御フロー（CRBRP設計例）

原子炉制御系は、監視制御系から原子炉出力要求レベルの情報と、原子炉のナトリウム温度と中性子束レベルの情報を受信する。制御系は、中性子束レベルと出力要求信号とを比較し、要求に見合うための必要変分を決定する。スロットル状態を調節して現在の蒸気温度を保つため、蒸気温度計測側からタービン・スロットルへ調整信号が送られる。これと同時に、炉心出口温度の情報が制御系の出力信号修正に用いられ、これによって炉心出口温度が所定の制限範囲内に収まるよう維持される。これらの結果、実際の出力と要求出力との差がゼロになるよう、制御棒の位置調整信号が制御棒駆動機構の制御系に出される。

1次系と中間（2次）系のナトリウム流量制御系は、監視制御系から流量要求に関する情報と各ループのコールド・レグのナトリウム流量をインプットとして受け取る。制御系は、要求流量と流量信号とを比較し、変更の要否を決定する。スロットル圧力を現状値に保つため、タービン・スロットルから中間（2次）系ポンプ流量制御系への調整信号が用意される。結果として、ポンプ制御系に要求信号が出されるが、ポンプ制御系は各々のポンプの回転速度系からの情報も受け取る。これらのインプットの比較の結果、ポンプ制御系からポンプ駆動制御系にポンプ回転速度の変更に関する要求信号が出される。

蒸気ドラムレベルは出力レベルに対して一定に保たれるため、蒸気ドラムと給水の制御系は、監視制御系からインプットを受信しない。制御系は、主蒸気ラインの流量と、蒸気ドラムレベルおよび給水ラインの流量のインプットを受信する。これらのインプットの比較の結果、給水制御弁への要求信号が出され、蒸気ドラムレベルが維持されるよう流量が調整される。

タービン発電機の制御系は、監視制御系からの負荷要求、蒸気温度と圧力、タービン速度と発電機出力のインプットを受信する。流量、温度および圧力を統合して蒸気流量情報が与えられる。出力変更要求を決定するため発電機出力信号が負荷要求と比較される。これらの要求事項との比較結果として、タービン発電機制御系からタービン・スロットル弁への信号が送られ、負荷要求と見合うように蒸気流量が調整される。タービン速度の信号は、タービン速度の微少な変化を調整するために用いられる。

12.3 プラントの構成要素

12.3.1 原子炉容器と原子炉タンク

ループ型の原子炉容器（SNR-300）とプール型の原子炉タンク（スーパーフェニックス）を各々図12.6と図12.7に示す。さらに、ループ型であるJSFRを付録Cの図C.6に、プール型であるS-PRISMを付録Bの図B.6に示す。

12.3.1.1 原子炉容器（ループ型）

ループ型の原子炉容器は、ドーム形状の底部を有する鉛直円筒形状をしており、容器は上部からサポートリングにより吊り下げられている。燃料集合体は、炉心支持構造（プレート、グリッド、もしくはダイアグリッドとも呼ばれる）の上に置かれている。SNR-300では、炉心支持構造は内部安全容器（inner guard vessel, CRBRPでは存在しない）に接合されており、内部安全容器は原子炉容器の底部で支持されている。CRBRPでは、炉心支持構造は炉心支持棚（core support ledge）を介して原子炉容器に取り付けられている。SNR-300でもCRBRPでも、炉心支持構造は、コアバレル（core barrel）またはジャケット（jacket）に連結している。コアバレルまたはジャケットは、周囲を取り巻くナトリウムのプールと、炉心、ブランケットおよび径方向遮へい体を流れるナトリウムとを分離するものである。入口流路構造はナトリウムが入口プレナムから燃料集合体へと流れるように導き、上部内部構造はナトリウムが燃料集合体から出口プレナムへと流れるように導く。燃料交換時に用いる

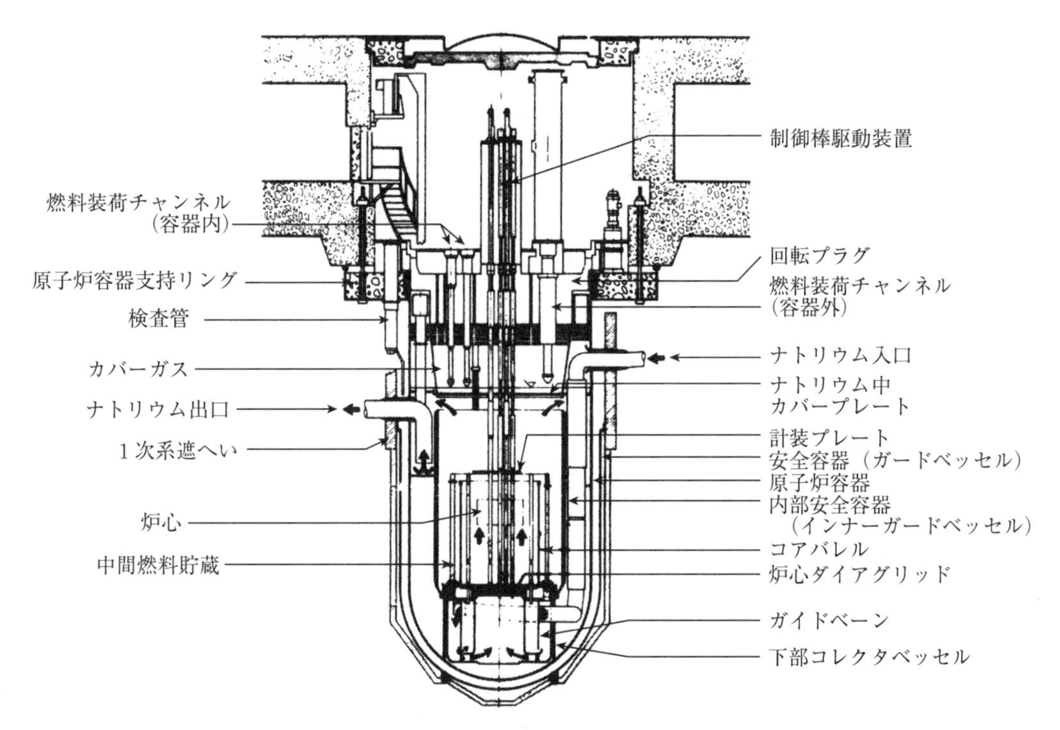

図12.6　ループ型炉の原子炉容器（SNR-300の例）

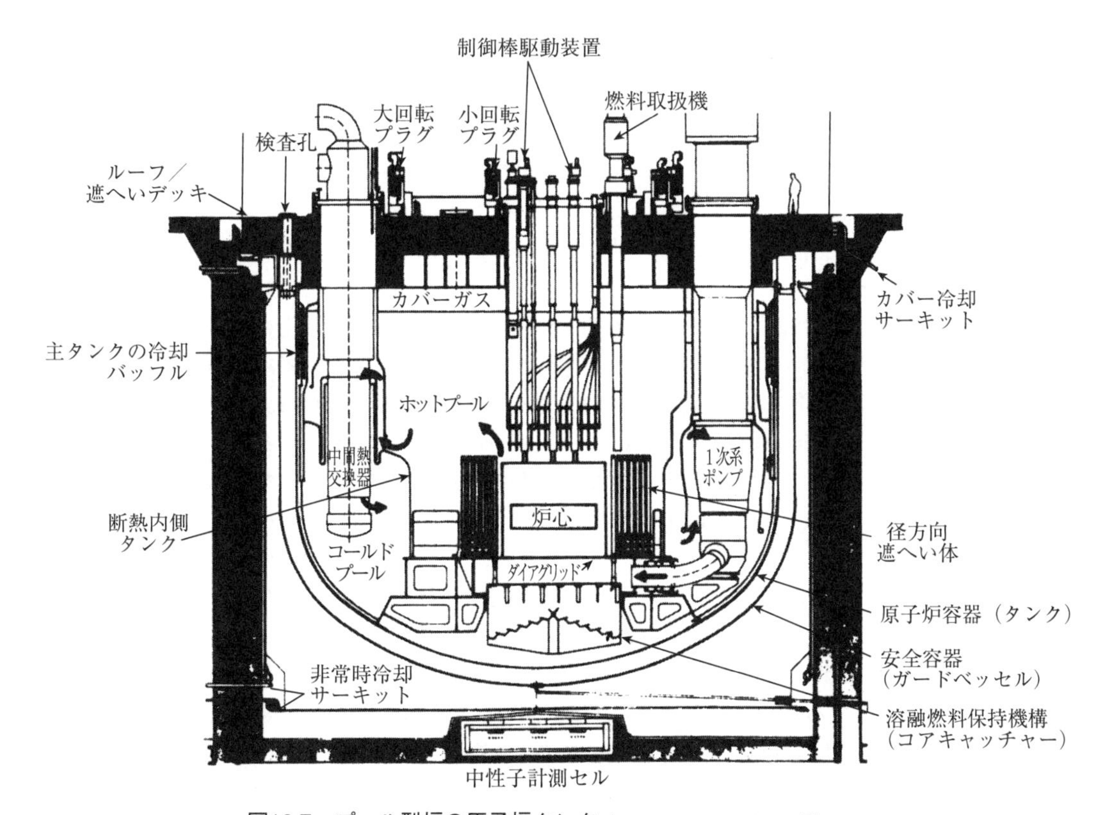

図12.7　プール型炉の原子炉タンク（スーパーフェニックスの例）

燃料仮置き場は、コアバレルの外側に設けられている。

安全容器（guard vessel）は、原子炉容器の外側に設置されており、容器からのナトリウム喪失を防ぐものである。原子炉容器と安全容器は、いずれも原子炉キャビティの中に設置されている。ナトリウムの入口および出口配管は、どちらも安全容器より上を通過するよう配置され、これにより原子炉キャビティ内での配管破断による炉心のナトリウム喪失を防止している。SNR-300では、入口配管は、出口配管より上の位置を貫通して、内部安全容器と原子炉容器との間を下方に走り、炉心下部の入口プレナムへと続いている。FFTFとCRBRPでは、入口配管は、原子炉容器と安全容器の間を下方に走り、下部近傍で容器へと入っている。CRBRPでは、入口、出口配管はステンレス鋼製で、直径は各々0.6mと0.9m、配管肉厚はいずれも13mmである。

数センチメートル厚さのアルゴンガス層がナトリウムを覆っており、ナトリウムのプールと原子炉ヘッド（上蓋）とを隔てている。このアルゴンガスは、通常カバーガス（cover gas）と呼ばれ、原子炉ヘッドはクロージャヘッド（closure head）もしくはカバーとも呼ばれる。原子炉ヘッドは、制御棒と燃料交換ポートにアクセスするためのものであり、通常、燃料交換のためのいくつかの回転プラグを有する（12.5節参照）。

12.3.1.2 原子炉タンク（プール型）

プール型の原子炉タンクのような大型で複雑な構造について考えると、直ぐにいくつかの疑問が浮かぶ。どうやってタンクを支持するのか？どうやってホットとコールドのナトリウムを分離するのか、特にそれらを接続するIHX周りではどう接続するのか？どうやってIHXや1次ポンプを支持するのか？どうやってタンク上部の大きなルーフデッキや遮へいデッキを造り、支持し、断熱するのか？

答えはプラント毎にある程度異なるため、解決策を理解するにはある特定の設計に着目するのがよい。最初に建設された商業規模のプール型炉であるスーパーフェニックスで採用された基本的な解決策を見てみることにする。

スーパーフェニックスの原子炉タンクと炉内構造物を図12.8に示す。原子炉タンクはステンレス鋼製で、高さが19.5m、直径が21m、容器肉厚が約50mmであり、ルーフ／遮へいデッキから吊り下げられている。

より詳細な原子炉タンク構造を図12.8に示す。原子炉タンクは、原子炉タンクでのナトリウム漏洩発生時にナトリウムを収容するための安全容器（訳注：ガードベッセルとも呼ばれる）で囲われている。原子炉タンクの内側には、原子炉タンクが原子炉ナトリウム入口温度以上になることを防ぐために、バッフルタンクが設置されている。これは、バッフルタンクと原子炉タンク間のアニュラス部へ、入口プレナムからのナトリウムをバイパス流入させることで達成している。

さらに断熱内部タンク（insulated inner tank もしくは insulated internal tank）という別のタンクがあり、これは、ホットとコールドのナトリウムの間の物理的・熱的なバリアを形成する。このタンク設計で特に重要な点は、1次ポンプとIHXの貫通部である。これらの機器は、ルーフ／遮へいデッキから支持されている。デッキ上方の室温からデッキ下方のナトリウム・プールにかけての温度変化が大きいため、断熱内部タンクのIHX貫通部は、50～70mmの軸方向熱膨張を吸収しなければならない。このために、図12.9に示す通り、釣鐘形（belljar type）のシールが用いられている。一方、ポンプはウェルに緩く挿入設置されており、コールドのナトリウム部からルーフ／遮へいデッキまで伸びているため、シールは不要である。しかし、ポンプには入口プレナムへの配管接続という別の課題がある。すなわち、デッキ温度とポンプ運転温度との差異に起因する径方向約50mmと軸方向約100mmの熱膨張を吸収するための、フレキシブル・ジョイントが必要になる。

ルーフ／遮へいデッキには、プール型概念でもっとも難しい設計課題がある。図12.10に、ルーフ

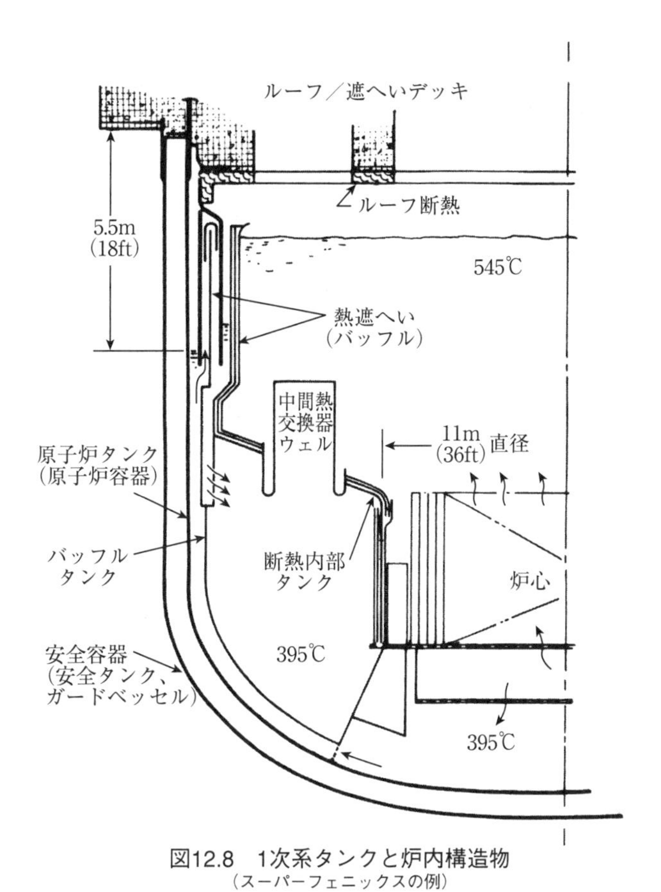

図12.8　1次系タンクと炉内構造物
(スーパーフェニックスの例)

捕集ガス
ホットプール側のナトリウム液位
1 次ナトリウム
コールドプール側のナトリウム液位
据付温度から運転温度で 50-70mm 変位する

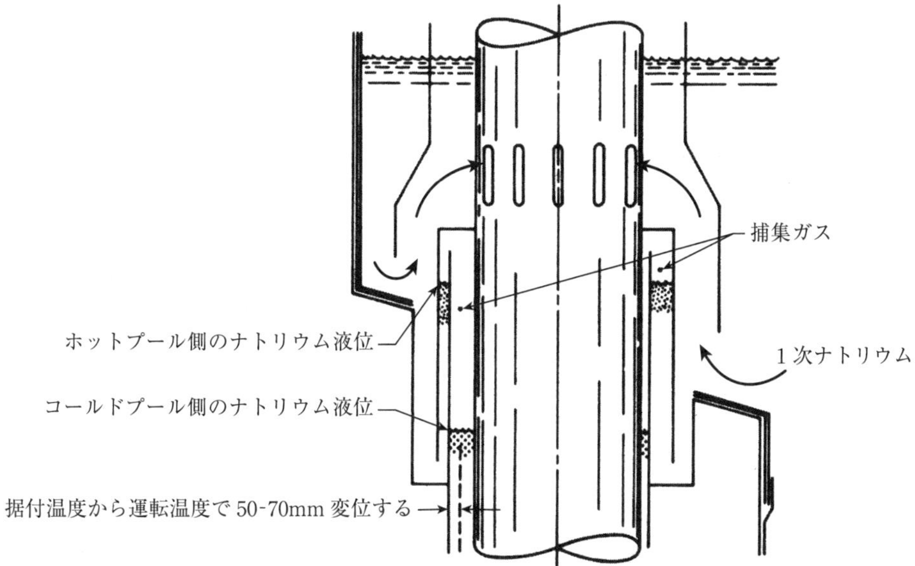

図12.9　断熱された内側タンクの中間熱交換器貫通部 (スーパーフェニックスの例)

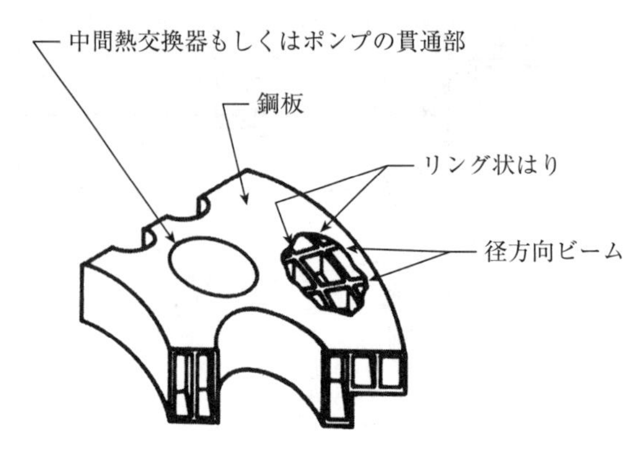

図12.10　ルーフ／遮へいデッキ構造の断面図
（スーパーフェニックスの例）

／遮へいデッキ構造の概略図を示す。デッキは鋼製のウェブ構造であり、コンクリートが充填されている。デッキは原子炉タンクを取り囲むコンクリート製のボールト（円筒形構造物）で支持されており、また、そのデッキがタンク全体を吊下げている。加えて、デッキは1次系ポンプ、IHX、制御棒駆動機構および燃料取扱機を支持する必要があり、また、仮想的炉心損傷事故で変形した場合でも無漏洩（leak tight）を維持できるよう設計する必要がある。ループ型の場合は、デッキはナトリウム・プールとカバーガスによって隔てられている。加えて、そのデッキは高温ナトリウムと断熱しなければならず、さらにデッキの冷却が要求されている。スーパーフェニックスでは、ステンレス鋼の箔で挟まれた金網が断熱材として用いられている。（また、原子炉タンクを取り巻くコンクリート壁を断熱するためにも類似の断熱材が要求される）

12.3.2 ナトリウムポンプ

SFRの1次系と2次系のポンプは、一般的に、機械式、垂直シャフト、単段式、両吸込み式インペラ、自由表面の遠心ポンプに分類される。一般的に使用されているポンプを説明するために、図12.11にCRBRPの1次系ポンプの概略図を示す。ナトリウム液位は、熱遮へいの直ぐ下にある。アルゴンのカバーガスがナトリウムを覆っており、また、このカバーガスは原子炉容器のカバーガスと均圧配管を介して繋がっている。

ポンプ設計に影響する選択肢として、ループ型とタンク型、1次系ポンプと2次系ポンプ（通常この差は小さい)、そしてポンプ配置がある。(ここでは議論しないが）重要な設計の選択肢としては、シール、ベアリング、インペラとバイパス流の配置がある。

ナトリウムは極めて良好な導電体であるため、SFRでは電磁ポンプも使うことができる。電磁ポンプは、EBR-IIの2次系ポンプや、SEFORやドーンレイ高速炉の1次系でも使用された。電磁ポンプは大型の発電用SFRの主循環ループでは用いられていないが、例えばSNR-300やスーパーフェニックスの崩壊熱除去系の予備ポンプとして使われている（14.3.3節参照)。

大型SFRでは、機械式ポンプのみが使われている。アメリカでは、比較的小型の入口導翼型機械式ポンプ（inducer-type mechanical pump）を厳密な吸込み要求を満足するよう大型遠心力ポンプと直列に配置した試験が行われた。なお、有効吸込みヘッドについては以下で議論する。

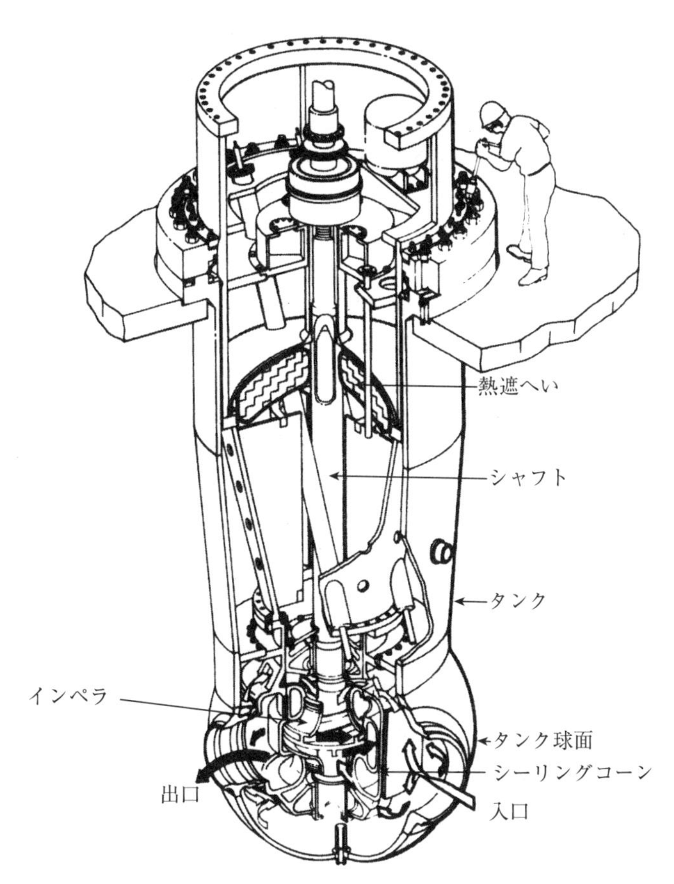

図12.11　一次系ナトリウムポンプの概略図（CRBRPの例）

12.3.2.1　ポンプ配置

ループ型SFRにおいて、どこにポンプを配置すべきかは古典的な課題である。プール型では、1次系ポンプは通常コールドナトリウムに設置されている。一方、ループ型では1次ポンプはホットレグにもコールドレグにも設置可能である。2次系では以下の2つの理由により、ポンプは全てコールドレグに設置されている。一つは、1次系でのホットレグ設置の利点が2次系では存在しないため、もう一つは、IHXでは伝熱管漏洩時にナトリウムが放射化していない2次系から放射化した1次系へと流れるよう、2次系ナトリウムの加圧が重要だからである。

ループ型では、もんじゅ、BN-350や初期の多くの実験炉のように、1次系ポンプをコールドレグなど低温のナトリウム環境に設置することは、例えばシールやベアリングに対する明白な利点があるにもかかわらず、SNR-300、SNR-2、FFTFおよびCRBRPなどの設計では、1次系ポンプがホットレグに設置されている。設置場所としてホットレグを選択する主な理由に、1次系ポンプの吸込み要求が挙げられる。この要求条件は、予期される過渡事象の全範囲に対応するため、厳しいものとなっている（参考文献［3］の主題として扱われている）。基本的な論点は、定常運転状態の条件を検討することで簡潔に説明できる。

ポンプの**必要有効吸込ヘッド（required net positive suction head, NPSH）**とは、ポンプ吸い上げ部の絶対圧と流体の蒸気圧との差である。どんなポンプでも、全流量範囲においてキャビテーションを防ぐために、設計に固有な最小要求NPSHがある。つまり、有効NPSHは常にこの最小要求値を上回らなくてはならない。有効NPSHは、以下の相関式から導くことができる。

$$\mathrm{NPSH} = H_p + H_z + H_l + H_v,$$

ここで、

H_p = ポンプが吸引する液体源の液面での圧力（つまり、この場合はカバーガス圧力となる）
H_z = インペラ上部までの静圧ヘッド
H_l = ポンプ上流側の配管・機器部における圧力損失
H_v = 吸込み部における流体の蒸気圧

1次ポンプのナトリウム表面の圧力 H_pは、原子炉カバーガス圧と同じになる。なお、SFRのカバーガス圧は、空気や不活性ガスの漏れ流入（in-leakage）を防止するために、大気圧よりほんの僅かだけ高くする必要がある。静圧ヘッド H_zは、ポンプのシャフト長に依存する。ナトリウムの蒸気圧 H_vは小さく、ホットレグのナトリウムで高々1kPaのオーダーである。

ポンプがホットレグに設置されている場合、圧力損失 H_lは、短い配管と容器出口、そしてポンプ入口部での損失のみである。ポンプがコールドレグに設置されている場合は、IHXに加えて配管の圧力損失が含まれる。IHXの圧力損失は一般的に50-100kPaのオーダーである。従って、コールドレグにてホットレグと同等のNPSHを得るには、ポンプのシャフト長（つまりH_z）を長くするか、原子炉のアルゴン・カバーガスを加圧する（H_p）[6]か、これらの組合せが必要となる。他の選択肢は、より低いNPSHで運転可能な革新的ポンプの開発である。これら選択肢の困難さが、ホットレグへのポンプ設置を選ぶ要因となっている。SFRのプラントサイズが大きくなると、定格出力の増加につれ要求NPSHが増加するので、より一層難しい問題となる。

12.3.3 中間熱交換器

ほとんどのSFRの中間熱交換器（IHX）の設計は類似している。図12.12に、プール型（スーパーフェニックス）とループ型（CRBRP）のIHXを示す。JSFRで採用されている1次系ポンプとIHXを合体させて一つの機器にしている斬新な例を付録Cの図C.11に示す。

BN-350を除いて[7]、全ての原型炉や実証炉のIHXは、垂直型（vertical）、対向流（counter flow）、シェル・アンド・チューブ型（shell-and-tube）の熱交換器であり、基本的に直管型である。PFR以外は、2次系ナトリウムはIHXの上部から流入し、中心のダウンカマー（down comer）を通ってIHX底部へと流れ、次いで底部で反転して伝熱管内を上方へと流れる。1次系ナトリウムは、一般的にシェル側を下方へと流れ、底部でIHXを出る。ループ型とプール型のIHXの根本的な違いは、入口と出口のノズルにある。

管束（tube bundle）は伝熱管（tube）と胴（shell）の熱膨張差を吸収するように据付けなくてはならない。このため、下部の管板は浮き構造になっており、管束で支持されている。伝熱管は上部の管板で支持されている。CRBRP設計では、ダウンカマーの頂部にフレキシブル・ベローズがあり、ダウンカマーと管束の熱膨張差を吸収している。FFTFで採用されている別の設計では、管束の一部を

[6] カバーガスの加圧は、放射性ガスがカバーガスのシールを通って漏洩する可能性の増大に繋がる。
[7] BN-350ではU字型伝熱管が用いられている。

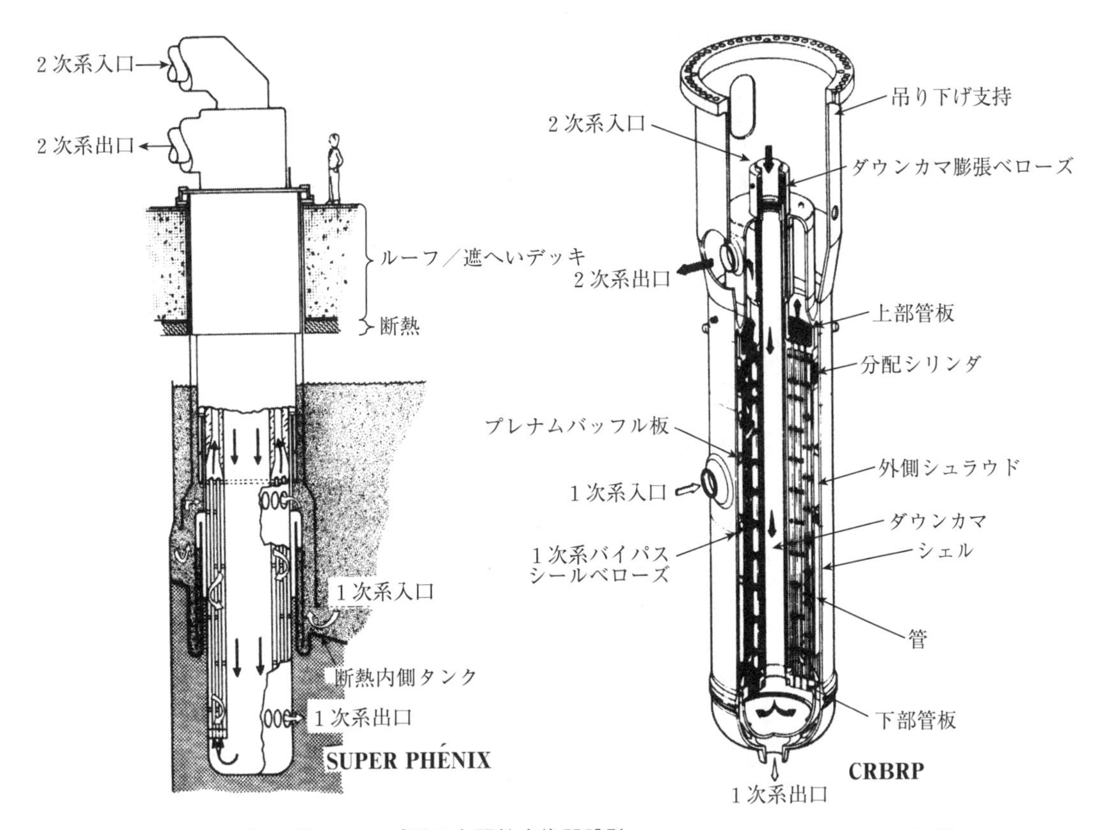

図12.12　プール型とループ型の中間熱交換器設計（各々スーパーフェニックスとCRBRPの例）

曲げてこの熱膨張差を吸収している。PFRとCDFRでは正弦波形状の曲げが採用されている。

スーパーフェニックスに8つあるIHXの各々には、5,380本の伝熱管があり、外径14mm、内径12mmで長さは6.5mである。漏洩した伝熱管を密封排除（seal off）するために、遠隔操作の機器が開発されている。IHXには、一般的に316と304のステンレス鋼が用いられる。

伝熱管と管板の熱応力最小化のために、伝熱管の軸方向の温度均一化が必要となる。このため、管束の内側の伝熱管と比較して外側の伝熱管に多くの流量を流すような流量配分装置を、下部管板の下に組み込むことが考えられている。加えて、図12.13に示すような流量混合装置を上部管板より上の2次系出口に置くことで、混合均一化した平均温度を得て、これにより熱い外側胴とIHXの内部構造物との熱膨張差の問題を克服している。更なる対策として、図12.13に示すように、応力を低減するために熱膨張差を吸収するよう、ベローズも組み込まれている。

プール型では、内部タンク（内側容器）とIHXとの接合部は機械的にシールされる。これにより、偶発的に漏洩した場合に炉心の反応度振動の一因となるガスをシール材として使うことを回避している。

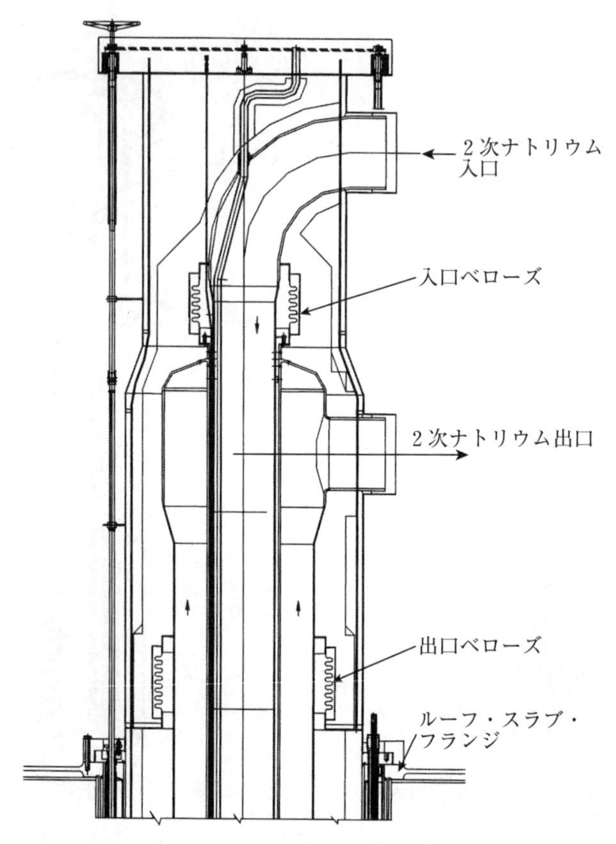

図12.13 中間熱交換器の応力低減対策

12.3.4 蒸気発生器

蒸気発生器（SG）には、12.2.1節に記載の通り、一体型と分離型がある。伝熱管にも、直管型、ヘリカル型、U字型やホッケースティック型がある。また、単管型もしくは二重管型とすることもできる。表12.1に、原型炉と実証炉の蒸気発生器の特徴を示す。

一体型か分離型かという型式の選択には、12.2.2節で議論したように、蒸気サイクルの選択が含まれる。図12.14に、一体型ユニットの一般的な温度分布形状を示す。沸騰が完了した後、蒸気はナトリウム入口温度並みまで過熱される。

分離型のSGでは、蒸発器でサブクール加熱と沸騰を生じさせ、過熱器で過熱させる。分離型の蒸発器では、完全な蒸発は起こらない。再循環型の例として、CRBRPの蒸発器は50%の出口クォリティで設計されている。スルザーサイクルの貫流型であるSNR - 300の蒸発器の出口クォリティは95%である。

どちらの場合でも、蒸気は過熱器に入る前に液体から分離される。表12.1から分かるように、一体型も分離型も広く用いられている。

SGの設計も進化しているが、それぞれに特有の得失がある。各々の設計型式における重要な工夫点は、熱膨張への対応方法にある。図12.15に、熱膨張への対応が可能なヘリカルコイル、U字型、ホッケースティック型SGの基本構成例を示す。直管型も同図に示す。直管の場合は、熱膨張対応にはIHXと類似した特別の方法が必要となる。ヘリカルコイルは、スーパーフェニックス（フランス）、

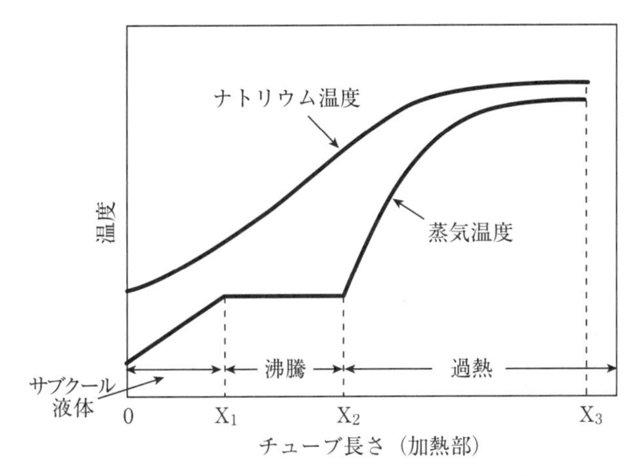

図12.14　一体型過熱器内の温度分布
（参考文献4の図7と8に基づく）

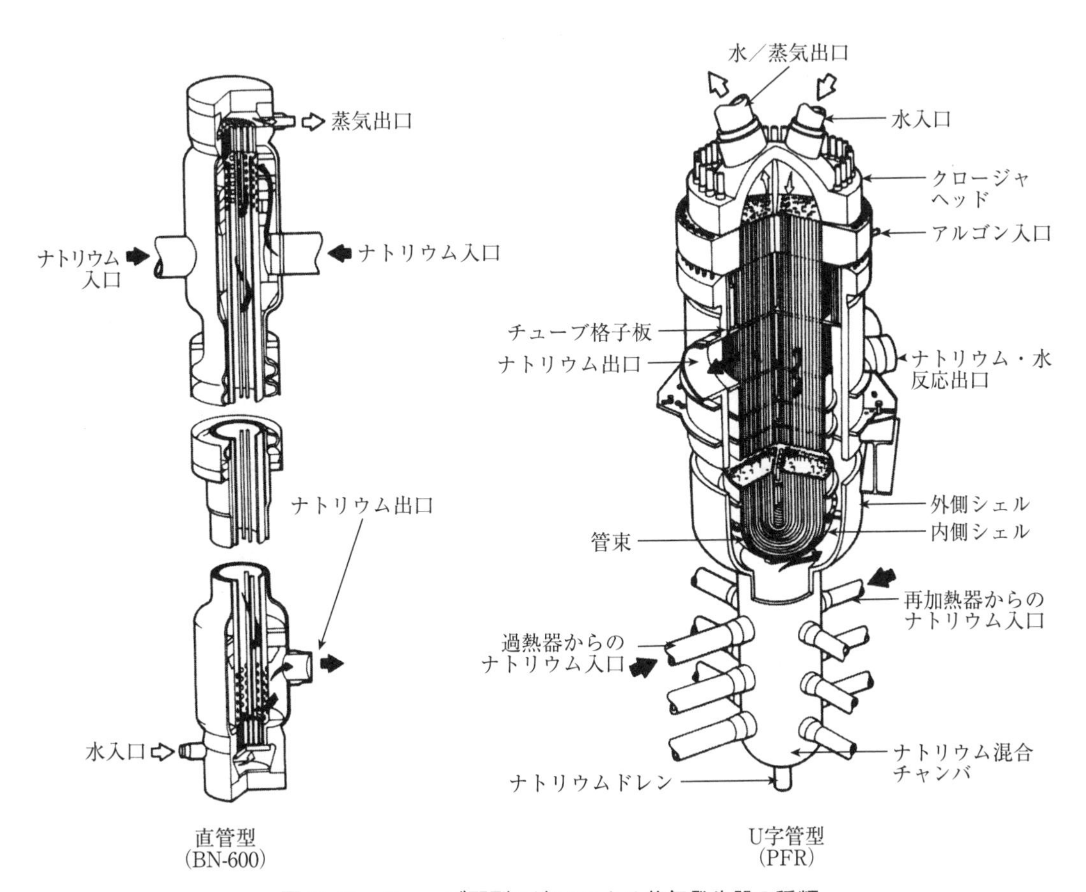

図12.15　チューブ配列の違いによる蒸気発生器の種類

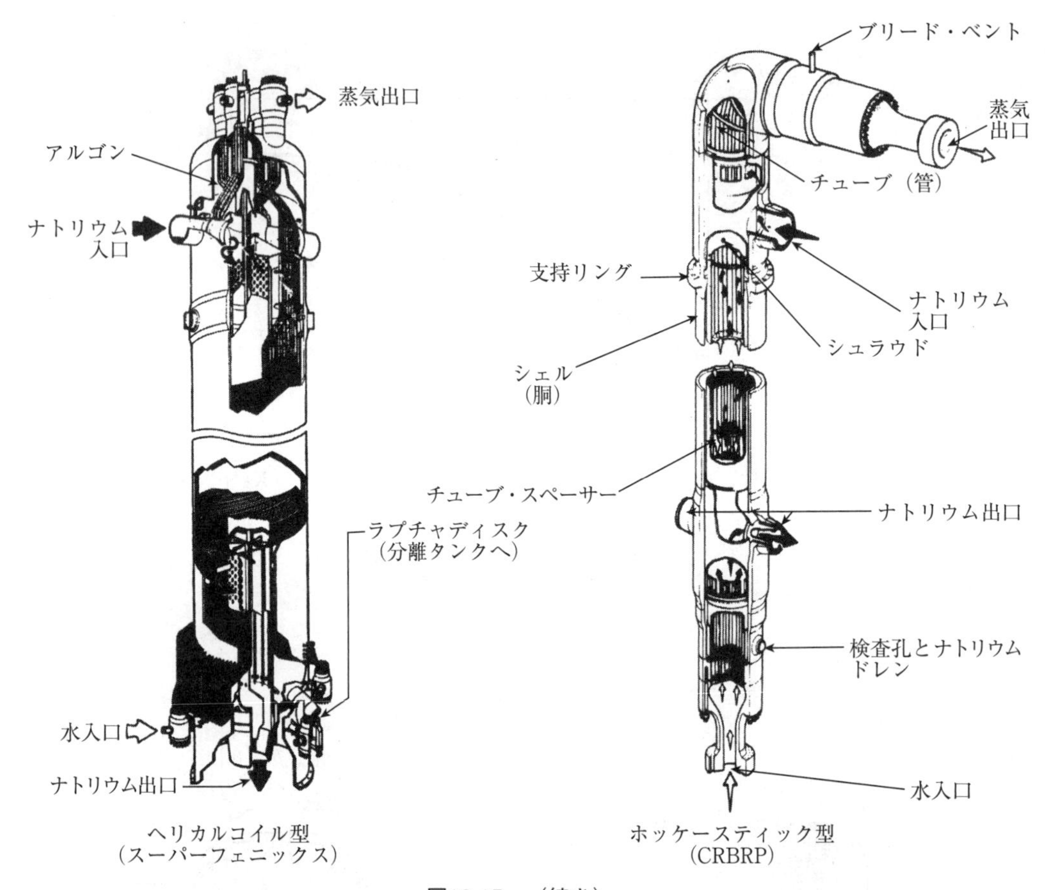

図12.15　（続き）

CDFR（イギリス）、SNR-2（ドイツ）、そしてもんじゅ（日本）で採用されている。U字型は、PFR（イギリス）、やBN-350（カザフスタン）の過熱器で用いられている。直管型は、BN-600（ロシア）やSNR-300（ドイツ）の2ループで採用されている。SNR-300の3番目のループでは、ヘリカルコイル型が採用されている。SNR-2では、ヘリカルコイルと直管型のいずれもが計画された。アメリカでは、ホッケースティック型がCRBRP向けに選択され、試験され、またヘリカルコイルと直管型の設計開発も継続された。バイヨネット型と呼ばれる別タイプの伝熱管もBN-350の蒸発器で用いられた。これらの伝熱管は、円環（annulus）で囲まれた中心管を有していた。水が中心管を下方に流れ、水と蒸気の混合流が円環部を上方に流れる形式である。

ナトリウムと水が化学反応を生じる可能性があるため、SFRでは、伝熱管の健全性はLWRと比べて非常に重要である。伝熱管の間のガスの状態から漏洩を検知できる二重伝熱管が検討されてきた。

例えば、EBR-IIやドーンレイ高速炉の蒸気発生器では、二重伝熱管が用いられた。しかし、実験によりナトリウム・水反応は適切に抑制できることが実証されてから、簡素な単管が注目されるようになり、全ての原型炉と実証炉では単管が使われている。SFRの蒸気発生器の経験は着実に積み重ねられたものの、BN-350、PFR、フェルミ炉では蒸気発生器での漏洩という難題を経験した。

可能性のあるナトリウム・水反応時に生じる圧力に対応するため、ラプチャディスクでシールされた圧力開放系がSGに組み込まれている。図12.15では、スーパーフェニックスとPFRの蒸気発生器におけるナトリウム・水反応の分離タンクへの出口を示している。その他の設計では、開放ラインはあるが図示されてはいない。

ほとんどの蒸気発生器では、塩化物応力腐食（chloride stress corrosion）を最小に抑えるように材料が選択され、伝熱管、胴とも2%強のクロムと1%のモリブデンを含むフェライト鋼で作られている。場合によってこの材料は、ナトリウムへの炭素移行（脱炭）を抑制するため1%のニオブにより安定化されている。例外として、スーパーフェニックスで選択されたインコロイ®800や最初のPFRの過熱器と再熱器で用いられたオーステナイト系ステンレス鋼がある。

蒸気発生器設計の重要な条件として、核沸騰から膜沸騰に至る遷移領域や核沸騰限界（departure from nucleate boiling, DNB）がある。この遷移領域では、伝熱管壁面の温度が急激に上昇し、壁面温度が不安定になる。この温度挙動の概要を図12.16に示す。遷移は、x_1とx_2の間で起こり、この領域では伝熱管壁面は断続的に水、もしくは蒸気と接触していて、壁面温度は急速に振動する。

もし振幅が大き過ぎると、このような振動は伝熱管の熱疲労や水側の腐食を助長する構造変化の原因になりうる。温度分布、ドライアウトや伝熱相関式に関しては参考文献［4］に詳しい。

直管型の設計で伝熱管の熱膨張差を吸収するためには、PFBRで採用されたような膨張曲管（expansion bend）がある。膨張曲管は、クリープ損傷を避け許容応力を大きくできるよう、底側の単層流領域に配置されている。

プラント寿命中の伝熱管の健全性は非常に重要であるため、伝熱管の供用期間中検査（in-service inspection, ISI）により、伝熱管の劣化評価を通じて蒸気発生器を監視できるようにしている。加えて、世界各国のSFRの運転経験に基づけば、伝熱管と管板との接合部がもっともクリティカルな部位となっている。図12.17に示すPFBRで用いられたはめ込み突合せ（spigot butt）の最新溶接法が、この課題を解決する可能性がある。

改良9Cr-1Mo鋼（Gr.91）が、高温での機械的物性、脱炭や塩化物応力腐食割れへの耐性、ナトリウム・水反応の結果もたらされる環境影響耐性の観点から、蒸気発生器に望ましい材料とされる。

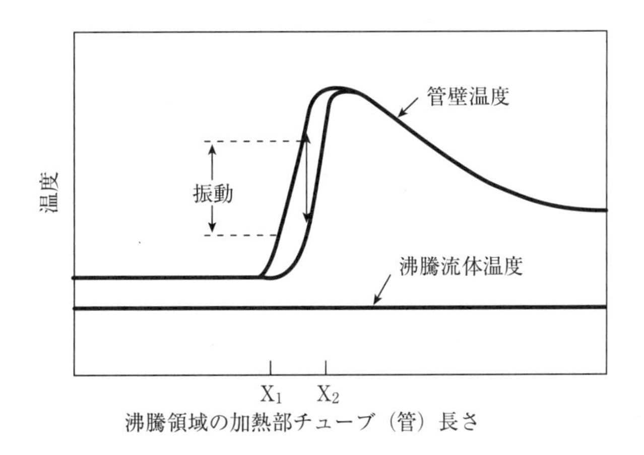

図12.16　核沸騰から膜沸騰移行時の壁温の不安定性と上昇
（参考文献4の図7ないし15に基づく）

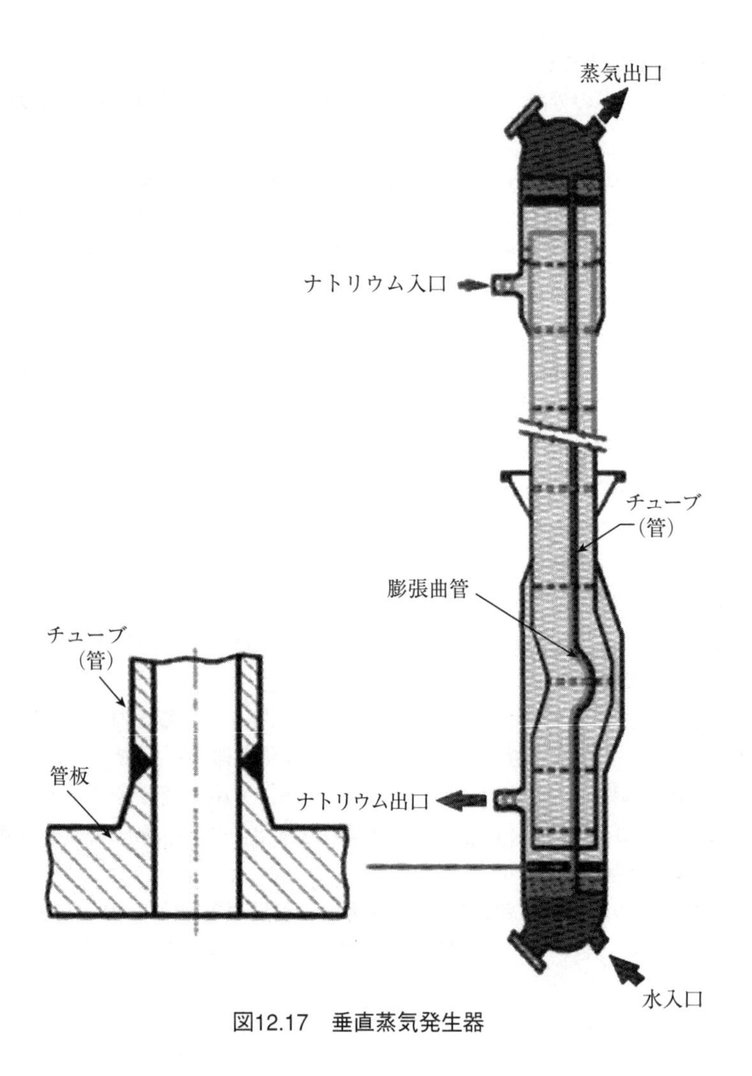

図12.17　垂直蒸気発生器

12.4　遮へい

高速炉では、熱中性子炉よりも遮へい設計・解析に多くの注意を払う必要がある。SFRでは、軽水炉と比較して高エネルギーの中性子束が相当に高く、また、炉心からの高エネルギー中性子の漏洩がより大きい。SFRと軽水炉で出力レベルが同じであれば、中性子の生成率は同程度だが、SFRの方が出力密度（kW／リットル）が大きい。また、軽水炉では、中性子は熱エネルギーへと減速されるので、周囲の構造物の照射源となる高エネルギー中性子の漏洩は高速炉と比較して小さい。

SFRの遮へいは、詳細な遮へい設計や解析が必要となる各々の領域毎に議論される。プール型炉でもループ型炉でも、これらの対象領域には、容器内の径方向遮へい、容器の上蓋と貫通部、そして中性子束モニタが含まれる。プール型炉では、中性子による二次系ナトリウムの放射化の問題があるため、IHXには特に注意が必要である。ループ型炉では、その他の重要な領域として、原子炉容器支持部と一次系の配管が挙げられる。

これらの領域の遮へいについて、本節で簡潔に触れておく。遮へいを必要とするが本節で触れないその他の領域としては、補助系の配管貫通部、換気空調系の貫通部、カバーガスと冷却材の浄化系の遮へい、燃料取扱い機器の遮へいがあり、さらに通常・出力運転時に人が立ち入るため生体遮へいが必要となる領域がある。

参考文献［5］［6］では、FFTFとCRBRPの遮へいについて報告されている。

12.4.1　冷却材とカバーガスの放射能

SFRの遮へいシステムについて述べる前に、冷却材とカバーガスの放射能について説明する。SFRでは冷却材がナトリウムであり、中性子によるナトリウムの放射化が起こるため、遮へいの課題は軽水炉とは異なる。ナトリウムは、元来全てが質量数23の^{23}Naである。ナトリウムの（n, γ）反応により放射性の^{24}Naが生成される。これは15.0時間の半減期であり、崩壊に伴って1.4MeVと2.8MeVのガンマ線を放出する。また、（$n, 2n$）の閾値反応も生じ、^{22}Naが生成する。^{22}Naは、2.6年の半減期であり、1.3MeVのガンマ線を放出する。運転中は、^{24}Naが主たる放射化物質であり、SFRでは1次ナトリウム中の^{24}Naからのガンマ線に対する遮へいが一つの重要課題となる。炉停止後10日程度経過すると^{22}Naが主たる放射線源となる。ただし、1次ポンプとIHXのメンテナンスでは、11.4.5節で論じた腐食生成物の放射能が最も重要な放射線源となる。CRBRPの1次系の^{24}Naの比放射能の計算値は、30Ci/kg（1次ナトリウム総量6.4×10^{5}kgに基づく）である。FFTFでは、同計算値は11Ci/kgとなる。1968年という初期のGE社設計のプール型炉では［7］、同計算値は18Ci/kgである（1次ナトリウム総量1.3×10^{6}kgに基づく）。CRBRPの30年運転後の^{22}Naの比放射能計算値は3.5mCi/kgであり、FFTFでは1mCi/kgである。

SFRのその他の放射線源は、原子炉のカバーガスである。ナトリウム中の不純物の放射化と^{40}Arの直接の放射化による^{41}Arがカバーガスの放射能の原因となる[8]。^{23}Naの（n, p）反応で生じる^{23}Neもあるが、半減期は38秒と短い。

主たる設計要求は、ある一定割合の燃料ピンから漏洩があった場合でも運転可能とすることである。FFTFでは、この破損燃料の割合は1%と定められている。設計基準条件での原子炉カバーガス中の核分裂生成物ガスによる放射能の計算値を、表12.2に示す。破損燃料は1%まで達しないため、実際に観測された放射能はこれらのレベルよりはるかに小さい値であった。

表12.2　FFTFのカバーガス放射能レベルの設計基準値

同位体	放射能(Ci/m^3)
Xe-131m	5.43×10^{-1}
Xe-133m	1.47×10^{1}
Xe-133	2.67×10^{2}
Xe-135	1.26×10^{3}
Kr-83m	6.82×10^{1}
Kr-85m	1.34×10^{2}
Kr-85	9.30×10^{-9}
Kr-87	1.80×10^{2}
Kr-88	2.64×10^{2}

注:"m"は準安定状態(metastable)であることを表す

12.4.2　原子炉容器内の遮へい

原子炉容器内の径方向遮へいは、(1)プラント寿命中炉内に存在する構造材が過度に照射損傷する

8　FFTFでの^{41}Arの放射能は0.15～0.4Ci/m^{3}の範囲であり、大きな問題とはならなかった。

ことを防ぐため、そして、(2)原子炉容器そのものを守るために設置される。炉容器内の構造物の例として、コアバレルや炉心拘束機構がある。炉心下部の軸方向遮へいは、炉心支持構造物を守るために必要となる。遮へい設計では、永久構造物が、脆性破壊の限界基準を満足するよう、寿命末期でも延性を維持できるように保証する必要がある。FFTFとCRBRPでは、延性の閾値は全伸び量の10%とされた。これは、破損に至るまでの歪みが延性モードであることを保証し、また、設計にて従来の構造解析手法や判断基準が適用できるレベルである。

径方向ブランケットは、炉心と径方向の構造物との間の最初の遮へいである。[9] ブランケットの後方には、取り出し可能な径方向遮へい体がある。初期のCRBRPの均質炉心設計における集合体の配置を図12.18に示す。[10] これに対応する高さ方向の図を図8.21に示す。径方向遮へい体は、図8.21に示

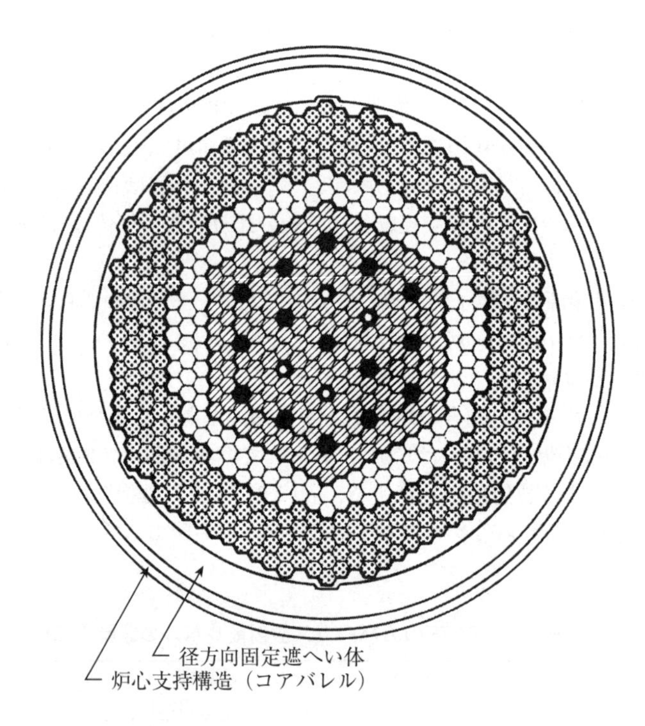

集合体タイプ	集合体数
炉心燃料集合体	198
ブランケット燃料集合体	150
径方向遮へい体	324
制御棒集合体（主系）	15
制御棒集合体（後備系）	4

図12.18　CRBRPの炉心配置平面図（初期の均質炉心設計）

[9] FFTFでは径方向ブランケットは無いが、固定式の径方向遮へい体、径方向の支持構造物、そして炉心バレルを守るため、取り出し可能な径方向反射体を用いている。

[10] プール型のS-PRISM設計の炉心配置を付録Bの図B.7に、ループ型のJSFR設計のそれを付録Cの図C.4に示す。

すように、ステンレス鋼もしくはナトリウム共存性のあるインコネル®等のニッケル基合金のロッドを内包している。ニッケルは、大きい非弾性散乱断面積を持つため、特に高速中性子のエネルギーを低下させるのに有効である。ニッケルほどではないが、鉄もまた有効である。ただし、ステンレス鋼はインコネル®よりも安価である。CRBRPの材料選択では、316ステンレス鋼とインコネル600®に絞られた。CRBRP設計における遮へいロッドは、下部軸方向ブランケット下端から上部軸方向ブランケットのほぼ上端にまで及ぶ。遮へい体は、ナトリウムで冷却するためにロッド束の形式を取る。遮へい体の主たる発熱源は、炉心とブランケットから来るガンマ線と、遮へい体そのものにおいて非弾性散乱と中性子吸収反応で生成したガンマ線である。FFTFでは、径方向反射体はインコネル®の六角ブロックで形成されており、互いにボルト留めされている。ブロックに設けられた貫通孔が冷却材流路となる。

CRBRP設計では、取り出し可能な径方向遮へい体が、固定式の径方向遮へい体で取り囲まれている。固定式の径方向遮へい体は、厚さ0.146mのアニュラス形状をした316ステンレス鋼であり、耐荷重構造物ではないため相対的に長い耐照射寿命を有する。FFTFの固定式径方向遮へい体は、平板による12面体の形状をしており、炉心と炉心（コア）バレルとの間の遮へいを形成する。

プール型設計では、中性子を減速しIHX到達前にそれらを吸収するために、通常黒鉛が径方向遮へいの中に組み込まれている。構造材の放射化を低減するために、炭化ホウ素（B_4C）を用いた局所的な遮へいがIHXや1次系ポンプの近傍に使われている。これらにより、IHX内の熱中性子による2次ナトリウムの放射化低減と同時に、メンテナンスを容易にしている。

炉心支持構造物と下部入口モジュールを守るために、軸方向遮へい体が下部軸方向ブランケットの下方に設置されている。CRBRPでは、この遮へい体は、各々の燃料集合体、ブランケット集合体、制御棒集合体の中に長さ0.51mの316ステンレス鋼の遮へいブロックを設けることで形成している。FFTFでは、下部遮へい体と入口部オリフィスの集合体は長さ0.54mである。FFTFでもCRBRPでも、上部のナトリウム・プールで遮へいがなされるため、特別な上部軸方向遮へい体は要求されていない。

CRBRPのベッセル内の遮へい解析で大きな課題となったのは、中性子ストリーミングの予測であった。解析に影響を与える中性子ストリーミングの経路には、固定式の径方向遮へい体で設計上要求される隙間、炉心燃料集合体の軸方向遮へい部に設けられる冷却用の流路、核分裂性ガスのプレナムや、原子炉容器内の構造物との取り合い部などがあった。

12.4.3　原子炉エンクロージャの遮へい

原子炉エンクロージャ（reactor enclosure system）の主要な遮へい部位には、機器の貫通部と原子炉上蓋内の取り合い部、原子炉容器支持部、原子炉容器外の原子炉キャビティ部の中性子束モニタがある。典型的なループ型設計であるCRBRPのこれらの部位を図12.19に図示する。プール型設計では、タンク支持部や原子炉キャビティ壁部の中性子束レベルは、ループ型と比較して低い。従って、これらの部位の遮へい上の課題は相対的に小さい。

ここでは、典型的な遮へいの課題の代表例として、CRBRP設計におけるこれらの部位の設計対策について示す。

12.4.3.1　原子炉上蓋の遮へい

CRBRPの原子炉上蓋（closure head assembly, CHA）を図12.20に示す。主な貫通部には、燃料交換機器、制御棒駆動機構、炉内上部構造物のジャッキ機構がある。CHAの遮へい設計に影響する放射線のソースタームには、CHA貫通部や機器取り合い部における階段状のアニュラス部からの中性子

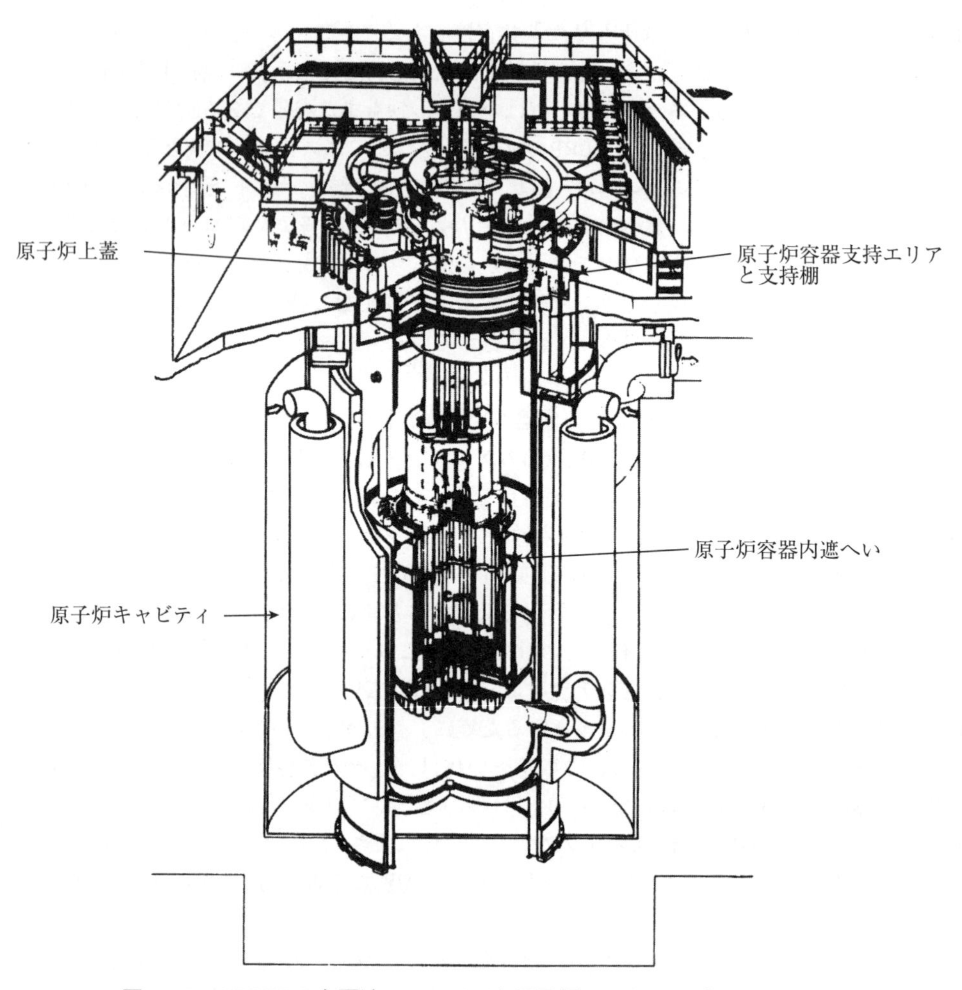

図12.19 CRBRPの主要遮へいエリアと原子炉エンクロージャ

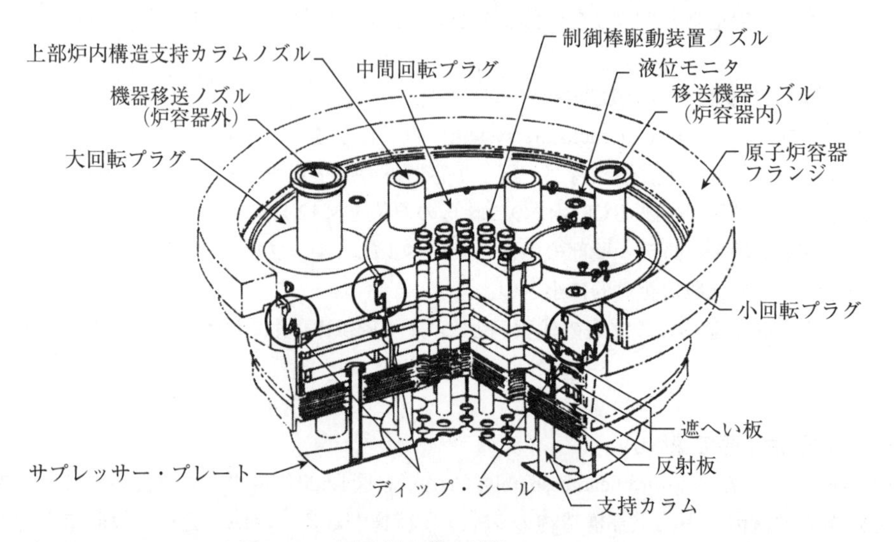

図12.20 原子炉上蓋の構造(CRBRPの例)

やガンマ線のストリーミング、CHA下部や貫通部の放射性カバーガスや、CHA遮へい部を通過してくる中性子やガンマ線がある。

図12.20に示した燃料交換プラグ周りのナトリウムディップシール（sodium filled dip seal）は、CHAの遮へい設計上の主要課題である。これらのシールは、CHA回転プラグのアニュラス部でカバーガスに対する障壁を形成している。CRBRPは、破損燃料が1%になるまでは運転継続できるよう設計されている。この破損燃料からカバーガスに移行する放射性のFPガスを考慮すると、上蓋のアクセスエリアに人が近づけるためには約0.3mの鋼製の遮へいが必要となる。ディップシールの得失評価の結果、図12.20に示す通りの上蓋内のシール配置となった。これらディップシール部を透過してくる放射線が上蓋アクセスエリアの線量の最大要因となっている。

12.4.3.2 原子炉容器支持エリアの遮へい

原子炉容器支持エリアの遮へいは、FFTFとCRBRPの両方にとって大きな設計課題となっていた。放射線源のほとんどは、原子炉キャビティ部のストリーミングである。FFTFでもCRBRPでも、熱中性子を止めるために支持棚（support ledge）の下方に缶封入されたB_4C遮へい体が配置され、炉容器のフランジ高さ部では間隙部のストリーミングを減らすため、炭素鋼のつば（collar）が設けられた。支持部上部には、上蓋アクセスエリアへのストリーミングを減らすためコンクリートの遮へいリングが設けられた。

12.4.3.3 容器外中性子束モニタ

停止時および燃料交換時の炉心を監視する中性子束モニタ（source range flux monitor, SRFM）は、CRBRPでは原子炉キャビティ部に設置されている。炉心から出てモニタに到達する中性子束は、炉心の未臨界度を計測するのに十分な大きさ（強度）を持たなければならない。同時に、外部線源からの中性子束とガンマ線は小さく抑える必要がある。また、これはSRFMを遮へいすることで達成され、遮へい体は0.51mと0.63mの黒鉛減速ブロックで構成される。鉛とB_4Cのバックグラウンド遮へい体で囲まれている。燃料移送容器で移送中、あるいは貯蔵容器に貯蔵中の燃料による中性子のバックグラウンドは、原子炉キャビティ部のB_4C遮へい体により低減される。SRFMにおけるガンマ線のバックグラウンドは、鉛付きの減速材ブロックで囲み、原子炉容器、ガードベッセルやナトリウムからのガンマ線レベルを低下させること、そして、SRFMの構造材料として高純度のアルミを用いて中性子による放射化ガンマ線を最小化することで、許容レベルまで低減される。

12.4.4 熱輸送系（ループ型設計）

中間熱交換器は、2次系ナトリウムの放射化を防ぐために、中性子から遮へいする必要がある。CRBRPでは、2次系ナトリウムの放射化は0.07 μCi/kg未満に抑えられることとされていた。機器室の通常のコンクリート壁は巨大な遮へいとなる。配管を通って機器室に入ってくる中性子ストリーミングを減らすために膨大な設計努力が払われた。

CRBRPでは、燃料被覆管破損を検知するための遅発中性子モニタも熱輸送配管系に設置されていたため、これらモニタ部の中性子バックグラウンドも最小化されなくてはならなかった。

CRBRPの遮へい設計における課題は、機器室のコンクリート壁での光中性子生成（photo neutron production）であった。これらの光中性子は、1次系配管中の^{24}Naからのガンマ線とコンクリート中の重水素との相互作用により発生する。遅発中性子モニタにおける中性子バックグラウンドの80%以上はコンクリート中の重水素からの光中性子に起因するため、モニタ周りの中性子バックグラウンド遮へい材には水素を含まない材料が指定された。

12.4.5 遮へい方法

炉心近傍の中性子束分布や放射線強度は、一次元、二次元、および三次元の拡散計算から得られる。しかしながら、炉心から遠く離れた場所や容器外部での中性子やガンマの線量率については、輸送理論による解法が必要となる。ストリーミングの計算では、輸送理論と組み合わせた特別な技術が要求され、また、設計裕度が小さい場合はストリーミング計算の実験検証がしばしば要求される。

CRBRPとFFTFの遮へい解析では、離散座標系輸送計算（discrete-ordinate transport theory calculation）にて40から60群の中性子エネルギー群が用いられた。ストリーミング問題を解くために、前方バイアスを持った100-166点の角度積分分点が用いられ、また、設計計算を検証するために、アルベド散乱データを用いたモンテカルロ輸送計算法が実験結果との検証に基づいて開発された。

高速炉の遮へい設計では、遮へい物質を透過する中性子の輸送を減衰率10^8～10^{10}で解くコンピュータ解析が行われる。このように深い部分まで通過する問題を扱う遮へい設計は難しく、また大きな不確かさを含んでいる。遮へい設計のバイアス係数を求める国際的な活動の一つとして、インドのスイミングプール型研究炉であるAPSARAの周辺遮へい部キャビティを用いたモックアップ実験が行われた。中性子束を$1.03 \times 10^{10} n/cm^2 s$まで高めるため、炉心端部と周辺遮へい部のステンレス鋼ライナの間にある水の大部分を空気充填のアルミ缶へと置換した上で、劣化ウランを装荷した転換集合体が用いられた。以下に示す通り、径方向と軸方向の遮へいを模擬した様々な遮へいモデルについて、フェーズ分けした実験が行われた［8］。

1. 径方向遮へいを模擬するための「鋼－ナトリウム」モデル、「鋼－ホウ酸添加黒鉛－ナトリウム」モデルおよび「鋼－炭化ホウ素－ナトリウム」モデル。
2. 径方向遮へいの炭化ホウ素を黒鉛で置換した場合の効果を調べるための「鋼－黒鉛－炭化ホウ素－ナトリウム」モデル。
3. 検出器位置での中性子束のバイアス係数を得るための、上部軸方向遮へいを模擬した「鋼－ナトリウム」モデル。
4. 下部軸方向ガスプレナムを模擬したグリッド・プレート部のはじき出し損傷量（displacement per atom, dpa）評価用バイアス係数を得るための、ガスプレナム部の放射線ストリーミングモデル。
5. ストリーミング計算を検証するための、上部遮へいと移送アームの小型模擬モデル

「鋼－ナトリウム」を通過する輸送の場合、中性子束計算値は係数2の範囲内で実測値と一致した。ホウ酸添加黒鉛や炭化ホウ素を用いた遮へいモデルでは、概して計算は中性子束を係数3から5の範囲で過小評価した。ガスプレナムモデルでの測定からは、0.1MeV以上の高速中性子フルエンスとその結果としてのdpa計算値は係数1.5から3.5の範囲で過小評価となることが示された。上部遮へいモデルの放射線ストリーミングでは、係数2の範囲内であることが示され、従って、ガンマ遮へい計算ではバイアス係数2が用いられている。高速中性子束のストリーミングは係数2で過小評価された。同様に、移送アームモデルの全ての体系では、高速中性子束は係数2で過小評価された。

遮へい解析向けの核データとしては、ENDF/B-IV（アメリカ）に基づく中性子100群とガンマ線21群からなる121群断面積セット（DLC-37）が用いられている。DLC-37では、多くの重要な核種の断面積が使えないことを考慮し、P5までの異方性を考慮してDLC-37と同じフォーマットを持つ新しい121群セットIGC-S2がENDF/B-VIから作られた。長期的な視点で、不確かさを係数2未満へと減らすために、中性子175群とガンマ線42群からなる新しい断面積ライブラリがENDF/B-VIから作られた。自己遮へい断面積と多くの熱領域のエネルギー群を扱うこのライブラリを使うことで予測精度が向上した［10］。この175群ライブラリは、容器内の遮へい設計や中間熱交換器の局所的な遮へい設計に

用いられている。

SFRの上部遮へい／ルーフ・スラブ（slab, 厚板の意）には、種々の機器類が貫通する開口部が多くある。開口部とそこを通過する機器との間の円環状の間隙を通過する放射線ストリーミングを防ぐため、上部遮へい／ルーフ・スラブの上側には補完的な遮へいが必要となる。炉心からの中性子は、炉心集合体上部の1次系ナトリウムそのもので全体が遮へいされるため、この遮へいは1次系ナトリウムからのガンマ線のみを遮へいするために必要となる。

この補完的遮へいの材料としては鋼と鉛が主たる候補であり、運転温度、設置スペース、製造性などに基づき選択される。補完的遮へい設計において重要な点は、この遮へい体が原子炉全体の重量の多くを占める、上部遮へい／ルーフ・スラブに荷重を加えることである。

12.5　燃料交換

燃料取扱いは、次の2段階からなる。(1)原子炉内で使用済み燃料集合体を新燃料集合体へと交換する。(2)発電所で新燃料集合体を受け入れ、使用済み燃料を発電所から搬出する。本節では、この2段階について論じる。

燃料の装荷や取り出しについての機構的なプロセスを議論する前に、図12.21を用いて、全体の流れの主たるステップを先ず見てみる。このようなステップは、燃料交換機の機構に関係なく必要なものである。

プール型とループ型の主要機器と建屋配置を図12.22と図12.23にそれぞれ示す。プール型はスーパーフェニックスの設計である。ループ型設計は、アトミック・インターナショナル社（AI社）が開発した実証炉規模のものである。液体金属冷却炉向け燃料交換機設計は、参考文献［12］にてレビューされている。フェニックスの燃料交換システムは参考文献［13］に記述されている。ループ型であるJSFRの燃料交換ステップは、付録Cに記載しており、図C.13に図示している。

原子炉の燃料交換（フェーズ1）は原子炉停止とともに行われる。燃料の受け入れと搬出（フェーズ2）は、そのための機器やセル（cell）が原子炉格納建屋の外に位置する炉外燃料貯蔵設備系に配置されているため、原子炉が運転中でも行うことができる。

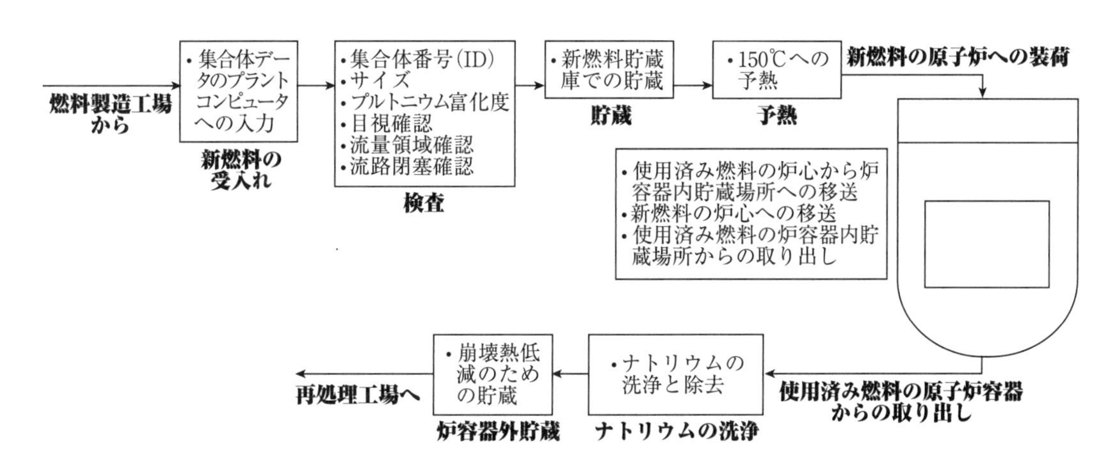

図12.21　燃料集合体の取り扱い手順

12.5.1　原子炉の燃料交換

燃料交換は、（間隔日数をもっと長くすることも可能だが）通常1年に1回行われ、また、1回の燃料交換で3分の1の炉心燃料が取り替えられることが多い。燃料交換システムは、通常の燃料交換を2週間未満で終えるように設計される。

定期的に交換される集合体には、炉心燃料、径方向ブランケット、制御棒および遮へい体がある。LWRとは対照的に、SFRでは原子炉容器の上蓋（ヘッド）を外さずに燃料交換が行われる。この技術は、プラグ下燃料交換（under-the-plug-refueling）と呼ばれる。

図12.22と図12.23で示したように、燃料交換プロセスでは3箇所のエリアが使われる。1つ目は原子炉容器もしくはタンク、2つ目は燃料移送セル（fuel transfer cell, FTC）もしくは移送チャンバ、そして3つ目は炉外燃料貯蔵槽（ex-vessel storage tank, EVST）もしくは貯蔵用のカルーセル（回転式コンベア）である。炉内中継装置（in-vessel transfer machine, IVTM）は、燃料を原子炉容器内で移送するのに用いられる。プール型、ループ型ともに、燃料は移送バケット内に入れられ、A字形状フレーム

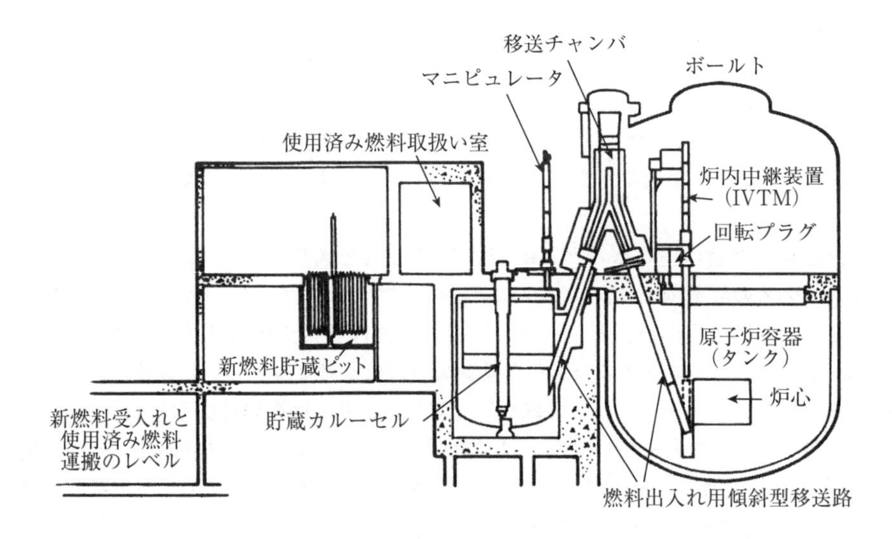

図12.22　プール型炉の燃料交換システム
（スーパーフェニックスの設計例）

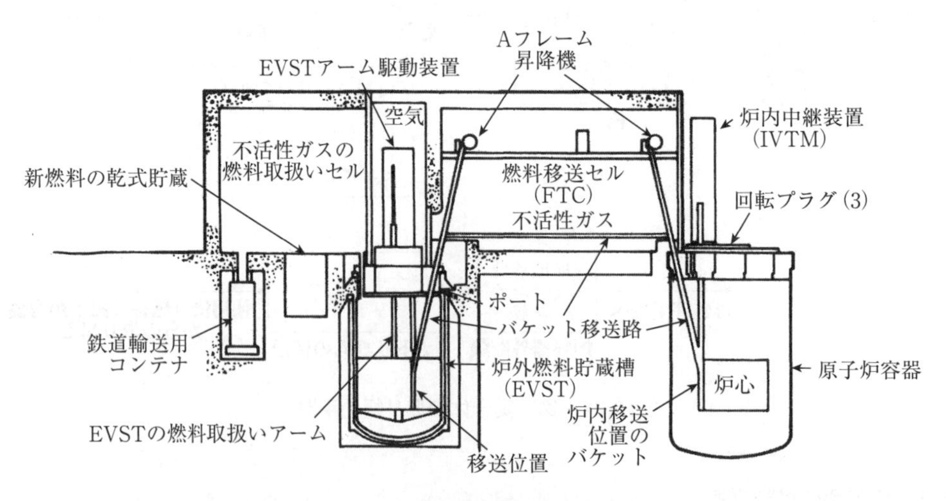

図12.23　ループ型炉の燃料交換システム
（参考文献11のアトミック・インターナショナル社の設計例）

のホイスト（昇降機）によって原子炉容器とEVSTとの間を移送される。移送ポート（開口部）は、原子炉容器とFTCとの間、およびEVSTとFTCとの間に設けられている。燃料取扱いアーム、もしくはマニピュレータがEVST内で燃料を移送する。AI社設計の、EVSTは、燃料交換1バッチ分の新燃料と全炉心分の使用済み燃料を収容できる容量がある。

燃料移送の全プロセスにおいて、燃料はナトリウム中で取り扱われる。EVST内の新燃料を出発点として、使用済み燃料を交換する流れを見てみる。AI社の設計に基づいてこの流れを解説する。他の設計では、細部こそ異なるものの、全般的には類似している。新燃料集合体は、EVSTの燃料取扱いアームにより、EVST内の貯蔵位置から引き上げられる。新燃料集合体は、ナトリウム中で移送され、移送バケット内に入れられる。このバケットには集合体2体分のスペースがあり、1つは新燃料集合体に、他方は使用済み燃料集合体に使うことができる。この段階では、バケットには直立した形で1体の新燃料のみが入っていることになる。次いで、バケットは燃料移送ポートを通過する角度で持ち上げられ、移送路によってガイドされFTCへと運ばれる。その後、原子炉容器までガイドされ、2つ目の燃料移送ポートを通って原子炉容器内に入り、炉心外側の遮へい領域に直立した形で置かれる。

その後、IVTMが交換対象である使用済み燃料集合体の直上へと移動し、集合体を掴む。使用済み燃料集合体は他の集合体の上方へと持ち上げられ、ナトリウムのプール中を通って移送バケットの空きスペースへと移送される。次いで、新燃料集合体は移送バケットからIVTMによって引き抜かれ、使用済み燃料が引き抜かれた炉心位置へと移送される。使用済み燃料集合体は、FTCを経由してEVSTへと運ばれる。以上のプロセスが次の新燃料に対して繰り返されることになる。

FTC内は不活性ガス雰囲気である。この不活性ガスは、通常は原子炉のカバーガスと同じ、つまり、アルゴンガスである。Aフレームのホイストは、移送バケットをFTCもしくは移送チャンバへ運ぶ際に用いられる。プール型設計では、大きな原子炉タンクゆえにスペースがあり、Aフレーム・ホイストの頂部は低くてすむので、移送チャンバ内に収まり、ループ型炉で必要な水平方向移動が不要となる。ループ型では、原子炉容器の直径が小さいため、FTC内のホイストの頂角が非常に急峻となる。

新燃料や使用済み燃料の移送時、移送バケットにはナトリウムが充填されている。AI社の設計では、バケット頂部にサイフォンがあり、ナトリウム液位をバケット頂部より150mm下方にできる。これにより、どちらかのナトリウムプールから吊り出されるときもナトリウムはFTC内で溢れ出ない。

炉停止後2日ほど経てば使用済み燃料の崩壊熱は30-40kWのオーダーとなるため、燃料交換を開始できる。AI社設計によるFTCの移送プロセスでは、移送バケットはナトリウムプール内から外に10分間ほど出ることになる。この間、バケット内のナトリウム温度は使用済み燃料の崩壊熱により約20℃上昇する。バケットがFTC内で立ち往生した場合は、崩壊熱は輻射によりバケット表面からセルの壁へと放熱される。3時間程度以上で、バケット温度は最高500℃程度まで上昇する。熱はセルの壁を通って建屋内の空気へと放熱される。バケットが移送ポートで立ち往生した場合、バケット温度を500℃以下に維持するためには強制循環が必要となる。

大型のSFRでは、燃料交換に回転プラグを用いる設計となっている。回転プラグでは、いくつかの回転するプラグが原子炉上蓋（ヘッド）についており、IVTMが最も小さいプラグ上に搭載されている。通常、3種類の回転プラグが用いられる。CRBRP設計におけるこれらのプラグを図12.20に示す。最大のプラグは原子炉容器フランジと同心であるが、小さい2つのプラグは偏心している。各々のプラグは独立して回転でき、これによりIVTMは原子炉内のいずれの集合体の直上にも移動できる。

AI社設計のEVSTでは、1種類のみの回転プラグが用いられ、プラグの下にあるアームが集合体の移送に用いられる。スーパーフェニックスでは、カバーに回転プラグを持つ型式ではなく、集合体がカルーセル上（carousel、回転式台座）を回る型式である。

ここに記した燃料交換設計のロジックは、その開発が容易である、もしくはSFRで燃料交換を行うために最適で唯一の自然な方法であるという印象を与えるものではないであろう。これらの設計は、長期に亘る検討の結果であり、また、絶え間なく行われている独創的な革新機器とともに未だ開発途上にある。SFRでは他の燃料交換方法の適用も可能であり、実際に採用されたこともある。例えばFFTFでは、異なった寸法の3つの回転プラグは用いておらず、代わりに独立して回転する小さい3つのプラグを上蓋の下についたアームと一緒に用いることで燃料を移送する。これら3つのプラグは、それぞれ全集合体の3分の1づつを取り扱う。SEFORでは全く異なり、より簡素なシステムが用いられた。SEFORではアルゴンガスによる不活性の燃料交換セルが原子炉容器を覆っている。燃料交換時には、軽水炉の燃料交換と同様に原子炉容器の上蓋が外され、燃料は燃料交換セル中へと引き抜かれ、貯蔵タンクへと移送される。SEFORでは、放射線レベルが低くアルゴンガスの自然循環冷却で冷やすことができるため、このシンプルな燃料交換法が適用できた。

スーパーフェニックスの炉容器外の貯蔵カルーセルで問題が生じた後には、新燃料、使用済み燃料とも炉容器内貯蔵の型式を選択する、設計上の動きがあった。この概念では、一次容器（訳注：原子炉容器）が幾分大きくなる一方で、炉外燃料貯蔵システムで必要となる追加の予熱系や冷却系の他、カバーガス系や漏洩検出系、緊急時冷却系など、プラント・コストを上昇させる種々の設備が不要となる。インドのPFBRは、炉外燃料貯蔵システムを削除した新設計の代表例である。

12.5.2 受け入れと搬出

燃料の受け入れと搬出は燃料取扱い建屋にて行われ、この建屋には、燃料搬出入エリア、新燃料取扱いエリア、そして使用済み燃料取扱いエリアがある。これらのエリアは、図12.22や図12.23では、原子炉周りで各々のエリアの方位が異なるため、十分に図示できていない。

新燃料は、原子炉運転中でも受け入れることができ、乾式貯蔵タンクに安全に保管される。この後、新燃料は、燃料交換のため炉停止前にEVSTへと移送される。

使用済み燃料は、原子炉運転中にEVSTから使用済み燃料取扱いエリアへと移送され、その後、遮へいされた使用済み燃料運搬キャスク（shielded used fuel shipping cask, SFSC）に収納される。発熱が小さい使用済み燃料は、ガス雰囲気のSFSCに収納できる。発熱が大きい使用済み燃料には、いくつかの選択肢がある。再処理が同一サイトにて行われる場合は、ナトリウム中で運搬することができる。再処理がサイトから離れた場所で行われる場合は、ガス雰囲気SFSCでの運搬が可能になるまで長期間貯蔵するか、もしくは強制循環によるガス冷却SFSCで運搬が行われる。

12.6 計装

全ての原子炉システムでは、プラントの制御と科学的データの収集に必要な連続モニタリングを行うため、高度な計装を備えている。放射線モニタなど、これら計装の多くは、全ての原子炉型式に共通であり、本テキストでは対象外とする。ただし、液体金属であるが故にSFRに特有な計装の課題がある。本節では、その課題への対応について述べる。

12.6.1 炉心パラメータのモニタ（監視）

中性子束、温度、流量や圧力などの数値は、どのタイプの原子炉でも測定する必要があるが、ナトリウム環境下では軽水炉とは若干異なる測定技術が必要となる。

12.6.1.1 中性子束

12.4.3節で述べたように、典型的なSFRの中性子束モニタシステムは、原子炉容器の外、原子炉キャビティに置かれた中性子検出器群からなる。炉内もしくは容器内の検出器は原子炉起動操作に用いられるが、この初期段階においても^{240}Puの自発核分裂による十分な強度の中性子源が既に存在するため、遠隔設置された検出器でも十分に中性子のモニタリングが可能である。特にリサイクル燃料（一度再処理された燃料）を用いる場合は、感知できるレベルの中性子源として^{242}Amもある。

図12.24は、CRBRP設計における中性子束モニタセットを示したものである。この設計では、最も感度が高いBF_3検出器が低出力運転（起動時、炉停止時）用に、^{235}U核分裂電離箱が中間出力領域用に、そしてガンマ線補償型電離箱が出力領域の計測に用いられる。図12.24に示したこれら3通りのセットでは、原子炉停止領域から過出力領域に亘って中性子束を連続記録するに当たり、各々の測定域が重複する。原子炉出力に比例する検出器からの電気信号は、原子炉制御とプラント保護システム（plant protection system, PPS）の両方に用いられる。これらの信号は、データ記録システム（data logging system）にも供給され、限界超過時には制御室の信号表示器トリップ（annunciator trip）に用いられる。

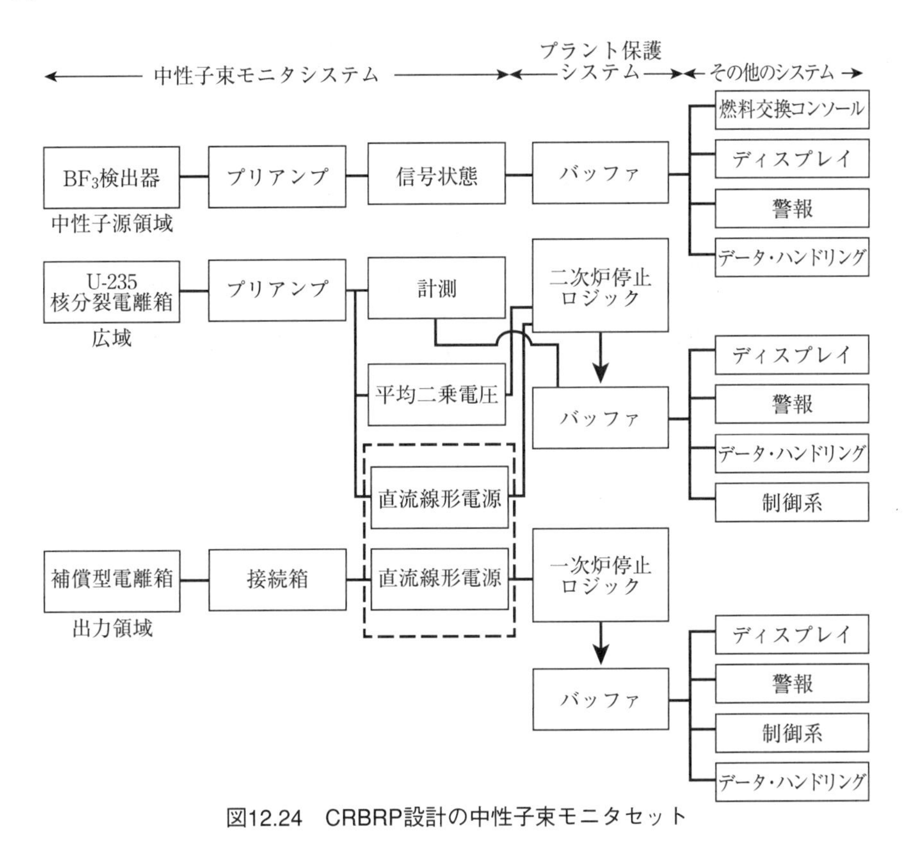

図12.24　CRBRP設計の中性子束モニタセット

12.6.1.2　温度

ナトリウムの温度を、1次系と2次系の周回全体に渡って定期的に測定することは、熱出力の算出やループの運転状態を把握するために必要である。この目的に、2つの型式の検出器、測温抵抗体（resistance temperature detector, RTD）と熱電対がよく用いられる。RTDは、プラントが設計限度内で運転されていることを確認するための、精度が高く信頼性ある計測データを提供する。図12.25に示すように、典型的な測温抵抗体のセンサ部はシース（sheath, さやの意）内に格納された二つの白金素子からなり、シースは保護管（thermowell）底部に対しバネで押し付け固定されている。この温度センサをナトリウム配管に取付けることで、保護管破損時に貫通部からナトリウムが漏洩する可能性が考えられる。保護管破損の発生は稀と思われるが、（図12.25内上方に示しているように）バックアップとしてケーブル貫通部に漏洩防止のためのシールが設けられている。

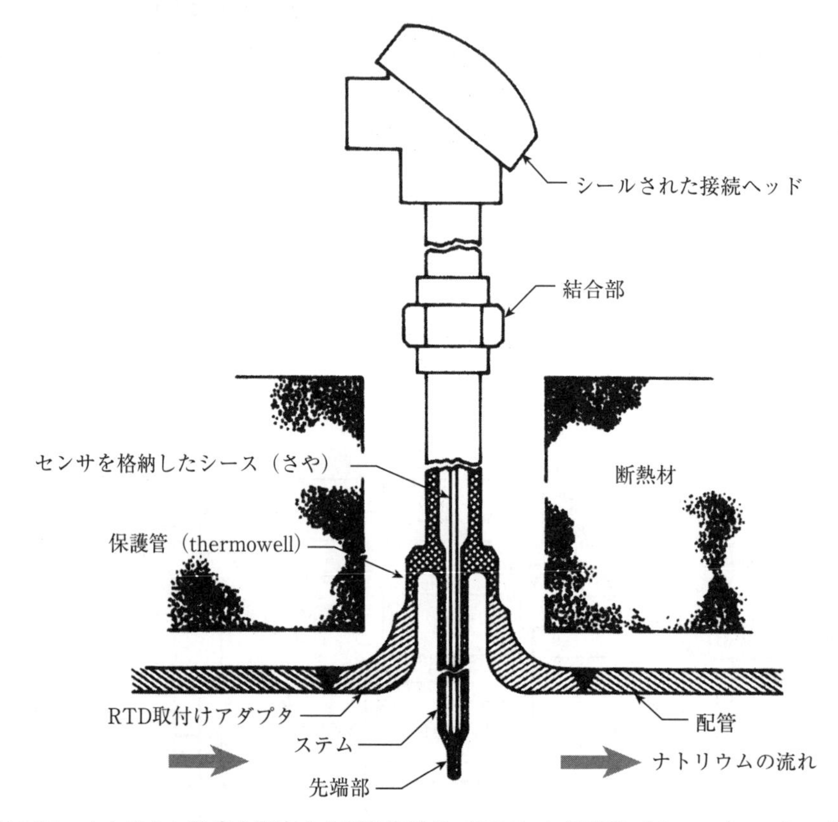

図12.25 ナトリウム温度を測定する測温抵抗体（RTD）と保護管（サーモウェル）の構造例

12.6.1.3 流量

冷却材流量の計測は、熱出力の計算やループ運転状況把握を行う上で欠くことができない。液体金属システムでは、標準的なベンチュリ流量計（venturi flow meter）と電磁流量計（magnetic flow meter）の両方がよく用いられる。ベンチュリ流量計は精度が高いが、制御系やPPSとして用いるには一般的に反応時間が遅すぎるという難点がある。一方で、電磁流量計は、精度は劣るものの早い反応を示す。両方を直列で用いた場合、ベンチュリ流量計は、反応速度の速い電磁流量計の較正用として使うことができる。[11]

電磁流量計は、液体金属システムに特有のもので、液体金属の電気物性を利用して流速を電気信号に変換する装置である。図12.26に、永久磁石を用いた電磁流量計の概略図を示す。

液体金属特有の物性を活用した他の型式の流量計として、渦電流流量計（eddy current flow meter）がある。図12.27に、集合体出口から上部ナトリウム・プールへ流れ出る冷却材流量の測定に使われた

11 中性子パルスによりナトリウムを放射化させ、飛行時間記録法（time-of-flight recording techniques）を用いることで、両型式の流量計を較正することが可能である。この手法はFFTFで成功裏に用いられた。

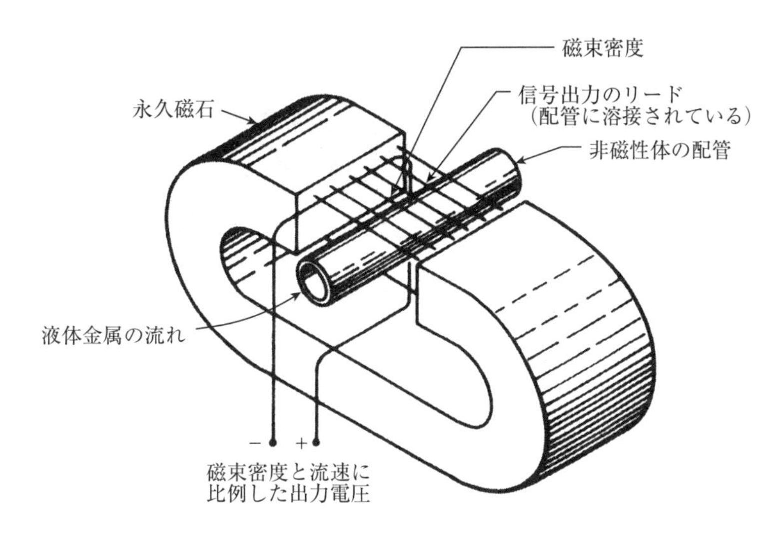

図12.26　永久磁石を用いた電磁流量計の概略図

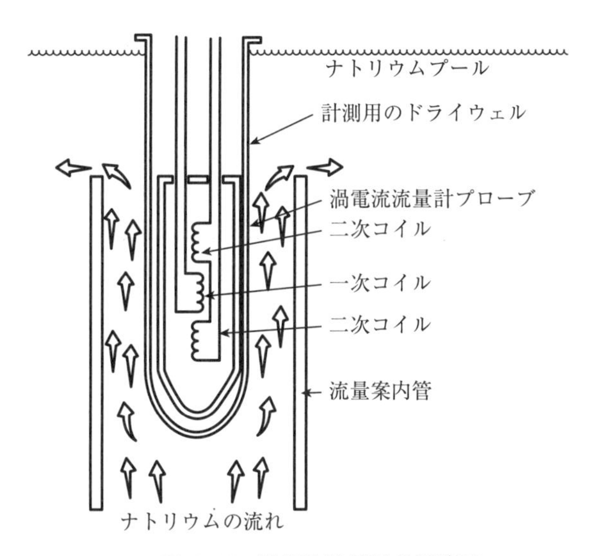

図12.27　渦電流流量計の概略図

この装置の概略図を示す。

12.6.1.4　圧力

液体の圧力を計測する方法の一つにダイアフラム（diaphram, 薄膜の意）法がある。これは、高圧の小さな液体柱が感知膜に圧力を加えた際の変位や歪みから圧力を測る方式である。しかしナトリウムの凝固点は室温よりかなり高いため、圧力計測法としては複雑になる。予熱によりナトリウムを液体状に維持はできるが、様々な適用方法に対して信頼性が高いとは言えない。よく使われる代替方法として、図12.28に示すように、ナトリウムとNaKとをベローズを介して相互作用させる方法がある。これは、室温でも液体であるNaKの性質を活用した精密な圧力変換器である。

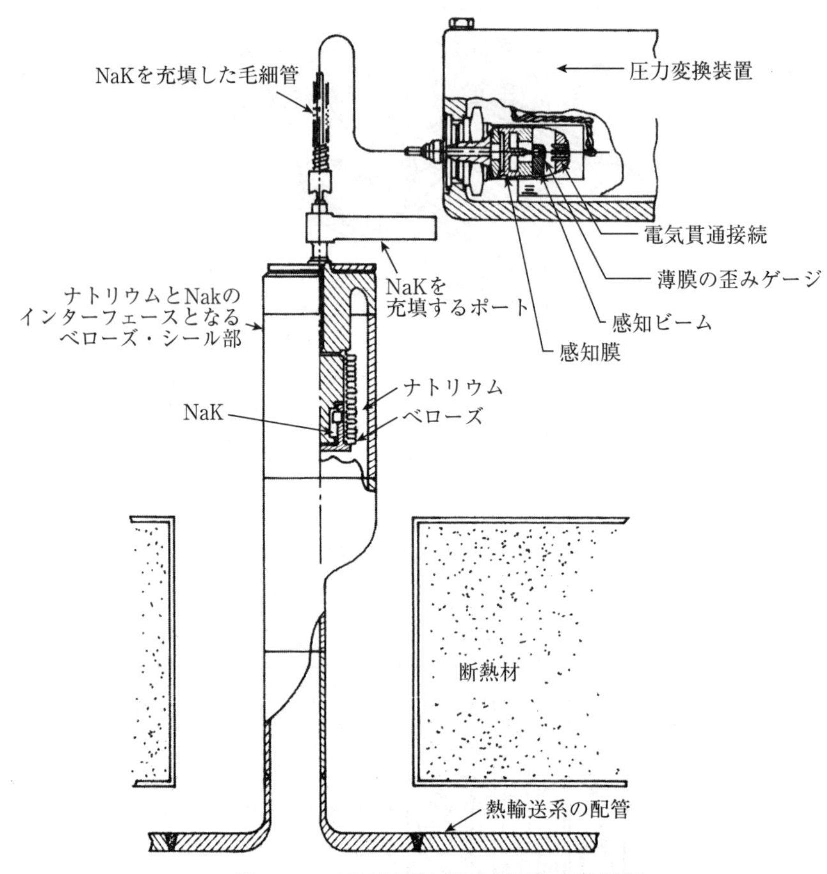

図12.28　SFR用圧力計の典型的な設置例

12.6.2　破損燃料検出

燃料要素の被覆管破損は、通常カバーガス中の放射能レベルの上昇を監視するか、もしくは原子炉から出て行くナトリウム中の遅発中性子を感知することで検出できる。漏洩が起こった燃料要素が存在する燃料集合体を同定することはさらに困難だが、後述するガス・タギング（gas tagging）という方法がある。

12.6.2.1　カバーガスの監視

カバーガス監視系は、燃料要素から洩出した核分裂生成物を検知するために通常設けられている系統である。漏えい核分裂生成物として主要なものは、希ガスのキセノンやクリプトンの同位体である。多くの核分裂生成物は、比較的低エネルギー（～100keV）のガンマ線を放射する。このような放射能を、^{23}Ne（440keV）や^{41}Ar（1,300keV）のような高エネルギーのガンマ線バックグラウンドが優勢な環境で検知することは困難である[12]。ただし、多くのキセノン同位体は比較的高いエネルギーのガンマ線を放出するため、これまでの経験からSFRにおける被覆管破損の検出は可能と考えられる。

カバーガス監視系では、特に低いレベルのガンマ線に感度が高いゲルマニウム検出器が、分解能の

12　プール型炉では、滞留期間がより長くこの滞留期間中に半減期38秒の^{23}Neが崩壊するため、加えてプール水位での乱流性が小さいため、^{23}Neの放射能はループ型炉と比較してかなり小さい。

高いガンマ分光計とともによく用いられる。活性炭吸着塔にガスを通過させカバーガス中のキセノンとクリプトンを濃縮することで、検出効率の向上が達成された。カバーガス監視系による破損燃料の検知時間は「分」のオーダーである。

12.6.2.2　遅発中性子の監視

燃料要素の被覆管破損を検出するためによく使われる2つ目のシステムは、冷却材の流れとともに回っている核分裂生成物から放出される遅発中性子を検知する方法である。その遅発中性子は主に ^{87}Br（半減期56秒）や ^{137}I（半減期25秒）といった核分裂生成物から放出される。両同位体ともナトリウムに対して可溶性であり、被覆管破損箇所からの燃料流出や、燃料から冷却材への核分裂ガスの圧出（expulsion）により、ナトリウム中へ移行する。

遅発中性子の検出器には通常 BF_3 計数管が使われ、1次系ポンプの近傍に配置されることが多い。検出に要する合計時間は、1次系ナトリウムの輸送時間に依存し、大抵は「分」のオーダである。

12.6.2.3　位置の同定

カバーガスや遅発中性子により燃料破損を検出するシステムでは、どの燃料集合体に破損した燃料要素が存在するのかという情報が一切含まれていない。大型のSFRには300体程度の燃料集合体があるため、当該燃料集合体を同定できる何らかの技術を持つことが重要となる。

一つの同定技術として、ガス・タギング法（もしくはガスタグ法）がある。安定なキセノンとクリプトンの同位体を特定の比率で混合し、最終の製造工程でそれぞれの燃料要素のガスプレナムに入れる。ある一つの燃料集合体に組み込まれる全ての燃料要素には、同じ混合比率のガスを入れる。FFTFでは、^{126}Xe／^{129}Xe、^{78}Kr／^{80}Kr、および ^{82}Kr／^{80}Krの混合比を3次元的に組み合わせることで、燃料集合体と吸収体用に100種を超えるタグガスが用いられた［14］。図12.29に示すように、破損した集合体の同定は、燃焼度やバックグラウンドを適切に補正した上で、カバーガスの質量分析結果を、予め決定された炉内全てのタグガスの同位体組成比率と比べ合わせることで行われる。

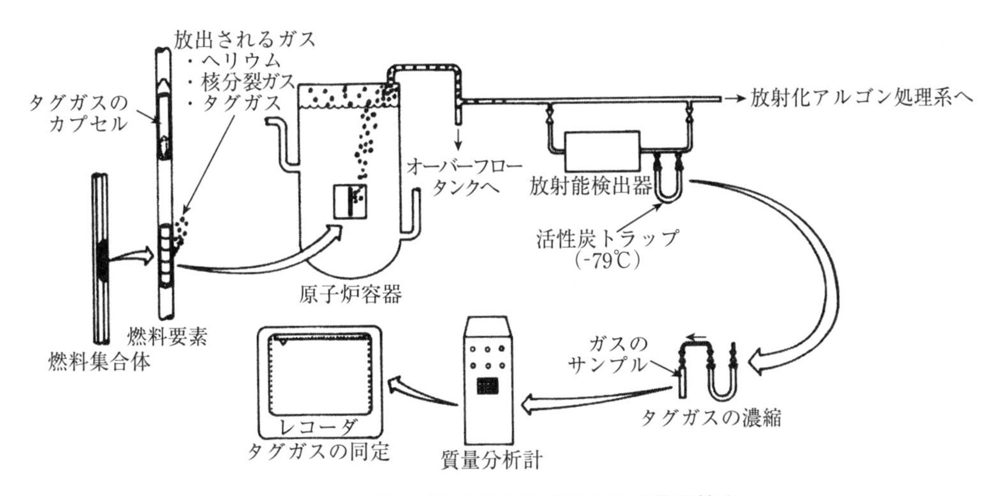

図12.29　タグ・ガス法による破損燃料の位置検出

12.6.3　ナトリウム漏洩と液位の測定

ナトリウム漏洩の検出は、すくなくとも次の三つの理由から重要である。(1)ナトリウムは空気中で燃焼する、(2)一次系ナトリウムは放射性物質である、(3)相当量のナトリウムの喪失は冷却能力を損なう可能性がある。

ナトリウムの液位は、ナトリウムを内包する全ての容器で測定する必要がある。

12.6.3.1 漏洩検出

ナトリウムの存在を検知する一つの方法は、液体金属の導電性を利用する方法である。二つの電極からなる接触型の感知器を、漏れ出たナトリウムが集まりそうな場所に挿入する。そこにナトリウムが到達すると、二つの電極がショートし制御室へ信号を送る。このような検出器は、原子炉容器の下やナトリウムが流れる配管周りの下方に配置される。このような検出器で困難な課題は、(1)電極の酸化、(2)特に少量漏洩時、漏れたナトリウムが確実に検出器まで到達することの保証である。

ナトリウム漏洩検出の二つ目の方法は、ナトリウムのエアロゾルを検出することである。問題となっているエリアの雰囲気ガスをサンプリングし、イオン化検出器やフィルタ検査で分析する。イオン化法では、熱したフィラメント上をガス流れが通過する際に発生するナトリウムイオンを利用する。ナトリウムが存在する場合は、集電極によりイオン電流が誘導される。フィルタ法では、交換式のサブミクロンフィルタをガス流路に置き、フィルタを定期的に取り出してナトリウム付着物の有無を化学的に分析する。

12.6.3.2 ナトリウム液位

ナトリウム液位の測定には、図12.30に示すような誘導型の液位プローブが適用できる。一次コイルで発生した誘導磁場は、液体金属冷却材の電気特性により変化し、それによってナトリウム液位に比例した二次信号が発せられる。全てのナトリウム収納箇所でインベントリを記録することは有用だが、根本的な安全上の懸案事項は冷却材液位が常に炉心頂部よりも十分上にあることの保証であるため、原子炉容器内のナトリウム液位がとりわけ重要である。

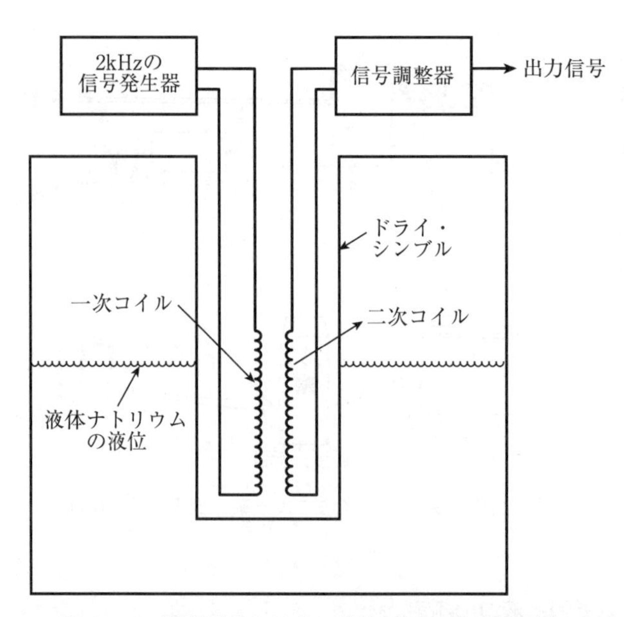

図12.30 誘導型ナトリウム液位プローブの概念図

12.7　補助系

本章の前半に述べた主要システム以外に、プラント全体の運転を行うには数多くの補助的設備（auxiliary system）が必要である。これらの多くは、例えば加熱系や換気空調系のように大型であるが、何もSFR特有という訳ではない（但し、ナトリウム系の近傍では水の存在を最小化したいというSFR特有の設計要求に基づく設計となっている）。本節では、ナトリウム冷却プラントに特有な補助系を概説する。

補助系の分類には多くの方法がある。ここでは、(1)不活性ガス（燃焼性のナトリウム冷却材周りの雰囲気として必要）、(2)予熱（トレース加熱：炉出力レベルが低い時にナトリウムを液相に保つために必要）、そして（3)ナトリウム純化（明らかにナトリウム冷却炉に特有な系統）の3つ種に分類して解説する。

12.7.1　不活性ガス

SFRシステムにおいて、液体ナトリウムの自由液面がある箇所（即ち、容器、ポンプ、IHX）では不活性カバーガスを用いることが要件となっている。ナトリウム配管が通る全ての部屋（区画）に対しても、不活性雰囲気を通常要求する保守的な設計もある。「不活性（inert)」という言葉は、通常「希ガス」という意味を含むが、ここで望まれる雰囲気ガスの重要な性質は、ナトリウムに対して化学的に不活性ということである。窒素はこの要求を満足するガスであり、また豊富に存在し、相対的に価格も安い。このため、機器室の不活性雰囲気には一般的に窒素が用いられている。ただし、400℃以上の高温部では鋼製筐体の窒化の問題があるため、窒素を使用できない。従って、これまでの主たるSFRプロジェクトでは、容器、配管や燃料交換の移送チャンバ内のカバーガスにはアルゴンが選択されている。代替えガスとしてはヘリウムが挙げられる。

このように、適用される不活性ガスは異なり、また、関連するサブシステムの物理的配置も異なるため、別々に論じることとする。

12.7.1.1　アルゴン・カバーガス・サブシステム

本システムは、全ての液体金属とガスとの接触面に対する不活性雰囲気と圧力制御機能を提供する。化学浄化には、ナトリウム蒸気トラップとオイル蒸気トラップがある。このサブシステムで必要な構成要素は、コンプレッサと貯蔵設備、そして全てのカバーガス圧を均等化するための均圧ラインである。メンテナンスを行うため、ガス雰囲気を完全に置換できる十分大きな容量を持ったパージシステム（purging system）が必要となる。

12.4.1節で議論したように、放射能汚染の可能性があるため、このサブシステムの重要な特徴として、クリプトンとキセノンの放射性同位体を除去するアルゴンガス放射能処理サブシステム（radioactive argon processing subsystem, RAPS）がある。極低温蒸留装置（cryogenic still）を用いる活性炭ろ過装置は、アルゴンからクリプトンとキセノンの同位体を効率よく除去できる。サージタンクは、汚染したアルゴン中の短寿命同位体を減衰させるのに有効である。

12.7.1.2　窒素サブシステム

窒素サブシステムは、不活性雰囲気機器室への給気に加え、気圧や純度の管理を行うために組み込まれている。これらのシステムは、機器室内の酸素もしくは水蒸気の測定値を制御信号として用い、圧力を調整するための給抽気や、汚染を最小化するための純窒素のパージといった操作を行う。また、窒素は、蒸気発生器のナトリウム・水反応の圧力開放システム、浄化運転および不活性機器室の弁作動にも用いられる。

放射能汚染を除去するために装備された特徴的な装置は、機器室雰囲気処理サブシステム（Cell Atmosphere Processing Subsystem, CAPS）である。これは、RAPSと同様に極低温浄化装置を備え同じ原理で動作するものであるが、相当大きな容量を持っていることが多い。大容量が要件の一つとなる理由は、プラント格納系の圧力試験時に機器室の加圧が必要になるためである。

12.7.2 予熱（トレース加熱）

ナトリウムの融点は98℃である。つまり、炉出力が低い時には液体状態を維持するために加熱しなければならない。通常、このような加熱は電気トレースヒータ（electrical trace heater）で行われる。図12.31に示すように、典型的なトレースヒータは酸化マグネシウムを絶縁材としたニッケル－クロムの抵抗で構成され、ニッケル－鉄－クロム合金のシースで覆われ、断熱材で囲まれている。

このようなヒータは10-20kW/m^{2}程度の熱流束を発生させる。大型のプラントでは、冷温停止からの起動時に、10MWオーダのエネルギーを消費する。1次と2次のポンプ動作後は、ポンプ駆動による摩擦熱が生じるため、トレース加熱への要求はかなり低下する。

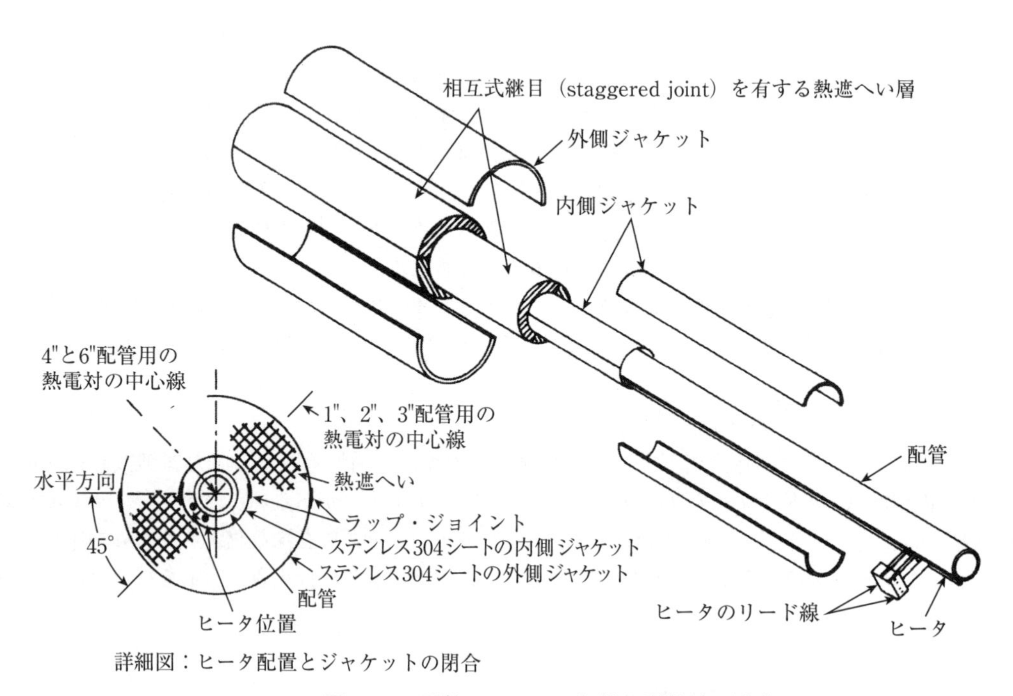

図12.31 配管のトレース加熱と断熱材の構成
（1～6インチ配管）

12.7.3 ナトリウム浄化

ナトリウム浄化系の主目的は、化学的もしくは放射性の粒子状汚染物質からナトリウムを清浄に保ことである。第11章で述べたように、通常運転時に、炉内構造材から生じた数種の微量元素が冷却材であるナトリウム中に溶解し循環する。表12.3は、典型的なナトリウム浄化系にてモニタすべき元素のリストである。

このような不純物を除去するための主な構成要素は、コールドトラップ（cold trap）である。この装置は、主循環ナトリウムループからのバイパスラインに設置され、主循環ナトリウムよりかなり低い温度（～150℃）で結晶化させることにより不純物を除去する。図12.32に、典型的なコールドトラップを示す。ナトリウム酸化物はパッキンにて晶出する。このパッキンは、詰まり始めると交換される。

このコールドトラップの特徴はエコノマイザにある。流入したナトリウムはメッシュ状の晶析部に入る前に低温へと冷やす必要がある一方で、浄化されて戻るナトリウムは主冷却系に戻る前にバルクのナトリウム温度近傍まで再加熱する必要がある。そこで、流入ナトリウムを管に通し、この管を同心円状の外管で取り囲み、この外管内に浄化されたナトリウムを対向流として流すことで浄化前ナトリウムの冷却と浄化後ナトリウムの加熱を効果的に行っている。これにより、コールドトラップの性能を満足させるために必要なナトリウム冷却・加熱のための補助系は、エコノマイザが無い場合と比較して、はるかに小さくて済む。

表12.3　典型的なナトリウム浄化系でモニタされる不純物

水素
トリチウム
リチウム
ホウ素
放射性炭素
窒素
酸素
マグネシウム
塩素
クロム
鉄
ニッケル
モリブデン
ヨウ素-131
ヨウ素-132
ヨウ素-133
ヨウ素-135
セシウム-137
ウラン
プルトニウム

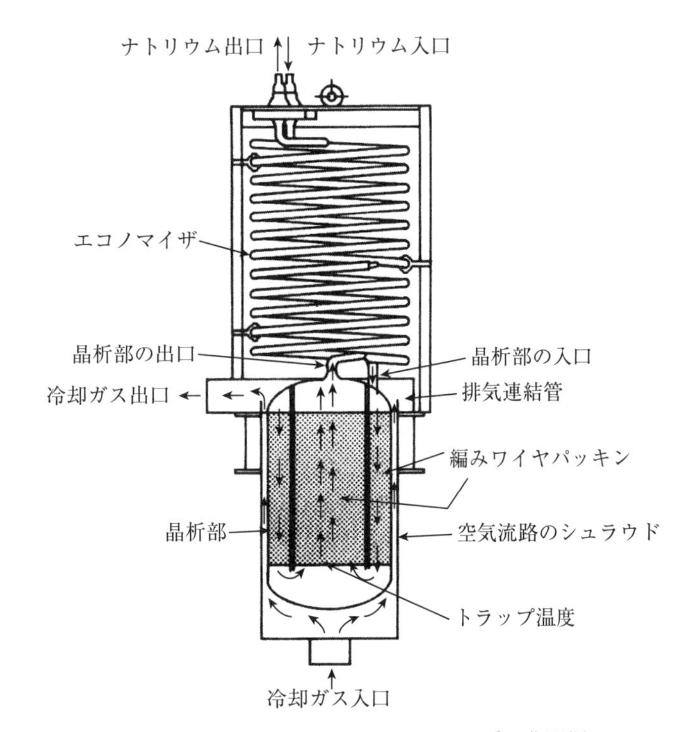

図12.32　ナトリウム用コールドトラップの典型例

【参考文献】

1. A. K. Agrawal and M. Khatib-Rahbar, "Dynamic Simulation of LMFBR Systems," *Atomic Energy Review*, 18,2 (1980), IAEA, Vienna.
2. V. Dostal, "A Supercritical Carbon Dioxide Cycle for Next Generation Nuclear Reactors," Ph.D. Dissertation, MIT (2004).
3. J. Graham, *Fast Reactor Safely*, Academic, New York, NY(1971).
4. Y. S. Tang, R. D. Coffield, Jr., and R. A. Merkley, *Thermal Analysis of Liquid Metal Fast Breeder Reactors*, American Nuclear Society, La Grange Park, IL (1978).
5. W. L. Bunch, J. L. Rathbun, and L. D. Swenson, *Design Experience-FFTF Shielding*, S/A-1634, Hanford

Engineering Development Laboratory (presented at the US/USSR Joint Fast Breeder Reactor Shielding Seminar, Obninsk, USSR, November 1978).

6. R. K. Disney, T. C. Chen, F. G. Galle, L. R. Hedgecock, C. A. McGinnis, and G. N. Wright, *Design Experience-CRBRP Radiation Shielding,* CRBRP-PMC 79-02, CRBRP Technical Review (April 1979) 7-28.
7. A. S. Gibson, P. M. Murphy, and W. R. Gee, Jr., *Conceptual Plan! Design*, System Descriptions, and Costs for a 1000 MWe Sodium Cooled Fast Reactor, Task Il Report, AEC Follow-On Study, GEAP 5678, General Electric Company (December 1968).
8. R. Indira et al., "Fast Reactor Bulk Shielding Experiments for Validation of Shielding Computational Techniques," *Proceedings of Conference on Nuclear Mathematical and Computational Sciences: A Century in Review, A Century Anew*, ANS, Gatlinburg, TN (2003).
9. K. Devan et al., "Generation and Validation of a New 121 Group Coupled (n, γ) Cross-section Set for Fast Reactor Applications," *Annals of Nuclear Energy*, 23 (1996) 791.
10. K. Devan et al., "Effects of Cross-Section Sets and Quadrature Orders on Neutron Fluxes and on Secondary ^{24}Na Activation Rate of a Pool Type 500 MWe FBR," *Annals of Nuclear Energy*, 30 (2003) 1181.
11. J. S. McDonald (AX), C. L. Storrs (CE), R. A. Johnson (AI), and W. P. Stoker (CE), "LMFBR Development Plant Reactor Assembly and Refueling Systems," *Presented at ASME Meeting*, San Francisco, CA (August 18-21, 1980).
12. K. W. Foster, "Fuel Handling Experience with Liquid Metal Reactors," *Proceedings of the International Symposium on Design, Construction and Operating Experience of Demonstration Liquid Metal Fast Breeder Reactors*, Bologna, Italy (April 1978).
13. E. Benoist and C. Bouliner, "Fuel and Special Handling Facilities for Phénix," *Nuclear Engineering International*, 7 (1971), 571-576.
14. N. J. McCormick and R. E. Schenter, "Gas Tag Identification of Failed Fuel I: Synergistic Use of Inert Gases," *Nuclear Technology*, 24 (1974), 149-155. See also Part II, "Gas Tag Identification of Failed Fuel II: Resolution Between Single and Multiple Failures," *Nuclear Technology*, 24 (1974), 156-167.

Part IV
安全性

いかなる炉型の原子炉、もしくは原子炉以外のあらゆる工学システムにおいても、安全解析はシステムの設計や運転において不可欠である。高速炉安全解析の議論は、プラント保護システム（PPS）が設計通りに働く炉停止成功過渡事象（Protected Transients）と、そうでない場合の炉停止失敗過渡事象（Unprotected Transients）の二通りに分類される。ここで紹介する安全解析の導入部分は、基本的な安全設計思想とその技術的アプローチに関するもので、第13章で解説する。炉停止成功過渡事象のより詳細な議論は、第14章で扱う。炉停止失敗過渡事象については、自己防御性を説明する章である第15章から始める。エネルギー放出により炉心崩壊につながる仮想的な事象については、そこで生じる複雑な相互作用を理解するために考慮すべき事項のレビューとともに、第16章で説明する。

これらの4つの章は、高速スペクトル炉の冷却材としてほぼ全世界で標準的と認識されているナトリウムを用いる炉システムに焦点を当てている。ガス冷却高速炉および鉛冷却高速炉に関する安全性の考察はPart Vで論じる。

第13章 安全性の考え方

13.1 はじめに

高速炉は熱中性子炉に比べて、安全性に関していくつかのユニークな特性を示す。一見したところ、ナトリウム冷却高速炉（SFR）が高い出力密度を持っていること、中性子寿命が短いこと、実効遅発中性子割合が小さいこと、炉心が最大反応度体系にないこと、ナトリウムボイド効果が通常は正であること、ナトリウムが空気あるいは水とやや激しく相互作用すること等を考慮すると、高速炉で優れた安全性を達成することは、熱中性子炉に比べてより困難と見受けられるかもしれない。一方で、ナトリウムの沸点は十分高く、原子炉が大気圧に近い条件で運転可能であること（水冷却炉で必要な系統の高圧化を不要にできること）、ナトリウムが非常に大きい熱容量と熱伝導度を持ち、中性子の平均自由行程は局所的な出力分布の偏りが無視できるほど十分に長く、キセノンによる毒物効果は問題とならない。さらに、熱中性子炉に比べて受動的安全機能をより簡単に組み込めることが実証されている。

酸化物燃料は、熱中性子炉用としてはほぼ普遍的に採用されている燃料であるのに対し、高速炉用燃料にはいくつかの選択肢がある。酸化物、またはウラン・プルトニウム混合酸化物（MOX）燃料は、強い負の燃料ドップラーフィードバック効果を持つ。このことは、炉停止失敗過出力事象（unprotected transient overpower, UTOP）において有利な性質であるが、ナトリウムの沸騰回避を目標とする炉停止失敗流量喪失事象（unprotected loss of flow, ULOF）においては逆に障害となる。金属燃料高速炉は、硬い中性子スペクトルに起因して、はるかに小さいドップラー効果を示す。これは、ULOF事象に優利に働く性質である。UTOPに対する良好な応答は、ドップラーフィードバックよりむしろ炉心の軸方向膨張により強く依存するものである。炭化物と窒化物燃料高速炉は、金属燃料炉のような挙動を示すが、それらのドップラー効果は酸化物燃料炉と金属燃料炉の中間程度である。

ナトリウムの沸騰が防止可能な限り、SFRの過渡応答は、たとえそれが炉停止失敗事象（プラント保護システム全体に障害が発生するような非常に低い発生確率の事象）であっても、十分に対処可能である。しかしながら、ナトリウムのボイド化を想定した場合には重大な炉心損傷に至る。このような事象の解析は非常に複雑であり、ゆえにその検討には膨大な研究開発資源が投入されてきている。これについては第15、16章そして付録Gで説明する。

高速炉の安全解析のアプローチは、多くの部分で熱中性子炉のものと同様であり、事故の進展に対する多重バリアの確保、リスク解析、最終的な認可に重点を置くものである。高速炉を対象としたリスク評価の結果示された興味ある点は、SFRは多くの局面において、自己防御性（self-protecting）を有したプラントとして設計できることである。

高速炉の炉心設計に関する安全上重要なその他の事項は、炉心の径方向の温度勾配によって発生する燃料集合体の曲がり（bowing）である。炉心の幾何形状の変化は、反応度に少なからぬ影響をもたらす。全ての運転状態において、炉心全体にわたる出力や温度の勾配には変動があるため、炉心の拘束システムの設計（8.6.3節で議論）に留意する必要がある。

13.2 安全のための多重バリア

ナトリウムは活性で空気あるいは水と激しい化学反応を起こすため、SFRの安全上重要な最初のバリアは、1次冷却系の健全性を確保し維持することで達成される。これにはいくつかの方法があり、二つの異なる考え方がある。一つは二重壁のタンクに1次冷却系のすべての構成機器（ポンプ、熱交換器、配管）を収納することである。二つ目は、構成機器をメンテナンスする際のアクセス性を改善し、タンクを必要としない、より伝統的な配管システムを設計することである。配管は、冷却材漏えいに備えて追加バリアをもたせた2重バリア構成とする。両システムにおいて、ナトリウムの漏えい検出装置は、冷却材の1次バリアとその外側のガードベッセルの間に設けられる。これらの考え方は、第2章の図2.5および第12章で詳細に説明したように、プール型とループ型SFRの設計として具体化されている。

1次冷却系に関するもう一つの重要なバリアは、ナトリウムを大気から隔離するためのカバーガスである。通常、これは不活性ガスであるアルゴンであり、その純度管理に注意を払う必要がある。このカバーガスへの空気（特に酸素）の混入は、一定の温度以下では固体として沈殿する酸化ナトリウムの形成を引き起こす。この現象は、冷却材流路の健全性確保に影響を与えるものであり、コールドトラップを用いたナトリウム純化系の装備を必要とする。

ナトリウム冷却材に関する第三のバリアは、蒸気発生系におけるナトリウムと水の境界である。1次冷却系の防護を確実にするため、通常の設計では、1次系ナトリウムから熱を受け取り蒸気発生系に輸送するための、中間ナトリウムループ（2次系ナトリウムループ）が設置される。蒸気発生器の設計は重要な検討事項だが、この中間ループを設けた設計では、2次系ナトリウムと水の境界の破損が原子炉を危険にさらすことはないだろう。別のアプローチとして、中間ループを設けず、超臨界二酸化炭素でブレイトンサイクルを構成し、タービンを直接駆動して電気を生成する設計が提案されている［1］。原子力産業における安全意識は、概念設計から許認可プロセスを経て原子力発電所の長期的運転に至るまで、意識的に浸透が図られ、他の一般的な産業領域にはない程に徹底されている。その結果、近代的な原子力発電所は非常に優れた安全性を示している。炉心の冷却機能喪失と炉心溶融を引き起こした1979年3月のスリーマイル2号機の事故では、放射性物質の放出は極微量に止まり、公衆の人的被害は生じていない。より激しい炉心損傷を引き起こしたチェルノブイリ事故は、著しい放射性物質の放出と人的被害を招いた。しかしながら、事故を起こしたチェルノブイリ原子力発電所は、格納建屋あるいは炉心を防護するための近代的な設備を備えていなかった。日本の福島サイトにおける巨大地震と非常に破壊的な津波は、放射性物質の放出による人的被害には至らなかったものの、数基の原子炉に甚大な被害をもたらした。この事故は、通常は発生しえない事象を重ね合わせで考えることの必要性と、近代的なプラント設計における、電気あるいは運転員操作を必要としない受動安全特性の重要性を認識させた。

13.3 安全に関する国際的な実績

高速炉の経験は豊富であり、その実績は表13.1にまとめられている（付録Aに示したより詳細な高速炉のリストと参考文献を参照のこと）。高速炉は、アメリカ、フランス、イギリス、ドイツ、日本、インド、中国、ロシア、カザフスタンで運転されてきた。これらの国々において、アメリカの高速増殖実験炉EBR-Ⅱ（Experimental Breeder Reactor-Ⅱ）と同等サイズの小型炉が、高速炉技術の試験や開発を目的に建設され運転実績が重ねられてきた。

初期の試験炉として運転されたのは、EBR-Ⅱ（アメリカ）、Rapsodie（フランス）、DFR（イギリス）、KNK（ドイツ）、常陽（日本）、BOR-60（ロシア）である。これらのうち、EBR-Ⅱ、KNK、DFRは、発電炉として設計された。アメリカとロシアでは、小型で特殊な高速スペクトル試験炉が炉物理研究のために運転された。アメリカのSEFORとEBR-Ⅰ、そしてロシアのBR-2、BR-5／BR-10である。

表13.1　各国の高速炉の概要

原子炉	国	運転期間	出力(MWth)
EBR-Ⅰ	アメリカ	1951－1963	1.2
EBR-Ⅱ	アメリカ	1961－1994	62.5
フェルミ-1	アメリカ	1963－1972	200
FFTF	アメリカ	1980－1992	400
CRBRP	アメリカ	キャンセル(1983)	975
ラプソディ	フランス	1967－1983	40
フェニックス	フランス	1973－2009	563
スーパーフェニックス	フランス	1985－1997	2,990
BR-5/BR-10	ロシア	1958－2002	8
BOR-60	ロシア	1969－	55
BN-350	カザフスタン	1972－1999	750
BN-600	ロシア	1980－	1,470
BN-800	ロシア	2015－	2,100
常陽	日本	1977－	140[a]
もんじゅ	日本	1994－1995および2010－	714
DFR	イギリス	1959－1977	60
PFR	イギリス	1974－1994	650
KNK-Ⅱ	ドイツ	1972－1991	58
SNR-300	ドイツ	キャンセル(1990)	762
FBTR	インド	1985－	40
PFBR	インド	建設段階	1,250
CEFR	中国	2010－	65

[a]Mark-Ⅲ core.

次の世代の高速炉は、先行した試験炉よりも出力を増加させた発電炉であった。これらの原子炉には、フェルミ-1（アメリカ）、フェニックス（フランス）、PFR（イギリス）、SNR-300（ドイツ）、もんじゅ（日本）、BN-350（カザフスタン）がある。

フランスとロシアは大規模な商業プラント、スーパーフェニックス（フランス）、BN-600（ロシア）を建設した。続いてアメリカは、第二の研究用原子炉として高速中性子束試験炉（Fast Flux Test Facility, FFTF）を建設し成功裏に運転した（ただし、FFTFは発電機能を有していない炉であった）。アメリカは、クリンチリバー増殖炉計画（Clinch River Breeder Reactor Project, CRBRP）として炉の建設を開始したものの、完了する前に中断した。同じような運命は、ドイツの高速炉SNR-300にも生じた。

表13.1に記載されている全ての原子炉はナトリウム冷却炉である。第18章で説明するように、旧ソ連では、海軍の潜水艦の推進動力用原子炉として鉛ビスマス共晶合金冷却炉を開発・建設し、陸上用鉛ビスマス原型炉の技術的基盤をつくった。ただし、これらの原子炉はまさに軍事目的の技術であるので、ここでは扱わない。ナトリウムは中性子の減速と吸収が小さく、高速中性子スペクトルに適している。また、その優れた熱伝導性と大きい熱容量は、炉心の高出力密度化を可能とする。密度（比重）は比較的小さいため必要なポンプ動力性能は低くて済み、沸騰に対して大きな温度余裕があるため、大気圧での運転が可能である。ナトリウムはまた、構造材料との化学的共存性に優れ、冷却系の腐食を最小限に抑えることができる。しかし、空気と反応性があるため、ナトリウム液面を覆う不活性雰囲気が必要となる。ナトリウムは空気にさらされると反応するため、その消火システムは、安全設計上重要である。

ナトリウム冷却炉の運転と試験に関するこうした豊富な経験より、次に示す主要な結論が得られている。

利点

- 高速炉燃料として、酸化物、金属、炭化物燃料について優れた実績があり、信頼性と安全性が示されている。被覆管の破損は、通常運転状態あるいは異常状態においても、燃料破損に進展することはない［2-4］。
- 金属燃料、酸化物燃料いずれの場合にも、高燃焼度を達成可能である。またいずれの燃料タイプでも、増殖あるいは消滅処理のいずれの目的にも対応した転換比を実現できる［4, 5］。
- ナトリウムは、ナトリウム中に浸漬されたステンレス鋼や機器を腐食させない［6］。
- ナトリウム・水反応を発生させる蒸気発生システムでの水漏えいは、深刻な安全上の問題につながることはない。このような反応は、開発当初考えられていたような壊滅的なものではなく、検出し終息させることができるものである［6］。
- ナトリウムの化学反応につながる高温のナトリウム冷却材の漏えいは、壊滅的なものではなく、鎮火させ終息させることができる。ナトリウム漏えい燃焼に伴う死傷事故は発生していない（大気圧に近い圧力で運転できる点が安全上の利点である）［6］。
- 金属燃料を用いる場合、高速炉は炉停止失敗過渡事象（anticipated transients without scram, ATWS）において自然に炉停止状態に向かう性質を持たせることができる。負荷追従も容易である［7-9］。
- 自然対流による炉心冷却状態に受動的に移行し、崩壊熱を除去できることが実証されている［8-10］。
- 制御の信頼性と安全システムの応答が実証されている［6, 11］。
- ナトリウムの純度管理と浄化のためのシステムの有効性が実証されている［6］。
- 遠隔操作による金属燃料の製造技術と再処理技術が実証されている［6］。
- プラントの運転および保守要員の被ばく線量は、典型的な軽水炉の10%未満である［6］。
- 燃料被覆管が破損した場合、ナトリウムが多くの核分裂生成物と化学的に反応することが一因となって、放射性物質の放出が低減される。
- 保守・補修技術は十分開発されており、容易である［6］。
- ナトリウムを流動させるための電磁ポンプが有効に活用できる。

欠点

- 蒸気発生器は、これまでのところ信頼性が低く、設計および製造のコストが高い。
- ナトリウムを冷却媒体とする熱輸送系は、製造上の品質管理や溶接の難しさを原因として、かなりの数の漏えいを経験している。また、多くの設計例において、ナトリウムの熱伝導度の高さに起因して発生する可能性のある、過渡事象における高い熱応力が想定されていなかった。
- ナトリウム系における燃料取扱い上の問題の多くは、主に、操作を目視できないために生じている。
- 取換えや修理のための適切な手段を講じていないナトリウム浸漬機器は、不具合が生じた際の復旧に多大なコストと時間を要した。
- ナトリウム冷却高速炉の建設費は、水冷却炉に比べて高額である。
- 幾つかのナトリウム冷却高速炉において、反応度異常事象が発生している。このため、炉心を拘束するシステムの設計や、炉心に流入するナトリウムへのガス巻き込みの可能性に細心の注意を必要とする。
- ナトリウムとカバーガスの境界付近において、ナトリウム酸化物が形成され、回転プラグの回転機構の固着や制御棒駆動機構の固着、並びにナトリウム冷却材の汚染につながる運転上の問題が生じている。

13.4　安全確保に向けたアプローチ

13.4.1　基本的な安全の目的

原子炉安全の第一の目的は、放射性物質の放出に伴うリスクを許容可能なレベルに低減することによって、**公衆の健康被害を防止する**ことである。このことは、確立された規制要件に準拠し、また、その要件を超える裕度を確保した設計を行うことによって達成されている。

第二の安全の目的は、作業従事者の受傷リスクを低減するとともに、その保護のための規制要件に準拠する安全な作業環境を提供することによって、**原子炉施設における作業従事者の健康と安全を保護する**ことである。

次の安全の目的は、原子炉施設を建設、運転、および廃止する上で、**施設周辺の環境を保護する**ことである。

最後に、原子炉施設は**投資家の利益を確保する**とともに、確実に発電を行うために、設計、建設、運転、維持されなければならない。

放射線防護のための設計基準は、(a) 放射性物質を閉じ込め、公衆被ばくや周辺環境の汚染を防止するための**多重バリア**、(b) 放射線被ばくの度合いを低減するための、空間的な裕度を確保する**離隔距離**、および (c) 放射性物質が崩壊によって安定もしくはほぼ無害なレベルに減衰するまで隔離するための**時間**の3つの要素で構成されている。

13.4.2　安全設計と深層防護

原子炉施設とその付帯システムは、安全保護機能を維持しつつ、安全で安定した信頼性の高い運転を保証できる様、設計され、建設されている。工学的安全施設は、基本的な放射線防護機構が失われる状態を防止するとともに、機器の故障や不適切な運転員操作に因る影響を緩和するために設置される。動的機器が働かず運転員操作が行われないような事象の影響を低減する様、材料選択や機器配置を行うことによって、固有の防護機能を、裕度を持って確保することができる。深層防護 (defense-in-depth) の設計原理は、重要な安全機能、すなわち、閉じ込め、原子炉停止および残留熱除去に適用される。さらに、公衆のリスクを最小限に抑えるために、設計基準を超える安全裕度が確保されている。

アメリカの原子力規制委員会 (Nuclear Regulatory Commission, NRC)、ニル・ディアス元委員長は2004年の演説で以下の様に述べている。"深層防護の概念は、公衆の健康と安全を確保するためのアプローチの中心にあり、設備対策にとどまらない。これには他に類を見ない高品質の設計、製造、建設、検査や試験、さらには核分裂生成物の放出に対する多重バリア、加えて安全設備の**冗長性 (redundancy)** と**多様性 (diversity)**、そして最後に地元当局との連携、退避、避難および／または予防薬の投与 (例えば、ヨウ化カリウム錠剤) を含む、緊急事態への備えが含まれている。このアプローチは、不測の事態にも対処できるものである。" [12]

安全保護機構を保持するために重要な原子炉施設の機能は、安全性を保証するための複数の層を構成する深層防護の原則に従って設計されている。最初のレベルの目的は、安全上の制限に抵触することなく正常に建設、運転することができる、大きな安全裕度を持った保守的な設計とすることである。次のレベルは、軽微な修理を必要とする程度の限定的な影響をもたらし得る、単一の**発生し難い異常 (unlikely fault)** (原子炉施設の寿命中に1回発生しうる程度の異常) に対処するための設計対策である。 第3番のレベルは、大規模な修理を必要とする重大な損傷を与える可能性がある、単一の**極めて発生し難い異常 (extremely unlikely fault)** (原子炉施設の寿命中に発生するとは考えられない異常) に対処するための設計対策である。これらの予見される事象は、原子炉施設の安全設計基準の範囲内にあり、最も結果が厳しくなる事象は、通常、**設計基準事故 (design basis accidents, DBA)** として定義される。DBAの解析は、その原子炉施設が規制要件に準拠していることを実証するために行われ、その解析結果は建設・運転の認可に必要な安全裕度を有していることを検証するために安全報告書に記載される。

主要な安全機能は、定義された安全機能を達成することのできる性能を有する複数の構築物、系統、または機器に、多重性（multiplicity）、多様性（diversity）および独立性（independency）を持たせることで達成される。ここで、多重性、多様性および独立性とは、すべての安全機能が、内部事象（機器の故障、運転員の誤操作）もしくは外部事象（地震、火災、洪水）による単一の故障によって失われないことを保証するものである。安全機能を有し安全グレード（safety grade）に分類される系統、機器および構築物は、それらの検査、試験および補修に関する品質の保証や規定に特別の注意を払いつつ、信頼性の高い運転を保証する基準を満足するように設計され、維持される。主要な安全機能は、次のとおりである。

閉じ込め（containment）：放射性物質の封じ込めは、燃料被覆管、1次冷却系バウンダリ、および格納施設から構成される多重の物理的なバリアによって確保される。

原子炉停止（reactor shutdown）：原子炉停止機能は、複数の原子炉制御および保護システムによって確保される。一次炉停止系は原子炉の起動、停止、出力変更、および出力分布の調整を担い、二次炉停止系は常時作動可能な状態に維持されている緊急炉停止用である。[1]

残留熱除去（residual heat removal）：残留熱除去は、通常の熱除去系（蒸気発生器、復水器）および専用の緊急停止時熱除去系から構成される複数の熱輸送経路や系統によって確保される。

設計基準に組み込まれた設計対策によって確保される安全裕度に加えて、通常の安全設計の範囲を超えた事象に対する設計性能の評価が通常行われている。これらの事象には、事故の起因となる事象と、一つまたは複数の安全グレード機器系統の機能喪失が仮定される。すなわちこれは、複数の故障を重ね合わせた事象であり、設計基準事故に対する単一故障基準を超えている。このため、**設計基準外事故（beyond design basis accidents, BDBA）**に分類される。BDBAの分析は、原子炉施設の全般的な安全性にとって重要な、物理工学的な機構、特性、および現象を同定するための情報を提供する。さらに、BDBAの分析は、安全基準を超えた裕度の定量化と、保護機能のバランスをとる上で、安全裕度を強化すべき設計分野の同定に活用される。

特に注目されるBDBAの一つのタイプは、**炉停止失敗過渡事象（ATWS）**である。ATWSとは、運転上の異常またはDBAの起因事象に応答して作動すべき状況においても、安全グレードの全ての原子炉停止系が機能しないことを想定した事象である。通常運転状態にあるSFRにおいては、原子炉に外乱を与える事象が3つある。すなわち、(1)炉心冷却材流量の変化、(2)冷却材炉心入口温度の変化、または（3)反応度の変化である。このため、ATWS事象は次の3つに分類される。

(1) 炉停止失敗流量喪失事象（unprotected loss of flow, ULOF）；全ての原子炉冷却材ポンプが運転を停止する状況において、主炉停止系および後備炉停止系が作動失敗

(2) 炉停止失敗除熱源喪失事象（unprotected loss of heat sink, ULOHS）；主冷却系の熱除去機能が失われた状況において、主炉停止系および後備炉停止系が作動失敗

(3) 炉停止失敗過出力事象（unprotected transient overpower, UTOP）予期しない正の反応度が炉心に挿入される状況（1本以上の制御棒の急速な引き抜きなど）において、主炉停止系および後備

[1] 一次炉停止系は「主炉停止系（primary shutdown system)」、二次炉停止系は「後備炉停止系（backup shutdown system)」とも呼ばれ、本書では両方の表現が用いられている。

炉停止系が作動失敗

高速中性子束試験施設（FFTF）とクリンチリバー増殖炉（CRBRP）に対する過去の規制レビューでは、これらのATWS事象は、過酷事故への進展（炉心溶融）の起因事象として同定されている［13-16］。特に、ULOF BDBAシーケンスは、格納機能裕度評価のための包絡事象として位置づけられている。

FFTF／CRBRPの時代に続いて実施されたアメリカにおける研究開発は、安全性の強化につながった［17-20］。1980年代の先進液体金属冷却炉（Advanced Liquid Metal Reactor, ALMR）プログラム、そしてアルゴンヌ国立研究所（Argonne National Laboratory, ANL）において実施された統合型高速炉（Integral Fast Reactor, IFR）プログラムの成果は特に安全性研究の進展に寄与した。1986年にEBR-Ⅱで実施された高速炉実機におけるULOFおよびULOHSの実現象模擬試験は、過渡時に原子炉停止系の作動に失敗した場合にも（被覆管破損、冷却材沸騰および燃料溶融が生じることなく）原子炉が自然に停止に向かう挙動を実証した［9］。

これらの試験により、過酷事故の進展を防止する上で鍵となる設計上の特性は、(1) 原子炉停止系の作動失敗事象において核分裂出力を停止させる固有の反応度フィードバックと、(2) 冷却材の自然循環による炉停止後の熱除去、であることが示された。このEBR-Ⅱでの試験は、FFTFとCRBRPでは炉心溶融に至ると計算された事象の結果が、適切な設計を行うことにより、わずかに通常運転温度を超える程度の冷却材温度上昇に制限されうることを実証した。引続きFFTFで実施された自然循環試験は、自然循環冷却の妥当性と、部分出力状態からULOFおよびULOHSを終息させる能力をFFTFが有することを実証した［21, 22］。核分裂出力を停止させる固有の反応度フィードバックは、熱伝導度が高く運転温度を低くできる金属燃料を用いた場合に、最も容易に確保することができる。このような設計特性は、ALMRプログラムで開発された設計概念である、ロックウェル・インターナショナル社のSAFRとゼネラル・エレクトリック社のPRISM（付録Bを参照）の両者で採用された。

13.4.3　事故の分類

深層防護のアプローチは、あらゆる高速炉安全研究において基本的な考え方を提供するものの、原子炉設計者と安全評価者は、より具体的なガイダンスを必要とする。すなわち、原子炉施設全体に所定の安全裕度を持たせるためには、(1) 特定の事故の取扱い、そして (2) 機器に対する要求条件を明らかにする必要がある。

NRCが示している事故の分類は、表13.2のとおりである。軽水炉の例はかなり精査されており、一定の規制上の認知を受けているものである。これに対して高速炉の例は、本書で議論される多くの事故の枠組みを提供する候補として示されるものであり、規制上の認知を受けたものではない。

もう一つの事故の分類は、安全設備の分類に焦点を当てたものであり、米国原子力学会（American Nuclear Society, ANS）の後援で開発された原子力標準規格の中で示されている。これらの規格は、国内規格を定める上で利害関係者の合意を確保するための組織である米国規格協会（American National Standards Institute, ANSI）によって提供される手順に従って開発された。提案されたガイドラインがアメリカの標準規格として承認される前に、産業界、政府および公衆の支持を必要とするANSIの手続の性質上、高速炉標準規格の多くは完成を見ていない。提案された標準規格のいくつかは、試用と意見聴取の目的でANSによってドラフト規格として公開された。しかし、これの多くはCRBRP計画中断後の1980年代に廃止され、ごく最近、高速炉に対する（特に小規模なモジュラーシステムに対する）新たな関心を背景として、標準規格作成の動きが再開された。事故の分類を概括し、原子炉設計者が利用できる一般的なガイダンスを示すことは有益である。それらの標準規格における分類の例を表13.3に示す。

表13.2　想定事故の分類

説明	軽水炉の例	高速炉の例
1. 軽微な異常	少量の流出：原子炉格納容器外での小規模な漏えい	単一のシール部からの漏えい：微小なナトリウム漏えい
2. 小規模漏えい	こぼれ、漏れ、小口径配管の破損	IHTSの弁やシール部からの漏えい；復水貯蔵タンクの弁からの漏えい；タービントリップ／蒸気放出
3. 放射性廃棄物処理設備における異常	機器の故障：廃棄物貯蔵タンクの内容物の放出	RAPS/ CAPSの弁からの漏えい；RAPSサージタンクの破損：カバーガスのCAPSへの流出：液体タンクからの漏えい
4. 原子炉冷却材の汚染を伴う事象	通常運転時の燃料破損；運転パラメータの通常運転範囲からの逸脱	通常運転時の燃料破損：運転パラメータの通常運転範囲からの逸脱
5. 2次冷却材の汚染を伴う事象	クラス4機器、熱交換器およびSGからの漏えい	クラス4機器と熱交換器からの漏えい
6. 原子炉格納容器内での燃料交換中の事故	燃料要素の落下：燃料上への重量物の落下：移送管における機械的故障や冷却喪失	燃料要素の落下：クレーン吊具のハンドリングヘッドへの衝突；床バルブの誤開：燃料移送セル／チャンバー内での漏えい
7. 原子炉格納容器外での使用済燃料取扱い事故	燃料要素の落下：燃料上への重量物の落下：遮へいキャスクの落下：キャスクの冷却喪失：サイト内での燃料輸送中の事故	キャスク落下；EVST/ FHC系統からの漏えい；EVSTの強制冷却喪失
8. 安全評価書で設計基準評価として取り上げられる事故の起因事象	反応度異常；1次系配管破断：流量減少、主蒸気管破断	SG漏えい：Na・水反応；燃料破損伝播；1次系配管破断；ポンプ故障や反応度異常(PPSは正常に作動)[a]
9. クラス8以上に過酷な結果をもたらす仮想的な事象	通常は健全性が維持されている複数の障壁の連続的破損	通常は健全性が維持されている複数の障壁の連続的破損

IHTS(Intermediate heat transport system)：中間熱輸送系、CAPS(Cell atmosphere processing system)：セル雰囲気処理系、RAPS(Radioactive argon processing system)：放射性アルゴン処理系(汚染されたカバーガスを浄化)、EVST(Ex-vessel storage tank)：原子炉容器外燃料貯蔵タンク(使用済)、FHC(Fuel handling cell)：燃料取扱いセル、SG(Steam generator)：蒸気発生器

[a] このような異常にPPSの失敗を重ね合わせた事象が、原子炉格納容器の設計裕度と長期の崩壊熱除去機能を評価するためにしばしば評価されている。

表13.3　ANSI規格によるプラント状態分類

PWRおよびBWR		高速炉	
分類	例	分類	例
Ⅰ. 通常運転(通常の出力運転とメンテナンスの過程において頻繁に発生)	起動、計画停止、待機、部分負荷から全出力への出力上昇、運転基準内の燃料被覆管の欠陥；燃料交換	Ⅰ. 通常運転(通常の出力運転とメンテナンスの過程において頻繁に発生)	起動、計画停止、待機、負荷追従運転；運転基準内の燃料被覆管の欠陥；燃料交換
Ⅱ. 中程度の頻度の事象(ある炉において、この分類のいずれかが1年間に1回程度発生する可能性のある事象)	制御棒の誤引抜き；炉心冷却の部分喪失；過冷却；外部電源喪失；運転員の単一誤操作	Ⅱ. 運転中に予想される過渡事象(ある炉の寿命中に、この分類のいずれもが1回以上発生する可能性のある事象)	ナトリウムポンプトリップ；外部電源喪失；タービントリップ；制御棒誤引き抜き
Ⅲ. 発生頻度の少ない事象(ある炉において、その寿命中に1回程度発生する可能性のある事象)	原子炉冷却材の喪失(冷却材補充系は正常)；2次系配管破損；燃料集合体に関する運転基準違反；運転基準違反の制御棒引き抜き；予期せぬ反応度挿入；炉心流量の完全喪失(ポンプロータ固着を除く)	Ⅲ. 想定事故(発生するとは考えられないが、公衆の健康および安全に対する不当なリスクが生じないことを保証するための裕度を確保する目的で、設計基準に含める事象)	確率と結果の両方を考慮した設計に適切な事象群(例えば、配管破損、大規模なナトリウム火災、大規模なNa・水反応、放射性廃棄物系タンクの破損)
Ⅳ. 限界事象(発生するとは考えられないが重大な放射性物質の放出可能性があるため想定する事象；設計上想定する最も厳しい事象)	主要な配管破断(最大口径配管の両端破断までを考慮)；炉心損傷に起因する燃料または構造の移動；単一の制御棒の飛び出し；2次系主配管破断(両端破断)：冷却材ポンプロータの固着		

13.4.4　高速スペクトル炉の安全設計における確率論的リスク評価の活用

前述したように、高速炉設計の進化は、深層防護概念の確実かつ十分な実践と、適切な安全裕度の確保を実現するものでなければならない。これらの目標は、確率論的リスク評価（probabilistic risk assessment, PRA）の活用を通じて達成することができる［22-24］。

原子炉施設の安全性は、伝統的には、安全性への脅威となる事象群を設定し、それらの影響をいかに緩和するかの方法を定める決定論的なアプローチ（deterministic approaches）に基づいている。確率論的アプローチは、リスクの重要度に基づいて安全性への脅威となる事象群に優先順位を付けるための論理的な手段を提供すること、および、より広範な異常の原因となる事象を考慮しそれらを防御できるようにすることで、決定論的なアプローチを強化し拡張する。PRAは、発生頻度と事象影響の両方を考慮するため、建設・運転の認可の基準として想定する必要があるかもしれない事象を同定し吟味する目的に活用することができる。

原子炉施設が持つ事故の緩和能力を越えて大きな影響をもたらす事象に対しては、許容レベルを超えるリスクをもたらさない程度に、その発生頻度を下げることを要求することによって、リスクの度合いを低減する。リスクプロファイル（risk profile, PRAの結果得られる発生頻度と事象影響の関係の意）は、原子炉施設の総合的なリスクを許容可能とすべく、相対的に発生頻度が高い事象の影響がより低くできるよう原子炉施設を設計するために作成され、参照される。事象の重大度は、規制者の政策によって決定される。例えば、1986年の安全目標に関するNRCの政策声明は、リスク情報を活用した軽水炉のための多くの安全性の課題と関連している。SFRのような新型炉に対しては、より高い安全目標が求められるかもしれない。なぜなら、新型炉では改良された安全特性が組み込まれており、また現行軽水炉の多くの運転経験から得られた教訓を活かせるからである。この理由により、新型炉のATWSに対する固有の防護機能が特に関心の対象であり、PRA手法が新型炉のリスク低減効果を定量化することに役立つであろう。

SFR設計の進化は、安全機能の特性を設定し、その有効性をPRAによって定量的に評価することを繰り返す反復的なプロセスによるものである。このプロセスを経て、許容可能なリスクプロファイルが得られるように、設計をより洗練させ、完成させていく。より具体的な特性が設計に組み込まれていくにつれて、PRAで用いられるリスク評価モデルもより具体化される。原子炉施設の設計が、運転認可を受けるにふさわしいレベルに成熟するまで、このプロセスが継続される。原子炉施設の運転開始後において、PRAは、原子炉施設の運転者あるいは所有者が、安全で経済的かつ信頼性の高い方法で発電を行う上で必要となる意思決定を支援する運用ツールとして使用される。特に、発生する可能性がある新たな安全上の問題を予見するには、運転寿命期間全体を通じて、原子炉施設の“絶えず進化するPRAモデル（living PRA model）”を維持していくことが重要である。またPRAは、安全運転の

表13.4　原子炉認可取得のための事象と結果の分類

事象	頻度	現在のNRCが許容可能とする結果
運転中に予想される過渡事象（AOO）		
過渡事象	プラントの寿命中に発生しうる（$>10^{-2}$／炉年）	なし；燃料破損に対する裕度を維持
想定事故		
設計基準事故（DBA）、典型的には1つの安全設備の故障	プラントの寿命中に発生しがたいが設計上考慮（$>10^{-5}$／炉年）	低い確率で小規模の燃料破損を許容（$<10^{-4}$／炉年）；公衆の許容被ばく線量 $<$25Rem（2.5mSv）
設計基準外事故（BDBA）、例えばATWSを含む安全設備の多重故障	極めて低い確率の事故であり設計基準とはしない（$<10^{-5}$／炉年）	重大な燃料損傷を許容；低い確率（$<10^{-6}$／炉年）での公衆の許容被ばく線量 $>$25Rem（2.5mSv）

AOO: anticipated operational occurrences

ための運転員の訓練プログラムへの活用、および、ステークホルダーとの安全性に関するコミュニケーション手段としての活用において有用であることが示されている。

要約すると、PRAは、原子炉施設全体の設計と運転、そして特に、事故の現象論的なギャップ分析の一部となる設計初期段階の検討を行う上で有益なツールとなりうる[25-27]。表13.4は、PRAを活用した事故分類アプローチの一例である。

13.4.5 NRCの審査手順における要求事項

NRCは、設計認証および/または建設・運転認可を行うためのプロセスを確立している[28, 29]。設計認証を得るためには、広範なレビューを受ける必要があり、一度承認が得られた設計に対しては、特定のサイトでの建設と運転の認可を一括して受ける(combined license, COL)ための手続きは非常に迅速になる。NRCがCOLを付与するためには、承認された設計の安全特性がサイトの特性に適合していることを保証する必要がある。

設計認証を取得するためには、次のスケジュールに沿った包括的なレビューが必要となる。

- 1-3年:認可申請において重要となる主要な技術的課題や安全上の課題を明確化するための申請前レビュー(pre-application review)。
- 1-2年:認可申請(license application)の準備。
- 1-4年:NRCスタッフによるレビューと安全評価報告書(safety evaluation report)の作成。レビューで示された質問が全て解決された後、設計認証(design certification)を委員会に勧告。
- 1-2年:個別レビューを伴う設計認証のための委員会によるレビュー。レビューで示された質問が不足なく解決された場合、設計認証を発行。

これらの手続きと申請者が申請内容に盛り込まなければならないものの定義についての法的枠組みは、連邦規則コード[2]のTitle 10のPart 50(10 CFR Part50)とPart 52(10 CFR Part 52)で規定されている。10 CFR Part 50では、申請者は、(1)予備安全解析報告書、(2)環境影響報告書、(3)財務能力および反トラスト規制法への適合性に関する資料を提出する必要がある。NRCのレビューは、安全性の評価だけでなく、サイトの特性、原子炉施設の設計、仮想的な事故に対するプラントの応答、原子炉施設の運転、環境への影響および緊急時対応に適用される規制への適合性評価が含まれている。NRCのレビュー結果は、安全評価報告書と環境影響評価書ドラフトとしてまとめられる。原子炉安全諮問委員会(Advisory Committee on Reactor Safeguard, ACRS)も申請内容をレビューし、NRCの委員長にその結果を報告する。

建設許可証が発行された時点で、建設作業を開始することができ、詳細設計と運転手順が完成する。最終安全解析報告書(final safety analysis report, FSAR)を含む運転認可申請が提出された後、NRCはレビューを行いレビュー結果を最終安全性評価報告書(final safety evaluation report, FSER)にまとめる。ACRSは、FSARおよびNRCスタッフによるレビュー結果について、独立した評価を実行する。

上述した10 CFR Part 50で定義されているプロセスは、現在の軽水炉の設計を念頭において作成されている。軽水炉以外の原子炉施設に対して10 CFR Part 50を適用して申請する場合、申請者とNRCの間の合意に基づき、慎重なレビューが行われる。

NRCは1989年に、設計認可と建設・運転の一括認可の両者を定義する別の認可プロセスを10 CFR

---

2 連邦規則コード(code of federal regulation)はその頭文字を取ってCFRと記される。

Part 52の下に確立した。この目的は、一段階で認可できるプロセスを定義するとともに、立地と原子炉施設設計の両方について事前承認を可能とすることによって、認可手続きを容易にすることである。早期のサイト認可は、特定の原子炉施設の設計に依存しない、サイトの安全特性、環境保護、および緊急事態への準備に関する事項を確認することを目的としている。その申請にあたっては、サイト境界、サイトの特性、周辺施設、周辺の人口分布、原子炉施設の位置、最大放熱量、最大放射性物質放出量、仮想事故に関する考慮事項、および緊急時計画に関する情報を提供する必要がある。

13.5　事故解析の概観

詳細な事故進展パスは異なるものの、高速炉の安全評価のアプローチは、軽水炉の豊富な経験の恩恵を受けている。両者の重要な相違点について以下に述べる。

SFRは、軽水炉のように系統を加圧することなく、1次冷却材を単相状態で流動させることができる低圧システムである。このことがSFRの安全上の利点である。

おそらく、高速炉と軽水炉の間の最も大きな違いは、炉心の構成である。軽水炉では、炉心構成要素（燃料、被覆管、冷却材）は実効増倍率k_{eff}を最大化するように配置されている。燃料溶融または冷却材喪失に起因する、物質のいかなる再配置も、有意な負の反応度フィードバックをもたらす傾向にある。一方、高速炉は、減速材を必要とせず、最大の反応度体系とはなっていない。このため、燃料溶融が発生した場合、燃料の集中化によって反応度は上昇する可能性がある。また、大型炉心における全冷却材のボイド化は、反応度上昇につながる可能性がある［30］。こうした可能性のあることが、初期の高速増殖炉システムで行われた大規模事故を対象とした安全研究の根本的な動機となった。

第15章で述べているように、SFR炉心での仮想的な燃料溶融事故においては、過渡事象の初期段階で燃料を分散させ、正ではなく負の反応度効果をもたらす固有の力が作用することを示す証拠が、今日数多く示されている［31, 32］。SFRでは、ナトリウムのボイド化と燃料溶融に続く原子炉出力の大幅な上昇の可能性があることが、SFRとLWRシステムの事故時挙動における根本的な差異をもたらしている。

軽水炉では、適度に高い冷却水温度を得るために冷却水を加圧する必要がある。その圧力は、BWRで～7MPa（1,000 psi）、PWRで15MPa（2,200 psi）である。したがって、1次系バウンダリの任意の位置での破損は、直接的に冷却材の減圧沸騰喪失（blowdown）につながる。ナトリウムが通常運転状態において、大きなサブクール度（350℃程度）をもっているので、この懸念は、高速炉では無用である。～1 MPa（150 psi）の最大系統圧力は、適切な炉心冷却材流量を保証するのに十分な圧力である。高速炉では、1次冷却材バウンダリの破損が冷却材の沸騰につながることはない。着目すべきは、破損した配管や容器からの流出による冷却材の喪失と、ナトリウムの化学反応であろう。ここで生じ得る化学反応は、主としてナトリウム・空気反応、およびナトリウム・水反応である。通常運転状態における化学反応に対するバリアは、ナトリウム内包機器内の自由液面を不活性カバーガスで覆うことである。

軽水炉では、^{239}Puでなく^{235}Uが存在することに起因して、遅発中性子割合がSFRの約2倍と大きく、即発中性子世代時間は約2～3桁長いため、プルトニウム燃料の高速炉と比べて制御が容易と思われるかもしれない。しかし、これらの違いの影響は主要な事故条件下でのみ現れる。初期の安全研究で示された高速炉の中性子寿命が短いことに対する懸念は、固有のフィードバック特性によって即発臨界に達するような反応度上昇は抑制可能と実証されたことで、大きく払拭された（第15章を参照のこと）。

SFRの熱時定数は、主として、燃料ピンが細径であること、および燃料ピンあたりの冷却材流路面積が小さいことから、LWRよりも短くなる傾向にある。このような要因は、過渡事象の研究を行う際に常に考慮されている。これは、ナトリウムが相対的に大きい熱容量と熱伝導度を有していることから発生する可能性がある、熱衝撃の影響を検討する上で重要な事項である。

13.5.1 事故の起因事象

軽水炉と高速炉のシステム上の違いから、安全解析では、事故の起因となりうる事象として、それぞれの特徴に応じた物理的に異なるメカニズムを検討する必要があるが、両者の核的応答挙動は、より発生頻度の高い事故においては非常によく似ている。軽水炉の、低頻度で影響が大きい主要な事故は、冷却材の急激な沸騰と喪失をもたらすであろう1次配管系の大破断である。このような事象が発生した場合、燃料の溶融を防止するために非常用炉心冷却システム（emergency core cooling system, ECCS）を起動する必要がある。このため、崩壊熱を除去する必要のあるかなりの期間、炉心を冷却し続ける手段を提供するECCSの機能と信頼性を確保するために、多くの努力が払われてきている。軽水炉の事故として最も厳しい影響を公衆に与えうる代表的な事故の一つとして、1次主配管の完全両端破断が、軽水炉の事故影響評価のための起因事象として歴史的にとりあげられている。

高速炉においては、急激な系統減圧は冷却材の沸騰にはつながらないため、高速炉の1次主配管破損は軽水炉の場合と同じ結果とはならない。公衆に影響を及ぼすような代表的な高速炉の事故は、高速炉開発当初から、炉心物質の再配置に関連するものとされている。炉心物質が再配置するためには燃料溶融が必要であり、高速炉において様々な事象の影響を包絡しうる事故とは、原子炉出力と炉心冷却材流量の不均衡状態に原子炉停止系の作動失敗を重ね合わせた事象である。発熱と熱除去の不均衡は、反応度の挿入によって出力上昇する過渡的な過出力状態（transient overpower, TOP）、または出力はほぼ一定に保たれているが1次冷却材流量が喪失する過渡的な除熱不足状態（transient under cooling, TUC）のいずれかによって生じうる。

高速炉の安全性上重要な進歩は、これらの事象を固有の安全特性によって終息させることができる設計を開発してきたことにある。これに関する研究開発として、1980年代にEBR-Ⅱで精力的に実施された運転安全性試験については、第15章で述べている。

13.5.2 高速炉事故評価の歴史的背景

高速炉事故分析に現在用いられている方法について言及する前に、高速炉開発初期の安全性研究を簡単にレビューする。過去の研究を振り返る理由は、特に重大事故を対象とした現在の多くの研究は、20～30年ほど前に行われた安全研究に大きく影響されているからである。

13.5.2.1 初期の懸念

初期の安全研究者の関心を引き付けた最大の問題は、炉心凝集（core compaction）の可能性であった。熱中性子炉とは対照的に、燃料の凝集が反応度を増加させるという現象は、解析で想定する事故タイプの主流事象となった。高速炉は炉心凝集の問題があることに加えて、6.4節で説明する実効遅発中性子割合β_{eff}が小さいこと（すなわち、1ドルに相当する反応度が小さいこと）、および即発中性子寿命（prompt neutron lifetime）が短いという性質を持つために、炉心が溶融すると直ちに即発臨界につながり、極めて急激な出力上昇を引き起こすのではないか、という懸念を生んだ。燃料の蒸発は、炉心物質を物理的に分散させ、核分裂連鎖反応を停止させる固有のメカニズムとして働くため、発生エネルギーを制限するであろうが、放出され得る仕事エネルギーが炉容器の実効的な格納能力を上回るかもしれないことが懸念された。

仮想的炉心崩壊事故（hypothetical core disruptive accident, HCDA）の研究は、アメリカや西ヨーロッパのほぼすべての高速炉で実施されてきた［33-35］。それらの研究の主要な成果は、HCDAで生じ得る最大の仕事エネルギーの算出であった。これは、損傷した炉心物質（core debris）が原子炉容器内で膨張することで生じる最大のエネルギーとして定義されるものである。

ベーテ－テイト（Bethe-Tait）の元々の解析（簡潔に第16章で説明）は、大きい炉心ほど最大仕事エネルギーが大きくなることを予測した。しかし前述のように、解析技術に大幅な改善がなされた結果、多くの解析が、結果の重大さは当初の予想ほどではないことを示した。HCDAの事象推移と影響に関する理解を深めるために費やされた努力が、格納機能への要求性能を明確化し、それを軽減したことは明らかである。

13.6 リスクと事故事象の解析アプローチ

リスク概念をどの程度重要視するかは、国際的な高速炉のコミュニティ内で多少異なる。また同様に、どの程度のリスクの基本要素を全体的な安全評価の枠組みに取り込むかの度合いとも国毎に異なる。しかし、アプローチの多少の違いにかかわらず、前節から明らかなように、過去数十年にわたって成し遂げられた進歩によって、高速炉の事故影響を閉じ込めることに対する過度な要求は合理的に軽減されてきた。この進歩の多くは、想定事故の事象推移を機構論的に分析する試み、すなわち、多くの未確定要素を含んだ上限エネルギーの計算ではなく、原因と結果の因果関係をコンピュータ解析によって分析することで達成されている。

以下の議論では、全体のリスクを判断するために必要となる基本的な手法、すなわち機構論的アプローチと確率論的アプローチについてまとめた。システム全体のリスク評価の信頼性を確保するために、これらのアプローチの組み合わせを最適化する必要がある。

13.6.1 機構論的アプローチ

機構論的（または決定論的）アプローチは、概念的に理解しやすいものである。これは、想定した事故の発生から、システムが長期的な定常状態に達するまで、様々な物質の動きと機器の故障によって発生する事象推移を追跡する方法である。この解析を実行する際には、事象推移を支配する固有のシステム応答特性のすべてが考慮される。

機構論的アプローチは、解析実施者と実験実施者の両者が、直接的な原因と結果の因果関係から事象推移を決定することができるため、広く用いられる手法となっている。重要性を支配する要因を可視化することができ、不確定性が大きい領域を特定して合理的に感度解析を行うことができるため、論理性に優れている。多数のコンピュータコードシステムが開発されており、これらのコードを用いた解析は、重大事故時の格納機能要求を軽減し合理化できることを明らかにし、また解析的知見と実験的知見の双方が緊急性をもって必要な不確定性の高い領域を特定することに大きな成果を上げた。機械論的アプローチの活用例は、15章および16章に記載されている。

このアプローチの欠点は、特に全炉心規模の過渡事象を解析するにあたり、現象論的な相互作用の無数の組み合わせを体系的に把握するための大規模で複雑な計算システムを開発し、継続的に改善していかなければならない点である。付加的な課題は、炉心の幾何形状の変化を伴う事象を適切に模擬するための計算能力を開発することである。しかし、事象のモデリングとシミュレーションに対する計算能力の大幅な進歩は、このアプローチの価値を高めてきた。その有用性は、主に1980年代と1990年代に取得された試験データを、計算によって再現することで検証できる。

13.6.2 確率論的アプローチ

確率論的アプローチでは、システム全体の失敗確率を計算するために、イベントツリー、フォールトツリー、および適切な数学的手法を用いて、システム破損の全体的確率の評価を実施する。後者の数学的手法を用いた評価に関して、本アプローチでは、原子炉システムの挙動に影響する物理的なパラメータの変動幅や、特定の複雑な物理現象を記述するために使用されるモデル（例えば、燃料ピンの破損モデル）の変動幅を定量的に考慮する。

この議論から推測されるように、確率論的アプローチでは、解析全体の種々パラメータが持つ確率的な不確かさの影響を評価するために、事象の影響評価（consequence evaluation）を実施する必要がある。高速実行される計算コードに原子炉パラメータ（例えば、燃料のドップラー係数）の分布関数を組み込むことにより、確率予測を行う上で有用な事故影響の確率分布が得られる。確率論的アプローチを採用する際の主な問題点は、不確実性を持つ多数のパラメータの分布関数があまり知られていないことである。故障率が低いシステムに対しては、故障が発生したことを示すデータがそもそも殆ど得られていない。また、高速炉の事故解析、特に、確率論的評価で用いるような簡略化した影響モデルが適用できない炉停止失敗事故では、多くの考慮すべき事項がある。

【参考文献】

1. V. Dostal, “A Supercritical Carbon Dioxide Cycle for Next Generation Nuclear Reactors,” Ph. D. Dissertation, MIT (2004).
2. J. D. B. Lambert, et al., “Performance of Breached LMFBR Fuel Pins During Continued Operation,” BNES Conference on Nuclear Fuel Performance (March 25 - 29, 1985).
3. L. C. Walters, B. R. Seidel, and J. S. Kittel, “Performance of Metallic Fuels and Blankets in Liquid - Metal Fast Breeder Reactors,” *Nuclear Technology, 65* (1984).
4. L. C. Walters and G. L. Hoffman, “Metallic Fast Reactor Fuels: A Comprehensive Treatment,” in *Material Science and Technology*, Vol. 10A, VCH, eds. R. W. Cahn, et al. (1994).
5. C. M. Cox and R. F. Hilbert, “U. S. Experience in Irradiation Testing of Advanced Oxide Fuels,” *Proceedings of the ANS Topical Meeting on Advanced LMFBR Fuels* (1977).
6. J. I. Sackett and H. W. Buschman, “Safety Implications from 20 Years of Operation at EBR Ⅱ,” *International Topical Meeting on Fast Reactor Safety*, Knoxville, TN (April 21 - 25, 1985).
7. J. I. Sackett, R. M. Singer, and A. Amorosi, “Design Features to Maximize Simplicity, Operability and Inherent Safety of LMFBRs,” *Transactions of the American Nuclear Society, 38* (1982).
8. R. M. Singer, et al., “Decay Heat Removal and Dynamic Plant Testing at EBR Ⅱ,” Second Specialists’ *Meeting on Decay Heat Removal and Natural Convection in LMFBRs*, BNL, Upton, New York, NY (April 17 - 19, 1985).
9. H. P. Planchon, et al., “The Experimental Breeder Reactor Ⅱ Inherent Shutdown and Heat Removal Tests - Results and Analyses,” *Nuclear Engineering and Design, 91* (1986), 287 - 296.
10. T. R. Beaver, et al,. “Transient Testing of the FFTF for Decay Heat Removal by Natural Convection,” *Proceedings of the LMFBR Safety Topical Meeting*, Vol. Ⅱ, pp. 525 - 534, European Nuclear Society, Lyon, France (July 19 - 23, 1982).
11. J. I. Sackett, “Safety Philosophy in Upgrading the EBR Ⅱ *Protection System,” Proceedings of the International Meeting on Fast Reactor Safety and Related Physics*, American Nuclear society, Chicago, IL (November, 1976).
12. N. Diaz, “The 3rd Annual Homeland Security Summit, The NRC’s Defense - in Depth Philosophy,” (June 3, 2004).
13. U. S. Nuclear Regulatory Commission, *Safety Evaluation Report Related to the Construction of the Clinch River Breeder Reactor Plant*, NUREG - 0968, Vols. 1 and 2 (March, 1983).

14. D. E. Simpson, "Resolution of Key Safety - Related Issues in FFTF Regulatory Review," *Proceedings of the International Meeting on Fast Reactor Safety and Related Physics*, CONF - 761011, Vol. Ⅱ, pp. 400 - 441, American Nuclear Society, Chicago IL (October 5 - 8, 1976).
15. R. J. Slember, "Safety - Related Design Considerations for the Clinch River Breeder Reactor Plant," *Proceedings of the International Meeting on Fast Reactor Safety and Related Physics*, CONF - 761001, Vol. I, pp. 112 - 125, American Nuclear Society, Chicago, IL (October 5 - 8, 1976).
16. T. G. Theofanous and C.R. Bell, "An Assessment of CRBR Core Disruptive Accident Energetics," *Proceedings of the International Meeting on Fast Reactor Safety*, Vol. 1, pp. 471 - 480, American Nuclear Society, Knoxville, TN (April 21 - 25, 1985).
17. Y. I. Chang, "Advanced Nuclear Energy System for the Twenty - First Century," *PHYSOR 2002*, Seoul, Korea (October 7 - 10, 2002).
18. G. J. Van Tuyle, et al., *Summary of Advanced LMR Evaluations - PRISM and SAFR*, NUREG/CR - 5364, BNL - NUREG - 52197 (1989).
19. U. S. Nuclear Regulatory Commission, *Preapplication Safety Evaluation Report for the Sodium Advanced Fast Reactor (SAFR) Liquid Metal Reactor*, NUREG - 1369 (December 1991).
20. U. S. Nuclear Regulatory Commission, *Preapplication Safety Evaluation Report for the Power Reactor Innovative Small Module (PRISM) Liquid Metal Reactor*, NUREG - 1368 (February 1994).
21. T.R. Beaver, et al., "Transient Testing of the FFTF for Decay Heat Removal by Natural Convection," *Proceedings of the LMFBR Safety Topical Meeting*, Vol. Ⅱ, pp. 525 - 534, European Nuclear Society, Lyon, France (July 19 - 23, 1982).
22. A. Padilla and D.J. Hill, "Comparison of Reactivity Feedback Models for the FFTF Passive Safety Tests," *Proceedings of the Safety of Next Generation Power Reactors Conference*, Seattle, WA (May 1988).
23. U. S. Nuclear Regulatory Commission, *Staff Plan to Make a Risk - Informed and Performance - Based Revision to 10 CFR Part 50*, SECY - 06 - 0007 (January 9, 2006).
24. U. S. Nuclear Regulatory Commission, *Approaches to Risk - Informed and Perfomance - Based Requirements for Nuclear Power Reactors, 10 CFR Parts 50 and 53*, RIN 3150 - AH - 81 (May 4, 2006).
25. D. J. Hill, "An Overview of the EBR Ⅱ PRA," *Proceedings of the 1990 International Fast Reactor Safety Meeting*, Snowbird, UT, Vol. Ⅳ, p. 33, American Nuclear Society (August 12 - 16, 1990).
26. R. S. May, et al., "Probabilistic Methods for Evaluating Operational Transient Margins and Uncertainties," *Nuclear Science and Engineering, 103* (1989) 81.
27. R. W. Schaefer, "A Probabilistic Method for Evaluating Reactivity Feedbacks and Its Application to EBR Ⅱ," *Advances in Mathematics, Computations, and Reactor Physics*, Pittsburgh, PA (April 28 - May 1, 1991).
28. U. S. Nuclear Regulatory Commission, *Nuclear Power Plant Licensing Process*, NUREG/BR - 0298, Rev. 2 (July 2004).
29. U. S. Nuclear Regulatory Commission, World Wide Web site: www.nrc.gov.
30. R. A. Wigeland, R.B. Turski, and P.A. Pizzica, "Impact of Reducing Sodium Void Worth on the Severe Accident Response of Metallic-Fueled Sodium-Cooled Reactoes," *Proceedings of the International Topical Meeting on Advanced Reactors Safety*, Pittsburgh, PA, Vol. Ⅱ, p. 1062 (April 1994).
31. J. E. Cahalan, R.A. Wigeland, G. Friedel, G. Kussmaul, J. Moreau, M. Perks, and P. Royl, "Performance of Metal and Oxide Fuels during Accidents in a Large Liquid Metal Cooled Reactors," *Proceedings of the International Fast Reactor Safety Meeting*, Snowbird, UT, Vol. Ⅳ, p. 73 (August 1990).
32. L. R. Campbell, et al., *FFTF Loss of Flow Without Scram Experiments with GEMS*, HEDL - TC - 2947,

Hanford Engineering Development Laboratory, Richland, WA(June 1987).

33. L. E. Strawbridge and G. H. Clare, "Exclusion of Core Disruptive Accidents from the Design Basis Accident Envelope in CRBRP," *Proceedings of the International Meeting on Fast Reactor Safety*, Vol. 1, pp. 317 - 327, American Nuclear Society, Knoxville, TN (April 21 - 25, 1985).
34. L. W. Deitrich, et al., "A Review of Experiments and Results from the Transient Reactor Test (TREAT) Facility," ANS Winter Meeting, Washington, D.C. (November 15 - 19, 1998).
35. C. L. Beck, et al., "Sodium Void Reactivity in LMFBRS: A Physics Assessment," *Proceedings of the Topical Meeting on Advances in Reactor Physics and Core Thermal Hydraulics*, Kiamesha Lake, NY, NUREG/CP - 0034, Vol. 1, p. 78 (September 22 - 24, 1982).

第14章 原子炉停止を伴う過渡事象

14.1 はじめに

深層防護の基本原則の一つとして、放射性物質の放出を防止するための多重の物理的障壁、そしてこれらの障壁を防護するための冗長性を有する防御手段を設けることが挙げられる。この基本原則に従うことで、単一の物理的障壁の破損が、公衆の健康および安全上のリスクにつながることが防止される。EBR-Ⅱ、FFTFあるいはCRBRPといった、これまでのナトリウム冷却高速炉（SFR）の設計における多重障壁の典型例としては、第1障壁として燃料被覆管、第2障壁として閉ループである1次冷却材バウンダリ、第3障壁として格納施設が用いられている。これらと異なる障壁の概念を採用している設計例もあり、アプローチの妥当性は、アメリカの原子力規制委員会（NRC）のような国の規制組織による安全審査の一環として評価されるものの一つである。

プラント保護システム（plant protection system : PPS）は、異常状態において迅速かつ安全に原子炉を停止させ、放射性物質放出に対する全ての障壁を防護するものであり、他の原子炉システムと同様にSFRにおいても装備されている。PPSの主な目的は、一般公衆、原子炉施設における作業従事者、そしてプラント設備の防護を保証することである。すなわち、原子炉停止を伴う過渡事象とは、工学的なPPSが設計どおりに動作する範囲の事象である。 PPSが機能しないことを想定する事象については、次の章で述べる。

有効なPPSは、発熱増加や熱除去能力の喪失から原子炉施設を防護できなければならない。このことは、PPSの２つの主要設備である（1）原子炉停止システムと、（2）崩壊熱（あるいは残留熱）除去システムの設計に反映されている。格納施設の隔離のための設備、核分裂生成物を除去するための設備、あるいは事故後の熱除去のための設備といった、その他の工学的な安全設備もプラント全体のシステムに含まれるが、これらの設備は、PPSが正常にその機能を発揮する場合には必要とされないので、この章では取り上げない。

異常状態に対するPPSの優れた動作によって、SFRが格別に安全なシステムとして構成されている設計の全容を理解することが重要である。沸点をはるかに下回る冷却材温度、低い系統圧力、優れた熱伝達特性、冷却材の大きな熱容量、冷却材の高い自然対流効果といった特性が、SFRの安全性を高めている。

この章の目的は、原子炉停止を伴う過渡事象を取り上げ、PPSが非常に高い信頼性をもって異常を検出し適切に応答することを確認するための、具体的なプラント設計とその考え方を示すことである。炉心内の局所的な燃料破損伝播から、原子炉施設の全体に影響を及ぼす事象までの、広範な過渡事象を取り上げる。

14.2 プラント保護システム

14.2.1 過渡状態の枠組み

発熱と熱除去の不均衡は、炉内過渡解析で着目すべき事項である。炉心で発生する熱が適切に除去される限り、放射性物質の放出に対する固有の障壁は健全状態に保たれる。過熱状態が存在する場合にのみ、深刻な安全上の問題が生じうる。したがって、効果的なPPSを設計する上で着目すべき点は、出力の異常上昇による過熱（反応度挿入のメカニズム）、あるいは、原子炉冷却の減少による除熱不足（熱除去の故障）につながりうる制御の異常である。

14.2.1.1　反応度挿入メカニズム

反応度挿入の可能性を検討する上で、まずに着目しなければならない事項は、制御棒、燃料、ナトリウムなどの大きな反応度価値を持つ炉心構成要素の相対的な動きや変位である。制御棒は意図的に炉心の反応度を増加または減少させるために操作される。このため、制御棒が誤って通常よりも速すぎる速度で炉心から引抜かれたり、引抜きすぎたりした場合、炉心の応答がどうなるかの評価をしておくことは重要である。制御棒システムの設計では、通常、1本以上の制御棒が同時に引き抜かれることがないようにインターロックを設けており、引き抜きの最高速度（逸走速度）は、急速な反応度挿入を防止するために制限されている。異常時の最悪な条件の組合せとして、1本あるいは複数本の制御棒の急速引き抜きを想定した場合にも、適切な設計を行えば、最大の反応度挿入率は毎秒わずか数セントのオーダーであり、反応度の投入量は炉心の損傷を防止できる程度に制限することができる。

他の反応度挿入メカニズムとして、制御棒集合体または燃料集合体の溶融移動、燃料集合体への冷却材供給不足、炉心構成要素の内側への径方向の動き（炉心凝集）、炉心中心領域での冷却材沸騰、炉心への低温ナトリウムの流入が挙げられるが、これらを排除できるように原子炉設計が行われる。これらのメカニズムは、SFRの豊富な運転実績に支えられつつ、数十年にわたって、実験と解析による研究の対象となってきた。現代のSFRでは、それらのメカニズムが物理的には起こりえない、もしくは極めて低い発生確率となるような設計がなされている［1-5］。またそれらを想定した場合にも、PPSによる防護が可能であろう。

14.2.1.2　除熱系の故障

1次冷却系の冷却材流量の異常な減少あるいは喪失は、熱輸送システムの観点からみて、最も深刻な事象である。炉心に流入する冷却材の温度が上昇する可能性がある事象も、炉心温度の安全裕度を食いつぶす恐れがあるため防止する必要がある。

1次系および中間冷却系のポンプ、蒸気発生器の給水ポンプ、復水器の冷却水ポンプは、通常、電力網のようなサイト外の電源から電力の供給を受けて運転される。冷却材ポンプへの電力供給喪失につながる外部電源喪失は、通常、起こりうる事象（プラント寿命期間中に1回以上発生すると予想される）に含まれ、この事象に対してPPSシステムが適切に機能することの実証が特に重要である。深層防護の一環として、全ての原子力発電所において非常用電源が装備されるが、非常用電源の起動失敗を想定した場合にも、炉心損傷を防止して安全に炉停止可能であることが保証されなければならない。2次ナトリウムまたは水・蒸気系の異常は、炉心への影響が1次系の場合に比べて軽微であり、固有の伝熱遅れがあるため、より容易に防護することができる。ただし、工学的に考えた場合に発生しうる全ての事象の評価を行い、起因となる事象が進展して許容できない状態につながらないこと、および、PPSが適切に応答することを保証する必要がある。

14.2.2　PPSの有効性

適切に機能するPPSは、前述した異常の起因事象を防止し、炉心を損傷することなく安全な冷態停止状態に移行させるものでなければならない。 PPSの設計上考慮される典型的な過渡の起因事象を表14.1に示す。

14.2.3　原子炉システムの健全性を確保するための制限値

表14.1に示した事象に対し、PPSの適切な応答によって、原子炉システムおよび放射性物質の放出

表14.1　PPSの設計上考慮される典型的な起因事象

起因事象の分類	設備の異常	運転員の操作ミス	外部事象
反応度挿入	制御棒駆動機構の異常動作、 ポンプ回転数異常上昇による過冷却、 水・蒸気系からの蒸気放出、気泡流入	制御棒の操作ミス、 ポンプの操作ミス、 圧力開放弁の誤開	地震
流量喪失	電気的故障、外部電源喪失、制御系の故障、 機械的故障、ポンプの機械的故障、 配管破損	ポンプ動力電源遮断、 電源ブレーカーの誤開	地震
除熱源喪失	蒸気発生器の破損、2次冷却系の故障、 超臨界炭酸ガス系の故障、負荷喪失、 熱輸送系の流路閉塞	2次系の流量遮断、 蒸気発生器のブローダウン、 外部電力網からの遮断	地震
1次ナトリウム漏えい	1次系の異常な圧力上昇、 空気進入あるいは不活性カバーガスの喪失によるナトリウムの汚染、 配管と容器の貫通部における漏えい、 補助系における漏えい	カバーガスの誤加圧、 補助系の弁の誤開	地震

に対する障壁が適切に防護されることを保証しなければならない。このような防護機能を保証するためには、まず燃料ピンと熱輸送系の健全性を確保するための制限値を決定する必要がある。

14.2.3.1　燃料損傷の制限値

炉心を構成する構造物の過渡時の制限値を設定する上で、燃料ピンと制御棒（中性子吸収材）ピンの両被覆管は、放射性物質放出に対する第一障壁であるため、特に詳しく分析する必要がある。この分析の目的は、燃料系の定常状態および過渡条件下における被覆管性能維持のための実効的な制限値を定義することである。分析方法については、8.3節で説明されている。

被覆管の損傷は、金属の冶金学的変化によって、または機械的荷重によって発生する可能性がある。両メカニズムは、温度と燃料組成に非常に強い相関を持つ傾向がある。冶金学的損傷には、微細構造の変化、合金成分の減少、核分裂生成物による損傷や、燃料と被覆管の冶金学的相互作用が含まれる。機械的損傷は、粒界キャビテーションをもたらすクリープ変形と塑性変形による局所的不安定によって主に発生する。

金属燃料は、被覆管と冶金学的相互作用を生じる。燃料と被覆管の接触界面では、定常運転状態において、鉄とウランの共晶混合物の形成を伴う拡散領域が形成されることがある。過渡時においては、燃料と被覆管の界面の温度に応じてこの共晶反応がさらに進行する可能性がある。温度が十分に高くなると、燃料と被覆管の界面に液相が形成され、被覆管を侵食する共晶侵食率が非常に大きくなる。このようにして、大きな過渡的被覆管減肉が生じる。

燃料溶融基準は、原子炉の過渡応答を判断する上で非常に重要である。金属燃料（熱伝導度が高く燃料中心温度が低いが、融点も低い）と酸化物燃料（熱伝導度が低く燃料中心温度が高いが、融点が高い）は、過出力あるいは除熱低下事象において非常に異なった振る舞いを示すので、両者のPPSの設計と安全解析へのアプローチに重要な違いをもたらす。

燃料損傷の制限値を評価する方法の一つの例は、累積損傷関数（cumulative damage function : CDF）を用いることである（8.3.2節を参照）。この評価法は、FFTFとCRBRP両炉の安全解析のために、定常運転時と過渡時における被覆管の挙動を把握することを目的として開発された。ここでは、20%冷間加工された316ステンレス鋼と酸化物燃料が対象とされた。（十分な気孔率を有するように設計されている金属燃料の場合は、そのような機械的応力は発生しない。）

この方法の保守性は、定常状態の被覆管の寿命予測結果を、約600本のFFTFの原型燃料ピン（20%冷間加工された316ステンレス鋼を被覆管に使用）のEBR-Ⅱにおける照射データ（カプセル内で行った過渡試験のデータを含む）［6, 7］および原子炉過渡事象試験施設（Transient Reactor Test Facility, TREAT）で過渡試験に供された約50ピンのデータ［8］と比較した結果に基づき実証されている。

金属燃料についても同様の結果が、定常状態と過渡状態の両者に対して得られている。TREATにおける過渡試験は、金属燃料および酸化物燃料の被覆管は定格の4倍程度の過出力で破損することを示した［9］。緩慢な過渡事象では被覆管破損に対して大きな裕度があることも示されており、同様の結果はEBR‐ⅡにおけるATWS試験でも示されている［10］。

14.2.3.2 原子炉冷却材バウンダリ制限値

原子炉熱輸送系（heat transport system : HTS）とこれに接続された系統は、全てのプラント運転状態において、原子炉の熱を安全に除去する機能を有する。原子炉冷却材バウンダリを構成する材料と熱輸送系の供用条件は、その材料が、脆性挙動を示さず、急速な破損拡大につながらないことが保証できるよう選択され、維持されなければならない。一般的に、原子炉冷却材圧力バウンダリを構成する機器は、ASMEのボイラーおよび圧力容器用設計規格セクションⅢ（原子力発電プラント機器）のクラス1要件［11］あるいは、他の地域においてはそれと同等の規格に基づいて設計され評価される。これらの要件に準拠することで、HTSの通常運転状態および異常状態における温度と荷重条件に対する構造健全性が確保される。ここで、考慮される荷重には、内部圧力、自重の他、地震事象、熱事象、設計基準事故における荷重が含まれる。PPSは、HTSの圧力とナトリウム温度が制限値におさまっていることを監視することで、設計規格への準拠確認にも寄与する。

ナトリウムの熱輸送系において着目すべきは、過渡中において非常に大きな熱衝撃を受ける可能性があることである［12］。これは、ナトリウムの高い熱伝導度と熱容量の大きさに起因している。溶接箇所と熱輸送系で使用する材料の選択に特に注意しなければならない。また、サーマルストライピング（thermal striping）による構造劣化に特段の注意を払わなければならない。サーマルストライピングとは、集合体を出る冷たいナトリウムと熱いナトリウムの非定常流れによる高サイクルの温度変動が原子炉構造物を劣化させる現象である［13］。

14.3 信頼性の確保

現代のPPS設計を対象とした確率論的リスク評価（Probabilistic risk assessment : PRA）の結果によると、１原子炉・年あたりのPPSの失敗確率は10^{-5}以下と、非常に高い信頼性レベルを達成できることが示されている。しかし、このレベルの信頼性を達成するためには、いくつかの基本的な設計原則に注意を払う必要がある。

14.3.1 信頼性確保のための基本要素

システム全体の信頼性向上に貢献する5つの基本的な要素は、(1)機能性（functionality）、(2)冗長性（redundancy）、(3)多様性（diversity）、(4)独立性（independence）、(5)運転信頼性（operational reliability）である。

機能性：「機能性」は、その動作が要求された時に、期待どおりの機能を発揮することができるかどうかのPPSの効力を意味する。それは、例えば、異常事象によって挿入されうる反応度に打ち勝つための十分な負の反応度を持たなければならない、といったことである。さらに、そのシステムは、異常事象の結果として生じる過渡的な反応度効果の影響を克服するために、十分な速度で十分な負の反応度を挿入することができなければならない。幸いなことに、同定されている発生可能性のある起因事象のいずれに対しても、PPSの機能性要件を満たすこ

とは比較的容易である。商業サイズの原子炉施設の制御棒に対しては、反応度価値が数ドル程度あり、挿入時間が1秒程度であれば、機能性を満たすには十分である。スプリング加速式の制御棒挿入機構がしばしばSFRの設計に取り入れられるが、これは応答性の向上よりも、システムの多様性確保の観点から採用されているものである。したがって、広く熱中性子炉で用いられるのと同様のシステムは、概して高速炉への応用に適している。

冗長性：「冗長性」は、単独で必要十分な安全機能を果たしうるシステムが、複数存在することを意味する。この特性は、異常状態を検出するための計装設備や、放射性物質の放出に対する障壁を防護するための物理的なシステム（制御棒、ポンプ等）に適用される。

多様性：「多様性」は、同一の安全機能を有する安全設備に、異なる原理を適用することを意味する。原子炉停止および熱除去系から、できるだけ共通原因故障をなくすためには、多様性の確保が重要となる。総合的なPPSの信頼性向上のために相当な努力がなされており、異常検出設備、原子炉停止設備あるいは除熱系の起動設備、さらには、原子炉停止設備あるいは除熱設備自身の構成要素に至るまで多様化が図られている。例えば、多様性は、そのいずれによっても目的を果たすことができる、能動的な原子炉停止系（電子信号に応答して作動）と、自己作動型の原子炉停止系を組み合わせることで実現される。

独立性：「独立性」は、あるシステムの正常な動作が、別のシステムの成功または失敗によって影響されることがないように、複数の安全システムを完全に分離することを意味する。システムの独立性は前述の例のいくつかで示されているが、より完全な独立性を有するPPSを実現するための努力が必要である。

運転信頼性：「運転信頼性」は、原子炉の運転に悪影響を与えるPPSの誤作動が生じないことを意味する。失敗確率が極めて小さくなるように、冗長性、多様性および独立性をPPSの設計に取り入れることは難しくない。課題は、通常運転状態において誤ってスクラムすることなく信頼性を維持するシステムを設計することである。

14.3.1.1　原子炉停止系の信頼性確保のための設計例

現代的なPPSの設計の例は、PRISM［14］とSAFR［15］に見られる。これらは、1980年代から1990年代初めにかけてアメリカエネルギー省（DOE）が実施した新型液体金属炉（ALMR）プログラムの一環として開発された商用目的の設計概念である。これらの設計では、必要な防護レベルを達成するために、能動的および受動的両方の原子炉停止系を採用している。能動的な安全設備が信頼性を確保するために有するべきいくつかの基本的な要素は、現在のすべてのPPSの設計に共通である。独立性と冗長性は、放射性物質の放出に対する障壁を防護する二通り（主系と後備系）の原子炉停止系がそれぞれ独立して機能するように確実に分離することによって達成される。

このような設計では、原子炉停止機能が失われるためには、主系と後備系の両者が完全に失敗する必要がある。後備系は、通常、主系のミラーイメージ（ただし、異なる入力信号[1]が用いられる）であるため、原子炉停止系失敗の確率値は、これら2つの独立した冗長システムの失敗確率の積となる。独立性を確保するために考慮しなければならない事項は、系統の間の物理的な障壁を設けるか、または系統が異なる場合、電気ケーブルをできるだけ分離することである。

典型的なPPSにとって、多様性も非常に重要な要素である。駆動信号や機械的設備に取り入れられている多様性の度合いについては、次の節で述べる。

現在のPRAは、PPSの信頼性と、高速炉で発生する可能性がある異常事象によるリスクを評価する

1　表14.2を参照。

ための方法論を確立している。EBR-Ⅱを対象として実施されたSFRのレベル-1 PRAの例では、リスクレベルは典型的なPWRの10%程度となっている［16］。

14.3.2 原子炉停止系の多様性の具体例

共通原因故障の可能性を最小限にするために用いられている設計手法について、主系および後備系原子炉停止装置の多様性の例を以下に示す。

表14.2は、FFTFの主炉停止系および後備炉停止系を動作させるためのスクラム信号をまとめたものである。何れの炉停止系に対しても11ないし12種類の信号が用意されていることがわかる。また、入力信号は、各々の系統ごとに異なっている。ここで重要なのは、異なるメカニズム、設計および検出手段を意味する「多様性」、複数の検出器を意味する「冗長性」、そして共通の故障モードが存在しないことを意味する「独立性」である。

表14.3は、CRBRPの原子炉停止系の初期設計に組み込まれた多様性を整理している。可能な限りの多様性を確保するために払われた努力を見て取ることができる［17］。このように、極めて高い信頼性を追求し、多様性を高めていく取り組みを怠ってはならない。

表14.2 FFTFのスクラム信号

主炉停止系	後備炉停止系
1. 出力領域中性子束高	1. 出力／全流量比
2. 出力領域中性子束低	2. 中性子束変化率高(ペリオド短)
3. 起動領域中性子束高	3. 中性子束変化率高(ペリオド短短)
4. 中性子束変化率高(ペリオド短短)	4. 1次系流量低
5. 中性子束変化率高(ペリオド短)	5. 1次系流量高
6. 出力／ループ圧力比	6. 2次系流量低
7. 中間熱交換器(IHX)1次側出口温度	7. 電源電圧低(外部電源喪失)
8. 原子炉容器冷却材液位	8. 原子炉出口プレナム温度
9. 出力／流量比(閉ループ)	9. 閉ループ出口温度
10. IHX 1次側出口温度(閉ループ)	10. 実験関連手動スクラム
11. 実験関連手動スクラム	11. 出力／流量比(閉ループ)
	12. 閉ループ流量高

表14.3 CRBRP設計における原子炉停止系の多様性［17］

	主炉停止系	後備炉停止系
制御棒集合体(CA)		
制御棒	37ピン束	19ピン束
制御棒案内管形状	六角柱	円筒形
本数	15	4
制御棒駆動軸(CRDL)		
CAとの接続	固定継ぎ手	関節機構付つかみ機構
制御棒駆動機構(CRDM)との接続	リードスクリューとローラーナット	空気圧によるつかみ機構
CAからの切り離し方法	マニュアル	自動
制御棒駆動機構(CRDM)		
種類	折りたたみローターとローラーナット	ツインボールねじ
全ストローク	0.94m	1.75 m
スクラム機能		
切り離し方式	電磁機構によるローラーナット開放	空気圧によるCRDLとCAつかみ機構の開放
挿入加速方式	スプリング加速	流体力加速
スクラム速度と流量の関係	流量減少にしたがって加速	流量減少にしたがって減速
加速有効長	0.55m	フルストローク
緩衝方式	流体ダッシュポット	流体スプリング
スクラム機構の可動範囲	フルストローク	6.4 m
設計製造者	Westinghouse	General electric

これらの例では、多様性がPPSの設計にどの様に取り込まれているかを示しているが、物理的な原子炉停止のためのデバイスとしては、いずれの場合も、ピン構造の中性子吸収体を束ねた制御棒を使用している。過去には、単一の原因が冗長性を損なわせる可能性の代表例として、制御棒やその案内管が歪むような厳しい事象によって、何れの原子炉停止系の制御棒挿入にも失敗することが懸念された。このため、制御棒とは根本的に異なる吸収材挿入原理を使用した原子炉停止系を考案するための努力がなされた。

SNR-300炉向けに開発された概念［18］では、関節機構で連結された数個の短いピン束で吸収体を構成し、通常の待機位置である炉心の下部から、スプリングによって上方に引き上げ炉心に挿入する。その構造を図14.1に示す。このアイデアのポイントは、制御棒の待機位置を（温度の低い）炉心下部に割り当て、引き上げ挿入としていること、制御棒に関節機構をもたせ案内管がかなり歪んだ場合でも吸収体を炉内に挿入可能としていることである。

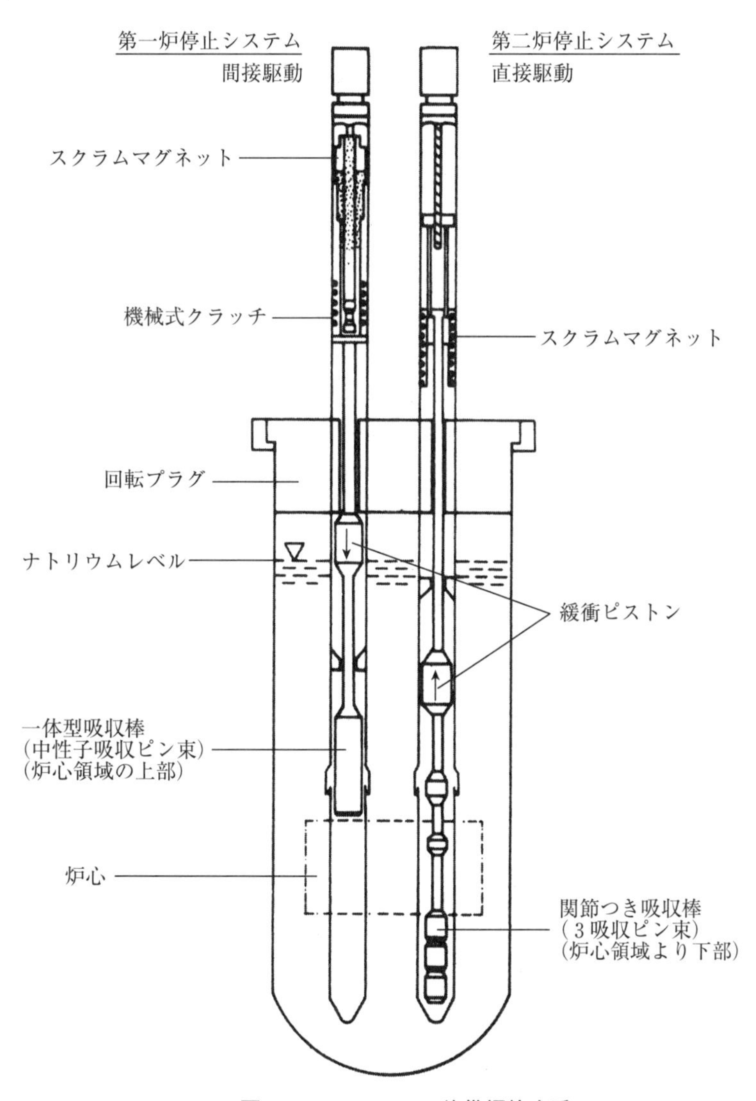

図14.1　SNR-300の後備炉停止系

他には、“自己作動型炉停止系”と呼ばれる概念がある。これは、作動させるための外部信号を必要とせず、高温化（キュリー点における磁力喪失を利用して制御棒を自由落下させて炉心に挿入）や流体圧力の低下といった、異常事象における炉心の状態に応答して自動的に作動する機構である［19］。後者の例として図14.2に示すものは、流体圧力によって中性子吸収体の球を保持する概念である。この特殊な集合体内の冷却材の流れは、定格運転時において中性子吸収体の球を炉心の上方に浮遊させ保持するのに十分な力を与える。1次冷却材流量が減少すると、中性子吸収体球が炉心領域に落下して原子炉を停止させる。従来の原子炉停止系のような速効性はないが、1次冷却材流量が喪失する状況に対しては非常に有効であると考えられる。

これらの概念は、従来の原子炉停止系と組み合わせることができる。例えば、SNR-300と同様の関節構造を持つ制御棒を、キュリー点で保持力を失う電磁石で炉心の上方にて保持する設計が考えられる。この場合、制御棒は、(1) 電磁石のコイルの電流喪失、(2) 冷却材温度のキュリー点を超える上昇、のいずれによっても炉心に挿入されるため、スクラム信号と炉心の異常状態の両者に応答して作動する。

もう一つの興味深い概念は、ガス膨張モジュール（gas expansion module : GEM）と呼ばれる炉心外周に設置される特殊な集合体である。この概念では、集合体（ラッパ管）は、上部が閉じており、内部に不活性ガスが充填される。1次ポンプが定格運転している場合、モジュール内にナトリウムが押

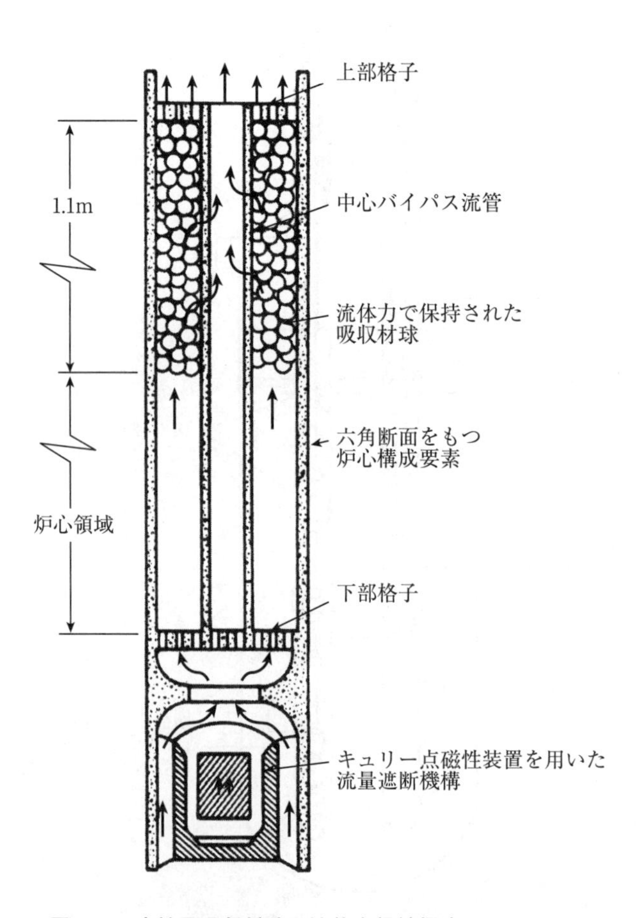

図14.2　中性子吸収材球の流体力保持概念（後備炉停止系）

し込まれてガスは圧縮された状態にある。1次ポンプが停止すると、ガスが膨張してモジュール内のナトリウムが排出される。このため炉心からの中性子の漏れが増加し、負の反応度効果をもたらす。GEMはFFTF炉で試験され、その有効性が示されている［20］。

次の章で詳しく説明する非常に優れた概念は、PPSが失敗した場合にも原子炉停止を可能とするために、炉心と冷却システムが有する固有の特性を取り込んだ概念である。その特性は、冷却材温度上昇時の大きな負の反応度フィードバックと自然対流冷却へのスムーズな移行に基づくものである。PPS失敗を伴う冷却材流量喪失と出力上昇過渡のいずれに対しても、炉心の防護が可能であることを実証するための試験と解析が完了している。これについては第15章で詳述されている［21］。

14.3.3 崩壊熱除去系

PPSのその他の主要系統は、崩壊熱除去系である［22］。これは、残留熱除去系、あるいは原子炉停止時熱除去系と呼ばれる場合もある。原子炉停止が正常に達成されている場合でも、特に原子炉停止直後は、放射性崩壊によってかなりの発熱がある。核分裂生成物の崩壊に加えて、^{239}Uや^{239}Npのβ崩壊、寄与はより小さいが放射化物の崩壊（例えば鋼、ナトリウム）、そして^{242}Cmのような高次のアクチニドの崩壊によっても熱が発生する。

この除熱系統の信頼性に関する設計上の工夫を、図14.3に示すCRBRPの設計例に基づいて説明する［17］。この設計では、通常の除熱系（蒸気／給水系）が失敗した場合に崩壊熱を除去する3つのバックアップ手段が設けられている。第1の手段は、蒸気ドラムを冷却する原子炉停止時空冷凝縮器（protected air-cooled condensers : PACC）である。第2の手段は、蒸気ドラムとタービンとの間の蒸気配管に設置された逃がし安全弁による蒸気の大気解放である。原子炉停止時冷却用の水タンクは、代替給水源であることに加えて、冷却水の補給水源として利用可能である。2台の補助給水ポンプは電

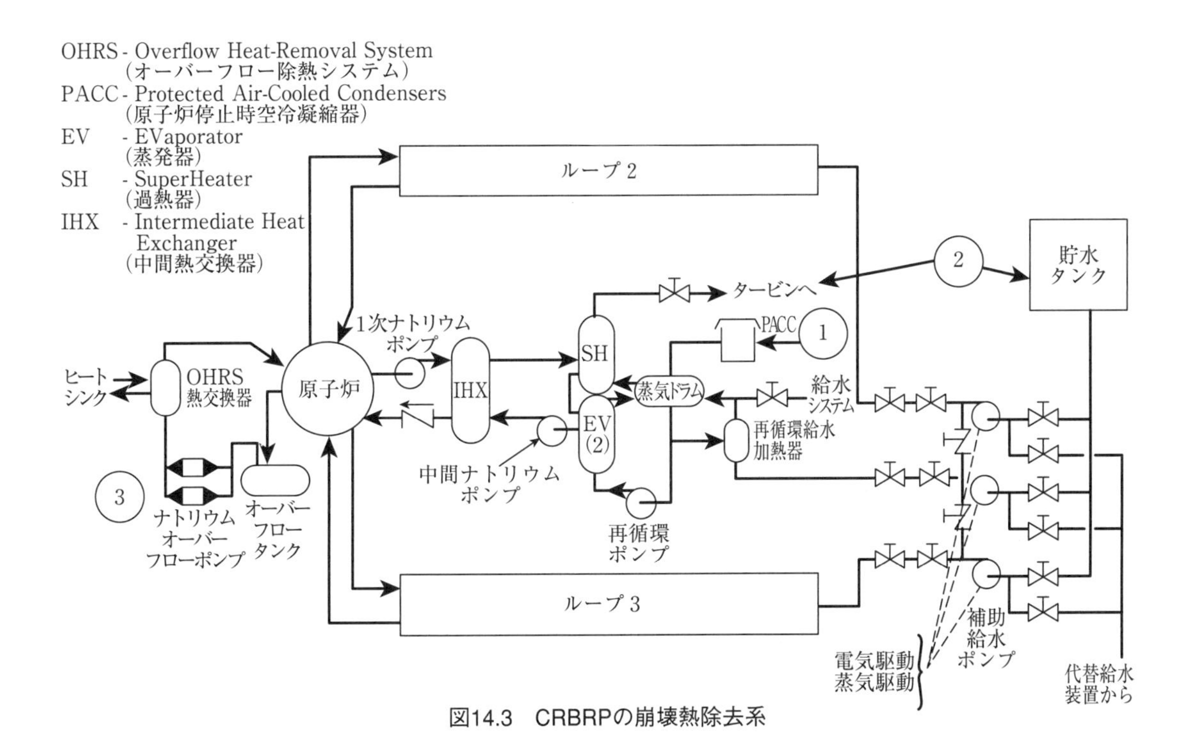

図14.3　CRBRPの崩壊熱除去系

気駆動であるが、蒸気駆動ポンプも備えられている。第3の手段は、原子炉容器のナトリウム液位を制御するためのオーバーフロータンクに接続されたオーバーフロー熱除去系（overflow heat removal system : OHRS）であり、炉容器内1次系から直接熱を除去する。この系統は、蒸気／給水系とは完全に独立しており、空気冷却器によって大気に熱を逃がす。蒸気／給水系からの除熱に対する多様性を与えるのみならず、蒸気発生器を介する通常の熱除去パスが利用できない状況における崩壊熱除去を可能としている。

スーパーフェニックスの崩壊熱除去系には、2次ナトリウムループに設置されたナトリウムと空気の熱交換器と4つのバックアップ崩壊熱除去設備がある。各バックアップ設備は、原子炉容器内浸漬型熱交換器、閉じたナトリウムループ、ナトリウムと空気の熱交換器から構成されている。

14.3.3.1 自然循環運転

バックアップの熱除去設備を設計に取り入れることに加えて、原子炉熱輸送系の機器は、冷却材の自然循環によって崩壊熱が除去できるように配置されている。原子炉熱輸送系を構成する機器への熱衝撃を緩和するため、原子炉が緊急停止する場合、ポンプも停止させるのが通例である。このため、主ポンプとは別の補助ポンプを使用する設計となっていない限り、自然循環による崩壊熱除去が常に求められる。原子炉停止成功過渡事象（protected transients）における長期的な冷却のために、発生する崩壊熱に見合った除熱能力が必要となる。 SNR-300とスーパーフェニックスのバックアップの崩壊熱除去系は、ナトリウムループとナトリウム-空気の熱交換器自然循環による受動的運転によって適切な除熱が行われる様設計されている。自然循環による炉心冷却が迅速に確立され、燃料の損傷を防止できることが、実際のSFRの動作条件下で実証されている。定格出力状態でポンプ機能が喪失した場合にも自然循環冷却が確立することは、EBR-Ⅱ、FFTF、PFRおよびフェニックスで実施された部分出力からのポンプの全台停止試験によって実証されている［21, 23］。

14.3.4 原子炉施設全体の信頼性目標

これまで議論した様々な側面は全て、PPSの全体的な信頼性に寄与することがよく認識されている。問題は、安全評価において、PPS失敗の影響を考慮しなくて良い、PPSが達成すべき信頼性の定量的数値レベルである［24, 25］。NRCは、炉心損傷頻度が炉年当たり10^{-4}未満、大規模な放射性物質の放出確率が炉年あたり10^{-6}未満とする目標（要求ではない）を報告している。 PPSが炉心損傷を防止できるように設計されている限り、PPSの炉年当たりの信頼性（炉年当たりの故障）目標を10^{-4}とすることは合理的と考えられる。

PPSの受容可能な信頼性レベルを設定するための枠組みを開発する別の方法は、社会が通常の生活パターンにおいて明らかに受け入れることが可能なリスクレベルを観察することである。Starr氏による研究は、発電による許容リスクは、年間一人当たりの死亡リスクで10^{-6}のオーダーであることを示している［26］。このことから、Starr氏は後に原子炉施設の目標リスクレベルを10^{-6}とすることを結論付けた。この値は、自然災害のリスクを十分下回り、社会が受容可能な範囲内であるとしている［27］。この結論は、上述のNRCの目標と整合しているように思える。現代的なSFRにおいて放射性物質の放出に対する障壁が全て考慮されている場合、実際のところ、この目標は容易に満たすことができる。さらに、PPSがこの目標を達成するために貢献する唯一のメカニズムであるわけではない。PPSの故障率が高い場合にも、設計の工夫によっては安全性の目標を達成することができる。このように、現代的なSFRは、放射性物質の放出がなく、また周辺住民に影響を与えることなく、10^{-6}の目標を達成する様に設計される。

NRCは、炉停止失敗過渡事象（ATWS）の問題［24］について熟慮した後、次のような結論を出した。「アメリカ国内に1000基の原子炉施設があることを想定し、安全目標として、個別の原子炉施設で、10 CFR Part 100のガイドラインを超える可能性がある事故が発生する確率が個々のプラント当たり年間100万分の1を超えないことを求める」。NRCは、その政策声明によって、この定量的な目標を明言した［25］。SFRについては確固たる目標がまだ確立されていないが、システムの失敗確率を炉年当たり10^{-6}とすることは、疑いなく保守的な目標設定である。

14.4　炉心局所事故

SFRの燃料要素の破損伝播（fuel element failure propagation : FEFP）の可能性の評価は、SFR開発に携わったほとんどの国において長年にわたって研究の対象となってきた［28］。FEFPの研究は、より広範で深刻な破損に拡大し得る燃料ピンの初期破損の発生に着目している。燃料ピン間の破損伝播は、ある燃料ピン1本の破損が、隣接する燃料ピンの破損を引き起こす事象として定義されている。このような破損伝播が発生した場合、伝播は、自己限定的で燃料ピン束の小さな領域に閉じ込められるか、あるいは進行性が強く燃料集合体の全体に及ぶものかのどちらかである。進行性が強い破損伝播が生じた場合、事象は、ある燃料集合体内での燃料破損が、隣接する燃料集合体へと拡大する状態として定義される、集合体間破損伝播へと進展しうる。

懸念は、ピン間の破損伝播は、最初はゆっくり進行するかもしれないが、その後急速に進行して、PPSで検出して対処するには困難な速さで集合体間破損伝播に拡大しないかという点にあった。そのような可能性を評価するには、以下の2つの疑問に答える必要があった。(1) 燃料ピンが破損した場合、破損伝播が容易に発生しうるか？ (2) 破損伝播が発生した場合、PPSをタイムリーに起動させるための計測手段は何か？

現在のSFRの設計においては、そのような破損伝播は、非常に起こりにくいか不可能であること、また、1本の燃料ピンの破損を起因とした急速な破損伝播は生じ得ないことを示す多くの根拠が揃えられている。この判断のベースとなる事項を以下に概説する。

14.4.1　燃料ピン間破損伝播

14.4.1.1　起因となりうるメカニズム

燃料ピン1本の破損につながりうる現象は一般的に3種類に分類される。第1の分類は、製造上の欠陥が原因で、燃料ピン1本にランダムな破損が生じた場合に、核分裂生成ガスが噴出して隣接ピンに衝撃を与えることで破損伝搬する可能性である。第2の分類は、粒子状物質（粒子状物質の発生源が特定できない限り仮想的である）によって燃料集合体内に局所的に形成される閉塞が、局所的に冷却材温度を上昇（限定的な冷却材沸騰を生じうる）させて燃料ピンが破損に至る可能性である。第3の分類は、誤って濃縮度の高い燃料ピンを装荷した場合に、燃料ピン内で局所的に燃料が溶融して、燃料被覆管破損後に冷却材流路中に放出される可能性である。その他の分類には、燃料と冷却材の相互作用へと発展する、燃料ピンの不十分な熱伝達や統計的な燃料ピンの破損がある。

14.4.1.2　燃料ピン破損の検出性

燃料ピン間の破損伝播を引き起こす可能性がある各メカニズムについて論じる前に、燃料ピン破損の検出性について簡単に触れておく。初期の燃料ピン破損の検出については、破損の原因や性質、後続する現象に応じて、現時点で少なくとも4つの方法が存在する。第1の方法は、燃料集合体出口の冷却材温度上昇を検出することである。この方法は、燃料ピン破損によって生じた冷却材流れのゆらぎが、燃料集合体出口の冷却材温度を検出可能レベルにまで上昇させる場合に有効である。これをモニターするには、全ての燃料集合体出口部に温度計を設置する必要がある。第2は、遅発中性子検出器を使用する方法である。燃料ピン破損の結果として冷却材中に放出される核分裂生成物中に含まれる遅発中性子先行核から放出される遅発中性子を検出する。これは、感度の高い検出方法ではあるが、破損した燃料ピンから放出される核分裂生成物や燃料片が検出器近傍にまで輸送される必要があるため時間遅れを伴う。またこの方法では、破損した燃料ピンがどの燃料集合体に含まれるかを同定することができない。第3は、1次冷却系の不活性カバーガス領域に流出してくるガス状核分裂生成物を検出する方法である。これも感度の高い方法ではあるが、カバーガス領域への核分裂生成物の輸送のための時間遅れがあり、破損した燃料ピンを含む燃料集合体を同定することもできない。第4は、第3の方法の派生型として、破損燃料ピンを含む燃料集合体の同定ができるように工夫された方法である。製造時に各々の燃料集合体に特有の同位体組成を持つ不活性ガスを、燃料ピンのプレナムガスの一部として充填しておき、破損燃料から放出されたガスの同位体を測定することによって、破損した燃料ピンを持つ燃料集合体の同定を可能とするものである［29］。

一般に、これらの検出方法のいずれも、1本の燃料ピン破損の検出はかなり遅いか、あまり高感度でない。したがって、上記で特定した3つの破損伝播メカニズムのいずれも、急速な燃料ピン間破損伝播や集合体間破損伝播につながり得ないことを証明することが重要である。燃料ピン破損検出については、12.6.2節でより詳しく議論されている。

以上のような検出技術が実際に高速炉システムで採用されている。EBR-Ⅱで行われた燃料被覆管破損後の運転継続試験では、燃料被覆管が破損し、局所的な冷却材流路閉塞が生じる状況での検出性について多くの知見が得られた。この試験によって、金属燃料、酸化物燃料のいずれの場合にも、原子炉の安全に影響を及ぼしうるはるかに手前の段階で、燃料被覆管の破損検出が可能であることが示された。金属燃料では局所的な流路閉塞の可能性はなく、燃料ピン間破損伝播の可能性が排除された。酸化物燃料では、破損部位における冷却材流路の減少あるいは閉塞は非常にゆっくりと進行し、破損範囲は限定的であるとともに、取るべき是正措置のための十分な時間余裕があることが示された。被覆管破損のピン間伝播は、金属燃料、酸化物燃料いずれの場合にも生じがたい［30］。

14.4.1.3 ガス状核分裂生成物の放出

照射燃料からのガス状核分裂生成物の放出に関する主な問題は、燃料被覆管破損時に放出されるガスによって液体冷却材が急速かつ局所的に排除されることである。この現象は、破損した燃料ピンとこれに隣接する燃料ピンからの除熱を局所的ではあるが急速に失わせ、燃料被覆管の温度上昇をもたらす（同時に、ナトリウム沸騰の場合と同様な瞬間的かつ局所的な反応度挿入も生じうる）。このような現象の発生可能性は、燃料被覆管の破損サイズによって異なる。比較的大きな破損の場合、急激にガスが放出され破損燃料ピン内が減圧する。多くの炉内試験および炉外試験が実施され、たとえ破損規模が大きい場合でも、ガス状核分裂生成物の放出による局所的な液体冷却材の排除によって燃料ピン間破損伝播が生じる可能性は全く、あるいは、ほとんどないことが示された。一方で、燃料被覆管の破損規模が小さく、ガス状核分裂生成物は急速には放出されないが、破損燃料ピンの減圧がゆっくり進行する可能性もある。このように、小さな破損孔からガス状核分裂生成物が比較的長時間継続して放出され、隣接する燃料ピンにジェット状となって衝突する場合、ジェットの衝突を受ける隣接燃料ピンの対面部で被覆管が破損する可能性がある。この2次破損に伴って放出されるジェット状ガスは、最初に破損した燃料ピンに向かう傾向がある。このため、このモードの燃料ピン間破損伝播が生じるとしても自己制限的である。また、ガス状核分裂生成物の放出による過渡的な機械的負荷が、隣接する燃料ピンを破損させることが懸念されたが、ガス放出の速度とエネルギーを考慮すると、燃料ピン破損を生じさせるほどの高い応力レベルには至らないことが明らかとなっている。

14.4.1.4　冷却材流路の局所閉塞

冷却材流路で局所閉塞が生じるには、異物が冷却材の流れによって輸送され、閉塞発生場所で捕捉される必要がある。そのため、一定以上の大きさを持つ粒子の燃料集合体への流入を防止するために、冷却材の炉心入口部にストレーナを設置することが現在の標準的な設計方法となっている。破損燃料ピンから放出された燃料粒子が冷却材の流れで輸送されるとしても、それがガス状核分裂生成物の監視システムによる検出に先立つことは稀である。破損した燃料ピンのスウェリングによって閉塞が生じうるが、これは、炉心材料の照射限界値に相当する高い高速中性子照射量によって生じる粒界剥離型スウェリング（break-away swelling）[2]とは異なり、非常にゆっくりしたプロセスである。冷却材を全く通さない平板状の閉塞では、総流路断面積の50%近くが閉塞することで燃料集合体全体の流量が約5%減少する。すなわち、局所閉塞事象で、燃料ピン破損につながるほどの冷却材流量減少を引き起こすには、その想定閉塞規模が非常に大きなものでなければならない。さらに、粒子状物質の蓄積に起因する閉塞では、それが多数の小さな粒子から形成されているため、少なくとも部分的には多孔質であることが示されている。

14.4.1.5　溶融燃料の放出

燃料ペレット内の濃縮度ムラ（不均一分布）は、出力の局所的な増加、あるいは燃料ペレットの熱伝導度の減少によって、局所的な燃料溶融を生じる原因となり得る。濃縮度ムラに対する主な対策は、燃料集合体に組み立てる前の段階で行われる、個々の燃料ピンに対する分析試験を含む厳格な品質保証プログラムである。ただし、燃料ペレットの局所的な濃縮度ムラが発生した場合であっても、その影響を容易に検出でき、燃料の破損しきい値に達する前に修正措置を取れることが炉内試験によって示されている。

より大きな懸念は、溶融燃料が流出して液体冷却材と接触する場合に発生しうる、溶融燃料とナトリウム冷却材の熱的相互作用にあるが、この現象は、より低頻度の事象である過渡時の炉停止失敗事象と関連が深いので、16章で述べる。

要約すると、局所的な燃料ピン破損の結果として、燃料ピン間の破損伝播は非常に起こりにくく、燃料ピン破損の検出に失敗し局所閉塞が形成される状態に至った場合にのみ発生しうると評価されている。しかし、燃料ピン間の破損伝播が発生する状況となった場合でも、その進展はゆっくりしており、深刻な状態となる前に、後続の検出手段で対処することができる [31]。

14.4.2　燃料集合体間の破損伝播

14.4.2.1　伝播機構

燃料集合体間の破損伝播機構として、一般的に4つのカテゴリが考えられている。それらは、(1) 燃料ピン間破損伝播が燃料集合体内の全域に拡大、(2) 燃料集合体規模での冷却材流路閉塞、(3) 溶融燃料・冷却材相互作用による圧力発生、および (4) 燃料集合体規模のメルトダウンによる反応度挿入である。最初の2つは、原子炉停止を伴う事象として本章で扱っている。後者の2つについては、炉停止失敗事象の章で述べる。

2　ペレット中の小さな気泡が互いに接触するほど密に存在する様になると急激なスウェリングがおこり、これが表面につながれば一時に核分裂生成ガスの放出が生じる。この現象を粒界剥離型スウェリングという。

14.4.2.2 流路閉塞

燃料集合体間破損伝播は、燃料ピン破損、被覆管溶解、さらには燃料溶融につながる過熱の原因となる、大規模な流路閉塞によって引き起こされうる。フェルミ-1号炉で示されたように、大規模閉塞の形成と検出の可能性は、設計と運転方法に関連している［32］。適切な燃料集合体設計（例えば、複数の冷却材流入孔の設置など）、適切な組み立て、そして燃料装荷前の試験（例えば、ガス流動試験）によって、燃料集合体の完全閉塞は事実上排除可能である。燃料集合体の入口閉塞では、冷却材の集合体出口部での沸騰に至るほどの流量低下を引き起こすためには、非常に大規模な閉塞を想定する必要がある（典型的なSFRの設計では～90%平板状閉塞が必要）。さらに、閉塞物の後流側の伝熱流動特性に関して、近年理解が進歩し、閉塞の拡大が大きく進展しえないことが示されている。このため、限られた本数の燃料ピンが破損した段階で、核分裂生成物（固体状とガス状の両者）の検出器または遅発中性子検出器による検出が可能である。

フェルミ-1号炉の経験

かつて、フェルミ-1号炉では、大規模な冷却材流路閉塞事故が発生した。その際、原子炉は定格出力状態に至る前の起動試験中にあり、脱落した金属板によって少なくとも2体の燃料集合体の流路が著しく閉塞した［32］。燃料溶融と燃料ピン破損が生じたが、閉塞した2体以外の燃料集合体への破損伝播は生じなかった。原子炉が停止され、破損した燃料集合体が脱落した金属板とともに炉心から取り出され、新しい燃料を装荷した後、原子炉は再起動された。この事故は、燃料集合体規模の燃料溶融が必ずしも他の燃料集合体へと伝播しないこと、またはより重大な事故への進展につながらないことを示した。ただしこの結論は、同じような燃料（基本的には金属燃料）と被覆管の設計を採用した高速炉の場合にのみ有効であることに留意すべきである。この事故の教訓として、燃料集合体の冷却材入口部には複数の冷却材入口パスが設けられ、単一の平板状の障害物によって完全な流路閉塞が生じることがないよう設計変更がなされた。

14.5 全炉心規模の過渡事象

全炉心規模の過渡事象は、反応度または冷却の不均衡が炉心全体に影響を与える事象である。どの様なタイプの原子炉を設計する場合でも、過渡事象に対してPPSが適切に作動し設計制限値を超過しないことを保証するために、広範な研究を実施する必要がある。

概要として3つの計算例を示す。1つは反応度挿入型の過渡事象であり、他の2つは除熱不足型の過渡事象である。詳細には触れないが、各事象の顕著な特徴を簡単に説明することは、PPSの有効性を保証するために行わなければならない数種類の解析を明確化する上で有益である。

14.5.1 反応度挿入過渡事象

ここで示す例は、定格運転状態にあるFFTF炉に、3.4¢/sの速さで正反応度を挿入する過出力過渡事象である。この反応度挿入率は、制御棒引き抜きの通常の速度（0.25m /分）に対応するが、制御棒は連続的に引き抜かれ、過渡事象がPPSの動作によって終息することを想定している。使用された分析ツールは、MELT-IIIコードである［33］。ホットチャンネル因子は、燃料ピン温度の計算値が実際の値を超えないことを99.9%の信頼度レベルで保証するように設定されている。

図14.4は、燃料被覆管の最高温度の時間推移を示している。実線は主炉停止系でスクラムした場合であり、点線は後備炉停止系でスクラムした場合である。両者の違いは、PPSの動作開始時間である。燃料被覆管の最高到達温度（主系スクラムの場合801℃、後備系スクラムの場合831℃）は、燃料被覆管の損傷が小さくなるように定めた設計制限値である870℃を十分下回っている。この計算結

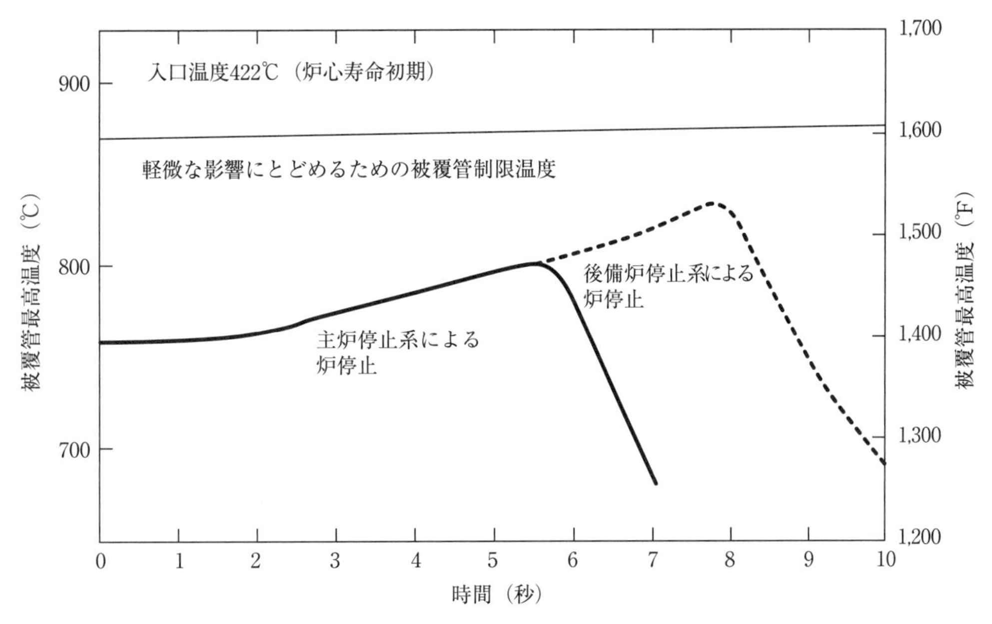

図14.4　反応度挿入過渡事象の解析例（FFTF定格出力運転時に3.4￠/sで反応度挿入）

果は、主炉停止系が失敗した場合でも、（燃料被覆管の温度制限値に照らして）十分な裕度があることを示している。

14.5.2　冷却機能喪失過渡事象

14.5.2.1　1 次冷却材流量喪失

冷却機能喪失過渡事象（transient under cooling event）は、全ての外部電源と原子炉施設内の非常用電源の喪失を起因として発生する事象であり、NRCはこれを原子炉施設の寿命期間中に少なくとも一度起こると予想される、「運転中に予想される過渡事象（anticipated operational occurrence：AOO）」の典型例と位置づけている。ここで提示する例は、FFTF炉を対象とした定格運転状態からの過渡事象である。IANUSコード［34］が計算に使用され、反応度挿入過渡事象の例と同じホットチャンネル因子が適用されている。また、他の計算条件にも反応度挿入過渡事象の例と同等の保守性を取り入れている。1次冷却系、2次冷却系およびナトリウム-空気熱交換器の全ての強制対流の完全喪失が仮定されている。

図14.5に主要な計算結果を示す。燃料被覆管内面の平均温度と最高温度（ホットチャンネル因子を含む）の時間推移が示されている。時間軸の原点でPPSが作動し、原子炉が停止している。原子炉停止後は、1次冷却系ポンプの回転慣性によって1次冷却材流量が、出力の変化曲線（PPSの動作のために急速に低下する）を上回るレベルに維持されるため過冷却となって、燃料被覆管温度が急激に低下している。しかし、約50秒後に、定格出力比、すなわち炉の定格出力との比（なおここで出力は全て崩壊熱による）は、1次冷却材の定格流量比（定格での出力／流量の比）を上回る。これは、この時点で1次ポンプの流量コーストダウンは終了するが、自然循環への移行が完了していないためである。出力／流量比（power to flow ratio, P/F）が1.0より大きくなることにより、燃料被覆管温度は定常運転時の温度を超える。炉心の温度は、冷却材の自然循環が完全に確立されるまで上昇し続け、その後低下に転じる。図14.5に示すように、保守性を考慮した 燃料被覆管最高温度は、制限値である

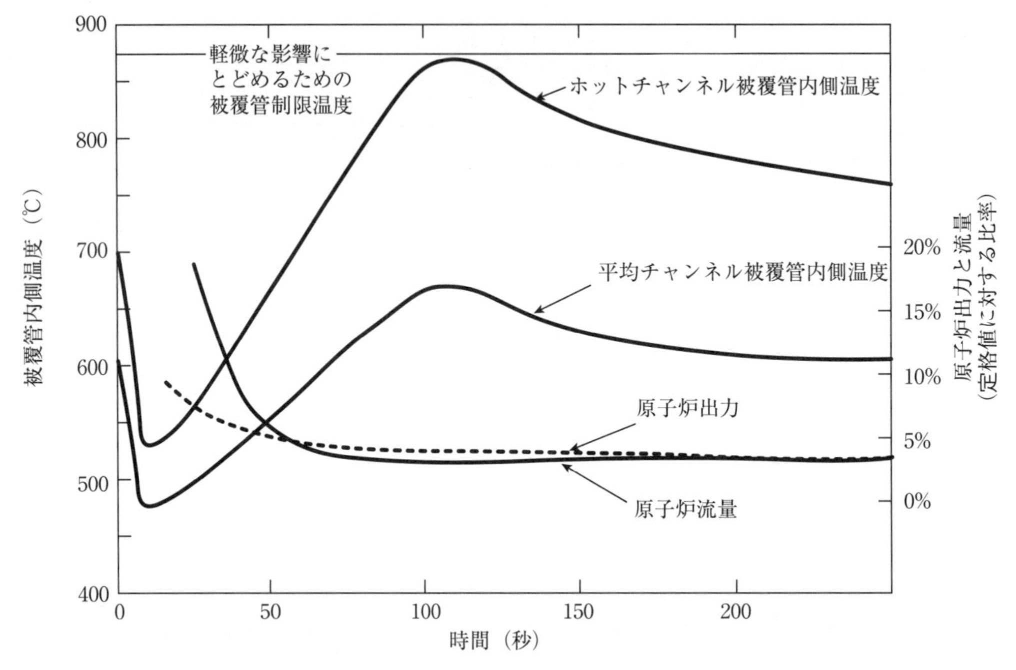

図14.5　FFTFの全電源喪失事故の解析例

注：実際のFFTFの試験（定格出力から炉停止し、全ての電源を切って完全自然循環除熱に移行）で得られた結果では、被覆管最高温度は、定格時の最高温度を大幅に下回った。この例では、全てのホットチャンネルファクタを保守的に設定しているので、実際よりもかなり高めの結果となっている点に注意を要する。実際の試験結果は、最も確からしい条件で事前に実施した計算結果とよく一致しており、NRCが求める保守的な条件での計算が有する裕度が確認できる。

870℃に近づく。文献［35］に記載されたより現実的なホットチャンネル因子を用いた場合、最高温度は図に示されているものから80℃以上低下する。したがって、この事象に対して、燃料被覆管の健全性が維持されることが結論付けられている。

14.5.2.2　水・蒸気系の流量喪失

冷却機能喪失過渡事象の2番目の例として、CRBRPにおける水・蒸気系の配管破断事象をとりあげる。この例では、蒸発器と過熱器を接続する飽和蒸気配管の破断を想定している。CRBRPの設計では、事故ループの過熱器から供給される過熱蒸気流量の急激な低下を引き起こし、これを検出して原子炉が緊急停止する。事故ループの過熱器の温度は、蒸気による冷却を失うため、ナトリウムの入口温度に急激に近づく。事故ループの蒸発器では、破断した出口配管から系外へ流出する水と蒸気の流量が、急激な減圧に伴って一時的に増加するため過冷却状態となり、蒸発器から流出するナトリウムの温度が低下する。その後、給水が失われるため蒸発器ではドライアウトが生じ、蒸発器の温度もまた過熱器のナトリウム入口温度に急激に近づく。この過渡的な温度応答は、2次系機器の熱容量で緩和されながら、2次系のコールドレグ配管から、2次系ポンプ、IHXの2次側入口、IHXの1次側出口、1次系コールドレグ配管、逆止弁を経て原子炉容器入口ノズルに達する。これと同時に、原子炉が緊急停止するため、1次系のナトリウム温度が急激に低下し、その応答はIHXを経て2次系、蒸気発生器入口へと伝播し、前節で述べたような自然循環冷却状態へと移行していく。その後は、系統全体の温度が低下していき過渡が終息する。

この議論が示すように、このような過渡事象に対する原子炉施設の応答は、系統を構成する機器間の多数の相互作用を含む非常に複雑な問題である。こうした過渡事象の解析を行うために、コンピュータを用いた洗練されたシミュレーションのためのツール開発が必要になることは、原子炉開発の初期段階においてすでに認識されていた。より正確なシュミレーションが行えるように、コンピュータの性能向上の恩恵を受けつつ、過去50年間継続して開発が行われてきた。

14.6　その他の事故

PPSの設計上考慮されている炉心の出力と冷却材流量の不均衡過渡事象に加えて、原子炉施設の保護を行わなければならない過渡事象が他にも存在する。それには、蒸気発生器の異常、ナトリウムの漏えいや流出、燃料の取扱いと貯蔵における異常および外部事象（自然災害と人為事象）がある。それぞれの概要を以下に記載する。

14.6.1　蒸気発生器の異常

ナトリウムと水が接触すると発熱化学反応が発生するため、SFRの蒸気発生器の設計では、ナトリウム中への水漏えいの可能性が主要な関心事である。蒸気発生器内で生じた水の小規模漏えいが検出されない場合は、漏えいが生じた伝熱管の周囲の伝熱管に損耗が生じて破損が拡大していき、最終的には蒸気発生器の大規模な損傷につながる可能性がある。反応生成物は、2次ナトリウムループを汚染するとともに、水側の圧力が2次ナトリウムループに伝達されて、IHXの健全性を脅かす可能性がある。伝熱管の大規模破損の可能性は、蒸気発生器の設計において重要な考慮事項である。ナトリウムと水/蒸気のバウンダリの高い健全性を保証することが、蒸気発生器の設計において優先度の高い事項である。ASMEコードシステムセクションⅢ、クラス1機器として蒸気発生器を設計するとともに、製造後に全ての伝熱管の溶接箇所に欠陥がないことを確認できるよう検査可能としておくことが、伝熱管からの水漏えいの可能性を最小化するために必要である。

その一方で、大規模な水漏えいによって蒸気発生器が修復不能なほど損傷したり、深刻な炉心の事故に進展したりすることを防止するための手段を備えることも必要である。一つのループ内に2基以上の蒸気発生器が設置されている場合、圧力開放できるようになっていなければ、1基の蒸気発生器でのナトリウム・水反応によって、同一ループ内のもう一つの蒸気発生器も深刻な損傷を受ける可能性がある。また、放射化している1次系から環境への開放経路となりうるIHXも損傷する可能性がある。

2次系ループからの圧力開放機構の設計のために、アメリカでは仮想的な複数本の伝熱管の同時破損を想定することが通例である。損傷した蒸気発生器の交換は、設計基準として考慮されているが、複数基の蒸気発生機の全ての損傷は許容範囲外であろう。蒸気発生器は、伝熱管破損を生じた事故状態に対するASMEコードルールに適合するように設計され、同一ループ内の他の蒸気発生器は同コードの緊急状態に適合するように設計される。

過度の圧力上昇を防止するため、2次ナトリウム系には圧力開放機構が設けられている。これは2次系ループから、ナトリウムと、ナトリウム・水反応の生成物を迅速かつ安全に排出するためのものである。また圧力解放機構は、蒸気発生器における大規模漏えいによって生じるかもしれないIHXの異常加圧を防止できるように設計される。アメリカにおいては、大規模漏えいの結果生じる荷重に耐えるIHX構造とすべく、IHXに緊急状態のASMEコードルールを適用して設計することとしている。

14.6.2　ナトリウムの流出

ナトリウムは、空気との化学反応によって急速に酸化し、熱と火炎を発生させる。ナトリウムのこの危険性は十分認識され、設計において基本的に取り除かれている。このため、ナトリウムの大規模な漏えいと燃焼は、適切に設計されたSFRではまず発生し得ないと考えられている。放射化ナトリウムの漏えいの影響は、漏えい率を低減する効果を得るように配管を高所に引回す（こうすることで配管内の圧力が低下）とともに、金属板に覆われた断熱材で取り囲むこと、ナトリウムと空気の追加障壁となる2次容器（ガードベッセル）で主要機器を取り囲むこと、および、漏えいナトリウムの燃焼を抑制できるように主要な1次系機器を収納する部屋の酸素濃度を低く（体積比率で約1%）維持することによって緩和される。2次的な対策として、主要な1次系機器を設置する部屋は、原子炉格納容器内で距離的に格納容器自身とは離れた区画に設置される。これらの部屋は、低酸素雰囲気を維持できるように、ライナと呼ばれる気密性を有する鋼板で内張りされている。ライナは、また、漏えいしたナトリウムが構造コンクリートと接触して反応することを防止している。ナトリウム流出の可能性とその影響が大きいと考えられる部位については、ライナは熱膨張対策が施されるとともに、ライナとコンクリートの隙間の空間に対して、コンクリートから放出される蒸気による圧力を逃がすための対策が施される。

2次系ループのナトリウムは放射性でないため、2次ナトリウム系は空気雰囲気中に設置される。これらの部屋の構造コンクリートは、床と壁の下側を鋼板で覆うとともに、くぼみもしくは“キャッチパン”（catch pan）を設置することにより、ナトリウムから保護されている。

大規模なナトリウム漏えいは発生し難いとされているにもかかわらず、安全評価では、大規模漏えいや系統内ナトリウムの部分的な損失などの事故が想定される。ナトリウム火災による熱は、事故室内の圧力上昇や温度上昇を生じさせる。適切な想定に基づくナトリウムのプール燃焼やスプレー燃焼は、SFRの認可審査項目の一部として評価され、結果として得られる圧力と温度が、十分な設計裕度をもつことを確認するために、事故室の構造健全性を判断するための制限値と比較される。ナトリウム火災の性質に関する追加説明は、16章に記載されている。

長い年月に及ぶ高速炉運転の歴史において、多くのナトリウム漏えいとそれに続く事象についての経験がある。前述した設計対策が施されていること、システムが高圧系でないことから、これらのナトリウム漏えいによる負傷者は出ていない。例えばEBR-Ⅱにおいては、ナトリウムサンプリング系の配管から約100ガロン（約400kg）の漏えいが生じたが、現場にいた5名が致命症を負うことなく鎮火できた。より最近の例では、日本の「もんじゅ」において2次系配管に設置された熱電対挿入管（thermocouple well）の破損によって大きな漏えいが発生している。ナトリウム火災による負傷者はないが、政治的な影響が大きく、10年以上にわたって原子炉が停止する事態となった。しかしながら、ナトリウム漏えいと燃焼、さらにその防止と緩和対策について学ぶにつれて、設計や運転が原因で重大事故につながる様なことのないプラントの実現が可能であることが理解されるようになってきた。

14.6.3 燃料取扱いと貯蔵における異常

燃料取扱い設備と貯蔵設備の安全設計において考慮すべき機能は、以下のとおり5項目ある。

(1) 使用済燃料からの残留（崩壊）熱の除去
(2) 未臨界の維持
(3) 放射性物質の放出に対する障壁の確保
(4) 生物学的遮蔽の確保
(5) 燃料取扱い設備と貯蔵設備のその他の安全機能喪失の防止

燃料取扱い設備と貯蔵設備の安全機能が同定されれば、異常事象の一般的なタイプが想定できる（例えば、取扱い場所や貯蔵場所における使用済み燃料の除熱喪失など）。一般的にNRCは、それぞれの事象タイプについて、もっとも結果が厳しくなると予想される事象の解析を要求する。場合によっては、あるタイプの事象群において、幾つかの性質の異なる事象が何れも厳しい結果をもたらしうると判断される場合には、それら全てについての解析が要求される。このようにして選定された事象について詳細な解析が行われ、その結果が許容される影響範囲と比較される。もし、結果が被ばく制限のガイドラインに近いものであった場合、その事象が発生しないようにするか、もしくは事象の結果の度合いを低減できるように設計を見直すこととなる。

上述の分析の結果として、使用済燃料の取扱い機器や貯蔵設備の仕様が固まっていき、多くの安全要求と設計の特徴が明確化される。燃料取扱い機器と貯蔵設備には、原子炉容器内および原子炉容器外の燃料輸送機、ホットセル内での燃料取扱機、そして使用済燃料の輸送キャスクがある。必要に応じ、原子炉施設と同様の深層防護の原理に則り、主系と後備系の少なくとも2つの冷却手段を装備する。待機系を含む安全機能を有する全ての機器は、定期的な検査や試験が実施できるように設計しなければならない。

原子炉容器の場合と同様に、使用済み燃料貯蔵のためのナトリウム容器には、ガードベッセルを設置し、容器や冷却系統からの漏えいがあった場合にも、安全上の容器内最低液位（この液位を下回ると冷却不全となって貯蔵燃料の温度が制限値を超える）を下回らないように設計する。サイフォン管現象による冷却材の系外へのくみ出しの可能性がある容器出入口配管には、サイフォンブレーカを設置する。常設のドレン配管は設置しないとするか、設置する場合には、ロックされた常時閉の弁を1つの配管につき2つ設置する。後備の冷却系が受動的に機能しない場合には、主系と後備系の冷却手段のいずれか、あるいは両方を非常用電源に接続する。使用済燃料の冷却系統のうち、少なくとも1系統は、安全停止地震（safe shutdown earthquake : SSE）時にも使用済燃料の冷却を維持できるように、耐震クラス1として設計される。

使用済燃料の取扱いにおいて、SFRと軽水炉の間の1つの大きな違いは、SFRでは使用済燃料集合体を原子炉容器から取り出す際に、冷却材の液面から上方へ持ち上げることである。本操作を行う原子炉容器外の燃料取扱機は、ナトリウムあるいは不活性ガスを内包する。燃料取扱機用の信頼性の高い冷却設備の開発には多大な努力が払われた。主系と後備系の冷却手段は、多重のブロア、輻射放熱、自然循環、あるいは他の効果的な熱輸送に基づくものであり、集合体から効果的に崩壊熱を除去する。

格納施設への典型的な放射性物質の漏えい形態は、ガスシール部からの漏えいと、移動式の燃料移送機からのナトリウム漏えいによる汚染拡大であることが、これまでのSFRの運転経験から示されている。放射性ガスの漏えいを抑制するために、燃料取扱いおよび貯蔵設備のシール部を2重化している。内包する放射能レベルが高い場合には、2つのシール間にバッファーとして加圧ガスを充填する。ナトリウム漏えいを抑制するとともに、漏えいしたナトリウムが格納施設へ放出されないよう回収するための対策も講じられる。かなり汚染された燃料輸送機内部にさらされる表面積を低減するための対策もとられる。

14.6.4　外部事象

SFRの設計上考慮すべき自然現象および外部人為事象は、軽水炉と同様である。それらの事象を検討するためのガイドラインと基準が規制当局によって確立されている。それらの事象の概要を以下に示す。

14.6.4.1　自然現象

原子炉施設は、極めて起こり難い自然現象、すなわち、原子炉施設の敷地とその周辺での発生が過去に記録されているか、もしくは将来に予想される最も厳しい自然現象を想定しても、安全に原子炉を停止し安全な状態を維持できるよう設計されなければならない。原子炉施設の設計基準となる自然現象には以下が含まれる。

起こりうる最大の洪水

これは、激しい嵐、河川または海の氷の状態、上流のダムの決壊、そして津波に起因する潜在的な洪水の状況を評価することによって決定される。これらの外部事象に個別に対処することに加えて、津波を伴う地震や、電源喪失を伴う竜巻等、事象の組み合わせを考慮する必要がある。

起こりうる水位低下による最低水位

プラント設計の仕様によっては、最低水位は、冷却水の水源および/または最終的な熱の逃がし場（ultimate heat sink）の能力に影響を与える可能性がある。原子炉施設の敷地で発生しうる最も深刻な干ばつやダムの決壊から最低水位が決定される。

竜巻（トルネード）

原子炉施設の周辺で起こりうる限界竜巻を、竜巻によって発生する飛来物からの防御を含む様々な対策を検討する上で考慮する必要がある。

地震（安全停止地震）

原子炉施設の地盤に最も厳しい振動条件を与える地震を考慮する必要がある。

14.6.4.2 外部人為事象

原子炉施設は、最も厳しい影響を及ぼすと考えられる外部人為事象を想定しても、安全に原子炉を停止し、安全な状態を維持できるように設計されなければならない。これらの事象のサイト依存性は大きいので、ここではごく一般的な記述に止める。原子炉施設内で発生しうる飛来物は、安全設備の機能を阻害する可能性がある場合、これを考慮する必要がある。例えば、タービンミサイルは、設計上考慮するか、極めて発生し難いことを示す必要がある。原子炉建屋に対するタービン軸の相対的な配置を工夫することは、タービンミサイルによる損傷確率を低減するためにしばしば行われる。他の事象例としては、航空機の衝突、敷地外での爆発（近隣産業施設での爆発、水上、鉄道および高速道路等の近隣輸送機関での爆発）、サボタージュ、テロ攻撃、近隣産業施設や原子炉施設からの化学的毒物や放射性物質の放出、および火災がある。

【参考文献】

1. U.S. Nuclear Regulatory Commission, *Safety Evaluation Report related to Operation of the Fast Flux Test Facility*, NUREG-0358, August 1978.
2. U.S. Nuclear Regulatory Commission, *Safety Evaluation Report Related to the Construction of the Clinch River Breeder Reactor Plant*, NUREG-0968, Vols. 1 and 2, March 1983.
3. U.S. Nuclear Regulatory Commission, *Preapplication Safety Evaluation Report for the Sodium Advanced Fast Reactor(SAFR)Liquid Metal Reactor*, NUREG-1369, December 1991.
4. U.S. Nuclear Regulatory Commission, *Preapplication Safety Evaluation Report for the Power Reactor lnnovative Small Module(PRISM)Liquid Metal Reactor*, NUREG-1368, February 1994.
5. L. E. Strawbridge, "Safety-Related Criteria and Design Features in the Clinch River Breeder Reactor Plant," *Proceedings of the Fast Reactor Safety Meeting*, CONF-740401-Pl, pp. 72 - 92, American Nuclear Society, Beverly Hills, CA, April 2 - 4, 1974.
6. R. J. Jackson, *Evaluation of FFTF Fuel Pin Design Procedures Vis-Vis Steady State lrradiation Performance in EBR-Ⅱ*, Addendum to HEDL-TME 75-48, Hanford Engineering Development Laboratory, Richland,

WA, October 1975.

7. R. E. Baars, *Evaluation of FFTF Fuel Pin Transient Design Procedure*, HEDL-TME 75 - 40, Hanford Engineering Development Laboratory, Richland, WA, September 1975.
8. R. B. Baker, F. E. Bard, and J. L. Ethridge, "Performance of Fast Flux Test Facility Driver and Prototype Driver Fuels, LMR: A Decade of LMR Progress and Promise," *ANS Winter Meeting*, Washington, D.C., pp. 184-195, November 11 - 15, 1990.
9. T. H. Baur, et al., "Behavior of Metallic Fuel in TREAT Transient Overpower Tests," *Proceedings of the International Topical Meeting on Safety of Next Generation Power Reactors*, Seattle, WA, p. 857, May 1988.
10. R. J. Forrester, et al., "EBR Ⅱ High-Ramp Transients under Computer Control," *American Nuclear Society Annual Meeting*, Detroit, MI, June 12 - 17, 1983.
11. American Society of Mechanical Engineers, *Boiler and Pressure Vessel Code*, Section Ⅲ, Division I, 1975 edition.
12. L. K. Chang and M. J. Lee, "Thermal and Structural Behavior of EBR Ⅱ Plant During Unprotected Loss-of-Flow Transients," *8th International Conference, Structural Mechanics in Reactor Technology*, Brussels, Belgium, August 19 - 23, 1985.
13. J. J. Lorenz and P. A. Howard, *A Study of CRBR Outlet Plenum Thermal Oscillation during Steady State Conditions*, ANL-CT-76-36, Argonne National Laboratory, Argonne, IL, July 1976.
14. R. C. Berglund, et al., "Design of PRISM, an Inherently Safe, Economic, and Testable Liquid Metal Fast Breeder Reactor Plant," *Proceedings of the ANS/ENS International Conference on Fast Breeder Systems*, Vol. 2, Pasco, WA, September 13 - 17, 1987.
15. E. B. Baumeister, et al., "Inherent Safety Features and Licensing Plan of the SAFR Plant," *Proceedings of the International Conference on Fast Breeder Systems*, Vol. 1, p. 3.4-1, Pasco, WA, September 13 - 17, 1987.
16. D. J. Hill, "An Overview of the EBR Ⅱ PRA," *Proceedings of the 1990 International Fast Reactor Safety Meeting*, Vol. Ⅳ, p. 33, American Nuclear Society, Snowbird, UT, August 12 - 16, 1990.
17. J. Graham, "Nuclear Safety Design of the Clinch River Breeder Reactor Plant," *Nuclear Safety*, 16, 5, September - October 1975.
18. F. H. Morgenstern, J. Bucholz, H. Kruger, and H. Rohrs, "Diverse Shutdown systems for the KNK-1, KNK-2, and SNR-300 Reactors," CONF-740401, *Proceedongs of the Fast Reactor Safety Meeting*, Beverly Hills, CA, April 1974.
19. E. R. Specht, R. K. Paschall, M. Marquette, and A. Jackola, "Hydraulically Supported Absorber Balls Shutdown System for Inherently Safe LMFBRs," CONF-761001, *Proceedings of the International Meeting on Fast Reactor Safety and Related Physics*, Vol. Ⅲ, p. 683, Chicago, IL, October 1976.
20. L. R. Campbell, et al., *FFTF Loss of Flow Without Scram Experiments with GEMS*, HEDL-TC-2947, Hanford Engineering Development Laboratory, Richland, WA, June 1987.
21. J. I. Sackett, et al., "EBR Ⅱ Test Program," *Proceedings of the 1990 International Fast Reactor Safety Meeting*, Vol. Ⅲ, p. 181, American Nuclear Society, Snowbird, UT, August 12 - 16, 1990.
22. A. K. Agrawal and J. G. Guppy, editors, *Decay Heat Removal and Natural Convection in Fast Breeder Reactors*, Hemisphere Publishing Corp., New York, NY, 1981.
23. T. R. Beaver, et al., "Transient Testing of the FFTF for Decay Heat Removal by Natural Convection," Proceedings of the LMFBR Safety Topical Meeting, Vol. Ⅱ, pp. 525 - 534, European Nuclear Society, Lyon, France, July 19 - 23, 1982.

24. U.S. Nuclear Regulatory Commission, *Anticipated Transients Without SCRAM for Water-Cooled Power Reactors*, WASH-1270, September 1973.

25. 51 FR 30028, "Safety Goals for the Operation of Nuclear Power Plants; Policy Statement," Republication, 08/21186.

26. C. Starr, "Social Benefit Versus Technological Risk," *Science*, 165, 1969, 1232 - 1238.

27. U.S. Congress, "Joint Committee on Atomic Energy," *Possible Modification or Extension of the Price-Anderson Insurance and Indemnity Act, Hearings Before the Joint Committee on Atomic Energy on Phase II: Legislative Proposals*, H.R. 14408, S. 3252, and S. 3254, 93rd Congress, 2nd Session, Pt. 2, Testimony of C. Starr, p. 617, May 16, 1974.

28. J. van Erp, T. C. Chawla, R. E. Wilson, and H. K. Fauske, "Pin-to-Pin Failure Propagation in Liquid-Metal-Cooled Fast Breeder Reactor Fuel Subassemblies," *Nuclear Safety*, 16, 3, May-June 1975, 391 - 407.

29. N. J. McCormick and R. E. Schenter, "Gas Tag Identification of Failed Fuel 1. Synergistic Use of Inert Gases," *Nuclear Technology*, 24, 1974, 149 - 155. See also Part II. "Gas Tag Identification of Failed Fuel II. Resolution Between Single and Multiple Failures," *Nuclear Technology*, 24, 1974, 156 - 167.

30. J. D. B. Lambert, et al., "Performance of Breached LMFBR Fuel Pins During Continued Operation," *BNES Conference on Nuclear Fuel Performance*, March 25 - 29, 1985.

31. R. M. Crawford, et al., *The Safety Consequences of Local Initiating Events in an LMFBR*, ANL-75-73, Argonne National Laboratory, Argonne, IL, December 1975.

32. C. E. Branyan, "U.S. Experience with Fast Power Reactors, FERMI-I," *American Power Conference*, Chicago, IL, April 20 - 21, 1971.

33. A. E. Waltar, W. L. Partain, D. C Kolesar, L. D. O'Dell, A. Padilla, J. C. Sonnichsen, N. P. Wilburn, H. J. Willenberg(HEDL), and R. J. Shields(CSC), *MELT-III, A Neutronics Thermal-Hydraulics Computer Program for Fast Reactor Safety*, HEDL-TME 74-47, Hanford Engineering Development Laboratory, Richland, WA, December 1974.

34. S. L. Additon, T. B. McCall, and C. F. Wolfe, *Simulation of the Overall FFTF Plant Performance(IANUS - Westinghouse Proprietary Code)*, HEDL-TC 556, Hanford Engineering Development Laboratory, Richland, WA, December 1975.

35. *FFTF Final Safety Analysis Report*, HEDL-TI-75001, Hanford Engineering Development Laboratory, Richland, WA, December 1975.

第15章
炉停止失敗過渡事象

15.1　はじめに

第13～14章で述べたとおり、SFRでは、複数の特性が組み合わさって炉システムを安全かつ信頼できるものとしている。深刻な事故影響が予想されるのは、重大な異常状態にプラント安全保護系（plant protective system, PPS）の故障が重なった場合においてのみである。そのような場合でも、適切に設計されたSFRは、燃料破損や放射能閉じ込め機能を喪失することなく、炉停止失敗過渡事象に対する耐性をもつことが実証されてきた。

こうした背景のもと、事故事象を以下の3つのカテゴリーに分類して述べていく。

炉停止成功過渡事象（protected transients）：
機器の破損、（原子炉のPPSを除く）安全系の故障、もしくは外部事象といった起因事象が発生し、それに続いてPPSが作動し原子炉が停止に至る事象。

炉停止失敗過渡事象（unprotected transients）：
上記の炉停止成功過渡事象のように起因事象が発生し、原子炉のPPSが作動しない事象。このような事象は、燃料損傷、燃料溶融、さらに燃料ピン破損事故に至る可能性がある。しかしながら、適切に設計された原子炉では、その炉固有の安全特性により、炉心や原子炉システムの損傷を防ぐことができる。

炉心溶融を伴う過酷事故（severe accidents with core melting）：
炉停止失敗過渡の結果、広範囲の燃料の破損・溶融が生じる、典型的な仮想的炉停止失敗事故。

この章では、炉停止失敗過渡事象に対して自己制御応答機能を発揮する上で重要となる、設計の選択肢について評価を行う。従って、炉停止失敗過渡シナリオにおいて最も影響を及ぼす、主要な物理的プロセスおよび現象論的相互作用に重点を置くこととする。続く第16章では、全炉心溶融を伴う仮想的な過酷事故、大規模なナトリウム火災、炉心崩壊による機械的な事故影響、事故後崩壊熱除去（post-accident heat removal, PAHR）、格納容器、そして格納容器からの漏えいによる放射線影響に焦点を当てて解説する。

炉停止失敗過渡事象は、一般に過出力型事象（unprotected transient overpower, UTOP）と冷却不足型事象（unprotected transient under cooling, UTUC）に分類される。UTUCという用語はすべての冷却不足型事象を含み、広い意味合いを持つ。それに対し、ULOF（unprotected loss of flow, ULOF）は流量の喪失事象を特定して示し、ULOHS（unprotected loss of heat sink, ULOHS）はヒートシンク、すなわち最終的な除熱機能を喪失する事象を特定して示す用語である。これらの略語で用いられている“U”は“unprotected”の頭文字であり、その過渡事象が、PPSが正常に働かず炉停止に失敗したことを意味する。これらの名称のうち、Uの文字が無いTOP, LOF, LOHSは、設計通りにPPSが機能し過渡時スクラムに成功した事象であることを示している。

発熱量（核分裂数）と除熱量（冷却材流量）がちょうどバランスした定常状態にある原子炉におい

て、除熱量固定のまま発熱量が増加したり、あるいは発熱量固定のまま除熱能力の喪失が生じると、炉に悪影響を与える可能性がある。例えばUTOPとは、通常の冷却材流量は維持されたまま、反応度投入（例えば、無制限な制御棒の引き抜き）が発生し出力が増加する事象であり、反対にUTUCとは、核分裂による発熱は維持されたまま（例えば、ポンプへの電力供給喪失により）冷却材の流れが妨害される事象である。

表15.1から15.3では、過渡事象に関係するであろうシステム、サブシステムや機器、および発生する可能性のある現象の例を整理している。これらの炉停止失敗過渡事象はすべて、ATWSシナリオの一部である。

表15.1　UTOP（反応度印加型ATWS）

原子炉停止系の故障原因	故障した機器もしくはシステム	過渡応答に関連した要因
単一制御棒の制御されない引き抜き ポンプ速度の上昇による過冷却	原子炉停止装置 制御棒駆動装置 燃料および集合体 1次ポンプ BOP熱遮断装置	*熱流動* 除熱経路と除熱容量 *反応度効果* 高出力での反応度フィードバック 健全燃料ピン中の燃料移動 冷却材の加熱と沸騰までの裕度 炉心反応度フィードバック 炉心の熱と構造の影響 *材料挙動* 高温時の燃料被覆管の構造健全性 高温時の冷却系の構造健全性 格納容器の構造健全性

表15.2　ULOF（冷却材流量喪失型ATWS）

原子炉停止系故障原因	故障した機器もしくはシステム	過渡応答に関連した要因
電気系故障 機械系故障 敷地内電源の喪失 配管健全性の喪失 内部冷却材流れの閉塞	1次ポンプ電源 ポンプ機器 敷地外電源 1次配管系 炉心および集合体内冷却材流路 炉心構造物 燃料および集合体 1次冷却材系 固有および受動的安全系 流量コーストダウン延長装置	*熱流動* 熱慣性 ポンプコーストダウン特性 ナトリウム成層化 ピーク温度の沸騰までの裕度 炉心の熱および構造影響 除熱経路と除熱容量 *反応度効果* 炉心反応度フィードバック 健全燃料ピンの燃料移動 炉心拘束系の性能 原子炉停止メカニズム *材料挙動* 高温での構造の長期性能 高温での燃料被覆管の健全性 格納容器の構造健全性

表15.3　ULOHS（除熱源喪失型ATWS）

原子炉停止系故障原因	故障した機器もしくはシステム	過渡応答に関連した要因
蒸気発生器の破損 中間熱輸送系破損 超臨界二酸化炭素系破損 崩壊熱除去系の破損	2次系ナトリウムポンプ 2次系配管およびIHX 蒸気発生器 崩壊熱除去系 ナトリウム−二酸化炭素熱交換器	*熱流動* 熱慣性 炉心の熱および構造影響 *反応度効果* 炉心反応度フィードバック 健全燃料ピン中の燃料移動 炉心拘束系の性能 原子炉停止メカニズム *材料挙動* 高温での構造の長期性能 高温での燃料被覆管の健全性 格納容器の構造健全性

15.2　炉停止失敗過渡事象への応答を支配する主な特性

13章で述べられた通り、SFRの炉停止失敗事象の事故影響評価に関しては、過去20～30年の間に相当な成果が得られている。最も画期的な成果は、注意深く設計されたSFRは、固有の性能として受動的安全特性を持つことが認識されたことである[1]。

15.2.1　固有の反応度フィードバックメカニズム

周知の通り、高速炉での核分裂過程では、炉心反応度変化に影響を与える物理現象が多くある。炉心反応度に影響を与える主な構成因子には、炉物理的要因のみならず、材料のふるまいも含まれており［1］、以下のようなものが挙げられる[2]。

燃料ドップラー

燃料温度の上昇によって生じる中性子の吸収断面積の正味の増加により、負の反応度フィードバックが発生する。一方、燃料温度の低下によって生じる中性子の吸収断面積の減少により、正の反応度フィードバックが生じる。この燃料ドップラー反応度フィードバックの大きさは燃料タイプにより異なる。ドップラー係数に言い換えれば、例えば、酸化物燃料のドップラー係数は、酸素分子の存在と軟らかい中性子スペクトルのために、金属燃料に比べより負となる。ただし、ドップラー反応度フィードバックは、熱伝導度等の熱物性を含む、様々な燃料固有の特性により影響を受ける。これはドップラー反応度フィードバックが、定常状態の燃料温度や過渡状態の温度変化幅に影響を与えるためである。

1　固有安全特性は、PPSに代わる受動的炉停止系に分類されると考えられている。したがって、この固有安全特性により、検討が必要な炉停止失敗事象の数を低減できる。そのような事象は、PPSの作動がなくても起因事象の事故影響を緩和する様に燃料設計およびプラントシステム設計が適切に行われていれば、「適応可能な（accommodated）」過渡事象として分類されるが、そうした分類法は燃料およびプラント設計に依存するため、ここでは取り扱わない。

2　この節の後半で述べるように、これらの現象とは、過渡の途中の炉出力と温度の変化を相殺する働きをもつ固有の反応度フィードバックメカニズムである。これは、固有安全特性をSFR設計に取り込む上で、設計者の裁量で反応度制御に活用できる主たるメカニズムである。

冷却材密度

冷却材温度が上昇すると冷却材密度は減少し、ナトリウム冷却材による中性子減速と反射効果が減少する。冷却材密度の減少による反応度変化は炉心全域で異なり、減速効果が優勢な炉心内部ではより正となり、漏えい効果が重要となる炉心外側境界ではより負となる。減速と漏えいの相対的重要性に影響を与える設計選択の仕方により、冷却材温度の上昇（冷却材密度の減少）による反応度フィードバックは、正にも負にもなり得る。炉心高さが炉心直径に近い大型原子炉の炉心では、全体的に見れば減速効果が支配的になるため、冷却材温度の上昇により正の反応度フィードバックが生じる。小型炉心、あるいは炉心高さが直径に比べ大幅に短い、いわゆる「パンケーキ型炉心」は、漏えい効果が支配的になるため、冷却材温度の上昇により負の反応度フィードバックが生じる。

燃料の軸方向膨張

燃料温度の上昇により軸方向に燃料が膨張する。これは燃料あるいは被覆管の熱膨張係数に基づくものであるが、燃料/被覆管の接触面での化学的状況および応力状況も影響する。同様に、燃料温度の減少により、燃料が軸方向に収縮し、正の反応度フィードバックが発生する。燃料膨張もしくは収縮による反応度フィードバックは、過渡状態中の熱膨張係数並びに燃料および/あるいは被覆管の温度変化に依存する。

炉心径方向膨張

高速炉の炉心は、中性子の平均自由行程が大きいことから、有意な中性子漏えい率を持つので、炉心の端での燃料反応度価値の勾配が大きくなる。つまり炉心の反応度は“炉心形状の変化”に影響を受けやすい。燃料集合体が半径方向外側に移動する場合、炉心の有効径が増え、燃料集合体が反応度価値の高い領域から低い領域に移動し、負の反応度フィードバックが生じる。反対に、炉心集合体が内側に移動する場合は正の反応度フィードバックが生じる。

制御棒駆動軸膨張

炉心と制御棒との相対変位は、制御棒駆動軸（control rod drivelines, CRDLs）の温度変化により生じる。駆動軸は通常冷却材の出口もしくはホットプレナムに位置し、炉心出口の温度変化に応答する。CRDLの温度上昇は、制御棒が相対的に炉心内に移動することになり、負の反応度フィードバックを生じさせる。CRDLの温度低下は、制御棒を炉心外へ押し出すことになり、正の反応度フィードバックが発生する。

炉心集合体湾曲

過渡中の集合体全域でのダクト壁温度勾配の変化は、集合体ダクト湾曲（bowing）を生じる原因となる可能性があり、正もしくは負いずれかの反応度フィードバックを発生させうる。湾曲反応度フィードバックを正確にモデル化することは困難であることが多い。これは、集合体が長期にわたりフラックス勾配にさらされる場合に特に当てはまることである。なぜなら、集合体毎にスウェリングの度合いが異なることが、炉心外周部で大きな集合体湾曲を発生させるためである。こうした変化は、一般的に炉心寿命を通して観察されており、湾曲を最小化するため、SFRの炉心は一般的に炉心上端付近と軸ブランケット/ガスプレナム領域の頂部における炉心固定機構によって拘束される。

炉心の設計条件によっては、その他にも反応度フィードバックの構成要素が存在する可能性がある。例えば、遮蔽デッキから制御棒が吊り下げられているプール型プラントでは、炉心の制御棒の位置は、CRDLの温度だけでなくそれを支持する容器壁温度によっても決定される。こうしたすべての効果は、過渡において反応度を補償する効果があるか、それとも悪化させるものかを評価し、総合的な固有の反応度フィードバックメカニズムを把握する必要がある [2, 3]。

過渡状態での炉出力や温度の望ましくない変化を有利に補償する上で、こうした固有反応度フィードバックメカニズムをどの程度活用できるかについては、原子炉の炉心設計時の選択が大きな影響を与える。反応度フィードバックメカニズムは、状態によって有益にも有害にもどちらにも作用する可能性があると認識することが重要である。例えば、UTOP事故で発生するような、炉心内での意図しない正の反応度の挿入に対して求められる炉心応答としては、燃料ドップラーによるフィードバックはより大きい方が有利となる。しかしながら、例えばULOFやULOHSのように、核分裂過程を終息させ炉出力を崩壊熱レベルまで下げることが必要とされる他の状態においては、燃料ドップラーフィードバックはより小さいことが望ましい。炉心反応度の変化は、個々の反応度フィードバックメカニズムの結果ではなく、すべての反応度フィードバックの重ね合わせの結果であることを認識することも重要である。原子炉の設計に固有反応度フィードバックを適切に取り込む際は、すべての潜在的な事故状態に応答する最良の総合的性能を達成するため、バランスのとれたアプローチが必要とされる。

15.2.2 自然循環炉心冷却

現代のナトリウム冷却高速炉の 1 次冷却系は、炉停止時の崩壊熱を自然循環によって除去する構成にすることが容易である。この自然循環による炉停止時崩壊熱除熱能力は、すべての敷地外電源および敷地内の緊急時電源を全て喪失した場合においても、原子炉構成要素の温度を容認レベルに保持する手段となる。結果として、自然循環除熱は全体的な固有安全性の達成において重要な役割を果たす。

連続体の流体が、重力によって高さ方向に密度差を生み出す効果により、自然循環の流れが生じる。重い流体が沈み込み、軽い流体を移動させる。浮力誘起による流れは、流体が冷却される（密度が増加する）高さよりも軸方向下方位置にて熱せられ、密度が減少する時に確立される。一次元のシナリオでは、浮力が形状損失、摩擦損失およびせん断損失（shear loss）に打ち勝つほど十分に大きい際に流れが発生する。自然循環流量は、浮力と流れに起因する圧力損失とのバランスにより調節される。加熱や除熱による冷却材密度差が浮力を生じさせる際の流体の流量は、流体の物性、ヒートシンクとヒートソース間の鉛直方向高低差、そしてそれぞれの位置での加熱と冷却により生じる流体の密度差によって決定される。定常状態での単相自然循環に関する、高温から低温への冷却材の温度差と流量は、ルイスの式によって示され、非常に簡単に導くことができる [4]。

$$\dot{m} = \left[\frac{2\bar{\rho} g \beta P}{\bar{K} c_p} \left(\bar{z}_{hx} - \bar{z}_c \right) \right]^{1/3} \tag{15.1}$$

$$\Delta T_c = \left(\frac{P}{\bar{\rho} c_p} \right)^{2/3} \left[\frac{\bar{K}}{2 g \beta \left(\bar{z}_{hx} - \bar{z}_c \right)} \right]^{1/3} \tag{15.2}$$

ただし、

$\dot{m}$ ＝総自然循環流量
ΔT_c ＝炉心出入口温度差
$\bar{\rho}$ ＝炉心内平均冷却材密度
g ＝重力ベクトル

β =ナトリウムの体積膨張係数
P =炉心で加えられる、あるいは熱交換器で除去される熱量
$\bar{K}$ =ループ全体の面積あたりの全圧力損失
C_p =ナトリウムの比熱
$\bar{Z}_{hx}$=熱交換器中央面高さ
$\bar{Z}_c$ =炉心中央面高さ

液体ナトリウムとその合金は、優れた熱物性を持ち、自然循環除熱に適した流体である。自然循環の特徴でもある低流速においても、液体ナトリウムは、主にその高い熱伝導性によって極めて高い対流熱伝達率を有する。これにより、発熱源と流体間、および流体とヒートシンク間の温度差は最小化される傾向となり、同時に自然循環冷却に必要な発熱源とヒートシンク間の温度差も小さくて済む。

式（15.1）で示されたとおり、SFRシステムで自然循環除熱を確保する主な設計パラメータは、（1）流体が比較的自由に流動できる自然循環経路を備えること、（2）発熱源とヒートシンク間に十分な高低差をとること、である。

1次冷却系において、自然循環の流れは、通常運転で使用される冷却材流路と同じ流路に沿って形成される可能性が高い。炉心内で加熱された冷却材は、この経路に沿ってホットプレナムに上昇し、中間熱交換器（IHX）を通過してコールドプレナムに流れ、炉心に戻る。IHXでの除熱が全くできない事故や緊急停止状態では、ループ型の原子炉の設計に対しては、IHXに直列に存在する、独立した熱交換器により除熱が行われる。もう一つの方法として、プール型の原子炉の設計に対しては、コールドプールの高い位置に配置された直接炉心補助冷却系（direct reactor auxiliary cooling system, DRACS）の熱交換器が用いられる。DRACS熱交換器で冷却された1次冷却材は、コールドプールの底付近に下降し、その後1次冷却材ポンプの吸入口に入り原子炉に戻る。ループ型もしくはプール型の原子炉構造のどちらにおいても、1次冷却材の自然循環により、熱は原子炉からIHXあるいは補助熱交換器に輸送される。

最終ヒートシンクが十分な高さに設置されていれば、IHXで除去された熱は、中間冷却系（2次Na系）の自然循環により除去されるであろう。この炉停止時の除熱モードは、ループ型のFFTF炉において実証済みである［5］。IHX経路が使用できない場合は、補助熱交換器を通じて2次冷却系の自然循環で除熱される。この2次ループ内の作動流体には、ナトリウムと比べ融点が低い、ナトリウム－カリウム合金（NaK）が用いられることが多い。NaKループでは、熱は配管を通じて格納容器建物外の高所に位置する2次熱交換器まで輸送され、最終的に大気環境に放熱される。この様な補助冷却システムを用いて炉停止時の除熱を行うことは、ループ型原子炉EBR-II炉において実証済みである［6］。

15.3 総合的な固有安全アプローチ

設計選択が適切になされている限り、UTOP、ULOFおよびULOHSのような起因事象に対して炉心が損傷しないように応答する原子炉の設計は可能である。こうした過渡事象に対し、全ての起因事象への対応が可能な様に、反応度フィードバックメカニズムと自然対流冷却への移行の間でバランスが取れていることが望ましい。良好な事象終息を達成する上で、実際には、設備設計によって起因事象の厳しさを緩和・制限しなければならないこともあるだろう。その例としては、制御棒誤引き抜きにより炉心に投入される反応度量を制限するための制御棒作動制限装置を用いることや、炉出力を減少させたり冷却材流量と炉出力間の不整合を制限するための固有反応度フィードバックが働く時間を十分に確保する、冷却ポンプの慣性減衰（inertial coast down）時間の延張が挙げられる。原子炉の設計段階で、こうした配慮や同様な目的の考慮が組み込まれるなら、たとえPPSが応答に失敗したとして

も、原子炉システムは炉心損傷や更に深刻な事故影響に至ることなく、幅広い起因事象に対応することが可能である。

15.3.1　設計者のためのモデリングツール

高速炉システムの動的挙動を模擬するため、試験を通じて多くのツールが開発され、その妥当性の確認が行われてきた。最近の研究では、物理的に確からしい事象推移では炉心崩壊（core disruption）に至らないことの検証に重点が置かれた。ここで炉心崩壊とは、大規模な燃料ピンあるいは燃料集合体の変形や、深刻なシナリオにおける相当量の炉心溶融を意味する。炉心崩壊に至らない理由としては、固有の反応度フィードバックメカニズムによって出力や出力流量比を許容範囲内に維持でき、冷却材沸騰あるいは燃料溶融が発生しないこと、もしくは、システム上の特性により（ヒートシンク機能喪失の修復のための）是正処置を行うのに十分な時間的余裕が確保できることが挙げられる。このことにより、原子炉挙動のモデル化は、13.5.2節で議論された炉心崩壊自体に焦点を置く従前のモデル化とは対照的に、炉心崩壊以前のモデル化にかなりの重点が置かれることとなった。

一連のMELTコード［7］は、主にFFTFでのUTOPに起因する仮想的炉心崩壊事故（hypothetical core disruptive accident, HCDA）解析に使用する目的で開発が行われた。このコードの後のバージョンには、環状燃料のピン損傷前に生じる溶融燃料移動を評価するための高度な内部燃料移動モデルが組み込まれている。

一連の安全解析コードシステム（safety analysis system, SAS）は、HCDAの起因過程の解析［8］に対して最も広く使用された。中でもSAS3Dコード［9］は、FFTF、CRBRP、SNR-300およびもんじゅのような実機におけるULOFとUTOPの事故解析に特に良く利用された。その次のバージョンとして進化したSAS4Aでは、定常状態での燃料ピン特性、燃料ピン破損機構、被覆管の溶融移動および崩壊燃料移動のモデル化に改善が図られている［10］。

固有安全性に重点を置くことで、炉心崩壊に至る前のシステム動特性および反応度フィードバックメカニズムに対する注目が高まった。結果的に、SASSYS-1コードが開発され、解析はさらに高度化された［8, 11］。このコードは、軽度の運転事象から厳しい過渡まで、全ての範囲の過渡解析が可能である。またSASSYS-1コードは、SAS4Aで用いられた一点近似動特性や、炉心、入口プレナムおよび出口プレナムの詳細な熱流動モデル化といった多くの特長を引き継いでいる。その一方で、1次熱輸送系、中間熱輸送系、蒸気発生器および崩壊熱除去系において、モデルの更なる詳細化が図られている。本SASSYS-1コードでは、いかなる機器配置も容易にモデル化が可能であり、効率的な数値解法を採用したことにより、固有安全炉の解析や崩壊熱除熱系を含む長期の過渡解析において、大変有用なツールとなっている。

さらに、定常状態および過渡状態での燃料ピンの特性把握や破損機構の研究が多く行われてきた。特にピン破損前のピン内燃料移動は、固有安全性の評価に重要であることから注目された。

より高性能なコンピュータの出現により、事故状態における原子炉挙動について、より詳細なモデルでの解析が可能となった。ここで述べられたモデルを基盤としたこの分野の研究は、今後も多くの発展が見込めると期待されている。

15.3.2　UTOP過渡事象

CahalanとWigelandが論じたように［1］、UTOPとは高速炉に限定された事故と歴史的にみなされてきた。それは、定常運転状態において、高速スペクトル炉の燃料は最大反応度体系にないためであった。初期の研究では、厳しいUTOP事象として、燃料凝集（fuel compaction）による正の反応度挿入により、非常に大きな出力スパイクが発生し、その結果として燃料の蒸発と炉心崩壊に至る、と考えられていた。

しかしながら、実験的証拠は全く逆の結果になることを示した。すなわち、万一、炉停止失敗事象が発生したとしても、燃料は凝集することなく、炉心の中心部から離れる方向への移動が支配的であることが示された［12］。これは、いかなる過出力過渡事象の初期に対しても当てはまる。過出力過渡事象の初期では、燃料と被覆管の温度が上昇した結果として、ピン内固体燃料が軸方向に熱膨張する。過渡事象が進展して燃料融点にまで至る場合、二通りの燃料軸方向移動が実験的に観察された。一つは、被覆管破損前のピン内での溶融燃料の軸方向移動、もう一つは、被覆管破損後の燃料の軸方向の掃き出し（sweep out）である［13, 14］。

一つ目の条件では、FPガスがピン内で溶融した燃料を炉心中央から軸方向外側に強制的に移動させ、被覆管破損前に大きな負の反応度フィードバックを発生させることが実験的に示された。十分な負の反応度が投入されれば、事故は終息に至る可能性がある。この被覆破損前の燃料移動メカニズムは、ヨーロッパでは“燃料噴出（fuel squirting）”、アメリカでは“燃料押し出し（fuel extrusion）”と呼ばれることがある。

環状酸化物燃料ペレット（ペレットの径方向中心に孔を有する燃料）を使用することにより、溶融燃料を炉心領域から上・下ブランケット領域に排出する経路を確保でき、仮想的なSFRの事故において、固有の炉停止メカニズムとして機能させることができる。FFTF型燃料ピン（中央孔半径0.041cm）を用いた一連のPINEX実験（25% PuO_2）により、環状ピン内の軸方向移動概念が検証された。具体的には、50¢/s程度の反応度投入率を起因とするSFRでの事故に対して、固有の炉停止メカニズムが実証された［15-17］。放出されたFPガスが駆動力となり、溶融燃料は炉心中央部から上下軸方向に押し出されることが確認されたのである。

しかしながら、より低い反応度投入率（5¢/s程度の増加率）の場合や、中実燃料の場合でもこのメカニズムが存在するかという点に関しては、疑問が残っていた。後に行われた、PuO_2富化度 25%の燃料を用いたHUT-52A実験は、より低い反応度投入率や中実燃料ペレットを用いた場合でも、このメカニズムが有効に働くとの結果を示した［16］。これは、燃料ピン内の燃料温度が全長にわたって高く、（混合酸化物燃料では）定常照射中に燃料の中央部に空洞が形成されたためである。FPガス駆動の燃料移動メカニズムは、熱スペクトル炉に比べて高速スペクトル炉においてより顕著であると考えられる。この理由は、熱スペクトル炉では自己遮へい効果によりペレット表面でのFP放出が多いのに対して、高速スペクトル炉では燃料ペレット全体でより一様にFPガスが放出されるためである。

新燃料ピンと照射済燃料ピン（22% PuO_2混合酸化物中実燃料ペレット）の両方に対して、原子炉過渡事象試験施設（transient reactor test facility, TREAT）を用いた、5¢/sの反応度投入率での過渡実験が行われた。破損前の溶融燃料の軸方向移動が、新燃料ピン（TS-1実験）と照射済燃料ピン（TS-2実験）の両方で観察された［18］。この試験で生じた溶融燃料の噴出は、ピン破損前に、上部のピン構成要素を著しく押し上げた。これらの実験結果から、溶融領域の全燃料インベトリの少なくとも15%が、“燃料噴出”を起こすことが明らかになった。これによりかなりの負の反応度フィードバックがもたらされる。

万一、事故がピン破損まで進展したとしても、冷却材流路に入った溶融燃料は微粒子化され、冷却材の流れにより炉心部から炉心上部に排出されることを示した実験結果がある。これにより、更に負の反応度フィードバックが投入される。FFTFの規制審査のために実施された計算結果［19］は、TREAT実験により実証されている［20］。

15.3.3 ULOF過渡事象

ULOF過渡において、固有安全性が有利に働く一例を図15.1～15.3に示す［1］。ここでは、金属燃料を使用した熱出力3,500MWプール型炉でのULOF事故に対する原子炉の応答を示す。炉心はコンパクトで効率的な設計であり、高さが約1メートル、炉心の直径が約4.5メートル、正のナトリウムボイド価値が$7.26である。図15.1では、ULOFが生じて流量が減少すると同時に、固有反応度フィードバックが働いた結果、出力が減少する様子を示している。また、事故後約50秒で炉出力（発熱）と冷却材流量（除熱）の不整合（ミスマッチ）が最大になる。

図15.2は過渡事象中の炉心最高温度の変化を示す。冷却材最高温度は、事故後50～100秒で冷却材沸騰まで125℃の最小裕度に達するが、その後裕度は広がり、系統温度が定常値に戻り、自然循環冷却が確立される。この場合、燃料ピン破損や燃料溶融は発生しない。金属燃料の熱伝導度が高いので、燃料最高温度は相対的に低い。この優れた熱伝導度は、冷却材ポンプによる強制循環冷却がない状態で、炉出力を崩壊熱レベルまで減らさなければならないこのタイプの過渡事象において、極めて有利な性質である。

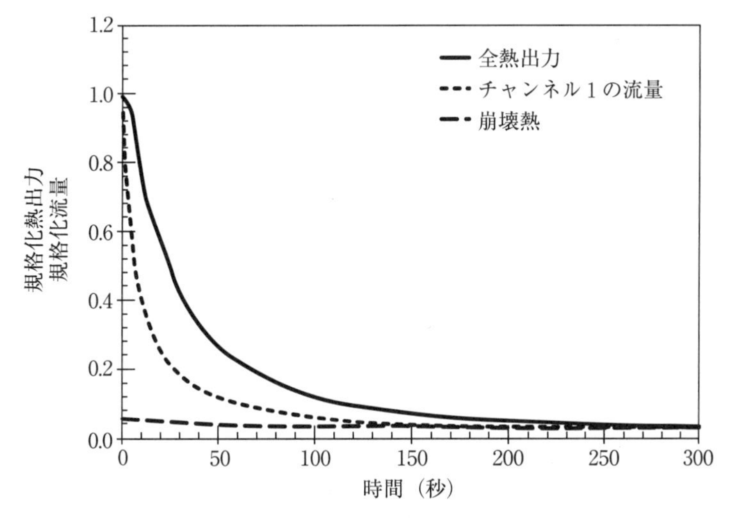

図15.1　金属燃料大型高速炉のULOF過渡における冷却材流量と熱出力
（定格値に対して規格化）

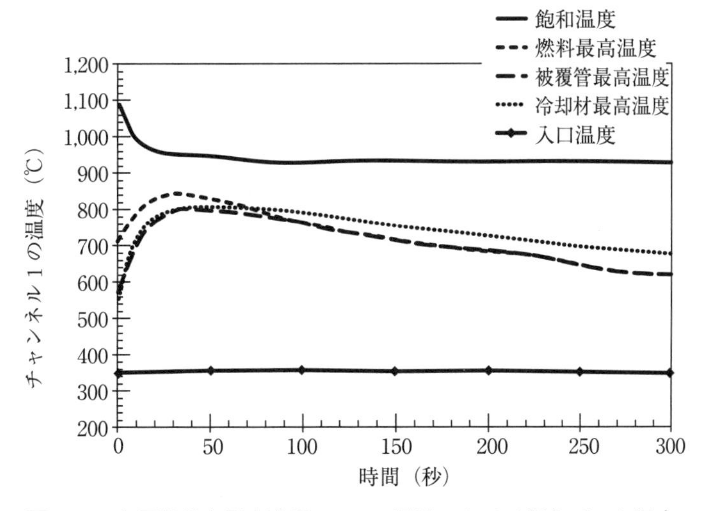

図15.2　金属燃料大型高速炉のULOF過渡における炉心ピーク温度

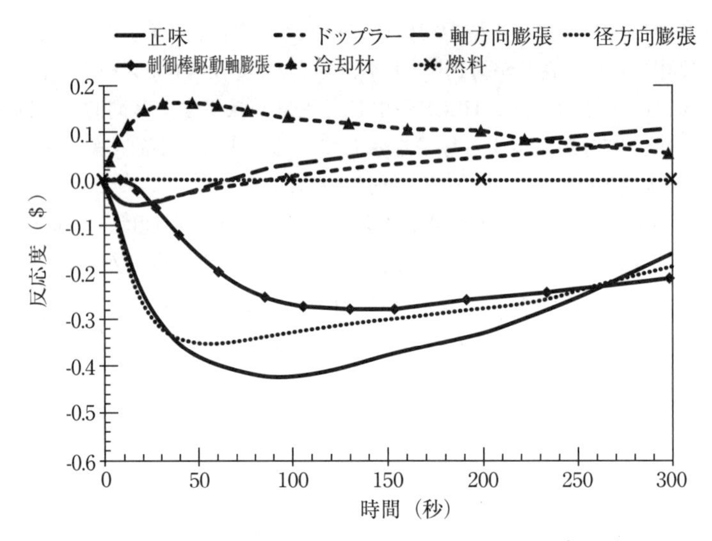

図15.3　金属燃料大型高速炉のULOF過渡における反応度フィードバック

図15.3は、全反応度フィードバックと、主要なメカニズムによる各反応度フィードバックを示す。有効かつ支配的な反応度フィードバックは、炉心の径方向膨張と制御棒駆動軸（CRDLs）の熱膨張である。過渡事象の初期において、不利なフィードバックは冷却材密度の減少のみである。正味の反応度は、事故後およそ50～150秒で少なくとも約-$0.40に到達し、図15.1で示すとおり、出力と流量のミスマッチを生じさせないほど十分早期に、炉出力を減少させる。炉出力は崩壊熱レベルまで減少し、ほとんどの反応度フィードバックは、燃料温度と冷却材温度の低下によって正となるが、全反応度フィードバックはまだ負のままである。そうした事象に対し、原子炉は核的停止には至らないが、基本的に核分裂出力ゼロおよび反応度増減ゼロへやがて安定するということを認識することは重要である。過渡事象が進展して到達する最終状態は、炉出力と除熱能力のバランスで定まる平衡状態である。原子炉をスクラムするまでの熱除去は、通常除熱経路もしくは補助的な崩壊熱除去系によって行われる。

酸化物燃料の高速炉についても同様の解析を行うと、反応度フィードバックの大きさが異なるため、金属燃料と同様の固有フィードバック特性の達成は困難という結果が得られている。酸化物燃料では定常状態の燃料温度が高いため、炉出力と原子炉温度が減少する際の負の全反応度印加は小さくなる。これは冷却時に燃料ドップラー効果が正になることが主な理由である。この過渡に対する安全な終息を達成するには、固有メカニズムによる出力減少の時間を確保するため流量減少時間を延長し、出力と流量のミスマッチを抑制するなど、炉システム設計の修正が必要とされる。その他の方策もまた有益である。例えば、直径の小さな燃料ピンを使うことによって出力密度を低下させ定常状態の燃料温度を低くしたり、ガス膨張モジュール（gas expansion module, GEM）等の追加設備を用いることが挙げられる［21］。

15.3.4　EBR-IIの性能確認試験

これらの解析で使用されたモデルは、1986年にEBR-II炉のプラントで実施された試験データを使用してその妥当性が確認されてきた。EBR-II炉は、損傷のないATWS事象のすべてを対象とし、SFRの自己制御応答の可能性を実証した（なお、異常な過渡時のTOP試験はEBR-II炉を使用して行われ、より厳しいTOP事象がTREAT炉において模擬された）。

最初にEBR-II炉で行われた試験は、すべてのポンプ出力喪失時にスクラムに失敗する事象、すなわち、所内電源喪失とスクラム失敗の重ね合わせを模擬したULOF試験であった。原子炉出力を100%にした後、ポンプが停止されて流量が減少し、冷却材流れは強制循環から自然循環対流へ移行した。この試験に先立ち4年にわたって行われた試験と解析は、この事象に対する原子炉の挙動を正確にモデル化するためのものであり、実験では予想通りの応答が得られた。万一、温度が予想外の高いレベルまで上昇した際に、原子炉を安全に停止するため、安全系として特別な炉内温度モニターが備えられていたが、そうしたことは実際には起こらなかった。

冷却材流量が低下した初期には急速に温度が上昇したが、その温度上昇により十分な負の反応度フィードバックが発生し、出力は急激に低下した。結果として、冷却材最高温度は通常運転時よりも高くなるが（通常運転時477℃であるのに対し約704℃に上昇）、燃料破損を生じる高温には至らなかった。約893℃であるナトリウム沸点に対しても十分な裕度があった。系統出力は急速に低下し、炉心最高温度は通常運転での平均温度とほぼ同じである温度まで低下し定常状態となった。

この試験で強調すべき点は、従来の原子炉システムとは違い、燃料損傷もしくは炉心損傷が発生しなかったことである。実際、この試験は一連のATWS試験として45回目であり、同日の午後には、引き続き実施する試験のため、原子炉の運転を再開した。

二回目の試験では、ULOHSに対する試験が行われた。原子炉は100%の出力で、2次熱輸送系の冷却材流れが止まり、蒸気発生器への熱輸送が阻止された。原子炉の入口温度が上昇するにつれ、負の反応度フィードバックが働いて出力は減少した。炉心全体にわたる温度差は減少し、冷却材最高温度が上昇することはなかった。原子炉の温度は、通常運転時の平均温度とほぼ同じ温度で平衡に達した。

EBR-II炉でのULOHS試験での炉心挙動として、冷却材温度上昇にともなって中性子漏えいが増大することによる非常に強い負のフィードバックが働くことと、燃料中心温度が減少する際のドップラー効果による強い正の反応度フィードバックのないことが観察された。金属燃料は非常に低い燃料中心温度で運転されるため、燃料温度変化が比較的少なくドップラーフィードバック反応度はほとんど発生しない。ULOFもしくはULOHS事象に対しては、冷却材温度が上昇すると出力は低下する。（酸化物燃料のような）高いドップラー反応度係数をもつ炉システムの場合、その正の反応度フィードバックは出力の減少を遅らせ、結果としてナトリウムが沸騰する可能性が極めて高くなるだろう。ナトリウム沸騰は、顕著な正の反応度を挿入し、ボイド係数が負である炉心頂部付近で沸騰が始まらない場合は、厳しい過出力過渡に至る可能性があり得ると考えられる。この理由により、EBR-II炉のような金属燃料炉心は、冷却不足型の事象に対し一般的に自己制御性を有するが、一方、このことは酸化物燃料炉心には当てはまらないかもしれない。このような挙動は、中性子漏えいが反応度フィードバック効果の主たる要因となる小型炉心において容易に達成しやすいが、炉心サイズが約1,000MWeを超えて大きくなるにつれ、困難となる。

高速炉開発の初期には、厳しいUTOP事象を防護する上で大きなドップラー反応度係数が必要であると考えられていた。そのため、そうした状況下での性能を調べるため、金属燃料のTREATで試験が実施された。EBR-II炉では、ピン破損に至る苛酷なUTOP事象にさらされた燃料ピンが多くある［23, 24］。その結果、燃料が比較的低い溶融温度を持つことが重要であることが分かった。なぜならば、融点の低い金属燃料は、試験時に柔らかくなり、その後被覆管を破る前に“歯磨き粉”のように管内を流動したからである。燃料被覆管の破損は、燃料円柱の頂部で発生し、その結果、燃料は炉心の上部方向に移動した。この燃料の動き（流れ）は急速に生じ、苛酷な過渡事象の間、大きな負のフィードバックを効果的にもたらし、優れた自己制御メカニズムの役割を果たした。

これらの結果から、高速炉の燃料にどのような化学形態を用いるかという、設計選択の重要性が強調されることとなった。反応度フィードバックに対する燃料形態の影響は重要である。すなわち、酸化物燃料は大きなドップラーフィードバックを発生させ、出力増加を減少させるのには有益であるが、ULOFでのナトリウム沸騰を回避するには支障がある。14章で述べられたように、酸化物燃料を用いた炉心でのULOF事象における正の反応度投入に対処するための興味深い選択肢は、GEM（gas expansion module）の導入であり、これはFFTFで実施された試験でその実証に成功している［21］。

EBR-IIでは、炉の負荷追従特性を調べるための試験が更に実施され、好ましい結果が得られている。金属燃料は、出力と温度の周期的変化による悪影響を受けにくく、一定の平均炉心温度を維持する強い傾向があるため、負荷追従能力に優れる。EBR-II炉は、制御棒の位置を固定し、蒸気タービンでの出力負荷を管理することにより、容易に制御可能である。安全性と負荷追従に関する試験が幅広く実施された。そこには、1次系ポンプの回転を一気に最大まで引き上げて炉心を冷却し、続いて正の反応度を投入して出力レベルを上げるといった試験も含まれていた。これらの全試験を通じて、燃料や炉心への損傷は全く発生しなかった。

この様にして得られた結果を定量化するため、レベル1の確率論的リスク評価（probabilistic risk assessment, PRA）が行われた［25］。EBR-II炉の運転に関連するリスクは、典型的なLWRプラントに比べ大幅に低いこと、具体的には一桁小さいことが示された。これらの特性は、二つの有名なプラントの設計に組み入れられた。GEにより開発されたPRISM［26］と、ロックウェル・インターナショナルによるSAFR［27］である。

【参考文献】

1. R. Wigeland, and J. Cahalan, "Mitigation of Severe Accident Consequences Using Inherent Safety Principals," *Fast Reactor Safety 2009*, Tokyo, Japan, December 2009.
2. Ph. Bergeonneau, et al., "Uncertainty Analysis on the Measurements and Calculation of Feedback Reactivity Effect in LMFBRs, Application of Super-Phenix-1 Startup Experiments," *30th NEACRP Meeting*, NEACRP-A-833, Helsinki, Finland, September 1987.
3. R. W. Schaefer, "Critical Experiment Tests of Bowing and Expansion Reactivity Calculations for Liquid-Metal-Cooled Fast Reactors," *Nuclear Science and Engineering*, 103, 196, 1989.
4. E. E. Lewis, *Nuclear Power Reactor Safety*, chapter 7, Wiley, New York, NY, 1977.
5. W. C. Horak, J. G. Guppy, and R. J. Kennett, *Validation of SSC Using the FFTF Natural-Circulation Tests,* BNL-NUREG-31437, Brookhaven National Laboratory Report, Upton, NY, December 1982.
6. L. K. Chang, et al., "Experimental and Analytical Study of Loss-of-Flow Transients in EBR-II Occurring at Decay Power Levels," *Conference on Alternative Energy Sources*, Miami Beach, FL, December 1985.
7. K. M. Tabb, et, al., *MELI-III B - An Updated Version of the MELT Code*, HEDL-TME 78-108, Hanford Engineering Development Laboratory, Richland, WA, 1978.
8. J. E. Cahalan, and T. Y. Wei, "Modeling Developments for the SAS4A and SASSYS Computer Codes," *International Conference on Fast Reactor Safety*, American Nuclear Society, Snowbird, UT, August 1990.
9. M. G. Stevenson, et a1., "Current Status and Experimental Basis of the SAS LMFBR Accident Analysis Code," *Proceedings of the Conference on Fast Reactor Safety*, CONF-740401-P3, p. 1303, Beverly Hills, CA, 1974.
10. A. M. Tentner, et, al., "SAS4A Computer Model for the Analysis of Hypothetical Core Disruptive Accidents in Liquid Metal Reactors," *Eastern Computer Simulation Conference*, Orlando, FL, April 1987.
11. F. E. Dunn, and T. C. Wei, "The Role of SASSYS-1 in LMR Safety Analysis," *Proceedings of the International Topical Meeting on Safety of Next Generation Power Reactors*, Seattle, WA, May 1988.
12. L. E. Strawbridge, and G. H. Clare, "Exclusion of Core Disruptive Accidents from the Design Basis

Accident Envelope in CRBRP," *Proceedings of the International Meeting on Fast Reactor Safety*, Vol. 1, pp. 317 - 327, American Nuclear Society, Knoxville, TN, April 21 - 25, 1985.

13. J. E. Cahalan, R. A. Wigeland, G. Friedel, G. Kussmaul, J. Moreau, M. Perks, and P. Royal, "Performance of Metal and Oxide Fuels During Accidents in a Large Liquid Metal Cooled Reactors," *Proceedings of the International Fast Reactor Safety Meeting*, Vol. IV, p. 73, Snowbird, UT, August 1990.
14. A. E. Wright, et al., "CAFÉ Experiments on the Flow and Freezing of Metal Fuel and Cladding Metals(2), Results, Analysis, and Applications," *International Conference on Fast Reactor and Related Fuel Cycles*(FR09), Kyoto, Japan, December 7 - 11, 2009.
15. D. R. Smith, F. J. Martin, and A. Padilla, *Internal Fuel-Motion Phenomenology : FUMO-E Code Analysis of PINEX Experiments*, HEDL-SA-2629-FP, June 1982; D. R. Porten, et al., "PINEX-2 Experiment, Concept Verification of an Inherent Shutdown Mechanism for HCFA' s," Proceedings of the International Meeting on Fast Reactor Safety Technology, Seattle, WA, August 19 - 23, 1979.
16. P. C. Ferrell, D. R. Porten, and R. J. Martin, "Internal Fuel Motion as an Inherent Shutdown Mechanism for LMFBR Accidents: PINEX-3, PINEX-2, and HUT 5-2A Experiments," HEDL-SA-2264, *Fast Reactor Safety Meeting*, Sun Valley, Idaho, August 2, 1981.
17. E. T. Weber, et al., "Transient Survivability of LMFBR Oxide Fuel Pins," HEDL-SA-3349, *British Nuclear Energy Society Conference on Science and Technology of Fast Reactor Safety*, Guernsey, Channel Islands, May 12 - 16, 1986.
18. A. L. Pitner, et al., "TS-1 and TS-2 Transient Overpower Tests on FFTF Fuel," *Transactions of the American Nuclear Socirty*, 50, 351 - 352, 1985.
19. A. E. Waltar, N. P. Wilburn, D. C. Kolesar, L. D. O'Dell, A. Padilla, L. N. Stewart(HEDL), and W. L. Partain(NUS), *An Analysis of the Unprotected Transient Overpower Accident in the FTR*, HEDL-TME-75-50, Hanford Engineering Development Laboratory, Richland, WA, June 1975.
20. R. N. Koopman, et al., "TREAT Transient Overpower Experiment R12," *Transactions of the American Nuclear Society*, 28, 482, 1978.
21. T. M. Burke, "Summary of FY 1997 Work Related to JAPC-US DOE Contract 'Study on Improvement of Core Safety - Study on GEM(III)' ", HLF-2195-VA, *DOE Technical Exchange*, Tokyo Japan, February 10, 1998.
22. H. P. Planchon, et al., "The Experimental Breeder Reactor II Inherent Shutdown and Heat Removal Tests - Results and Analysis," *Proceedings of the International Meeting on Fast Reactor Safety*, Vol. 1, pp. 281 - 291, American Nuclear Society, Knoxville, TN, April 21 - 25, 1985.
23. T. H. Baur, *Behavior of Metallic Fuel in TREAT Transient Overpower Tests*, CONF-880506-14, TI88 010042, Argonne National Laboratory, Argonne, IL, May 17, 1988.
24. A. M. Tentner Kalimullah, and K. J. Miles, "Analysis of Metal Fuel Transient Overpower Experiments with the SAS4A Accident Analysis Code," *Proceedings of the International Conference on Fast Reactor Safety*, American Nuclear Society, Snowbird, UT, August 1990.
25. D. J. Hill, "An Overview of the EBR-II PRA," *Proceedings of the 1990 International Meeting on Fast Reactor Safety Meeting*, Vol. IV, p. 33, Snowbird, UT, August 12 - 16, 1990.
26. U.S. Nuclear Regulatory Commission, *Preapplication Safety Evaluation Report for the Power Reactor Innovative Small Module (PRISM) Liquid Metal Reactor*, NUREG-1368, Washington, DC, February 1994.
27. U.S. Nuclear Regulatory Commission, *Preapplication Safety Evaluation Report for the Sodium Advanced Fast Reactor (SAFR) Liquid Metal Reactor*, NUREG-1369, Washington, DC, December 1991.

第16章 シビアアクシデントと格納容器の検討

16.1　はじめに

前章では、原子炉システム設計時に取り入れられている自己制御特性により、損傷に至ることなく終息する過渡事象について検討した。本章では、有意な炉心損傷を伴う仮想的な炉心崩壊事故（hypothetical core disruptive accident, HCDA）を対象として、典型的な事故進展のステップについて定性的な説明を行う。さらに、格納容器を設計する際の考慮事項と大規模なナトリウム火災への対策について述べる。

16.2　過酷な炉心崩壊を伴う炉停止失敗事故

前章までで述べたように、高速炉の燃料は最大反応度体系に配置されていないため、高速炉開発の初期には、「大きな事故の際に同時的な燃料の崩壊が生じ、過酷な炉心崩壊に至る」という極めて保守的な想定に基づく研究に重点が置かれた［1］。同時に全炉心が崩壊するというこの恣意的な想定はあまりにも保守的であったため、炉心崩壊事故解析の機構論的アプローチ開発が進んだ［2］。これは、過酷な出力逸走に至る条件を恣意的に想定する代わりに、条件として与えられた起因事象（initiating event）から事故終息までの事故シーケンスを、機構論的アプローチで解析するものである［3］。前章では、原子炉システム設計の自己制御特性により、炉心に損傷を与えることなく終息に至る過渡シーケンスについて検討した。この章では、有意な炉心損傷を伴う仮想的な炉心崩壊事故を評価するため、典型的な事故進展のステップに対して定性的な考察を行う。酸化物燃料を使用したSFRにおいて想定されるHCDAでは、複雑な相互作用が発生するため、これを解明するために行われてきた研究について付録Gで更に詳細に紹介する。

16.2.1　機構論的解析アプローチ

Marchaterre［3］により述べられたとおり、機構論的な事故解析への包括的なアプローチの重要な特長は、初期の負の反応度効果により限定的な炉心損傷で事故が終息する「早期終結パス」が可能となることである。一般的に、炉心が崩壊する様相は、エナジェティックな挙動を伴わない、段階的に進行する炉心溶融であると考えられている。Fauske［4］が述べているように、そのような炉心溶融挙動とその結果は、実験で確認可能な複数の「一般的な挙動原則」により説明できると考えられる。

機構論的な分析をする際のポイントは以下の3つである。

(1) 確からしい事故進展パスは、早期終息か、あるいはエナジェティックではない炉心崩壊かを決定すること、
(2) 起因事象がエナジェティックではない炉心崩壊に至ることを保証するためには、どのような原子炉の設計変更が必要かを明確にすること、
(3) また、対象とする時間スケールや現象を定め、特定の事故条件での「一般的な挙動原則」適用の妥当性を確立すること。加えて、最確値からの逸脱を想定した複数のパラメータ計算を実施すること。これには直接的にエナジェティックな崩壊に至るケースを含めるが、原子炉設計の裕度評価とは異なるものである。

炉心崩壊事故に至る可能性のある原子炉応答についての機構論的な評価は、一般的に以下の段階を経て進められる。

(1) 重要な起因事象を特定する
(2) 起因過程についてパラメータ解析を行う
(3) 遷移過程について挙動評価を行う（事故がこの時点にまで進展した場合）
(4) エナジェティックな集合体崩壊に至るようなパラメータケースについての崩壊解析を行う
(5) 損傷評価を行う
(6) 事故後の崩壊熱除去を評価する
(7) 放射線の影響を評価する

16.2.2 起因過程の事故解析

事故解析の第一段階は、リスクをもたらす最も重要な起因事象、または到達する事故結果（影響）を包絡する起因事象を特定することである。一般的に、事故シーケンスで支配的なものは、炉停止失敗流量喪失事象（ULOF）の事故である。このようなタイプの事故の起因過程解析のため、多くのコードが開発されてきた。15章で議論された一連のSASコードは、この目的のために開発された代表的なコードである [5]。

起因過程の解析には、炉内中性子の計算や、集合体形状を喪失するまでの熱挙動計算がある。解析において、同じ出力、流れ、照射条件を持つ集合体は、同じグループに分類される。この場合、特定のグループ内もしくは「チャンネル」内の集合体のすべてが、同様に振る舞うと仮定される。過渡熱流動、ナトリウム沸騰、燃料ピンの構造や破損、被覆管と燃料の移動、そして燃料と冷却材の相互作用の現象は、1次元モデルとして扱われる [6]。

炉内材料の移動が反応度へ与える効果は、一般的に、摂動理論を用いた一点炉動特性モデルを用いて計算される（空間依存の反応度フィードバック係数については6章を参照）。高エネルギーの中性子は、長い平均自由行程を持っており、空間的な出力の偏りを抑制するので、高速スペクトル炉の解析において、一点動特性モデルは実質的に極めて正確である。様々な事故シーケンスを記述するための現象モデルは、炉外試験および炉内試験の両方で確認され、実証されている。

起因事象事故解析コードによる計算は、炉心が冷却可能な元々の形状を保持している場合には恒久的炉停止の時点まで、もしくは集合体形状が失われた時点までのいずれかまで行われる。

CRBRPでのULOF事象に対する典型的な最確計算（best estimate calculation）は、以下の事象シーケンスに基づいて行われる [7]。出力/流量比が最大の集合体にて、流量減少による沸騰が開始する。この部位のナトリウムのボイド化により、反応度が増加し出力が上昇するが、燃料ドップラーフィードバックの負の影響と軸方向の膨張によって、原子炉が即発臨界に至ることは抑止される。集合体の最も熱い部位で被覆管が溶融し、引き続いて燃料溶融、および核分裂ガスによる駆動力で燃料分散が発生する。炉心は核的には停止しているものの、冷却不能状態で計算は終了する。より過酷な想定でのパラメータ解析の場合には、軽度の流体力学的崩壊が生じる場合もある。

対照的に、典型的な炉停止失敗過出力事象（UTOP）のような事故では、燃料ピン上半分でのピン損傷により、溶融燃料が冷却材経路に流入し、その後燃料は排出（sweep out）される。その結果、冷却可能な配置での原子炉の停止に至る [8]。

16.2.3 遷移過程解析

FFTFとCRBRPでの事故起因過程の計算から、想定される炉心崩壊事故に対する最も可能性が高いパスは、炉心の大半にほぼ損傷が無く冷却可能な早期終結に至るか、あるいは膨大なエネルギー放出はないが炉心が冷却できない段階的な炉心溶融に至るかのどちらかであるという結果となった。起因過程事故解析の最終段階で炉心冷却ができなくなる場合、安定した冷却可能な配置状態に至るまで、解析を継続しなければならない。事故のこの段階を遷移過程（transition phase）という。

起因過程の事故解析分野に比べ、遷移過程の解析技術の開発はやや遅れているが、崩壊炉心の挙動に関する結果を導くことは可能である。事故の進展は次のように予測される。この場合の、初期の炉心崩壊は穏やかなので、発生する圧力も低く、炉心領域からの溶融燃料の分散放出を引き起こすことはない。集合体ダクト壁は急速に溶け、炉心の最も熱い部分において、溶融燃料と鋼材の混合領域が徐々に広がり始める。この段階までに、局所的な燃料の軸方向分散が十分に発生し、原子炉が未臨界の状態になる。しかしながら、溶融した炉心物質が炉心の軸端近くの冷たい領域で再び固まることにより形成される閉塞により、広範な燃料分散は抑制される可能性がある。継続して崩壊熱は更なる炉心溶融を引き起こし、すでに溶けていた炉心物質が沸騰し、空いていた空間を埋める。上部もしくは下部構造を通じた経路が確保される場合、炉心物質は炉心領域から排出されはじめる。経路が閉塞されている場合、構造材領域において急速な溶融が始まり、炉心領域から溶融炉心材料が排出される。炉心材料の蒸気化により蒸気は早い速度に加速され物質の分散が生じるので、崩壊熱程度のエネルギーレベルにおいても、広範囲に分散した沸騰プールへの遷移が発生するであろう。炉心材料の沸騰プールの特性についての研究は、その流動様式が一般的に分散的であることを示している。そのような分散した体系では、崩壊や再臨界が発生する可能性は低い。FFTFとCRBRPの原子炉仕様・構成における遷移過程の複雑な現象を統合的に解析するために、詳細な計算コードが開発された。アルゴンヌ国立研究所で開発されたTRANSIT-HYDROコード［9］とロスアラモス国立研究所で開発されたSIMMERコード［10］がその例である。

このTRANSIT-HYDROコードは、集合体ごとの熱流動、材料挙動、寸法・形状についての詳細なモデル化や、集合の移動体と集合体の間の熱伝達や材料挙動をモデル化することができる。燃料と被覆管の質量やエネルギーの移動が生じた後の、加熱、燃料崩壊、そして六角管壁の損傷へと進む事故シーケンスの追跡が可能であり、炉心の部分溶融から全炉心溶融に至る詳細な過程の追跡に適している。

SIMMERは、遷移過程、集合体の崩壊および崩壊後の挙動解析の目的で広く使用されているコードである。一般的な多相、多成分の流体力学解析を、離散的で時間依存性のある核解析とともに行うことができる。

そのような状態での炉心の動的挙動をモデル化する際に、質量、運動量、およびエネルギーの連続方程式を解く必要がある。オイラー座標とラグランジュ座標の両座標系で扱われるこれらの基本的な方程式は、本書の原書［11］にも記載されている。

16.2.4　集合体崩壊解析

FFTFおよびCRBRPについての計算結果より、炉心崩壊に至る最も可能性が高いパスは、冷却可能な配置での早期終結か、あるいは段階的でエナジェティックではない炉心溶融のどちらかであるという結論に至ったが、原子炉設計の詳細な評価を行うため、より悲観的な想定に基づく解析も実施された。この場合、エナジェティックな炉心崩壊に至る事象シーケンスを想定して、原子炉の構造的な応答が評価された。

もし即発臨界に達する反応度が印加された場合には、計算は集合体崩壊過程へと進められる。燃料が急速に加熱され蒸発することで生じる高い圧力によって炉心が崩壊し、それによって出力バーストが終結する。崩壊過程は、BetheとTait［1］らによって初めて開発されたモデルにより説明された。

彼らのアプローチでは、流体力学的手法を使用して崩壊中の材料移動の計算が行えるよう、炉心は均一の流体として扱われた。計算は球体系で行われ、材料移動によって生じる反応度フィードバック特性を評価するため、1次摂動理論に基づく一点炉近似動特性を使用して原子炉出力が計算された。

この基礎的な評価法に対して、その後多くの改良が行われてきた。特に、ドップラー反応度フィードバックが組み込まれ、圧力評価のための状態方程式が改良された。より正確な核特性評価機能が組み込まれ、2次元（r, z）体系での計算機能が付加された。継続的な改良が行われるとともに、アメリカ国内で多くの集合体崩壊計算コードが開発された［6］。アルゴンヌ国立研究所で開発されたVENUSコード［12, 13］は初期の大きな成果であり、引き続きロスアラモス国立研究所で開発されたSIMMERコードシリーズ［10］で大きく高度化された。

16.2.5 炉心損傷の評価

炉心損傷を評価するにあたっては、集合体崩壊の間、もしくはその後において、遷移過程で放出された熱エネルギーが仕事に変換される割合を定めなければならない。これは再臨界による出力上昇が炉に及ぼす損傷度合を評価するために使用される。炉心材料自体の膨張か、もしくは炉心材料とナトリウム冷却材の相互作用の結果生じる蒸発・膨張によって、仕事が行われる可能性がある。

炉心崩壊事故時の損傷度合に関する初期の研究では、原子炉構造の周辺部分での仕事は、燃料材料が膨張することにより発生すると想定されていた。後に、高温の燃料からナトリウムへの熱移行が、損傷を起こす仕事エネルギーを大幅に増加させることがわかった。

しかしながら、燃料蒸気の膨張により発生する以外に、仕事エネルギーを顕著に増加させるほど十分に短い時間でナトリウムへの熱伝達が行われる現象は確認されていない。従って現行の損傷評価法では、特に体系が崩れて炉心内にナトリウムがほとんど残されていない状態の場合、燃料蒸気の膨張によって決定される圧力-体積曲線が用いられている。大規模な出力上昇が発生した際、大量のナトリウムがまだ残されている場合には、そのナトリウムが燃料を分散させる効果的な圧力源となり、事象を終結させると考えられている［14］。

いったん圧力源が確定すれば、炉システムの応答解析が可能となる。これは通常、圧力伝播の流体力学計算と重要な系統構成要素の構造応答解析を並行して行うことによって行われる。REXCO-HEPコード［15］は、原子炉材料の状態方程式とともに、質量、運動量およびエネルギーの保存方程式を解くことで、上で議論した圧力ソースタームに対する構造の応答を計算する。このコードは、流体力学的現象だけでなく、原子炉構造物と機器・要素の弾性および塑性変形問題も扱うことができる。

16.2.6 事故後の崩壊熱除去

炉心崩壊事故の解析の一部に、事故後崩壊熱除去（post-accident heat removal, PAHR）の評価がある。事故後、系統のあちこちの場所に燃料がどのように留まり、完全に冷却されるのかを示すために、燃料からの崩壊熱除去を長期間解析することが目的である。この解析は主に炉心崩壊後の燃料配置の予測と、それに続く冷却性の解析という順序で行われる。事故後の炉心材料の配置や、炉心デブリの冷却確保のために必要とされる対策は、元々の原子炉設計・仕様に依存する。

特に、崩壊した炉心の冷却を扱う上で、1次冷却系が損傷していないと想定するか、もしくは損傷していると想定するかでは、事故後の冷却挙動を支配する現象の相対的重要性に顕著な差を生じることになる。

PAHR挙動で重要とされるいくつかの熱伝達モードを解析する技術が数多く開発されてきた。内部加熱される（発熱性の）デブリベッドからの熱除去や、溶融プールからの熱除去の予測は、最も重要な技術開発課題となっている。またこれらの分野では、炉心物質保持システム（core retention system）での損傷・溶融物質と溶融炉心物質との相互作用、またコンクリート等の原子炉構造材料と溶融炉心物質の相互作用を理解するための多くの研究が行われている［16］。

16.2.7　放射線影響評価

炉心崩壊事故解析の最終目的は、放射能の放出および公衆への被ばく可能性を評価することである。一般的な放射線学的影響解析は次の4つの段階から成る。

（1）ソースターム
（2）格納容器による格納性
（3）放射性物質の輸送と放出
（4）大気中の拡散

ソースタームとは、大気中にて拡散する化学形態で原子炉1次系から放出される放射性物質の量として定義されている。ナトリウム系統においては、希ガスを除く放射性物質は系統内に保持される傾向にあることが、シミュレーション実験によって定性的に示されている。

大気へ拡散する放射性物質の挙動プロセスとしては、原子炉容器における凝縮、乱流混合、そして粒子凝集と粒子沈着があり、これらを評価する総合的な分析モデルが開発されつつある。今日までのところ、上記のプロセスでソースタームがどの程度減少していくかについての解析精度は限定的であるため、解析で想定する炉心崩壊の度合いは保守的な設定となっている。炉心の大部分が蒸発する過酷な出力上昇で想定される典型的な放出率は、以下に記す程度の量である。

希ガス	100%
ハロゲン	1～25%
揮発性固体	0.1～10%
非揮発性固体	0.01～10%

格納建屋の温度と圧力の過渡挙動は、放出された放射性物質の崩壊熱と原子炉系統から放出されたナトリウムの化学反応により決定される。具体的な原子炉設計仕様に基づくナトリウム放出挙動を調べる目的で、原子炉ヘッドの漏えい経路を通過して原子炉から放出されるナトリウム量や、ナトリウム放出によってもたらされる最高温度や最高圧力についての計算が行われる。

長期間の温度の過渡挙動や、ナトリウムプール火災の特性と影響の計算にはSOFIREコード［17］が広く使用されている。温度と圧力の過渡挙動、また建屋内で接続した空間での大気の化学組成の解析を目的としてCACECOコード［18］が開発された。このコードは、漏えい経路をオリフィスと想定して建屋からの漏えいを計算する際にも使用される。

格納容器からの希ガスの放出は、格納容器雰囲気と放出されたガスが一定の速度で完全混合するとの仮定に基づいて計算される。ハロゲンと固形物は、基本的にエアロゾル力学に基づき、格納容器内の除去メカニズムに従う挙動を示す。特に多量の酸化ナトリウムがある場合、粒子状放射能は、エアロゾル凝集、沈殿、および沈着の現象によって時間オーダの時定数にて除去される。計算コードABCOVEは、エアロゾル濃縮や分散の解析に使用される［19］。

通常、放射性エアロゾル物質は、格納容器内のエアロゾル物質濃度に比例して格納容器から漏えいすると想定される。最近の試験結果によると、漏えい経路でエアロゾルが相当量除去される効果が示されているが、評価においてはこの効果は取り入れられていない。

格納容器から放出された後の放射性物質の大気拡散、および個人の被ばく線量は、LWRの立地評価や安全解析の際に使用される従来の方法により計算が行われる。

16.2.8 格納容器

上で述べたように、初期の研究により、仮想的炉心崩壊事故において機械的エネルギー放出は限定的であり、自己終結することが実証された。しかしながら、そうした解析はかなり複雑であり、モデル化の不確かさは必然的に大きくなる。ATWS事象に対応した自己制御性のある高速炉システムを設計することに関心が向けられるようになったことから、その精度を向上させるニーズが高まっている。残る主な課題は、通常、原子力発電所で必須とされる原子炉格納容器についての適切な設計基準を決定することである。

現在の設計基準アプローチでは、重視されている二つのポイントがある。すなわち、(1) 外的事象（竜巻、火災、あるいは航空機の墜落等）と、(2) ナトリウム漏洩・火災に関連する内的事象である。ナトリウム漏洩・火災が発生する原因には、運転員の過失、機器の故障、あるいは部分的な炉心溶融などの過酷な原子炉事故が挙げられる。格納容器から有意な量の放射性物質が放出される事態に至る可能性があるのは、設計基準を大幅に超えた仮想的炉心崩壊事故（HCDA）のみである。従って、我々はまずナトリウム火災が格納容器に与える影響について議論し、次にHCDA解析で一般的に考慮される考察事項に言及する。

16.3 ナトリウム火災

SFRの1次系または2次冷却系統の境界がもしも破損した場合には、ナトリウムプール火災もしくはナトリウムスプレー火災、あるいはナトリウムスプレー後のプール火災（複合火災）が生じる可能性がある。またナトリウム漏洩が、設備区画内、蒸気発生器建屋の床、もしくは原子炉格納容器建屋の床で生じると、プール火災が発生する可能性がある。さらには、1次系、2次冷却系の機器からのナトリウム噴出や配管からの漏えい、あるいはHCDAでの炉容器カバーからの漏えいが原因となり、スプレー火災が発生する可能性がある。ナトリウム火災が発生する環境条件の理解が重要であり、その結果として火災の発生可能性を低減するための設計対策が取り入れ可能となる。ナトリウム燃焼速度、燃焼ガスによる圧力上昇、ナトリウム火災で発生するエアロゾルの物理特性、ナトリウム火災の影響を解析する計算モデルの開発とその検証のため、多くの研究が行われている。

ナトリウム火災は、次の主な発熱反応により発生する。

酸化ナトリウム: $4Na + O_2 \rightarrow 2Na_2O$
過酸化ナトリウム: $2Na + O_2 \rightarrow Na_2O_2$

ここで支配的なのは一つ目の反応である。ナトリウム火災の主な特徴は、濃く白い酸化物煙を伴う短い炎（low flame）である。

燃焼強度（combustion process intensity）の分類に基づけば、ナトリウムは炭化水素系の通常の燃焼材と比較すると最も燃えにくいものの一つである。図16.1は、同じ燃焼条件下での、燃焼ナトリウムと燃焼ガソリンプールの表面部分約1平方メートルの温度分布［20］を表している。ナトリウムの表面から1メートルの高さでの温度は、100℃以下である。ガソリン火災の場合、表面から2メートルの高さでの時間平均温度は600℃以上である。ナトリウムの反応帯（火炎帯）はナトリウムの表面付近に位置し（短い炎）、ガソリン火災の場合、炎は4メートル近くの高さにもなる。これはナトリウムとガソリンの物理特性の違いによる。ナトリウムの沸点は大気圧で880℃であり、ガソリンの沸点は

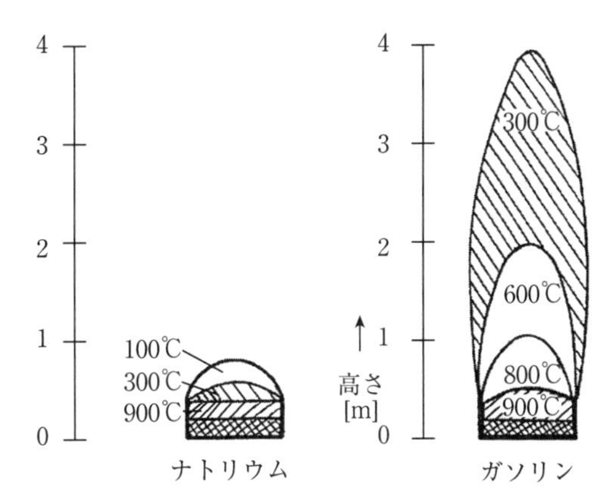

図16.1　ナトリウムおよびガソリン燃焼上部領域の温度分布［20］

80℃である。ナトリウム蒸発の潜熱は4,340kJ/kgであり、ガソリンの1/12と小さい。ナトリウムの燃焼熱は、10,900kJ/kgであり、ガソリンの1/4である。これらの特質の違いにより、ガソリンの燃焼速度はナトリウムよりも約4倍速く、結果としてナトリウム燃焼でのエネルギー放出速度は、ガソリンと比較して約1/15と小さい。ナトリウム火災は、ガソリン火災と比較してエネルギー放出速度がかなり低いが、その火災によるエネルギーは、原子炉の安全な運転を危険にさらす可能性がある。

1次系でのナトリウム火災の可能性を低減するための最良の設計対策は、1次系を不活性区画とし、二重配管（保護配管）を備えることである。また通常の設計では、2次配管系統も不活性区画とし、破断前漏えい（leak before break, LBB[1]）アプローチを適用して配管には延性（ductility）の高い材料を使用する。ナトリウム火災の抑制のため、不活性化した区画の酸素含有量は一般的に2%かそれ以下に管理される。

16.3.1　プール火災

ナトリウムプール火災は、通常約250℃以下で生じるものではない（200℃という低温度で発火する可能性もあるが、これはプールが攪拌された場合である）。火災はプール表面でのみ発生するので、燃焼速度を領域別に明らかにすることは意義がある。空気中でのプール火災で使用される標準的な燃焼速度は、おおよそ毎時25kg/m^{2}である。図16.2は、ナトリウム液の真上の大気とナトリウム表面下の一般的な温度プロファイルを説明している。図16.3は、ある特定の小区画で想定されるナトリウム火災の圧力応答の代表例である。区画内の温度が上昇するにつれ、圧力は最初上昇するが、区画内の酸素が枯渇するためやがて減少する。一般的に、プール火災ではナトリウム全体の燃焼は発生しない。火災の状態に依存して、未燃焼のナトリウム残留物の10～40%がプールの酸化ナトリウムクラストの下に留まる。ナトリウムインベントリを一定とすると、区画サイズが大きくなるにつれ圧力は低下する。SOFIRE［21］はアメリカで開発された主要コードで、ナトリウムプール火災での圧力および温度応答の計算に使用される。ASSCOPS［22］とSPM［22］も、ナトリウムプール火災の解析で使用される、検証済みのコードである。

1　破断前漏洩（LBB）とは、破断が生じる前に微小なナトリウム漏えいを検知することで、大規模な損傷もしくは破断が発生する前に適切な是正措置をとる概念である。

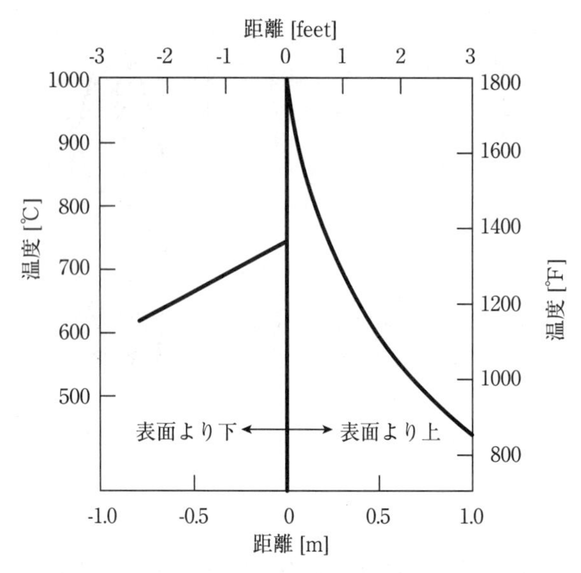

図16.2　ナトリウム燃焼時のプール内およびプール表面近傍雰囲気の温度

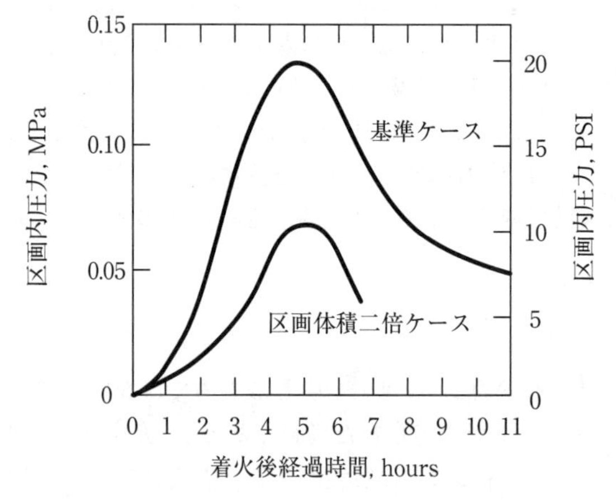

図16.3　ナトリウムプール火災の典型的なセル圧力

16.3.2　スプレー火災

ナトリウムスプレー火災の発火温度は、プール火災と比べて大幅に低い。ナトリウムが大きな液滴形状にある場合は約120℃で発火するが、霧状ミスト状態になると発火温度はさらに低下する。

ナトリウムスプレー火災によって生じる最高セル圧力は、区画壁の熱伝達性能に幾分依存するが、理論的には1MPaほどの範囲におさまる。実験によって測定された最高セル圧力は、常に理論上限圧力よりも低い。図16.4は、空気中でのナトリウムスプレー火災の圧力を酸素に対するナトリウムの比の関数として示している。実線は理論上の圧力、○と×は実験値である。(横軸はナトリウムと酸素のモル比であり、圧力は区画容積とは独立である)。ナトリウムスプレー火災の圧力は、酸素が豊富な領域（ここで過酸化ナトリウムが形成される）で急激に上昇し、その後も酸化ナトリウムを形成す

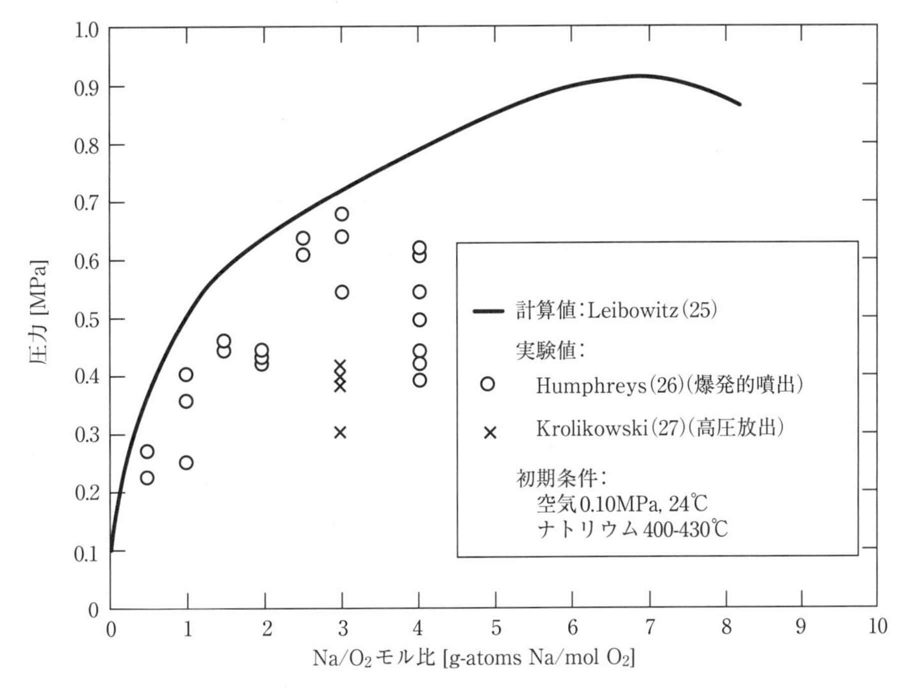

図16.4　ナトリウムスプレー火災のセル圧力
（Na/O_2モル比の関数として表示）［21］

るため上昇し続ける。しかしながら、酸素が枯渇するにつれ熱喪失効果により圧力が減少しはじめ、ナトリウム自体が大きなヒートシンクになる［25-27］。

図16.4で示した様な実験データの殆どは、二つのタイプのナトリウムスプレー実験によって取得される。一つは爆発的なナトリウム噴出の結果で生じるスプレー、もう一つは高圧のナトリウム噴出によるスプレーである。前者のケースでは生じるナトリウムの液滴直径は小さいので、燃焼速度は速くなり、結果として生じる圧力も高くなる（図16.4参照）。

NACOM［28］、SPRAY［29］、SOMIX［30］は、ナトリウムスプレー火災から生じる圧力と温度を評価するために使用されるアメリカのコード例である。

CONTAIN-LMR［31］という計算コードは検証済みツールであり、液体ナトリウム冷却高速炉で想定される事故の総合的な解析が可能である。CONTAIN-LMRコードは、ナトリウムスプレーとプール火災の解析のためのNACOMとSOFIRE-IIコードをベースモデルとしており、ALMR［32］、EFR［33］、KALIMER［34］等の様々な原子炉の格納容器設計で使用されている。

16.4　格納容器設計と過渡解析

16.4.1　格納システム

高速スペクトル炉設計の初期段階で行う必要のある重要な事柄は、原子炉格納容器、閉じ込め系統、あるいはその双方の複合系統の型式を決定することである。表16.1では、各系統の特長を簡単に説明するとともに、いくつかの高速炉プラントで選定された格納システムの型式を箇条書きにしている［35］。図16.5は3種類の格納/閉じ込め系統を概略的に示している。

表16.1　現行の高速増殖炉プラントで使用されている格納システム［35］

格納型式	説明	原子炉
単一格納	開放ヘッド区画とその外側の低漏えい格納建屋で構成。	FFTF, EBR-II, 常陽
二重格納	密閉型・不活性・高圧の内側格納バリアとその外側の低漏えい格納建屋[2]で構成。	FERMI, SEFOR
格納／閉じ込め	密閉型・低漏えいの内側格納バリアと、空気浄化系統を通じた排気筒への排出を伴う換気型減圧外側格納建屋で構成。	PFR, CRBRP[3] Super Phénix BN-350, BN-600
ポンプバックを伴う多重格納	密閉型・高圧の内側格納バリア[3]、およびその外側を一つ以上の外部バリアに囲まれる。最外空間から漏えい気体を内側格納領域に送り返すことにより、最外空間を負圧に保つ。空気浄化系統を経由し排気筒から最終排気を行う。	SNR-300

どのような格納方式を採用するかの選択にあたっては、多くのトレードオフ関係がある。経済性や、様々な種類の事故時に敷地外放射線量を低減するための格納システムの有効性は、いずれも重要な因子である。敷地外放射線量の解析で扱われる主要な現象を以下で述べる。

16.4.2　格納容器過渡解析

1次系破損の影響評価には、相互に作用する現象の系統的な処理が必要とされる。この節の目的は、そうした解析の実施方法、および典型的な解析結果をいくつか示すことである。

16.4.2.1　小区画の状態と漏えい割合

SFRでの炉心メルトスルーやナトリウム漏洩時における小区画の温度、圧力、構成物の組成、漏えい割合等を推定するためにアメリカで最初に使用された大型計算機システムはCACECOコード［36］である。図16.6は、CACECOで扱った主な相互作用モデルを要約している。このコードで考慮される化学反応には、16.3項で取り上げたナトリウム反応の他に、発熱性の水素再結合反応$2H_2+O_2 \rightarrow 2H_2O$が含まれる。

図16.6で示したように、内部で接続された小区画（例えば、原子炉キャビティ、熱輸送セル（小区画）、および外側格納容器等）の温度と圧力は、化学反応、熱伝達、および発生する可能性のある小区画間の質量移動により決定される。CACECOコードの主な目的は、小区画間でのナトリウム漏えい割合を評価することと、時間ともに変化する圧力、温度、外側格納容器での材料インベントリを評価することである。この計算システムの最新版は、サンディア研究所でCONTAIN-LMR［31］に組み込まれている。

16.4.2.2　放射性物質のソースターム

環境への放射線性物質の漏えい率や公衆の被ばく影響を評価するには、放射性物質のソースターム、すなわち原子炉格納容器建屋（reactor containment building, RCB）での放射能物質の濃度を把握することが必要である。このソースタームには、主として核分裂生成物、プルトニウム、酸化ナトリ

---

[2] このケースで原子炉格納建屋（RCB）は0.17MPa（10psig）もしくはそれ以上の差圧に耐えるように設計されている。

[3] CRBRPの設計は、原子炉格納建屋の外側のコンクリート構造と一体化されている。その第一の目的は、遮蔽とミサイル対策である。原子炉格納建屋は、想定された炉心崩壊事故の際に、浄化システムを経由して建屋とコンクリート構造物の間の空間へ排気するよう、設計されている。事故時以外は、その隙間は負圧に維持され、そこからの気体放出は必ずフィルターを通してから行われる。

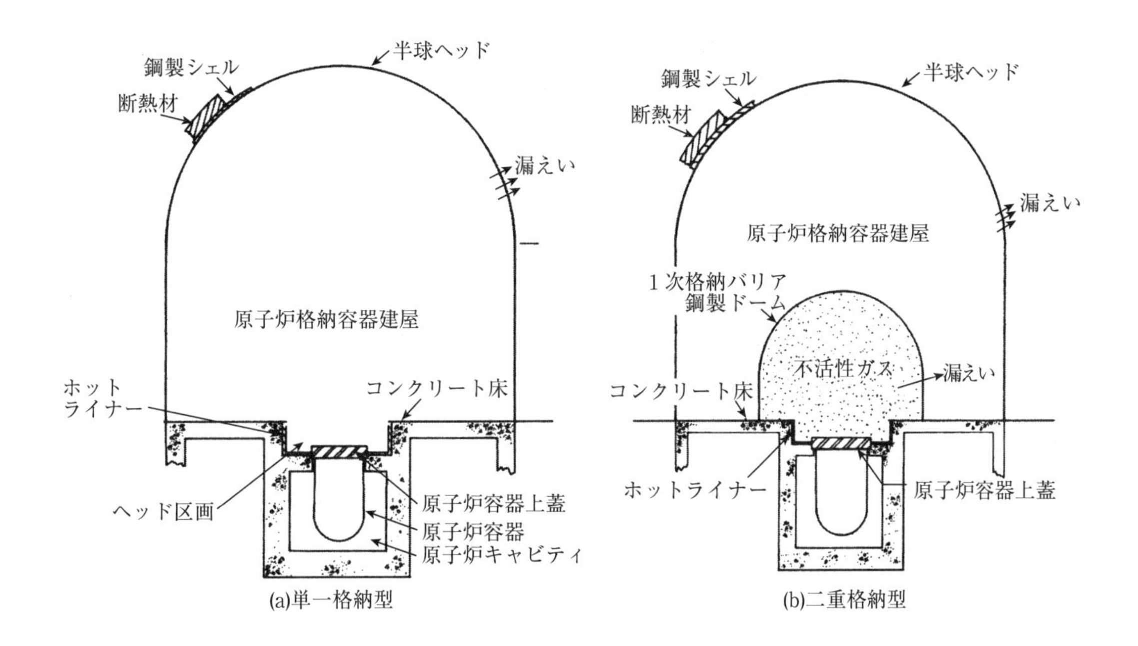

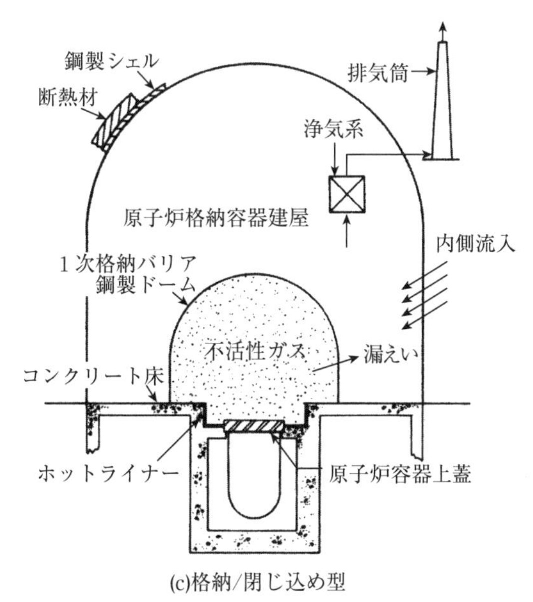

図16.5　SFR格納型式
(ポンプバックを伴う多重格納は図示していない)

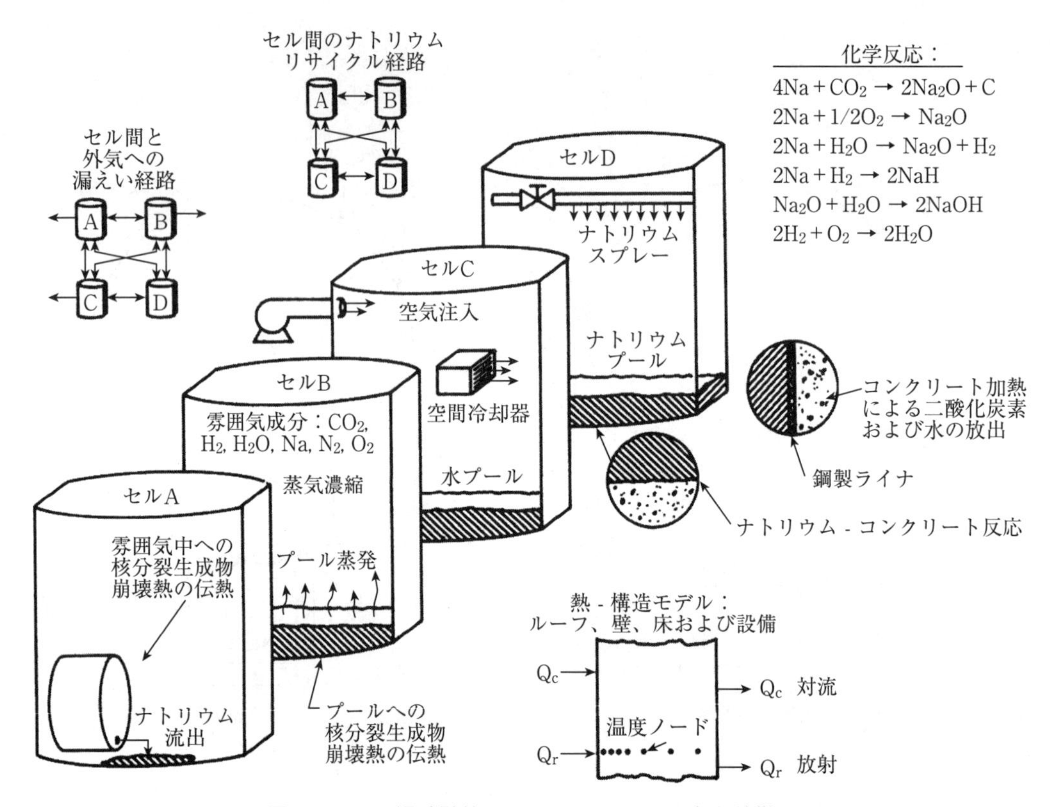

図16.6　セル過渡計算システムCACECOの主な特徴

ウムが含まれる。

ナトリウム火災もしくは炉心溶融後に、炉心デブリがどのようにRCBへ輸送されるかを解明することは困難な課題である。しかしながら、炉心内部の核分裂生成物とアクチニドのソースタームについては良く把握されている。様々な組成の燃料から発生する核分裂生成物や重元素のあらゆる同位体について、詳細なインベントリ計算を行うためのORIGEN［37］やRIBD［38］といった計算コードがアメリカで開発されている。アクチニドのインベントリ計算には、7章で解説された手法が適用されている。

COMRADEX［39］コードは、ソースターム評価に使用されるモデルの一例である。このコードは、格納容器内の連続した4つのチャンバー（区画もしくは領域）を通過する放射性物質のインベントリを追跡する。通常最初にモニターされるチャンバーは、原子炉容器もしくは原子炉キャビティである。放射性物質はその後、機器セルや外側格納容器などの次のチャンバーへ漏えいする。各チャンバーでの各時間ステップにおいて、各々の同位体に対する下記の微分方程式が解かれる。

$$\begin{aligned}\frac{dN_i^k}{dt} &= \lambda_L^{(k-1)} N_i^{(k-1)} + \lambda_R^{(i-1)} N_{(i-1)}^k + \left[\lambda_R^{(i-1)} M_{(i-1)}^k\right] \\ &\quad -\lambda_R^i N_i^k - \lambda_C^k N_i^k - \lambda_L^k N_i^k,\end{aligned} \tag{16.1}$$ [4]

4　この項は希ガス（Xe, Kr）を対象としたものであり、同位体が希ガスでない場合には考慮しない。

i ＝同位体指標（iはこの同位体；$i-1$はこの崩壊連鎖の先行同位体）
k ＝チャンバー指標（kはこのチャンバー；$k-1$は前のチャンバー）
N ＝原子数（N_i^kはkチャンバーにおける同位体iの原子の個数）
λ_L＝チャンバーからの漏えい率（CACECO型コードにより計算される）
λ_R＝同位体の崩壊定数
λ_C＝チャンバーでのクリーンアップ率あるいはフォールアウト率[5]（HAA-3コード改訂版などのエアロゾル評価コードによって計算される）
M ＝フォールアウトによってチャンバーから除かれた、もしくは前のチャンバーの排気からフィルターで除去された先行同位体の原子数（以前に除かれた先行核の崩壊はこの原子数に加算される）

想定事故発生時の核分裂生成物、アクチニドや放射性ナトリウムのインベントリについては正確な評価が可能だが、COMRADEXコードを用いた放射性物質の初期原子濃度Nの正確な計算には、燃料やナトリウム領域からチャンバーへの、放射性物質の放出・輸送に関するプロセスやメカニズムについての数量的理解が必要である。KrやXeの希ガスは、通常、燃料とナトリウムの両方から放出されると想定される。

燃料エアロゾルと残留核分裂生成物の放出の評価はさらに困難である。これらの物質の一部が浮遊物となるようないくつかの経路・現象が存在し、結果として、放射性エアロゾルのソースタームとなる。炉心崩壊事故においては、最初にエアロゾルや希ガスの一部が巨大な気泡となって上部のカバーガスに移動し、次に事故により炉心ヘッドに生じた機械的損傷箇所（開口部）を通過して原子炉容器から流出する。ハロゲン（主にヨウ素）や揮発性核分裂生成物の一部がこの経路から放出され、また燃料と固体核分裂生成物の一部がエアロゾルとして浮遊する可能性がある。もしくは、燃料と核分裂生成物の一部が、事故によって生じた粒子層もしくは溶融プールからナトリウムへと移動する。COMRADEXと組み合わせた計算モデルCACECO等を用いてナトリウムの挙動を追跡することで、RCBに放出される放射性物質量を評価することができる。これらのソースタームの放出や輸送のプロセスは、(現象を解明するために実施された研究計画とともに）参考文献［40］に詳述されている。

エアロゾル粒子は急速に凝集し、さらに大きな塊になるが、蒸発した燃料と核分裂生成物の凝縮により、二相気泡中に微小のエアロゾル粒子が発生する可能性がある。原子炉ヘッドの破損個所を通過する際のフラッシングのような流体力学的作用や二相流によって、溶融燃料の一部は比較的小さな粒子へと粉砕されることもあり得る。エアロゾルを含んだ巨大な二相気泡が表面まで上昇するのか、あるいはカバーガスに到達するまえに崩壊し分裂するのかは明らかではない。生じうる事故のこの段階を対象とした、いくつかの試験プログラムが実施されている。オークリッジ国立研究所［41］で行われた、コンデンサ放電によるナトリウムプール内でのUO_2ペレット部分の蒸発研究がその一例である。

実験的に実証された機構論的モデルは、原子炉容器から放出される固形物の評価や、もしくはそれらが様々なバリアを通過してRCBへ移動するまでの挙動追跡のために開発されたものではない。そのため初期のSFR解析は、元々炉心内にあった固形物の1％がRCB内にあるといった、任意のソースタームを想定して行われた。

5　希ガスはフォールアウト物質に含まれない。またナトリウムは通常豊富に存在するため、ハロゲン元素単体は存在しない。結果として、フォールアウトやフィルターで考慮の対象となるのはNaI、NaBrなどの粒子化したナトリウムのハロゲン化物である。

16.4.2.3　凝集と格納容器内沈着

核燃料物質を含む酸化ナトリウム等の浮遊粒子物質は、環境に漏出する前に必ず通過することになる区画の天井や壁に、かなりの量が凝集し、フォールアウトあるいは沈着する。広範な実験的研究により、放射性エアロゾルの挙動に対する理解が深まっている。

HCDA時のエアロゾル挙動を評価するため、計算コードHAA［42］や、その後継コードであるHAARM等［43］が開発された。類似モデルであるPARDISEKO［44］はカールスルーエ工学研究所（KIT）で開発されたコードであり、PARDISEKO-IIIとHAARM-2は同等の解析機能を有する。他の解析モデルとしては、AEROSIM（イギリス）やABC（日本）等がある。これらのモデルは対数正規分布の粒子サイズ想定に基づいており、ブラウン凝集、重力凝集、沈着、壁へのプレーティング、そして区画からの漏洩を組み合わせて評価することができる。これらの解析コードは、原子炉キャビティ、設備区画そしてRCBでのエアロゾル低減率評価に広く使用されている。高速スペクトル炉の安全解析に用いられるエアロゾルのモデル化手法については、参考文献［45, 46］で詳説されている。

16.4.2.4　線量計算

RCB外で個人が受ける線量の計算は、基本的に高速炉でも熱中性子炉でも同様であるが、例外として、高速炉においてはプルトニウムによる影響をより慎重に評価しなくてはならないことが挙げられる。熱中性子炉と同様、線量をもたらす元となる発生源は3つある。それらは、RCB内の放射性物質からの直接ガンマ線による線量、RCBからの漏えいで生じた雲状のガンマ放射線源から受ける外部被ばく線量、そして、RCBから漏えいした放射性同位体の吸入による内部被ばく線量である。さらに長期的な発生源として、食物・水連鎖の経路がある。

もしも汚染された気体が外側格納容器から（ある一定の速度で）漏えいもしくは排気された場合には、熱中性子の場合と同様に、現地の気象データを使用して大気中の放射能拡散挙動が評価される。COMRADEXコードでもこの計算を行うことが可能であり、RCBから風下のすべての距離において上述の 3 つの線量発生源を統合した線量を算出する。

COMRADEX等は線量評価を行うコードであるが、原子炉の敷地から風下に居住する住民の総合的な生物学的影響評価を行うこともしばしば要求される。CRACというコードは、元々、原子炉の安全性を検討したラスムッセン報告WASH-1400［47］で使用するために開発されたものだが、この公衆被ばく線量評価に頻繁に使用されている。その後、COMRADEXやCRACコードの機能は、CRACOMEという新計算システム［48］に組み込まれ引き継がれている。

16.4.2.5　小区画での過渡計算例

原子炉容器をメルトスルーする過渡事象において重要なパラメータを特定するには、ある具体的な小区画での過渡解析結果を示すことが有効である。単一格納容器構成を持つ格納システム（図16.5（a)）についての研究［35］から一つの事例を挙げる。この格納システムでは、不活性化された原子炉キャビティは密閉されており、通常運転中$6.4\times10^4 m^3$の空気で満たされた鉄鋼製原子炉格納建屋（RCB）から隔離されている。RCBの1日当たりの漏えい率は0.1%、絶対圧は0.17MPa（10psig）である。仮定された格納容器過渡事象は、原子炉容器内の炉心メルトスルー（崩壊はしない）であり、原子炉キャビティへの10^6kgの1次系ナトリウム流出を伴う。

過渡事象の計算で得られた主要な結果を図16.7から16.12に示す。図16.7は原子炉キャビティ内の熱出力の時間推移を示している。炉心デブリ中の核分裂生成物による崩壊熱が主たる熱源である。原子炉キャビティ内の温度上昇により、ナトリウム蒸気の圧力が上昇する。この圧力上昇が原因で最終的にシールが破損し、ナトリウムがRCBに流入し、そこでナトリウムが酸素と反応する。この場合、

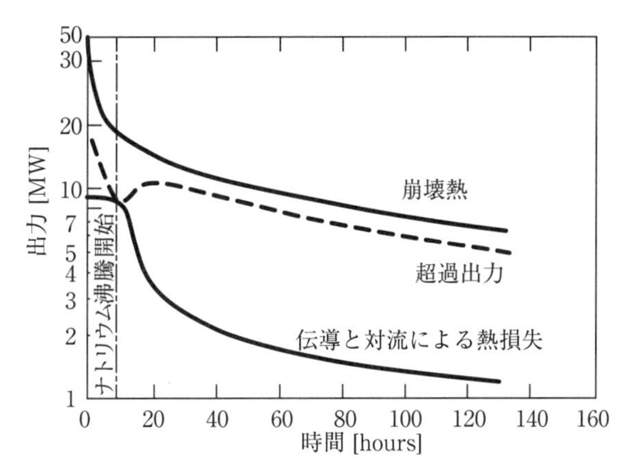

図16.7　キャビティプールでのエネルギーバランス

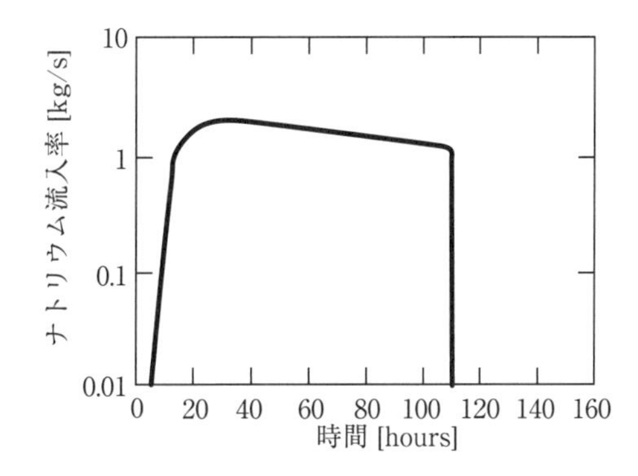

図16.8　原子炉格納建屋（RCB）へのナトリウム流入率

加熱されたコンクリートから放出される水は凝縮室に排出されると考えられるので、鋼製ライナは破損されない。最初の8時間でナトリウム蒸気がRCBへ漏えいし始め、温度が上昇することにより、設備区画が加圧され窒素がRCBに漏えいする。その結果RCBが加圧し始める。

約8時間で、原子炉キャビティ内のナトリウムが沸騰し始め、その結果、更にキャビティとRCBの両方が加圧される。全ナトリウムが沸騰して蒸発するまで、このプロセスは約100時間続く。図16.8で示す通り、ナトリウムがRCBに流入する割合は約10時間でかなり高くなり、このナトリウムはRCB内で酸素と反応し、図16.10に示すとおり急速に酸素が喪失する。RCB内でコンクリートが加熱され水蒸気が放出される（図16.9）。この水蒸気は、水とナトリウムの反応により形成された水素とともに、更にRCBを加圧する。図16.10で示すとおり、急速な水素の増加は約14時間で開始するが、その時点での水素の再結合は考慮されていない。

約11時間で、RCB圧力は0.17MPa（10psig）に達する。この計算例ではRCBと外部大気間の圧力解放バルブは0.17MPaで作動するので、図16.11で示すとおり、このバルブによって圧力は一定に保たれる。対応するRCBの漏えい割合を図16.12に示す。

系統破損に関して異なった想定をすると、別のシナリオも可能となる。例えば、原子炉キャビティが、シール破損によって周囲の不活性化区画に接続される可能性があり、その結果これらの小区画への排気により圧力が軽減されるかもしれない。この場合、放射能デブリの大部分が不活性化区域に保持される利点があり、RCBに排出する可能性が最小限に抑えられる。この様なシステムを対象とした計算例［35］は、RCB内の動的圧力と温度が大幅に低減されることを示している。

注目すべきは、大規模なナトリウム漏洩を前提とすると、RCB内で急激に圧力を上昇させるメカニズムがいくつか存在することである。従って、制御され且つフィルターを介したベントを行うためには、単一もしくは二重格納システムを使用するよりも、むしろ格納/閉じ込めシステムを採用することが望ましい。

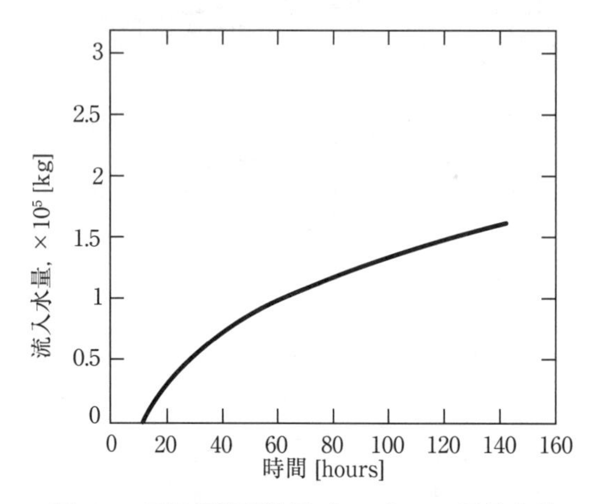

図16.9 原子炉格納建屋（RCB）への流入水量

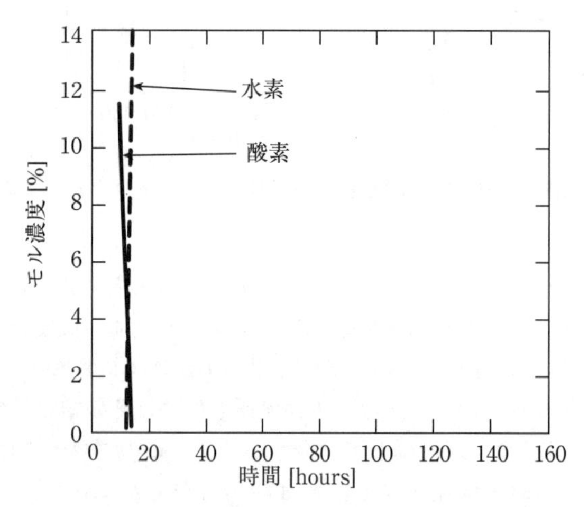

図16.10 原子炉格納建屋（RCB）内の水素および酸素濃度

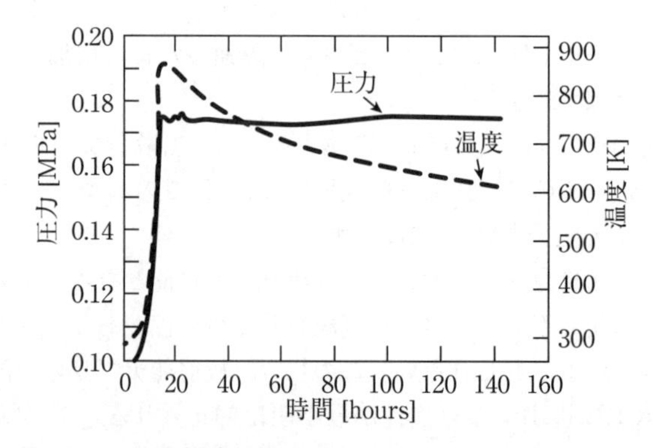

図16.11 原子炉格納建屋（RCB）内の圧力および温度

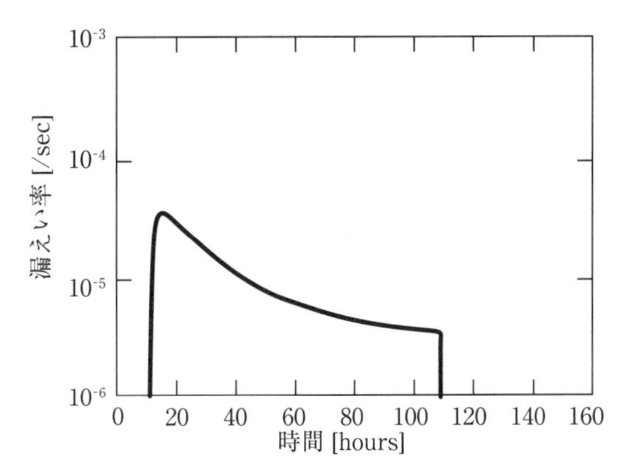

図16.12　原子炉格納建屋（RCB）からの漏えい率

16.4.3　格納型と格納／閉じ込め型の比較

特定の格納システムを対象に評価された線量値の妥当性について論じる前に、破損モードの多数の組み合わせについて考察を行う必要があるが、図16.5で示した3つの格納型式について計算された相対線量（relative dose）を比較することは有益である。参考文献［35］で計算された線量は、図16.7から16.12に示された単一格納型の事例に対応するものである。その研究で検討された二重格納型式は、原子炉ヘッド領域を覆う、低漏えい型の内側格納容器を備えている。一方、格納/閉じ込め型式では、高漏えい型の外側閉じ込めシステムが小型の低漏えい型内側格納容器を囲むことを特長とする。後者の型式では、内型格納容器と外側閉じ込めシステムの間の空間雰囲気は（内側から外部環境への漏出を防ぐため）わずかに負圧に設定されており、高い排気筒から排出される。

アメリカの規制ガイドラインでは、設計基準事故時の最大許容放射線量の基準値を設定している。このガイドラインは、非居住区域での2時間全身被ばくや、ヨウ素による甲状腺被ばくの線量限度、および低人口地域での長期間全身被ばくについての線量限度を定めている。

3つの格納型式での原子炉からの距離に応じた相対線量を図16.13に示す。これは参考文献［35］の解析結果から作成されたものである。全線量は、格納/閉じ込め型式について1,000m位置での2時間全身被ばく線量で規格化された相対値として表示されている。これらの線量を比較することにより、敷地外線量を低減する上での、それぞれの格納型式の相対的な有効性を考察することができる。

図16.13（a）は、3つの格納型式の原子炉からの距離と2時間全身被ばく量相対値の関係を示している。格納/閉じ込め型は特に遠距離においてやや劣るが、単一格納型に比べ、二重格納型がわずかな改善しか示さないことは注目すべきである。格納/閉じ込め型式ではフィルター処理された排気の一部が外圏大気に放出されるのに対して、単一格納および二重格納型式は、これらの事例では約8時間の間ベントの必要がないため、2時間線量においては多少良好である。

図16.13の（b）と（c）は、それぞれ30日間の全身線量と甲状腺線量を示す。二重格納容器構造と単一格納容器構造の相対的な違いは僅かである。しかしながら、格納/閉じ込め型式は、特に30日甲状腺線量において大きな改善を示している。格納/閉じ込め型式での全身線量と距離の関係がS字形状となっているのは、希ガスを主とする低レベル放射性核種が継続的に放出されることに由来する。この格納/閉じ込め型式が甲状腺線量低減に極めて優れているのは、すべてのヨウ素微粒子がろ過・浄化され、高い排気筒から排気されるためである。この30日甲状腺線量の大幅低減は、大多数を占める低人口密度地域の線量を制限することを意味しており、大変興味深い。

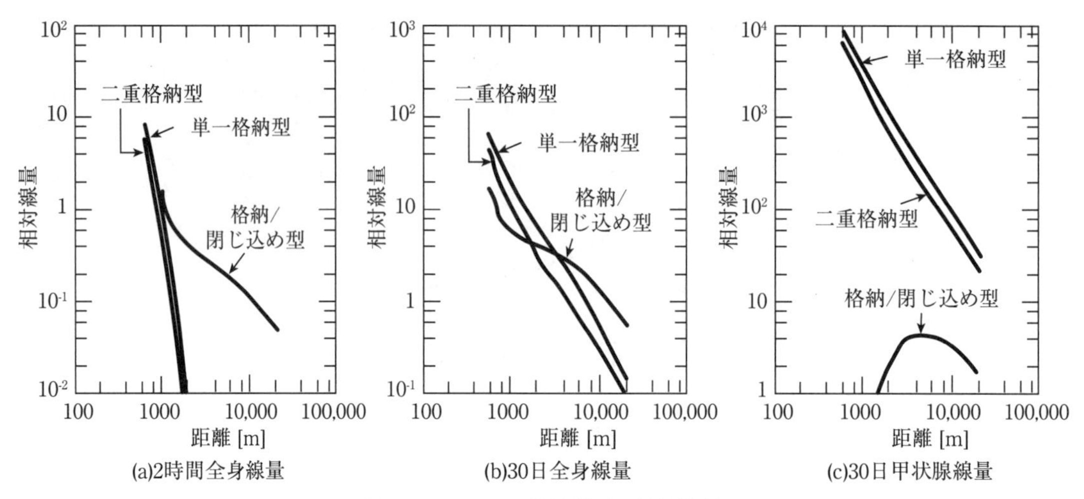

図16.13　3つの格納型式の線量比較
（格納/閉じ込め型における1,000m位置での2時間全身線量を1とした相対線量）

16.5　シビアアクシデントの考え方

この本の多くの章で、固有の特性が適切に組み込まれたナトリウム冷却高速炉は、炉停止失敗過渡事象（ATWS）の際でも受動的安全対策により炉心崩壊を防ぐことが可能である等、極めて安全なシステムとして構成されていることを強調してきた。15章で概説されたように、高速炉の安全開発に長く関わっている多くの科学者は、この章で述べたような事故シナリオは無視できるほど小さい発生確率に抑える（実際、発生し得ない事象もある）ことを実証可能と考えている。しかしながら、「スペクトルの終端」の事故、すなわち設計基準を大幅に超えた事故を解析することは、格納システムのロバストネス（強靭さ）を評価する上で、時として有益である。従ってこの章の一つの目的は、SFRの安全研究が志向してきた格納容器設計における主要な課題について、選定された解析アプローチの紹介も併せて、定性的な記述を行うことにあった。

炉心材料やナトリウムと1次系外部の構造物との相互作用といった事象が、プラントのどこで発生するのかについての見通しを示すため、図16.14は典型的なループ型、およびプール型の原子炉建屋の主要な特長を示す。この図は、1次系、原子炉キャビティ、設備区画、燃料交換区域、原子炉格納建屋内の大型格納容器あるいは閉じ込め区域の相対位置を説明している。

1次系の機械的損傷は、燃料あるいはナトリウムの2相膨張に起因する。燃料膨張が原因となり、直接的に1次系構造が機械的変形を起こす可能性がある。あるいは溶融燃料/冷却材相互作用（molten fuel/coolant interaction, MFCI）で、最初に燃料からナトリウムに熱が伝達され、その結果生じるナトリウムの蒸発と膨張が機械的な破損を引き起こす可能性もある。炉心崩壊の際に発生するエネルギー（すなわち熱エネルギー）形態が、1次系構造に損傷を引き起こす可能性のあるエネルギー形態に変化するプロセスは、熱/仕事エネルギー変換（thermal/work energy conversion）と呼ばれる。

1次系の健全性が失われた際、重要となる問題がいくつかある。例えば、燃焼を引き起こすに十分な酸素濃度を持つ大気の近くで系統が破損した場合、ナトリウム火災が発生する可能性がある。従って、ナトリウム火災の着火と火災持続の条件には注意が必要である。さらに、1次系外のナトリウムおよび炉心デブリはコンクリートと接触し、コンクリート加熱により水が放出され、直接的な化学相

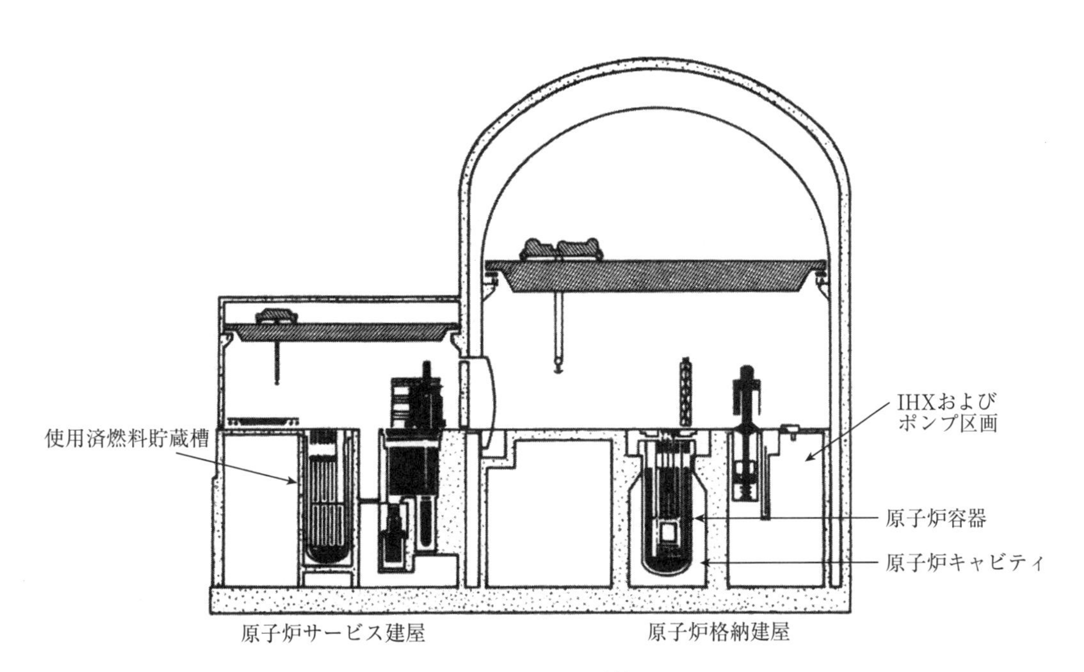

(a)ループ型

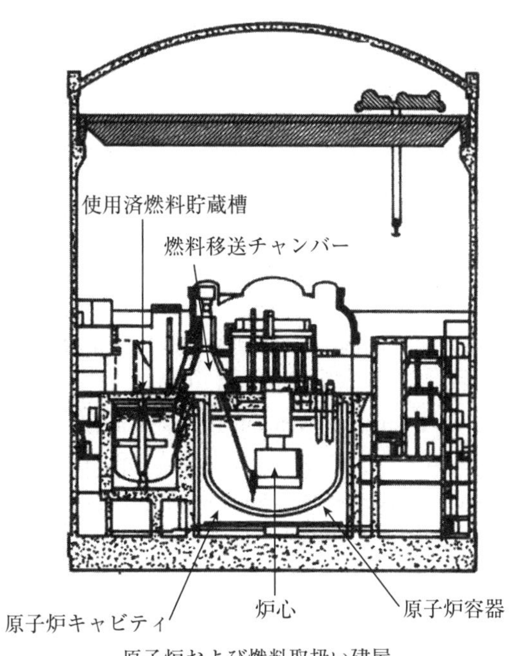

(b)プール型

図16.14　ループ型SFRおよびプール型SFRの典型的な原子炉建屋配置図

互作用が生じる。1次系の破損に起因するこのような事象の可能性があるため、格納容器外の全体的な過渡解析も必要となる。これにより、公衆の線量が許容範囲であることを確認するため、高速原子炉で検討中の様々な格納機能および/または閉じ込め機能についての評価が必要となる。

安全解析分野でのほとんどの研究開発は、混合酸化物燃料炉心を対象としているため、付録Gではその炉心に対し実施された代表的な研究を説明している。酸化物以外の燃料を用いた炉心での主要事故の過渡挙動は、極細かい部分は異なるものの、安全性に関する後半の2つの章（15、16章）で概説されたシナリオや、付録Gで取り上げられたシナリオを統合することで包絡されると考えられる。特に、金属燃料炉心に対して今日までに行われた広範囲な解析により、少なくとも小規模から中規模な原子炉については、最も保守的な想定においても公衆に被ばくを与えるような事象への進展は生じないことが実証されている。

PRISMの許認可プロセスで示された下記の考え方に、こうした結論が良くまとめられている。『これらの解析は、冷却材ボイド化に至る可能性のある、すべての過酷な「残存リスク」を持った炉心事故は、最終的にゼロもしくはごく少量のエナジェティックで終息することを示した。下記で要約するように、極端に過酷なボイド事故においても、金属燃料炉心が即発臨界（$1もしくはそれ以上の正の反応度投入に至る状態）を起こす可能性は無いと考えられる……中略……炉停止失敗過出力事象（UTOP）としては、平衡サイクル初期（BOEC）時点で9本の制御棒引き抜きにより最大で$2.25の反応度が印加される可能性があるが、溶融燃料および/または燃料被覆管共晶物が炉心中心部から緩やかにスウィープアウトされることにより終息する。溶融燃料はナトリウム冷却材と相互作用を起こさないので、エナジェティックな現象はないと考えられる。原子炉容器内は（炉心内以外で）比較的低温なので、未臨界且つ冷却可能な固形燃料であるストリンガー（stringer）が最終的に原子炉容器内に形成される』[49]。

【参考文献】

1. H. A. Bethe and J. H. Tait, *An Estimate of the Order of Magnitude of the Explosion When the Core of a Fast Reactor Collapses*, UKAEA-RHM(56)/113, 1956.
2. A. E. Waltar and A. Padilla, Jr.,“Mathematical and Computational Techniques Employed in the Deterministic Approach to Liquid Metal Fast Breeder Reactor Safety,”Nuclear Science and Engineering, 64(1977)418 - 451.
3. J. F. Marchaterre,“Overview of Core Disruptive Accidents,”*International Seminar on Containment of Fast Breeder Reactors*, San Francisco, CA, August 22 - 23, 1977.
4. H. Fauske,“The Role of Core-Disruptive Accidents in Design and Licensing of LMFBRs,”*Nuclear Safety, 17*(5)(September - October 1976).
5. J. E. Cahalan and T. Y. Wei,“Modeling Developments for the SAS4A and SASSYS Computer Codes,”*International Conference on Fast Reactor Safety*, American Nuclear Society, Snowbird, Utah, August 1990.
6. L. W. Deitrich and D. P. Weber,“A Review of U.S. Models and Codes for Analysis of Whole-Core Transients and Accidents in Fast Reactors,”*Conference on the Science and Technology of Fast Reactor Safety*, Guernsey Islands, UK, May 12 - 16, 1986.
7. L. E. Strawbridge and G. H. Clare,“Exclusion of Core Disruptive Accidents from the Design Basis Accident Envelope in CRBRP,”*Proceedings of the International Meeting on Fast Reactor Safety*, Vol. 1, pp. 317 - 327, American Nuclear Society, Knoxville, TN, April 21 - 25, 1985.
8. A. L. Pitner, et al.,“Axial Relocation of Oxide Fuel During Overpower Transients,”*Proceedings of the International Topical Meeting on Safety of Next Generation Power Reactors*, Seattle, WA, May 1988.

9. R. A. Wigeland and D. L. Graff, "Pool Boil-up Analysis Using the TRANSIT-HYDRO Code With Improved Vapor/Liquid Drag Models," *ANS/ENS International Conference*, Washington, D. C., November 11 - 16, 1984.

10. C. R. Bell, et al., "SIMMER-II Analysis of LMFBR Post-disassembly Expansion," *International Meeting on Nuclear Power Reactor Safety, Topical Meeting*, Brussels, Belgium, October 16 - 19, 1978.

11. A. E. Waltar and A. B. Reynolds, Fast Breeder Reactors, chapter 15, Pergamon Press, New York, NY, 1981.

12. W. T. Sha and T. H. Hughes, "VENUS: A Two-Dimensional Coupled Neutronics-Hydrodynamics Computer Program for Fast Reactor Power Excursions," ANL-7701, Argonne National Laboratory, Argonne, IL, October 1970.

13. J. F. Jackson and R. B. Nicholson, "VENUS-II: An LMFBR Disassembly Program," AL-7951, Argonne, IL, Argonne National Laboratory, 1972.

14. L. D. O' Dell and A. E. Walter, "Effect of Distributed Voids in LMFBR Core Disassembly Calculations," *Transactions of the American Nuclear Society*, 15(1972)358.

15. Y. W. Chang and J. Gvildys, "Comparisons of REXCO Code Predictions with SRI SM-2 Experimental Results," *5th SMIRT Conference*, Berlin, Germany, August 13 - 17, 1979.

16. D. A. Powers, et al., *Exploratory Study of Molten Core Material/Concrete Interactions*, SAND 77-2042 Sandia National Laboratory, Albuquerque, New Mexico, February 1978.

17. J. Hopenfeld, M. Silberberg, and R. Johnson, "FFTF Sodium Fires and Blast Analysis Study," AI-68-MEMO-127, Rockwell International, February 1969.

18. W. T. Pratt, R. D. Gasser, and A. R. Marchese, *Containment Response to Postulated Ex-Vessel Core Meltdown Accidents in the Fast flux Test Facility*, BNL-NUREG-25522, Seattle, WA, 1978.

19. R. K. Hilliard, J. D. McCormack, and L. D. Muhlestein, *Results and Code Predictions for ABCOVE Aerosol Code Validation with Low Concentration NAOH and NAI Aerosol - CSTE Test AB7*, HEDL-TME 85-1, Hanford Engineering Development Laboratory, Richland, WA.

20. *Fast Reactor Fuel Failures and Steam Generator Leaks: Transient and Accident Analysis Approaches*, pp. 200 - 201, IAEA-TECDOC-908, 1996.

21. L. Baurmash and R. L. Koontz, *SOFIRE-II User Report*, AI-AEC-13055, Rockwell International, 1973.

22. O. Miyake, et al., "Sodium Pool Combustion Codes for Evaluation of Fast Breeder Reactor Safety," *Journal of Nuclear Science and Technology, 28*(2)(1991)107 - 121.

23. R. N. Lyon, ed., *Liquid Metals Handbook*, NAVEXOS P-733(Rev), Atomic Energy Commission, DC, 1952.

24. J. Graham, *Fast Reactor Safety*, chapter 4, Academic Press, New York, NY, 1971.

25. L. Leibowitz, "Thermodynamic Equilibria in Sodium-Air Systems," *Journal of Nuclear Materials, 23*(1967)233 - 235.

26. J. R. Humphries, Jr., "Sodium-Air Reactions as they Pertain to Reactor Safety and Containment," *Proceedings of Second International Conference on Peaceful Uses of Atomic Energy*, Vol. 22, p. 177, Geneva, 1958.

27. T. S. Krolikowski, L. Leibowitz, R. E. Wilson, J. C. Cassulo, and S. K Stynes, "The Reaction of a Molten Sodium Spray with Air in an Enclosed Volume, Part I. Experimental Investigations," *Nuclear Science and Engineering, 38*(1969)156 - 160. See also T. S. Krolikowski, L. Leibowitz, R. O. Ivins, and S. K. Synes, same publication, "Part II Theoretical Model," 161 - 166.

28. S. S. Tsai, *The NACOM Code for Analysis of Postulated Sodium Spray Fires in LMFBRs*, NUREG/CR-1405, BNL-NUREG-51180, Nuclear Regulatory Commission, Bethesda, MA, 1980.

29. P. R. Shire, *Spray Code Users Report*, HEDL-TME 76 - 94, Hanford Engineering Development Laboratory, Richland, WA, 1977.
30. M. P. Heisler and K. Mori, *SOMIX-I Users Manual for the LBLCDC 7600 Computer*, N707TI130045, Rockwell Intemational, 1976.
31. K. K. Murata, D. E. Carroll, K. D. Bergeron, and G. D. Vaidez, *CONTAIN-LMR/IB-Mod. I, A Computer Code for Containment Analysis of Accidents in Liquid-Metal-Cooled Nuclear Reactors*, SAND91-1490 UC-610, Sandia National Laboratory, Albuquerque, NM, 1993.
32. T. Chiao, S. A. Wood, P. K. Shen, and R. B. Baker, *Analyses of Postulated ALMR Containment and Steam Generator Building Accidents Using the CONTAIN-LMR Code*, WHC-SA-2121-FP, Richland, WA, 1994.
33. B. Carluec, S. Dechelette, and F. Balard, *Radiological Release Analysis for the EFR Project*, IAEA/IWGFR, Orai, Japan, 1996, 207 - 218.
34. S. Lee, D. Hahn, and S. Suk, "Preliminary Containment Performance Analysis for the Conceptual Design of KALIMER," *ICONE-7347*, Tokyo, Japan, 1999.
35. S. E. Seeman and G. R. Armstrong, *Comparison of Containment Systems for Large Sodium-Cooled Breeder Reactors*, HEDL-TME 78 - 35, Hanford Engineering Development Laboratory, Richland, WA, April 1978.
36. R. D. Peak, *User's Guide to CACECO Containment Analysis Code*, HEDL-TME 79-22, Hanford Engineering Development Laboratory, Richland, WA, June 1979.
37. M. J. Bell, *ORIGEN-The ORNL Isotope Generation and Depletion Code*, ORNL-4628, Oak Ridge National Laboratory, 1973.
38. R. O. Gumprecht, *Mathematical Basis of Compurer Code RIBD*, DUN-4136, Douglas United Nuclear, Inc., 1968, and D. R. man, *A User's Manual for Computer Code RIBD II, A Fission Product Inventory Code*, MEDL-TME 75-26, Hanford Engineering Development Laboratory, Richland, WA, January 1975.
39. G. W. Spangler, M. Boling, W. A. Rhoades, and C. A. Willis, *Description of the COMRADEX Code*, AI-67-TSR-108, Rockwell International, 1967.
40. A. B. Reynolds and T. S. Kress, "Aerosol Source Considerations for LMFBR Core Disruptive Accidents," *Proceedings of the CSNI Specialists Meeting on Nuclear Aersols in Reactor Safety*, Gatlinburg, TN, April 1980.
41. A. L. Wright, T. S. Kress, and A. M. Smith, "ORNL Experiments to Characterize Fuel Release from the Reactor-Primary Containment in Severe LMFBR Accidents," *Proceeding of the CSNI Specialists Meeting on Nuclear Aersols in Reactor Safety*, Gatlinburg. TN, April 1980.
42. R. S. Hubner, E. U. Vaughan, and L. Baurmash, *HAA-3 User Report*, AI-AEC-13038, Rockwell International, 1973.
43. L. D. Reed and J. A. Gieseke, *HAARM-2 User's Manal*, BMI-X-665, Columbus, OH, 1975.
44. H. Jordan and C. Sack, *PARDISEKO-III, A Computer Code for Determining the Behavior of Contained Nuclear Accidents*, KFK-2 15 1, Germany, 1975.
45. W. O. Schikarski, "On the State of the Art in Aerosol Modeling for LMFBR Safety Analysis," *Proceedings of the International Conference on Fast Reactor Safety and Related Physics*, CONF-761001, Vol. IV, pp. 1907 - 1914, Chicago, IL, 1976.
46. M. Silverberg, Chairman, *Nuclear Aerosols in Reactor Safety*, A State-of-the-Are Report by a Group of Experts of the OECD NEA Committee on the Safety of Nuclear Installations, Paris, June 1979.
47. N. Rasmussen, Director, *Reactor Safety Study, An Assessment of Accident Risk; in U.S. Commercial Nuclear Power Plants*, WASH-1400(NUREG 75/014), Nuclear Regulatory Commission, Bethesda, MA, 1975.

48. M. G. Piepho, *CRACOME Description and Users Guide*, HEDL-TME 80 - 56, Hanford Engineering Development Laboratory, Richland, WA, 1981.
49. A. E. Dubberley, A. J. Lipps, C. E. Boardman, and T. Wu(GE Nuclear Energy), *Proceedings of ICONE 8, 8th International Conference on Nuclear Engineering*, MD, April 2 - 6, 2000.

Part V
その他の高速炉システム

ナトリウム冷却高速炉（SFR）以外の高速炉システム概念としては、ガス冷却高速炉（GFR）や鉛冷却高速炉（LFR）がある。本書のここまでの内容の殆ど（特に原子炉物理や材料特性に関する部分）はこれらの3種類の高速炉に等しく共通であり、冷却材による違いは、SFRとは根本的に異なる固有の設計や安全特性に関連する部分にある。本書の終盤部では、冷却材の違いによるこれらの差異について論じる。17章はGFRに、18章はLFR（鉛炉および鉛ビスマス炉）について焦点を当てる。

第17章
ガス冷却高速炉

17.1 はじめに

ガス冷却高速炉（gas-cooled fast reactor, GFR）は、本書の全編を通じて説明されるナトリウム冷却高速炉（SFR）や、18章で説明される鉛冷却高速炉（lead-cooled fast reactor, LFR）に代わりうる選択肢となる炉概念である。本書の記述の多くの部分は、高速炉一般に関連するあらゆる項目（例えば、中性子技術など）をカバーしているが、ガス冷却材を使用する高速炉概念では、他の高速炉システムと根本的に異なる設計や安全の考え方を導入する必要がある。そのため、本章では、それらの相違点を取り上げるとともに、過去のGFRの設計と現在の設計の特徴に注目し、GFR設計の考え方、特に、安全性に関係する内容について概略を説明する。

ガス冷却高速炉は、もともとGCFR（gas-cooled fast reactor）と呼ばれ、その設計は、1960年代から1980年代の間、液体金属炉に代わる選択肢として、アメリカやヨーロッパで進められていた。このガス冷却高速炉の概念については、2002年、第4世代原子力システム国際フォーラム（GIF）での評価[1]を通じて再検討が行われ、頭字語もGCFRからGFRに見直された。そして、GIFの中で、ガス冷却高速炉の設計目標や、それに基づく設計上のいくつかの選択肢は、過去のGCFRの頃に目指していた内容と大きく異なるものとなった。

4.8節で述べたように、ガス冷却炉の中性子スペクトルはナトリウムや液体重金属による冷却より硬くなる。仮にガス冷却炉で高出力密度を達成することが可能であれば、液体金属冷却炉と比べて、より高い増殖比、より短い倍増時間の達成が可能となる。また、GCFRでは、資本コストを液体金属冷却炉より低減できる可能性を有しているとも考えられている。これは、ヘリウムは化学的・中性子工学的に不活性な単相ガスであり、放射化による放射能が小さい（ガス炉での放射化は、主にガス中の不純物の放射化による）ことから、GCFRでは、中間の熱輸送ループ（2次系ループ）、特別なセルの内張りやナトリウム火災の防護対策、また、特別な除去・除染のためのシステムを必要としないためである。

GCFRの初期の概念設計は、1962年ごろアメリカのジェネラル・アトミックス社（GA）で始められた。10年以上の期間にわたり、出力300MWeの実証プラントと出力1,000MWeの実用プラントの予備的な設計研究が実施された。これらの炉では、金属被覆管に酸化物燃料、または、炭化物燃料を充填した液体金属冷却炉心の設計仕様をベースとしていた。1978年より以前に実施された全ての研究では、原則的に冷却材ガスは炉心を下方向に流れて冷却する概念を採用していた。しかし、1979年、冷却材の強制循環機能を完全に失う事象が発生した場合に、自然循環で冷却できる機能を取り入れるため、炉心を上方向に流して冷却するよう、基準炉心の設計が見直された。

1960年代後半、このGCFRプログラムは、ドイツの国立研究所であるカールスルーエ原子力研究所（現FZK）とユーリッヒ原子力研究所（現FZJ）、ドイツ企業のKraftwerk Union（KWU）、スイスのビューレンリンゲンにある国立原子炉研究所（EIR）からなる国際協力で進められた。また、実用炉規模のGCFRプラントについて、独立したGCFR研究プログラムが、欧州ガス冷却増殖炉協会

---

[1] GIF（Generation IV International Forum）については、1.2節を参照。ここでは、GIFで対象とされる“第4世代（Generation Ⅳ）”の原子炉を、しばしば“Gen Ⅳ”炉と表記する。

（European association for gas cooled breeder reactor, GBRA）の支援の下、1960年代後半に始まった。

ガス冷却材としてヘリウムが選択される前には、水蒸気、二酸化炭素、ヘリウムなど数種類の有望な候補材について検討が行われていた。各々のガス冷却材の長所と短所について、以下に説明する。水蒸気については、被覆管との共存性の問題、正の冷却材反応度効果、増殖性能が低いことから除外された。二酸化炭素が除外された主な要因は、圧力損失が大きくなるため機器のいたる所に働く力が大きくなること、音響負荷が増加すること、1次系冷却材ポンプ出力の増強が要求され経済性の点で不利なこと、などである。また、ヘリウムや水蒸気など各冷却材ガスの相互比較の結果については、11章の表11.11に示している。

かつてソビエト連邦では、N_2O_4を冷却材とした斬新な概念についても検討が行われていた。このサイクルは、加熱時にN_2O_4が部分的にNO_2に解離し、その後、タービンでの膨張段階で再結合することを利用している。N_2O_4がコールドレグに戻ってきた時には液化されているので、ポンプ出力への要求を低減できる可能性を有している。

GIFの下で行われている研究と設計は、2002年に始まり現在まで続いており、ガス冷却高速炉に対し従来と異なるアプローチを図っている。前に述べたように、頭字語がGCFRからGFRに短縮されたことの他に、GIFでは安全性に高いプライオリティが与えられており、特に、全てのGen Ⅳの設計では、固有安全、もしくは、受動的安全システムの活用が重要な目標の一つとなっている。GFRにおいて、固有安全や受動的安全システムを利用するということは、ガスの熱伝達特性という点で厄介な問題である。特に、過去のガス冷却高速炉の設計を適用することは困難である。冷却材喪失／減圧事故が生じた際、過渡後の崩壊熱除去が固有安全／受動的安全システムに依存するとしたら、過去のGCFR設計では炉心損傷に至る可能性が高く、おそらく安全性は成立しないと考えられる。これを防ぐために、低い出力密度で運転することが考えられるが、その場合には、経済性の悪化や倍増時間の低下といった影響を受けることになる。GIFの研究の中で検討されている冷却材は、ヘリウムと超臨界CO_2（supercritical-CO_2, S-CO_2）である[2]。

ヘリウム冷却GFRの潜在的な利点の一つは、超高温ガス炉（very high temperature reactor, VHTR）と同じプラント付帯設備（balance-of-plant, BOP）や機器、システムを利用できることである[3]。VHTRは熱スペクトル炉であるが、検討されている炉心出口温度はGFRの温度（～800℃）と同じかさらに高いレベルであり、核設計の部分を除くシステムの多くは、VHTR用に開発されたものを適用することができる（例えば、ポンプ／循環装置、タービン発電機、配管など）。

S-CO_2冷却GFRの利点の一つは、高い熱効率を維持しつつも、炉心出口温度がヘリウム冷却GFRと比べ低い（500-550℃）ことである。種々冷却材を用いたGFRの相違点、そしてそれらの利点／欠点について、続く17.2節以下で説明する。

17.2 ガス冷却材

高速炉システム開発における基本設計での選択肢の中で、プラントの形態や性能に最も大きな影響を与えるのは、おそらく冷却材の選択である。例えガス冷却材の中だけでも、検討すべきオプションはいくつもある。

このことは、ヘリウム冷却システムと液体金属冷却システムの設計結果を対比することで特に明ら

---

[2] CO_2は、直接もしくは間接ブレイトンサイクルのように、臨界点以上で運転される。

[3] 超高温ガス炉（VHTR）はGIFで詳細検討を行う対象として選択された6種の原子炉システムの一つであり、1963年から1989年の間に運転されたDRAGON炉（イギリス）、AVR炉（ドイツ）、Peach Bottom炉（アメリカ）、Fort St. Vrain炉（アメリカ）、THTR炉（ドイツ）と同様に、黒鉛減速材を用いた熱中性子スペクトル炉である。

表17.1　ヘリウム冷却材の液体金属冷却材に対する相対的な特長

	有利な点	不利な点
	•増殖比が高く、倍増時間が短いことにより、 燃料の転換性能に優れる 燃焼反応度変化が小さい 反応度制御の要件が小さい	•中性子の漏洩が大きいことにより、 経済性を満たすには大型/実用規模サイズの炉心が要求される
	•冷却材が放射化しないことにより、 中間ループが不要(資本コスト低減可)、メンテナンスと検査時のアクセス性に優れる	•熱伝達特性が相対的に劣ることにより、 被覆管表面の粗面加工が要求される(その場合、ポンプ性能を高めることが要求される)、もしくは、高温セラミック材を用いることが要求される(その場合、開発期間の長期化を招く)
設計関係	•冷却材の核的な相互作用(核反応)が少ないことにより、冷却材反応度係数が小さい	•経済的な発電を行うには高圧(8－10 MPa)が要求される、冷却材の熱容量が小さい、大きなポンプ動力が要求される
安全関係	•金属のスウェリングを受け入れるスペースの余裕が大きくとれる	•ガス循環のために高いポンプ性能が要求される
	•冷却材が不活性で透明であることにより、 腐食が無い、冷却材が不燃性、遠隔の目視検査が可能	•減圧時に除熱能力が低下することにより、 自然循環だけでは崩壊熱の除去に不十分である(信頼性が高い強制循環システムが必要)、または、自然循環のための予備的な圧力が必要(保護格納容器(容器の二重化)、もしくは、重質ガス(ヘリウムより重い質量のガス)の注入が必要)
	•冷却材が単相であることにより、 急速な冷却能力の喪失は生じない、冷却材の沸騰による機械的損傷の可能性がない、自然循環の中断が無い	•負のドップラー係数(絶対値)が小さいことにより、 反応度の急激な変化を緩和する応答が遅い

かとなる。表17.1に、冷却媒体としてヘリウムを採用することの利点と欠点の概略をまとめた。この表は、最初、設計に関する因子に注目し、その後に安全に関する考え方に続くように構成されている。他のガス冷却材、例えば$S\text{-}CO_2$を採用した場合には、ここに記した利点と欠点は若干異なることに留意すべきである。

17.2.1　利点

ガス冷却、特にヘリウム冷却の核特性における利点の一つは、中性子スペクトルが硬いことである。硬いスペクトル下では、中性子の捕獲に対する核分裂の比が増加するとともに、1回の核分裂で放出される中性子の数（ν）も大きくなる。この結果、転換比が増加するとともに、アクチニド管理の観点からみると、より多くのアクチニドの核分裂をもたらし好ましい。ヘリウムの中性子吸収断面積はとても小さく、加えて、現設計のヘリウム原子数密度では中性子散乱のマクロ断面積も小さい。ヘリウムの核特性への感度が低いという性質は、炉心内の格子（例えば、燃料ピンの間隔など）をより広くすることを可能にする。その様な体系は、炉心内の圧力損失を低減するのに有利である。核特性への感度が低いことによる他の影響としては、ヘリウム冷却炉では大きな正のボイド反応度係数を示さない。また、ヘリウムは不活性であるので、通常、炉内の材料との共存性に問題は生じず、より高い炉心出口温度が可能となる。加えて、1次冷却系のヘリウム冷却材中では、他の化学反応も生じない。また、ヘリウムは常に気相（すなわち、単相の冷却材）であるので、冷却特性が突然変化するような可能性もない。ガス冷却の他の利点としては、光学的に透明な冷却材であるので、メンテナンス中に外観検査が可能であることと、前に述べたように冷却材が放射化しないことなども挙げられる。

表中に記載していない、ガス冷却のさらなる二つの利点についても簡単に説明しておく。ガス冷却材は常に気相であるので、直接サイクル（ブレイトンサイクル）を採用した設計が可能であるということ、すなわち、1次冷却系の冷却材は、中間ループを用いることなく、直接、タービンに配管で接続できるということである。もう一つは、このサイクルは、ヘリウムを用いたVHTRのためのエネルギー変換サイクルの一つとして既に提案されているものであり、それをGFRにそのまま適用できるということである。さらに、中間ループが不要であるため資本コストは抑制される。

17.2.2 欠点

次に、ガス冷却材を用いた際の主な欠点について簡単に触れる。核的に相互作用が小さいという性質はヘリウムの利点であると前項で述べたが、この性質は小型炉システムの設計では欠点にもなる。出力の低い（出力300MWe以下の原型炉の範囲）のGFRでは、比較的炉心サイズは小さく、同出力規模の液体金属炉に比べると炉心からの中性子の漏洩量はかなり大きくなり、結果として、炉心に装荷する核分裂性物質の量が大きくなる。また、ヘリウムは他の冷却材と比べて本質的に熱伝達特性が劣るため、過去のGCFRの設計（すなわち、金属被覆管のピン型燃料）では、被覆管の燃料が装荷されている領域の外表面に粗面加工を行うこと、すなわち、フィンを設けることによって乱流を生じさせる必要があった。この結果、冷却材が炉心を通過する時の軸方向の圧力損失が増加するとともに、熱流動設計は、特に自然循環の冷却時において、更に複雑化することになった。ヘリウムの熱伝達特性が劣ることによるもう一つの直接的な影響は、循環を行うために高いポンプ動力が要求されることである。GFRシステムの更に大きな問題は、経済性を有する発電を行うには高い出力密度が必要とされ、その炉心を適切に冷却するためには、ヘリウムを7-10MPa（1,050-1,500psi）の範囲まで高圧化しなければならないことである。S-CO_2システムについては、約20MPa（2,900psi）の圧力が必要となる。ヘリウムシステムで高い圧力が要求される理由は、一つには冷却材ガスの低い熱容量を補償するためである。一方、S-CO_2システムで高い圧力が要求される理由は、熱効率を高めるためである。高圧ガスを用いているため、減圧が急速に生じることがないこと、または、過渡時に崩壊熱を除去するのに十分な安全系が準備されていることを保証しなければならない。実際、発生の可能性は非常に僅かではあるが、GFR概念の安全上の重要な懸案事項は、減圧による影響である。そのため、信頼性の高い加圧システムが要求され、過去の金属被覆管燃料ピンを用いた設計ではプレストレスト・コンクリート原子炉容器（prestressed concrete reactor vessel, PCRV）、最近のGen Ⅳの設計では保護格納容器／ガードベッセル（guard containment / guard vessel）を採用する要因となった。

GFRでは減圧事故の可能性があるため、圧力低下した状態でも炉心を冷却できるような対策を取り入れなければならない。加えて、設備のメンテナンスや燃料交換時のような、計画された減圧状態に対しても、信頼性の高い炉心冷却設備を備えておく必要がある。通常・事故時の両方の減圧状態で予期される低圧条件において、過去の金属被覆管燃料ピンの設計では、自然循環で十分な除熱を行うことは不可能である。一方、Gen Ⅳの設計では、高温炉心材料（例えば、セラミックス）を使用するとともに、定常時に低い出力密度で運転することで、自然循環除熱の成立は、ある程度楽にはなっている。しかしながら、この減圧状態での運転に対応するには、信頼性の高い崩壊熱除去系を備えることが必須である。

最後に、ドップラー係数について述べる。この係数は安全上非常に重要なパラメーターであるが、GFRの負のドップラー係数の値は、他の高速炉に比べて絶対値が小さい。これをもたらす要因は2つあり、一つは、GFRの中性子スペクトルが硬く、ドップラー共鳴領域中の中性子数が非常に少ないためである。もう一つは、GFRは、燃料が疎に分散した密度の低い炉心であり、臨界を達成するのに必要な核分裂性物質の割合が非常に大きくなるためである。

GFR概念が採用され広く普及することに対する最も大きな障壁は、おそらく、GFRシステムに実際の運転経験がほとんど無いこと、つまり、原型炉も実用炉も今まで建造されたことがなく、実績に乏しいということである。しかしながら、GFRにはGFRに固有の十分に魅力的な特性があるため、その研究開発は複数の国で継続して行われている。

17.3　炉心設計

17.3.1　炉心の核特性

GFRは、冷却材の中性子透過性が高いことや燃料格子中に空隙の割合が多いことに起因して、核特性上いくつかの固有の特徴を有している。冷却材の密度が低いため、中性子スペクトルは硬く、軸方向・径方向ブランケットへの中性子の漏洩も大きい。スペクトルが硬いと、共鳴エネルギー領域での中性子吸収のインポータンスは減少し、そのため、温度の上昇とともに広がる共鳴の効果も低減する。その結果、GFRのドップラー係数は、他の高速炉と比べて、通常、半分程度の大きさとなる。1次冷却系の冷却材として$S\text{-}CO_2$を用いた場合でも、相違の程度はそれほど大きく変わらない。

GFRの核計算に関する手法は、他の高速炉と非常に似たものである。実際、決定論でも確率論でも、多くの同じコンピューターコードシステムが利用可能である。顕著な相違点としては、拡散理論の手法を用いる場合、GFRでは中性子のストリーミングを考慮する必要があることである。これは特に、反応度係数の評価で重要となる。輸送理論またはモンテカルロ法を使用すれば、密度の小さい領域（例えば冷却材チャンネルなど）での中性子のストリーミングを、拡散理論に比べてより正確に評価できる。またこれらの手法は、近年のコンピューターの高速化やコードの並列化により、設計ツールとしてより利用されるようになっている。

燃料タイプも、中性子スペクトルに影響を与えるので、重要な設計パラメーターである。金属燃料や金属合金燃料（例えば、U-Zr、U-Moなど）は、スペクトルが最も硬く、重金属密度も最も高い。その一方、酸化物燃料は重金属密度が最も低く、スペクトルも軟らかい。他の燃料は、密度とスペクトルへの影響に関して、金属燃料と酸化物燃料の中間にある。他の燃料としては、窒化物燃料（UN）と炭化物燃料（UC）、そして、アクチニド燃焼のためGIFの中で提案されている親物質フリー母材（fertile free matrix）の燃料がある。これは不活性母材（inert matrix）燃料とも呼ばれる。ここで窒化物燃料については、使用している窒素の同位体によっても炉心核特性は影響を受ける。つまり、^{14}N（窒素の主たる同位体）では（n, p）反応が生じ、中性子が吸収されるとともに、^{14}Cが生成される。一方、^{15}Nでは、この効果は軽減されるが、この燃料の利用には^{15}Nの同位体濃縮が必要となる。

燃料に加えて、被覆材や構造材もGFRの核的な性能に影響を与える。過去のGCFRの炉心では、液体金属高速炉の冷却材ナトリウムを単にヘリウムに置き換えるように設計されたが、炉心部の圧力損失を低減するため、燃料の格子間隔は広げられた。GCFRの設計では、金属被覆管、グリッドスペーサー、ダクトが採用され、その結果、制限温度は液体金属高速炉と同等であった。GCFRの核特性についても、液体金属冷却炉の特性と概ね同等であった。Gen Ⅳの設計では、炉心出口温度を高温化するため、金属以外の炉心材料が検討されていた。その多くは、一体構造SiC（monolithic SiC）またはSiC繊維複合材（fiber composite）のようなセラミックであり、従来と異なる幾何学的形状をしたものである。この炉心材料を用いることの核特性上の影響は、（主に炭素の存在による）スペクトルの軟化である。またその結果、GFRの負のドップラー係数（絶対値）は他の高速炉より大きい値となった。

GFR炉心の核設計は、このように、使用される燃料のタイプや炉心材料、そして、炉の設計目的に大きく依存する。もし高い増殖比が求められるのなら、金属燃料と金属の炉心材料が最も良い選択であろう。一方、もし高温が求められるのなら、セラミック燃料とセラミックの炉心材料が、最も良い選択になる。しかしいずれの場合においても、これらの選択は炉システムの核特性のみに影響を与えるわけではないことに、設計者はいつも注意しておく必要がある。材料の選択は、反応度係数（ボイド反応度、膨張反応度など）にも影響を与え、その結果、熱流動特性などにも影響し、炉の定常運転時、過渡時の制限にも影響を与える。

17.3.2 GCFRの燃料・集合体設計

過去のGCFRの設計は、ナトリウム冷却炉と同様の燃料装荷計画に基づいていた。すなわち、燃料交換の間隔は約1年で、3バッチであった。ただし、径方向の出力分布（ピーク出力と平均出力の比）を平坦化するため、径方向の核分裂性物質の富化度領域は最大4領域まで検討されていた。

過去のGCFRでは、各燃料集合体に可変オリフィス機能を採用するように設計されていた。これは、燃焼が進むにつれ各サイクルで集合体出力が変化しても、炉心部冷却材の出入り口温度差を一定に保つことを意図したものである。

既に説明したように、過去のGCFRの燃料ピンは、ナトリウム冷却炉の燃料ピンと同様の設計であった。ただし例外点として、被覆管の表面を粗面加工を施すこと、燃料ピン内外の圧力を同等化することが挙げられる。図17.1に、典型的なGCFRの燃料ピンとその軸方向の温度分布を示す。

過去のGCFR燃料ピンの被覆管表面は、熱伝達を高めるため、炉心の全領域にわたって粗面加工が施されていた。表面の粗面加工によりGCFRの伝熱特性が改善されることは、GCFR開発初期から分かっていたが、そのような設計対応は冷却システムの圧力損失を直接的に増加させ、過渡時の冷却性に影響を与えるものであった。この最後の点については、この後、システムとプラント設計の節（17.4節）で詳しく説明する。

ここで、性能指標としてIを定義する。この指標Iは、以下の式のように、“改善された伝熱特性”と“圧力損失の増加”を関係づけるものである。

$$I = \frac{\mathrm{St}^3}{f},$$

ここで、

St ＝スタントン数＝Nu/Re・Pr
f ＝摩擦係数

この性能指標Iの値は、ポンプ出力に対する熱出力の比に比例する。そのため、Iの値については、可能な限り大きくすることが望まれる。

典型的な2次元の粗面加工［1］では、スタントン数は、滑らかな（粗面加工のない）表面の約2倍、摩擦係数は約4倍である。そのため、粗面における性能指標Iは、滑らかな表面の約2倍となる。GCFRでは、滑らかな表面の約4倍の性能指標を持つ3次元の粗面加工も提案されていた［2］。

被覆管表面の粗面加工について、炉心領域での圧力損失を可能な限り小さくしつつ、被覆管の最高温度を許容値以下に抑えるという基本的な方針に基づき、いくつかの形状のデザインが検討されていた。最も有望として検討されたデザインは、図17.1の差込図に示されたリブを設けた形状であった。この表面形状による特性は、リブの高さ、幅、そしてピッチ（すなわち、リブ間の間隔）によって決まる。また、代替案としては、燃料ピンの伝熱特性を高めるために、被覆管の表面に沿ってフィンを付けることも考えられていた。

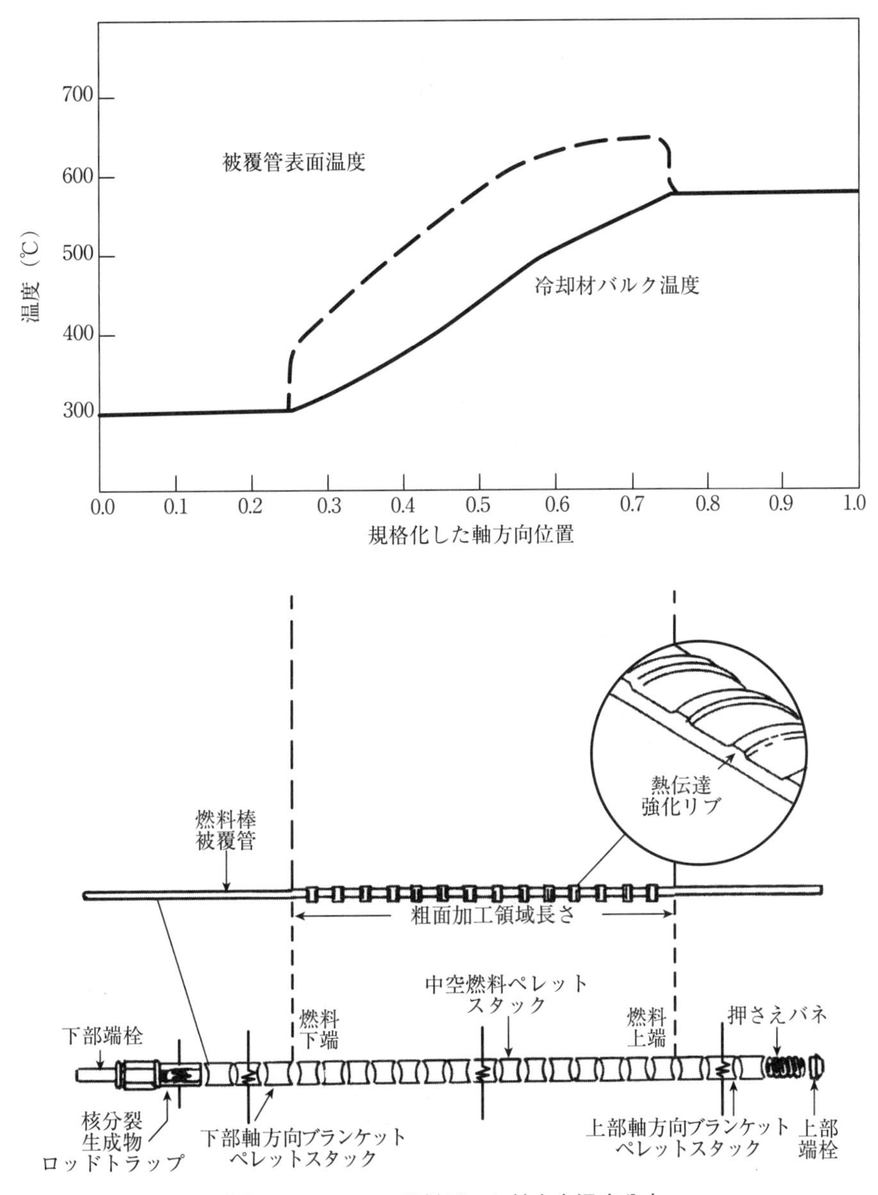

図17.1　GCFRの燃料ピンと軸方向温度分布

燃料ピン内の圧力は、蓄積したFPガス（fission product gas）をFPトラップ、そしてヘリウム浄化システムへのベントマニホールドを通して放出することで、炉の冷却材圧力と均一化される。ピンの内外圧力を同等とすることにより、外部の冷却材ガス圧力と内部のFPガス圧力の差による被覆管への機械的応力を無くした。また、圧力の同等化により、燃料ピン中に大容量のFPガスプレナムを設ける必要性もなくなった。このようにGCFRでは、ベント型燃料ピンを用いて圧力を同等化することで、一般的な高速炉燃料ピンにおいて主要な破損メカニズムの一つであった内圧による被覆管のクリープ破損を排除した。

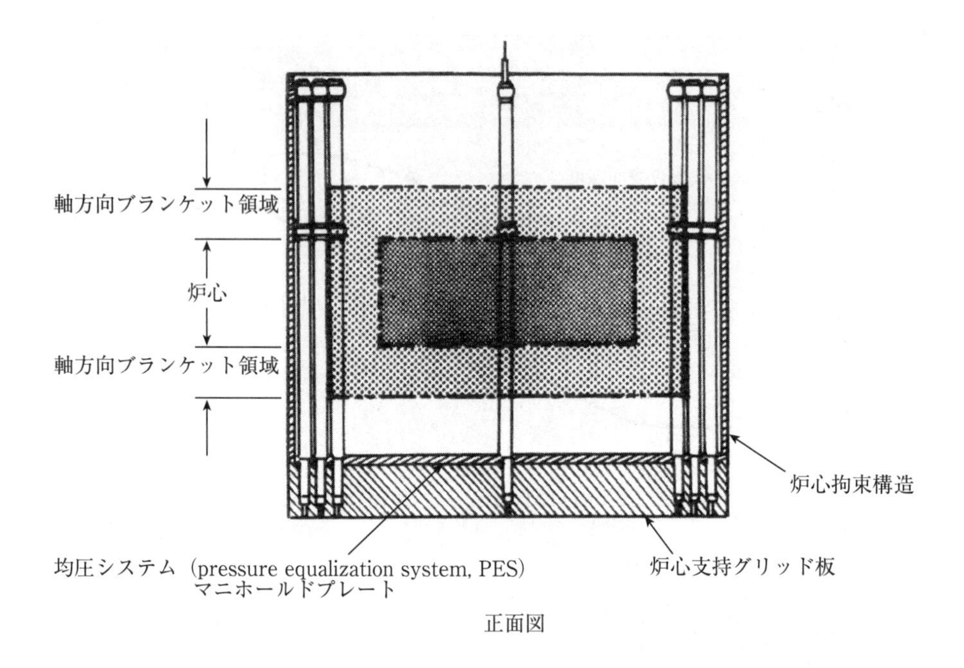

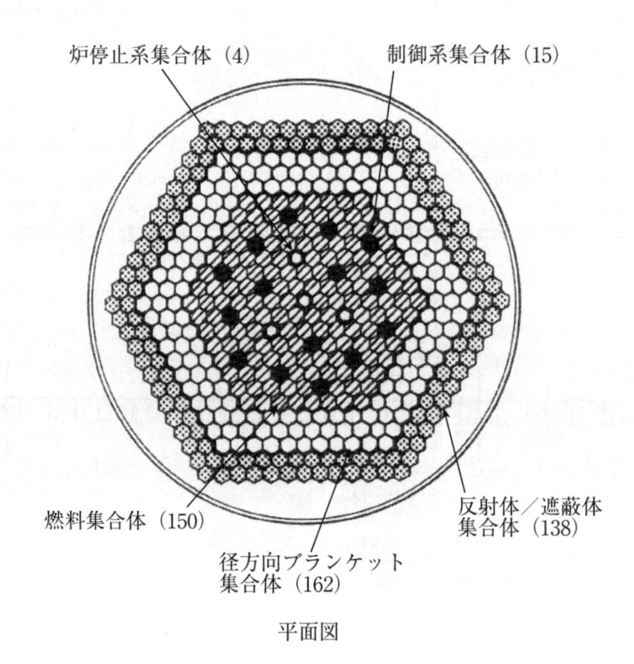

図17.2　360 MWe出力GCFRの炉心概略図
（注：括弧内の数字は集合体の数を表している）

上昇流冷却を採用していたGCFRの炉心設計は、多くの点でナトリウム冷却炉と似ていた。同出力規模の炉心で比較すると、GCFR炉心は、冷却性確保のため燃料格子をナトリウム炉より広げる必要があるので、わずかに大型になる傾向があった。GCFRの炉心設計が液体金属炉心の設計と類似していることは、偶然によるものでなく、むしろ意図的に行ったことであった。つまり、GCFRの設計では、開発コストを最小限に抑えるため、液体金属冷却炉のために開発してきた燃料や炉心材料の技術をベースとしていた。結果として、GCFRの燃料設計では、他の高速炉燃料設計における一般的な温度や照射条件と同様の条件で運転することとし、その燃料や構造材をそのまま利用した。そのため炉心燃料としては、炭化物燃料や、おそらく金属燃料も利用することは可能であったろうが、混合酸化物燃料が採用された。また、軸方向、径方向ブランケットについても、劣化UO_2が使用された。

GCFRでは、他の高速炉の一般的な燃料仕様よりも広い燃料格子（燃料ピン間の間隔）が必要とされた。GCFRの燃料ピン間隔は、幾つかの要因が組み合わさって決められたが、最も重要な因子は、ポンプ出力と炉心核特性のトレードオフ関係にあった。その後、広い燃料格子間隔は、被覆管やダクト材料のボイドスウェリングに対応する上でも有利であることが明らかとなった。

図17.2は、出力約360MWeのGCFR設計についての炉心の概略図を示している。図中、中央の炉心領域は、親物質（ブランケットピン）からなる径方向ブランケット領域に取り囲まれている。さらに親物質は、ドライバ燃料集合体中の、炉心燃料部（active core）の上部と下部にある軸方向ブランケット領域にも装荷されている。反射体／遮蔽体集合体は、炉心を拘束する構造物を中性子照射から保護するため、径方向ブランケットの外側に設置されている。遮蔽物質は、炉心支持グリッド板を保護するため下部軸方向ブランケットの下側に、さらに制御棒案内構造を保護するため上部軸方向ブランケットの上側にも置かれている。GCFRでは、一般的な金属冷却高速炉より中性子スペクトルが硬いため、より多くの遮蔽体が必要とされる。

各集合体からの冷却材出口温度を一様に保つため、出口ノズルに領域固定の交換式オリフィスが設置された。また、燃料ピン間の水平方向の間隔は、ワイヤースペーサーではなくグリッドスペーサーによって維持された。これは燃料ピン径に対するピンピッチの比が比較的大きいためである。

17.3.3　GFRの燃料・集合体設計

第4世代の原子炉では、前世代炉よりも、持続可能性、経済性、安全性と信頼性、核拡散抵抗性、核物質防護性を改善することを目標としているため、科学者やエンジニアはGFRの燃料や集合体設計について再検討することになった。その結果、炉心出口温度が高められ熱効率はより大きくなったが、その一方で、溶融への余裕は小さくなり、炉心材料として金属を用いることは難しくなった。

高速スペクトル転換炉に求められる核特性（寄生吸収が少ないことなど）、適当な転換比を維持するため必要とされる高い燃料密度、さらには、高温条件での高い核分裂性物質閉じ込め性能といった要求事項は、GFRへ適用が考えられる燃料タイプの数を制限する。熱スペクトル高温ガス炉（例えば、VHTR）と比較して、GFR概念は、高い燃料密度と高い比出力（10倍か、それ以上）を有する。その結果、炉心の熱容量は小さくなり、崩壊熱が大きいことと相まって、仮想的な冷却材喪失時スクラム失敗事故が生じた時に、炉心温度が1,600℃を超えるレベルまで急激に上昇する。

現在のGFRの燃料設計では、耐熱性セラミック（例えば、SiC／SiC複合材）被覆管を用いた一般的な固溶体燃料（ペレット）や、板／ブロック型の不活性母材中の分散型燃料（ファイバーまたは粒子型）を採用している。これら両方の燃料タイプの設計について、以下で詳細を説明する。

17.3.3.1　GFRピン型燃料

ピン型燃料は、同様の形状をした高速炉燃料や被覆材について、これまでに多くのデータベースが蓄積されている点が魅力である。しかし、一部のGFR設計では高い出口温度を採用しており、安全上の理由から、被覆管の溶融による炉心再配置（core restructuring）を生じさせないことが求められるため、全てではないが金属合金の多くを被覆材の候補から除外している。これには、分散強化型鋼、例えば、酸化物分散強化型（oxide-dispersion-strengthened, ODS）合金も含まれる。そのため、残

表17.2　ピン型燃料に対する要求性能

要求項目	リファレンス値
最大直径方向スウェリング	＜2%
ピーク照射量	＞80 dpa
燃料融点	＞2,000℃

された選択肢としては、高温での安全性の点で、セラミックか耐熱金属に限られることになる。以下でより詳しく説明する。

過酷な過渡事象、例えば、冷却材喪失事象時に、燃料がどの様な応答をするかは、ピン型燃料の設計において最も重要な因子である。GCFRで提案されていたように、ピン型燃料の設計では、燃料から放出される核分裂ガスを蓄えるため、燃料ピン内にガスプレナムを設けるか、または、ベント型燃料を採用する必要があった。通常運転時には冷却材圧力は7MPaあるため、ピン型燃料は被覆管の正味の応力が圧縮応力となるように、つまり、照射期間を通じて冷却材圧力が燃料ピンの内圧より高く維持されるように設計されている。ガスプレナムを採用した燃料ピンの設計において、ピンの全長は、減圧やシャットダウン時にガス内圧に耐えられるようなプレナム長さを確保しつつ、ピン長増加による圧力損失の増加を抑制することを勘案して定められる。

ピン型燃料設計における要求事項は、液体金属冷却高速炉で求められるものと概ね同様であり、その内容を表17.2に示した。ここで、例外としては、被覆管融点に対する要求であり、この値は液体金属冷却高速炉の燃料ピンよりずっと高くなっている。この高温に対応するための要求により、被覆材の選択肢は、耐熱元素と半金属（B、C、Nb、Mo、Ru、Hf、Ta、W、Re、Os、Ir）、そして、高温セラミック、例えば、二元炭化物や二元窒化物（SiC、ZrC、TiC、ZrN、TiN）に限定されることになる。

BとHfは、明らかに炉心の核特性への影響の点で現実的な材料でなく、Ru、Os、Irは、コストと供給性の点で現実的でない。加えて、Ta、W、Mo製の被覆管では、大量の重金属を装荷してようやく増殖に達するか、1.0近傍の転換比に留まってしまう。炭素および炭素／炭素複合材についても、燃焼度5%の燃料に要求される照射量～80dpaと比較して、耐用制限が15dpa以下と小さいこと［3］、また、減速により核特性に影響を与えることから除外される。

他の候補材料としては、Nbの金属基合金が、SP-100宇宙炉計画において、Nb-1ZrやPWC-11（Nb-1Zr-0.06C）のような合金形態で開発されていた。その中で、Nb-Zr被覆管とUN燃料を採用した試験ピンについては多くの照射試験が実施されており、高速スペクトル環境下で約6%の燃焼度まで照射されている［4］。Nb-Zr被覆管については、燃料-被覆管化学的相互作用（fuel cladding chemical interaction, FCCI）を制限するため、被覆管内面に薄いレニウムのライナーを施すことが有効であると知られている。Nb-1Zr合金被覆材の燃料ピンをNb-1Zr合金製のダクトに装荷すると、核特性は許容可能な最低限程度に留まるが、ダクト材としてSiCを用いると核特性は改善される［5］。Nb基合金の利用に関する問題点としては、空気が侵入した場合の挙動と、冷却材中不純物に対する感度が挙げられる。

シリコンカーバイド（SiC）は、可能性を有する被覆管材選択肢の一つであるが、本書を書いている時点では、まだ開発の初期段階である。SiCを製造するためには、例えば図17.3に示すように、ナノインフィルトレーション遷移共晶相法（nano infiltration transient eutectic, NITE）、そして、高結晶性SiC繊維の予備成形物（fiber preform）を一体構造SiC管上に織り、化学気相含浸法（chemical vapor infiltration, CVI）によってSiC／SiC複合材とする方法［6］など、色々なプロセスが開発されている。また、SiCで強化されたフェライト鋼被覆管も開発中である［7］。SiC被覆管開発が直面している重要な課題としては、SiCとSiC、またはSiCと他の材料の接合技術が挙げられる。

図17.3　GFRの被覆材候補であるSiCで製造された管の試作体

表17.3　GFR燃料母材に対する要求性能

要求項目	リファレンス値
融点／分解温度	＞2,000℃
照射によるスウェリング	＜2%(耐用年数を通じて)
破壊靱性	＞12 MPa $m^{1/2}$
熱伝導度	＞10 W/m･K
核特性(中性子工学的特性)	重金属装荷量を低減でき、良好な安全特性を維持できる材料

SiC被覆管は、炭化物燃料（UC）や混合炭化物燃料（U-Pu-C）と最も相性がよい。SiCと窒化物燃料（例えば、UN）については、550℃以上で熱力学的に反応が起こるが、被覆管にライナーを施すことでおそらくは防ぐことができる。SiC複合材は、優れた照射挙動を示しており［8］、50dpaを超える照射量レベルでも、1,000℃以下の低い温度であれば、機械特性を維持することができる。

GFRの燃料母材に対する固有の要求性能を表17.3にまとめた。

17.3.3.2　GFR の分散型燃料と粒子燃料

GFRの分散型燃料・母材の設計において想定される燃料としては、照射データは制限されるものの、UCとUNが重金属密度や熱伝導度が大きく、中性子スペクトルへの影響も非常に小さいことから望ましいと考えられる[4]。母材の選択については、冷却材の種類と運転温度に依存して、セラミック（高温用）、耐熱金属（低温から高温用）、金属（低温用）の3つのカテゴリーに分類される。分散型燃料の概念について、有望な構造例の一つを図17.4に示した。また、図17.5には、セラミック被覆の顕微鏡写真を示した。

一般的な分散型燃料では、粒子燃料が不活性母材の中に埋め込まれている。この粒子燃料については、スウェリングによって生じる機械的な応力から母材を保護するため、燃料核の外周にバッファー層が設けられる。そうすることで、母材が核分裂片や機械的な応力にさらされることがなくなるため、照射期間を通じて母材の健全性は維持され、核分裂生成物に対する障壁として機能することになる。また、バッファー層の外側にある被覆層は、核分裂ガス放出に対する第2の障壁としての機能を持っている。図17.6に示すような冷却チャンネルを持つ六角形状の板型要素が積み重ねられ、燃料要素を形成する。

---

[4] 炭化物燃料の照射実績については、例外的に、インドのFBTR（Fast Breeder Test Reactor）における数十年間の豊富な使用実績がある。

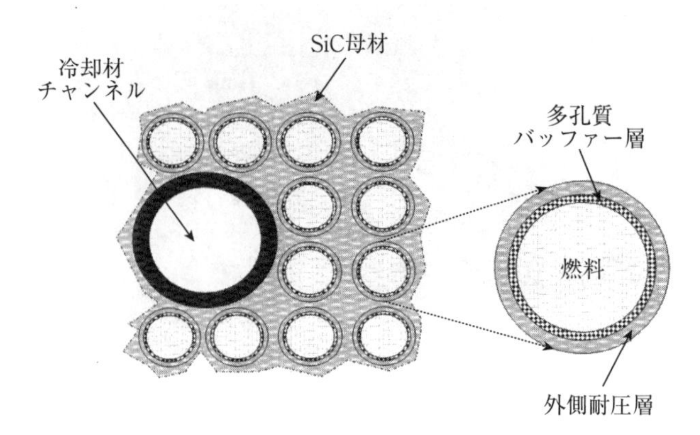

図17.4　GFRの分散型燃料概念

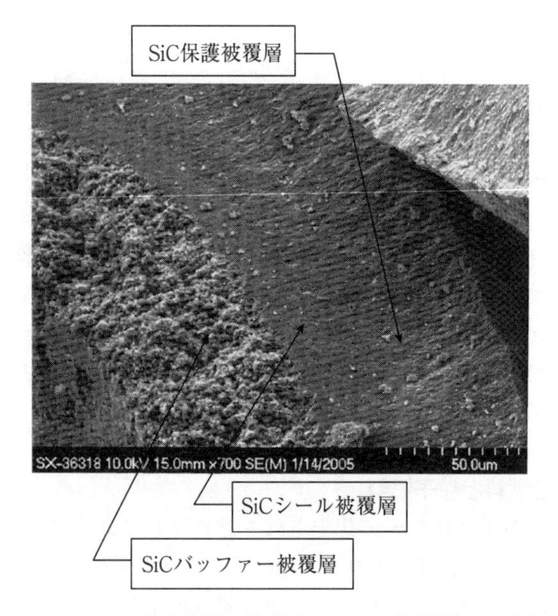

図17.5　GFRの粒子燃料に使用されるSiC被覆層の顕微鏡写真

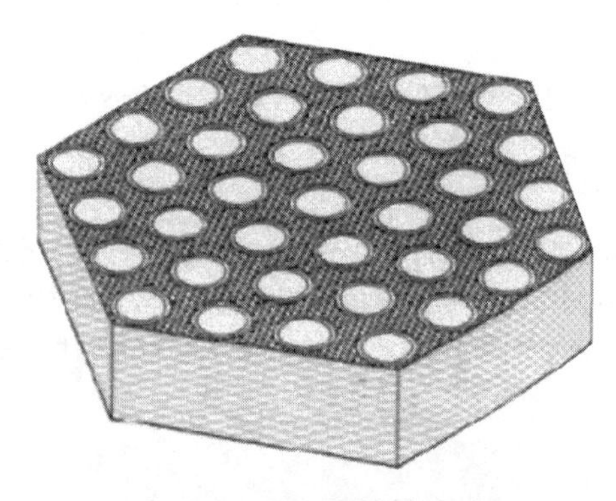

図17.6　GFRの板型燃料要素
（板は複数積み重ねられ、燃料要素または燃料集合体を形成）

分散型燃料の代表的な形状について、より詳しいリストを図17.7に示した。また、図17.8には、GFRで検討されている粒子燃料オプションの形状例を示した。

母材を選定するプロセスは、前に述べた高温被覆材の選定の場合と同様であり、その材料として単炭化物と単窒化物の耐熱材が最も優れた性能を有するようである。

六角集合体の中にピン／ブロック／板型要素を装荷する、出力2,400MWthのGFRの炉心配置例を図17.9に示す。ここで、反射体材料として、劣化ウランを用いた一般的なブランケットピンではなく、Zr_3Si_2の反射体を使用していることに注目してもらいたい。これは、ウランベースのブランケットを使用しないことで、プルトニウムの生成を最小限に抑えるために考えられるオプションの一つである。ピン型要素を用いた場合の炉心の仕様例を表17.4に示した。

GFRでは、燃料の製造性や照射特性といった燃料技術開発が、その実現に向けての鍵となる問題であり、またその燃料開発は、安全設計やGFRの性能と分けて考えることはできないことに留意しなくてはならない。燃料の機械的・熱的な特性は、安全を確保する上で欠くことのできない基礎データであり、炉の寿命初期から末期までについてのデータが必要であり、安全システム設計に大きな影響を持つ。加えて、燃料開発は、GFRの性能に大きな影響を与えるマイナーアクチニド含有燃料の実現に向けても重要である。

燃料
燃料要素
集合体
1. 分散型燃料
円柱型、又は、六角棒型
球型／粒子型
コンパクト型
板型
コンパクト型疑似六角集合体
板型
集合体
コーティングチャンネルをもつ
プリズムブロック型集合体

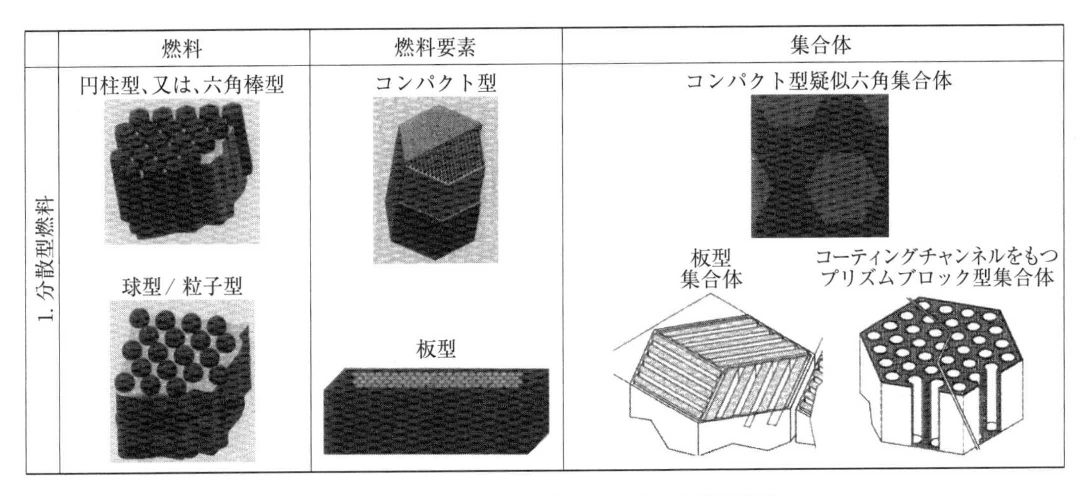

図17.7　GFRの板型、ブロック型の分散型燃料

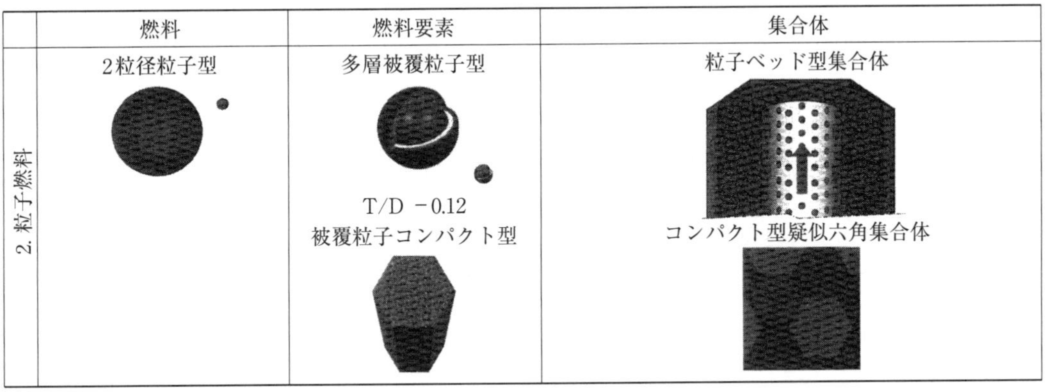

燃料
燃料要素
集合体
2. 粒子燃料
2粒径粒子型
多層被覆粒子型
T/D －0.12
被覆粒子コンパクト型
粒子ベッド型集合体
コンパクト型疑似六角集合体

図17.8　GFRの代替粒子燃料

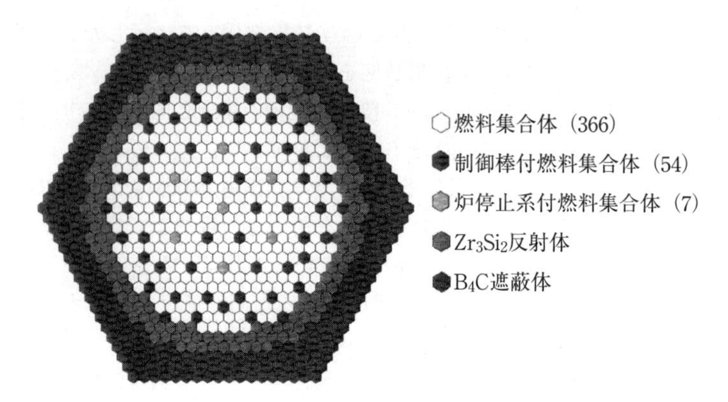

図17.9　2,400 MWth出力GFRの炉心体系図の例
（カッコ内の数字は集合体数）

表17.4　ピン型燃料を用いた2,400 MWth出力GFRの仕様例

集合体タイプ	燃料	制御棒	反射体	遮蔽体
集合体配列ピッチ(mm)	222	222	222	222
集合体対面間距離(mm)	215	215	215	215
ダクト肉厚(mm)	3.7	3.7	3.7	3.7
ダクト材	SiC	SiC	Zr_3Si_2	W
ピン本数	271	234	19	19
ピン径(mm)	9.57	9.57	40.1	40.1
被覆管肉厚(mm)	1.00	1.00	N/A	0.019
被覆材	SiC	SiC	N/A	W
ペレット外径(mm)	7.37	7.37	N/A	38.9
ペレット内径(mm)	3.02	3.02	N/A	N/A
ペレット材	(U, Pu)C	(U, Pu)C	Zr_3Si_2	B_4C
制御棒外径(mm)	N/A	80.5	N/A	N/A
制御棒被覆管肉厚(mm)	N/A	1	N/A	N/A
B_4C径(mm)	N/A	78.5	N/A	N/A

17.3.4　炉心の熱流力

この節では熱流力のモデルについて詳しくは扱うことはしないが、GFRの熱流動設計については注目すべき点が幾つかある。熱流動設計は、少なくとも次の2つの理由により重要である。

- 被覆管の外表面、もしくは冷却材チャンネルの内表面から冷却材への間の温度低下（被覆管外面と冷却材の温度差）は比較的大きく、そのため、この温度差をできるだけ低減したいという強い要求がある。
- 被覆管外表面、もしくは冷却材チャンネル内表面で粗面加工を施している領域では、乱流が生じているが、低流量条件の場合や滑らかな表面領域（粗面加工していない領域）では層流が優勢であり、これら双方の熱流力特性が理解されなくてはならない。更に、被覆管や冷却材チャンネルの滑らかな領域と粗面化された領域で、熱流動条件がかなり異なっている可能性がある。

上記の理由のため、また、これらによる安全への影響のため、冷却材への熱伝達を正確に把握することが重要である。その一方で、新規のデータ、特に、乱流条件に関するデータが今後得られた場合には、熱流力のモデルは見直され得るということにも留意すべきである。こうした複雑な問題に加えて、ホットチャンネルファクターについても考慮しなくてはならない。しかし、ホットチャンネルファクターの計算については、10.4節で説明したものと概ね同様であるので、ここでは説明を省略する。

粗面加工されたGCFR被覆管用に開発された層流・乱流の熱流力モデルは、初版の「Fast Breeder Reactor」[9] の17章に記載されている。幸い、GFRの設計では、表面が滑らかなピンや円筒状のチャンネル、もしくは、板状燃料要素が採用されており、このことは、GFR炉心の熱流動計算をいくらか単純化するものである。

17.4 システムとプラント設計

GFRは様々な運転条件や様々なエネルギー変換サイクルを採用した設計を行うことができる。過去のGCFR設計で用いられていた低温運転（500-600℃）では、少なくとも2種類の熱エネルギー変換サイクルが採用可能であった。具体的には、間接的な蒸気ランキンサイクルとS-CO_2を直接または間接サイクルで用いたガスブレイトンサイクルである。結果的にGCFRでは、1次系の冷却材ヘリウムは蒸気発生器を通ってポンプで循環される、間接蒸気ランキンサイクルが用いられた。第4世代のGFRでは、S-CO_2を用いた直接的、間接的両方のブレイトンサイクルの設計オプションがある。すなわち、直接サイクルでは、CO_2が炉心を通って直接タービンにポンプで送り込まれ、一方の間接サイクルでは、1次系のヘリウムが2次系側の作動流体としてS-CO_2を用いた中間熱交換器（Intermediate Heat Exchanger（IHX））を通って循環する。CO_2の熱分解は700℃付近で加速し、酸化／腐食速度は急激に増加するので、S-CO_2の最大使用温度は約600-650℃という実用上の制限がある。

GFR活用の今後のオプションとしては、直接・間接的なエネルギー変換サイクルを用いた高温運転（800-850℃）や、発電以外へのエネルギー利用としてプロセスヒート（工業・産業用の高温の熱）の供給が挙げられる。GFRは、これらの両方でも、もしくはいずれか一方でも対応可能である。この熱エネルギー変換サイクルでは、ガス-タービン、ガス-ガス（例えば、ヘリウム-ヘリウム、ヘリウム-空気など）、またはガス-蒸気のサイクルが用いられる。また、プロセス加熱では、中間熱交換器（IHX）を通じて、プロセスヒートプラントに適した作動流体が利用される。この方法は、VHTRでの水素製造や、他のプロセスヒート製品に対して提案されているものと同様である。この後に続く節では、過去のGCFRとGen-ⅣのGFRの両世代のガス冷却炉について、全般的な設計について説明する。これは、原子炉から得るエネルギーの最終用途に応じて、両世代のガス冷却炉のプラントが様々に組み合わされて利用されることが考えられるためである。

17.4.1 過去のGCFRの設計

過去のGCFRプラントの一般的な特徴について、360MWe出力の実証プラント設計を対象として以下に説明する。プラントの配置を図17.10に示す。ここで（a）と（b）は、それぞれ平面図と側面図を表している。

図17.11には、GCFR実証炉の原子炉蒸気供給システム（nuclear steam supply system, NSSS）を示す。この図から、1次冷却システム（炉心、蒸気発生器、補助熱交換器、主・補助サーキュレーターなど）は、巨大なプレストレスト・コンクリート原子炉容器（PCRV）構造物の中に全て設置されていることが分かる。

GCFRでは、経済的な発電に要求される運転条件を満たすため、1次冷却系のヘリウム圧力は高くする必要がある。典型的なGCFRの一次冷却系の圧力は、7～10MPa（1,050～1,500psi）の範囲であり、これは軽水炉（LWR）の蒸気タービンに供給される蒸気圧と同程度である。1次冷却系に急激な

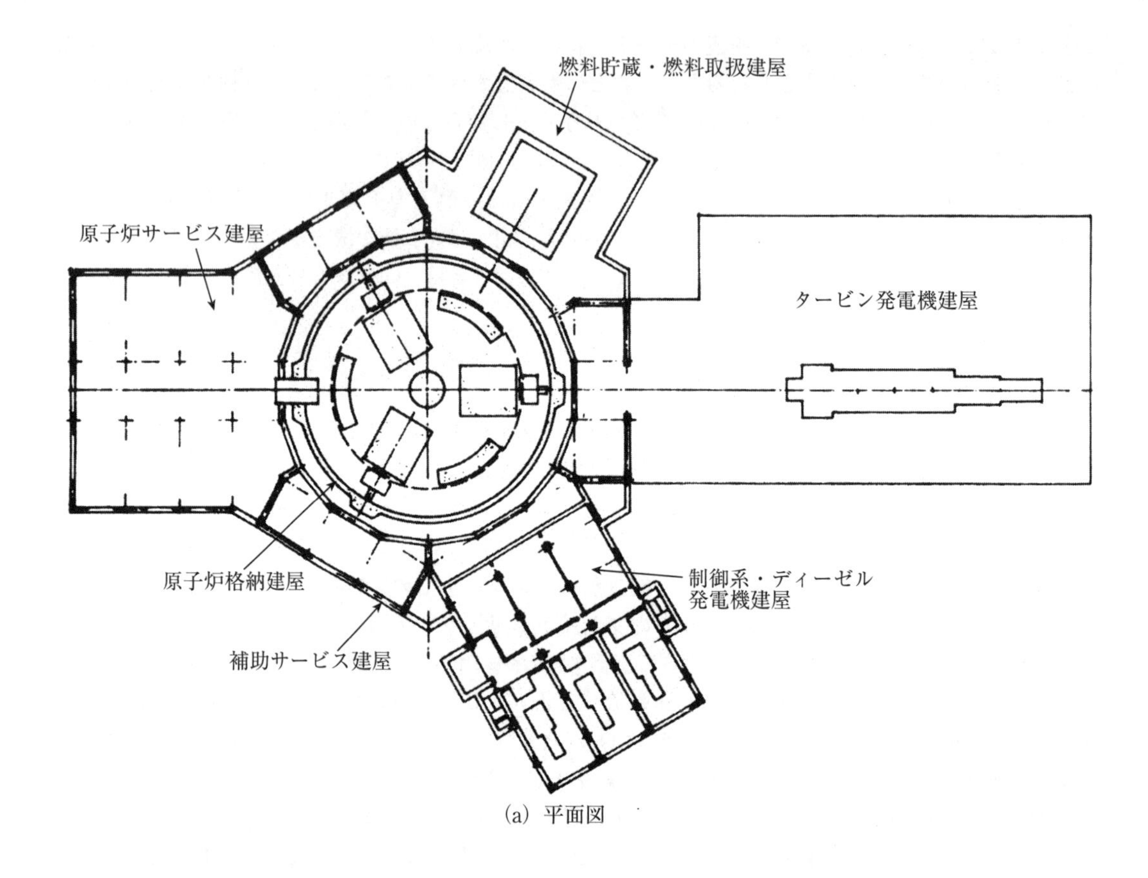

(a) 平面図

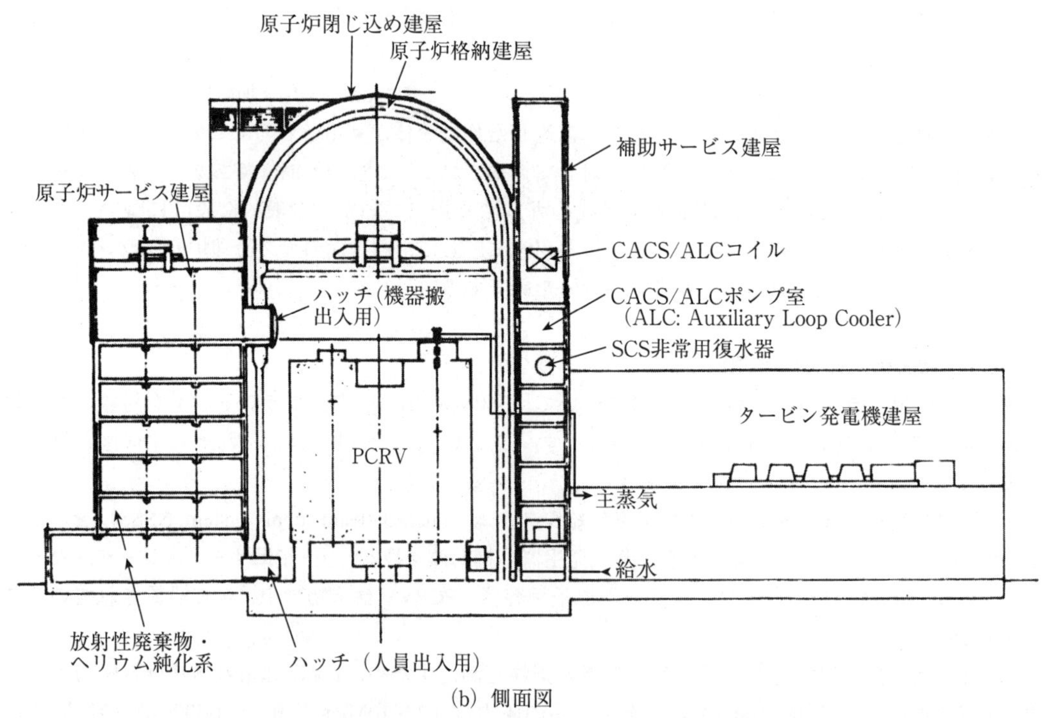

(b) 側面図

図17.10 360 MWe出力のプラント配置図

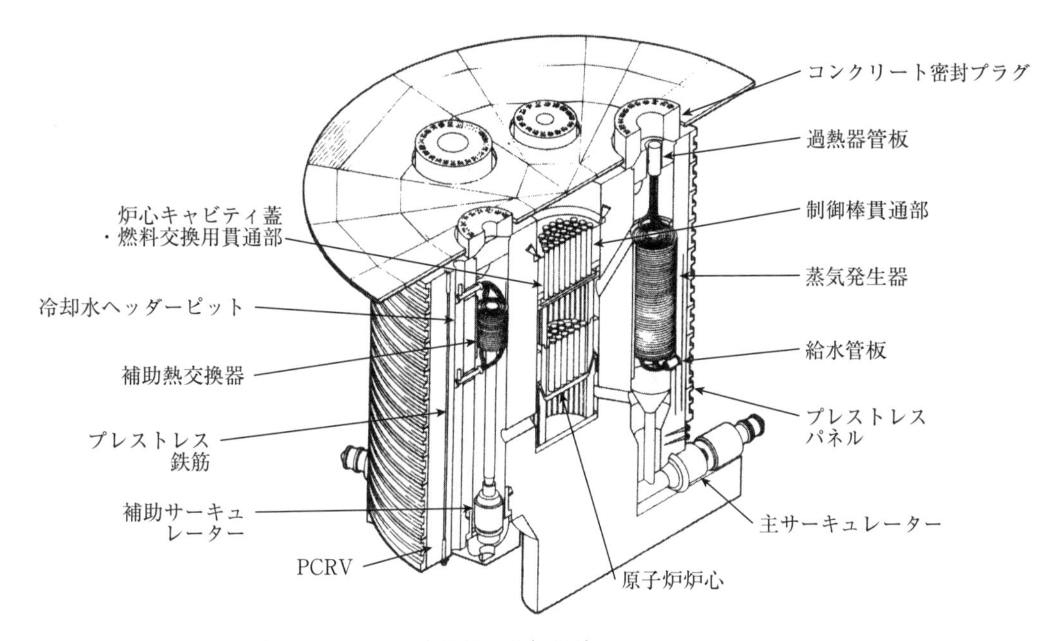

図17.11　GCFR実証炉の蒸気供給システム（NSSS）

減圧が生じる可能性を容認できるレベルに抑えるため、GCFRではPCRV（prestressed concrete reactor vessel）の概念が採用された。このPCRVは、元々、高温ガス炉のために開発されたものであり、PCRVを常時圧縮状態とするため、縦方向の張力と周方向に巻かれたケーブルの圧縮応力を予め加えた、巨大なコンクリートのブロックで構成されている。GCFR実証炉用のPCRVの高さは約32m、直径は33mである。

原子炉の炉心とそれに関わる支持構造物、遮蔽構成要素は、PCRV中央のキャビティ内に設置されている。1次冷却ループは3系統あり、それぞれ蒸気発生器とヘリウムサーキュレーターを備え、PCRV壁内の周辺部にある3箇所のキャビティに設置されている。また、補助冷却ループも3系統あり、PCRV壁内の蒸気発生器のキャビティ間にある小さいキャビティの中に設置されている。これら各キャビティの上部には、コンクリート製密封プラグを有しており、機器の初期取付け時や、修理や交換の必要が生じた場合に開けることができるようになっている。補助熱交換器への入口は、隣接する蒸気発生器の入口プレナムからの周方向ダクトを経由している。この設計の意図は、炉心出口からの熱いガスがPCRVを通って直接送り込まれてくることは避けながらも、1次冷却ループの強制循環から補助冷却ループの自然循環に移行する際の温度分布を維持するためである。

PCRV内の全てのキャビティとダクトは、リークタイト（leak tightness、漏えいがないこと）とするため、厚さ13mmの鋼製ライナーで内側が覆われている。この鋼製ライナーは、特別に設計された冷却材側の断熱システムと、コンクリート側に埋め込まれた配管に冷却水を循環させることによって、高温ヘリウムから保護されている。ここで、ライナーの応力は圧縮方向で、その値は比較的小さくなっている。これは、プレストレスシステムの効果がヘリウム圧力の効果を上回り打ち消しているためである。

図17.12に、GCFRの熱輸送系の概略図を示す。発電システムは、高圧ヘリウムを用いた1次冷却系、蒸気・給水系、プラント除熱系で構成されている。1次冷却系では、モーター駆動遠心コンプレッサーを用いてヘリウムを循環させ、炉心部を上方向に流して核熱エネルギーを受け取り、蒸気発

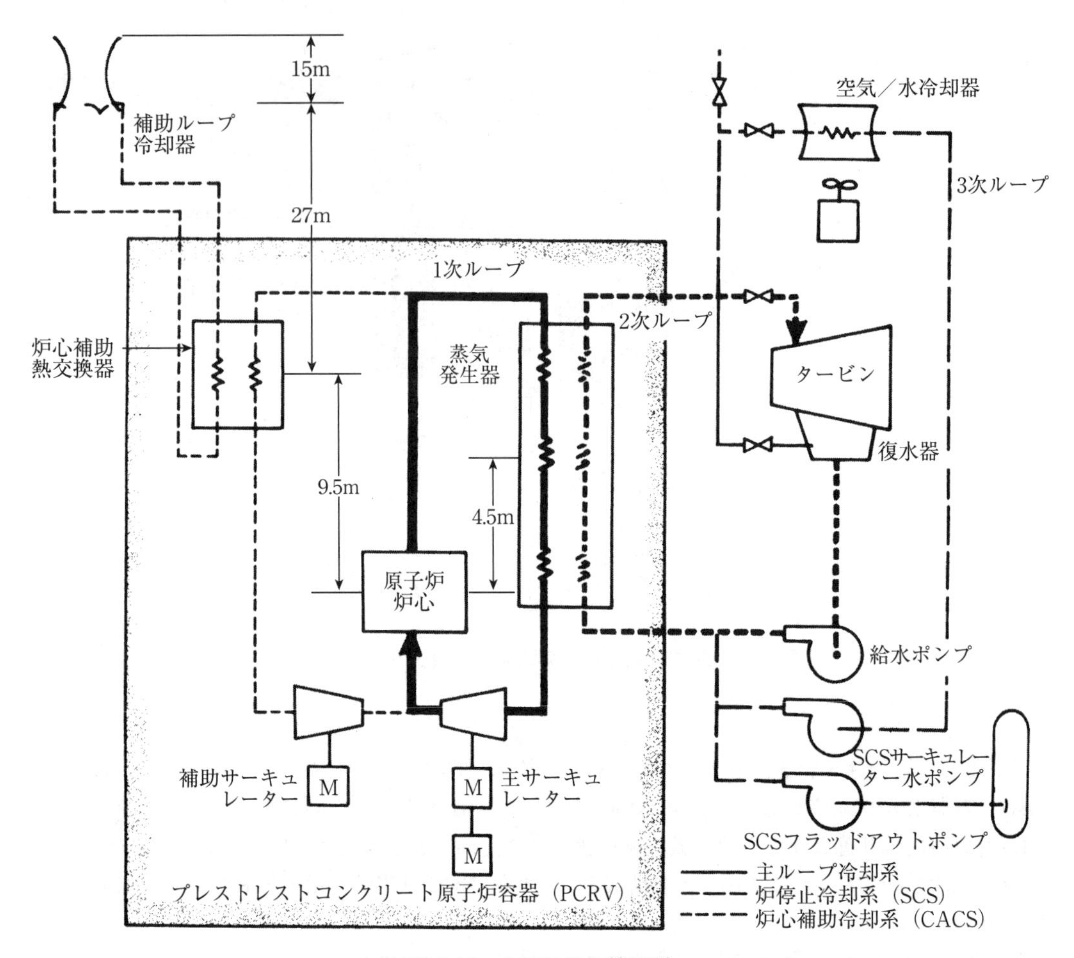

図17.12　GCFRの熱輸送系

生器を下方向に流して2次ループ側の給水に熱を伝え、主タービン発電機で利用する過熱水蒸気を生成している。ここで、1次冷却系および関連機器は全てPCRV内に納められている。

プラントの除熱系は、循環水系（図17.12では図示せず）、蒸発冷却塔、補給水系、冷却塔ブローダウン系で構成されている。また、GCFRでは、中間ループは必要とされていない。

GCFRには、残留熱（崩壊熱）除去のため、以下の独立した3つの系統がある。

(1) 通常の熱エネルギー変換用熱輸送系機器を用いた復水器への蒸気バイパス。
(2) 3系統の炉停止冷却系（shutdown cooling system, SCS）ループ。これは、蒸気発生器と1次系ヘリウムサーキュレーター（ポニーモーター駆動）を安全系の給水およびヒートダンプ機器とともに使用。
(3) 3系統の炉心補助冷却系（core auxiliary cooling system, CACS）ループ。これは、独立したサーキュレーター、熱交換器、ヒートダンプ系統を使用。CACS系も、炉心からの残留熱を自然循環によって最終的なヒートシンクである外気に伝えるように設計されている。

通常の熱輸送系機器が動作可能な場合、残留熱の除去には蒸気バイパスが利用される。通常の熱輸送系機器が利用できない場合、図17.12に示したように、SCSで自動的にプラントの冷却が開始される。上記の両方の系統が利用できない場合、CACSを用いてプラントの冷却が達成される。

17.4.2　GFRの設計

現在のGFRの設計では、比較的高い出力密度（50-100kW/ℓ）で運転を行うが、事故状態に陥った際、崩壊熱除去の助けとなる熱慣性はほとんどない。熱慣性が低いというこの特性は、作動流体の熱輸送特性が非常に小さいことと相まって、GFRでの事故状態、特に、冷却材喪失や流量喪失事故において、受動的／固有特性だけで崩壊熱を除去することを非常に困難なものにしている。伝導と輻射による熱伝達だけでは、崩壊熱を効果的に除去することはできないので、もし受動的安全／固有安全系を実践的な選択肢として残すなら、対流による冷却も必要である。

崩壊熱除去を熱伝導と輻射のみに頼る受動的安全／固有安全系を用いたGFRを設計することは全く不可能というわけではない。しかし、そのような設計では、熱中性子型ガス冷却炉の典型的な出力密度（＜10kW/ℓ）により近い、低い出力密度に抑える必要がある。しかしながら、GIFでの研究からは、出力密度が低い場合、燃料サイクルコストが容認できないほど高くなること、具体的には、サイクルコストが炉自体の資本コストと同程度になるという結果が示されている［10-12］。その一方、出力密度を高くすると崩壊熱も大きくなり、その影響により、異常事象が生じた際の燃料と炉心の温度も増加することになる。このように出力密度に関しては、経済性と、持続可能性（増殖性）に優れる高出力密度、そして固有安全という目標を満たすことが容易な低出力密度の、三つの間でのバランスが要求されることになる。例えば、事故状態においてブロワー／ファンの利用が可能な場合、想定される圧力条件で崩壊熱を除去するにはノミナル流量の3%ほどの流量が必要とされる。しかしこれは能動的な安全系に依存する方策である。受動的安全／固有安全系を具体化するための革新的な設計が研究されており、受動的安全系と能動的安全系を組み合わせることで、経済性目標を満たしつつ事故時の崩壊熱を効率的に除去するという要件を同時に満たせる可能性がある。

前に述べたように、ガス冷却材は低圧力状態（0.1MPa、すなわち～1気圧）においては熱慣性が小さく、比較的熱伝達性能に劣る媒体である。しかし高い出力密度（>100kW/ℓ）であっても、加圧条件（例えば、7MPa）で1次冷却系機器間に適切な鉛直方向の高低差を与えることにより、自然循環力のみで炉心崩壊熱を除去することができる。崩壊熱が全出力の6%から3%へ減少する短期間の熱過渡状態にも対応することができる。GIFでの以前の研究からは、自然循環による除熱には、燃料形態としてブロック／板型やピン型が適していることが示されている。一方、ペブルベット／粒子型は、自然循環オプションに対して、最も困難な燃料形態である。なぜなら、ペブルベッド型は炉心内の流れに対して固有の高い流体抵抗を有しており、設計でこの問題を克服することは困難だからである。また、自然循環のオプションが機能するためには、保護閉じ込め容器（guard confinement, GC）、つまり、二重の格納容器が必要とされるであろうことにも留意する必要がある。

このアプローチは、1次冷却系の圧力を背圧（back pressure）と呼ばれる2次系のバックアップ圧力まで減圧することを許容する設計手段である。背圧を用いるオプションは、設計の重要な選択肢であるが、背圧が低いと自然循環による除熱能力は低く、一方、背圧を高めると頑丈な構造や信頼性の高いリークタイト性が要求されることになり、プラントの経済性に影響を与えることになる。背圧を用いた幾つかの設計オプションについて、引き続き以下で説明する。

17.4.2.1　崩壊熱除去のための緊急熱交換器

ここで、1次系の冷却材として圧力7MPaのヘリウムを用い、1次ループにタービンが組み込まれた直接電力変換サイクルを採用した、ピン型GFRを考える。通常の炉停止状態の際には、崩壊熱を除去し炉心内を安全な温度に維持するため、動力付きの炉停止熱除去系があるとする。

コンプレッサーを駆動するための電源が喪失したと仮定して、異常な（緊急）炉停止状態について説明を行う。この困難な状態を緩和するための一つのオプションとして、プラントは緊急熱交換器（Emergency Heat Exchangers, EHX）を有しているとする。このEHXは、配管を通じて炉心と直列に、炉心より高い位置につなげられている（SFRの自然循環炉心冷却系について、同じ概念の機器が説明されている。15.2.2項を参照）。通常運転時には、逆止弁がEHXを1次冷却系ループから分離している。EHXが必要となった時、この逆止弁は開かれ、炉心とEHXは閉じたループを形成する。2次系側の最終的なヒートシンク（例えば、冷水）は、直接的、または、間接的にEHXの2次系側を冷やすために使われる。この除熱系はEHXを通過するヘリウムを冷却する。ヘリウムは炉心で加熱され上方向へ進み、EHX内では冷却され下方向へ流れる。すなわち自然循環力がヘリウム流れを駆動する。ここで重要なパラメーターはEHXループ内のヘリウム圧力であり、減圧事象（例えば、冷却材喪失事象）により7MPaよりずっと低下するかもしれない。圧力が低下するにつれて、ループ中のヘリウム冷却材の量も減少し、循環して熱を除去する能力も低下する。そのため、このループ内の挙動と熱流動的な限度をよく把握することが必要である。例えば、崩壊熱と系内の圧力が一定となると、2通りの定常状態に落ち着く可能性があることに留意すべきである。一つは、比較的流量が多く、炉の出口温度が低い状態、もう一つは、流量が非常に少なく、炉の出口温度が非常に高い状態である。また、系内の圧力が低すぎる場合には、その系で定常状態に達しない可能性があることにも留意が必要である。そのため、熱流動の挙動を完全に理解することが、効果的な設計を行うために必須である。図17.13にEHXの概略図を示した。ここでは簡略化のため、逆止弁は示していない。

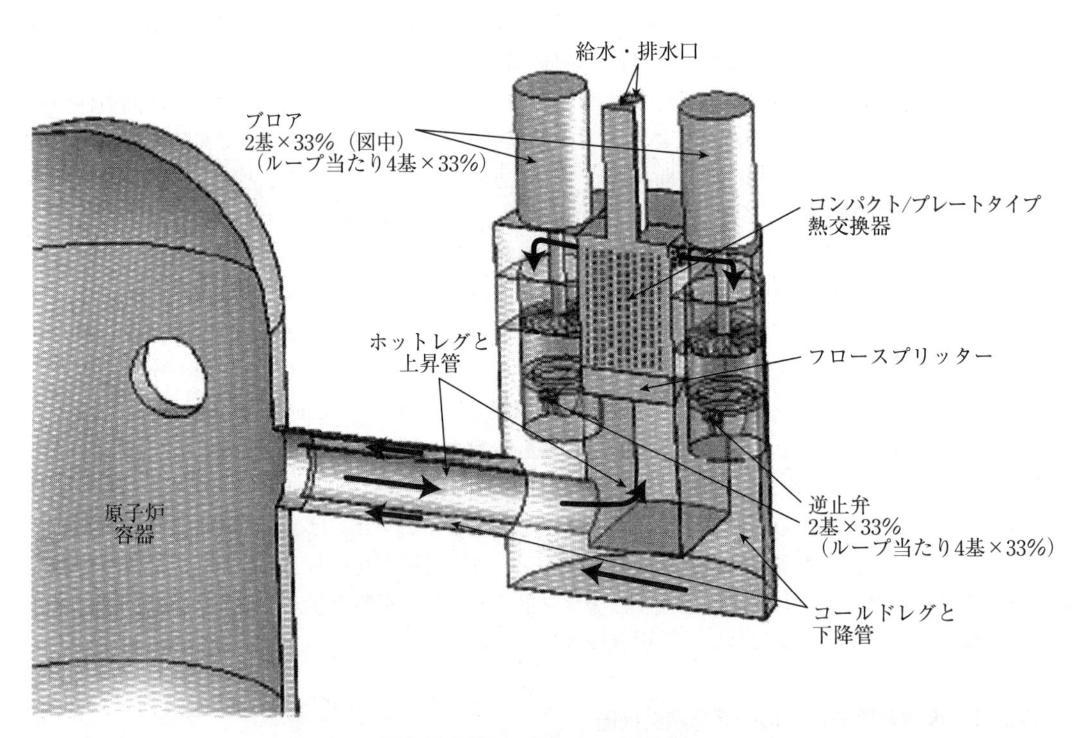

図17.13　緊急熱交換器（EHX）の詳細図

EHXループの熱流動挙動については、式（15.1）で示したような表計算ソフトウェアでも簡単に解ける比較的単純な定常状態モデルを用いて理解することができる。このモデルでは、EHXを出る一次冷却系ヘリウムの温度を既知の値（例えば、50℃や100℃）と仮定する。この仮定により、EHXの2次系側のモデルを削除できるため、モデルを単純化できる。また、全てのEHXは並列に配置されているので、モデルでは一つの大きなEHXと仮定することができる。加えて、炉心は上部と下部の領域を有しているが、発熱領域だけが炉心であるとしている。

1次冷却系側のEHXループの熱流動解析を行うために解かねばならない基本方程式は2つある。一つはエネルギーの平衡方程式であり、炉心で生成された熱出力（EHXで除去される熱出力と同じ）は、炉心部の温度上昇、ヘリウム流量、そしてヘリウム比熱の積で表される関係を利用する。もう一つは運動量の平衡方程式であり、ループ全体の摩擦圧力損失と浮力は等しいという関係に基づくものである。この摩擦圧力損失は、炉心、並列に配置されたEHX、連結配管、プレナム、バルブにおける流動抵抗によるものである。単純化した解析では、これらの内後半三つの流動抵抗については無視することができる。なお、これら三つの流動抵抗は、流路面積を大きく取ることによって、十分小さくすることができる。もっと詳細な解析を行う場合には、炉心とEHXの入口と出口の圧力損失を増加させることでこれら三つの圧力損失を近似することができる。炉心部で働く浮力は、EHXを下方向に進むヘリウムとその下部にあるヘリウムの密度が、炉心を上方向に進むヘリウムの密度より高いことから生じる。そのため、炉心とEHXの鉛直方向の高低差が大きくなるほど、この浮力も大きくなる。

17.4.2.2　崩壊熱除去能力を強化するための重質ガス注入

1970年代のGCFRでは、前の17.4.1項で説明したように、3系統の補助冷却ループを採用していた。GFRに対する確率論的リスク評価（PRA）に基づき、共通モード故障による制限より、50%の除熱能力を持つループ3系統を採用することが望ましいことが確認されている。

システムの故障確率を更に低減するため、図17.14に示すように、受動的なCO_2蓄圧タンクが備えられている。この蓄圧タンクは、補助系ループのガスブロアを駆動するために用いられるガスタービンに動力を供給するものである。LWRの過酷事故シナリオの中では、ディーゼル発電機による電力供給の失敗が典型的な支配事象であるので、このガス蓄圧タンクによる方法は、非常用電源の多様性を増すために採用されるものである。冷却材喪失事故が生じた際、この特別なシステムを用いると、通常時には1次冷却系ループの圧力によって閉じられているバルブを通って、ガス蓄圧タンクのCO_2が放出される。タービン中にあったHeガスが1次冷却系に排出され、そのため、供給されたCO_2がHeガスに置き換わることになる。このCO_2は自然循環条件ではHeより効果的に除熱に寄与する。他方、1次冷却系の減圧を伴わない全電源喪失の場合には、蓄圧タンクのCO_2は、通常時には所内電源で閉じられているバルブを通って放出され、コンプレッサーの駆動軸にある空気圧モーターに動力を供給する。この場合、CO_2は大気中に排出される。

17.4.2.3　能動的／受動的ハイブリッド型崩壊熱除去系の設計

技術的なリスクの観点で最も効果的であるとGIFの中で認められた炉システムのオプションは、自然循環除熱達成に必要な十分に高い1次冷却系圧力を維持するための、原子炉容器を取り囲む「保護閉じ込め容器（guard confinement, GC）」と、熱交換器とブロアを備えた「能動的／受動的ハイブリッド型崩壊熱除熱系」との組み合わせである。このGCは、背圧0.5-0.7MPaの範囲のLWR格納容器と同等の寸法規模であり、初期圧力は0.1MPaである。ただし、GFRの目標とする出力密度（50-100kW/ℓ）に対する崩壊熱を自然循環だけで除熱するような場合には、この値より更に高い背圧が要求されることになる。

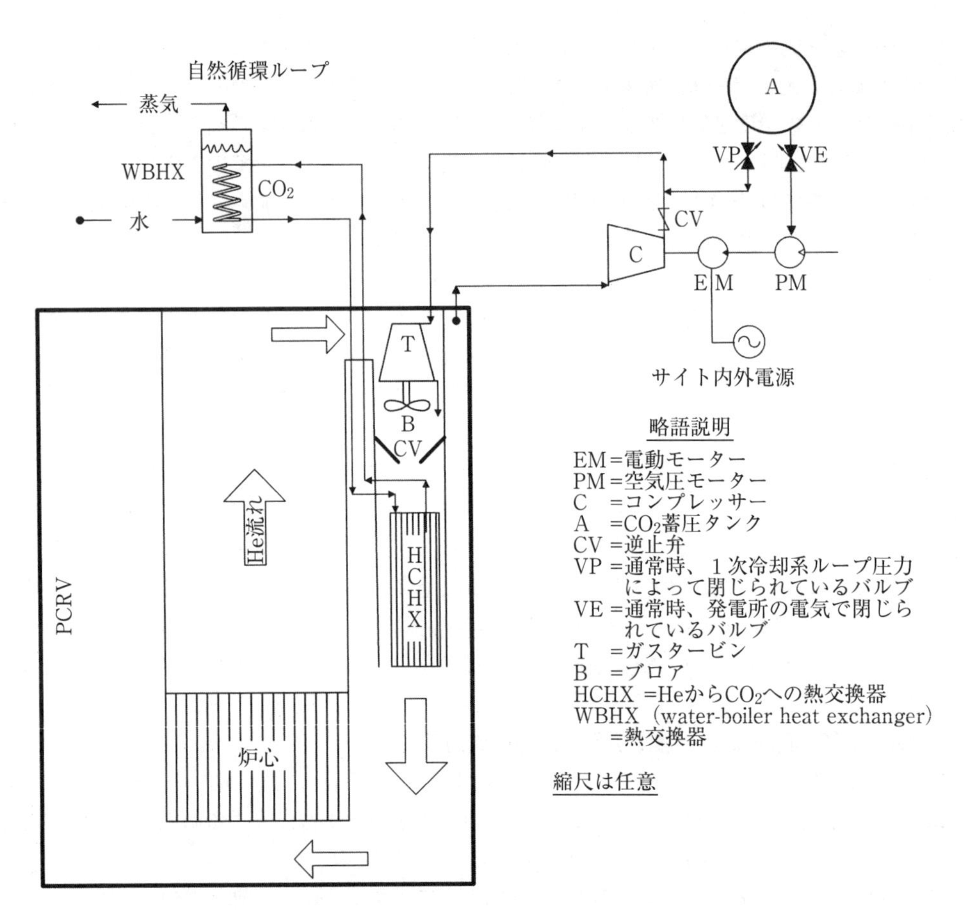

図17.14　GFRのガス圧駆動型の崩壊熱除去系の例

低い背圧であっても、何らかの自然循環と組み合わせることは能動的崩壊熱除去系のブロア出力の大幅低減に有効であり、全崩壊熱の2-3%を除去する崩壊熱除系とすることができる。このようなブロア出力低減の目的は、起動に時間を要しないバッテリーのような電源を使えるようにすることにある。また崩壊熱は減圧事象発生後約24時間で0.5%となるため、低い背圧であっても自然循環で熱除去が可能である。このように、事象の1日後には、能動的熱除去系や電源供給に対する要求はなくなる。崩壊熱はこの期間で2-3%から0.5%まで低下するので、確率論的には、この24時間の間のみ能動的除熱系の機能喪失に対する信頼性を確保すればよいことになる。

出力2,400MWthの大型GFR炉心では、背圧0.5MPaのGCオプションが選択された。参考文献［13］に記載されていた容積とコストの解析によると、この低い背圧のGCオプションは、GCFR設計で計画されていた同規模のPCRVよりコストが低くなる結果となった。このGCオプションの正面図を図17.15に示した。このGFRのプレストレスト・コンクリート格納容器は、直径36m、高さ44mである。エネルギー変換設備（power conversion unit, PCU）はGCの外側に設置されており、GCとPCU、GCと炉停止冷却系（shutdown cooling system, SCS；前で説明したEHXに相当するもの）をダクトで連結するための貫通孔は、アメリカ機械学会コード（ASME code）を満たすため、垂直方向に4.5m、水平方向に1m離さなければならない。貫通孔の間隔を狭くするとGCの壁をより厚くする必要が生じるため、製造性の点で問題となる可能性がある。

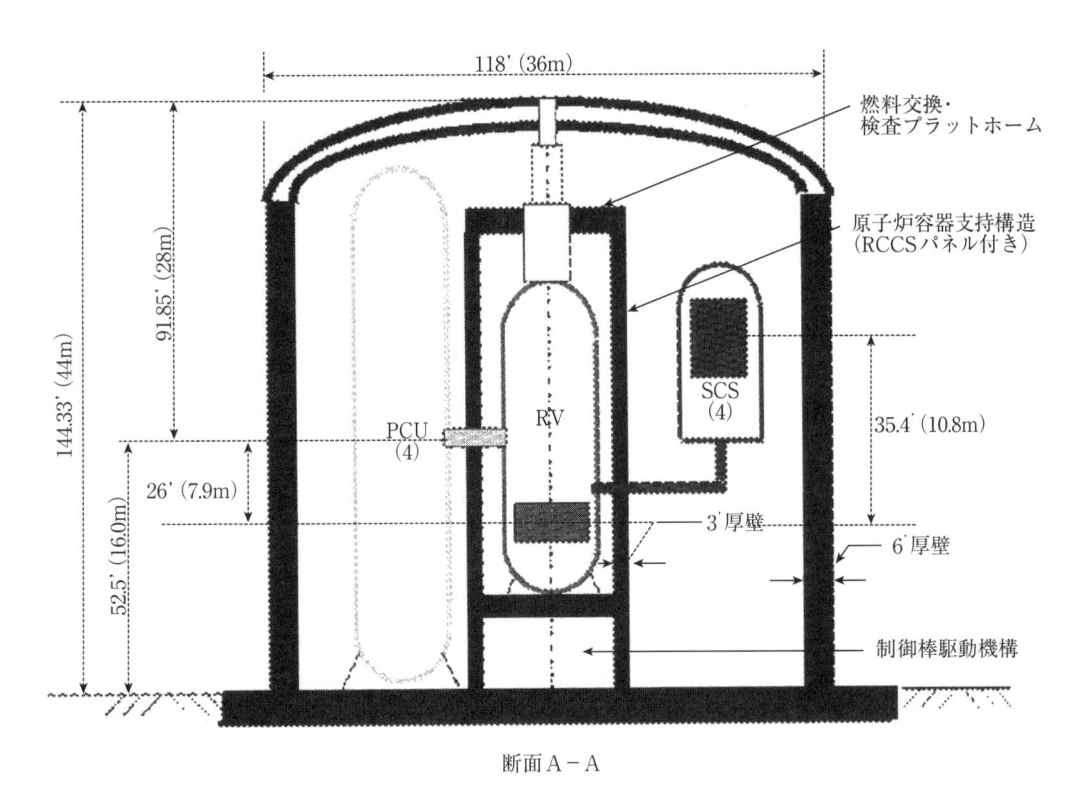

図17.15　保護格納容器（GC）の正面図

プラント全体の寸法は、原子炉容器（reactor vessel, RV）とPCUによって決められる。同様に、RVの径方向寸法は、炉心径と必要な反射体、遮蔽体の厚さから決められる。RVの高さは、SCSの高さと配管位置、IHXの高さと位置、炉心高さ、PCUが容器と連結する位置、そして燃料交換機の届く距離によって決められる。

17.4.2.4　GFRシステムと崩壊熱除去系の設計に関するまとめ

GIFでの研究に基づき、GFRシステムと崩壊熱除去系の設計について、以下の結論が得られた。

(1) 出力密度を低くすることで、高い受動的安全性を有したGFRを設計することは可能であるが、経済性の点では非常に高価となる。
(2) 受動的安全／固有安全性を持ったシステムの経済性を改善するには、異常事象時の自然循環冷却能力を強化する背圧を持たせる機構が有効である。背圧が高いほど、自然循環の駆動力である質量流は大きくなり、冷却は効果的になる。つまり、より大きな浮力を得て流量を増加させることにより自然循環能力は強化される。その一方、格納容器については長期間この背圧に耐える必要があり、よりコスト高となる。そのため、低コストで必要とされる背圧に耐えられるように、保護格納容器（すなわち、二重の格納容器）が設計されるようになった。
(3) 重質ガスの注入により、自然循環能力を強化できるとともに、作動流体の質量が増加するため崩壊熱除去に必要とされる背圧も低減することができる。重質ガスとしては、CO_2のようなガスが候補として挙げられる。

(4) 能動的安全システムに要求される除熱能力は非常に小さく（～100kW×3機のブロア）、同等規模の受動的安全／固有安全性システムより信頼性は高いかもしれない。
(5) 能動的安全と受動的安全を併用したシステムとすることで、自然循環のために要求される背圧は0.5～0.7MPaに最小化され、能動的安全系の除熱能力については～16kW（×3機）程度で済む。このシナリオでは、事故後、最初の24時間だけ能動的機器であるブロアが作動することが求められ、その後はブロアが停止しても自然循環だけで冷却することができる。

上記項目の（2）と（5）は、安全性以外のGIFの目標を合理的に達成しつつ、受動的／固有安全性を利用するという理想を最も良く満たしているようである。しかし他にも問題はあり、今後更なる研究が必要となる。例えば、GCが冷却されると作動流体の圧力が低下し、炉心の効果的な冷却能力が低下することなどが問題となるであろう。

【参考文献】

1. M. Dalle Donne and L. Meyer, "Turbulent Convective Heat Transfer from Rough Surfaces with Two-Dimensional Rectangular Ribs," *Int. J. Heat MassTransfer*, 20(1977)581 - 620.
2. C. B. Baxi and M. Dalle Donne, *Fluid Flow and Heat Transfer in the Gas Cooled Fast Breeder Reactor*, GA-A15941, General Atomics, San Diego, CA, July 1980.
3. L. L. Snead and J. W. Klett, "Ceramic Composites for Structural Applications," *Proc. GLOBAL 2003*, American Nuclear Society(2003)1077 - 1078.
4. See for example B.J. Makenas, J. W. Hales, and A. L. Ward, "Fuels Irradiation Testing for the SP-100 Program," *Proc. 8th Symposium on Space Nuclear Power Systems*, American Institute of Physics (1991)886 - 891.
5. E. A. Hofman and T. A. Taiwo, "Physics Studies of Preliminary Gas-Cooled Fast Reactor Designs," *Proc. GLOBAL 2003*, American Nuclear Society(2003)82 - 91.
6. Gamma Engineering Proposal to DOE for FY-2003 SBIR, Phase 1 Solicitation, "Development of a Hybrid SiC/SiC Ceramic Composite for Gas Cooled Fast Reactor Fuel Cladding and Core Structurals," Department of Energy, SBIR Program, January 2003.
7. D. Smith, P. McIntyre, B. Basaran, and M. Yavuz, "SiC Composite: A New Fuel Cladding for High-Temperature Cores," *Proc. GLOBAL 2003*, American Nuclear Society(2003)1821 - 1823.
8. S. J. Zinkle, "Nonfissile Ceramics for Future Nuclear Systems," *Proc. GLOBAL 2003*, American Nuclear Society(2003)1066 - 1067.
9. A. E. Waltar and A. B. Reynolds, *Fast Breeder Reactors*, Pergamon Press New York, NY(1981).
10. K. D. Weaver et al., *Gas-Cooled Fast Reactor: FY03 Annual Report*, INEEL/EXT-03-01298, Idaho National Laboratory, September 2003.
11. K. D. Weaver et al., *Gas-Cooled Fast Reactor: FY04 Annual Report*, INEEL/EXT-04-02361, Idaho National Laboratory, September 2004.
12. K. D. Weaver et al., *Gas-Cooled Fast Reactor: FY05 Annual Report*, INL/EXT-05-00799, Idaho National Laboratory, September 2005.
13. T. W. C. Wei et al., "System Design Report," I-NERI Project #2001-002-F, Report GFR 023, Argonne National Laboratory, February 2005.

第18章
鉛冷却高速炉

18.1 はじめに

この章では鉛（Pb）と鉛ビスマス共晶合金（lead-bismuth eutectic, LBE）の2種類の液体重金属を冷却材として使用する高速炉の概要について述べる。これらの液体重金属は、ナトリウムに比べて密度が非常に大きく、沸点も高い。現在これらの炉が注目されている主な理由は、液体重金属冷却材の特性を活かす事により、発電所の単位発電量あたりの建設コストを抑える事が出来る見通しが得られるためである。鉛冷却高速炉（lead cooled fast reactor, LFR）は単にナトリウム冷却高速炉（SFR）の冷却材を変更しただけのものではなく、設計の考え方や特徴が異なる。液体重金属の特性を活かして最適化された鉛冷却高速炉の設計は、ナトリウム冷却高速炉の設計とは大きく異なるものであり、冷却技術についても重金属とナトリウムでは別物である。この章では、鉛冷却高速炉の設計における液体重金属冷却材技術の特筆すべき特徴について紹介する。また、鉛冷却高速炉の3つの設計例を紹介する。

18.2 液体重金属冷却材

18.2.1 特筆すべき特徴

通常、鉛冷却高速炉には、冷却材として用いる液体重金属（heavy liquid metal coolant, HLMC）の種類に応じた2種類の高速炉がある。一つは純鉛を冷却材として用いる高速炉である。純鉛の融点は327.45℃、1気圧における沸点は1,743℃である。もう一つは、鉛（Pb）44.5at%、ビスマス（Bi）55.5at%の組成を持つ鉛ビスマス共晶合金（LBE）を冷却材として用いる高速炉である。鉛ビスマス共晶合金の融点は124.5℃であり、1気圧における沸点は1,670℃である。480℃における鉛と鉛ビスマス共晶合金の密度は、それぞれ10,470kg/m^3と10,100kg/m^3である。液体重金属冷却材の物性値やその取扱いに関する工学技術の概要は、“鉛ビスマス共晶合金と鉛の物性、材料共存性、熱流動、工学技術ハンドブック2007”の中で詳細に解説されている［1］。

鉛ビスマス共晶合金冷却高速炉は、旧ソビエト連邦において、海軍用の原子力潜水艦用原子炉と、その開発のための地上用原型原子炉が開発され建造された実績がある。しかしながらこれらの炉は、軍事利用に限定して作られたものである。今日でも、商業目的のための鉛冷却高速炉の実証炉や原型炉は建設されていない。つまり、鉛冷却高速炉は技術と経験の点でナトリウム冷却炉に比べて開発が遅れていると言える。

液体重金属冷却材は、いくつかの重要な固有の特性を有している。設計者は、設計の際にこれらの特徴を活かす事で、プラントコストを抑え安全性を向上させる事が可能である。これを実現する鉛冷却高速炉は、ナトリウム炉の冷却材を単に置き換えたものではなく、根本的に異なる設計となる。

液体重金属冷却材は、ナトリウムもしくは、ナトリウムカリウム共晶合金（NaK）のような発火性を持たない。これらのアルカリ金属と対照的に、液体重金属冷却材は水や水蒸気、空気と激しく反応する事はない。つまり、液体重金属冷却材を用いる高速炉の設計では、冷却材の漏えいに伴う火災予防対策や設備等を考える必要がない。加えて、設計者はナトリウム・水反応への対策や、この反応により生成される水素ガスなどに対する対策を考慮する必要がない。

鉛冷却高速炉への採用が検討されたエネルギー変換方式として、超臨界二酸化炭素（supercritical

carbon dioxide, S-CO_2）を作動流体とするブレイトンサイクルがある。鉛は約250℃以上の条件において二酸化炭素と化学的に反応しない事が計算からも明らかである。この温度は、鉛の融点である327.45℃よりも十分に低い。鉛とエネルギー変換のための作動流体（例えば、水／水蒸気や二酸化炭素）が激しい化学反応を起こさないことから、中間熱交換系を設置する必要はない。これにより、プラントの構造が複雑になる事を回避できるとともに、資本コストの削減につながり、プラント自体の信頼性も高められる。

18.2.2 運転温度の高温化

液体重金属冷却材は、その沸点が高いため高温条件での運転が可能である。その運転温度は沸点による制限を受けないが、被覆管や構造材料が健全性を保てるかどうかという点で制限される。これは、被覆管や構造材料の強度が低下する温度もしくは溶融する温度が、液体重金属冷却材の沸点よりも低いためである。鉛もしくは鉛ビスマス共晶合金を冷却材に用いる高速炉の設計では、1次系の運転圧力が低く、たとえ1次系で冷却材漏えいが発生しても冷却材が飛び散ることはないため、液体金属冷却システムにとって伝統的な長所である低圧でコンパクトな炉設計が可能となる。中間熱交換系を省略した鉛冷却高速炉の1次系構造の一つとしてプール型がある。この炉構造では、炉心や熱交換器などのすべての重要な構成機器は原子炉容器の内側に設置され、その原子炉容器はガードベッセル（guard vessel）で覆われている。

炉容器から冷却材が漏えいする事故が起きた場合、漏れた冷却材はその外のガードベッセル内に溜まるため、炉容器の液位は熱交換器の稼働に必要な最低限の高さを維持できる構造になっている。液体重金属冷却材は沸点が高いため、冷却材の減圧沸騰や通常の沸騰による冷却材喪失の可能性は低い。更に、プール型構造とガードベッセルの組み合わせにより、１次系冷却材喪失の可能性を殆ど排除する事ができる。また炉心からの熱除去に加え、通常運転時用の熱交換器や緊急時用崩壊熱除去系への熱輸送、そしてガードベッセル外面の空気の自然対流による熱除去が、単相の1次系液体重金属冷却材の自然循環によって継続可能であることも確認されている。こうした特性は、液温が沸点以下にあるナトリウム冷却高速炉でも同様である。しかしながら、液体重金属冷却材の沸点はナトリウムの沸点よりも遙かに高いため、冷却材の沸騰に制限されない高温条件の運転シナリオを採用することが可能である。これにより、高効率の超臨界CO_2ブレイトンサイクルのような、高温で稼働する高効率エネルギー変換システムの性能を十分に活かすことが可能となる。

鉛冷却炉を高温条件で運転する為には、ナトリウム炉を高温条件で運転する際と同様に、材料に関する課題を解決する必要がある。構造材料のクリープやクリープ疲労の課題を解決しなければならず、またボイラーや圧力容器に関して、ASMEの規格のような高温条件の設計基準がないことも課題である。更に、既存の材料を液体重金属環境で使用する場合は、低温条件の運転では全くもしくは殆ど問題とならないが、高温条件の運転では材料腐食が課題となる。鉛や鉛ビスマス共晶合金を冷却材として用いて高温運転を行うためには、新しい材料を開発することが必要である。

18.2.3 核的性質と流動特性

鉛もナトリウムも中性子の吸収断面積は小さいが、鉛による中性子の吸収はナトリウムよりも若干小さい。また、鉛は中性子の弾性散乱がナトリウムに比べて若干大きいが、一回の衝突あたりのエネルギー損失は小さい。冷却材の中性子吸収が小さければ、反応度を犠牲にすることなく、燃料棒の格子間隔を広げることができる。冷却材体積割合の増大により、水力等価直径も大きくなり、燃料部を通過する際の摩擦による圧力損失を低減できる。結果的に自然対流がより効果的になり、さらに大きな炉心熱出力の輸送が可能となる。炉心の水力等価直径を拡げる方法の一つは、隣接する燃料棒同士の間隔を大きくとることである。他の方法としては、燃料棒直径の増大であり、これはピッチ拡大と合わせて適用されることが多い。しかし、燃料棒の配置間隔を広げることで、鉛冷却高速炉の炉心がナトリウム冷却炉よりも大きくなり、出力密度は小さくなってしまう。設計者が鉛冷却高速炉全体の冷却材体積を同じ出力のSFRに比べて小さくしようとする場合、炉心直径増加を如何に抑制するかが課題となる。

炉心に直径の大きな燃料棒を広い間隔で配置するためには、SFRで採用されている典型的な方法とは異なる燃料ピン支持構造が必要となる。SFRでは、ワイヤースペーサーを巻きつけた燃料棒を六角格子状に配置して下部で固定し、断面が六角形の集合体ダクト（ラッパ管）に収納している。一方、燃料棒間隔が広く燃料棒の直径が大きい典型的な鉛冷却高速炉では、軽水炉の燃料集合体と同様に、燃料棒同士の間隔を適切に保持するために軸方向数か所をグリッドスペーサーによって固定する。燃料棒は燃料集合体の底部でも固定される。太径燃料棒とグリッドスペーサーの採用は、燃料棒の変形抑制にも効果的である。

鉛冷却高速炉では、燃料集合体の支持構造としての流路ダクトは必要ない。それゆえ、ダクトを構成する鋼材を炉心からなくすことができる。集合体ダクトをなくすことにより、各国で広く導入されている加圧水型炉のような開放型燃料格子の炉心構造とすることができる。この様なダクトレス燃料集合体構造では燃料棒間にクロスフローが生じる。これにより、炉心底部から流入する冷却材の流れが局部的にせき止められた場合に生じる炉心流路閉塞事故を予防する効果が期待できる。しかしながら、ダクトを持たない一定間隔燃料格子配置の炉心では、SFRのように個々の燃料集合体の流路におけるオリフィス（流入口の開度調整等によって流量を制御する機構）の調整によって局所的に出力と流量の割合（出力流量比）を制御するような設計ができない。なおこの出力流量比は、燃料の部分的な濃縮度変更や、局所的な格子間隔の変更による水力等価直径の変更により、多少は調整可能である。

液体重金属冷却材の密度は、 ρ_{Pb}=10,400kg/m^{3}と大きいため、冷却材を循環させるためのポンプ動力が大きくなってしまうことが、過去の文献でしばしば指摘されている。これは冷却材の流速を一定として考えた場合に、摩擦損失が密度に依存することが理由である。確かに液体重金属冷却材の密度が大きいことは鉛冷却高速炉の欠点の一つであると言える。一般的には、要求されるポンプ動力は体積流量に比例して増加する局所的な圧力損失の総和に等しい。例えば、炉心熱出力と温度条件を一定とし、主要な圧力損失が炉心部で生じると仮定した場合、ポンプ動力は炉心部の圧力損失や炉心部の熱出力に比例して大きくなり、冷却材の密度、比熱、炉心部の温度上昇分に反比例して小さくなる。しかしながら、適切に設計した鉛冷却高速炉で要求される総ポンプ動力は、冷却材の密度が大きいにも関わらず、ナトリウム炉の場合よりも小さくすることができる。なぜならば、燃料棒はより広い間隔で配置され、炉心部における冷却材の速度は低くなり、それに伴い圧力損失も小さくなるためである。また、SFRでは欠くことができない中間熱交換系とそれに付随するポンプも省略できるためである。

18.2.4　高密度冷却材の特徴と課題

液体重金属冷却材の密度はナトリウムに比べて大きく、その流れによる動圧や質量によって構造に大きな負荷がかかるため、原子炉の構造材はより分厚く丈夫なものとする必要がある。この点については、液体重金属冷却材の高密度という特徴は、構造材料にかかるコストを増やしてしまうという意味で、欠点であるといえよう。このため設計者は、SFRに比べて構造を単純化し、構造材の物量を減らそうと努めなければならない。実際の炉設計において、液体重金属冷却材の高い密度は、地震への対策を考える上でLFRのサイズを制限する重要な因子となる。例えば、図18.1に示す欧州鉛冷却炉（European Lead cooled System, ELSY）の概念では［2-4］、2次元免振構造とすることにより、

600MWe（1,500MWth）の出力を達成している。この構造であれば、更に高出力の設計とすることも可能と考えられる。ELSYに関する詳細は、18章の18.4.2節で説明する。

液体重金属冷却材の密度は、構造材料として用いられる鋼材の密度よりも大きいため、炉容器等の内部で冷却材内に浸漬されているものは、固定しなければ浮力により浮かんでしまう。酸化物燃料の密度も冷却材の密度よりも小さいため、燃料集合体も固定しなければ同様に冷却材の中で浮き上がる。但し、金属燃料や窒化物燃料の密度は液体重金属冷却材よりも大きい。実効密度が冷却材よりも大きい金属燃料もしくは窒化物燃料を採用すれば、冷却材中に固定せずに設置ができ、かつ取り出しも可能な燃料集合体を設計することが可能である。

液体重金属冷却材の密度が高いことは、安全性等のいくつかの観点で利点となる。高密度の冷却材の特筆すべき点は、特定の炉型の設計研究で想定される容器内熱交換器の細管破断事故において、ボイドの成長や破断箇所より下方へのボイドの移動を抑制できることである［5］。これにより、炉特性に影響するような大きなボイドは炉心部に輸送されず、好都合にも液体重金属冷却材の自由表面へ移動し、受動的圧力解放システムにより容器から排出される。設計者は、炉心部へのボイドの輸送の可能性を少しでも低減し、かつ、自由表面へのボイド上昇をより確実にするための設計仕様を取り入れる必要がある。このことは中間ループを削除することにも繋がる。

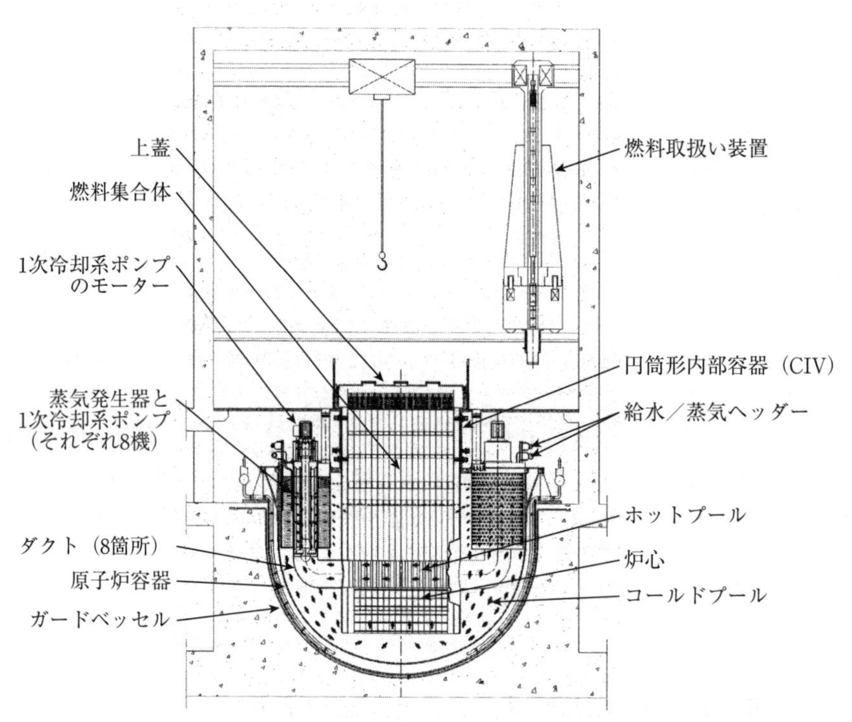

図18.1　ELSY（欧州鉛冷却炉）の1次冷却系の図

ELSYでは、冷却材である鉛の密度が大きい為に、蒸気発生器や炉心の中を流れる冷却材を駆動するために必要な水頭は僅か1.5mである。冷却材の液面高さが低いため、1次冷却材の体積と重量は大幅に低減される。1次冷却系の冷却材量が少なければ、炉容器に必要な鋼材量も減らすことができる。また冷却材の密度が大きい故に、ポンプの必要有効吸込ヘッド（required net positive suction head, NPSH）は従来よりも低い水頭で十分となり、循環ループのホットレグ内側（の炉心よりも高い位置）にポンプを設置する事が可能となる。これにより、要求されるポンプシャフトの長さを短くする事ができ、同様に、要求される炉全体の体積や炉内構造物を減らすことができる。蒸気発生器に冷却材を供給するホットレグ内の複数のポンプは、コールドプールの液面をホットプールの液面よりも高い位置に押し上げている。そのため、全交流電源喪失やポンプコーストダウンが生じた場合は、コールドプールとホットプールの液面の高さの差に相当するヘッドが、圧力損失の小さい炉心内の冷却材流れを維持し、初期の過渡的な温度変化を最小限に抑える。これはコールドプールとホットプールの液面の高さが同じになるまで継続される。対照的に、プールタイプの炉で1次冷却系のポンプがコールドレグに設置された場合（すなわち、SFRの典型的な機器配置の場合）には、ホットプールの高さがコールドプールの位置よりも高くなるため、両者の高さの差に相当する圧力ヘッドはそのレベル差が小さくなるように逆方向に働き、炉心を連続的に通過する冷却材の抵抗となりうる。

18.2.5　材料との共存性

液体重金属冷却材は、接液した鋼材表面から鉄（Fe）、クロム（Cr）、ニッケル（Ni）を溶出させるが、その溶出速度は温度が上昇するにつれて大きくなる [6]。一般的にビスマス中の溶解速度は鉛中よりも大きい [7]。そのため、鉛ビスマス共晶合金冷却材は、純鉛冷却材に比べて鋼材を激しく腐食する。冷却材中の溶存酸素濃度を適切な範囲内に維持する様に積極的に制御するとともに、液体重金属冷却材の流速を1m/s以下に抑えることで、鋼材表面に保護性のある酸化被膜を形成して耐食性を向上させる方法が確立されている（570℃以下において、四酸化三鉄（Fe_3O_4）の酸化被膜が形成される）。これにより、鋼材の溶解と酸化鉛（PbO）の生成を十分に抑制することができる。酸化物の形成は、構造材料の腐食を完全に抑制するものではなく、その腐食率を小さくするものである。液体重金属冷却材に長時間接液する構造材料に対しては、その接液時間から腐食すると想定される以上の腐食代（しろ）を設計時に考慮しなければならない。

鋼材の腐食に関して、およそ425℃以下の温度では酸素濃度の制御がなくても腐食率は小さいことがこれまでに知られている。つまり、およそ425℃以下では液体重金属冷却材による腐食は課題とはならないが、425℃以上の環境では酸素濃度を制御する必要がある。ステンレス鋼は、酸素濃度制御をしたとしても、腐食の発生により、およそ500℃程度までしか使用できない。この温度以上では、ステンレス鋼の腐食はさらに加速することとなる。一方、9Cr鋼や12Cr鋼のようなフェライト-マルテンサイト鋼（ferritic/martensitic steel）は、酸素濃度制御の実施により、500℃以上においても優れた耐食性を持つ。例えば、T91鋼（改良高クロム鋼）は500℃から550℃の範囲で使用可能であると考えられている。この上限温度の550℃は、四酸化三鉄（Fe_3O_4）が熱力学的に不安定になり分解する温度である570℃に近い。本書を執筆している時点でも、550℃もしくはそれ以上の温度条件の液体重金属冷却材中で使用可能な耐食性の高い材料とその製造に関する研究開発が進行中である。その一つとして、液体重金属冷却材に対する耐食性を高める効果のあるシリコン（Si）を添加したフェライト鋼の開発が挙げられる。特に、被覆管材へ実際の応用が期待されるのは、Si含有率の高い鋼材でフェライト-マルテンサイト鋼の表面を覆って成形製造する方法である [8]。このSi強化層は、材料の照射安定性を低下させるものの、耐食性を向上させることができる。この場合、下地金属が構造材料として強度と照射場での安定性を担う。

近年、カールスルーエ研究所において、表面アルミ合金化処理を施したT91フェライト-マルテンサイト鋼被覆管材が、平均流速3m/s以下、温度550℃以下の鉛流動場条件において、耐腐食性を有することが証明された [9]。この表面アルミ合金化処理には、パルス電子ビームにより材料表面処理を行う、同研究所のGESA-IVという装置が用いられた。欧州鉛冷却炉ELSYの設計概念では、表面アルミ合金化処理されたこの被覆材を採用している。この表面アルミ合金化処理により、さらに高い温度、大きな流速条件における耐食性が期待されている。ELSYは、鉛に接液する被覆材の最高温度上限を550℃、入口温度／出口温度を400/480℃、冷却材の流速の上限を2m/sと設定して開発されている。

ELSYの機器構成を図18.1に示す。機械式の軸流ポンプを採用しており、炉心から見て下流側の、原子炉容器とは隔離されたホットレグに配置されている。この配置により、オーステナイト系ステンレス鋼製の炉容器は、400℃の温度のコールドプールに接することになり、炉容器の腐食リスクが低減されている。炉心出口温度480℃の環境に置かれるポンプのインペラー（羽根車）は、ほかの構造材料よりも速い冷却材流速条件にさらされる。現在のELSYプロジェクトにおいて研究中のポンプインペラー候補材料は、合同会社”3-One-2”［10, 11］により製造されるTi_3SiC_2である。この材料は、プレス加工、鋳込み成形、射出成型、機械加工、もしくは金属面への溶射による被覆層形成が可能である。この材料は剛性が高く、熱衝撃への耐性を持ち、傷つきにくく、強靭で、疲労耐性を有すると報告されている。この材料の耐食性については、低酸素濃度条件において800℃と650℃で1,000時間、石英製のループを用いて試験が行われた結果、鉛による腐食の痕跡は見られなかったことが報告されている［12］。

炉内の酸素濃度を低減するには、水素とヘリウムの混合ガス（水素爆発を抑制する不活性材としてヘリウムを混合したガス）の冷却材中へのバブリングが有効な方法である。冷却材に溶存した酸素を水素と反応させ、生じた水（蒸気）をガスとともに除去することで酸素濃度が低減される。逆に酸素濃度を上昇させるためには、酸化鉛（PbO）の粉粒を流動する鉛中に浸漬する方法がある。鉛中の酸素濃度を適度な範囲内に制御するためには、十分な精度で酸素ポテンシャルを測定する必要がある。溶存酸素濃度の測定には、酸素イオン伝導を利用した固体電解質型の酸素センサーが使用される。その固体電解質センサーを液体重金属冷却材内に電気回路を組むように浸漬すると、参照極と液体中の酸素ポテンシャルの差により起電力が得られるという仕組みである。

冷却材中には汚染を引き起こす元素が溶出する。例えば、鉄は冷却材中に溶出し酸化され、酸化物の粒子を形成する。これらは、狭い流路（たとえば、炉心内のグリッドスペーサー付近の流路）において析出し、流路閉塞の原因となりうるため、冷却材から取り除かなければならない。鉛ビスマス共晶合金や鉛の冷却材から、これらの汚染物質をフィルターで取り除く方法がロシアで開発されている［13-15］。

ステンレス鋼の表面に形成される酸化物は電気抵抗を生じる。液体重金属冷却材はナトリウムに比べて導電性が低いことに加えて、鋼材表面の酸化膜は電磁ポンプの効率を（ナトリウム冷却炉内の電磁ポンプに比べて）悪化させる。従って、鉛冷却高速炉では1次冷却系や中間ループのポンプとして電磁ポンプを採用することはあまり検討されていない。

18.2.6 冷却材の凝固

前述のように、鉛ビスマス共晶合金の融点は124.5℃であるのに対し、鉛の融点は327.45℃と高い。旧ソビエト連邦により開発された鉛ビスマス共晶合金冷却炉やその他の鉛冷却炉の概念設計の多くは、低い融点を持つ鉛ビスマス共晶合金を冷却材として用いている。液体重金属冷却炉では、起動時において冷却材を溶解し、その後も溶融状態を保持するために、炉システムに予熱設備を備えていなければならない。これはナトリウム冷却炉でも同様に必要な設備だが、冷却材融点は鉛ビスマス共晶合金の方が高く、純鉛では更に高い。原子炉停止中の燃料交換、検査、メンテナンスのための作業は、系内で局所的な冷却材の凝固が起きないように、冷却材の融点とのマージンを十分に考慮した温度で実施される。ナトリウム冷却炉において、燃料交換を実施する際の標準的な温度条件は200℃である。この温度は、鉛ビスマスの凝固点から75℃という十分なマージンを満足するものでもある。一方、鉛冷却材の場合には、燃料交換時におそらく400℃程度の温度が必要である。つまり、高い融点を持つ鉛を冷却材として使用する場合には、燃料交換、検査、メンテナンスのための運転を約400℃という高温で実施しなければならない。

冷却材の凝固と溶解のプロセスは、燃料棒や構造材を傷めるような応力の発生につながることがある。炉の構造材料に悪影響を与える操作は極力回避しなければならない。これはナトリウム冷却炉でも同様に考慮すべきことである。たとえば、もし冷却材が流路チャンネルを満たしたまま固化し、その状況で加熱した場合、溶融過程の固体と液体の熱膨張により周囲の構造材に応力を与え、最終的に破損を生じかねない。新燃料を装荷した炉心を立ち上げる際には、燃料が冷却材を溶融する熱源として使用できるほど十分に大きな崩壊熱を持っていないため、他の加熱方法により冷却材の凝固を防がなければならない。原子炉構造をプールタイプとして、冷却材の体積に対する表面積の比率を小さくすれば、このリスクを軽減できる。鉛ビスマス共晶合金は、固化する過程で若干の収縮率をもち、固化した状態では塑性（plasticity）が高く強度は弱い。これは、冷却材合金を固化しさらに環境温度まで冷却する際の、構造材への機械的ダメージを軽減、もしくは排除することにつながる好ましい特性である。鉛ビスマス共晶合金が構造材を覆いながら固化する際に生じる応力は、固化する速度（即ち降温速度）を小さく保つことによって制御することができる。同様に、固化した冷却材を溶融する際には、自由液面から下方に向かって徐々に溶融させれば良い。鉛は、鉛ビスマス共晶合金よりも凝固時の収縮率が大きい。よって、正常な運転時の一時的な温度変動や想定しうる事故の安全評価においては、液体重金属冷却材の過冷却事象や、（例えば熱交換器チューブの外側などでの）冷却材の局所的な凝固の可能性やその影響について、十分に考慮しておかなければならない。

18.2.7　熱伝達の相関式

液体金属の熱伝達相関式として、9.3章で述べたものと類似した式が、鉛の特性を適切に評価することにより液体重金属冷却材にも適用できる。一般的に、これらの相関式は液体金属の熱伝達実験により得られたデータに基づいて導き出されてきた。しかしながら、液体金属の熱伝達相関式を液体重金属冷却材へ適用する場合には、幾つか注意しなければいけない点がある。その一つは構造材料表面に形成される酸化物であり、これは小さな熱抵抗となる。また、ロスアラモス国立研究所の実験装置DELTAループで実施された熱伝達実験により、総括熱伝達係数は溶存酸素濃度に依存し、酸素濃度が高くなるにつれて増大することが明らかになっている［16］。この現象は、鉛ビスマス共晶合金の濡れ性に起因する。熱伝達のデータは、濡れ不良の程度は溶存酸素濃度が高くなるにつれて減少することを示唆している。液体重金属冷却材は構造材料に対する濡れ性は低く、短時間で十分な濡れ性を持つようになるナトリウムのようなアルカリ金属に比べて濡れ性は劣る。熱伝達に関する詳細解析には、溶存酸素ポテンシャルが冷却材と燃料チャンネル表面との間の総括熱抵抗に与える影響を考慮することが必要である。

18.2.8　健康被害の対策

^{209}Biが中性子を吸収すると、^{209}Bi+n→^{210}Po+e^{-}の反応経路により、^{210}Poを直接生成する。^{210}Poは、半減期が138日でα線を放出する。ポロニウム元素は室温では固体であり、融点は254℃である。また、1気圧の条件下における沸点は962℃である。高い沸点を有するにもかかわらず、ポロニウムは高い揮発性を有する。液体重金属冷却材の中でポロニウムは、ポロニウム化鉛（PbPo）の化合物形で保持される。しかしながら、水蒸気と接触することにより水素化ポロニウム（PoH_2）を形成する。水素化ポロニウムの融点は-36.1℃で、1気圧下の沸点は35.3℃であり、揮発性が高い［17］。つまり、水素化物等の^{210}Poを含む気体状の化合物やエアロゾルが大気中を輸送され、それらを吸引することにより健康被害がもたらされる。

鉛ビスマス共晶合金では上述の通り^{210}Poを生成してしまう。鉛冷却炉の設計で、しばしば純鉛が冷却材として選択されるのはこの理由に因る。純鉛を冷却材に使用する事により、鉛ビスマス共晶合金に比べて、生成されるポロニウム量は2桁から4桁程度低減される。しかしながら、^{208}Pb+n→^{209}Pb→^{209}Bi+e^{-}の核変換経路により僅かに^{209}Biが生成され不純物として溶存するため、^{210}Poの生成を完全にはなくすことはできない。

冷却材漏えい時の対策のみならず、燃料交換や修理などの作業時においても、^{210}Poから作業者を保護し、その環境中への放出を最低限に抑えなければならない。ロシアではその対策法を開発してきた［13］。対策の例としては、作業現場の放射線管理区域設定、汚染作業エリアの空気をファインファイバーのエアロゾルフィルターを通過させ浄化する方法、防護服やガスマスクの使用、ポロニウムが流入しないように空気を加圧した隔離室の使用、漏洩し固化した鉛ビスマス共晶合金の除去、汚染された表面から簡単にポロニウムを除去するためのポリマーフィルム加工、ポロニウムによりひどく汚染された箇所での切断/溶接作業の禁止などが挙げられる。ロシア以外の国においても、運転中に鉛ビスマス共晶合金からポロニウムを有効に除去する手法についての基礎研究が実施されている［18, 19］。

鉛は毒性を有し、健康被害をもたらす物質である。体内のあらゆる箇所に害をもたらし、早ければ数日間、長くて数年以内に健康障害や疾病を引き起こす。アメリカでは製造業や建設業の作業者を鉛の健康被害から守るための規制と手順が確立されており、しっかりと順守されている。鉛を取扱う作業に対する規制は、鉛や鉛ビスマス実験用の循環ループや施設への鉛の充填作業や起動、稼働、改良を妨げるものではない。

18.2.9 燃料材料

窒化物燃料のような先進燃料を鉛冷却材と組み合わせて使用することにより、炉の固有の安全性の更なる追究が可能である。ただしこれには、窒化物燃料が定常的および過渡的な照射試験において十分な性能を有することが実証され、要求される性能に見合うような信頼性の高い製造方法が確立されることが前提となる。窒化物燃料は、酸化物燃料に比べて高い原子数密度を有しているため、燃料の体積を減らす事ができる。更に、1.0を超える炉心内部転換比や低い燃焼反応度スイングを達成する為に必要な性能を失うことなく、冷却材の体積割合を増やすことができる。これは、必要な余剰反応度の低減、ひいては制御棒誤引き抜きによる投入反応度の抑制につながる。金属燃料が650℃以上の温度で鋼材の被覆管と共晶反応を生じるのに対して、窒化物燃料は、被覆管が溶融するか窒化物が分解するような高温度まで、被覆管内に充填された鉛ボンド材や被覆管材料として使用されるSi添加鋼材やフェライト-マルテンサイト鋼と良い共存性が保たれるとされている。超ウラン窒化物燃料が分解する温度は高く、1,350℃以上と予測されている。そのため窒化物燃料は、被覆管や構造材料の強度が低下したり溶融したりする温度においても健全な状態を維持することが可能である。

窒化物燃料は高い熱伝導特性を持ち、ペレットと被覆管の間に鉛ボンド材を使用することにより、通常運転および事故時の燃料最高温度を低くできる。これにより、燃料内に蓄積されるエネルギーは低下する。同時に、炉出力が低下する事故の際に、燃料と冷却材温度が釣り合うことによる燃料温度の低下で印加される正の反応度寄与を減少させる。窒化物燃料は、その単位体積あたりの核分裂生成ガスの放出が少ない。よって放出ガスによる燃料棒の内部加圧に起因するフープ応力が小さくなり、被覆管の熱クリープ現象が抑制される。概念設計が行われたSSTAR（Small Secure Transportable Autonomous Reactors）やSTAR-LM（Secure Transportable Autonomous Reactor with Liquid Metal）の炉概念では［20-24］、純鉛を冷却材に用い、超ウラン窒化物燃料を燃料として採用している。これらの組み合わせは、系の温度上昇時や温度平衡化時において大きな負の反応度をもたらすフィードバック効果を備える。この強い反応度フィードバックにより、炉出力は除熱能力範囲を超えることなく減少し、2系統の能動的炉停止システムが原子炉スクラムに失敗した際にも原子炉は自動停止する。SSTARとSTAR-LMの詳細については、18.4.3節で述べる。

18.3　ロシアにおける鉛冷却高速炉開発

今日の液体重金属冷却材技術に関する経験のベースは、旧ソビエト連邦と続くロシア連邦において、軍事目的で80炉年に及んで運転された鉛ビスマス冷却炉で蓄積されたものである。原子力潜水艦の動力用原子炉として、熱出力73MWthの炉が2基、155MWthが8基、合計で40炉年運転されたのに加え、70MWthと155MWthの陸上用原型炉も建設・運転された［13, 25-27］。ロシアは、これらの炉に先立ち、技術の実証と検証を目的としたパイロットプラントに相当する小型鉛ビスマス冷却炉の建設・運転は行っていない。それは軍事的意図により、鉛ビスマス冷却炉の実際の導入を急いだためである。炉の運転中に遭遇した技術的な課題や事故から経験を積み重ね、冷却技術、腐食特性に関する知見、鉛ビスマス系内の物質の輸送、運転中に生成される^{210}Poの処理などに関する技術を蓄積していった。鉛ビスマス冷却原子炉やその事故の内容について公開された文献は限られている。原子力潜水艦の動力用原子炉の詳細な設計情報に関しては全く公開されていない。例えば、その設計の概略図すら見ることはできていない。

ソビエト連邦の崩壊後、ロシアは電力供給のための地上用鉛冷却高速炉の開発に取り組んだ。そこでは、二つの方針が、二つの組織により追求されてきた。一つは、300MWe出力のBREST-OD-300や1200MWe出力のBREST-OD-1200のような鉛冷却炉であり、モスクワの動力工学開発研究所（Research and Design Institute of Power Engineering, NIKIET）による開発である。もう一つは、オブニンスクの物理発電工学研究所（Institute of Physics and Power Engineering, IPPE）により牽引されている、鉛ビスマス冷却タイプのSVBR-75/100の開発である。BREST炉概念は、1次系構成はプール型であり、レンガで囲まれた底部支持型の大型タンク構造になっている［28］。タンクの破損時には、漏れ出した鉛冷却材がレンガとの隙間で凝固することにより、受動的にタンクを閉塞・密閉できるように設計されている。BREST炉では耐震設計は取り入れられていない。鉛の凝固温度（融点）との十分なマージンをとるため、BREST炉の炉心入り口温度は420℃、炉心出口温度は540℃と設定されている。鉛が接液する被覆管における最高温度は630℃である。エネルギー変換システムは、27MPaのランキン超臨界蒸気サイクルであり、蒸気発生器の入口/出口温度は355℃/525℃である。

ロシアにおける鉛ビスマス冷却炉、鉛冷却炉、そして液体重金属冷却材技術に関する重要な情報は、1998年［13］、2003年［14］、2008年［15］にロシアのオブニンスクにて開催された液体重金属冷却材に関する国際会議の論文集から得ることができる。尚、この2008年の会議は、世界で最初の鉛ビスマス冷却炉（27/VT陸上用原型炉）の50周年を記念して開催された。

18.4　鉛冷却炉の概念

この本を執筆している時点では、商業用鉛冷却炉の概念検討（すなわち基礎研究）のみが行われている。設計者が鉛冷却炉概念の設計に取り入れてきた仕様や特徴を説明するために、以下に3つの設計例を示す。

18.4.1　SVBR-75/100（小型鉛ビスマス冷却高速炉）

鉛ビスマス冷却高速炉であるSVBR-75/100の概念図を図18.2と図18.3に示す［29-31］。炉出力は、設定された設計パラメーターに依存して75~100MWe（210～280MWth）の範囲にあり、冷却材には鉛ビスマス共晶合金を用いている。設計の条件や仕様は本章末尾の表18.1に整理してある。SVBR-

75/100の概念は、元々、ロシアのオブニンスクにあるIPPE研究所によって開発され、その当時既に実施されていた705/705Kという原子力潜水艦開発プロジェクトの155MWth出力鉛ビスマス炉の技術に基づいているとされている。SVBR-75/100の炉心入口温度と出口温度は、鉛ビスマス共晶合金の融点が125℃であるのに対して、それぞれ320℃と482℃である。被覆管の最高温度は550℃以下である。炉型はプールタイプで、炉容器内には蒸気発生器と機械式ポンプがあり、ポンプのモーターは炉容器頂部に設置してある。蒸気発生器は炉容器内部で冷却材に浸漬されており、ナトリウム炉で用いられる中間熱交換系（2次冷却系）は省略されている。蒸気発生器とポンプは炉容器内で別々の隔室に配置してある。蒸気発生器の細管が破断した場合、蒸気の泡（冷却材中のボイド）は鉛ビスマスの自由液面へ上昇し、カバーガス中へ放出される。蒸気発生器のチューブ破断時には、接続されているガス系のラプチャーディスクが1.0MPaで破壊し、圧力を解放する。温度が700℃を超えると受動的炉停止するように、安全棒は溶融性固定具（fusible lock）機能を取り入れた構造になっている。初期のSVBR-75/100は、燃料として16.1%濃縮度のUO_2を使用しているが、軽水炉から高速炉への移行期には軽水炉使用済み燃料から発生するプルトニウムやマイナーアクチニドを装荷すること、将来的にはSVBR-75/100自身から生じるそれらの重元素を使用することが考えられている。

この炉の燃料は崩壊熱のレベルが高いため、燃料交換時には1回の操作で燃料集合体1体のみを交換する。各々の燃料集合体は、液体鉛に浸漬され、この鉛はやがては凝固する。その後、乾式貯蔵庫にて保管される。これとは対照的に、新しい炉心は、一つのカートリッジとして一体装荷される。SVBR-75/100では、緊急時の崩壊熱除去対策として、炉容器周りのガードベッセルを取り囲むように水タンクが配置されている。水の冷却循環ループにより、熱を水タンクから空冷式熱交換器へ輸送し、大気をヒートシンクとして排熱する。核的炉停止の直後には、ガードベッセル表面で水の沸騰が生じることがある。水の飽和温度は鉛ビスマスの凝固温度（融点）よりも低いが、炉容器とガードベッセル間の温度差により、鉛ビスマスは長期間固化しないと考えられる。一つの原子炉建屋の中に複数のSVBR-75/100炉を設置し、それらからの蒸気で一つもしくは二つのタービン発電機を駆動するような設計も検討されている。

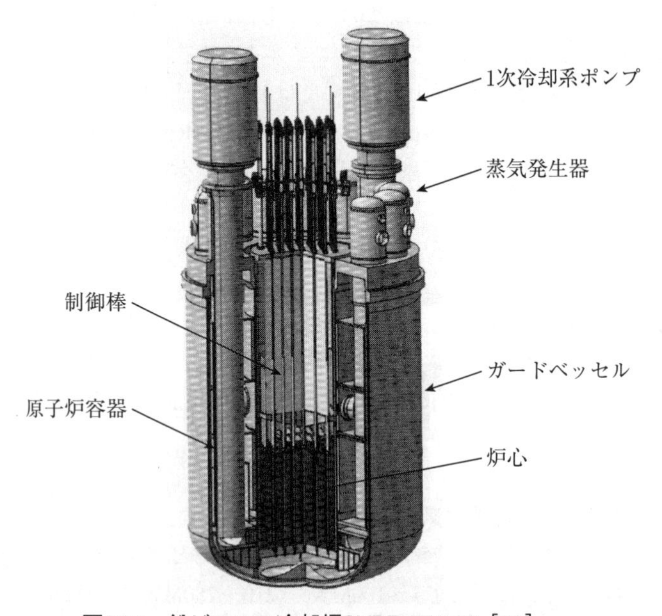

図18.2 鉛ビスマス冷却炉SVBR-75/100［29］

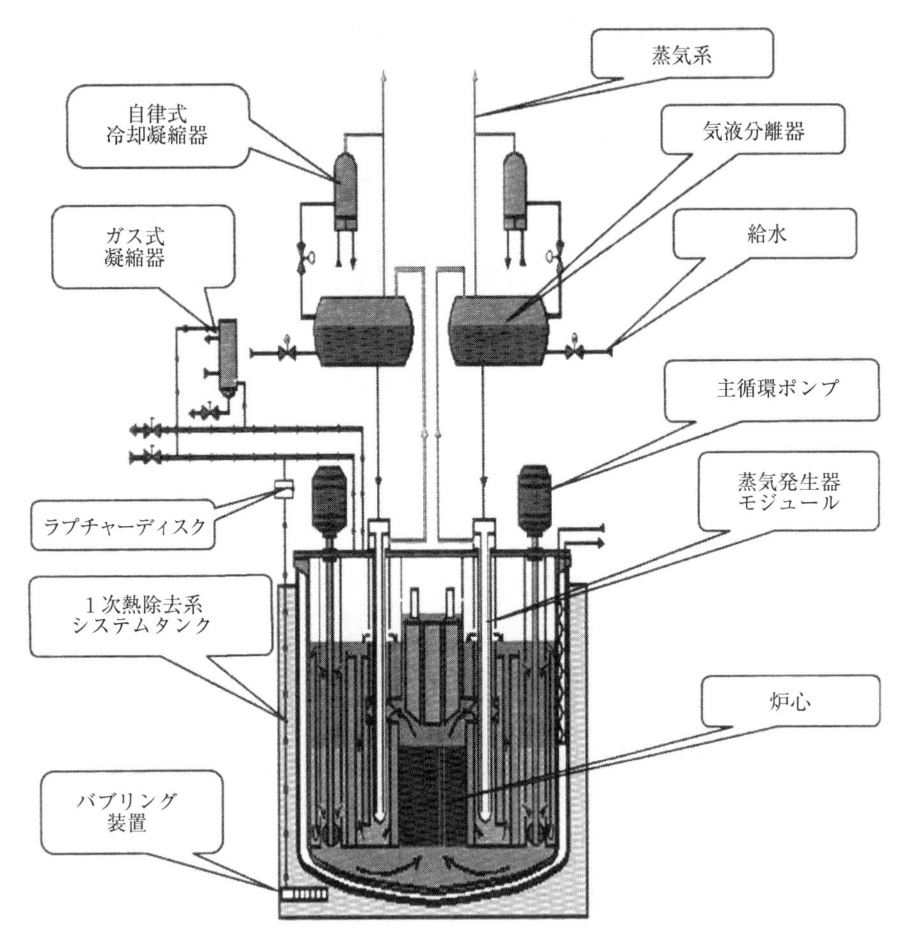

図18.3　SVBR-75/100の1次熱除去系の構成［29］

18.4.2　欧州鉛冷却炉 ELSY

欧州鉛冷却炉（ELSY）概念の熱出力は1,500MWth、電気出力は600MWeである［2-4］。ELSYプロジェクトは、イタリア政府を始め、他のヨーロッパ政府と第6次研究枠組み計画（Europian Union 6th Framework Program, FP6）からの予算措置に基づき、19の組織からなるコンソーシアムにより推進された。ELSYのシステム概念設計では、電気出力あたりのプラント建設コストを、ナトリウム冷却高速炉や軽水炉より低く抑えるために、鉛冷却材の特徴を最大限に活用することを目標としている。ELSYの主な役割は、鉛冷却高速炉の技術的な成立性、経済性、そして単純化、コスト低減、安全性向上のための革新技術を実証することである。ELSYの予備的概念設計では、典型的なナトリウム冷却炉の設計に基づくアプローチや仕様を前提としない。その代わりに、ELSYの設計概念では、鉛冷却材の特徴、液体重金属冷却材と材料との共存性に関する既往知見、液体重金属冷却材の取扱い技術に関する既往知見、そしてナトリウム冷却高速炉での経験を改めて取り入れ、開発に反映している。

ELSYの概念図を図18.1に、主要な性能・仕様を表18.1に示す。ELSYでは、ポロニウムの生成を最小限に抑えるため、純鉛が冷却材として選択されている。燃料は混合酸化物燃料であり、ウランとプルトニウムの混合窒化物燃料も発展型燃料の選択肢として検討されている。いくつかの革新的技術開発により、液体重金属冷却材の体積と質量が低減され、結果として炉容器の高さは9m以下程度、直径は12.5m以下とコンパクトな設計となっている。炉容器はオーステナイト鋼製であり、原子炉キャビティー/ピットに固定されたガードベッセルの中に格納されている。ELSYでは温度450℃、圧力18MPaの過熱蒸気で運転する熱変換器を採用している。炉心の入口温度と出口温度はそれぞれ400℃と480℃と設定されており、この温度域においては燃料棒被覆管や中間熱交換器のチューブの材質として既に規格化されている316タイプオーステナイト鋼や321タイプオーステナイト鋼、もしくは表面アルミ処理を施したT91フェライト鋼が使用可能である。燃料被覆管の最高温度は550℃であるが、表面アルミ処理した被覆管が鉛冷却材中で十分な性能を示すことが確認された場合には、600℃とすることを目標としている。

中間熱交換ループは省略されており、それにより蒸気発生器系と原子炉建屋のサイズとコストが大幅に縮減されている。8個の主冷却材ポンプが1次冷却系のホットレグに設置されている。それぞれのポンプはポニーモーターを備えており、炉停止中の崩壊熱除去に活用される。ポンプのベアリングは鉛冷却材の自由液面より下にはない。シャフトを支えるすべてのベアリングはカバーガス領域に設置されている。

それぞれの主冷却ポンプは、取り外し可能なモジュラー型蒸気発生器と一体化されており、必要な冷却材体積の削減に寄与している。蒸気発生器はヘリカルコイル型である。ポンプインペラーから排出された冷却材は、熱交換器中央から半径方向外側に向かって流れ、水/蒸気が流れる細管の隙間を流れる。冷却材の鉛は蒸気発生器のどの高さからも径方向に流出するため、蒸気発生器が部分的にしか浸漬していない場合や炉出力が小さい場合でも有効に機能する。この仕様により、容器破損事故が起きた際に必要とされる鉛冷却材の自由液面の必要高さが緩和される。それゆえ、仮想的な炉容器破損事故時、崩壊熱除去のための炉心全体への適切な冷却材循環を確保する上で、鉛の液位を蒸気発生器の入口高さ以上に維持する必要がない。このことも液体重金属冷却材の体積と重量を減らすことに寄与している。蒸気発生器の予備的概念設計では、仮想的な配管破断事象において、チューブから噴き出した蒸気は（浮力により上昇するため）径方向に輸送され、コールドプールへの侵入を回避する受動的設計仕様を取り入れている。1次冷却系の異常加圧を防ぐため、蒸気発生器から蒸気を放出する圧力開放機構が備えられている。また、各蒸気発生器の上部には、原子炉のカバーガス領域から原子炉の上部空間に向かって蒸気をベントするための、二つのラプチャーディスクを有するダクトが設置されている。

更に、仮想的な伝熱管細管破断事故時に鉛冷却材中に流入する水/蒸気流量を最小限に留めるため、給水に必要な水/蒸気のヘッダーは1次系境界の外側に設置され、個々の蒸気発生器細管のみが1次系内に設置されている。この様に、仮想的な水/蒸気供給ヘッダー管破断による水/蒸気の鉛中への放出を回避している。

炉容器（図18.1）の上部には、円環状の鋼板カバーがあり円筒型内部容器（cylindrical inner vessel, CIV）と接続されている。そのカバーには、一体モジュラー型の蒸気発生器/1次冷却材ポンプの搬入・搬出のための大きく開閉する開口部が設けられている。コールドプールのコールドコレクターは、炉容器とCIVとの間の環状領域に位置する。ホットコレクターは、炉心のすぐ上の領域であり、炉心で加熱された冷却材を主循環ポンプへ送る8個のダクトがある。この配置により、ホットプールの体積を最小限にするとともに、炉容器中心部のホットプールと炉容器壁との間の距離を確保している。

燃料集合体が鉛中に浮くように設計できるため、ELSYの予備的概念設計では炉心支持板を省略している。燃料集合体は細長い構造をしており、その下部は冷却材中に浸漬され、上部は鉛の自由表面よりも上へ延びている。炉容器カバーより上へ突き出た燃料集合体の上部が固定され、上方向から支持されている。この配置により、燃料の交換プロセスは単純化される。燃料集合体は、室温環境にある原子炉建屋の天井方向から吊るされた簡便な燃料交換機により装荷・取出しが行われる。燃料集合体の交換作業は、完全に目視で確認できる状況で実施される。炉容器内部には、燃料交換用の機械はなく、これが鉛冷却材の体積を減らす事につながっている。原子炉底部には炉心支持構造がないため、それより下部の支持用構造物も必要ない。

21×21型燃料集合体のレイアウトを図18.4に示す。この集合体には428本の混合酸化物燃料棒が配置され、中央の四角形の燃料支持チューブ（ボックス）と四隅の構造支持ロッドが集合体の強度を確保している。燃料棒の外径は1.05cm、燃料棒のピッチは1.39cmであり、格子間隔対燃料棒直径比（P/D比）は1.32である。炉心を通過する冷却材の平均流速は2m/s以下に制限されている。

このダクトレス燃料集合体は、全炉心で162体あり、濃縮度の異なる3種類の集合体で3領域炉心を構成する。安全／炉停止用集合体は8体配置される。燃料集合体のピッチは29.4cmである。濃縮度の異なる3領域炉心は、原子炉半径方向の出力分布を平坦化させることに寄与している。この三領域の酸化プルトニウムの濃縮度は、それぞれ14.1at%、16.65at%、19.61at%であり、炉心の平均濃縮度は16.75at%である。炉心半径方向の出力分布を更に平坦化させるために、40体の燃料集合体に小型中性子吸収ロッド（Finger Absorber Rods, FARs）と呼ばれるスリムな制御棒を採用し、集合体中央の四角形チューブの空間に設置している。また、別の32体の燃料集合体がFARsを安全棒として採用している。制御棒には、^{10}B濃縮度が90%の炭化ホウ素（B_4C）中性子吸収材を採用している。炉心の有効直径は5mであり、高さは90cmである。炉心の周囲は、中性子反射材かつ炉容器保護材として機能する遮蔽用集合体で囲まれている。

ELSYにおける供用期間中検査（in-service inspection, ISI）は、全ての炉内構造物が取り外せるため、炉容器の外側で実施される。鉛冷却材に浸漬された環境での炉内検査はない。

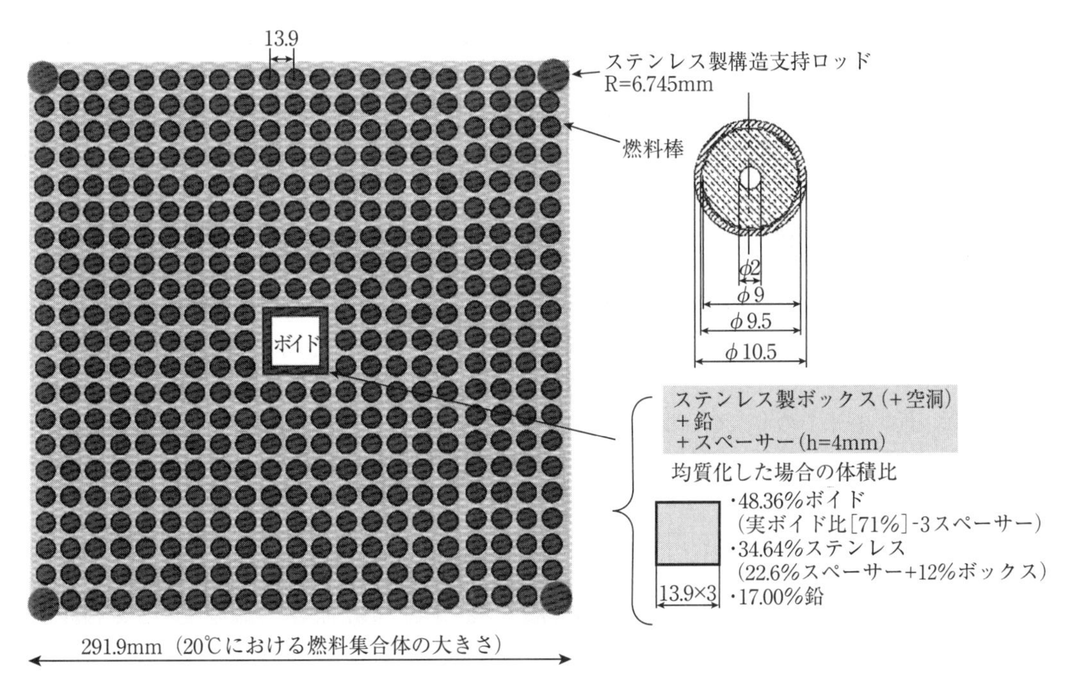

図18.4　欧州鉛冷却炉ELSYの21x21型燃料集合体
（428本の燃料棒の他、構造物として中央に四角形の支持チューブと四隅に支持ロッドを有する）

ELSYは緊急時崩壊熱除去系として、独立し（independent）、多重で（redundant）、多様な（diverse）系統を有している。炉容器外側に位置するガードベッセルの表面は、複数のパイプを空気が流れる炉容器補助冷却系（reactor vessel auxiliary cooling system, RVACS）により冷却される。このRVACSは、430℃の条件で2MWth（通常出力の、0.13%程度）の除熱能力を有している。これは、原子炉停止後の長期間冷却を行うのに十分な能力である。ELSYでは、炉容器の供用期間中検査での使用のために、原子炉ピット冷却系（reactor pit cooling system, RPCS）を装備している。またELSYは、コールドプールの鉛冷却材に直接浸漬された熱交換器によって除熱を行う炉容器内直接冷却（direct reactor cooling, DRC）方式を採用している。4系統の冷却循環系があり、2系統は水冷式崩壊熱除去ループ（W-DHR）であり、残りの2系統は水・空気崩壊熱除去ループ（WA-DHR）である。各々の水冷式崩壊熱除去系は、差込み管式冷却器（bayonet tube dip cooler）へ水を排出する機能を有し、水の気化と蒸気のベントにより熱を除去する。水/空気冷却式崩壊熱除去系も同様な方式によって水で作動し、また空気の強制対流もしくは自然対流も利用できる。強制対流は、バッテリー式の電気モーター駆動ブロワにより行われる。隔離バルブは空気ダクトの入口と出口に設置されている。水冷の場合、1系統のループにつき5MWth（公称出力の0.33%）の熱を除去することが可能である。強制対流による空冷の場合、1系統ループで2MWth（公称出力の0.13%）を、自然循環駆動の空冷の場合、1系統ループで1MWth（公称出力の0.067%）を除熱できる。水/空気冷却式崩壊熱除去系ループでは、空気系統と水系統の両方に接続した運転を行うことができ、水冷却によって除熱能力を強化された空気冷却が可能である。

18.4.3 小型安全可搬型自律原子炉 SSTAR

アメリカの小型鉛冷却炉、小型安全可搬型自立原子炉（Small Secure Transportable Autonomous Reactor, SSTAR）は、DOEが主導する第4世代原子力システムイニシアチブにおいて世界で導入可能な小型炉として、アルゴンヌ国立研究所とローレンスリバモア国立研究所の共同で開発されてきた炉概念である［20-24］。この計画は、1.2章に記述されている通り、第4世代原子力システム国際フォーラム（GIF）のアメリカの取組みである。SSTARは小型（19.8MWe/45MWth）の自然循環型高速炉であり、核拡散抵抗性、ウラン資源の効率的な使用を可能とする核分裂性物質自己充足性、小規模もしくは未整備の電力グリッドに適した自律出力調整機能、そして高い受動的安全性を有するシステムである。冷却材流量喪失事故（LOF）や冷却材喪失事故（LOCA）の原因となるものは排除されている。プール型式を採用したSSTARの予備的概念設計仕様は、1次冷却系として自然循環タイプの熱輸送方式、冷却材として純鉛の採用、そして超ウラン元素を含む窒化物燃料といった、三つの主要な特徴を有する。自然循環方式のSSTAR概念は、181MWe（400MWth）までスケールアップできる。そのバリエーションとしてSTAR-LMと呼ばれる炉があり、排熱の一部を用いて海水を淡水化するオプションを有する。

SSTARは、近い将来での導入を目指すというよりは、将来の全世界のエネルギー経済のために開発されてきた。SSTARの予備的概念設計は、数多くの優れた技術の開発が成功することを想定して行われた。例えば、被覆材最高温度が650℃程度、炉心出口温度が570℃程度の鉛中で、15年から30年ほど使用可能な被覆材や構造材の開発が見込まれており、未だ開発が完了しておらず工業製品化されていない材料を想定した設計となっている。他にも、高性能な窒化物燃料や、超臨界CO_2ブレイトンサイクルエネルギー変換システム、カセット式燃料交換方式、供用期間中検査として鉛冷却材浸漬条件での構造検査方法等も採用されている。もし、SSTARが近い将来での実用化を目標に開発されるのであれば、運転温度は下げなければならない（例えば、ELSYのように炉心出口温度を480℃とする必要がある）。また、既存の工業製品化された材料を利用できる設計仕様にしなければならず、金属燃料などのように十分な実績のある燃料を、性質を十分に調べた上で採用しなければならない。

STAR-H2（H2は水素の意）は、400MWthのSTAR-LMをベースに、水素製造のためのCa-Br（カルシウム-臭素）の熱化学水分解サイクルを採用した改良型炉である。800℃の鉛中で使用できる被覆管と構造材料が実用化されれば、SSTARやSTAR-LMに続いて開発されるであろう。調査する価値のある材料としてTi_3SiC_2がある。STAR-H2の炉心入口/出口温度は、それぞれ664℃/793℃である。STAR-H2の原子炉付帯設備（balance of plant, BOP）には、Ca-Brサイクルによる水素製造カスケード、超臨界CO_2ブレイトンサイクルによる発電設備、そして海水脱塩施設がある。

図18.5は、SSTARの断面図である。主要目値を表18.1にまとめた。鉛冷却材は、ガードベッセルに囲まれた炉容器内を循環する。鉛冷却材は炉心の下部にある多孔型流量分配ヘッドを通過する。このヘッド構造により、炉心入口部での圧力の不均一な分布を解消する。その後、冷却材は上向きに流れて炉心を通過し、炉心上部にある円筒のシュラウドで構成されるチムニーを通過する。炉容器は、直径に対する高さの比が大きくとられており、これにより、低い出力レベルから定格出力の100%を超える広い範囲まで自然循環による除熱が可能である。シュラウド頂部の開口部付近を流れる冷却材は、炉容器と円筒状のシュラウドの間の円環領域に配置されている4つのモジュラータイプPb-CO_2熱交換器に流入する。それぞれの熱交換器では、CO_2が上向きに流れる伝熱管の外側を鉛冷却材が下向きに流れる。CO_2はトップエントリーノズルを経由してそれぞれの熱交換器に入る。トップエントリーノズルとは、CO_2が鉛直管に流入していく下部プレナム領域にCO_2を誘導するためのものである。CO_2は上部プレナムで集められ、二つの小径トップエントリーノズルを通って熱交換器から排出される。鉛は熱交換器を出た後、円環状のダウンカマーを下方へ進み、炉心のすぐ下にある流量分配ヘッドの開口部に入る。液体金属の自由表面付近には、熱緩衝板が設置されている。このバッフル板は、

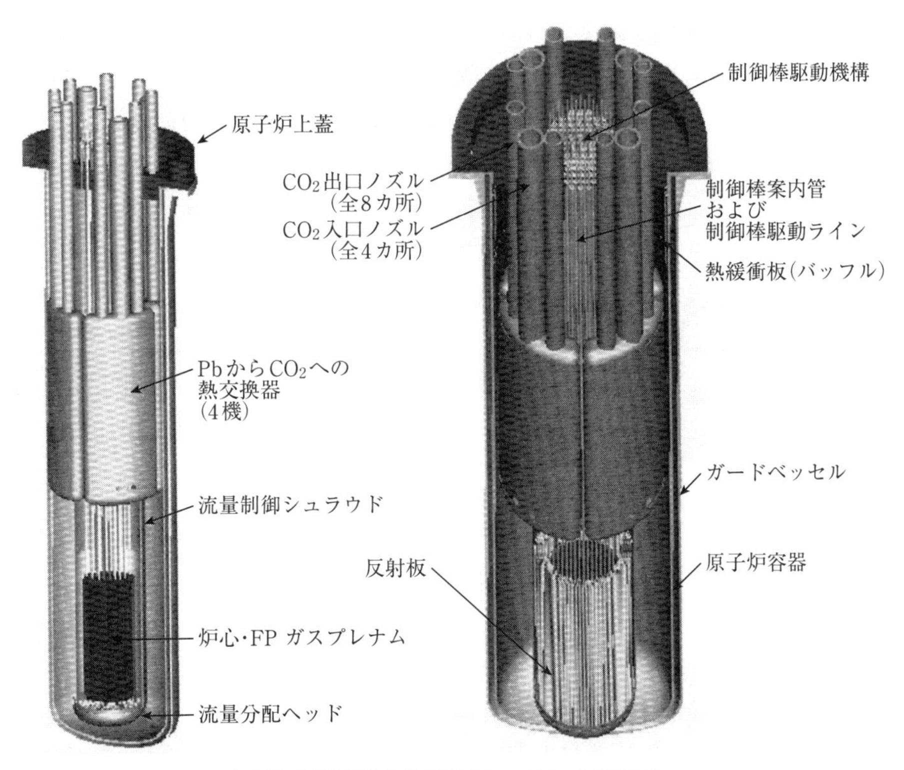

図18.5　小型安全可搬型自律原子炉SSTAR の概略図

表18.1 SVBR-75/100（ロシア小型鉛ビスマス冷却高速炉）、ELSY（欧州鉛冷却炉）、SSTAR（アメリカ小型鉛冷却炉）の主要目

鉛冷却炉概念 / 特性	SVBR-75/100（小型鉛ビスマス冷却高速炉）	ELSY（欧州鉛冷却炉）	SSTAR（小型安全可搬型自律原子炉）
出力，MWe（MWth）	101.5（280）	600（1,500）	19.8（45）
冷却材	鉛ビスマス共晶合金（LBE）	純鉛（Pb）	純鉛（Pb）
原子炉容器の高さ／直径，m	6.92/4.53	9.5/12.5	12.0/3.23
燃料の種類	酸化ウラン	混合酸化物燃料	超ウラン元素窒化物燃料（^{15}N濃縮）
濃縮度，wt.%	16.1	半径方向に3ゾーン 14.54/17.63/20.61 PuO_2,	半径方向に5ゾーン 1.7/3.5/17.2/19.0/20.7 TRU/HM
燃料交換間隔もしくは炉心寿命，years	〜8	5（4バッチサイクル）	30
炉心入口／出口温度，℃	320/482	400/480	420/567
炉心の高さ／直径，m	0.9/1.645	0.9/4.649	0.976/1.22
燃料／冷却材体積比	〜0.615/0.28	0.304/0.537	0.45/0.35
炉心の平均出力密度，W/cm^3	140	117	42
平均（最高）燃焼度，MWd/kgHM	67（100）	78（94）	81（131）
燃焼反応度スイング，$	－	〜2.6	<1
燃料最高温度，℃	－	2,100	841
被覆管材料	Si添加フェライト-マルテンサイト鋼	表面アルミ処理加工T91	Si添加フェライト-マルテンサイト鋼　鉛ボンド材使用
被覆管と液体重金属の接液部最高温度，℃	600	550	650
燃料集合体	ダクト対面間距離22.545cmの六角ダクト、中央に支持チューブ、六隅にタイロッド	正方形型、1辺が29.19cm 21×21型 燃料ピンの数428本 中央に角型支持チューブ、四隅に支持ロッド	全炉心一体のカセット方式
燃料棒配置	三角配列	四角格子配列	三角配列
燃料棒直径，cm	1.20 4つのスペーサーリブ	1.05	2.50
燃料ピンのピッチ／直径比	1.133	1.32	1.185
炉心部水力等価直径，cm	〜0.50	〜1.28	1.371
制御棒	37本 内訳：29本の制御棒、6本の安全棒、中央の支持チューブ内で動作する2本の調整棒	小型中性子吸収ロッド（FAR）40本の1次制御棒、中央の角型支持チューブ内で稼働する32本の2次制御棒（安全棒） ^{10}B濃縮B_4Cを使用	24本の1次制御棒と30本の2次制御棒（三角格子配列に均一に分散） ^{10}B濃縮B_4Cを使用
1次系冷却材流量，kg/s	11,760	126,200	2,107
電力変換サイクル	飽和蒸気サイクル	過熱蒸気サイクル	超臨界CO_2ブレイトンサイクル
蒸気発生器の構造（基数）	再生シェルアンドチューブ式三角格子の中央円環チューブチャンネルを持つ差込管（2つの蒸気系につき6基）	巻き線型 1次冷却材ポンプと一体式（8基）	
蒸気圧，MPa	9.5	18	－
給水／蒸気温度，℃	241/307	335/450	－
蒸気流量，kg/s	161	960	－
Pb-CO_2 熱交換器の種類（基数）	－	－	シェルアンドチューブ型（4）
CO_2タービン入口温度／サイクル最低温度，℃	－	－	552/31.25
CO_2圧力 最高／最低，MPa	－	－	20/7.4
CO_2流量，kg/s	－	－	245
熱効率，%	－	42	44.2
プラント効率，%	36.25	40	44.0

鉛の温度が冷温停止温度の420℃と、定格時炉心出口温度567℃の間で変化するような、起動・停止運転時の熱応力から炉容器を保護するために必要である。

SSTARの炉心を図18.6に示す。SSTARの炉心は、太径（外形2.5cm）燃料棒がピッチ／直径比（P/D比）1.185で配列されている。取り外し可能な燃料集合体の構成ではなく、燃料棒は下部のグリッドプレートに完全に固定されている。この構造により、燃料へのアクセスは制限されることになるが、これは核不拡散上好ましく、また燃料集合体閉塞の原因もなくなる。炉心は直径1.22m、高さ0.976mとコンパクトである。この炉心は、カセット方式で取り外すことができ、燃料交換の際には一度に新炉心に置き換えられる。炉心の直径は、30年間の炉心寿命期間での燃焼反応度スウィングが最少になるように設定されている。また45MWthという炉出力は、被覆管の最大中性子照射量が4×10^{23}n/cm^2（HT9鋼で健全性が確認されている最大照射量）を超えないよう、保守的に設定されている。炉心の出力密度を低くしているため、燃料の消費や、最大中性子照射量へ到達する期間を考慮しても、30年寿命の達成が可能となっている。炉心中心領域は2種類の低濃縮度燃料で構成されており、この構成が燃焼反応度スイング（burnup reactivity swing）の低減に寄与している。またそれを取り囲むドライバー燃料領域を3通りの濃縮度領域に分割することにより、出力ピーキング係数（最大出力/平均出力）を低減している。1次制御棒（主炉停止系）と2次制御棒（後備炉停止系）は炉心内に均一に配置されている。制御棒には^{10}B同位体濃度の高い炭化ボロン吸収材を使用している。燃焼にともなう小さな反応度変化は制御棒の細かな調整により補うことが可能である。径方向反射体集合体は円環ボックス形状をしており、ステンレス鋼ロッドと鉛の体積比率は50：50に設定され、鉛流路内を低流量の液体鉛が流れることで反射体内で生じた少量の熱を除去する。ステンレス鋼ロッドは炉容器位置での中性子束を低減するための遮蔽材としての役割を担っている。

SSTARの被覆管には、工業製品化されていない材料を採用している。これは、鋼材表層に高Si濃度層を有するように表面改質したものであり、下地金属が構造材料としての強度と照射安定性を担保し、表層が冷却材中の溶存酸素により生じる被覆管の酸化腐食を抑制する。超ウラン元素を含む窒化物燃料ピンには鉛ボンド材が採用され、ペレットは溶融鉛で被覆管と（熱的に）接合されている。これにより、ペレット表面と被覆管内壁表面間の温度差を低減している。燃料棒は鉛直方向2か所でグリッドスペーサーにより保持されている。

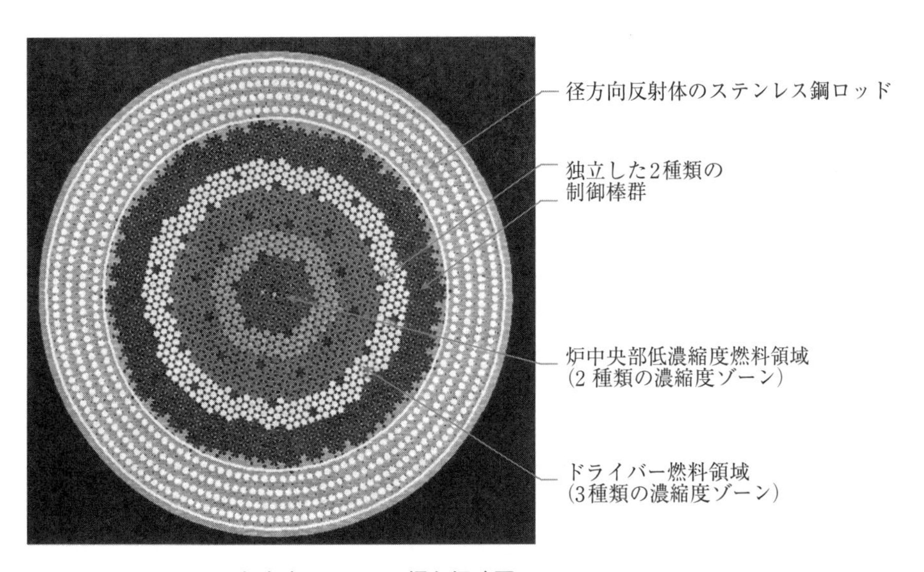

図18.6　30年寿命のSSTAR 炉心概略図

炉心の熱エネルギーは、超臨界CO_2（S-CO_2）ブレイトンサイクルにより電気に変換される。これにより、同じ炉心出口温度を持つ典型的なランキンサイクルよりもプラント効率を高められ、原子炉付帯設備コストも低減できると期待されている。プラント効率向上については、S-CO_2ブレイトンサイクルの高い温度を活用してプラント効率改善を図るため、鉛冷却材出口温度の高温化が望まれる。原子炉とS-CO_2ブレイトンサイクルを統合したプラントシステムの、熱流動に関する予備的な概念設計は、プラント効率を最大化するように最適化が行われた。最高被覆管温度650℃の制限下では、炉心出口温度は567℃となり、これによりブレイトンサイクルの効率は44.2%となる。冷却水循環のためのポンプ動力を差し引くと、正味のプラント効率44.0%が得られることとなる。

発電機の出力が電力グリッドの負荷需要と釣り合うように、Pb-CO_2熱交換器からの除熱量を熱サイクルが自動調整するS-CO_2ブレイトンサイクルエネルギー変換の制御手順が開発されている。この自律的負荷追従特性は、鉛冷却材と超ウラン窒化物燃料を用いた高速スペクトル炉の強い反応度フィードバックによって、炉出力がPb-CO_2熱交換器からの除熱量と釣り合うことによって可能となるものである。特に本炉では、原子炉起動・停止時を除いて、炉出力を変動させるための制御棒操作は必要とされない。

【参考文献】

1. *Handbook on Lead-bismuth Eutectic Alloy and Lead Properties, Materials Compatibility,* Thermal-hydraulics and Technologies 2007 Edition, OECD NEA No. 6195, ISBN 978-92-64-99002-9. Available online at http://www.nea.fr/html/science/reports/2007/nea6195-handbook.html
2. L. Cinotti, C. F. Smith, J. J. Sienicki, H . Aït Abderrahim, G. Benamati, G . Locatelli, S. Monti, H . Wider, D. Struwe, A. Orden, and I. S. Hwang, "The Potential of the LFR and the ELSY Project," *International Congress on Advances in Nuclear Power Plants*(ICAPP 2007), Nice, France, May 13 - 18, 2007, Paper 7585.
3. L. Cinotti, G. Locatelli, E. Malambu, H. Aït Abderrahim, S. Monti, G. Benamati, C. Artioli, and H. Wider, "The ELSY project for a Sustainable Deployment of Nuc1ear Energy," *10th ISTC SAC Seminar, Nizhny Novgorod,* Russia, September 24 - 27, 2007.
4. L. Cinotti, G. Locatelli, H. Aït Abderrahim, S. Monti, G. Benamati, K. Tucek, D. Struwe, A. Orden, G. Corsini, and D. Le Carpentier, "The ELSY project," *International Conference on the Physics of Reactors "Nuclear Power: A Sustainable Resource"*(PHYSOR' 08), Interlaken, Switzerland, September 14 - 19, 2008.
5. M. T. Farmer and J. J. Sienicki, "Analysis of Transient Coolant Void Formation During a Guillotine-Type Tube Rupture Event in the STAR-LM System Employing a Supercritical CO_2 Brayton Cyc1e," *12th International Conference on Nuclear Engineering* (ICONE12), Arlington, VA, April 25 - 29, 2004, Paper ICONE12-49227.
6. C. Fazio, A. Almazouzi, L. Soler Crespo, J. Henry, F. Roelofs, and P. Turroni, "Lead, Lead-bismuth Eutectic Technologies and Materials Studies for Transmutation Systems," *Proceedings of Global 2009*, Paris, France, September 6 - 11, 2009, Paper 9019.
7. G. Ilinčev, "Research Results on the Corrosion Effects of Heavy Liquid Metals Pb, Bi and Pb-Bi on Structural Materials with and without Corrosion Inhibitors," Nuclear Engineering and Design, 217(2002)167 - 177.
8. J. Y. Lim and R. G. Ballinger, "Alloy Development for Lead-Cooled Reactor Service," *MIT-Tokyo Tech Symposium on Innovative Nuclear Energy Systems*, Massachusetts Institute of Technology, Cambridge, MA, November 2 - 4, 2005.
9. A. Weisenburger, A. Heinzel, G. Mueller, H. Muscher, and A. Rusanov, "T91 Cladding Tubes with and

without Modified FeCrAl Coatings Exposed in LBE at Different Flow, Stress and Temperature Conditions," IV International Workshop on Materials for HLM Cooled Reactor and Related Technologies, Rome, Italy, May 21 - 23, 2007.

10. M. W. Barsoum and T. El-Raghy, "The MAX Phases: Unique Carbide and Nitride Materials," American Scientist, 89 (July - August 2001) 334.
11. See http://www.3one2.com
12. L. A. Barnes, N. L. Dietz Rago, and L. Leibowitz, "Corrosion of Ternary Carbides by Molten Lead," *Journal of Nuclear Materials, 373* (2008) 424 - 428.
13. "Heavy Liquid Metal Coolants in Nuclear Technology, Proceedings Consist of Two Volumes," *Proceedings of the Conference on Heavy Liquid Metal Coolants in Nuclear Technology*, State Scientific Center of the Russian Federation Institute for Physics and Power Engineering named after Academician A. I. Leipunsky, Obninsk, Editor-in-Chief B. F. Gromov, Editors A. V. Zhukov, G. I. Toshinsky, O. I. Komkova, and S. V. Boodarina, October 5 - 9, 1998.
14. "Russian Forum for Science and Technology Fast Neutron Reactors," Obninsk, December 8 - 12, 2003.
15. Heavy Liquid-Metal Coolants in Nuclear Technologies (HLMC-2008), Obninsk, September 15 - 19, 2008.
16. F. Niu, R. Candalino, and N. Li, "Effect of Oxygen on Fouling Behavior in Lead-Bismuth Coolant Systems," *Journal of Nuclear Materials, 366* (2007) 216 - 222,
17. J. Buongiorno, C. Larson, and K. R. Czerwinski, "Speciation of Polonium Released from Molten Lead Bismuth," *Radiochimica Acta, 91* (2003) 153 - 158.
18. E. I. Yefimov, D. V. Pankratov, and S. V. Ignatiev, "Removal and Containment of High-Level Radioactive Polonium from Liquid Lead-Bismuth Coolant," *Materials Research Society Symposium Proceedings Volume 506: Scientific Basis for Nuclear Waste Management XXI*, Davos, Editors I. G. McKinley and C. McCombie, Switzerland, September 28 - October 3, 1997.
19. J. Buongiorno, E. P. Loewen, K. Czerwinski, and C. Larson, "Studies of Polonium Removal from Molten Lead-Bismuth for Lead-Alloy-Cooled Reactor Applications," *Nuclear Technology,147* (2004) 406 - 417.
20. J. J. Sienicki and A. V. Moisseytsev, "SSTAR Lead-Cooled, Small Modular Fast Reactor for Deployment at Remote Sites − System Thermal Hydraulic Development," *Congress on Advances in Nuclear Power Plants* (ICAPP 2005), Seoul, May 15 - 19, 2005, Paper 5426.
21. W. S. Yang, M. A. Smith, S. J. Kim, A. V. Moisseytsev, J. J. Sienicki, and D. C. Wade, "Lead-Cooled, Long-Life Fast Reactor Concepts for Remote Deployment," *Congress on Advances in Nuclear Power Plants* (ICAPP 2005), Seoul, May 15 - 19, 2005, Paper 5102.
22. J. Sienicki, D. Wade, A. Moisseytsev, W. S. Yang, S.-J. Kim, M. Smith, G. Aliberti, R. Doctor, and D. Matonis, "STAR Performer," *Nuclear Engineering International* (July 2005) 24.
23. J. J. Sienicki, A. Moisseytsev, D. C. Wade, and A. Nikiforova, "Status of Development of the Small Secure Transportable Autonomous Reactor (SSTAR) for Worldwide Sustainable Nuclear Energy Supply," *International Congress on Advances in Nuclear Power Plants* (ICAPP 2007), Nice, France, May 13 - 18, 2007, Paper 7218.
24. J. J. Sienicki, D. C. Wade, and A. Moisseytsev, "Role of Small Lead-Cooled Fast Reactors for International Deployment in Worldwide Sustainable Nuclear Energy Supply," 2007 *International Congress on Advances in Nuclear Power Plants* (ICAPP 2007), Nice, France, May 13 - 18, 2007, Paper 7228.
25. G. Toshinsky, "A. Leipunsky and Nuclear Power Installations with Lead-Bismuth Liquid Metal Coolant for Submarines," *Yaderna Energetika*, Centenary of A. I. Leipunsky, Supplement to No. 4, 2003, in English,

ISSN 0204-3327.

26. M. Rawool-Sullivan, P. Moskowitz, and L. Shelenkova, "Technical and Proliferation-Related Aspects of the Dismantlement of Russian Alfa-Class Nuclear Submarines," *The Nonproliferation Review* (Spring 2002).
27. A. S. Pavlov, *Warships of the USSR and Russia 1945 - 1995*, Translated by G. Tokar, Editor (English-language Edition) N. Friedman, Naval Institute Press, Annapolis, MD, 1997.
28. *Power Reactors and Sub-Critical Blanket Systems with Lead and Lead-Bismuth as Coolant and/or Target Material, Utilization and Transmutation of Actinides and Long Lived Fission Products*, IAEA-TECDOC-1348, International Atomic Energy Agency, May 2003.
29. G. I. Toshinsky, A. V. Zrodnikov, V. I. Chitaykin, O. G. Grigoriev, U. G. Dragunov, V. S. Stepanov, N. N. Klimov, I. I. Kopytov, V. N. Krushelnitsky, and A. A. Grudakov, "Small Modular Lead-Bismuth Cooled Fast Reactor for Multi-Purpose Use: SVBR 75/100," *Annex 10 of Innovative Small and Medium Sized Reactors: Design Features, Safety Approaches and R&D Trends*, Final Report of a Technical Meeting Held in Vienna, June 7 - 11, 2004, IAEA-TECDOC-1451, International Atomic Energy Agency, May 2005.
30. A. V. Zrodnikov, G. I. Toshinsky, O. G. Komlev, Yu. G. Dragunov, V. S. Stepanov, N. N. Klimov, I. I. Kopytov, and V. N. Krushelnitsky, "Nuclear Power Development in Market Conditions with Use of Multi-Purpose Modular Fast Reactors SVBR 75/100," *Nuclear Engineering and Design, 236* (2006) 1490 - 1502.
31. "Lead-Bismuth Cooled Fast Reactor SVBR 75/100," *Annex XIX of Status of Small Reactor Designs Without On-Site Refueling*, IAEA-TECDOC-1536, pp. 511 - 550, International Atomic Energy Agency, January 2007.

付録 A
高速炉データ

この付録は、初期の高速実験炉をはじめ、世界で開発・設計・建設されている高速炉の主要な設計データをまとめたものである。ここに含まれる高速炉データは、複数の出典から引用している。

- Alan E. Waltar、Albert B. Reynolds 著、"*Fast Breeder Reactors*" 付録A（Pergamon Press発刊、1981年）。高速炉の専門家の国際チームが、オリジナルデータの編集とチェックを行った。
  - フランス－J. Petit、A. P. Schmitt,
  - ドイツ－J. Gilles、R. Fröhlich,
  - イタリア－F. Granito,
  - 日本－K. Aizawa、Y. Kani、A. Watanabe,
  - ロシア－M. F. Troyanov、Y. Bagdasarov,
  - イギリス－A. M. Judd、A. G. Edwards、M. R. Hayns、H. Teague,
  - アメリカ－E. L. Fuller、J.I. Sackett、J. M. Keeton、A. E. Klickman、R. B. Rothrock.
- *Fast Reactor Database 2006*, Update, IAEA-TECDOC-1531, Vienna, Austria(2006);
- *Liquid Metal Cooled Reactors: Experience in Design and Operation*, IAEA-TECDOC-1569(2007);
- 章末の参考文献に挙げられている学術論文や国の技術報告書。

ここで、概念設計段階にあるプラント仕様は継続的に改訂されていることを強調しておかねばならない。以下に示すデータは、本書が刊行される以前に公表された、特定の設計仕様についての詳細である。従って、実際の設計仕様や建設時の詳細は、ここに示した設計データ集とは異なる可能性があることに留意願いたい。

略語

ここでは、原子炉の緒元表で一般的に用いられる幾つかの略語を使用する。

- 機器配置（Layout）

-L	-Loop	ループ
-NSG	-no steam generator	蒸気発生器無し（タービンに排熱器を設置）
-P	-Pool	プール（もしくは、タンク）
-SG	-Steam Generator	蒸気発生器

- 炉心構成（Core geometry）

-AA	-Axial blanket above core	炉心上部軸方向ブランケット
-AB	-Axial blanket below core	炉心下部軸方向ブランケット
-C	-Approximately cylindrical prism	略円柱
-H	-Hexagonal prism	六角柱
-Het	-heterogeneous	非均質

-R	-Radial blanket	径方向ブランケット
-S	-Square prism	四角柱

• 炉心特性（Core characteristics）

-N	-Configuration not for breeding	非増殖型炉心構成

• 設計・性能（Design and performance）

-F	-Fins on pin cladding	フィン付き被覆管
-G	-Grids	格子（もしくは、グリッド）
-W	-Wire-wrapped design	ワイヤ巻き付け仕様

• 制御系（Control system）

-Group 1	-fine rods	微調整棒
-Group 2	-coarse rods	粗調整棒

• ポンプ型式（Pump type）

-E	-Electromagnetic	電磁駆動型
-C	-Centrifugal	遠心型

• 安全性と格納（Safety and containment）

-C	-Cylindrical with dome	ドーム付き円筒型
-R	-Rectangular building	矩形建屋
-SP	-Sphere	球型
-SQ	-Square with dome	ドーム付き正方型
-V	-Vented	ベント型
-NV	-Not vented	非ベント型

【参考文献】

1. *Fast Reactor Database 2006*, Update, IAEA-TECDOC-1531, Vienna, Austria(2006).
2. *Liquid Metal Cooled Reactors: Experience in Design and Operation*, IAEA-TECDOC-1569, Vienna, Austria(2007).

高速実験炉

Rapsodie, フランス：

3. G. Vendries, "RAPSODIE", *Proceedings of the 3rd United Nations International Conference on the Peaceful Uses of Atomic Energy*, Geneva, 1964, Vol. 6, United Nations, New York, NY(1965).

KNK-II (Kompakte Natriumgekuhlte Kernreaktoranlage), ドイツ：

4. "KNK-II—Operating Experience and Fuel Cycle Activities", *Proceedings of the Conference on Nuclear Power Experience*, Vol. 5, IAEA, Vienna(1983).

FBTR (Fast Breeder Test Reactor), インド：

5. G. Srinivasan, K. V. Suresh Kumar, B. Rajendran, and P. V. Ramalingam, "The Fast Breeder Test Reactor—Design and Operating Experiences", *Nuclear Engineering and Design*, 236, pp. 796 - 811(2006).

常陽 (Eternal Light), 日本：

6. T. Aoyama, S. Maeda, Y. Maeda, and S. Suzuki, "Transmutation of Technetium in the Experimental Fast Reactor JOYO", *Journal of Nuclear and Radiochemical Sciences*, 6(3), pp. 279 - 282(2005).

DFR (Dounreay Fast Reactor), イギリス：

7. H. Gartwright, et al., "The Dounreay Fast Reactor—Basic Problems in Design", *Proceedings of the Second United Nations International Conference on the Peaceful Uses of Atomic Energy*, Geneva, 1958, Vol. 9, United Nations, New York, NY(1959).
8. J. L. Philips, "Operating Experience with the Dounreay Fast Reactor", *Nuclear Power*, 7(1962).
9. *Proceedings of the Symposium on the Dounreay Fast Reactor*, December 1960, BNEC, London(1961).

BOR60 (Bystrij Opytnyj Reactor = Fast Experimental Reactor), ロシア：

10. "List of Research Reactors, Critical and Subcritical Assemblies Supervised by Gosatomnadzor", 13 July 1992, Gosatomnadzor, Russia(1992).
11. A. P. Naumov, O. K. Nickolaenko, and N. V. Markina, et al., "Analytical Possibilities of the BOR-60 Reactor", *Journal of Radioanalytical and Nuclear Chemistry*, 167(1), pp. 23 - 30(1993).

EBR-II (Experimental Breeder Reactor II), アメリカ：

12. "The Physics Design of EBR-II", *Physics of Fast and Intermediate Reactors, Proceedings Series*, Vol. III, Vienna, IAEA(1962).

FERMI, アメリカ：

13. E. P. Alexanderson, "Fermi-I : New Age for Nuclear Power", LaGrange Park, IL, American Nuclear Society(1979).

14. A. A. Amorosi and J. G. Yevick, "An Appraisal of the Enrico Fermi Reactor", *Proceedings of the 2nd United Nations International Conference on the Peaceful Uses of Atomic Energy, Geneva*, 1958, Vol. 9, United Nations, New York, NY(1959).

FFTF (Fast Flux Test Facility), アメリカ：

15. E. R. Astley, "Progress Report, Fast Flux Test Facility Reference Concept", BNWL-470, AEC, USA(1967).
16. W. A. Dautel, "Fast Flux Test Facility Final Safety Analysis Report", WHC-TI-75002, DOE, USA(1999).

BR10 (Bystrij Reactor = Fast Reactor), ロシア：

17. A. L. Leipunski, et al., "Experimental Fast Reactors in the Soviet Union", *Proceedings of the Second United Nations International Conference on the Peaceful Uses of Atomic Energy*, Vol. 9, Geneva, 1958, United Nations, New York, NY(1959).
18. "Experimental Fast Reactors in the Soviet Union", *Physics of Fast and Intermediate Reactors, Proceedings Series*, Vol. III, IAEA, Vienna(1962).

CEFR (China Experimental Fast Reactor), 中国：

19. XU Mi, Fast Reactor Technology R&D Activities in China, Nuclear Engineering and Technology, Vol 39, No.3 Korean Nuclear society, June 2007 P.187-192.

高速原型炉／高速実証炉

Phénix, フランス：

20. X. Elie and J. M. Chaumont, "Operation Experience with the Phénix Prototype Fast Reactor", *Proceedings of the International Conference*, Kyoto, Vol. 1, pp. 5.1-1-5.1-10(1991).
21. J. Guidez, P. Le Coz, L. Martin, P. Mariteau, and R. Dupraz, "Lifetime Extension of the Phénix Plant", *Nuclear Technology*, 150(1), pp. 37 - 43(2005).

PFBR (Prototype Fast Breeder Reactor), インド：

22. S. C. Chetal, et al., "The Design of the Prototype Fast Breeder Reactor", *Nuclear Engineering and Design*, 236, pp. 852 - 860(2006).

BN350 (Bystrie Neytrony = Fast Neutrons), ロシア：

23. S. Golan, et al., "Comparative Analysis of the Arrangement and Design Features of the BN-350 and BN-600 reactors", *International Symposium on Design, Construction and Operating Experience of Demonstration Liquid Metal Fast Breeder Reactors*, IAEA SM-225/64, Vienna(1978).

BN600 (Bystrie Neytrony = Fast Neutrons), ロシア：

24. "Operating Experience with Beloyarsk Fast Reactor BN-600", IAEA-TECDOC-1180, IAEA, Vienna(2000).

KALIMER150 (Korean Advanced Liquid MEtal Reactor), 韓国：

25. J. E. Cahalan and D. Hahn, "Passive Safety Optimization in Liquid Sodium-Cooled Reactors, Final Report", ANL-GenIV-095, Argonne National Laboratory, USA(2005).

SVBR75/100（Svinetc-Vismuth Bystriy Reactor = Lead-Bismuth Fast Reactor），ロシア：

26. A. V. Zrodnikov, et al., "Multipurposed Reactor Module SVBR-751100", *Proceedings of ICONE 8*, April 2-6, 2000, Baltimore, MD, USA, ASME(2000).

BREST300（Bystriy Reactor ESTestvennoy Bezopasnosti = Fast Reactor Natural Safety），ロシア：

27. V. V. Orlov, et al., "The Closed On-Site Fuel Cycle of the BREST Reactors", *Progress in Nuclear Energy*, 47(1-4), pp. 171 - 177(2005).

商業規模高速炉

BN800（Bystrie Neytrony = Fast Neutrons），ロシア：

28. A. I. Kiryushin, et al., "BN-800—Next Generation of Russian Federation Sodium Reactors", *International Conference on Innovative Technologies for Nuclear Fuel Cycle and Nuclear Power*, June 23-26, 2003, Vienna, Austria(2003).

EFR（European Fast Reactor），欧州連合：

29. W. Marth, "The Story of the European Fast Reactor Cooperation", KfK 5255, Kernforschugszentrum Kalsruhe GmbH, Karlsruhe, Germany(1993).

ALMR（Advanced Liquid Metal Reactor），アメリカ：

30. E. L. Gluekler, "U.S. Advanced Liquid Metal Reactor(ALMR)", *Progress in Nuclear Energy*, 31(1 - 2), pp. 43 - 61(1997).
31. "Preapplication Safety Evaluation Report for the Power Reactor Innovative Small Module(PRISM) Liquid-Metal Reactor", NUREG-1368, Nuclear Regulatory Commission, USA(1994).

表A.1　高速実験炉

原子炉名	Rapsodie	KNK-Ⅱ	FBTR	PEC	常陽®	DFR	BOR60	EBR-Ⅱ	FERMI	FFTF	BR10	CEFR
	フランス	ドイツ	インド	イタリア	日本	イギリス	ロシア	アメリカ	アメリカ	アメリカ	ロシア	中国
一般												
初臨界	1967	1972	1985	計画中止	1977	1959	1968	1961	1963	1980	1958	2010
定格出力到達	1967	1978	–	計画中止	1977	1963	1970	1965	1970	1980	1959	–
熱出力(MWth)	40	58	40	120	140	60	55	62.5	200	400	8	65
電気出力(MWe)	0	20	13	0	0	15	12	20	61	0	0	23.4
燃料化学形	MOX	MOX	PuC-UC	MOX	MOX	U-Mo	MOX	U-Zr	U-10Mo	MOX	UN	UO_2
炉心構成												
炉心形状	H	H	C	C	H	H	H	H	S	H	H	C
集合体数												
内側炉心	64～73	7	76	78	19～25	153	80～114	127	105	28～34	86～90	81
外側炉心	–	22	0	0	58～60	189	0	0	0	45～48	0	–
径方向ブランケット	276	5	342	0	0	300	138	366	531	0	–	0
炉心外周	211	49	294	199～262	223	1572	–	144	222	108	30～34	622
内側炉心直径(mm)	–	358	–	–	–	–	–	–	–	767	–	–
外側炉心直径(mm)	446	824	492	833	800	530	460	697	831	1202	206	600
炉心領域高さ(mm)	320	600	320	650	500	530	450	343	775	914	400	450
径方向ブランケット領域外径(mm)	1,270	–	1,260	1,551[a]	0	1,980	770	1,562[a]	2,030	1,778[a]	–	–
径方向ブランケット領域高さ(mm)	1,077	980	1,000	2,419[a]	0	2,490	900	1,397[a]	1,650	1,198[a]	–	–
上部軸方向ブランケット厚さ(mm)	0	200	0	180	0	140	100	0	356	144[a]	0	100
下部軸方向ブランケット厚さ(mm)	0	200	0	225	0	0	150	0	356	144[a]	0	250
炉心特性												
炉心領域数	1	2	1	1	2	1	1	1	1	2	1	1
内側炉心濃縮／富化度(%)	30(Pu)	88～95	55	28.5	30	75	56～90	67	25.6	20.3	90	–
外側炉心濃縮／富化度(%)	–	37	–	–	34	–	–	–	–	24.6	–	64.4
核分裂性物質量、^{235}U(kg)	79.5	312	0.7	79	110	247	95	229	484	14	113	235.4
核分裂性物質量、^{239}Pu(kg)	31.5	28	85.6	175	–	3	53	4.5	0	536	–	0.41
総核分裂性物質量、全Pu量(kg)	–	39	124.4	310	160	3.5	58	5	0	616	–	0.414

® MK-Ⅲ炉心，MOX：PuO_2-UO_2，[a]：反射体

表A.1　高速実験炉（つづき）

原子炉名	Rapsodie	KNK-Ⅱ	FBTR	PEC	常陽®	DFR	BOR60	EBR-Ⅱ	FERMI	FFTF	BR10	CEFR
	フランス	ドイツ	インド	イタリア	日本	イギリス	ロシア	アメリカ	アメリカ	アメリカ	ロシア	中国
炉心特性(つづき)												
炉心体積比												
燃料	0.425	0.32	0.374	0.346	0.37	0.4	0.48	0.318	0.279	0.31	0.445	0.374
冷却材	0.396	0.43	0.354	0.376	0.37	0.4	0.29	0.487	0.472	0.39	0.287	0.376
構造材	0.136	0.21	0.238	0.248	0.23	0.2	0.23	0.195	0.249	0.26	0.218	0.19
ボイドもしくはガスプレナム	0.023	0.04	0.034	0.03	0.03	0	0	0	0	0.04	0.05	0.06
最大中性子束(10^{15}n/cm^2-s)	3.2	1.9	3.4	4	5.7	2.5	3.7	2.7	4.5	7.2	0.86	3.1
平均中性子束(10^{15}n/cm^2-s)	2.3	1.3	2.5	2.6	3.5	1.9	3	1.6	2.6	4.2	0.63	2.1
炉心最大線出力(kW/m)	43	45	35	36.5	42	37	54	34.8	28	40.1	44	40
炉心平均線出力(kW/m)	31	24	27	24.5	−	25	40	23	17	27.6	32	26.1
ブランケット最大線出力(kW/m)	−	5	−	2.1	−	−	−	4.9	14	−	−	−
炉心最大出力密度(kW/ℓ)[d]	3,060	1,280[a]	2,344	1,384	2,500	1,250	2,300	2,704	2,774	656	2,182	1,867
炉心平均出力密度(kW/ℓ)[d]	2,210	985[a]	1,806	930	1,600	900	1,900	1,610	1,642	387	1,588	1,132
増殖利得(炉心燃料領域)	N	N	N	N	N	N	N	N	−	N	N	N
増殖利得(全炉心)	N	N	N	N	N		N	N	0.16	N	N	N
反応度係数												
温度係数(pcm/℃)[b]	-4.5	-5/-4.7	-4.8/-4.5	-3.5/-3.3	-3.1	-5.4	-4	-3.6	-0.39	-1.08	-2.2	-4.57
出力係数(pcm/MW_{th})[b]	-6	-8/-7.9	-19/-35	-2.5/-4.3	-4.2	-6.7	-6.5	-4.2	-0.2	-0.4	-8.2	-6.54
冷却材ボイド最大反応度($)	−	-2.4/-3.2	-20.57	+0.022	-41	0	-8	−		+～1.5	-6.1	-4.99
ドップラー係数(pcm/℃)	0	-0.003	0	-0.003	-0.0017	0.0002	0.0015	−	-0.00026	-0.005	0	-0.0025
ドップラー係数(ボイド時)(pcm/℃)	0	−	0	-0.002	-0.00095	−	−	-0.003	−	-0.003	0	-0.0021
即発中性子寿命Λ(μs)	0.1/0.24[c]	0.38	−	−	0.23/0.3	0.14	−	0.1	0.14	0.5	−	−
実効遅発中性子割合β_{eff}	0.005	0.006	−	0.0036	0.005/0.004	0.007	−	0.0068	0.007	0.0032	−	−

® MK-Ⅲ炉心，[a]:試験ループ，[b]:ボンドなし燃料/ボンド燃料，[c]:Rapsodieの仕様/Rapsodie fortissimoの仕様，[d]:kW/ℓ＝被覆管内燃料体積、リットル当たりの発熱量

表A.1　高速実験炉（つづき）

原子炉名	Rapsodie	KNK-Ⅱ	FBTR	PEC	常陽®	DFR	BOR60	EBR-Ⅱ	FERMI	FFTF	BR10	CEFR
	フランス	ドイツ	インド	イタリア	日本	イギリス	ロシア	アメリカ	アメリカ	アメリカ	ロシア	中国
炉心燃料												
集合体当たり炉心燃料ピン本数(炉心領域)	61	169[b]/211[c]	61	91	127	1	37	91	140	217	7	61
炉心燃料ピン外径(mm)	5.1	6[b]/8.2[c]	5.1	6.7	5.5	20	6	4.42	4.01	5.84	8.4	6
炉心燃料ピン長さ(mm)	320	1,540	531.5	1,935	1,533	1,228	1,100	343	833	2,380	615	1,622
炉心燃料ペレット形状	中実	中空	–	中空	中実	中空	中空	フィッシウム[j]	フィッシウム[j]	中実	–	–
炉心燃料ペレット密度(%理論密度)	92.0	86.5	86	95.0	94.0	100	75/84	93	100	90.4	90	96.5
炉心燃料スミア密度(%理論密度)	88	80	78	87.6	87.0	95	–	75	100	85.5	82	77.6
炉心燃料被覆管厚さ(mm)	0.37	0.38	0.37	0.45	0.35	2.3	0.3	0.305	0.127	0.38	0.4	0.3
炉心燃料被覆管材料	316	1.4970	316[d]	316[d]	316[d]	Nb	Cr15Ni15	316	Zr	316[d]	[g]	[h]
ラッパ管材料	SS	SS	316L(CW)	316	316[d]	–	SS	SS	SS	SS	[g]	[i]
ラッパ管厚さ(mm)	1.0	2.6	–	2.4	1.9	–	11.0	1.0	2.4	3	–	–
ラッパ管対面間距離(mm)	49.8	108	49.8	85.5	78.5	–	44	58.17	67.2	116	26.1	59
炉心燃料ピンスペーサー	W	G	W	W	W	F	W	–	G	W	W	W
集合体ピッチ(mm)	50.8	129	50.8	81.5	81.5	23.4	45	58.93	68.4	120	27	61
燃料ピンピッチ(mm)	7.1/5.9[a]	10.1[b]/7.9[c]	–	7.9	7.6/6.5[e]	–	6.7	5.7	5.1	7.3	–	–
燃料ピンピッチ/外径比(p/d比)	1.06/1.16[a]	1.23[b]/1.32[c]	–	0.18	1.21/1.18[e]	–	1.12	1.29	1.26	1.24	–	–
ガスプレナム位置	上部/上部及び下部	–	–	下部	上部	上部	下部	上部	なし	上部	–	–
燃料ピン当たりガスプレナム体積(cm^3)	2.5	16	1.9	15.6	10	0	7.3	2.4	0	19	4.8	10.3
最大ガスプレナム圧(MPa)	12.8	2.6	6.0	5	7.3	–	10	12.4	0	4.28	5	2.8
反射体／ブランケット												
集合体当たりブランケット燃料ピン本数	7	121	7	–	0	1	–	19	25	–	–	–
ブランケット燃料ピン外径(mm)	16.5	9.15	16.5	–	0	34[f]	–	12.5	11.3	–	–	–
ブランケット燃料ピン長さ(mm)	1,079	1,363	1,079	–	0	2,490[f]	–	1,397	1,650	–	–	–
ブランケット燃料ペレット密度(%理論密度)	96	94	95	–	–	–	–	93	100	–	–	–
ブランケット燃料スミア密度(%理論密度)	91	89	90	–	–	–	–	90	98	–	–	–
ブランケット燃料被覆管厚さ(mm)	0.5	0.5	0.5	–	0	0.9[f]	–	0.457	0.25	–	–	–
ブランケット燃料被覆管材料	016	1.49814[a]	316	–	0	18/8/1[i]	Cr16Ni15	304L	304	316[c]	–	–

® MK－Ⅲ炉心，[a]:Rapsodieの仕様/Rapsodie fortissimoの仕様，[b]:ドライバ領域，[c]:テスト領域，[d]:20%冷間加工SS，[e]:MK-IおよびMK-II炉心，[f]:反射体，[g]:Cr16Ni15Mo3Nb，[h]:06Cr16Ni15Mo2Mn2TiVB　[i]:08Cr16Ni11Mo3Til，[j]:Moや白金族を主成分とする合金

表A.1　高速実験炉（つづき）

原子炉名	Rapsodie フランス	KNK-Ⅱ ドイツ	FBTR インド	PEC イタリア	常陽® 日本	DFR イギリス	BOR60 ロシア	EBR-Ⅱ アメリカ	FERMI アメリカ	FFTF アメリカ	BR10 ロシア	CEFR 中国
反射体／ブランケット(つづき)												
ブランケット燃料ピンスペーサー	W	W	W	–	–	F	–	–	W	–		W
燃料ピン当たりガスプレナム体積(cm³)	2	16	–	–	0	0	–	12.8	–	–		7
燃料交換												
平均運転期間(日)	80	–	45～60	60	60	55	100	49	14	107	100	73
平均燃料交換期間(日)	10	–	7	15	16	–	45	7	–	25/46	12	14
最大到達燃焼度(MWd/ tHM)	102,000	172,000	–	–	143,900	3,000	176,000	80,000	4,000	155,000[a]	62,300	–
平均到達燃焼度(MWd/ tHM)	–	75,000	–	–	68,500	2,500	73,000	66,000	3,000	60,000	45,500	–
目標燃焼度(MWd/tHM)	–	–	50,000	65,000	200,000	–	260,000	–	10,000	45,000	–	100,000
貯蔵ラック	40	–	–	76	20	–	なし	75	35	57	–	–
制御系												
安全棒本数	6	8	6	11	6	15	3	2	8	9	2+2	11
安全棒外径(mm)	45.0	10.3	–	17.7	–	23	12	–	15.9	12.0	–	14.9
安全棒材質	BC90	–	BC90	–	–	B80	BC80	燃料	BC	B20	–	BC91
安全棒当たりピン本数	1	55	1	7	–	1	7	–	6	–	–	7
微調整棒本数	6	–	6	11	–	0	2	–	2	3	2(Ni)	2
粗調整棒本数	5	–	0	–	0	6	2	–	–	6	1MRR	3
微調整棒当たりピン本数	–	–	–	7	7	–	4	–	19	61	–	7
粗調整棒当たりピン本数	–	55	–	7	–	10	7	–	–	61	–	7
微調整棒ピン外径(mm)	–	10.3	–	17.7	18.5	–	12.0	–	7.9	12.0	–	14.9
粗調整棒ピン外径(mm)	–	–	–	17.7	なし	20.0	12.0	–	–	–	–	14.9
微調整棒、粗調整棒材質	BC90	BC90	BC90	BC90	BC90	燃料	BC80	燃料	BC	B20	–	BC20,91
原子炉容器												
内径(mm)	2,350	1,870	2,350	3,080	3,600	3,200	1,400	7,920	4,800	6,170	338	7,960
肉厚(mm)	15	16	15	30	25	12	20	19	50	65	7	25/50
高さ(mm)	–	10,150	–	10,300	10,000	6,300	6,200	3,960	11,000	13,130	4,500	12,195
材質	316	1.6770	316	316	304	18/8/1	Cr18Ni9	304	304	304	Cr18Ni9	316

® MK-Ⅲ炉心，[a]:230,000MWd/tHMは先進中空MOX燃料(HT-9被覆管、169本／集合体)の設計にて達成

表A.1　高速実験炉（つづき）

原子炉名	Rapsodie	KNK-Ⅱ	FBTR	PEC	常陽®	DFR	BOR60	EBR-Ⅱ	FERMI	FFTF	BR10	CEFR
	フランス	ドイツ	インド	イタリア	日本	イギリス	ロシア	アメリカ	アメリカ	アメリカ	ロシア	中国
格納施設												
径方向遮へい(炉容器内)	SS	鋳鉄	SS	Ni+B_4C	SS	SS+BG	SS	黒鉛	SS	SS	−	SS+B_4C
径方向遮へい(炉容器外)	コン	HD コン	コン	HD コン	黒鉛＋コン	コン	鉄＋コン	BG+コン	コン	コン＋B_4C	鉄＋コン	コン
軸方向遮へい(炉容器内)							SS	−	−	−	SS+B_4C	SS
軸方向遮へい(炉容器上部)							SS+CS+黒鉛	−	−	−	P+B_4C+SS	SS+コン
格納容器形状	C	C	C	C	C	SP	R	C	C	C	R	SQ
格納容器材質	SS	SS	コン	CS	CS	SS	コン	CS	CS	CS	コン	コン＋SS
格納容器体積(m^3)	15,000	5,000	15,000	18,000	18,600	11,500	−	14,000	7,900	64,100	−	17,000
設計圧力(MPa)	0.235	0.25	0.025	0.15	0.15	0.125	−	0.166	0.32	0.069	−	0.1
設計漏えい率(%/日)	10[a]	1		0.5	3.0[b]	0.075		0.2	0.1	0.1		
1次冷却系												
冷却材、カバーガス	Na,Ar/He	Na,Ar	Na,Ar	Na,Ar	Na,Ar	NaK,Ar	Na,Ar	Na,Ar	Na,Ar	Na,Ar	Na,Ar	Na,Ar
炉型／ループ数	L/2	L/2	L/2	L/2	L/2	L/24	L/2	P/2	L/3	L/3	L/2	P/2
ポンプ形式／ポンプ配置	C/Cold	C/Hot	−	C/Cold	C/Cold	E/Cold	C/Cold	C/Cold	C/Cold	C/Hot	E	
冷却材インベントリ(t)	36.8	27	26.7	118	126	51	22	286	160	406	1.7	260
ループ当たり冷却材流量(kg/s)	115	140	115	315	380	19	135	250	395	727	24	200
総流量(Kg/s)	230	280	230	630	750	450	270	500	1,185	2,180	48	400
最大／平均冷却材流速(m/s)	5.5	−	6.2/5.4	6.1/5.0	6.1/5.3	6.0/6.0	11/8	8/～5	−/4.8	7.4/6.8	4.0/−	4.7/3.7
炉心圧力損失(MPa)	−	−	0.3	−	0.33	−	0.35	−	−	−	0.1	0.28
原子炉入口温度(℃)	400	360	380	400～450	350	230	330	371	288	360	350	360
原子炉出口温度(℃)	510	525	544	550	500	350	545	473	427	565	470	516
ホット／コールド配管材料	316	−	316	316	304	18/8/1	Cr18Ni9	304	304	316/304	Cr18Ni9	−/304
ホットレグ配管外径(mm)	302	200	300	609	510	101	325	356	760	710	127	−
ホットレグ配管肉厚(mm)	4	−	4	9.5	9.5	3.5	12	6.35	9.5	10	8	−
コールドレグ配管外径(mm)	300	200	300	355.6	450/300	101	325/219	324	760	405	127	127
コールドレグ配管肉厚(mm)	−	−	4	8	7.9/6.5	−	12/10	10.3	9.5	10	8	8
燃料／被覆管最高温度(℃)	2,180/635	2,055/600	−/600	2,340/700	2,500/620-675	650/400	−/710	688/580	602/566	2,250/680	−/565	−/670

® MK-Ⅲ炉心，[a]:0.025MPa時，[b]:0.13MPa, 360℃,
BG:ホウ素化黒鉛; コン:コンクリート; HD コン:高密度コンクリート; CS:炭素鋼; SS:ステンレス鋼; P:パラフィン

表A.1　高速実験炉（つづき）

原子炉名	Rapsodie	KNK-Ⅱ	FBTR	PEC	常陽®	DFR	BOR60	EBR-Ⅱ	FERMI	FFTF	BR10	CEFR
	フランス	ドイツ	インド	イタリア	日本	イギリス	ロシア	アメリカ	アメリカ	アメリカ	ロシア	中国
2次冷却系												
冷却材／ループ数	Na/2	Na/2	Na/2	Na/2	Na/2	NaK/12	Na/2	Na/1	Na/3	Na/3	Na/2	Na/2
ポンプ形式	C/Hot	C/Cold	−	C/Cold	C/Cold	E/Cold	C/Cold	E/Cold	C/Cold	C/Cold	−	−
冷却材インベントリ(t)	20	50	44	67	73	63	20	41	102	199	5	48.2
ループ当たり冷却材流量(kg/s)	102	130	69	312	330	38	110	297	400	727	25	137
総流量(kg/s)	204	260	138	624	670	450	220	297	1,200	2,180	50	274
ホットレグ温度(℃)	485	504	510	495	470	335	480	467	408	459	380	495
コールドレグ温度(℃)	360	322	284	350	300	195	210	270	269	316	270	310
ホットレグ材質	316	1.6770	316LN	316	$2^1/_4$Cr-1Mo[a]	18/8/1	Cr18Ni9	304	$2^1/_4$Cr-1Mo[a]	316	Cr18Ni9	304H
コールドレグ材質	316	1.6770	316LN	316	$2^1/_4$Cr-1Mo[a]	18/8/1	Cr18Ni9	304	$2^1/_4$Cr-1Mo[a]	304	Cr18Ni9	304L
ホットレグ配管外径(mm)	208	200	200	355.6	320	152	325/219	305	305	405	127	219
ホットレグ配管肉厚(mm)	4	−	8	8	10.3	3.5	12/10	6.35	9.5	10	8	10
コールドレグ配管外径　(mm)	200	200	200	355.6	300/250/200	152	325/219/108	324	460/305	405	127	325
コールドレグ配管肉厚　(mm)	−	−	8	8	10.3/9.3/8.2	−	8/6	6.35	9.5	10	8	12
中間熱交換器数	2	2		2	2	24	4	1	3	3		
蒸気発生器												
器数	−	2	−	−	−	12		8	3	−	−	−
出口蒸気温度(℃)	NSG	200	200	NSG	NSG	200	200	301	171	NSG	NSG	190
入口蒸気温度(℃)	NSG	485	490	NSG	NSG	270	430	433	407	NSG	NSG	470
蒸気圧力(MPa)	NSG	7.85	16.7	NSG	NSG	−	8	8.79	4.1	NSG	NSG	13
タービン												
基数	0	1	1	0	0	−	1	1	1	0	0	1
入口蒸気圧力(MPa)	−	7.85	−	−	−	1.0	8.82	8.62	3.97		−	−
入口温度(℃)	−	485	−	−	−	270	460	435	404		−	−
除熱器数	2		−	−	4	12	−	1	0	12	−	−

Ⓡ MK − Ⅲ炉心，[a]:$2^1/_4$Cr − 1Mo は蒸気発生器との接続部に用いられる

表A.2　高速原型炉／実証炉

原子炉名	Phénix	SNR300	PFBR	もんじゅ	PFR	CRBRP	BN350	BN600	KALIMER150	SVBR75/100	BREST300
	フランス	ドイツ	インド	日本	イギリス	アメリカ	カザフスタン	ロシア	韓国	ロシア	ロシア
一般											
初臨界	1973	–	–	1994	1974	–	1972	1980	–	–	–
定格出力到達	1974	–	–	1996	1977	–	1973	1981	–	–	–
熱出力(MWth)	563[a]	762	1,250	714	650	975	750	1,470	392.2	265	700
電気出力(MWe)	255	327	500	280	250	380	130[c]	600	162.2	80	300
燃料化学形	PuO_2 - UO_2						UO_2	UO_2[d]	U-TRU-Zr	UO_2	PuN-UN-MA[e]
炉心構成											
炉心形状	H	C	H	H	H	H,Het	C	C	Het	C	C
集合体数											
内側炉心	55	109	85	108	28	156/82[b]	61/48[1]	136/94[1]	54	55	45
外側炉心	48	90	96	90	44	0	113	139	–	なし	64/36[2]
径方向ブランケット	90	96	120	172	41	126	350	362	72	なし	64/36[3]
炉心外周	1,317	186	419	324	94	312	107	190	241	なし	148
内側炉心直径(mm)	960	1,353	1,353	1,368	933	–	880/1,100[1]	1,270/1,650[1]	1,559	1,645	1,280
外側炉心直径(mm)	1,390	1,780	1,970	1,800	1,470	2,020	1,580	2,050	–	–	1,990/2,296[2]
炉心領域高さ(mm)	850	950	1,000	930	910	914	1,000	1,030	1,000	900	1,100
径方向ブランケット領域外径(mm)	1,880	2,130	2,508	2,400	1,840	2,850	2,490	3,000	1,931	2,090	–
径方向ブランケット領域高さ(mm)	1,668	1,750	1,600	1,600	1,460	1,625	1,580	1,580	1,000	–	–
上部軸方向ブランケット厚さ(mm)	0	400	300	300	102	356	300	300	–	–	–
下部軸方向ブランケット厚さ(mm)	300	400	300	350	450	356	400,350	–	–	–	–
炉心特性											
炉心領域数	2	2	2	2	2	1	3	3	1	4	1
内側炉心濃縮／富化度(%)	18	25(Pu)	20.7	16	22.0	–	17(UO_2)	17(UO_2)	21.1	16.1	14.6Pu+MA
外側炉心濃縮／富化度(%)	23	36(Pu)	27.7	21	28.5	32.8	26(UO_2)	26(UO_2)	–	–	–
中間層炉心濃縮／富化度(%)	–	–	–	–	–		21(UO_2	21(UO_2)	–	–	–
核分裂性物質量、^{235}U(kg)	35	57	17.3	13.5	50	7.6	1,220UO_2	2,020UO_2	20.48	1,470	–
核分裂性物質量、^{239}Pu(kg)	717	1,058	1,361	870	760	1,468	75	110	1,090	–	–
総核分裂性物質量、全Pu量(kg)	931	1,536	1,978	1,400	950	1,705	77	112	1,519.78	–	2,260

[a]:1993年以降は熱出力350MWに制限，[b]:内部ブランケット，[c]:熱出力150MWは脱塩に利用，[d]:初期燃料、のちに部分的にPuO_2-UO_2へ変更，
[e]:初期燃料、のちにPuO_2-UNへ変更(バックアップとしてPuO_2-UO_2)
[1]:内側炉心の内側／外側(中間炉心)
[2]:外側炉心の内側／外側
[3]:外側領域の内側／外側
MA:マイナーアクチニド

表A.2　高速原型炉／実証炉（つづき）

原子炉名	Phénix	SNR300	PFBR	もんじゅ	PFR	CRBRP	BN350	BN600	KALIMER150	SVBR75/100	BREST300
	フランス	ドイツ	インド	日本	イギリス	アメリカ	カザフスタン	ロシア	韓国	ロシア	ロシア
炉心特性(つづき)											
炉心体積比											
燃料	0.37	0.295	0.297	0.335	0.35	0.325	0.380	0.375	0.376	0.55	0.30
冷却材	0.35	0.50	0.41	0.4	0.41	0.419	0.33	0.34	0.3747	0.285	0.60
構造材	0.25	0.19	0.239	0.245	0.21	0.234	0.22	0.215	0.249	0.14	0.10
ボイドもしくはガスプレナム	0.03	0.015	0.054	0.02	0.03	0.022	0.07	0.07	0	0.025	0
最大中性子束(10^{15}n/cm^2-s)	6.8	6.7	8.1	6.0	7.6	5.5	5.4	6.5	3.01	1.7	3.8
平均中性子束(10^{15}n/cm^2-s)	–	4.9	4.5	3.6	5.0	3.6	3.5	4.3	2.2	1.15	2.35
炉心最大線出力(kW/m)	45	36	45	36	48	40.3	40	47	28.7	36	42/39/33
炉心平均線出力(kW/m)	27	23	28.7	21	27.0	26.7	24	28	20.12	24.3	–
ブランケット最大線出力(kW/m)	41	23	35	27	50	54.1	48	48	28.49	–	–
炉心最大出力密度(kW/ℓ)	1,950	1,613	1,763	–	1,720	1,983	1,995	1,587	342.9	382	835
炉心平均出力密度(kW/ℓ)	1,200	1,016	1,247	–	1,160	1,023	1,155	940	240.4	140	510
増殖利得(炉心燃料領域)	–	–	負	–	–	–	–	–	–	0.04(MOX)	–
増殖利得(全炉心)	0.16[a]	0.10	0.05	0.2	-0.05	0.24	0	-0.15	0.05	-0.13(UO_2)	0.05
反応度係数											
温度係数(pcm/℃)[b]	-2.7	-2.3	-1.8/-1.2[b]	-2.0	-3.3	-0.63	-1.9	-1.7	–	-2.2	-1.9
出力係数(pcm/MW_{th})[b]	-0.5	-0.3	-0.64/-0.57[b]	-0.94	-1.7	-0.2	-0.7	-0.6	–	-3.1	-0.3
冷却材ボイド最大反応度($)	–	+2.9	+4.3	–	+2.6	+2.29	-0.6	-0.3	2.6	-2.9	-1.6
ドップラー係数(pcm/℃)	-0.006	-0.004	-7E-3	-8E-3	-7E-3	-3E-3	-0.007	-0.007	-0.0042	–	-0.0066
ドップラー係数(ボイド時)(pcm/℃)	-0.004	-0.003	-5E-3	-4E-3	–	-2E-2	-0.0049	-0.0044	–	–	–
即発中性子寿命Λ(μs)	0.33	0.4	–	0.44	0.49	0.41	–	–	–	–	–
実効遅発中性子発生率β_{eff}	0.0032	0.0035	–	0.0036	0.0034	0.0034	0.0035	–	–	–	–

a：全増殖利得0.16は再処理時点で実験的に求められたもの，b：初装荷炉心／平衡炉心

表A.2　高速原型炉／実証炉（つづき）

原子炉名	Phénix	SNR300	PFBR	もんじゅ	PFR	CRBRP	BN350	BN600	KALIMER150	SVBR75/100	BREST300
	フランス	ドイツ	インド	日本	イギリス	アメリカ	カザフスタン	ロシア	韓国	ロシア	ロシア
炉心燃料											
集合体当たり燃料ピン本数(炉心領域)	217	127	217	169	325/265/169	217	127	127	271	220	156/160
炉心燃料ピン外径(mm)	6.6	7.6	6.6	6.5	5.8/6.6/8.5	5.84	6.9	6.9	7.4	12	9.4/9.8/10.5
炉心燃料ピン長さ(mm)	850	2,475	2,580	2,800	2,250	2,906	2,445	2,445	3,708.1	1,638	2,250
炉心燃料ペレット形状	中実	中実	–	中実	–	中実	中空	中空	–	–	–
炉心燃料ペレット密度(%理論密度)	95	86.5	94.6	85	100	91.3	100	100	15.8	100	95.0
炉心燃料スミア密度(%理論密度)	85	80	90	–	100	83.2	100	100	75	100	80.0
炉心燃料被覆管厚さ(mm)	0.45	0.38	0.45	0.47	0.38	0.38	0.4	0.4	0.55	0.4	0.5
炉心燃料被覆管材料	a	b	c	316	316	316(20%CW)	Cr16Ni15Mo2+MnTiSi(CW)	Zr	HT9	EP-823(12%Cr)	
ラッパ管材料	316	オーステナイト系SS	c	316	PE16/FV4-18	–	Cr13MnNb		HT9	–	d
ラッパ管厚さ(mm)	–	2.6	–	3.0	2.9	3.0	2.0		–	–	–
ラッパ管対面間距離(mm)	124	110	131.3	105	142	116	96	96	157	225.45	166.5
炉心燃料ピンスペーサー	W	G	W	W	G	W	W	W	W	G	G
集合体ピッチ(mm)	127	115	135	116	145.3	121	98	98.4	161	223.88	167.7
燃料ピンピッチ(mm)	7.7	7.9	–	7.9	7.4	7.3	7.0	8.0	–	–	–
燃料ピンピッチ/外径比(P/d比)	1.18	1.32	–	1.22	1.26	1.26	1.15	1.17	–	–	–
ガスプレナム位置	上部／下部	下部	–	上部	下部	上部	上部	下部	–	–	–
燃料ピン当たりガスプレナム体積(cm^3)	13	25	25.7	–	14	21.1	20.6	20.6	–	44.3	47/52/60
最大ガスプレナム圧(MPa)	–	3.1	5.8	6.9	5.6	4.93	4.4	5.0	7.6	3.0	3.0
反射体／ブランケット											
集合体当たりブランケット燃料ピン本数	61	61	61	61	85	61	37	37	127	なし	なし
ブランケット燃料ピン外径(mm)	13.4	11.6	14.33	12.0	13.5	12.85	14.0	14.0	12.0	なし	なし
ブランケット燃料ピン長さ(mm)	1,668	2,475	2,370	2,800	1,900	2,959	1,980	1,980	3,708	なし	なし
ブランケット燃料ペレット密度(%理論密度)	–	95	94	93.0	100	95.6	93.0	93.0	100	なし	なし
ブランケット燃料スミア密度(%理論密度)	–	91	90.7	90.0	100	93.2	90.0	90.0	85.0	なし	なし
ブランケット燃料被覆管厚さ(mm)	0.45	0.55	0.6	0.5	1.0	0.38	0.4	0.4	0.55	なし	なし
ブランケット燃料被覆管材料	–	1.4970	c	316	316	316(20%CW)	Cr16Ni15Mo2+MnTiSi(CW)		HT9	–	–

[a]:Cr17Ni13Mo2.5Mn1.5TiSi,　[b]:X10CrNiMoTiB15,　[c]:15Cr15NiMoTi(CW),　[d]:Cr12Ni0.6Mo0.9

表A.2　高速原型炉／実証炉（つづき）

原子炉名	Phénix	SNR300	PFBR	もんじゅ	PFR	CRBRP	BN350	BN600	KALIMER150	SVBR75/100	BREST300
	フランス	ドイツ	インド	日本	イギリス	アメリカ	カザフスタン	ロシア	韓国	ロシア	ロシア
反射体／ブランケット(つづき)											
ブランケット燃料ピンスペーサー	W	W	W	W	G	W	W	W	W	−	なし
燃料ピン当たりガスプレナム体積(cm^3)	12	89	93.4	−	34	133	46	46	−	−	−
燃料交換											
平均運転期間(日)	90	588[b]	240	148	90	275	105	160	547	2,200	300
平均燃料交換期間(日)	7	−	22	30	21	90	10	15	−	60	25
最大到達燃焼度(MWd/ tHM)	150,000[a]	−	−	−	200,000	−	97,000	97,000	−	−	−
平均到達燃焼度(MWd/ tHM)	100,000	−	−	−	150,000	−	58,000	60,000	−	−	−
目標燃焼度(MWd/tHM)	170,000	86,000	113,000	94,000	250,000	74,200	120,000	120,000	120,670	106,700	91,700
貯蔵ラック	41	−	−	−	20	−	41	124	−	−	−
制御系											
安全棒本数	6	12	3	6	5	15	3	6	1USS	6	8
安全棒外径(mm)	28.0	15.5	21.4	17.0	22.0	−	23.0	23.0	−	40.0	20.5
安全棒材質	BC48	BC47	BC65	BC90	BC40	BC92	BC80	BC80	BC	BC50	BC20
安全棒当たりピン本数	7	19	19	19	19	−	7	7	−	1	30
微調整棒本数	−	1	9	3	0	9	2	2	−	2	12
粗調整棒本数	−	8	−	10	5	6	7	19	−	29	8
緊急炉停止棒本数	−	−	−	−	10	−	5	8	−	13	−
付加的停止棒本数	−	−	−	−	−	−	−	−	6GEM	−	45HSR+12GEM
微調整棒当たりピン本数	−	19	19	19	−	37	7	31	61	7	30
粗調整棒当たりピン本数	−	19	−	19	19	31	85	8	−	7	−
微調整棒ピン外径(mm)	−	15.5	22.4	17.0	−	15.3	9.5	9.5	−	12.0	20.5
粗調整棒ピン外径(mm)	−	15.5	−	17.0	22.0	14.0	6.9	23.0	−	12.0	−
微調整棒、粗調整棒材質	BC48	BC47	BC65	BC39	BC20	BC92	BC60, EUO_2 /DUO_2	BC20	BC	BC50	Er_2O_3

[a]:このレベルの燃焼度は、166,000本の燃料ピン(8炉心分)に対して達成された，　[b]:588日または441FPD(定格運転相当日数)
GEM:ガス膨張モジュール，　HSR:水圧駆動制御棒

表A.2　高速原型炉／実証炉（つづき）

原子炉名	Phénix	SNR300	PFBR	もんじゅ	PFR	CRBRP	BN350	BN600	KALIMER150	SVBR75/100	BREST300
	フランス	ドイツ	インド	日本	イギリス	アメリカ	カザフスタン	ロシア	韓国	ロシア	ロシア
原子炉容器											
内径(mm)	11,820	6,700	12,850	7,100	12,200	6,170	6,000	12,860	6,920	4,130	6,800
肉厚(mm)	15	−	25/40	50	25/50	60	50	30	50	35	40
高さ(mm)	12,000	15,000	12,920	17,800	15,200	17,920	11,900	12,600	18,425	7,000	14,140
材質	316	304	316	304	321	304	Cr18N19		316	Cr18Ni9	Cr16Ni10
格納設備											
径方向遮へい(炉容器内)	黒鉛+SS	SS	SS+B_4C	SS	黒鉛+SS	316	SS	黒鉛+SS	304+B_4C+SS	SS+B_4C+PbBi	SS
径方向遮へい(炉容器外)	コンクリート	コンクリート	コンクリート	コンクリート+SS	コンクリート+SS	コンクリート	コンクリート+SS	コンクリート	コンクリート	H_2O+SS+コンクリート	コンクリート
軸方向遮へい(炉容器内)	SS+B_4C	−	SS+B_4C+黒鉛	SS	−	−	SS	SS	SS	SS+B_4C+PbBi	SS+Pb
軸方向遮へい(炉容器上部)	コンクリート+SS	−	コンクリート	コンクリート+SS	−	−	SS+コンクリート	コンクリート+SS+黒鉛	−	SS+B_4C	コンクリート+SS
格納容器形状	R	R	R	C	R	C	R	R	C	C	R
格納容器材質	コンクリート	−	コンクリート	炭素鋼	コンクリート+SS	炭素鋼	コンクリート	コンクリート	2.25Cr1Mo	コンクリート	コンクリート+SS
格納容器体積(m^3)	31,000	323,000	87,000	130,000	74,000	170,000	−	−	1,036	80,000	−
設計圧力(MPa)	0.040	0.024	0.25	0.03	0.005	0.170	−	−	0.254	0.03	−
設計漏えい率(%/日)	−	3.2	−	1.0	−	−	−	−	−	−	−
1次冷却系											
冷却材、カバーガス	Na,Ar	Na,Ar	Na,Ar	Na,Ar	Na,Ar	Na,Ar	Na,Ar	Na,Ar	Na,Ar	PbBi	Pb
炉型／ループ数	P/3	L/3	P/2	L/3	P/3	L/3	L/6	P/3	P/4	P/2	P/4
ポンプ形式／ポンプ配置	C/Cold	C/Hot	−	C/Cold	C/Cold	C/Hot	C/Cold	C/Cold	−	−	−
冷却材インベントリ(t)	800	550	1,100	760	850	630	470	770	−	193	8,600
ループ当たり冷却材流量(kg/s)	1,000	1,180	3,540	1,420	1,030	1,747	790	2,200	536	5,880	10,400
総流量(Kg/s)	30,000	3,550	7,080	4,250	3,090	5,240	3,950	6,600	2,143	11,760	14,600
最大／平均冷却材流速(m/s)	12/9	−/5	8.0/7.7	6.9/5.8	9/7.3	7.3/6.7	7.4/6.5	8.0/7.5	5.1/4.2	−/2.0	1.67/−
炉心圧力損失(MPa)	0.45	−	0.54	0.25	−	−	0.69	0.70	<0.6	0.4	0.155
原子炉入口温度(℃)	395	377	397	397	399	388	280	365	386	286	420
原子炉出口温度(℃)	560	546	544	529	550	535	430	550	530	435	540
ホット／コールド配管材料	316	−	316	304	321	316	Cr18Ni9	Cr18Ni9	316	EP302/Cr18Ni9	−

表A.2　高速原型炉／実証炉（つづき）

原子炉名	Phénix	SNR300	PFBR	もんじゅ	PFR	CRBRP	BN350	BN600	KALIMER150	SVBR75/100	BREST300
	フランス	ドイツ	インド	日本	イギリス	アメリカ	カザフスタン	ロシア	韓国	ロシア	ロシア
1次冷却系(つづき)	−										
ホットレグ配管外径(mm)	−	610	−	810	−	914	630	−	−	−	−
ホットレグ配管肉厚(mm)	−	−	−	11	−	13	13	−	−	−	−
コールドレグ配管外径(mm)	−	560	620	610	−	610	630/529	636	−	なし	なし
コールドレグ配管肉厚(mm)	−	−	10	9.5	−	13	13/12	16	−	なし	なし
燃料／被覆管最高温度(℃)	2,300/650	1,850/600	−/697	2,200/675	−/670	2,350/732	1,800/600	2,500/695	−	−/600	−/644
2次冷却系											
冷却材／ループ数	Na/3	Na/3	Na/2	Na/3	Na/3	Na/3	Na/6	Na/3	Na/2	なし/−	なし/−
ポンプ形式／位置											
冷却材インベントリ(t)	381	402	410	760	240	580	450	830	−	−	−
ループ当たり冷却材流量(kg/s)	773	1,090	2,900	1,030	975	1,612	880	2,030	902	−	−
総流量(kg/s)	2,319	3,270	5,800	3,090	2,925	4,836	4,400	6,090	1,804	−	−
ホットレグ温度(℃)	550	520	525	505	540	502	415	510	511	なし	なし
コールドレグ温度(℃)	343	335	355	325	370	344	260	315	340	なし	なし
ホット/コールドレグ材質	321/304	−	316	304	321	316/304	Cr18Ni9	Cr18Ni9	316	なし	なし
ホットレグ配管外径(mm)	510	610	558.8	560	360	610	529	630	356	なし	なし
ホットレグ配管肉厚(mm)	6	−	8	9.5	10	13	12	13	7.9	なし	なし
コールドレグ配管外径　(mm)	510	560	813	560	610	457	529	820	356	なし	なし
コールドレグ配管肉厚　(mm)	7	−	10	9.5	12	13	12	13	7.9	なし	なし
中間熱交換器数	6	6	−	3	6	3	6	6	−	−	−
蒸気発生器											
出口蒸気温度(℃)	512	495	493	487	515	482	410	505	483.2	260	525
入口蒸気温度(℃)	246	230	235	240	342	242	158	240	230	225	355
蒸気圧力(MPa)	16.8	16.7	16.7	12.5	12.8	9.81	4.5	13.2	15.5	4.7	27
タービン											
基数	1	1	1	1	1	1	4	3	1	1	1
入口蒸気圧力(MPa)	16.3	16.0	−	12.5	12.8	10.0	4.9	13.7	−	−	−
入口温度(℃)	510	495	−	483	513	482	435	505	−	−	−

表A.3　商業規模高速炉[a]

原子炉名	Super-Phénix1	Super-Phénix2	SNR2	DFBR	CDFR	BN800	BN1600	BN1800	EFR	ALMR	JSFR1500	BREST1200
	フランス	フランス	ドイツ	日本	イギリス	ロシア	ロシア	ロシア	欧州連合	アメリカ	日本	ロシア
一般												
初臨界	1985	−	−	−	−	2014	−	−	−	−	−	−
定格出力到達	1986	−		−	−	−	−	−	−	−	−	−
熱出力(MWth)	2,990	3,600	3,420	1,600	3,800	2,100	4,200	4,000	3,600	840	3,530	2,800
電気出力(MWe)	1,242	1,440	1,497	660	1,500	870	1,600	1,800	1,580	303	1,500	1,200
冷却材												
1次系／2次系	Na	Na	Na	Na	Na	Na	Na	Na	Na	Na	Na	Pb
1次系温度(℃)	542	544	540	550	540	544	550	575	545	499	550	540[e]
2次系温度(℃)	525	525	510	520	510	505	515	540	525	477	520	−
蒸気												
蒸気温度(℃)	487	495	495	495	490	490	495	525	490	429	495	525
蒸気圧力(MPa)	17.7	17.7	17.2	16.6	17.4	13.7	13.7	26.0	18.5	15.2	18.0	27.0
1次系配管	P	P	P	L	P	P	P	P	P	P	L	P
燃料化学形	PuO_2-UO_2							PuN-UN	PuO_2-UO_2	UPuZr[d]	PuO_2-UO_2	PuN-UN-MA
炉心構成												
炉心形状	H	H	C	H	C	C	C	C	C	H,Het	−	C
径方向ブランケット	R	R	R	R	R	R	R	−	R	R	−	−
上部軸方向ブランケット	AA	−	AA	AA	AA	−	AA	−	AA	−	−	−
下部軸方向ブランケット	AB	AB	AB	AB	AB	AB	AB	−	AB	−	−	−
集合体数												
内側炉心	193	208	252	199	193	211/156[c]	258	642	207/108[c]	84	−	148
外側炉心	171	180	162	96	156	198	216	−	72	8	−	108/76[f]
径方向ブランケット	234	78	120	138	234	90	84		78	0	−	
炉心外周	1,288	270[b]	450	1,237	−	546	1,087	1,001	873	180	−	208
等価直径												
内側炉心直径(mm)	2,600	2,900	−	2,450	2,250	1,630/2,092[c]	3,160	−	2,948/3,688[c]	−	−	3,350
外側炉心直径(mm)	3,700	3,970	4,130	2,990	3,000	2,561	4,450	5,167	4,051	2,164	−	4,150/4,750[f]

[a]:表A.3と表A.1/A.2において仕様項目に違いがあるのは、概念設計プラントと運転実績のプラントで入手可能な情報の詳細さが異なるためである，[b]:反射体，
[c]:内側炉心の内側／中間領域，[d]:PuO_2-UO_2をバックアップとする，[e]:蒸気発生器入口における1次冷却材全体の温度，[f]:内側／外側領域
MA:マイナーアクチニド

表A.3　商業規模高速炉（つづき）

原子炉名	Super-Phénix1	Super-Phénix2	SNR2	DFBR	CDFR	BN800	BN1600	BN1800	EFR	ALMR	JSFR1500	BREST1200
	フランス	フランス	ドイツ	日本	イギリス	ロシア	ロシア	ロシア	欧州連合	アメリカ	日本	ロシア
炉心構成(つづき)												
炉心高さ(mm)	1,000	1,200	1,000	1,000	1,150	880	780	800	1,000	1,070	–	1,100
径方向ブランケット												
外径(mm)	4,700	4,325	5,080	3,570	3,800	2,750	4,800	–	4,383	2,427	–	–
高さ(mm)	1,600	1,510	1,600	1,700	1,800	1,580	1,150	–	1,000	1,473	–	–
軸方向ブランケット厚さ												
上部(mm)	300	0	500	350	300	–	0	–	–	203	–	–
下部(mm)	300	300	500	350	300	350	350	–	250	0	–	–
炉心特性												
集合体ピッチ(mm)	179	–	185	158	147	100	188	188	188	161.4	–	231.2
ラッパ管対面間距離(mm)	173	–	180	145	141	94.5	184	189.3	183	157.1	–	230
集合体長(mm)	5,400	4,850	–	4,600	4,000	3,500	4,500	4,500	4,800	4,775	–	3,850
炉心領域数	2	2	–	2	2	3	2	1	3	1	–	1
濃縮／富化度(%)												
内側炉心	16	–	18Pu	11	15.0	19.5	18.2	–	18.3	23.2	–	–
外側炉心	19.7	–	23Pu	16	20.5	24.7	21.1	14.8	26.9	–	–	13.8(Pu+MA)
中間層炉心	–	–	–	–	–	22.1	–	–	22.4		–	–
核分裂性物質量、^{235}U(kg)	142	–	210	40	60	30	80	–	81	30	–	–
核分裂性物質量、^{239}Pu(kg)	4,054	–	4,800	2,430	3,000	1,870	5,400	–	–	–	–	6,060
総核分裂性物質量、全Pu量(kg)	5,780	–	8,000	4,130	3,400	2,710	7,900	12,070	8,808	2,800	–	8,560
炉心体積比												
燃料	0.37	0.37	0.364	0.39	0.25	0.340	0.415	0.446	0.361	0.378	–	0.26
冷却材	0.34	0.37	0.39	0.33	0.51	0.390	0.306	0.294	0.329	0.366	–	0.635
構造材	0.24	0.24	0.22	0.23	0.18	0.220	0.229	0.228	0.235	0.257	–	0.105
ボイド	0.05	0.02	0.026	0.05	0.06	0.05	0.05	0.032	0.075	0	–	0

MA：マイナーアクチニド

表A.3　商業規模高速炉（つづき）

原子炉名	Super-Phénix1	Super-Phénix2	SNR2	DFBR	CDFR	BN800	BN1600	BN1800	EFR	ALMR	JSFR1500	BREST1200
	フランス	フランス	ドイツ	日本	イギリス	ロシア	ロシア	ロシア	欧州連合	アメリカ	日本	ロシア
炉心特性(つづき)												
出力密度												
最大(kW/ℓ)	1,250	1,200	800	–	2,400	1,796	1,130	925	1,100	950	–	690
平均(kW/ℓ)	785	755	500	–	1,750	1,152	670	536	670	610	–	550
運転期間(日)	640	270	365	456	270	140	330	500	425	595	–	300
燃料交換期間(日)	120	15または45	30	60	28	13.7～17	35	–	20	105	–	–
燃焼度												
最大(MWd/tHM)	90,000	–	150,000	110,000	–	98,000	170,000	118,000	190,000	150,000	–	–
平均(MWd/tHM)	60,000	–	120,000	90,000	–	66,000	115,000	66,000	134,000	100,000	–	–
最大中性子束(10^{15}n/cm^2-s)	6.1	5.0	5.4	–	10	8.8	5.5	–	5.3	3.3	–	3.8
増殖利得(全炉心)	0.18	–	0.12	0.2	0.15	-0.02	0.1	–	0.02	0.23	–	0.05
反応度係数												
温度係数(pcm/℃)[b]	-2.75	–	–	–	-0.2	-1.7	-1.6	–	-1.1	–	–	-1.9
出力係数(pcm/MW$_{th}$)[b]	-0.1	–	–	–	-0.16	-0.36	-0.1	–	-0.12	–	–	-0.3
冷却材ボイド最大反応度($)	+5.9	–	–	+4.0	+5.7	～0[c]	～0[c]	～0	+6.4	+6.5	–	-1.6
ドップラー係数10^{-3}(pcm/℃)												
ボイド炉心	-7.0	–	–	–	-5.6	-4.0	–	–	-5.0	-2.6	–	–
非ボイド炉心	-9.0	–	–	-8	-8	-7.0	-7.0	–	-6.5	-4.4	–	-6.6
即発中性子寿命Λ(μs)	0.42	–	–	–	–	–	–	–	–	–	–	–
実効遅発中性子発生率β_{eff}	0.004	–	0.004	–	0.003	–	–	–	–	–	–	–
炉心燃料												
集合体当たり炉心燃料ピン本数	271	271	271	271	325	127	331	331	331	271	–	272
燃料ピン外径(mm)	8.5	8.5	8.5	8.5	6.6	6.6	8.5	8.6	8.2	7.44	–	9.1/9.6/10
被覆管厚さ(mm)	0.56	0.56	0.565	0.5	0.52	0.4	0.55	0.55	0.52	0.56	–	0.5
被覆管材料	[a]	–		[b]	PE16	[d]	[d]		AIMI[f]	HT-9	–	EP823(12Cr)
燃料ピン長さ(mm)	2,700	2,690	2,900	3,100	2,500	2,000	2,410	2,300	2,645	3,842	–	–
ラッパ管材料	–	–	–	[b]	–	[a]	[e]		EM10[g]	HT-9	–	Cr13Ni06 Mo0.9
燃料ピンスペーサー	W	W	G	W	G	W	W	W	W	W	–	W

[a]:Cr17Ni13Mo2.5Mn1.5TiSi, [b]:改良オーステナイト鋼, [c]:炉心部と集合体上部をボイド化, [d]:Cr16Ni15Mo2MnTiSi(CW), [e]:Cr13MnNb, [f]:またはPE16鋼, [g]:または欧州鋼(euralloy)

表A.3　商業規模高速炉（つづき）

原子炉名	Super-Phénix1	Super-Phénix2	SNR2	DFBR	CDFR	BN800	BN1600	BN1800	EFR	ALMR	JSFR1500	BREST1200
	フランス	フランス	ドイツ	日本	イギリス	ロシア	ロシア	ロシア	欧州連合	アメリカ	日本	ロシア
炉心燃料（つづき）												
最大線出力（kW/m）	48	48	45	41	43	48	48.7	41	52	31	–	42/40/33
平均線出力（kW/m）	30	30	–	25	28	31	30	24	26	19	–	–
被覆管最高温度（℃）	620[a]	627[a]	570[a]	700[a]	670	700	675	–	636[a]	609	–	650
燃料ピン当たりガスプレナム体積（cm^3）	43	–	52	–	–	18	50	–	47	31.6	–	–
燃料ペレット密度（％理論密度）	95.5	95.5	93.0	95.0	100	100	100	–	96.0	100	–	92.0
燃料ピンスミア密度（％理論密度）	82.6	–	87.0	83.7	100	100	100	100	82.7	75.0	–	75.0
反射体／ブランケット												
集合体当たりブランケット燃料ピン本数	91	127	127	127	85	37	91	–	169	127	–	–
燃料ピン外径（mm）	15.8	13.6	15.8	11.3	13.5	14.0	17.5	–	11.5	12	–	–
被覆管厚さ（mm）	0.57	0.57	0.6	0.4	0.5	0.4	0.5	–	0.6	0.54	–	–
被覆管材料	–	–	–	[b]	PE10	[d]	[d]	–	AIM1[f]	HT-10	–	–
燃料ピン長さ（mm）	1.944	2,480	2,900	3,100	2,000	1,980	2,000	–	2,645	3,842	–	–
燃料ピンスペーサー	W	W	W	W	W	W	W	–	W	W	–	–
最大線出力（kW/m）	48	48	–	–	63	48	39.6	–	41	34	–	–
燃料ピン当たりガスプレナム体積（cm^3）	40	–	150	–	–	46	–	–	100	–	–	–
燃料ペレット密度（％理論密度）	95.5	–	96.0	95.0	10.8[c]	10.6[c]	10.6[c]	–	96	15.7[c]	–	–
燃料スミア密度（％理論密度）	91.6	–	90.0	–	9.7[c]	9.7[c]	10.0[e]	–	89	85	–	–
最大ガスプレナム圧（MPa）	4.0	–	5.0	–	–	5.0	–	–	6.2	6.7	–	–
制御系												
安全棒本数	24	27	37	30	12	12	12	18	33	–	–	–
微調整棒本数	21	–	–	–	0	2	2	2	5+12	9	–	–
粗調整棒本数	–	–	–	–	18	16	23	17	4+12	–	–	–
緊急炉停止棒本数	21	–	–	–	–	12	37	18	33	–	–	–
付加的停止棒本数	3	–	–	–	–	3HSRs[e]	–	5HSRs[e]	–	6GEM[g]	–	–
安全棒当たりピン本数	31	31	55	31	19	7	–	19	37	–	–	–
微調整棒当たりピン本数	31	–	61	–	–	7	–	19	55	61	–	–
粗調整棒当たりピン本数	–	–	–	–	19	7	–	19	55	–	–	–

[a]:最良推定値（ホットスポット因子未考慮），[b]:改良オーステナイト鋼，[c]:絶対密度（g/cm^3），[d]:Cr16Ni15Mo2MnTiSi（CW），[e]:HSR＝水圧固定制御棒，[f]:またはPE17鋼，[g]:GEM:ガス膨張モジュール

表A.3　商業規模高速炉（つづき）

原子炉名	Super-Phénix1	Super-Phénix2	SNR2	DFBR	CDFR	BN800	BN1600	BN1800	EFR	ALMR	JSFR1500	BREST1200
	フランス	フランス	ドイツ	日本	イギリス	ロシア	ロシア	ロシア	欧州連合	アメリカ	日本	ロシア
制御系（つづき）												
安全棒ピン外径(mm)	26.7	–	–	20.0	22.0	23.0	–	31.0	22.78	–	–	–
微調整棒ピン外径(mm)	21	–	17.6	–	–	23.0	–	31.0	22.78	16.7	–	–
粗調整棒ピン外径(mm)	–	–	–	–	22.0	23.0	–	31.0	22.78	–	–	–
安全棒材質	BC90	BC90	–	BC92	BC30	BC92	BC80	BC92	BC30,45,90	–	–	–
微調整棒／粗調整棒材質	BC90	BC90	B90	–	–	BC20	BC80	–	BC30,45,90	BC20	–	–
原子炉容器												
内径(mm)	21,000	20,000	15,000	10,400	19,220	12,900	17,000	17,000	17,200	9,118	10,700	9,000
肉厚(mm)	25/60	20/35	–	50	25	30	25	25	35	51	30	50
高さ(mm)	17,300	16,200	–	16,000	18,100	14,000	14,000	19,950	15,900	19,355	21,200	～18,600
材質	316	316	304	316FR	316	Cr18Ni9	Cr18Ni9	316	316	316FR	Cr16Ni10	
格納設備												
径方向遮へい												
炉容器内	SS	SS+B	SS	SS/B_4C	SS	SS,C,B	SS	SS,C[c]	SS+B_4C	304+B	SS+ZrH	SS
炉容器外	コンクリート	コンクリート		[b]	[b]	コンクリート		コンクリート	コンクリート		[b]	コンクリート
軸方向遮へい												
炉容器内	SS+B_4Cピン	–	–	B_4C	–	SS	SS	SS	SS+B	–	SS+B_4C	SS,Pb
炉容器上部	CS	–	–	[b]	–	SS,C	SS,C	CS,CS,黒鉛	SS	–	[b]	コンクリート,CS
格納容器												
材質	コンクリート	コンクリート	コンクリート	[b]	[b]	コンクリート				SS	[b]	コンクリート,CS
排気系	NV	–	–	NV	–	NV	–	NV	V	NV	V	V
格納容器体積(m^3)	170,000	–	180,000	27,000	40,200	–	–	–	136,000	–	20,000	–
設計圧力(MPa)	0.004	–	[a]	0.05	0.1	–	–	–	0.05	–	0.18	–

[a]:構造は大型航空機衝突を考慮し決定される，[b]:コンクリートおよび鉄，[c]:ステンレス鋼およびホウ素化黒鉛，
SS:ステンレス鋼

表A.3　商業規模高速炉（つづき）

原子炉名	Super-Phénix1	Super-Phénix2	SNR2	DFBR	CDFR	BN800	BN1600	BN1800	EFR	ALMR	JSFR1500	BREST1200
	フランス	フランス	ドイツ	日本	イギリス	ロシア	ロシア	ロシア	欧州連合	アメリカ	日本	ロシア
冷却系												
1 次系ループ数	4	4	4	3	4	3	3	3	3	1	2	4
2 次系ループ数	4	4	8	3	4	3	6	6	6	1	2	なし
1 次系冷却材インベントリ(t)	3,200	3,300	3,300	1,700	3,000	820	2,600	2,620	2,200	700	1,333	–
2 次系冷却材インベントリ(t)	1,500	800	1,250	570	1,600	1,100	2,700	–	1,300	30	862	–
冷却材流量(kg/s)												
1 次系(ループ当たり)	–	4,925	4,500	2,720	3,860	2,900	6,500	–	6,433	4,762	9,002	–
2 次系(ループ当たり)	3,270	3,920	4,000	2,260	3,747	2,780	2,970	–	2,550	4,409	7,511	–
炉心最大流速(m/s)	7.7	–	–	–	7.0	7.3	5.7	–	7.8	5.3	4.1	<2.0
炉心平均流速(m/s)	6.1	–	–	–	6.5	6.7	5.3	–	6.7	4.7	2.9	–
1 次冷却系												
圧力損失(MPa)	0.47	–	–	0.5	–	0.68	0.45	–	0.5	0.5	0.3	–
出口温度(℃)	542	544	540	550	540	544	550	575	545	498	550	540
入口温度(℃)	395	397	390	395	370	354	395	410	395	358	395	420
2 次冷却系												
出口温度(℃)	525	525	510	520	510	505	515	540	525	477	520	–
入口温度(℃)	345	345	340	335	335	309	345	370	340	324	335	–
蒸気発生器												
出口温度(℃)	490	490	490	495	490	490	495	525	490	454	497	525
入口温度(℃)	237	237	240	240	196	190	240	270	240	215	240	355

付録 B
プール型プリズム高速炉（GE）

B.1　はじめに

米国エネルギー省（US DOE）は1990年代に新型液体金属炉（Advanced Liquid Metal Reactor, ALMR）計画に出資し、受動的炉停止システム、受動的崩壊熱除去、受動的原子炉キャビティ冷却等の特徴を有する原子炉概念を開発した［1-3］。これは、Power Reactor Innovative Small Moduleの頭文字をとってPRISM（プリズム）と呼ばれる炉概念である。PRISM炉は、出力465MWeの同型のパワーブロック3系統を有する新型高速炉で、総電気出力は1,395MWeである。また各パワーブロックはそれぞれ熱定格出力471MWthの原子炉モジュール3基で構成される。各モジュール炉は小型のプール型ナトリウム冷却高速モジュール炉である。1995年3月のALMR計画完成を受けてGeneral Electric（GE）社はより先進的な高速モジュール炉Super PRISM（S-PRISM）の開発を進めた［4］。S-PRISMの設計は、同一のプール型モジュラー小型炉コンセプトに基づき、工場生産された規格化部材を現場で組立てるモジュラー建設が可能なサイズとしている。

B.2　プラント概要

S-PRISM炉にはいくつかのオプションがあるが、ここで述べるS-PRISM炉は、6基の原子炉モジュールでひとつの発電サイトを構成している。すなわち、原子炉モジュール2基で構成される各々760MWe（発電端）出力の3系統のパワーブロックを有し、総定格出力を2,280MWeとしている。パワーブロック数を1基または2基とし、発電サイトの定格容量を760MWeまたは1,520MWeとする設計も可能である。2,280MWe出力S-PRISMの全体配置図を図B.1に示した。発電サイトは物理的に3つのエリアに分かれており、（1）1,000MWth原子炉モジュールを2基ずつ有する、1～3系統の発電ブロックで構成される原子力発電設備、（2）燃料サイクル施設（fuel cyc1e facility, FCF）、そして（3）周辺機器（balance of plant, BOP）エリアから構成される。なお、ここで（2）のFCFはオプションである。この区分けにより、安全グレード構造物を分離させ、極めて高いセキュリティが必要なエリアを最小限に抑えることが可能になっている。原子炉パワーブロックは、40mの間隔を置いて、1基目、2基目、3基目と順番に建設される。

1,000MWthの各原子炉モジュールは、中間熱交換器（IHX）に接続された2次ナトリウムループ2系統を持ち、1基の蒸気発生器を加熱する。図B.2に冷却系統図を、表B.1にS-PRISM発電所の主要性能の特徴をまとめた。

原子炉建屋の簡素化、小規模化のため、各パワーブロック内で2基の原子炉蒸気供給系（nuclear steam supply system, NSSS）を１つの水平免震プラットホーム上に設置した様子を図B.3に示した。異なる地質、地震の特徴を持つ様々な場所に設置できるように規格化された原子炉プラント設計とするため、耐震性を強化し安全裕度を持たせる水平免震を採用している。原子炉ユニットのNSSSは、（1次主冷却系を含む）原子炉系、2次冷却系統である中間熱輸送系（intermediate heat transport systems, IHTS）、そして蒸気発生器系から構成され、原子炉容器補助冷却系（reactor vessel auxiliary cooling system, RVACS）、安全保護系、電磁ポンプ流量制御系の安全関連設備や、ナトリウム補助施設を備えている。これらはパワーブロックごとに、112基の積層ゴム支承（seismic isolation bearings）で支持された共通の免震プラットフォーム上に配置されている。図B.4はNSSSの3次元イメージである。原子

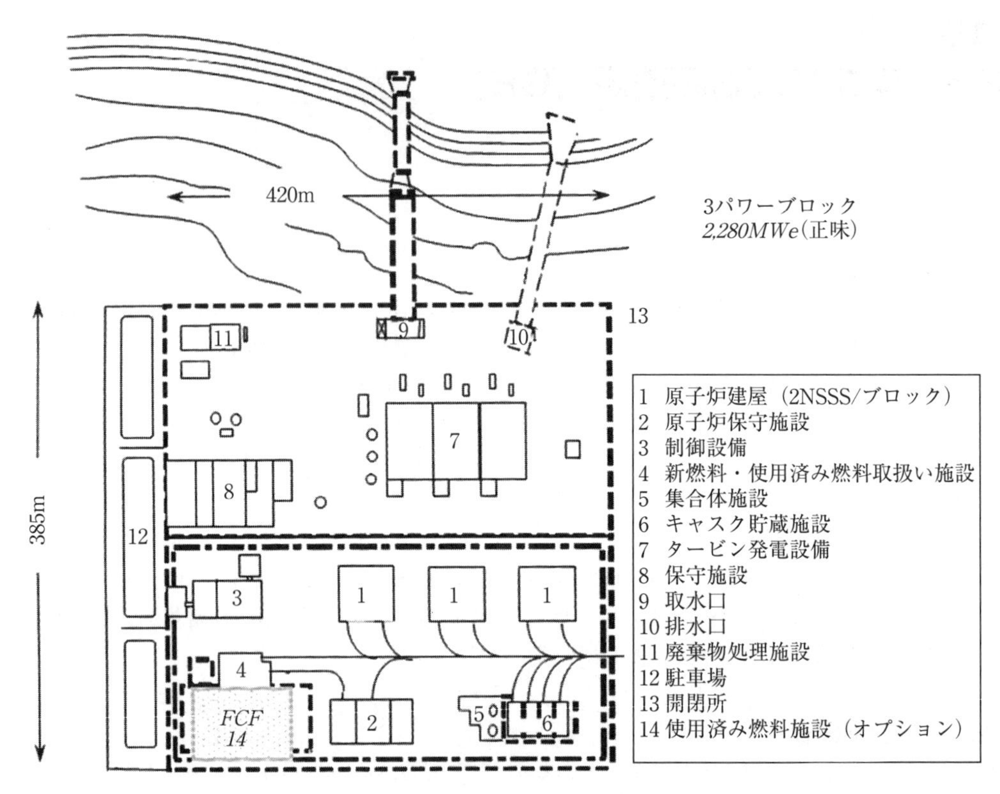

図B.1 2,280MWe出力S-PRISMプラント配置図
（参照［5］©ASME 2000）

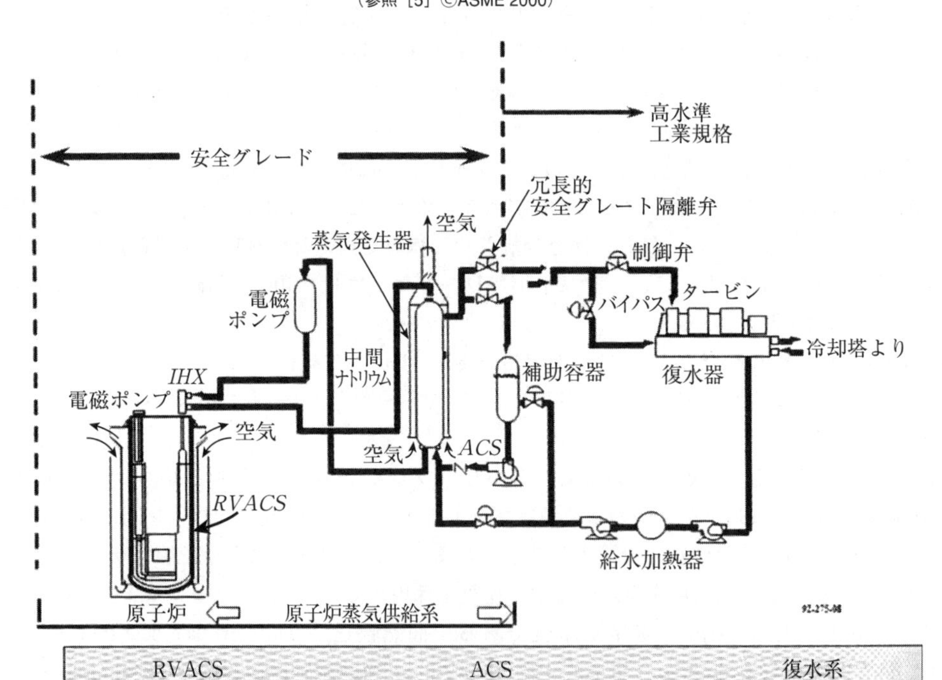

図B.2 S-PRISM主動力および熱除去系系統図
（参照［5］©ASME 2000）

表B.1　S-PRISMプラントの設計パラメータ（原子炉モジュール6基）

発電所全体	
サイト出力, MWe	2,280
熱効率, %	38.0
パワーブロック数	3
原子炉数／発電所	6
プラント稼働率, %	93
パワーブロック	
原子炉モジュール数	2
電力出力(発電／送電), MWe	825/760
蒸気発生器数	2
蒸気発生器型式	ヘリカルコイル式
蒸気サイクル	過熱蒸気
タービン型式	TC-4F 3,600 rpm
主蒸気条件	171 atg/468℃
給水温度	215℃
原子炉モジュール	
炉心　熱出力, MWth	1,000
1次系ナトリウム入口／出口温度, ℃	363/510
2次ナトリウム入口／出口温度, ℃	321/496

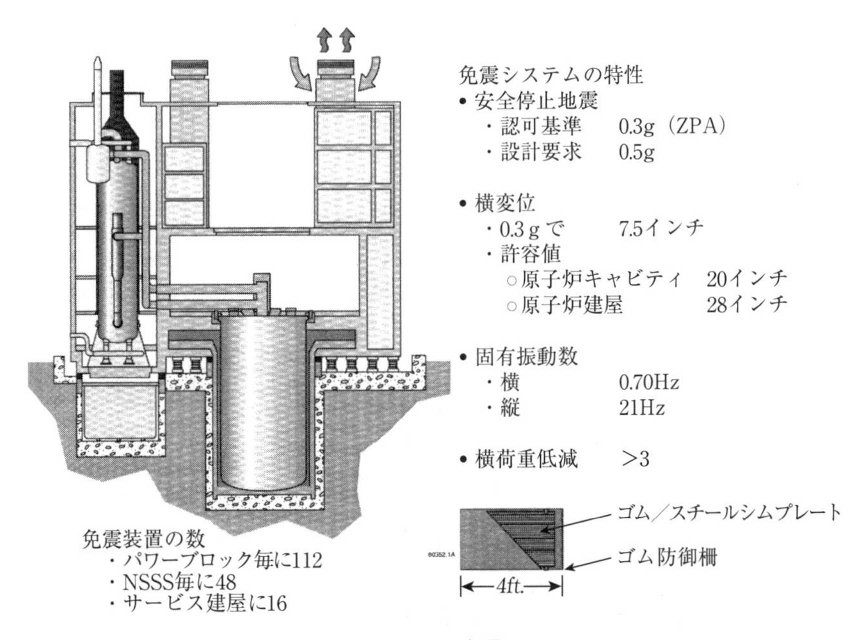

図B.3　S-PRISM免震システム
（参照［5］©ASME 2000）

炉ごとに2基のIHXユニットと1,000MWthの蒸気発生器1基とをどのように近接して接続し、2次主冷却系の配管を最短にしているかの様子を示している。図B.5は、原子炉停止後の崩壊熱が、空気による自然循環でどのように除熱されるかを表している。受動的原子炉停止と崩壊熱除去系が設置されているので、S-PRISMはディーゼル発電や補機冷却系のような動的な安全グレードの補助機器を必要としない。動的安全補助機器の削減により、安全系の機器数は、主にNSSS関連の機器のみとなり、最小限に留まる。

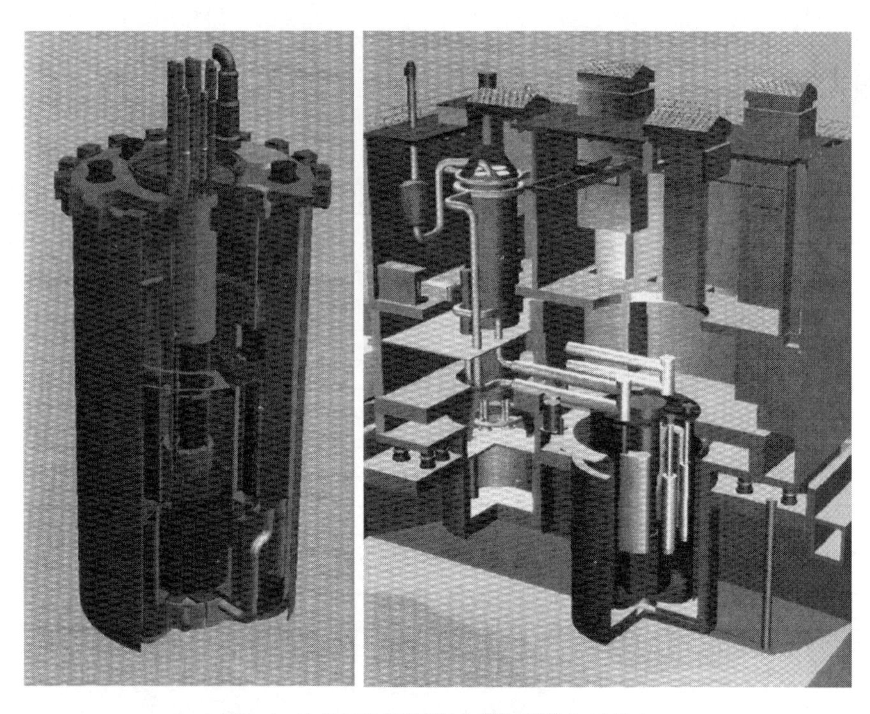

図B.4　S-PRISM原子炉と蒸気供給システム
（参照［5］©ASME 2000）

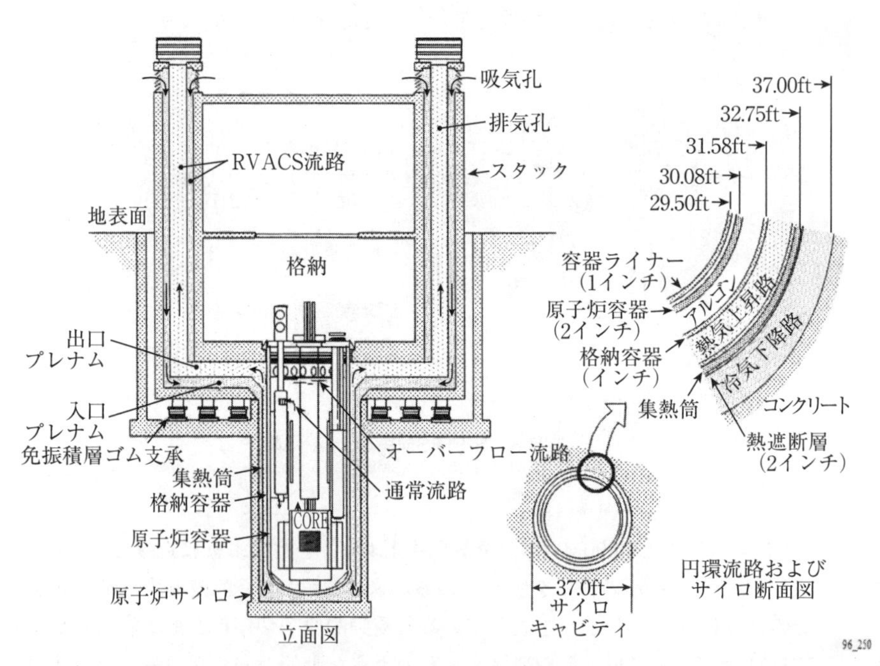

図B.5　S-PRISMの自然循環による原子炉格納系冷却システム
（参照［5］©ASME 2000）

B.2.1　統合原子力施設（Nuclear Island）

S-PRISM原子炉を中心とする統合原子力施設には、高いセキュリティを要求する施設や放射性物質を格納するための設備、またはこれらを補助する施設が含まれる。原子力発電施設は、2重防護フェンスと車両制限を設けた防護区域内に設置される。施設への人員、車輌、鉄道の立ち入りは、警備が強化された施設から監視されている。パワーブロックはこの様に整備された統合原子力施設内に設置される。各パワーブロックには完全に独立な2基のNSSSがある。

サイト内には軌道幅の広い鉄道が整備され、キャスク運搬装置に積載した燃料輸送キャスクが、燃料交換時には原子炉施設－燃料取扱い施設間を、保守整備時には原子炉保守施設へ、収容時には輸送キャスク貯蔵庫に輸送される。原子力施設の貯蔵庫、原子炉保守施設、放射性廃棄物施設は集中して設置され、様々な構造物、システム、通路は共有される。制御建屋の中央制御室で、3系統のパワーブロック全てを制御する。

B.2.2　燃料サイクル施設（FCF）

FCFは、軽水炉からの使用済み燃料とS-PRISMの使用済み燃料の受け入れ、廃棄物処理、貯蔵、そして新燃料集合体製造を一か所の施設にて統合して行う設計上のオプション施設である。サイト内西南角の専用区域に独自の防護区域を設け、専用の補助施設を持つ独立した施設である。全てのS-PRISM燃料集合体はFCFで製造また再処理され、サイト外には搬出されない。炉心集合体は輸送キャスクに積荷され、敷地内に敷設された鉄道にて原子炉建屋と各施設間を移送される。

B.2.3　BOPエリア

BOPエリアには、タービン発電機、復水器、脱塩塔、給水加熱器、循環ポンプなどの周辺機器を収めた主タービン建屋が含まれる。この施設はNSSSを含むパワーブロックの隣の敷地の中心部に置かれる。タービン建屋は、外部復水貯蔵タンク、主昇圧変圧器および補機変圧器、化学物質格納庫、タービン潤滑油格納庫に囲まれている。鉄道支線と道路は保守のためのタービン建屋への通路となる。

B.3　原子炉

B.3.1　原子炉モジュール

S-PRISM原子炉モジュールの断面図を図B.6に示す。原子炉モジュールは、炉心、原子炉容器、原子炉プラグ、格納容器、炉内構造物、内部機器（中間熱交換器、1次主循環ポンプ等）、原子炉モジュール支持構造物から構成される。原子炉容器を囲む最外部の構造物はガードベッセルであり、原子炉容器を囲んでいる。このガードベッセルは一次格納バウンダリーの下部分を構成している。板厚は2.5cm、材質は2-1/4Cr-1Mo鋼である。原子炉容器は板厚5.0cmで316ステンレス鋼を採用している。ガードベッセルと原子炉容器の間の20cmの隙間には、図B.5の原子炉断面図のように、アルゴンガスが注入されている。タグガス型の破損燃料漏えい検知器および破損位置特定システムを使用するため、原子炉カバーガスにはヘリウムを採用している。出力運転中、原子炉は密閉される。

原子炉容器プラグ（上蓋）は45cm厚の304SS板で、回転式プラグを備えており、原子炉機器、1次系ナトリウムやカバーガス供給ライン用の貫通孔がある。一方、原子炉容器や格納容器にその様な貫通孔はない。原子炉容器はプラグ下部と一体化されたスカートに突き合わせ溶接されている。格納容器はボルトでプラグに固定され、その個所はシール溶接されている。原子炉モジュールは、上部水平方向に張出した18か所の締め具（hold down bracket）で固定され、その全体を原子炉容器プラグにより支持されている。

炉心は原子炉容器の底部と側面に固定された多重はり構造で支持されている。炉心入口プレナムか

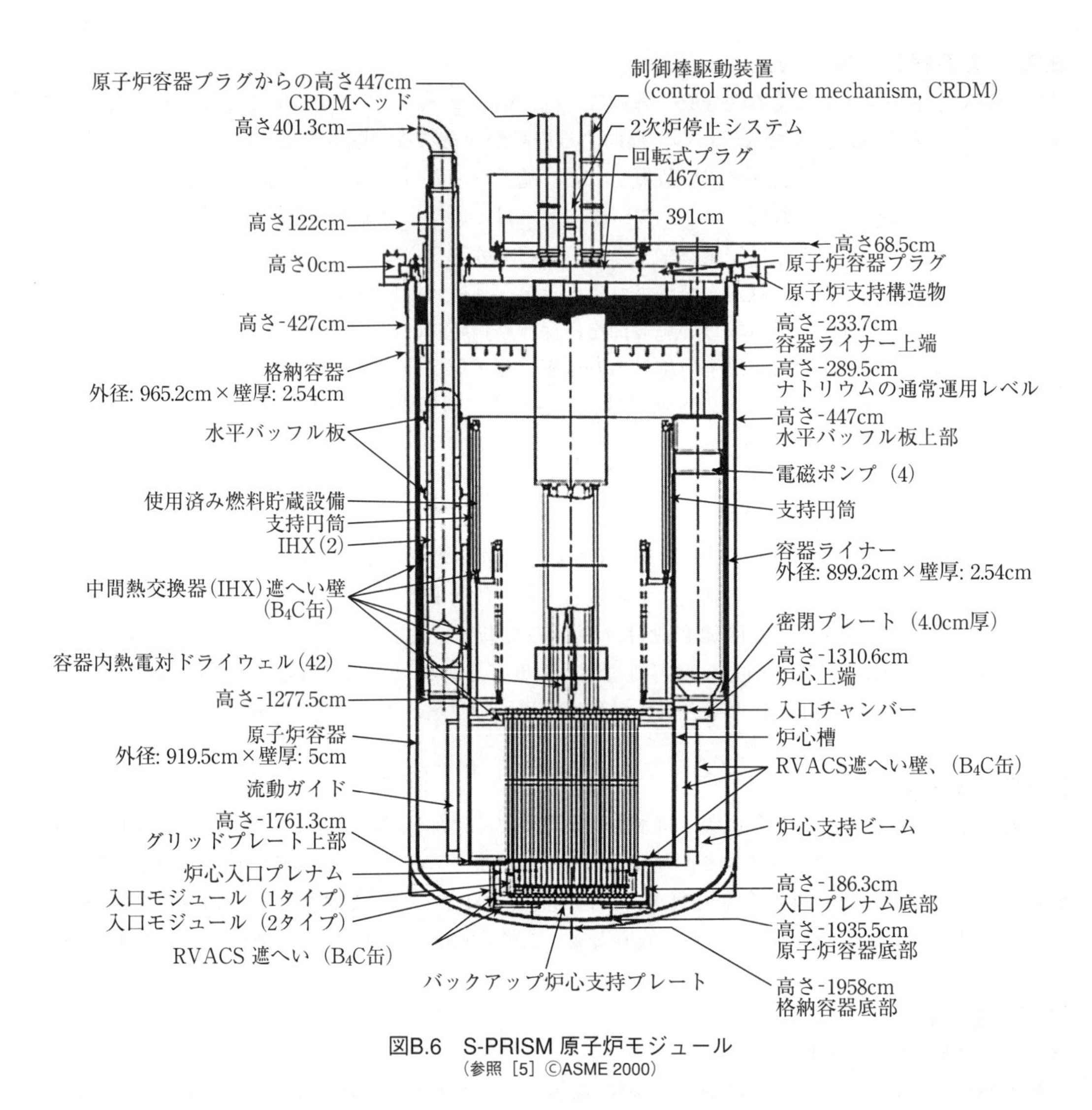

図B.6 S-PRISM 原子炉モジュール
(参照 [5] ©ASME 2000)

ら炉心上部に伸びた炉心槽 (core barrel) と支持円筒には、使用済み燃料集合体用の貯蔵ラックが内側に取り付けられている。溶融燃料保持のための多重構造が炉心プレナム入口直下に設けられている。中間熱交換器 (IHX) 2基と1次電磁ポンプ4基は、原子炉容器プラグから吊り下げられている。制御棒駆動装置 (control rod drives, CRD)、炉内計装機器、炉内燃料移送装置 (in-vessel fuel transfer machine, IVTM) も原子炉容器プラグの回転プラグから吊り下げられている。原子炉モジュールのサイズは高さ約20m、直径約10mである。

B.3.2 炉心および燃料

酸化物燃料炉心と金属燃料炉心の炉心配置図を図B.7に示す。原子炉の設計はどの燃料を用いるかに因らず、同じ原子炉構造や燃料交換システムを使用することができ、また全ての要求性能目標を達成することができる。システムがより簡素で、低コストであり、高い核拡散抵抗性を有する乾式再処理技術が開発されるまでの間、この炉心は酸化物燃料炉心として運用されるだろう。両炉心とも、炉

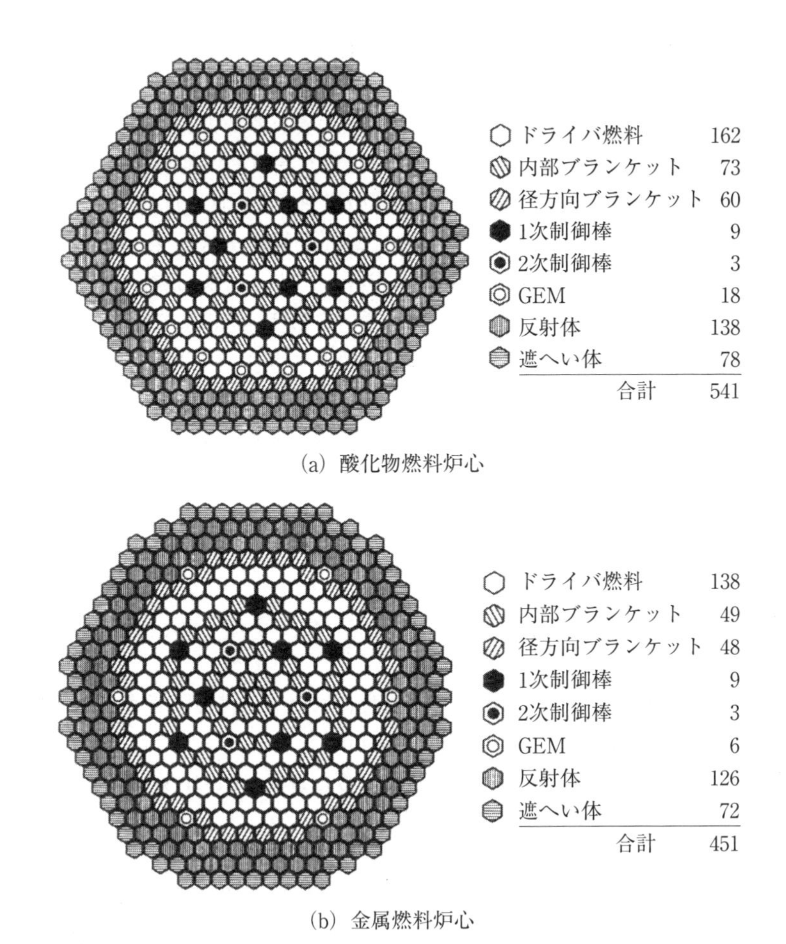

図B.7 S-PRISMの炉心配置図
（参照［5］©ASME 2000）

心出入口平均温度差147℃で1,000MWthの熱出力を発生するように設計されている。金属被覆管材および集合体ラッパー管材にはフェライト合金HT9を採用しており、高中性子照射によるスウェリングを低減している。各運転サイクルの終りには、1/3のドライバ燃料集合体が交換され、内部ブランケット集合体（internal blanket）は径方向ピーキングを低減するため炉心中心部から炉心外周部に入れ替え（shuffling）が行われる。

炉心外周の遮へい集合体は、炉周辺の原子炉構造物や機器の過度な照射損傷を防ぐため、および原子炉容器補助冷却系（RVACS）の冷却循環系内粒子状物質の放射化を低減するために設置される。

ガス膨張モジュール（Gas Expansion Modules: GEM）は、炉心発熱部（active core）外周部に設置される。GEMは冷却材流量損失事象において中性子漏洩を増大させる効果を持つ装置であり、負の反応度を補足的に挿入することにより、S-PRISMのシビアアクシデントに対する耐性を高めている。

B.3.3　反応度制御と安全性

原子炉の起動、出力調整、停止を行うための通常の反応度制御は、同一設計の9本の制御棒システムで行われる。各制御ユニットは駆動機構、駆動棒、制御棒集合体（吸収体および外部ダクト）から構成される。通常運転時には、原子炉制御システムからの信号により、ステッピングモーターが制御棒駆動ネジを動かし、中性子吸収材の挿入、引き抜きを行う。

9本の制御棒は、スクラム動作に対する多様性（diversity）と炉停止に対する多重性（redundancy）を有する。各制御棒ユニットは、スクラムのための2種類の異なる挿入方法（切り離しと駆動挿入）を有する。安全グレード1Eに分類される、電子制御で定位し機械的に制御棒引抜を制限する制御棒停止システム（rod stop system, RSS）により、制御棒誤引抜や過度な反応度挿入を抑制する。

後備炉停止系は3本の制御棒で構成されている。主炉停止制御棒がスクラム操作に失敗した際は、別の独立した原子炉保護系（reactor protection system, RPS）によって後備炉停止系がスクラムをはかる。冷却不足や過出力事象時に両炉停止系統が期待していた動作に失敗した場合でも、後備系制御棒を吊り下げている電磁石の温度がキューリー点に達して磁力を失うことで自動的に後備系制御棒が落下挿入される設計としている。

主、後備炉停止系統の両方が失敗した場合でも、炉心の温度上昇にともなう負の反応度応答によって、炉心は安全、安定で核分裂出力ゼロの、やや温度が上昇した状態へ移行して静定する。S-PRISMは、極めて発生確率の小さい下記3種類のATWS時にも、極めて安定に事象を収束させることが出来るユニークな特性を有している。

1. 不慮の制御棒全引抜とスクラム失敗が重なった事象。すなわち、炉停止失敗過出力事象（unprotected transient overpower, UTOP）
2. 1次ポンプ電源喪失とIHTSによる2次系除熱全喪失にスクラム失敗が重なった事象（unprotected loss of flow／unprotected loss of heat sink, ULOF／ULOHS）
3. IHTSによる2次系除熱全喪失にスクラム失敗が重なった事象（ULOHS）

B.3.4 燃料交換システム

燃料交換は23か月ごとに行われる。使用済み燃料集合体は、炉心周辺の貯蔵ラックに移送され、1サイクル期間ほど減衰待ち貯蔵される。減衰貯蔵後の使用済み燃料集合体の崩壊熱は、空気の自然循環により冷却できるレベルまで減少するため、ナトリウム下で取扱う必要がなくなる。炉心から炉内貯蔵位置への、使用済み燃料集合体の移送は炉内燃料移送装置（IVTM）によって行われる。輸送キャスクで運ばれてきた新燃料は、炉内移送位置まで吊り下げられ、IVTMによって炉心内の空き位置に装荷され、続いて使用済み燃料集合体が炉心から炉内貯蔵位置へ移される。減衰後の使用済み燃料集合体は、炉内貯蔵位置から原子炉容器プラグに不活性雰囲気で接続された輸送キャスク直下にある移送位置にIVTMによって移送される。

使用済み燃料輸送キャスク内に位置する炉外輸送システム（ex-vessel transfer mechanism, EVTM）は、原子炉内の使用済み燃料や他の炉心集合体を、一度に6体分、輸送キャスク内の新しい集合体と取り替えられるように設計されている。次に輸送キャスクは、キャスク移送装置によって燃料取扱施設に戻される。燃料取扱施設とは、使用済み燃料集合体の洗浄、検査、空気冷却貯蔵ラックへの貯蔵、そしてキャスクに新燃料を再装填する施設である。最終的に、減衰後の使用済み燃料集合体は燃料輸送キャスクに積み込まれる。全ての燃料集合体に対しこのサイクルが継続して行われる。燃料以外の集合体（ブランケット、制御棒、半径方向遮へい集合体）についても同様な取扱いが行われるが、炉から取り出す前1サイクル期間の減衰貯蔵は必要としない。

B.4 原子炉冷却系と関連システム

1次系バウンダリを構成するのは、原子炉容器、原子炉容器プラグ、プラグ孔、プラグ下方にある2基のIHXユニットのダクト、1次系ナトリウム・カバーガス浄化系配管、そして原子炉プラグすぐ外側に位置する第一隔離弁である。原子炉プラグを貫通する全ての孔は密閉溶接され、出力運転時、全ナトリウムおよびカバーガス取扱いラインは2重の隔離弁で密閉されている。よって、1次系は完全な密封状態で運転される。

B.4.1　中間熱輸送系（IHTS）

中間熱輸送系（IHTS）は、非放射性ナトリウムをIHXユニットと蒸気発生器間で循環させることにより、原子炉で発生した熱を蒸気発生器に輸送するシステムである。485℃のホットレグナトリウムは、IHXユニット2基から、それぞれ外径72cmの316ステンレス鋼配管を通って1基の1,000MWth蒸気発生器に移送される。コールドレグ内の高温電磁ポンプ2基は325℃に冷却されたナトリウムをIHXユニットに送り戻す。高温の2次系で用いる電磁ポンプは1次系で使用されるものと同等である。

B.4.2　蒸気発生器系

蒸気発生器系は、蒸気発生器、再循環タンク／ポンプ、漏えい検知系、そして蒸気発生器遮断弁から成る。原子炉モジュールごとに蒸気発生器1基が設置され、パワーブロックごとに2基の蒸気発生器がタービン発電機1基へ蒸気を供給する。

各蒸気発生器は、ナトリウム／水対向流の縦型シェル&チューブ式熱交換器であり、伝熱管にはヘリカルコイル管を採用している。1ユニットの交換熱量は1,000MWthで、圧力165atg、温度462℃の過熱蒸気を発生させる。給水温度は215℃、ナトリウム入口温度は485℃である。蒸気／水流はチューブ内側で上方向、ナトリウム流はシェル側で下方向になる。蒸気発生器の材料にはMod 9Cr-1 Mo鋼が用いられる。

B.4.3　崩壊熱除去系

崩壊熱除去系（shutdown heat removal system, SHRS）とは、原子炉停止後の崩壊熱除去を行う系統である。通常、炉停止時の崩壊熱除去は、タービンバイパス系統を用いタービン復水器にて行う。通常の崩壊熱除去系が利用できない場合の代替手段として、安全グレードの崩壊熱除去系が2系統用意されている。保守補修作業中は通常の崩壊熱除去手段が使用できないので、RVACSと補助冷却系（auxiliary cooling system, ACS）を用いる。RVACSおよびACSの両システムにより、通常の除熱源喪失事象下においても炉心温度を設計限度より十分低く保つことが出来る。どちらも電源なしに崩壊熱を除去する能力を有するよう設計されている。通常の崩壊熱除去に用いるタービン復水器は、高品質の工業規格で作られているのに対し、RVACS, IHTSおよびACSは安全関連機器の要件に則した設計、製造、保守がなされている。

B.4.4　原子炉容器補助冷却系（RVACS）

RVACSの動作原理を図B.5に示した。RVACSとは、原子炉崩壊熱の全てを、原子炉容器と格納容器の壁面から原子炉格納容器外への輻射や空気の自然循環対流により、放散するシステムである。これにより構造材の温度は制限値内に維持される。RVACSは常時稼働しているが、他の熱除去システムが動作せず温度上昇がみられる時に、特に高い除熱効率を発揮する。原子炉が正常にスクラムし電磁ポンプが停止した場合、炉内の1次系ナトリウム流量は自然循環によって保たれる。炉心で発生した崩壊熱は1次系ナトリウムで除去され原子炉容器へと移され、さらにその熱は原子炉容器から格納容器へと移送される。その内訳は輻射が97%とほとんどを占め、対流は3%である。その後、熱は対流によって格納容器と集熱筒（collector cylinder）の間の空気に排熱され、熱せられた空気は自然循環し崩壊熱を大気に排出する。

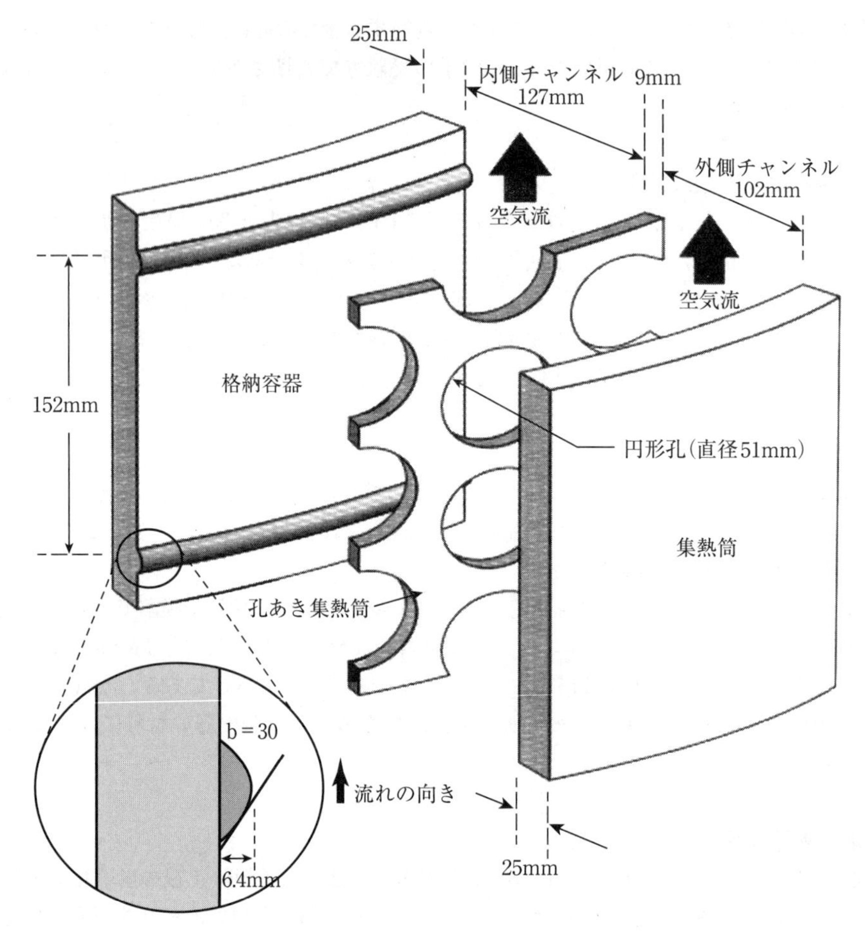

図B.8　RVACSの熱気上昇路における除熱能力向上策
（参照［5］©ASME 2000）

図B.8は、RVACSの熱除去性能を向上させるための境界層表面形状の工夫や孔あき集熱筒（perforated collector cylinder）の構造を示している。RVACSによる崩壊熱除去が必要な状況では、自然循環力によって1次系ナトリウムの熱が炉心から原子炉容器へと移動する。原子炉ナトリウムと原子炉容器温度が上昇するにつれ、その熱負荷に応じて増大した輻射熱がアルゴンガスを充填された隙間を横切って格納容器へ伝わる。続いて、格納容器の温度上昇に伴い、格納容器から格納容器を囲む大気への熱移動が増加する。RVACSはナトリウムと空気の自然循環力を利用し常時作動し続けるため、通常運転状態において原子炉モジュールから微量な熱の損失（<0.5MWth）が生じる。この熱損失は、原子炉容器と格納容器からの熱輻射により生じるもので、その輻射伝熱量は絶対温度の4乗に比例するものであるため、僅かな損失量に過ぎない。この強い温度依存性により、RVACSの除熱効率は、炉停止失敗除熱源喪失事象（ULOHS）にともなう加熱時に急上昇する。

2次系ナトリウムの喪失によってIHTS、すなわち2次主冷却が機能を喪失する極めて起こりがたい事象において、安全系設備であるRVACSは、補助冷却系（ACS）が機能しなくても受動的に崩壊熱除去が可能である。図B.9に崩壊熱除去機能喪失事象における1次系の温度変化の推移を示す。ACSが機能する場合、除熱喪失事象時の温度推移は非常になだらかになり、最高温度は565℃と低く抑えられる。

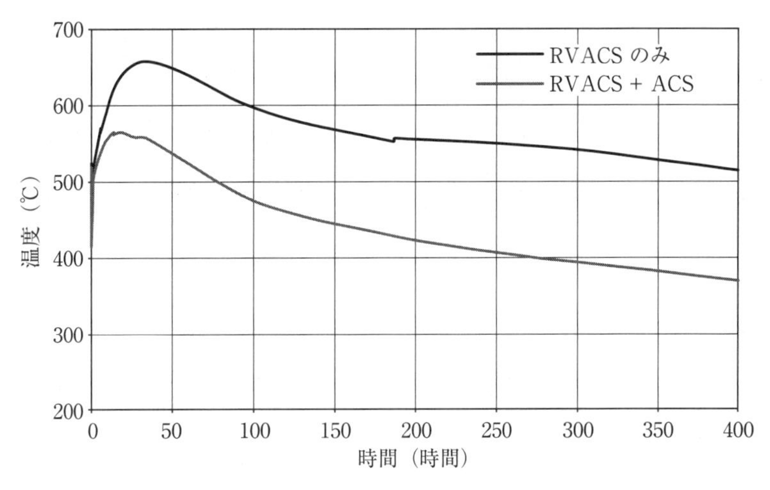

図B.9　炉停止失敗除熱源喪失事象（ULOHS）時の1次系ナトリウム温度の推移
（RVACSのみ、RVACS＋補助冷却系（ACS）の場合）

B.4.5　補助冷却系（ACS）

補助冷却系（ACS）は、自然循環力を用いて1次系冷却材の崩壊熱を炉心からIHXに、そして2次系ナトリウムに輸送する。2次系ナトリウムは自然循環により崩壊熱を蒸気発生器に運び、蒸気発生器ではシェル外側を自然循環で通過する大気が崩壊熱を除去する。ACSは安全系設備であり、底部に吸気口をもち蒸気発生器シェルを囲む断熱シュラウドと、通常運転時の熱のロスを抑えるための（蒸気発生器上部に位置する）隔離ダンパーで構成されている。ACSの起動はダンパーの開操作によって行われ、ACSからの除熱は、常時稼働のRVACSに補助されている。

排気筒にある補助送風機の起動により、補助冷却系の除熱率を上げ、保守のための冷温停止までの時間を短縮することができる。自然循環モードでは排気筒ダンパーが開放され、補助送風機の使用はない。

B.5　格納容器

S-PRISMは、想定される原子炉からの放射能漏えいから一般市民を守るため、3重の障壁（燃料被覆管、1次冷却系バウンダリ、格納バウンダリ）を持つ。格納容器は、原子炉容器を囲む格納容器下部と、原子炉プラグを収める鋼製ライナーコンクリート構造の気密性を有する格納容器上部から成る。

図B.10にS-PRISMの断面図を示す。格納容器上部は、縦20m×横22m、高さ10mの大きな空間であり、鋼製ライナーコンクリート構造となっている。鉄鋼ライニングを施された格納容器上部構造は、予期される設計基準事象時の影響を緩和するため、内部圧力0.35kg/cm^2（5psig）における漏えい率が1日当たり1vol.%を下回るように設計されている。モジュール2基の間の格納建屋上部に位置する共通サービス区域は高さ8m、幅9m、長さ34mである。そこには1次系ナトリウム補助系とカバーガス系、そして1次系ナトリウム貯蔵タンクが配置されており、格納容器と同様に鋼製ライナー構造となっている。

格納容器の下部はガードベッセルとしての機能を有している。肉厚25mm（1inch）、直径9.6mの2-1/4Cr-1Mo製の容器である。格納容器下部には貫通孔はなく、気密性を有する設計となっている。原子炉容器と原子炉格納容器の間にある20cm幅の円環状の隙間は、発生頻度は低いと考えられる原子炉容器漏えい事象においても、ナトリウム液面が炉心部や貯蔵中の使用済み燃料、そして中間熱交

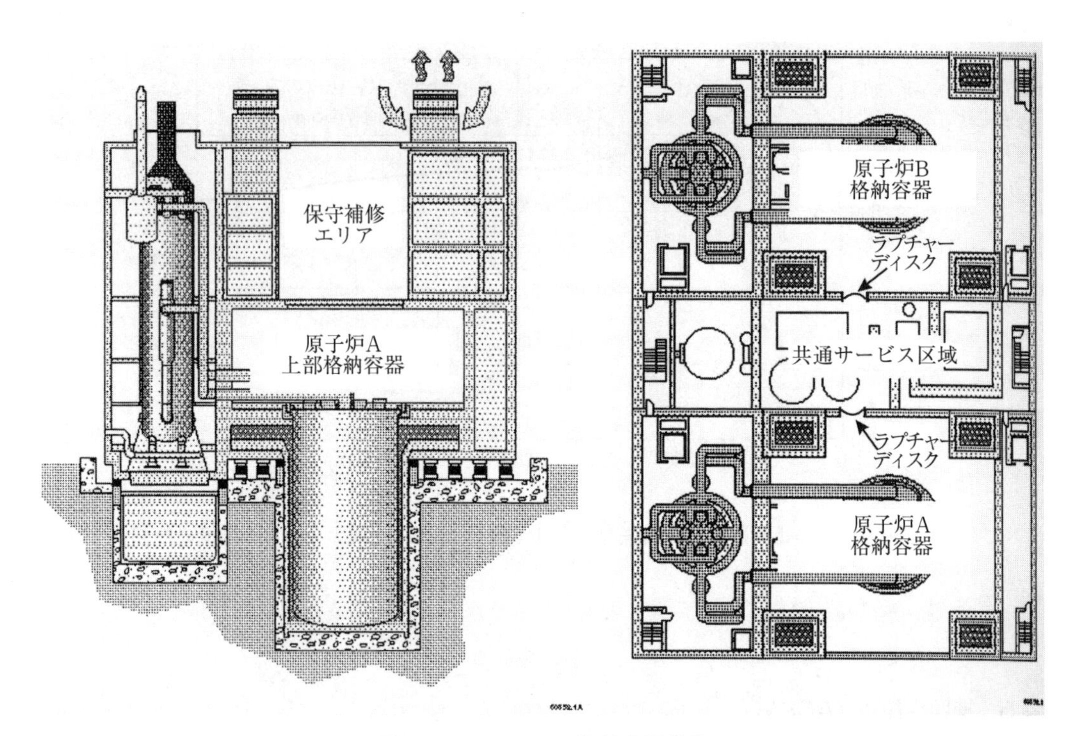

図B.10　S-PRISMの格納容器構造
（参照［5］©ASME 2000）

換器入口部を覆うように、その寸法が設定されている。

上部格納容器の上に位置する保守補修エリアは2次格納システムとして機能する。保守補修エリアで保守作業や燃料交換作業が行われる際に負圧を保つため、ガス処理系は非常用ガス処理フィルターを有するガス処理系を備える。

シビアアクシデントによって生じる圧力ピークを制限する必要のある場合、原子炉A上部の格納容器から共通サービス区域へ、そして必要ならば原子炉B上部の格納容器へと、制御されたベント（controlled venting）が行われる。2基分の格納容器容積を備えた制御ベントにより、大規模なナトリウムのプール状火災やスプレー状火災が生じた場合の格納容器最大圧力は約2桁低減される。

仮想的炉心崩壊事故（hypothetical core disruptive accident, HCDA）の結果として原子炉プラグ破損が生じた場合でも、深層防護の観点から、ナトリウム液面燃焼やスプレー状火災を封じ込められるよう、上部格納構造が設計されている。解析からは、ナトリウム火災や液面燃焼が起きた際の圧力ピークと構造物の温度は、格納設計基準の範囲内（圧力については0.4bar以下）に収まることが示されている。S-PRISMの革新的格納システムは、必要に応じ共通サービス区域もしくは2次格納容器へ制御ベントを行うことで、保守的な想定に基づく設計基準事象による圧力ピークを1/2に減少させる。これにより、必要以上に厚く高額な上部格納構造とすることなく、広くアクセスしやすい格納空間とすることが可能になっている。

格納容器上部構造の圧力ピーク制限を超え、ラプチャーディスク使用にいたる事象として、ナトリウムの大規模プール燃焼やHCDAによるスプレー火災があるが、それらの発生頻度は極めて低い（1000万年に1回）。設備投資リスクとして、ラプチャーディスクの導入は許容範囲である。シビアアクシデント事象が炉容器外へ進展した場合の格納施設内の様々な現象を解析するCONTAIN-LMR

コードを用いた解析によると、ナトリウムのプール状もしくはスプレー状火災によって2次格納容器で堆積するナトリウムの比率は、プール状火災で約0.07%、136kg（300ポンド）のスプレー状火災で0.8%と、極めて低いことが示された。

S-PRISMの格納容器システムは、大規模ナトリウムプール状火災（2,000kg）やスプレー状火災（100kg）事象に対して設計基準圧力を超えることはなく、また鋼製ライニングをした上部格納構造も構造物の限界温度内に収まり、アメリカおよび日本の基準を全て満たすことが予備評価によって示されている。

B.5.1　ナトリウム・水反応圧力緩和システム

ナトリウム・水反応圧力緩和システム（sodium water reaction pressure relief system, SWRPRS）のラプチャーディスクや圧力開放系統は、以下を目的として、蒸気発生器上部のカバーガス空間に設置されている。

(1) 化学的漏えい検知装置、音響漏えい検知装置が作動しなかった事象に対し、より迅速に漏えいを検知し遮断するためラプチャーディスク設定値を低くする（～1：20bar以下）
(2) 冷却が完了するまで、運転員が2次ナトリウムを2次系（IHTS/SG）内に保持できるようにする
(3) 破損ラプチャーディスクによる2次系内の圧力波の発生を防止し、圧力開放パイプ内でのナトリウムおよび反応生成物の高速スラグ発生を防止する。

2次系内での反応生成物の継続循環は、不純物濃度を下げ、ループのドレン前に2次ナトリウムを純化するための運転員操作が可能になる。これにより、軽度のナトリウム／水漏えい後でも2次系と補助冷却系（すなわち、IHTSとACS）は機能し得ることになり、RVACSのみが除熱を行うような高温に達する事象の発生頻度を低減している。

B.6　発電システム

S-PRISMは蒸気発生器1基をもった原子炉モジュール2基がパワーブロックを構成し、共同でタービン1基に主蒸気を供給する。パワーブロック内の蒸気発生器2基からの蒸気は合わさり、ほぼ飽和状態でタービン発電機の高圧入口に供給される。排気された蒸気は湿分分離器と再熱器を通過し、タービンの低圧部分に入る。蒸気はタービン低圧部から排気されると復水器等を経て給水系に至る。各パワーブロックのタービン発電機は、804MW電気出力、タンデム連成、4流、3,600rpm、定格過熱蒸気の入口圧力は165atgで温度は462℃である。タービンを通過する蒸気は、給水加熱のため6段で抽気され、平均背圧2.5inch Hga（水銀柱インチ、約8.5kPaに相当）の復水器（longitudinal shell surface condenser）に排気される。ここで、給水加熱は5段階の低圧加熱と1段階の高圧加熱で行われる。

B.7　計測と制御

定常時、原子炉の運転はプラント制御系（plant control system, PCS）によって行われる。プラント制御系は、プラント制御、財産保護、データ処理送信に関して高度に自動化されている。プラント制御系は、信頼性の高い多重のデジタル機器と信頼性の高い電源を使用して機能する。標準S-PRISM原子炉プラントが有する9つの原子炉蒸気供給系、タービン発電機3基と関連BOP機器は、制御システムによって一か所の制御室から制御される。

S-PRISMの設計では、プラント制御系（PCS）とは独立した原子炉保護系（RPS）が装備されている。RPSは監視パラメータの変化に応じて、原子炉モジュールの安全関連機器を起動させ原子炉を停止させる。各原子炉モジュールごとに独立して設置されるため、標準の構成では9基存在する。4つ

の同一のセンサーと電子ロジック区分から構成され、機器ボールトの原子炉直近に設置される。事故進展中また事故後のプラントの状態を判断する為に、RPSは独立にグレード1Eの検出器の調整と監視を行う。すべての安全関連データの処理と情報伝達は、個々のモジュールに対しRPSが個別に行うように設計されている。

【参考文献】

1. Magee, P.M., Dubberley, A.E., Lipps, A.J., and Wu, T., 1994, "Safety Performance of the Advanced Liquid Metal Reactor," ARS'94 Topical Meeting-Advanced Reactor Safety Conference, Pittsburgh, PA.
2. Magee, P.M., 1994, "Status of NRC Licensing Review of the U.S. Advanced Liquid Metal Reactor," The International Topical Meeting on Sodium Cooled Fast Reactor Safety, Obninsk, Russian Federation.
3. Quinn, J.E., 1994, "Realizing the World Economic, Environmental and Non-Proliferation Benefits of the ALM Actinide Recycle System," The International Symposium on Global Environmental and Nuclear Energy Systems, Shizuoka, Japan.
4. Boardman, C.E., Carroll, D., and Hui, M., 1999, "A Fast Track Approach to Commercializing the Sodium Cooled Fast Reactor," Proceedings of the 7th International Conference on Nuclear Engineering(ICONE-7), Tokyo, Japan.
5. Boardman, C.E., et al., 2000, "Description of the S-PRISM Plant," Proceedings of the 8th International Conference on Nuclear Engineering(ICONE-8), Baltimore, MD.

付録 C
ループ型ナトリウム冷却高速炉（日本）

C.1　はじめに
日本では長期にわたり、信頼性と環境に配慮した持続可能なエネルギーとしての高速炉技術開発を行ってきた。そこでは、安全性、廃棄物低減、核拡散抵抗性および経済性に対する開発目標が設定され、その達成のために多くの努力が注がれてきた。

2000年までに行われた研究［1, 2］によって、経済性以外の面で目標を達成できる見通しが得られた。よってその後は、革新技術による資本費と運転費の削減が新たな課題となってきた。ループ型・プール型の両炉型、多様な燃料・冷却材が検討され、日本ではループ型ナトリウム冷却炉JSFR（Japan Sodium-Cooled Fast Reactor）が目標に適合する概念として選定された［3］。主要な仕様は、2ループ冷却系、酸化物燃料を採用し、定格熱出力は3,530MWth、電気出力は1,500MWeである。プロジェクト開発の中核会社には三菱重工業株式会社が選定されている［4, 5］。

C.2　基本設計
C.2.1　革新的技術
JSFRでは前述の目標達成をめざし、下記の革新技術を採用している。

（1）大口径配管、2ループ1次主冷却系
（2）配管長短縮のための、低熱膨張9Cr-1Mo鋼を用いたL字型配管システム
（3）ナトリウム漏えいとそれに伴うナトリウム・空気燃焼を防止するための2重管配管
（4）系統簡素化のための、ポンプ組込型IHX
（5）酸化物分散強化型（oxide dispersion strengthened, ODS）鋼燃料被覆管による燃料の高燃焼度化
（6）ナトリウム・水反応の抑制のための2重伝熱管蒸気発生器
（7）簡素化燃料取扱系
（8）先進免震システム

革新技術のまとめを表C.1に示す。

表C.1　JSFRで採用された主要革新技術

項目	革新技術
炉心および燃料	ODS被覆管採用による高燃焼度燃料 安全強化技術；　自己作動型炉停止機構（SASS）、再臨界回避炉心
原子炉系	コンパクト原子炉容器
冷却系	改良9Cr-1Mo鋼大口径配管の２ループ冷却系 ポンプ組込型IHX 高信頼度の直管２重伝熱管
DHRS	自然循環による崩壊熱除去能力
BOP	燃料取扱系の簡素化
原子炉建屋	鋼板補強コンクリート構造格納容器（SCCV） 高速炉用先進免震システム

C.2.2 安全設計方針

JSFRの安全設計原則は深層防護思想を基本としている。炉停止系は独立2系統とし、いずれか1系統のみで設計基準事故（design basis accidents, DBA）に対し炉心損傷を防ぐ構成としている。さらに、受動的炉停止系である自己作動型炉停止機構（self-actuated shutdown system, SASS）を採用し、スクラム失敗事象（anticipated transients without scram, ATWS）による炉心崩壊事故（core disruptive accidents, CDA）の防止対策としている。JSFRの炉心は、炉心槽に設置された炉心拘束枠により水平方向の変位を制限されており、日本国内での厳しい耐震設計基準をクリアしている。これにより、制御棒は、迅速かつ受動的に切り離しを行うのみで、重力によって挿入することが可能となっている。

JSFRは炉心サイズが大きいため、ナトリウムボイド反応度が正になるという、安全上の古典的懸念を有するが、その値は6ドル以下に制限されている。また、原子炉の燃料集合体は内部ダクト構造を有し、溶融燃料は即時に炉心から排出され、炉心損傷時にもエナジェティクス[1]を排除できる再臨界回避型炉心概念としている。

CDAは歴史的に設計基準外事象（beyond design basis accidents, BDBA）として分類されており、JSFRでも従来からの決定論的な仮定により評価を行っている。しかしながら、JSFRはCDA時に厳しいエナジェティクスを回避するようCDA緩和対策を設計に取り入れている。カザフスタン共和国の黒鉛減速型パルス型試験炉IGR（Impulse Graphite Reactor）を使った一連の炉内試験および炉外試験によって、上述の内部ダクトを有する集合体の有効性が示されている。内部ダクトを経由した溶融燃料の早期排出により、正のボイド反応度や溶融燃料凝集（molten fuel compaction）に起因した厳しいエナジェティクスは回避される［6］。

崩壊熱除去機能は、自然循環能力の強化によって改善し、設計基準事象およびATWSや除熱源喪失事象（protected loss of heat sink, PLOHS）のような設計基準を上回る事象に対しても確保される設計としている。崩壊熱除去系は、1次系統の直接炉心補助冷却系（direct reactor auxiliary cooling system, DRACS）と2系統の1次系炉心補助冷却系（primary reactor auxiliary cooling system, PRACS）である。これらは完全に自然循環で運転され、起動に開操作が必要なダンパも多重化されているため、高い信頼性を有している。

C.2.3 供用期間中の検査および補修（ISI&R）

日本のFBR開発においては、運転コスト削減の重要な対策として、設計のあらゆる段階から「供用期間中検査および補修」（in-service inspection and repair, ISI&R）戦略が盛り込まれている［7］。ナトリウム冷却炉は、化学的活性、不可視性、そして高温運転に伴う保守上の課題がある。一方、低圧系なので、破断前漏えい（leak before break, LBB）の考え方を採用でき、連続ナトリウム漏洩監視によるバウンダリの健全性確認が可能である。さらに、ナトリウムは構造材に対して優れた共存性を有する。安全確保の観点からは、バウンダリ全体を2重とすることで、原子炉容器内の冷却材レベルに影響を及ぼすナトリウム漏洩事象を排除している。

JSFRのためのISI計画の点検項目やその頻度は、「もんじゅ」のISI計画、日本機械学会（JSME）の軽水炉ISI規格（JSME S NA1）およびアメリカ機械学会（ASME）のナトリウム冷却炉のISI規格（ASME XI節3目）をもとに設定された。

炉システムのコンパクト化はJSFRの経済的競争力を確保する上で欠くことのできない要件である。従って、JSFRはコンパクトな原子炉容器、コンパクトな炉内燃料取扱い装置、高度な遮蔽技術を採用しているが、構造がコンパクトになると、供用期間中検査や補修は相対的に難しくなる。

---

1 Energetics.「機械的エネルギー放出」の意。

JSFRは検査機器の専用アクセスルートを設けることで、原子炉容器と炉内構造の供用期間中検査（ISI）を可能にしている。

補修計画については、発生頻度と必要な補修量に基づいて想定破損がリスト化およびカテゴリー化されている。頻度の高い事象では、各機器に迅速な補修能力が求められる。機器構造は、検査のためのアクセスルートや補修スペースを考慮して設計される。小さな機器に対しては、それ自体の撤去、または原子炉建屋内での分解補修で対応することが計画されている。

C.3　原子炉プラント仕様

JSFRの主要仕様［8, 9］を表C.2に、原子炉冷却系の鳥瞰図（全体図）を図C.1に、原子炉建屋と発電所の配置図を図C.2と図C.3に表す。

表C.2　JSFRの主要仕様

項目	仕様
原子炉型	ナトリウム冷却炉
電気出力	1,500 MWe
熱出力	3,530 MWth
ループ数	2
1次ナトリウム温度	550/395 ℃
1次ナトリウム流量	3.24×10^{7} kg/h/loop
2次ナトリウム温度	520/335 ℃
2次ナトリウム流量	2.70×10^{7} kg/h/loop
主蒸気温度･圧力	495 ℃, 18.7 MPa
給水温度･流量	240 ℃, 5.77×10^{6} kg/h
プラント効率	約42 %

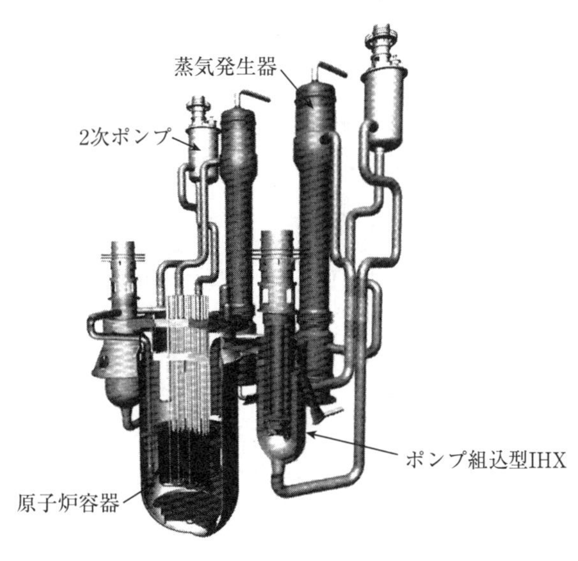

図C.1　JSFRの鳥瞰図

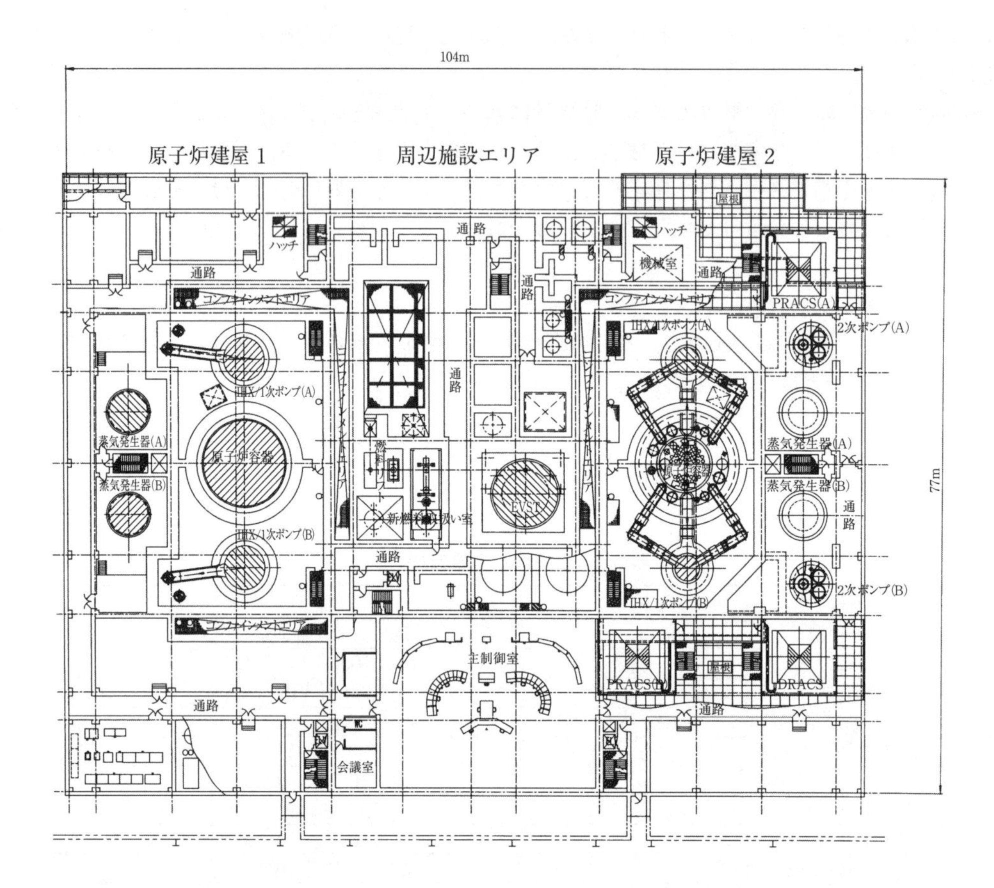

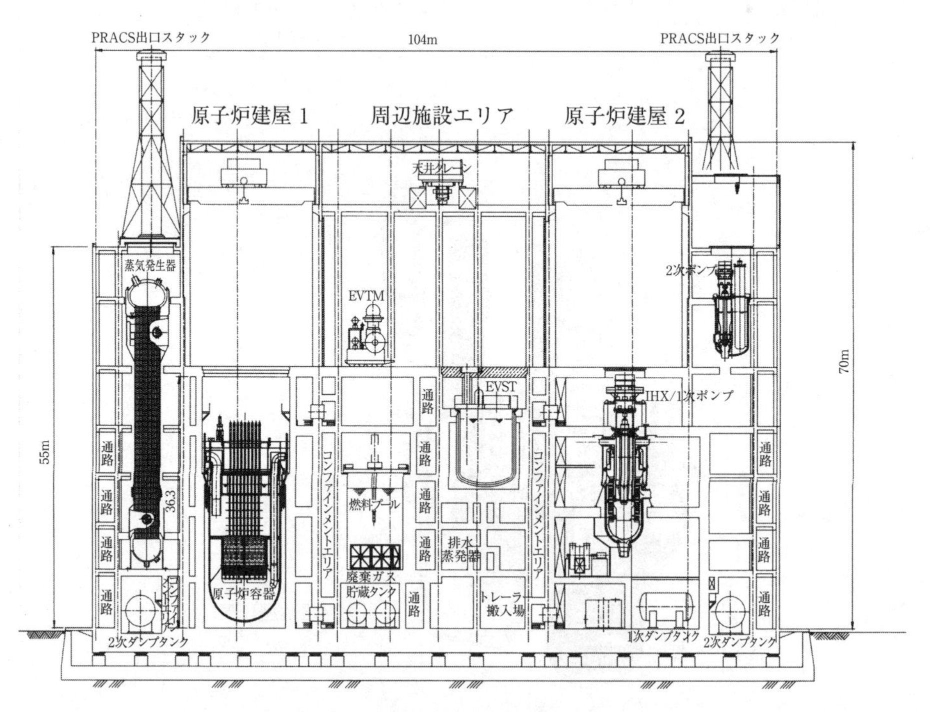

図C.2 JSFR原子炉建屋断面図

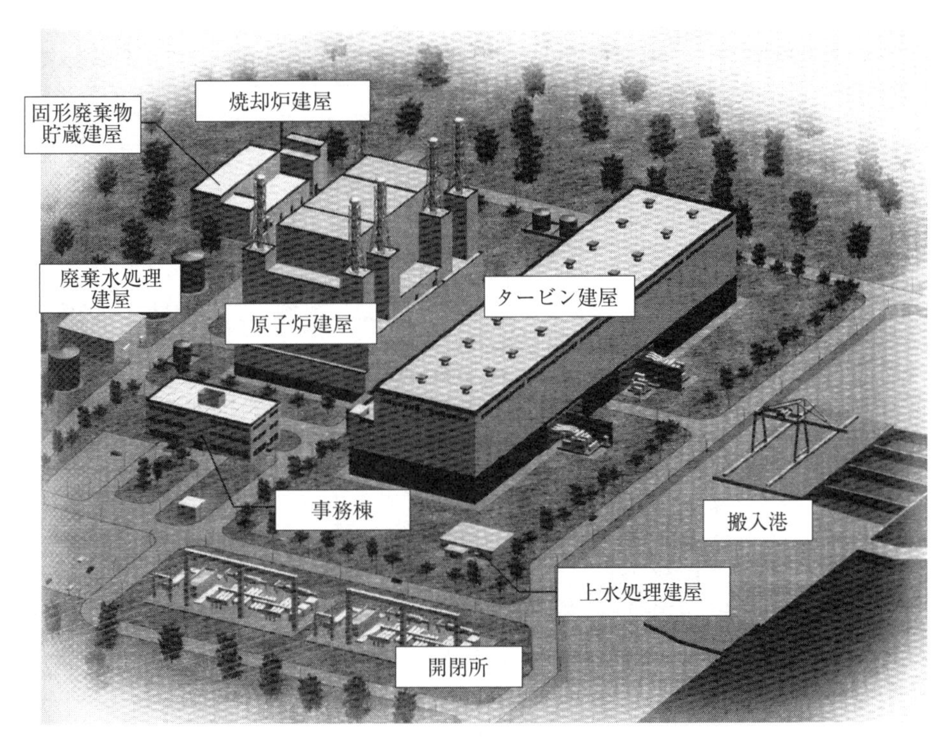

図C.3　JSFR発電所配置図

C.4　原子炉設計

C.4.1　炉心燃料

炉心燃料の設計条件を表C.3に示す［10］。JSFRの炉心燃料はMA（minor actinides）を含有した酸化物燃料を採用しており、軽水炉から高速炉システムへの移行を考慮した組成から高速炉多重リサイクル組成までが検討されている［11］。

炉心燃料の取出し平均燃焼度の目標値は150GWd/t、ブランケット部を含む全燃料平均の目標燃焼度は約60GWd/t としている。高燃焼度化により、燃料サイクルコスト削減とサイクル設備内燃料インベントリの縮小を目指している。リサイクルを前提としたJSFRの経済的競争力を高めるため、低除染燃料を受け入れ可能な炉心とすることで燃料サイクルコストの低減を図っている。ここで、低除染燃料は核拡散抵抗性の観点からも効果があると考えられる。

C.4.2　炉心配置

炉心は、ウラン資源の需給状況によって増殖性能を柔軟に調整できる設計としている。最大増殖比は1.1～1.2を目標とし、増殖効率以外に経済性向上や環境負荷の低減を踏まえて調整可能としている。炉心は高い内部転換性能を特徴としており、少ないブランケットによる高増殖、運転サイクル長期化、そして環境負荷の低減といった機能を有している。

表C.4にJSFRの炉心燃料の仕様を示した。増殖期炉心と平衡期炉心の本質的な違いは径方向ブランケットの有無である。図C.4には双方の代表炉心の断面図を示した。

高燃焼度燃料には太径の燃料ピンを採用している。これによって高い内部転換性能を達成し、径方

表C.3　炉心設計条件

	項目		条件
安全要件	ナトリウムボイド反応度($)		≦6
	出力密度(kW/kg-MOX)		≧40
	炉心高さ(cm)		≦100
	再臨界回避集合体型式		FAIDUS型集合体
設計目標	取出し平均燃焼度GWd/t	炉心部	150
		炉心+ブランケット部	≧60
	増殖比	増殖期炉心	1.1
		平衡期炉心	1.03
	運転サイクル長さ(月)		≧18
炉心・燃料仕様	燃料組成	TRU	高速炉マルチリサイクル
		FP含有量(vol. %)	0.2
	炉心燃料スミア密度(%TD)		82
	炉心材料	被覆管	ODS
		ラッパ管	PNC-FMS
設計制限値	最大線出力(W/cm)		≦430
	最大高速中性子照射量[a](n/cm^2)		≦5×10^{23}
	被覆管最高温度[b](℃)		≦700
	CDF(定常状態での累積損傷割合)		≦0.5
その他	ピンバンドル圧損(MPa)		≦0.2

[a]E>0.1 MeV
[b]肉厚中心

表C.4　JSFRの炉心燃料仕様

項目	増殖期炉心	平衡期炉心
出力(MWe/ MWth)	1,500/3,570	同左
冷却材温度(出口/入口)(℃)	550/395	同左
1次冷却材流量(kg/s)	18,200	同左
炉心高さ(cm)	100	同左
軸方向ブランケット(上/下)(cm)	20/20	15/20
燃料集合体数(炉心/径ブランケット)	562/96	562/−
半径方向しゃへい外接円径(m)	6.8	同左
燃料ピン直径(炉心)(mm)	10.4	同左
燃料ピン被覆管肉厚(炉心)(mm)	0.71	同左
燃料ピン数/集合体	255	同左
ダクト外部対面間距離(mm)	201.6	同左
ダクト肉厚(mm)	5.0	同左

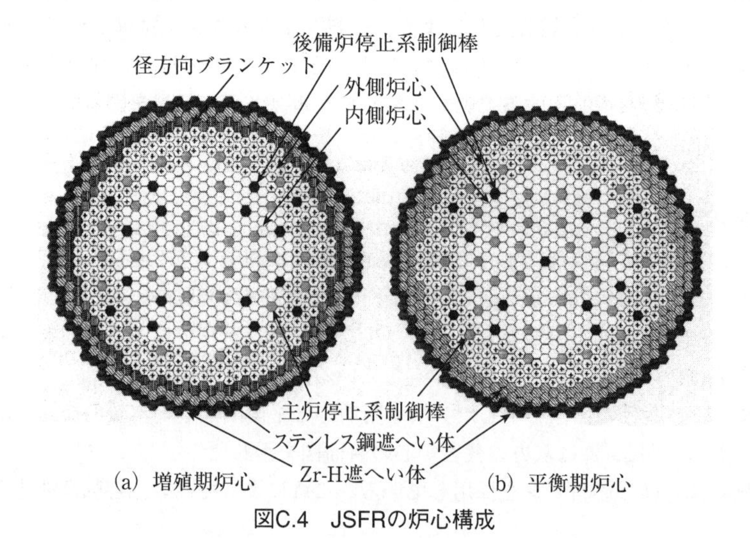

(a) 増殖期炉心　(b) 平衡期炉心

図C.4　JSFRの炉心構成

向ブランケットなしで増殖比1.0以上となる平衡期炉心を可能にしている。取出し平均燃焼度（ブランケット燃料含む）は燃料交換バッチ平均で100GWd/tとなり、従来の小径燃料ピンの設計とくらべ非常に高い値を達成している。炉心は柔軟な設計変更が可能であり、単純に径ブランケットを加えることで増殖率1.1を達成できる。この先進的炉概念は、少ないブランケットで高燃焼度と高増殖を達成するため、相当の経済的利益をもたらすと考えられる。

先にも述べたように、低発生率のCDAに対応する為、JSFRには内部ダクトを有する特殊な燃料集合体設計を導入している。図C.5にFAIDUS（fuel assembly with inner duct structure）型燃料集合体の概念図を示す［12］。内部ダクトは集合体の角に組み込まれ、上部遮蔽体の一部は取り除かれている。CDA時に溶融燃料は内部ダクト経路を通り上部遮蔽体と接することなく早期に炉心外部に排出される。この内部ダクトを経由した溶融燃料の早期排出により、CDAにおいて優れた影響緩和効果が期待される。

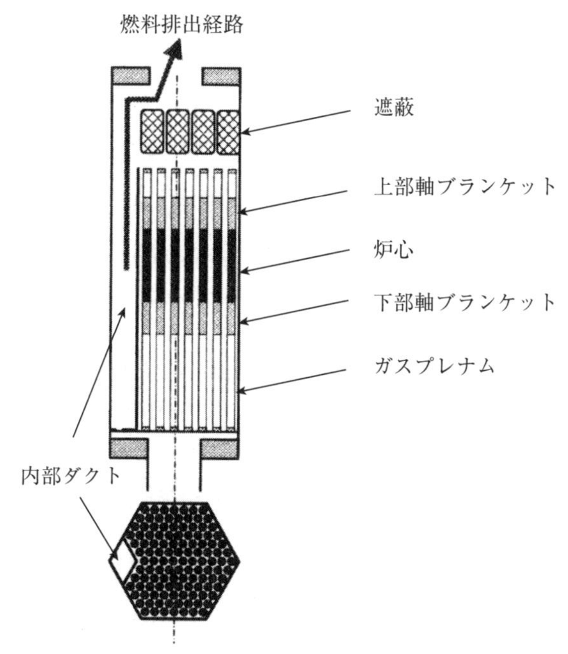

図C.5　FAIDUS型燃料集合体

C4.3　金属燃料

基準燃料形態である酸化物燃料の代替として、金属燃料を用いた炉心概念も検討された。金属燃料は燃料密度が高く一般的に優れた中性子経済を有するが［13, 14］、被覆管と燃料の共晶反応を考慮して被覆管温度を低く制限する必要があるのが課題である。JSFRの金属燃料炉心は炉心出口温度を酸化物燃料と同じ550℃にすることを目標として検討が行われた。

JSFRの金属燃料炉心は、単一のプルトニウム富化度をもつ新しい炉心概念を適用することで、径方向出力ピーキング係数を低減し、目標値の550℃を達成している。設計では、プルトニウム富化度を約12%とし、燃料体積密度の異なる燃料領域を径方向に2または3領域に区分して配置することで、径方向出力ピーキングを抑制しつつ、約1.0の増殖比が得られた。この最適化設計により、原子炉運転サイクル期間を通じて安定した炉心の出力分布が得られ、結果として出力ピーキングが低減した。金属燃料を用いたもう一つの炉心オプションは、ピン径は同一ながらジルコニウム含有率を変化させることで燃料密度を調整した二種類の燃料を配置した炉心概念である。予備的解析の結果から、この炉心概念も出口ナトリウム温度550℃を達成可能である。

C.5 プラントシステム

C.5.1 原子炉構造

原子炉容器のコンパクト化は、JSFRの目指す優れた経済性達成には必須である。コンパクト化に際し、ISI&Rが可能な保守補修性が維持できることと、炉停止を伴うレベルの地震に対する高い耐震性が求められる。図C.6はJSFR原子炉構造の略図である［15］。

JSFRの原子炉容器、コンパクト化を達成する上では、中性子減速能力の高い高性能な径方向Zr-H遮蔽体の導入によって炉心槽（core barrel）の径を縮小させ、原子炉容器サイズを縮小することが一つの方法である。

ナトリウムと空気の化学反応を避ける観点から、炉内燃料取扱いは密封された原子炉プラグの下で行う必要があるため、液体金属冷却原子炉の構造設計は炉内燃料取扱いに大きく依存する。JSFR計画の炉内燃料取扱系は、単回転プラグ、切込み付炉心上部機構（upper inner structure, UIS）、そして可動式パンタグラフ燃料交換機（fuel handling machine, FHM）から構成される。この切込み付UISによって回転プラグの直径を最小限にとどめつつ、FHMアームの炉心機器へのアクセスルートが確保できる。

JSFRのその他の特徴として、原子炉容器の炉容器壁冷却系やオーバーフロー系を必要としないホットベッセル概念がある。この概念の導入によって原子炉容器の直径縮小を可能としている。軸方向の温度分布変化による負荷に対する構造健全性は、非弾性解析を取入れた高温構造設計基準の設定と、熱荷重の想定方法の高度化によって、確保可能な見通しである［16］。

コンパクト化原子炉容器設計の大きな利点は、全ての原子炉構造物（原子炉容器、ルーフデッキ、UIS、炉心支持構造）が工場組立可能になることによって、立体精度や溶接精度が大きく向上することである。UIS下部と炉心槽上部の間の中心軸の公差は、地震時において制御棒挿入を確保する為に非常に重要な因子である。模擬制御棒による試験結果から、製作時の許容誤差範囲は数10mm以下が要求されている。

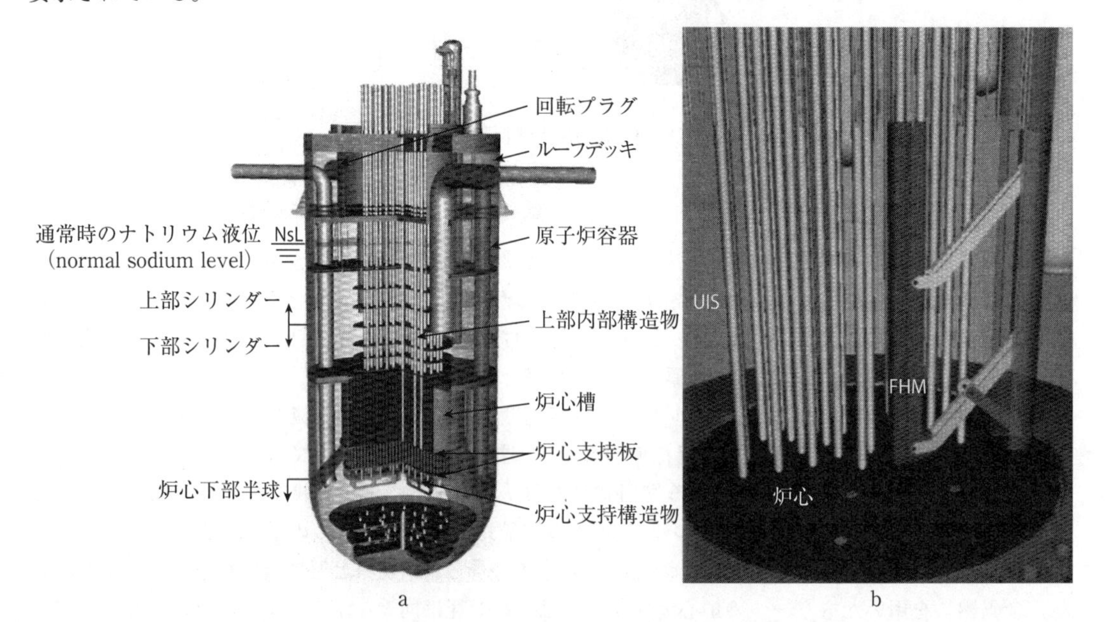

図C.6　JSFRの原子炉構造

JSFRは原子炉容器がコンパクトであるため、リング鍛造製法を採用でき、精度向上に寄与している。また、リング鍛造による製造を行った場合は、定常運転時に熱負荷の大きいナトリウム液面付近の溶接を排除することができるため、熱荷重に対する信頼性が改善される。

先に述べた通り、JSFRでは、供用期間中検査と保守補修（ISI&R）の実施を容易にするための検討を多く行っている。それによって、Na中透視装置（under sodium area monitors, USAM）を設置するための検査孔が数箇所原子炉プラグ上に設けられ、プレナム上・中・下部へのアクセスを可能にしている（図C.7）。USAMは200℃のナトリウム中での使用を想定し、ナトリウム中目視検査装置と体積検査器を備えている。炉内構造物はISI計画を考慮した設計としている。図C.8で見られるように、炉心支持構造物は一対のY字部材を用いて溶接箇所を減らし、ISI機器によるアクセス性を確保している。

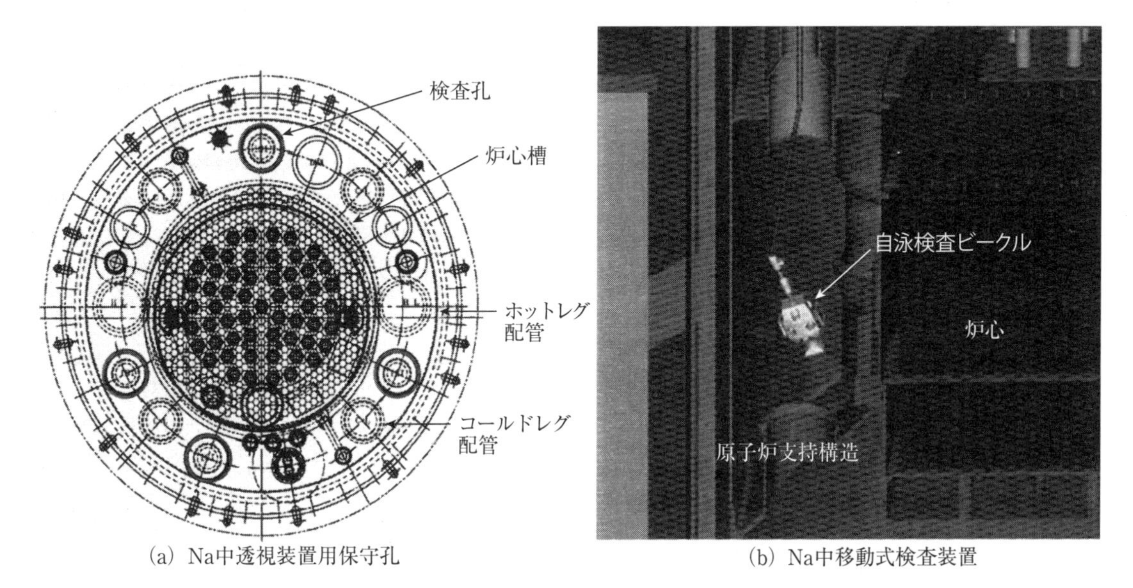

(a) Na中透視装置用保守孔　(b) Na中移動式検査装置

図C.7　Na中検査のための構造と装置

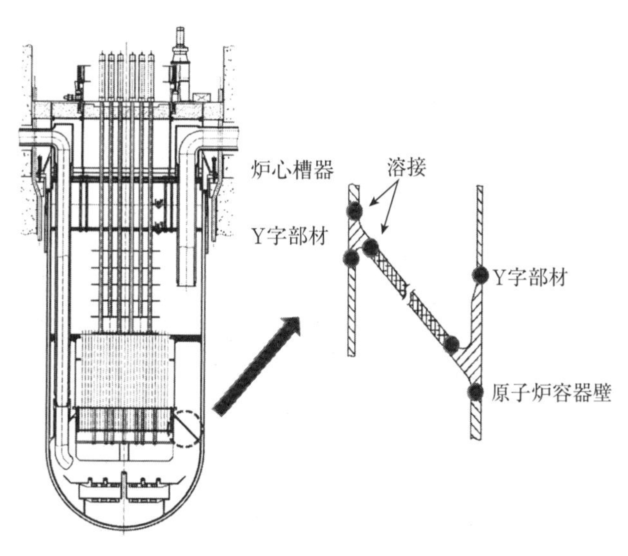

図C.8　炉心支持構造におけるY字環状部材

C.5.2 冷却系

冷却系統数の削減（2ループ化）はJSFRの経済効率向上のための主要方策である［17, 18］。電力出力1,500 MWeの大型JSFR炉に対して2ループであるため、1ループあたりの冷却材流量は増加し、それに伴い配管口径の拡大が必要となる。

図C.9は冷却系の略図である。改良9Cr-1Mo鋼は高温での強度に優れ、熱膨張係数も小さいため、1次・2次系配管系統は既存炉と比べ大幅に簡略化された。配管の簡素化により、配管部材が削減されるとともに機器配置のコンパクト化が可能になる。

主配管は全て外管に覆われ、冷却材が格納容器（containment vessel, CV）へ漏れることを防止し、冷却材液位を原子炉容器内に保つようにしている。1次バウンダリのギロチン破断を設計基準外事象（BDBE）として想定した場合においても、外管により液位確保が可能な設計としている。1次バウンダリである配管と外管の隙間の体積は、配管破断時の1次冷却材流出量を低減する目的で最小化されている。

しかしながら、2ループ冷却システムは、流動性および安全性の観点からいくつかの課題を呈した［17, 18］。1系統当たりの流量の増加は、1次配管の流動性および構造健全性の確保を困難にする。機器配置のコンパクト化のためにエルボの曲率半径は配管口径と同等としているため、L字型配管エルボ部で生じる流れ剥離（flow separation）に起因した流体励起振動が大きな課題となる。もう一点は、1次ホットレグ入口での旋回流である。旋回流は、渦中心部での局所的圧力低下によって生じる渦キャビテーションを増大させ、構造健全性を悪化させる。これらの課題に対して、1次配管とホットレグ入口の流況が水試験により確認された。

安全面の観点からは、2ループシステムでの1次ポンプ軸固着は、配管ギロチン破断以上に厳しい結果になるので、設計基準として安全評価の対象としている。万一、1次ポンプの固着事故が起きた場合、瞬時に炉心流量の減少が起こる。このような事故に対応するため、多重多様な安全保護系により、確実で迅速な炉停止を確保するとともに、燃料ピンバンドル部の圧力損失を0.2MPa以下になるよう設計し、流体慣性の保持および自然循環力の向上を図っている。このようなロバストな炉心設計

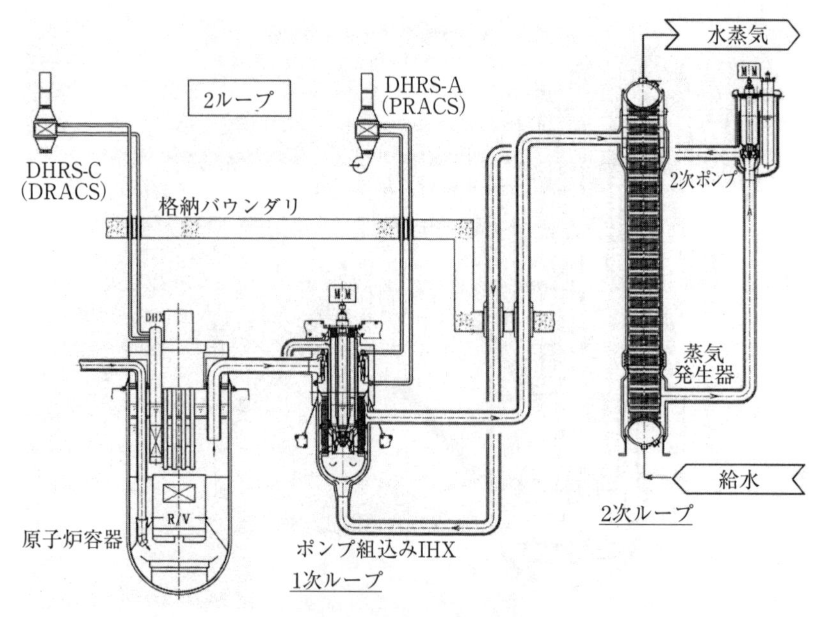

図C.9 JSFRの冷却系統

により、事故が生じた場合にも炉心の安全性が確保されることが過渡解析から示されている。

改良9Cr-1Mo配管に関しては、信頼性向上のため軸方向に溶接のないものが検討されている。一般に、高温状態が長期間継続する場合、改良9Cr-1Moの溶接結合部のクリープ強さは、母材と比較して低下する。これはType-Ⅳ損傷として知られている。550℃においては実験的には観測されていないものの、1次冷却系のホットレグ配管設計ではType-Ⅳ損傷を考慮した設計を行っている［19］。改良9Cr-1Mo鋼は強磁性体なので電磁流量計を用いた流量計測はできない。よって、JSFR設計では超音波流量計を採用している。超音波流量計の安全保護系としての基本的な性能は確認されている［20］。

C.5.3　崩壊熱除去系（DHRS）

崩壊熱除去系（decay heat removal system, DHRS）は、図C.10で示すように、DRACS（1ループ）とPRACS（2ループ）で構成される［17, 21］。DRACSの熱交換器は原子炉容器内の上部プレナムに位置する。PRACSの熱交換器はそれぞれIHX内の上部プレナムに位置する。DHRSは自然循環のみを利用したシステムで、直流電源による空気冷却器のダンパ作動のみで起動可能である。空気冷却ダンパは単一故障を想定しても機能するように多重性を持たせている。DHRSの安全解析によると、原子炉停止後崩壊熱除去維持に失敗するPLOHSの発生は極めて限定的である。DHRSの確率論的安全評価結果も、PLOHSの発生率は極めて低い（10^{-7}/炉年）ことを示した［22］。

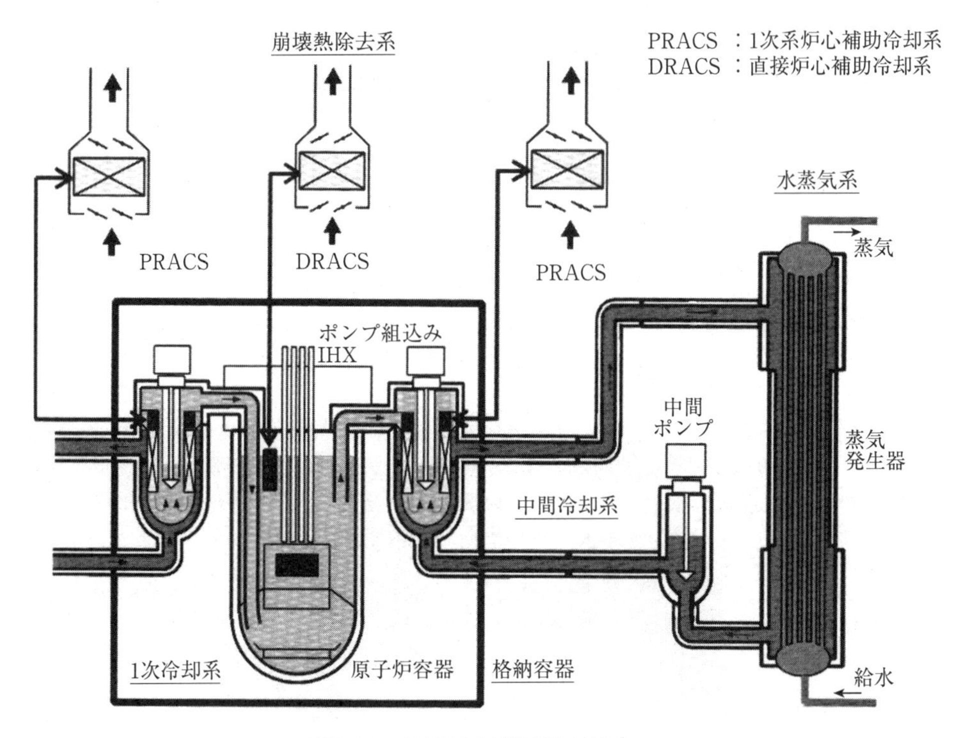

図C.10　JSFRの崩壊熱除去系統

C.5.4　ポンプ組込み中間熱交換器（IHX）

ポンプ組込みIHXは、1次系の機械式ポンプとIHXを１つの容器に収めた一体型の熱交換器である［23, 24］。表C.5と図C.11にIHXの仕様と略図を示す。ケーシングには1次ナトリウムの入口ノズルが

表C.5　中間熱交換器（IHX）の仕様

項目	仕様
IHX型式	ジグザグ流－直管型
交換熱量	1,765 MWth
伝熱管外径	25.4 mm
有効伝熱長さ	6.0 m
伝熱管本数	9,360
ポンプ型式	1段階－1吸引型
ポンプ揚程	79 mNa
ポンプ定格回転数	550 rpm

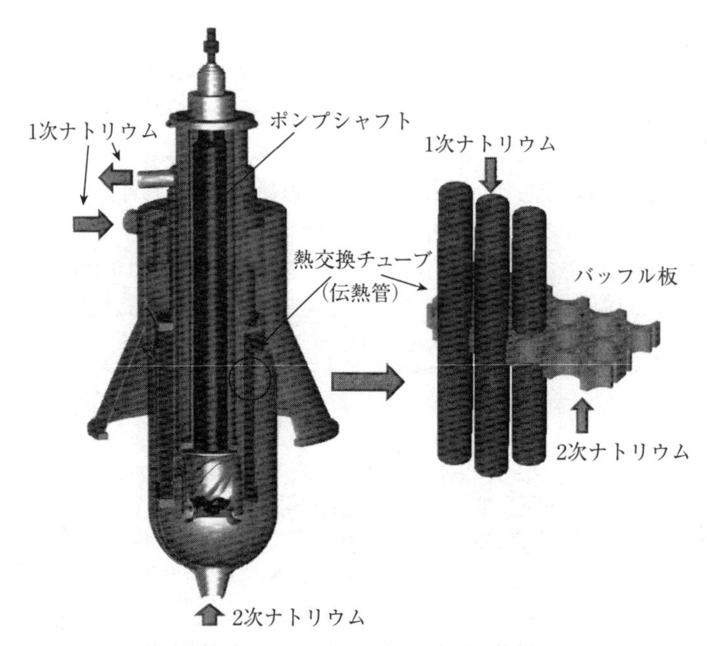

図C.11　JSFR中間熱交換器（IHX）

1箇所、出口ノズルが2箇所設置されている。プレナム上部の整流板（flash-board structure）は流量を均一にし、伝熱管での温度差の発生を防止する。1次ナトリウムは熱交換器の伝熱管内側を通り、プレナム下部のポンプ吸込み口に排出される。熱ロス防止のために、1次ナトリウムの高温・冷温間に断熱ガス層が設けられている。2次ナトリウム入口は、ポンプ組み込み型IHXの底部の同軸上に設置されている。2次冷却材は伝熱管の管束外側に沿って流れる。熱輸送向上のため管束部にはバッフル板が設置されジグザグ流が形成されている。

ポンプ軸は中心部に設置され周囲に伝熱管が配置されている。伝熱管とポンプは異なる床で支持され、ポンプの振動が伝熱管に影響しないように配置されている。シェルとポンプ隔離壁の間には熱伸び差による変位を吸収するための接続部材（convoluted shell expansion joint, CSEJ）を採用している。IHXとポンプの間にはアニュラスが存在し、2つのシールリングで隙間からの漏れ流量を低減する。シールリングや静圧軸受からの漏えいナトリウムは、ポンプ吸込み側に戻され、ポンプ内のナトリウム液位を制御する。

ポンプ組込型IHX装置には保守補修における利点がある。ポンプ軸は保守のため取外し可能で、ポンプ軸孔はIHX伝熱管のアクセスルートとなり、体積検査とプラグ等の補修に使われる。

C.5.5　蒸気発生器

蒸気発生器（steam generator, SG）ユニットの設計は水・蒸気漏洩事故の防止と影響緩和に重点を置いている。JSFRは2ループシステムなので、SG1基当たりの熱交換量が1,765MWth（全熱出力3,530MWthの1/2）と大きい。大型SGは、その伝熱管の多さから1基当たりの破損確率が増すので、伝熱管には高い信頼性が求められる。さらに、ナトリウム保有量の多さゆえにナトリウム漏えい検知時間の延長、大型化による補修期間の長期化等の課題がある。

JSFRは、内管と外管が密着した直管2重管型を採用することで、ナトリウム・水反応を根本的に防止する［25］。表C.6と図C.12はSGの仕様と略図である。以前の2重SG管概念［26］では、内外管の

表C.6　蒸気発生器の仕様

項目	仕様
SG型	直管2重管型
交換熱量	1,765 MWth
伝熱管外径	19.0 mm
伝熱管ピッチ	40.0 mm
伝熱管有効長さ	29.0 m
伝熱管材料	改良9Cr-1Mo鋼
ナトリウム流量	2.70×10^7 kg/h
水／蒸気流量	2.884×10^6 kg/h
ナトリウム温度	520 ℃/335 ℃
SG出口蒸気	497.2 ℃ (19.2 MPa)

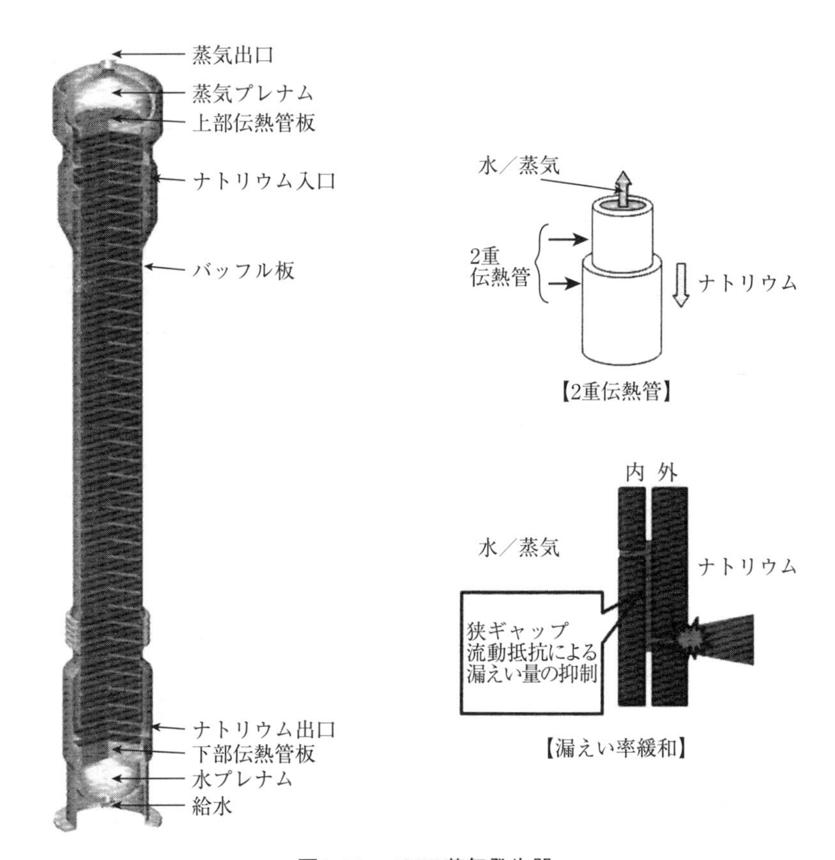

図C.12　JSFR蒸気発生器

隙間の連続監視により、内管または外管の破損を検知していた。密着2重管を採用したこの概念では、内管への渦電流検査と外管への超音波検査による、内管・外管の両方に対する供用期間中検査（ISI）が可能になった。また機械的に密着した2重管によって、アニュラスの隙間が水のリーク流量を伝熱管の破損伝播限界以下に留めるので、万一の2重のバウンダリ破損時でもナトリウム・水反応の影響を緩和できると考えられる。

C.5.6 燃料取扱システム

稼働率向上と建設コストを削減する簡素化燃料取扱システム（fuel handling system, FHS）が提案されている［27］。FHSの概要図を図C.13に示した。FHSを構成する機器には、燃料交換機（fuel handling machine, FHM）、燃料出入機（ex-vessel fuel transfer machine, EVTM）、炉外燃料貯蔵施設（炉外貯蔵槽（ex-vessel fuel storage tank, EVST）と使用済燃料貯蔵プール）、使用済燃料洗浄施設（本概念ではEVST案内管内で乾式洗浄が実施されるため独立した施設はない）、そして新燃料取扱施設がある。

燃料交換時、原子炉容器内でFHMが使用済燃料を炉心からナトリウムポットへと移送する。ナトリウムポットは炉心構成要素（燃料集合体、制御棒集合体等）を2体受け入れ、EVTMによってEVSTに輸送される。EVTMが原子炉容器に到着した際には、ナトリウムポットに2体の新燃料集合体が収められている。その後、FHMはポット内の新燃料集合体2体と使用済燃料集合体2体を炉内で入れ替える。続いてEVTMは2体の使用済集合体を載せたナトリウムポットを原子炉容器からEVSTへと運ぶ。ナトリウムポットは十分な熱容量をもっているため、通常燃料交換時の原子炉容器とEVST間の輸送には強制冷却を必要としない。しかしながら、異常時に備えEVTMにはナトリウムポット冷却システムが装備されている。ナトリウムポット冷却システムは輸送機構のトラブル時のみ起動し、非常用電源に接続された独立冷却ラインを2系統有する。

使用済燃料集合体はEVSTに貯蔵され崩壊熱が低下するのを待つ。減衰後の使用済燃料集合体は、次の燃料交換前にEVTMによって使用済燃料貯蔵プールに送られる。EVSTから使用済燃料燃料貯蔵プールまで、EVTMはアルゴンガスの強制循環によって集合体の直接冷却を行う。EVSTからEVTMが使用済燃料を取出す際、集合体はEVST案内管で保持され、残留ナトリウムの吹き落とし（乾式洗浄）を行う。EVTMは集合体を使用済燃料貯蔵プール入口の集合体リフトに移送する。集合体リフトではアルゴンガス冷却が行われるとともに、湿アルゴンガスによって残留ナトリウムが不活化される。

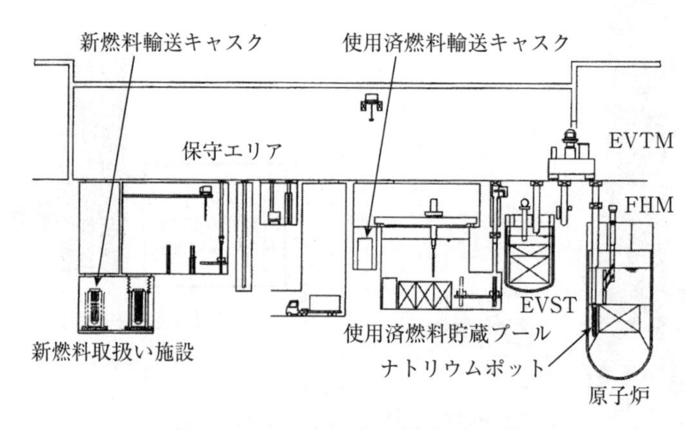

図C.13 JFSRの新燃料取扱い設備

新燃料移送キャスク内の新燃料集合体は、新燃料取扱い施設にて取出され、健全性を確認した後、原子炉通常運転時にEVTMによってEVSTへ移動し貯蔵される。燃料交換作業時、新燃料集合体はナトリウムポットに入れて原子炉容器に移送される。FHMは新燃料集合体を炉心内に装荷し使用済燃料をナトリウムポットに取り出す。

C.5.7　原子炉建屋

原子炉建屋内配置は、十分な耐震性と、プラント運転性・保守性を考えた最適な機器配置が可能なスペースを確保することの2点に留意して検討されてきた［28］。原子炉建屋の断面図と配置図は図C.2とC.3に示している。2重管システムの採用により、ナトリウム火災の発生確率は低いため、格納容器（CV）の設計圧力は低く抑えられる。これによって、比較的小さい容積の、鋼板コンクリート構造（SC構造）を採用した矩形CVの導入が可能になる。SC構造は一部工場組立が可能であり、構造物の品質の向上につながる。このような構造とすることにより、建設期間は短縮され、高い経済性が期待できる。

地震力に耐えるために、ダンプタンクやタービン発電機等の重量機器は低層階に設置される。DHRSユニットはその自然循環性能を確保するために上層階に置かれる。保守作業エリアも考慮して配置が検討されている。

原子炉建屋には高速炉用の免震システムが導入されている。ナトリウム冷却高速炉の各機器の壁は軽水炉に比べ薄く設計されるので、免震システムを適用することが好ましい。JSFRは積層ゴム（laminated rubber bearing）と油圧ダンパによる水平免震を採用している。

【参考文献】

1. K. Aizawa, “R&D for Fast Reactor Fuel Cycle Technologies in JNC”, *Proceedings of Global 2001*, No. 050, Paris, France, September(2001).
2. K. Ito and T. Yanagisawa, “Last Twenty Years Experiences with Fast Reactor in Japan”, *Proceedings of the International Conference on Fast Reactors and Related Fuel Cycles*, IAEA-CN-176-INV-07, Kyoto, Japan, December(2009).
3. Y. Chikazawa, S. Kotake, and S. Sawada, “Comparison of Pool/Loop Configurations in the JAEA Feasibility Study 1999-2006”, *Proceedings of the International Conference on Fast Reactors and Related Fuel Cycles*, IAEA-CN-176-08-08, Kyoto, Japan, December(2009).
4. Y. Sagayama, “Launch of Fast Reactor Cycle Technology Development Project in Japan”, *Proceedings of Global 2007*, Boise, ID, September(2007).
5. H. Niwa, “Current Status and Perspective of Advanced Loop Type Fast Reactor in Fast Reactor Cycle Technology Development Project”, *Proceedings of Global 2007*, Boise, ID, September(2007).
6. S. Kotake, N. Uto, K. Aoto, and S. Kubo, “Safety Design Features for JSFR - Passive Safety and CDA Mitigation”, *Proceedings of Annual Meeting on Nuclear Technology*, Dresden, Germany, May(2009).
7. N. Nishiyama, “Japan JSFR Design Study and R&D Progress in the Fact Project”, *Proceedings of the International Conference on Fast Reactors and Related Fuel Cycles: Challenges and Opportunities*, IAEA-CN-176-02-16P, Kyoto, Japan, December(2009).
8. S. Kotake, et al., Feasibility Study on Commercialized Fast Reactor Cycle Systems, Current Status of the FR System Design, *Proceedings of Global 2005*, No. 435, Tsukuba, Japan(2005).
9. K. Aoto, et al., “Japan JSFR Design Study and R&D Progress in the Fact Project”, *Proceedings of the International Conference on Fast Reactors and Related Fuel Cycles*, IAEA-CN-176-01-07, Kyoto, Japan,

December(2009).
10. T. Mizuno, et al., "Advanced Oxide Fuel Core Design Study for SFR in the 'Feasibility Study' in Japan", *Proceedings of Global 2005*, Paper No. 434, Tsukuba, Japan, October 9-13(2005).
11. S. Maruyarna, K. Kawashima, S. Ohki, T. Mizuno, and T. Okubo, "Study on FBR Core Concepts for the LWR-to-FBR Transition Period", *Proceedings of Global 2009*, Paper 9316, Paris, France, September(2009).
12. T. Mizuno and H. Niwa, "Advanced MOX Core Design Study of Sodium-Cooled Reactor in Current Feasibility Study on Commercialized Fast Reactor Cycle System in Japan", *Nuclear Technology*, Vol. 146, No. 2, 143-145(2004).
13. K. Sugino and T. Mizuno: "A New Concept of Sodium Cooled Metal Fuel Core for High Core Outlet Temperature", *Proceedings of 2004 International Congress on Advances in Nuclear Power Plants*, Pittsburgh, PA(2004).
14. T. Mizuno, T. Ogawa, K . Sugino, and M. Naganuma, "Advanced Core Design Studies with Oxide and Metal Fuels for Next Generation Sodium Cooled Fast Reactors", *Proceedings of 2005 International Congress on Advances in Nuclear Power Plants*, Paper 5195, Seoul, Korea, May(2005).
15. Y. Sakamoto, S. Kubo, S. Kotake, and Y. Kamishima, "Development of Advanced Loop-Type Fast Reactor in Japan(3): Easy Inspection and High Reliable Reactor Structure in JSFR", *Proceedings of 2008 International Congress on Advances in Nuclear Power Plants*, Paper 8227, Anaheim, CA, June(2008).
16. N. Kasahara, K. Nakamura, and M. Morishita, "Recent Developments for Fast Reactor Structural Design Standard(FDS)", SMiRT18, Beijing, China, August 7-12(2005).
17. H. Yamano, S. Kubo, K. Kurisaka, Y. Shimakawa, and H. Sago, "Development of Advanced Loop-Type Fast Reactor in Japan(2): Technological Feasibility of Two-Loop Cooling System in JSFR", *Proceedings of 2008 International Congress on Advances in Nuclear Power Plants*, Paper 8231, Anaheim, CA, USA, June(2008).
18. H. Yamano, et al., "Unsteady Elbow Pipe Flow to Develop a Flow-Induced Vibration Evaluation Methodology for JSFR", *Proceedings of the International Conference on Fast Reactors and Related Fuel Cycles*, IAEA-CN-176-08-09, Kyoto, Japan, December(2009).
19. M. Tabuchi and Y. Takahashi, "Evaluation of Creep Strength Reduction Factors for Welded Joints of Modified 9Cr-1Mo Steel(P91)", *Proceedings of ASME Pressure Vessels and Piping Division Conference*, PVP2006-ICPVT-11-93350 Vancouver, Canada(2006).
20. T. Hiramatsu, et al., "Ultrasonic Flowmeter for JSFR", *Proceedings of the International Conference on Fast Reactors and Related Fuel Cycles*, IAEA-CN-176-02-11P, Kyoto, Japan(2009).
21. S. Kubo, Y. Shimakawa, H. Yamano, and S. Kotake, "Safety Design Requirements for Safety Systems and Components of JSFR", *Proceedings of the International Conference on Fast Reactors and Related Fuel Cycles*, lAEA-CN-176-03-10, Kyoto, Japan(2009).
22. K. Kurisaka, "Probabilistic Safety Assessment of Japanese Sodium Cooled Fast Reactor in Conceptual Design Stage", *Proceedings of the 15th Pacific Basin Nuclear Conference*, Sydney, Australia, October 15 - 20(2006).
23. H. Hayafune, et al., "Development of the Integrated IHX/Pump Component 1/4-scale Vibration Testing", ICONE14, Paper 89745, Miami, FL, USA, July(2006).
24. T. Handa, et al., "Japan Research and Development for the Integrated IHX/Pump", *Proceedings of the International Conference on Fast Reactors and Related Fuel Cycles*, IAEA-CN-176-08-07, Kyoto, Japan(2009).

25. K. Kurome, er al., "Japan Steam Generator with Straight Double-Walled Tube - Development of Fabrication Technologies of Main Structures Made of High Chrome Steel-Made", *Proceedings of the International Conference on Fast Reactors and Related Fuel Cycles*, IAEA-CN-176-08-22P, Kyoto, Japan(2009).
26. N. Kisohara, et al., "Feasibility Studies on Double-Wall-Tube Type Primary Steam Generator", *Proceedings of FR'91*, Kyoto, Japan(1991).
27. S. Usui, T. Mihara, H. Obata, and S. Kotake, "Development of Advanced Loop-Type Fast Reactor in Japan(4): An Advanced Design of the Fuel Handling System for the Enhanced Economic Competitiveness", *Proceedings of 2008 International Congress on Advances in Nuclear power Plants*, No. 8223, Anaheim, CA, USA, June(2008).
28. H. Hara, et al., "Japan Conceptual Design Study of JSFR(4) - Reactor Building Layout", *Proceedings of the International Conference on Fast Reactors and Related Fuel Cycles*, IAEA-CN-176-08-13P, Kyoto, Japan(2009).

付録 D
経済性解析の手法[1]

経済学者や政治哲学者の思想は、それが正しい場合も、また間違っている場合にも、一般に思われているより力を持つものである。それ以外に世界を支配するものはほとんどない、と言っても過言ではない。いかなる知的影響も受けていないと信じている実務家でも、たいていは故人となった経済学者達の奴隷である。私は、思想が徐々に浸透することに比べると、既得権益の力は大幅に誇張されていると確信している。.....（中略）.....遅かれ早かれ、危険なものは既得権益ではなく、思想であるのだ。

ジョン・メイナード・ケインズ「雇用、利子および貨幣の一般理論」より

D.1　はじめに

あらゆる企業は、その存続のために、製品製造に掛かった費用よりも高い値段でそれを売らなければならない。企業には、支出を賄うに十分な収入がなければならない。企業の存在そのものがこの原則に則っているため、プロジェクトを進めるかどうかの決定にあたって、プロジェクトの経済性評価はとても重要である。このことは、特に大規模な投資が必要となる発電所建設プロジェクトにあてはまる。

発電所の建設を決定する際には、工学的な検討と経済性分析の双方が必要である。工学的検討により、プラントの設計、プラントの効率、プラント内の機器の寿命およびプラント建設に必要な期間等が決められる。一方、長期間にわたってプラントを運転する費用や、プラントを建設する費用を求めるために経済性分析が用いられる。

大規模なエンジニアリング・プロジェクトを確実に成功させるためには、工学的な検討と経済性分析の双方を、バランス良く活用する必要がある。例えば、もしも工学が重視されるあまりに経済性が犠牲にされてしまうと、設計は良いが経済的競争力のないプラントになるであろう。反対に工学的設計面を犠牲にして経済性が重視されると、当初は安いものの後に高額の運転費用のかかるプラントになってしまうこともあろう。このように、双方の分野を包括的に理解することが望ましい。工学的な面の理解については別の章にゆずり、この付録Dでは、経済性についての基本的な理解を深めることとする。

原子力発電所が最終的に市場で販売する製品は電気である。したがって、費用を賄う十分な売上高を決める上で、電気料金の設定が重要である。発電所の場合には、プラントに関する費用が数10年にわたって発生することから、電気料金を算定することは特に難しい。発生する主な費用は、

(1) 資本費：　プラントの建設期間に生じる費用
(2) 燃料費：　プラントの運転中に生じる費用
(3) 運転維持費：　プラント寿命全体で生じる費用
(4) 収入税：　私企業活動に従事した結果として生じる税

---

[1] この付録Dの内容は、本書の原書であるFast Breeder Reactor（Waltar and Reynolds, Pergamon Press, 1981）の第3章に掲載されていたものである。

(5) その他の費用：　商業活動に従事した結果として生じる費用。

多くの場合、資本費および燃料費がその主要コストであり、これらは設計によって大きく変化する。例えば、軽水炉（LWR）のような現在の原子炉と高速スペクトル炉（以下、高速炉）のような新型炉とでは、資本費に大きな違いがある。ワンススルー燃料サイクルに基づく標準的な軽水炉では、相対的に資本費が低くなるものの、燃料費はウラン価格の高騰に伴い高くなる。反対に、高速炉は資本費が高いが、逆に燃料費はウラン価格に影響を受けない。そのため、軽水炉は燃料集約型（fuel intensive）、高速炉は資本集約型（capital intensive）の傾向を持つ原子炉型であるといえる。

これらのプラントそれぞれについて、一つのコスト指標としての電気料金を算出するためには、資本費と燃料費を整合して扱う手法を開発しなければならない。資本費は建設期間中に、燃料費はプラント寿命の全期間にわたって生じるため、異なる時点で発生する費用を比較する必要がある。そのための手法を次の節で紹介する。

D.2　金銭の時間的価値の基本概念

資財を貸し出して利子を取るとき、貸し手はしばしば、その資財を資本として扱っている。貸し手は、資本は返済期限には回収できるものであり、それまでの間、借り手から使用料として利子が毎年支払われると期待している。借り手側は、借り入れを資本として用いたり、直接に消費に充てる資材として用いることもある。資本として用いる場合には、労働者を維持するためにそれを消費し、労働を通じて価値が再生産されて利益を得る。この場合、借り手は他の収入源を処分したり、食いつぶしたりせず、資本を回収して利子を支払うことができる。借り入れを消費に直接充てる資財として用いる場合、借り手は、放蕩息子が道楽にふけるように、勤勉な人を維持するための資本を、怠惰な人を維持することに浪費することになる。この場合、借り手は財産や土地の地代など、他の収入源を処分するか食いつぶさなければ、元本を回収することも利子を支払うこともできない。

アダム・スミス「国の豊かさの本質と原因についての研究（国富論）」より

金銭とは、価値ある資産である。非常に価値があるため、個人や組織は自分達のために金銭を使うことができるように、さらに金銭を支払おうとするほどである。このことは、銀行や貯蓄機関が示す、支払への継続的な意欲からも分かる。これらの機関が利子率を定める市場を提供している。我々は金銭の時間的価値を算出する際にこの利子率を用いる。例えば、銀行から1年間100ドルを年利5%で借りることを考えてみる。貸し出した銀行側は、1年後に105ドルを受け取れると期待できる。この金額は、投資の回収（100ドル）と投資による利益（5ドル）を合計したものである。

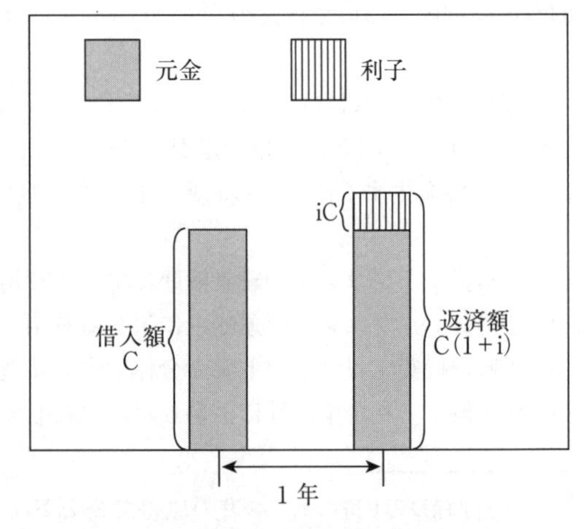

図D.1　借入額と1年後の返済額

より一般的に、図D.1で示すように、ある金額Cを年利iで1年間借りることを考えてみる。

1年後には、投資Cに加えて、投資の利益である

iCも支払われる必要がある。したがって、1年の終わりの合計返済額は、

$$支払い = C + iC = C(1+i). \tag{D.1}$$

となる。

次に、より複雑な場合を考えよう。1年後に100ドルを支払わねばならないとする。この費用を支払う上で当事者は、現時点で相応のお金を確保しておきたいと思うだろう。当然ながら、その額は、1年後の将来における100ドルを過不足なく賄うことができる額でなければならない。もし年利が5%であれば、現時点で必要な投資額は95.24ドルとなる。それは、\$95.24 (1+0.05) =\$100の関係式から計算できる。

この概念は、図D.2に示すように、どんな金額の場合でもあてはまるように一般化できる。費用Cが1年後に発生する場合、それを賄うために現時点で確保しなければならない額をC'とする。もし、C'を利子率iで投資すると、1年後に払い戻される額は、

$$払戻額 = C' + iC' = C'(1+i). \tag{D.2}$$

となる。ここで、$(1+i)C'$は費用Cを賄う額となることを意図しているので、

$$C'(1+i) = C. \tag{D.3}$$

したがって、1年後の支払い額Cを賄うために初めに投資されねばならない金額C'は、

$$C' = \frac{C}{1+i}. \tag{D.4}$$

いろいろな時期に発生する支出と収入の「現在価値」(current value) という概念を定義するために、これら2つの例を拡張して考えてみる。この概念があれば、いかなる時期においても、異なるタイミングで発生する金額を等価な金額として表すことができる。この概念は、現在価値概念 (present value concept) として知られており、原子力発電所の経済性を分析する際に極めて便利である。

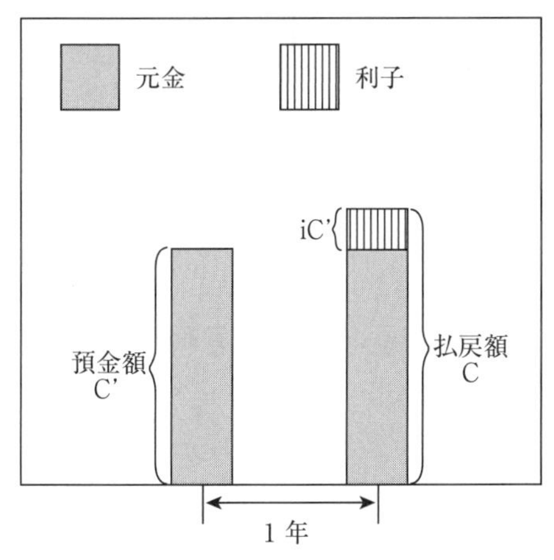

図D.2　1年間預金する場合の預金額と利息付き残額

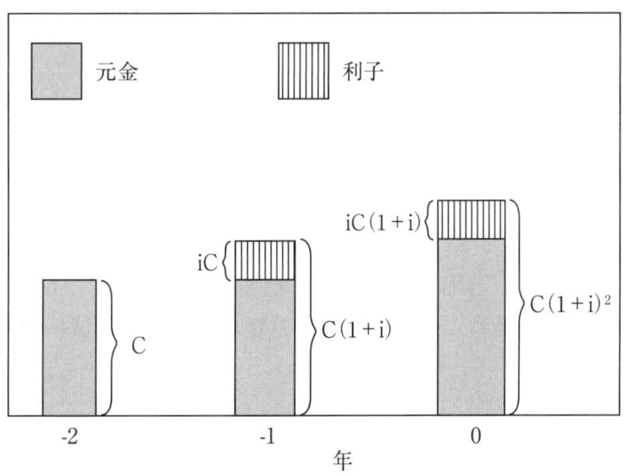

図D.3　過去に投資したお金の現在価値

過去に発生した、あるいは将来に発生する費用の現在価値を決められることは有益である。まず、過去に発生した費用の現在価値を算出することを考えよう。図D.3に示されるように、費用Cが2年前に発生したと想定する。もし、費用が発生しなかったならば、2年前にCを投資に充てることができただろう。そこでもし投資が行われていれば、金額Cの価値は以下のように増加しただろう。

2年前の投資可能額：C
1年前の投資額の価値：$C+iC=C(1+i)$
今日の投資額の価値：$C(1+i)+i[C(1+i)]=C(1+i)^2$

したがって、2年前の投資Cの価値は、今日では$C(1+i)^2$に増加している。あるいは、2年前に支出した投資額Cの現在価値は$C(1+i)^2$であるとも言えよう。さらに、2年前にCを支出せずに投資していれば、今日の$C(1+i)^2$の価値に相当すると考えても良い。これは、過去の支出Cの現在価値として知られており、n年前の過去に発生した費用Cの計算に拡張できる。読者は、その現在価値が$C(1+i)^n$となることを証明できるであろう。

類似の手法は、将来に発生する支出の現在価値を得るためにも利用できる。例えば、図D. 4に示されるように、費用Cを2年後に支払わねばならないと想定しよう。この将来の支出は、以下のように現時点で金額C'を投資することによって賄うことができる。

今日の投資額：C'
1年後の投資額の価値：$C'+iC'=C'(1+i)$
2年後の投資額の価値：$C'(1+i)+i[C'(1+i)]=C'(1+i)^2$

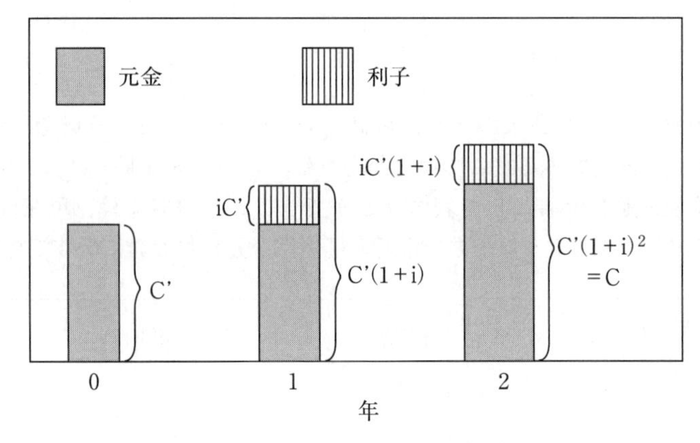

図D.4　将来に投資する費用の現在価値

このように、今日の投資額C'の価値は、2年間で$C'(1+i)^2$まで増加する。今日の投資額C'で2年間後の支出Cを賄うことを想定するので、数式では$C'(1+i)^2$をCとおいて、

$$C' = \frac{C}{(1+i)^2}. \tag{D.5}$$

となる。この金額C'は将来支出Cの現在価値として知られている。

この方法は、n年後の将来に発生する費用Cの算出に拡張できる。読者はその支出の現在価値は

$C/(1+i)^n$であることを示すことができるであろう。

現在価値概念について理解を深めるため、核燃料を対象とした簡単な例を考えよう。この燃料費用には、(1) 燃料が原子炉に装荷される前に発生した購入費、(2) 燃料が原子炉から取り出された後に発生する支出、が含まれている。一連の費用の典型的な発生時期を図D.5に示す。支出は異なる時点で発生するため、トータルの燃料費は、支出の大きさと支出時期の双方を考慮して決定しなければならない。支出の現在価値を計算するために、基点となる「参照時点」(reference point in time) を選ぶ必要がある。分かりやすくするために、全ての支出の現在価値を、燃料が原子炉に装荷されるときを参照時点として選んで算出する。この参照時点を用いると、バックエンドの支出Bが4年後の未来に発生するのに対して、フロントエンドの支出Fが1年前の過去に発生する。トータルの燃料費は、支出の現在価値の合計であり、$F(1+i)^1+B/(1+i)^4$と表される。

上述したように、現在価値の概念は、燃料費用を算出するためにも用いられる。加えて、原子力発電所の他の費用構成要素にも現在価値概念を適用できる。例えば、さらにいくつかの分析を加えれば、発電所の資本費を賄うための電気料金も求めることができる。

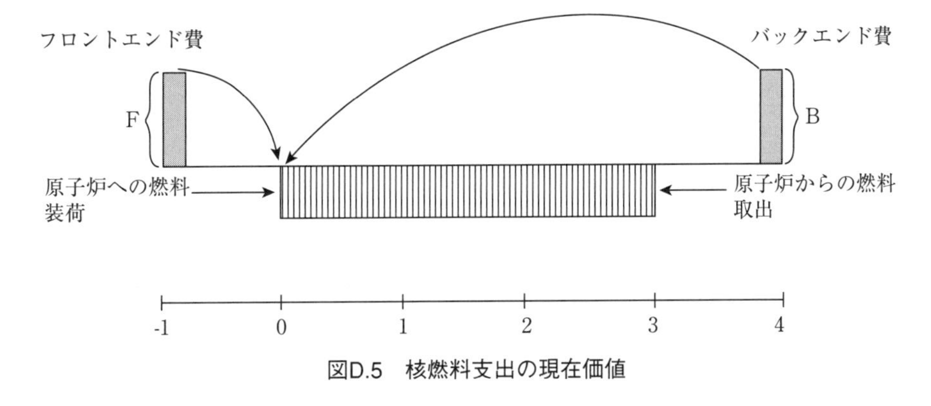

図D.5　核燃料支出の現在価値

ここで、より広範な問題に現在価値評価手法を適用する前に、少々寄り道をして、経済性分析における重要な一要素を考察したい。

D.3　資金コスト

経済性分析の鍵となる要素は、資金コスト、あるいは、利子率iである。この値は、プロジェクト資金の調達方法に依存する上、プロジェクトの内容によって変わるものである。したがって、検討対象のプロジェクトに対し、注意深く最も適切な値を選択することが重要である。しばしば、原子力発電所は、債券 (bond) もしくは負債 (debt) と、株式 (stock) もしくは資本 (equity) の組合せによって資金を調達する。このとき、資本コストあるいは利子率は、負債と資本の利益率の加重平均として定義される。これは、以下のように表現される。

$$i = (b \times i_b) + (e \times i_e), \tag{D.6}$$

ここで、

i = 実効的な利子率
b = 負債（もしくは債券）によって得られた資金の割合

i_b =負債（もしくは債券）の利子率
e =資本（もしくは株式）によって得られた資金の割合
i_e =資本（もしくは株式）の利子率

典型的な債券と資本の利子率を用いて実効的な利子率を計算しよう。例えば、経済性計算では、インフレ調整後の債券の利子率として、しばしば2.5%が用いられる。ここで、「インフレ調整後（deflated）」とは、インフレの影響を含まないという意味であり、実質的な投資回収率を年間2.5%と想定するということである。もしインフレが含まれると、投資回収率はインフレ率自身によって単純に上昇することとなる。インフレ調整後の資本利子率の近似値は、年間7%かもしれない。電力会社は通常、55%を債券で、45%を株式という構成比率で原子力発電所の資金を調達する。この場合、インフレ調整後の実効利子率は、以下の通りである。

$$i = (0.55 \times 0.025) + (0.45 \times 0.07) = 0.045 \text{（もしくは4.5\%）}. \tag{D.7}$$

この様に計算される実効的な利子率は、資本費と資本支出に関する税、そして燃料費と燃料支出に関する税等の、主要な費用要素を求める際に用いられる。

D.4 資本費

全ての生産の目的は、究極的には消費者を満足させることである。生産者による費用の発生と最終消費者による製品の購入との間に、たいていは時間が経過し、時には極めて長い時間を要することもある。一方、企業家は、その期間が経過して実際に生産物を供給する準備が整ったとき、消費者がいくらを支払う用意があるか、企業家としてできる最善の予想を立てねばならない。そして、企業家は、生産が時間のかかるプロセスである場合、これらの予想を基に動くしかない。

ジョン・メイナード・ケインズ、「雇用、利子および貨幣の一般理論」より

D.4.1 建設費

発電所の建設費は、図D.6に示されるように、長期間にわたるものであり、またその金額が年毎に変化する一連の支出である。発電所の資本費は、これらの支出の大きさと発生時期の双方で決まる。現在価値の概念を適用するには、支出の価値を決定するための参照時点を選ぶ必要がある。ここでは便宜上、原子炉が発電を開始したときを参照時点として選ぶこととする。

全体の資本費Cは、全ての支出の現在価値の合計である。建設期間がN年に亘る場合、建設中利子を含む資本費の総額は以下のように表される。

$$C = C_0 + C_1(1+i) + C_2(1+i)^2 + \cdots + C_{N-1}(1+i)^{N-1}, \tag{D.8}$$

もしくは

$$C = \sum_{k=0}^{N-1} C_k(1+i)^k, \tag{D.9}$$

ここで、支払いは各年末に行なわれると想定した。

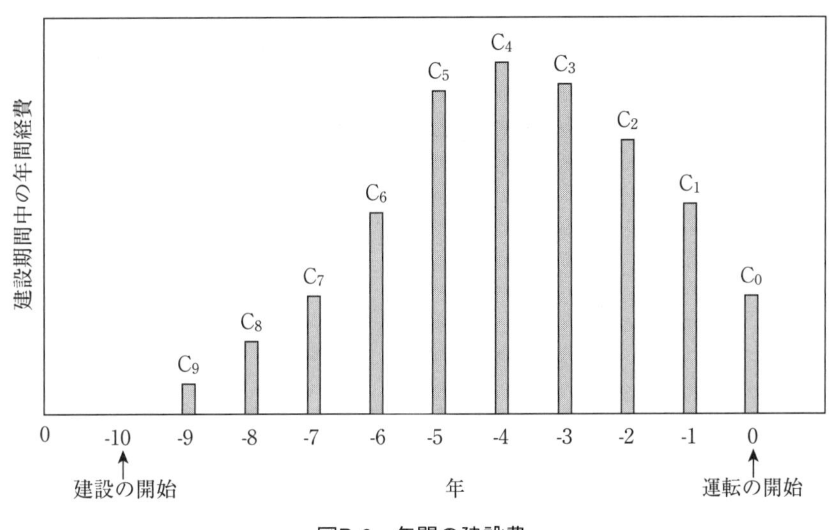

図D.6　年間の建設費

D.4.2　資本費投資の返済

発電所が建設された後は、当初の投資を返済するため、十分な収入を得る必要がある。簡単な例を対象に、回収必要額を計算する手法を考えてみよう。具体的なイメージを描くために、ここでは初期の投資を5,000ドルと設定する。年間の利子率を5%として、この投資を5年間で返済すると想定する。投資の返済にはいくつかの方法が考えられる。一つは、1,000ドルずつを5回支払って元金を返済する方法である。この場合、元金の返済に加えて、未払い残高の利子も毎年支払わねばならない。年末の支払い総額は、両者の合計であり、以下で与えられる。

$$k\text{年後の支払い} = \text{投資元金への支払い} + \text{貸付残高への利子}$$

$$= \frac{5000}{5} + 0.05\left[5000 - (k-1)\frac{5000}{5}\right]. \tag{D.10}$$

この支払い方法での年間支払い額を図D.7に併記している。貸付残高が減少するにつれて年間の支払い総額が減ることに留意されたい。

支払い額が減っていく上記のケースよりも一定額を支払う方が便利な場合もある。5,000ドルを利子率5%で5年間借りた場合、図D.8のように一定額ずつ元金を返済することもできる。ここで、年間の支払い額は一定であるものの、同時に利子への支払い額が減りつつ元金への支払い額が増えていくことに留意されたい。

毎年一定額の支払いが好まれることが多いため、この方法をより詳細に検討しよう。年間に1,155ドルを支払う、上述の例を再び考えてみる。年間のプロジェクトの経費は一定であり、これをC_uとする。元金と利子の双方に支払わねばならないため、毎回の支払い額であるC_uは、投資の返済（return

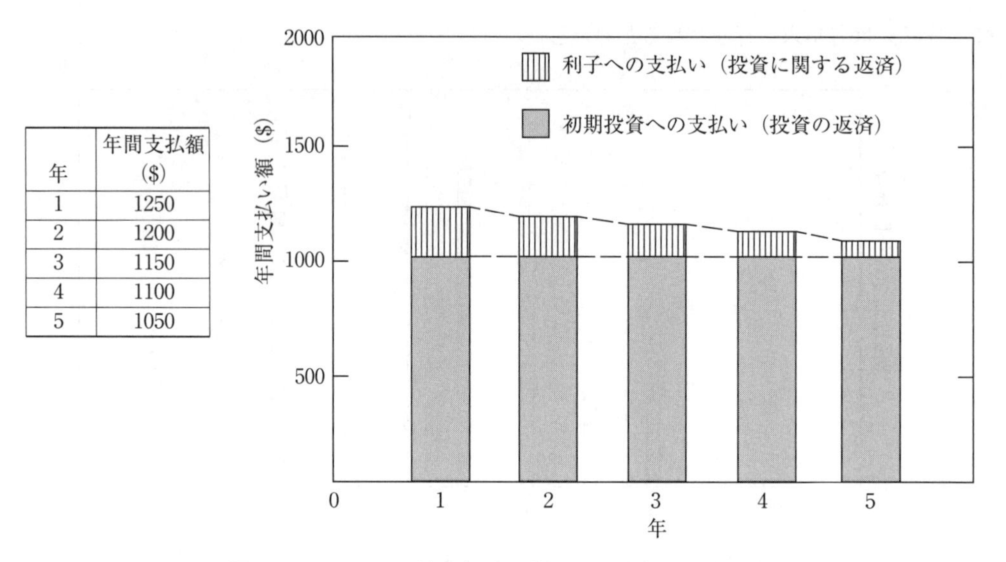

年	年間支払額 ($)
1	1250
2	1200
3	1150
4	1100
5	1050

図D.7　5000ドルの資本投資に対する元金等分返済方法

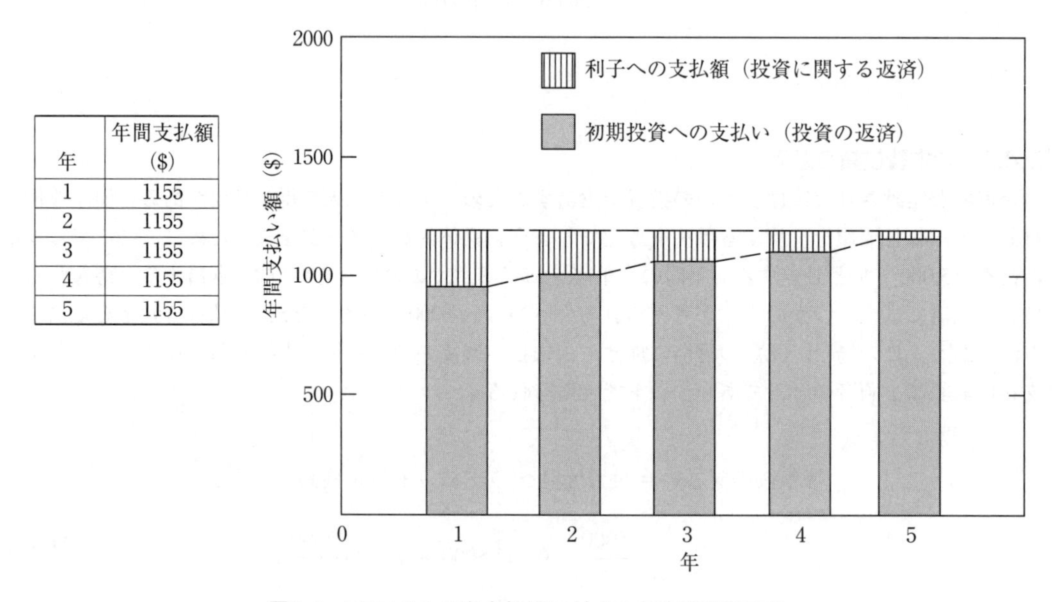

年	年間支払額 ($)
1	1155
2	1155
3	1155
4	1155
5	1155

図D.8　5000ドルの資本投資に対する年定額返済方法

of investment）と投資に関する返済（return *on* investment）[2]に分割される。元金と利子に分割される支払いの内訳を表D.1に示した。この表の数値は、D_kと表記されているk年次の負債総額（outstanding debt）から計算される。k年次の利子への支払いI_kは、$0.05 \times D_k$である。また元金P_kへの支払いは、

2　言い換えると、前者(return *of* investment)は「元金に対する返済額」、後者(return *on* investment)は「元金の利息に対する返済額」と表現できる。

$$P_k = C_u - I_k = C_u - 0.05 \times D_k. \tag{D.11}$$

で与えられる。結果として、k+1年次初めの負債総額は、

$$D_{k+1} = D_k - P_k = D_k - (C_u - 0.05 \times D_k), \tag{D.12}$$

となる。そして、負債総額D_{k+1}がゼロに減少するまで、毎年C_uを支払い続けねばならない。この場合、当初の資本費投資は5年後には完済される。

表D.1　年定額返済法での初期投資および利子への支払い

年 (k)	年初の未払い負債 (D_k)	利子への支払い (I_k=0.05×D_k)	初期投資への支払い (P_k= C_u−0.05×D_k)	年末の未払い負債 (D_{k+1})
1	5,000	250	905	4,095
2	4,095	205	950	3,145
3	3,145	157	998	2,147
4	2,147	108	1,047	1,100
5	1,100	55	1,100	0

この例では、毎年一定額の1,155ドルを支払うと、当初の資本費投資を5年間で全て返済することが確かめられる。しかしながら、この支払い額をどうやって最初に決めるかの方法は明らかではない。これは、貸し手の観点でこの問題を考えることによって解決できる。

貸し手が当初5,000ドルを貸したこと、それが毎年一定額を支払われることによって5年間で返済されることを思い出してほしい。貸し手は、金銭の時間的価値を考慮して、5年後には5,000(1.05)^{5}を要求するだろう。金銭を貸すことは、投資機会を先送りすることである。したがって、5年後の支払額C_uの現在価値は、5,000(1.05)^5、あるいは図D.9に示されるように、

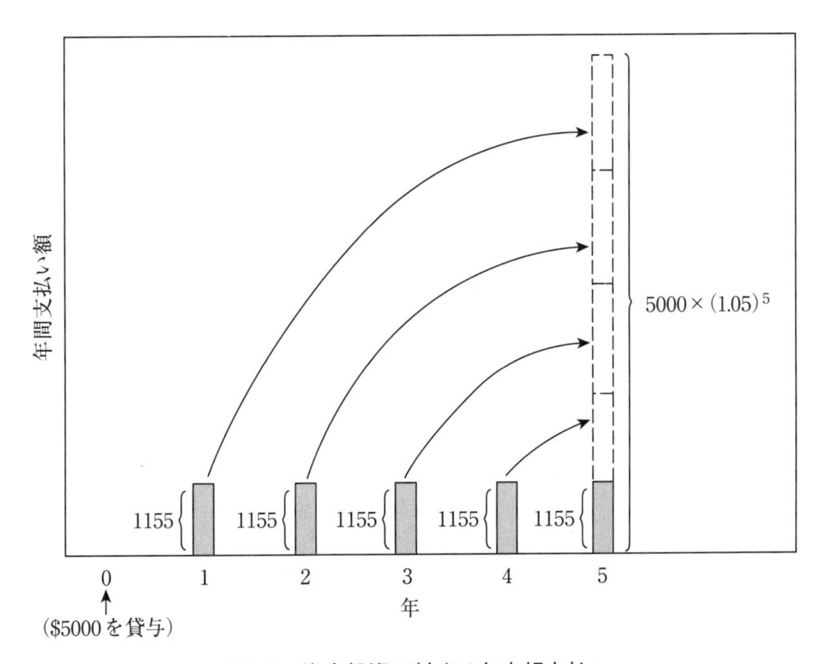

図D.9　資本投資に対する年定額支払い

$$5000(1.05)^5 = C_u + C_u(1.05) + C_u(1.05)^2 + C_u(1.05)^3 + C_u(1.05)^4. \tag{D.13}$$

でなければならない。これをC_uについて解くと、

$$5000 = \left(\frac{1}{(1+0.05)^5} + \frac{1}{(1+0.05)^4} + \frac{1}{(1+0.05)^3} + \frac{1}{(1+0.05)^2} + \frac{1}{(1+0.05)}\right) C_u \tag{D.14}$$

となり、結果的に年間の支払い額C_uは1,155ドルとなる。

より一般的に表現するならば、年間の利子率iでK年間一定額を支払うことで初期投資Cを返済する場合の式は、

$$C = \left[\frac{1}{(1+i)^K} + \frac{1}{(1+i)^{K-1}} + \cdots + \frac{1}{(1+i)^3} + \frac{1}{(1+i)^2} + \frac{1}{(1+i)}\right] \times C_u. \tag{D.15}$$

年間一定額の支払い額C_uについて解くと、

$$C_u = \frac{C}{\sum_{k=1}^{K} \frac{1}{(1+i)^k}}. \tag{D.16}$$

これを等比級数として見なすと、C_uは初等代数を用いて以下のように表される。

$$C_u = C \times \left[\frac{i \times (1+i)^K}{(1+i)^K - 1}\right]. \tag{D.17}$$

この式は、一般に、減債償還式（sinking-fund repayment equation）あるいは償却式（amortization equation）として知られている。

毎年の支払い額C_uは、プロジェクト費用を表すが、売電で得られる収入によって賄う必要がある。単位発電量当たりの料金（$/kWh）に発電された電力量（kWh）を掛けることで、収入（$）が求められる。ここで、資本費を賄うための発電電力量当たりの料金をL_{cap}、任意の年に産出された電力量をEとすると、

$$収入 = L_{cap} \times E. \tag{D.18}$$

もし$L_{cap} \times E = C_u$ならば、毎年の収入で費用を賄うことができる。したがって、資本費を賄うために十分な、一定のあるいは均等化された（levelized）電気料金は、

$$L_{cap} = \frac{C_u}{E}, \tag{D.19}$$

となり、ここで減債償還式を用いると、

$$L_{cap} = \frac{C}{E} \times \left[\frac{i \times (1+i)^K}{(1+i)^K - 1}\right]. \tag{D.20}$$

と表される。

D.4.3　資本投資に関する固定費

前節で、投資の返済額および投資に関する返済額を計算する手法を説明した。しかしながら、資産の保険、資産税、再調達原価（replacement cost）といった資本投資に関する、その他の年間経費がある。これらは、まとめて固定費として知られており、たいてい、元々の資本投資の一定パーセントとして表される。発電所が年数を重ねると資産価値は減少し、時間に伴ってこれらの年間費用も減っていく。しかしながら、単純化のため、ここでは発電所の寿命全体にわたって、当初の資本投資に対して一定割合fの固定費が必要になると考えることとする。

初期投資Cに対して、一定額の年間固定費は以下のように表される。

年間固定費$=f\times C$

fの値は、所在地、税体系、発電所の型式で変わるものであるが、原子力発電所に対して通常は5%が用いられる。年間の固定費はプロジェクト費用であり、売電で得られる収入で賄われる必要がある。ここで、固定費を賄うための単位発電量に対する均等化料金をL_{fc}、発電量をEとすれば、$L_{fc}\times E$は任意の年に集まる収入である。この収入で費用を賄うとき、

$$L_{fc}\times E=f\times C, \tag{D.21}$$

あるいは

$$L_{fc}=f\times C/E, \tag{D.22}$$

である。

D.4.4　資本投資に関する税

発電所が民間の電力会社に所有されている場合、資本費を賄うために集められた料金に対する税金が支払われなければならない。税法では、税額を決定する上で、収入から様々なコストを控除することを認めており、税額の計算は複雑である。控除できる費用は法によって決められるものであるが、原子力発電所に対する典型的な控除費用には、債券への利払いや、資本となる機器に関して認められる減価償却が含まれる。控除後の収入に対して税が支払われるため、その年の税の支払いは、収入の大きさを間接的に表わすものである。この収入には当初の資本投資を支払うために集められた金銭が含まれる。加えて、収入額は、この投資にともなう税の支払いに十分でなければならない。

$$\text{資本に対する税額}=\text{税率}\times（\text{収益}-\text{債券の利払い}-\text{原価償却費}） \tag{D.23}$$

既に述べたように、資本投資を賄うために要求される年間の収入は、$L_{cap}\times E$で与えられる。ここでL_{cap}は、投資の返済および投資に関する返済（the return of and the return on the investment）を賄うために必要となる、単位発電量当たりの均等化料金である。もし、税を賄うために十分な、単位発電量に対する均等化税額としてL_{ctax}を定義すると、資本投資と税の両者を賄うための年間収入は、

$$\text{収入}=\left(L_{cap}+L_{ctax}\right)\times E, \tag{D.24}$$

となる。ここで、L_{ctax}を定義したものの、まだそれを算出していないことに留意してほしい。

式（D.23）に示されているように、債券への利払いは控除されるコストである。一般的に、債券への利払いを正確に計算することは難しい。しかしながら、前節で導入した減債償還式（D.17）を用いれば正確に計算できる。この式により、プロジェクトの年間費用を計算することができる。この費用は、資本投資の返済および投資に関する返済を賄うために必要なものであり、後者の資本投資に関する返済には負債と資本の両者に対する支払いが含まれる。

負債のみへの利払いを計算するために、表D.1に示された例に戻ろう。その例にある利子の支払い総額は$0.05D_k$で与えられるので、債券への利払いは、

$$\text{債券への利払い} = \frac{i_b b}{i_b b + i_e e} \times 0.05 D_k. \tag{D.25}$$

同様に、資本への利払いは、

$$\text{資本への利払い} = \frac{i_e e}{i_b b + i_e e} \times 0.05 D_k. \tag{D.26}$$

したがって、もし負債と資本の利子率と双方の割合がわかれば、債券への利払いがどう推移するのかがわかる。これは前表で用いた例を使って、表D.2に示されている。債券利子は年々変化することに注意されたい。

表D.2　負債と資本に対する利子の支払い

年（k）	利子への支払い $0.05 \times D_k$	債券の利子への支払い $\frac{i_b b}{i_b b + i_e e} \times 0.05 \times D_k$	資本の利子への支払い $\frac{i_e e}{i_b b + i_e e} \times 0.05 \times D_k$
1	250	76	174
2	205	62	143
3	157	48	109
4	108	33	75
5	55	17	38
	$i_b b/(i_b b + i_e e) = 0.304$	$i_e e/(i_b b + i_e e) = 0.696$	

債券利子に加え、減価償却費も税支払い前に収入から控除される。合理的で矛盾のない多様な減価償却法が用いられるが、ここでは、広く用いられる定額法（straight-line method）と級数法（sum-of-years digits method）という2つの手法を取り上げる。定額法では、減価償却による控除額がプラント寿命を通じて一定になると想定する。もしCが初期資本投資を表すならば、Kはプラント寿命、$c\text{dep}_k$はk年における減価償却引当金（depreciation allowance）である。

$$c\text{dep}_k = \frac{C}{K}. \tag{D.27}$$

一方、級数法では、プラント寿命初期に最大の減価償却が行われ、時間が経過するにつれて減価償却の控除額が減っていくと想定される。この場合、k年に認められる減価償却引当金は、式（D.28）で与えられる。

$$c\mathrm{dep}_k = \frac{C\,(K+1-k)}{\sum_{j=1}^{K} j}. \tag{D.28}$$

これら2つの資本費の減価償却方法による減価償却引当金は、図D.10で示される。級数法は、プロジェクト初期に税額を減らすことができるために好まれる。しかしながら、プロジェクト寿命全体を通してみると、双方の手法で同額を減価償却している。級数法の利点は、税を支払わないことではなく、税の支払い方を変化させることにある。

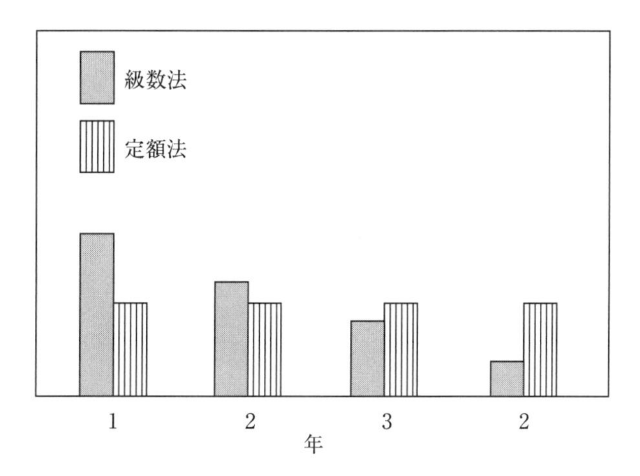

図D.10　定額法と級数法を用いた減価償却の比較

プラント寿命を通じて債券利子支払い金と減価償却引当金の双方が変化するため、税の支払いも変化することは明らかである。したがって、資本にかかる税を賄うために必要な収入も年ごとに変化する。しかしながら、資本にかかる税を賄うため、長期間にわたって支払われる均等化した電気料金を計算することは、変わらず望ましいことである。これは、金銭の時間的価値を定める費用と収入を等式で結ぶ、経済学の基本式を用いて計算される。これは以下の式のように表される。

$$\sum_{k=1}^{K} \frac{\mathrm{Exp}_k}{(1+i)^k} = \sum_{k=1}^{K} \frac{\mathrm{Rev}_k}{(1+i)^k} \tag{D.29}$$

ここで、Exp_kは、k年における費用であり、Rev_kはその費用を賄うため、k年に割当てられる収入である。k年の収入は、その年の支出と厳密に一致させる必要がないことに留意してほしい。それよりも、金銭は時間的価値を持っているので、収入の現在価値の合計を支出の現在価値の合計に等しくすればよい。

この経済学上の基本的な等価性を踏まえ、様々な税支出を想定し、それらを賄うために必要な収入を求めてみよう。k年における税支出を与える式（D.23）を想い出すと、

$$\mathrm{Exp}_k = t \times \left[\left(L_{\mathrm{cap}} + L_{c\mathrm{tax}}\right) \times E - c\mathrm{bin}_k - c\mathrm{dep}_k\right] \tag{D.30}$$

と表され、ここでtは税率、$(L_{\mathrm{cap}}{+}L_{\mathrm{tax}}){\times}E$は資本投資と税を賄うための収入である。また$k$年の債券利

子（bond interest）を$c\mathrm{bin}_k$、k年の減価償却引当金を$c\mathrm{dep}_k$としている。

税の支出は毎年変化するが、単位電力当たりで均等化した料金はどの年でも$L_{\mathrm{ctax}} \times E$という収入を生じる。この収入の現在価値は、プラント寿命を通じた税支出を賄うために十分でなければならない。あるいは、数式の形では、

$$\sum_{k=1}^{K} \frac{t \times \left[\left(L_{\mathrm{cap}} + L_{\mathrm{ctax}}\right) \times E - c\mathrm{bin}_k - c\mathrm{dep}_k\right]}{(1+i)^k} = \sum_{k=1}^{K} \frac{L_{\mathrm{ctax}} \times E}{(1+i)^k}. \tag{D.31}$$

これにより、L_{ctax}を賄うための、均等化した電気料金について解くことができる。その結果L_{ctax}は、

$$L_{\mathrm{ctax}} = \frac{t}{1-t} \frac{\displaystyle\sum_{k=1}^{K} \frac{L_{\mathrm{cap}} \times E - c\mathrm{bin}_k - c\mathrm{dep}_k}{(1+i)^k}}{\displaystyle E \times \sum_{k=1}^{K} \frac{1}{(1+i)^k}}. \tag{D.32}$$

税に対する複雑な式は評価が困難であるが、以下の通り、債券利子項を分離するように書き直すといくらか簡単になる。

$$L_{\mathrm{ctax}} = \frac{t}{1-t} \left[\frac{\displaystyle\sum_{k=1}^{K} \frac{L_{\mathrm{cap}} \times E - c\mathrm{dep}_k}{(1+i)^k}}{\displaystyle E \times \sum_{k=1}^{K} \frac{1}{(1+i)^k}}\right] - \frac{t}{1-t} \left[\frac{\displaystyle\sum_{k=1}^{K} \frac{c\mathrm{bin}_k}{(1+i)^k}}{\displaystyle E \times \sum_{k=1}^{K} \frac{1}{(1+i)^k}}\right]. \tag{D.33}$$

ここで、単純化のため、減価償却引当金を毎年一定額とするという仮定をおくならば、$L_{cap} \times E - c\mathrm{dep}_k$もまた一定額となる。この場合、第1項の総和は約分され、

$$L_{\mathrm{ctax}} = \frac{t}{1-t} \frac{\left(L_{\mathrm{cap}} \times E - c\mathrm{dep}\right)}{E} - \frac{t}{1-t} \left[\frac{\displaystyle\sum_{k=1}^{K} \frac{c\mathrm{bin}_k}{(1+i)^k}}{\displaystyle E \times \sum_{k=1}^{K} \frac{1}{(1+i)^k}}\right]. \tag{D.34}$$

次に、債券の利子項を評価する手法について説明する。債券利払いは年によって変化するので、それは総和を取っても約分されないことになる。しかしながら、資本投資の返済の基本原則に基づき、債券への利払いの現在価値の総和については比較的簡単に表すことができる。

資本投資は、年間支払い額C_uとして一定額が支払われること、そして、その額は減債償還式を用いて算出されることを想い出してほしい。年間の支払い額は、元金と利子に分割され、k年には、

$$\begin{aligned} C_u &= P_k + I_k, \\ P_k &= C_u - I_k. \end{aligned} \tag{D.35}$$

また、未払いの負債についての回帰関係により、D_kは、

$$D_{k+1} = D_k - P_k. \tag{D.36}$$

これらを用いて毎年のD_k、I_k、P_kが計算できる。初年度の未払の負債が初期投資Cであることに留意すると、

$$P_1 = C_u - I_1 = C_u - iC, \tag{D.37}$$

そして

$$D_2 = D_1 - P_1 = C - (C_u - iC) = C(1+i) - C_u. \tag{D.38}$$

この一連の計算は、表D.3に示すように2年目、3年目へと適用でき、さらにその後のプラント寿命までの毎年繰り返すことができる。k年の初期投資に対する支払いは、毎年の支払いC_uと初期投資Cの項を用いて、以下のように表される。

$$P_k = C_u(1+i)^{k-1} - iC(1+i)^{k-1}.$$

よって、k年における利払い総額は次のように表すことができる。

$$\begin{aligned} I_k &= C_u - P_k \\ &= C_u - C_u(1+i)^{k-1} + iC(1+i)^{k-1}. \end{aligned} \tag{D.39}$$

債券利子への支払いの割合は、以下で与えられる。

$$\begin{aligned} c\mathrm{bin}_k &= \frac{bi_b}{i} I_k \\ &= \frac{bi_b}{i}\left[C_u - C_u(1+i)^{k-1} + iC(1+i)^{k-1}\right]. \end{aligned} \tag{D.40}$$

続いて、$c\mathrm{bin}_k$についてのこの式を用いて、債券への利払いの現在価値の総和を表す簡単な式を求めることができる。

表D.3　初期投資と利子に対する年間の支払い額の計算

		年			
		1	2	3	4
年初の未払い負債	D_k	C	$C(1+i)-C_u$	$C(1+i)^2 - C_u(2+i)$	−
利子への年間支払い	$I_k = iD_k$	iC	$iC(1+i) - iC_u$	$iC(1+i)^2 - iC_u(2+i)$	−
初期投資への年間支払い	$P_k = C_u - I_k$	$C_u - iC$	$C_u(1+i) - iC(1+i)$	$C_u(1+i)^2 - iC(1+i)^2$	$C_u(1+i)^{k-1} - iC(1+i)^{k-1}$
年末の未払い負債	$D_{k+1} = D_k - P_k$	$C(1+i) - C_u$	$C(1+i)^2 - C_u(2+i)$	$C(1+i)^3 - C_u[(1+i)^2 + (2+i)]$	−

$$\sum_{k=1}^{K} \frac{\text{cbin}_k}{(1+i)^k} = \sum_{k=1}^{K} \frac{bi_b}{i} \frac{\left[C_u - C_u(1+i)^{k-1} + iC(1+i)^{k-1}\right]}{(1+i)^k}$$
$$= \sum_{k=1}^{K} \frac{bi_b}{i} \left[\frac{C_u}{(1+i)^k} - \frac{C_u}{(1+i)} + \frac{iC}{(1+i)}\right] \tag{D.41}$$
$$= \frac{bi_b}{i} \left[C - \frac{KC_u}{(1+i)} + \frac{KiC}{(1+i)}\right].$$

以下のL_{ctax}の式を得るため、これを式（D.34）に代入すると、

$$L_{\text{ctax}} = \frac{t}{1-t} \frac{\left(L_{\text{cap}} \times E - c\text{dep}\right)}{E} - \frac{\left(\frac{t}{1-t}\right)\left(\frac{bi_b}{i}\right)\left[C - \frac{KC_u}{(1+i)} + \frac{KiC}{(1+i)}\right]}{E\left[\frac{(1+i)^K - 1}{i \times (1+i)^K}\right]}. \tag{D.42}$$

以上、資本に関する全支出を賄うために必要な、3種類の料金（下記）を算出する式について解説した。

L_{cap}：　資本投資に関する利子および資本投資を支払うために必要な均等化した電気料金
L_{fc}：　資産税や保険といった固定費を支払うために必要な均等化した電気料金
L_{ctax}：　資本投資に関連する税を支払うために必要な均等化した電気料金

D.5 燃料サイクル費

……[科学の]巨大な力は、その正確な予測能力にある。手探りは最小限でしかない。試行錯誤という方法は、人類の生活の初期段階では、全く知られないほどに少なかった。科学の原理を適用して新たな航空機を設計する航空技術者は、計画段階であっても、その航空機が飛ぶことだけでなく、その性能についてもかなりの程度の正確さで予測できる。………[科学的]予測の価値は、我々が将来を見られるようにすることではなく、未来のない道筋を選ばないよう除外することを可能とする点にある。科学的方法とは、我々が遠く的外れな彼方を眺めることを支援するのではなく、我々が行きたい場所へと導く合理的な機会のある方向に進路を限定して、人間の努力を方向付けるものである。………利益を導く道筋を見極める能力が、科学をこれほどまでに成功させた「労力の節約」（economy of effort）をもたらすのである。

クルト・メンデルスゾーン「西洋の世界制覇」より

発電所の燃料費を正確に評価する能力は、しばしばプロジェクトの成功を左右する。増加し続ける燃料費に直面する運命にある発電所は、将来のない道を進んでいると思われるかもしれない。実際、産業の進んだ国の経済を健全に保てるか否かは、そのような道を如何に特定し回避できるかに依存する。この意味においては、原子力は燃料費が安定しているため、相対的には魅力的な発電手段といえよう。

しかし原子力の燃料費の評価は複雑である。それは、核燃料サイクルが、異なった時点で行われる多くのプロセスから構成されているためである。図D.11に軽水炉や高速炉に対する核燃料サイクルの構成を示す。ここで、原子炉内で熱を生み出す燃料要素、もしくは燃料集合体について考えてみる。燃料要素は炉内での使用に先立ち、核分裂性物質の購入や燃料ピンへの加工といった、準備プロ

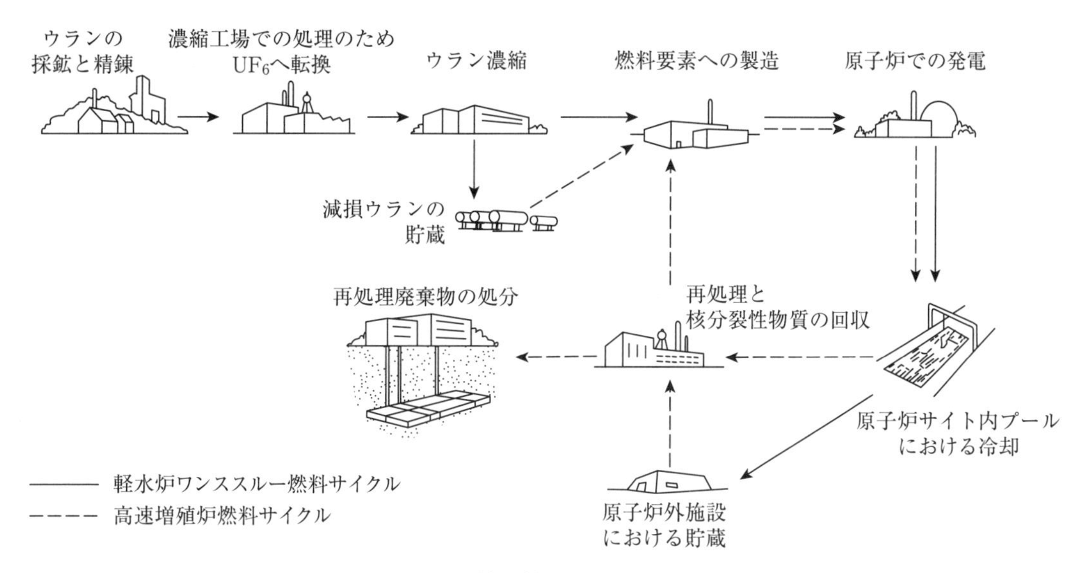

図D.11　核燃料サイクル

セスを必要とする。核燃料の準備に必要な時間、すなわち炉内装荷までの先行時間（lead time）は、一般的には約1年である。1バッチ分の燃料を構成する多くの燃料要素は、一旦炉に装荷されると何年間も炉内に滞在しエネルギーを発生する。典型的な軽水炉や高速炉のケースでは、燃料要素が炉心内に滞在する期間は2年から6年程度である。通常は1年～2年毎に、照射済みの燃料バッチを取出し、新しい燃料バッチを装荷するという燃料交換作業が発生する。照射された燃料要素は、サイト内の使用済燃料冷却プール（cooling basin）に最低1年以上置かれ、その後、貯蔵施設（storage site）あるいは再処理施設に輸送される。再処理される場合は、残存する核分裂性物質が抽出され、他の炉あるいは同じ炉で再び利用される。再処理の結果出てくる廃棄物は、その後永久に貯蔵（処分）される。原子炉から取出した後、再処理あるいは最終処分（ultimate disposal）を行うまでの時間は遅滞時間（lag time）と表現される。

D.5.1　燃料 1 バッチ当たりの直接費

原子力発電所の運転中に発生する燃料費の計算では、通常、1バッチ分の燃料にかかる全ての費用を考慮する。何年かの期間を通じて発生する費用、つまり1バッチ分の燃料を準備し、処分するまでに必要な全ての費用を考えてみよう。典型的な軽水炉では、炉内滞在期間（residence time）が3年から6年、そして先行時間と遅滞時間がそれぞれ1年あり、合計で5年から8年の期間にわたって燃料費が生じる。したがって、燃料に関して生じる支出費用の発生時期や、収入の発生する時期を、共に考慮する必要がある。典型的な燃料バッチの例として、炉内滞在期間が3年のときの費用発生時期を図D.12に示す。この図でFは、炉内に装荷される前の燃料の準備にかかる全てのフロントエンドコスト（front-end cost）を表す。これには、ウラン購入、濃縮、燃料製造の費用が含まれる。同様に、Bは、炉から取り出された後の燃料の処分に関するバックエンドコスト（back-end cost）を表す。これには、使用済燃料の輸送、永久貯蔵（permanent storage）あるいは再処理の費用が含まれる。それぞれの費用の発生時期を図D.13に示す。

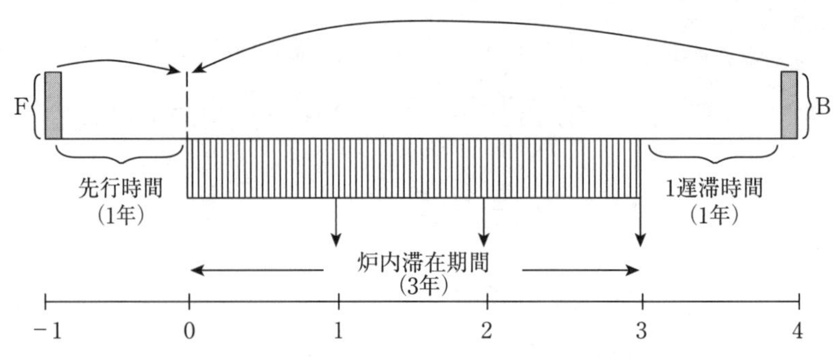

図D.12　典型的な燃料バッチの費用発生時期

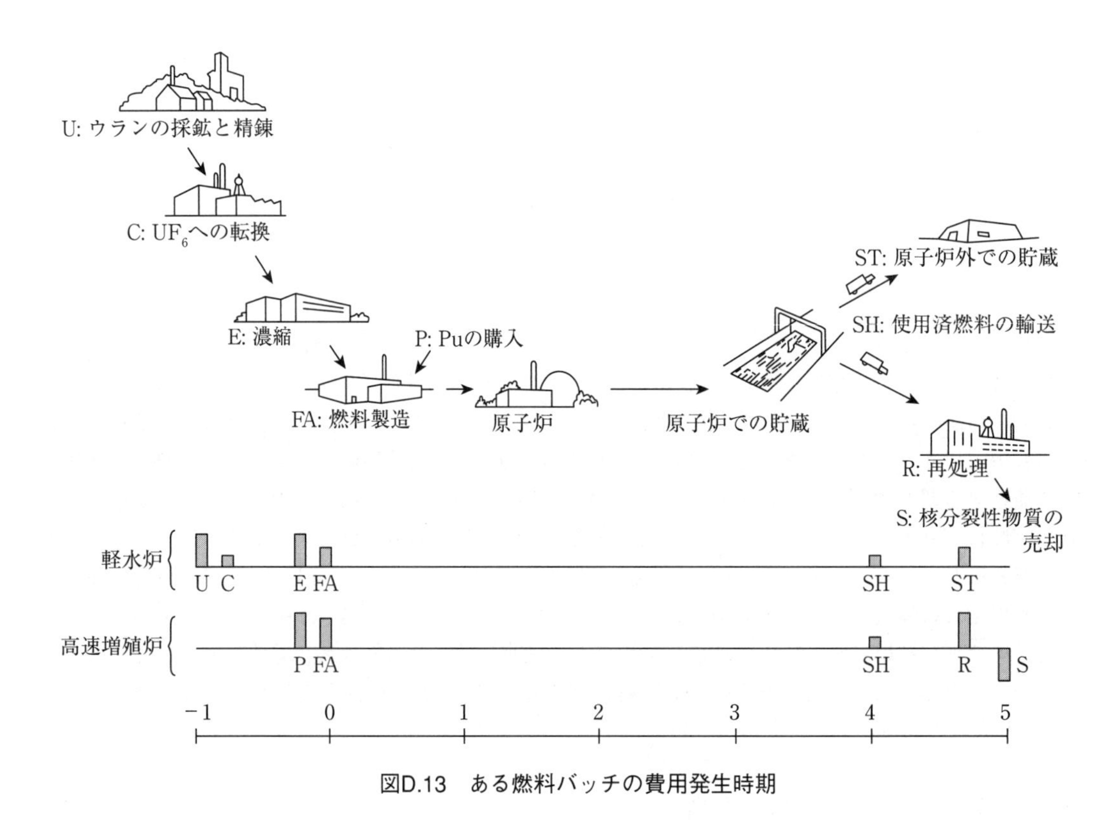

図D.13　ある燃料バッチの費用発生時期

各燃料バッチは、燃料費を賄うために十分な収入を生まねばならない。毎年、原子炉全体で生産される全エネルギーの一部を、1バッチの燃料が生産する。例えば、3バッチ構成の原子炉の場合、1バッチ分の燃料は、全エネルギー生産のおおよそ3分の1を毎年生産する。全エネルギー生産量の内のこの割合を賄うために必要な、均等化された電力料金を計算することは可能である。均等化料金は、次の計算を行うことで得られる。

(1) 最初に、毎年その燃料バッチに関連して生じる全ての収入と支出費用を同定する。その収入は、当然ながら、そのバッチで生産した電力量に課された電気料金に依存する。

(2) 第二に、その燃料バッチが原子炉内に装荷される時期を参照時点として設定し、全ての支出費用の現在価値を算出する。同様に全ての収入の現在価値を算出する。参照時点の設定は任意だが、発電開始時期を起点とすると便利であることが多い。
(3) 次に、収入の現在価値の合計と費用の現在価値の合計を等号で結ぶ。
(4) 最後に、その燃料バッチにかかる費用を賄うための、均等化した電気料金を表す式を解く。

燃料バッチ数がNである原子炉を考えよう。各バッチの燃料がN年間炉内に滞在するとし、先行時間をld、遅滞時間をlgとする。また、各バッチの燃料は、原子炉が生産する全エネルギーの一定比率分を毎年生産すると想定しよう。ある燃料バッチにかかる費用を賄うために必要な均等化電力料金をL_bと定義すれば、毎年の電気の売り上げから得られる収入は、L_bE/Nとなるだろう。ここで、図D.14に示されるように、収入の現在価値と支出の現在価値を等号で結ぶと、

$$\frac{L_b\,E/N}{(1+i)}+\frac{L_b\,E/N}{(1+i)^2}+\cdots+\frac{L_b\,E/N}{(1+i)^N}=F(1+i)^{ld}+\frac{B}{(1+i)^{lg+N}}. \tag{D.43}$$

続いて、これを燃料バッチにかかる費用を賄うために必要な均等化電気料金L_bについて解くと、

$$L_b=\frac{F(1+i)^{ld}+\dfrac{B}{(1+i)^{lg+N}}}{\dfrac{E}{N}\left[\dfrac{1}{(1+i)}+\dfrac{1}{(1+i)^2}+\cdots+\dfrac{1}{(1+i)^N}\right]}. \tag{D.44}$$

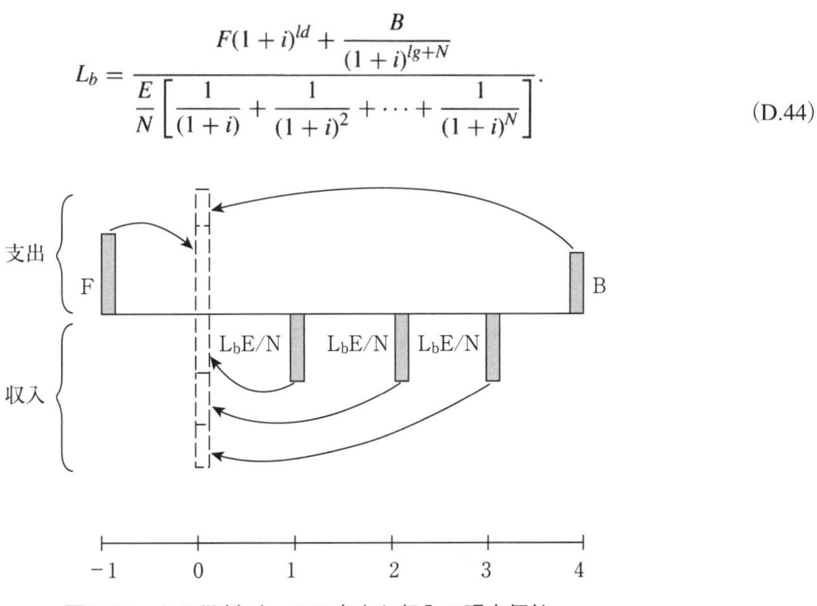

図D.14　ある燃料バッチの支出と収入の現在価値

D.5.2　燃料 1 バッチに関する税

いくつかの原子力発電所では、燃料費を運転費ではなく資本投資として考慮することが、税法上要請されている。この場合、燃料に関する税を賄うための追加収入が得られなければならない。1バッチの燃料にかかる税を賄うための均等化電気料金をL_{btax}と表すと、毎年のバッチに関する直接費と税の双方を賄うために必要な電気収入は（L_b+L_{btax}）E/Nとなる。続いて、収入と費用の現在価値を等号で結び、当該バッチによるエネルギー生産開始時点の価値に換算した税金総額をTとすると、

$$\frac{(L_b + L_{btax})\,E/N}{(1+i)} + \frac{(L_b + L_{btax})\,E/N}{(1+i)^2} + \cdots + \frac{(L_b + L_{btax})\,E/N}{(1+i)^N}$$
$$= F(1+i)^{ld} + \frac{B}{(1+i)^{lg+N}} + T. \tag{D.45}$$

式（D.45）から式（D.43）を差し引くと、

$$L_{btax}\,E/N\left[\frac{1}{(1+i)} + \frac{1}{(1+i)^2} + \cdots + \frac{1}{(1+i)^N}\right] = T. \tag{D.46}$$

続いて、支払う税の現在価値Tを算出する。税の現在価値Tは、(1) 税は収入に対して支払われること、(2) 収入は税を支払う前の償却によって減額されること、を考慮して算出される。したがって、税率をt、単年度の減価償却引当金をDと表すとすると、支払う税の現在価値は、

$$\begin{aligned} T &= t(\text{収入} - \text{減価償却}) \\ &= t\left[\frac{\{(L_b + L_{btax})\,E/N\} - D}{(1+i)} + \frac{\{(L_b + L_{btax})\,E/N\} - D}{(1+i)^2} \right. \\ &\quad \left. + \cdots + \frac{\{(L_b + L_{btax})\,E/N\} - D}{(1+i)^N}\right] \end{aligned} \tag{D.47}$$

ここで、(L_b+L_{btax}) E/Nは、任意の年に生じる収入である。この式の項を整理すると、

$$T = t\left[\{(L_b + L_{btax})\,E/N\} - D\right]\left[\frac{1}{(1+i)} + \frac{1}{(1+i)^2} + \cdots + \frac{1}{(1+i)^N}\right]. \tag{D.48}$$

式（D.46）では、税を支払うために必要な収入を、支払う税の現在価値と等しくしたことを思い出そう。式（D.48）の税支出Tの現在価値を式（D.46）に代入すると、

$$\begin{aligned} L_{btax}\,E/N\left[\frac{1}{(1+i)} + \frac{1}{(1+i)^2} + \cdots + \frac{1}{(1+i)^N}\right] = T. \\ = t\left[\{(L_b + L_{btax})\,E/N\} - D\right]\left[\frac{1}{(1+i)} + \frac{1}{(1+i)^2} + \cdots + \frac{1}{(1+i)^N}\right]. \end{aligned} \tag{D.49}$$

この式をL_{btax}について解くと、

$$L_{btax}\,E/N = t\left[\{(L_b + L_{btax})\,E/N\} - D\right], \tag{D.50}$$

もしくは、

$$L_{btax} = \frac{t}{1-t}\left(L_b - DN/E\right). \tag{D.51}$$

以上より、燃料1バッチに関する税を賄うために必要な均等化電気料金を、L_bとDの項を用いて表現することができた。式（D.44）の通り、1バッチにかかる直接費を賄うために必要な均等化料金L_bを以前に算出している。続いて減価償却引当金Dも算出しなければならない。

燃料1バッチに対する減価償却引当金は、任意の年にそのバッチにより生産されるエネルギー量に直接比例すると想定されることが多い。1バッチはN年間の炉内滞在期間を通じてエネルギー量Eを生産する。どの年にも同じ量のエネルギーE/Nを生産すると想定すると、ある年に収入から控除される減価償却費は、

$$D = \mathrm{Dep}\left(E/N\right)/E, \tag{D.52}$$

$$= \mathrm{Dep}/N, \tag{D.53}$$

となる。ここでDepは減価償却引当金の合計である。この方法は、しばしば生産高比例法（unit of production method）と呼ばれる。

Depの値は、その時点の税法に基づくため、時代によって変化し得る。現在では、1バッチに関する全ての直接費を償却できる。しかしながら、金銭の時間的価値を考慮して減価償却費を算出する場合には、非常に注意深く扱う必要がある。現在では、金銭の時間的価値は操業前あるいは操業後に発生する費用の価値を定めるときにのみ考慮される。図D.15に示されるように、共通の参照時点に対する全費用の現在価値として用いることはできない。

この手法では、

$$\mathrm{Dep} = F(1+i)^{ld} + \frac{B}{(1+i)^{lg}} \tag{D.54}$$

となる。

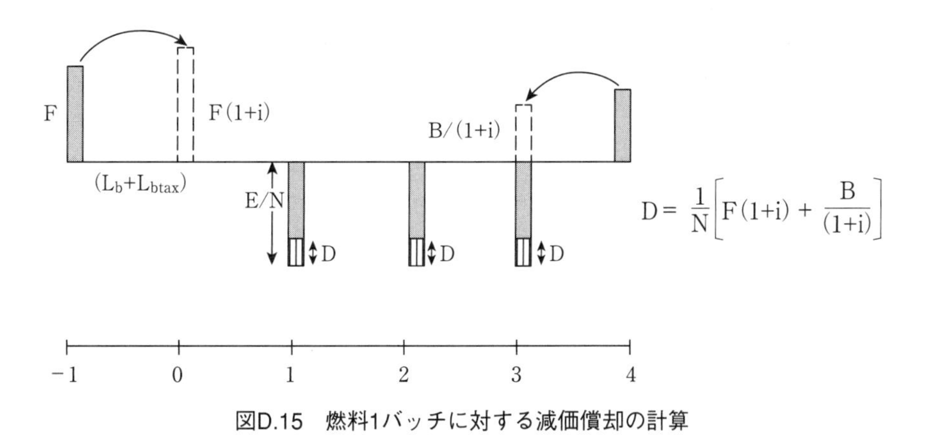

図D.15　燃料1バッチに対する減価償却の計算

ここで、L_{btax}を求めるために、式（D.51）のL_bに対して式（D.44）を、Dに対して式（D.53）と式（D.54）を代入すると、

$$L_{btax} = \frac{t}{1-t}\left[\frac{F(1+i)^{ld} + \dfrac{B}{(1+i)^{lg+N}}}{\dfrac{E}{N}\left[\dfrac{1}{(1+i)} + \dfrac{1}{(1+i)^2} + \cdots + \dfrac{1}{(1+i)^N}\right]} - \frac{\left(F(1+i)^{ld} + \dfrac{B}{(1+i)^{lg}}\right)}{E}\right]. \tag{D.55}$$

ここまでに、燃料費を賄うために必要な2種類の電気料金について説明した。それらは、

L_b： 燃料バッチにかかる直接費を賄うために必要な均等化した電気料金
L_{btax}： 燃料バッチに関する税を賄うために必要な均等化した電気料金

であり、1燃料バッチにかかる全ての費用を賄うために必要な、均等化した電気料金はL_b+L_{btax}となる。

D.5.3 燃料費を賄うための均等化した料金

典型的な単一バッチに対して均等化した電気料金の算出は、設計解析においては最初に必要となることである。しかしながら、均等化料金はバッチごとに変化する。特に初期炉心および末期炉心を構成するバッチは、平衡バッチとは異なるものである。もし、炉寿命にわたって平均の電気料金を算出したいのならば、全てのバッチが考慮されねばならない。全てのバッチに対する全ての費用を賄うために必要な均等化電気料金をL_{fuel}と定義しよう。そして、図16に示すように、全てのバッチからの収入を、それぞれのバッチからの収入の総和と等しいと置くと、

バッチ数 (m)	バッチ発電を開始した年 (bp＝m－N)
1	0
2	0
3	0
4	1
5	2
6	3
7	4
8	5
·	·
·	·
·	·
·	·

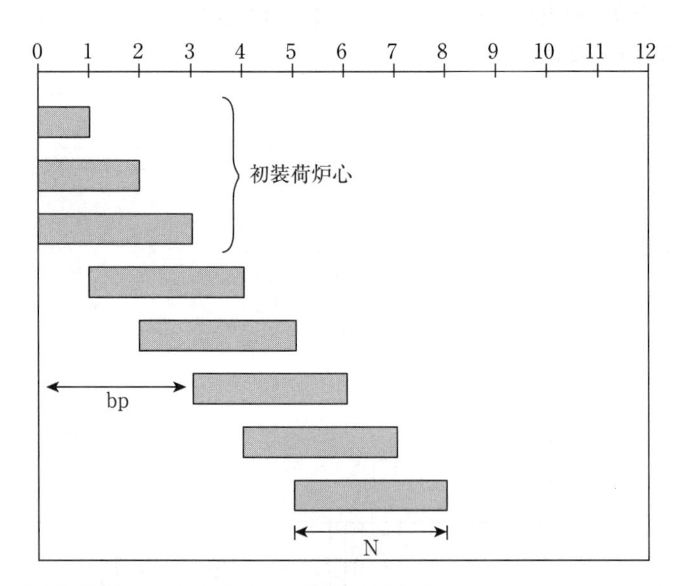

図D.16 全ての燃料バッチを考慮した燃料費の計算

$$\sum_{m=1}^{M}\left[\left(\sum_{n=1}^{N} L_{fuel}\frac{\mathrm{E}_{mn}}{(1+i)^n}\right)\frac{1}{(1+i)^{bp}}\right] = \sum_{m=1}^{M}\left[\left(\sum_{n=1}^{N}(L_b + L_{btax})_m\,\mathrm{E}_{mn}\frac{1}{(1+i)^n}\right)\frac{1}{(1+i)^{bp}}\right], \tag{D.56}$$

ここで、Mはバッチ数であり、E_{mn}は炉内滞在年nにおけるバッチmにより発生したエネルギー量、そしてb_pはあるバッチが発電を開始した時点である。L_{fuel}について解くと式（D.57）を得る。

$$L_{\text{fuel}} = \frac{\sum_{m=1}^{M}\left[\left(\sum_{n=1}^{N}(L_b + L_{b\text{tax}})_m \mathrm{E}_{mn}\frac{1}{(1+i)^n}\right)\frac{1}{(1+i)^{b_P}}\right]}{\sum_{m=1}^{M}\left[\left(\sum_{n=1}^{N}\frac{\mathrm{E}_{mn}}{(1+i)^n}\right)\frac{1}{(1+i)^{b_P}}\right]}. \tag{D.57}$$

D.6　総発電コスト

資本費、燃料費、運転維持費（operating and maintenance expenditure）を賄うために必要な均等化した電気料金の総額は、以下のように表される。

$$L_{\text{total}} = L_{\text{ctot}} + L_{b\text{tot}} + L_{om}$$

ここで、

$$L_{\text{ctot}} = L_{\text{cap}} + L_{\text{ctax}} + L_{fc}$$

$$L_{b\text{tot}} = L_b + L_{b\text{tax}}$$

そしてL_{om}は、運転維持費を賄うために必要な均等化料金である。

D.7　経済性評価パラメータの例

数字には、2つの重要な特徴がある。多くを語ること、そして、正確そうに見えることである。両方の面において、明白な利点と、それと裏腹に、真の欠点がある。数字は、詳細な議論なしに多くを語りすぎるため、理解不能となる。議論が終わると、実質的なことは、数字の中ではなくむしろ言葉の中にあり、数字は議論を想い出すためのヒントに過ぎなくなる。数字は正確過ぎるものでもある。未来においても、こうした正確さには決して到達できないことが問題である。

エドワード・テラー　「天と地からのエネルギー」より

不幸なことに、ある例を示すことにも、数字がもつ全ての特徴（すなわち利点と欠点）が含まれる。ある例示では、①情報を非常に効率的に伝える力があるが、その一方で、②実際の状況が保証し得る以上にあたかも正確であるように見えることも事実である。このことを念頭に置き、ここでは賢明な読者に②の問題を回避していただくことを前提に、①の利点を活用することを試みる。

以下の例に用いた入力値は、1980年代の状況下における代表値である。当然ながら、そのような数値は時代とともに変化するものである。例えば、この本を書いている時点では、軽水炉の寿命を60年、発電所の設備利用率を90%程度、燃料交換間隔を1.5年から2年等と想定することは妥当といえるが、これらは変化し得る数値である。加えて、以下に記されている例は高速増殖炉（FBR）を対象としている。「燃焼炉」型式の高速炉と「増殖炉」型式の高速炉とでは、それぞれの役割が異なるために、それに付随する燃料サイクルの経済性も異なる。したがって、読者は、以下に続く数値例は単に式の使い方を説明するために用いる数字であることに留意すべきである。根拠ある正しい入力値を用いることで、これらの式を利用することができる。

D.7.1 炉特性

		軽水炉(ワンススルーサイクル)	酸化物燃料高速増殖炉(均質炉心)		
出力(MWe)		1,300	1,000		
設備利用率(%)		70	70		
燃料交換間隔(年)		1	1		
炉寿命(年)		30	30		
先行/遅滞時間(年)		1	1		
			炉心	軸方向ブランケット	径方向ブランケット
バッチ数		3	2	2	5
ウラン需要量※(ショートトンU_3O_8/年)		240	0	0	0
分離作業量※(10^3 kgSWU/年)		145	0	0	0
プルトニウム (kg/年)	装荷	0	1,480	0	0
	取り出し	215	1,410	160	135
重金属 (kg/年)	装荷	33,300	12,600	9,360	8,480
	取り出し	31,500	11,600	9,150	8,290

※濃縮テイルは0.2%

D.7.2 経済性パラメータ

債券割合	0.55
資本割合	0.45
インフレ無し債券利子率	0.025
インフレ無し株式利子率	0.07
資本費の固定費率	0.03

		軽水炉(ワンススルーサイクル)	酸化物燃料高速増殖炉(均質炉心)		
税率		0.50	0.50		
U_3O_8($/lb)		40			
濃縮($/SWU)		100			
プルトニウム価格($/g)			30		
プラントの資本費※($/kWe)		800	1,000		
運転維持費($/kWe・yr)	固定費	13	17		
	変動費	1	1		
			炉心	軸方向ブランケット	径方向ブランケット
燃料製造($/kg)		150	1,150	50	150
使用済燃料の輸送と処分($/kg)		150	−	−	−
再処理($/kg)(輸送と廃棄物処分を含む)		−	600	600	600

※建設中利子を含む

D.7.3　実効利子率

$$
\begin{aligned}
i &= (b \times i_b) + (e \times i_e) \\
&= (0.55 \times 0.025) + (0.45 \times 0.07) \\
&= 0.045\ \$/\$ \cdot \mathrm{yr}.
\end{aligned}
$$

D.7.4　投資の返済と投資に関する返済

$$
\begin{aligned}
C_u &= C \times \left[\frac{i \times (1+i)^K}{(1+i)^K - 1} \right], \\
L_{\mathrm{cap}} &= \frac{C_u}{E}.
\end{aligned}
$$

軽水炉

$$
\begin{aligned}
C(\mathrm{LWR}) &= 800\ \$/\mathrm{kWe} \times 1300 \times 10^3 \mathrm{kWe} \\
&= 1.04 \times 10^9 \$ \\
C_u(\mathrm{LWR}) &= 1.04 \times 10^9\ \$ \times \left[\frac{0.045 \times (1.045)^{30}}{(1.045)^{30} - 1} \right] \$/\$ \cdot \mathrm{yr} \\
&= 1.04 \times 10^9 \$ \times 0.061\ \$/\$ \cdot \mathrm{yr} = 6.4 \times 10^7\ \$/\mathrm{yr} \\
E(\mathrm{LWR}) &= 1300 \times 10^3 \mathrm{kWe} \times 0.70 \times 8760\ \mathrm{hr/yr} \\
&= 8.0 \times 10^9 \mathrm{kWh/yr} \\
L_{\mathrm{cap}}(\mathrm{LWR}) &= \frac{6.4 \times 10^7\ \$/\mathrm{yr} \times 10^3 \mathrm{mills}/\$}{8.0 \times 10^9 \mathrm{kWh/yr}} \\
&= 8.0\ \mathrm{mills/kWh}.
\end{aligned}
$$

mill: 貨幣の計算単位で1/1000 $を表す。

高速増殖炉

$$
\begin{aligned}
C(\mathrm{FBR}) &= 1000\ \$/\mathrm{kWe} \times 1000 \times 10^3\ \mathrm{kWe} \\
&= 1.0 \times 10^9\ \$ \\
C_u(\mathrm{FBR}) &= 1.0 \times 10^9\ \$ \times 0.061\ \$/\$ \cdot \mathrm{yr} \\
&= 6.1 \times 10^7\ \$/\mathrm{yr} \\
E(\mathrm{FBR}) &= 1000 \times 10^3\ \mathrm{kWe} \times 0.70 \times 8760\ \mathrm{hr/yr} \\
&= 6.1 \times 10^9\ \mathrm{kWh/yr} \\
L_{\mathrm{cap}}(\mathrm{FBR}) &= \frac{6.1 \times 10^7\ \$/\mathrm{yr} \times 10^3 \mathrm{mills}/\$}{6.1 \times 10^9\ \mathrm{kW/yr}} \\
&= 10.0\ \mathrm{mills/kWh}.
\end{aligned}
$$

D.7.5　資本投資に関する固定費

$$
L_{fc} = f \times C/E.
$$

軽水炉

$$L_{fc}(\mathrm{LWR}) = \frac{0.03\,\$/\$\cdot\mathrm{yr} \times 1.04 \times 10^9\,\$ \times 10^3\,\mathrm{mills}/\$}{8.0 \times 10^9\,\mathrm{kWh/yr}} = 3.9\,\mathrm{mills/kWh}.$$

高速増殖炉

$$L_{fc}(\mathrm{FBR}) = \frac{0.03\,\$/\$\cdot\mathrm{yr} \times 1.00 \times 10^9\,\$ \times 10^3\,\mathrm{mills}/\$}{6.1 \times 10^9\,\mathrm{kWh/yr}} = 4.9\,\mathrm{mills/kWh}.$$

D.7.6 資本投資に関する税

$$L_{\mathrm{ctax}} = \left(\frac{t}{1-t}\right)\frac{(L_{\mathrm{cap}} \times E - c\mathrm{dep})}{E} - \left(\frac{t}{1-t}\right)\left(\frac{bi_b}{i}\right)\left(\frac{1}{E}\right) \times \left[\frac{i \times (1+i)^K}{(1+i)^K - 1}\right]\left[C - \frac{KC_u}{(1+i)} + \frac{KiC}{(1+i)}\right]$$

$$c\mathrm{dep}_k = \frac{C}{K}.$$

軽水炉

$$c\mathrm{dep}(\mathrm{LWR}) = \frac{1.04 \times 10^9\,\$}{30\,\mathrm{yr}} = 3.5 \times 10^7\,\$/\mathrm{yr}$$

$$L_{\mathrm{ctax}}(\mathrm{LWR}) = \left(\frac{0.50}{1-0.50}\right) \times \left(\frac{8.0\,\mathrm{mills/kWh} \times 8.0 \times 10^9\,\mathrm{kWh/yr} - 3.5 \times 10^7\,\$/\mathrm{yr} \times 10^3\,\mathrm{mills}/\$}{8.0 \times 10^9\,\mathrm{kWh/yr}}\right) - \left(\frac{0.50}{1-0.50}\right)\left(\frac{0.55 \times 0.025}{0.045}\right)\left(\frac{0.061\,\$/\$\cdot\mathrm{yr}}{8.0 \times 10^9\,\mathrm{kWh/yr}}\right)\left[1.04 \times 10^9\,\$ - \frac{30\,\mathrm{yr} \times 6.4 \times 10^7\,\$/\mathrm{yr}}{1.045} + \frac{30\,\mathrm{yr} \times 0.045\,\$/\$\cdot\mathrm{yr} \times 1.04 \times 10^9\,\$}{1.045}\right](10^3\,\mathrm{mills}/\$)$$

$$L_{\mathrm{ctax}}(\mathrm{LWR}) = 3.6\,\mathrm{mills/kWh} - 1.3\,\mathrm{mills/kWh} = 2.3\,\mathrm{mills/kWh}.$$

高速増殖炉

$$cdep(\mathrm{FBR}) = \frac{1.0 \times 10^9\,\$}{30\,\mathrm{yr}} = 3.3 \times 10^7\,\$/\mathrm{yr}$$

$$\begin{aligned} L_{ctax}(\mathrm{FBR}) = &\left(\frac{0.50}{1-0.50}\right) \\ &\times\left(\frac{10.0\,\mathrm{mills/kWh} \times 6.1 \times 10^9\,\mathrm{kWh/yr} - 3.3 \times 10^7\,\$/\mathrm{yr} \times 10^3\,\mathrm{mills/\$}}{6.1 \times 10^9\,\mathrm{kWh/yr}}\right) \\ &-\left(\frac{0.50}{1-0.50}\right)\left(\frac{0.55 \times 0.025}{0.045}\right)\left(\frac{0.061\,\$/\$\cdot\mathrm{yr}}{6.1 \times 10^9\,\mathrm{kWh/yr}}\right)\Bigg[1.0 \times 10^9\,\$ \\ &-\frac{30\,\mathrm{yr} \times 6.1 \times 10^7\,\$/\mathrm{yr}}{1.045} + \frac{30\,\mathrm{yr} \times 0.045\,\$/\$\cdot\mathrm{yr} \times 1.0 \times 10^9\,\$}{1.045}\Bigg](10^3\,\mathrm{mills/\$}) \end{aligned}$$

$$\begin{aligned} L_{ctax}(\mathrm{FBR}) &= 4.6\,\mathrm{mills/kWh} - 1.7\,\mathrm{mills/kWh} \\ &= 2.9\,\mathrm{mills/kWh}. \end{aligned}$$

D.7.7　運転維持費（固定 O&M 費）

$$L_{om} = \frac{(\text{固定 O\&M}) + [(\text{変動 O\&M}) \times (\text{稼動率})]}{E}.$$

軽水炉

$$\begin{aligned} L_{om}(\mathrm{LWR}) &= \frac{\begin{bmatrix}(13\,\$/\mathrm{kWe}\cdot\mathrm{yr} \times 1300 \times 10^3\,\mathrm{kWe} \\ +(1\,\$/\mathrm{kWe}\cdot\mathrm{yr} \times 0.70 \times 1300 \times 10^3\,\mathrm{kWe})\end{bmatrix} \times 10^3\,\mathrm{mills/\$}}{8.0 \times 10^9\,\mathrm{kWh/yr}} \\ &= 2.2\,\mathrm{mills/kWh}. \end{aligned}$$

高速増殖炉

$$\begin{aligned} L_{om}(\mathrm{FBR}) &= \frac{\begin{bmatrix}(17\,\$/\mathrm{kWe}\cdot\mathrm{yr} \times 1000 \times 10^3\,\mathrm{kWe} \\ +(1\,\$/\mathrm{kWe}\cdot\mathrm{yr} \times 0.70 \times 1000 \times 10^3\,\mathrm{kWe})\end{bmatrix} \times 10^3\,\mathrm{mills/\$}}{6.1 \times 10^9\,\mathrm{kWh/yr}} \\ &= 2.9\,\mathrm{mills/kWh}. \end{aligned}$$

D.7.8　燃料サイクル費（単一平衡バッチ）

直接費

$$L_b = \frac{F(1+i)^{ld} + \dfrac{B}{(1+i)^{lg+N}}}{\dfrac{E}{N}\left[\dfrac{1}{(1+i)} + \dfrac{1}{(1+i)^2} + \cdots + \dfrac{1}{(1+i)^N}\right]}.$$

軽水炉

$$F(\mathrm{LWR}) = (\text{ウラン原料}) + (\text{濃縮}) + (\text{燃料製造})$$
$$= (240\ \mathrm{tons\ U_3O_8/yr} \times 2000\ \mathrm{lb/ton} \times 40\ \$/\mathrm{lb\ U_3O_8})$$
$$+ \left(145 \times 10^3\ \mathrm{SWU/yr} \times 100\ \$\ /\mathrm{SWU}\right) + (33{,}300\ \mathrm{kg/yr} \times 150\ \$/\mathrm{kg})$$
$$= 3.9 \times 10^7\ \$/\mathrm{yr}.$$

$$B(\mathrm{LWR}) = (\text{使用済燃料の輸送と処分})$$
$$= 31{,}500\ \mathrm{kg/yr} \times 150\ \$/\mathrm{kg}$$
$$= 4.7 \times 10^6\ \$/\mathrm{yr}$$

$$\mathrm{L}_b(\mathrm{LWR}) = \frac{\left[3.9 \times 10^7\ \$/\mathrm{yr} \times 1.045 + \dfrac{4.7 \times 10^6\ \$/\mathrm{yr}}{(1.045)^4}\right] \times 10^3\ \mathrm{mills}/\$}{\dfrac{8.0 \times 10^9\ \mathrm{kWh/yr}}{3}\left[\dfrac{1}{1.045} + \dfrac{1}{(1.045)^2} + \dfrac{1}{(1.045)^3}\right]}$$
$$= 6.1\ \mathrm{mills/kWh}.$$

高速増殖炉

高速増殖炉の炉心3領域それぞれに対して燃料費が計算される。加えて、燃料製造費および再処理費は、プルトニウムの購入費用もしくは売却費用と分割して考える。

D.7.8.1 燃料製造と再処理

– 炉心

$$L_b\,(C - F\&R) = \left[12{,}600\ \mathrm{kg/yr} \times 1150\ \$/\mathrm{kg} \times 1.045 + 11{,}600\ \mathrm{kg/yr} \times 600\ \$/\mathrm{kg}/(1.045)^3\right]$$
$$\times 10^3\ \mathrm{mills}/\$ \div \left[\frac{6.1 \times 10^9\ \mathrm{kWh/yr}}{2} \times \left(\frac{1}{1.045} + \frac{1}{(1.045)^2}\right)\right]$$
$$= 3.7\ \mathrm{mills/kWh}.$$

– 軸方向ブランケット

$$L_b(A - F\&R) = \left[9{,}360\ \mathrm{kg/yr} \times 50\ \$/\mathrm{kg} \times 1.045 + 9{,}150\ \mathrm{kg/yr} \times 600\ \$/\mathrm{kg}(1.045)^3\right] \times 10^3\ \mathrm{mills}/\$$$
$$\div \left[\frac{6.1 \times 10^9\ \mathrm{kWh/yr}}{2}\left(\frac{1}{1.045} + \frac{1}{(1.045)^2}\right)\right]$$
$$= 0.93\ \mathrm{mills/kWh}.$$

– 径方向ブランケット

$$L_b(R - F\&R) = \left[8{,}480\ \mathrm{kg/yr} \times 150\ \$/\mathrm{kg} \times 1.045 + 8{,}290\ \mathrm{kg/yr} \times 600\ \$/\mathrm{kg}/(1.045)^6\right] \times 10^3\ \mathrm{mills}/\$$$
$$\div \left[\frac{6.1 \times 10^9\ \mathrm{kWh/yr}}{5}\left(\frac{1}{1.045} + \frac{1}{(1.045)^2} + \cdots + \frac{1}{(1.045)^5}\right)\right]$$
$$= 0.96\ \mathrm{mills/kWh}.$$

– 小計

$$L_b\,(\mathrm{FBR} - F\&R) = L_b\,(C - F\&R) + L_b\,(A - F\&R) + L_b\,(R - F\&R)$$
$$= 3.7 + 0.93 + 0.96\ \mathrm{mills/kWh}$$
$$= 5.6\ \mathrm{mills/kWh}.$$

D.7.8.2 プルトニウムの購入と売却

– 炉心

$$L_b(C-P)=\frac{\left[1{,}480\ \text{kg/yr}\times 1.045-1{,}410\ \text{kg/yr}/(1.045)^3\right]\times 10^3\ \text{g/kg}\times 30\,\$/\text{g}\times 10^3\ \text{mills}/\$}{5.7\times 10^9\ \text{kWh/yr}}$$
$$=1.6\ \text{mills/ kWh(費用)}.$$

– 軸方向ブランケット

$$L_b(A-P)=\frac{\left[0-\dfrac{160\ \text{kg/yr}\times 10^3\ \text{g/kg}\times 30\,\$/\text{g}}{(1.045)^3}\right]\times 10^3\ \text{mills}/\$}{5.7\times 10^9\ \text{kWh/yr}}$$
$$=-0.74\ \text{mills/kWh (クレジット)}.$$

– 径方向ブランケット

$$L_b(R-P)=\frac{\left[0-\dfrac{135\ \text{kg/yr}\times 10^3\ \text{g/kg}\times 30\,\$/\text{g}}{(1.045)^6}\right]\times 10^3\ \text{mills}/\$}{5.4\times 10^9\text{kWh/yr}}$$
$$=-0.58\ \text{mills/kWh (クレジット)}.$$

– 小計

$$L_b(\text{FBR}-P)=L_b\,(C-P)+L_b\,(A-P)+L_b\,(R-P)$$
$$=1.6-0.74-0.58\ \text{mills/kWh}$$
$$=0.3\ \text{mills/kWh (費用)}.$$

– 高速増殖炉燃料のバッチ当たりの総費用

$$L_b(\text{FBR})=L_b(\text{FBR}-F\&R)+L_b(\text{FBR}-P)$$
$$=5.6\,\text{mills/kWh}+0.3\,\text{mills/kWh}$$
$$=5.9\ \text{mills/kWh}.$$

– 高速増殖炉燃料費の要約（表内数値の単位はmill/kWh）

	燃料製造と再処理	プルトニウムの購入と売却	小計
炉心	3.7	1.6	5.3
軸方向ブランケット	0.9	−0.7	0.2
径方向ブランケット	1.0	−0.6	0.4
小計	5.6	0.3	5.9
総燃料コスト：5.9 mills/kWh			

燃料税

$$L_{b\text{tax}}=\left(\frac{t}{1-t}\right)\left[L_b-\frac{F(1+i)^{ld}+\dfrac{B}{(1+i)^{lg}}}{E}\right].$$

軽水炉

$$L_{btax}(\mathrm{LWR}) = \left(\frac{0.50}{1-0.50}\right) \times \left[6.1\,\mathrm{mills/kWh} - \frac{\left(3.9\times10^7\,\$/\mathrm{yr}\times1.045 + \dfrac{4.7\times10^6\,\$/\mathrm{yr}}{1.045}\right)\times10^3\,\mathrm{mills/\$}}{8.0\times10^9\,\mathrm{kWh/yr}}\right] = 0.4\,\mathrm{mills/Wh}.$$

高速増殖炉

$$L_{btax}(\mathrm{FBR}) = \left(\frac{0.50}{1-0.50}\right) \times \left[5.9\,\mathrm{mills/kWh} - \frac{\left(6.0\times10^7\,\$/\mathrm{yr}\times1.045 - \dfrac{3.4\times10^7\,\$/\mathrm{yr}}{1.045}\right)\times10^3\,\mathrm{mills/\$}}{6.1\times10^9\,\mathrm{kWh/yr}}\right] = 1.0\,\mathrm{mills/kWh}.$$

均等化した総発電コスト

$$L_{\mathrm{total}} = L_{\mathrm{cap}} + L_{c\mathrm{tax}} + L_{fc} + L_b + L_{b\mathrm{tax}} + L_{om}.$$

軽水炉

$$L_{\mathrm{total}}(\mathrm{LWR}) = (8.0 + 3.9 + 2.3 + 2.2 + 6.1 + 0.4)\ \mathrm{mills/kWh} = 22.9\,\mathrm{mills/kWh}.$$

高速増殖炉

$$L_{\mathrm{total}}(\mathrm{FBR}) = (10.0 + 4.9 + 2.9 + 2.9 + 5.9 + 1.0)\ \mathrm{mills/kWh} = 27.6\,\mathrm{mills/Wh}.$$

D.8 経済性分析と高速炉への移行

商業化：　潜在的に収入を生むような価値を持つ何かが、収入を生むために売られる、製造される、展示される、あるいは用いられるようにすること。

「ウェブスター辞書」より

民間の原子炉開発計画の主要な目的は、商業ベースで電力を供給できる原子炉プラントを開発することである。したがって、高速炉が商業的事業と認められる時期に影響を与える要因について完全に理解することが重要である。3章では、そのような複数の要因について定性的な議論を行った。

商業化の時期に必ず影響する一つの要因は、ウランの資源量である。特に、軽水炉で生産できるエネルギー量は、究極的にはそのウラン資源に含まれる^{235}Uの量によって制限される。対照的に高速炉は、ウラン資源中の^{238}Uからエネルギーを得られるという技術的利点がある。^{238}Uの量は、^{235}Uよりもはるかに多く、高速炉から得られるエネルギー量もはるかに大きくなる。あるいは、高速炉がなければ、ウラン資源からのエネルギー回収は不完全（imcomplete）とも言い換えられるだろう。

しかしながら、エネルギー回収が不十分であるということは、何も軽水炉だけに限らない点に留意することは重要である。実際、石油の採掘においては、ある貯油層（oil reservoir）から約3分の1の石油のみを回収し、採油費が許容できないレベルにある、残り3分の2の石油を地中に残すことは珍しいことではない。ところが石油価格が上昇するにつれて、高度化した回収技術を採用することが次第に考え易くなる。同様に、高速炉は高度化した回収技術であり、U_3O_8の価格が上昇するにつれ、高速炉を導入する動機はさらに高まると言えるだろう。したがって高速炉は、あらゆる高度化した回収技術と同様、追加的な資源抽出が経済的に魅力的になった段階で実用化されるという性質をもった技術である。

高速炉が、あるいは高度化した資源回収技術が、経済的魅力を生じる時期は、枯渇が進むその資源の価格によって定まる。ここで同時に、追加的な資源量を得るために必要な追加的な資本投資も考慮して、その時期を考える必要がある。したがって、高速炉の商業化時期は、U_3O_8の価格と、高速炉と軽水炉の資本費の差によって、おおむね決定される。U_3O_8の価格は、このウラン鉱床からU_3O_8を産出する費用や、確認埋蔵量の大きさによって定まる。加えて、U_3O_8の価格は、ウランの推定埋蔵量（probable resources）を確認埋蔵量（proven reserves）に変えるために必要な追加の調査費にも影響される。

U_3O_8の価格は、図D.17に示したように、軽水炉のエネルギーコスト（発電費用）に大きな影響を及ぼす。対照的に、U_3O_8の価格は、高速炉のエネルギーコストにはわずかな影響しか及ぼさない。U_3O_8の価格が安いときには、高速炉のエネルギーコストよりも軽水炉のエネルギーコストの方が安いが、U_3O_8の価格が高くなるとこの逆となる。したがって、あるU_3O_8価格で「経済的差異のない点」（a point of economic indifference）が存在する。軽水炉あるいは高速炉からの総発電コストが等しくなるこのU_3O_8価格は「移行点」（transition point）と呼ばれる。移行点以前、そして移行点における総発電コストの構成要素を図D.18に示す。移行点は、概念としては明確であるものの、一意的に計算することはなかなか難しい。したがって、増殖炉の導入時期決定や高速炉計画の策定には多くの不確実性が含まれる。

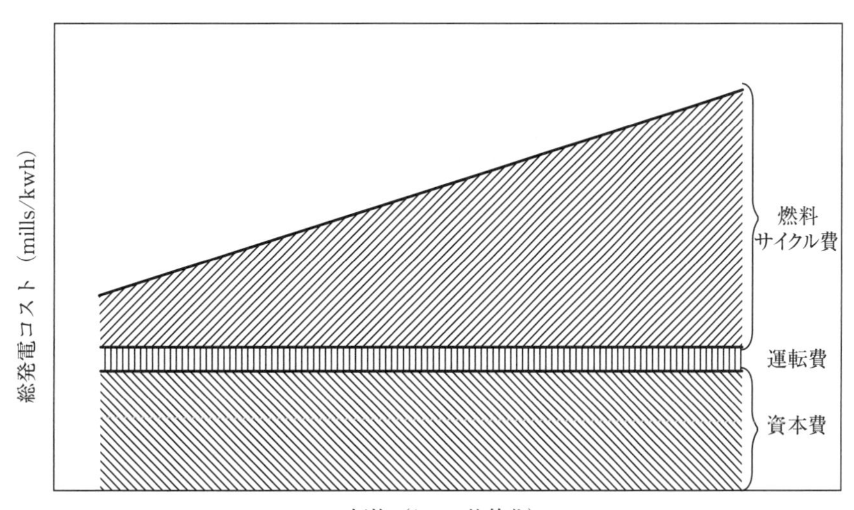

図D.17　U_3O_8価格の関数としての軽水炉の総発電コスト

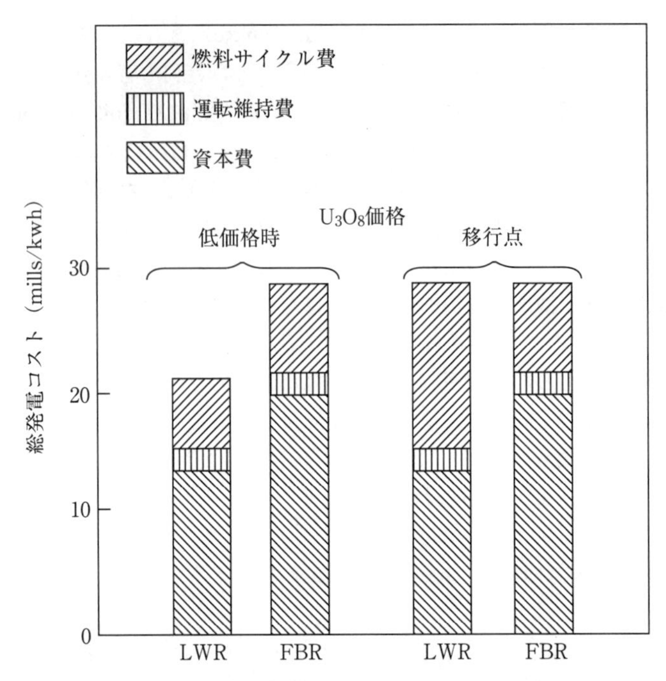

図D.18 軽水炉と高速炉の発電コスト要素の比較
（U_3O_8価格が安い場合および移行点における比較）

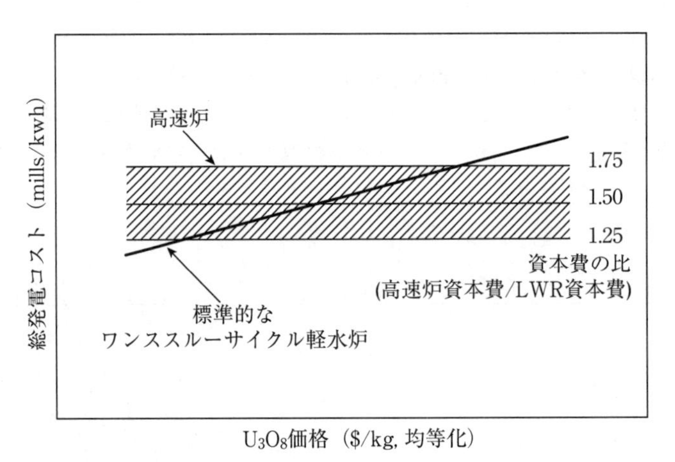

図D.19 標準的なワンススルー軽水炉から高速炉への移行点
（水平の線は高速炉の総発電コストを表し、軽水炉との交点が移行点となる）

経済的な移行点を計算するのが難しいことの理由はいくつかある。第一に、高速炉による発電コストは、資本費に対して非常に強く依存する関数であるが、その資本費に幾分かの不確実性がある。高速炉の資本費は、軽水炉の1.25倍程度に低く抑えられるかもしれないし、または軽水炉の1.75倍まで高くなることもあり得る[3]。このことは、高速炉の総発電コストも同様に不確定であることを暗示し

[3] 3章の議論から、高速炉と軽水炉の資本費の差は、将来の高速炉技術の高度化によって、極めて小さくなることも考えられる。

ている。図D.19には、この不確実性による移行点への影響が示されている。

増殖炉の導入時期を分析する際の第二の不確実性は、将来のU_3O_8価格にある。ウランは枯渇性の資源なので、供給が減っていくにつれてU_3O_8価格は上昇することが予想される。多くの鉱物と同様に、U_3O_8の供給の初期段階では、恐らく生産限界費用（marginal cost of production）の低い、豊かな鉱床から産出が行われる。この供給が減少するにつれて、限界費用の高い、貧しい鉱床を採掘する必要が生じる。こうした鉱床から連続的にウランを供給するには、購入者側が高い価格での支払いを許容できなければならない。したがって、U_3O_8の価格の上昇率を正確に評価するためには、ウラン供給が消費されるペースを正確に評価する必要がある。

U_3O_8の価格は、ウランの累積消費量に依存した増加関数であるため、将来のU_3O_8の価格を推定する能力は、将来のウラン消費を予測する能力に直接依存する。一方、将来のウラン消費は軽水炉の基数に直接依存する。20～30年後の軽水炉基数を予測することは、しばしば原子力成長予測（nuclear growth projection）と呼ばれるが、それ自身が不確実性の中にある。

不確実性は存在するものの、高速炉が商業化する時期を推定することは可能である。原子力成長予測に対して合理的な想定を行えば、図D.20で示されるように、高速炉がない場合に要求されるU_3O_8の量を計算できる。もしも高品位および低品位のウラン資源量が推定されるならば、U_3O_8の価格を累積需要量の関数として推定することができる。そうした推定の1つが図D.21に示されている。これを累積需要量を時間の関数として示す図D.20と組合せることで、図D.22に示されるように、U_3O_8の推定価格を時間の関数として得られる。上でも述べたように、U_3O_8の価格は、軽水炉の総発電コストには強い影響を与えるが、高速炉に対してはその限りでない。対照的に、高速炉の総発電コストは、資本費の不確実性に強く影響される。図D.23はこの両方の効果を示している。もし、図D.23が図D.22と組合されたならば、図D.24に示されるように、軽水炉、高速炉双方の総発電コストを時間の関数として推定できる。高速炉の総発電コストが軽水炉の総発電コストを下回る時が、経済的な移行点である。

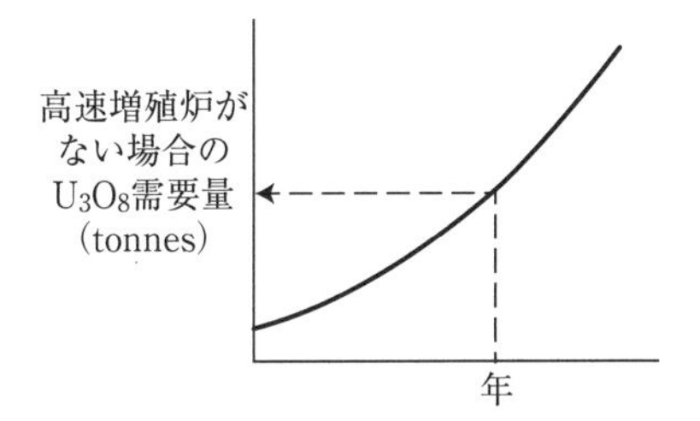

図D.20　高速炉を導入しない場合のU_3O_8需要量

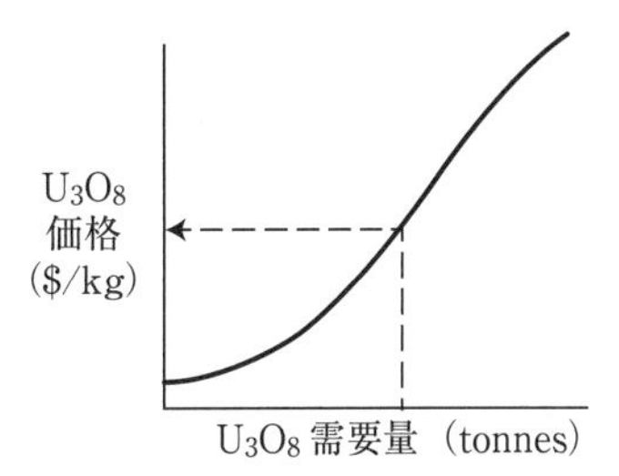

図D.21　U_3O_8の需要量と価格

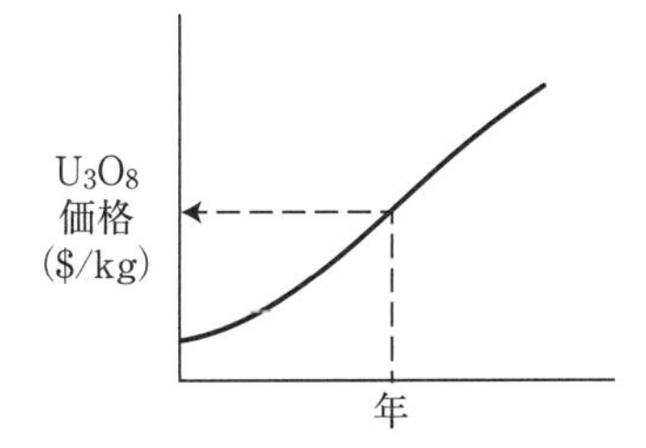

図D.22　U_3O_8価格の時間変化
（図 D.20と図 D21の組合せによる）

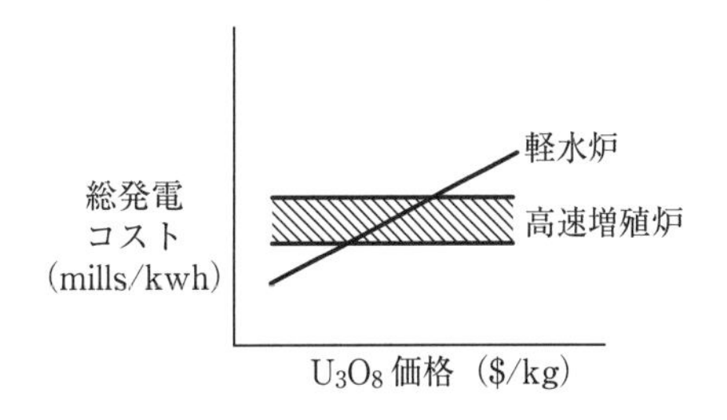

図D.23　U_3O_8価格と軽水炉/高速炉の総発電コスト

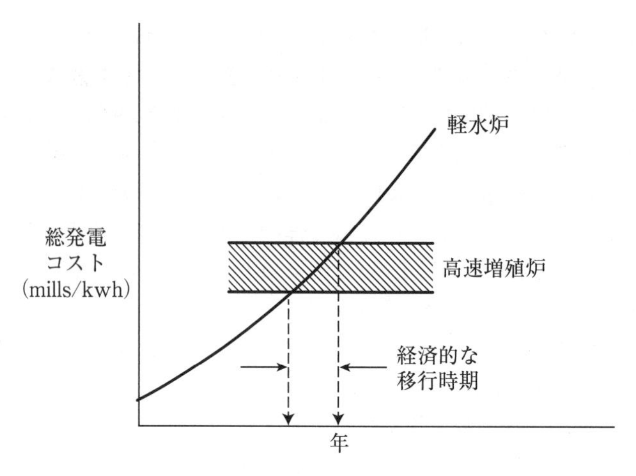

図D.24　高速炉への移行が経済的となる時期

商業用の高速炉の開発には、数10年（少なくとも20年、おそらく30年以上）を要するため、それぞれの国が高速炉について異なる見方を持つことは驚くべきことではない。いくつかの国、たいていは資源に恵まれない国では、経済的な魅力を持つ時点より前にも高速炉を商業化するというリスクを取るだろう。それ以外の国、資源に恵まれた国では、高速炉が経済的な魅力を持つ時期を商業化時期とする様に、高速炉開発計画の調整を試みるであろう。

D.9　本付録Dで用いられた記号

均等化した電気料金（*Levelized Charges for Electricity*）

L_b ＝燃料1バッチに対する燃料費
L_{btax} ＝燃料1バッチに対する税
L_{btot} ＝総燃料費
L_{cap} ＝投資の返済と投資に関する返済
L_{ctax} ＝資本投資に関する税
L_{ctot} ＝総資本費
L_{fc} ＝資本投資に関する固定費
L_{fuel} ＝燃料全バッチにかかる燃料費
L_{om} ＝運転維持費
L_{total} ＝総発電コスト

金利（*Money Rates*）

b ＝債券による資金割合
e ＝資本による資金割合
f ＝固定費割合
i ＝実効利子率あるいは加重平均収益
i_b ＝債券利子率

i_e ＝株式利子率
t ＝税率

資本投資（*Capital Investment*）
C ＝初期資本投資
$cbin$ ＝債券への利払い
$cdep$ ＝資本投資に対する減価償却引当金
C_u ＝投資の返済と投資に関する返済に対する年間一定支払い額
D ＝資本費に対する未払負債
E ＝電気出力
Exp ＝費用
I ＝利子への支払い
K ＝資本費回収年数
P ＝元金への支払い
Rev ＝収入

燃料（*Fuel*）
B ＝燃料1バッチにかかる全バックエンドコスト
D ＝燃料1バッチに対する年間の減価償却引当金
Dep ＝燃料1バッチに対する全減価償却引当金
F ＝燃料1バッチにかかる全フロントエンドコスト
ld ＝フロントエンドコストに対する先行時間
lg ＝バックエンドコストに対する遅滞時間
N ＝燃料1バッチに対する炉内滞在期間（同時に、燃料バッチの数でもある）
T ＝燃料1バッチに対する税支払い総額

下付き文字（*Subscript*）
k ＝年のインデックス

付録 E
高速炉のシミュレーション

E.1 はじめに

高速炉解析は、特に核特性の分野において、原子力開発の早期からかなりの進歩を遂げてきている。本分野のハイライトはE.2節で概説する。この核特性分野と同じような取り組みを、高速炉設計に関する他の分野、例えば、定常状態および過渡状態における核特性、熱流動、機械的・構造的挙動をシミュレーションするための、十分に妥当性が確認（validation）された計算ツールやデータベース群に対しても行う必要がある。第4世代原子力システムに関する国際フォーラム（GIF）[1]で対象とされている第4世代高速炉の設計仕様は、現時点で利用可能な実験ベースの枠を優に超える革新的アイデアを取り込んでいることも少なくないため、先進的なシミュレーション能力を駆使し、それをもって設計性能を確認することが必要である。

革新的な原子炉システムの設計性能が実現可能であるかを示すには、実験データを用いて検証された、信頼できる解析により確認することが必要である。検証された解析性能や安全解析モデルが、規制側による審査や許認可のベースとして必要となる。将来の原子力システムの設計では、現在よりも格段に高い精度でシステム性能を予測するシミュレーション能力が必要とされる［1］。これについてはE.3節で詳しく述べる。

以前より、計算機を用いた解析は、容易には測定することが困難な量を、詳細に予測することに用いられてきた。構造物の経年変化、炉心の出力分布、過渡時の安全特性挙動などがその例である。綿密に計画された検証試験を伴う計算機シミュレーションによって、実験を非常に忠実に補完あるいは代用することにより、現象の素過程や効率、安全性、さらにはコストに影響を与える不確かさを理解するのに必要なデータを蓄積することが可能になる。例えば、炉心の諸データを取得するための（計算機内でつくられた）仮想的なプロトタイプ原子炉を思い浮かべるとよい。この実在しない仮想原子炉により、設計裕度の大きさや不確かさの主な要因をより正確に確認したり、初期段階で新しい設計概念を実験的に確かめたり、最終的にはプラントの許認可に要する期間を大幅に短縮することができる。その他、先進的燃料製造のような分野では、原子レベルの燃料シミュレーションを行うことにより、有望な燃料種類の候補を少数に絞り込んでその後の試験に繋げることが可能となり、試験の実施件数を大幅に削減することができる［2］。この方面の取り組みについてはE.4節で概説する。

実験による検証計画を、計算による検証で補完または代用しようとする際に一つ認識しておかなければならない重要な点は、最終的に解析結果に影響を及ぼす根底にある数式の導出法、自ら設定する仮定や計算コードへの入力値について、十分に考察し理解する必要があるということである。その理由は、計算コード（特に熱流動や材料のシミュレーションコード）の開発が、例えば、中性子輸送方程式を解くことに類似していることと関係している。中性子輸送方程式を解く場合、結果の確認のためには、第一原理に基づく解析的導出によるのではなく、工学的判断や直観に基づいて行うことがある。式中のある項（因子）を重要でないと考え（あるいは以前の問題に用いた際には重要ではなかっ

本章はPavel Tsvetkov氏がWon Sik Yang氏の協力を得て執筆した。

[1] GIFについては1.2節を参照のこと。GIFに関連する「第4世代」原子炉は「Gen IV」設計と称されることが多い。

たため）それを無視したり、数量的大きさが微小で直ぐには結果に影響しないため式から削除していることもあり得る。いずれの場合においても、計算コードへの物理モデルの組み込みが無視されていたり、モデリングが誤っていることによって誤解を招いたり、あるいは間違った解析結果を導き出す可能性がある。いくつかの例を本付録に記しており、そこでは計算手法の発展を促すために、ここでいう「根本的な考察」について提案をしている。こうした試みは、本章の最初で述べた諸問題への適用に備えた、計算ツールの発展にとって重要である。

E.2 核特性シミュレーションの進展

単独の現象や問題を解析するための計算ツールは数多く存在している。その個別の解析対象としては、炉心反応度、エネルギー生産、燃料燃焼度、遮蔽設計、炉外臨界安全などが挙げられる。そこで課題となるのは、これら各々の解析を、統合された整合性ある枠組みの中でどのように取り扱うかということである。

複雑な体系に対する核特性解析では、モデル化に必要な解析体系を記述することにおいて、そして、物理的に現実的なエネルギー依存性を反映した中性子断面積データの作成において、非常に洗練された知識や精巧さが求められる。正確な断面積とその温度依存性を活用できることが、非均質性の強い炉心内における中性子の輸送や相互作用といった様々な現象をモデル化するために必要である。評価済核データファイル（Evaluated Nuclear Data File, ENDF）や他のソースファイルを基にして作成される断面積データの評価は、適切な核データベースの構築を支援する上でどのような実験的および理論的核物理研究が必要かを見定めるために欠くことができない。より包括的な核特性評価には、光核反応断面積や荷電粒子の相互作用断面積も含まれることになる。

E.2.1 決定論的手法とモンテカルロ手法

核計算のモデル化には、伝統的に、統計的（モンテカルロ）手法と、輸送および拡散理論に基づく決定論的手法がある。

- モンテカルロ法は、体系形状や粒子の飛跡履歴を支配する断面積を用いて確率論的に粒子を追跡する、基礎物理に基づく計算方法である。またモンテカルロ法は、計算モデル、物理的幾何モデル、そして断面積のエネルギー依存性モデルの間に密接な調和関係を保つことができるという、大きな概念的利点を有している。同時に、数値計算手法としてのモンテカルロ法は、断面積の内挿法、散乱角の表示法、そして断面積のドップラー広がりの取扱い法等において、様々な数値近似に依存するものである。また、様々な物理的近似も用いられる。例えば、核種の熱運動は低エネルギー領域（数十eVの範囲）での共鳴吸収への影響が無視できないが、これを熱エネルギー領域においてのみ考慮するといった近似が行われる。この熱運動は、少数の物質を除いて、自由気体モデルを用いて近似される。モンテカルロ法はしばしば“数値実験”に用いられるが、上述のように、それ自身の数値近似に留意する必要がある。
- モンテカルロは、種類の異なるいくつかの問題に対し、非現実的な計算になる可能性がある。例えば、小さな反応度係数の計算、感度解析や不確かさ伝播解析、時間依存問題や燃焼計算などが挙げられる。これらの問題への適用においては、他の核特性解析と同じように、モンテカルロ法を補完する輸送および拡散理論に基づく決定論的手法を用いることで、モンテカルロ法が持つ計算上の利点が達成される。

これら2つの基本的計算手法は、各々を単独で用いるよりも共に用いることによって、原子炉システムの核特性挙動を、より包括的に表すことができる。

決定論的手法は、核計算モデルを他の決定論的モデル（熱流動システムのモデルなど）と結合し、それらのデータを動的に共有することが必要なときにもよく用いられる。実際、核計算モデルは、開発着手時点から、本来の姿である核的挙動と原子炉システムにおける熱流動、構造、そして場合によっては放射化学の挙動と結合されることが理想的である。既存モデルも改良モデルも、最終的にはマルチフィジックスに基づく、マルチスケールの、そして恐らくマルチプロセッサを用いた計算手法の部分モデルとして活用される。

高速炉システムの解析には、決定論的計算ツールとモンテカルロ計算ツールの双方が用いられている。決定論的計算ツールは最適化設計研究を行うのにより適している反面、多群断面積の作成が必要となるため、予備的な概念研究を行うには多くの労力を要することになる。モンテカルロ計算ツールは予備的検討機能としてはより強力であるが、より多くの計算資源（計算機能力、計算時間等）を必要とする。両ツールを予備的研究と最適化設計研究に対して互いに補完しながら使用する統合的な方法は、次世代原子炉設計にとって極めて重要である。第4世代原子炉の設計において特に重要な点は、原子炉構成要素の安全性および性能に加え、燃料サイクル特性も考慮しながら進めることである。

E.2.2　高速炉核計算用コードの概要

アメリカでは高速炉の開発を支援するため、様々な計算コードがアルゴンヌ国立研究所（ANL）にて開発、検証されてきた。以下に、高速スペクトル炉に適用可能なコードのリストを示す（最新情報はウェブサイトhttp://www.ne.anl.gov/codes/より入手可能）。

- ETOE/MC^2-2/SDX［3, 4］は少数群の格子平均ミクロ断面積をENDF/B基本核データに基づき生成するためのコードシステムである。断面積縮約過程では共鳴自己遮蔽効果、そして単一格子形状と炉心構成が持つ非均質性が考慮される。作成された組成、温度および領域毎のミクロ断面積は高速炉炉心に対する拡散または輸送理論計算に使用するのに適したものである。近年、MC^2-2とSDXは、共鳴自己遮蔽、非弾性散乱、核分裂スペクトルの表記や減速・輸送計算に対する機能を拡張し、新しいコードMC^2-3に統合された［5］。単一格子輸送計算は、以前は詳細群レベル（230群）でSDXを用いて行われたが、現在ではそのレベルが微細群（2,000群程度）や超微細群（300,000群程度）まで拡張されている。
- DIF3D［6, 7］は多群多次元全炉心核計算を行うための汎用コードシステムであり、炉心の実効増倍率、中性子束分布、出力分布の他、中性子束に依存する他の関数を計算するのに用いられる。このコードは有限差分法や高効率なノード法を用いて、炉心形状を直交座標系、円筒座標系、あるいは六角座標系によりモデル化する。
- VARIANT［8］は変分ノード法を用いて導かれた多群輸送理論ノード法コードである。VARIANTはDIF3Dコードシステムの中にオプションとして組み込まれており、輸送理論に基づく高精度の解を、他の輸送計算手法（離散座標を用いる手法やモンテカルロ法など）に比べて大幅に少ないコストで得ることができる。
- DIF3D-K［9］およびVARIANT-K［10］は直交座標系や六角座標系で模擬した炉心形状に対し、DIF3Dのオプションである拡散ノード法や変分輸送ノード法を用いて3次元炉心動特性計算を実行するためのコードである。これらの空間依存動特性コードは高速炉安全および事故解析コードシステムSAS4A/SASSYS-1に結合されている［11］。
- VIM［12］は中性粒子の輸送をシミュレーションするモンテカルロコードである。連続エネルギーの断面積を用い、対象問題の形状および衝突物理を正確にモデル化することができる。予測値の統計的不確かさを許容可能なレベルまで低減するには通常長い計算時間を要するため、VIMは主に厳密さの点で劣る多群拡散および輸送計算モデルの評価（bench marking）に用いられる。計算時間を短縮するため、複数のワークステーションを結合したネットワークおよびマルチプロセッサを搭載した拡張性のあるコンピュータの両方に対した、並列計算オプションが実装されている。

- REBUS-3［13］は炉心の燃焼解析および燃料サイクル解析を行うコードであり、DIF3Dを中性子束計算モジュールとして用いる。このコードは3次元、領域毎の核種変換をモデル化し、原子炉内・外の運転条件や燃料サイクルにおける燃料管理方策を設定する上で高い柔軟性を有する。平衡炉心の特性をシミュレーションするための特殊で強力な計算手法が、個別の炉心をサイクル毎に時間を追って計算する方法の代替法として用いられる。
- RCT［14］はREBUS-3/DIF3Dのノード法による燃焼毎の計算結果を後処理し、集合体内の多群中性子束、出力密度、燃焼度、原子数密度の各分布を再構成するコードである。
- ORIGEN-RAはオークリッジ国立研究所で開発されたORIGEN［15］の改良版である。このコードはREBUS-3とRCTを用いて計算された中性子束履歴を基に、核種毎の詳細な核変換計算（燃焼計算）を行う。このコードはまた、核種のインベントリに加え、照射された原子炉構成材料の放射化特性や崩壊熱の評価にも用いられる。
- VARI3D［16］は一般化摂動論に基づき、ミクロ断面積や原子数密度の変化が反応度や反応率比に及ぼす影響を計算するコードである。VARI3Dは原子炉動特性や安全解析で用いられる反応度係数

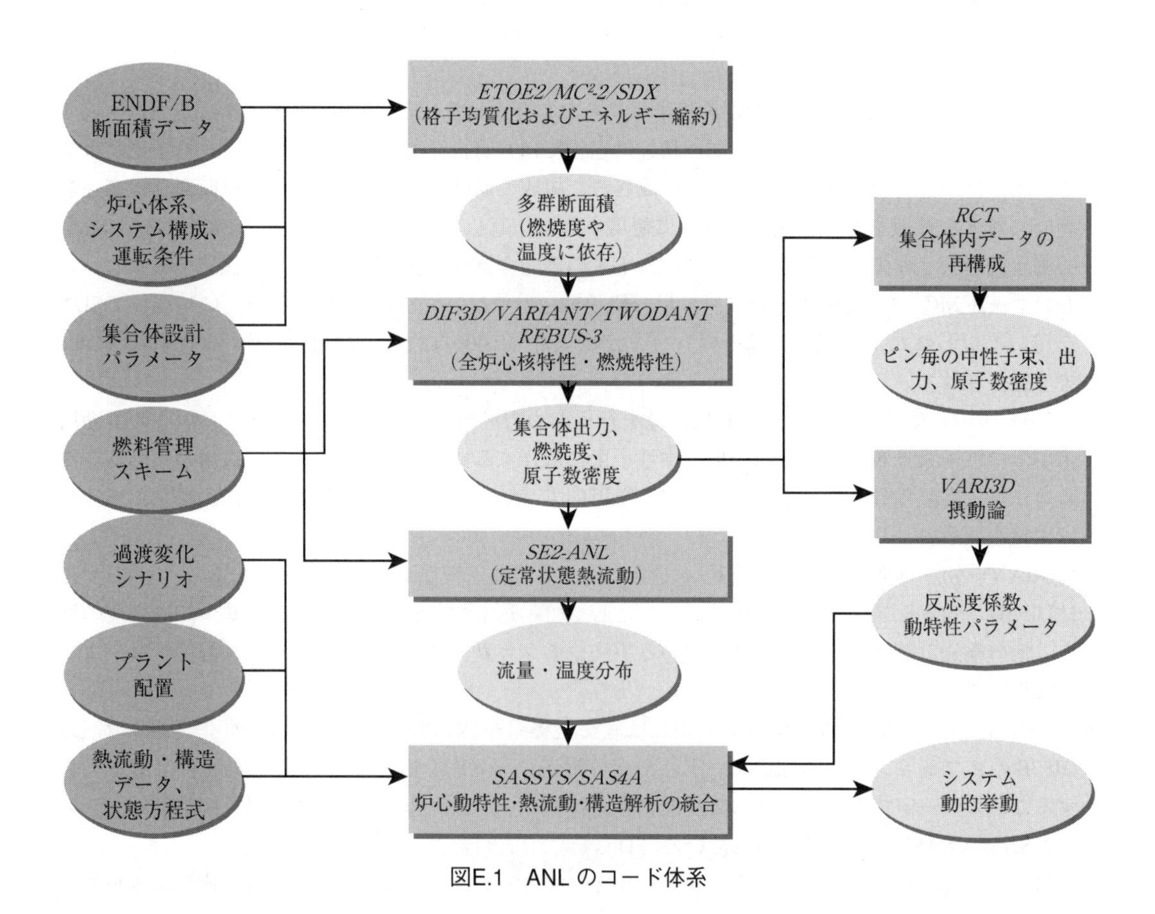

図E.1 ANL のコード体系

分布や動特性パラメータの計算に最も頻繁に用いられている。これらの量を計算する際に必要となる中性子束分布および随伴中性子束分布はDIF3Dにより与えられる。

- DPT［17］は燃焼摂動論に基づき、断面積や初期原子数密度に対する燃焼度依存の反応率比の感度係数を、REBUS-3で得られる燃焼毎の原子数密度、そしてDIF3Dで得られる中性子束分布および随伴中性子束分布を用いて計算する。
- GMADJ［18］は核データの不確かさ伝播による積分パラメータの不確かさを、VARI3DおよびDPTの計算で得られる感度係数および評価済核データ共分散を用いて計算するコードである。ベイズ統計学に基づく定型の手順により、積分実験値を最大限に活用して炉特性の予測値に関する不確かさを定量的に求める。これまでに、GMADJコードとANLの積分実験データベースは、積分パラメータの不確かさ低減や、提案された設計における積分パラメータの最確予測に有用であることが実証されている［19］。

これらのコードの多くは他の炉型にも適用可能である。図E.1にANLの高速炉解析用既存コード体系の概要を簡単に示す。

決定論的手法を用いる場合、高速炉の炉内でスペクトルが急激に変化する位置におけるシミュレーションは、特に注意が必要な問題として認識されている。この問題の解決は、統計的手法の利用拡大と合わせ、より高度な均質化手法を生み出すことにつながるであろう。ブランケット領域のない高速炉体系においては、炉心と反射体の境界でのスペクトル変化の効果が特に重要である。

E.2.3　DIF3D：多群多次元拡散／輸送解析コード

DIF3Dは多群定常中性子拡散および輸送理論に基づく解法（solver）を用いたコードシステムである。このコードは中性子束を求めるための3つのオプション、すなわち拡散理論に基づく有限差分法［6］、拡散理論に基づくノード法［7］、輸送理論に基づく変分ノード法［8］を備えている。固有値問題、随伴問題、固定源問題、臨界（濃縮度）サーチ問題を解くことができ、メッシュ毎の中性子束分布および出力密度分布、そして領域平均の積分値を出力する。主に高速炉の問題に適用するために開発されたが、上方散乱および（有限差分オプションに対してのみ）内部黒体境界条件も扱うことができる。DIF3D8.0/VARIANT8.0の公開に伴い、変分輸送ノード法ソルバーのVARIANTが組み込まれている。

有限差分法のオプションでは1、2、3次元体系（直交座標、円筒座標）および三角形状の拡散理論問題を解くことができる。異方性拡散係数の取扱いが可能である。メッシュ中心の有限差分方程式が、最適化された反復法で解かれる。チェビシェフ準反復加速法（chebyshev semi-iterative acceleration technique）の改訂手法が外側（核分裂ソース）反復に、最適化されたブロック逐次加速緩和法（optimized block-successive-over-relaxation method）が群内反復に適用されている。最適加速パラメータが外部反復の開始前に群毎に計算される。結果として得られる三角行列に対するLU分解アルゴリズムの前方スウィープが、直交座標系の非周期形状の場合、外部反復の開始前に計算される。

拡散理論に基づくノード法オプションでは、ノード展開法を用いて2、3次元の六角および直交形状における多群中性子拡散方程式を解く。六角形の各集合体は単一メッシュセル（ノード）として表わされ、直交形状のノードサイズがユーザーにより指定される。ノード方程式は、中性子束分布の（六角または直交形状の）ノード内空間依存性に対し高次多項式展開近似を用いることにより導かれる。最終的な式は応答行列式に変換され、ノード内中性子束分布とノード境界面での面平均部分中性子流の空間モーメントを含む。これらの方程式は粗メッシュ再釣合い加速（coarse-mesh rebalance acceleration）を伴う核分裂源反復を用いて解かれる。等価理論パラメータ（不連続因子）を六角ノードモデルで取り扱うことができる［20］。

VARIANTは、2、3次元の六角および直交形状における多群中性子輸送方程式を、六角形状の集合体当たり1つのノードとする変分ノード法で解く（直交形状のノードサイズはユーザーにより指定される)。変分ノード法は多くの魅力的な特徴を備えている。例えば空間と角度の取り扱いに関する標準的な近似手法の実装、空間メッシュを細かく取る必要のないこと、レイ（光線）効果がないこと、透過による減衰を正確に取り扱えること、などが挙げられる。

ノード方程式は変分原理として偶パリティ輸送方程式を再定式化し、ラグランジュの未定係数法として境界での奇パリティ中性子束を組み入れることにより導かれる [21]。偶／奇パリティ中性子束は直交多項式試行関数により空間展開され、球面調和関数により角度展開される。最終的には部分中性子流モーメントとソースモーメントの関係を表す応答行列式に変換される。空間および角度積分を伴う応答行列の中の無次元部分が、各体系オプションに対しMATHEMATICAを用いて最初に一度だけ計算される。その計算結果はFORTRANのデータ文に保存され、(断面積および寸法データで定義された）特定のノードに対し応答行列セットを作成する為に用いられる。中性子束およびソースの展開は最大6次まで、部分中性子流の展開は最大2次まで取扱い可能である。角度および散乱は最大P_5まで展開可能である。

これらの方程式は粗メッシュ再釣合い加速法を用いた核分裂源反復により解かれる。内部反復は拡散合成加速法（synthetic diffusion acceleration method）と等価な分割行列スキーム（partitioned matrix scheme）により加速される。大量の特定ノードタイプを伴う問題についての応答行列の評価や保存に必要な計算資源については、問題が複雑になれば実用上の限界が起こる。何千もの異なるノードタイプを伴う非均質性の高い問題に対しては、応答行列の計算および保存が計算コストの主要部分を占めることとなる。

問題の規模はすべて可変である。少なくとも1つのエネルギー群分のデータはすべて保存できるだけの十分なメモリ容量を確保しておく必要がある。3次元有限差分オプションを用いて解く問題では、同時内部反復法を用いることで平面数を無制限に指定することができる。

DIF3Dは、計算コード調整委員会（Committee on Computer Code Coordination, CCCC）で指定された標準インターフェースファイルを読み書きする [22]。DIF3DはREBUS-3コードパッケージに含まれており、REBUS-3の燃焼計算で必要となる核計算結果を作成することが可能である。

E.2.4 REBUS-3の燃料サイクル解析機能

REBUS-3は、原子炉の燃料サイクル解析のために作られたコードシステムであり、2種類の基本問題を解くことができる [23]。

1. 一定の燃料管理手順の下で運転中の原子炉の平衡状態
2. 特定の定期的なもしくは不定期の燃料管理計画の下で行われる、系統立てられたサイクル毎のあるいは非平衡の原子炉運転

平衡サイクルの問題に対して、このコードは、原子炉に装荷するための特定の外部燃料供給源を用いる。再処理はオプションとして炉外燃料サイクルの条件として考慮可能であり、取り出し燃料は原子炉にリサイクルされる。非平衡サイクルの場合、炉心の初期組成は明示的に定められるかもしくは外部からの供給組成となる。取り出された使用済み燃料は、平衡サイクル問題の場合と同様に、原子炉にリサイクルされる。本コードでは、ユーザが与える条件を満足するために下記4種類の探査手順が実行される。

1. 指定した燃焼度を達成するため、原子炉の燃焼サイクル時間を調整
2. 燃焼サイクル期間中のある指定した時点において、指定した実効増倍率の値を得るため、新燃料濃縮度を調整
3. 原子炉燃料サイクル期間を通じて指定した実効増倍率の値を維持するため、制御用毒物の数密度を調整
4. 燃焼ステップ末期において指定した実効増倍率の値を得るため、原子炉燃焼サイクル時間を調整

燃焼サイクルの総時間数は1つまたは1つ以上の区間に分割でき、その分割数はユーザにより設定される。核種の燃焼計算は、炉内の各領域に対し、各時間区間での平均反応率を用いて時間区間毎に行われる。これらの平均反応率は、DIF3DまたはTWODANTを用いて、区間初期および末期の両時点に対する多次元中性子拡散計算または輸送計算で得られた中性子束の値に基づいている（REBUS-PCと名付けられたREBUS-3のバージョンでは、モンテカルロコードMCNPも中性子束計算に利用することができる）。核種変換の方程式は行列指数法により解かれる。燃焼方程式で考慮すべき核種は、その核変換の反応の種類と同様に、ユーザにより定められる。

ミクロ断面積は、対象とする問題において指定された基準核種の原子数密度の関数として変化させることができる。ユーザは時間ノード毎に制御棒位置を定めることができる。様々な結果概要を保存した数多くの関連データベースセットが結果の妥当性確認に利用可能である。REBUS-3は汎用の炉外サイクルモデル化機能を備えている。その機能とは、ユーザが指定する取り出し燃料の複数の再処理プラントへの割り当てや核種毎の回収率を設定した柔軟な再処理スキーム、複数の再処理プラントからの回収燃料や外部からの供給を有する柔軟な燃料再加工スキーム、利用可能な原子を種類の異なる燃料に割り振るためにユーザが指定するマルチレベルの優先度スキーム、そして様々な加工・再処理プロセスと放射崩壊の間に生じる時間遅れのモデル化である。完全に自動化されたリスタート機能も利用可能であるが、近年の計算環境ではほとんど用いられない。

臨界炉に対するこれらの解析機能は、加速器駆動の未臨界炉システムにも適用可能である［24］。この場合、自発中性子源分布がユーザにより外部固定線源として指定される［25］。燃焼計算は、ある指定された出力レベルにおいて、照射サイクル期間中の反応度およびソースの増倍変化を補償するように核破砕中性子源の強度を調整することにより実行される。固定中性子源問題に対し、燃焼サイクル期間中の指定した時点で指定した増倍率が得られるよう、濃縮度調整機能によって新燃料中の超ウラン元素の装荷量が自動的に調整される。

REBUS-3で用いられる燃料サイクルモデルは、炉内サイクルと炉外サイクル（外部サイクル）に分割される。図E.2にREBUS-3の主たる論理フローを示す。

炉内サイクルの計算では、個々の“燃料バンドル”（または“組成”）が炉内滞在期間中、どの位置に置かれているかが重要である。燃料バンドルは、ある特定の位置に装荷され、制御・出力への要求条件や燃料の組成によって定まる中性子束で一定時間照射される。この最初の燃焼の後、燃料バンドルは炉内で再配置される場合もあり、されない場合もある。いずれにせよ、炉内のどの燃料バンドルが交換されようとも、照射率（irradiation rate）は燃料交換を行う間の、いわゆる“燃料管理時間（fuel management time）”で不連続に変化することになる。燃料バンドルは何回かの燃焼/シャフリングを経て、原子炉の外に取り出される。当然ではあるが、どのバンドルの空間的な移動も体積保存の制限を受ける。すなわち以下のように、炉内で一つのバンドルを動かすには他のバンドルを動かす必要がある。

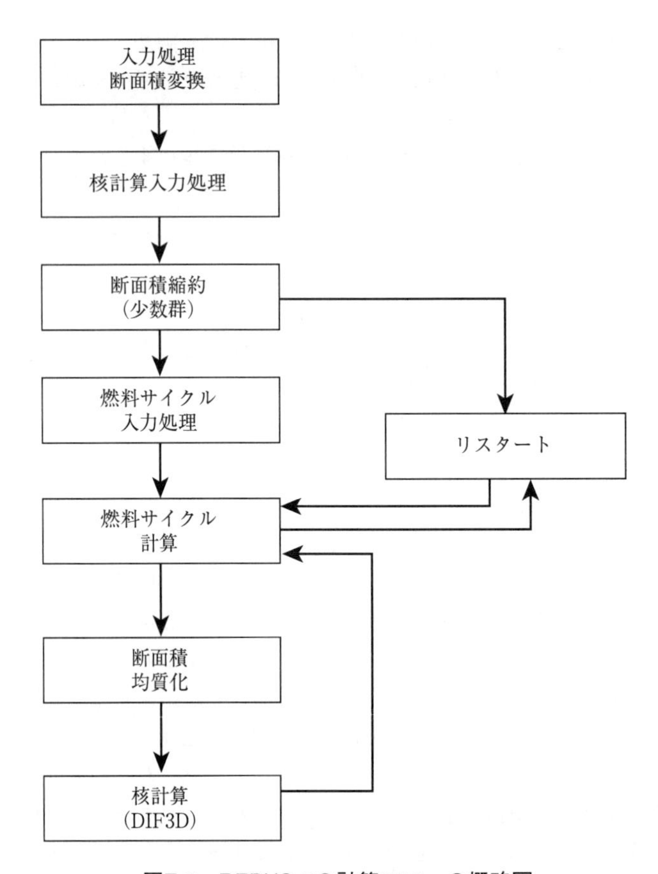

図E.2　REBUS-3の計算フローの概略図

- ある燃料バンドルは、ある位置から移動し別の場所に挿入するか、または新燃料を装荷する空間を確保するため炉外に取り出さなければならない。
- 元のバンドルの移動で空いた場所は、新燃料かまたは別の場所から移動したバンドルで満たさなければならない。

この一連の燃料バンドルの動きは、ある特定のバンドルが時間とともに原子炉内外を行き来する経路を成すことから、燃料管理経路（fuel management path）と称される。各々の燃料管理経路は、物質の種類、燃焼段階、領域の3つのインデックスで定義され、そのインデックスにより、各燃料バンドル（物質の種類）の各燃焼段階（新燃焼、1サイクル燃焼済、2サイクル燃焼済など）や炉内位置（領域）が指定される。

もし、装荷される燃料すべての物質組成が一定であり、同じ燃焼/燃料交換過程が繰り返され、かつその期間中の制御や臨界に関する条件が満たされると仮定すると、取り出された燃料バンドルの組成は時間の経過とともに一定値に近づく。この原子炉状態は、平衡サイクルにおける問題の解を得るための一つのステップとして、実際に計算（あるいは近似）される。

ある燃焼サイクル後に燃料管理手順が変化する場合として、2通りのケースが考えられる。

1）ある特殊な動かし方を1回だけ行う場合。炉内の各燃料バンドルは燃焼サイクル末期毎に別々に定量されなければならない。
2）ある特定の燃料種類について、複数回の燃焼サイクルが燃料移動なしに進められ、その後1回の取り出し/装荷を行う操作が、決められた回数繰り返される場合。

平衡条件は、1）の燃料管理ケースに対しては定義できないことは明らかであるが、2）の場合は反復手順のため、平衡条件の達成が可能である。

解に至るまでに必要な計算作業量は、燃焼サイクル1回に対する作業量に炉内の全物質種類の繰り返し回数（repetition factor）の最小公倍数を掛けた量に等しい。このため、平衡探査計算は、同一の燃料管理手順が各燃焼サイクル末期で行われる、繰り返し回数が1の問題のみに限定される。

注目すべき点は、上述のインデックスシステムは、高速炉でよく適用される分散装荷スキーム（scatter-relcading scheme）のように、燃料交換を部分的に繰り返し行うスキームを表現するのに最も便利であることである。個々の燃料バンドルは3種類のインデックスを直接引用することにより、各燃焼サイクル末期で別々に扱うことが可能である。

燃焼段階を示すインデックスは、異なる燃料管理手順が各燃焼サイクルの後に行われる単純な非平衡問題においてはあまり意味をなさない。しかしながら、平衡問題では、重要な意味を持つインデックスとなる。平衡問題での燃料管理手順は、定義により固定されているため、任意の時刻に炉内に存在する、ある物質種類の燃焼段階は、燃料バンドルの燃焼履歴における燃焼段階に他ならない。このため、平衡問題の解は燃焼サイクルを1回計算するだけで得られる。

REBUS-3で用いられる炉外サイクルモデルは、燃料の炉外取り出し後に実際に行われる手順を表現することを目的としている。このため、この炉外モデルは以下に示す一連のステップからなる。

- 冷却
- 再処理プラントへの移送
- 再処理および外部からの物質供給による燃料の再製造
- 装荷前貯蔵
- 原子炉への装荷

燃料の炉外取り出し後に行われる通常の手順としては、冷却プール内で貯蔵された後、1つまたはそれ以上の再処理プラントへ移送されることが考えられる。取り出された各々の燃料には、その冷却時間がラベル付けされ分類が可能となる。この冷却時間には、再処理プラントへの移送に要する時間も含まれる。各々の取り出しラベルに対し、任意の数の再処理プラントが行き先として指定される。ここではさらに、取り出された燃料のうち各プラントに移送される割合も指定される。原子炉から取り出され、再処理プラントに移送されない物質はすべて売却されるとみなされる。取り出し燃料の購買規定が冷却直後およびその後の再処理の両方に対して設けられる。各種類の取り出し燃料物質は、各々異なる時間冷却された後、異なる再処理プラントに送られる前に分割される。冷却された燃料は、1つまたはそれ以上の再処理プラントに搬入するにあたり、分割されたり混ぜ合わされたりする。各再処理プラントには再処理に要する時間が設定される。また、処理される放射性同位体の各々に対し“回収率”を割り当てるデータセットが設定される。再製造段階は、ユーザが入力データを指定しやすいような、完全に決定されてはいるが柔軟性も有するスキームに整理するのが困難である。各装荷物質の正確な濃縮度は、問題が与えられた時点では未定であり、そのため特定の高い反応度もしくは低い反応度をもつ燃料への要求も未定である。そのモデルはリサイクルシステムに対するものであるため、取り出し燃料と一部の再製造燃料インベントリは、原子炉特性が既知となってから決定される。REBUS-3に適用される手法は優先順位スキームであり［23］、これは指定が比較的容易でかつ対象範囲が過剰に限定されることもない。このモデルの基本は次の通りである。燃料交換日より前のある最短時刻において、再製造用の燃料が選ばれる。高反応度バッチ（CLASS 1）と低反応度バッチ（CLASS 2）を選択可能であり、それぞれの燃料は一定の同位体比をもつ。あるものは再処理された燃料であり、あるものは外部からの供給燃料である。

高速炉設計の複雑な全体スキームを図E.3に示す。その検討の手順は、まず物質の共存性を確保でき、かつ設計目標として掲げるシステムの性能を達成する新物質の適切な選定である。物質の最終選定は、候補材料の物性、予想されるそれらのシステム内での共存性、さらには全反応度スウィング、達成可能な燃焼度レベル、到達し得る高速中性子照射量と物質の限界、原子炉運転中の出力ピーキングとその動特性、反応度温度係数、動特性パラメータを含む広範囲の特性を考慮した、詳細な炉物理解析に基づいて行われる。用いられる詳細3次元モデルでは、原子炉運転期間全般にわたる各燃料要素バンドルの位置が考慮される。取り出し燃焼度を高め、中性子照射量の燃焼度に対する比を低減するため、物質選定に続いて炉心・燃料仕様の最適化が行われる。図E.3に描かれているように、設計の手順は広範囲にわたる分野での検討の繰り返しプロセスである。それは、高速中性子スペクトル体系の様々な特性が、複雑に相互に作用し、相互に依存するためである。

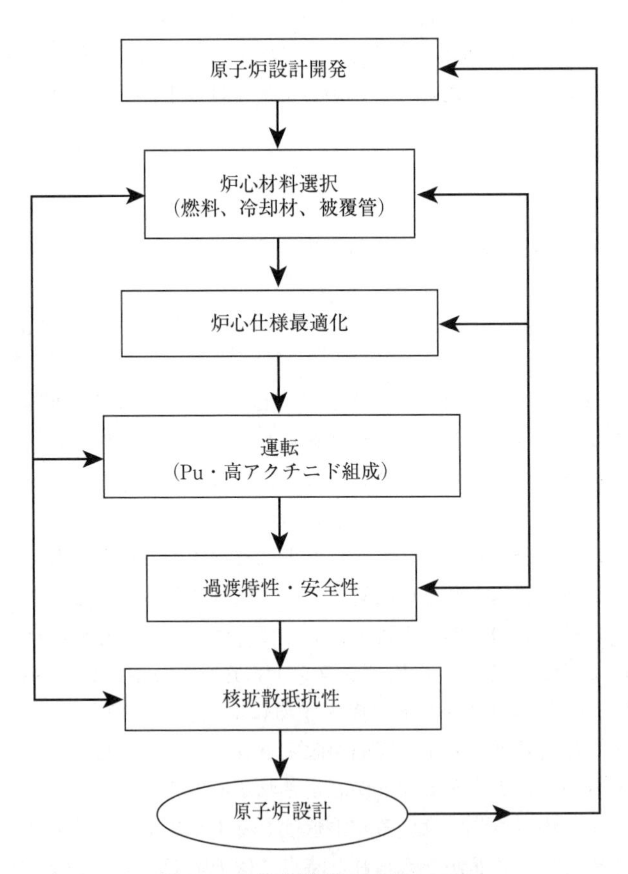

図E.3　高速炉設計の全体フロー

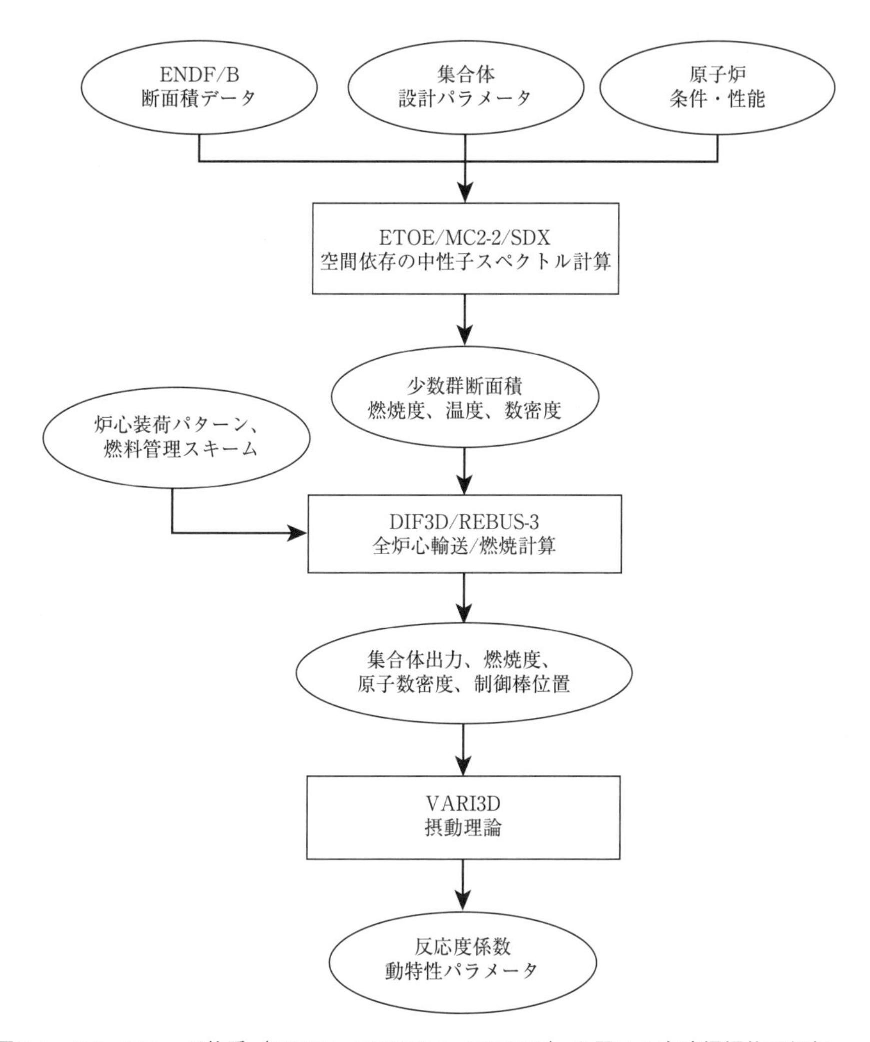

図E.4　ANLのコード体系（DIF3D、REBUS-3、VARI3D）を用いた高速炉炉物理解析

高速炉モデル化の全体的な手順を図E.4に示す。DIF3Dを用いた臨界計算とREBUS-3を用いた全炉心燃焼計算により炉心特性が得られる。得られた燃焼度依存のデータはVARI3Dを用いた反応度係数および動特性パラメータの計算に利用される。REBUS-3では以下に示す動力炉特性がデータセットとして得られる。

- 物質（核種）マスフロー特性
- ピーク／平均取り出し燃焼度
- ピーク高速中性子照射量およびピーク燃焼度
- 初期（装荷時の）濃縮度（核分裂性核種濃度）と末期（取り出し時の）核分裂性核種濃度
- 炉心の中性子増倍率
- 増殖比または転換比

E.3 炉システムの安全評価

第4世代炉の設計における受動的安全性は、シミュレーションで確認し、最終的には実証的実験で確認しなければならない。受動的安全性を求めることは、過渡事象が固有の反応度フィードバックと小さな駆動ヘッドで駆動される冷却材流れによって終息する特性を追求することにつながる。これを行うには、先進的な解析ツールや実験データによる確認、そして高速スペクトル体系における信頼できかつ効果的な熱-構造材反応度フィードバック特性の検証が必要となる。受動的安全性の達成に必要な設計の特徴が適切に表われていることを確認するためには、統合化モデルの視点で高速炉シミュレーションを行うアプローチが必要である。これらの課題に取り組むには、核、熱流動、構造のモデリングを結合したシミュレーション手法が必要である。参照計算であれ、ベンチマーク計算であれ、熱流動と3次元空間動特性の結合機能が物理現象を正確にシミュレーションするために求められる。このような計算を日常的に行える能力を持つことは、計算の不確かさに対して設ける必要のあるマージンを削減し、現状の炉心モニタリングや監視機能の精度を高めることに役立つ。こうした詳細解があれば、1点近似または一次元動特性モデルを正規化し信頼して用いることが可能になる。

ANLで開発された安全解析コードシステムSAS4A/SASSYS-1［26］は、熱流動と3次元空間動特性解析を結合して実施する機能を有する［27］。このシステムはナトリウム冷却炉における設計基準事故や炉停止失敗過渡事象（ATWS）を解析するために用いられる。扱う計算モデルとしては、(1) 単ピンおよび複数ピンの燃料-被覆管-冷却材間熱伝達、(2) 冷却材の単相流および二相流、(3) 被覆管破損予測を含む燃料-被覆管の機械的挙動、(4) 1次系および2次系の液体金属冷却材の熱流動、(5) BOP設備の水・蒸気熱流動などがある。また、ポンプ、弁、プレナム、熱交換器、蒸気発生器、タービン、そして復水器の機器モデルも備える。核計算モデルは当初、空間依存の反応度フィードバックを考慮した一点近似を基にしていた。このコードシステムは、EBR-IIによる一連の原子炉停止後除熱試験（shutdown heat removal test, SHRT）［28］や、FFTFで実施された一連の固有安全性試験［29］によって得られた原子炉およびプラントデータを用いて検証された。

SAS4A/SASSYS-1は、DIF3D-KおよびVARIANT-Kの空間動特性コードと結合され、加速器駆動システムの解析のための外部中性子源動特性解析機能の実装により機能を拡張した［11］。3次元サブチャンネル冷却材熱流動モデルも実装され、EBR-IIの定常状態およびSHRT過渡時の温度測定値に対して検証された［30］。熱流動の定量予測を高めるために計算流体力学（computational fluid dynamics, CFD）モデルを組み込む試みが続けられている［31］。

詳細なCFDモデルに基づく新しい機能は、開発が進み、今後数十年の間に実用化されるであろう。これらのツールの開発には、結合手法とインターフェース、結合されたコードの収束性、改良アルゴリズムとマルチプロセッサの利用が必要となる。厳密な不確かさ評価の方法論を開発しなければならない。システムの多様な挙動が受動的安全性に関与するため、格納容器の応答特性をシステム計算に結合することも必要である。統合化モデルの妥当性も確認されねばならない。高速炉のマルチスケールシミュレーション技術を開発することは、新材料の開発を促進し、設計の解を導くという明らかな利点がある。

核-熱流動挙動解析を結合する目的でANLで開発された他のコードシステムとして、SE2-ANLシステムがある［32］。これは熱流動コードSUPERENERGY-2、すなわち高速炉の（ワイヤラップおよびダクトを備えた）燃料棒バンドルに適用するためにMITで開発された多集合体定常サブチャンネル解析コードの改良版である。ANLでは、このコードをDIF-3Dコードシステムに基づく発熱計算手法と結合させるとともに、ホットスポット解析、燃料要素温度計算、そして熱特性のクライテリア充足を条件とする冷却材流量配分のためのモデルが加えられた。

E.4　シミュレーションツール高精度化に向けた動き

今や、高精度シミュレーション（high fidelity simulation）は、現代のスーパーコンピュータの手が届く範囲にある。スーパーコンピュータの性能は現状で毎秒1ペタフロップスというピーク理論値、すなわち標準的なデスクトップコンピュータの約5桁も速い値に近づいている。実際、自動車、航空機、半導体チップ製造といった他の関連産業では、高精度モデリングを概念設計と最適化プロセスの統合に有効活用できることを実証している。関連産業は、高性能シミュレーションの導入によって実際に行うべき実験の数を飛躍的に減少させることに成功している。薬剤調合、エンジンやタービンの設計などがその例である。新しい技術や設計の特徴を実現するには、実験データを用いて検証された、信頼できる解析により確認することが必要である。信頼できる解析は、新しい設計の適合性審査や許認可のための基礎としても必要となる。要求されるシミュレーションツールには、定常状態および過渡時における核、熱流動、構造の挙動をシミュレーションするための計算コードとデータベースが含まれる。解析対象の原子力システムや解析の種類について、既存の解析ツールの妥当性評価が必要であるとともに、それらに要求される機能拡張を行い、その性能を検証することが必要である。

厳密な検証プロセスを確立し、それによって現代のシミュレーション性能を、施設の設計や安全性、さらに研究開発プロセスに最大限生かすことが必要である。検証プロセスの目的は、各計算値に対し、解析において考えられるあらゆる不確かさの源を考慮し、かつそれらを個別の状況に対して統合した不確かさの推定値を与えることである。

いくつかの手法は既に利用可能であり、それらは過去に原子力分野において成功裏に用いられている。

- 歴史的にみて、初歩的な手法は、洗練度は問わず開発済のコードを採用し、その計算結果と代表的な実験シリーズから得られるデータとを比較するものであった。不確かさはその比較結果に基づき評価される。このプロセスは不確かさの原因とバイアスを区別せず、漠然とした検証範囲しか定義しない。
- さらに進んだ手法が開発されており、例えば核および構造力学の分野では、（基礎方程式に対する厳密解を与える）レファレンスコードが存在し、数値バイアスの評価に用いることができる。すなわち、不確かさ伝播技術が開発され、核データや機械特性に起因する不確かさの最終評価に用いられている。さらには、積分実験データと予測結果を厳密に比較するための統計プロセスが開発されている。

要求されるモデリング機能の多くは、様々なタイプの原子力システムに適用できる様、分野横断的である［33］。例として、核計算モデリング用のモンテカルロ法および決定論的輸送計算手法、熱伝達および流体シミュレーション用の最新CFD手法、燃料サイクル評価、そして過渡時および事故時シミュレーションのためのモジュラーコードシステムがある。横断モデルの仮定、データ、手法が統一されていることが、大規模で長期間を要するモデル化作業を成功に導くために不可欠となる。このことは、データとモデルがスケールの極端に異なる現象を対象とする場合、しかもある計算の結果が他の計算の入力となる場合、特にあてはまる。物理的制約、予測精度、そして統合化手法の中での技術面と計算面の整合性に基づく、サブモデルの要求一式を定める必要がある。これらの機能の進展は、予測対象システムの挙動の不確かさ低減に役立ち、そのシステムが採用する能力や技術的限界を超えずに達成し得る最高の性能を目指したシステム開発において活用される［2］。

現在の原子炉物理解析の能力や核データの精度は、概して、新しい原子力システムを開発する初期段階への適用には問題がない。しかしながら、これらの原子力システムの際立った先進的特徴について、解析ツールは、その精度を検証するためのテストを行い、予測における不確かさを明らかにしなければならない。既存の最新解析ツールは、将来の開発や改良のための基礎となる。

シミュレーションツール開発計画の長期的目標は、燃料資源の採鉱から放射性廃棄物の最終処分に至るまでの核燃料サイクル全体のモデル化を手助けするアーキテクチャモデルを、相互に影響し合う因子（市場の動向、社会政治的効果、技術リスクなど）を考慮しつつ開発することである。これにより、安全性の強化、環境への影響の抑制、施設導入の最適化、建設コストの低減を図った次世代原子力システムの設計、解析やエンジニアリングを行うためのシミュレーションツールを、包括的にまとめて実装することが可能となる。その目標は以下の通りである［34］。

- 厳密な不確かさ伝播を考慮した統合化3次元炉心シミュレーション
- 1次系ループ熱流動シミュレーション
- 先進的な燃料の設計および性能評価
- 燃料挙動エンジニアリング
- 先進的な2次系とBOPのエンジニアリングおよび解析
- 先進的燃料サイクルの設計
- 再処理／分離施設のエンジニアリングの最適化
- 耐震学的、地質学的、化学的および熱的検討を含む貯蔵施設設計
- 経済性解析に適用できる原子力システム全体モデルの開発

E.5 コードシステムの管理元

オークリッジ国立研究所放射線安全計算情報センター（Radition Safety Information Computational Center, RSICC）では、文献、計算コード、データライブラリを世界中の専門家の協力を得て包括的に収集し維持管理している。RSICCへのリンク先はhttp://riscc.ornl.gov/である。

【参考文献】

1. "A Science-Based Case for Large-Scale Simulation," Vol. 1, Office of Science, U.S. Department of Energy (July 30, 2003).
2. "A Science-Based Case for Large-Scale Simulation," Vol. 2, Office of Science, U .S. Department of Energy (September 19, 2004).
3. B. J. Toppel, H. Henryson II, and C. G. Stenberg, "ETOE-2/MC^2-2/SDX Multi-group Cross-Section Processing," Proceedings of RSIC Seminar-Workshop on Multi-group Cross Sections, Conf-780334-5, Oak Ridge, TN, March 1978.
4. H. Henryson II, B. J. Toppel, and C. G. Stenberg, MC^2-2: A Code to Calculate Fast Neutron Spectra and Multi-group Cross Sections, ANL-8144, Argonne National Laboratory, Argonne, IL (1976).
5. W. S. Yang, M. A. Smith, C. H. Lee, A. Wollaber, D. Kaushik, and A. S. Mohamed, "Neutronics Modeling and Simulation of SHARP for Fast Reactor Analysis," Nuclear Engineering and Technology, 42, 475 (2010).
6. K. L. Derstine, DIF3D: A Code to Solve One-, Two-, and Three-Dimensional Finite-Difference Diffusion Theory Problems, ANL-82-64, Argonne National Laboratory, Argonne, IL (1984).
7. R. D. Lawrence, The DIF3D Nodal Neutronics Option for Two- and Three-Dimensional Diffusion Theory Calculations in Hexagonal Geometry, ANL-83-1, Argonne National Laboratory, Argonne, IL (1983).
8. G. Palmiotti, E. E. Lewis, and C. B. Carrico, VARIANT: VARIational Anisotropic Nodal Transport for Multidimensional Cartesian and Hexagonal Geometry Calculation, ANL-95/40, Argonne National

Laboratory, Argonne, IL (1995).

9. T. A. Taiwo and H. S. Khalil, "DIF3D-K: A Nodal Kinetics Code for Solving the Time-Dependent Diffusion Equation," Proceedings of the International Conference on Mathematics and Computations, Reactor Physics, and Environmental Analyses, Portland, OR (1995).
10. T. Taiwo, R. Ragland, G. Palmiotti, and P. J. Finck, "Development of a Three-Dimensional Transport Kinetics Capability for LWR-MOX Analyses," Transactions of the American Nuclear Society, 79, 298 (1999).
11. J. E. Cahalan, T. Ama, G. Palmiotti, T. A. Taiwo, and W. S. Yang, "Development of a Coupled Dynamics Code with Transport Theory Capability and Application to Accelerator-Driven Systems Transients," Proceedings of ANS International Topical Meeting on Advances in Reactor Physics and Mathematics and Computation into the Next Millennium, PHYSOR 2000, Pittsburgh, PA (2000).
12. R. N. Blomquist, "VIM - A Continuous Energy Neutronics and Photon Transport Code," Proceedings of the International Topical Meeting on Advances in Mathematics, Computations and Reactor Physics, Pittsburgh, PA (1992).
13. B. J. Toppel, The Fuel Cycle Analysis Capability REBUS-3, ANL-83-2, Argonne National Laboratory, Argonne, IL (March 1983 revised October 26, 1990).
14. W. S. Yang, P. J. Finck, and H. Khalil, "Reconstruction of Pin Power and Burnup Characteristics from Nodal Calculations in Hexagonal Geometry," Nuclear Science and Engineering, 111, 21 (1992).
15. M. J. Bell, ORIGEN - The ORNL Isotope Generation and Depletion Code, ORNL-4628, Oak Ridge National Laboratory, Oak Ridge, TN (1973).
16. C. H. Adams, Private Communication, Argonne National Laboratory (1975).
17. W. S. Yang and T. J. Downar, "Generalized Perturbation Theory for Constant Power Core Depletion," Nuclear Science and Engineering, 99, 353 (1988).
18. W. P. Poenitz and P. J. Collins, "Utilization of Experimental Integral Data for Adjustment and Uncertainty Evaluation of Reactor Design Quantities," NEACRP-L-307, Proceedings of the Nuclear Energy Agency Committee on Reactor Physics (NEACRP) Specialists Meeting, Jackson Hole, WY (1988).
19. P. J. Collins, S. E. Aumeier, and H. F. McFarlane, "Evaluation of Integral Measurements for the SP-100 Space Reactor," Proceedings of the 1992 Topical Meeting on Advances in Reactor Physics, Charleston, SC (1992).
20. P. J. Finck and K. L. Derstine, "The Application of Nodal Equivalence Theory to Hexagonal Geometry Lattice," Proceedings of the International Topical Meeting on Advances in Mathematics, Computations, and Reactor Physics, Pittsburgh, PA, Vol. 4, 16.14-1 (April 28 - May 2, 1991).
21. C. B. Carrico, E. E. Lewis, and G. Palmiotti, "Three-Dimensional Variational Nodal Transport Methods for Cartesian, Triangular, and Hexagonal Criticality Calculations," Nuclear Science and Engineering, 111, 168 (1992).
22. R. D. O' Dell, Standard Interface Files and Procedures for Reactor Physics Codes, Version IV, UC-32, Los Alamos National Laboratory, Los Alamos, NM (1977).
23. R. P. Hosteny, The ARC System Fuel Cycle Analysis Capability, REBUS-2, ANL-7721, Argonne National Laboratory, IL (1978).
24. W. S. Yang and H. S. Khalil, "Analysis of the ATW Fuel Cycle Using the REBUS-3 Code System," Transactions of the American Nuclear Society, 81, 277 (1999).
25. W. S. Yang, J. C. Beitel, E. Hoffman, and J. A. Stillman, "Source Coupling Interface between MCNP-X and

Deterministic Codes for ADS Analyses," Transactions of the American Nuclear Society, 88, 592 (2003).
26. J. E. Cahalan, et al., "Advanced LMR Safety Analysis Capabilities in the SASSYS-1 and SASS4A Computer Codes," Proceedings of the International Topical Meeting on Advanced Reactors Safety, Pittsburgh, PA (1994).
27. H. S. Khalil, et al., "Coupled Reactor Physics and Thermal-Hydraulics Computations with the SAS-DIF3DK Code," Proceedings of the Joint International Conference on Mathematical Methods and Super-Computing for Nuclear Applications, Saratoga Springs, NY (1997).
28. S. H. Fistedis, ed., "The Experimental Breeder Reactor-II Inherent Safety Demonstration," Nuclear Engineering and Design (special issue), 101, 1 - 90 (1987).
29. T. M. Burke, et al., "Results of the 1986 Inherent Safety Tests," Transactions of the American Nuclear Society, 54, 249 (1987).
30. F. E. Dunn, J. E. Cahalan, D. Hahn, and H. Jeong, "Whole Core Sub-Channel Analysis Verification with the EBR-II SHRT-17 Test," Proceedings of 2006 International Congress on Advances in Nuclear Power Plants, Reno, NV (2006).
31. T. H. Fanning and T. Sofu, "Modeling of Thermal Stratification in Sodium Fast Reactor Outlet Plenums During Loss of Flow Transients," Proceedings of the International Conference of Fast Reactors and Related Fuel Cycles (FR 2010), Kyoto, Japan (2009).
32. W. S. Yang and A. M. Yacout, "Assessment of the SE2-ANL Code Using EBR-II Temperature Measurements," Proceedings of the 7th International Meeting on Nuclear Reactor Thermal Hydraulics, NUREG/CP-0142, Saratoga Springs, NY (1995).
33. "The Path to Sustainable Nuclear Energy: Basic and Applied Research Opportunities for Advanced Fuel Cycles," Office of Science, U.S. Department of Energy (September 2005).
34. "Nuclear Physics and Related Computational Science R&D for Advanced Fuel Cycles," Office of Science, U.S. Department of Energy, Bethesda, MD (August 10 - 12, 2006).

付録 F
4 群と 8 群の断面積

この付録に示す断面積は、酸化物燃料を装荷したナトリウム冷却高速炉（sodium-cooled fast reactor; SFR）の典型的な炉心部中性子スペクトルと物質組成に対して計算されたものである。ハンフォード（Hanford）技術開発研究所のD. R. Haffner, R. W. Hardie, そしてR. P. Ombergらにより、1978年に提供された4群と8群の断面積を表にまとめている。これらは、ENDF/Bライブラリから作成された42群群定数セットを基に、自己遮蔽因子法を用いて更に縮約することにより得られた断面積セットである。当付録の最後に示されている^{238}Uのドップラー断面積は、過去の計算により評価されたものである。ここで示す断面積は、教育目的、簡易な評価や比較には有用であるが、実際の設計への応用は想定していない。

全ての断面積の単位はバーン（barn）である。ここで「核分裂生成物」は、1回の核分裂で生成される一対の核分裂生成物の全てを意味する用語として用いている。ここで整理した断面積は次の通りである。

- 4群断面積
- 8群断面積
- ^{238}Uドップラー断面積

表F.1　4群構造

群	Δu	群の下限エネルギー	χ
1	2.5	820 keV	0.76
2	2.0	110 keV	0.22
3	2.0	15 keV	0.02
4	−	0	0

表F.2　4群断面積

物質	群	σ_{tr}	σ_c	σ_f	$\sigma_{er}+\sigma_{ir}$	ν_f
ホウ素(天然)	1	1.6	0.06	−	0.45	−
	2	3.3	0.2	−	0.33	−
	3	2.8	0.6	−	0.15	−
	4	3.9	2.0	−	−	−
^{10}B	1	1.8	0.3	−	0.45	−
	2	4.2	1.1	−	0.33	−
	3	5.2	3.0	−	0.15	−
	4	12.2	10.3	−	−	−
炭素	1	1.8	0.001	−	0.39	−
	2	3.4	0	−	0.38	−

表F.2　4群断面積（続き）

物質	群	σ_{tr}	σ_c	σ_f	$\sigma_{er}+\sigma_{ir}$	ν_f
	3	4.3	0	–	0.27	–
	4	4.4	0	–	–	–
酸素	1	2.2	0.007	–	0.40	–
	2	3.8	0		0.26	–
	3	3.6	0	–	0.16	–
	4	3.6	0	–	–	–
ナトリウム	1	2.0	0.002	–	0.51	–
	2	3.6	0.001	–	0.17	–
	3	4.0	0.001	–	0.13	–
	4	7.0	0.009	–	–	–
クロム	1	2.4	0.006	–	0.34	–
	2	3.6	0.005	–	0.13	–
	3	4.6	0.02	–	0.05	–
	4	11.1	0.07	–	–	–
鉄	1	2.2	0.007	–	0.40	–
	2	2.8	0.005	–	0.08	–
	3	5.1	0.010	–	0.03	–
	4	7.2	0.03	–	–	–
ニッケル	1	2.3	0.073	–	0.31	–
	2	4.4	0.010	–	0.11	–
	3	12.7	0.03	–	0.06	–
	4	21.1	0.05	–	–	–
モリブデン	1	3.6	0.02	–	0.75	–
	2	7.0	0.06	–	0.11	–
	3	8.2	0.13	–	0.06	–
	4	9.5	0.7	–	–	–
^{232}Th	1	4.5	0.08	0.07	1.20	2.34
	2	7.4	0.19	0	0.20	–
	3	11.8	0.41	0	0.05	–
	4	15.3	1.48	0	–	–
^{233}U	1	4.4	0.03	1.81	0.93	2.69
	2	6.4	0.17	2.05	0.12	2.52
	3	11.5	0.30	2.74	0.04	2.50
	4	17.9	0.74	6.49	–	2.50
^{235}U	1	4.6	0.06	1.2	0.79	2.69
	2	7.4	0.3	1.3	0.20	2.46
	3	12.5	0.6	1.9	0.04	2.43
	4	18.7	2.0	5.0	–	2.42
^{238}U	1	4.6	0.06	0.32	1.39	2.77
	2	7.8	0.13	0	0.22	–
	3	12.1	0.35	0	0.05	–
	4	12.9	0.9	0	–	–
^{239}Pu	1	4.9	0.02	1.83	0.83	3.17
	2	7.5	0.16	0.55	0.13	2.92
	3	12.0	0.45	1.63	0.07	2.88
	4	17.4	2.4	3.25	–	2.87

表F.2　4群断面積（続き）

物質	群	σ_{tr}	σ_c	σ_f	$\sigma_{er}+\sigma_{ir}$	ν_f
^{240}Pu	1	4.8	0.07	1.59	0.74	3.18
	2	7.4	0.18	0.27	0.22	2.95
	3	12.0	0.5	0.07	0.05	2.88
	4	17.2	2.1	0.13	−	2.87
^{241}Pu	1	4.8	0.08	1.65	0.82	3.23
	2	8.0	0.20	1.72	0.31	2.98
	3	12.6	0.48	2.48	0.05	2.94
	4	19.8	1.74	6.32	−	2.93
^{242}Pu	1	4.5	0.04	1.46	0.65	3.12
	2	7.1	0.12	0.17	0.18	2.89
	3	12.6	0.33	0.04	0.05	2.81
	4	22.0	1.54	0.02	−	2.81
核分裂生成物（対）	1	7.8	0.05	−	1.83	−
	2	11.4	0.17	−	0.20	−
	3	14.7	0.50	−	0.09	−
	4	19.1	1.88	−	−	−

表F.3　4群散乱行列（弾性と非弾性），$\sigma_{h\to g}$

物質	$\sigma_{1\to2}$	$\sigma_{1\to3}$	$\sigma_{3\to4}$	$\sigma_{2\to3}$
ホウ素（と ^{10}B）	0.45	0	0.15	0.33
炭素	0.39	0	0.27	0.38
酸素	0.40	0	0.16	0.26
ナトリウム	0.51	0	0.13	0.17
クロム	0.32	0.02	0.05	0.13
鉄	0.37	0.03	0.03	0.08
ニッケル	0.29	0.02	0.06	0.11
モリブデン	0.71	0.04	0.06	0.11
^{232}Th	1.15	0.05	0.05	0.21
^{233}U	0.87	0.06	0.04	0.12
^{235}U	0.77	0.02	0.04	0.20
^{238}U	1.32	0.07	0.05	0.22
^{239}Pu	0.79	0.04	0.07	0.13
^{240}Pu	0.72	0.02	0.05	0.22
^{241}Pu	0.78	0.04	0.05	0.31
^{242}Pu	0.59	0.06	0.05	0.18
核分裂生成物（対）	1.75	0.08	0.09	0.20

表F.4　8群構造

群	Δu	群の下限エネルギー	χ
1	1.5	2.2 MeV	0.365
2	1.0	820 keV	0.396
3	1.0	300 keV	0.173
4	1.0	110 keV	0.050
5	1.0	40 keV	0.012
6	1.0	15 keV	0.003
7	3.0	750 eV	0.001
8	−	0	0

表F.5　8群断面積

物質	群	σ_{tr}	σ_c	σ_f	$\sigma_{er}+\sigma_{ir}$[a]	ν_f
^{10}B	1	1.4	0.3	–	0.4401	–
	2	2.0	0.3	–	0.6502	–
	3	3.7	0.7	–	0.79	–
	4	4.6	1.5	–	0.57	–
	5	4.7	2.3	–	0.39	–
	6	5.8	3.8	–	0.34	–
	7	10.9	9.1	–	0.06	–
	8	31.5	29.8	–	–	–
炭素	1	1.6	0.003	–	0.4760	–
	2	1.9	0	–	0.57	–
	3	3.0	0	–	0.65	–
	4	3.8	0	–	0.67	–
	5	4.2	0	–	0.39	–
	6	4.4	0	–	0.61	–
	7	4.4	0	–	0.10	–
	8	4.5	0	–	–	–
酸素	1	1.2	0.02	–	0.3023	–
	2	2.8	0	–	0.58	–
	3	3.7	0	–	0.69	–
	4	3.8	0	–	0.46	–
	5	3.6	0	–	0.39	–
	6	3.6	0	–	0.37	–
	7	3.6	0	–	0.06	–
	8	3.6	0	–	–	–
ナトリウム	1	1.5	0.005	–	0.623	–
	2	2.2	0.0002	–	0.6908	–
	3	3.6	0.0004	–	0.4458	–
	4	3.5	0.001	–	0.29	–
	5	4.0	0.001	–	0.35	–
	6	3.9	0.001	–	0.30	–
	7	7.3	0.009	–	0.04	–
	8	3.2	0.008	–	–	–
クロム	1	2.3	0.006	–	0.9998	–
	2	2.5	0.006	–	0.40	–
	3	2.6	0.005	–	0.1201	–
	4	4.6	0.005	–	0.22	–
	5	5.5	0.012	–	0.28	–
	6	3.1	0.033	–	0.12	–
	7	11.5	0.069	–	0.02	–
	8	4.5	0.027	–	–	–
鉄	1	2.2	0.02	–	1.0108	–
	2	2.1	0.003	–	0.46	–
	3	2.4	0.005	–	0.12	–
	4	3.1	0.006	–	0.14	–
	5	4.5	0.008	–	0.28	–
	6	6.1	0.012	–	0.07	–
	7	6.9	0.032	–	0.04	–
	8	10.4	0.020	–	–	–
ニッケル	1	2.2	0.02	–	0.994	–
	2	2.4	0.016	–	0.304	–

表F.5　8群断面積（続き）

物質	群	σ_{tr}	σ_c	σ_f	$\sigma_{er}+\sigma_{ir}$[a]	ν_f
	3	3.2	0.008	−	0.19	−
	4	5.5	0.012	−	0.20	−
	5	6.9	0.019	−	0.26	−
	6	21.3	0.049	−	0.13	−
	7	21.4	0.053	−	0.07	−
	8	17.0	0.037	−	−	−
モリブデン	1	2.9	0.005	−	1.5708	−
	2	4.1	0.024	−	0.878	−
	3	6.1	0.046	−	0.273	−
	4	7.9	0.063	−	0.17	−
	5	8.1	0.088	−	0.14	−
	6	8.2	0.20	−	0.13	−
	7	9.3	0.57	−	0.03	−
	8	−	−	−	−	−
^{232}Th	1	4.2	0.13	0.14	2.627	2.47
	2	4.6	0.11	0.04	1.105	2.13
	3	5.7	0.18	0	0.3704	−
	4	9.0	0.20	0	0.3634	−
	5	11.6	0.33	0	0.25	−
	6	12.1	0.51	0	0.08	−
	7	14.5	1.15	0	0.02	−
	8	27.7	6.59	0	−	−
^{233}U	1	4.6	0.02	1.72	1.667	2.91
	2	4.4	0.05	1.85	0.88	2.59
	3	5.2	0.13	1.91	0.2883	2.53
	4	7.6	0.21	2.16	0.202	2.51
	5	10.4	0.25	2.39	0.5	2.50
	6	13.3	0.36	3.19	0.07	2.50
	7	17.1	0.65	5.89	0.01	2.50
	8	28.5	2.04	15.82	−	2.50
^{235}U	1	4.2	0.04	1.23	0.1394	2.90
	2	4.8	0.09	1.24	0.853	2.59
	3	6.2	0.18	1.18	0.4746	2.48
	4	8.7	0.32	1.40	0.312	2.44
	5	11.7	0.53	1.74	0.15	2.43
	6	13.9	0.79	2.16	0.08	2.42
	7	17.7	1.71	4.36	0.01	2.42
	8	33.0	5.76	15.06	−	2.42
^{238}U	1	4.3	0.01	0.58	2.293	2.91
	2	4.8	0.09	0.20	1.49	2.58
	3	6.3	0.11	0	0.3759	−
	4	9.4	0.15	0	0.2935	−
	5	11.7	0.26	0	0.20	−
	6	12.7	0.47	0	0.09	−
	7	13.1	0.84	0	0.01	−
	8	11.0	1.47	0	−	−
^{239}Pu	1	4.5	0.01	1.85	1.495	3.40
	2	5.1	0.03	1.82	0.826	3.07
	3	6.3	0.11	1.60	0.3709	2.95
	4	8.6	0.20	1.51	0.1905	2.90

表F.5 8群断面積（続き）

物質	群	σ_{tr}	σ_c	σ_f	$\sigma_{er}+\sigma_{ir}$[a]	ν_f
	5	11.3	0.35	1.60	0.15	2.88
	6	13.1	0.59	1.67	0.09	2.88
	7	16.5	1.98	2.78	0.01	2.87
	8	31.8	8.54	10.63	−	2.87
^{240}Pu	1	4.3	0.02	1.61	1.534	3.40
	2	5.1	0.09	1.58	0.723	3.07
	3	6.1	0.15	0.51	0.3713	2.96
	4	8.5	0.20	0.09	0.2929	2.90
	5	11.0	0.34	0.06	0.22	2.88
	6	13.6	0.77	0.08	0.09	2.87
	7	17.1	1.85	0.13	0.02	2.87
	8	19.7	5.92	0.16	−	2.87
^{241}Pu	1	4.5	0.05	1.61	1.838	3.46
	2	5.0	0.11	1.67	0.642	3.13
	3	6.6	0.15	1.53	0.8246	3.01
	4	9.2	0.25	1.87	0.504	2.96
	5	11.9	0.40	2.31	0.22	2.94
	6	13.7	0.58	2.70	0.07	2.94
	7	18.6	1.47	5.5	0.01	2.93
	8	37.7	5.88	19.23	−	2.93
^{242}Pu	1	4.3	0.01	1.67	1.033	3.34
	2	4.5	0.05	1.36	0.68	3.00
	3	5.8	0.11	0.34	0.2846	2.89
	4	8.2	0.13	0.04	0.3002	2.84
	5	11.2	0.24	0.03	0.23	2.82
	6	14.6	0.45	0.05	0.10	2.81
	7	21.0	1.25	0.02	0.03	2.81
	8	36.9	6.10	0	−	−
核分裂生成物（対）	1	6.5	0.02	−	3.767	−
	2	8.6	0.07	−	1.908	−
	3	10.4	0.11	−	0.499	−
	4	12.3	0.21	−	0.343	−
	5	13.9	0.38	−	0.20	−
	6	15.8	0.65	−	0.21	−
	7	18.5	1.58	−	0.04	−
	8	28.3	6.49	−	−	−

[a] 除去断面積の値は2桁のみが正確である。3桁目以降は中性子バランスが保たれるよう散乱行列との整合性を持たせるために与えている。

表F.6　8群散乱行列（弾性と非弾性），$\sigma_{h\to g}$

h ↓ / g →		2	3	4	5	6	7	8
^{10}B	1	0.43	0.008	0.002	0.0001	0	0	0
	2	−	0.65	0.0002	0	0	0	0
	3	−	−	0.79	0	0	0	0
	4	−	−	−	0.57	0	0	0
	5	−	−	−	−	0.39	0	0
	6	−	−	−	−	−	0.34	0
	7	−	−	−	−	−	−	0.06
炭素	1	0.47	0.005	0.0009	0.0001	0	0	0
	2	−	0.57	0	0	0	0	0
	3	−	−	0.65	0	0	0	0
	4	−	−	−	0.67	0	0	0
	5	−	−	−	−	0.39	0	0
	6	−	−	−	−	−	0.61	0
	7	−	−	−	−	−	−	0.10
酸素	1	0.30	0.002	0.0003	0	0	0	0
	2	−	0.58	0	0	0	0	0
	3	−	−	0.69	0	0	0	0
	4	−	−	−	0.46	0	0	0
	5	−	−	−	−	0.39	0	0
	6	−	−	−	−	−	0.37	0
	7	−	−	−	−	−	−	0.06
ナトリウム	1	0.52	0.09	0.003	0.009	0.001	0	0
	2	−	0.69	0	0.0004	0.0004	0	0
	3	−	−	0.44	0.005	0.0008	0	0
	4	−	−	−	0.29	0	0	0
	5	−	−	−	−	0.35	0	0
	6	−	−	−	−	−	0.30	0
	7	−	−	−	−	−	−	0.04
クロム	1	0.79	0.16	0.04	0.009	0.0008	0	0
	2	−	0.31	0.06	0.02	0.01	0	0
	3	−	−	0.12	0	0	0.0001	0
	4	−	−	−	0.22	0	0	0
	5	−	−	−	−	0.28	0	0
	6	−	−	−	−	−	0.12	0
	7	−	−	−	−	−	−	0.02
鉄	1	0.75	0.20	0.05	0.01	0.0008	0	0
	2	−	0.33	0.10	0.02	0.01	0	0
	3	−	−	0.12	0	0	0	0
	4	−	−	−	0.14	0	0	0
	5	−	−	−	−	0.28	0	0
	6	−	−	−	−	−	0.07	0
	7	−	−	−	−	−	−	0.04
ニッケル	1	0.67	0.22	0.08	0.02	0.004	0	0
	2	−	0.25	0.04	0.01	0.004	0	0
	3	−	−	0.19	0	0	0	0
	4	−	−	−	0.20	0	0	0
	5	−	−	−	−	0.26	0	0

表F.6 8群散乱行列（弾性と非弾性），$\sigma_{h \to g}$（続き）

	h ↓ g →	2	3	4	5	6	7	8
	6	–	–	–	–	–	0.13	0
	7	–	–	–	–	–	–	0.07
モリブデン	1	1.09	0.39	0.08	0.01	0.0008	0	0
	2	–	0.62	0.20	0.05	0.008	0	0
	3	–	–	0.23	0.04	0.003	0	0
	4	–	–	–	0.17	0	0	0
	5	–	–	–	–	0.14	0	0
	6	–	–	–	–	–	0.13	0
	7	–	–	–	–	–	–	0.03
^{232}Th	1	1.20	1.01	0.34	0.07	0.007	0	0
	2	–	0.86	0.20	0.04	0.005	0	0
	3	–	–	0.36	0.008	0.002	0.0004	0
	4	–	–	–	0.36	0.003	0.0004	0
	5	–	–	–	–	0.22	0.03	0
	6	–	–	–	–	–	0.08	0
	7	–	–	–	–	–	–	0.02
^{233}U	1	0.61	0.73	0.26	0.06	0.007	0	0
	2	–	0.58	0.24	0.05	0.01	0	0
	3	–	–	0.28	0.008	0.0003	0	0
	4	–	–	–	0.20	0.002	0	0
	5	–	–	–	–	0.14	0.01	0
	6	–	–	–	–	–	0.07	0
	7	–	–	–	–	–	–	0.01
^{235}U	1	0.72	0.48	0.16	0.03	0.004	0	0
	2	–	0.72	0.12	0.01	0.003	0	0
	3	–	–	0.43	0.04	0.004	0.0006	0
	4	–	–	–	0.29	0.02	0.002	0
	5	–	–	–	–	0.14	0.01	0
	6	–	–	–	–	–	0.08	0
	7	–	–	–	–	–	–	0.01
^{238}U	1	1.28	0.78	0.20	0.03	0.003	0	0
	2	–	1.05	0.42	0.01	0.01	0	0
	3	–	–	0.33	0.04	0.005	0.0009	0
	4	–	–	–	0.29	0.003	0.0005	0
	5	–	–	–	–	0.18	0.02	0
	6	–	–	–	–	–	0.09	0
	7	–	–	–	–	–	–	0.01
^{239}Pu	1	0.66	0.60	0.19	0.04	0.005	0	0
	2	–	0.64	0.15	0.03	0.006	0	0
	3	–	–	0.31	0.05	0.01	0.0009	0
	4	–	–	–	0.18	0.01	0.0005	0
	5	–	–	–	–	0.13	0.02	0
	6	–	–	–	–	–	0.09	0
	7	–	–	–	–	–	–	0.01
^{240}Pu	1	0.75	0.58	0.17	0.03	0.004	0	0
	2	–	0.60	0.11	0.01	0.003	0	0

表F.6　8群散乱行列（弾性と非弾性），$\sigma_{h \to g}$（続き）

h ↓ / g →		2	3	4	5	6	7	8
	3	–	–	0.33	0.04	0.001	0.0003	0
	4	–	–	–	0.29	0.002	0.0009	0
	5	–	–	–	–	0.21	0.01	0
	6	–	–	–	–	–	0.09	0
	7	–	–	–	–	–	–	0.02
^{241}Pu	1	0.62	0.77	0.34	0.10	0.008	0	0
	2	–	0.57	0.06	0.01	0.002	0	0
	3	–	–	0.76	0.06	0.004	0.0006	0
	4	–	–	–	0.45	0.05	0.004	0
	5	–	–	–	–	0.19	0.03	0
	6	–	–	–	–	–	0.07	0
	7	–	–	–	–	–	–	0.01
^{242}Pu	1	0.47	0.39	0.14	0.03	0.003	0	0
	2	–	0.40	0.21	0.05	0.02	0	0
	3	–	–	0.26	0.02	0.004	0.0006	0
	4	–	–	–	0.30	0.0002	0	0
	5	–	–	–	–	0.21	0.02	0
	6	–	–	–	–	–	0.10	0
	7	–	–	–	–	–	–	0.03
核分裂生成物（対）	1	2.12	1.26	0.32	0.06	0.007	0	0
	2	–	1.40	0.42	0.08	0.008	0	0
	3	–	–	0.48	0.01	0.007	0.002	0
	4	–	–	–	0.32	0.02	0.003	0
	5	–	–	–	–	0.20	0	0
	6	–	–	–	–	–	0.21	0
	7	–	–	–	–	–	–	0.04

下の表は、SFR炉心の燃料の平均温度を700から1,400Kに上昇させた際の、ドップラー効果に基づく^{238}Uの実効捕獲断面積増加分の概算値を示している。

表F.7　^{238}Uドップラー断面積

4群		8群	
群	$\Delta\sigma_c$（barns）	群	$\Delta\sigma_c$（barns）
1	0	1	0
2	0	2	0
3	0.004	3	0
4	0.05	4	0.0001
–	–	5	0.0008
–	–	6	0.004
–	–	7	0.045
–	–	8	0.20

付録 G
スペクトルの終端 － SFR の仮想的炉心崩壊事故(HCDA)－

G.1　はじめに

これまで数十年かけて、酸化物燃料ナトリウム冷却高速炉（sodium-cooled fast reactor, SFR）の“スペクトルの終端”の事故を評価するための、数多くの検討がなされてきている。これほど過酷な状況に進展することは極めて稀で仮想的であるため、このような事故は、仮想的炉心崩壊事故（hypothetical core disruptive accident, HCDA）と呼ばれている。13章から16章で述べられたように、正しく設計されたSFRの現実的な事故シナリオでは、エナジェティックな崩壊に至るようなことはありえないが、多くの安全解析者は、格納施設に決定的なダメージを与える限界点（クリフ）を追求することに意欲的に取り組んでいる。そこでこの付録Gでは、エナジェティックな炉心崩壊に至るような事故が発生すると仮定して、その際にどのようにエネルギーが生成されるのか、またプラントの運転員や周辺住民を被害から守るために確立した障壁に対して、どのような物理的ダメージを与えるのかを再整理する。

G.2　燃料膨張

原子炉の核的暴走によって炉心が溶融し部分的に蒸発が生じた際の機械的仕事量を求めるために、2つのアプローチが用いられている。1つは最大値アプローチ（bounding approach）で、膨張する燃料蒸気によって理論的に生成されるエネルギーは、全て周囲の構造物への仕事エネルギーとして用いられるとした手法である。2つ目は機構論的アプローチ（mechanistic approach）で、膨張を機構論的に解析して、周辺構造物に吸収される仕事量のポテンシャルを決定する手法である。

G.2.1　最大値アプローチ

機械的仕事量を評価する方法の1つは、2相の燃料気泡が事故後の系統圧力レベルに低下するまでの膨張時の*PdV*を計算する方法である。このポテンシャルの上限値を求めるために、しばしば系統の最終圧力レベルとして1気圧が用いられるが、より現実的な評価では、気泡の膨張過程が完了した時点の原子炉容器内の圧力は、1気圧よりも高い値になっている、という認識に基づいて設定を行う。

2相（液相－気相）の混合燃料の膨張に寄与する最大の理論的仕事エネルギーを求める際、有用な方法として、図G.1に示す燃料の温度－エントロピー（*T-s*）ダイアグラムの上で、事故シーケンスをたどる方法がある。炉心崩壊計算を、通常の定格運転状態の炉心から始めると、即発バーストは「状態①」で開始し、この低い温度では燃料固相と燃料蒸気とが平衡状態にある。

このダイアグラムでUO_2-PO_2燃料の融点は約3,040K、1気圧での飽和温度は約3,500K、臨界温度は8,000Kのオーダである。

反応度添加によって出力が急上昇し、燃料温度も上昇する。燃料は「状態②」と「状態③」の間で溶融する。その後の加熱によって燃料温度は上昇し、部分的に蒸発し、圧力が上昇して最終的には炉心崩壊に至る。核的暴走の最後の状態において、燃料は*T-s*ダイアグラムのドーム形状の下にあるか（膨張容積とクオリティが小さいので、飽和線の近傍となるが）、もしくは、液体が膨張して空間を

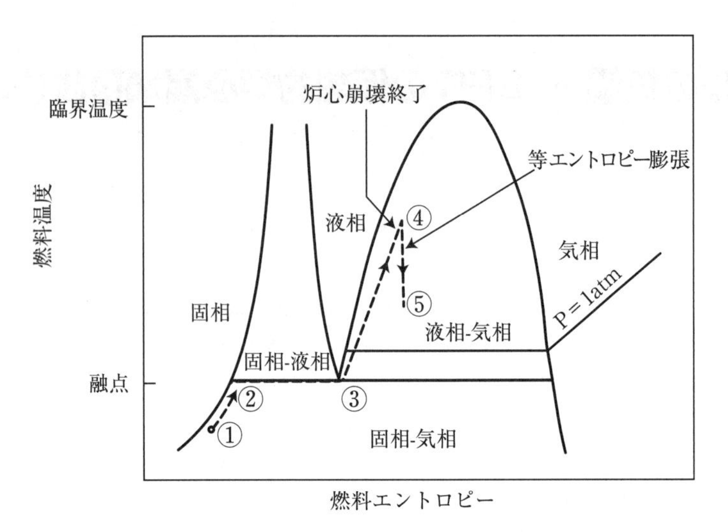

図G.1　燃料のT-sダイアグラム上にみる炉心崩壊事故シーケンス

満たしハードシステム[1]を形成する場合には液相状態となる。遷移過程の計算では、前者となる場合が多い。そこで、図G.1の例では、炉心崩壊の最終状態での燃料は「状態④」として示している。

その後、2相の燃料は等エントロピー膨張し（断熱、可逆)、より低い圧力の状態「状態⑤」となると想定される。この膨張過程が、仕事エネルギー過程（work energy phase）を構成している。この「HCDA気泡」の膨張は原子炉容器内部構造物に損傷を与え、容器や配管を歪ませ、炉心上部のナトリウムを上方に加速するであろう。これによって原子炉容器上蓋にインパクトを与え、上蓋を損傷させさらに原子炉容器を歪ませる。これらプロセスについては、セクションG.4で詳しく述べる。この膨張過程は、ナトリウムが原子炉容器上蓋に衝突し、容器変形で生じた空間が上方へ移動したナトリウムで満たされ、図G.1の「状態⑤」で終了する。

燃料の膨張過程で行われる仕事量を求めるため、2相の燃料について熱力学の第1法則を適用する。

$$dQ = dU + dW = 0, \tag{G.1}$$

ここでdQは膨張時に燃料から伝達される熱量、dUは内部エネルギー変化、dWは周囲に対して行われた仕事（ナトリウムに対しての仕事、最終的には原子炉容器に対しての仕事）である。もし、膨張過程が等エントロピーであると仮定するなら、$dQ = 0$となり、計算される仕事量は燃料単独での膨張時の最大値となる。この仮定のもと、以下の式が導かれる。

$$W_{max} = U_4 - U_5. \tag{G.2}$$

事故の解析の際、「状態⑤」の熱力学的特性は、膨張可能な体積のP_5（圧力）もしくはv_5（比容積）

[1] 気相と液相からなる2相の体系は、気体の圧力の柔軟性により通常「ソフトシステム」と称され、一方全体が液相の体系は「ハードシステム」と呼ばれる。炉心がソフトシステムの状態でまだ崩壊していない場合、ハードシステムの高圧の液体によって、急激に崩壊に至るだろう。

から与えられる。崩壊過程の最終状態での燃料の特性（ここでは、U_4と比エントロピーs_4）が算出できる。s_4（s_5と等しい）とP_5もしくはv_5、そして燃料の状態方程式から、最終的な内部エネルギーU_5が求められ、その結果仕事量が計算できる。

方程式（G.2）から求められる仕事量は、以下の仮定を置くことで、U_4やU_5から算出するよりも簡単に求めることができる。すなわち、蒸気は理想気体であり、h_{fg}は一定、v_lはv_gと比べると無視でき、液体燃料のc_pは一定と仮定する。すると、

$$W_{max} = M_f \left[c_p (T_4 - T_5) - h_{fg} (x_5 - x_4) + R(x_5 T_5 - x_4 T_4) \right], \tag{G.3}$$

M_f ＝ 膨張した燃料の重量（kg）
C_p ＝ 液体燃料の比熱（J/kg・K）
h_{fg} ＝ 燃料の蒸発潜熱（J/kg）
x ＝ クオリティ
R ＝ 燃料のガス定数　8,317/270 J/kg・K　UO_2-PuO_2

「状態④」のクオリティは以下の式から求められる

$$x_4 = \frac{\dfrac{V_4}{M_f} - v_{l4}}{v_{g4} - v_{l4}}, \tag{G.4}$$

ここでV_4は崩壊の最終時点のM_fを含んでいる炉心の近似的な体積であり、v_gとv_lはそれぞれ温度T_4での気相と液相の飽和状態の比容積である。

「状態⑤」のクオリティは以下の関係式から求められる

$$x_5 = x_4 \frac{T_5}{T_4} + \frac{c_p T_5}{h_{fg}} \ln \frac{T_4}{T_5}. \tag{G.5}$$

もしP_5が既知の場合、T_5は状態方程式の蒸気圧力から求められる。酸化物燃料の場合、

$$p = \exp\left(-\frac{78847}{T} + 53.152 - 4.208 \ln T \right), \tag{G.6}$$

そしてx_5が算出され、最終的にW_{max}が算出できる。

もし、終状態としてP_5ではなく体積V_5が分かっている場合には、この問題はより複雑になる。x_5を無視し、$v_{g5} = RT_5/P_5$（理想気体）と仮定して、

$$v_5 = \frac{V_5}{M_f} = x_5 v_{g5} = x_5 \frac{RT_5}{P_5}.$$

方程式（G.5）のx_5として上式を代入すると次式が得られる。

$$\frac{v_5 P_5(T_5)}{RT_5} = x_4 \frac{T_5}{T_4} + \frac{c_p T_5}{h_{fg}} \ln \frac{T_4}{T_5}, \tag{G.7}$$

ここでP_5（T_5）はこれまでに述べた蒸気圧の関係式から求められる。この式をT_5について解いて、x_5を求め、最終的にW_{max}が求められる。

実際の膨張の問題はさらに複雑である。これまで示した（G.2）から（G.7）の式では、「状態④」の時は炉心全体が一様温度、「状態⑤」の時も別の温度で一様であると仮定してきた。しかし、実際の「状態④」では、温度分布があり中心部が高温になる。燃料の各部分が、その体積中（崩壊計算の際の各メッシュセル）でそれぞれ独立に最終圧力に到達するまで膨張するならば、膨張過程の開始前に炉心全体が一様温度（平均温度）になるように熱的に混合してから膨張する場合と比較して、膨張時の仕事量は非常に大きくなる。この効果の定量的検討例が参考文献［1］に示されている。この大きな差異の原因は、燃料の熱的混合が不可逆なプロセスをとるためである。この不可逆性の効果によって、燃料の膨張仕事のポテンシャルが大きく減少している。膨張前もしくは膨張過程の混合は自己混合と呼ばれている。膨張前もしくは膨張過程で十分な自己混合が生じない場合に、（G.3）で求めた温度を燃料の平均温度として用いると、仕事量は過小評価となる。

G.2.2 機構論的アプローチ

SFRのHCDAでの実際の膨張過程では、様々な現象が生じ、このため周囲に対して行われる仕事量は理論的に求められる量よりも大幅に低減される。周辺構造物へのヒートロスや抵抗損失が、機械的エネルギーによる損傷ポテンシャルを低下させる。前述したように、炉心内での自己混合と、膨張していく流体の中の圧力勾配によって、熱エネルギーから仕事エネルギーへの転換効率が低減する。膨張パスの中で、構造的な形状の変化によって急激に領域が変化することも、さらなる低減効果を導く。もし、炉心より上部の内部構造物（軸方向ブランケットや燃料ピン内の核分裂ガスプレナム）がその場に残っていれば、この低減効果はさらに大きくなる。炉心圧力が上昇し、炉心上部構造物が移動してしまっている場合には、低減効果は小さい。これらの現象を考慮した仕事量の解析が機構論的アプローチの一例である（本書13.6.1と16.2.1を参照）。燃料膨張と2次元冷却材流動に関する初期の解析はREXCOコード（16.2.5で紹介）で実施された。その解析結果の一部をG.4.2に示す。さらに、気泡膨張に関する、模擬物質を使った実験がアメリカやヨーロッパの多くの施設で実施され、実燃料を使った実験もTREAT（ANL、アイダホフォールズ）、ACPR（サンディア、アルバカーキ）、CABRI（CEA、カダラッシュ）で実施されている。

燃料膨張過程の機構論的効果を解析するための高度な解析ツールのひとつがSIMMERコードであり、本書16章、特に16.2.3や16.2.4で簡単な紹介を行っている。SIMMERコードで実施した初期の計算では、上述したような現象によって、燃料気泡の膨張時の実際の仕事ポテンシャルが一桁程度低減する結果が示されている。図G.2はSIMMERによるSFRのHCDA解析結果であり、機構論的アプローチで求めた損傷ポテンシャル（仕事量）と、燃料が等エントロピー膨張する場合の損傷ポテンシャルを比較している［2］。損傷ポテンシャルが、崩壊過程の最終段階での燃料の平均温度の関数としてプロットされている。図内の、モデルの不確定性と記載されている領域は、損傷ポテンシャルを減少させるように上述の効果を考慮してSIMMERで解析した結果の幅である。これらの不確かさの上に、燃料と冷却材との混合や、（次のセクションで紹介する溶融燃料・冷却材相互作用による）ナトリウムの蒸発による不確かさを追加した。計算結果によると、燃料の平均温度が6,000Kに近づかない限り、等エントロピー膨張と比較して仕事ポテンシャルは低い値となる。また炉心設計上、6,000Kという温度は恐らく除外できる。

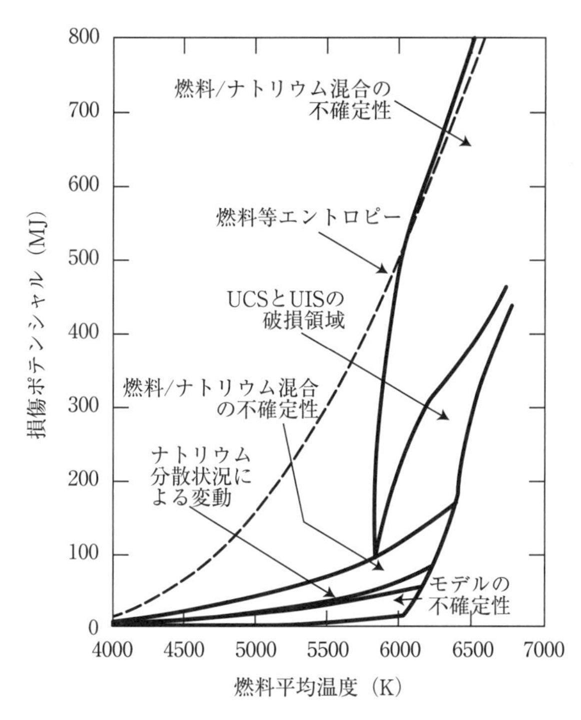

図G.2　損傷ポテンシャルに対する機構論的手法と不確定性の全体的影響
（UCSは上部炉心構造物、UISは上部内部構造物を意味する）

G.3　溶融燃料と冷却材の相互作用

SFRの事故シーケンスにおいて、溶融燃料と冷却材の相互作用が発生する可能性があることが長年の懸案であった。それは、急激な熱伝達によってナトリウム蒸気爆発を起こす可能性があるからである。これまで述べた内容から明らかなように、炉停止に失敗する事故の事象進展においては、溶融燃料と冷却材の相互作用（molten fuel/coolant interaction, MFCI）が、大きな影響を与えるフェーズがある。しかし、出力が上昇する事故時に、まずナトリウムによる影響として考える必要があるのは機械的影響である。

MFCIは、燃料とナトリウムの混合において、通常の沸騰時の熱伝達よりもずっと高速で熱が伝達される際に生じるといわれている。この相互作用によって、ナトリウムの蒸発による圧力の急上昇、その後2相の高圧状態のナトリウムの膨張へと続く。ナトリウムの沸点は、混合酸化物燃料の融点よりも十分低いので、このプロセスでは膨張する燃料よりもナトリウムが作動流体として効果を有する。核的暴走時の最終状態でのエネルギーでは、燃料の膨張に比べ、ナトリウムが膨張媒体となる方が、炉心周囲により大きな損傷を与える。

MFCIは2つのカテゴリに分類されることが多い。「エナジェティックなMFCI」（もしくは蒸気爆発）と「エネルギーの低いMFCI」（激しい沸騰）である。蒸気爆発では、燃料とナトリウム間の熱伝達の時間スケールは、燃料と冷却材の混合物の膨張に比べると大変短い。この場合、燃料の熱エネルギーの大部分は、周囲への機械的仕事量に転換される。エネルギーの低いMFCIでは、熱伝達速度は小さく、ナトリウム膨張による機械的仕事量はとても小さい。しかし、MFCIの領域が、その上方に存在する大きなナトリウムプールに拘束されて急激な膨張が妨げられた場合は、エネルギーの低いMFCIの場合でもナトリウムの蒸発が十分に進行し、燃料のみの膨張に比べ、より大きな機械的仕事量が生じる。

HCDAにおけるMFCIによる損傷可能性を見極める検討は2つの異なる方向からなされている。第1は、相互作用における特定の現象について、様々な想定や近似に基づき、SFRの体系でのナトリウム膨張時になしうる仕事量を解析するものである。もう1つは、蒸気爆発時に発生する物理現象をより完璧に理解しようとする方向である。ここでは、ナトリウム膨張モデルをいくつか説明し、その後に蒸気爆発の物理現象の重要な点について簡単に述べる。

G.3.1　ナトリウム膨張モデル

G.3.1.1　Hicks-Menzies モデル

HicksとMenzies［3］はSFRでのMFCIの定量的評価を実施した最初の2人である。彼らは最大値手法を提案した。それは、燃料の中で生じるエネルギーによって、ナトリウムが行いうる、熱力学的に考えられる最大の仕事量を求めるものである。図G.3はHicksとMenziesの計算結果をプロットしたものである。初期の燃料温度が3,450K、ナトリウムの初期温度を1,150Kとした場合である。このプロットは、膨張仕事量とナトリウム/燃料質量比、そして膨張仕事量と最終圧力の関係を表示したものである[2]。予想通り、最終圧力が低くなるほど仕事量は増加する。ナトリウムと燃料の重量比についての非線形な関係は以下のように説明される。ナトリウム量が少ない場合は、作動流体としての量が小さいため、大きな*PdV*の仕事量を与えられない。一方、ナトリウムが多い場合は、燃料から伝達された熱をまず大量のナトリウムが吸収するため、ナトリウムの最高温度は低く抑えられる。最大の仕事

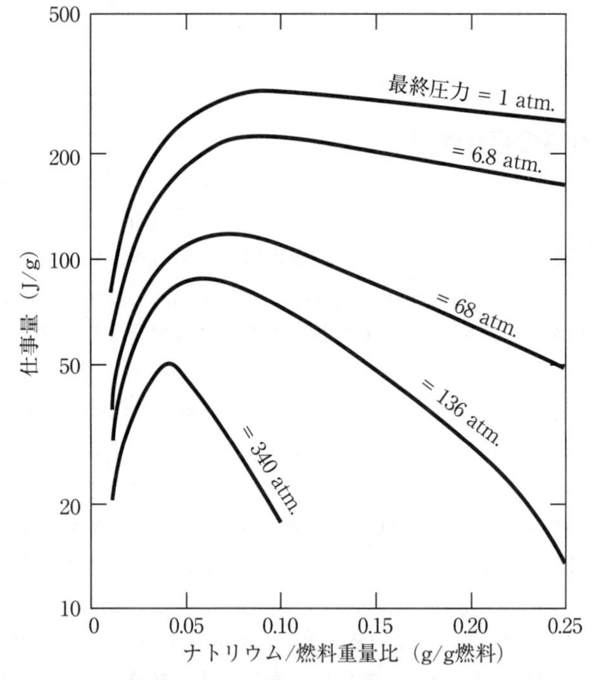

図G.3　Hicks-Menziesのナトリウム膨張による仕事量曲線［3］
（初期燃料温度3,450K、初期ナトリウム温度1,150K）

[2] Judd［4］によってこの計算の見直しがなされた。HicksとMenziesはナトリウムを理想気体として扱っていたが、ナトリウムの状態方程式としてHipmanによる改良方程式を用いた結果、最大仕事量は約30%増加した。

量となるのは、ナトリウム/燃料重量比が0.1を若干下回る点となる。これは典型的なSFR炉心の重量比とほぼ一致する。

HicksとMenziesによる基本的な近似の考え方は（1）熱的平衡、(2) 温度依存のない物性値、(3) 燃料の溶融潜熱の無視、(4) ナトリウムの挙動を理想気体として考えること、である。ここで、(1) の近似が最も重要である。このことは、ナトリウムの膨張の全過程において、燃料とナトリウム間で完全な熱伝達がなされることを意味している。従って、解析は純粋に熱力学的なものとなり、それらの過程で熱伝達を妨げる要因が生じることは想定されていない。

Hicks-Menziesモデルは2ステップのプロセスで説明される。まず、燃料とナトリウムが混合し、溶融燃料から液体ナトリウムへの熱移行で、エネルギーが瞬時に伝えられ、2つの流体の温度が均一となる熱的平衡状態になる。次のステップとして、ナトリウムが蒸発し、膨張することで周辺構造に対して*PdV*相当の仕事量をなす。この膨張の過程において、ナトリウムの温度は膨張に伴い低下するが、液体燃料からナトリウムへの熱移行が続くとすることで2つの流体の熱平衡状態が維持される（物理的には、無限小の温度差に対して、急速な熱伝達が無限に続く必要があり、このモデルが最大値手法の代表とされている理由である)。

燃料の膨張プロセスと同様、ナトリウムの加熱・膨張のプロセスは、図G.4の通り、*T-s*ダイアグラム上に示すことができる。初期に「状態①」だった飽和状態のナトリウムが溶融燃料によって加熱され「状態②」になる、もしくは臨界点（T_c=2,509K）を経過して「状態③」になる[3]。燃料からナトリウムへの熱伝達（Hicks-Menziesモデルで示される）を伴う膨張過程は「状態②」から「状態2B」、「状態③」から「状態3B」で表される。一方、ナトリウムが加熱され、膨張が非常に急激に発生して「状態②」から「状態2A」、「状態③」から「状態3A」という等エントロピーパスをとった場合、仕事量はHicks-Menziesの結果と比べると極めて小さくなる。

「状態③」から「状態3'」は溶融燃料から熱移行がある膨張を表し、「状態3'」から「状態3"」は燃料が固化する過程で温度一定の膨張を、そして「状態3"」から「状態3B」は固化燃料からの熱伝達を示している。

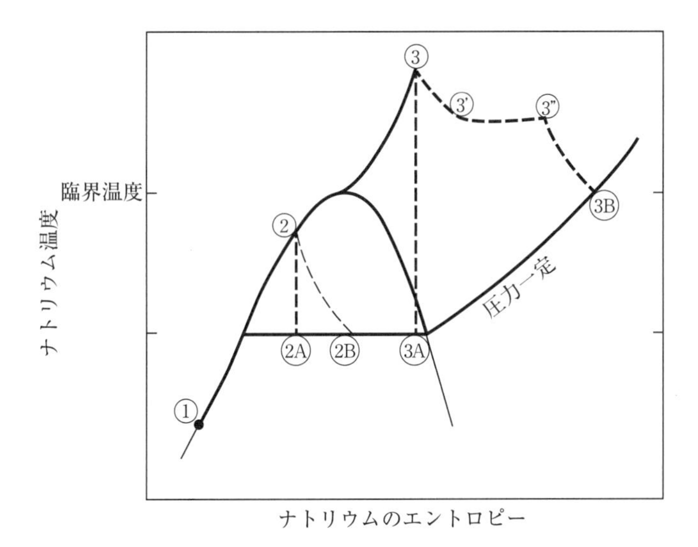

図G.4　ナトリウムのT-sダイアグラム上にみるHCDAシーケンス

[3] 飽和ナトリウムの蒸気圧方程式は本書11.4.6に示される。

初期混合過程で相変化はなく、比熱が一定であると仮定すると、膨張前の平衡状態のナトリウム温度は単純に以下のように示される。

$$T_{eq} = \frac{c_f T_f + mc_{\mathrm{Na}} T_{\mathrm{Na}}}{c_f + mc_{\mathrm{Na}}}, \tag{G.8}$$

ここで添え字f、Naはそれぞれ燃料とナトリウムの初期状態を示している。mはナトリウムと燃料の重量比である。膨張の過程では、周囲構造物に対して仕事を行う流体はナトリウムである。燃料はその熱をナトリウムに伝えるため、常にナトリウムと等温状態にある。燃料とナトリウムからなる混合物の膨張は断熱膨張とする。即ち燃料とナトリウムの混合状態の膨張において、熱力学の第1法則は以下のように示される。

$$dW + dU = 0, \tag{G.9}$$

膨張するナトリウムにおいて$dW=PdV$であり、また$dU=dU_{\mathrm{Na}}+dU_{\mathrm{fuel}}$である。これがHicks-Menziesによる計算である。Wは膨張開始時の平衡温度T_{eq}に強く依存する。

ナトリウム温度が臨界温度T_cにまで上昇することは殆どない。もし蒸気爆発が発生すると、ナトリウム温度は自発核生成温度（spontaneous nucleation temperature）である、約$0.9T_c$で制限されると考えられる。エネルギーの低いMFCIの場合は、燃料からナトリウムへの熱伝達を防げる様々な要因があり、ナトリウムの温度上昇も制限され、Hicks-Menziesモデルで仮定されているような瞬時熱伝達は生じないので、ナトリウムによる仕事ポテンシャルも制限される。この熱伝達阻害要因には、燃料の熱伝導度が低いことや、ナトリウム蒸発や核分裂生成ガスが燃料周りを覆い熱流束を低下させるブランケッティング効果（blanketing effect）がある。

G.3.1.2 時間依存モデル

燃料からナトリウムへの熱伝達も、またナトリウムが膨張する挙動のいずれも時間依存性のあるプロセスである。この時間依存効果を考慮すると、ナトリウムの仕事ポテンシャルはHicks-Menziesモデルから得られる値よりも低いものとなる。時間依存モデルにおける本質的な特徴を以下に述べる。

燃料からナトリウムへの熱伝達率は、まず燃料液滴の熱伝導度を考慮することによって小さくなる。燃料内に温度分布があるので、燃料とナトリウムが一様温度にはなりにくい。燃料とナトリウムの接触面では、特にナトリウムの蒸発開始後や核分裂ガスの放出後に熱伝達抵抗が生じると想定される。さらに、燃料が微粒子化しナトリウムと混合するまでに時間を要し、これが膨張過程の時間依存性に影響を与える。

MFCI領域での膨張するナトリウムの動きは、この領域を取り囲む物質、特に炉心の上方にあるより温度の低いナトリウムプールによって拘束される。MFCI領域による拘束は2種類にモデル化される。初期の**音響拘束**（acoustic constraint）とその後の**慣性拘束**（inertial constraint）である。

膨張の初め、音響拘束によってコントロールされる過程では、MFCI領域の上方から膨張を拘束しているナトリウムが圧縮され、その圧力は音速でナトリウムプール中を伝わる。この、音響拘束の時間域では、MFCI圧力のPと膨張領域の上部表面での速度Vとに以下の関係がある。

$$P - P_0 = \rho_0 c_0 V, \tag{G.10}$$

ここでP_0、ρ_0、c_0はナトリウムを拘束する過程の圧力、密度、音速の初期値である。

その後、MFCI領域上方のナトリウムは非圧縮の慣性質量として上方に移動する。このためこの拘束を慣性拘束と呼ぶ。MFCI圧力とこの領域の膨張速度は$F=ma$から直接求めるか、

$$P - P_0 = \rho H \left(\frac{dV}{dt} + g \right), \quad \text{(G.11)}$$

から求められる。ここでHはMFCI領域上方で加速されるナトリウムの高さ、P_0はナトリウムを覆うカバーガスの圧力、gは重力加速度である。

G.3.1.3 SOCOOLモデル

Padilla［5］は、ナトリウム膨張時の仕事エネルギーに関して、熱伝達や拘束の時間依存性による低減効果の計算を行った先駆者である。SOCOOLモデルでは、圧力波がナトリウムプールの頂部に到達してMFCI領域に戻ってくるまでの間、MFCI領域で音響拘束を仮定している。この時間は**アンローディング時間（unloading time）**と呼ばれている。アンローディング時間より以前では、液滴の表面から液体ナトリウムへの熱移行は自由に行われるが、球状の液滴内での熱伝達過程が時間依存性をもつことを考慮し、酸化物燃料の小さな熱伝導度が想定されている。アンローディングの後は、燃料からナトリウムへの熱伝達は、液滴が蒸気で覆われるとの仮定のもとに完全にゼロとなり、その後、時間依存性のない熱力学的な膨張による仕事量を計算する。このようなモデルでは、ナトリウムについての第一法則は別途時間微分の形で以下のように表す。

$$\dot{Q} = \dot{U} + \dot{W}, \quad \text{(G.12)}$$

ここで$\dot{Q}$は燃料からナトリウムへの熱伝達率を表している。

この熱伝達やSOCOOLで計算される膨張による仕事量は、燃料の液滴のサイズに大きく影響を受ける。Hicks-Menziesモデルのような熱平衡のケースは、液滴サイズがゼロの場合に相当する。ナトリウム中でのUO_2の粒子径についての実験データによると、平均的な粒子径は100 − 1,000 μmのオーダであり（本節最後の図G.8参照）、これを用いて計算すると仕事エネルギーは熱平衡ケースよりも極めて小さい値となる。しかし、後のBoard-Hallモデルに関する記述で説明するが、爆轟波（detonation wave）が生じる場合は、さらに小さい粒子径となることも除外できない。

G.3.1.4 ANLパラメトリックモデル

ChoとWright［6］は、その後Padillaのモデルを拡張しより一般化した。まず、彼らはMFCI領域での音響拘束とその後に続く慣性拘束の両方を用いて、一般的な拘束を考慮した。さらに熱伝達モデルを追加し、燃料の微粒化（fragmentation）とナトリウムとの混合に伴う時間遅れを考慮する時定数を加えた。これらの効果を加えたことで、膨張ナトリウムによる仕事エネルギーポテンシャルはさらに低減された。さらにPadillaモデルについては、パラメータモデルの部分で追加改良が行われた。

しばらくの期間、パラメトリックな過渡計算モデルについては、その計算結果と比較を行うための適切な実験データがないという問題があった。1970年代後半に、JacobsはKarlsruhe（ドイツ）版のパラメトリックタイプの計算コード、MURTIを導入した［7］。その後Jacobsは、フランス、グルノーブル原子力研究所［8］とアメリカ、サンディア研究所［9］の研究者と協力して、溶融UO_2とナトリウムの実験に対して、MFCIの解析に成功した。

G.3.2 蒸気爆発

SFRの安全解析で、MFCIに関する最大の関心事は、大規模でエナジェティックな蒸気爆発が起こるのかどうかである。蒸気爆発についての理解を深めるため、これまでに多くの検討が行われており、主要な成果が参考文献にまとめられている［10-12］。

溶融UO_2燃料とナトリウムを接触させた場合、どのような条件下で蒸気爆発が生じるかを確認することを目的に、多くの実験が実施された。殆どのケースで、蒸気爆発は観測されなかった。ナトリウムが少量の場合の数ケースでは、小規模なエナジェティックな爆発が生じた［13］。大きな圧力パルスが生じた実験もあったが、それらはエナジェティックや大規模な蒸気爆発というよりも、正確に表現するならば低エネルギーMFCI、もしくは小規模MFCIである。これらの広範囲の検討により、SFRでは、酸化物燃料とナトリウム間の大規模な蒸気爆発は不可能、もしくは極めて発生しにくいことが示されている。

UO_2およびナトリウム以外の物質を使った蒸気爆発の実験も実施された。これらの実験は、蒸気爆発過程における特定のメカニズムの解明に寄与している。さらに、この経験を通して、蒸気爆発の全てとはいわないとしても、かなり多くの部分についての共通理解を導き出した。

G.3.2.1 蒸気爆発における各ステージ

大規模な蒸気爆発に、いくつかの必須となるステージが存在することは既に広く合意されている。通常それらは（1）粗混合（coarse premixing）、（2）トリガリング（triggering）、（3）エスカレーション（escalation）、（4）伝播（propagation）と表される。これらの各段階を以下に示す。さらにこの説明に続いて、蒸気爆発を中心テーマとする2つの主要な理論である、Fauskeが提案した自発核生成理論［14］とBoardとHallによる爆轟理論［15］について述べる。

粗混合

蒸気爆発の第一段階は低温液体中の至る所への高温液体の粗混合である。粗混合とは、比較的大きな粒子状溶融燃料の混合物であり、後に蒸気爆発を生じさせるために必要な急速な熱伝達をもたらす液滴粒子がより細かい粒子径であるのとは正反対である。粗混合を生じるには膜沸騰が必要であり、この膜によって、十分なプレミキシングが生じる期間、ナトリウムと溶融燃料の大規模な接触を防いでいる。

蒸気爆発の過酷さは、混合やその後の相互作用が**干渉性**（coherent）を有するかどうかに関係する。干渉的相互作用においては、高温と低温の液体の急速なプレミキシングが大規模に生じ、続いて生じる爆発過程は、両液体の大部分をほぼ瞬時に巻き込む。SFRで、原子炉容器を破壊するに十分なエナジェティックな相互作用を引き起こすには、大規模な燃料とナトリウムの混合が干渉的に生じる必要がある。

トリガリング

蒸気爆発を生じさせるもう1つの必要条件は、高温液体と低温液体間の「液体－液体接触」である。この接触を引き起こすには、きっかけとなるメカニズム（triggering mechanism）が働かなければならない。膜沸騰の期間に存在する蒸気ブランケットの崩壊によって、「液体－液体接触」が生じる。この崩壊を導くメカニズムとして、圧力パルス（衝撃波）と高温液体の冷却がある。

エスカレーション

蒸気爆発の発生には、大きな燃料液滴がより小さい液滴に分裂し、急激な熱伝達をもたらすための大きな接触表面積を与える必要がある。MFCIの拡大（エスカレーション）をもたらす液滴の微細化メカニズムに関するいくつかの疑問点は、未だに解決されていない。高温液体と低温液体の接触による局所的な圧力上昇は、液滴の分裂メカニズムとなるであろう。Fauskeは、MFCIが蒸気爆発にエスカレーションするのに十分な局所的圧力上昇を生じるには、燃料とナトリウムの初期接触温度がナトリウムの自発核生成温度以上でなければならない、との理論を発表した［14］。自発核生成理論と燃料の微細化については、さらに議論がなされており、これについては後に述べる。

伝播

蒸気爆発の最終段階は、燃料と冷却材の粗混合物全体への相互作用の伝播である。初期の理論では、蒸気爆発が発生すると、蒸気ブランケットの崩壊とその後の微細化が、ほぼ同時に混合物全体で生じると考えられていた。Colgate［16］が、最初の時間依存型伝播メカニズムを提唱した。その後、BoardとHallが伝播をもたらすメカニズムは爆轟波であるとの説を発表した［15］。彼らの理論は、次に紹介する自発核生成理論の後に簡単に述べる。

G.3.2.2　自発核生成理論

Fauske［14］は、大規模な蒸気爆発には以下の条件が必要であると述べた。

(1) 粗混合と膜沸騰の許容
(2) 液体－液体接触
(3) 初期接触温度が冷却材の自発核生成温度以上
(4) 十分な拘束

自発核生成温度[4]（spontaneous nucleation temperature）と呼ばれる温度以上では、安定性を維持するのに十分な臨界半径を持つ未発達の蒸気泡が極めて急速に核生成を生じ、その後急激な相変化が起こる。蒸気爆発が生じるのは、接触温度が少なくとも低温液体の自発核生成温度と同程度の温度の場合だけであることを示すために、相当数の実験が実施された。特に水と有機液体による実験が多く行われている。

2つの流体が接触する際、境界面、もしくは接触面の温度T_iは以下のようになる。

$$\frac{T_{h0}-T_i}{T_i-T_{c0}}=\sqrt{\frac{(\rho c_p k)_c}{(\rho c_p k)_h}}, \tag{G.13}$$

ここで添え字hとcは高温液体と低温液体を、添え字0は初期値を意味する。ρ、c_p、kはそれぞれ密度、比熱そして熱伝導度である。

図G.5は、燃料とナトリウムのある初期温度組み合わせにおける、UO_2燃料とナトリウムの接触界面温度T_iに対する自発核生成温度T_{SN}を比較している。T_{SN}もしくはT_iと、体系の圧力に対する飽和温度T_{sat}との差（いわゆる過熱度）を、体系の圧力に対してプロットしたものである。接触界面温度は自発核生成温度よりも十分に低いことが見て取れる。従ってFauskeの仮説によると、これらの温度条

[4] 純粋で一様な液体の場合、自発核生成温度は均質核生成温度と呼ばれる。均質核生成温度は絶対臨界温度の約0.9倍である（ナトリウムの場合、T_c=2,509K）。不純物の存在や表面の状態によって定まる核生成域（nucleation site）が液体にある場合、均質核生成温度よりも低い温度でも瞬時に気泡が形成されるであろう。

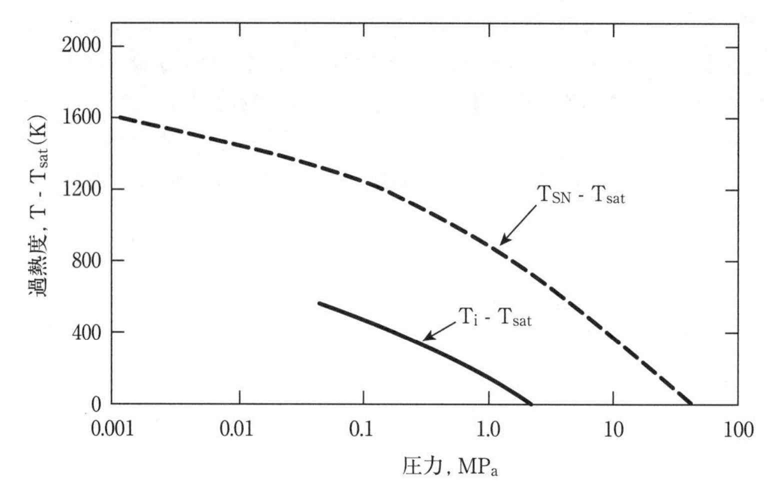

図G.5　UO_2-PuO_2燃料（初期温度3,470K）とナトリウム（初期温度1,070K）が突然接触した際のナトリウムの自発核生成温度と接触面温度

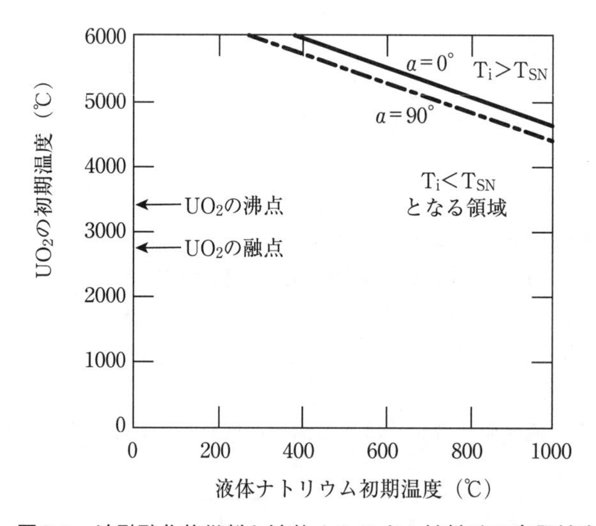

図G.6　溶融酸化物燃料と液体ナトリウム接触時の自発核生成

・溶融酸化物燃料と液体ナトリウムの接触では、自発核生成温度T_{SN}には到達しにくいことを示している［17］。
・全ての初期燃料温度、初期ナトリウム温度について$T_i<T_{SN}$であり、対角線の下にある。
・αはナトリウムの気泡核と自発核生成域との角度で$\alpha=0$が均質核生成。

件で酸化物燃料とナトリウムが混合した際には、大規模な蒸気爆発は生じないといえる[5]。2番目の図、図G.6はUO_2とナトリウムの混合において初期温度が$T_i<T_{sn}$の領域を示している。これはHCDAで想定される全温度領域をカバーしている。接触角αはナトリウムと不純物、もしくは接触面間の核生成域となる濡れの角度であり、角度ゼロ度は均質核生成を意味している。

[5] もしナトリウムが燃料に捕捉され、核生成温度にまで加熱される場合には、小規模で遅発的な爆発が生じるかもしれない。Fauskeは、これが［参考文献13］で報告された小規模蒸気爆発の発生原因だと推察している。

自発核生成理論によって、酸化物燃料とナトリウム間での大規模な蒸気爆発を排除できるが、炭化物燃料の場合には必ずしもこの限りでない。式（G.13）により、炭化物燃料は熱伝導度が大きいので、炭化物燃料とナトリウムの場合には接触温度が高温になる[6]。酸化物燃料の場合でも、高温の溶融被覆管とナトリウムの接触温度はナトリウムの自発核生成温度よりも高温になる可能性がある。しかしこれらの体系でも、大規模な蒸気爆発が生じるには、上述した以外の条件も満足する必要がある。

G.3.2.3　爆轟理論

大規模なMFCIに必要な干渉性は、爆発的なエネルギー放出が生じている領域とその周囲の領域とを結びつける、伝播メカニズムの存在を意味している。Colgate［16］は、低温流体の爆発的な膨張が高温流体と低温流体のさらなる混合をもたらし、相互作用が伝播すると唱えた。BoardとHall［15］は、1次元相互作用が安定的に伝播する場合の爆発の動力学をさらに発展させることで、Colgateの考えをさらに拡張させた。このモデルでは3つの段階が想定されている。最初の段階では、燃料と冷却材は粗混合状態にある。2番目の段階では、ある未知のトリガーメカニズムが衝撃波を生じる。3段階目は衝撃波が粗混合物を通過し、燃料をさらに細かく微細化して混合を促進し、その結果衝撃波を維持するに十分な急速な熱伝達が生じる。

これらの状態を図G.7に示す。粗混合状態と、衝撃波の通過によって微細化が生じる様子を表わしている。自発核生成理論と同様、このモデルの種々の側面についての実験検証データが得られている。しかし、衝撃波面の背面での微粒化メカニズムの詳細については、未だに解明されていない。

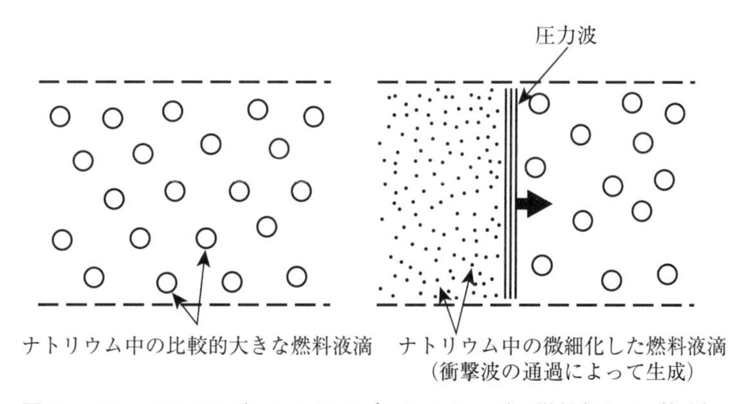

図G.7　Board-Hallモデルにおけるプレミキシング、微粒化および伝播

G.3.3　燃料微粒化

いずれのMFCIモデルでも、急速な熱伝達には十分な熱伝達表面積の確保が必要条件となる。すなわち、溶融燃料の十分な微細化が必要である。多くの微細化モデルが提案され、MFCIのタイプ毎に異なるモデルが適用されている。

分裂プロセスで最も重要なカテゴリは、燃料と冷却材との相対速度が大きいことによって生じる流体力学的微細化である。このメカニズムは、Board-Hallモデルで想定された、衝撃波による粗混合物の高速分裂を説明するものである。流体力学的微細化のメカニズムはウェーバー数（We）と呼ばれる無次元パラメータによって分類できる。

6　これは熱伝導度が大きい金属燃料や窒化物燃料に対する懸念でもある。

$$\mathrm{We} = \frac{\rho D V^2}{\sigma}, \tag{G.14}$$

ρ = 微細化する液体の密度
D = 液滴の径
V = 相対速度
σ = 微細化する液体の表面張力

分裂はウェーバー数Weが12程度の低い場合にも発生するが、Board-Hallモデルで必要とする、細かい粒子を短時間で生じさせるプロセスは、境界層剥離とテイラー不安定性による破壊的な微細化である。この2つは、いずれもWeが大きく、従って相対速度が大きい時に生じる。

ガス－液体の体系に対しても、これまで述べた微細化プロセスでのウェーバー数の相関式や、ボンド数（B_0）と抗力係数（C_D）（ここで、B_0=3/8C_DWe）の関数である分裂時間の相関式が開発されている。実験データ［18］は、液体－液体の体系の相関について成り立つことを示しているが、液体－液体間での流体力学的微細化の全領域については、今後さらなる実験と理論構築が必要である。

微細化メカニズムのもう1つの種類は、Bankoff［11］によって概略が確認されたもので、沸騰メカニズムとして分類されている。これは、突沸、圧縮波、気泡崩壊、ジェット貫通（jet penetration)、冷却材の捕え込み現象（coolant entrapment)、蒸気ブランケットの崩壊等の様々なメカニズムからなる。このうちのいくつかは、周期的で、冷却材が燃料に捕え込まれ、爆発的に蒸発し、その結果生じた2相の気泡が崩壊し、燃料ジェットが冷却材中を貫通するというエントラップメント（捕え込み）サイクルを繰り返す。蒸気ブランケットの崩壊とその後の相互作用の大きさとの関係については、多くの研究がなされている。もし、蒸気ブランケット崩壊時の液体－液体接触の温度が、自発核生成温度よりも高い場合は、相互作用が大きく、Fauskeの自発核生成理論をサポートするような結果が得られている。

他にも提唱されている微細化理論があり、それは一般的に、より低速であまり激しくない小さい分裂を起こすモデルである。熱応力微細化モデル［19］はそのようなメカニズムの一つである。これは、燃料液滴の外側のシェルが急速にフリーズし、大きな熱応力を生じさせ、燃料表面を粉砕するというモデルである。このメカニズムは、燃料を比較的穏やかにナトリウム中へ注入した実験の際に得られる微細化データの多くを説明することができる。しかしながら、燃料固化に要する時間（～50msec）は、このメカニズムによって蒸気爆発を生じさせるには長すぎる。提唱されているメカニズムのもう1つは、溶融燃料液滴からの急速なガス（核分裂ガスなど）の放出である。UO_2では不活性ガスの可溶性が低いので、酸化物燃料の場合、このメカニズムはあまり重要ではない。

ナトリウムによって酸化物燃料を急冷固化する実験が、炉内および炉外において多数実施されている。そこでは、常に微細化が生じ、その粒子径は非常に幅広い分布を示した。粒子径分布の一例を図G.8に示す。TREAT炉で実施された炉内試験では、出力の過渡変化によって、燃料ピンのテストサンプルから溶融燃料がナトリウム中に放出する様子が観察された。この時の粒子径は、Board-Hallモデルが伝播過程に必要としている粒子径と比べると、一般的により大きいものとなっている。より小さい粒子径のポテンシャルについて検討するには、衝撃管内で粒子を分裂させる研究をさらに実施する必要がある。

G.4 HCDA のエネルギー分配と機械的損傷

HCDAによるエネルギー放出量が定義されると、次の問題は原子炉内の機器や原子炉容器、それらにつながる配管への影響評価である。図G.9はループ型システムにおいて考慮すべき主要因子を示し

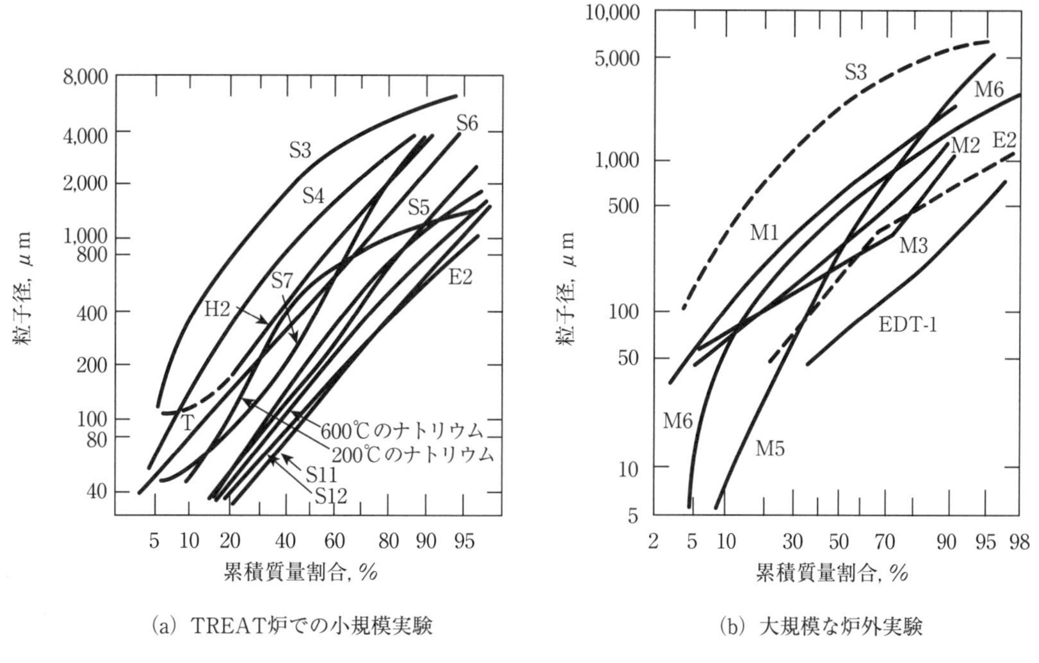

(a) TREAT炉での小規模実験　(b) 大規模な炉外実験

図G.8　ナトリウム中での酸化物燃料微細化後の粒子径分布 [20]

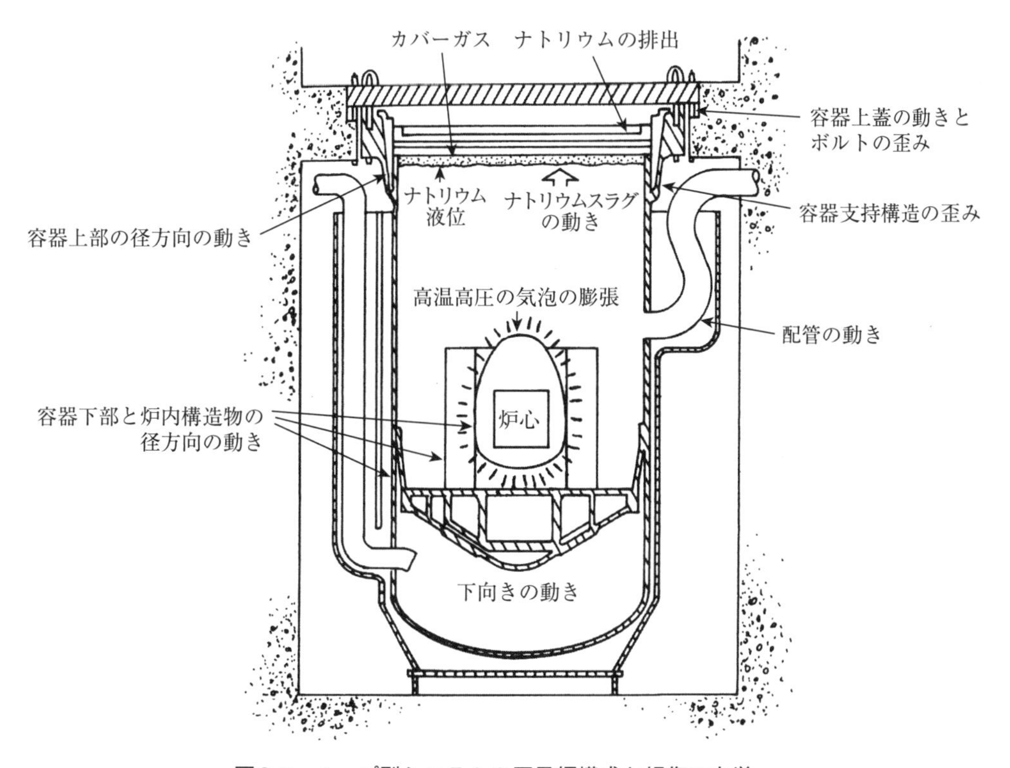

図G.9　ループ型システムの原子炉構成と損傷の力学

ている。

高温高圧の気泡は膨張して原子炉容器内の構造物に当たり、流体内を進み体系の境界へ到達する。炉心支持構造に対する下向きの力は、流体内を通って原子炉容器の下部ヘッドに到達し、炉容器壁を介して原子炉容器支持構造にまで伝わる。径方向に伝播する圧力波は原子炉容器壁に作用する。圧力が十分に大きければ、ほぼ最高圧力となる軸方向高さで原子炉容器壁を径方向外側に変形させるであろう。

上方向では、上部炉心や炉心上部構造物が気泡の膨張にとって大きな抵抗となるが、高温高圧の気泡の上部にあるナトリウムプールがナトリウムスラグ（塊もしくは弾）となり上方向に加速される。ナトリウムスラグの加速は、スラグに運動エネルギーを加える。このスラグが原子炉容器上蓋にインパクトを与え、スラグの運動量は上蓋に伝えられ、上方向への速度を与える。このインパクトは非弾性で、超過エネルギーは炉容器上部壁の変形によって、径方向に分散・消費される。炉容器上蓋の上方向への動きは、一般的には支持構造や保持システムによって抑えられる。

エナジェティックな事故による熱輸送システムの残りの部分への影響は、原子炉容器の変位や配管の変位に至るノズルの変位や、ナトリウムの出口ノズルから入り口ノズルまでの1次熱輸送システムを伝播する圧力波として生じる。

続く節では、まず機械的損傷事象を理解するために行われてきた初期研究の整理から始める。その後、実験による裏づけ、即ちSL-1事故や引き続いて実施された模擬物質を使った実験のまとめを述べる。これらの問題の本質を示すために、コンピュータによる解析を用いた手法について、多くの文献の中から選定したいくつかの結果とともにレビューする。

G.4.1 実験データ

G.4.1.1 初期の研究

初期の高速炉設計では、炉心崩壊過程で生成されるエネルギーが機械的仕事に変換される割合の評価は、極めて保守的な仮定に基づいていた。その後の研究で、この保守性をある程度軽減することに成功したが、物理現象をより詳しく考慮することによるさらなる低減効果を見極めるため、研究は継続実施中である。

このようなエネルギー放出による損傷ポテンシャルについて、初期の評価では、等価な仕事エネルギー量をもつTNT火薬量換算で考えていた。

$$2\mathrm{MJ} \cong 1\ \mathrm{lb\ TNT}.$$

すなわち、1MJの仕事ポテンシャルは、1/2ポンドのTNTの爆発ポテンシャルに相当する（もしくは、1g TNT≒1kcal = 4.18kJ）。この換算法を用いる主な理由は、特にアメリカ海軍でTNTの爆轟による損傷ポテンシャルの実験が行われており［21］、多くの実験データが存在するためである。HCDAの出力上昇時にSFR体系で実際に生じる機械的応答を予測する試みにおいて、TNTエネルギー当量モデルを用いる場合は、不確かさが残る。それは、TNTによる爆轟の圧力時間応答は、原子力の出力上昇時の応答時間と大きく異なるからである。爆発、もしくは圧力上昇による機械的損傷は、構造材に急速に伝わる衝撃波と、反応生成物もしくは蒸発物質によるバブルの低速な膨張によって生じる。TNT爆轟時の圧力はマイクロ秒の時間スケールで上昇し、5,000MPaのオーダに到達する。一方で、HCDA時の出力上昇で放出される仮想的エネルギーは、ミリ秒の時間スケールで上昇し、最高圧力も1桁小さい。その結果、TNT爆轟による周辺構造の損傷ポテンシャルの多くは、衝撃波効果から生じ、一方で、SFRの出力急上昇時に発生する緩慢な圧力上昇にとっては、より時間スケールの長い気泡膨張が支配的な損傷モードとなる。

G.4.1.2　SL-1事故

SL-1事故は1961年にアイダホフォールズの小さな軍用熱中性子炉で発生した。大きな出力上昇時に生じうる機械的損傷を評価する際に、この事故のデータが参考となる。SL-1では、水プール内にアルミニウム被覆の金属燃料が入れられていた。これは、エネルギー発生源として、SFRとは本質的に異なるため、SFRのHCDAで想定される事象の大きさや時間スケールに直接取り入れられる知見は少ない。しかし発生した仕事エネルギーやその結果による機械的変形の効果などは、教訓となる。

SL-1での核的暴走で放出された総エネルギーはおよそ130MJと評価されている［22］。このうち、50－60MJは中央の燃料要素から生じ、アルミニウムと水とのMFCIの際に、30ミリ秒以下で水に伝達されたと考えられている。この急速なエネルギー放出によって、炉心や熱遮蔽、原子炉容器が損傷を受けた。

Proctor［23］は、容器の永久歪、容器が浮き上がった事実、50－60MJの急速なエネルギー放出という点から、主要事象推移を再構築しようと試みた。図G.10は事故後の容器のスケッチと、歪の実測結果を示したものである（強調するために、スケッチは変形を誇張してある）。Proctorは、炉心で生じた初期の圧力急上昇の結果、原子炉容器下部、原子炉構造物、熱遮蔽に約2.5MJのエネルギーが

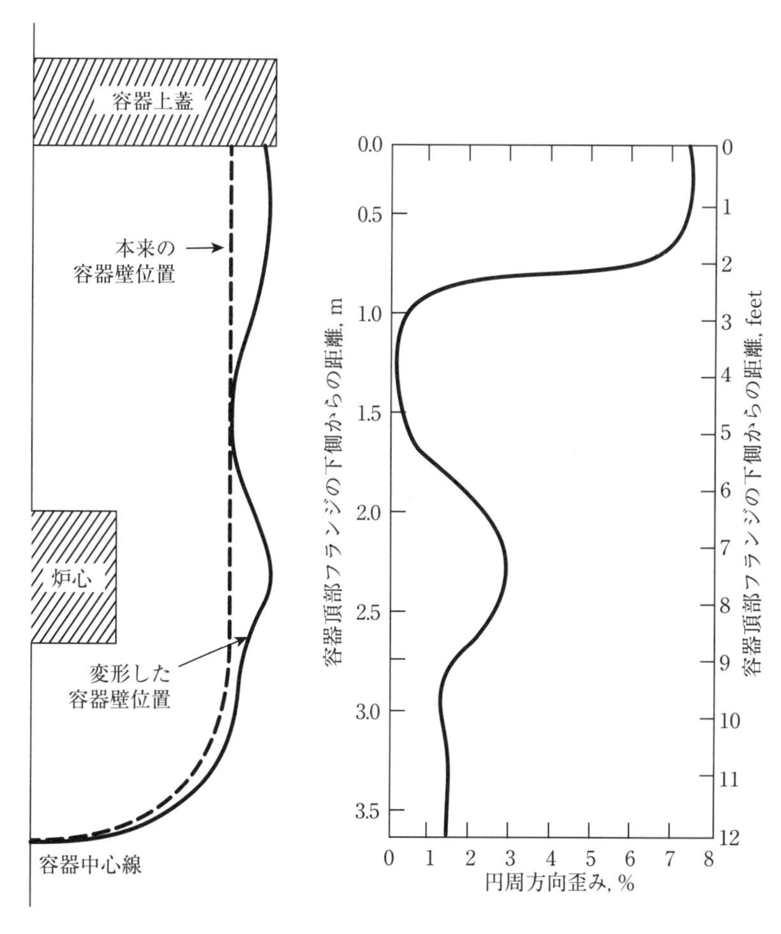

図G.10　SL-1事故による原子炉容器の歪み

与えられたと推定した。さらにこれとは別の3.6MJのエネルギーが水スラグに与えられ、容器を3.3m持ち上げ、その結果容器上蓋を損傷させ、容器頂部近くに永久歪を生じさせた。この総エネルギー6.1MJは瞬時に放出されたエネルギー50MJの約12%、もしくはトータル核エネルギー130MJの約5%である。

Proctorによるこの解析の主な目的は、初期に海軍が実施した爆発物の封じ込め（containment）についての研究が、原子炉のHCDA時の機械的影響評価に用いることができるかどうかを見極めることである。水中での爆発による損傷影響に関する初期の研究の多くは、Coleによる“Underwater Explosions”［24］という本（1948年発刊）にまとめられている。この研究は、Fermi炉内での仮想的爆発の影響を調べるため、Fermi炉のモデルを用いて1950年代後半から1960年代初めに海軍武器研究所によって実施された実験により、さらに議論となった。試験容器の大きさや構成物を変えて追加実験を行い、爆発実験による「爆発の封じ込め法則」［21］にまとめられた。

これらの実験から得られる重要な考察は、容器破損部位での径方向の容器歪は、原子炉容器の材料に対して通常実施される引張り試験時の極限伸びの1/3よりも大きいという点である。これらの爆発封じ込め法則では、観測された容器歪は高性能火薬と類似した特性の爆発で解放される高エネルギーと関連づけられた。

ProctorはSL-1の評価論文［23］の中で、容器の歪は「爆発の封じ込め法則」とよく一致していることを示している。原子炉容器壁の歪は、予想された破損歪よりも小さく、容器壁の破損は観測されなかった。SL-1では、事故時の液面は原子炉容器上蓋よりも十分に低い位置にあった。水スラグが原子炉容器上蓋に衝突した際、上蓋の下部へのインパクトが原子炉容器全体を初期の位置から持ち上げ、容器の上部壁を径方向に変形させた。

G.4.1.3 模擬物質を用いた実験

SFRのHCDA時機械的損傷を評価するための、模擬物質を用いた実験プログラムが、アメリカ（SRI InternationalやPurdue大学）［25-27］やヨーロッパ（Foulness, Winfrith, Ipsra）［28, 29］で実施されている。化学物質の爆発と比べるとSFRのHCDA時の膨張は速度が遅く（ミリ秒のオーダー）、また気泡の膨張が与える損傷はHCDA時の衝撃波による損傷よりも大きいので、ミリ秒での現象の模擬に使える燃焼速度をもつ模擬爆薬を開発するために多くの検討がなされた［30］。上述の容器破損実験に加え、ナトリウム中での模擬爆薬の爆発実験がカダラッシュで実施され、HCDA時にカバーが破損しナトリウムが放出される挙動が調べられた［31］。

燃料とナトリウムの膨張やエネルギー分散に関する小規模な炉内実験が、TREAT、ACPR、CABRIなどの過渡実験炉で実施されている。

G.4.2 コンピュータを用いた手法

HCDA時の構造物への影響を評価するため、コンピュータを用いた解析手法がいくつか開発されている。これらの中ではREXCOシリーズ［32］が最も広範に利用されている。おそらく原子炉の事故解析に特化して開発された為だと考えられる[7]。大きな形状歪みを扱う大規模解析のためのオイラー法コード、ICECO［33］も開発されている。

図G.11はREXCOにおける、ループ型炉を対象とした典型的モデルであり、図G.12は事象進展を時系列に示したものである。炉心領域で高温高圧のHCDAガス気泡が発生する時点を時刻ゼロとする。

7　REXCOや他のラグランジュ型コードは共通のコードをベースとして開発されている。たとえばローレンスリバモア研究所のHEMPコード、ロスアラモス国立研究所のF-MAGEEなどである。

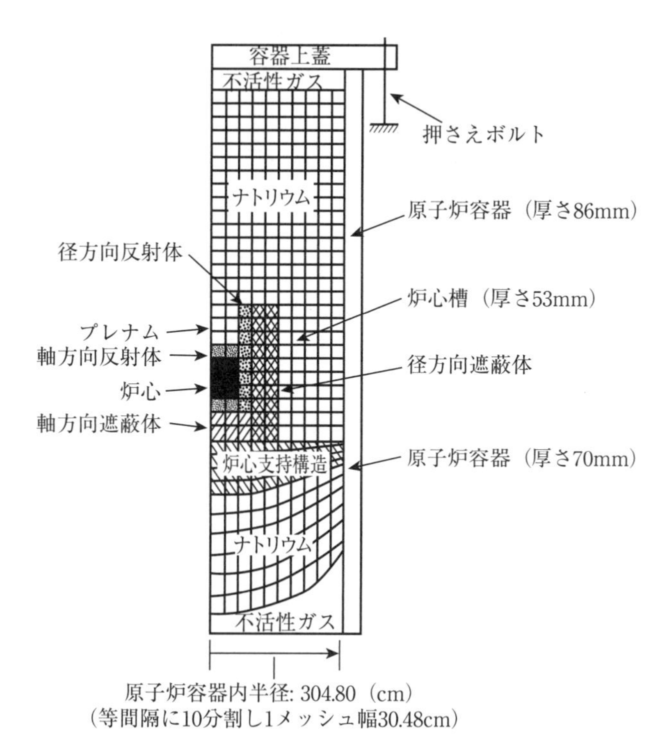

図G.11　ループ型SFR用のREXCOモデル

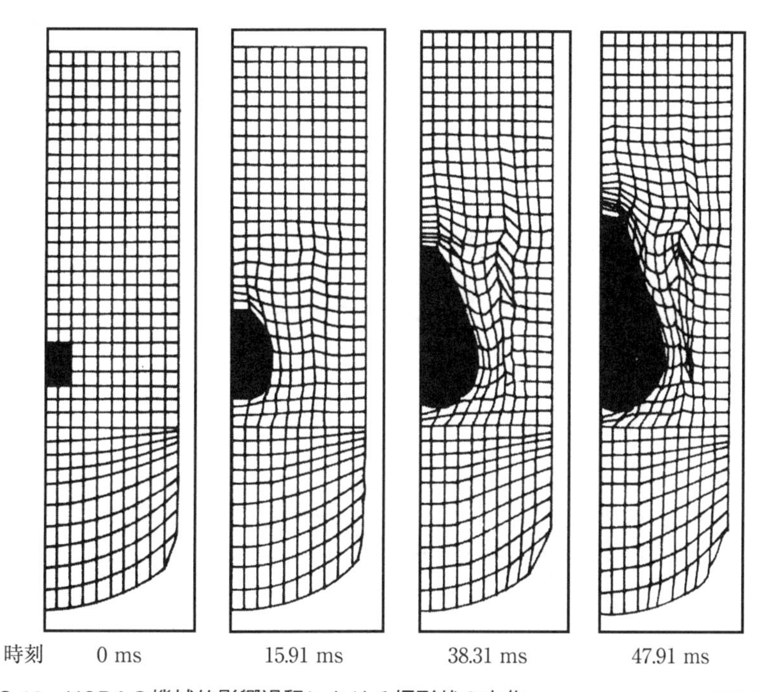

図G.12　HCDAの機械的影響過程における炉形状の変化（REXCOコードでの時系列評価例）

初期の15.91ミリ秒でこの高圧領域が膨張する様子が明確に示されている。38.3ミリ秒までにナトリウムスラグが容器上蓋に衝突する。REXCOによる解析では、ナトリウムスラグによる容器上蓋への衝突は一様である。たとえばSIMMERコード［2］などの解析では、気泡は上向きに噴出する傾向があり、スラグの上蓋に対する衝突は均等ではなく、まずはカバーの中心部に衝突することを示唆している。この結果、上蓋への上向きの力は減少する。容器のプレナム部の長さと直径の比が、スラグ衝突の非一様性を決定する重要な因子となる。

REXCOコードは、ナトリウムスラグの炉容器上蓋への衝突に続く、エネルギー配分の計算にも用いられる。初期のREXCO計算の結果を図G.13に示す［34］。これはエネルギーがどの様に配分されるかの様子を示している。この図の時刻ゼロは、ナトリウムスラグが上蓋に衝突する時間と対応している。上蓋部へ作用する力は初期にピークがあり、その後はより小さな力が長期間続く。ナトリウムの軸方向の運動エネルギーは、まず内部エネルギーに移り、続いてナトリウムの径方向運動エネルギーに変わる。元のエネルギーの一部は上蓋部や抑制ボルトの歪みに変換されるが、多くのエネルギーは最終的には容器の歪みエネルギーとなる。ナトリウムの内部エネルギーとして残る部分もある。容器上蓋部へ衝撃が到達した時の計算の初期条件は、速度30m/s、スラグの運動エネルギー54MJ（1.2×10^5 kgのナトリウムスラグ）、容器壁厚86mm、上蓋部重量7×10^5 kg、抑制ボルトの総面積は0.32m^2、炉心の蒸気圧力は1.4MPaとしている。

Ispraで実施されたSNR-300の模擬実験［29］で計測された径方向歪みを、REXCOとICECOとで解析し比較した結果［35］を図G.14に示す。図G.10で示したSL-1との類似性は明らかである。

図G.15は、典型的な永久歪計算値と、破損歪み（破損することが予想される歪みレベル）との比較を示した例である。容器と容器支持の特性に加えて、1次系配管を伝播する圧力波の影響を考慮することも興味深い。これらの問題を扱うための、詳細な解析システムも開発されている。これらの解析で得られた重要な結果は、配管の塑性変形によって、相当量の圧力ピークの減衰が生じうることが確認されたことである。

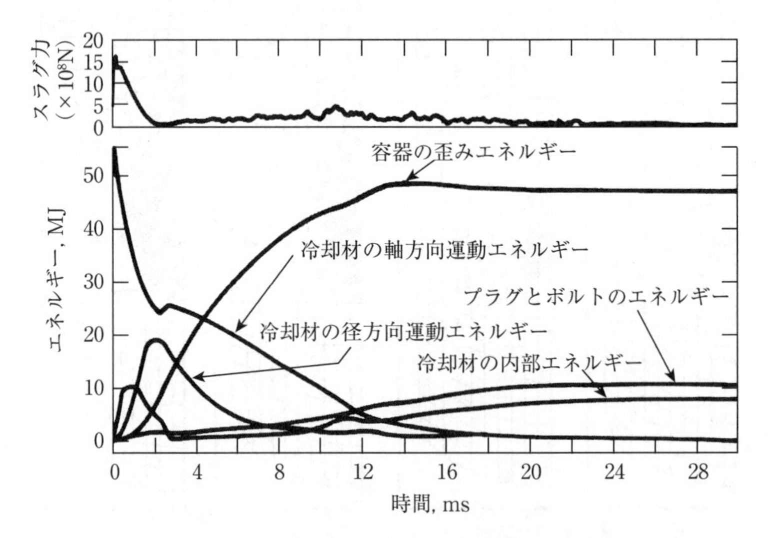

図G.13　HCDA時にナトリウムスラグが容器上蓋に衝突した後のスラグによる力とエネルギー分散の計算例［34］

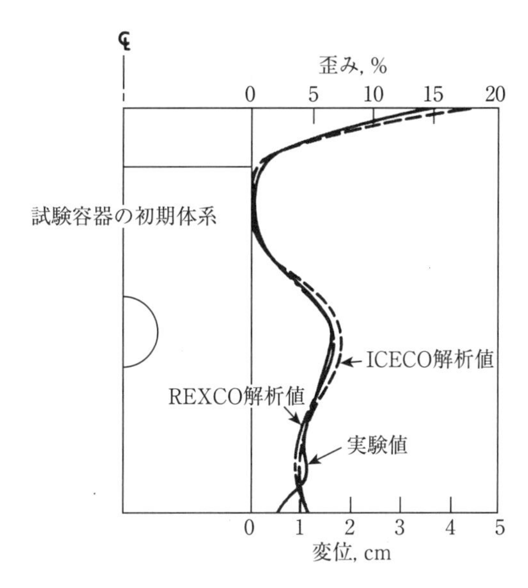

図G.14　SNR-300における径方向歪み

REXCOおよびICECOによる径方向歪み解析結果と模擬実験結果［29］との比較［35］

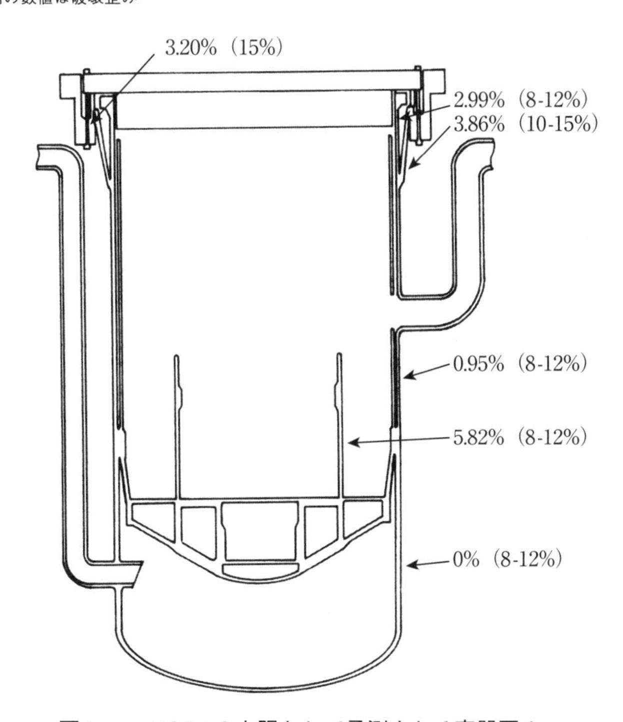

図G.15　HCDAの上限として予測される容器歪み

G.5 事故後の崩壊熱除去

著しい炉心損傷を伴う事故を研究する際に、取り組まねばならない重要な問題の一つが事故後の崩壊熱除去である。この節では、その主要問題について概説する。またこの問題は参考文献［20, 36］でさらに詳細にレビュされている。まずは熱源を定義するところから開始し、熱が伝達され冷却が行われる主な位置について述べる。この冷却位置は便宜的に炉内と炉外とに分けられる。図G.16に示されるように、炉内冷却は炉心内冷却と、初期炉心位置から炉容器の圧力バウンダリ内に分散したデブリの冷却の両者を含む。炉外冷却は、原子炉容器外の構造部位におけるデブリ冷却を意味する。

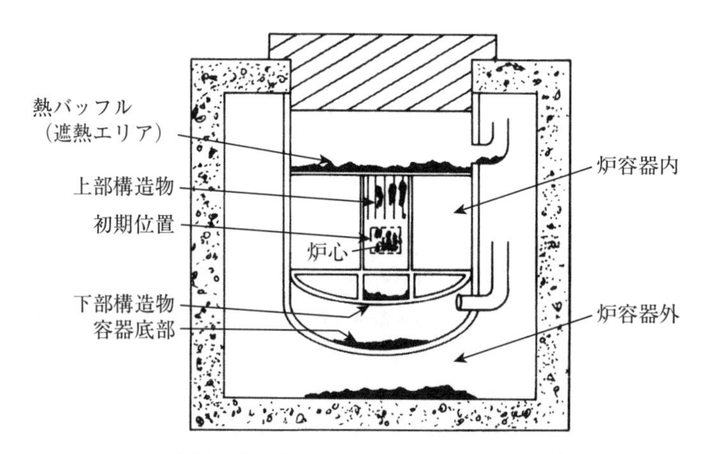

図G.16　事故後崩壊熱除去解析における燃料デブリの配置例
（ループ型システム）

G.5.1 事故後の熱源

事故後の崩壊熱冷却性評価の最初のステップは、原子炉停止後に分散している熱源の分布を定義することである。これには、まず燃料物質の位置を特定し、熱源の分布を定める必要がある。

G.5.1.1 燃料再配置

全炉心規模の事故後の燃料配置に関する知識が必要となるのは、燃料母材の殆どが不揮発性微粒子から構成されるためである。これらの放射性核種が、崩壊熱発生源を形成する。

炉停止失敗過出力事象（UTOP）、炉停止失敗冷却不足事象（UTUC）に関する15章での議論に基づくと、UTOPシナリオでは、燃料の多くは基本的に炉内に残存する。燃料崩壊によって、軸方向燃料の一部の再配置が起こり、これらは部分閉塞を生じると想定されるが、燃料の殆どは初期位置かそのごく周辺に残存するものと考えられる。

相当量の燃料再配置の発生が想定されるのは、UTUC事象である。歴史的にも、炉心頂部からかなりの量の燃料が炉心上部構造領域に噴出されると仮定しており、燃料の一部は上部のナトリウムプール領域を通過し、熱バッフルエリアに滞留する。出口配管にまで到達する可能性もある（図G.16参照）。

下方への移動については、炉心より下方ではヒートシンクの容量が大きいので、溶融被覆管の再配置によって、非常に厚い鋼材閉塞物を生じさせる可能性がある。溶融燃料の炉容器貫通を防止するために、いくつかのSFRにおいては、炉容器内保持装置（in-vessel retention device）が用いられている。その装置は、ナトリウムプール中で冷却されるように一連の受け皿から構成される。Super Phénixでのその構成を図12.7に示す。炉容器内保持ができない場合、大量に生じた溶融燃料が、炉容器底部を溶融貫通し、炉容器内に残っていたナトリウムとともに原子炉キャビティに落下することになる。

再臨界の可能性

元々の炉心形状を喪失した高速炉で生じる懸念の一つが、炉心物質の再臨界の可能性である。長期の事故後崩壊熱除去が達成されるのは、再臨界が発生しないと保障される場合のみである。燃料物質の粒子ベッドや溶融プールで想定される配置形状についても、この可能性を考慮する必要がある。燃料の臨界形状に関する議論は本書のスコープ外であるが、これらのテーマは参考文献で総括されている［20, 36］。

炉心下方の構造設計は、HCDA時に発生する溶融燃料や炉心デブリが臨界形状にならず分散されるという特別な目的をもって行われた。一つの設計の例はSuper Phénixの炉心保持機構（core retainer）であり（図12.7)、保持機構のそれぞれの受け皿は、臨界質量とならないよう少量の炉心物質のみを保持するように設計されている。

炉外設計の例は炉外事象を述べるG.5.3の図G.20に示す。この図は、炉心保持システム（core retention system, CRS）上で炉心デブリを未臨界形状に広げるための分散機構を示している。

G.5.1.2　熱源

損傷した未臨界炉心における主要な熱源は核分裂生成物の崩壊熱である。アクチニドについては、^{239}U（半減期23.5分）のβ崩壊が最初の数時間にとって重要で、その後^{239}Np（半減期2.35日）のβ崩壊が数日間に亘る主要な熱源となる。小規模な熱源としては、放射化した鋼材、ナトリウム、^{242}Cmのような高次のアクチニドがある。核的停止後は核分裂そのものからの熱生成は急激に減少し、遅発中性子の半減時間（最長で80秒）に従って減衰していく。

核分裂生成物からの崩壊熱（希ガスを含む）は図G.17の曲線に従う。アメリカで開発されたORIGEN［37］、CINDER［38］、RIBD［39］といった計算コードが、個別の放射性核種による崩壊熱への寄与を算出する際に用いられる。

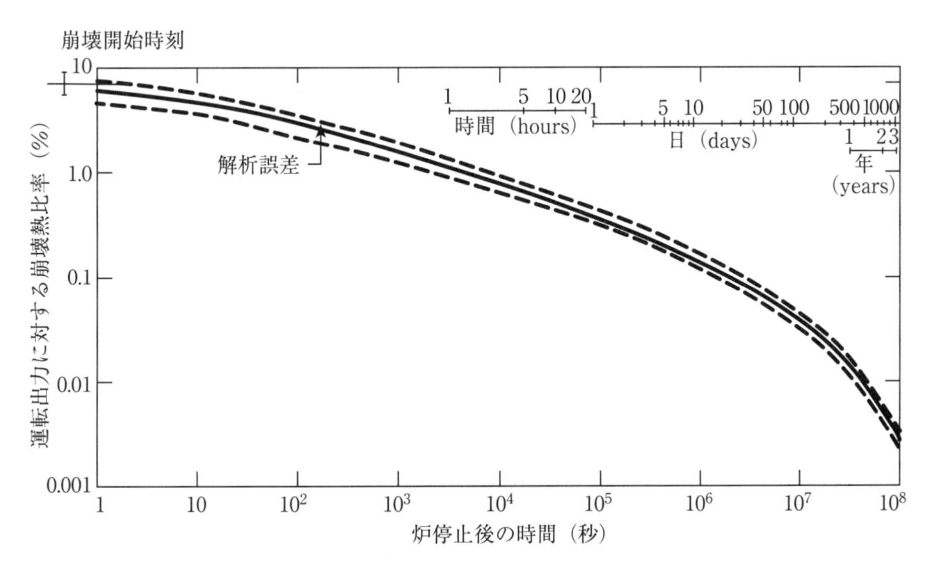

図G.17　FFTF炉の核分裂生成物崩壊熱［4］

低揮発性の核分裂生成物は、酸化物燃料内で酸化物が生成されているかどうかによって、さらに細かく分類されることがある。酸化物は燃料中に残りやすく、一方で金属は鋼材中に集中しやすいため、崩壊熱を評価する上でこれらを分けて考える必要がある。希ガス、ハロゲンそして揮発性の核分裂生成物の一部は、燃料ピンの健全性喪失時に燃料から分離放出されると想定されるが、第Ⅱグループのハロゲンと第Ⅲグループの揮発性元素は1次ナトリウムから分離されるとは限らない。なぜなら、ハロゲンはナトリウムと反応すると考えられるし、第3グループはナトリウムに対して可溶性であるからである。

核分裂生成物は便宜上、様々なグループに分類される。表G.1には参考文献［20］で定義された4種類の分類と各グループの元素、そして酸化物燃料中における主要な化学形態を示す。

^{239}Puが分裂した際に生成される核分裂生成物の収率分布を図G.18に示す。質量数90付近（Sr）と105から110の間で^{235}Uとの差異が現れているが、この差による崩壊熱への影響は大きくない。SFRの燃料における運転時出力と核分裂生成物の崩壊熱との比はLWR燃料の場合とほぼ同様である。一方で、SFRの崩壊熱が極めて高くなるのは、運転時の出力密度が大きいためである。

表G.1　核分裂生成物の分類

グループ	分類	族	主要形態	元素
Ⅰ	希ガス	希ガス	単体	Xe、Kr
Ⅱ	ハロゲン	ハロゲン	単体	I、Br
Ⅲ	揮発性固体	アルカリ金属	金属	Cs、Rb
		遷移金属	金属	Ag、Cd
		―	金属	As、Se、In、Sn、Sb、Te
Ⅳ	低揮発性（もしくは不揮発性）の固体	遷移金属	金属	Tc
		希金属	金属	Ru、Rh、Pd
		アルカリ土類	酸化物	Sr、Ba
		遷移金属	酸化物	Mo、Y、Zr、Nb
		レアアース（ランタノイド）	酸化物	La、Ce、Pr、Nd、Pm、Sm、Eu、Gd

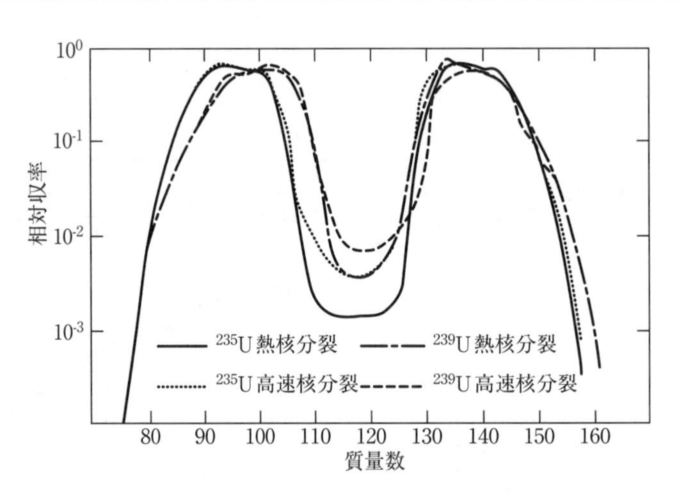

図G.18　^{235}Uと^{239}Puの核分裂生成物収率

G.5.2　炉内冷却

ナトリウムは大変優れた冷却材である。そしてこの性質は損傷炉心や炉心デブリの冷却時にも有効に働く。大気圧で880℃まで単相液体状態を維持し、適切な熱容量をもっている。さらに、本章G.3

で述べたように、溶融したセラミック燃料（や溶融鋼材）はナトリウムと接触した際に微細化し、崩壊熱除去のための大きな伝熱面積をもたらすことも、十分に論証されている。

このような特性は、損傷炉心や炉心デブリを原子炉容器内で長期冷却する際の、SFR体系の長所として機能する。重要な点は、原位置での冷却（損傷炉心がほぼ健全で初期の場所に留まっている場合）と粒子ベッド冷却（原子炉容器内でデブリが他の位置に再配置する場合）である。しかしながら、ナトリウムがデブリを冷却する能力は、熱発生源への流路が確保されていて初めて発揮できるものである。よって、もし巨大な閉塞が生じたり、ナトリウムがデブリベッドから蒸発した場合には、溶融炉心デブリプールが形成されてしまう。従って、これらの状況における冷却性も考慮されなければならない。

G.5.2.1　原位置での冷却

著しく損傷した炉心領域に残存する燃料物質の冷却には、4通りの方法が考えられる。それぞれが異なる冷却体系と伝熱メカニズムに基づくものである。

(1) 各集合体内において、中央領域が閉塞していた場合の外側列のピンの冷却
(2) ボイド化した集合体（恐らく流量回復までの間）の、周辺の健全集合体への径方向熱伝達による冷却
(3) デブリ間を流れるナトリウムによる、閉塞集合体内のデブリ粒子の冷却
(4) 下部遮蔽体領域の溶融デブリの、周辺集合体への径方向熱伝達による冷却

検討結果によると、方法1は定格出力の10 − 20%の出力下において、自然対流によって達成可能であり、方法2は局部的にボイド化した集合体の出力が運転時出力の3%より低く、周辺集合体の流量がポニーモータによって維持されている場合に可能となる。方法3と4のデブリの自然対流冷却は、出力レベルが小さい時のみ可能である（恐らく、定格出力の0.5%レベルまで）。従って、直感的に想像できるように、炉心内冷却は基本的には初期の形状であれば、自然対流条件のみでも容易に達成できるが、燃料の集中度が増すと冷却能力は徐々に阻害され、危険な状況となる。

G.5.2.2　粒子ベッドの冷却

溶融燃料と鋼材は液体ナトリウムとの接触によって微細化するので、細粒化した炉心デブリがベッド状に詰まった際の冷却特性を検討することは極めて重要で興味深い。粒子ベッドの配置例は図G.16に示されている。そのようなベッドの冷却評価の最初のステップは、ベッドの高さと組成を決めることである。ベッドが生成される部分の面積が与えられると、デブリ総量、表面積、デブリの空孔率（通常は約50%）からその堆積高さが求められる。

炉容器の内表面上に形成されるデブリベッドはナトリウム中に浸漬していると考えられる。実験結果によると、冷却可能なベッドからの支配的な熱流は、上面を覆っているナトリウムへの上向きの流れとなる。堆積高さの低いベッドでは、熱流は熱伝達と対流であり、堆積高さの大きいベッドの場合は、ベッド内でナトリウムの沸騰が生じ、気相チャンネルが形成されベッド内から上部ナトリウムへガスが放出される。ベッドの高さが冷却可能高さを超えると、粒子のバーンアウト（particulate burnout）が生じ、ナトリウムがベッド内に浸透できずベッドから上方への高い熱流を確保できなくなる。この点を超えた状態での冷却性は、上下方向への熱伝導による除熱量に依存する。

G.5.2.3　溶融プールの熱伝達

もし燃料デブリの粒子ベッドが十分に冷却されない場合、溶融燃料と鋼材のベッドになるまで、温度が上昇する。この状態での熱流に関する基本的な疑問は、それが上向きなのか、下向きか、あるいは横方向か、というものである。

内部加熱のある溶融プールでは、自然対流が発生する。高温流体は上昇し、より低温の流体は下降する。温度勾配による浮力が粘性力を上回ると、流体層内で動きが生じる。流路が確立された後は、慣性力も熱移送プロセスに影響を与える。グラスホフ数 (Gr) は慣性力、粘性、浮力を組み合わせたものである。自然対流は運動量とエネルギー交換プロセスの組み合わせであるので、プラントル数 (Pr) も熱伝達に影響する。自然対流はGrとPrの積と相関があり、この積はレーリー数 (Ra) として知られている。距離Lで配置された2つの等温平板間の、内部加熱のある流体の場合、レーリー数Ra_I[8]は

$$Ra_I = \frac{g\beta Q L^5}{\nu \alpha k}, \tag{G.15}$$

β = 熱膨張係数
g = 重力加速度
Q = 体積発熱割合
ν = 動粘性係数
α = 熱拡散率
k = 熱伝導度
L = 平板間距離

で与えられる。

図G.19は様々な実験結果から、溶融プールから下方向へ流れる熱の割合（境界温度が一様の場合）とレーリー数Ra_Iの相関性を示したものである［36］。横軸は$Ra_I/64$でRa_Iは（G.15）で定められる。

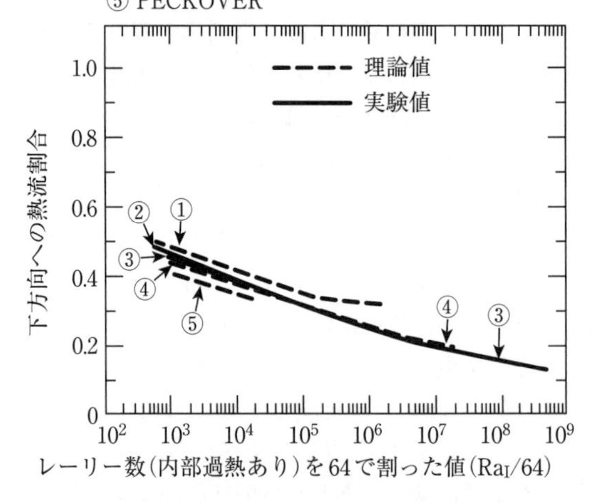

図G.19　内部発熱プールでの下方向熱流比率の比較

・境界温度一様
・①～⑤は参考文献［36］での実験者名

---

[8] 内部発熱源の代わりに、温度差ΔTで駆動される自然対流のレーリー数は、$g\beta\Delta T L^3/\nu\alpha$となる。$Ra_I$を求めるには、$\Delta T$を$QL^2/k$に置き換える。

事故後崩壊熱除去で想定されるRa_Iの値は図G.19の高レーリー数領域にあり、発生する熱量のわずか10 − 30%しか下方向に伝達されない。

横方向への熱伝達相関式は、あまり定義されていない。溶融プールから横方向への熱伝達特性は、上方向や下方向への条件とともに、今後LWRとSFR両者の安全解析において注目すべき領域である。

内部発熱源をもつ溶融プールの自然対流による上下、横方向へ熱伝熱相関式は一般的には次のように表わされる。

$$\mathrm{Nu} = C \cdot \mathrm{Ra}_I^m. \tag{G.16}$$

この形の相関式は、溶融した燃料と鋼材プールの向きをもった熱伝達量を計算する相関式を開発したG. Fiegの研究の中で解説されている［41］。

G.5.3　炉容器外事象

もし炉心デブリが炉容器を溶融貫通した場合、原子炉キャビティ内でのデブリの熱伝達と相互作用について検討しなければならない。2つの主要な項目がある。1点目は炉心保持概念の設計検討（溶融燃料デブリの流れを止めるために特別に設計された装置など）のような、溶融貫通を抑制するために採用される技術、2点目は原子炉容器下部の構造材料とナトリウムと炉心デブリとの相互作用である。

G.5.3.1　炉容器外の炉心とナトリウムの保持概念

炉容器の溶融貫通抑制のために、これまでに検討された工学的概念は、**鋼製ライナー**（steel liner）、**るつぼ**（crucible）、様々な種類の**犠牲ベッド**（sacrificial bed）である。

原子炉キャビティ設計の重要な目的の一つは、ナトリウムとコンクリートとの接触を防ぐことである。これはコンクリートから放出される水分がナトリウムと反応すると、水素が発生するためである。コンクリート製の原子炉キャビティ壁は、ナトリウムとコンクリートを接触させないために、ステンレス鋼製ライナーで覆われている。このライナーはナトリウムを保持するには十分であるが、粒子ベッドがドライアウトした後の炉心デブリは保持できない。

炉心デブリを長期的に保持するための**るつぼ状の**保持システムの概念設計が行われた。それは、犠牲材料（sacrificial material）が配置されたコンテナもしくは構造からなる。冷却は、一般には原子炉冷却系とは完全に独立したシステムで行われる。図G.20はSNR-300炉で提案された炉心保持システムを示している。再臨界を防止し、熱源を分散させるために、炉心デブリをるつぼ構造上に分配するための分配装置が設計されている。SNR-300のるつぼ構造はNaKによって冷却されるように設計されている。

設計された冷却性能の度合いに応じて、炉外の炉心保持システムとして、3種類の犠牲ベッドが提案されている。完全に受動的なタイプの犠牲ベッドは、冷却機構がなく、熱容量が大きく熱伝導が小さい物質からなり、高温の炉心デブリがゆっくりとしか浸透できないように工夫されている。そのようなベッドとして考えられる材料はThO_2、減損UO_2、酸化マグネシウム（MgO）やグラファイトである。MgOの場合には、比熱が大きく溶融潜熱も大きいため、特に浸透速度が遅く、浸透している間もMgOベッドからのガスやエアロゾルの発生はない。

ベッドの外側表面が自然対流で冷却される、受動的冷却タイプの犠牲ベッドも提案されている。このタイプは、炉心デブリの保持力を増加させ、コンクリートキャビティ壁の熱的防護性も高めることができる。これらの概念から大きく異なるのは、能動的冷却機構付の犠牲ベッドである。

表G.2はいくつかのSFRで採用されたデブリ収容（炉心保持）対策の概要を整理している。

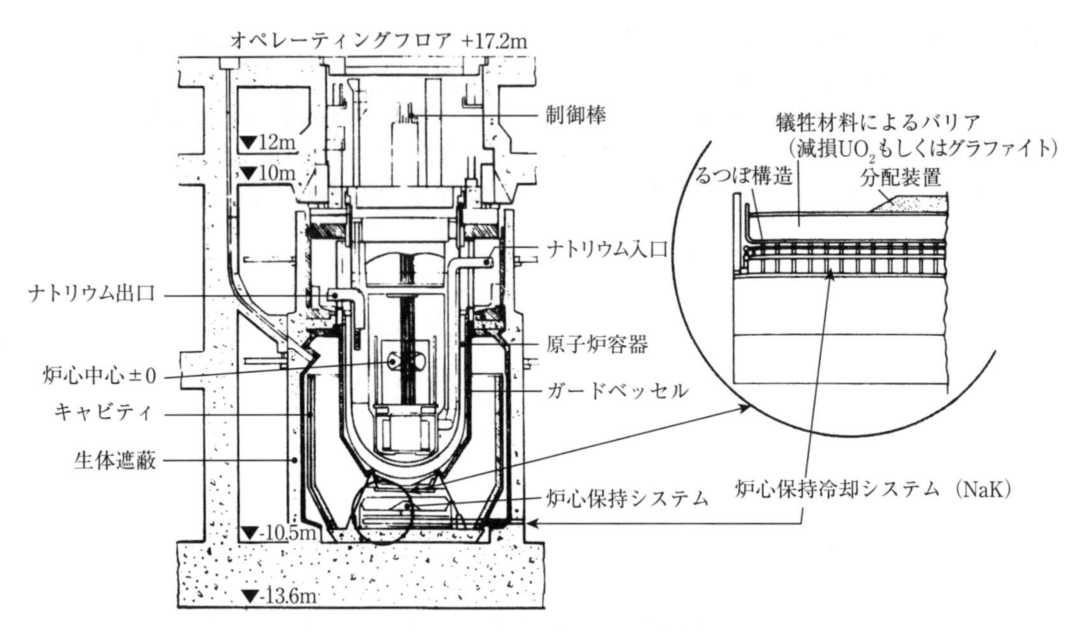

図G.20　SNR-300の炉容器外炉心保持システム

表G.2　SFRのデブリ保持対策（参考文献［36］から編集）

原子炉	対策
アメリカ	
EBR-Ⅰ	なし
EBR-Ⅱ	なし
FERMI-1	炉内：ジルコニウム製のメルトダウン受け皿 炉外：容器下方にグラファイト製のるつぼと1次遮蔽タンク
SEFOR	炉外：容器の45フィート下にナトリウムキャッチタンク。容器の下やキャッチタンク内に燃料分散用の円錐
FFTF	炉内：炉心支持構造物のドーム部や熱バッフル上でのデブリ冷却。しかし特別な対策はなし 炉外：鋼製ライナーを張ったキャビティ
CRBRP	炉内：少量のデブリは炉内構造物の上で冷却可能だが、特別な対策はなし 炉外：ライナーを施し、断熱された原子炉キャビティ、ベント用の配管と格納容器外冷却、排気浄化システム
イギリス	
DFR	燃料分散円錐と岩盤への溶融管
PFR	タンク内に単層の受け皿：7集合体分の保持可能
CDFR（概念提案のみ）	タンク内に3層の受け皿：全炉心分を保持可能
フランス	
Rapsodie	なし
Phénix	外部冷却のある外側容器
Super- Phénix	炉内キャッチ用受け皿、安全容器の外部冷却
ドイツ、オランダ、ベルギー	
SNR-300	炉内：下部プレナム内にキャッチ用受け皿 炉外：NaK冷却を備えた高温るつぼ

G.5.3.2　ナトリウムや炉心デブリのコンクリートとの相互作用

コンクリートの熱的反応

ナトリウムが流出する可能性がある全てのコンクリートセルの内面は、鋼製ライナーを敷くことが共通認識ではあるが、鋼材でライニング（内張り）されたコンクリートスラブ上に高温のナトリウムが落下した場合、コンクリートには相当量の熱が伝わる[9]。

構造コンクリートは加熱されるとかなりの水分を放出する。これは図G.21に示す、異なる種類の構造コンクリートから放出される水分のデータからも裏付けられている［42］。遊離水（free water）もしくは毛管水（capillary water）は、かなり低い温度でも容易に放出される。約450℃になると化学結合している水分が放出される。より高温では、骨材材料の完全分解や脱水によってさらに水分が放出されることを示唆するデータもある。重要な点は、ある高温状態ではコンクリートから大量の水分が放出されるため、圧力開放のためのなんらかの設備（例えばベント）が用意されなければならないことである。

水分の放出に加えて、石灰石骨材の場合は、加熱されたコンクリートから炭酸カルシウムの分離によって相当量のCO_2ガスが放出される。

$$CaCO_3 + heat \rightarrow CaO + CO_2.$$

ライナーがないコンクリートについてのもう1つの懸念は、クラッキングや**スポーリング**（spalling）として知られるプロセスによる、大量のコンクリート片の剥脱である。溶融炉心デブリの直接接触による熱衝撃が、表面にスポーリングを生じさせることはほぼ確かである。大きなコンクリート区画を溶融貫通するために必要と考えられるエネルギーを費やすことなく、亀裂の部分からデブリが漏洩するという懸念もある。

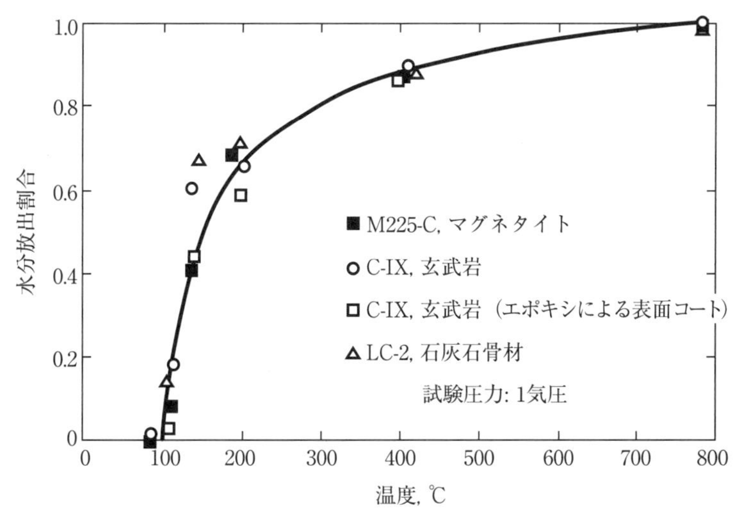

図G.21　コンクリートからの水分放出

[9] ナトリウムが流出した際のコンクリートの加熱を最小化するため、コンクリートと鋼製ライナー間に耐火レンガのような断熱材を使う設計もある。このようなライナーは高温ライナーと呼ばれている。

ナトリウムコンクリート反応

高温ナトリウムがむき出しのコンクリートに直接接触すると、化学反応により水素ガスが放出される。この水素の殆どがナトリウムと水との発熱反応から生じる。

$$2Na + H_2O \rightarrow Na_2O + H_2,$$

$$Na + H_2O \rightarrow NaOH + \frac{1}{2}H_2.$$

一連のナトリウムとコンクリートとの反応実験［43］からは、初期段階において約5kg/m^2・hの割合で水素が発生することが確認された。水素が排気されるか、再結合作用[10]によって水素を除去するための酸素が供給されない限り、ナトリウムと水の反応が継続し、格納施設を過酷な加圧状態に導く。

これらの実験のデータは、まずはナトリウムがコンクリートを加熱し、水分を追い出し、ナトリウムと水との化学反応が生じ、骨材から水素ガスとエネルギーが放出されることを示している。放出されたエネルギーはナトリウムとコンクリートの反応を加速する。それは、ナトリウムとコンクリートの加熱を促進し、さらに水を放出させ、ナトリウムとの化学反応をさらに活発にするためである。

一方で、ナトリウムがコンクリートを侵食する初期段階の速度は、水平面上に重く粘性の大きな反応生成物が堆積し、反応を妨害するため、数時間で低下する。同様の飽和効果が垂直表面に対しても観測されている。しかし侵食速度はより大きい（おそらく反応生成物が重力によってはがれ落ちるため、良好な反応形状が保たれると考えられるからである）。この飽和効果は、十分なコンクリート亀裂が発生して新たなコンクリート表面が現れる場合には、無効となる。ナトリウムとコンクリートの反応の定量的割合は、十分には解明されていない。

マグネタイトと石灰石コンクリートの水平表面におけるナトリウムの貫通深さを表すために、2つの予備的な評価式が導き出された。［43］

$$\text{マグネタイト} \quad d = 17.5 \ (1 - \exp^{-0.2t})$$
$$\text{石灰石} \quad d = 10.4 \ (1 - \exp^{-0.4t})$$

ここで、

d = 貫通深さ（mm）
t = 時間（hours）

図G.22はこれらの関数曲線と、水平コンクリート表面を実際に貫通したデータとの比較を示したものである。垂直表面のナトリウム貫通については、データは限定されているが、同様の評価式とよく一致しており、これも同じ図に示している。格納施設の過渡解析では、水平表面上を13mm/hの速度で4時間進むという数値条件がしばしば使用される。

ナトリウムとコンクリートの相互作用においては、酸素中でのナトリウム燃焼に加えて、他にも重要なナトリウムの発熱反応が発生する。それらを16章の図16.6に示す。

---

[10] このような機能を果たすように備えられた装置は水素再結合装置（hydrogen recombiners）と呼ばれる。

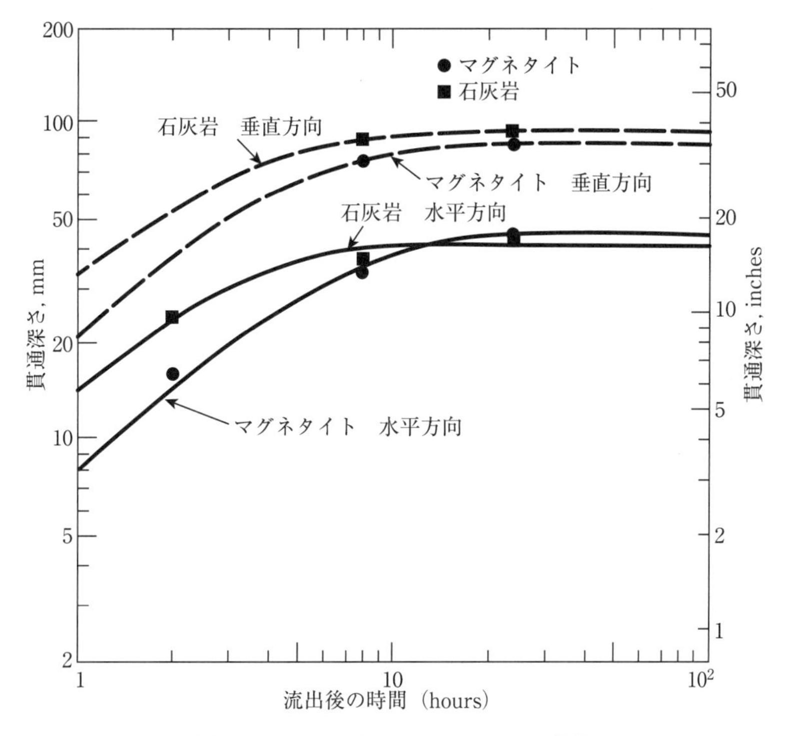

図G.22　ナトリウムのコンクリート貫通

炉心デブリ－コンクリート相互作用

事故時炉外では、ナトリウムによる化学的侵食が生じうることに加えて、溶融した鋼材や溶融燃料がコンクリートと直接接触する可能性も考慮しなければならない。加熱によってコンクリートから水分と二酸化炭素が放出され、貫通してきた炉心デブリに含まれる鋼材を酸化させる。この酸化は、ナトリウムとコンクリートの相互作用によって放出された水素に加えて、さらなる水素ガスや一酸化炭素ガスを発生させる。

炉心デブリによるコンクリート貫通率を予測することは難しい問題であり、予備的な解析手段としてアメリカのコード、GROWS［44］やUSINT［45］があるものの、未だに十分には解決できていない。溶融物が分散・貫通していく際に、コンクリートからプール中に溶融生成物が加わることによって、問題がさらに複雑になっている。低密度の物質が追加されることで、溶融プールの密度が溶融鋼材上に浮遊するレベルにまで低下し、分散プロセスの中でプール中の物質層を逆転させる。加えて、コンクリートから放出されるガスによって除熱され、このガスによりプール中から核分裂生成物が排出されることも考えられる。

【参考文献】

1. M. Kirbiyik, P. L. Gamer, J. G. Refiing, and A. B. Reynolds, “Hydrodynarnics of Post-Disassembly Fuel Expansion,” *Nuclear Engineering and Design, 35* (1975) 441 - 460.
2. C. R. Bell, J. E. Boudreau, J. H. Scott, and L. L. Smith, “Advances in the Mechanistic Assessment of Postdisassembly Energetics,” *Proceedings of the International Meeting on Fast Reactor Safety Technology, Vol. I,* Seattle, WA(1979), 207 - 218.

3. E. P. Hicks and D. C. Menzies, "Theoretical Studies on the Fast Reactor Maximum Accident," *Proceedings of the Conference on Safety, Fuels, and Core Design in Large Fast Power Reactors*, ANL-7120, Argonne National Laboratory, Argonne, IL (1965) 654 - 670.
4. A. M. Judd, "Calculation of the Thermodynamic Efficiency of Molten-Fuel-Coolant Interactions," *Transactions of the American Nuclear Society, 13* (1970) 369.
5. A. Padilla, Jr., "Analysis of Mechanical Work Energy for LMFBR Maximum Accidents," *Nuclear Technology, 12*(1971) 348 - 355.
6. D. H. Cho, R. O. Ivins, and R. W. Wright, "Pressure Generation by Molten Fuel-Coolant Interactions Under LMFBR Accident Conditions," *Proceedings of the Conference on New Developments in Reactor Mathematics and Applications*, CONF-710302, Vol. I, Idaho Falls, ID (1971) 25 - 49.
7. H. Jacobs, "Computational Analysis of Fuel-Sodium Interactions with an Improved Method," *Proceedings of the International Conference on Fast Reactor Safety and Related Physics*, CONF-761001, Vol. III, Chicago, IL (1976)926 - 935.
8. M. Amblard and H. Jacobs, "Fuel Coolant Interaction; The CORRECT II UO_2-Na Experiment," *Proceedings of the International Meeting on Fast Reactor Safety Technology, Vol. III*, Seattle, WA(1979) 1512 - 1519.
9. H. Jacobs, M. F. Young, and K. O. Reil, "Fuel-Coolant Interaction Phenomena Under Prompt Burst Conditions," *Proceedings of the International Meeting on Fast Reactor Safety Technology, Vol. III,* Seattle, WA (1979) 1520 - 1528.
10. S. J. Board and L. Caldarola, "Fuel Coolant Interactions in Fast Reactors," *ASME Symposium on the Thermal and Hydraulic Aspects of Nuclear Reactor Safety, ASME Winter Meeting*, New York, NY(1979).
11. S. G. Bankoff, "Vapor Explosions: A Critical Review," *Sixth International Heat Transfer Conference*, Toronto, ON, Canada (1979).
12. A. J. Briggs, T. F. Fishlock, and G. J. Vaughan, "A Review of Progress with Assessment of MFCI Phenomenon in Fast Reactors Following the CSNI Specialist Meeting in Bournemouth, April 1979," *Proceedings of the International Meeting on Fast Reactor Safety Technology, Vol. III*, Seattle, WA(1979) 1502 - 1511.
13. D. R. Armstrong, F. J. Testa, and D. Raridon, Jr., "Molten UO_2-Sodium Dropping Experiments," *Transactions of the American Nuclear Society, 13*(1970)660.
14. H. K. Fauske, "The Role of Nucleation in Vapor Explosions," *Transactions of the American Nuclear Society, 15*(1972)813.
15. S. J. Board, R. W. Hall, and R. S. Hall, "Detonation of Fuel Coolant Explosions," *Nature, 254*(1975)319 - 321. See also M. Baines, S. J. Board, N. E. Buttery, and R. W. Hall, "The Hydrodynamics of Large Scale Fuel Coolant Interactions," *Nuclear Technology, 49*(June 1980)27 - 39.
16. S. A. Colgate and T. Sigurgeirsson, "Dynamic Mixing of Water and Lava," *Nature, 244*(1973)552 - 555.
17. H. K. Fauske, "The Role of Core-Disruptive Accidents in Design and Licensing of LMFBR's," *Nuclear Safety, 17*(1976)550 - 567.
18. M. Baines and N. E. Buttery, "Differential Velocity Fragmentation in Liquid-Liquid Systrms," RD/B/N4643, Berkeley Nuclear Laboratories(September 1979).
19. A. W. Cronenberg and M. A. Grolmes, "Fragmentation Modeling Relative to the Breakup of Molten UO_2 in Sodium," *Nuclear Safety, 16*(6)1975.
20. E. L. Gluekler and L. Baker Jr., "Post Accident Heat Removal in LMFBR's," O. C. Jones and S. G.

Bankoff, eds., *Liquid Metal Fast Breeder Reactors, Vol. 2*, The American Society of Mechanical Engineers, New York, NY(1977)287 - 325.

21. W. R. Wise and J. F. Proctor, "Explosion Containment Laws for Nuclear Reactor Vessels," NOLTR-63-140, U.S. Naval Ordnance Laboratory(1965).
22. J. F. Kunze (ed.), "Additional Analysis of the SL-I Excursion," USAEC Report IDO-19313(TM-62-11-707), General Electric Company, 1962, and "Final Report of SL-I Recovery Operation," USAEC Report IDO-19311, General Electric Company, Idaho Test Station (July 27, 1962).
23. J. F. Proctor, "Adequacy of Explosion-Response Data in Estimating Reactor-Vessel Damage," *Nuclear Safety, 8*(6) (1967) 565 - 572.
24. R. H. Cole, *Underwater Explosions*, Princeton University Press, Princeton, NJ (1948).
25. A. L. Florence, G. R. Abrahamson, and D. J. Cagliostro, "Hypothetical Core Disruptive Accident Experimentson Single Fast Test Reactor Model," *Nuclear Engineering and Design, 38* (1976) 95.
26. D. D. Stepnewski, G. L. Fox, Jr., D. E. Simpson, and R. D. Peak, "FFTF Scale Model Structural Dynamics Tests," *Proceedings of the Fast Reactor Safety Meeting*, CONF-740401-P2, Beverly Hills, CA(1974).
27. M. Saito and T. G. Theofanous, "The Termination Phase of Core Disruptive Accidents in LMFBR's," *Proceedings of the International Meeting on Fast Reactor Safety Technology, Vol. III*, Seattle, WA(1979)1425 - 1434.
28. H. Holtbecker, N. E. Hoskin, N. J. M. Rees, R. B. Tattersall, and G. Verzeletti, "An Experimental Programme to Validate Wave Propagation and Fluid Flow Codes for Explosion Containment Analysis," *Proceedings of the International Meeting on Fast Reactor Safety and Related Physics*, CONF-761001, *Vol. III*, Chicago, IL (1976)1304 - 1313.
29. M. Egleme, N. Brahy, J. B. Fabry, H. Lamotte, M. Stievenart, H. Holtbecker, and P. Actis-Dato, "Simulation of Hypothetical Core Disruptive Accidents in Vessel Models," *Proceedings of the International Meeting on Fast Reactor Safety and Related Physics*, CONF-761001, *Vol. I*, Chicago, IL (1976) 1314 - 1323.
30. D. J. Cagliostio, A. L. Florence, G. R. Abrahamson, and G. Nagumo, "Characterization of an Energy Source for Modeling HCDA's in Nuclear Reactors," *Nuclear Engineering and Design, 27* (1974) 94.
31. J. P. Breton, A. Lapicore, A. Porrachia, M. Natta, M. Amblard, and G. Berthoud, "Expansion of a Vapor Bubble and Aerosols Transfer," *Proceedings of the International Meeting on Fast Reactor Safety Technology, Vol. III*, Seattle, WA(1979) 1445 - 1454.
32. Y. W. Chang and J. Gvildys, "REXCO-HEP: A Two-Dimensional Computer Code for Calculating the Primary System Response in Fast Reactors," ANL-75-19, Argonne National Laboratory, Argonne, IL (1975).
33. Chung-yi Wang, "ICECO-An Implicit Eulerian Method for Calculating Fluid Transients in Fast-Reactor Containment," ANL-75-81, Argonne National Laboratory, Argonne,IL(1975).
34. Y. W. Chang, J. Gvildys, and S. H. Fistedis, "A New Approach for Determining Coolant Slug Impact in a Fast Reactor Accident," *Transactions of the American Nuclear Society, 14*(1971)291.
35. A. H. Marchertas, C. Y. Wang, and S. H. Fistedis, "A Comparison of ANL Containment Codes with SNR-300 Simulation Experiments," *Proceedings of the International Meeting on Fast Reactor Safety and Related Physics*, CONF-761001, Vol. III, Chicago, IL(1976)1324 - 1333.
36. M. S. Kazimi and J. C. Chen, "A Condensed Review of the Technology of Post-Accident Heat Removal for the Liquid-Metal Fast Rreeder Reactor," Nuclear Technology, 38(1978)339 - 366.

37. M. J. Bell, *ORIGIN- The ORNL Isotope* Generation *and Depletion Code*, ORNL-4628, Oak Ridge National Laboratory, Oak Ridge, TN(1973).
38. T. R. England, R. Wilaynski, and N. L. Whittemore, *CINDER-7: An Interim Report for Users*, LA-5885-MS, Los Alamos Scientific Laboratory, Los Alamos, NM(1975).
39. R. O. Gumprecht, *Mathematical Basis of Computer Code RIBD*, DUN-4136, Douglas United Nuclear, Inc. (1968), and D. R. Marr, *A User's Manual for Computer Code RIBD-II, A Fission Product Inventory Code*, HEDL-TME 75-26, Hanford Engineering Development Laboratory, Richland, WA(January 1975).
40. D. R. Marr and W. L. Bunch, *FTR Fission Product Decay Heat*, HEDL-TME 71-72, Hanford Enguneering Development Laboratory, Richland, WA(February 1971).
41. G. Fieg, "Heat Transfer Measurements Internally Heated Liquids in Cylindrical Convection Cells," *Proceedings of the 4th PAHR Information Exchange Meeting*, Varese, Italy(October10 - 12, 1978)144.
42. J. D. McCormack, A. K. Postma, and J. A. Schur, *Water Evolution from Heated Concrete,* HEDL-TME 78 - 8, Hanford Engineering Development Laboraory, Richland, WA(February 1979).
43. J. A. Hassberger, "Intermediate Scale Sodium-Concrete Reaction Tests," HEDL TME 77 - 99, Hanford Engineering Development Laboratory, Richland, WA(March 1978). See also J. A. Hassberger, "Intermediate Scale Sodium-Concrete Reaction Tests with Basalt and Limestone Concrete," HEDL-TME 79 - 55, Hanford Engineering Development Laboratory(September 1980); R. P. Colburn, et al., "Sodium Concrete Reactions," *Proceedings of the International Meeting on Fast Reactor Safety Technology, Vol. IV*, Seattle WA(August 1979) 2093.
44. L. Baker, F. B. Chenug, R. Farhadieh, R. P. Stein, J. D. Gabor, and J. D. Bingle, "Thermal Interaction of a Molten Core Debris Pool with Surrounding Structural Materials," *Proceedings of the International Conference on Fast Reactor Safety Technology, Vol. I*, Seattle, WA(1979)389 - 399.
45. R. L. Knight and J. V. Beck, "Model and Computer Code for Energy and Mass Transport in Decomposing Concrete and Related Materials," *Proceedings of the International Conference on Fast Reactor Safety Technology, Vol. IV,* Seattle, WA(1979)2113 - 2121.

付録 H
インターネット情報源

- ソフトウェア関連
  - OECD-NEA　コンピュータプログラムデータバンクサービス
    http://www.nea.fr/dbprog/
  - 米国エネルギー省、エネルギー科学技術ソフトウェアセンター
    http://www.osti.gov/estsc/
  - 米国原子力規制委員会（NRC)、NRC開発コンピュータコード
    http://www.nrc.gov/about-nrc/regulatory/research/safetycodes.html
  - 米国 オークリッジ国立研究所、放射線安全情報計算センター
    http://rsicc.ornl.gov/

- 核データ
  - 国際原子力機関、核データサービス
    http://www-nds.iaea.org/
  - OECD-NEA 核データサービス
    http://www.nea.fr/dbdata/
  - 米国国立核データセンター
    http://www.nndc.bnl.gov/

- 材料
  - 国際原子力機関、原子力用材料の熱物性値
    http://www-pub.iaea.org/MTCD/publications

- 安全
  - 欧州委員会、原子力エネルギー安全
    http://ec.europa.eu/energy/en/topics/nuclear-energy/nuclear-safety
  - OECD-NEA　安全に関する共同研究プロジェクトデータベース
    http://www.nea.fr/dbprog/safety-joint-research-databases.html
  - 米国原子力規制委員会
    http://www.nrc.gov/

- 高速スペクトル炉
  - 国際原子力機関、高速炉
    http://www.iaea.org/NuclearPower/FR/
  - 国際原子力機関、中小型炉
    http://www.iaea.org/NuclearPower/SMR/

- 第 4 世代炉
  - 第 4 世代原子力システム（Gen-IV）
    http://www.ne.anl.gov/research/genIV/
  - 革新的原子炉および燃料サイクルに関する国際協力プロジェクト（INPRO）
    http://www.iaea.org/INPRO/
  - 第 4 世代原子炉国際フォーラム（GIF）
    http://www.gen-4.org/

- 燃料サイクル
  - 燃料サイクル研究開発
    http://www.energy.gov/ne/fuel-cycle-technologies/fuel-cycle-research-development
  - 国際原子力機関、核燃料サイクル施設データベース
    http://www-nfcis.iaea.org/
  - 国際原子力機関、核燃料サイクル、材料
    http://www.iaea.org/OurWork/ST/NE/NEFW/Technical-Areas/NFC/home.html

- 持続可能な核エネルギー開発
  - 米国原子力学会
    http://www.ans.org/
  - 欧州委員会、エネルギー
    http://ec.europa.eu/energy
  - 欧州連合
    http://europa.eu/
  - 国際原子力機関
    http://www.iaea.org/
  - 国際原子力機関、国際原子力情報データベース
    http://www.iaea.org/inis/
  - 国際エネルギー機関
    http://www.iea.org/
  - 国際エネルギー機関、世界エネルギー展望
    http://www.worldenergyoutlook.org/
  - 米国国立科学財団
    http://www.nsf.gov
  - OECD-NEA
    http://www.nea.fr/
  - 米国エネルギー省、原子力エネルギー部
    http://www.energy.gov/ne/office-nuclear-energy
  - 米国エネルギー省
    http://www.energy.gov/
  - 米国原子力規制委員会
    http://www.nrc.gov /

－ワールドファクトブック
https://www.cia.gov/library/index.html
－世界原子力協会
http://www. world-nuclear.org

索引

アルファベット

A

ABC 482
ABCOVE 473
accelerator driven system, See ADS
acoustic constraint 664
ACPR 660, 674
ADS 162, 174, 182
advanced burner reactor, ABR 174
advanced fuel cycle program 20
Advanced Liquid Metal Reactor, See ALMR
Advisory Committee on Reactor Safeguard, ACRS 426
AEROSIM 482
Ag 365
ALMR 6, 7, 423, 477, 543, 556-563
American National Standards Institute, See ANSI
American Nuclear Society, ANS 423
amortization equation 604
ANLのコード体系 634
ANLパラメトリックモデル 665
ANSI 423, 424
anticipated operational occurrence, See AOO
anticipated transients without scram, See ATWS
AOO 425, 447
a point of economic indifference 625
arc casting process 326
ASMEコードシステム 449
ASMEのボイラーおよび圧力容器用設計規格 436
ASSCOPS 475
ATWS 420, 422, 442, 456, 457, 464, 486, 570, 578, 642
AXICRP 231

B

back-end cost 611
balance of plant 41
Bateman方程式 141, 157
BDBE 586
beginning of life, BOL 300
best estimate calculation 470
Bethe-Tait 429
beyond design basis accidents, BDBA 422
BF3計数管 409
biases 295
Blasiusの関係式 270
BN-350 6, 7, 194, 353, 377, 392, 419, 478, 542, 550-555
BN-600 6, 7, 194, 353, 377, 419, 478, 542, 550-555
BN-800 6, 40, 7, 353, 419, 543, 556-561
BN-1600 6, 7, 353, 377, 556-561
BN-1800 556-561
Board-Hallモデル 665, 669, 670
BoardとHallによる爆轟理論 666
bond 599
Bondarenko 77
BOR-60 6, 376, 419, 541, 544-549
bowing 231, 417, 458
BOW-V 231
BR-2 418
BR-5 419
BR-10 6, 353, 542, 544-549
break-away swelling 321, 445
breed and burn fast reactor 16
breeder 9
breeding 3
breeding gain 10
breeding potential 11
breeding ratio, BR 9
BREST-300 543, 550-555
BREST-1200 556-561
BREST-OD-300 527
BREST炉概念 527
BROND 78, 79
burnup 136

C

CABRI 315, 660, 674
CACECO 480, 481
CACECOコード 473, 478
capacity factor 139
capillary water 685
capture 3
catch pan 450
CDFR 7, 194, 377, 556-561
CEFR 6, 377, 419, 542, 544-549
CENDL 78, 80
Cermet 311
charged-particle bombardment 332
chebyshev semi-iterative acceleration technique 635
Chiu-Rohsenow-Todreas (CRT) モデル 269, 271, 291, 292
CINDA 79
CINDER 679
Clementine 4, 6
climb controlled glide, CCG 348
Clinch River Breeder Reactor Project, See CRBRP
closed fuel cycle 24
coarse-mesh rebalance acceleration 635
coarse premixing 666
COBRA 274, 275, 284
code of federal regulation 426
cold trap 362, 412
columnar grain 197
combined license, COL 426
combustion process intensity 474

commercial-sized reactors 5
compound system doubling time, CSDT 154
Computer Index of Nuclear reaction Data 79
COMRADEX 480, 481
consequence evaluation 430
CONTAIN-LMR 477, 478, 574
containment 422
control rod drivelines, CRDLs 458
control volume approach 275
conversion 8
conversion ratio, CR 8
converter 9
coolant entrapment 670
core barrel 568, 584
core compaction 428
core debris 429
core disruption 461
core restraint system 232
core retainer 679
core retention system 472
core retention system, CRS 679
CR 167, 174, 179, 181
CRAC 482
CRACOME 482
CRASIB 231
CRBRP 6, 7, 132, 194, 229, 251, 353, 377, 381, 382, 384, 386-388, 392, 396, 398, 405, 419, 435, 470, 478, 550-555
crossflow 269
crystallizer 362
CSISRS 78
cumulative damage function, CDF 203, 435
current value 597

D

D9ステンレス鋼 354
damage fraction 203
DBTT 355
dead band allowance 298
debt 599
defense-in-depth 421
deflated 600
demonstration or prototype reactors 5
densification 313
depletion 141
depreciation allowance 606
design bases 294
design basis accidents, DBA 421, 578
design certification 426
design criteria 294
design limits 294
deterministic approaches 425
detonation wave 665
DFBR 6, 7, 353, 377, 556-561
DFR（Dounreay Fast Reactor） 6, 419, 541, 544-549
DHRS 587
DIF3D 55, 137, 138, 633, 635
direct reactor auxiliary cooling system, See DRACS
direct uncertainties 295
dislocation channeling 337
displacement per atom, dpa 331
diversion crossflow 276, 280
diversity 421, 422, 436, 570
Dorn parameter 205
doubling time 12
DPT 635
DRACS 460, 578, 587
duct assembly interaction effect 229
ductile to brittle transition temperature, DBTT 354
ductility 321, 475
Dファクター 167

E

E 214, 215
EBR-I 6, 418, 419
EBR-II 6, 251, 324, 325, 353, 376, 386, 392, 419, 464, 478, 541, 544-549
eddy conduction 259
EFR 6, 7, 377, 477, 543, 556-561
EHX 515
electro-refining 45
ELSY（欧州鉛冷却炉） 521, 522, 524, 529, 532, 534
emergency core cooling system, ECCS 428
ENDF 49, 77-79, 104, 106, 400
ENDRUN 81, 89
ENERGY 274, 286
energy threshold 331
ENERGYモデル 285
equiaxed grains 197
equity 599
ETOE/MC^2-2/SDX 633
ETOX 81, 89
Eu 365
Euler法（オイラー法） 145
European Lead cooled System, See ELSY
Evaluated Nuclear Data File, ENDF 49, 632
EVST 403, 404, 590
EXFOR 78
experimental and test reactors 5
explicit method 145
ex-reactor factor 155
external breeding 25
extremely unlikely fault 421
ex-vessel fuel storage tank, See EVST

F

fuel assembly with inner duct structure, FAIDUS 583
fast burner reactor 19
Fast Flux Test Facility, See FFTF
Fauske 666
FBOC 10
FBTR 6, 136, 317, 318, 353, 376, 419, 541, 544-549

FCCI 316
FCMI 208, 315, 316, 323
FCMI応力 322
FEOC 10
Fermi炉 6, 541, 544-549, 674
ferritic-martensitic, F-M 354
fertile 3, 33
FFTF 6, 130, 131, 194, 196, 251, 266, 284, 353, 376, 384, 387, 395, 396, 404, 419, 435, 478, 542, 544-549, 677, 679
final safety analysis report, FSAR 426
final safety evaluation report, FSER 426
fissile 3, 32
fissile external 155
fissile specific inventory 13, 194
fissile specific power 14
fission product induced fuel swelling 310
fissium, Fs 324
flow distribution factor 271
flow-split parameter 271
fluence 144, 196, 231
F-MAGEE 674
form pressure loss 287
FPL 155
FPガスの易動度 314, 315
FPガス放出 314
FP起因燃料スウェリング 310
FPの移行 314
FP分離 19
FRAS2 200
free standing 233
free water 685
friction hardening 333
friction pressure loss 287
front-end cost 611
FTC 403
fuel adjacency effect, FAE 206
fuel breakup 309
fuel-cladding mechanical interaction, See FCMI
fuel cladding chemical interaction, FCCI 307
fuel compaction 461
fuel element failure propagation : FEFP 443
fuel extrusion 462
fuel management 135
fuel management path 638
fuel management time 637
fuel squirting 462
FUMBLE 137, 145, 146
functionality 436

G

GANEX 181
gas-cooled fast reactor, GFR 8
gas expansion module, See GEM
GCFR 495, 516
GEM 440, 466, 569
Generation IV International Forum, See GIF
GIF 7, 20, 495, 532
GMADJ 635
grain 196
grain growth 197
GROWS 687

H

HAA 482
HAARM 482
HCDA 428, 469, 474, 657, 662
HCDA気泡 658
H/D 289
HEMPコード 674
heterogeneous core 25
Hicks-Menziesモデル 662-665
higher actinides 19
high level wastes, HLW 16
homogeneous core 25
honeycomb grid 224
hot stand by 132
HTGR 40
human intrusion 17
hydrodynamic boundary layer 257
hydrogen recombiners 686
hyperstoichiometoric 312
hypostoichiometoric 312
hypothetical core disruptive accident, See HCDA

I

IANUSコード 447
ICECO 674
IHX 517, 587
implicit method 145
importance function 116
Impulse Graphite Reactor 578
in-core breeding 25
independence 436
independency 422
inelastic strain limit 203
inertial coast down 460
inertial constraint 664
initiating event 469
in-service inspection and repair, ISI&R 578
integrated PWR, iPWR 40
interference part 95
intergranular 311
intermediate annealing 326
internal breeding 25
in-vessel retention device 678
irradiation creep 310
irradiation softening 334
ISI 579
Ispra 676
IVTM 403

J

Japan Sodium-Cooled Fast Reactor, See JSFR
JEFF 78, 79
JENDL 78-80

jet penetration 670
JOG 315
Joint Oxide Gain 315
JOYO 353
JSFR 191, 379, 388, 401, 577
JSFR1500 556-561

K

k 682
KALIMER 377, 477
KALIMER150 542, 550-555
KNK-II 6, 353, 376, 419, 541, 544-549

L

LAMPRE 6
Larson-Miller parameter, LMP 204
lead-cooled fast reactor, LFR 8
leak before break, LBB 475, 578
level of confidence 294
LIFE 189, 208, 219-221
life fraction 203
LIFE-METAL 208
lifetime-levelized total generation cost 39
light water seed-and-blanket breeder 14
linear heat rate 241
linear power 34, 241
linear-power-to-melting 251
liquidus 313
LLFP 176
load factor 139
LOCA 532
LOF 532
loop system 30

M

MA (minor actinides) 4, 17, 19, 135, 581
marginal cost of production 627
margin-to-melting 303
market-clearing price 46
materials protection control and accounting, MPC&A 45
maximum operating linear power 303
mechanistic approach 657
MELT-IIIコード 446
MELTコード 461
Meyer hardness 249
MFCI 486, 661, 662, 665, 669
migration 314
minimum linear-power-to-melting 303
minor actinide, See MA
MINX 81, 89-91
mixed oxide 311
Mo 324
mobility 314
moderate burner 20
moderator-to-fuel ratio, MFR 119
molten fuel compaction 578
molten fuel/coolant interaction, See MFCI
molten salt breeder 14
MONJU 353
multiple strata 20
multiplicity 422
MURTI 665

N

(n,2n)反応 90
NACOM 477
NaK 6, 35, 407, 460
natural line shape 94
Naボイド反応度(係数) 170, 171
neutron fluence 329
nominal temperature 294
Novendsternモデル 269, 273, 289, 290, 294
NR (Narrow Resonance)近似 85
NSR 79
Nuclear Science References 79
nuclear steam supply system, NSSS 40, 563

O

ODS鋼 173, 355-357, 577
operating and maintenance, O&M 39, 243
operational reliability 436
optimized block-successive-over-relaxation method 635
ORIGEN 480, 679
ORIGEN-RA 634
ORRIBLE 274
overflow heat removal system, OHRS 442
overpower condition 131
over relaxation method 60
oxide dispersion strengthened, See ODS
oxygen to metal ratio, O/M 312

P

PARDISEKO 482
particulate burnout 681
partitioning and transmutation、P&T 17
PCRV 498, 509, 511
PCU 517
P/D 35, 259, 289
PEC 6, 376, 544-549
PECS 208, 217
PECTコード 208
PFBR 6, 7, 353, 377-379, 393, 419, 542, 550-555
PFR 6, 7, 194, 233, 353, 377, 379, 388, 389, 392, 419, 478, 550-555
Phénix 6, 7, 353, 377, 542, 550-555
pin/duct interaction 227
PINEX実験 462
pitch-to-diameter ratio, See P/D
plant protective system, PPS 433, 455
PLF 155
PLOHS 587
PNC316 346
pool system 30

pore 197
porosity 308, 314, 325
POROUS 200
post-accident heat removal, PAHR 472
power skew 269
power to flow ratio, P/F 222, 447
PPS 406, 434
PRA 438
PRACS 587
Prandtl-Reuss flow rule 212, 217, 220
precipitator chamber 362
primary knock-on atom, PKA 331
primary reactor auxiliary cooling system, PRACS 578
PRISM 423, 466, 563
probabilistic risk assessment, PRA 436
probable resources 625
prompt neutron lifetime 428
propagation 666
protected air-cooled condensers, PACC 441
protected loss of heat sink, PLOHS 578
protected transients 442, 455
proven reserves 625
pseudo fission products 143
PUREX 19, 41
pyro processing process 45

R

random uncertainties 295
Rapsodie 6, 353, 541, 544-549
rational approximation 105
RCT 634
reactivity fault 131
reactor containment building, RCB 478
reactor doubling time, RDT 13, 154
reactor shutdown 422
reactor vessel auxiliary cooling system, See RVACS
REBUS 137, 138, 634, 636
redundancy 421, 436, 570
Reference Input Parameter Library 78
reference point in time 599
refueling interval 136
required net positive suction head, NPSH 522
residual gap 208
residual heat removal 422
resonance integral 103
restructuring 197, 244
REXCOコード 472, 660, 674, 675, 676
RIBD 480, 679
RIPL 78
risk profile 425
ROSFOND 78, 79
RTD 406
RVACS 532, 571

S

SABRE 274
sacrificial bed 683
safe shutdown earthquake, SSE 451
safety grade 422
SAFR 423, 466
Sangster 269, 289
SAS3D コード 461
SAS4A 461
SAS4A/SASSYS-1 633
SASSYS-1コード 461
SASコード 470
scatter loading 136
scatter-relcading scheme 639
SCS 517
SEFOR 6, 113, 386, 404, 418, 478
self-interstitial point defects 331
self-protecting 417
self-shielding effect 365
severe accident, SA 119
shear loss 459
SIEX-SIFAIL 208
SIGMA 78
SIMMER 471, 472, 660, 676
sinking-fund repayment equation 604
sintering 308
SIPA-AD 348, 349
SL-1事故 673
small modular reactor, SMR 40
SNR-2 7, 194, 353, 377, 387, 556-561
SNR-300 6, 7, 194, 353, 377, 382, 383, 386, 387, 390, 419, 478, 550-555, 677, 683, 684
SOCOOLモデル 665
sodium-cooled fast reactor, SFR 8
SOFIRE 473, 475, 477
solidus 313
SOMIX 477
source hardening 333
spalling 685
SPHINX 81, 104
SPM 475
spontaneous nucleation temperature 664, 667
SPRAY 477
S-PRISM 191, 379
square lattice 27
SSTAR 526, 532, 534, 535
stacking fault tetrahedron 331
staggered grid 224
STAR-LM 526
statistical convolution concept 259
steel liner 683
stock 599
stoichiometoric 312
straight-line method 606
strain limit approach 203
stress induced preferential absorption, SIPA 348
sum-of-years digits method 606
SUPERENERGY 274
SUPERFACT試験 172, 181
Super Phénix 6, 7, 353, 377, 478, 556-

561, 678, 684
SUS316鋼 37
SVBR-75/100 527, 534, 543, 550-555
sweep out 470
system doubling time, SDT 154

T

Ta 365
TDOWN 81, 104
tensile strength 321
theoretical density, TD 195, 312
thermal boundary layer 257
thermal creep 310
thermal creep rate 309
thermal striping 436
thermal/work energy conversion 486
thermocouple well 450
THI3D 274
thick-walled vessel theory 214
thining 361
thin-walled vessel theory 211
time-to-rupture 203
TNTエネルギー当量モデル 672
TNT火薬量換算 672
total ductility 336
transient overpower, TOP 428
transient reactor test facility, See TREAT
transient under cooling, TUC 428
TRANSIT-HYDROコード 471
transition phase 471
transition point 625
transmutation 8
transmuter 4
transuranic, TRU 16
travelling wave reactor, TWR 16
TREAT 436, 462, 464, 465, 660, 670, 674
triggering 666
TRITON 274
TRU 138
TRU burner 19, 24
TRU sustainer 24
TRU転換率 174
turbulent crossflow rates per unit length 276
TWODANT 637

U

ULOF 417, 422, 423, 455, 456, 459-462, 465, 470, 570
ULOHS 422, 423, 455, 457, 459, 460, 465, 570
ultimate heat sink 452
ultimate tensile strength, UTS 336
uniform strain 336
unit of production method 615
unlikely fault 421
unloading time 665
unprotected loss of flow, See ULOF
unprotected loss of heat sink, See ULOHS
unprotected transient overpower, See UTOP
unprotected transients 455
unprotected transient under cooling, See UTUC
unrestructured 197
UP2プラント 43
UP3プラント 43
UREX 45
UREX+1プロセス 181
USINT 687
UTOP 417, 422, 455, 456, 459-461, 465, 470, 488, 570, 678
UTUC 455, 456, 678
U字型 390

V

vacancy dislocation loop 331
VARI3D 634
VARIANT 633
vented pin 311
VENUSコード 472
VHTR 161, 162
VIM 633

W

wastage 219, 361
waste isolation pilot plant, WIPP 16
We 669, 670
wire wrap pin 192
work energy phase 658
work hardening 332

Y

yield strength 321

Z

zone loading 136

ギリシャ文字

A
α 10, 63, 86, 157, 158, 256, 353, 682
α_c 210
α線 525
α相 320

B
β 112, 114, 118, 173, 460, 682
β_{eff} 428, 545, 551, 558
β_i 112
β相 320

Γ
Γ 94
γ相 320

Δ
δ 52, 248
Δu 74, 647, 649
$\Delta\sigma_c$ 655
δ－フェライト 354

E
ε 44, 204, 213, 217, 218, 285, 310, 333, 336, 337, 350

Z
ζ 102

H
η 3, 10-12, 116, 117, 129

Θ
θ 95, 99, 205

K
κ 349

Λ
λ 141, 156, 481
Λ 112, 113, 116, 545, 551, 558
λ_i 84, 112
λ_{tr} 58, 82, 83

M
μ 82, 90, 91, 256, 353, 363

N
ν 90, 91, 114, 118, 160, 214, 215, 256, 497, 682
ν_f 10, 11, 648, 649

Ξ
ξ 90, 91, 286

P
ρ 64, 112, 139, 195, 353, 358, 359, 459, 521, 670

Σ
σ 163, 205, 207, 211, 218, 309, 333, 336, 337, 670
Σ 50, 65
σ_0 81
σ^2 295
σ_a 141
σ_c 141, 158, 647, 650
σ_{er} 647, 650
σ_f 33, 141, 158, 647, 650
$\sigma_{h\to g}$ 653
σ_{ir} 647, 650
$\sigma_{n,\gamma}$ 330
σ_p 85
σ_{tr} 647, 650

T
τ 102, 112, 342, 343

Φ
ϕ 36, 141, 144, 196, 333

X
χ 34, 50, 90, 91, 102, 193, 195, 199, 200, 209, 241, 244, 251, 265, 279, 647, 649
χ^2分布 96
χ_d 118
χ_m 252-254

Ψ
ψ 102

かな

あ

アーク鋳造 312, 326
亜化学量論性 312, 317
亜化学量論比 318
アクチニド 679
アクチニド燃焼 19, 499
アクチニドマネジメント戦略 4
厚肉容器理論 214
圧力開放機構 449, 530
圧力損失 225, 286-290, 293, 360, 388
圧力損失相関式 294
圧力パルス 666
圧力分布 269
アニーリング 333, 338, 344
アニール 313, 334, 339
アルゴン 403, 411, 418
安全グレード 422
安全設計 578
安全停止地震 451, 452, 565
安全裕度 425
安全容器 384
アンローディング時間 665

い

移行点 625
一次はじき出し原子 331
一様ひずみ 336
一体型蒸気発生器 379
一点炉近似動特性 472
移動距離 53
移動面積 53
入口導翼型機械式ポンプ 386
入口流量の分配誤差 298
陰解法 145
インコネル 361, 397
インコロイ 361, 393
インフレ調整後 600
インポータンス 121
インポータンス関数 116

う

ウィグナー近似 105
ウェーバー数 669, 670
受け皿 679
薄板層 258, 259
渦拡散係数 285
渦電流流量計 406, 407
薄肉管 211
薄肉容器理論 211
渦熱伝導 259, 260
ウラニウム抽出法 45
ウランの推定埋蔵量 625
ウラン－モリブデンサーメット燃料 324
運転維持費 621
運転サイクル初期 10
運転サイクル末期 10
運転信頼性 437
運転中に予想される過渡事象 425, 447
運転保守 39
運動量保存 282

え

エアロゾル 410, 481, 525, 526
永久歪 673, 674
液相線 313
液体－液体接触 666, 667
液体金属の熱伝達 259
液体重金属冷却材 519, 521, 522
液滴 665, 666
エコノマイザ 413
エナジェティクス 578
エナジェティックなMFCI 661
エナジェティックな炉心崩壊 657
エネルギー依存性 77
エネルギー回収 625
エネルギーしきい値 331
エネルギースペクトル 49, 51
エネルギー自己遮蔽 77, 83, 88, 121
エネルギーの低いMFCI 661
エネルギー変換設備 516
エルボ 586
塩化物応力腐食 393
延性 321, 475
延性－脆性遷移温度 354
円柱体系 55
円筒座標系 633
エントラップメント 670

お

オイル蒸気トラップ 411
欧州鉛冷却炉 521, 529
横断流れ 278
横断流 269, 276
応力解析 189, 203, 208
応力－ひずみ 336, 337
応力－ひずみ解析 208, 211
応力－ひずみの関係 190
応力－ひずみ履歴 208
応力誘起優先吸収 348
オーステナイト系ステンレス 393
オーステナイト鋼 37, 530
オーバーフロー熱除去系 442
オープン燃料サイクル 16
押さえボルト 675
オフセット降伏強度 336
親核種 3
親物質 19, 25, 33
オリフィス 265, 287, 503
音響拘束 664, 665
温度境界層 257
温度欠損 132, 133

か

ガードベッセル 399, 450, 451, 528, 530, 532, 533, 567, 573
回収技術 625
海水ウランの回収 46
海水の淡水化 4
外挿距離 δ 52
外的事象 474
回転プラグ 398, 399
外部核分裂性物質 155

外部事象 451
外部人為事象 452
外部増殖 25
外部電源喪失 434
開放型燃料格子 521
火炎帯 474
過化学量論性 312
化学気相含浸法 504
化学的侵食 687
化学的毒物 452
化学量論性 64, 312
化学量論性燃料（定比燃料） 328
化学量論比 318
拡散係数 53
核種の減損 141
核設計 49
核的応答挙動 428
核的暴走 673
確認ウラン資源量 15
確認埋蔵量 625
核燃料物質と被覆管の化学的相互作用 206
格納型式 479, 485
格納システム 477
格納/閉じ込め型式 485
格納容器過渡解析 478
核反応文献データ 79
核物質防護と計量管理 45
核物理文献情報 79
核分裂 170
核分裂あたりに放出される中性子数 ν 10, 90
核分裂源加速緩和法 60
核分裂スペクトル χ 90, 91
核分裂性核種 3, 8, 11, 12
核分裂生成ガスの放出 199
核分裂生成ガスプレナム 201
核分裂生成物 307, 680
核分裂生成物収率 680
核分裂性燃料 191
核分裂性物質 32, 34
核分裂性物質インベントリ 10
核分裂性物質の生成量 8
核分裂性物質の損失量 8
核分裂性物質比インベントリ 13, 14
核分裂性物質比出力 14
核分裂断面積 σ_f 32, 33, 159, 366
核分裂幅 84
核分裂連鎖反応 3
核変換 8, 157, 180
核変換炉 4
核変換戦略 18
核融合－核分裂ハイブリッド・システム 173
確率論 516
確率論的アプローチ 429
確率論的リスク評価 425, 436, 515
加工硬化 332
過酷事故 119
過去の支出 598
過出力型事象 455
過出力過渡事象 446
過出力状態 131, 428
ガス拡散濃縮施設 15
ガスシール部 451
ガス状核分裂生成物の放出 444
ガス・タギング 408, 409
ガスプレナム長 199
ガス膨張モジュール（GEM） 440, 569
ガス巻き込み 420
ガス冷却高速炉 8, 195, 495
仮想的な燃料溶融事故 427
仮想的な炉容器破損事故 530
仮想的炉心崩壊事故 428, 469, 474, 657
加速緩和係数 60
加速器駆動システム 162, 173, 174
加速燃焼 19
硬さ 321
荷電粒子衝撃法 332
稼働率 13
過渡事象 425
過渡的な除熱不足状態 428
過熱器 380, 390
過熱サイクル 381
過熱蒸気 530
過熱蒸気サイクル 380
カバーガス 29, 384, 386, 394, 395, 399, 403, 408, 418
下部入口モジュール 397
株式 599
可変オリフィス機能 500
カラムノズル 398
過冷却事象 525
過冷却状態 448
カレント密度 83
乾式再処理 19, 45
乾式貯蔵タンク 404
乾式プロセス 41
監視システム 445
緩衝層 258, 259
慣性減衰 460
慣性拘束 664, 665
完全リサイクル 18
ガンマ線放出 84
ガンマ線補償型電離箱 405
ガンマ放射線源から受ける外部被ばく線量 482
還流型過熱サイクル 380
貫流型過熱サイクル（スルザーサイクル） 380
貫流型過熱サイクル（ベンソンサイクル） 380
貫流サイクル 381

き

起因事象 435, 469
機械式ポンプ 386
機械的影響 661, 674
機械的影響過程 675
機械的エネルギー放出 474
機械的応答 672
機械的仕事量 657, 661
機械的損傷 486, 673, 674
機械的変形 673

希ガス 473, 480, 481, 485, 680
幾何バックリング 51
機器室雰囲気処理サブシステム 412
気孔空隙 325
気孔率 308
機構論的アプローチ 429, 469, 657, 660
機構論的解析アプローチ 469
機構論的な評価 470
機構論的モデル 481
疑似核分裂生成物 143
寄生吸収 11, 35, 36, 37
寄生吸収断面積 33
犠牲ベッド 683
帰納式 146, 147
機能性 436
揮発性 525
揮発性固体 473
気泡の膨張過程 657
気泡膨張 672
キャッチパン 450
ギャップ 189
ギャップコンダクタンス 190, 246, 247, 249, 265, 300, 302
キャビティ 405, 565
キャビテーション 387
吸収断面積 53, 102, 366, 368
吸収反応率 8, 121
級数法 606
キュリー点における磁力喪失 440
境界層剥離 670
凝固 524, 525
凝集 481
共晶温度 325
共晶混合物 435
共晶侵食率 435
強制循環 403
共存性 360, 361, 365, 368
共通原因故障 437
共通モード故障 131, 515
共鳴重ね合わせ理論 121
共鳴吸収 49
共鳴散乱 72, 94
共鳴積分 103
共鳴断面積 91
共鳴反応 84
共鳴領域 49
供用期間中検査 393, 531, 532, 579
供用期間中検査および補修 578
極限引張り強さ 333, 336
局所閉塞 445
巨視的断面積Σ 65
ギロチン破断 586
極めて発生し難い異常 421
銀 365
緊急熱交換器 514
銀合金 365
均質核生成温度 667
均質(型)炉心 25, 26, 27
均質炉心設計 118, 124
金銭の時間的価値 603
金属燃料 32, 190, 319, 522
均等化(した)電気料金 608, 613, 616

く

空間依存動特性コード 633
空間的自己遮蔽(効果) 62, 240
空孔 197, 218
空孔転移ループ 331
空孔率 242
くぼみ 450
グラスホフ数 682
クラッキング 685
クラック 309, 313, 315, 316, 326
グラバーとリーゲルの相関式 262
クリープ 208, 309, 338, 352, 520
クリープ強度 190
クリープ損傷 393
クリープ破損 501
クリープひずみ 217, 219
クリープ疲労 520
グリッドスペーサー 63, 196, 224, 225, 276, 288, 499, 503, 521, 535
グリッドタイプ 28
クリンチリバー増殖炉計画 419
クロージャヘッド 384
クローズド燃料サイクル 19
クロスフロー 227, 521
クロム 648-650, 653

け

軽核種 85
経済性 517, 577
経済性パラメータ 618
経済的差異のない点 625
形状圧力損失 287
形状散乱 84
軽水増殖炉 14
径方向遮へい(体) 395, 396
径方向出力分布 69, 70
径方向ブランケット 396
径方向膨張 464
結晶構造 320
結晶粒 196
結晶粒界 196
結晶粒成長 197
決定論的手法 632
決定論的なアプローチ 425
減圧事象 516
減価償却引当金 606
現在価値 597, 598
減債償還式 604
原子数比 312
原子数密度 62, 147, 148
原子炉蒸気供給系(システム) 40, 563
原子炉安全諮問委員会 426
原子炉上蓋 397, 403
原子炉エンクロージャ 397
原子炉格納容器建屋 478
原子炉過渡事象試験施設 436, 462
原子炉キャビティ 384, 397, 399, 679, 683
原子炉制御系 382
原子炉タンク 382, 384
原子炉停止 422

原子炉停止時空冷凝縮器 441
原子炉停止成功過渡事象 442
原子炉動特性 111
原子炉倍増時間 13, 154
原子炉ヘッド 473
原子炉ペリオドτ 112
原子炉容器 382, 384, 403, 572
原子炉容器内部構造物 658
原子炉容器の歪み 673
原子炉容器フランジ 403
原子炉容器補助冷却系 571
減速材 27
減速材対燃料比 119
減速中性子束 84
減肉 361
減耗 219

こ

コアバレル 382, 396
高エネルギー領域 49
高温ガス炉 40
高温待機(状態) 132, 133
工学的安全施設 421
合金化 323
航空機の衝突 452
交差グリッド 224
高次アクチニド 19, 143
格子間隔対燃料棒直径比 531
格子間点欠陥 331
高次のアクチニド 158
格子平均ミクロ断面積 633
高出力密度 495
高出力密度化 419
甲状腺線量 485
高Si濃度層 535
鋼製ライナー 683, 685
高線出力 32
高速試験炉 317
高速増殖試験炉(FBTR) 318, 341
高速増殖実験炉(EBR-I) 4
高速中性子束試験炉(FFTF) 419
高速中性子フルエンス 400
高速燃焼炉 19, 20
高速炉の経済性 39
高速炉の資本費 42
高転換率 20
高ニッケル合金 330
高燃焼度 31, 32, 307, 312
高燃焼度化 24, 319
後備系統 131, 132
高富化度燃料 24
降伏応力 335
降伏強度 321, 334, 336
広幅共鳴 85
降伏強さ 333
高レベル放射性廃棄物 16
コールドトラップ 362, 412, 413, 418
コールドレグ 571
小型安全可搬型自律原子炉(SSTAR) 532
小型モジュラー炉 40
黒鉛減速型パルス型試験炉(IGR) 578
固相線 313
固相線温度 325
固定O&M費 621
固定費 605
固有安全 496
固有安全性 517
固有の防護機能 421
コンクリートとの相互作用 685
混合酸化物 120, 311
コントロールボリューム法 275
コンプレッサー 511, 514

さ

サーキュレーター 509, 511, 512
サージタンク 411
サーマルストライピング 436
サーメット燃料 311
最確計算 470
細管破断事故 522
再結合作用 686
債券 599
債券への利払い 606
最高線出力 303
最終安全解析報告書 426
最終安全性評価報告書 426
再循環サイクル 381
最小の溶融限界線出力 303
再処理 180, 181
再処理ロス 18
再組織化/組成変化 244, 245
再組織化領域 315
最大許容処分密度 18
最大許容熱流速 34
最大許容放射線量 485
最大線出力 194
最大の洪水 452
最大の仕事エネルギー 429
最大の反応度挿入率 434
最大反応度価値 131
最大反応度体系 417, 461, 469
最大必要反応度 132
最低水位 452
サイフォン 403
サイフォンブレーカ 451
再臨界 679
サボタージュ 452
三角形配置 222
三角格子 27
三角メッシュ 61
酸化ナトリウム 418
酸化物燃料 32
酸化物燃料高速実験炉(SEFOR) 113
酸化物分散強化型鋼 577
酸化物分散強化法 355
参照時点 599
酸素対金属比率 243
残存リスク 488
残余ギャップ 208, 209
散乱 49, 50
散乱源 50
散乱断面積 88
散乱断面積の相互作用成分 95

残留熱除去 422

し

シード・ブランケット型軽水増殖炉 14
シール 384
ジェット貫通 670
ジェットの衝突 444
シェル・アンド・チューブ型 388
しきい核分裂 171
しきい値反応 162
敷地外での爆発 452
軸方向温度分布 265, 266
軸方向出力分布 69
軸方向(熱)膨張 32, 384, 417
軸方向熱膨張係数 325
軸方向分散 471
軸方向漏えい 53
自己アニーリング効果 334
事故後崩壊熱除去 472, 678, 683
自己混合 660
自己遮蔽 81, 128
自己遮蔽因子 81
自己遮蔽因子法 77, 81, 647
自己遮蔽(へい)効果 120, 365, 366, 369
自己遮蔽断面積 88
自己遮蔽中性子束 103
自己制御性 465
仕事エネルギー 472
仕事エネルギー過程 658
仕事量 662
仕事量(の)ポテンシャル 657, 672
自己防御性 417
事象の影響評価 430
システム倍増時間 154, 155
自然曲線 94
自然現象 451
自然循環運転 442
自然循環力 378
自然循環(炉心)冷却 404, 459, 460
自然対流 520
実験炉および試験炉 5
実効核分裂断面積 121
実効寄生捕獲断面積 120
実効吸収断面積 121
実効断面積 77
実効遅発中性子割合 112, 117, 417, 428
実効増倍係数(/率) 50, 126, 427
実効摩擦損失係数 270
実効ミクロ断面積 88
湿式化学プロセス 41, 45
実証炉またはプロトタイプ炉 5
湿分分離器 575
自動制御 381
自発核生成 668
自発核生成温度 664, 667, 668, 670
自発核生成理論 666, 667, 669, 670
資本 599
資本投資に関する税 605
資本費 595
資本費投資の返済 601
資本への利払い 606
シャッフル 136
遮へい 400
遮へいシステム 395
遮蔽集合体 228
遮へい設計 394
遮蔽(へい)体 189, 517
重核種 84, 85
集合体間破損伝播 443, 444
集合体ダクト湾曲 458
修正シャート相関式 262
収入税 595
重力凝集 482
需給均衡価格 46
主系統 131, 132
出力ピーキング係数 49, 162
出力分布 68, 137, 269
出力密度 67, 68, 115, 167, 534
出力ゆがみ 269
出力/流量比 222, 447, 461, 521
手動制御 381
受動的安全 517
受動的安全機能 42, 417
受動的安全システム 496
受動的安全性 532
受動的設計 530
寿命初期 300
寿命則 204
寿命率 203
瞬時クリープ 350
純鉛 519, 524, 532
小回転プラグ 398
蒸気サイクル 380
蒸気爆発 661, 662, 664, 666, 667, 670
蒸気発生器 390
蒸気発生器シェル 573
蒸気発生器での漏洩 392
償却式 604
蒸気ランキンサイクル 509
衝撃波 666, 669, 674
焼結 308
詳細群群定数ライブラリ 105
照射クリープ 218, 231, 310, 326, 332, 348-350
照射クリープひずみ 218
照射限界値 445
照射硬化 332, 333
照射実績 317-319
照射損傷 308, 332
照射軟化 334
照射量(フルエンス) 36, 37, 196
上昇制御すべりモデル 348
使用済(核)燃料 3, 4, 16, 19, 590
晶析装置 362
冗長性 421, 433, 437, 438
衝突カスケード 331
衝突密度 86, 87
蒸発器 380, 381, 390
上部遮へい 401
常陽 6, 376, 419, 478, 541, 544-549
商用規模炉 5
食物・水連鎖 482

除熱源喪失事象 578
処理による損失量 151, 155
処理による損失割合 151, 155
ジルカロイ被覆管 330
新型液体金属炉 563
進行波炉 16
信号表示器 405
浸食 361
侵食速度 686
深層防護 421, 425, 433, 434, 451
深地層処分施設 17
深地層処分問題 17
信頼水準 294
信頼性レベル 303

す

水蒸気 364
水素再結合装置 686
水素再結合反応 478
垂直型 388
随伴中性子束 116, 118, 121
水力等価直径 520
スウェリング 32, 37, 140, 195, 208, 221, 223, 229-234, 246, 310, 314, 317, 321, 327, 340, 343, 348, 356, 365, 367, 445, 458, 505
スウェリングカップリング係数 350
スウェリング耐性 346, 347, 356, 368
スウェリングと熱・照射クリープの相関 217
スウェリングひずみ 217, 219
スーパーフェニックス 194, 377, 378, 383-386, 388, 390, 393, 401, 402, 419
スクラム失敗過渡事象 125
スクラム信号 438
スタックロッド基準 131
スタントン数 500
ステンレス鋼 37
ストリーミング 399, 400, 499
ストレーナ 445
スプレー燃焼 450
スプレー状火災 574, 575
スペーサーワイヤー 27, 63, 351, 503
スペクトル硬化 127, 128
スペクトルの硬さ 167, 171
スポーリング 685
スミア密度 63, 64, 189, 195, 319, 320, 322, 323
スリーマイル2号機の事故 418
スルザーサイクル 381, 390
寸法安定性 308
寸法不安定性 308

せ

制御系 406
制御材料 227
制御棒駆動軸（CRDLs） 458
制御棒駆動軸（の）熱膨張 458, 464
制御棒システム 434
制御棒集合体 227
制限付き自由湾曲炉心拘束システム 234
生産限界費用 627
生産高比例法 615
正準近似 105
脆性破壊 396
生体遮へい 395
正のボイド反応度係数 497
正方格子配置 27, 222
積層欠陥四面体 331
セシウム 315
石灰石 685, 686
設計基準 189, 294, 474
設計基準外事故 422, 425
設計基準外事象 586
設計基準事故 421, 425, 578, 642
設計クライテリア 294
設計限界 294
設計認証 426
接触温度 667, 669
接触界面温度 667
接触角 668
接触面温度 668
摂動曲線 130
摂動計算 129
摂動理論 117, 120, 470
設備利用率 139
セラミック燃料 36
セラミック燃料高速炉 119, 120
ゼロ次元核計算 117
遷移過程 471, 472
全延性 336
線形倍増時間 154
全共鳴断面積 95-97
漸近中性子束 87, 90, 91
全交流電源喪失 523
線出力 34, 193, 194, 203, 241
線出力密度 193, 241
専焼高速炉 182
先進液体金属冷却炉 423
先進燃焼炉 174
先進燃料サイクル 17, 18
先進燃料サイクルプログラム 20
全身被ばく線量 485
せん断損失 459
全断面積 82, 97
潜伏期間 342
線量計算 482
全炉心燃焼計算 641

そ

増殖 3
増殖・燃焼型高速炉 16
増殖比 9, 12, 24, 25, 32, 35, 148, 151, 152, 166, 225, 330, 495, 581, 641
増殖ポテンシャル 11
増殖利得 10, 14
増殖炉 4, 9
想定事故 424
総発電コスト 39, 617
層流 508
ソース硬化 333
ソースターム 473, 478, 480, 481

ゾーン装荷 136
測温抵抗体 405, 406
速度境界層 257
束縛準位 94
即発中性子 118
即発中性子寿命 112, 116, 428
即発中性子世代時間 427
即発跳躍近似 115
即発臨界 120, 427, 488
即発臨界状態 112, 113, 116
粗混合(状態) 666, 669
組織変化 197
塑性変形 313, 676
塑性変形(クリープ) 337
ソフトシステム 658
粗メッシュ再釣合い加速 635
粗面 500
粗面加工 500, 508
損失項 12
損傷時間関数 204
損傷した炉心物質 429
損傷ポテンシャル 672
損傷率 203
損耗 449

た

タービンミサイル 452
第4世代原子力システム国際フォーラム 7, 495, 532
第4世代原子炉 37
ダイアフラム 407
大気中の拡散 473
大規模閉塞 446
対向流 388
対称格子 63
耐食性 523
耐スウェリング性 37
体積比 62
対流熱伝達 256
対流熱伝達率 357, 460
ダウンカマー 533
タグガス 252, 253
タグガスカプセル 191, 192
ダクト 329
ダクト変形 352
多群一次摂動理論 117
多群拡散理論 49
多群群定数 77
多群摂動理論 120
多群多次元拡散／輸送解析コード 635
多群多次元全炉心核計算 633
多群断面積 49
多群断面積の縮約 106
多群方程式 50
多群方程式の空間解 51
多群輸送理論ノード法コード 633
多孔性 314
多国籍処分 17
多次元解法 51
多重 532
多重性 422, 570, 587
多重の物理的障壁 433
多重バリア 421
多段階層型 20
脱炭 393
竜巻 452
多様 532
多様性 131, 421, 422, 437, 438, 570
炭化物 120, 316, 317
炭化物燃料 32, 316, 499
炭化ホウ素 365, 400
炭酸カルシウム 685
単純倍増時間 154
弾性散乱 50, 67, 520
弾性散乱除去断面積 105
弾性散乱断面積 95
炭素移行 393
炭素鋼 37
タンタル 365, 368
断面積 142
断面積情報格納・検索システム 78
断面積データファイル 49
断面積の縮約 105
断面積変化 122

ち

チェビシェフ準反復加速法 635
チェルノブイリ 4, 418
地層処分施設 16
窒化物 316, 317
窒化物燃料 32, 120, 318, 499, 522, 526, 532
窒素サブシステム 411
遅発中性子 118, 409
遅発中性子検出器 443, 446
遅発中性子スペクトル χ_d 118
遅発中性子先行核 444
遅発中性子先行核濃度 112
遅発中性子パラメータ 114
遅発中性子割合 427
中間熱交換器 388, 389
中間焼きなまし 326
中間冷却ループ 36
柱状晶 312
柱状晶領域 200, 244, 246, 313, 314
柱状粒子 197
柱状粒成長温度 199
中性子インポータンス 127
中性子拡散方程式 50
中性子核反応断面積 78
中性子核反応率 77
中性子吸収あたりの発生中性子 10
中性子吸収材 26
中性子吸収断面積 172, 497
中性子吸収棒 62
中性子強度 178, 179
中性子経済 27
中性子源 171, 405
中性子散乱反応 84
中性子寿命 112, 119, 417, 427
中性子照射 338
中性子照射による材料硬化 204
中性子照射量 231
中性子ストリーミング 397
中性子スペクトル 497, 498

中性子生成率 50
中性子世代時間Λ 112, 116
中性子束ϕ 36, 68
中性子束のくぼみ 88
中性子束分布 70
中性子束モニタ 397, 399, 404
中性子損失項 50
中性子透過性 499
中性子の吸収断面積 520
中性子増倍率 641
中性子バックグラウンド 399
中性子幅 84
中性子バランス 11, 161, 162, 652
中性子フルエンス 218, 329, 332, 333, 335, 342
中性子放出 84
中性子捕獲 8, 17, 27, 128, 137
中性子捕獲断面積 329
中性子捕獲反応 84
中性子密度 112, 115
中性子漏洩 569
中性子漏えい 127
中性粒子の輸送 633
中程度燃焼炉 20
超ウラン元素 16, 138
超ウラン窒化物燃料 526
超高温ガス炉 496
長寿命核分裂生成物 176
長寿命放射性同位核種 4
長寿命放射性同位元素 5
跳躍距離 247, 248
超臨界CO_2 496, 536
超臨界CO_2ブレイトンサイクルエネルギー変換システム 532
超臨界二酸化炭素 418, 519
直接ガンマ線 482
直接サイクル 498
直接処分 16
直接接触 685, 686
直接炉心補助冷却系 460, 578
直管 390, 392, 589
直交座標系 633
沈降分離装置 362
沈着 482

て

低温ナトリウムの流入 434
定格出力時間 139
定額法 606
低揮発性 680
低酸素雰囲気 450
ディップシール 399
低転換率 20
低品位鉱石 14, 15
テイラー不安定性 670
テイルウラン 15, 44
低レベル放射性廃棄物 16
データ記録システム 405
出口プレナム 269
鉄 648, 649, 650
デバイ温度 99
デブリの冷却 678
デブリベッド 472
デブリ保持対策 684
テロ攻撃 452
転位チャネリング 337
転位チャンネル 338
電解法 45
転換 8
転換効率 660
転換チェーン 8, 9, 142, 143
転換比(率) 8-10, 14, 167, 174, 180-182, 526, 641
転換炉 9
電気トレースヒータ 412
電磁石 570
電磁ポンプ 386, 420, 524, 571
電磁流量計 406, 407
伝熱管の大規模破損 449
伝播 666, 667, 676
伝播メカニズム 669

と

等エントロピー膨張 658
統計的影響因子 299
統計的手法 295
統計的重畳概念 259
統合化加圧水型原子炉 40
等軸温度 197
等軸結晶粒 197
等軸晶 312
等軸晶領域 197, 200, 244, 246, 314
動特性 307
動粘性係数 256
ドーンレイ 340, 376, 386, 392
毒物効果 417
独立作動 131
独立性 422, 437, 438
閉じ込め 422
閉じた燃料サイクル 24, 39, 44
トップエントリーノズル 533
ドップラー共鳴領域 123, 328
ドップラー係数 121-124, 498
ドップラー効果 91, 120, 122
ドップラー定数 122, 125
ドップラーの広がりを考慮した断面積 123
ドップラー反応度 120
ドップラー(反応度)フィードバック 131, 417, 472
ドップラー拡がり(吸収)断面積 98, 102
ド・ブロイ換算波長 93
捕え込み 670
トリウム燃料 129, 326
トリガーメカニズム 669
トリガリング 666
ドルンパラメータ 205, 207
トレース加熱 412

な

内部安全容器 382, 384
内部増殖 25
内部転換比 124, 132, 330
流れ分割パラメータ 271
ナトリウム 364

ナトリウム火災 450, 474, 480, 591
ナトリウム・カリウム(共晶)合金 460, 519
ナトリウム共存性 397
ナトリウム・空気反応 427
ナトリウム・コンクリート反応 480, 686
ナトリウム純化系 418
ナトリウム浄化 412
ナトリウム蒸気圧 362
ナトリウム蒸気トラップ 411
ナトリウム蒸気爆発 661
ナトリウム蒸発の潜熱 475
ナトリウム浸漬機器 420
ナトリウムスプレー火災 474, 476
ナトリウムスラグ 672, 676
ナトリウム喪失効果 127
ナトリウム喪失による影響 124
ナトリウム喪失(損失)反応度 125, 128, 129
ナトリウムと空気の化学反応 584
ナトリウムとコンクリートの相互作用 687
ナトリウムによる散乱 128
ナトリウム・燃料相互作用 362
ナトリウムの化学反応 420
ナトリウムの純度管理と浄化 420
ナトリウムの燃焼熱 475
ナトリウムの放射化 395
ナトリウムプール火災 473-475
ナトリウム沸騰 465
ナトリウムボイド係数 126
ナトリウムボイド効果 125, 417
ナトリウムボイド反応度 25, 27, 578
ナトリウムボンディング 317
ナトリウムポンプ 386
ナトリウム・水反応 36, 359, 379, 392, 393, 411, 420, 427, 449, 519, 575, 589
ナトリウム流量制御系 382
ナトリウム漏えい 577
ナトリウム漏洩・火災 474
ナトリウム漏洩事象 578
ナトリウム漏えい燃焼 420
ナノインフィルトレーション遷移共晶相法 504
鉛 364
鉛ビスマス共晶 364
鉛ビスマス共晶合金 519, 527
鉛ビスマス共晶合金冷却炉 419, 524
鉛冷却(高速)炉 8, 495, 519, 524
軟(中性子)スペクトル 120, 123

に

二重格納型式 485
二重伝熱管 392
人間侵入 17

ぬ

ヌッセルト数 257, 259, 260-262
濡れ性 525
濡れの角度 668
ぬれぶち長さ 260

ね

熱応力微細化モデル 670
熱拡散係数 256
熱荷重 584
熱間圧延鋼 361
熱緩衝板 533
熱慣性 377, 513
熱クラック 246
熱クリープ 218, 310, 348
熱クリープ現象 526
熱クリープ速度 309
熱クリープひずみ 218
熱/仕事エネルギー変換 486
熱衝撃 436, 685
熱中性子 3
熱電対 405
熱電対挿入管 450
熱伝達データ 358
熱伝導度 242, 243
熱伝導モデル 240
熱伝達率 260
熱の逃がし場 452
熱負荷 585
熱輻射 572
熱輸送系 399
熱流動設計 269
年間核分裂量 13
年間損失量 13
燃焼計算(解析) 137, 634
燃焼強度 474
燃焼欠損反応度 365
燃焼速度 475, 477
燃焼度 15, 35, 136, 138, 140, 308, 534
燃焼度計算 139
燃焼による影響 124
燃焼方程式 141, 142, 144
粘性 686
粘性度 363
年定額返済方法 602
燃料1バッチ当たりの直接費 611
燃料移送セル 402
燃料運搬キャスク 404
燃料液滴 664
燃料押し出し 462
燃料管理経路 638
燃料管理時間 637
燃料凝集 461
燃料交換間隔 136, 139, 154
燃料交換システム 401
燃料交換割合 155
燃料格子 27, 502, 503
燃料サイクル解析 14, 634
燃料サイクル費 41, 43, 44, 610
燃料サイクルロス 14
燃料再処理技術 138
燃料再組織化 244
燃料再配置 678
燃料軸方向移動 462
燃料集合体 530
燃料集合体間(の)破損伝播 445, 446

燃料集合体群の挙動 229
燃料集合体設計 221
燃料集合体長さ 225
燃料集合体閉塞 535
燃料蒸気の膨張 472
燃料スウェリング 337, 362
燃料スミア密度 139
燃料増殖 8
燃料損傷 435
燃料体積割合 27
燃料特性 316
燃料ドップラー(効果) 457, 464
燃料の受け入れと搬出 404
燃料の径方向温度 239
燃料の軸方向伸び 324
燃料の軸方向膨張 458
燃料の状態方程式 659
燃料の性質 328
燃料の組織変化 196
燃料の熱伝導度 193
燃料破砕 309
燃料バッチの費用発生時期 612
燃料バンドル 288
燃料ピッチ対直径比 259
燃料－被覆管化学的相互作用 307, 316, 504
燃料－被覆管(の)機械的相互作用 208, 212, 315, 316
燃料被覆管ギャップ 246
燃料ピン間(の)破損伝播 443-445
燃料ピン径 193, 194
燃料ピンスペーサーの設計 224
燃料ピン長さ 193
燃料ピンの温度分布 264
燃料噴出 462
燃料ペレットの偏心 299
燃料膨張 657
燃料棒の外径 531
燃料マトリックス 328
燃料隣接効果 206, 207
燃料/冷却材体積比 534

の

濃縮度 531, 534
濃縮度ムラ 445
能動的安全システム 518
能動的熱除去系 516
ノード法 633
ノミナル温度 294

は

ハードシステム 658
バーンアウト 34, 195, 681
バイアス 295
バイアス係数 400
配管破断事象 448
排気機構付き燃料ピン 311
廃棄物隔離パイロットプラント 16
背景断面積 σ_0 81, 88, 89
排出 470
倍増時間 12, 24, 32, 136, 138, 153, 164, 166, 194, 225, 495
バイヨネット型 392
爆轟 672
爆轟波 665, 667
爆轟理論 669
剥離スウェリング 321
はじき出し損傷量 331
破損基準 189
破損時間 203-205
破損条件 203
破損伝播 443, 446
破損燃料検出 408
破損歪み 676
破断前漏えい 475, 578
バックエンドコスト 611
バックエンドの支出 599
発生し難い異常 421
発生頻度 574
バッチ式 136
バッチ装荷 136
バッファー層 505
バッフルタンク 384
ハニカムグリッド 224
ハロゲン 473, 481, 680
パンケーキ型(炉心) 27, 128, 129, 458
反射体 517
反射板 398
反応度異常 131
反応度異常事象 420
反応度価値 133
反応度価値要求 365
反応度誤差 132
反応度制御 131
反応度挿入過渡事象 446, 447
反応度フィードバック効果 307
反応度フィードバックメカニズム 457
反復計算問題 54
汎用群定数 81, 90

ひ

ピーキング係数 70, 583
比エネルギー 139
比核分裂性物質インベントリ 194, 195
光中性子生成 399
引き抜きの最高速度 434
非揮発性固体 473
非均質(型)炉心 25-27, 74, 75
非均質炉心設計 118, 125
微細化 681
微細化メカニズム 666
微細化理論 670
微細構造 316
微細構造変化 308
微視的断面積 σ 65, 77, 106
非常用電源 434
非常用炉心冷却システム 428
歪みエネルギー 676
ひずみ制限法 203
非弾性散乱 50, 67, 90
非弾性散乱行列 90, 104
非弾性散乱除去断面積 104
非弾性ひずみ 208, 221

非弾性ひずみ限界 203
非弾性フープ 217
ピッチ 273
ピッチ/直径比(*P/D*) 35, 259, 261, 289
引張り強さ 321
必要有効吸込ヘッド 387, 522
被覆管 329
被覆管円周方向温度差 304
被覆管減耗 219
被覆管破損予測 642
被覆管ひずみ 220
非分離共鳴 95
非分離領域 92
評価済核データ 78
評価済核データファイル 49, 77, 632
標準偏差 295, 296
標的核 84
表面アルミ合金化処理 523
表面摩擦損失 271
微粒化メカニズム 669
微粒子化 664
ピン型燃料 504
ピンとラッパ管の間の相互作用 227

ふ

フィードバック応答 120
フィッシウム 324, 325
フィルター処理 485
フィルム熱伝達係数 258
フィルムホットチャンネル係数 302
フープ応力 205, 207, 211-213, 215, 219, 526
フープひずみ 213, 214
フーリエの法則 251
プール型 30, 375, 394, 458, 460, 486
プール状火災 574, 575
プール燃焼 450, 574
フェニックス 194, 419
フェライト鋼 37, 330
フェライト－マルテンサイト鋼 346, 354, 355, 523
フェルミ炉 376, 419, 446
フォールアウト 481
不確実性解析 295
負荷追従性 378
不活性化 482
不活性カバーガス 411
不活性区画 475
不活性雰囲気 419
富化度 26, 27, 32, 34, 35, 167
負荷率 139
不感領域許容 298
複合核 84
複合システム倍増時間 154, 156
負債 599
腐食 312, 361, 523, 524
腐食生成物 359, 395
負のエネルギー共鳴(束縛準位) 94
負の反応度フィードバック 427
ブライト・ウィグナーの一準位公式 92, 93
ブライト・ウィグナー公式の修正法 92
ブラウン凝集 482
プラグ下燃料交換 402
ブランケット 10
ブランケット集合体 129
プラント安全保護系 455
プラント制御 381
プラント付帯設備 41
プラント保護システム 405, 433
プラントル数 256-258, 682
プラントル・ロイスの流れ則 217
プリズム 563
フルエンス 144, 146, 148
プルトニウム 528
プルトニウム富化度 583
ブレイトンサイクル 418, 498, 509, 520, 536
プレーティング 482
プレストレスト・コンクリート(容器) 498, 509, 516
プレナムガス荷重 211
プレミキシング 666
ブロック逐次加速緩和法 635
フロントエンドコスト 611
フロントエンドの支出 599
分散 295
分散型燃料 505
分散装荷(スキーム) 136, 639
分断横断流れ 276, 277, 279, 280
分離核変換 17
分離型蒸気発生器 380
分離共鳴 92

へ

平均自由行程 λ_{tr} 49, 82, 83, 417, 458, 470
平均線出力 225
平均線膨張係数 210
平均対数エネルギー減少 ξ 90
平均弾性散乱角余弦 μ 82, 90
平均燃焼度 139
平衡サイクル 135
平衡サイクル計算 137
平衡探査計算 639
米国規格協会 423
米国原子力学会 423
ベーテ－テイト 429
壁面法則 258
ペクレ数 257, 259-262, 298
ペブルベット／粒子型 513
ヘリウム 364, 411, 496
ヘリウムガス 36
ヘリウムサーキュレーター 511
ヘリカル型 390
ヘリカルコイル管 571
ベルによる修正有理式近似 105
ベローズ 388, 389, 407
偏心 403
ベンソンサイクル 381
ベント型燃料(ピン) 365, 501, 504
変分ノード法 633

ほ

ポアソン比 215
ボイドスウェリング 230, 231, 329, 332, 335, 340-354, 503
ボイドスウェリング耐性 352
ボイド反応度係数 173
ポイントワイズデータ 91
方位量子数 92
崩壊熱 516, 679
崩壊熱除去 681
崩壊熱除去系 441, 464, 516, 571, 587
ホウ酸添加黒鉛 400
放射化 36, 358
放射化ナトリウム 375, 379
放射化反応 359
放射性同位元素の短寿命化 4
放射性毒性 8, 17, 20, 167, 176, 180, 182
放射性の^{24}Na 395
放射線影響評価 473
放射線管理区域設定 526
放射線ストリーミング 401
放射線損傷 172
放射線耐性 354
放射能拡散挙動 482
ホウ素 365
膨張 662, 664, 669
膨張曲管 393
飽和効果 686
飽和蒸気サイクル 380
飽和線 657
捕獲 3
捕獲／核分裂断面積比 13
捕獲断面積 655
捕獲反応率 8
保護管 405, 406
保護閉じ込め容器 513, 515
補助熱交換器 460
ホッケースティック型 390, 392
ホットスポット 196
ホットチャンネル係数(/因子) 225, 269, 274, 294-304, 446, 447
ホットレグ 571
ホットレグ配管 587
ポテンシャル(形状)散乱 84, 94
ポテンシャル散乱断面積σ_p 85, 95
ボリサンスキー、ゴトフスキー、フィロソバの相関式 261
ポロニウム 525, 529
ボンダレンコの自己遮蔽因子法 77, 81
ポンピング要求値 359
ポンプ組込型IHX 577, 587
ポンプコーストダウン 523
ポンプ軸 588
ポンプ動力 360, 521
ポンプ動力性能 419
ポンプ配置 387

ま

マージン 304
マイナーアクチニド 4, 17, 19, 37, 135, 528
マイナーアクチニド含有燃料 507
マイヤー硬度 249
マクスウェル分布 99
マグネタイト 686
膜熱伝達率 299
膜沸騰 666
マクロ(巨視的)全断面積 86, 88, 89
摩擦圧力損失 287
摩擦係数 500
摩擦硬化 333
摩擦損失係数 270, 291
マルティネリ解析結果 256, 258

み

ミクロ(微視的)断面積 77, 106
ミクロ輸送断面積 83
未再組織化領域(未再編成領域) 197, 200, 246, 315
水・蒸気漏洩事故 589
未臨界システム 173

む

無限希釈断面積 89, 90, 103
無尽蔵エネルギー源 15

め

メルトスルー 482

も

毛管水 685
目標燃焼度 581
モジュール炉 563
モジュール炉心 129
モジュラー形状 128
元金等分返済方法 602
モリブデン 324, 648, 649, 651, 654
もんじゅ 6, 7, 194, 346, 377, 387, 392, 419, 450, 461, 550-555, 578
モンテカルロコード 633, 637

や

焼き締まり 313
ヤング率 214, 215

ゆ

有限差分法 633
有効NPSH 388
有効水力直径 270
誘導型の液位プローブ 410
有理式近似 105
遊離水 685
ユーロピウム 365, 368
輸送平均自由行程 58

よ

溶解 525
陽解法 145
容器破損事故 530
容器歪 674
ヨウ素 481
溶融開始(線)出力 251-253
溶融塩増殖炉 14
溶融貫通 683

溶融燃料 462, 679
溶融燃料液滴 670
溶融燃料凝集 578
溶融燃料と冷却材の相互作用 661
溶融燃料・冷却材相互作用 445, 486, 660
溶融プール 682
溶融マージン 303
抑制ボルト 676
横方向(への)漏えい 51, 53
余剰核分裂性物質 12
余剰反応度 132, 526
予熱 412

ら

ラーソン・ミラー・パラメータ 204, 207
ライナ 450
ラグランジュ型コード 674
ラスムッセン報告WASH-1400 482
ラッパ管集合体相互作用効果 229
ラッパ管の設計 222
ラッパ管(の)湾曲 231-233
ラプソディ 376, 419
ラプチャディスク 392
ランキン超臨界蒸気サイクル 527
ランタニド 138
ランダムな不確実性 295, 296

り

リークタイト 511
リード 254, 255, 270, 273
リード／直径比 289
リサイクルロス 20
離隔距離 421
離散群断面積 49
リスクの重要度 425
リスクプロファイル 425
粒界 311
粒界キャビテーション 435
粒界剥離型スウェリング 445
粒子凝集 473
粒子径分布 670, 671
粒子状汚染物質 412
粒子沈着 473
粒子ベッド 679, 681
流体力学的微細化 670
流量混合装置 389
流量喪失事故 513
流量配分装置 389
流量分配係数 271
流量分配誤差 298
流量分配ヘッド 533
流路形状 254
流路閉塞 446
理論密度 64, 195, 242, 243, 312
臨界温度 664
臨界計算 641
臨界形状 679
臨界質量 679
臨界専焼高速炉 174
臨界ペクレ数 259, 262

る

累積損傷関数 203-205, 435
累積損傷和 204, 205, 208
累積損傷割合 206
ループ型(炉) 30, 375, 394, 460, 486
ルーフ／遮へいデッキ 384
ルーフ・スラブ 401
ルーフデッキ 378, 584
ルジャンドルの多項式 95
るつぼ状の保持システム 683

れ

冷間圧延鋼 361
冷間加工 332, 339, 344
励起エネルギー 84
冷却機能喪失過渡事象 447
冷却材エンタルピー上昇 297
冷却材選択 357
冷却材喪失／減圧事故 496
冷却材流れ分布 286
冷却材のクロスフロー 222
冷却材の減圧沸騰喪失 427
冷却材の捕え込み現象 670
冷却材の流れ分布 286
冷却材の熱伝達 254
冷却材密度 458
冷却材(流量)喪失事故 532
冷却材流路閉塞 444
冷却不足型事象 455
レイノルズ数 257-261, 289, 291
レーリー数 682
レサジー 72, 73
劣化ウラン 20
劣化ウラン酸化物 191
連鎖反応 11
連邦規則コード 426

ろ

漏洩検出 410
漏えいナトリウム 588
漏えい率 482
炉外係数 155
炉外事象 679
炉外燃料貯蔵施設 590
炉外燃料貯蔵槽 402
炉心凝集 428, 434
炉心局所事故 443
炉心径方向膨張 458
炉心(コア)バレル 397
炉心拘束(システム) 229, 232, 233
炉心固定機構 458
炉心材料とナトリウム冷却材の相互作用 472
炉心支持構造 382, 397
炉心集合体湾曲 458
炉心上部構造物 672
炉心槽 568, 584
炉心デブリ 480
炉心デブリ－コンクリート相互作用 687
炉心内増殖 25
炉心配置 581
炉心パラメータのモニタ 404

炉心プレナム入口 568
炉心崩壊 461, 469
炉心崩壊事故解析 469
炉心保持機構 679
炉心保持システム 679
炉心メルトスルー 478
炉心溶融後 480
炉心溶融を伴う過酷事故 455
炉心流路閉塞事故 521
六角座標系 633
炉停止失敗過出力事象 417, 422, 445, 470, 488, 570, 678
炉停止失敗(過渡)事象 225, 420, 422, 455, 486, 642
炉停止失敗除熱源喪失事象 422
炉停止失敗流量喪失事象 417, 422, 470
炉停止失敗冷却不足事象 678
炉停止時崩壊熱除熱 459
炉停止成功過渡事象 455
炉停止余裕 132, 133
炉停止冷却系 516
炉内構造物 567
炉内中継装置 402
炉容器外事象 683
炉容器内保持装置 678

わ

ワイヤースペーサー 28, 192, 224, 255, 260, 289, 351, 521
ワイヤ巻き燃料ピン 192
湾曲 231
ワンススルー(燃料)サイクル 16, 39

数字

0次元解法 51
0次元問題 54
1DX 104
1/v法則 101
1回の核分裂で放出される中性子の数 497
1次系炉心補助冷却系 578
1次元問題 55
1次主配管の完全両端破断 428
1次摂動理論 472
1次熱輸送系 30
1次配管系の大破断 428
1次ポンプの固着事故 586
1点近似動特性方程式 111
2DB 137, 145
2次元解法 51
2次元三角メッシュ 61
3DB 137, 145
3σ 303
3次元炉心動特性計算 633
4群断面積 647-649
8群断面積 647, 650-652
^{24}Naの崩壊 359
^{232}Th-^{233}Uサイクル 3, 14
^{235}U核分裂電離箱 405
^{238}U-^{239}Puサイクル 3
^{238}Uドップラー断面積 647
^{239}Puの非分離共鳴領域における核分裂と捕獲の断面積 98
^{240}Pu 649
316(型)オーステナイト系ステンレス鋼 192, 330
316(型)ステンレス鋼 205-207, 210, 217, 218, 397

監訳者あとがき

巻頭言にもある通り、本書の原書“Fast Spectrum Reactors”は、1981年に出版された旧版“Fast Breeder Reactors”の改訂版である。この旧版はロシア語にも翻訳され、世界各国の高速炉技術者の間で広く永きにわたり教科書として読まれたバイブル的書として知られている。

旧版が発刊されたのは、ロスアラモス国立研究所にて世界初の高速炉であるクレメンタインが臨界に達した1946年から35年後のことで、当時のアメリカは、EBR、Fermi、SEFOR、FFTFなど6基もの高速実験炉の建設に続き、クリンチリバー原型炉計画を推進しており、高速炉開発に勢いのある時期であった。

そもそも高速炉開発の動機は、エネルギー需要増に対応するための「高い増殖性能」にあったが、その後ウラン需給のひっ迫感は薄れ、アメリカをはじめ各国の高速炉開発情勢は大きく様変わりした。社会が高速炉へ期待する機能・性能は、「高増殖」から低増殖による「燃料維持（資源有効利用）」や「長半減期核種の核変換」もしくは「Pu燃焼」へと移り、さらに「受動的安全性・固有安全性の追求」や「核拡散抵抗性」も加わり、枢要技術を除き開発のベクトルが変化した。

こうした背景により、“breeder”の言葉を冠した旧版は内容を最新知見に刷新し書名を“Fast Spectrum Reactors”に改め、30年を経た2011年、再び上梓される運びとなった。原書著者であるAlan E. Waltar氏の著書を過去に二冊ほど翻訳した経験のある私は、早速この“Fast Spectrum Reactors”についても訳書作成を思い立ったものの、同年に発生した福島第一原発事故の対応に翻弄されていた時期であり、着手の決断には若干時間を要した。

旧版発刊当時、日本は原型炉「もんじゅ」の着工を数年後に控えており、高速炉を志す当時の日本人技術者は洋書で学ぶことを厭わなかったのか、邦訳版は作成されていなかった。時は流れ、初期の高速炉開発を先導した先進諸国の多くが開発をスローダウンさせている現代において、少しでも多くの学生や若い技術者に高速炉技術へ触れてもらうには、英語の専門書よりも邦訳版の方が敷居低くアクセスし易いことは、自己の経験から明らかである。幸いなことに、この想いに賛同し降りかかる労を厭わぬ仲間達が私の周囲にいた。しかも、彼ら/彼女らの専門性は、本書が扱う全分野をカバーするに十分な広さと深さを有していた。

こうして2011年末には翻訳プロジェクトスタートを決めたが、本業の傍ら700ページを超える専門書を翻訳する作業に対する見通しの甘さから、訳書完成にほぼ5年もの期間を要してしまったことは、ひとえに監訳者の不徳のいたすところである。

旧版発刊から35年、地球上での高速炉初臨界から70年になる本年、我が国では原型炉「もんじゅ」が大きな局面を迎えた。高速炉の実用化時期、開発の工程、体制や費用についてはこれからも幾度となく議論が重ねられるであろうが、自然エネルギー分野で革命的進歩でも生じない限り、資源小国・技術立国日本における高速炉開発の重要性や意義は揺ぎない。この長き挑戦に臨む日本の原子力技術者に本訳書が役立てば幸いである。

東京都市大学 大学院共同原子力専攻 主任教授

高木　直行

監訳者謝辞

本書は高速炉技術のほぼ全域を網羅する専門書であり、その対象とする範囲の広さから、翻訳作業には17名もの専門家にご協力いただいた。自ら高速炉研究開発に携わり、次代の開発を担う技術者の育成をも憂う方々の献身的努力によって、本書を完成させることができた。ここに翻訳者のご氏名を再掲し、改めて謝意を表したい。なお、5年近くの作業期間を要したため、所属の変更もあったことから、現旧所属を併記した。

	翻訳担当章	現　所　属	着手時所属（2011年末時点）
長沖　吉弘	1, A	日本原子力研究開発機構	同左
永沼　正行	2, 17	日本原子力研究開発機構	同左
塩谷　洋樹	3, D	日本原子力研究開発機構	同左
太田　宏一	4	電力中央研究所	同左
杉野　和輝	5, F	日本原子力研究開発機構	同左
宇都　成昭	6, E	日本原子力研究開発機構	同左
植松　眞理マリアンヌ	7	原子力損害賠償・廃炉等支援機構	日本原子力研究開発機構 （日本原子力発電（株）から出向）
舘　義昭	8	日本原子力研究開発機構	同左
後藤　正治	9	東京電力ホールディングス株式会社	東京電力株式会社
岡野　靖	10	日本原子力研究開発機構	同左
佐藤　勇	11	東京工業大学	日本原子力研究開発機構
坂下　嘉章	12	（株）東芝	同左
久保　重信	13, 14	日本原子力研究開発機構 （日本原子力発電（株）から出向）	日本原子力研究開発機構 （日本原子力発電（株）から出向）
山野　秀将	15, 16	日本原子力研究開発機構	同左
近藤　正聡	18	東京工業大学	東海大学
近澤　佳隆	B, C	日本原子力研究開発機構	同左
千歳　敬子	G, H	三菱重工業株式会社	Mitsubishi Nuclear Energy Systems

訳書を仕上げる上で翻訳作業に劣らぬ労力を要するのが校正・校閲である。その作業は誤字脱字の訂正や翻訳文の適性化に留まらず、専門的知識に基づく記載内容の確認・訂正、さらに各章独立に翻訳された原稿の章間の整合性確認や全章を通じた用語統一を含む。長引く作業に焦りを感じていた2015年春、これらの作業への協力を自ら申し出てくださった方が現れた。日本保全学会の植田脩三様である。予期せぬご支援を受け作業を加速・完遂させることができた。植田様のご厚意に厚くお礼を申し上げたい。

さらに、上の翻訳者リストに名前のある三菱重工の千歳敬子様には特別な謝意を表したい。千歳様には翻訳・索引作成といった作業もさることながら、本プロジェクトの最初から最後まで、訳書出版に係る渉外・編集・校閲など全ての事柄に関わっていただいた。一貫したサポートは大変心強いものであり、国内でも数少ない女性高速炉技術者の熱意と根気が本書を完成させたことを申し添えたい。

最後に、ERC出版の長田高社長、編集部の品田照子様、猿渡恵様にお詫びとお礼を申し述べねばならない。監訳者の不手際により、本書の完成は計画から大幅に遅れ、想定外に長引く作業でERCの皆さまを疲弊させたことを深くお詫び申し上げるとともに、厭わず最後までお力添えくださり上梓に導いて頂いたことに謝意を表します。

監訳者　高木　直行

監訳者略歴

高木　直行（たかき　なおゆき）
東京都市大学大学院共同原子力専攻/工学部原子力安全工学科　教授

1992年原子核工学で博士の学位を取得後、東京電力に入社。技術開発本部原子力研究所で新型炉や核燃料リサイクルの研究に従事。1999年東電から、日本原子力発電、核燃料サイクル開発機構、核物質管理センターへと順に出向し、高速炉の炉心燃料、リサイクル技術、核不拡散等の技術開発業務に関わるとともに、東京工業大学原子炉工学研究所特任准教授を兼務。2008年東電を退職し、東海大学原子力工学科教授を経て、2012年より現職。

高速スペクトル原子炉

2016年11月1日　　初版　第1刷発行

著　　者　Alan E.Waltar、Donald R. Todd、Pavel V.Tsvetkov

監 訳 者　高木　直行

発 行 人　長田　高

発 行 所　株式会社ERC出版
〒107-0062　東京都港区南青山 3-13-1　小林ビル 2F
電話　03-3479-2150　　振替　00110-7-553669
URL　http://www.erc-books.com
e-mail　erc@erc-books.com

組　　版　ERC出版　Macデザイン部

印刷製本　芝サン陽印刷株式会社　　東京都中央区新川 1-22-13
電話　03-5543-0161

ISBN978-4-900622-58-6 © 2016 Naoyuki Takaki Printed in Japan
落丁・乱丁本はお取り替えいたします。